ナノ・マイクロスケール熱物性ハンドブック

Nano/Microscale Thermophysical Properties Handbook

日本熱物性学会編

養賢堂

序文（Preface）

　ナノ・マイクロスケールの熱物性データは，多くの専門分野にわたる最先端研究開発に不可欠な基盤情報として，その重要性がますます高まっている．例えば，電気・電子分野では，半導体デバイス内部の微細領域における発熱密度増加の問題，ライフサイエンスではDNA等の拡散や分離問題，ナノ材料開発においてはナノワイヤやグラフェン等の革新的材料の熱伝導率の形状効果問題，またエネルギー・環境関連技術では，燃料電池用ポリマー薄膜内部の物質拡散問題等，多岐にわたる．これらのナノ・マイクロシステムを工学的にデザインしその性能を的確に評価するためには，構成する物質の機械的性質，電気的性質，そして熱物性値が必須なのは言うまでもない．ところが，材料のサイズがナノ・マイクロスケールになってくると，その性質はバルクな (mm～m スケール) 値とは大きく異なる場合がある．ナノ・マイクロスケール材料の熱物性値がバルクと違うのであれば，(1) なぜそうなるのか，(2) その違いをどのように検知するのか，(3) 数値としてどれだけ異なるのか，を知ることは基盤学術およびナノ・マイクロシステムを設計するための基盤情報として重要であることは言うまでもない．さらに一歩踏み込んで，(4) ナノ・マイクロ材料の熱物性値の特異性を利用して，新たな機能を発現するナノ・マイクロシステムを開発することも，工学的な応用として期待されている．上記 (1)～(4) に対する開発現場での潜在的ニーズは大きく，またこのような「熱物性値のサイズ効果」は，学術的にも近年概ね明らかになり実験データや理論解析もかなり蓄積されてきたが，これまでハンドブックのようなまとまった形で数値データ等を提供しているものはなかった．本ナノ・マイクロスケールハンドブック（Nano/Microscale Thermophysical Properties Handbook: NM-TPH）はこのようなニーズに応えるべく，ナノ・マイクロスケールにおける輸送現象と熱物性に関して，基礎理論，測定とシミュレーションそして基盤データの最新情報をコンパクトに集約したものである．

　NM-TPH は機械，電気・電子，化学，物理分野などの研究者および大学院生レベルを対象読者として想定しており，構成とその意図は以下のようになっている．A 基礎編は，ナノ・マイクロスケール輸送現象の基礎を簡潔にまとめている．ナノ・マイクロスケールにおける問題解決には，境界領域的アプローチが不可欠である．そもそもなぜ熱物性値のサイズ効果が現れるのかを理解するためには，様々な横断的学問分野の基礎が必要である．例えば，量子力学，固体物理，統計力学，電磁気学などであるが，本ハンドブックの読者は必ずしもこれらの分野の基礎を習得していないことを前提としている．基礎編はすべてを網羅してはいないが，少なくとも他の専門的教科書を改めて読まなくても，その概要は理解できるような執筆を心掛けて頂いた．より深い理解のためには，各章の参考文献を参照されたい．従って，基礎編は横断的分野の大学院テキストとして使用することも可能である．ナノ・マイクロスケールの熱物性を数値データとして取得するためには，計測技術が必要であるが，試料サイズが微細なため従来の古典的計測技術は適用できない．そのために最近の約 20 年間で多くの新しい原理の測定法が開発されてきた．B 計測・シミュレーション編は，これら最新の計測技術を集約してある．また，分子シミュレーションも「計算機による熱物性計測」と捉え，物理的実験では観測不能な現象の解明，あるいはナノスケールの熱物性値を数値として提供する手法の一つとして，その基礎と応用例がまとめられている．C データ編は，熱物性値（多くは熱伝導率）のサイズ効果を実際に利用されている物質について，公開されている文献データをまとめている．また，7 章には産業技術総合研究所で開発された薄膜の熱拡散率標準物質とデータベースについてまとめられている．ただ一般的に利用されている物質では，ナノ・マイクロスケールにおいて，バルクな熱物性値のようないわゆる「推奨値や標準値」などの設定は本質的にできないため，そのサイズ依存性や文献値の一覧表示に留めている．その理由は，ナノ・マイクロスケールの熱物性値がサイズもちろんだが，さらに

製法や不純物などの様々な要因に大きく依存し，バルクの場合のように例えば単結晶や純度99.9999%のように単純に表示することでは不十分で，試料のキャラクタリゼーションがはるかに難しいからである．一方，研究開発の最前線では，例えばGaN薄膜のある温度における熱伝導率がある膜厚でバルクのおよそ何分の一になるのかが分かるだけでも，設計の役に立つはずである．このような読者は，A 基礎編でサイズ効果の基礎を理解した上で，C データ編の数値データ，グラフあるいは引用文献を眺め，自分の知りたいサンプルでは，どの程度バルクと異なるかを推定する必要がある．それが不十分であれば，B 計測・シミュレーション編の中から適切な計測法あるいはシミュレーション手法を利用して自分で（あるいは外部に依頼して）明らかにする必要がある．実に不親切と思われる読者も多いと思うが，これが手軽なハンドブック形式で現在提供（あるいは将来も）できる最善の方法だと考えている．少なくともこれまでは，データがとにかく欲しいという読者にとっては，全くの暗闇であったナノ・マイクロスケール熱物性の世界に，NM-TPHは進むべき方向を示す一筋の光明は提供できるのではないかと考えている．

　本ハンドブックは，日本熱物性学会創立30周年記念事業の一環として企画された．その先駆けとなったのが，2006年3月に4人のオーガナイザー（大西晃（宇宙航空研究開発機構・宇宙科学研究本部），八田一郎（高輝度光科学研究センター），馬場哲也（産業技術総合研究所），長坂雄次（慶應義塾大学））により設立された日本熱物性学会研究分科会「マイクロ・ナノスケールの熱物性とシステムデザイン」である．その目的は，当時日本熱物性シンポジウムでも発表件数が急増していたマイクロ・ナノスケールにおける熱物性研究について，幅広い分野において第一線で活躍される学会内外の研究者をお招きし，研究会を開催して当該分野についての理解を相互に深めていくことであった．その後，4名のオーガナイザー（宮﨑康次（九州工業大学），田口良広（慶應義塾大学），藤野淳市（福岡大学），竹歳尚之（産業技術総合研究所））を加え，2006年～2010年までの5年間で，15回の研究会を開催し，計26名の研究者に講演を頂き，延べの参加者は240名を超えた．この研究会が長期にわたり活動できたことが，本ハンドブックの内容および執筆者のベースになっており，関係した多くの方々にこの場を借りて感謝申し上げる．また，研究会の会場には田町駅近くのキャンパスイノベーションセンターを利用させて頂き，高橋一郎教授（山形大学）には毎回ご尽力頂いたことをここに記して，感謝の意を表したい．最後に，NM-TPHの執筆者ならびに編集委員会の方々には，このような企画にご賛同頂き快く執筆・査読して頂いた．厚く御礼申し上げる次第である．また，出版にご協力を頂いた株式会社養賢堂社長及川清氏，顧問　三浦信幸氏，常務取締役　嶋田薫氏にも感謝申し上げる．

2014年5月　編集委員長　長坂　雄次

執筆者一覧

委員長　長坂　雄次（慶應義塾大学　理工学部）
幹　事　宮﨑　康次（九州工業大学　大学院工学研究院）

委員
高橋　厚史（九州大学　大学院工学研究院）
竹歳　尚之（（独）産業技術総合研究所）
泰岡　顕治（慶應義塾大学　理工学部）
田口　良広（慶應義塾大学　理工学部）
馬場　哲也（（独）産業技術総合研究所）
山根　常幸（（株）東レリサーチセンター）

執筆者
上利　泰幸（（地独）大阪市立工業研究所）
池内　賢朗（アルバック理工（株））
一柳　優子（横浜国立大学　大学院工学研究院）
大下　誠一（東京大学　大学院農学生命科学研究科）
小川　邦康（慶應義塾大学　理工学部）
小原　拓（東北大学　流体科学研究所）
川股　隆行（東北大学　大学院工学研究科）
桑原　正史（（独）産業技術総合研究所）
小宮　敦樹（東北大学　流体科学研究所）
塩見　淳一郎（東京大学　大学院工学系研究科）
芝原　正彦（大阪大学　大学院工学研究科）
杉井　康彦（東京大学　大学院工学系研究科）
高橋　厚史（九州大学　大学院工学研究院）
高松　洋（九州大学　大学院工学研究院）
竹歳　尚之（（独）産業技術総合研究所）
長坂　雄次（慶應義塾大学　理工学部）
長山　暁子（九州工業大学　大学院工学研究院）
花村　克悟（東京工業大学　大学院理工学研究科）
福山　博之（東北大学　多元物質科学研究所）
麓　耕二（弘前大学　大学院理工学研究科）
松本　充弘（京都大学　大学院工学研究科）
円山　重直（東北大学　流体科学研究所）
宮﨑　康次（九州工業大学　大学院工学研究院）
元祐　昌廣（東京理科大学　工学部）
八木　貴志（（独）産業技術総合研究所）
保田　正範（京都電子工業（株））
山田　純（芝浦工業大学　工学部）
山根　常幸（（株）東レリサーチセンター）
山本　泰之（（独）産業技術総合研究所）
早稲田　篤（（独）産業技術総合研究所）
阿子島　めぐみ（（独）産業技術総合研究所）
石井　順太郎（（独）産業技術総合研究所）
上野　一郎（東京理科大学　理工学部）
岡　伸人（東北大学　多元物質科学研究所）
金子　敏宏（東京理科大学　理工学部）
粥川　洋平（（独）産業技術総合研究所）
倉内　奈美（京都電子工業（株））
小池　洋二（東北大学　大学院工学研究科）
斎木　敏治（慶應義塾大学　理工学部）
重里　有三（青山学院大学　大学院理工学研究科）
白樫　了（東京大学　生産技術研究所）
大宮司　啓文（東京大学　大学院工学系研究科）
高原　淳一（大阪大学　大学院工学研究科）
田口　良広（慶應義塾大学　理工学部）
冨田　知志（奈良先端科学技術大学院大学）
中別府　修（明治大学　理工学部）
八田　一郎（（公財）名古屋産業科学研究所）
馬場　哲也（（独）産業技術総合研究所）
藤井　丕夫（九州大学　名誉教授）
牧野　俊郎（近畿職業能力開発大学校）
丸山　茂夫（東京大学　大学院工学系研究科）
宮井　清一（東京大学　大学院工学系研究科）
宮崎　英樹（（独）物質・材料研究機構）
森川　淳子（東京工業大学　大学院理工学研究科）
泰岡　顕治（慶應義塾大学　理工学部）
山下　雄一郎（（独）産業技術総合研究所）
山田　修史（独）産業技術総合研究所）
山本　貴博（東京理科大学　工学部）
若林　英信（京都大学　大学院工学研究科）

2014.3.10 現在

目　次

A　基礎編（FUNDAMENTALS）

第1章　イントロダクション（Introduction） ……1
- 1.1　ナノ・マイクロスケール熱物性の必要性（Needs for Nano/Microscale Thermophysical Properties Research） ……1
  - 1.1.1　バルクな熱物性の適用限界（Limitation of macroscopic thermophysical properties） ……1
  - 1.1.2　ナノ・マイクロスケール熱物性データの重要性（Importance of nano/microscale thermophysical properties data） ……2
  - 1.1.3　ナノ・マイクロスケールの熱物性測定法の重要性（Importance of nano/microscale thermophysical properties measurement techniques） ……3
  - 1.1.4　ナノ・マイクロスケール熱物性の特異性の利用（Utilization of uniqueness of nano/microscale thermophysical properties） ……4
  - 1.1.5　まとめ（Summary） ……4
- 1.2　熱物性値のサイズ効果（Size Effects of Thermophysical Properties） ……5
- 1.3　本ハンドブックの構成と利用の手引き（How to Use This Handbook） ……10

第2章　ナノ・マイクロスケールの輸送現象の基礎（Nano/Microscale Transport Phenomena） ……19
- 2.1　電子輸送（Electron Transport） ……19
  - 2.1.1　電気伝導と熱伝導のサイズ効果（Size effect） ……19
  - 2.1.2　特性長（Characteristic lengths） ……21
  - 2.1.3　ボルツマン理論（Boltzmann theory） ……22
  - 2.1.4　様々な電子輸送係数（Electronic transport coefficients） ……25
  - 2.1.5　熱電性能指数（Thermoelectric figure of merit） ……26
  - 2.1.6　ランダウアー理論（Landauer theory） ……28
  - 2.1.7　バリスティック電子輸送での電子コンダクタンスと熱コンダクタンス（Electrical and thermal conductances of ballistic electronic transport） ……30
  - 2.1.8　ナノ材料の熱電性能指数（Thermoelectric figure of merit of nanomaterials） ……30
  - 2.1.9　おわりに（Summary） ……31
- 2.2　フォノン輸送（Phonon Transport） ……33
  - 2.2.1　フォノン（Phonon） ……34
  - 2.2.2　比熱（Specific heat） ……34
  - 2.2.3　状態密度（Phonon density of state） ……35
  - 2.2.4　デバイモデル（Debye model） ……36
  - 2.2.5　格子振動（Lattice vibrations） ……37
  - 2.2.6　フォノン輸送と熱伝導率（Phonon transport and thermal conductivity） ……39
  - 2.2.7　古典的サイズ効果（Classic size effect） ……40
  - 2.2.8　フォノンの平均自由行程（Phonon mean free path） ……40
  - 2.2.9　まとめ（Summary） ……41
  - 付録　＊格子振動の量子化について／＊ボルツマン分布について／＊期待値 $\langle n \rangle$ の計算／＊内部エネルギー U の計算について ……41
- 2.3　フォトン輸送（Photon Transport） ……47
  - 2.3.1　熱ふく射と電磁波（Thermal radiation and electromagnetic waves） ……47
  - 2.3.2　自由空間の状態密度（Density of states in free space） ……49
  - 2.3.3　共振器中の電磁場のモード（Mode in cavity） ……50
  - 2.3.4　フォトン（Photon） ……51

2.3.5	フォトンガスのエネルギー（Energy of photon gas）	53
2.3.6	プランクの法則（Planck's law）	53
2.3.7	黒体ふく射（Blackbody radiation）	55
2.3.8	実在面とふく射率（Real surface and emissivity）	56
2.3.9	誘電体界面のエバネッセント波（Evanescent waves at dielectric interface）	57
2.3.10	負誘電体界面のエバネッセント波（Evanescent waves at negative dielectric interface）	58
2.3.11	ふく射伝熱における遠方場と近接場（Radiative heat transfer in far-and near-field）	60
2.3.12	まとめ（Summary）	62
付録	＊マックスウェル方程式と境界条件／＊電磁波の波動方程式／＊ランバート則／＊エネルギー密度とエネルギー束の関係式	62
2.4	物質・運動量輸送（Mass・Momentum Transport）	65
2.4.1	はじめに（Introduction）	65
2.4.2	分子間力（Intermolecular forces）	66
2.4.3	分子動力学（Molecular dynamics）	68
2.4.4	確率統計的動力学（Stochastic dynamics and statistical dynamics）	72
2.4.5	連続体動力学（Continuum dynamics）	74
2.4.6	まとめ（Summary）	76
2.5	近接場光とナノスケール電子・格子系との相互作用（Near-Field Light Interaction with Nanoscale Electron and Phonon Systems）	77
2.5.1	局在電子と格子振動の相互作用（Localized electron-phonon interaction）	77
2.5.2	近接場光の概念（Near-field light）	80
2.5.3	近接場光と局在電子系の相互作用（Near-field light interaction with localized electron systems）	82
2.5.4	近接場光による非断熱過程（Nonadiabatic optical near-field process）	83
2.5.5	ドレスト光子フォノンの工学的応用（Engineering applications of dressed-photon-phonon processes）	85
2.6	マグノン・スピノン輸送（Magnon・Spinon Transport）	88
2.6.1	スピンによる熱輸送のメカニズム（Mechanism of heat transport due to spins）	89
2.6.2	熱伝導率の温度依存性（Temperature dependence of thermal conductivity）	90
2.6.3	スピンによる熱輸送の観測例（Observations of heat transport due to spins）	92
2.6.4	スピンによる熱輸送が大きくなる条件（Conditions of large heat transport due to spins）	94
2.6.5	マグノンとスピノンの平均自由行程（Mean free path of magnons and spinons）	97
2.6.6	スピンによる弾道的な熱輸送（Ballistic heat transport due to spins）	99
2.6.7	おわりに（Summary）	102
第3章	物性値のサイズ効果（Size Effects on Thermophysical Properties）	105
3.1	比熱のサイズ効果（Size Effect in Specific Heat of Solid）	105
3.1.1	固体の比熱（Specific heat of solid）	105
3.1.2	比熱の低次元性（Dimensionality in specific heat）	106
3.1.3	比熱の表面効果（Surface effect in specific heat）	107
3.1.4	ナノ物質の比熱（Surface effect of some nano-materials）	108
3.1.5	手がかりがない比熱の近似値（Approximation for clueless specific heat）	109
3.2	融点・表面張力のサイズ効果（Size Effect in Melting Point and Surface Tension）	110
3.2.1	ナノ粒子の融点（Melting point of nano-particle）	111
3.2.2	ナノ粒子の表面張力（Surface tension of nano-particle）	113
3.3	薄膜熱伝導率のサイズ効果（Size Effects on Thermal Conductivity of a Thin Film）	114
3.3.1	薄膜内のフォノン平均自由行程（Phonon mean free path in a thin film）	115
3.3.2	フォノンふく射輸送方程式（Equation of phonon radiative transfer）	116
3.3.3	ボルツマン輸送方程式によるサイズ効果の考察（Classical size effect based on BTE）	118

3.3.4	薄膜の熱伝導における低次元効果（Heat conduction in a two dimensional thin film）	123
3.3.5	まとめ（Summary）	124
付録	*フォノンの数値解析について	125
3.4	ナノ・マイクロ構造体のふく射物性のサイズ・構造効果（Size Effect on Thermal Radiation from Nano and Microstructures）	130
3.4.1	熱ふく射制御の原理（Principles of thermal radiation control）	131
3.4.2	マイクロ共振器からの熱ふく射（Thermal radiation from microcavity）	131
3.4.3	表面波による熱ふく射（Thermal radiation by surface waves）	135
3.4.4	メタマテリアルからの熱ふく射（Thermal radiation from metamaterials）	137
3.4.5	まとめ（Summary）	138
3.5	粘性率，拡散係数のサイズ効果（Scale Effect on Viscosity and Diffusion Coefficient）	138
3.5.1	電気二重層と電気粘性効果（Electric double layer and electro viscose effect）	139
3.5.2	10 nm 以下の空間の液体（吸着水）の粘性率（Apparent viscosity (scale < 10 nm)）	141
3.5.3	10 nm〜10 μm の空間の液体の粘性率（Apparent viscosity (scale 10 nm〜10 μm)）	142
3.5.4	まとめ（Summary）	144
3.6	液体のマイクロ・ナノスケールの熱物性値（Liquid Interfaces）	147
3.6.1	マクロな系でのぬれ：接触角（Contact angle）	147
3.6.2	ぬれ性の評価：拡張係数（Spreading coefficient）	148
3.6.3	動的なぬれ：タナーの法則（Tanner's law）	150
3.6.4	動的なぬれ：先行薄膜（Precursor film）	151
3.6.5	ハマカー定数（Hamaker constant）	153

B　測定・シミュレーション編
(MEASUREMENT TECHNIQUE AND MOLECULAR SIMULATOIN)

第4章　ナノ・マイクロスケールの熱物性値測定法（Measurement Technique） … 155

4.1	薄膜の熱伝導率・熱拡散率測定（Thermal Conductivity and Thermal Diffusivity of Thin Films）	155
4.1.1	AC カロリーメトリー法（AC calorimetric method）	155
4.1.2	3ω 法および 2ω 法（3ω method and 2ω method）	158
4.1.3	パルス光加熱サーモリフレクタンス法（Pulsed light heating thermoreflectance method）	161
4.1.4	フォトサーマル赤外検知法（Thermal conductivity and thermal diffusivity sensing technique by photothermal radiometry）	165
4.2	ナノチューブ・ナノファイバーの熱伝導率・熱拡散率測定法（Thermal Conductivity and Thermal Diffusivity of Nano-Tubes and Fibers）	172
4.2.1	単一ナノチューブおよびグラフェンの熱伝導率（Thermal conductivity of individual carbon nano-tube and graphene）	172
4.2.2	ナノチューブ複合材料の熱拡散率（Thermal diffusivity of nano-tube composites）	176
4.3	微量サンプル流体の熱伝導率・熱拡散率（Thermal Conductivity and Thermal Diffusivity of Microscale Sample Liquid）	184
4.3.1	強制レイリー散乱法（Forced Rayleigh scattering method）	184
4.3.2	マイクロセンサーを利用した測定法（Measurement of thermal conductivity and thermal diffusivity using micro-sensors）	188
4.4	比熱測定（Specific Heat Measurement）	193
4.5	ナノ・マイクロサンプルの密度測定法（Density of Nano/Microscale Sample）	197
4.5.1	固体（薄膜）の密度（Density measurement of solid thin-films）	197
4.5.2	微量サンプル流体の密度（Microscale sample fluids）	200
4.6	薄膜の熱膨張率（Thermal Expansion of Thin Films）	207
4.7	ナノ・マイクロ系の表面張力測定法（Surface Tension of Nano/Microscale Sample）	212

4.7.1	リプロン表面光散乱法 (Ripplon surface laser-light scattering technique)	212
4.8	微量サンプルの粘性率測定法 (Viscosity of Microscale Sample)	217
4.8.1	レーザー誘起表面波法 (Laser-induced capillary wave technique)	217
4.8.2	マイクロキャピラリーを用いた粘性率測定法 (Sensing technique using micro capillary)	222
4.9	微量サンプルの拡散係数測定法 (Diffusion Coefficient of Microscale Sample)	227
4.9.1	光干渉計を用いた拡散係数測定法 (Measurement method of diffusion coefficient using optical interferometer)	227
4.9.2	ソーレー強制レイリー散乱法 (Soret forced Rayleigh scattering technique)	232
4.9.3	NMR による自己拡散計測法 (Measuring method of self-diffusion coefficient using NMR)	237
4.10	ナノ・マイクロ系のふく射性質測定法 (Radiative Properties of Nano/Microscale Sample)	243
4.10.1	微小領域の広波長域高速ふく射スペクトル分光法 (A wide-spectral-region high-speed radiation spectroscopy)	243
4.10.2	極微小領域のふく射性質測定法 (Measurement of radiation properties within nanoscaled space)	247
4.10.3	バイオマテリアルのふく射性質 (Radiative characteristics of living matter)	253
4.11	ナノ・マイクロスケール熱物性センシング技術 (Thermophysical Properties Sensing Techniques)	259
4.11.1	MEMS を用いた微小熱分析 (Thermal analysis and calorimetry using MEMS)	259
4.11.2	MEMS 技術を用いた熱物性センシング技術 (Sensing technique of thermophysical properties using MEMS)	265
4.11.3	光 MEMS 技術を用いた熱物性センシング (Novel sensing technique of thermophysical properties using optical MEMS)	270
4.11.4	近接場光を用いた熱物性センシング技術 (Thermophysical properties sensing technique using near-field light)	275
4.12	生体中の結合水のナノスケール熱物性測定法 (Method of Measuring Nano Scale Thermoproperties of Bound Water in Biomaterials)	281
4.12.1	熱測定法 (Differential scanning calorimetry：DSC)	282
4.12.2	核磁気共鳴測定 (Nuclear magnetic resonance measurement：NMR)	282
4.12.3	誘電分光法 (Dielectric spectroscopy)	284
4.12.4	光学的分光法（赤外分光法，ラマン分光法）(Infrared spectroscopy, Raman spectroscopy)	284
4.12.5	動的ストークスシフト法 (Time dependent stokes shift)	285
4.12.6	むすび (Summary)	285
第 5 章　分子シミュレーションの利用 (Molecular Simulation)		287
5.1	分子シミュレーションと測定値の比較 (Data Comparison：Molecular Simulation and Experiment)	287
5.1.1	分子シミュレーションの基礎とその熱物性計算の実用性 (Molecular simulation：Basics and feasibility)	287
5.1.2	カーボンナノチューブの熱伝導率 (Thermal conductivity of carbon nanotubes)	295
5.1.3	薄膜の熱伝導率 (Thermal conductivity of a thin film)	299
5.1.4	液体の輸送性質 (Transport characteristics of liquids)	302
5.2	分子シミュレーションでしか得られないナノスケール熱物性 (Thermophysical Properties at Nanoscale Calculated by Molecular Simulation)	313
5.2.1	閉じ込められたナノ空間における熱物性 (Liquid confined in nanospace)	313
5.2.2	ナノバブルの表面張力 (Surface tension of nanobubble)	315
5.2.3	ナノ構造が固液界面熱抵抗に与える影響 (Influence of nanostructures on interfacial thermal resistance at a liquid-solid interface)	319

C　データ編（DATA）

第6章　ナノ材料の熱物性（Thremophysical Properties of Nanoscale Materials） ……… 327
6.1　カーボン系材料（Carbon-Based Materials） ……… 327
- 6.1.1　カーボンナノチューブの熱物性（Thermophysical properties of carbon nanotubes） ……… 327
- 6.1.2　ダイヤモンド薄膜（Thermophysical properties of diamond thin film） ……… 330
- 6.1.3　ダイヤモンドライクカーボン（DLC）膜（Diamond-like carbon (DLC) film） ……… 333
- 6.1.4　グラフェン，その他のカーボンナノ材料（Thermophysical properties of graphene and other carbon nanomaterials） ……… 335

6.2　半導体およびその周辺材料（Semiconductor Thin Films and Related Materials） ……… 342
- 6.2.1　シリコン薄膜の熱物性値（Thermophysical properties of silicon thin film） ……… 342
- 6.2.2　SiO_2・Low-k 薄膜の熱物性値（Thermophysical properties of SiO_2, Low-k thin films） ……… 343
- 6.2.3　窒化シリコン薄膜の熱物性（Thermophysical properties of nitride silicon thin film） ……… 345
- 6.2.4　GaAs 膜および関連する超格子の熱物性値（Thermophysical properties of GaAs films and its related superlattices） ……… 347
- 6.2.5　GaN 薄膜など（Thermophysical properties of GaN films etc.） ……… 350
- 6.2.6　有機薄膜の熱物性値（Thermophysical properties of organic thin film） ……… 353
- 6.2.7　熱電薄膜（Thermophysical properties of themoelectric thin film） ……… 355
- 6.2.8　相変化材料の熱物性値（Thermophysical properties of phase change materials） ……… 358
- 6.2.9　磁性薄膜の熱物性値（Thermophysical properties of magnetic thin film） ……… 360
- 6.2.10　高分子薄膜（Thermophysical properties of polymer thin film） ……… 363

6.3　金属薄膜（Metallic Thin Films） ……… 372
- 6.3.1　金薄膜の熱物性値（Thermophysical properties of Gold thin film） ……… 372
- 6.3.2　白金薄膜の熱物性値（Thermophysical properties of Platinum thin film） ……… 373
- 6.3.3　モリブデン薄膜の熱物性値（Thermophysical properties of Molybdenum thin film） ……… 375
- 6.3.4　Al, Cu 薄膜の熱物性値（Thermophysical properties of Aluminum and Copper thin film） ……… 377
- 6.3.5　その他 W, Ti 薄膜の熱物性値（Thermophysical properties of other thin films） ……… 379
- 6.3.6　金属イオンを含むナノ微粒子の熱容量と磁性（Heat capacity and magnetic properties of transition metal oxides） ……… 379

6.4　セラミックス（Ceramics Thin Films） ……… 383
- 6.4.1　高温超伝導薄膜（Thermophysical properties of high-T_c superconducting thin film） ……… 383
- 6.4.2　透明導電性薄膜の熱物性値（Thermophysical properties of transparent conductive oxide film） ……… 385
- 6.4.3　Al_2O_3 薄膜の熱物性値（Thermophysical properties of Aluminum oxide thin film） ……… 389
- 6.4.4　AlN 薄膜の熱物性値（Thermophysical properties of Aluminum nitride thin film） ……… 391
- 6.4.5　TiN 薄膜の熱物性値（Thermophysical properties of Titanium nitride thin film） ……… 394

6.5　ナノ構造表面のふく射性質（Radiative Properties of Nano-Structured Materials） ……… 398
- 6.5.1　フォトニック結晶（Photonic crystals） ……… 398
- 6.5.2　メタマテリアル吸収体・ふく輻射体（Abosorptivity (emissivity) of meta-materials） ……… 402
- 6.5.3　スーパーグロースカーボンナノチューブ（垂直配向型カーボンナノチューブ）（Thermal radiation properties of super-growth carbon nanotube, vertically-arraigned carbon nanotube） ……… 405

6.6　ナノスケール界面熱抵抗（Boundary Thermal Resistance at Nanoscale） ……… 410

6.7　ナノ材料を含んだバルク物質の熱物性（Bulk Thermophysical Properties Including Nanoscale Materials） ……… 413
- 6.7.1　ナノ流体の熱物性（Thermophysical properties of nanofluid） ……… 413
- 6.7.2　ナノ複合材料の熱物性（Nano composite） ……… 417
- 6.7.3　ナノバブル含有水の熱物性（Thermophysical properties of water containing nanobubbles） ……… 422

第7章　ナノ・マイクロスケールの熱物性標準とデータベース（Measurement Standards and Database for Thermophysical Properties with Nano- and Micro-scale） ……… 433

7.1	薄膜の熱拡散率に関する標準物質（Reference Material of Thin Film for Calibration of Thermal Diffusivity）	433
7.1.1	概要（Abstract）	433
7.1.2	標準薄膜の製造方法（Preparation of reference material）	434
7.1.3	不確かさ評価（Uncertainty estimation）	435
7.1.4	標準薄膜の利用（Use of the reference material）	437
7.2	薄膜熱物性のデータベース（Thermophysical Property Database for Thin Film）	438
7.2.1	薄膜熱物性における材料分類と収録物性（Material classification of thermophysical properties for thin film）	438
7.2.2	分散型熱物性データベースへの薄膜熱物性の収録（Recording thermophysical properties of thin film）	438
7.2.3	測定試料の保管（Preservation of measurement specimens）	439
7.2.4	収録物性（Recorded thermophysucal properties）	439
7.2.5	収録熱物性例1：TiN 単層薄膜（Example 1: Thermophysical property of TiN thin film）	440
7.2.6	収録熱物性例2：Mo/Al$_2$O$_3$/Mo 3層薄膜（Example 2: Thermophysical property of Mo/Al$_2$O$_3$/Mo three-layer thin film）	442
7.2.7	まとめ（Summary）	443
7.3	薄膜熱物性測定法の規格（Measurement Standard for Measurement Method of Thermal Diffusivity of Thin Films）	444
7.3.1	規格制定の背景（Background of standardization）	444
7.3.2	熱拡散率の測定方法（Measurement method for thermal diffusivity of thin films）	444
7.3.3	界面熱抵抗の測定（Measurement method for thermal boundary resistance）	446
索引		449
物質名索引		457

A 基礎編 （FUNDAMENTALS）

第1章 イントロダクション（Introduction）

1.1 ナノ・マイクロスケール熱物性の必要性（Needs for Nano/Microscale Thermophysical Properties Research）

1.1.1 バルクな熱物性の適用限界（Limitation of macroscopic thermophysical properties）

　通常の概念では熱物性値は物質固有の性質であるから，温度や圧力などの外部環境を与えれば，その値は一意的に決まるはずである．例えば，20℃で1気圧の水の粘性率や単結晶シリコンの熱伝導率がこれに該当する．簡単な伝熱計算や複雑な熱流体シミュレーションをする場合に，入力する熱物性値はこのような値を意味し，従来のハンドブックやデータベースはこのような熱物性データを掲載している[1]．この場合試料のサイズは考慮されていない．言い換えれば対象物質は連続体で均質と考えて差し支えなく，いわゆるバルクな熱物性値として扱うことができる条件下でのデータがリストされている．しかし，このようなバルク試料のサイズを小さくしてくと，その熱物性値はどうなるのだろうか．このことをシリコンの熱伝導率を例に，Fig. 1-1-1に示した思考実験を通して考えてみよう．最初に1辺 L が10 cm立方体の完全な単結晶シリコンがあって，その熱伝導率を温度20℃で測定する．（熱伝導率を正確に測定できる方法があると仮定する．）次に，このシリコンから1辺の長さが半分の5 cmの立方体を切り取って，その熱伝導率を測定する．この操作を繰り返して，Fig. 1-1-1のグラフに示したように，横軸をシリコンの1辺の長さの対数，縦軸を熱伝導率として測定データをプロットしていくと，ある大きさまでは熱伝導率は（測定の不確かさの範囲で）一定で変化がないと考えられる．Fig. 1-1-1の直線部分で示した試料の大きさに依存しない熱伝導率が，いわゆるバルクな熱物性値であり，通常のハンドブック等に掲載されている値である．さらにシリコン試料の微細化を極限まで進め，シリコン原子の数が数個にまで達してしまうと，熱伝導率という熱物性値の定義そのものが成立しなくなる．例えば30回微細化を繰り返すことができたとすれば，1辺の長さは180 pmとなって，シリコンの原子直径220 pmより小さくなってしまう．pmスケールでは熱物性という概念を「見かけ上でも」使うことに物理的・工学的意味がなくなり，微細化に下限が存在することになる．ナノ・マイクロスケール熱物性研究が必要となるのは，おおよそ分子レベルより大きくバルクな熱物性として扱えるスケールより小さいFig. 1-1-1のハッチング領域，すなわち1辺の長さがnmからμmオーダーの長さ領域である．一般的に言えば，この長さ領域ではバルクな熱物性値は適用できなくなる．シリコンの熱伝導率の例で言えば，エネルギーのキャリアであるフォノンの平均自由行程のオーダーがnmからμmであるため，試料のサイズが平均自由行程と同程度かそれより小さくなると，フォノン同士の衝突の前にフォノンが試料界面に到達してしまうため，見かけ上熱伝導率は低下する（2.2節参照）．

　Fig. 1-1-1では比較的分り易い熱伝導率を例にしたが，より一般的にもナノ・マイクロスケールの

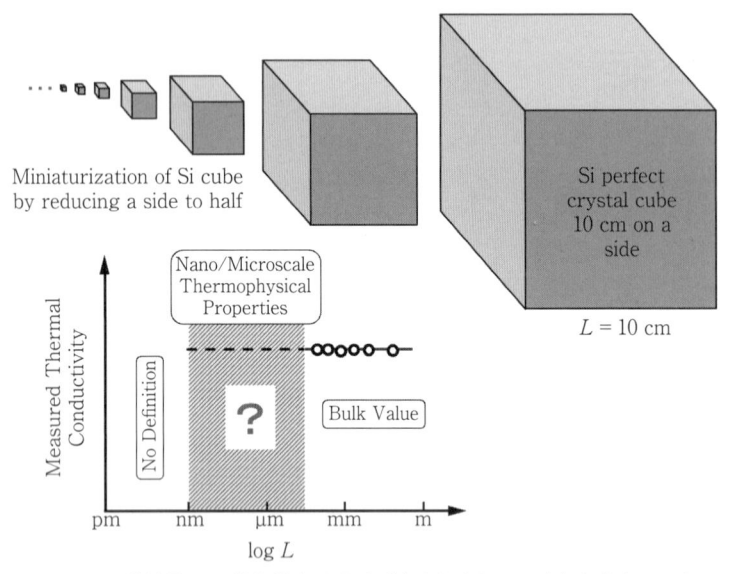

Fig. 1-1-1 単結晶 Si の熱伝導率はサイズを小さくしていくとどうなるのか？
(Does nano/microscale single crystal of Si have the same thermal conductivity as its corresponding bulk sample?)

領域ではバルクな熱物性値の適用限界が現れてくる．それはナノ・マイクロスケールまで試料が小さくなると，連続体や古典熱力学の考え方が適用できなくなるためである．前述の熱伝導率の場合では，古典熱力学では考慮していない物質内部の分子レベルの構造やエネルギーのキャリアが，電子なのかフォノンなのかが問題になってくる．さらにそれらのキャリアの輸送や相互作用が，ナノ・マイクロスケールの幾何学的構造に閉じ込められた場合，バルク試料における自由空間中とは異なる振舞いをし，熱物性値のバルクとの相違として観測される．熱物性値には，熱伝導率，粘性率，拡散係数のような非平衡性質や融点，密度，熱膨張率，比熱，表面張力のような平衡性質そしてふく射性質など多様であるため，ナノ・マイクロスケールでそれぞれの性質がバルクとどのように異なるのかについては，各論になって一般的に記述はできない．もし一言でまとめるとすれば，"A common feature in these disciplines is the transport and interactions of matter in confined geometrical structures."[2] が最も適切であろう．

　古典的な熱物性の考え方が適用できなくなる試料サイズの下限を超えた場合の対処方法として，2つの方法が考えられる．一つは，現象論的なフーリエの法則や熱伝導率という概念を利用せず，例えばナノスケールからマクロスケールにまで適用可能なボルツマン方程式を使って個別のナノ・マイクロスケールの熱伝導問題を解析する方法である．もう1つは，フーリエの法則のような現象論方程式は変わらないとして，熱物性値が見かけ上サイズ依存性を持つという扱いをして，現実的に簡便にナノ・マイクロスケールの問題を扱う方法である．前者が物理的解釈としてはより厳密であるが，後者のほうがナノ・マイクロスケールの問題も形式的にはマクロと同じ手法で解析でき簡便に利用しやすい．本ハンドブックではもちろん後者の考え方を基本にしている．

1.1.2 ナノ・マイクロスケール熱物性データの重要性（Importance of nano/microscale thermophysical properties data）

　ナノ・マイクロスケールの熱物性の重要性が認識されるようになってきた要因は，言うまでもないが1980年後半から急速に進展したナノ・マイクロテクノロジーにある[2]．特に，微細加工技術が半導

体デバイスだけでなく，機械系，化学系や生物系デバイス製造にも利用されるようになり，比較的容易にマイクロメートルからナノメートルのサイズまでの構造を作成して，様々なデバイスを設計・製作することができるようになったからである[3]．ナノ・マイクロシステムにおける熱物性の重要性を顕著に示す例が，半導体デバイス内部の熱伝導問題である．シリコンデバイス内部のナノ発熱領域の温度上昇の実測値は，バルクなシリコンの熱伝導率を用いた予測値よりかなり大きくなり，このことはデバイスの熱による故障を加速させることになる[4〜6]．この例からもわかるように，ナノ・マイクロデバイスの工学的に確かな設計をするためには，サイズ依存性を考慮した熱物性データが不可欠であるのは言うまでもない．一般的には，平衡性質である融点や表面張力（3.1 節参照）あるいは比熱（3.2 節参照），そして運動量輸送にかかわる粘性係数や質量輸送にかかわる拡散係数（2.4 節および 3.5 節参照）などについても，微小な系や低次元系あるいは閉じ込められたナノ空間ではバルクと異なる性質となってくる．またふく射性質についても，表面にフォトンの波長程度のナノ・マイクロ構造を形成すると平坦な面とは大きく異なるふく射性質を示し，熱ふく射をコントロールすることが可能になる（2.3 節および 6.5 節参照）．ナノ・マイクロデバイスにおけるエネルギー輸送問題が最も顕在化している工学的課題のため，本ハンドブック C データ編の多くのページが薄膜の熱伝導率データに充てられており，他の熱物性値については現状では多くは記述されてはいない．多様な熱物性値のサイズ効果をデータとして蓄積していくことは，まだスタートラインについたばかりであり，今後のさらなる研究が必要である．

1.1.3 ナノ・マイクロスケールの熱物性測定法の重要性（Importance of nano/micro-scale thermophysical properties measurement techniques）

少なくとも 1 辺の長さが nm〜µm サイズの物質の熱物性を測定できる方法が，ナノ・マイクロスケール熱物性測定法である．従来の多くの熱物性測定は mm〜m サイズのバルクな物質を対象としてきたのに対し，前項でも述べたとおり微小サンプルを対象にする測定法の必要性は明らかである．しかし，測定対象のサイズを従来の 1/1,000〜1/1,000,000 に小さくすることは，単に小さいサンプルの熱物性が明らかになる以上の多面的効果があり，熱物性研究のフロンティアをさらに拡大させる可能性がある．熱物性の測定対象をナノ・マイクロスケールにすることで，どのような新しいことが可能になるかを以下に示した[7]．

(1) ナノ・マイクロスケール試料の熱物性データ

ナノ・マイクロスケール熱物性データの重要性は，前項で述べた通りである．ただ，この分野の測定法に関して忘れてはならない重要な点は，測定法の不確かさ評価である．バルクな熱物性であっても，熱伝導率等の輸送係数は測定がそれほど簡単でなく，その分野の専門家が長年の経験を蓄積しながら正確な測定方法の開発を行っているのが現状である．ナノ・マイクロスケールの熱物性測定法の場合は，さらにその困難さは増大する．数多くの新しく考案された測定方法は，画期的なアイディアやその基本的な装置開発においては素晴らしい貢献をしている．しかし多くの場合，論文中に記載されている実験装置の記述はあっても簡潔で少なく，また熱物性値を算出するための詳細な Working Equations や不確かさ評価もほとんど確立されていないのが現状である．熱物性値がけた違いにバルクと違い，その物理的解釈に重点がある場合には，有効数字が 1 桁のデータであっても十分存在価値はある．しかし，その違いが 2 倍より小さい場合は，本当に有意な差なのかが，厳しく言えば明確でない場合もあり得る．このことは，提案されている数多くの新しい測定法の中から時間をかけて不適切な方法は淘汰され，良いものが生き残って不確かさ評価も次第になされていくものと考えられる．また，ナノ・マイクロスケール熱物性の標準物質については，国際的な標準化も含めて今後のさらなる発展が望まれる．

(2) 高い空間分解能の効果

ナノ・マイクロスケールの熱物性測定が可能になると，数十μmから数mmのスケールで変化している熱物性の2次元分布計測が可能になる．例えば，有機溶媒系の塗布フィルムの品質は，乾燥プロセス中の熱・物質移動に大きく左右される．乾燥中の表面張力の空間分布を明らかにする熱物性測定法が開発されれば，現象解明に役立つと考えられる[8]．また空間分解能が向上すれば，異方性を持つ試料の熱物性測定も可能になる[9]．

(3) 高い時間分解能の効果

系のサイズが小さくなると，様々な輸送現象の時定数が飛躍的に小さくなる．例えば，1mmのサイズで1sかかる非定常熱伝導現象は，同じ物質を1nmまで小さくすれば1psで終了することになる．このことは，熱物性測定の時間分解能を飛躍的に向上させることになり，高速に変化している非定常現象における熱物性変化をリアルタイム計測することが可能になる[10,11]．

(4) その場測定

時間・空間分解能を飛躍的に向上させることによって，従来は熱物性測定用に加工したサンプルが必要だった系でも，その場測定（in situ あるいは 生体では in vivo）が可能になり「すぐにフィードバックがかけられる生きた熱物性」が利用できる[12,13]．

(5) 極限環境での熱物性（超高温・極低温・超高圧など）

空間分解能が高い測定法を利用すれば，バルク試料であっても必要な試料サイズを小さくすることが可能になる．このことは，試料の温度・圧力を非常に高くしたり低くしたりする場合に大きなメリットになる．例えば，高温用の装置を非常にコンパクトにすることが可能になり，高温実験の安全性向上や様々な系統的誤差要因となる温度分布の影響等を低減することが可能になる[14,15]．

(6) 極微量サンプル

極微量体積での熱物性測定が可能になると，生体試料や高価なサンプル（試作段階で少量しか製造できない場合など）の熱物性測定が可能になる[12,13]．

1.1.4 ナノ・マイクロスケール熱物性の特異性の利用（Utilization of uniqueness of nano/microscale thermophysical properties）

前項までは，ナノ・マイクロスケール熱物性をいわば「あるがままに受け入れ」，バルクとの違いを定量的に明らかにすることによって，バルクより応用上の特性が悪くなってもナノ・マイクロシステムの設計等に利用する，という考え方に基づいていた．他方，もっと積極的にナノ・マイクロスケールの熱物性値の特異性を利用して，新たな機能を発現するナノ・マイクロシステムを開発するという方向もある．最も分り易い例は，カーボンナノチューブの特異的に大きい熱伝導率を利用して，高熱伝導率ナノ複合材料を開発することや（6.7.2項参照），あるいは熱電材料の熱伝導率をナノ構造を用いて意図的に小さくすることによって高い熱電性能を得るという研究（2.1節参照）がこの方向である．本ハンドブックでも，6.7節「ナノ材料を含んだバルク物質の熱物性」で，ナノ流体，ナノ複合材料やナノバブル含有水がまとめられており，またナノ構造表面による特異なふく射性質の応用可能性についても6.5節で扱っている．今後，「熱物性値をナノ・マイクロ構造によりデザインして，新たな機能を発現するバルク材料を開発する」という方向性は，ナノ・マイクロスケール熱物性研究でさらに重要な位置を占めていくと期待される．

1.1.5 まとめ（Summary）

ナノ・マイクロスケール熱物性研究は，理論的にも実験的にもまたデータ蓄積の面からも未開拓な領域は膨大にあり，薄膜材料の熱伝導率のような限定された分野でようやくまとまった成果が見えて

きた段階である．特に，熱物性値のバルクとの相違を定量化してナノ・マイクロデバイスの詳細な設計に利用する側面と，その特異な熱物性を積極的に利用して材料開発をするという，2面性は今後のナノ・マイクロスケール熱物性研究の重要な両輪になると思われる．

参考文献

1) 日本熱物性学会編，新編熱物性ハンドブック，養賢堂（2008）．
2) C. L. Tien, A. Majumdar and F. M. Gerner, Microscale Energy Transport, Taylor & Francis (1997).
3) S. D. Senturia, Microsystem Design, Kluwer (2000).
4) G. Chen, Nanoscale Energy Transport and Conversion, Oxford (2005) p.5.
5) G. Chen, "Nonlocal and Nonequilibrium Heat Conduction in the Vicinity of Nanoparticles", J. Heat Transfer, Vol.118 (1996) pp.539-545.
6) P. G. Sverdrup, S. Sinha, M. Asheghi, S. Uma and K. E. Goodson, Appl. Phys. Lett., Vol.78, No.21 (2001) pp.3331-3333.
7) 長坂雄次, "マイクロ・ナノスケールの熱物性測定", 機械の研究, Vol.59, No.10 (2007) pp.1011-1018.
8) 沖和宏, 長坂雄次, "リプロン・レーザー表面光散乱法を用いたポリマー有機溶剤液の液膜表面挙動の動的観察", 化学工学論文集, 34巻, 6号 (2008) pp.587-593.
9) K. Oki and Y. Nagasaka, "Measurements of anisotropic surface properties of liquid films of azobenzene derivatives", Colloids and Surfaces A: Physicochemical and Engineering Aspects, Vol.333, No.1-3 (2009) pp.182-186.
10) M. Motosuke and Y. Nagasaka, "Real-Time Sensing of the Thermal Diffusivity for Dynamic Control of Anisotropic Heat Conduction of Liquid Crystals", Int. J. Thermophys., Vol.29, No. 6 (2008) pp.2025-2035.
11) M. Motosuke, Y. Nagasaka and S. Honami, "Time-Resolved and Micro-Scale Measurement of Thermal Property for Intermolecular Dynamics Using an Infrared Laser", J. Thermal Sci. and Tech., Vol.3, No.1 (2008) pp.124-132.
12) 村本祐一, 高橋直広, 鎌田奈緒子, 長坂雄次, "マイクロリットル血液粘性率の高速センシング法の開発", 日本機械学会論文集（B編），Vol.76, No.768 (2010) pp.1290-1296.
13) Y. Muramoto and Y. Nagasaka, "High-speed sensing of microliter-order whole-blood viscosity using laser-induced capillary wave", J. Biorheology, Vol.25, No.1 (2011) pp.43-51.
14) Y. Nagasaka and A. Nagashima, "Measurement of the thermal diffusivity of molten KCl up to 1000 °C by the forced Rayleigh scattering method", Int. J. Thermophys., Vol.9, No.6 (1988) pp.923-931.
15) Y. Nagasaka and Y. Kobayashi, "Effect of atmosphere on the surface tension and viscosity of molten LiNbO$_3$ measured using the surface laser-light scattering method", J. Cryst. Growth, Vol.307, No.1 (2007) pp.51-58.

1.2 熱物性値のサイズ効果（Size Effects of Thermophysical Properties）

熱物性を考えることは，温度や熱を考えることと直接つながっている．温度や熱が原子や分子，電子の運動に起因していることはよく知られているが，対象のサイズを小さくしていった際に，それら粒子個々の動きがどのように変化するのか，もしくは変化しないのかが熱物性値を考える際に重要と思われる．例えば，日常生活の cm オーダーの生活では，物質は 6.02×10^{23} 個オーダーの膨大な数の粒子の塊であり，表面を除く内部の原子にとって，周りには自分と同じ原子が配置され，それが無限に続いているように感じているはずである．固体物理学[1]ではこのような無限に大きな状態を仮定して，分布関数を得て，熱物性値を計算している（例えば2.2節）．10^{23} 個は直感的にも非常に大きいサイズと感じられるが，実際はどの程度の数が大きいのか，小さいのか，いろいろな議論ができると思われる．例えば，温度や圧力といった値をミクロな原子の動きの積み上げで考えていくとき，統計力

Table 1-2-1 ln$N!$とスターリングの式
(log of N factorial and Stirlling's formula)

N	$\ln(N!)$	$N\ln N - N$	$\ln(\sqrt{2\pi N}N^N e^{-N}) = N\ln N - N + \frac{1}{2}\ln(2\pi N)$
10	15.104413	13.025851	15.096082
50	148.477767	145.60115	148.4761
100	363.739376	360.517019	363.738542
500	2611.330458	2607.304049	2611.330292
1,000	5912.128178	5907.755279	5912.128095
5,000	37591.143509	37585.965957	37591.143492
10,000	82108.927837	82103.40372	82108.927828

学では，微視的状態数 W を計算し，それが最大になる状態で順次熱物性値が決まっていく．この微視的状態数を計算する際に ln $N!$ をスターリングの公式によって $N\ln N-N$ で近似している[2]（2.2節付録）．

$$N! \cong \sqrt{2\pi N}N^N e^{-N} \cong N^N e^{-N} \quad (N \gg 1) \tag{1.2.1}$$

Table 1-2-1 に N に対してそれら数値をまとめるが，$N=100$ で 1% 程度のずれとなる．$N=10^{23}$ であれば近似が良く成り立ち，問題なく世の中の物性値を説明できているので異論はないが，$N=100$ で ln $N!$ と $N\ln N-N (=\ln N^N e^{-N})$ の間にある 1% のずれは感覚的に不安が残らないわけではない．この議論は客観的な線引きができない以上，主観的な議論にならざるを得ず，熱物性が定義できる最小サイズは原子数 $N=1,000$ かもしれないし，$N=10,000$ かもしれない．もしくは時間平均をとればサンプル数を増やすことができるので，$N=10$ 程度のサイズでも熱物性値が定義できるかもしれない．原子数 $N=100$ を長さにすれば，原子の半径がおおよそ 0.3 nm 程度なので，固体であれば 1 nm^3 程度のサイズで温度や熱の輸送を無理やり考えることも可能に思われる．このようなサイズの議論については，上記とは異なる観点で分子動力学計算などミクロな解析で問題になることがある．小竹によると原子間ポテンシャルの形状とサンプル数の兼ね合いから，意味ある熱物性値を計算するためには一方向に 100 個程度の原子が欲しいとの説明がある[3]．通常，3次元計算なので $(100)^3 = 10^6$ 個となるが，先の議論と同様に時間平均でサンプル数を補えるとなると，計算の時間刻みで 100 step 程度（実時間で 10^{-9} s 程度）で時間平均をとれば 10,000 個の原子からなる固体の物性を計算できることになる．対象とする現象にもよるが 10^{-6} s 程度での平均的な熱物性値を必要とするならば，先と同様に平均時間を延ばしてサンプル数を増し，むりやり 1 nm^3（原子数 100 個）程度の固体の熱物性値を決定することもできるかもしれない．このように超微小な固体の熱物性を定義できるようになると，固体内にある原子は，まわりを 10^{23} 個の原子で囲まれていた時とは異なり，少し向こう側には何もないことを感じるようになる．そこまで小さくなくとも表面原子は常に片側には原子がいない状態であるため，内部の原子とは運動の様子が異なる．温度や熱が原子個々の動きで作られるものなので，内部の原子とは動きが異なる表面の原子の割合が全体に対して大きくなってくると，その熱物性値が変わってくることも直感的に理解できる．ナノ粒子の比熱や融点などでそのような効果が測定されており，3.1節に詳しい．

物質のサイズ自体が小さく表面が存在することと，ナノコンポジットや超格子構造薄膜のように異なる原子が接する界面が存在し，それが支配的になることは，内部の原子にとって無限に同じ原子が存在することとは異なる点から見て大きな違いはない．このような表面や界面のために原子の運動が制限されると，本来の3次元に自由に動いている原子によって作られる熱物性値とは異なってくることがある．2.2節 Eq.(2.2.8)では3次元方向に原子が運動できることを仮定し，その後の展開も続いて

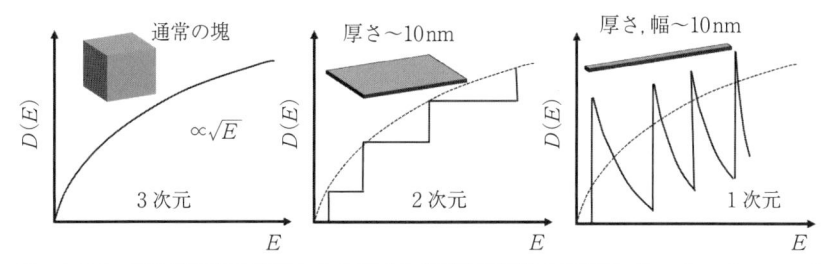

Fig. 1-2-1 低次元半導体形状とその電子の状態密度関数の概略図（Density of states of electrons in a bulk crystal and low-dimensional materials）

熱物性値が求められているが，非常に薄い薄膜もしくは非常に細い線の中では，動きが2次元的，1次元的になり，得られる結果も異なってくる．3.1節に原子の運動を制限された物質の比熱の温度依存性が説明されており，カーボンナノチューブの比熱が低温で温度 T に比例し，この結果は原子の運動が1次元方向に制限されている仮定と矛盾しないことが紹介されている．電子では，表面を使わずとも絶縁体を使えばその運動を制限できるため，このことにより電子の特殊な状態を生み出し（Fig. 1-2-1），量子井戸レーザーなどで実用化されている．量子井戸レーザーの例は熱物性値ではないが，技術的にも nm オーダーでの構造を作製することができ，その物理が利用されている[4]．このようにナノ構造応用が進んでいるため，これらの熱物性値を議論する必要に迫られている一例でもある．

これまで細かく温度の定義できるサイズや，原子の動きといった微視的な点から熱物性値のサイズ効果について概略を述べてきたが，熱物性値は熱の輸送とも関わっているため，熱輸送とサイズ効果についても議論する必要がある．熱物性値と熱の輸送に着目してサイズ効果を考えるには，気体の熱伝導率が直感的でわかりやすい．気体の熱伝導率は，単位体積あたりにどれだけの原子が存在するかで熱伝導率が変わることが知られている[5]．気体の熱伝導率 λ が分子の衝突による熱輸送の結果によると考えると，気体の密度 ρ，定積比熱 c_v，分子の速度 v，平均自由行程 l として以下のように書ける．

$$\lambda = \frac{1}{3}\rho c_v v l \tag{1.2.2}$$

1気圧において気体の平均自由行程は 100 nm 程度であり，日常的な cm オーダーのサイズでは熱伝導率のサイズ依存性は見られない．しかし，圧力が下がり，単位体積あたりの分子の数 n が減ると分子同士の衝突が当然少なくなるため，その平均自由行程 l は長くなる[6]．

$$l = \frac{1}{n\pi d^2 \sqrt{2}} \tag{1.2.2}$$

ここで d は分子を球としたときの直径である．気体の平均自由行程は 10 Pa 程度の低圧で 1 mm 程度にまで長くなる．1気圧下で cm オーダーサイズの気体の熱伝導率を考えるときは，暗黙のうちに分子同士の激しい衝突の繰返しが仮定され，その下で測定された値が設計に利用されていることになる．もし電子材料製造に利用する真空チャンバ内の熱の輸送を考える必要に迫られた際は，Eq.(1.2.2)で与えられる平均自由行程と装置の構造（代表サイズ）は同オーダーとなるため，通常の気体の熱伝導率が使えなくなることは理解に難しくない．これらは平均自由行程 l と物体の代表長さ L の比である Kn 数（$= l/L$）を使って議論が進められ，順応係数やすべり係数，温度跳躍係数などといったパラメーターを駆使しながら，低下する熱輸送を取り扱っている[5]．圧力が低下すると，熱伝導率といった熱物性よりも周りにある物体の位置関係が熱輸送量に関係してくるようになり（Fig. 1-2-2），例えば平板間の距離が見かけの熱伝導率に関係してくることが知られている．ピラニゲージや熱電対真空計は，低圧気体の熱伝導率が圧力に比例することを利用しており，気体の熱伝導率のサイズ効果を応用した例とも言える．

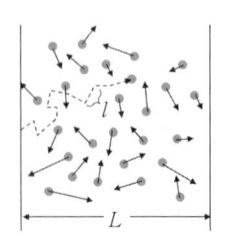

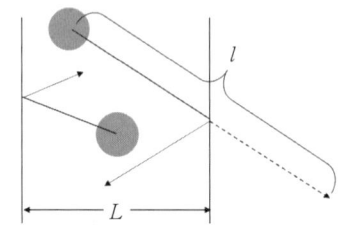

Fig. 1-2-2 気体分子の拡散輸送と弾道輸送（Ballistic transport and diffusive transport of gas molecules）

　固体では電子と格子振動によって熱が輸送されるが，例えば格子振動に限って話を進めれば，格子振動がもつ熱容量，振動の伝わる速度，振動の平均自由行程がわかれば，気体の熱伝導率を表す Eq. (1.2.2)と同様な表記が期待できる（2.2節 Eq.(2.2.32)）．2.2節に格子振動の比熱や速度，平均自由行程について述べているが，2.2節 Eq.(2.2.35)を用いて格子振動の周波数依存性まで考慮して Si における格子振動の自由行程分布を求め，横軸を自由行程 l，縦軸を熱伝導率 λ としたグラフを Fig. 1-2-3 に示す．横軸の自由行程がなんらかの構造（例えば表面や結晶粒界，異種材料界面（Fig. 1-2-4））でカットされたとすれば，その横軸の値において示す熱伝導率がその材料の熱伝導率として大雑把に見積もれると考えると理解しやすい．通常は Fig. 1-2-3(a)のように横軸がどの値を取っても（サイズを変えても）熱伝導率は一定であり，だからこそ熱物性値として意味を持って設計にも利用されてきたことがわかる．日常生活における cm オーダーでの感覚である．しかし，Fig. 1-2-3(a)の横軸 0 近傍ではグラフが急激に原点に向かっており，この部分を強調するために横軸を対数で取りなおしたグラフが Fig. 1-2-3(b)である．$l = 10\,\mu\mathrm{m}$ 付近で熱伝導率が減少しはじめ，$l = 100\,\mathrm{nm}$ あたりでは半分程度となっている．対象サイズが小さくなると，格子振動の輸送が構造によって絶ち切られ，熱伝導率が減少することがわかる．先の気体の熱伝導率で持ち出した Kn 数で言えば，構造が 100 nm 程度であると構造と格子振動の自由行程が同程度となって Kn 数が大きい状況を扱っていることになり，激しい衝突が繰り返されることが暗黙のうちに仮定されている現象論的なフーリエの式は使えないことを意味している．しかし，このような問題をまじめに解き始めるとボルツマン輸送方程式を解くなどの必要性に迫られることになり煩雑である．もしそのようなことを気にせずに機器設計をするならば，見かけの熱伝導率がサイズによって変わり，対象とするサイズにあわせた見かけの熱伝導率を使って設計するのも割り切った1つの考え方である．実際に薄膜の熱伝導率など，その厚みが数 100 nm オーダーとなってくると，もはや cm オーダーで測定されてきた材料の熱伝導率とは異なる値になっていることが6章にまとめられている．

　この他，熱輸送に関わる話としてふく射熱輸送がある．この輸送は，熱伝導や熱伝達といった熱輸送とは一線を画した現象であり，電磁波輸送がその輸送の根本である[7]．可視光における薄膜干渉はシャボン玉や水たまりの上に張った油膜の虹色など身近な現象でもあり，その色は波の干渉によって引き起こされていることはよく知るところである．可視光も熱ふく射輸送の中心となる赤外線も同じ電磁波で波長が異なるだけであるため，当然，波長程度の微細構造を物質表面に生成することで材料本来の持つ反射スペクトルとは異なる特性を人工的に持たせることが可能である．エネルギーバランスを考えると，反射スペクトル，透過スペクトル，吸収スペクトルはそれぞれ関係があり，さらに吸収スペクトルと放射スペクトルはキルヒホッフの関係から等しいため，反射スペクトルを制御できることは，間接的に吸収スペクトル，放射スペクトルを制御できることになる（黒体放射の物理が量子力学の発展とつながっており[8]，放射という物理は極めて興味深い．しかし微細構造表面からの放射がなぜ特殊な放射スペクトルをとるのかミクロな観点から直接的な説明は未だなされていない難しい

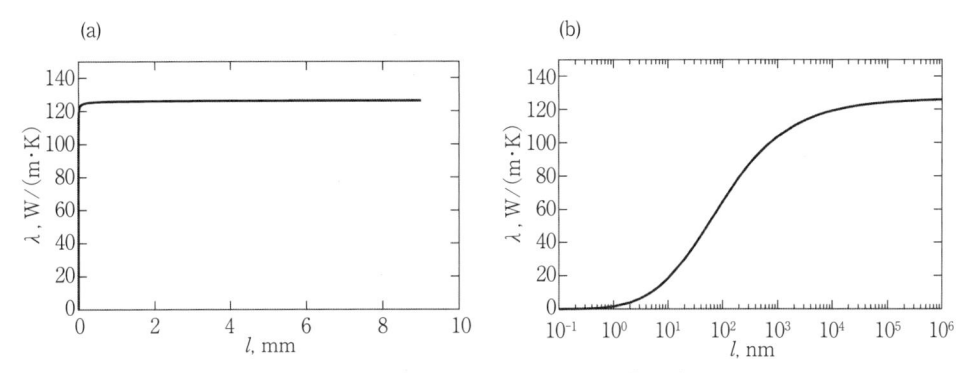

Fig. 1-2-3 フォノンのカットオフ平均自由行程と単結晶 Si の累積熱伝導率 (Cumulative thermal conductivities of Si as a function of the cutoff mean free path of phonons)

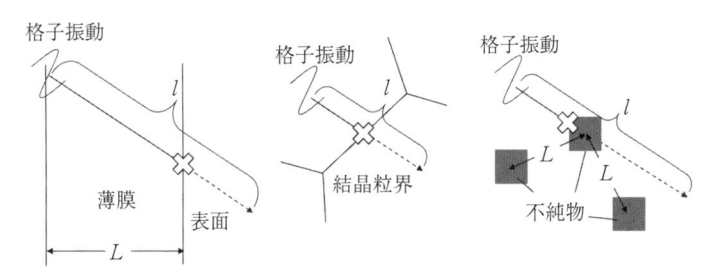

Fig. 1-2-4 ナノ構造によってカットされる格子振動による熱輸送 (Schematic of phonon mean free path reduction by nano-structures)

問題のようである)．どのような構造でどのように制御するかは，4.10 節や 6.5 節に詳しい．

熱物性値が変わるというサイズは，従来，数 nm もしくは数オングストロームと思われてきたところもあるかもしれないが，微細加工技術の進展や計算機の目覚ましい高速化による解析手法の進展によって，実験結果からも解析結果からも，サブ μm オーダーで見かけの熱物性値が変わることが近年わかり始めてきている．mm, サブ μm オーダーといったサイズは，もはや容易に制御可能なサイズであり，この技術を用いて必要な熱物性値を積極的に生み出す研究も盛んとなってきているのが現状である[9〜11]．

参考文献

1) C. Kittel, キッテル固体物理学入門 第 8 版, 丸善 (2005) p.114.
2) 戸田盛和, 熱・統計力学, 岩波書店 (1983) p.102.
3) 小竹進, 熱流体の分子動力学, 丸善 (1998) p.35.
4) J. H. デイヴィス, 低次元半導体の物理, Springer (1998) p.ix.
5) 甲藤好郎, 伝熱概論, 養賢堂 (1994) p.9.
6) G. F. Weston, 超高真空技術の実際, 共立出版 (1991) p.377.
7) M.Q. Brewster, Thermal radiative transfer and properties, Wiley (1992) p.1.
8) 小出昭一郎, 量子力学(I), 裳華房 (1969) p.1.
9) Z. M. Zhang, Nano/microscale heat transfer, McGraw-Hill (2006).
10) G. Chen, Nanoscale energy transport and conversion, Oxford (2005).
11) S. Volz, Thermal nanosystems and nanomaterials, Springer (2009).

1.3 本ハンドブックの構成と利用の手引き（How to Use This Handbook）

本ハンドブックは，A 基礎編，B 測定・シミュレーション編，C データ編として，各項が整理されており，A 編はイントロダクション（1 章）とナノ・マイクロスケールの輸送現象の基礎（2 章），輸送現象の基礎を前提に熱物性値のサイズ効果について（3 章）概説されている．B 測定・シミュレーション編では，ナノ・マイクロスケールの熱物性値測定法として，薄膜やナノチューブ，ナノファイバーの熱伝導率・熱拡散率測定法，微量サンプルさらにはナノ・マイクロサンプルの固体や液体の各種熱物性測定法，微細構造をもつサンプルのふく射性質測定法について，各測定法の概略が 4 章にまとめられている．さらに測定法だけでなく，現象への理解を深めるために必要な数値シミュレーションによってのみ得られる熱物性やナノ・マイクロスケール熱物性の理解に有効な分子シミュレーションについて 5 章にまとめられている．C データ編では，カーボン系材料や各種薄膜の熱伝導率，ナノ構造表面のふく射性質，界面熱抵抗，ナノ流体などナノ材料を含んだ物質の熱物性値が記載されている（6 章）．特定の物質については目次を参照して頂きたい．最後に 7 章で薄膜熱物性について，標準物質，データベース，測定法の規格について解説されている．

(1) 国際単位系 (SI) について

本ハンドブックが扱う物性値は，基本的に SI 単位で記述されている．単位については SI 単位系国際文書[1]や熱物性ハンドブック[2]に詳しく，ここでは日本語版内容を抜粋する．SI 単位という一貫性のある単位が用いられるときには，その量を表す数値の間の関係式は量そのものの間の関係式と完全に同一の形をとる．従って SI 単位を使えば，単位間の変数係数は一切不要であることが長所として挙げられる．SI 単位は，七つの基本量である長さ，質量，時間，電流，熱力学温度，物質量，光度の単位から構成される（Table 1-3-1）．これらの量は便宜的に独立であると考えられているが，それらの基本単位であるメートル，キログラム，秒，アンペア，ケルビン，モル，カンデラは多くの局面で互いに依存している．長さの定義は秒を，アンペアの定義はメートル，キログラム，秒を，モルの定

Table1-3-1 SI 基本単位の名称
(SI base units)

基本量	SI 基本単位の名称	単位記号	定義
長さ	メートル	m	メートルは，1 秒の 299 792 458 分の 1 の時間に光が真空中を伝わる行程の長さである．
質量	キログラム	kg	キログラムは質量の単位であって，単位の大きさは国際キログラム原器の質量に等しい．
時間	秒	s	秒は，セシウム 133 の原子の基底状態の 2 つの超微細構造準位の間の遷移に対応する放射の周期の 9 192 631 770 倍の継続時間である．
電流	アンペア	A	アンペアは，真空中に 1 メートルの間隔で平行に配置された無限に小さい円形断面積を有する無限に長い 2 本の直線状導体のそれぞれを流れ，これらの導体の長さ 1 メートルにつき 2×10^{-7} ニュートンの力を及ぼし合う一定の電流である．
熱力学温度	ケルビン	K	熱力学温度の単位，ケルビンは，水の三重点の熱力学温度の 1/273.16 である．
物質量	モル	mol	1. モルは，0.012 キログラムの炭素 12 の中に存在する原子の数に等しい数の要素粒子を含む系の物質量であり，単位の記号は mol である． 2. モルを用いるとき，要素粒子（訳注：elementaryentites）が指定されなければならないが，それは原子，分子，イオン，電子，その他の粒子又はこの種の粒子の特定の集合体であってよい．
光度	カンデラ	cd	カンデラは，周波数 540×10^{12} ヘルツの単色放射を放出し，所定の方向におけるその放射強度が 1/683 ワット毎ステラジアンである光源の，その方向における光度である．

Table 1-3-2 基本単位を用いて表される一貫性のある SI 組立単位の例
(Examples of coherent derived units in the SI expressed in terms of base units)

組立量	名称	記号
面積	平方メートル	m^2
体積	立方メートル	m^3
速さ，速度	メートル毎秒	m/s
加速度	メートル毎秒毎秒	m/s^2
波数	毎メートル	m^{-1}
密度，質量密度	キログラム毎立方メートル	kg/m^3
面積密度	キログラム毎平方メートル	kg/m^2
比体積	立方メートル毎キログラム	m^3/kg
電流密度	アンペア毎平方メートル	A/m^2
磁界の強さ	アンペア毎メートル	A/m
量濃度，濃度[a]	モル毎立方メートル	mol/m^3
質量濃度	キログラム毎立方メートル	kg/m^3
輝度	カンデラ毎平方メートル	cd/m^2
屈折率[b]	（数の）1	1
比透磁率[b]	（数の）1	1

(a) 量濃度（amount concentration）は臨床化学の分野では物質濃度（substance concentration）とも呼ばれる．
(b) これらは無次元量あるいは次元 1 を持つ量であるが，そのことを表す単位記号である数字の 1 は通常は表記しない．

義はキログラムを，カンデラの定義はメートル，キログラム，秒を取り込んでいる．

　この基本単位のべき乗の積である SI 組立単位の例を Table 1-3-2 に示す．利便性の観点から，いくつかの一貫性のある組立単位は固有の名称とそれらに与えられた独自の記号をもっており，それらを Table 1-3-3 に示す．基本単位や他の組立単位の名称と記号と一緒に別の組立単位を表すために用いることができる．いくつかの例を Table 1-3-4 に示す．固有の名称とそれらの独自の記号は，頻繁に使われる基本単位の組み合わせを単に簡潔な形式で表記したものであるが，多くの場合，量の意味を明確にするにも役立っている．他，使い方として多くの単位記号が混在するときには，カッコや負の指数を用いて曖昧さを排除しなければならない．例えば，熱伝導率の単位で W/(m·K)，W/(m K) は正しいが，W/m·K は曖昧である．

(2) SI 接頭語について

　量の値を示す場合，その数値が使いやすい大きさであるとは限らないので，SI 単位に乗ずることができる 10 の整数乗で示される SI 接頭語が決められている．使用が認められている 10^{-24} から 10^{24} までの範囲の SI 接頭語を Table 1-3-5 に示す．国際単位系の基本単位の中で，質量の単位 kg は，歴史的な理由により，その名称の中に接頭語を含んでいる唯一のものである．質量の単位の 10 の整数乗倍を作る接頭語の名称と記号は，単位の名称に附加する．質量の単位「グラム」を例にとれば，10^{-6} kg = 1 mg という表現は正しいが 1 μkg（1 マイクロキログラム）としてはならない．他の単位を例として，長さの単位「メートル」では，10^{-9} m = nm（ナノメートル）はよいが，mμm（ミリマイクロメートル）などとしてはならない．

(3) SI と併用される SI に属さない単位

　日常の生活で広く SI 単位と用いられるため，SI と併用することが認められている SI に属さない単位を Table 1-3-6 に示す．これらの単位については，SI 単位により正確な定義が与えられている．時間と角度について古くから使われている単位が多いが，ヘクタール，リットル，トンといった慣用的に日常的に使われている単位も含まれている．SI 接頭語は，これらの単位のいくつかと併用されるが，時間の単位とは併用されない．

Table 1-3-3 固有の名称と記号で表される SI 組立単位
(Coherent derived units in the SI with special names and symbols)

組立量	名称	記号	他の SI 単位による表し方	SI 基本単位による表し方
平面角	ラジアン	rad	1	m/m
立体角	ステラジアン	sr	1	m^2/m^2
周波数	ヘルツ	Hz		s^{-1}
力	ニュートン	N		$m\ kg\ s^{-2}$
圧力, 応力	パスカル	Pa	N/m^2	$m^{-1}\ kg\ s^{-2}$
エネルギー, 仕事, 熱量	ジュール	J	N m	$m^2\ kg\ s^{-2}$
仕事率, 工率, 放射束	ワット	W	J/s	$m^2\ kg\ s^{-3}$
電荷, 電気量	クーロン	C		s A
電位差(電圧), 起電力	ボルト	V	W/A	$m^2\ kg\ s^{-3}\ A^{-1}$
静電容量	ファラド	F	C/V	$m^{-2}\ kg^{-1}\ s^4\ A^2$
電気抵抗	オーム	Ω	V/A	$m^2\ kg\ s^{-3}\ A^{-2}$
コンダクタンス	ジーメンス	S	A/V	$m^{-2}\ kg^{-1}\ s^3\ A^2$
磁束	ウェーバ	Wb	V s	$m^2\ kg\ s^{-2}\ A^{-1}$
磁束密度	テスラ	T	Wb/m^2	$kg\ s^{-2}\ A^{-2}$
インダクタンス	ヘンリー	H	Wb/A	$m^2\ kg\ s^{-2}\ A^{-2}$
セルシウス温度	セルシウス度	℃		K
光束	ルーメン	lm	cd sr	cd
照度	ルクス	lx	lm/m^2	$m^{-2}\ cd$
放射性核種の放射能	ベクレル	Bq		s^{-1}
吸収線量, 比エネルギー分与, カーマ	グレイ	Gy	J/kg	$m^2\ s^{-2}$
線量当量, 周辺線量当量, 方向性線量当量, 個人線量当量	シーベルト	Sv		
酵素活性	カタール	kat		$s^{-1}\ mol$

(a) SI 接頭語は固有の名称と記号を持つ組立単位と組合わせても使用できる. しかし接頭語を付した単位はもはやコヒーレントではない.
(b) ラジアンとステラジアンは数字の 1 に対する単位の特別な名称で, 量についての情報をつたえるために使われる. 実際には, 使用する時には記号 rad 及び sr が用いられるが, 習慣として組立単位としての記号である数字の 1 は明示されない.
(c) 測光学ではステラジアンという名称と記号 sr を単位の表し方の中に, そのまま維持している.
(d) ヘルツは周期現象についてのみ, ベクレルは放射性核種の統計的過程についてのみ使用される.
(e) セルシウス度はケルビンの特別な名称で, セルシウス温度を表すために使用される. セルシウス度とケルビンの単位の大きさは同一である. したがって, 温度差や温度間隔を表す数値はどちらの単位で表しても同じである.
(f) 放射性核種の放射能 (activity referred to a radionuclide) は, しばしば誤った用語で "radioactivity" と記される.
(g) 単位シーベルト (PV, 2002, 70, 205) については度量衡委員会勧告 2 (CI-2002) p. 168 を見よ.

Table 1-3-7 に示した単位は, 基礎物理定数に関連するものであり, その数値が実験的に決定され, 不確かさを伴う単位を含んでいる. 天文単位以外のすべての単位は, 基礎物理定数と関連があり, 初めの三つの単位, 電子ボルト (eV), ダルトン (Da) または統一原子質量単位 (u) と天文単位は SI 単位に属さないが SI 単位との併用が認められている. 電子ボルトとダルトンの値は, 電気素量 e およびアボガドロ定数 N_A にそれぞれ依存する. 基礎物理定数にもとづく単位系のなかで最も重要なのは, 素粒子物理で用いられる自然単位系 (n.u.) と原子物理や量子化学で用いられる原子単位系 (a.u.) である. 自然単位系において力学の基本量は, 速さ, 作用, 質量で, それぞれに対して基本単位は, 真空中の光の速さ c_0, 2π で割られたプランク定数 $\hbar$, および電子の質量 m_e である. この単位系では

Table 1-3-4 単位の中に固有の名称と記号を含む一貫性のある SI 組立単位の例
(Examples of SI Coherent derived units whose names and symbols include SI coherent derived units with special names and symbols)

組立量	名称	記号	SI 基本単位による表し方
粘性率	パスカル秒	Pa s	m^{-1} kg s^{-1}
力のモーメント	ニュートンメートル	N m	m^2 kg s^{-2}
表面張力	ニュートン毎メートル	N/m	kg s^{-2}
角速度	ラジアン毎秒	rad/s	m m^{-1} s^{-1} = s^{-1}
角加速度	ラジアン毎秒毎秒	rad/s^2	m m^{-1} s^{-2} = s^{-2}
熱流密度, 放射照度	ワット毎平方メートル	W/m^2	kg s^{-3}
熱容量, エントロピー	ジュール毎ケルビン	J/K	m^2 kg s^{-2} K^{-1}
比熱容量比エントロピー	ジュール毎キログラム毎ケルビン	J/(kg·K)	m^2 s^{-2} K^{-1}
比エネルギー	ジュール毎キログラム	J/kg	m^2 s^{-2}
熱伝導率	ワット毎メートル毎ケルビン	W/(m·K)	m kg s^{-3} K^{-1}
体積エネルギー	ジュール毎立方メートル	J/m^3	m^{-1} kg s^{-2}
電界の強さ	ボルト毎メートル	V/m	m kg s^{-3} A^{-1}
電荷密度	クーロン毎立方メートル	C/m^3	m^{-3} s A
表面電荷	クーロン毎平方メートル	C/m^2	m^{-2} s A
電束密度, 電気変位	クーロン毎平方メートル	C/m^2	m^{-2} s A
誘電率	ファラド毎メートル	F/m	m^{-3} kg^{-1} s^4 A^2
透磁率	ヘンリー毎メートル	H/m	m kg s^{-2} A^{-2}
モルエネルギー	ジュール毎モル	J/mol	m^2 kg s^{-2} mol^{-1}
モルエントロピーモル熱容量	ジュール毎モル毎ケルビン	J/(mol·K)	m^2 kg s^{-2} K^{-1} mol^{-1}
照射線量 (X 線及び γ 線)	クーロン毎キログラム	C/kg	kg^{-1} s A
吸収線量率	グレイ毎秒	Gy/s	m^2 s^{-3}
放射強度	ワット毎ステラジアン	W/sr	m^4 m^{-2} kg s^{-3} = m^2 kg s^{-3}
放射輝度	ワット毎平方メートル毎ステラジアン	W/(m^2·sr)	m^2 m^{-2} kg s^{-3} = kg s^{-3}
酵素活性濃度	カタール毎立方メートル	kat/m^3	m^{-3} s^{-1} mol

Table 1-3-5 SI 接頭辞
(SI prefixes)

乗数	名称	記号	乗数	名称	記号
10^1	デカ (deca)	da	10^{-1}	デシ (deci)	d
10^2	ヘクト (hecto)	h	10^{-2}	センチ (centi)	c
10^3	キロ (kilo)	k	10^{-3}	ミリ (milli)	m
10^6	メガ (mega)	M	10^{-6}	マイクロ (micro)	μ
10^9	ギガ (giga)	G	10^{-9}	ナノ (nano)	n
10^{12}	テラ (tera)	T	10^{-12}	ピコ (pico)	p
10^{15}	ペタ (pera)	P	10^{-15}	フェムト (femto)	f
10^{18}	エクサ (exa)	E	10^{-18}	アト (atto)	a
10^{21}	ゼタ (zetta)	Z	10^{-21}	セプト (zepto)	z
10^{24}	ヨタ (yotta)	Y	10^{-24}	ヨクト (yocto)	y

時間は組立量であり，時間は基本単位の組み合わせ $\hbar/m_e c_0^2$ で表される．原子単位系では，電荷，質量，作用，長さおよびエネルギーの 5 つの量のうち任意の 4 つを基本量にとる．対応する基本単位は，電気素量 e，電子質量 m_e，作用 $\hbar$，ボーア半径 a_0，ハートリーエネルギー E_h である．この単位系でも時間は組立量であり，$\hbar/E_h$ に等しい．$E_h = e^2/(\pi \varepsilon_0 a_0)$，$\varepsilon_0$ は電気定数であり，SI 単位では定義値となる．

Table 1-3-8 に CGS 単位系をまとめる．力学分野では，古くは基本単位がセンチメートル，グラム，秒で構成されていた．CGS の電気単位は，SI 単位で使われる場合と異なる形の定義方程式を使い，これらの 3 つの基本単位のみから導き出される．物理学のある分野や古典的電磁気学などで優位性があ

Table 1-3-6 SI単位と併用される非SI単位
(Non-SI units accepted for use with the international system of units)

量	単位の名称	記号	SI単位による値
時間	分	min	1min=60s
	時[a]	h	1h=60min=3600s
	日	d	1d=24h=86400s
平面角	度[b,c]	°	$1° = (\pi/180)$ rad
	分	′	$1' = (1/60)° = (\pi/10800)$ rad
	秒[d]	″	$1'' = (1/60)' = (\pi/648000)$ rad
面積	ヘクタール[e]	ha	$1\text{ha} = 1\text{hm}^2 = 10^4 \text{m}^2$
体積	リットル[f]	L, l	$1\text{L} = 1\text{l} = 1\text{dm}^3 = 10^3 \text{cm}^3 = 10^{-3} \text{m}^3$
質量	トン[g]	t	$1\text{t} = 10^3 \text{kg}$

(a) この単位の記号については，第9回CGPM（1948; CR70）の決議7に含まれている．

(b) ISO 31は平面角の単位，分及び秒を用いるより，10進法による小数点以下の数値を使用して度で表すことを推奨している．しかし航法や測量の分野では，緯度の1分が地球表面で凡そ1海里の距離に相当することから，分を使う利点がある．

(c) 単位ゴン（gonまたはその別名 grad）は $(\pi/200)$ rad の値をもつ平面角の単位である．したがって，100ゴンが直角を表す．極から赤道までの距離がほぼ10 000 kmであるから，地球の中心から見た1センチゴンは地球表面で約1 kmに相当する．これが航法でゴンが使われる理由であるが，ゴンが使われることは稀である．

(d) 天文学で小さい平面角は，アーク秒（as または ″ の記号を使う），ミリアーク秒（mas），マイクロアーク秒（μas），ピコアーク秒（pas）で測られる．アーク秒は平面角「秒」の別名である．

(e) ヘクタールの名称と記号 ha は1879年の国際度量衡委員会（議事録1879, 41）で採択された．土地の面積を表すために使用される．

(f) 単位リットルとその記号の小文字の l（エル）は1879年の国際度量衡委員会（PV, 1879, 41）により採択された．もう一つの記号大文字のLは，小文字の l と数字の1との混同による危険を避けるために，第16回 CGPM（1979, 決議6, CR101, 及び Metrologia, 1980, 16, 56-57）で採択された．

(g) 単位トンとその記号 t は1879年の国際度量衡委員会で採択された（議事録1879, 41）．英語圏の国々では，この単位を通常「メートル系トン」と称している．

り，固有の名称が与えられSI接頭語とともに用いられる．

(4) 物性値の定義について

本ハンドブックで頻出する物性値について定義する．主な熱物性値の名称，記号については Table 1-3-9にまとめてある．さらに各節ごとに細かく定義される物性値については，各節の説明を参照いただきたい．

熱伝導率（thermal conductivity）λ

物質中に温度勾配があるとき，単位時間，単位断面積あたりに流れる熱エネルギーである熱流束が温度勾配に比例するとしたときの比例係数．

比熱容量（specific heat capcity）c

単位質量の物質の温度を単位温度だけ上昇させるのに要する熱量．圧力を一定にして求めた比熱を定圧比熱容量，体積一定にして求めた比熱を定積比熱容量という．

1.3 本ハンドブックの構成と利用の手引き

Table 1-3-7 SI 単位で示される数値が実験的に求められる非 SI 単位
(Non-SI units whose values in SI units must be obtained experimentally)

量	単位の名称	単位の記号	SI 単位による値[a]
	SI 単位との併用が認められている単位		
エネルギー	電子ボルト[b]	eV	$1\mathrm{eV}=1.602\,176\,565(35)\times 10^{-19}$ J
質量	ダルトン[c]	Da	$1\mathrm{Da}=1.660\,538\,921(73)\times 10^{-27}$ kg
	統一原子質量単位	u	$1\mathrm{u}=1\mathrm{Da}$
長さ	天文単位[d]	ua	$1\mathrm{ua}=1.495\,978\,706\,91(6)\times 10^{11}$ m
	自然単位系		
速さ	速さの自然単位(真空中の光の速さ)	c_0	299 792 458 m/s
作用	作用の自然単位(換算プランク定数)	$\hbar$	$1.054\,571\,726(47)\times 10^{-34}$ J s
質量	質量の自然単位(電子質量)	m_e	$9.109\,382\,91(40)\times 10^{-31}$ kg
時間	時間の自然単位	$\hbar/(m_\mathrm{e}c_0^2)$	$1.288\,088\,668\,33(83)$ s
	原子単位系		
電荷	電荷の原子単位(電気素量)	e	$1.602\,176\,565(35)\times 10^{-19}$ C
質量	質量の原子単位(電子質量)	m_e	$9.109\,382\,91(40)\times 10^{-31}$ kg
作用	作用の自然単位(換算プランク定数)	$\hbar$	$1.054\,571\,726(47)\times 10^{-34}$ J s
長さ	長さの原子単位,ボーア(ボーア半径)	a_0	$0.529\,177\,210\,92(17)\times 10^{-10}$ m
エネルギー	エネルギーの原子単位,ハートリー	E_h	$4.359\,744\,34(19)\times 10^{-18}$ J
時間	時間の原子単位	$\hbar/E_\mathrm{h}$	$2.418\,884\,326\,502(12)\times 10^{-17}$ s

(a) この表のなかの天文単位を除くすべての単位の「SI 単位による値」は,基礎物理定数の 2010 年 CODATA 推奨値 (Peter J. Mohr, Barry N. Taylor, and David B. Newell, J. Phys. Chem. Ref. Data 41, 043109(2012)) から採った.各数値の最後の 2 桁の標準不確かさを括弧内に示す.
(b) 電子ボルトの大きさは,真空において 1V の電位差を通過することにより電子が得る運動エネルギーである.電子ボルトは,しばしば SI 接頭語を付して使われる.
(c) 単位ダルトン (Da) と統一原子質量 (u) は,静止して基底状態にある自由な炭素原子 $^{12}\mathrm{C}$ の質量の 1/12 に等しい質量の別名(記号)である.大きな分子の質量を表す場合あるいは原子分子の小さな質量差を表す場合に,しばしば SI 接頭語と組み合わせて,キロダルトン:kDa,メガダルトン:MDa,あるいはナノダルトン:nDa,ピコダルトン:pDa などの単位と記号が使われる.
(d) 天文単位は,ほぼ地球と太陽の平均距離に等しい.これは無限小の質量をもつ質点が太陽を中心として 1 日に平均 0.017 202 098 95 rad(ガウス定数とよばれる)進むニュートン円形軌道を画くときの半径に等しい.天文単位の数値は D. D. McCarcy, G. Petit eds. IERS Technical Note 32 (2004, 12),E. M. Standish, Report of the IAU, 1995, 180-184 から採られている.

密度(density)ρ

通常は単位体積当たりの質量をいう.広義にはある量が空間,面,線上に分布されているとき,その微小部分に含まれる量の体積,面積,長さに対する比をいい,それぞれ体積密度,面密度,線密度と名付けて区別する.各種の物理量,例えば質量の他,電荷,電流,磁力線などの電気量の分布の度合いを表すために用いられる.

熱拡散率(thermal diffusivity)a

物質の定圧比熱容量を c_p,密度を ρ,熱伝導率を λ としたとき,$a = \lambda/(\rho c_\mathrm{p})$ で関係づけられる a をいう.温度伝導率ともいう.

熱伝達率(coefficient of heat transfer)h

伝熱特性を表す変数の 1 つで熱流束 q と熱移動に関与する温度差 ΔT の関係が $q = h\Delta T$ にあるとき,この比例係数 h をいう.

粘性率(viscosity)η もしくは μ

流体の速度 u が流れ(x 方向)と垂直(y 方向)に変化して速度勾配 $\partial u/\partial y$ があるとき,速度差をなくすように速度勾配 $\partial u/y\partial$ に比例してせん断力 $\tau = \eta(\partial u/\partial y)$ が生ずる.この比例係数 η を粘性率または粘度,粘性係数という.

Table 1-3-8 SI 単位で示される数値が実験的に求められる非 SI 単位
(Non-SI units whose values in SI units must be obtained experimentally)

量	単位の名称	単位の記号	SI 単位による値
エネルギー	エルグ[a]	erg	1 erg = 10^{-7} J
力	ダイン[a]	dyn	1 dyn = 10^{-5} N
粘度	ポアズ[a]	P	1 P=1 dyn s cm^{-2} = 0.1 Pa s
動粘度	ストークス	St	1 St= 1 cm^2 s^{-1} = 10^{-4} m^2 s^{-1}
輝度	スチルブ[a]	sb	1 sb= 1 cd cm^{-2} = 10^4 cd m^{-2}
照度	フォト	ph	1 ph=1 cd sr cm^{-2} = 10^4 lx
加速度	ガル[b]	Gal	1 Gal=1 cm s^{-2} = 10^{-2} m s^{-2}
磁束	マクスウェル[c]	Mx	1 Mx=1 G cm^2 = 10^{-8}Wb
磁束密度	ガウス[c]	G	1 G = 1 Mx cm^{-2} = 10^{-4} T
磁界の強さ	エルステッド	Oe	1 Oe $\cong (10^3/4\pi)$ A m^{-1}

(a) この単位および記号は第 9 回 CGPM の決議 7（1948; 報告 70）に示されている.
(b) ガルは測地学及び地球物理学で重力加速度を表すための加速度の特別な単位である.
(c) これらの単位は有理化されていない関係式に基礎を置いたいわゆる 3 元 CGS 電磁単位系の一部である. したがって，四元四量の有理化された電磁気学の方程式に基礎をおいた SI 単位に対応させるときは注意する必要がある. 磁束 Φ および磁束密度 B は CGS と SI で同様な式で定義されるので，表のように対応する SI の数値を示すことができる. しかし，磁場の場合は H（非有理化）=$4\pi \times$ H（有理化）であるので，H（非有理化）=1 Oe は H（有理化）=$(10^3/4\pi)$ Am^{-1} に対応するという意味で，表中に記号 $\cong$ が使われている.

Table 1-3-9 記号表
(Notation)

用語	英訳	記号	単位	
加速度	acceleration	a	メートル毎秒毎秒	m/s^2
熱拡散率	thermal diffusivity	a	平方メートル毎秒	m^2/s
面積	area	A, S	平方メートル	m^2
比熱容量	specific heat capacity	c	ジュール毎キログラム毎ケルビン	J/(kg·K)
定圧比熱容量	specific heat capacity at constant pressure	c_p	ジュール毎キログラム毎ケルビン	J/(kg·K)
定積比熱容量	specific heat capacity at constant volume	c_v	ジュール毎キログラム毎ケルビン	J/(kg·K)
光速	speed of light	c, c_0	メートル毎秒	m/s
拡散係数	diffusion coefficient	D	平方メートル毎秒	m^2/s
電荷	electrical charge	e	クーロン	C
電場	electrical field	E	ボルト毎メートル	V/m
エネルギー	energy	E	ジュール	J
周波数	frequency	f	ヘルツ	Hz
分布関数	distribution function	f	無次元	—
力	force	F	ニュートン	N
重力加速度	gravitational	g	メートル毎秒毎秒	m/s^2
電気コンダクタンス	electrical conductance	G	ジーメンス	S
熱伝達率	heat transfer coefficient	h	ワット毎平方メートル毎ケルビン	W/(m^2·K)
プランク定数	Plank constant	h	ジュール秒	J·s
電流	electrical current	I	アンペア	A
電流密度	current density	j	アンペア毎平方メートル	A/m^2
波数	wave number	k	メートル	m
ボルツマン定数	Boltzmann constant	k_B	ジュール毎ケルビン	J/K
潜熱	latent heat	L	ジュール毎キログラム	J/kg
ローレンツ数	Lorenz number	L	平方ボルト毎平方ケルビン	V^2/K^2
平均自由行程	mean free path	L	メートル	m

質量	mass	m	キログラム	kg
物質量	amount of substance	n	モル	mol
アボガドロ数	Avogadro constant	N_A	毎モル	mol^{-1}
圧力	pressure	p, P	パスカル	Pa
動力，仕事率	power	P	ワット	W
熱流束	heat flux	q	ワット毎平方メートル	W/m^2
電気抵抗	electric registance	R	オーム	Ω
ガス定数	gas constant	R	ジュール毎キログラム毎ケルビン	J/(kg·K)
時間	time	t	秒	s
温度	temperature	T	ケルビン	K
速度	velocity	u, v, w	メートル毎秒	m/s
体積	volume	V	立方メートル	m^3
電圧	electrical voltage	V	ボルト	V
角度	angle	α, β, γ	ラジアン	rad
膜厚	film thickness	δ	メートル	m
放射率	emissivity	ε	無次元	-
誘電率	dielectric constant	ε	ファラド毎メートル	F/m
粘性係数	viscosity	η, μ	パスカル秒	Pa·s
波長	wavelength	λ	メートル	m
熱伝導率	thermal conductivity	λ	ワット毎メートル毎ケルビン	W/(m·K)
振動数	frequency	ν	ヘルツ	Hz
動粘度	kinematic viscosity	ν	平方メートル毎秒	m^2/s
密度	density	ρ	キログラム毎立方メートル	kg/m^3
電気抵抗率	electric registivity	ρ	オームメートル	Ω·m
反射率	reflectivity	ρ	無次元	-
電気伝導率，導電率	electric conductivity	σ	ジーメンス毎メートル	S/m
表面張力	surface tension	σ, γ	ニュートン毎メートル	N/m
透過率	transmissivity	τ	無次元	-
立体角	solid angle	Ω, ω	ステラジアン	sr
プラントル数	Prandtl number	Pr	無次元	-
レイノルズ数	Reynolds number	Re	無次元	-
クヌッセン数	Knudsen number	Kn	無次元	-

動粘性率（viscosity）ν
　粘性率をその条件における密度で除した値．動粘度，動粘性係数ともいう．

表面張力（surface tension）σもしくはγ
　表面張力は液体の自由表面，すなわち液相-気相の境界面に働く力であり，その大きさは液体の表面に平行に液面上の単位長さの線に直角に作用する力として表される．液-液，固-気，固-液，固-固など二相の境界面でも同様の張力が作用し，これらを一般に界面張力（interfacial tension）という．

放射率（emissivity）ε
　物体からの熱放射による放射強度と同じ温度にある黒体からの放射強度との比．波長をパラメーターとした放射率を分光放射率，全波長範囲で定義したものを全放射率という．

誘電率（dielectric constant）ε
　電場Eと電束密度Dとの線形関係を表す物理定数．真空の誘電率ε_0との比を比誘電率といい，通常はこの値を意味する．

屈折率（refractive index）n
　真空中の光速度c_0と媒質中の光速度（位相速度）νとの比をいう．

Table 1-3-10　本ハンドブックで利用される物理定数[a]
(Fundamental constants of physics and chemistry)

単位の名称	単位の記号	SI 単位による値
アボガドロ数	N_A	$6.022\,141\,29(27) \times 10^{23} \text{mol}^{-1}$
プランク定数	h	$6.626\,069\,57(29) \times 10^{-34}$ J s
一般気体定数	R	$8.314\,462\,1(75)$ J/(mol·K) [a]
ボルツマン定数	k_B	$1.380\,648\,8(13) \times 10^{-23}$ J/K
ステファン–ボルツマン定数	σ	$5.670\,373(21) \times 10^{-8}$ W/(m²·K⁴)
真空の誘電率	ε_0	$8.854\,187\,817... \times 10^{-12}$ F/m
真空の透磁率	μ_0	$4\pi \times 10^{-7} = 12.566\,370\,614 \times 10^{-7}$ N/A²
プロトンの質量	m_p	$1.672\,621\,777(74) \times 10^{-27}$ kg
ファラデー定数	F	$96\,485.336\,5(21)$ C/mol
電気コンダクタンス量子	$2e^2/h$	$7.748\,091\,734\,6(25) \times 10^{-5}$ S
万有引力定数	G	$6.673\,84(80) \times 10^{-11}$ m³/(kg·s²)

(a) 基礎物理定数の 2010 年 CODATA 推奨値（Peter J. Mohr, Barry N. Taylor, and David B. Newell, J. Phys. Chem. Ref. Data 41, 043109 (2012)）のデーターを参照.

導電率（electrical conductivity）σ

　液体および固体中の任意の点における電流密度 j_{el} と電場の強さ E の関係は多くの場合，$j_{el} = \sigma E$ によって表され，この比例係数 σ を導電率または電気伝導率という．

(5) 物理定数について

　Table 1-3-7 にいくつかの物理定数を列挙しているが，他にもナノ・マイクロでよく利用される物理定数を Table 1-3-10 に示した．それらの値は，2010 年 CODATA 推奨値[3]から採った．各数値の最後の 2 桁の標準不確かさを括弧内に示す．前述の通り，実験から得られる値であることから，数年毎に推奨値の見直しが行われており，NIST のホームページ[4]などで確認できる．

参考文献

1) 国際度量衡委員会，国際単位系（SI）第 8 版 (2006).
2) 日本熱物性学会編，新編 熱物性ハンドブック，養賢堂 (2008).
3) P. J. Mohr, B. N. Taylor and D. B. Newell, "CODATA Recommended values of the fundamental physical constants:2010", J. Phys. Chem. Ref. Data, Vol. 41 (2012) 043109.
4) http://physics.nist.gov/cuu/Reference/versioncon.shtml

第2章 ナノ・マイクロスケールの輸送現象の基礎
(Nano/Microscale Transport Phenomena)

2.1 電子輸送 (Electron Transport)

導体に電場を印加すると電流が流れる．電流の担い手はキャリアとよばれ，物質中では電子やホールそしてイオンなどがそれにあたる．キャリアは電流の他に熱も運ぶので，電圧を印加すると熱流が発生する．一方，温度勾配があれば熱流だけでなく電流も流れる．このようにキャリア輸送では本質的に電流と熱流が相関し合っている．本節ではバルク物質とナノ・マイクロスケール物質の電子輸送の違いに焦点を当て，熱電相関現象の基礎について述べる．

2.1.1 電気伝導と熱伝導のサイズ効果 (Size effect)

導体に電圧を印加すると電流が流れる．印加電圧 V が小さい場合には，電流 I は V に比例し，お馴染みのオームの法則 (Ohm's law):

$$I = G_{\text{el}} V \tag{2.1.1}$$

に従う．ここで G_{el} は**電気コンダクタンス** (electrical conductance) あるいは単に**コンダクタンス** (conductance) と呼ばれ，電流の流れやすさを表す応答関数であり，電気抵抗 R の逆数 ($G_{\text{el}} = 1/R$) である．ここで簡単のため，断面積が A で長さが L の試料について考える．経験的に知られているように，この試料の電気コンダクタンスは断面積 A に比例し，長さ L に反比例する．すなわち，

$$G_{\text{el}} = \sigma \frac{A}{L} \tag{2.1.2}$$

を満たす．Eq.(2.1.2) 中の σ は**電気伝導率** (electrical conductivity) と呼ばれ，電気コンダクタンスと同様，電流の流れやすさを表す量であるが，試料の寸法に依らない物性値である点は電気コンダクタンスと本質的に異なる．Eq.(2.1.1) と Eq.(2.1.2) を満たす電気伝導を**オーミック伝導** (あるいは**拡散伝導**) と呼ぶ．また，Eq.(2.1.1) のオームの法則に Eq.(2.1.2) を代入することにより

$$j_{\text{el}} = \sigma E \tag{2.1.3}$$

を得る．ただし，$j_{\text{el}} = I/A$ は電流密度，$E = V/L$ は電場である．電流密度と電場はいずれもベクトル量であるので，Eq.(2.1.3) を

$$\boldsymbol{j}_{\text{el}} = \sigma \boldsymbol{E} \tag{2.1.4}$$

と書く．Eq.(2.1.4) は試料内の各点で成り立つ一般式であり，局所的なオームの法則とも呼ばれる．繰返しになるが，Eq.(2.1.4) に従う電気伝導のことをオーミック伝導と呼ぶ[1]．

2.1 節の冒頭で述べたように，電子は電流だけでなく熱も運ぶ．したがって試料に温度勾配があると電子は高温部から低温部に向かって拡散し，それにともない熱流が流れる．熱流密度 $\boldsymbol{j}_{\text{th}}$ と温度勾配 $\nabla T = \left(\dfrac{\partial T}{\partial x}, \dfrac{\partial T}{\partial y}, \dfrac{\partial T}{\partial z} \right)$ の関係は**フーリエの法則** (Fourier's law):

$$\boldsymbol{j}_{\text{th}} = -\lambda \nabla T \tag{2.1.5}$$

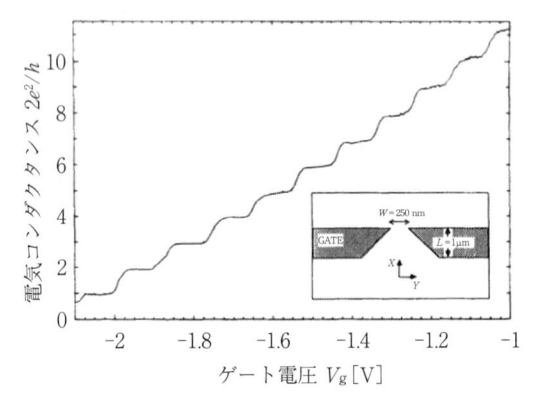

Fig. 2-1-1 量子ポイントコンタクトのコンダクタンスのゲート電圧依存性（Electrical conductance of quantum point-contact as a function of gate voltage）

によって与えられる[2,3]．すなわち，熱流密度は温度勾配に比例する．比例係数 λ は熱の流れやすさを表す応答関数であり，**熱伝導率**（thermal conductivity）と呼ばれる．電気伝導の場合と同様，熱伝導率と類似の量として**熱コンダクタンス**（thermal conductance）がある．オーミック伝導（拡散伝導）においては，熱コンダクタンス G_{th} と熱伝導率 λ の間には，

$$G_{th} = \lambda \frac{L}{A} \tag{2.1.6}$$

が成立する[2,3]．Eq.(2.1.5) と Eq.(2.1.6) が成立するような熱伝導を**フーリエ熱伝導**と呼ぶ．

ここで，1つの素朴な疑問がわく．試料のサイズ（断面積 A や長さ L）をナノ・マイクロスケールまで小さくしても，オーミック伝導やフーリエ熱伝導は成立するのであろうか？この疑問に対する答えは，1980年代の半導体微細加工技術の目覚しい発展によって与えられた（オームの法則の発見が1827年であるので，この素朴で単純な疑問に答えるのに人類は150年以上の歳月を要したわけである）[4,5]．Fig. 2-1-1 に GaAs-AlGaAs ヘテロ接合界面での2次元電子気体からなる量子ポイントコンタクトの概念図とその電気コンダクタンスのゲート電圧依存性を示す[4]．この実験では，ゲート電圧によって伝導経路の幅を制御している．伝導経路幅の最大値は 250 nm 程度であり，ゲート電圧を負に増加させると，伝導電子の通過できる伝導経路の幅が狭くなる．この系の電子輸送がオーミック伝導であるならば，電気コンダクタンス G_{el} は伝導チャネル幅 W に比例するはずである†．言い換えると，電気コンダクタンス G_{el} はゲート電圧 V_g に比例するはずである．しかし Fig. 2-1-1 に示すように，電気コンダクタンス G_{el} はゲート電圧 V_g に比例せず，明瞭なステップ構造を示す．明らかにオーミック伝導ではない．さらに興味深いことに，電気コンダクタンスのステップの高さは

$$G_0 = \frac{2e^2}{h} = 77.4809 \times 10^{-6} \, [\Omega^{-1}] \tag{2.1.7}$$

で与えられ，試料の形状どころか物質の種類にさえ依存しないユニバーサルな値である．ここで，e は電荷素量，h はプランク定数である．このように電気コンダクタンスが G_0 の整数倍の離散値をとる現象を**電気コンダクタンスの量子化**と呼び，G_0 を**電気コンダクタンス量子**と呼ぶ．

次に，電気コンダクタンスが量子化されるような小さな導体の電子熱伝導について述べる．上述のように，伝導電子は電流と熱流の両方を担う．したがって，電気コンダクタンス（あるいは電気伝導

---

† チャネルの断面積 A でなく幅 W に比例するのは，量子ポイントコンタクトの伝導チャネルが3次元ではなく2次元であるためである．

率）と熱コンダクタンス（あるいは熱伝導率）の間には何らかの関係がありそうである．実際，電子気体の電気コンダクタンス G_{el} と熱コンダクタンス G_{th} の関係は，**ヴィーデマン・フランツの法則**（Wiedemann-Franz's law）として知られており，

$$\frac{G_{th}}{G_{el}} = \frac{\pi^2}{3}\left(\frac{k_B}{e}\right)^2 = 2.45 \times 10^{-8} \ [V^2/K^2] \tag{2.1.8}$$

と与えられる（導出は2.1.4項で行う）[6]．Eq.(2.1.8)から分かるように，電気コンダクタンス G_{el} と熱コンダクタンス G_{th} の比は温度 T に比例する．比例係数 $L = 2.45 \times 10^{-8} \ [V^2/K^2]$ は物質の種類に依らない普遍値であり**ローレンツ数**（Lorentz number）と呼ばれる[7]．

それでは，ヴィーデマン・フランツの法則に基づいて熱コンダクタンスを求めてみよう．上述のように，電気コンダクタンス G_{el} はコンダクタンス量子 G_0 の整数倍の離散値 $G_{el} = MG_0$（ただし，M は正の整数）をとるので，$G_{el} = MG_0$ をEq.(2.1.8)に代入することにより熱コンダクタンス G_{th} は

$$G_{th} = M\left(\frac{\pi^2 k_B^2 T}{3h}\right) \equiv M g_0 \tag{2.1.9}$$

となる[††]．ここで g_0 は

$$g_0 = \frac{\pi^2 k_B^2 T}{3h} = (9.465 \times 10^{-13})T \tag{2.1.10}$$

と温度に比例し，その比例係数は普遍値となる．このように熱コンダクタンスが g_0 の整数倍の離散値（$G_{th} = Mg_0$）をとる現象を**熱コンダクタンスの量子化**と呼び，g_0 を**熱コンダクタンス量子**と呼ぶ[8~11]．熱コンダクタンスの量子化は，熱伝導のサイズ効果によって生じる**非フーリエ熱伝導**の典型的な例である．

Eq.(2.1.7)の電気コンダクタンス量子やEq.(2.1.10)の熱コンダクタンス量子にプランク定数 h が現れるということは，これらの現象が量子力学現象であることを意味する．電子は粒子性と波動性を兼ね備えた量子であるから，電子輸送係数である電気コンダクタンスや熱コンダクタンスにプランク定数が現れるのは自然だと思うかも知れないが，全ての電子物性値がそうとは限らない．そのあたりの事情を意識しながら本書を読むとバルク物性とナノ・マイクロ物性の本質的な違いを見抜くのに役立つであろう．

2.1.2 特性長（Characteristic lengths）

前項（2.1.1項）で，試料のサイズが小さくなると古典的なオーミック伝導は成立せず，量子力学的効果が顕在化することを学んだ．残る疑問は，試料がどの程度まで小さくなるとオーミック伝導が破綻し，量子力学的伝導になるのか？である．これについて以下で述べる．

電子輸送を調べる際に重要な3つの特性長がある：(1) フェルミ波長 λ_F（フェルミエネルギーでの電子のド・ブロイ波長），(2) 平均自由行程 L_m（電子が初期運動量の大部分を失うまでに進む距離），(3) 位相緩和長 L_φ（電子が初期位相の大部分を失うまでに進む距離）．通常，これら3つの特性長の中でフェルミ波長 λ_F がもっとも小さい．典型的な金属のフェルミ波長 λ_F は1 nm以下，半導体の場合でも数十ナノメートル程度で非常に短い．一方，平均自由行程 L_m と位相緩和長 L_φ は数百マイクロメータに達することもある．オーミック伝導が成立するのは試料サイズ L がこれら3つの特性長よりも十分に長い場合，すなわち $\lambda_F, L_m, L_\varphi \ll L$ のときである．逆に，試料サイズ L が平均自由行程 L_m や位相緩和長 L_φ よりも小さいときには，オーミック伝導が破綻し量子力学効果が顕在化する．し

[††] ここでは，熱コンダクタンスの導出の際にヴィーデマン・フランツの法則を仮定したが，2.1.7項で示すように，ランダウアーの理論を用いるとヴィーデマン・フランツの法則を仮定することなく，熱コンダクタンスの量子化現象を説明することができる．

たがって，試料サイズが数ナノメートルから数百マイクロメートルの範囲で，バルク材料では起こり得ない量子輸送現象が起こる．これが，ナノ・マイクロ電子輸送がバルク物質とは異なる新奇な輸送特性を示す理由である．例えば試料サイズが十分に小さく $L \ll L_\mathrm{m}, L_\varphi$ の場合，電子波は全く散乱されることなく運動量と位相を保持しながら試料中を伝播する．このような無散乱な電子輸送は**バリスティック伝導**（ballistic electron transport）と呼ばれ，コンダクタンスの量子化などオーミック伝導とは本質的に異なる輸送現象を示す[12〜16]．これについては 2.1.7 項で説明する．

2.1.3 ボルツマン理論（Boltzmann theory）

この項では，試料のサイズ L が電子の位相緩和長 L_φ や平均自由行程 L_m よりも十分に長い場合（$L_\mathrm{m}, L_\varphi \ll L$）の電子輸送（オーミック伝導）について述べる．このような状況の電子輸送現象を記述するには，電子のドリフト過程は古典力学的に取り扱い，電子の衝突過程には量子効果を取り入れる半古典的なアプローチ（＝ボルツマン理論）が適している．以下では，半古典的ボルツマン輸送方程式の概要を紹介する．

時刻 t に波数 $\bm{k}$ の電子が位置 $\bm{r}$ にいる確率を与える分布関数を $f(\bm{k}, \bm{r}, t)$ とすると[†††]，物質中の電流密度 $\bm{j}_\mathrm{el}(\bm{r}, t)$ と熱流密度 $\bm{j}_\mathrm{th}(\bm{r}, t)$ は，それぞれ

$$\bm{j}_\mathrm{el}(\bm{r}, t) = -2e \int \frac{d\bm{k}}{(2\pi)^3} \bm{v}(\bm{k}) (f(\bm{k}, \bm{r}, t) - f_\mathrm{FD}(\bm{k})) \tag{2.1.11}$$

$$\bm{j}_\mathrm{th}(\bm{r}, t) = 2 \int \frac{d\bm{k}}{(2\pi)^3} (\varepsilon(\bm{k}) - \mu) \bm{v}(\bm{k}) (f(\bm{k}, \bm{r}, t) - f_\mathrm{FD}(\bm{k})) \tag{2.1.12}$$

と表される．ここで，$f_\mathrm{FD}(\bm{k})$ は熱平衡における**フェルミ-ディラック分布**：

$$f_\mathrm{FD}(\bm{k}) = \frac{1}{\exp\left(\dfrac{\varepsilon(\bm{k}) - \mu}{k_\mathrm{B} T}\right) + 1} \tag{2.1.13}$$

である．Eq.(2.1.11) の電流密度と Eq.(2.1.12) の熱流密度のいずれも $f_\mathrm{FD}(\bm{k})$ からのずれ（$f(\bm{k}, \bm{r}, t) - f_\mathrm{FD}(\bm{k})$）で表される[††††]．したがって，熱平衡状態（$f(\bm{k}, \bm{r}, t) - f_\mathrm{FD}(\bm{k})$）においては Eq.(2.1.11) と Eq.(2.1.12) はゼロになり，電流も熱流も流れない．ただし，Eq.(2.1.11) と Eq.(2.1.12) から分かるように個々の電子が静止しているわけではなく，それぞれは速度 $\bm{v}(\bm{k})$ で運動しており，それらが相殺し合うことによって正味の電流と熱流がゼロになっている．Eq.(2.1.11) と Eq.(2.1.12) に現れる係数の 2 は電子のスピン自由度であり，e は素電荷，μ は電子の化学ポテンシャル，$\bm{v}(\bm{k})$ は波数 $\bm{k}$（エネルギー $\varepsilon(\bm{k})$）の電子の群速度であり，

$$\bm{v}(\bm{k}) = \frac{1}{\hbar} \nabla_{\bm{k}} \varepsilon(\bm{k}) \tag{2.1.14}$$

で与えられる．ただし，$\nabla_{\bm{k}}$ は波数空間でのナブラ演算子であり，

$$\nabla_{\bm{k}} = \left(\frac{\partial}{\partial k_x}, \frac{\partial}{\partial k_y}, \frac{\partial}{\partial k_z} \right) \tag{2.1.15}$$

である．また，Eq.(2.1.12) は伝導電子が運ぶ熱流であり，フォノン（格子振動）によって運ばれる熱流は考慮されていない．フォノンによる熱伝導に関しては 2.2 節（フォノン輸送）で詳しく述べる．

Eq.(2.1.11) と Eq.(2.1.12) から分かるように，分布関数 $f(\bm{k}, \bm{r}, t)$ の時間発展を知りさえすれば，電流

[†††] ハイゼンベルグの不確定原理によれば，ある時刻 t における電子の位置 $\bm{r}$ と運動量 $\bm{p}$（波数 $\bm{k}$）を同時に指定することはできない．すなわち量子力学では，不確定性原理で許される範囲で位置と波数に幅をもつ波束として電子を記述するなら，その中心位置の取りうる確率を与える分布関数を $f(\bm{k}, \bm{r}, t)$ とすれば良い．

[††††] 簡単のため，ここでは 1 つのエネルギーバンドに注目することにした．多数のエネルギーバンドについて考える場合には，電子がどのエネルギーバンドに属しているかを指定する『バンド指標』が必要になる．

密度 $j_{\text{el}}(\boldsymbol{r}, t)$ と熱流密度 $j_{\text{th}}(\boldsymbol{r}, t)$ の時間発展を知ることができるわけである．分布関数 $f(\boldsymbol{k}, \boldsymbol{r}, t)$ の時間発展方程式は，ボルツマン輸送方程式（Boltzmann's transport equation）：

$$\frac{\partial f}{\partial t} + \boldsymbol{v}(\boldsymbol{k}) \cdot \nabla_r f + \frac{\boldsymbol{F}}{\hbar} \nabla_k f = \left(\frac{\partial f}{\partial t}\right)_{\text{coll}} \tag{2.1.16}$$

で与えられる．この方程式の導出方法は標準的な固体物理学や統計物理学のテキストに譲ることにして[1,16~20]，ここでは Eq.(2.1.16) の物理的な意味とその応用について述べる．Eq.(2.1.16) の左辺第2項は**拡散項**（diffusion term）と呼ばれ，電子密度の大きい所から小さい所へ電子が拡散することに起因する項である．Eq.(2.1.16) の左辺第3項は**ドリフト項**（drift term）と呼ばれ，外力 $\boldsymbol{F}$ によって電子が加速されることに起因する項である．電場 $\boldsymbol{E}$ と磁場 $\boldsymbol{B}$ 中であれば，外力 $\boldsymbol{F}$ はクーロン力とローレンツ力の和として $\boldsymbol{F} = -e\boldsymbol{E} - e(\boldsymbol{v} \times \boldsymbol{B})$ で与えられる．また，Eq.(2.1.16) の右辺は**衝突項**（collision term）と呼ばれ，電子が他の電子やフォノン（格子振動）あるいは格子欠陥などと衝突（collision）することで運動量やエネルギーを変化させる過程に起因する項である．衝突項の具体的な表式に関しては後で述べる．

さてここで，導体に十分に緩やかな温度勾配と十分に小さな静電場が印加されている状況を考えよう．定常状態においては，分布関数 $f(\boldsymbol{k}, \boldsymbol{r}, t)$ は時刻 t に依存しないので $f(\boldsymbol{k}, \boldsymbol{r})$ と書くことができる．したがってこの場合，Eq.(2.1.16) に現れる分布関数の時間微分はゼロである（$\partial f/\partial t = 0$）．また，温度勾配が十分に緩やかであるので，場所ごとに温度を定義しても良さそうである．より正確に表現すると，原子間隔などのミクロスコピックなスケールに比べれば大きいが，マクロスコピックには微小と見なせるような領域で一定の温度を仮定しても良さそうである（**局所平衡の仮定**）[1,16~20]．局所平衡の仮定のもとでは，位置 $\boldsymbol{r}$ に依存する局所温度 $T(\boldsymbol{r})$ を導入し，分布関数は Eq.(2.1.13) のフェルミ-ディラック分布関数の温度 T を局所温度 $T(\boldsymbol{r})$ に置き換えたもの：

$$f(\varepsilon(\boldsymbol{k}), T(\boldsymbol{r})) = \frac{1}{\exp\left(\frac{\varepsilon(\boldsymbol{k}) - \mu}{k_{\text{B}} T(\boldsymbol{r})}\right) + 1} \tag{2.1.17}$$

として与えられる．したがって，ボルツマン方程式の拡散項は

$$\boldsymbol{v}(\boldsymbol{k}) \cdot \nabla_r f = \boldsymbol{v}(\boldsymbol{k}) \cdot \nabla_r T \frac{\partial f}{\partial T} \tag{2.1.18}$$

と変形される．また，$\partial f/\partial T$ は Eq.(2.1.17) 式を用いて

$$\frac{\partial f}{\partial T} = \frac{\exp\left(\frac{\varepsilon(\boldsymbol{k}) - \mu}{k_{\text{B}} T(\boldsymbol{r})}\right) + 1}{\left\{\exp\left(\frac{\varepsilon(\boldsymbol{k}) - \mu}{k_{\text{B}} T(\boldsymbol{r})}\right) + 1\right\}^2} \left(\frac{\varepsilon(\boldsymbol{k}) - \mu}{k_{\text{B}} T^2(\boldsymbol{r})}\right) \tag{2.1.19}$$

と計算され，さらに

$$\frac{\partial f}{\partial \varepsilon} = -\frac{\exp\left(\frac{\varepsilon(\boldsymbol{k}) - \mu}{k_{\text{B}} T(\boldsymbol{r})}\right) + 1}{\left\{\exp\left(\frac{\varepsilon(\boldsymbol{k}) - \mu}{k_{\text{B}} T(\boldsymbol{r})}\right) + 1\right\}^2} \left(\frac{1}{k_{\text{B}} T(\boldsymbol{r})}\right) \tag{2.1.20}$$

であることに注意すると，拡散項は結局，

$$\boldsymbol{v}(\boldsymbol{k}) \cdot \nabla_r f = \boldsymbol{v}(\boldsymbol{k}) \cdot \nabla_r T \left(-\frac{\partial f}{\partial \varepsilon}\right) \frac{\varepsilon(\boldsymbol{k}) - \mu}{T(\boldsymbol{r})} \tag{2.1.21}$$

となる．一方，電場 $\boldsymbol{E}$ の効果はボルツマン輸送方程式のドリフト項によって，

$$\frac{\boldsymbol{F}}{\hbar}\nabla_k f = \frac{-e\boldsymbol{E}}{\hbar}\cdot\nabla_k \varepsilon(\boldsymbol{k})\frac{\partial f}{\partial \varepsilon} \tag{2.1.22}$$

と記述される.

最後に残された衝突項$(\partial f/\partial t)_{\text{coll}}$であるが,この項を厳密に扱うのは一般に困難である.そのため通常は,物理的に妥当な近似のもとで衝突項を簡略化して取り扱う.ここでは,そのような簡略化の中で最も簡単な形として

$$\left(\frac{\partial f}{\partial t}\right)_{\text{coll}} = \frac{f - f_{\text{FD}}}{\tau(\boldsymbol{k})} \tag{2.1.23}$$

を採用する(**緩和時間近似**)[1,16~20].Eq.(2.1.23)は,電場や温度勾配によって平衡分布(フェルミ・ディラック分布関数)f_{FD}からずれた非平衡分布fを元の平衡分布に戻す役割をする.この意味でEq.(2.1.23)は衝突項として物理的にもらしく,さらに,分布関数fに対して線形であるので数学的にも平易である.Eq.(2.1.23)に現れる$\tau(\boldsymbol{k})$は**電流の緩和時間**であり**輸送緩和時間**(transport relaxation time)と呼ばれ,

$$\frac{1}{\tau(\boldsymbol{k})} = \int\frac{\mathrm{d}\boldsymbol{k}'}{(2\pi)^3}W(\boldsymbol{k},\boldsymbol{k}')\left(1 - \frac{v(\boldsymbol{k}')\cdot v(\boldsymbol{k})}{v(\boldsymbol{k})^2}\right) \tag{2.1.24}$$

で与えられる[15,19,20].$W(\boldsymbol{k},\boldsymbol{k}')$は波数$\boldsymbol{k}$の電子が散乱されて他の波数$\boldsymbol{k}'$に遷移(あるいは$\boldsymbol{k}'$から$\boldsymbol{k}$に遷移)する確率である.ここで,波数$\boldsymbol{k}$の電子が散乱されて別の状態に遷移するのに要する時間(電子の緩和時間)と輸送緩和時間(電流の緩和時間)が異なることに注意が必要である.例えば,波数$\boldsymbol{k}$の電子が何らかの散乱体に衝突し前方散乱されたとすると$(v(\boldsymbol{k}') = v(\boldsymbol{k}))$,波数$\boldsymbol{k}$の電子は波数$\boldsymbol{k}'$状態を変化させるが,Eq.(2.1.24)から分かるように,この散乱過程は輸送緩和時間(すなわち電気抵抗)に全く寄与しない.この例から,電子の緩和時間と輸送緩和時間は明らかに異なることが分かるであろう.

Eq.(2.1.24)を用いて輸送緩和時間を計算するためには散乱確率$W(\boldsymbol{k},\boldsymbol{k}')$を知る必要がある.**フェルミの黄金則**(Fermi's golden rule)によると,$W(\boldsymbol{k},\boldsymbol{k}')$は散乱相互作用$V$の行列要素$\langle\boldsymbol{k}'|V|\boldsymbol{k}\rangle$を用いて

$$W(\boldsymbol{k},\boldsymbol{k}') = \frac{2\pi}{\hbar}|\langle\boldsymbol{k}'|V|\boldsymbol{k}\rangle|^2\delta(\varepsilon(\boldsymbol{k}) - \varepsilon(\boldsymbol{k}')) \tag{2.1.25}$$

と表される[1,16~20].すなわち散乱相互作用の行列要素$\langle\boldsymbol{k}'|V|\boldsymbol{k}\rangle$さえ知れば,Eq.(2.1.24)とEq.(2.1.25)から輸送緩和時間$\tau(\boldsymbol{k})$を得ることができる.ただし,これ以後の議論では散乱過程の詳細に立ち入らず,$\tau(\boldsymbol{k})$を既知の量として話を進める.

Eq.(2.1.21),Eq.(2.1.22),Eq.(2.1.23)を定常状態$(\partial f/\partial t = 0)$でのボルツマン輸送方程式Eq.(2.1.16)に代入し,非平衡分布$f(\boldsymbol{k},\boldsymbol{r})$の平衡分布$f_{\text{FD}}(\boldsymbol{k})$からのずれ:

$$g(\boldsymbol{k},\boldsymbol{r}) \equiv f(\boldsymbol{k},\boldsymbol{r}) - f_{\text{FD}}(\boldsymbol{k}) \tag{2.1.26}$$

を電場$\boldsymbol{E}$と温度勾配$\nabla_r T$の1次まで展開することによって,

$$g(\boldsymbol{k},\boldsymbol{r}) = \left(e\boldsymbol{E} - \frac{\varepsilon(\boldsymbol{k}) - \mu}{T}\nabla_r T\right)\cdot v(\boldsymbol{k})\left(-\frac{\partial f_{\text{FD}}}{\partial \varepsilon}\right)\tau(\boldsymbol{k}) \tag{2.1.27}$$

を得る.こうして,Eq.(2.1.11)とEq.(2.1.12)にEq.(2.1.27)に代入すると,電流密度$\boldsymbol{j}_{\text{el}}(\boldsymbol{r})$と熱流密度$\boldsymbol{j}_{\text{th}}(\boldsymbol{r})$はそれぞれ,

$$\boldsymbol{j}_{\text{el}}(\boldsymbol{r}) = L_{11}\boldsymbol{E} + L_{12}(-\nabla_r T) \tag{2.1.28}$$
$$\boldsymbol{j}_{\text{th}}(\boldsymbol{r}) = L_{21}\boldsymbol{E} + L_{22}(-\nabla_r T) \tag{2.1.29}$$

と求まる.Eq.(2.1.28)とEq.(2.1.29)から分かるように,電流と熱流はL_{12}とL_{21}を介して互いに絡み合っている.つまり,電子輸送現象は電流と熱流が相関し合った熱電相関現象である.Eq.(2.1.28)と

Eq.(2.1.29) の係数 L_{ij} はそれぞれ

$$L_{11} = 2e^2 \int \frac{d\bm{k}}{(2\pi)^3} (v(\bm{k}))^2 \tau(\bm{k}) \left(-\frac{\partial f_{FD}}{\partial \varepsilon(\bm{k})}\right) \equiv e^2 K_0 \tag{2.1.30}$$

$$L_{12} = -\frac{2e}{T} \int \frac{d\bm{k}}{(2\pi)^3} (v(\bm{k}))^2 (\varepsilon(\bm{k})-\mu) \tau(\bm{k}) \left(-\frac{\partial f_{FD}}{\partial \varepsilon(\bm{k})}\right) \equiv -\frac{e}{T} K_1 \tag{2.1.31}$$

$$L_{21} = -2e \int \frac{d\bm{k}}{(2\pi)^3} (v(\bm{k}))^2 (\varepsilon(\bm{k})-\mu) \tau(\bm{k}) \left(-\frac{\partial f_{FD}}{\partial \varepsilon(\bm{k})}\right) \equiv -e K_1 \tag{2.1.32}$$

$$L_{12} = \frac{2}{T} \int \frac{d\bm{k}}{(2\pi)^3} (v(\bm{k}))^2 (\varepsilon(\bm{k})-\mu) \tau(\bm{k}) \left(-\frac{\partial f_{FD}}{\partial \varepsilon(\bm{k})}\right) \equiv \frac{1}{T} K_2 \tag{2.1.33}$$

である.ここで,新しい補助変数として

$$K_n = 2 \int \frac{d\bm{k}}{(2\pi)^3} (v(\bm{k}))^2 (\varepsilon(\bm{k})-\mu)^n \tau(\bm{k}) \left(-\frac{\partial f_{FD}}{\partial \varepsilon(\bm{k})}\right) \tag{2.1.34}$$

を導入した.補助変数 K_n は,

$$K_n = \int d\varepsilon L(\varepsilon)(\varepsilon-\mu)^n \left(-\frac{\partial f_{FD}}{\partial \varepsilon}\right) \tag{2.1.35}$$

$$L(\varepsilon) = 2 \int \frac{d\bm{k}}{(2\pi)^3} (v(\bm{k}))^2 \tau(\bm{k}) \delta(\varepsilon - \varepsilon(\bm{k})) \tag{2.1.36}$$

と書くこともできる.わざわざこのように Eq.(2.1.34) を Eq.(2.1.35) のように変形する利点の 1 つは,2.1.6 項で学ぶコヒーレントな電子輸送との類似性が明瞭になることである.

Eq.(2.1.31) と Eq.(2.1.32) を比較すると,交差係数 L_{12} と L_{21} の間に $L_{12} = L_{21}/T$ の関係があることが分かる.このような交差係数の間の等価性は**オンサーガーの相反定理**(Onsager reciprocal relation)と呼ばれ,時間反転対称性のある系において一般的に成立する[16,17].

2.1.4 様々な電子輸送係数 (Electronic transport coefficients)

この項では,試料のサイズ L が電子の位相緩和長 L_φ や平均自由行程 L_m よりも十分に大きい場合($L_m, L_\varphi \ll L$)の電子輸送係数について述べる[1,16〜20].

最初に,試料内に温度勾配がない場合($\nabla_r T = 0$)について考える.この場合,電流密度 $\bm{j}_{el}$ と熱流密度 $\bm{j}_{th}$ は Eq.(2.1.28) と Eq.(2.1.29) から,ただちに

$$\bm{j}_{el} = L_{11} \bm{E} = \sigma \bm{E} \tag{2.1.37}$$

$$\bm{j}_{th} = L_{21} \bm{E} = \frac{L_{21}}{L_{11}} \bm{j}_{el} \equiv \Pi \bm{j}_{el} \tag{2.1.38}$$

となる.ここで,Eq.(2.1.37) は Eq.(2.1.4) のオームの法則そのものであり,$\sigma = L_{11}$ であるから Eq.(2.1.30) が電気伝導率のミクロスコピックな表式である.また,Eq.(2.1.38) から分かるように,熱流密度 $\bm{j}_{th}$ は電流密度 $\bm{j}_{el}$ に比例する.この電熱相関効果は**ペルチェ効果**(Peltier effect)と呼ばれ,比例係数 $\Pi = L_{21}/L_{11}$ は**ペルチェ係数**(Peltier coefficient)と呼ばれる.

今度は,試料内に電流が流れていない場合($\bm{j}_{el} = 0$)について考える.この場合には,Eq.(2.1.28) から

$$\bm{E} = \frac{L_{12}}{L_{11}} \nabla_r T \equiv S \nabla_r T \tag{2.1.39}$$

が得られる.すなわち,試料中に温度勾配 $\nabla_r T$ があるとそれに比例して電場(すなわち電位差)が生じる.この熱電相関効果は**ゼーベック効果**(Seebeck effect)と呼ばれ,比例係数 $S = L_{12}/L_{11}$ は**ゼーベック係数**(Seebeck coefficient)あるいは**熱起電力**(thermoelectric power)と呼ばれる.一方,熱流

密度は Eq.(2.1.29) に $j_{el} = 0$ を代入することで，Eq.(2.1.5) の**フーリエの法則**（Fourier's law）:

$$\boldsymbol{j}_{\text{th}} = -\left(L_{22} - \frac{L_{12}L_{21}}{L_{11}}\right)\nabla_r T \equiv -\lambda \nabla_r T \tag{2.1.40}$$

が得られる．比例係数 $\lambda = L_{22} - L_{12}L_{21}/L_{11}$ は**熱伝導率**（thermal conductivity）のミクロスコピックな表式である．また2.1.1項で述べたように，熱伝導率 λ は試料の断面積 A に比例し，長さ L に反比例する．その比例係数を熱コンダクタンス（thermal conductance）と呼び，Eq.(2.1.6) で示したように熱伝導率 λ を用いて

$$G_{\text{th}} = \lambda \frac{L}{A} \tag{2.1.41}$$

と表させる．Eq.(2.1.40) と Eq.(2.1.41) は多くのバルク物質ではよく成立するが，試料のサイズが電子の位相緩和長や平均自由行程と同程度になると，Eq.(2.1.41) の関係は成立しなくなること（**非フーリエ伝導**）が知られている．特に，試料の長さ L が電子の平均自由行程や位相緩和長よりも遥かに短いバリスティック極限では熱コンダクタンスは量子化される（2.1.1項，2.1.7項を参照）．典型的な非フーリエ伝導現象である．

最後に，拡散伝導での各種輸送係数を以下に整理しておく．

$$\sigma = L_{11} = e^2 K_0 \tag{2.1.42}$$

$$\Pi = \frac{L_{12}}{L_{11}} = -\frac{1}{e}\frac{K_1}{K_0} \tag{2.1.43}$$

$$S = \frac{L_{21}}{L_{11}} = -\frac{1}{eT}\frac{K_1}{K_0} \tag{2.1.44}$$

$$\lambda = L_{22} - \frac{L_{12}L_{21}}{L_{11}} = \frac{1}{T}\left(K_2 - \frac{K_1^2}{K_0}\right) \tag{2.1.45}$$

低温では電気伝導率 σ と熱伝導率 λ はそれぞれ，$\sigma \approx e^2 L(\varepsilon_F)$ と $\lambda \approx \left(\frac{\pi^2}{3}\right) k_B^2 L(\varepsilon_F) T$ と計算されるので，**ローレンツ比**（Lorentz ratio）L は

$$L \equiv \frac{\lambda}{\sigma T} = \frac{\pi^2}{3}\left(\frac{k_B}{e}\right)^2 = 2.45 \times 10^{-8} \quad [\text{V}^2/\text{K}^2] \tag{2.1.46}$$

と普遍値になる（ただし，Eq.(2.1.45) の K_1^2/K_0 の項は無視した）．ローレンツ比が Eq.(2.1.46) の普遍値（**ローレンツ数**）になる現象を発見者の名前にちなんで，**ヴィーデマン・フランツの法則**と呼ぶ[6,7]．ヴィーデマン・フランツの法則は最初1853年に G. ヴィーデマンと R. フランツによって実験的に発見され[6]，1872年に L. ローレンツによって理論的に証明された[7]．

2.1.5 **熱電性能指数**（Thermoelectric figure of merit）

試料に温度勾配を与えるとゼーベック効果により試料中に電場が生じる．すなわち，熱エネルギーを電気エネルギーに変換し，有用な電力を取り出すことができる．この熱電変換の最大効率は

$$\eta_{\max} = \frac{T_H - T_L}{T_H}\left(1 - \frac{1 + T_L/T_H}{\sqrt{1+ZT} + T_L/T_H}\right) \tag{2.1.47}$$

で与えられる[21~23]．ここで，T_H と T_L は高熱源と低熱源の温度，$T = (T_H + T_L)/2$ は高熱源と低熱源の平均温度である．Eq.(2.1.47) の係数 $(T_H - T_L)/T_H$ は可逆機関の効率（**カルノー効率**）であり，当然ながら熱電変換効率はカルノー効率を超えられない（**熱力学第2法則**）．また，Eq.(2.1.47) 中の Z は**熱電性能指数**（thermoelectric figure of merit）と呼ばれ，$Z = \sigma S^2/\lambda$ で与えられる．Eq.(2.1.47) から分かるように最大熱電変換効率 $\eta_{\max}$ は，Z に平均温度 T を乗じて無次元化した**無次元熱電性能指数**（non-dimensional thermoelectric figure of merit）：

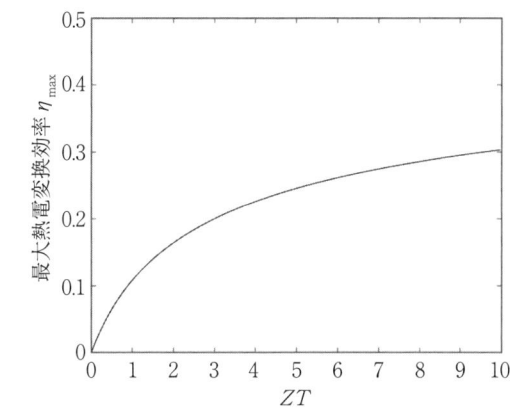

Fig. 2-1-2 最大熱電変換効率 $\eta_{\max}$ と無次元熱電性能指数 ZT の関係（Maximum thermoelectric efficiency $\eta_{\max}$ vs Non-dimensional thermoelectric figure of merit ZT）

$$ZT = \frac{\sigma S^2 T}{\lambda} = \frac{GS^2 T}{\kappa} \tag{2.1.48}$$

の単調増加関数である[21~23]．Fig. 2-1-2 に，高熱源と低熱源と温度比を $T_L/T_H = 1/2$（すなわち，カルノー効率を 0.5）と設定した場合の最大熱電変換効率 $\eta_{\max}$ と無次元熱電性能指数 ZT の関係を示す．現在，$ZT = 1$ 程度（Fig. 2-1-2 では $\eta_{\max} = 0.1$ 程度）の材料が開発されているが，熱電変換を冷却機や発電機に実用化するためには，$ZT = 3$ 以上（Fig. 2-1-2 では $\eta_{\max} = 0.2$ 程度）が必要である．

ここで，無次元熱電性能指数 ZT のミクロスコピックな表式を与えておこう．前項の Eq.(2.1.42)，Eq.(2.1.44)，Eq.(2.1.45) を Eq.(2.1.48) に代入することで，ZT は

$$ZT = \frac{K_1^2}{K_0 K_2 - K_1^2} \tag{2.1.49}$$

となる[21~23]．Eq.(2.1.45) あるいは Eq.(2.1.46) にはフォノンによる熱伝導率 λ への寄与が含まれていないが，多くの物質ではフォノンも熱伝導に寄与する．フォノンの熱伝導を Eq.(2.1.45) に考慮するためには，Eq.(2.1.45) の分母の λ を伝導電子の寄与 λ_{el} とフォノンの寄与 λ_{ph} の和：

$$\lambda = \lambda_{\mathrm{el}} + \lambda_{\mathrm{ph}} \tag{2.1.50}$$

とすれば良い．詳細な議論は 2.2 節（フォノン輸送）に譲る．

最後に，試料のナノサイズ化による熱電変換効率の向上について述べる．通常，$ZT > 1$ を示す材料を良い熱電変換材料とみなすが，上述のように熱電変換を冷却機や発電機に実用するためには，$ZT > 3$ が必要とされるため[24]，現在様々なアイデアに基づく材料開発が進められている．その 1 つに，熱電変換材料のナノ構造制御がある．ナノスケールで材料の構造を制御することにより，材料の構造を低次元化して熱電効率を飛躍的に向上させるアイデアである．材料のナノ構造制御により $ZT > 5$ を超える熱電変換材料を実現できるという理論計算も報告されている[25]．現在，ナノ構造制御による熱電変換の向上させる方法はいくつか提案されているが[††††††]，そのうちの 1 つに材料のナノワイヤー化がある[25]．次節以降では，ナノワイヤーの電気伝導，熱伝導，そして熱電変換について解説する．

---

†††††† 薄膜構造の熱電変換に関しては 6.2.7 項（熱電薄膜）で詳しく解説されている．

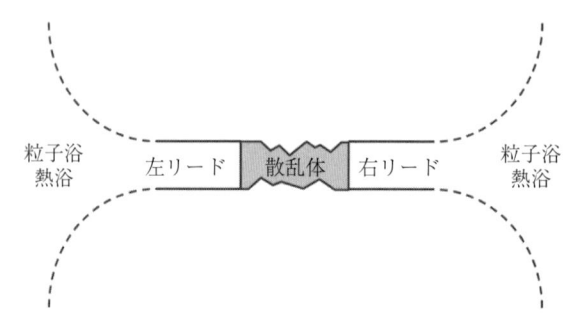

Fig. 2-1-3 ランダウアー模型（Landauer model）

2.1.6 ランダウアー理論（Landauer theory）

ナノスケールで構造制御された材料の電子輸送は量子効果が顕在化する．特に電子の波動性が重要になる状況，すなわち，電子の位相緩和長 L_φ より試料サイズ L が小さい場合（$L < L_\varphi$）には半古典的なボルツマン理論は適用外であり，完全に量子力学的な電子輸送理論が必要である．そのような理論として**ランダウアー理論**（Landauer theory）がある．ランダウアー理論の原理的な議論は他の文献に譲ることにして[13～16]，この小節ではランダウアー理論を用いて，ナノ物質の電気伝導，熱伝導，そして熱電変換のミクロスコピックな表式を導出する．

ランダウアー理論が威力を発揮するのは低次元物質の電気伝導や熱伝導である．ここでは簡単のため1次元物質を考える．まず，ランダウアー理論におけるモデル設定（ランダウアー模型）について述べる．Fig. 2-1-3 に示すように，電気伝導や熱伝導を測定すべき試料（散乱体）の両端にはリード線が接続されており，そのリード線の両端には電子浴（＝電池のモデル）や熱浴（ヒーターや冷却機のモデル）が接続されている．左右のリード線内では電子は他の電子や不純物に散乱されることはなく（＝理想的な導線），一方，散乱体の中では電子は不純物などによって弾性散乱されてもよいが，電子-電子散乱や電子-フォノン散乱などの非弾性散乱は起こらないものとする．また左右のリザーバー（電子浴や熱浴）は熱平衡状態にあるものとする．このランダウアー模型において，試料を流れる電流 I_{el} と熱流 I_{th} はそれぞれ

$$I_{el} = \frac{-2e}{h} \int d\varepsilon\, T(\varepsilon)(f_{FD}(\varepsilon, \mu_L) - f_{FD}(\varepsilon, \mu_R)) \tag{2.1.51}$$

$$I_{th} = \frac{2}{h} \int d\varepsilon\, T(\varepsilon)(f_{FD}(\varepsilon, \mu_L) - f_{FD}(\varepsilon, \mu_R))(\varepsilon - \mu) \tag{2.1.52}$$

で与えられる．ここで，$\mu_{L/R}$ は左右のリザーバーの化学ポテンシャルであり，$\mu = (\mu_L + \mu_R)/2$ は平均化学ポテンシャルである．また，$f_{FD}(\varepsilon, \mu_{L/R})$ は左右の電子浴・熱浴のフェルミ-ディラック分布関数：

$$f_{FD}(\varepsilon, \mu_{L/R}) = \frac{1}{\exp[(\varepsilon - \mu_{L/R})/k_B T] + 1} \tag{2.1.53}$$

であり温度 T にも依存する．Eq. (2.1.51) と Eq. (2.1.52) に現れる $T(\varepsilon)$ は電子透過関数（electron's transmission function）と呼ばれ，エネルギー ε の電子が片方のリザーバーから入射された際に，散乱体を透過して他方のリザーバーに辿り着く確率である．ナノ材料の電子透過関数 $T(\varepsilon)$ を計算する様々な手法は開発されているが，密度汎関数理論（Density functional theory: DFT）に基づく第一原理計算と非平衡グリーン関数法（Non-equilibrium Green's function: NEGF）を組み合わせた計算手法（NEGF+DFT法）が主流である[26]．最近では『Atomistix ToolKit』など[27]，NEGF+DFT法に基づいたナノスケール電子輸送のソフトウェアが登場し，計算科学の専門家でなくてもナノ材料の電子輸

送特性シミュレーションを比較的容易に行えるようになった．

以下では，電子透過関数 $T(\varepsilon)$ は既に与えられているものとして，様々な電子輸送係数の表式を導出する．そこで，左右のリザーバーの化学ポテンシャル差 $\Delta\mu$ や温度差 ΔT が十分に小さい場合（**線形応答**）を考える．この場合，Eq.(2.1.51)とEq.(2.1.52)はそれぞれ

$$I_{\rm el} = \Delta\mu\frac{-2e}{h}\int d\varepsilon T(\varepsilon)\frac{\partial f_{\rm FD}}{\partial\mu} + \Delta T\frac{-2e}{h}\int d\varepsilon T(\varepsilon)\frac{\partial f_{\rm FD}}{\partial T} \tag{2.1.54}$$

$$I_{\rm th} = \Delta\mu\frac{2}{h}\int d\varepsilon T(\varepsilon)\frac{\partial f_{\rm FD}}{\partial\mu}(\varepsilon-\mu) + \Delta T\frac{2}{h}\int d\varepsilon T(\varepsilon)\frac{\partial f_{\rm FD}}{\partial T}(\varepsilon-\mu) \tag{2.1.55}$$

となる．ここで，Eq.(2.1.34)と類似の補助変数として

$$K_n = \frac{2}{h}\int d\varepsilon T(\varepsilon)(\varepsilon-\mu)^n\left(-\frac{\partial f_{\rm FD}}{\partial\varepsilon}\right) \tag{2.1.56}$$

を導入しておく．

まずは温度差のない場合（$\Delta T = 0$）を考えよう．このとき**電気コンダクタンス** G は，

$$G \equiv \left(\frac{I_{\rm el}}{V}\right)_{\Delta T=0} = \frac{1}{V}\times\Delta\mu\frac{-2e}{h}\int d\varepsilon T(\varepsilon)\frac{\partial f_{\rm FD}}{\partial\mu} = e^2 K_0 \tag{2.1.57}$$

と与えられる．ここで $V = -\Delta\mu/e$ は左右のリザーバーの電位差である．また，**ペルチェ係数** Π は

$$\Pi \equiv \left(\frac{I_{\rm th}}{I_{\rm el}}\right)_{\Delta T=0} = \frac{\Delta\mu\frac{2}{h}\int d\varepsilon T(\varepsilon)\frac{\partial f_{\rm FD}}{\partial\mu}(\varepsilon-\mu)}{\Delta\mu\frac{-2e}{h}\int d\varepsilon T(\varepsilon)\frac{\partial f_{\rm FD}}{\partial\mu}} = -\frac{1}{e}\frac{K_1}{K_0} \tag{2.1.58}$$

となる．次に，電流を流さない条件（$I_{\rm el} = 0$）を考えよう．このとき**ゼーベック係数** S は

$$S = \left(\frac{V}{\Delta T}\right)_{I_{\rm el}=0} = -\frac{1}{e}\frac{\frac{-2e}{h}\int d\varepsilon T(\varepsilon)\frac{\partial f_{\rm FD}}{\partial T}}{\frac{-2e}{h}\int d\varepsilon T(\varepsilon)\frac{\partial f_{\rm FD}}{\partial\mu}} = -\frac{1}{eT}\frac{K_1}{K_0} \tag{2.1.59}$$

となり，**熱コンダクタンス**は

$$\kappa = \left(-\frac{I_{\rm th}}{\Delta T}\right)_{I_{\rm el}=0} = -\frac{1}{\Delta T}\left[\Delta\mu\frac{2}{h}\int d\varepsilon T(\varepsilon)\frac{\partial f_{\rm FD}}{\partial\mu}(\varepsilon-\mu) + \Delta T\frac{2}{h}\int d\varepsilon T(\varepsilon)\frac{\partial f_{\rm FD}}{\partial T}(\varepsilon-\mu)\right]$$
$$= \frac{1}{T}\left(K_2 - \frac{K_1^2}{K_0}\right) \tag{2.1.60}$$

と与えられる．

すなわち，電極間に挟まれたナノ材料の電子輸送係数を計算するためには，詰まるところ電子透過関数 $T(\varepsilon)$ を知る必要があり，$T(\varepsilon)$ さえ分かれば Eq.(2.1.57)～Eq.(2.1.60)を用いて様々な電子輸送係数を見積もることができる．

この節の最後に，コヒーレント伝導とオーミック伝導（拡散伝導）の電子輸送係数の形式的類似性について触れておきたい．Eq.(2.1.57)～Eq.(2.1.60)のコヒーレント伝導に対する電子輸送係数の表式は，Eq.(2.1.42)～Eq.(2.1.45)の拡散伝導の電子輸送係数と形式的に同じ形をしている．異なるのは補助関数 K_n のみであり，コヒーレント伝導に対する K_n は Eq.(2.1.56)，拡散伝導に対しては Eq.(2.1.34)で与えられる．

2.1.7 バリスティック電子輸送での電子コンダクタンスと熱コンダクタンス（Electrical and thermal conductances of ballistic electronic transport）

2.1.1 項で，電子が全く散乱されない小さな試料においては，電子コンダクタンスや熱コンダクタンスが量子化されることを述べた．この節では，前節（2.1.6 項）で解説したランダウアー理論を用いて，電子コンダクタンスや熱コンダクタンスの量子化現象を説明する．

ランダウアー理論によると，電子コンダクタンスと熱コンダクタンスのいずれも試料の電子透過関数 $T(\varepsilon)$ によって決まる．電子散乱のないバリスティックな電子輸送においては，あらゆる入射エネルギー ε の電子が試料を完全透過するので，エネルギー ε の電子が試料を透過する確率（電子透過関数 $T(\varepsilon)$）はエネルギー ε でのエネルギーバンドの数 $M(\varepsilon)$ に等しい．特に，フェルミエネルギー ε_F でのエネルギーバンド数を $M(\varepsilon_F) \equiv M$ とすると，いま興味ある低温 $k_B T \ll \varepsilon - \mu$ において Eq.(2.1.56) の補助関数は

$$K_0 = \frac{2}{h}M, \quad K_1 = 0, \quad K_2 = \frac{\pi^2}{3h}(k_B T)^2 M \tag{2.1.61}$$

となるから，低温での電気コンダクタンス G_{el} は

$$G_{el} = e^2 K_0 = M\frac{2e^2}{h} = MG_0 \tag{2.1.62}$$

と電気コンダクタンス量子 G_0 の整数倍に量子化される．一方，低温での熱コンダクタンス G_{th} は

$$G_{th} = \frac{1}{T}\left(K_2 - \frac{K_1^2}{K_0}\right) \approx M\left(\frac{\pi^2 k_B^2 T}{3h}\right) = Mg_0 \tag{2.1.63}$$

と熱コンダクタンス量子 g_0 の整数倍に量子化される．2.1.1 項ではヴィーデマン・フランツの法則を仮定して，熱コンダクタンスの量子化現象を説明したが，ここではランダウアー理論に基づくことでそのような仮定を置かずに熱コンダクタンスの量子化現象を説明ことができた．また，Eq.(2.1.62) と Eq.(2.1.63) を用いてローレンツ比を計算してみると

$$L = \frac{G_{th}}{G_{el}T} = \frac{\pi^2}{3}\left(\frac{k_B}{e}\right)^2 = 2.45 \times 10^{-8} \quad [\text{V}^2/\text{K}^2] \tag{2.1.64}$$

とローレンツ数が得られ，バリスティックな極限においても Eq.(2.1.46) のヴィーデマン・フランツの法則が導かれる．

この節では，1 次元バリスティック電子系に限って熱コンダクタンスの量子化やヴィーデマン・フランツの法則を議論したが，熱コンダクタンスの量子化は自由電子ガスに限らず[28〜31]，相互作用する 1 次元電子系（朝永・ラッティンジャー液体[32,33]）[34,35]や 1 次元フォノン系[36〜39]の熱伝導でも起こることが知られている．また，ヴィーデマン・フランツの法則も相互作用する 1 次元電子系で成り立つことが実験的にも理論的にも実証されている[40〜42]．

2.1.8 ナノ材料の熱電性能指数（Thermoelectric figure of merit of nanomaterials）

前小節で述べたように，材料のナノワイヤー化により熱電変換効率が向上することが知られている．その典型的な例として，2009 年に Boukai らによって発表された不純物ドープされたシリコンナノワイヤーの熱電変換効率の実験[43]と，同年に Hochbaum によって発表された表面を荒削りにしたシリコンナノワイヤーの熱電変換効率の実験[44]がある．ナノワイヤーの長さが短くなりコヒーレントな電子輸送になった場合には，2.1.6 項で説明したランダウアー理論による熱電変換効率の解析が必要となる．ランダウアー理論から得られた Eq.(2.1.57) の電気コンダクタンス G_{el}，Eq.(2.1.59) のゼーベック係数 S，Eq.(2.1.60) の熱コンダクタンス G_{th} を用いると，無次元熱電性能指数 ZT は

$$ZT = \frac{G_{\text{el}}S^2T}{G_{\text{th}}} = \frac{K_1^2}{K_0K_2 - K_1^2} \tag{65}$$

となる[45~47]. ここで, K_n は Eq.(2.1.56)で与えられる補助関数である. コヒーレント電子輸送の ZT の表式である Eq.(2.1.65)は, バルク物質の ZT の表式である Eq.(2.1.49)と形式的に全く同じである. ただし, 補助関数 K_n はコヒーレント伝導の場合は Eq.(2.1.56), オーミック (拡散) 伝導の場合は Eq.(2.1.34)である.

2.1.9 おわりに (Summary)

本項では, 電子の干渉効果が無視できる拡散電子輸送についてはボルツマンの輸送理論に基づき様々な電子輸送係数を導出し, 干渉効果が無視できないコヒーレント電子輸送についてはランダウアーの輸送理論に基づいて電子輸送係数を導出した. 得られた結果を以下にまとめる.

・電気コンダクタンス: $G_{\text{el}} = e^2 K_0$

・ペルチェ係数: $\Pi = -\dfrac{1}{e}\dfrac{K_1}{K_0}$

・ゼーベック係数: $S = -\dfrac{1}{eT}\dfrac{K_1}{K_0}$

・熱コンダクタンス: $G_{\text{th}} = \dfrac{1}{T}\left(K_2 - \dfrac{K_1^2}{K_0}\right)$

・無次元性能指数: $ZT = \dfrac{G_{\text{el}}S^2T}{G_{\text{th}}} = \dfrac{K_1^2}{K_0K_2 - K_1^2}$

ここで, 補助変数 K_n は

$$K_n = \begin{cases} \displaystyle\int d\varepsilon L(\varepsilon)(\varepsilon-\mu)^n\left(-\frac{\partial f_{\text{FD}}}{\partial \varepsilon}\right) & : \text{拡散電子輸送} \\ \displaystyle\frac{2}{h}\int d\varepsilon T(\varepsilon)(\varepsilon-\mu)^n\left(-\frac{\partial f_{\text{FD}}}{\partial \varepsilon}\right) & : \text{コヒーレント電子輸送} \end{cases}$$

と与えられ, $T(\varepsilon)$ は電子透過関数であり, $L(\varepsilon)$ は電子の群速度 $v(\boldsymbol{k})$ と緩和時間 $\tau(\boldsymbol{k})$ を用いて

$$L(\varepsilon) = 2\int \frac{d\boldsymbol{k}}{(2\pi)^3}(v(\boldsymbol{k}))^2 \tau(\boldsymbol{k})\delta(\varepsilon - \varepsilon(\boldsymbol{k}))$$

と表される.

以上が電子輸送係数の表式であるが, これらを用いて具体的な物質の電子輸送係数を計算するには, この節では論じることのできなかった様々な技術と工夫が必要である. 一昔前は, ランダウのフェル流体論[48~50]などを駆使して電子輸送係数を解析的に求めることが主流であったが[51], 最近のコンピュータの急速な発展のおかげで, 密度汎関数理論に基づく第一原理計算などにより[52], 解析的に予測不可能な複雑な物質の電子輸送係数の計算が可能になってきた. 現在の最先端シミュレーション研究は, 実験結果の再現や解釈にとどまることなく, 新機能材料の設計, 新奇物性の解明, さらには高性能デバイスのモデリングと動作予測を高精度に行うことを目指している[52]. 今後の計算物質科学・工学の発展に大いに期待したい.

参考文献

1) 阿部龍蔵, 新物理学シリーズ (8) 電気伝導, 培風館 (1969).
2) R. E. Peierls, Quantum Theory of Solids, The Oxford University Press (1955).
3) J. M. Ziman, Electrons and Phonons, The Oxford University Press (1960).

4) B. J. van Wees, H. van Houten, C. W. J. Beenakker, J. G. Williamson, L. P. Kouwenhoven, D. van der Marel and C. T. Foxon, "Quantized conductance of point contacts in a two-dimensional electron gas", Phys. Rev. Lett., Vol. 60 (1988) pp.848-850.
5) D. A. Wharam, T. J. Thornton, R. Newbury, M. Pepper, H. Ahmed, J. E. F. Frost, D. G. Hasko, D. C. Peacock, D. A. Ritchie and G. A. C. Jones, "One-dimensional transport and the quantisation of the ballistic resistance", J. Phys. C Vol. 21 (1988) pp.L209-L214.
6) R. Franz and G. Wiedemann, "Ueber die Wärme-Leitungsfähigkeit der Metalle", Annalen der Physik Vol. 165 (1853) pp.497-531.
7) L. Lorenz, "Determination of the degree of heat in absolute measure", Ann. Phys. Vol. 147 (1872) pp.429-452.
8) J. B. Pendry, "Quantum limits to the flow of information and entropy", J. Phys. A, Vol. 16 (1983) pp.2161-2171.
9) R. Maynard and E. Akkermans, "Thermal conductance and giant fluctuations in one-dimensional disordered systems", Phys. Rev. B, Vol. 32 (1985) pp.5440-5442.
10) G. D. Guttman, E. Ben-Jacob and D. J. Bergman, "Thermoelectric properties of microstructures with four-probe versus two-probe setups", Phys. Rev. B Vol 53 (1996) pp.15856-15862.
11) A. Greiner, L. Reggiani, T. Kuhn, and L. Varani, "Thermal Conductivity and Lorenz Number for One-Dimensional Ballistic Transport", Phys. Rev. Lett. Vol. 78 (1997) pp.1114-1117.
12) S. Datta, "Electronic transport in mesoscopic systems", Cambridge University Press (1997).
13) D. K. Ferry and S. M. Goodnick, "Transport in Nanostructure", Cambridge University Press (1997).
14) H. Haug and A.-P. Jauho, "Quantum Kinetics in Transport and Optics of Semiconductors", Springer (2008).
15) 川畑有郷, 固体物理学, 朝倉書店 (2007).
16) 早川尚男, 非平衡統計力学 (臨時別冊・数理科学 SGC ライブラリ 54), サイエンス社 (2007).
17) 戸田盛和, 斎藤信彦, 久保亮五, 橋詰夏樹, 岩波講座 現代物理学の基礎 5 統計物理学 (1978).
18) H. イバッハ, H. リュート著 (石井 力, 木村忠正 訳), 固体物理学；新世紀物質科学への基礎, シュプリンガー・フェアラーク東京 (1998).
19) 斯波弘行, 基礎の固体物理学, 培風館 (2007).
20) 塚田捷, 固体物理学, 裳華房 (2007).
21) 佐宗哲郎, 強相関電子系の物理, 日本評論社 (2009).
22) 坂田亮 編, 熱電変換—基礎と応用—, 裳華房 (2005).
23) 日本セラミックス協会日本熱電学会 編, 日刊工業新聞社 (2005).
24) A. Majumdar, Science, "Thermoelectricity in Semiconductor Nanostructures", Vol. 303 (2004) pp.777-778.
25) L. D. Hicks and M. S. Dresselhaus, "Thermoelectric figure of merit of a one-dimensional conductor", Phys. Rev. B Vol. 47 (1993) pp.16631-16634.
26) M. Brandbyge, J.-L. Mozos, P. Ordejón, J. Taylor, and K. Stokbro, "Density-functional method for nonequilibrium electron transport", Phys. Rev. B Vol. 65 (2002) pp.165401.
27) Atomistix ToolKit, QuantumWise A/S (www.quantumwise.com).
28) J. B. Pendry, "Quantum Limits to the Flow of Information and Entropy", J. Phys. A: Math. Gen. Vol. 16 (1983), pp.2161-2171.
29) R. Maynard and E. Akkermans, "Thermal conductance and giant fluctuations in one-dimensional disordered systems", Phys. Rev. B, Vol. 32 (1985) pp. 5440-5442.
30) G. D. Guttman, E. Ben-Jacob, and D. J. Bergman, "Thermoelectric Properties of Microstructures with Four-Probe Versus Two-Probe Setups", Phys. Rev. B Vol. 53 (1996) pp.15856-15862.
31) A. Greiner, L. Reggiani, T. Kuhn, and L. Varani, "Thermal Conductivity and Lorenz Number for One-Dimensional Ballistic Transport", Phys. Rev. Lett., Vol. 78 (1997) pp.1114-1117.
32) S. Tomonaga, "Remarks on Bloch's Method of Sound Waves applied to Many-Fermion Problems", Prog. Theor. Phys., Vol. 5 (1950) pp.544-569.
33) J. M. Luttinger, "An Exactly Soluble Model of a Many-Fermion System", J. Math. Phys., Vol. 4 (1963) pp. 1154-1162.
34) C. L. Kane and M. P. A. Fisher, "Thermal Transport in a Luttinger Liquid", Phys. Rev. Lett., Vol. 76

(1996), pp. 3192-3195.
35) R. Fazio, F. W. Hekking and D. E. Khmelnitskii, "Anomalous Thermal Transport in Quantum Wires", Phys. Rev. Lett. Vol. 80 (1998) pp.5611-5614.
36) L. G. C. Rego and G. Kirczenow, "Quantized Thermal Conductance of Dielectric Quantum Wires", Phys. Rev. Lett., Vol. 81 (1998) pp.232-235.
37) D. E. Angelescu, M. C. Cross and M. L. Roukes, "Heat Transport in Mesoscopic Systems", cond-mat/9801252.
38) M. P. Blencowe, "Quantum energy flow in mesoscopic dielectric structures", Phys. Rev. B, Vol. 59 (1999) pp.4992-4998.
39) T. Yamamoto, S. Watanabe and K. Watanabe, "Universal Features of Quantized Thermal Conductance of Carbon Nanotubes", Phys. Rev. Lett., Vol. 92 (2004) pp.075502.
40) G. V. Chester and A. Thellung, "The Law of Wiedemann and Franz", Proc. Phys. Soc. Vol. 77 (1961) pp. 1005-1013.
41) C. Castellani, C. DiCastro, G. Kotliar and P. A. Lee, "Thermal Conductivity in Disordered Interacting-Electron Systems", Phys. Rev. Lett., Vol. 59 (1987) pp.477-480.
42) L. W. Molenkamp, Th. Gravier, H. van Houten, O. J. A. Buijk, M. A. A. Mabesoone and C.T. Foxon, "Peltier coefficient and thermal conductance of a quantum point contact", Phys. Rev. Lett., Vol. 68 (1992) pp.3765-3768.
43) A. I. Boukai, Y. Bunimovich, J. Tahir-Kheli, J.-K. Yu, W. A. Goddard III, and J. R. Heath, "Silicon nanowires as efficient thermoelectric materials", Nature (London), Vol. 451 (2008) pp.168-171.
44) A. Hochbaum, R. Chen, R. D. Delgado, W. Liang, E. C. Garnett, M. Najarian, A. Majumdar and P. Yang, "Enhanced thermoelectric performance of rough silicon nanowires", Nature (London), Vol. 451 (2008) pp.163-167.
45) U. Sivan and Y. Imry, "Multichannel Landauer formula for thermoelectric transport with application to thermopower near the mobility edge", Phys. Rev. B, Vol. 33 (1986) pp.551-558.
46) K. Esfarjani, M. Zebarjadi and Y. Kawazoe, "Thermoelectric properties of a nanocontact made of two-capped single-wall carbon nanotubes calculated within the tight-binding approximation", Phys. Rev. B, Vol. 73 (2006) pp.085406.
47) A. M. Lunde and K. Flensberg, "On the Mott formula for the thermopower of non-interacting electrons in quantum point contacts", J. Phys.: Condens. Matter, Vol. 17 (2005) pp.3879-3884.
48) A. A. Abrikosov, L. P. Gorkov, I. E. Dzyaloshinski, Methods of Quantum Field Theory in Statistical Physics, Dover Publications (1975).
49) 斯波弘行, 新版 固体の電子論, 和光システム研究所 (2010).
50) 斯波弘行, 電子相関の物理, 岩波書店 (2001).
51) J. Sykes and G. Brooker, "The transport coefficients of a fermi liquid", Ann. Phys. Vol. 56 (1970) pp.1-39.
52) 赤井久純, 白井光雲 編著, 密度汎関数法の発展；マテリアルデザインへの応用, シュプリンガー・ジャパン (2011).

2.2 フォノン輸送（Phonon Transport）

　絶縁体や半導体における熱輸送は，結晶格子が作る波の輸送による（Fig. 2-2-1）．この格子振動のエネルギー量子は，電磁波のフォトンとの類似性でフォノンと呼ばれている[1]．比熱や熱伝導率といった熱物性の理解に用いられてきたが，ここ20年では，ナノ構造が引き起こす特殊な熱輸送現象を説明するために頻繁に利用されるようになってきた[2,3]．ここでは，最初にフォノンを導入した後，比熱や熱伝導について説明し，ナノ構造の特殊な熱伝導率について考える．

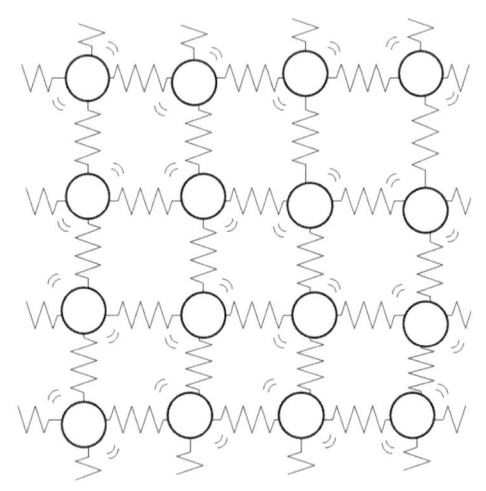

Fig. 2-2-1 2次元の格子振動の模式図(Schematic of lattice vibrations in a two dimensional crystal)

2.2.1 フォノン (Phonon)

結晶内の原子の持つ熱エネルギーが大きいほど,原子の振動も激しくなる.この振動のエネルギーを微視的に理解すれば,ナノ構造を持つ固体内での特殊な熱伝導現象を理解する助けになる.この格子振動のエネルギーを考える際に,調和振動子を量子力学的に捉えると振動子の角周波数 ω とそのエネルギー E_n の間に次の関係が導かれる[4].

$$E_n = \left(n+\frac{1}{2}\right)\hbar\omega \quad (n = 0, 1, 2, 3, \cdots) \tag{2.2.1}$$

量子力学的な遷移は $\Delta n = \pm 1$ の隣り合うエネルギー状態間でのみ許されるため,調和振動子のエネルギー変化 ΔE は $\pm\hbar\omega$ である.この $\pm\hbar\omega$ の目盛りでエネルギーをもつ振動に蓄えられる熱エネルギーやその輸送を考えれば熱伝導を微視的に捉えたことになり,ナノ構造内での熱伝導現象を理解する助けとなる.

2.2.2 比熱 (Specific heat)

周波数 ω で振動する N 個の原子(振動子)があるときにどれだけ熱エネルギーを持っているか考える.この振動子が Eq.(2.2.1) の状態 n に見出される確率 P_n はボルツマン分布として与えられる.T は温度,k_B はボルツマン定数である.

$$P_n \propto e^{-E_n/k_\mathrm{B}T} \quad (n = 0, 1, 2, 3, \cdots) \tag{2.2.2}$$

振動子は可能な状態のどれか1つに必ず存在するので Eq.(2.2.2) の総和は1となる.総和は,比が1以下の等比級数の和を使って計算でき,結果を利用すると次のように P_n が表わされる.

$$P_n = (1-e^{-\hbar\omega/k_\mathrm{B}T})e^{-n\hbar\omega/k_\mathrm{B}T} \tag{2.2.3}$$

温度 T で熱平衡にある振動子の量子数の期待値 $\langle n \rangle$ は,

$$\langle n \rangle = \sum_{n=0}^{\infty} nP_n = \frac{1}{e^{\hbar\omega/k_\mathrm{B}T}-1} \tag{2.2.4}$$

と計算される.この期待値を使えば,N 個の振動子(原子)のもつ熱エネルギー U を計算できる.

$$U = N\langle n \rangle \hbar\omega = \frac{N\hbar\omega}{e^{\hbar\omega/k_\mathrm{B}T}-1} \tag{2.2.5}$$

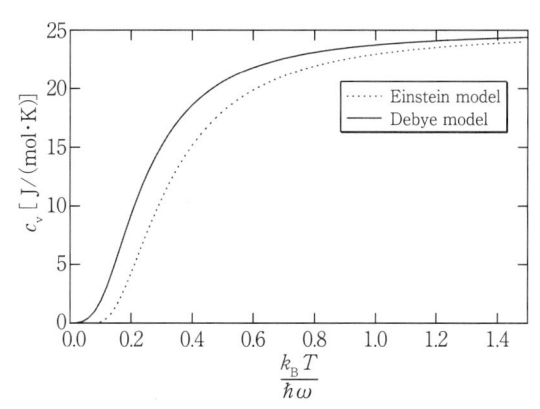

Fig. 2-2-2 比熱の計算結果（Specific heat in both the Einstein approximation and the Debye approximation）

比熱 C_V は単位温度上昇させるのに必要な熱エネルギーであるから，

$$C_V = \left(\frac{\partial U}{\partial T}\right)_V = Nk_B\left(\frac{\hbar\omega}{k_B T}\right)^2 \frac{e^{\hbar\omega/k_B T}}{(e^{\hbar\omega/k_B T}-1)^2} \tag{2.2.6}$$

Eq.(2.2.6)は固体の比熱を N 個の振動子から考えたアインシュタインが得た結果である．高温ではEq.(2.2.6)は Nk_B に漸近する（Fig. 2-2-2）．3次元の原子では，3個の自由度を持つため，N を $3N$ で置き換えれば $C_V = 3Nk_B$ となり古典的な比熱をよく説明する．モデルが粗いため，低温における比熱の温度依存性を説明できないが，デバイモデルで低温における比熱（T^3 に比例）はよく説明できる．

2.2.3 状態密度（Phonon density of state）

アインシュタインモデルは単一の ω のみで，分極している状態を考慮しておらず，状態 n にあるフォノンの数の見積もりが甘い．そこで単位周波数あたりのモード数 $D(\omega)$ を求める．$D(\omega)$ は状態密度と呼ばれる．実験では，中性子の非弾性散乱を用いて，周波数 ω と波数 k の分散関係を求め，一般の方向の分散関係を理論的に求め，最後に単位周波数あたりに含まれるモード数を数えると得られる．

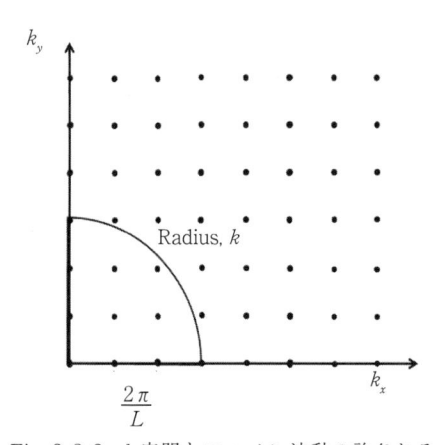

Fig. 2-2-3 k 空間とフォノン波動の許される点（Points in a two-dimensional k-space of the form k_x, k_y）

ここでは長さ L に N 個の原子を含むシンプルなケースについて考える．結晶は無限に同じ構造が繰り返すため，長さ L で周期境界条件を課すと進行波に対して許される波数 k の値は，

$$k = 0, \quad \pm\frac{2\pi}{L}, \quad \pm\frac{4\pi}{L}, \quad \pm\frac{6\pi}{L}, \quad \cdots \quad \pm\frac{N\pi}{L} \tag{2.2.7}$$

となる（N：整数）．正負を考えると，これは $2\pi/L$ につき 1 つの波数 k が存在することに対応し（Fig. 2-2-3），3 次元の波数空間では $(2\pi/L)^3$ の体積に対して 1 つの波数 k が存在することになる．よって，3 次元のフォノンに関して，波の大きさが k 以下で許される波数の個数 N は，

$$N = \left(\frac{L}{2\pi}\right)^3 \left(\frac{4\pi k^3}{3}\right) \tag{2.2.8}$$

で与えられる．状態密度は単位周波数あたりのモード数であるから，

$$D(\omega) = \frac{\partial N}{\partial \omega} = \frac{\partial N}{\partial k} \cdot \frac{\partial k}{\partial \omega} = \frac{L^3 k^2}{2\pi^2} \cdot \frac{\partial k}{\partial \omega} \tag{2.2.9}$$

となる．

2.2.4 デバイモデル（Debye model）

状態 n にあるフォノンの数 N を状態密度を使って分極している分もカウントして Eq.(2.2.5) を書き直すと次のようになる．

$$U = \int D(\omega) \langle n \rangle \hbar \omega \, d\omega \tag{2.2.10}$$

簡単のため，フォノンの群速度 v を一定とすると

$$\omega = v \cdot k \tag{2.2.11}$$

状態密度の Eq.(2.2.9) に代入して，

$$D(\omega) = \frac{L^3 k^2}{2\pi^2} \cdot \frac{\partial k}{\partial \omega} = \frac{V \omega^2}{2\pi^2 v^2} \cdot \frac{1}{v} \tag{2.2.12}$$

ここで体積 L^3 を V と書きなおした（Fig. 2-2-4）．原子の位置は離散的であるため，ある波数以上の波は存在できないので（Fig. 2-2-5），対応する最大の周波数 ω_D が決まる（遮断周波数）．したがってフォノンのもつ熱エネルギーは

$$U = \int_0^{\omega_D} \frac{V \omega^2}{2\pi^2 v^3} \cdot \frac{\hbar \omega}{e^{\hbar \omega / k_B T} - 1} d\omega \tag{2.2.13}$$

と表わされる．フォノンの速度が振動の分極によらないと仮定すると，縦波 1 つと横波 2 つを考慮して，Eq.(2.2.13) を 3 倍する．

$$U = \frac{3V\hbar}{2\pi^2 v^3} \int_0^{\omega_D} \frac{\omega^3}{e^{\hbar\omega/k_B T}-1} d\omega = \frac{3V k_B^4 T^4}{2\pi^2 v^3 \hbar^3} \int_0^{x_D} \frac{x^3}{e^x - 1} dx \tag{2.2.14}$$

となる．ここで $x \equiv \hbar \omega / k_B T$ である．x_D すなわち ω_D は存在しうる最大周波数から決まり，Eq.(2.2.8) を使って

$$\omega_D = (6\pi^2 v^3 N/V)^{1/3} \tag{2.2.15}$$

と計算できる．この ω_D に対応する温度をデバイ温度 θ と定義し，

$$\theta = x_D T = \frac{\hbar \omega_D}{k_B} = \frac{\hbar v}{k_B} (6\pi^2 N/V)^{1/3} \tag{2.2.16}$$

を用いれば，エネルギー U は最終的に

$$U = 9N k_B T \left(\frac{T}{\theta}\right)^3 \int_0^{x_D} \frac{x^3}{e^x - 1} dx \tag{2.2.17}$$

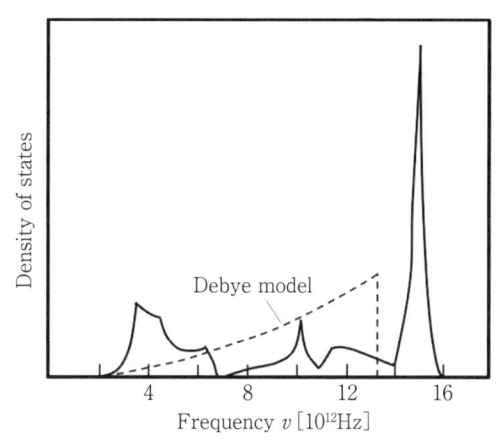

Fig. 2-2-4 デバイ近似と実際の結晶の状態密度関数の模式図 (Phonon density of state in a three-dimensional crystal and the Debye model one)

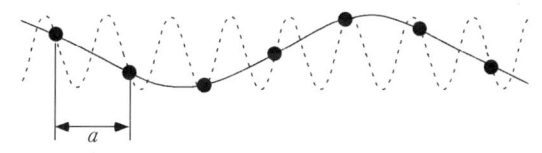

Fig. 2-2-5 離散的な波の概略図. 格子間隔 a よりも短い波 (点線) は存在できない. (Schematic of lattice waves in a one-dimensional model)

が得られる.
温度 T が小さいとして, 右辺積分の上限を無限に伸ばす近似を行うと

$$U = 9Nk_B T\left(\frac{T}{\theta}\right)^3 \cdot \frac{\pi^4}{15} \tag{2.2.18}$$

が得られ, 比熱は

$$C_V = \frac{\partial U}{\partial T} = 12Nk_B\left(\frac{T}{\theta}\right)^3 \cdot \frac{\pi^4}{5} = 234Nk_B\left(\frac{T}{\theta}\right)^3 \tag{2.2.19}$$

となり, T^3 に比例することが導かれた. 縦波も横波も同じ群速度かつ同じ遮断周波数を考える大胆な仮定をしているわりには, 音響モードしか励起されない極低温でよい近似を与える.

2.2.5 格子振動 (Lattice vibrations)

フォノンの速度 v_g を理解するため, 原子の変位と作用する力の関係が比例するばねでつながれた1次元の鎖状につながれた原子の振動を考える (Fig. 2-2-6). 簡単のため, 隣接する原子との相互作用のみを考える. s 番目の原子に作用する力 F_s は, s 番目の原子の変位と $s\pm1$ 番目の原子の変位との関係で決まる.

$$F_s = C(u_{s+1} - u_s) + C(u_{s-1} - u_s) \tag{2.2.20}$$

C は隣接格子面間のばね定数である. したがって, s 番目の原子の運動方程式は,

$$M\frac{d^2 u_s}{dt^2} = C(u_{s+1} + u_{s-1} - 2u_s) \tag{2.2.21}$$

で M は原子の質量である. ここですべての原子の変位が角周波数 ω で時間変化している解を求める

Fig. 2-2-6 1原子1次元鎖モデル (The liner chain of identical atoms in one-dimensional)

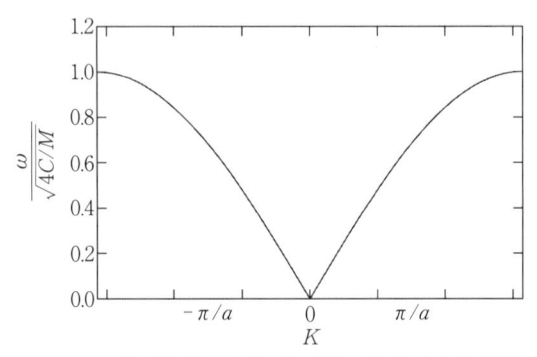

Fig. 2-2-7 格子振動の波数-周波数の関係（分散関係）(Dispersion curve for a monatomic linear chain with only nearest-neighbor interactions)

とすると，
$$\frac{d^2 u_s}{dt^2} = -\omega^2 u_s \tag{2.2.22}$$
であるので，最終的に Eq.(2.2.20)は，
$$-M\omega^2 u_s = C(u_{s+1} + u_{s-1} - 2u_s) \tag{2.2.23}$$
となる．この式は，変位 u に対する差分式で進行波
$$u_s = u\exp(isKa) \tag{2.2.24}$$
の形の解を持つ．a は面間隔，K は波数である．
今，Eq.(2.2.24) を用いて Eq.(2.2.23) を書き直すと
$$-M\omega^2 u\exp(isKa) = C(u\exp(i(s+1)Ka) + u\exp(i(s-1)Ka) - 2u\exp(isKa)) \tag{2.2.25}$$
であるから，両辺を $u\exp(isKa)$ で割り，$2\cos Ka = \exp(isKa) + \exp(-isKa)$ を用いれば，角周波数 ω と波数 K の関係（分散関係）が得られる．
$$\omega^2 = \left(\frac{2C}{M}\right)(1-\cos Ka) = \left(\frac{4C}{M}\right)\sin^2 \frac{1}{2}Ka \tag{2.2.26}$$
周波数は必ず正の値をとるから，
$$\omega = \sqrt{\frac{4C}{M}}\left|\sin \frac{1}{2}Ka\right| \tag{2.2.27}$$
と書ける (Fig. 2-2-7)．ばねでつながれた原子は距離 a 離れて存在しているため，半波長が a より短い波は一意性がなく，意味を持たないことが分かる (Fig. 2-2-5)．すなわち $\lambda/2 = \pi/K > a$ であり，π/a より小さい波数をもつ波だけを考えればよいことがわかる（第一ブリルアンゾーン）．波動がもつ群速度は ω-k 分散関係の傾きから求めることができ，1次元の波の伝播では群速度 v_g は Eq.(2.2.27) から以下のように導ける．
$$v_g = \frac{d\omega}{dK} = \sqrt{\frac{Ca^2}{M}}\cos \frac{1}{2}Ka \tag{2.2.28}$$
ここで Eq.(2.2.28) について考察すると，波数 $K = \pm\pi/a$ のとき Eq.(2.2.24) は $u_s = u(-1)^s$ である．これは隣同士の原子が反対の位相で運動しており，右にも左にも波は伝播しない．すなわち定在波で

ある．このときエネルギーは輸送されない．当然であるが，Eq.(2.2.28)に $K = \pm\pi/a$ を代入すると群速度は0となり，$K = \pm\pi/a$ のフォノンはエネルギーを輸送しないイメージと一致する．

2.2.6 フォノン輸送と熱伝導率（Phonon transport and thermal conductivity）

以上のようにフォノンには比熱があり，移動によって熱エネルギーを輸送できる．この比熱で運ばれる熱エネルギーを群速度 v_g で輸送するモデルを考えると熱伝導率が得られる．まず現象論としてフーリエの法則から始めるとすると，熱流束 q が温度勾配に比例し，その比例定数が固体の物性値である熱伝導率 λ となる．

$$q = -\lambda \frac{dT}{dx} \tag{2.2.29}$$

単位時間，単位面積を通過する熱エネルギーである熱流束は，単に試料に入りまっすぐ抜けていくようなものではなく，エネルギーを輸送する波が多くの衝突を受けながら拡散していく結果，生み出されたものである．このようなランダムな輸送の様子が Eq.(2.2.29)の温度勾配と比例する形として表れている．波の伝わりをフォノンの伝わりとして考え直し，フォノンの比熱を c，フォノンの速度 v_g，フォノンの平均自由行程を l として熱流束（絶縁体と半導体に限る）を気体分子運動論との相似から導く．まずフォノンが温度 $T + \Delta T$ の領域から温度 T の領域へ到達したときに衝突が起こり比熱分のエネルギー $c\Delta T$ を放出する．温度差 ΔT は，

$$\Delta T = \frac{dT}{dx} l_x = \frac{dT}{dx} v_{gx}\tau \tag{2.2.30}$$

で与えられる．ここで τ は衝突間の平均時間，v_{gx} はフォノンの速度の x 成分である．単位体積あたりに含まれるフォノンの数を n とすると，単位時間，単位面積を横切るフォノンの数は nv_x であるから，

$$q = -nv_{gx} \cdot c\Delta T = -ncv_{gx} \cdot \frac{dT}{dx} v_{gx}\tau = -\frac{1}{3}ncv_g^2\tau \frac{dT}{dx} \tag{31}$$

と熱流束を考えることができる．ここで $v_{gx}^2 = v_g^2/3$ を用いた．単位体積あたりの比熱を $C_V (= nc)$ とすると，Eq.(2.2.29)と Eq.(2.2.31)から

$$\lambda = -\frac{1}{3} C_V v_g l \tag{2.2.32}$$

が導ける．この式から熱伝導率の定性的な理解が可能である．例えば熱伝導率の温度依存性は大まかに，低温では比熱 C_V が T^3 に比例するため（デバイモデル）熱伝導率が増加し，一方，比熱 C_V がほぼ一定となる高温（Fig.2-2-2）では，平均自由行程 l が温度に反比例するため熱伝導率が減少すると説明できる．

ただし，ここではフォノンが $c\Delta T$ のエネルギーを放出することを仮定した．これは局所的にフォノンがある温度 T のもとで熱平衡にあることを仮定しており，言い換えると熱エネルギーを輸送する過程でフォノンが大きくその運動量を失う必要がある．このためには波数 K_1 のフォノンと波数 K_2 のフォノンが衝突して，$K_3 (= K_1 + K_2)$ という新しい波数のフォノンが非調和相互作用によって生み出され，さらに K_3 が π/a よりも大きいときに起こる過程を考えなければならない．固体では離散的に原子が存在するため，π/a より大きい波数 K_3 のフォノン（波）は K_3 よりも $2\pi/a$ だけ小さいフォノン（波）と見分けがつかない（Fig.2-2-5）．したがって π/a よりも大きい K_3 の波数をもつフォノンの衝突では，運動量 $\hbar K_3$ が衝突によって生み出されず，結果的に h/a という大きな運動量を失うことになる．この現象は固体の熱伝導における熱抵抗を理解する上で極めて重要であり，ウムクラップ過程と呼ばれる．K_3 が π/a よりも大きくなるには，衝突前のフォノンの波数ベクトルが十分大き

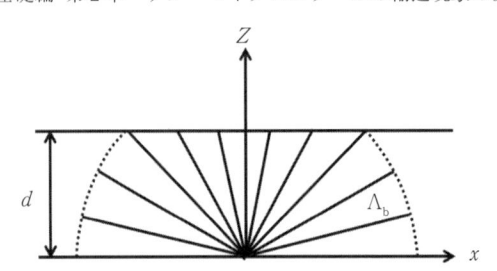

Fig. 2-2-8 薄膜とフォノンの平均自由行程の関係の模式図 (Illustration of phonon free-path reduction due to boundary scattering in a thin film)

い（エネルギーが $k_B\theta/2$ 程度）必要がある[5]．この確率はボルツマン因子によって $\exp(-\theta/bT)$ 程度（$b \approx 2$）であることがわかる．熱伝導率の温度依存性とのフィッティングで以下のようなウムクラップ過程の緩和時間 τ_U が提案されている[6]．

$$\frac{1}{\tau_U} = \omega^2 \left(\frac{T}{\theta}\right)\exp\left(-\frac{\theta}{bT}\right) \tag{2.2.33}$$

2.2.7 古典的サイズ効果 (Classic size effect)

Eq.(2.2.31)で示したように，熱伝導率 λ はフォノンの平均自由行程 l と直接関係している．通常対象とするサイズ L は平均自由行程 l よりも非常に大きいため（フォノンのクヌッセン数 $Kn = l/L \ll 1$），熱伝導率 λ は Eq.(2.2.19)に示されるように結晶構造から決まる N に従う比熱 C_V や Eq.(2.2.28)で決まる群速度 v_g によって物性値となる．しかし考えている代表サイズが平均自由行程よりも小さい場合には，平均自由行程 l が構造によって遮断され，見かけの熱伝導率が小さくなる．例えば膜厚 d が平均自由行程 l より薄い膜の膜厚方向の熱伝導を考えたとき，フォノンとフォノンが衝突する前に薄膜の表面にフォノンが達することになる．大胆ではあるが，この場合の平均自由行程が膜厚 d になると仮定すると，薄膜の熱伝導率 λ_f は，物性値であるバルクの熱伝導率 λ を使って Eq.(2.2.32)より

$$\lambda_f/\lambda = d/l = 1/Kn \tag{2.2.34}$$

とかける．実際は，フォノンの向きや界面での反射を考慮する（Fig. 2-2-8）と Eq.(2.2.34)は単純すぎるものの熱伝導率が構造によって変わってくることが理解できる[7]．構造とフォノン輸送の詳細な関係はボルツマン輸送方程式を用いたり[8]，弾道的-拡散的輸送を利用した簡易的な解析[9]で求められ，ナノ構造体の低い熱伝導率がよく説明されている．

2.2.8 フォノンの平均自由行程 (Phonon mean free path)

前述のように材料ごとの平均自由行程を把握することがナノ構造とその熱伝導を考える上で最も重要である．しかし平均自由行程は直接測定しにくい値であるため，Eq.(2.2.32)に従って熱伝導率 λ，比熱 C_V，群速度（音速）v_g を測定し，それらからフォノンの平均自由行程が見積もられてきた．しかし求められた平均自由行程は非常に短く，実験で得られたナノ構造の熱伝導率を説明するには矛盾が生じてきた[2]．これに対し，周波数 ω の依存性を加味して Eq.(2.2.32)を見直し，

$$\lambda = \frac{1}{3}\int_0^\infty C(\omega)v_g(\omega)l(\omega)d\omega \tag{2.2.35}$$

とすることで，周波数 ω と平均自由行程 l（緩和時間 τ と群速度 v_g の積 $v_g \times \tau$）の関係 $l(\omega)$ から，どのような平均自由行程をもつフォノンが熱伝導に寄与しているか計算する試みがなされている[10,11]．この計算ではフォノンの主な散乱因子として Eq.(2.2.33)によるウムクラップ過程のほか，不純物散乱

による $1/\tau_{imp} = A\omega^4$ が考慮され，マティーセンの法則で物性値（単結晶）としての緩和時間 τ が計算されている（$1/\tau = 1/\tau_U + 1/\tau_{imp}$）．Si では室温で 300 nm 程度の平均自由行程が計算され[10]，微細構造 Si の熱伝導率測定結果とつじつまがあっている[10,12]．必要な情報は結晶構造と熱伝導率の温度依存性であり，簡便なナノ構造設計に有用な手法と考えられる．熱伝導に対する古典的なサイズ効果については，物質ごとの平均自由行程を把握することにあり，Table 2-2-1 に物質ごとの平均自由行程をまとめる．

2.2.9 まとめ（Summary）

ナノ構造のもつ特殊な熱伝導を理解するためにここ 20 年近くで熱工学の分野にもフォノンの概念が導入され，いろいろな形で利用されてきた．本章では最初にフォノンが $\hbar\omega$ の目盛りでとびとびのエネルギーを持つことを前提とし，熱統計力学的に材料の比熱が温度依存性を含めてよく説明されていることに触れた．次にフォノンの速度を理解するため，結晶中の進行波について触れた．角周波数 ω と波数 k の分散関係から群速度 v_g が計算され，フォノンの結晶中での移動速度が導かれた．比熱 C_V をもったフォノンが v_g で進み，ウムクラップ過程で熱エネルギーを放出するモデルにより，現象論であるフーリエの法則と対比させて，熱伝導率をフォノンの特性で記述した．式にはフォノンの平均自由行程が含まれており，薄膜などナノ構造物の熱伝導率がサイズ効果によって低減することが容易に理解できる．例えば薄膜の見かけの熱伝導率低減が平均自由行程と膜厚の比で簡便に説明される．従って熱伝導率制御のためのナノ構造設計について，フォノンの平均自由行程をどれだけ丁寧に見積もれるかが重要であることが近年繰り返し指摘されるようになってきた．微細加工技術の進歩により，フォノンの平均自由行程よりも小さい構造が実用的なデバイスに頻繁に利用されるようになったことも背景に挙げられる．

一方，ここでは材料がナノサイズであるがゆえに引き起こされる熱伝導率の変化には触れなかった．例えばカーボンナノチューブやグラフェンといった低次元材料の特殊な熱伝導に全く触れなかった．Eq.(2.2.9)で導入した状態密度関数 $D(\omega)$ を低次元（1 次元もしくは 2 次元）で導き，C_V を計算すれば低次元効果を考慮できる[25]．古典的サイズ効果とは異なる熱物性の変化として他にも挙げられ，例えばナノ粒子の原子の緩い結合力（小さいばね定数）に起因するデバイ温度 θ の低下がバルクよりも大きな比熱を生み出すことが指摘されている[26]．超格子構造のナノ周期構造は，角周波数-波数分散関係に人工的な周波数ギャップを生みだすため，群速度 v_g が低下することも知られている[27]．これらの詳細については，結局は Eq.(2.2.32)によって熱伝導率に結びつくものであり，本章の理解が進めば，ナノ構造体（構造物）の熱伝導率低減メカニズムの理解は容易と思われる．

付録
＊格子振動の量子化について[4]

3 次元空間で原点 O からの距離に比例する引力

$$F_x = -kx, \ F_y = -ky, \ F_z = -kz \tag{2.2.A1}$$

はポテンシャル

$$V_x(x,y,z) = \frac{C}{2}(x^2+y^2+z^2) \tag{2.2.A2}$$

から導かれる．このような力を受けている粒子に対するシュレジンガー方程式は，

$$\left\{-\frac{\hbar}{2m}\left(\frac{\partial^2}{\partial x^2}+\frac{\partial^2}{\partial y^2}+\frac{\partial^2}{\partial z^2}\right)+\frac{C}{2}(x^2+y^2+z^2)\right\}\phi(\mathbf{r}) = \varepsilon\phi(\mathbf{r}) \tag{2.2.A3}$$

と表わされる．このとき $\phi(\mathbf{r}) = X(x)Y(y)X(z)$ と変数分離すると

$$\left(-\frac{\hbar}{2m}\frac{\partial^2}{\partial x^2}+\frac{C}{2}x^2\right)X(x)=\varepsilon_x X(x) \tag{2.2.A4}$$

のように x 方向について書け, y 方向と z 方向についても同様である. このとき $\varepsilon_x, \varepsilon_y, \varepsilon_z$ は定数で $\varepsilon = \varepsilon_x + \varepsilon_y + \varepsilon_z$ となっている. 質量 m の単振動を古典的に扱うと角周波数 ω は $\omega = \sqrt{C/m}$ となるから, Eq.(2.2.A4)は次のように書きなおせる. ここで ε_x を簡単のため ε と書きなおし, $X(x)$ は x のみの関数なので ∂ を d とした.

$$\left(-\frac{\hbar}{2m}\frac{\mathrm{d}^2}{\mathrm{d}x^2}+\frac{C}{2}x^2\right)X(x)=\varepsilon X(x) \tag{2.2.A5}$$

さらに式を見やすくするため,

$$\xi = \sqrt{\frac{m\omega}{\hbar}}x, \quad \lambda = \frac{2\varepsilon}{\hbar\omega}$$

とすると, Eq.(2.2.A5)は下のように書きなおせる.

$$\left(-\frac{\mathrm{d}^2}{\mathrm{d}\xi^2}+\xi^2\right)X(\xi)=\lambda X(\xi) \tag{2.2.A6}$$

Eq.(2.2.A6)の解を得るため次のように関数を仮定する.

$$X(\xi) = f(\xi)e^{-\xi^2/2} \tag{2.2.A7}$$

Eq.(2.2.A7)を Eq.(2.2.A6)に代入すると次に f の微分方程式を得る.

$$\frac{\mathrm{d}^2 f}{\mathrm{d}\xi^2}=2\xi\frac{\mathrm{d}f}{\mathrm{d}\xi}-(\lambda-1)f \tag{2.2.A8}$$

Eq.(2.2.A8)の解を得るには, f をべき級数に展開する.

$$f(\xi)=c_0+c_1\xi+c_2\xi^2+\cdots=\sum_{l=0}^{\infty}c_l\xi^l \tag{2.2.A9}$$

Eq.(2.2.A9)を Eq.(2.2.A8)に代入すると

$$\sum_{l=0}^{\infty}(l+1)(l+2)c_{l+2}\xi^l=\sum_{l=0}^{\infty}(2l+1-\lambda)c_l\xi^l \tag{2.2.A10}$$

両辺が一致するためには ξ の同じべきの項が等しい必要があるため,

$$(l+1)(l+2)c_{l+2}=(2l+1-\lambda)c_l \tag{2.2.A11}$$

でなければならないが, このためには右辺が 0 となる ($\lambda=2l+1$) 必要がある. Eq.(2.2.A11)の関係を満たす Eq.(2.2.A7)はエルミートの多項式 $H_n(\xi)$ と呼ばれるものに一致し,

$$X(\xi)\propto H_n(\xi)e^{-\xi^2/2}, \quad \lambda=2n+1, \quad n=0,1,2,3,\cdots \tag{2.2.A12}$$

となる. エルミートの多項式 $H_n(\xi)$ の定義は,

$$e^{-t^2+2\xi t}=\sum_{n=0}^{\infty}\frac{1}{n!}H_n(\xi)t^n \tag{2.2.A13}$$

であり,

$$\int_{-\infty}^{\infty}H_n(\xi)H_m(\xi)e^{-\xi^2}\mathrm{d}\xi=\begin{cases}0, & n\neq m\\ 2^n n!\sqrt{\pi}, & n=m\end{cases} \tag{2.2.A14}$$

の性質を持つ. Eq.(2.2.A10)の変数を x と ε に戻し, Eq.(2.2.A12)の関係を使って, 積分が $n=m$ のときに 1 になるように比例係数を決める (規格化) と

$$X_n(x)=\left(\frac{\sqrt{2m\omega/\hbar}}{2^n n!}\right)^{1/2}H_n\left(\sqrt{\frac{m\omega}{\hbar}}x\right)e^{-\frac{m\omega}{2\hbar}x^2}$$
$$\varepsilon_n=\left(n+\frac{1}{2}\right)\hbar\omega \tag{2.2.A15}$$

が解として得られ，Eq.(2.2.1)が導かれた．

*ボルツマン分布について[28]

位相空間を小さな領域に分けて，j 番目の領域の位相空間の素体積を g_j で表わす．j 番目の領域にある粒子の数を N_j とすれば，位相空間で粒子を分配する方法の数は，

$$W(n_1, n_2, \cdots) = \frac{N!}{n_1! n_2! \cdots n_j! \cdots} g_1^{n_1} g_2^{n_2} \cdots g_j^{n_j} \cdots \tag{2.2.B1}$$

で与えられる．この微視的状態数 W が最大になるとき N_j の組を見出せばよい．ここでは計算の簡単のために W の対数を考える．ここで最大を計算する際には，質量保存とエネルギー保存があるので，

$$\delta N = \sum_l \delta n_l = 0, \quad \delta E = \sum_l \varepsilon_l \delta n_l \tag{2.2.B2}$$

の条件がある．$\ln W$ が最大になるためには，極値が必要であり，これは n_j を微小量 δn_j だけ変えたときに $\ln W$ の変化量 $\delta \ln W$ が変化しないことを意味する．したがって次の式が成り立つ．

$$\delta \ln W(n_1, n_2, \cdots n_j, \cdots) = \frac{\partial \ln W(n_1, n_2, \cdots n_j, \cdots)}{\partial n_1} \delta n_1 + \frac{\partial \ln W(n_1, n_2, \cdots n_j, \cdots)}{\partial n_2} \delta n_2 + \cdots$$
$$+ \frac{\partial \ln W(n_1, n_2, \cdots n_j, \cdots)}{\partial n_j} \delta n_j + \cdots = 0 \tag{2.2.B3}$$

質量保存の条件 Eq.(2.2.B2) を満たすため，$\sum \delta n_l$ に定数 α を掛けて加えた式も 0 となる．

$$\left(\frac{\partial \ln W(n_1, n_2, \cdots n_j, \cdots)}{\partial n_1} + \alpha \right) \delta n_1 + \left(\frac{\partial \ln W(n_1, n_2, \cdots n_j, \cdots)}{\partial n_2} + \alpha \right) \delta n_2$$
$$+ \cdots + \left(\frac{\partial \ln W(n_1, n_2, \cdots n_j, \cdots)}{\partial n_j} + \alpha \right) \delta n_j + \cdots = 0 \tag{2.2.B4}$$

エネルギ保存についても同様で，$\sum \varepsilon_l \delta n_l$ に β を掛けて，Eq.(2.2.B4) に加えた Eq.(2.2.B5) も 0 である．

$$\left(\frac{\partial \ln W(n_1, n_2, \cdots n_j, \cdots)}{\partial n_1} + \alpha + \beta \varepsilon_1 \right) \delta n_1 + \left(\frac{\partial \ln W(n_1, n_2, \cdots n_j, \cdots)}{\partial n_2} + \alpha + \beta \varepsilon_2 \right) \delta n_2$$
$$+ \cdots + \left(\frac{\partial \ln W(n_1, n_2, \cdots n_j, \cdots)}{\partial n_j} + \alpha + \beta \varepsilon_j \right) \delta n_j + \cdots = 0 \tag{2.2.B5}$$

すべての δn_j は独立だから，これらにかかっている因子はそれぞれ 0 でなければならない．

$$\frac{\partial \ln W(n_1, n_2, \cdots n_j, \cdots)}{\partial n_j} + \alpha + \beta \varepsilon_j = 0 \tag{2.2.B6}$$

ところでスターリングの公式を使って n が十分に大きいときは，

$$\ln W(n_1, n_2, \cdots n_j, \cdots) = N \ln N + \sum_j N_j \ln \frac{g_j}{N_j} \tag{2.2.B7}$$

であるから，Eq.(2.2.B6) は

$$\ln \frac{g_j}{N_j} + \alpha + \beta \varepsilon_j = 0 \tag{2.2.B8}$$

を満たし，

$$n_j = g_j e^{-\alpha - \beta \varepsilon_j} \tag{2.2.B9}$$

となる．α と β についてさらに考える．粒子総数 N は

$$N = \sum_l n_l = \sum_l e^{-\alpha - \beta \varepsilon_l} = e^{-\alpha} \sum_l e^{-\beta \varepsilon_l} \tag{2.2.B10}$$

であるから，

$$e^{-\alpha} = \frac{N}{\sum_l e^{-\beta \varepsilon_l}} \tag{2.2.B11}$$

一方で全エネルギー E は,

$$\begin{aligned} E &= \sum_l \varepsilon_l n_l = \sum_l \varepsilon_l e^{-\alpha - \beta \varepsilon_l} \\ &= e^{-\alpha} \sum_l \varepsilon_l e^{-\beta \varepsilon_l} \\ &= \frac{N}{\sum_l e^{-\beta \varepsilon_l}} \times \sum_l \varepsilon_l e^{-\beta \varepsilon_l} \\ &= N\overline{E} \end{aligned} \tag{2.2.B12}$$

ここで $\overline{E}$ は粒子1個の平均エネルギーであり,$\overline{E} = E/N$ になるように β が決められる.例えば気体のエネルギーを表現するボルツマン分布を用いると $E = 3N/2\beta$ となる.理想気体のエネルギーの式 $E = 3Nk_{\rm B}T/2$ と比べると

$$\beta = \frac{1}{k_{\rm B}T} \tag{2.2.B13}$$

となる.単に未定係数として導入した β は温度の逆数という物理的な意味を持っていることが分かる.最終的に

$$n_j \propto e^{-\frac{\varepsilon_j}{k_{\rm B}T}} \tag{2.2.B14}$$

となり,ボルツマン因子が導かれた.

＊期待値 $\langle n \rangle$ の計算[29]

$$\sum_{n=0}^{\infty} P_n = 1$$

$$\sum_{n=0}^{\infty} e^{-E_n/k_{\rm B}T} = \sum_{n=0}^{\infty} e^{-\left(n+\frac{1}{2}\right)\hbar\omega/k_{\rm B}T} = e^{-\hbar\omega/2k_{\rm B}T} \sum_{n=0}^{\infty} e^{-n\hbar\omega/k_{\rm B}T} = \frac{e^{-\hbar\omega/2k_{\rm B}T}}{1-e^{-\hbar\omega/k_{\rm B}T}} \tag{2.2.C1}$$

より

$$P_n = e^{-n\hbar\omega/k_{\rm B}T}(1-e^{-\hbar\omega/k_{\rm B}T}) \tag{2.2.C2}$$

等比級数の和の公式より

$$\sum_{n=0}^{\infty} x^n = \frac{1}{1-x} \tag{2.2.C3}$$

Eq.(2.2.C3) の両辺を微分すると

$$\sum_{n=0}^{\infty} nx^n = \frac{x}{(1-x)^2} \tag{2.2.C4}$$

が得られるので,Eq.(2.2.4) の nP_n が得られる.

＊内部エネルギー U の計算について

$$U = 9Nk_{\rm B}T\left(\frac{T}{\theta}\right)^3 \int_0^{\infty} \frac{x^3}{e^x-1} {\rm d}x \tag{2.2.D1}$$

の積分は以下の公式を利用する.

$$\int_0^{\infty} x^k \sum_{n=1}^{\infty} e^{-nx} {\rm d}x = \Gamma(k+1) \sum_{n=1}^{\infty} \frac{1}{n^{k+1}} \tag{2.2.D2}$$

$\Gamma(k)$ はガンマ関数であり，$\Gamma(x+1) = x\Gamma(x)$ の性質があることから，階乗（$n!$）を実数にまで拡張した関数である．$\Gamma(x) = \int_0^\infty e^{-t}t^{x-1}dt \quad (x>0)$ が定義である．

$$\int_0^\infty x^k \sum_{n=1}^\infty e^{-nx}dx = \int_0^\infty x^k(e^{-x}+e^{-2x}+e^{-3x}\cdots+e^{-kx}+\cdots)dx \tag{2.2.D3}$$

ここで

$$\int_0^\infty x^k e^{-2x}dx = \int_0^\infty \left(\frac{X}{2}\right)^k e^{-X}\frac{1}{2}dx = \frac{1}{2^{k+1}}\int_0^\infty X^k e^{-X}dX \tag{2.2.D4}$$

$X=2x$ の変数変換を行った．同様に和の中を1つずつ計算すると（$X=3x$ とおいて）

$$\int_0^\infty x^k e^{-3x}dx = \int_0^\infty \left(\frac{X}{3}\right)^k e^{-X}\frac{1}{3}dx = \frac{1}{3^{k+1}}\int_0^\infty X^k e^{-X}dX \tag{2.2.D5}$$

となることから Eq.(2.2.D2) の公式が導ける．
$k=3$ とすると

$$\int_0^\infty \frac{x^3}{e^x-1}dx = \int_0^\infty x^3 \sum_{n=1}^\infty e^{-nx}dx = \Gamma(4) \sum_{n=1}^\infty \frac{1}{n^4} = 3! \times \frac{\pi^4}{90} = \frac{\pi^4}{15} \tag{2.2.D6}$$

と計算できる．
$\sum_{n=1}^\infty \frac{1}{n^4}$ の計算については x^2 を $-\pi$ から π でフーリエ級数展開し，パーシバルの恒等式を使う．

$$f(x) = \frac{a_0}{2} + \sum_{n=1}^\infty \left\{a_n\cos\frac{n\pi}{L}x + b_n\sin\frac{n\pi}{L}x\right\} \tag{2.2.D7}$$

フーリエ級数の式 (2.2.D7) の両辺に $f(x)$ を掛けて L から $-L$ まで積分すると

$$\int_{-L}^L \{f(x)\}^2 dx = \int_{-L}^L \frac{a_0}{2}f(x)dx + \sum_{n=1}^\infty \left\{a_n\int_{-L}^L f(x)\cos\frac{n\pi}{L}xdx + b_n\int_{-L}^L f(x)\sin\frac{n\pi}{L}xdx\right\} \tag{2.2.D8}$$

$\int_{-L}^L f(x)\cos\frac{n\pi}{L}xdx = La_n$, $\int_{-L}^L f(x)\sin\frac{n\pi}{L}xdx = Lb_n$ であるから，(2.2.D8) から次のようにパーシバルの恒等式を導ける．

$$\frac{1}{L}\int_{-L}^L f(x)^2 dx = \frac{a_0^2}{2} + \sum_{n=1}^\infty \left\{a_n^2 + b_n^2\right\} \tag{2.2.D9}$$

x^2 を $-\pi$ から π でフーリエ級数展開するので，

$$a_n = \frac{1}{\pi}\int_{-\pi}^\pi x^2\cos\frac{n\pi}{L}xdx = \frac{4}{n^2}\cos n\pi, \quad b_n = \frac{1}{\pi}\int_{-\pi}^\pi x^2\sin\frac{n\pi}{L}xdx = 0 \tag{2.2.D10}$$

と計算できる．(2.2.D9) に代入して

$$\frac{1}{2\pi}\int_{-\pi}^\pi x^4 dx = \frac{2}{9}\pi^4 + \sum_{n=1}^\infty \frac{16}{n^4}(\cos n\pi)^2 \tag{2.2.D11}$$

したがって，

$$\sum_{n=1}^\infty \frac{1}{n^4} = \frac{1}{16}\left(\frac{2}{5}\pi^4 - \frac{2}{9}\pi^4\right) = \frac{\pi^4}{90} \tag{2.2.D12}$$

が導けた．(2.2.D12) のような級数の和は，ゼータ関数 $\zeta(s)$ として知られている (Table 2-2-2)．

$$\zeta(s) = \sum_{n=1}^\infty \frac{1}{n^s} \tag{2.2.D13}$$

参考文献

1) C. Kittel, キッテル固体物理学入門 第8版, 丸善 (2005) p.97.
2) D.G. Cahill, K. Goodson and A. Majumdar, "Thermometry and thermal transport in micro/nanoscale solid-state devices and structures", J. Heat Trans., Vol. 124 (2002) pp.223-241.

3) G. Chen and A. Shakouri, "Heat transfer in Nanostructures for solid-state energy conversion", J. Heat Trans., Vol. 124 (2002) pp.242-252.
4) 小出昭一郎, 量子力学 (I), 裳華房 (1969) p.46.
5) H. Ibach and H. Luth, 固体物理学, シュプリンガー・フェアラーク東京 (1998) p.107.
6) T. M. Tritt, Thermal conductivity, Kluwer academic/Plenum publishers (2004) p.14.
7) Z. M. Zhang, Nano/microscale heat transfer, McGraw-Hill (2006) p.174.
8) A. Majumdar, "Microscale heat conduction in dielectric thin films", J. Heat Trans., Vol. 115 (1993) pp.7-16.
9) G. Chen, Nanoscale energy transport and conversion, Oxford (2005) p.333.
10) C. Dames and G. Chen, "Theoretical phonon thermal conductivity of Si/Ge superlattice nanowires", J. Appl. Phys., Vol. 95, No.2 (2004) pp.682-693.
11) 田中三郎, 高尻雅之, 宮崎康次, "$Bi_{0.4}Te_{3.0}Sb_{1.6}$ ナノ多孔体の熱伝導率", 熱物性, Vol. 24, No.2 (2010) pp. 94-100.
12) D. Song and G. Chen, "Thermal conductivity of periodic microporous silicon films", Appl. Phys. Lett., Vol. 84, No.5 (2004) pp.687-689.
13) A.I. Hochbaum, R. Chen, R.D. Delgado, W. Liang, E.C. Garnett, M. Najarian, A. Majumdar and P. Yang, "Enhanced thermoelectric performance of rough silicon nanowires", Nature, Vol. 451 (2007) pp.163-168.
14) R. Gereth and K. Hubner, "Phonon mean free path in silicon between 77 and 250K", Phys. Rev., Vol. 134, No. 1A (1964) pp.A235-A240.
15) B. Yang and G. Chen, "Partially coherent phonon heat conduction in superlattices", Phys. Rev. B, Vol. 67 (2003) pp.195311-1-195311-4.
16) R. C. Zeller and R. O. Pohl, "Thermal conductivity and specific heat of noncrystalline solids", Phys. Rev. B, Vol. 4 (1972) pp.2029-2041.
17) M. Hofer and F. R. Schilling, "Heat transfer in quartz, orthoclase, and sanidine at elevated temperature", Phys. Chem. Minerals, Vol. 29 (2002) pp.571-584.
18) V. Bock, O. Nilsson, J. Blumm and J. Fricke, "Thermal properties of carbon aerogels", J. Non-Cryst. Solids., Vol. 185 (1995) pp.233-239.
19) J. Hone, M. Whitney, C. Piskoti and A. Zettl, "Thermal conductivity of single-walled carbon nanotubes", Phys. Rev. B, Vol. 59, No.4 (1999) pp.R2514-R2516.
20) P. Kim, L. Shi, A. Majumdar and P.L. McEuen, "Thermal transport measurements of individual multiwalled nanotubes", Phys. Rev. Lett., Vol. 87, No. 21 (2001) pp.215502-1-215502-4.
21) U. Speipold and F. R. Schilling, "Heat transport in serpentinites", Tectonophysics, Vol. 370 (2003) pp.147-162.
22) B.L. Zink and F. Hellman, "Specific heat and thermal conductivity of low-stress amorphous Si-N membranes", Solid state commun., Vol. 370 (2003) pp.147-162.
23) A. I. Krivchikov, V. G. Manzhelii, O. A. Korolyuk, B. Ya. Gorodilov and O. O. Romantsova, "Thermal conductivity of tetrahydrofuran hydrate", Phys. Chem. Chem. Phys., Vol. 7 (2005) pp.728-730.
24) T. Ikeda, T. Ando, Y. Taguchi, and Y. Nagasaka, "Size effect of out-of-plane thermal conductivity of epitaxial $YBa_2Cu_3O_{7-d}$ thin films at room temperature measured by photothermal radiometry", J. Appl. Phys., Vol. 113, (2013) 183517.
25) Z. M. Zhang, "Nano/microscale heat transfer", McGraw-Hill (2006) p.148.
26) V. Novotny and P. P. M. Meincke, "Thermodynamic lattice and electronic properties of small particles", Phys. Rev. B., Vol. 8 (1973) pp.4186-4199.
27) S. Tamura, Y. Tanaka and H. J. Maris, "Phonon group velocity and thermal conduction in superlattices", Phys. Rev. B., Vol. 60, No.4 (1999) pp.2627-2630.
28) 戸田盛和, 熱・統計力学, 岩波書店 (1983) p.135.
29) C. Kittel, キッテル固体物理学入門 第8版, 丸善 (2005) p.115.

2.3 フォトン輸送 (Photon Transport)

ふく射伝熱 (radiative heat transfer) はフォトン (電磁場の量子) による熱エネルギーの輸送である. これまでふく射伝熱は, ステファン・ボルツマンの法則と物質ごとに実験から求められるパラメータであるふく射率を用いて取り扱われてきた[1,2]. 近年, 物質の表面に形成したナノ・マイクロ構造によって熱ふく射を制御できるようになり, 黒体ふく射とは全く異なる熱ふく射スペクトルや偏光状態が人工的に実現されている. また, ナノスケールまで近接させた物体間の熱ふく射においては, 黒体ふく射を超える熱輸送が可能であることもわかってきた. このような背景のもとに, ナノ・マイクロスケールの熱ふく射を電磁気学や量子力学の基礎に立ち返って, 波動と粒子の両面からより深く理解することが求められている.

本節では, まず黒体ふく射の理論について電磁波とフォトンの両面から概観する. 次に, ナノ・マイクロスケールの熱ふく射を理解するために重要なエバネッセント波の物理について述べる.

2.3.1 熱ふく射と電磁波 (Thermal radiation and electromagnetic waves)

熱ふく射は物質の内部エネルギーの一部が電磁波 (electromagnetic wave) となって遠方へ伝搬したものである. 電磁波は真空中を伝搬する古典的な波動であり, マックスウェル方程式 (Eq.(2.3.A1)-Eq.(2.3.A6)) より導かれる電磁場 (electromagnetic field) の解の1つである (付録参照)[3〜5].

いま, 電磁波として自由空間中を伝搬する角周波数 ω, 波数ベクトル $\boldsymbol{k} = (k_x, k_y, k_z)$ の平面波を考えると, Eq.(2.3.B3) より波数ベクトルの成分は以下の関係を満たす.

$$k_x^2 + k_y^2 + k_z^2 = \omega^2 \varepsilon \mu \tag{2.3.1}$$

ここで, 媒質中での全波数 (波数ベクトルの絶対値) を $k = |\boldsymbol{k}|$ と書くと, Eq.(2.3.1) は

$$k = \sqrt{\varepsilon}\sqrt{\mu}\omega$$

とかける. $n = \sqrt{\varepsilon_r}\sqrt{\mu_r}$ とおいて屈折率 (refractive index) を導入すると

$$k = n\frac{\omega}{c} \tag{2.3.2}$$

となる. ここで, $c = (\varepsilon_0 \mu_0)^{-1/2}$ は真空中の光速度である. これは電磁波の k と ω が満たすべき関係式であり, 分散関係 (dispersion relation) と呼ばれている. 媒質が真空 ($n = 1$) のとき真空中の分散関係

$$k_0 = \frac{\omega}{c} \tag{2.3.3}$$

を得る. ここで, k_0 は真空中の波数である. 電磁波の真空波長 λ_0 は k_0 の逆数として, $\lambda_0 = 2\pi/k_0$ と定義される.

Fig. 2-3-1 は Eq.(2.3.2) と Eq.(2.3.3) を k-ω 軸上にプロットしたものである. 自由空間中の k は連続値をとり得るので, 電磁波の分散関係は直線となり, ライトライン (light line) と呼ばれている. ライトラインの傾きは媒質中での電磁波の位相速度 v に対応する.

いま Eq.(2.3.1) において $\varepsilon \mu > 0$ の場合を考えよう (誘電体では $\varepsilon > 0, \mu = \mu_0$ であるからこの条件が満たされている). $\boldsymbol{k}$ の各成分 k_j ($j = x, y, z$) はもともと波数 (実数) の各方向への射影であるから実数である. しかし, 数学的には k_j に許されるのは実数だけとは限らず, Eq.(2.3.1) が満たされている限り虚数であっても良い. さらに, $\varepsilon \mu < 0$ の場合は k_j の少なくとも1つが虚数でなければ Eq.(2.3.1) を満足できない. 金属は広い周波数にわたり誘電率が負となり $\varepsilon < 0, \mu = \mu_0$ であるので, $\varepsilon \mu < 0$ である.

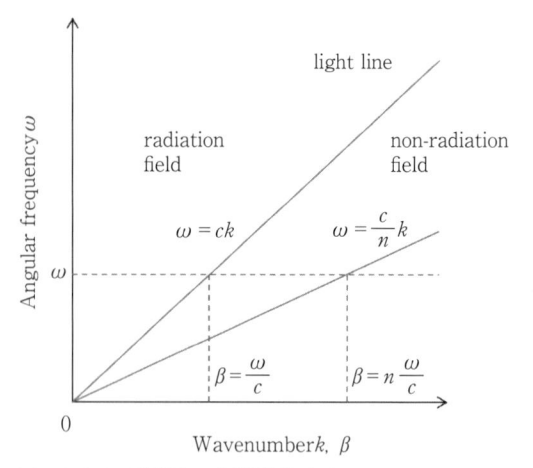

Fig. 2-3-1 電磁波の分散関係 (Dispersion relation of electromagnetic wave in free space)

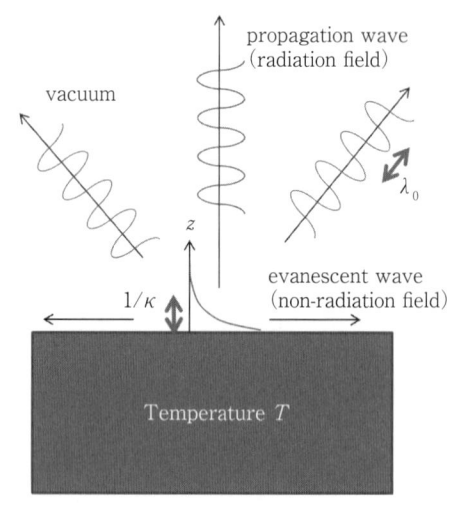

Fig. 2-3-2 熱ふく射における伝搬波とエバネッセント波 (Propagation wave and evanescent wave in thermal radiation)

このことは Eq.(2.3.2) で考えた波数の概念をこえて，波数を虚数にまで拡張しなければならないことを示している．いま，電磁波の $\boldsymbol{k}$ の成分 k_j が実数のとき，方向 j について伝搬波 (propagation wave) という．また，k_j が虚数のとき，方向 j についてエバネッセント波 (evanescent wave) という．evanescent とははかない，消えやすいといった意味をもつ．

伝搬波とエバネッセント波という電磁波の2つの形態に対応して，熱ふく射にも伝搬波とエバネッセント波という2つの成分が存在する．エバネッセント波は ε や μ が不連続となる界面 (interface) に存在する．ここでは，物質表面からの熱ふく射を例にとり Fig. 2-3-2 に示す．いま，z 方向（界面に垂直方向）のエバネッセント波の波数を $k_z = i\kappa$ （i は虚数単位，$\kappa >$ は実数）とおくと平面波 $e^{i(\boldsymbol{k}\boldsymbol{r}-\omega t)}$ は

$$e^{i(\boldsymbol{k}\boldsymbol{r}-\omega t)} = e^{i(k_x x + k_y y - \omega t)} e^{ik_z z} = e^{i(k_x x + k_y y - \omega t)} e^{-\kappa z} \tag{2.3.4}$$

となる．Eq.(2.3.4) は x-y 平面では伝搬波，z 方向に指数関数的に減衰する場を表している．電磁波は

エバネッセント波となった方向には伝搬できず指数関数的に減衰する．エバネッセント波は $z = 1/\kappa$ において振幅が $1/e$ となるから，$1/\kappa$ を浸入距離（penetration length）という．

このように，エバネッセント波は界面から $1/\kappa$ 程度の距離離れると，減衰して場の大きさがほとんどゼロとなるので，熱エネルギーによって表面に励起されたエバネッセント波は，表面から離れて遠方まで伝搬することはできない．（λ_0 より十分な距離離れた）遠方へのふく射伝熱には寄与するのは伝搬波のみであり，エバネッセント波は寄与しない．このため，伝搬波をふく射場（radiation field），エバネッセント波を非ふく射場（non-radiation field）とよぶことがある．

2.3.2 自由空間の状態密度（Density of states in free space）

ナノ・マイクロ構造による熱ふく射の制御において重要となる状態密度について述べる．真空中に Fig. 2-3-3(a)に示すような（仮想的な）1辺 L の立方体の箱を便宜的に考え，その中の電磁波を考える．方向 j の進行波に対して長さ L で周期境界条件を課すと，電磁波として許される波数 $k_j (j = x, y, z)$ の値は，

$$k_j = 0, \frac{2\pi}{L}, \frac{4\pi}{L}, \frac{6\pi}{L}, \cdots \frac{2\pi}{L} m$$

となって離散的な値をとる（$m = 0, \pm 1, \pm 2, \cdots$：整数）．すなわち，3次元波数空間 (k_x, k_y, k_z)（以下では k 空間と呼ぶ）中の体積 $(2\pi/L)^3$ ごとに電磁波のとり得る波数の状態が存在する（Fig. 2-3-3(b)）．このような離散的な状態をモード（mode）という．一方，Eq.(2.3.B4)より各 $\boldsymbol{k}$ に対して2つの独立な偏光状態をとり得るので，ある波数 $\boldsymbol{k}$ を考えた時にモード数は2個である．したがって，k 空間における半径 k の球の中の全モード数 N は，

$$N = \frac{4}{3}\pi k^3 \times \frac{1}{(2\pi/L)^3} \times 2 = \frac{k^3}{3\pi^2} L^3 \tag{2.3.5}$$

となる．L が十分大きいときは，k 空間で1つのモードの占める体積は十分小さくなり k_i は連続的となるから，単位体積あたりのモード数 $\bar{n}$ を次式のように定義できる．

$$\bar{n} = \frac{N}{V} = \frac{k^3}{3\pi^2} \tag{2.3.6}$$

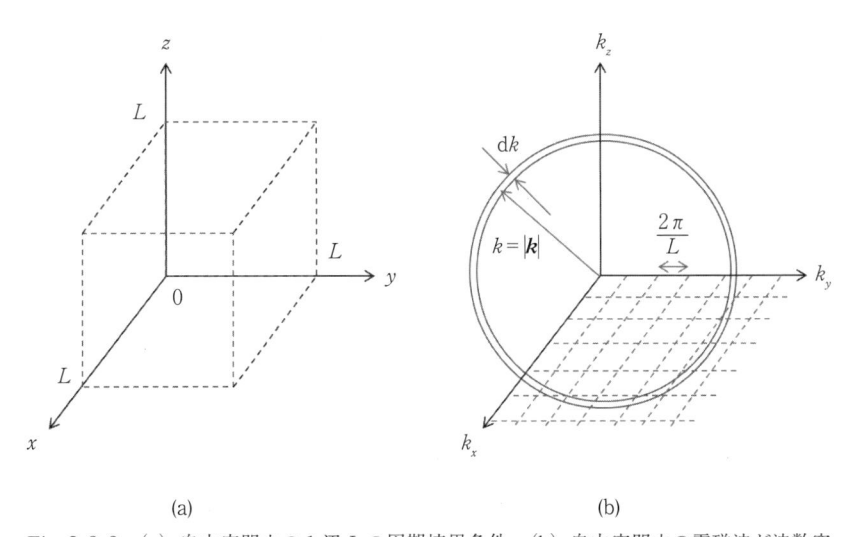

Fig. 2-3-3 （a）自由空間中の1辺 L の周期境界条件，（b）自由空間中の電磁波が波数空間でとり得る波数（(a) Periodic boundary condition with L in free space, (b) Wave number in k-space for of electromagnetic wave in free space）

ここで，体積 $L^3 = V$ とおいた．Eq.(2.3.6) を k で微分すると，

$$d\bar{n} = \frac{k^2 dk}{\pi^2} = \rho_k dk \tag{2.3.7}$$

となって，単位波数あたりのモード数密度を求めることができる．これは状態密度（Density of State: DOS）ρ_k と呼ばれている．また，Eq.(2.3.3) を Eq.(2.3.7) に代入して，単位周波数あたりの状態密度 ρ_ω に書きかえると，

$$d\bar{n} = \frac{\omega^2}{\pi^2 c^3} d\omega = \rho_\omega d\omega \tag{2.3.8}$$

となる．

2.3.3 共振器中の電磁場のモード（Mode in cavity）

前節の導出からもわかるように，DOS は箱のサイズ L が波長より十分大きいとき（$L \gg \lambda_0$）に定義された．しかし，ナノ・マイクロ共振器のように L が電磁波の波長と同程度（$L \sim \lambda_0$）になると波数の離散性が無視できず，DOS は定義できない．そこで次に，Fig. 2-3-4(a) に示す1辺 L の完全導体（perfect conductor）にかこまれた立方体型空洞共振器中の電磁波のモードをマックスウェル方程式 Eq.(2.3.A11)-Eq.(2.3.A14) から求める[6,7]．

いま Fig. 2-3-4(a) に示すように直交座標系をとる．完全導体中の電場と磁場はゼロであるから，Eq.(2.3.A15) と Eq.(2.3.A18) より6つの壁での境界条件はそれぞれ以下のようになる[5,7]．

$$\begin{aligned}
&E_x(x,y,0) = E_y(x,y,0) = 0, H_z(x,y,0) = 0 \\
&E_x(x,y,L) = E_y(x,y,L) = 0, H_z(x,y,L) = 0 \\
&E_y(0,y,z) = E_z(0,y,z) = 0, H_x(0,y,z) = 0 \\
&E_y(L,y,z) = E_z(L,y,z) = 0, H_x(L,y,z) = 0 \\
&E_z(x,0,z) = E_x(x,0,z) = 0, H_y(x,0,z) = 0 \\
&E_z(x,L,z) = E_x(x,L,z) = 0, H_y(x,L,z) = 0
\end{aligned} \tag{2.3.9}$$

Eq.(2.3.9) を満たすためには，波動方程式 Eq.(2.3.B1) と Eq.(2.3.B2) の解を，

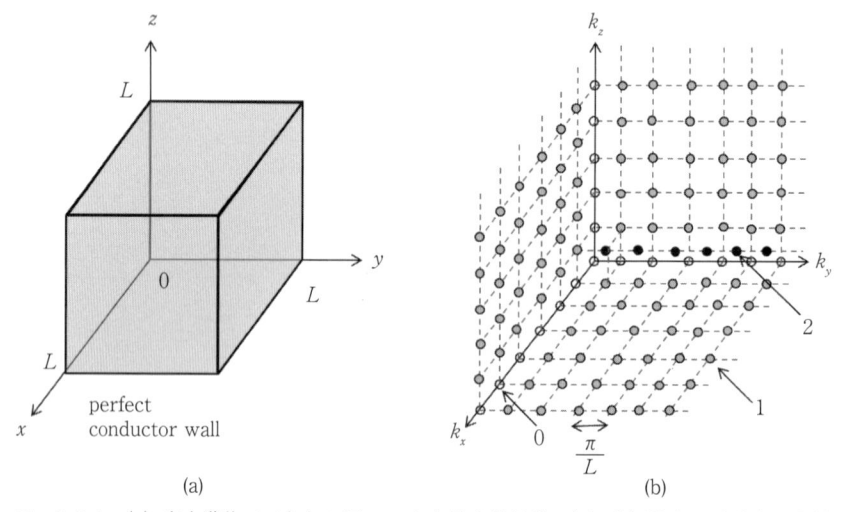

Fig. 2-3-4 (a) 完全導体でできた1辺 L の立方体光共振器，(b) 共振器中の電磁波が波数空間でとる波数白丸はモードなし，灰色丸は縮退1，黒丸は縮退2を表す．
((a) Perfect conductor cubic optical cavity with L, (b) Wave number in k-space for electromagnetic wave in the cavity)

$$E_x(x,y,z,t) = E_{x0}\cos(k_x x)\sin(k_y y)\sin(k_z z)\sin\omega t$$
$$E_y(x,y,z,t) = E_{y0}\sin(k_x x)\cos(k_y y)\sin(k_z z)\sin\omega t$$
$$E_z(x,y,z,t) = E_{z0}\sin(k_x x)\sin(k_y y)\cos(k_z z)\sin\omega t$$
$$H_x(x,y,z,t) = H_{x0}\sin(k_x x)\cos(k_y y)\cos(k_z z)\cos\omega t \tag{2.3.10}$$
$$H_y(x,y,z,t) = H_{y0}\cos(k_x x)\sin(k_y y)\cos(k_z z)\cos\omega t$$
$$H_z(x,y,z,t) = H_{z0}\cos(k_x x)\cos(k_y y)\sin(k_z z)\cos\omega t$$

とおくと良いことがわかっている[6,7]．ここで

$$k_x = \frac{\pi}{L}n_x,\ k_y = \frac{\pi}{L}n_y,\ k_z = \frac{\pi}{L}n_z$$

である．また，$n_j = 0, 1, 2, \cdots$（非負整数）であり，3個の整数の組(n_x, n_y, n_z)を指定するとモードが1つ定まる．このとき，Eq.(2.3.1)よりモード(n_x, n_y, n_z)の周波数は

$$\omega = \frac{c\pi}{L}\sqrt{n_x^2+n_y^2+n_z^2}$$

となる．

数学的にはn_jは非負整数であるが，もし2個以上の成分が同時に0になったとするとEq.(2.3.10)の電場成分はすべて0となってしまい物理的に意味がない．2つが同時に0となるのは，k空間のx, y, z軸上のモードであるから，x, y, z軸上には非自明なモードは存在しない．また，Eq.(2.3.10)をEq.(2.3.A14)に代入すると，

$$\boldsymbol{H}_0 = \frac{1}{\mu_0\omega}(\boldsymbol{k}\times\boldsymbol{E}_0) \tag{2.3.11}$$

を得ることができる．ここで，$\boldsymbol{E}_0 = (E_{x0}, E_{y0}, E_{z0})$, $\boldsymbol{H}_0 = (H_{x0}, H_{y0}, H_{z0})$とおいた．また，Eq.(2.3.B4)より

$$\boldsymbol{n}\cdot\boldsymbol{E}_0 = n_x E_{0x} + n_y E_{0y} + n_z E_{0z} = 0 \tag{2.3.12}$$

であるから，一般に$\boldsymbol{n}=(n_x, n_y, n_z)$を定めると，それと直交する2つの独立な$\boldsymbol{E}_0$をとり得ることがわかる（モード数2）．しかし，もしn_jのどれか1つが0なら，Eq.(2.3.12)より$\boldsymbol{E}_0$は1つに定まる（モード数1）．すなわちk空間の（3軸を除く）$x=0, y=0, z=0$の各平面上でモード数は1である．

以上をまとめるとk空間でのモード数はFig. 2-3-4(b)のようになる．Lが電磁波の波長と同程度$(L\sim\lambda_0)$になると，このようなモードごとの違いを考慮することが必要となる．一方，kがπ/Lに比べて十分大きいときは，k空間（ただし$k_i > 0$の空間のみを考える）における半径kの球の中の全モード数Nは，

$$N = \frac{1}{8}\times\frac{4}{3}\pi k^3\times\frac{1}{(\pi/L)^3}\times 2 = \frac{k^3}{3\pi^2}L^3$$

となるので，Eq.(2.3.5)と同様の結果が得られる．したがって，DOSも2.3.2項と同じ結果が得られる．

2.3.4 フォトン（Photon）

アインシュタインは古典的な波動であると考えられてきた電磁波が波動性だけでなく粒子性をもつと考えた．すなわち，角周波数ω，波数$\boldsymbol{k}$の電磁波は次のようなエネルギーEと運動量$\boldsymbol{p}$をもつ粒子に対応するとしたのである[8]．

$$E = \hbar\omega \tag{2.3.13}$$
$$\boldsymbol{p} = \hbar\boldsymbol{k} \tag{2.3.14}$$

ここで，$\hbar = h/2\pi$，hはプランク定数である．後にこの粒子はフォトン（photon，光子）と命名された[8,9]．フォトンは波動でありながらも粒子性を持つが，電子などのような粒子をイメージするより

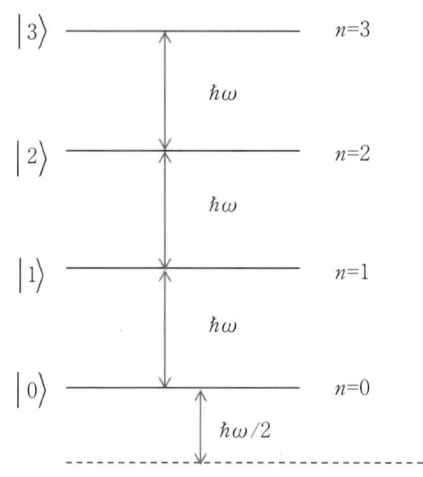

Fig. 2-3-5 周波数 ω の量子力学的調和振動子とフォトンの離散的エネルギー準位 (Discrete energy levels of a quantum harmonic oscillator and a photon)

はエネルギーの塊と考える方が良い．ふく射伝熱においてフォトンは熱エネルギー輸送をになうエネルギーの最小単位（エネルギーの粒）である．

このような電磁波のもつ粒子性を理論的に取り扱うためには，電磁場のような場を量子力学的に扱う必要がある．これには場の量子論が必要となるが，ここでは以下のことを理解していれば十分である．

場の量子論においてフォトンは調和振動子 (harmonic oscillator) として扱われる．良く知られているように量子力学的な調和振動子 (quantum harmonic oscillator) の角周波数 ω とそのエネルギー E_n の間には次の関係がある[3]．

$$E_n = \left(\frac{1}{2} + n\right)\hbar\omega \tag{2.3.15}$$

ここで n は量子数と呼ばれ，非負の整数をとる．これを Fig. 2-3-5 に示す．古典粒子ではエネルギーは負でないどんな値でもとることができた．しかし，量子力学的調和振動子はこれと異なり，Eq.(2.3.15)のように $\hbar\omega$ を単位とする離散的エネルギー状態しかとることができない．また，最低エネルギーの状態（基底状態）である $n=0$ においてもエネルギーはゼロとはならず有限値 $\hbar\omega/2$ をもつ．これをゼロ点エネルギー (zero-point energy) と呼ぶ．ゼロ点エネルギーは物理的にはハイゼンベルグの不確定性原理（$\Delta x \Delta p > \hbar/2$）のために，振動子の位置の揺らぎ（$\Delta x$）をゼロにできないので，振動子が常に振動（ゼロ点振動）している（$\Delta p > 0$）ことを表している．

共振器内のマックスウェル方程式を量子力学的に扱うことにより，共振器内の（ある1つの）電磁場モード（波数 k）が量子力学的調和振動子とみなせることを示すことができる[6]．これによって各モードに最小エネルギー単位 $\hbar\omega_k$ が導入されるが，これは上に述べたフォトンの性質に他ならない．このときの各モードのフォトンのエネルギーは Eq.(2.3.15) にならって

$$E_{n_k} = \left(\frac{1}{2} + n_k\right)\hbar\omega_k \tag{2.3.16}$$

と書ける．ここで，添え字 k は各モードに対応することを明示するためにつけた．量子数 n_k はモード k のフォトン数 (photon number) に対応する．

このとき Eq.(2.3.16)を固有値とする量子力学的な固有状態を $|n_k\rangle$ と書く．これを光子数状態（number state）と呼ぶ．共振器内のモードは独立であるから，それぞれにフォトン数を定めると，共振器内の電磁場全体の量子力学的状態は

$$|n_{k_1}, n_{k_2}, n_{k_3}, \cdots\rangle = |n_{k_1}\rangle|n_{k_2}\rangle|n_{k_3}\rangle\cdots$$

と書くことができる．このとき，全てのモードにフォトンが存在しない状態 $|0,0,0,\cdots\rangle$ を「真空」（vacuum state）と呼ぶ[6,10]．真空はフォトンがない状態ではあるが，電磁場はゼロ点振動に対応してモードごとの真空揺らぎ（vacuum fluctuation）を持っている．このため，フォトンのゼロ点エネルギーは真空エネルギー（vacuum energy）と呼ばれることもある．2.3.6 項に述べるように，真空エネルギーは電磁場のエネルギー密度の発散をもたらす．

2.3.5 フォトンガスのエネルギー（Energy of photon gas）

2.1 節でみたように，温度 T で熱平衡にある多数の量子力学的調和振動子（角周波数 ω）のうち，量子数 n の状態に見出される確率 P_n は以下のように表わされる．

$$P_n = (1 - e^{-\hbar\omega/k_B T})e^{-n\hbar\omega/k_B T}$$

ここで，k_B はボルツマン定数である．2.3.4 項よりフォトンは量子力学的調和振動であるから，P_n を用いて温度 T で熱励起されたフォトン数 n_k の期待値は

$$\langle n_k \rangle = \sum_{n_k} n_k P_{n_k} = \frac{1}{e^{\hbar\omega_k/k_B T} - 1} \tag{2.3.17}$$

となる．ここで，$\langle n_k \rangle$ はボーズ・アインシュタイン分布関数（Bose-Einstein distribution function）において化学ポテンシャル $\mu = 0$ としたものであるが，特別に名前がつけられており，プランク分布関数（Planck distribution function）あるいはプランク熱励起関数（Planck thermal excitation function）と呼ばれる．$\langle n_k \rangle$ は物理的には（モード $\boldsymbol{k}$ における）平均フォトン数を表す．フォトン 1 個の持つエネルギーは $\hbar\omega_k$ であるから，フォトンの平均エネルギー（J）は以下のようになる．

$$\Pi(\omega_k, T) \equiv \langle n_k \rangle \hbar\omega_k = \frac{\hbar\omega_k}{e^{\hbar\omega_k/k_B T} - 1} \tag{2.3.18}$$

しかし，このような導出方法は Eq.(2.3.16)の真空エネルギーを無視している．そこでフォトンの平均エネルギーを Eq.(2.3.16)を用いて計算すると，

$$\begin{aligned}
\langle U_k \rangle &= \sum_{n_k} E_{n_k} P_{n_k} = \sum_{n_k} \left(\frac{1}{2} + n_k\right)\hbar\omega_k P_{n_k} \\
&= \frac{\hbar\omega_k}{2}\sum_{n_k} P_{n_k} + \hbar\omega_k \sum_{n_k} n_k P_{n_k} \\
&= \frac{\hbar\omega_k}{2} + \frac{\hbar\omega_k}{e^{\hbar\omega_k/k_B T} - 1}
\end{aligned} \tag{2.3.19}$$

となる．Eq.(2.3.19)はフォトンの寄与（Eq.(2.3.18)）と真空エネルギーの和となっている．

2.3.6 プランクの法則（Planck's law）

温度 T で壁と熱平衡状態にある空洞（体積 V）内の熱ふく射について考える．このとき空洞内のモードにはフォトンが熱励起されているので，モードごとにフォトンの個数を指定すると，ふく射場全体の量子力学的な状態がきまる．空洞内のふく射場の全エネルギー U（J）を計算するためには，Eq.(2.3.19)で求めたモードごとの平均エネルギー $\langle U_k \rangle$ の和をとればよい．

$$U = \sum_k \langle U_k \rangle = \sum_k \frac{\hbar\omega_k}{2} + \sum_k \frac{\hbar\omega_k}{e^{\hbar\omega_k/k_B T} - 1} \tag{2.3.20}$$

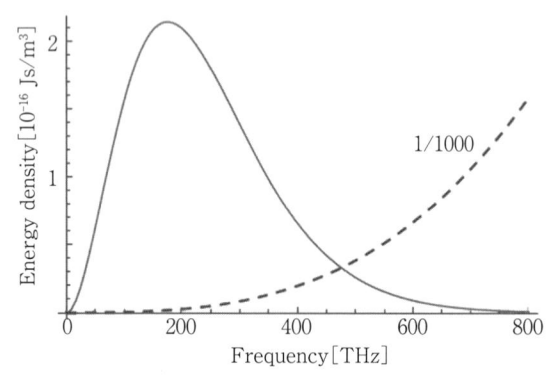

Fig. 2-3-6 温度 3000K における熱ふく射の真空エネルギーを考慮しない場合（実線）と真空エネルギーを考慮した場合（破線）の分光エネルギー密度実線はプランクの法則．点線は 1/1000 にしてプロットした．(Spectral energy density of thermal radiation at T = 3000 K neglecting vacuum energy (solid line) and including vacuum energy (dashed line, scale 1/1000))

ここで十分大きな V を考えると，状態密度（Eq.(2.3.7) と Eq.(2.3.8)）を用いて k についての和を積分に置き換えることができる．すなわち，Eq.(2.3.20) において

$$\sum_k \to V\int \rho_k \mathrm{d}k \to V\int \rho_\omega \mathrm{d}\omega = V\int \frac{\omega^2}{\pi^2 c^3}\mathrm{d}\omega$$

という置き換えが可能となる．するとエネルギー密度（単位体積あたりのエネルギー）u (Jm^{-3}) は以下のようになる．

$$u = \frac{U}{V} = u_0 + u_1$$

$$u_0 = \frac{\hbar}{\pi^2 c^3}\int_0^\infty \mathrm{d}\omega \frac{\omega^3}{2}$$

$$u_1 = \frac{\hbar}{\pi^2 c^3}\int_0^\infty \mathrm{d}\omega \frac{\omega^3}{e^{\hbar\omega/k_\mathrm{B}T}-1}$$

(2.3.21)

Fig. 2-3-6 に Eq.(2.3.21) の u_1 と u の被積分関数をプロットした．u は u_0 の真空エネルギーからの寄与を含むために，u_1 とは大きさに 3 桁の違いがある．u_0 の積分は明らかに発散するので u も発散する．一方，u_1 は

$$u_1 = \frac{\pi^2 k_\mathrm{B}^4}{15 c^3 \hbar^3}T^4 \tag{2.3.22}$$

となって，T^4 に比例する有限値が得られる．このような T^4 比例側をステファン・ボルツマンの法則 (Stefan-Boltzmann's law) と呼ぶ．通常のフォトン吸収過程を利用する光検出器では u_0 は観測にかからないために，真空エネルギーからの差分 u_1 に比例する応答が得られる．u_1 の被積分関数

$$u_\omega(\omega)\mathrm{d}\omega = \frac{\hbar\omega^3}{\pi^2 c^3}\frac{\mathrm{d}\omega}{e^{\hbar\omega/k_\mathrm{B}T}-1} \tag{2.3.23}$$

は熱ふく射の分光エネルギー密度（spectral energy density）u_w (Jm^{-3}s) と呼ばれ，プランクの法則 (Planck's law) として良く知られている．2.3.7 に述べるように，Eq.(2.3.23) から我々が観測する熱ふく射スペクトルの式が得られる．プランクの法則は以下のように，フォトンの平均エネルギー（Eq.

(2.3.18)) と DOS (Eq.(2.3.8)) の積をとることにより直接導出することもできる（教科書ではこの方法で導出される）.

$$u_\omega(\omega) = \Pi(\omega, T)\rho_\omega = \Pi(\omega, T) \times \frac{\omega^2}{\pi^2 c^3} \tag{2.3.24}$$

そこで，もし DOS を共振器などを利用して自由空間の値から変えることができれば，熱ふく射スペクトルを変化させることができる．これが熱ふく射制御 (thermal radiation control) の原理である．これについては 3.4 節でくわしく述べる．

通常の光検出器は真空揺らぎに感度を持たないが，誘導放出過程でのフォトン検出（量子カウンター）を用いることにより真空揺らぎを測定できることが知られている[10,11]．また，Eq.(2.3.21) の u_0 は DOS を用いて k についての和を積分に置き換えて得られたが，空洞体積 V が小さくなると DOS が定義できないため，Eq.(2.3.20) の k の和との間に差が生じる．このため 2 枚の近接させた完全導体の平行平板間には引力がはたらくことが知られている．これはカシミール効果 (Casimir effect) と呼ばれている[6,7]．

2.3.7 黒体ふく射 (Blackbody radiation)

2.3.6 項では空洞内部に閉じ込められた熱平衡状態のふく射について述べた．次に，Fig. 2-3-7 に示すように空洞に小さな穴をあけてふく射を外部へ取り出すことを考えよう．空洞にあけた小さな穴は，外部から入射するあらゆる電磁波を内壁での多重反射の結果すべて吸収する．入射するあらゆる周波数，入射角度の電磁波をすべて吸収する完全吸収体 (perfect absorber) を黒体 (blackbody) と呼ぶ．したがって，このような穴は黒体とみなすことができる．また，穴から外部へ出るふく射は黒体ふく射 (blackbody radiation) と呼ばれる．

この空洞と空洞内の電磁場が温度 T で熱平衡状態にあるとき，単位時間あたりに穴から出るエネルギーの流れであるエネルギー束 (energy flux) Φ (Wm^{-2}) を計算しよう．Eq.(2.3.D4) から，エネルギー束 Φ とエネルギー密度 u の間には次の関係が成立する（付録参照）．

$$\Phi = \frac{1}{4}cu \tag{2.3.25}$$

Eq.(2.3.23) と Eq.(2.3.25) から，黒体ふく射の分光エネルギー束 (spectral energy flux) Φ_ω (Wm^{-2}s) は

$$\Phi_{bb\omega}(\omega)d\omega = \frac{\hbar}{4\pi^2 c^2}\frac{\omega^3}{e^{\hbar\omega/k_BT}-1}d\omega \tag{2.3.26}$$

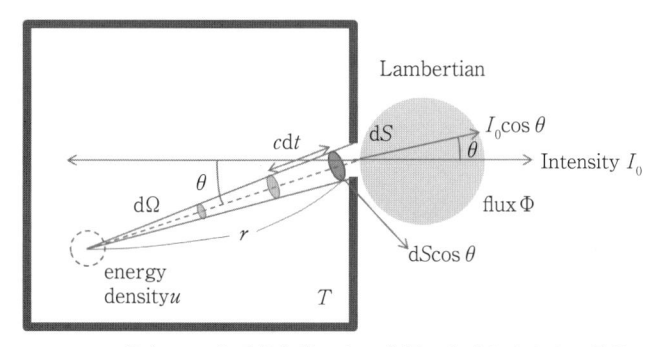

Fig. 2-3-7 温度 T で熱平衡状態にある空洞にあけた穴からの黒体ふく射 (Energy flux of black body radiation from a small aperture on a cavity on thermal equilibrium at temperature of T)

となる．伝熱工学では周波数または波長の関数として分光エネルギー束（それぞれ Φ_ν $(\mathrm{Wm^{-2}\,s})$, Φ_λ $(\mathrm{Wm^{-2}\,m^{-1}})$）を表すことが多い．そこで，$\omega = 2\pi\nu$, $\nu = c/\lambda$ および $d\nu = -\frac{c}{\lambda^2}d\lambda$ の関係に注意して Eq.(2.3.26) を変形すると

$$\Phi_{bb\nu}(\nu)d\nu = \frac{2\pi h}{c^2}\frac{\nu^3}{e^{h\nu/k_BT}-1}d\nu \tag{2.3.27}$$

$$\Phi_{bb\lambda}(\lambda)d\lambda = \frac{1}{\lambda^5}\frac{c_1}{e^{c_2/\lambda T}-1}d\lambda \tag{2.3.28}$$

となる．ここで，$c_1 = 2\pi c^2 h$ と $c_2 = ch/k_B$ はそれぞれプランクの第一定数，プランクの第二定数と呼ばれる．

また，穴からのふく射はランバート分布であるから，実験と比較するために，Eq.(2.3.27) を Eq.(2.3.C2) を用いて単位立体角あたりに直した次の分光ふく射強度（spectral radiation intensity）I_λ $(\mathrm{Wm^{-2}\,m^{-1}\,sr^{-1}})$ もよく用いられる．

$$I_{bb\lambda}(\lambda)d\lambda = \frac{\Phi_{bb\lambda}(\lambda)d\lambda}{\pi} = \frac{1}{\lambda^5}\frac{2c^2h}{e^{c_2/\lambda T}-1}d\lambda$$

これは単位面積当たり単位立体角に出ている分光エネルギー束である．

Eq.(2.3.27) を ν で，Eq.(2.3.28) を λ でそれぞれ微分することにより，黒体ふく射スペクトルが最大値をとる周波数 $\nu_{\max}$ と波長 $\lambda_{\max}$ を求めることができる．結果は以下のようになる．

$$\nu_{\max} \approx 2.82\frac{k_BT}{h} \approx 0.449\frac{c}{\lambda_T} \tag{2.3.29}$$

$$\lambda_{\max} \approx 1.27\lambda_T \approx 0.570\frac{c}{\nu_{\max}} \tag{2.3.30}$$

$$\lambda_T = \frac{c\hbar}{k_BT} \tag{2.3.31}$$

ここで，長さの次元をもつ熱ふく射特性波長 λ_T を導入した．λ_T は黒体ふく射スペクトルの実際のピーク波長 $c/\nu_{\max}$ とは若干のずれがあるものの，オーダーは $c/\nu_{\max}$ に等しいので，黒体ふく射のような連続スペクトル光源を代表する主要波長として採用できる．

ここで，$\nu_{\max}\lambda_{\max} \approx 0.57c$ であるから，$\nu_{\max}\lambda_{\max} \neq c$ であり，周波数と波長で最大値をとる場所が一致しない．すなわち，横軸を波長として黒体ふく射スペクトルをプロットした場合の最大値をとる波長 $\lambda_{\max}$ は，横軸を周波数としてプロットした場合の最大値をとる波長（$c/\nu_{\max}$）とは 0.57 倍異なる．熱ふく射制御においてスペクトルの最大値が必要な場合はこの点に注意する必要がある．

2.3.8 実在面とふく射率（Real surface and emissivity）

ふく射伝熱の視点からみると，黒体ふく射はある温度において取り出すことの可能な最大エネルギー束を与える．Eq.(2.3.22) と Eq.(2.3.25) から，温度 T の黒体ふく射の全エネルギー束（total energy flux）Φ_{bb} は

$$\Phi_{bb} = \frac{c}{4}u_1 = \frac{\pi^2k_B^4}{60c^2\hbar^3}T^4 = \sigma T^4 \tag{2.3.32}$$

とかける．この自然定数からなる比例係数 σ はステファン・ボルツマン定数（Stefan-Boltzmann constant）とよばれ，値は 5.67×10^{-8} $\mathrm{Wm^{-2}\,K^{-4}}$ である．Eq.(2.3.32) は温度 T の熱ふく射から「伝搬波として」取り出せる最大エネルギー束である．σ はエネルギー密度（Eq.(2.3.22)）ではなくエネルギー束（Eq.(2.3.32)）の比例係数であることに注意する．

一般に物体表面（実在面（real surface））は完全吸収体ではなく黒体ではないので，熱エネルギー輸

送において，実在面からの熱ふく射のエネルギー束は黒体ふく射におよばない．そこで実在面からの全エネルギー束 Φ_{real} の黒体ふく射の Φ_{bb} に対する割合として全ふく射率（total emissivity）ε_t を

$$\varepsilon_t = \frac{\Phi_{\text{real}}}{\Phi_{\text{bb}}} \tag{2.3.33}$$

と定義する（通常全ふく射率は記号 ε で表すが，ここでは誘電率 ε と区別するため添え字 t をつけた）．黒体では $\varepsilon_t = 1$ である．

また，Eq.(2.3.26)は周波数ごとの最大エネルギー束を与えており，各 ω においてこの値を超えることはできない．特定の ω における黒体ふく射と実在表面からの熱ふく射の分光エネルギー束の比を分光ふく射率または単色ふく射率（spectral emissivity）ε_ω と呼び，

$$\varepsilon_\omega(\omega) = \frac{\Phi_{\text{real}\omega}(\omega)}{\Phi_{\text{bb}\omega}(\omega)} \tag{2.3.34}$$

と定義される．ここで，$\Phi_{\text{real}\omega}$ は実在面からの分光エネルギー束である．黒体の分光ふく射率は全周波数において定数 $\varepsilon_\omega = 1$ である．

キルヒホッフの法則（Kirchhoff's Law）によれば，熱平衡状態において以下が成立する．

$$\varepsilon_\omega(\omega) = \alpha_\omega(\omega) \tag{2.3.35}$$

ここで α_ω は分光吸収率である．Eq.(2.3.35)から完全吸収体が完全放射体（perfect emitter）でもあることがわかる．

Eq.(2.3.34)より，実在面からの熱ふく射スペクトルはプランクの法則とは異なる周波数特性を示す．これは物質のバンド構造や表面ラフネスなどの物質表面の状態に依存したスペクトルをとるからである[1,2]．熱ふく射制御とは ε_ω を材料ではなく人工的な構造によって目的に応じて設計することであるといえる．Eq.(2.3.35)より，これは α_ω を設計することと等価である．

2.3.9 誘電体界面のエバネッセント波（Evanescent waves at dielectric interface）

エバネッセント波はどのような形状の界面にも存在するが，ここでは簡単のため無限に広い平面のエバネッセント波について議論する．エバネッセント波の性質は界面を構成する2つの材料がどちらも誘電体（dielectric: D）であるか，または片方が負誘電体（negative dielectric: ND）であるかによって大きく異なる．

はじめに誘電体同士の界面（D/D界面）のエバネッセント波についてみてゆこう．誘電体からの熱ふく射では，誘電体中の原子が熱エネルギーによって振動し，真空へ電磁波をふく射するから，入射側の屈折率が出射側よりも高い．このような入射条件を内部反射（internal reflection）と呼ぶ[12]．そこで Fig. 2-3-8(a) に示すような誘電体1（真空 $n=1$）と誘電体2（屈折率 $n>1$）の界面において，屈折率の高い誘電体2から誘電体1に向けて光を斜入射することを考える．このとき界面での反射率（または透過率）はフレネルの公式（Fresnel Equations）で記述できる[12]．フレネルの公式では反射率は偏光ごとに与えられる．p偏光（p-polarization）は入射面に対して電場ベクトルが平行な偏光であり，s偏光（s-polarization）は入射面に対して電場ベクトルが垂直な偏光である（Fig. 2-3-8(a)）．p偏光はTMモード（Transverse Magneticfield mode），s偏光はTEモード（Transverse Electricfield mode）と呼ばれることもある．

内部反射において入射角が臨界角（critical angle）θ_c より小さい場合は，界面で光線は屈折（refraction）する．入射角が θ_c より大きくなると，全反射（Total Internal Reflection: TIR）がおきて，光線は入射側に反射（reflection）される（Fig. 2-3-8(b)）．このとき誘電体1の側にエバネッセント波が発生する．

いま界面に入射する角周波数 ω の単色平面波を考える．直交座標系を考えて，界面を x-y 平面に，

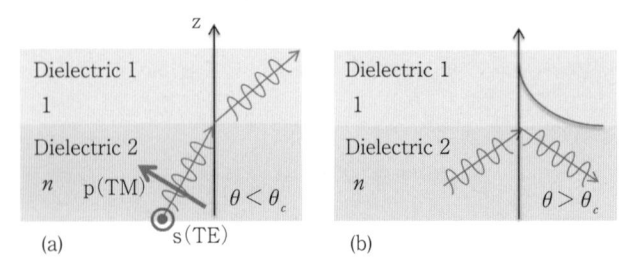

Fig. 2-3-8 誘電体界面のエバネッセント波 (a) 屈折, (b) 全反射によって発生するエバネッセント波 (Evanescent waves at dielectric interface (a) refraction and (b) evanescent wave generated by total internal reflection)

界面と垂直方向を z 軸にとる．界面と平行方向の波数を β, z 方向の波数を γ_{jz} ($j=1,2$) とおくと，Eq. (2.3.2) と Eq.(2.3.3) より誘電体1（真空）と誘電体2（誘電媒質）中の分散関係式はそれぞれ

$$\beta^2 + \gamma_{1z}^2 = \frac{\omega^2}{c^2} \tag{2.3.36}$$

$$\beta^2 + \gamma_{2z}^2 = n^2 \frac{\omega^2}{c^2} \tag{2.3.37}$$

と書ける．このとき z 方向の波数 γ_{jz} (>0) はそれぞれ

$$\gamma_{1z} = \sqrt{\frac{\omega^2}{c^2} - \beta^2}$$

$$\gamma_{2z} = \sqrt{n^2 \frac{\omega^2}{c^2} - \beta^2}$$

となる．いま，入射角度が小さく $\beta < \omega/c$ のとき，γ_{1z} と γ_{2z} はどちらも実数となるので Fig. 2-3-8(a) のように屈折がおきる．入射角度を大きくして β を大きくしていくと，$\omega/c < \beta < n\omega/c$ のとき γ_{1z} は虚数，γ_{2z} は実数となるので誘電体1においてエバネッセント波，誘電体2において伝搬波となる．これが Fig. 2-3-8(b) の TIR の場合に相当し，2.3.1 項で述べた非ふく射場となる．

誘電体からの熱ふく射においては，誘電体2内部の界面近傍にある双極子から出た電磁波が $\omega/c < \beta < n\omega/c$ を満たすような大きな β を持つ場合には，誘電体1では界面と垂直方向にエバネッセント波となって z 方向には伝搬できなくなる．Fig. 2.3.1 では非ふく射場は2つのライトラインの間の領域に対応することがわかる．この場合はエバネッセント波の浸入長 $1/|\gamma_{1z}|$ 程度の距離まで近づかない限りはエバネッセント波の寄与は無視できる．

2.3.10 負誘電体界面のエバネッセント波 (Evanescent waves at negative dielectric interface)

次に Fig. 2-3-9(a) に示す D/ND 界面のエバネッセント波についてみてみよう．誘電体とは異なり負誘電体中には伝搬波は存在できないので，Fig. 2-3-9(a) に示すように負誘電体に外部から入射した光は必ずエバネッセント波となる．その意味では負誘電体中にはエバネッセント波しか存在できない．しかし，興味深いことにもう1つ別の，D/ND 界面に沿って伝搬する表面波 (surface wave) とよばれる種類のエバネッセント波が存在する (Fig. 2-3-9(b))．これは，界面の片側でのみ指数関数的に減衰するエバネッセント波 (Fig. 2-3-8(b) や Fig. 2-3-9(a)) とは本質的に異なり，界面の両側でエバネッセント波となっていることが特徴である．表面波は界面に（垂直方向に）局在し，界面に沿って伝搬する電磁場のモードであり，その電磁場は D/ND 界面の両側で指数関数的に減衰する．

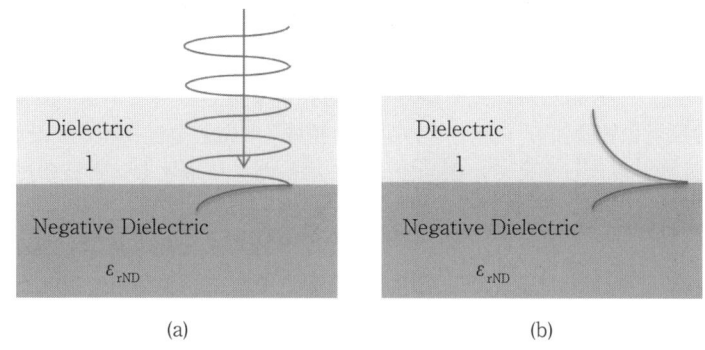

Fig. 2-3-9 誘電体・負誘電体界面のエバネッセント波 (a) 反射によって発生するエバネッセント波, (b) 表面波 (Evanescent waves at dielectric/negative dielectric interface (a) evanescent wave generated by reflection and (b) surface wave)

いま, Fig. 2-3-9(b) において誘電体は真空 ($n=1$), 負誘電体の比誘電率 ε_{rND} (<0) とする. このときマックスウェル方程式より, 表面波の界面に平行方向の波数 β と角周波数 ω の分散関係は以下のようになる[13].

$$\beta = \frac{\omega}{c}\sqrt{\frac{\varepsilon_{rND}}{1+\varepsilon_{rND}}} \tag{2.3.38}$$

D/ND 界面を伝搬する表面波は p 偏光 (TM モード) であり, s 偏光 (TE モード) には表面波は存在しない.

Eq.(2.3.38) の波数 β が実数であるためには, 平方根の中の符号が正でなければならないから, $\varepsilon_{rND} < 0$ ゆえ $1+\varepsilon_{rND} < 0$ でなければならない. したがって, 負誘電体には $\varepsilon_{rND} < -1$ という条件がつく. すなわち誘電率が負であれば表面波が存在できるわけではなく, -1 より小さい比誘電率でなければならないのである (一般には誘電体 2 の比誘電率の絶対値が誘電体 1 の比誘電率より大きくなければならない). ここで, Eq.(2.3.38) を書きなおすと,

$$\beta = \frac{\omega}{c}\sqrt{\frac{\varepsilon_{rND}}{1+\varepsilon_{rND}}} = \frac{\omega}{c}\sqrt{\frac{1}{1+\frac{1}{\varepsilon_{rND}}}} > \frac{\omega}{c} \tag{2.3.39}$$

となって, $\varepsilon_{rND} < -1$ のとき $\omega/c < \beta$ であることがわかる. これは 2.3.9 節でみたように波数が大きくなり, 誘電体側でエバネッセント波となっていることを示している. 負誘電体中にはエバネッセント波しか存在できないから, 表面波が界面の両側でエバネッセント波であることが確認できる.

このような表面波は負誘電体の種類によって呼び方が異なる. 負誘電体が金属であるときは, 表面プラズモンポラリトン (Surface Plasmon Polariton: SPP) と呼ばれる. また, 負誘電体が誘電体中のフォノンに由来するものであるとき, この表面波は表面フォノンポラリトン (Surface Phonon Polariton) とよばれる. このような表面波はエバネッセント波であるから, 熱的に励起されたとしても遠方まで伝搬できないが, 界面に周期構造がある場合は, 波数整合がとれて伝搬波に変換されて熱ふく射に寄与する場合がある[14].

以上みてきたようにエバネッセント波は D/D 界面または D/ND 界面のどちらでも発生するが, それぞれのエバネッセント波の性質は大きく異なることに注意する. 非ふく射のエバネッセント波であっても熱ふく射スペクトルに大きな影響を与えることがあるので, ナノ・マイクロ構造近傍の電磁場を理解することは重要である.

2.3.11 ふく射伝熱における遠方場と近接場 (Radiative heat transfer in far-and near-field)

一般に単色光源 (λ_0) を考えた時，光源からみて波長より十分離れた領域 ($\gg \lambda_0$) を遠方場 (far-field) とよぶ．その反対に波長より十分小さい距離の領域 ($\ll \lambda_0$) を近接場 (near-field) と呼ぶ．2つの物体間のふく射伝熱を考えるうえで，Fig. 2-3-2 に示したエバネッセント波の影響の有無が本質的に重要となるので，熱ふく射の伝搬する空間を遠方場と近接場に区別しておくと便利である．しかし，レーザーなどの単色光源と異なり，熱ふく射光源は連続スペクトル光源であるから，様々な波長のふく射を含み，上の定義はそのままでは適用できない．そこで，黒体ふく射スペクトルがほぼ最大値をとる波長 λ_T (Eq.(2.3.31)) を，熱ふく射の特性波長とすると良い．すなわち，熱ふく射の場合は，λ_T より十分離れた領域 ($\gg \lambda_T$) を遠方場，λ_T より十分小さい距離の領域 ($\ll \lambda_T$) を近接場とする．

λ_T は温度の関数であるから，温度によって近接場の領域が変化する．これを Fig. 2-3-10 に示す．室温～1000 K の温度域では λ_T はマイクロメートルオーダーである．この温度域の熱ふく射は 100 ナノメートルオーダーの距離まで近接しない限りは遠方場であるので，マクロな距離では伝搬波のみを考慮すれば良い．しかし，1 K 程度の低温では λ_T はミリメートルオーダーとなるので，マクロな距離でも近接場とみなせるようになりエバネッセント波の影響が無視できなくなる[15]．

Fig. 2-3-11 に示すように，真空中に半無限物体 1 (温度 T_1) と半無限物体 2 (温度 T_2) が距離 d だけ離れて平行におかれている．$T_1 > T_2$ としたとき，物体 1 と物体 2 の間のふく射伝熱を考えよう．d が λ_T に比べて十分大きい ($d \gg \lambda_T$) 場合，ふく射伝熱に寄与するのは伝搬波のみである．このとき，Eq.(2.3.32) と Eq.(2.3.33) より，熱ふく射による正味のエネルギー束 (net energy flux) (Wm^{-2}) は

$$\Phi_{\text{net}} = \varepsilon_t \sigma (T_1^4 - T_2^4) \tag{2.3.40}$$

となる．ここで，ε_t は物質の全ふく射率である．物体がどちらも黒体の場合，$\varepsilon_t = 1$ であり最大値

$$\Phi_{\text{bbnet}} = \sigma (T_1^4 - T_2^4) \tag{2.3.41}$$

をとる．このように遠方場 ($d \gg \lambda_T$) では，Φ_{net} は d に依存しない．

一方，近接場 ($d \ll \lambda_T$) ではエバネッセント波の寄与を考量する必要があり，Φ_{net} は以下のように d に依存した関数となる[16,17]．

$$\begin{aligned}\Phi_{\text{net}} = \sum_{q=p,s} \int_0^\infty \frac{d\omega}{2\pi} [\Pi(\omega,T_1) - \Pi(\omega,T_2)] &\left\{ \int_{\beta<\omega/c} \frac{d^2\beta}{(2\pi)^2} \left[\frac{(1-|r_{1q}(\beta,\omega)|^2)(1-|r_{2q}(\beta,\omega)|^2)}{|1-e^{2i\gamma d}r_{1q}(\beta,\omega)r_{2q}(\beta,\omega)|^2} \right] \right. \\ &\left. + 4 \int_{\beta>\omega/c} \frac{d^2\beta}{(2\pi)^2} e^{-2|\gamma|d} \left[\frac{\text{Im}\,[r_{1q}(\beta,\omega)]\,\text{Im}\,[r_{2q}(\beta,\omega)]}{|1-e^{-2|\gamma|d}r_{1q}(\beta,\omega)r_{2q}(\beta,\omega)|^2} \right] \right\} \end{aligned} \tag{2.3.42}$$

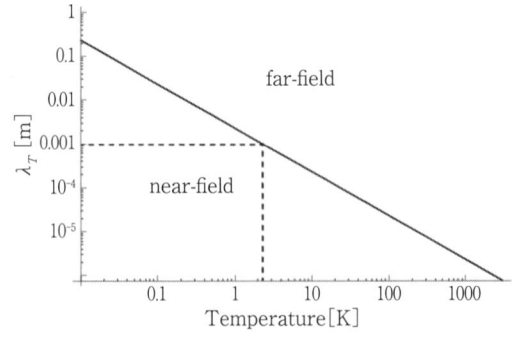

Fig. 2-3-10 熱ふく射における近接場の温度依存性 (Temperature dependence of near field region in thermal radiation)

2.3 フォトン輸送

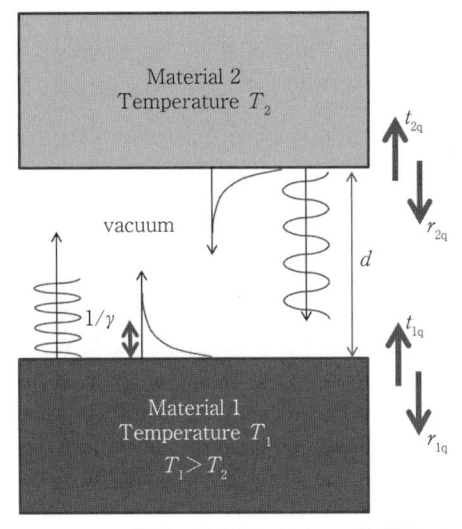

[figure: Fig. 2-3-11 距離 d だけ離れた2つの物質間のふく射伝熱 (Radiative heat transfer between two materials separated by distance d)]

ここで，r_{jp}, r_{js} $(j = 1, 2)$ はそれぞれ物体 j の界面での p 偏光，s 偏光に対するフレネル反射係数 (Fresnel reflection coefficient)，β は界面に平行方向の波数である．$\gamma(>0)$ は界面に垂直方向の波数であり，以下のように定義される．

$$\gamma = \sqrt{\frac{\omega^2}{c^2} - \beta^2} \tag{2.3.43}$$

Eq.(2.3.42) より，Φ_{net} は $\beta < \omega/c$ の伝搬波（γ 実数）の寄与と $\omega/c < \beta$ のエバネッセント波（γ 虚数）の寄与の和になっていることがわかる．

Eq.(2.3.42) において伝搬波の寄与の部分は2つの物体が共に黒体 ($r_{jp}, r_{js} = 0$) である時最大となり，伝搬波による全エネルギー束の最大値は Eq.(2.3.32) で与えられる．エバネッセント波の寄与の部分は β のカットオフ波数 β_c とすると，Eq.(2.3.44) で与えられる．理論的にエバネッセント波のとり得る最大波数は原子間距離を b としたとき $1/b$ 程度であるから，$\beta_c = 1/b$ とおくことができる[16]．

$$\Phi_{\max}^{\text{eva}} = \frac{k_B^2 T^2 \beta_c^2}{24\hbar} \leq \frac{k_B^2 T^2}{24\hbar b^2} \tag{2.3.44}$$

したがって，伝搬波 (Eq.(2.3.32)) とエバネッセント波 (Eq.(2.3.44)) のエネルギー束の比は

$$\frac{\Phi_{\max}^{\text{eva}}}{\Phi_{\text{bb}}} = \frac{5}{2\pi^2 b^2}\left(\frac{c\hbar}{k_B T}\right)^2 \approx 0.25 \left(\frac{\lambda_T}{b}\right)^2 \tag{2.3.45}$$

となる．

Eq.(2.3.45) より，$\lambda_T > b$ のときエバネッセント波を用いると黒体ふく射を超える大きな熱輸送が期待できることがわかる．特に低温では $\lambda_T \gg b$ となるから極めて大きな効果となる．温度 1000 K では λ_T は 1 μm オーダーであるから $\lambda_T \sim 10^{-6}$ (m)，$b \sim 10^{-9}$ (m) を代入すると Eq.(2.3.45) は 10^6，室温では λ_T は 10 μm オーダーであるから 10^8 となる．このようなエバネッセント波によるふく射伝熱は，フォトンのトンネル効果 (tunnel effect) と解釈することができる．このような近接場での大きなふく射伝熱は実験的に観測されている[18]．

2.3.12 まとめ (Summary)

ナノ・マイクロスケールでの熱ふく射の理解のために，電磁波とフォトンの視点からフォトン輸送の物理的基礎を述べた．伝統的な熱工学において，ふく射伝熱の理論は伝搬波のみを考えるため，黒体ふく射が最大全エネルギー束を与え，これを超えることは不可能と考えられてきた．しかし，近接場においてはエバネッセント波の利用によって黒体ふく射を大きく超えるふく射伝熱が可能となる．また，ナノ・マイクロ構造を用いた状態密度の制御によって，熱ふく射スペクトルをも変えることができる．

ナノ・マイクロスケールでのふく射伝熱は省エネルギー化を支える基盤技術として，今後ますます重要となると考えられる．

付録

*マックスウェル方程式と境界条件

SI単位系のマックスウェル方程式 (Maxwell's equations) は以下のようになる[3〜5]．

$$\nabla \cdot \boldsymbol{D}(\boldsymbol{x}, t) = \rho(\boldsymbol{x}, t) \tag{2.3.A1}$$

$$\nabla \cdot \boldsymbol{B}(\boldsymbol{x}, t) = 0 \tag{2.3.A2}$$

$$\nabla \times \boldsymbol{H}(\boldsymbol{x}, t) = \boldsymbol{J}(\boldsymbol{x}, t) + \frac{\partial \boldsymbol{D}(\boldsymbol{x}, t)}{\partial t} \tag{2.3.A3}$$

$$\nabla \times \boldsymbol{E}(\boldsymbol{x}, t) = -\frac{\partial \boldsymbol{B}(\boldsymbol{x}, t)}{\partial t} \tag{2.3.A4}$$

ここで E は電場 (electric field)，D は電束密度 (electric flux density)，H は磁場の強さ (magnetic field strength)，B は磁束密度 (magnetic flux density) である．また，ρ は電荷密度 (charge density)，J は電流密度 (current density) である．これらはすべて3次元空間座標 x と時間 t の関数であるが，以下ではこれを省略して書く．

これに加えて以下の2つの式がある．

$$\boldsymbol{D} = \varepsilon_0 \boldsymbol{E} + \boldsymbol{P} \tag{2.3.A5}$$

$$\boldsymbol{H} = \frac{1}{\mu_0} \boldsymbol{B} - \boldsymbol{M} \tag{2.3.A6}$$

ここで，P は分極 (polarization)，M は磁化 (magnetization) である．ε_0 は真空の誘電率 (permeability)，μ_0 は真空の透磁率 (permittivity) である．いま線形な等方媒質を考えると $P = \varepsilon_0 \chi_e E$，$M = \chi_m H$ より，Eq.(2.3.A5)と Eq.(2.3.A6)は

$$\boldsymbol{D} = \varepsilon_0 (1 + \chi_e) \boldsymbol{E} = \varepsilon \boldsymbol{E} \tag{2.3.A7}$$

$$\boldsymbol{B} = \mu_0 (1 + \chi_m) \boldsymbol{H} = \mu \boldsymbol{H} \tag{2.3.A8}$$

となる．Eq.(2.3.A7)と Eq.(2.3.A8)は構成方程式 (constitutive equation) と呼ばれる．ここで，χ_e, χ_m はそれぞれ電気感受率 (electric susceptibility)，磁気感受率 (magnetic suceptibility) である．また，ε, μ はそれぞれ誘電率，透磁率であり，以下のように定義される．

$$\varepsilon = \varepsilon_0 \varepsilon_r = \varepsilon_0 (1 + \chi_e) \tag{2.3.A9}$$

$$\mu = \mu_0 \mu_r = \mu_0 (1 + \chi_m) \tag{2.3.A10}$$

ここで，ε_r, μ_r は無次元量であり，それぞれ比誘電率 (relative permittivity)，比透磁率 (relative permeability) と呼ばれる．

いま電流も電荷もない一様 (uniform) な線形等方性媒質 (linear isotropic medium) を考える．このとき $\rho = 0$, $J = 0$ であり，ε と μ は座標に依存しないから，Eq.(2.3.A7)と Eq.(2.3.A8)を用いるとマックスウェル方程式は

$$\nabla \cdot \boldsymbol{E} = 0 \tag{2.3.A11}$$

$$\nabla \cdot \boldsymbol{H} = 0 \tag{2.3.A12}$$

$$\nabla \times \boldsymbol{H} = \varepsilon \frac{\partial \boldsymbol{E}}{\partial t} \tag{2.3.A13}$$

$$\nabla \times \boldsymbol{E} = -\mu \frac{\partial \boldsymbol{H}}{\partial t} \tag{2.3.A14}$$

となる．ここでは，Eq.(2.3.A11)〜Eq.(2.3.A14)を基本方程式として用いる．

マクスウェル方程式だけでは構造がある場合の電磁場を決めることができないので，以下の境界条件を利用する．$\rho = 0, \boldsymbol{J} = 0$のとき，媒質1と2の境界面における電場と磁場の境界条件は以下の式で与えられる．

$$E_{1t} = E_{2t} \tag{2.3.A15}$$
$$H_{1t} = H_{2t} \tag{2.3.A16}$$
$$D_{1n} = D_{2n} \tag{2.3.A17}$$
$$B_{1n} = B_{2n} \tag{2.3.A18}$$

ここで添え字 t は界面への接線成分（tangential component），n は界面への法線成分（normal component）を表す．

*電磁波の波動方程式

ベクトル公式 $\nabla \times (\nabla \times \boldsymbol{A}) = \nabla(\nabla \cdot \boldsymbol{A}) - \nabla^2 \boldsymbol{A}$ に Eq.(2.3.A11)と Eq.(2.3.A14)を代入すると

$$\nabla \times (\nabla \times \boldsymbol{E}) = \nabla \times \left(-\mu \frac{\partial \boldsymbol{H}}{\partial t}\right) = -\mu \frac{\partial}{\partial t} \nabla \times \boldsymbol{H} = -\varepsilon \mu \frac{\partial^2 \boldsymbol{E}}{\partial t^2} = \nabla(\nabla \cdot \boldsymbol{E}) - \nabla^2 \boldsymbol{E}$$

となって波動方程式

$$\nabla^2 \boldsymbol{E} = \varepsilon \mu \frac{\partial^2 \boldsymbol{E}}{\partial t^2} = \frac{1}{v^2} \frac{\partial^2 \boldsymbol{E}}{\partial t^2} \tag{2.3.B1}$$

を得る．ここで $v = \frac{1}{\sqrt{\varepsilon}\sqrt{\mu}}$ とおいた．また，同様にして Eq.(2.3.A12)と Eq.(2.3.A13)より

$$\nabla^2 \boldsymbol{H} = \varepsilon \mu \frac{\partial^2 \boldsymbol{H}}{\partial t^2} = \frac{1}{v^2} \frac{\partial^2 \boldsymbol{H}}{\partial t^2} \tag{2.3.B2}$$

を得ることができる．

Eq.(2.3.B1)の解が位相速度 v で伝搬する波動であることは良く知られている．そこで，直交座標系において角周波数 ω，波数ベクトル $\boldsymbol{k} = (k_x, k_y, k_z)$ の平面波 $\boldsymbol{E} = \boldsymbol{E}_0 e^{i(\boldsymbol{k}\boldsymbol{r} - \omega t)}$ を考えて，Eq.(2.3.B1)に代入すると

$$k^2 = k_x^2 + k_y^2 + k_z^2 = \omega^2 \varepsilon \mu \tag{2.3.B3}$$

を得る．ここで $\boldsymbol{E}_0$ は任意の電場ベクトル，$\boldsymbol{r} = (x, y, z)$ である．

また，Eq.(2.3.A11)に $\boldsymbol{E} = \boldsymbol{E}_0 e^{i(\boldsymbol{k}\boldsymbol{r} - \omega t)}$ を代入すると

$$\boldsymbol{k} \cdot \boldsymbol{E}_0 = 0 \tag{2.3.B4}$$

を得る．Eq.(2.3.B4)は $\boldsymbol{k}$ と $\boldsymbol{E}_0$ が直交することを意味しており，電磁波が横波であることを意味する．また，これは $\boldsymbol{k}$ に垂直方向に独立な2つの偏光（polarization）をとり得ることを示している．

*ランバート則

Fig. 2-3-7 に示す空洞にあけた小さな穴からの熱ふく射を考える．空洞内のふく射は全方位に均一であるので，穴からのふく射も等方的であり全方向に等しい強度で出る．穴が点光源であれば，穴か

らの熱ふく射はあらゆる方向に同じ強度で分布している．すなわち天頂角を θ として，単位面積あたり θ 方向の単位立体角あたりのふく射強度（radiation intensity）I (Wm^{-2} s r^{-1}) は一定で

$$I(\theta) = I_0$$

である．ここで，I_0 は垂直方向のふく射強度である．しかし，有限サイズ（面積 dS）の穴からの熱ふく射は穴を見込む角度によって，見かけ上の穴の面積が変化する（投影面積 $dS\cos\theta$ となる）から，等方的であっても強度が角度に依存する．これをランバート則（Lambert's law）という[1]．このとき，θ 方向の単位立体角あたりのふく射強度は

$$I(\theta) = I_0 \cos\theta \tag{2.3.C1}$$

で与えられる．このような cos 型のふく射強度分布をランバート分布（Lambertian）と呼ぶ．

穴から出る全パワーである単位時間，単位面積あたりのエネルギー束（energy flux）Φ (W m^{-2}) は，Eq.(2.3.C1) を半球面（立体角 2π）にわたって積分することにより得られ，

$$\Phi = \int_0^{2\pi} I_0 \cos\theta \, d\Omega = \int_0^{2\pi} d\phi \int_0^{\pi/2} d\theta I_0 \cos\theta \sin\theta = \pi I_0 \tag{2.3.C2}$$

となる[1]．ここで方位角 ϕ とし，$d\Omega = \sin\theta \, d\theta \, d\phi$ の関係式を用いた．Eq.(2.3.C2) より，ランバート分布をもつ面からの熱ふく射に対しては以下のエネルギー束とふく射強度の関係式が成立する．

$$\Phi = \pi I \tag{2.3.C3}$$

*エネルギー密度とエネルギー束の関係式

Fig. 2-3-7 に示す空洞にあけた穴には，空洞内部のフォトンがあらゆる方向から飛び込んでくる．いま天頂角 θ，穴からの距離 r の点 P から穴へ向かうフォトンを考えよう．このとき P から穴を見込む円錐の立体角を $d\Omega_P$ とする．点 P から距離 r にある円錐の表面積は穴の投影面積 $dS\cos\theta$ であるから，立体角の定義より

$$d\Omega_P = \frac{dS\cos\theta}{r^2} \tag{2.3.D1}$$

である．

次に，点 P を中心とした微小球体積内に含まれるフォトンを考える．この体積内のフォトンのうちすべてが穴に入るわけではなく，穴に到達できるのは，点 P から全立体角 4π にふく射されているフォトンのうち $d\Omega_P$ の割合（$d\Omega_P/4\pi$）に限られる．さらに，その中でも点 P から外側向きのフォトンに限られるから，その 1/2 となる．したがって，穴に到達するエネルギー密度は

$$\frac{1}{2}\frac{d\Omega_P}{4\pi} u \tag{2.3.D2}$$

である．

時間 dt の間に穴に到達する体積は Fig. 2-3-7 に示すように $dS \cos\theta \, dt$ である．この体積中のフォトンのエネルギー密度は u ではなく，Eq.(2.3.D2) に下がっている．したがって，点 P から出る円錐に沿って単位時間に穴に入射するフォトンのエネルギー束 $\Phi(P)$ は Eq.(2.3.D2) から

$$\Phi(P) = \frac{1}{2}\left(\frac{d\Omega_P}{4\pi}\right) uc\, dS\cos\theta \tag{2.3.D3}$$

となる．これを空洞内のすべての点 P について積分するには，Eq.(2.3.D3) を半球立体角 $d\Omega$（$0\sim 2\pi$）と天頂角 θ（$0\sim\pi/2$）について積分すればよいから

$$\frac{cu\, dS}{8\pi}\int_0^{2\pi} d\Omega \int_0^{\pi/2} d\theta \cos\theta = \frac{cu}{4} dS \tag{2.3.D3}$$

を得る．したがって，穴の単位面積あたり単位時間に穴に入射するフォトンのエネルギー Φ は

$$\Phi = \frac{1}{4}cu \qquad (2.3.\mathrm{D}4)$$

で与えられる．

参考文献

1) 伝熱工学（JSMEテキストシリーズ），日本機械学会，丸善（2005）Ch.4.
2) Y. A. Cengel, "Introduction to Thermodynamics and Heat Transfer," McGraw-Hill (1997) Ch.12.
3) 砂川重信，電磁気学，岩波書店（1987）．
4) 砂川重信，理論電磁気学 第3版，紀伊国屋書店（1999）．
5) S. Ramo, J. R. Whinnery and T. Van Duzer, Fields and Waves in Communication Electronics (3rd ed.), John Wiley & Sons, Inc. (1994).
6) B. Loudon, The quantum theory of light 3rd ed., Oxford University Press (2000).
7) 太田浩一，電磁気学の基礎 I, II，シュプリンガー・ジャパン（2007）．
8) R. J. Glauber, Rev. Mod. Physics, 78 (2006) 1267.
9) G. N. Lewis, Nature, 118 (1926) 874.
10) 基礎からの量子光学，オプトロニクス社．
11) 宇佐見康二，南部芳弘，富田章久，中村和夫，日本物理学会誌，Vol.60, No. 5 (2005) 363.
12) E. Hecht, ヘクト光学 I, 丸善（2002）．
13) 岡本隆之，梶川浩太郎，プラズモニクス～基礎と応用，講談社（2010）．
14) J.-J. Greffet, R. Carminati, K. Joulain, J.-P. Mulet, S. Mainguy and Y. Chen, Nature, 416 (2002) 61.
15) J. B. Pendry, J. Phys.: Condensed Matter, 11 (1999) 6621.
16) A. I. Volokitin and B. N. J. Persson, Rev. of Modern Phys., 79 (2007) 1291.
17) C. J. Fu and Z. M. Zhang, Int. J. of Heat and Mass Transfer, 49 (2006) 1703.
18) E. Rousseau, A. Siria, G. Jourdan, S. Volz, F. Comin, J. Chevrier and J.-J. Greffet, Nature Photonics, 3 (2009) 514.

2.4 物質・運動量輸送（Mass・Momentum Transport）

　マクロスケールの物質・運動量の輸送は通常，連続体力学によって論じられる．連続体力学は，物質を巨視的に捉え，原子や分子の連続的な集合体（連続体）として扱う．原子，分子間に働く相互作用は陽には扱わないが，拡散係数，粘性係数などの輸送係数として表現する．連続体力学において，物質・運動量輸送を正確に捉えることは，熱輸送を理解する上でも極めて重要である．特に対流熱伝達においては，バルクの流体運動（移流）と，ランダムな流体分子の運動（熱伝導や拡散）の両方によってエネルギー輸送が決まるため，物質輸送と運動量輸送の両方を正確に捉えることが必要である．一方，原子，分子間の離散性が重要になる場合は，連続体力学とは異なる方法で物質・運動量の輸送を記述しなければならない．その例として，希薄気体流れ，あるいは界面，ナノ・マイクロスケールの閉空間における物質・運動量の輸送が考えられる．ここでは、主に界面，ナノ・マイクロスケールの閉空間におけるイオン・分子の輸送について述べ，マクロスケールの物質・運動量輸送への繋がりを考える．

2.4.1 はじめに（Introduction）

　自然界では多くのものがナノ構造体（Nanostructure）をもち，様々な性質を生み出している．輸送現象についても，ナノ構造体の界面，あるいはナノ細孔内部の分子・イオンの輸送特性はバルクにお

ける輸送特性と異なることが知られている．例えば，生体細胞膜にあるイオンチャネルにおいては，特定のイオンだけが通り抜けることが可能であったり，イオン流と膜電位の電流-電圧曲線が複雑な非線形性を示したりする[1]．また，ナノ細孔内部の気体の拡散はしばしば通過する分子同士の衝突よりも壁との衝突が支配的であり，いわゆるクヌーセン拡散が支配的となる[2]．このようなナノスケールの空間に特有の輸送特性を理解したり，あるいはその特性を工学に応用したりすることが様々な分野で試みられている．一方で，ナノテクノロジーの発展とともに，近年，様々な物質でナノ構造体を人工的に作ることができるようになってきている．原子・分子のサイズで正確にその構造や表面状態を制御できるものは，今なお，カーボンナノチューブ等，その一部に限られるが，様々なナノ構造体が提案されている．さらに，このような構造，組成，表面状態などが正確に特定されたナノ構造体を用いて，その輸送特性をナノメートルの精度で明らかにしていくナノフルイディクスという学問分野も発展している．これらの研究成果は，バイオセンサー・ケミカルセンサー等の電気化学分析の分野のみならず，フィルター，触媒，吸着材など環境・エネルギー技術に多く用いられるナノスケールの細孔をもつ多孔質材料の高性能化，高機能化に貢献することが期待される．

　また，多くの複雑な熱流体現象は，様々なスケールの熱流体現象が複雑に絡み合うマルチスケールの問題と考えられる．例えば沸騰現象においては，沸騰面の微細構造を変えると，マクロスケールの熱流動様式も大きく変わることが知られている．ミクロな界面構造とマクロな熱流体現象の直接的な関係を議論することは非常に難しいが，ナノスケールの界面構造を制御することで，界面近傍の液体分子の構造やエネルギー状態を変えることができることは既に報告されている[3]．ナノスケールの界面で得られた知見を，例えば高性能伝熱面の開発など，マクロスケールの応用へ繋げるためには，階層ごとに系統的に現象の解明に取り組む必要があると思われる．今後，この分野の研究の進展が期待される．

2.4.2 分子間力 (Intermolecular forces)

　ナノスケールの輸送現象を考える上で最も重要なことの1つは，分子間力の特性長さを理解することと考えられる．今，ナノ細孔やナノスリットなど，ナノスケールの空間内部に電解質水溶液を閉じ込めた系について考える．水分子／イオン同士，あるいは水分子／イオンと壁の相互作用には3つの代表的なものがあり，それぞれの相互作用には特性長さがある．水和力 (Hydration Forces)，あるいは立体力 (Steric Forces) は〜1-2 nmの範囲で働き，ファンデルワールス力 (van der Waals Forces) は〜1-数10 nmの範囲で働く．また，静電気力 (Electrostatic Forces) は〜1-100 nmの範囲で働く (Fig. 2-4-1)[4]．

　水和力：分子直径の数倍以下の短い距離では，水の離散的な分子的性質が無視できなくなる．その一例として，Fig. 2-4-2は半径1.3 nmのシリカ細孔内部に閉じ込められた水の密度プロファイルについて分子動力学計算の結果を示している[5]．水の密度分布と相互作用ポテンシャルは一般に距離に対して振動する．その周期は，ほぼ分子の大きさに一致し，その範囲は分子径の数倍になる．このような短距離相互作用は，一般に溶媒和力 (Solvation Forces) と呼ばれ，水が溶媒のときには水和力と呼ばれる．距離Dだけ離れた2つの表面間に働く水和力を理解するためには，はじめに1つの孤立した表面に対する水分子の配向を考える．その後，この配向が2つ目の表面の存在によってどのように変化し，2つの表面間の短距離相互作用がどのように決定されるかを考える．表面における水和現象は原理的にはイオンの周囲で起こっている水和現象と変わらない．高分子で覆われた2つの表面が接近する場合，それぞれの外側のセグメントが重なり始めると表面間に力が生じる．鎖が表面に押し付けられ，自由エネルギー的に不利になるから，通常，この相互作用は斥力である．この力は一種の複雑な溶媒親和力であり，立体力と呼ばれる．

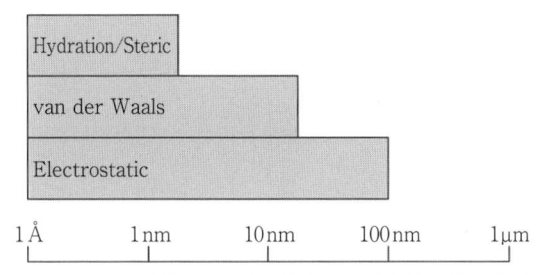

Fig. 2-4-1 水溶液における分子間相互作用の及ぶ範囲
(Range of intermolecular forces in aqueous solutions)

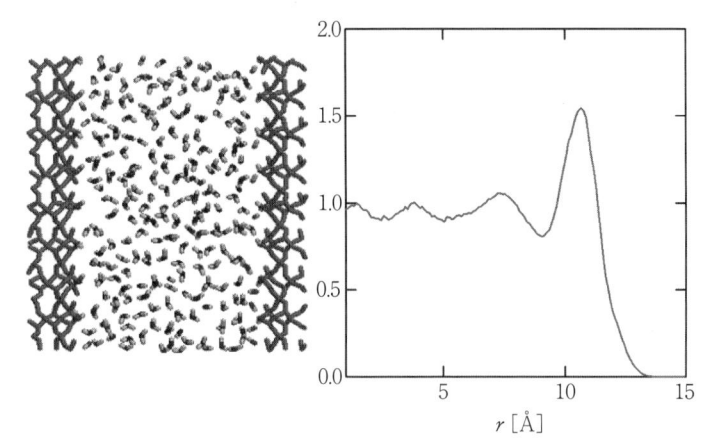

Fig. 2-4-2 半径 1.3 nm のシリカ細孔内部に閉じ込められた水の密度分布[5] (Water density profile inside a 1.3 nm radius silica pore)

ファンデルワールス力：電気的に中性で双極子モーメントがない分子であっても，分子内の電子分布は瞬間的には非対称な分布になることがある．このことによって生じる電気双極子が周りの分子の電気双極子と相互作用することによって凝集力を生じる．この力は常に存在する力であるため，液体中における巨視的粒子間および表面間の相互作用の中で最も重要な力の一つであると言える．

静電気力：例えばガラスの表面は水のような極性液体と接すると，負の電荷をもつことが知られている（シラノール基-SiOH の脱プロトン反応）．固液界面に生成された表面電荷に対して，界面付近にいる電解質溶液中の対イオン（固体表面電荷と逆符号の電荷をもつイオン）は表面電荷がつくる電場によって引き付けられ，副イオン（固体表面電荷と同符号の電荷をもつイオン）は遠ざけられる．表面電荷は電気二重層と呼ばれる表面近傍の領域，すなわち壁の電気的特性を打ち消すだけ過剰に反対の電気的極性をもつ層を形成する．より詳細には，表面の極近傍の Stern 層と少し離れた拡散層から電気二重層は成り立つ（Fig. 2-4-3）．静電気力の特性長さとは表面電荷を打ち消すのに必要な距離のことであり，およそ電気二重層の厚みと等しくなる．この特性長さはデバイ長さと呼ばれ，Eq.(2.4.1)によって与えられる．

$$\lambda_\mathrm{D} = \sqrt{\frac{\varepsilon\varepsilon_0 k_\mathrm{B} T}{2 n_\mathrm{bulk} z^2 e^2}} \tag{2.4.1}$$

ただし，ε は水の比誘電率，ε_0 は真空の誘電率，k_B はボルツマン定数，T は絶対温度，n_bulk はバルクのイオン濃度，z はイオンの価数，e は電気素量である．Eq.(2.4.1)からデバイ長さは水溶液のバルクのイオン濃度の関数であることがわかる．通常のイオン濃度（$10^{-1} \sim 10^{-5}$ M）の範囲においては，1

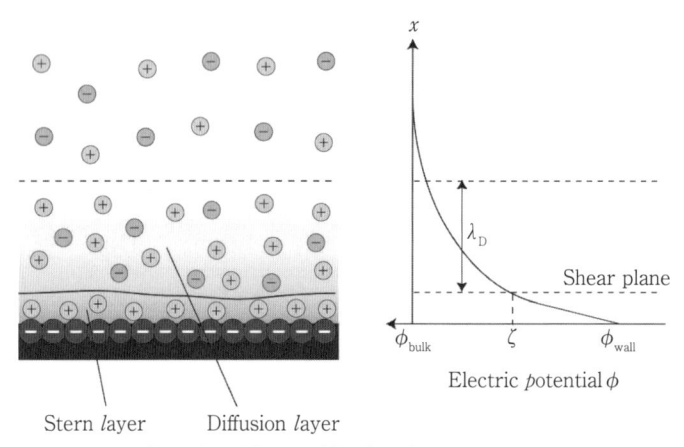

Fig. 2-4-3 電気二重層の模式図（左図）と負に帯電した壁と垂直方向の電位分布（右図）(Schematic of an electrical double layer (left) and electric potential profile normal to the negatively charged wall (right))

価のイオンの水溶液のデバイ長さは1〜100 nmとなる．同じ表面電荷密度に帯電した2つの表面間に働く力は，表面間距離がデバイ長より十分に大きいときは，孤立した表面近傍における電位分布，およびイオン濃度分布から近似的に求めることができるが，表面間距離がデバイ長さと同程度，あるいは小さいときは，対イオンの一部が表面に結合して表面電荷密度を減少させたり，表面電荷密度が変化しない場合は，電気的中性条件を満足するようにイオンの密度が変化したり，複雑な現象が起こる[4]．

水和力，ファンデルワールス力，静電気力などの分子間相互作用はすべてナノスケールで働くことから，ナノスケールの輸送現象を解析したり，制御したりするためには，これらの相互作用を陽に考え，利用することが必要であることがわかる．これ以降，ナノスケールの輸送現象の解析方法について，ナノ細孔内部に閉じ込められた電解質水溶液中のイオン輸送現象，およびナノ細孔への水の吸着・移動現象を例に解説する．Fig. 2-4-4は，一例として，ナノ細孔内部に閉じ込められた電解質水溶液中のイオン輸送現象について，その解析方法を模式的に示したものである．分子動力学法においては，イオン，水，細孔などの構成要素を全て分子モデルとして表現し，分子間の相互作用を解くことによりイオンの運動を解析する．確率統計的動力学法（例えばランジュバン方程式）においては，水を連続的な媒体として扱い，イオン間の相互作用のみを陽に解く．イオンと水の相互作用は拡散係数や摩擦係数などによって，水の電気的な性質は誘電率によって表現する．一方，連続体動力学法においては，イオンについても連続体として扱う．すなわち，イオンの局所的な濃度をパラメータとし，濃度分布を解くことによりイオンの輸送現象を解析する．分子動力学法，確率統計的動力学法，連続体動力学法と粗視化が進むにつれて，個々の分子間相互作用は平均化され，物性値として表現されるようになる．しかし，ナノスケールの輸送現象の粗視化は注意深く行わなければならない．特に界面やナノスケールの閉空間は特有の構造的・動的性質を示すため，バルクの物性値をそのまま適用することが適切ではない場合がある．ナノスケールの輸送現象を適切にモデル化し，解析するためには，物性値の定義や粗視化のプロセスを理解することが必要であろう．

2.4.3 分子動力学（Molecular dynamics）

分子動力学法では系を構成する分子の運動について，他の分子から力を受けながら運動する様子を，ニュートンの運動方程式をたて，数値積分することによって求める．簡単のため，質量mの同種

2.4 物質・運動量輸送

分子動力学

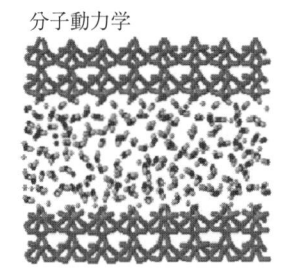

確率統計的動力学

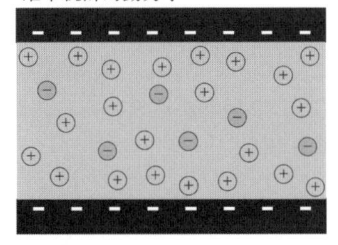

連続体動力学

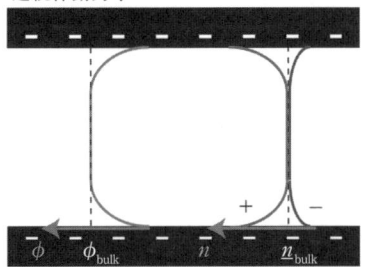

Electric potential　Ionic concentration

Fig. 2-4-4 ナノ細孔内部に閉じ込められた電解質水溶液中のイオン輸送現象に関する解析手法（Analytical methods of ion transport in an aqueous electrolyte solution confined in nanopores）

分子が N 個ある質点系を考える．分子 i の受ける力を $\boldsymbol{F}_i$ とすれば，運動方程式は Eq.(2.4.2) のようになる．

$$m\frac{\mathrm{d}^2 \boldsymbol{r}_i}{\mathrm{d}t^2} = \boldsymbol{F}_i, \quad i = 1, 2, \cdots, N \tag{2.4.2}$$

ただし，$\boldsymbol{r}_i$ は分子 i の位置ベクトルである．$\boldsymbol{F}_i$ は系のポテンシャル Φ の分子 i の位置における勾配として与えられる．

$$\boldsymbol{F}_i = -\nabla \Phi \tag{2.4.3}$$

系のポテンシャル Φ は量子力学的には N 粒子系の多体ポテンシャルであるが，金属や半導体などのように本質的に多体効果を必要とするものを除くと，多くの物質で二体ポテンシャル（Pair Potential）の重ね合わせで近似し得る．

$$\Phi = \sum_i \sum_{j>i} \phi(r_{ij}) \tag{2.4.4}$$

ここで，二体ポテンシャル $\phi(r_{ij})$ は分子 i と分子 j の距離 $r_{ij} = |\boldsymbol{r}_i - \boldsymbol{r}_j|$ の関数である．このとき，分子 i の受ける力 $\boldsymbol{F}_i$ も二体力の総和で表すことができる．

$$F_i = \sum_{j=1}^{N} f_{ij} = \sum_{j=1}^{N} f(r_i, r_j) \tag{2.4.5}$$

ここで，二体力 f_{ij} は分子 i が分子 j から受ける力であり，分子 i と分子 j の位置ベクトル r_i, r_j の関数である．また，二体力 f_{ij} は二体ポテンシャル $\phi(r_{ij})$ を用いて Eq.(2.4.6)のように表すことができる．

$$f_{ij} = -\frac{\partial \phi}{\partial r_{ij}} \frac{r_{ij}}{r_{ij}} \tag{2.4.6}$$

ただし，$r_{ij} = r_i - r_j$ である．系のアンサンブル，ポテンシャル関数のモデル，数値積分法など実際の分子動力学シミュレーションの方法については既に多くの成書があるのでそちらを参考にされたい[6~9]．

平衡系の分子動力学計算によって直接に輸送現象をシミュレーションすることはできないが，拡散係数，粘性係数などの輸送係数は求めることができる．拡散係数 D は Green-Kubo の公式を用いて速度自己相関関数から求める方法と平均二乗変位から求める方法がある．Green-Kubo の公式を用いて求める方法は Eq.(2.4.7)によって計算される．

$$D = \frac{1}{3} \int_0^\infty \langle v_i(t) \cdot v_i(0) \rangle dt \tag{2.4.7}$$

ただし，$v_i(t)$ は分子 i の時刻 t の速度を表す．また，平均二乗変位から求める方法は Eq.(2.4.8)によって計算される．

$$D = \lim_{t \to \infty} \frac{1}{6t} \langle |r_i(t) - r_i(0)|^2 \rangle \tag{2.4.8}$$

ただし，$r_i(t)$ は分子 i の時刻 t の位置を表す．粘性係数 η についても同様に 2 通りの方法で計算される．

$$\eta = \frac{V}{k_B T} \int_0^\infty \langle P_{\alpha\beta}(t) P_{\alpha\beta}(0) \rangle dt \tag{2.4.9}$$

$$\eta = \lim_{t \to \infty} \frac{V}{2tk_B T} \langle |Q_{\alpha\beta}(t) - Q_{\alpha\beta}(0)|^2 \rangle \tag{2.4.10}$$

ここで，$P_{\alpha\beta}$ は圧力テンソルの非対角成分 ($\alpha \neq \beta$) であり，Eq.(2.4.11)により与えられる．

$$P_{\alpha\beta} = \frac{1}{V} \left(\sum_i p_{i\alpha} p_{i\beta} / m_i + \sum_i \sum_{j>i} r_{ij\alpha} f_{ij\beta} \right) \tag{2.4.11}$$

ただし，$p_{i\alpha}$ は分子 i の運動量ベクトル p_i の α 成分，$r_{ij\alpha}$, $f_{ij\beta}$ はそれぞれ位置ベクトル r_{ij} の α 成分，力ベクトル f_{ij} の β 成分である．また，$Q_{\alpha\beta}$ は Eq.(2.4.12)により与えられる．

$$Q_{\alpha\beta} = \frac{1}{V} \left(\sum_i \sum_{j>i} r_{ij\alpha} p_{i\beta} \right) \tag{2.4.12}$$

一般に，輸送係数は揺らぎに対する系の応答と定義される．例えば，拡散係数 D は濃度勾配に対する粒子の流束と関係があり，粘性係数 η は速度勾配によって生じるせん断力の尺度である．輸送係数と時間相関関数の関係については，文献 6)およびその参考文献に詳しい説明があるので参考にされたい．

輸送現象の中には，相変化，吸着，化学反応などを伴うものもある．これらの現象を理解する際，最も重要な熱力学量の 1 つは自由エネルギーである．自由エネルギーは系の平衡状態や状態和を表す．相平衡状態，吸着平衡状態を状態図，吸着等温線などを用いて正確に記述するためには自由エネルギーを求めなければならない．しかし，自由エネルギーにはエントロピーが含まれているため，通常の分子動力学計算の結果から自由エネルギーを直接求めることはできない．N 個の分子のカノニカルアンサンブル分子動力学計算の後，仮想的な $N+1$ 番目の分子のもつポテンシャルエネルギーを

計算し，その指数平均から自由エネルギーを求めるワイダム法（Widom Method）[10]やこれを改良したキャビティー挿入ワイダム法（Cavity Insertion Widom Method）[11]などもあるが，一般的にはモンテカルロ法（Monte Carlo Method）を用いて効率よく統計力学的アンサンブル平均を計算し，自由エネルギーを求める．

また，非平衡分子動力学計算により，輸送現象を直接シミュレーションすることも試みられている．非平衡状態を作り出す方法としては主に2通りの方法がある．一つは，系全体の温度，圧力などをステップ的に変化させる，あるいは異なる平衡状態にある2相の境界面を接触させるなどにより非平衡状態をつくり，過渡現象を追跡するものである．もう一つは，境界条件として温度差，濃度差などのポテンシャル差を与える，あるいは系全体に外部場を与えるなどにより非平衡定常状態をつくるものである．ここでは一例として，直径2 nmのメソポーラスシリカの内部にKCl水溶液を満たし，軸方向に一様な電場を与えた時のイオンの流れを，非平衡分子動力学法によって解析した研究を紹介する（Fig.2-4-5）[12]．メソポーラスシリカはガラス材料であるが，ここでは簡単のため，α石英の結晶構造を基礎にモデル化した．また，細孔表面を部分的に疎水化することでその影響を調べた．このスケールにおいては表面の双極子モーメントを水の双極子モーメントと異なるものにすることで疎水性の表面をモデル化することができる．ここでは表面分子を-SiOHから-SiCH$_3$へ換えることにより疎水性の表面をモデル化した．計算の結果，Fig.2-4-5に示されるように，疎水性の部分では，水分子が壁から少し離れて存在することがわかった．また，この細孔は表面電荷をもっていないが，親水性と疎水性の境界部分に静電気の障壁が存在し，イオン電流と軸方向の電場の強さの関係が非線形になることがわかった．これらの結果はおもに以下の2つの事実に基づく．（1）数nmのスケールにおいては，点電荷-点電荷の相互作用のみならず，点電荷-双極子モーメントの相互作用も考慮しなければならず，表面電荷のない細孔においても，細孔表面の僅かな双極子モーメントの分布で静電気の障壁が形成される．（2）細孔内部の水は細孔の壁に強く拘束されるため，バルクの水のように水素結合のネットワークをつくることができず誘電率が低下する．その結果，水の静電遮蔽効果が低下し，静電気力の及ぶ範囲が広がる．このほかにも，ナノ細孔内部の輸送現象について，直径2 nm以下のカーボン

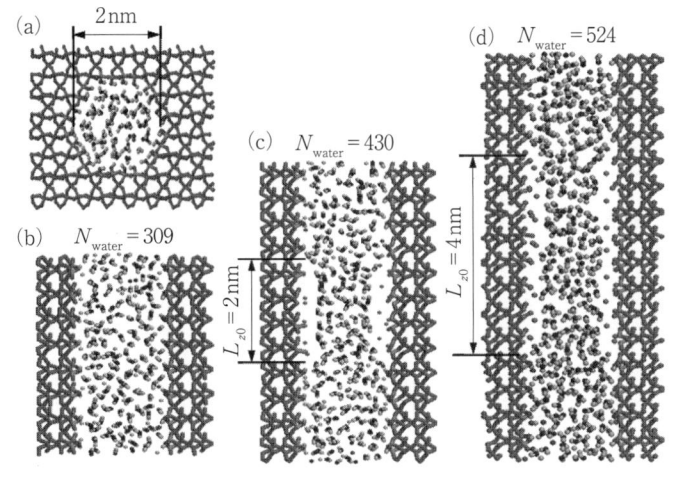

Fig. 2-4-5 直径2 nmのシリカ細孔内部にKCl水溶液が閉じ込められている様子．ただし，細孔軸（z軸）方向に3つの異なる長さL_{z0}の範囲だけ疎水基によってその細孔表面が改質されている[12]．(Snapshots of KCl aqueous solutions confined in 2-nm-diameter silica pores modified by hydrophobic groups within three different fixed lengths along the pore axis (z-axis), L_{z0}.)

ナノチューブを通過する気体や水の透過率が非常に大きいこと[13],ナノ細孔内部ではプロトンやイオンの易動度がバルクよりも大きくなる可能性があることなど[14,15],様々な特性が報告されている.これらのナノスケールの特性を様々な応用へ繋げていくためには,さらに詳細な解析が必要であると同時に,より大きな時間,空間スケールの解析も必要になるであろう.次に,より大きな時間,空間スケールの輸送現象を解析する際に必要な,確率統計的動力学について考える.

2.4.4 確率統計的動力学 (Stochastic dynamics and statistical dynamics)

液体中の分子・イオンの流れを近似的に解く方法として,ランジュバンの運動方程式(Langevin Equation of Motion)がある.ランジュバンの運動方程式においては,溶媒は連続体として扱い,溶質は離散的な粒子として扱う.粒子間に働く相互作用が,粒子-溶媒間に働く相互作用と比べて支配的である場合にこのような近似は有効である.粒子iのランジュバンの運動方程式は Eq.(2.4.13)のように表すことができる.

$$m_i \frac{d^2 \boldsymbol{r}_i}{dt_i} = \boldsymbol{F}_i - \boldsymbol{F}_{i,\text{frictional}} + \boldsymbol{R}_i \tag{2.4.13}$$

右辺の第1項は粒子間の相互作用を表す.この力$\boldsymbol{F}_i$は粒子iと他の粒子との相対的な位置によって決まり,平均力ポテンシャルによってモデル化される.右辺の第2項は溶媒中を粒子が運動することによって生じる力である.溶媒中で粒子に働く摩擦抵抗と等価である.この摩擦力は粒子iの速度$\boldsymbol{v}_i$に比例する.

$$\boldsymbol{F}_{i,\text{frictional}} = -\xi \boldsymbol{v}_i \tag{2.4.14}$$

ただし,ξは摩擦係数であり,衝突頻度γと粒子の質量mと次の関係が成り立つ.

$$\xi = \gamma m \tag{2.4.15}$$

また,衝突頻度の逆数γ^{-1}は粒子が初速の記憶をなくすのにかかる時間,すなわち速度緩和時間である.球形の粒子の場合,摩擦係数は拡散係数Dと次の関係が成り立つ.

$$\xi = \frac{k_B T}{D} \tag{2.4.16}$$

Eq.(2.4.13)において,右辺の第3項は溶媒分子の相互作用に起因するランダムな揺らぎによって粒子に働く力を示している.

ランジュバンの運動方程式を解く際には,時間刻みδtと速度緩和時間γ^{-1}の相対的な大きさの比によって3つの異なる状況が考えられる.1つの極端は,時間刻みが速度緩和時間よりもかなり小さい場合($\gamma \delta t < 1$)である.この場合,溶媒は粒子の運動に影響を与えない.溶媒による影響が完全になくなる$\gamma=0$という極限においては,ランジュバンの運動方程式はニュートンの運動方程式になる.もう一方の極端は,時間刻みが速度緩和時間よりもかなり大きい場合($\gamma \delta t > 1$)である.これば拡散領域に対応し,ここでは粒子の運動は溶媒によって素早く減衰する.三番目の状況はこれらの2つの極端の中間にある.これらの3つの状況に対して,ランジュバン方程式を解く様々な方法が提案されている[16].

イオンチャネルのように,ナノ細孔内部に満たされている水溶液中のイオン輸送現象の研究においては,様々な近似や単純化の方法を利用している[17].イオン同士,あるいはイオンとチャネルの間の相互作用は有効ポテンシャル関数,すなわち平均場における多体イオン間のポテンシャル関数によって表現され,しばしば,溶媒は一定の誘電率を持つ連続媒体,チャネルは剛体と近似される.連続体力学の平均場レベルにおいては,イオン濃度やイオン遮蔽の影響は考慮されるが,イオン同士の相互作用までは考慮されない.ランジュバンの運動方程式においては,イオン同士の相互作用までは考慮されるが,非平衡の境界条件を用いることは依然として困難な課題である.適用できる物理プロセス

2.4 物質・運動量輸送

を明らかにし，適切な近似を行い単純化することが重要である．

もう1つの確率統計的動力学の例として，気体輸送の問題を考える．気体運動論（Kinetic Theory），あるいは連続体力学における気体輸送の記述は空間的，時間的な局所熱力学平衡を前提としている．今，着目する輸送現象の特性長さをl，特性時間をτとする．これらを対象とする系の空間スケールL，時間スケールtと比較して，$L \approx l$，$t \approx \tau$，あるいはその両方を満たすとき，系の中で局所熱力学平衡が成り立たなくなる．このようなときはボルツマン方程式（Boltzmann Equation）を用いて輸送現象を記述する．ボルツマン方程式は Eq.(2.4.17) のように書くことができる．

$$\frac{\mathrm{d}f(\boldsymbol{r}, \boldsymbol{p}, t)}{\mathrm{d}t} = \left(\frac{\partial f}{\partial t}\right)_{\mathrm{scat}}$$

$$\frac{\partial f}{\partial t} + \frac{\partial \boldsymbol{r}}{\partial t} \cdot \nabla_r f + \frac{\partial \boldsymbol{p}}{\partial t} \cdot \nabla_p f = \left(\frac{\partial f}{\partial t}\right)_{\mathrm{scat}} \quad (2.4.17)$$

$$\frac{\partial f}{\partial t} + \boldsymbol{v} \cdot \nabla_r f + \boldsymbol{F} \cdot \nabla_p f = \left(\frac{\partial f}{\partial t}\right)_{\mathrm{scat}}$$

ここで，$f(\boldsymbol{r}, \boldsymbol{p}, t)$ は粒子集団の分布関数であり，時間tと位置$\boldsymbol{r}$と運動量$\boldsymbol{p}$の関数である．また，$\boldsymbol{v}$ は速度ベクトル，$\boldsymbol{F}$ は力ベクトルを表す．左辺は移流項，右辺は散乱項である．ボルツマン方程式はある一定の統計分布に従う様々な粒子集団に適用できる．Eq.(2.4.17) の右辺は衝突や散乱によって分布が変化する速さを表している．

$$\left(\frac{\partial f}{\partial t}\right)_{\mathrm{scat}} = \sum_{\boldsymbol{p}'} [W(\boldsymbol{p}, \boldsymbol{p}')f(\boldsymbol{p}') - W(\boldsymbol{p}', \boldsymbol{p})f(\boldsymbol{p})] \quad (18)$$

ここで，$W(\boldsymbol{p}, \boldsymbol{p}')$ は状態$\boldsymbol{p}'$から状態$\boldsymbol{p}$への散乱速度である．Eq.(2.4.18) のΣ中の第1項は状態$\boldsymbol{p}'$から状態$\boldsymbol{p}$への散乱，第2項は状態$\boldsymbol{p}$から状態$\boldsymbol{p}'$への散乱を表す．一般に，散乱速度Wは$\boldsymbol{p}$の非線形関数であり，このことがボルツマン方程式を解くことを難しくしている．しかしながら，散乱項を適切にモデル化することにより，分布関数$f(\boldsymbol{r}, \boldsymbol{p}, t)$の時空間発展を直接シミュレーションモンテカルロ法（Direct Simulation Monte Carlo (DSMC) Method）によって解くことができるようになる．DSMC法は1960年代にBird[18]により提案されて以来，おもに航空，宇宙工学の分野で希薄気体流れの解析に用いられ発展してきたが，局所熱力学平衡が成り立たない微小空間内の流れの解析においても有効である[19]．

また，散乱項は Eq.(2.4.19) によって表される緩和時間近似によりしばしば単純化される．

$$\left(\frac{\partial f}{\partial t}\right)_{\mathrm{scat}} = \frac{f_0 - f}{\tau(\boldsymbol{r}, \boldsymbol{p})} \quad (2.4.19)$$

ここで，f_0 は平衡状態における分布関数，$\tau(\boldsymbol{r}, \boldsymbol{p})$ は緩和時間であり，位置と運動量の関数である．この近似により，ボルツマン方程式は線形になる．もし，分布関数fが平衡状態における分布関数f_0からずれているとすると，$f-f_0$ は衝突により指数関数的に減少して平衡状態$f-f_0=0$に戻る．すなわち，$f-f_0 \approx \exp(-t/\tau)$ である．平衡状態における分布関数は，気体の場合はマクスウェル・ボルツマン分布（Maxwell-Boltzmann Distribution）になる．

粒子のエネルギー輸送を求めるためには，ボルツマン方程式を解いて分布関数$f(\boldsymbol{r}, \boldsymbol{p}, t)$を求めることが必要である．エネルギー流束は得られた分布関数を用いて Eq.(2.4.20) から求めることができる．

$$\boldsymbol{q}(\boldsymbol{r}, t) = \sum_{\boldsymbol{p}} \boldsymbol{v}(\boldsymbol{r}, t) f(\boldsymbol{r}, \boldsymbol{p}, t) \varepsilon(\boldsymbol{p}) \quad (2.4.20)$$

ここで，$\boldsymbol{q}(\boldsymbol{r}, t)$ はエネルギー流束ベクトル，$\boldsymbol{v}(\boldsymbol{r}, t)$ は速度ベクトル，$\varepsilon(\boldsymbol{p})$ は粒子のもつエネルギーである．$f(\boldsymbol{r}, \boldsymbol{p}, t)$ の単位は単位体積あたり，単位運動量あたりの粒子数である．また，運動量空間の和（Eq.(2.4.20)）は全運動量に渡る積分（Eq.(2..21)）に変換することができる．

$$q(\boldsymbol{r},t) = \int \boldsymbol{v}(\boldsymbol{r},t)f(\boldsymbol{r},\boldsymbol{p},t)\varepsilon(\boldsymbol{p})\mathrm{d}^3\boldsymbol{p} \tag{2.4.21}$$

ボルツマン方程式は気体分子のみならず，電子，フォトン，フォノンなど，粒子とみなすことができる様々なエネルギーキャリアの輸送の解析に適用することができる．また，ボルツマン方程式は後述の連続体の解析に適用することも可能であり，その計算手法は格子ボルツマン法（Lattice Boltzmann Method）と呼ばれる[20]．

2.4.5 連続体動力学 (Continuum dynamics)

流体力学，対流熱伝達などで用いられる連続体の保存方程式はボルツマン方程式から導出することができる．ただし，前述の通り連続体は空間的，時間的な局所熱力学平衡を前提としているため，対象とする系の空間スケール L，時間スケール t，および着目する輸送現象の特性長さ l，特性時間 τ の間には，$L > l$，$t > \tau$ の条件を満たさなければならない．

今，関数 $\phi(\boldsymbol{p})$ について考える．関数 $\phi(\boldsymbol{p})$ は運動量のべき乗の関数，すなわち $\phi(\boldsymbol{p}) = \boldsymbol{p}^n$ ($n = 0, 1, 2, \cdots$) であるとする．この関数の平均は Eq.(2.4.22) のように表すことができる．

$$\langle \phi(\boldsymbol{p}) \rangle = \frac{1}{\rho} \int \phi(\boldsymbol{p}) f(\boldsymbol{p}) \mathrm{d}^3 \boldsymbol{p} \tag{2.4.22}$$

ここで，ρ は粒子の数密度である．今，ボルツマン方程式に $\phi(\boldsymbol{p})$ を掛けて全運動量に渡って積分すると一般化されたモーメント方程式になる[21]．

$$\frac{\partial (\rho \langle \phi \rangle)}{\partial t} + \nabla \cdot (\rho \langle \boldsymbol{v} \phi \rangle) - \boldsymbol{F} \cdot \left\langle \frac{\partial \phi}{\partial \boldsymbol{p}} \right\rangle = \rho \sum_{\boldsymbol{p}'} [\langle W(\boldsymbol{p}, \boldsymbol{p}') \phi(\boldsymbol{p}') \rangle - \langle W(\boldsymbol{p}', \boldsymbol{p}) \phi(\boldsymbol{p}) \rangle] \tag{2.4.23}$$

それぞれの粒子の運動量は2つの成分に分解することができる．

$$\boldsymbol{p} = \boldsymbol{p}_\mathrm{d} + \boldsymbol{p}_r \tag{2.4.24}$$

ここで，$\boldsymbol{p}_\mathrm{d}$ は運動量の平均成分，すなわち移流を表す．外部のポテンシャル場に従う粒子集団の動きに対応する．一方，$\boldsymbol{p}_\mathrm{r}$ は運動量のランダム成分，すなわち拡散を表す．粒子の熱的な動きに対応する．なお，運動量のランダム成分の全運動量空間に渡る積分は0となるため，運動量の平均値は $\langle \boldsymbol{p} \rangle = \boldsymbol{p}_\mathrm{d}$ で与えられる．

一般化されたモーメント方程式（Eq.(2.4.23)）において，0次のモーメント（$n = 0$，$\phi(\boldsymbol{p})$ = constant）は連続の式を与える．

$$\frac{\partial \rho}{\partial t} + \nabla \cdot (\rho \boldsymbol{v}_\mathrm{d}) = 0 \tag{2.4.25}$$

ここで $\boldsymbol{v}_\mathrm{d}$ は移流速度であり，$\boldsymbol{v}_\mathrm{d} = \boldsymbol{p}_\mathrm{d}/m$ で与えられる．同様に，1次のモーメント（$n = 1$，$\phi(\boldsymbol{p}) = \boldsymbol{p} = m\boldsymbol{v}$）は運動量保存の式を与える．

$$\frac{\partial (\rho \boldsymbol{p}_\mathrm{d})}{\partial t} + \frac{1}{m} \nabla \cdot (\rho \langle \boldsymbol{p}\boldsymbol{p} \rangle) - \rho \boldsymbol{F} = \left(\frac{\partial (\rho \boldsymbol{p})}{\partial t} \right)_\mathrm{scat} \tag{2.4.26}$$

ただし，左辺の第2項は $\langle \boldsymbol{p}\boldsymbol{p} \rangle = \boldsymbol{p}_\mathrm{d}\boldsymbol{p}_\mathrm{d} + p_r^2 \delta_{ij}$ である．また，左辺の第3項は流体力学における体積力項にあたる．力ベクトル $\boldsymbol{F}$ は様々なポテンシャルの勾配として与えることができる $\boldsymbol{F} = -\nabla U$．ポテンシャル U は重力ポテンシャル G，電気化学ポテンシャル Φ などの和である．一方，右辺は散乱項である．緩和時間近似を用いると，Eq.(2.4.27) のように書くことができる．

$$\left(\frac{\partial (\rho \boldsymbol{p})}{\partial t} \right)_\mathrm{scat} = -\frac{\rho \boldsymbol{p}_\mathrm{d}}{\tau_\mathrm{m}} \tag{2.4.27}$$

ただし，τ_m は運動量の緩和時間である．以上より，運動量保存の式 Eq.(2.4.26) は Eq.(2.4.28) のように表すことができる．

2.4 物質・運動量輸送

$$\frac{\partial(\rho\boldsymbol{p}_\mathrm{d})}{\partial t}+\frac{1}{m}\nabla\cdot(\rho\boldsymbol{p}_\mathrm{d}\boldsymbol{p}_\mathrm{d})+\frac{1}{m}\nabla(\rho p_\mathrm{r}^2)=-\rho\nabla(G+\Phi+\cdots)-\frac{\rho\boldsymbol{p}_\mathrm{d}}{\tau_\mathrm{m}} \quad (2.4.28)$$

左辺の第3項はランダムに動く粒子の運動エネルギーの形をしており，粒子の圧力を表している．したがって，Eq.(2.4.28) は Eq.(2.4.29) のように変形することができる．

$$\frac{\partial(\rho m\boldsymbol{v}_\mathrm{d})}{\partial t}+\nabla\cdot(\rho m\boldsymbol{v}_\mathrm{d}\boldsymbol{v}_\mathrm{d})=-\rho\nabla\left(\frac{P}{\rho}+G+\Phi+\cdots\right)-\frac{\rho m\boldsymbol{v}_\mathrm{d}}{\tau_\mathrm{m}} \quad (2.4.29)$$

細孔内部の輸送現象などの場合は左辺の第2項（移流項）を0と近似することができる（ストークス近似）．また，定常流を仮定すると第1項も0となる．このような実質加速度が0の場合，Eq.(2.4.29) は Eq.(2.4.30) のようになる．

$$\boldsymbol{v}_\mathrm{d}=-\frac{\tau_\mathrm{m}}{m}\nabla\left(\frac{P}{\rho}+G+\Phi+\cdots\right) \quad (2.4.30)$$

ここで，電気化学ポテンシャル Φ の勾配によるイオンの輸送を考える．イオン a の価数を z_a，数密度を ρ_a とすると，静電ポテンシャル ϕ，温度 T における電気化学ポテンシャルは $\Phi=z_\mathrm{a}e\phi+k_\mathrm{B}T\ln(\rho_\mathrm{a})$ と書くことができる．したがって，イオン a の流束ベクトル $\boldsymbol{J}_\mathrm{a}$ は Eq.(2.4.31) のように表すことができる．

$$\begin{aligned}\boldsymbol{J}_\mathrm{a}&=\rho_\mathrm{a}\boldsymbol{v}_\mathrm{d}\\&=-\frac{\rho_\mathrm{a}\tau_\mathrm{m}}{m}\nabla(z_\mathrm{a}e\phi+k_\mathrm{B}T\ln(\rho_\mathrm{a}))\\&=-\frac{k_\mathrm{B}T\tau_\mathrm{m}}{m}\left(\frac{\rho_\mathrm{a}z_\mathrm{a}e}{k_\mathrm{B}T}\nabla\phi+\nabla\rho_\mathrm{a}\right)\end{aligned} \quad (2.4.31)$$

ここで，Eq.(2.4.15)，Eq.(2.4.16) より $(k_\mathrm{B}T\tau_\mathrm{m})/m$ はイオン a の拡散係数 D_a であることがわかる．したがって，イオン a の流束ベクトル $\boldsymbol{J}_\mathrm{a}$ は Eq.(2.4.32) のようになる．

$$\boldsymbol{J}_\mathrm{a}=-D_\mathrm{a}\left(\frac{\rho_\mathrm{a}z_\mathrm{a}e}{k_\mathrm{B}T}\nabla\phi+\nabla\rho_\mathrm{a}\right) \quad (2.4.32)$$

これは移流拡散方程式（Drift-Diffusion Equation）として知られている．もう1つの例として，圧力勾配による流体の輸送を考える．

$$\begin{aligned}\boldsymbol{v}_\mathrm{d}&=-\frac{\tau_\mathrm{m}}{m}\nabla\left(\frac{P}{\rho}\right)\\&=-\frac{\tau_\mathrm{m}}{\rho m}\nabla P\end{aligned} \quad (2.4.33)$$

Eq.(2.4.33) はダルシー方程式（Darcy Equation）と同じ形式をしている．ダルシー方程式は多孔質物質内部の流れを表す方程式であり，その係数は $\tau_\mathrm{m}/\rho m$ の代わりに，媒質の透過率 κ と流体の粘性係数 η の比 κ/η で与えられる．

一般化されたモーメント方程式（Eq.(2.4.23)）において，2次のモーメント（$n=2$，$\phi(\boldsymbol{p})=p^2$）はエネルギー保存の式を与える．

$$\frac{\partial\xi}{\partial t}+\nabla\cdot\boldsymbol{J}_\xi=-\rho\boldsymbol{F}\cdot\boldsymbol{v}_\mathrm{d}+\rho\sum_{\boldsymbol{p}'}\left[\left\langle W(\boldsymbol{p},\boldsymbol{p}')\frac{p'^2}{2m}\right\rangle-\left\langle W(\boldsymbol{p}',\boldsymbol{p})\frac{p^2}{2m}\right\rangle\right] \quad (2.4.34)$$

ここで，$\xi=\rho\varepsilon$ はエネルギー密度である．ただし，ε は1粒子あたりのエネルギーであり，$\varepsilon=p^2/2m$ によって与えられる．また，$\boldsymbol{J}_\xi$ はエネルギー流束ベクトルであり，Eq.(2.4.35) のように表すことができる．

$$\boldsymbol{J}_\xi=\boldsymbol{v}_\mathrm{d}\xi+\boldsymbol{q} \quad (2.4.35)$$

右辺の第1項は移流効果によるエネルギーの輸送を表し，第2項は粒子のランダムな運動に起因する

拡散による熱流束ベクトルである．Eq.(2.4.34)にEq.(2.4.35)を代入すると，エネルギー方程式になる．

$$\frac{\partial \xi}{\partial t} + \nabla \cdot (\boldsymbol{v}_d \xi) = \rho \boldsymbol{v}_d \cdot \nabla U - \nabla \cdot \boldsymbol{q} + \left(\frac{\partial \xi}{\partial t}\right)_{So} - \left(\frac{\partial \xi}{\partial t}\right)_{Si} \tag{2.4.36}$$

ただし，Uはすべてのポテンシャルの和である．また，Eq.(2.4.36)の散乱項はエネルギーの湧き出し（Source）とエネルギーの吸い込み（Sink）に分けられる．右辺の第1項は粒子に作用する力による仕事を表し，第2項は熱流束ベクトルによるエネルギー輸送を表す．

2.4.6 まとめ（Summary）

　本章では，はじめにナノ・マイクロスケールの閉空間におけるイオン・分子の輸送現象について述べ，その後，マクロスケールの物質・運動量輸送への展開について考えた．例えば，マクロスケールで多孔質材料内部を流れるイオン電流を予測する際には，移流拡散方程式（Eq.(2.4.32)），多孔質材料内部の水の浸透現象を予測する際には，ダルシー方程式（Eq.(2.4.33)）がしばしば用いられる．しかし，その正確な予測のためには，材料の種類や測定条件ごとに適切な物性値や輸送係数が必要である．一方，ナノスケールの物質輸送現象に関する最近の研究より，個々の分子間に働く相互作用，および分子の構造的・動的な性質がその輸送現象に大きな影響を与えることがわかってきた．これらの知見は，マクロスケールの物性値や輸送係数の予測へと繋がる可能性があるばかりでなく，フィルター，触媒，吸着材などナノスケールの細孔をもつ多孔質材料の開発において，重要な指針を示す可能性がある．ナノスケールの物質輸送の研究は端緒に着いたばかりであり，今後，材料合成，実験計測，理論解析など，様々な研究を通してその詳細が明らかになると予想される．ナノスケールの細孔をもつ多孔質材料，あるいは表面にナノ構造体をもつ伝熱面など，特に，環境・エネルギー技術に多く用いられる材料の高性能化，高機能化に繋がることが期待される．

参考文献

1) B. Hille, Ion Channels of Excitable Membranes, 3rd ed. Sinauer Associates Inc., Sunderlamd, MA (2001).
2) J. O. Hirschfelder, Charles F. Curtiss and R. B. Bird, Molecular Theory of Gases and Liquids, John wiley & Sons Inc., New York (1954).
3) J. J. Kuna, K. Voïtchovsky, C. Singh, H. Jiang, S. Mwenifumbo, P. K. Ghorai, M. M. Stevens, S. C. Glotzer and F. Stellacci, "The Effect of Nanometre-scale Structure on Interfacial Energy", Nature Materials, Vol. 8, No. 10 (2009) pp. 837-842.
4) J. N. Israelachvili, Intermolecular and Surface Force, 2nd ed. Academic Press, London (1992).
5) K. Shirono and H. Daiguji, "Molecular simulation of the phase behavior of water confined in silica nanopores", Journal of Physical Chemistry C, Vol. 111, No. 22 (2007) pp. 7938-7946.
6) M. P. Allen and D. J. Tildesley, Computer Simulation of Liquid, Oxford University Press, New York, (1987).
7) 上田顯著，コンピュータシミュレーション―マクロな系の中の原子運動―，朝倉書店（1990）．
8) 岡田勲，大澤映二編，分子シミュレーション入門，海文堂（1989）．
9) 田中實，山本良一編「計算物理学と計算化学―分子動力学法とモンテカルロ法―」海文堂（1988）．
10) B. Widom, "Some Topics in the Theory of Fluids", Journal of Chemical Physics, Vol. 39, No. 11 (1963) pp. 2808-2812.
11) P. Jedlovszky and M. Mezei, "Calculation of the Free Energy Profile of H_2O, O_2, CO, CO_2, NO and $CHCl_3$ in a Lipid Bilayer with a Cavity Insertion Variant of the Widom Method", Journal of the American Chemical Society, No. 122, No. 21 (2000) pp. 5125-5131.
12) K. Shirono, N. Tatsumi and H. Daiguji, "Molecular Simulation of Ion Transport in Silica Nanopores", Journal of Physical Chemistry B, Vol. 113, No. 4 (2009) pp. 1041-1047.
13) J. K. Holt, H. G. Park, Y. Wang, M. Stadermann, A. B. Artyukhin, C. P. Grigoropoulos, A, Noy, O. Bakajin,

"Fast Mass Transport Through Sub-2-Nanometer Carbon Nanotubes", Science, Vol. 312, No. 5776 (2006) pp. 1034-1037.
14) C. Dellago, M. M. Naor and G. Hummer, "Proton Transport through Water-Filled Carbon Nanotubes", Physical Review Letters, Vol. 90, No. 10 (2003) 105902.
15) C. Duan and A. Majumdar, "Anomalous Ion Transport in 2-nm Hydrophilic Nanochannels", Nature Nanotechnology, Vol. 5, No. 12, (2010) pp. 848-852.
16) A. R. Leach, Molecular Modelling: Principles and Applications, Longman, Harlow (1996).
17) B. Roux, "Theoretical and Computational Models of Ion Channels", Current Opinion in Structural Biology, Vol. 12, No. 2 (2002) pp. 182-189.
18) G. A. Bird, "Approach to Translational Equilibrium in a Rigid Sphere Gas", Physics of Fluids, Vol. 6, No. 10 (1963) pp. 1518-1519.
19) W. Huang, D. B. Bogy and A. L. Garcia, "Three-dimensional direct simulation Monte Carlo method for slider air bearings", Physics of Fluids, Vol. 9, No. 6 (1997) pp. 1764-1769.
20) S. Chen, and G. D. Doolen, "Lattice Boltzmann Method for Fluid Flows", Annual Review of Fluid Mechanics, Vol. 30 (1998) pp. 329-364.
21) C. L. Tien, A. Majumdar and F. M. Gerner, Microscale Energy Transfer, Talor & Francis, Washington, DC (1997).

2.5 近接場光とナノスケール電子・格子系との相互作用（Near-Field Light Interaction with Nanoscale Electron and Phonon Systems）

　本節ではまず，局在電子と原子核（格子）との相互作用について，最も一般的な流れに沿って説明をする．断熱過程の意味とフランク-コンドンの原理を理解することが主たる目的である．続いて，ナノスケールの物体・構造の周囲に発生する近接場光の概念を簡単に整理し，近接場光とナノスケール電子系との相互作用について詳述する．近接場光の急峻な電場勾配が，通常の光では起き得ない光学遷移をもたらす（通常の光では到達できない電子状態へ遷移する）ことを説明する．これらの理解をふまえて最後に，近接場光に特有の電子励起状態が，格子振動を効率的に励起し，ひいては非断熱過程をもたらすことを示し，若干の応用例を紹介する．

2.5.1 局在電子と格子振動の相互作用（Localized electron-phonon interaction）
(1) 断熱近似
　固体中の局在中心（不純物や欠陥）や分子内に束縛された電子と固体・分子を構成する原子核の相互作用を考える[1]．例えば Fig. 2-5-1 では 2 つの原子核，2 つの電子からなる系を図示している．このとき議論の対象となるシュレジンガー方程式のハミルトニアンは，以下のように書きあらわされる．

$$H(r, R) = T_e(r) + T_L(R) + V_{e-L}(r, R) \tag{2.5.1}$$

ここで $T_e(r)$ は電子系の運動エネルギー，$T_L(R)$ は原子核の運動エネルギー，$V_{e-L}(r, R)$ は電子と原子核のクーロン相互作用によるポテンシャルエネルギー（原子核同士，電子同士の斥力ポテンシャルと原子核と電子間の引力ポテンシャルの総和）の項である．なお，電子の座標をまとめて r，原子核の座標をまとめて R と表している．「電子 + 原子核」系全体の波動関数を $\Psi(r, R)$，エネルギーを E と書くと，われわれが解くべきシュレジンガー方程式は，

$$H(r, R)\Psi(r, R) = E\Psi(r, R) \tag{2.5.2}$$

となる．しかし多体問題としてこの方程式を厳密に解くことはできないので，通常は「原子核の運動の凍結」という近似を導入する．すなわち，原子核の質量は電子の 10^3 倍程度重いので，原子核の運

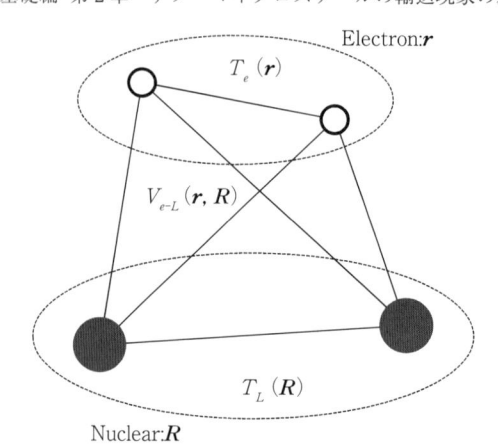

Fig. 2-5-1 「2原子核+2電子」系モデル（Two nuclei and two electrons system）

動は電子よりもずっと遅く，電子の運動を考えるときには，原子核は瞬間的にある座標 R' に固定されているとみなすことができる．言葉を換えれば，原子核の運動エネルギーが電子の運動エネルギーよりもずっと小さいので，Eq.(2.5.1)のハミルトニアン中の T_L を無視することができ，シュレジンガー方程式は，

$$[T_e(r)+V_{e\text{-}L}(r,R')]\Psi_e(r;R') = E(R')\Psi_e(r;R') \tag{2.5.3}$$

となる．変数は r のみとなり，R' は定数（パラメーター）として方程式を解く．ここで得られる解はあくまでも電子の波動関数であることを強調するため，波動関数に e の添字を付した．

さて，凍結した原子核の座標 R' をいろいろと変えながら Eq.(2.5.3)を解くことにより，任意の R に対して $E_n(R)$，ならびに $\Psi_{en}(r;R)$ が得られる．ここで n は電子の状態を指定する量子数である．今，われわれが得たいのは，原子核の運動を凍結していない波動関数 $\Psi(r,R)$ である．これを求めるには，先ほど無視した T_L を復活させ，これを摂動とみなして計算を行う．具体的には，求めたい波動関数 $\Psi(r,R)$ を，無摂動系（原子核の運動を凍結させた系）の解の線形結合で以下のように展開し，

$$\Psi(r,R) = \sum_n \phi_n(R)\Psi_{en}(r;R) \tag{2.5.4}$$

係数 $\phi_n(R)$ を決定すれば良いということになる．長く煩雑な計算を行うと，$\phi_n(R)$ を決定するための一連の方程式が導かれ，その中には $\int \Psi_{em}^*(r;R) T_L \Psi_{en}(r;R)dr$ のような非対角項（異なる量子数 n, m を含む成分）が含まれている．この非対角項が方程式を複雑にしており，もしこれを無視することができれば計算も物理的描像もすっきりする．T_L は原子核の運動エネルギーのハミルトニアンであり，原子核の位置 R に関する微分演算子からなる．$\Psi_{en}(r;R)$ は R の変化に対して緩やかにしか変わらないため，非対角項の値は非常に小さく，無視できると近似することができる．これが断熱近似と呼ばれるものである．原子核の運動（T_L）が電子状態間（m-n 間）の遷移を引き起こすことはないと考えるのが「断熱」の意味である．この近似の重要な帰結として，「電子＋原子核」系の波動関数は

$$\Psi(r,R) = \phi_n(R)\Psi_{en}(r;R) \tag{2.5.5}$$

となり，Eq.(2.5.4)のような重ね合わせである必要がなくなる．ここで，$\phi_n(R)$ は原子核の波動関数と解釈でき，結局 Eq.(2.5.5)は，電子の運動と原子核の運動が分離できることを意味している．

断熱近似のもとで，上記の非対角項だけでなく，対角項も無視すると，$\phi_n(R)$ を決定する方程式は

$$[T_L+E_n(R)]\phi_n(R) = E\phi_n(R) \tag{2.5.6}$$

となる．これは $E_n(R)$ をポテンシャルエネルギーとする原子核に関するシュレジンガー方程式とみ

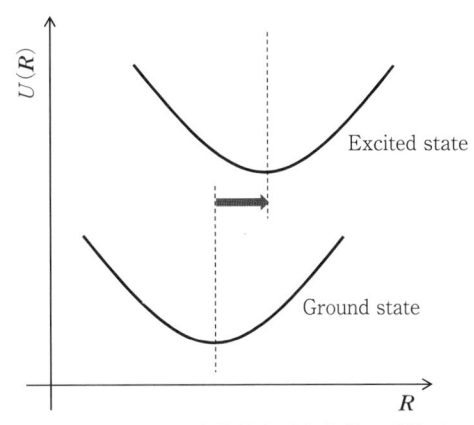

Fig. 2-5-2 電子基底状態と励起状態の断熱ポテンシャル（Adiabatic potential curves for the electron ground state and excited state）

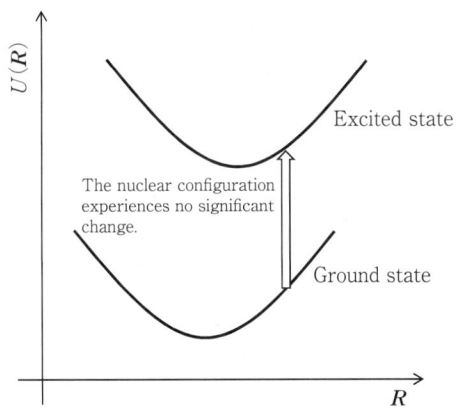

Fig. 2-5-3 フランク-コンドンの原理（Franck-Condon Principle）

ることができ，$E_n(R)$ は断熱ポテンシャルと呼ばれている（以下では $U_n(R)$ という記号を用いる）．これは原子核同士の相互作用だけを抜き出して考えたものではなく，電子と原子核の相互作用を平均的に含んだものである．すなわち電子状態 n が異なれば，$U_n(R)$ の形状も変化する．一般に原子核の平衡位置近傍では，原子核の運動は調和振動子で近似できる．電子状態の違いに起因する断熱ポテンシャルの変化については，最低次の近似では，調和振動子型のポテンシャルが R の1次関数として変化し，原子核の平衡位置のシフトをもたらす（ばね定数は変化しない）．シフト量の大きさが，電子系と原子核（格子）との相互作用の大きさを反映している．以上の内容を Fig. 2-5-2 に示す．

(2) フランク-コンドンの原理と光学スペクトル

ここでは光の照射にともなう電子状態間の遷移について考える．関与する準位として基底状態 g と，照射する光のエネルギーで遷移可能な励起状態 e を考える．一般には光学遷移に要する時間は，原子核の振動周期よりもずっと短いため，遷移の前後で，原子核の座標 R は変化しないと考える．すると光学遷移は断熱ポテンシャル上では，Fig. 2-5-3 のように垂直の矢印で表すことができる．これをフランク-コンドンの原理という．

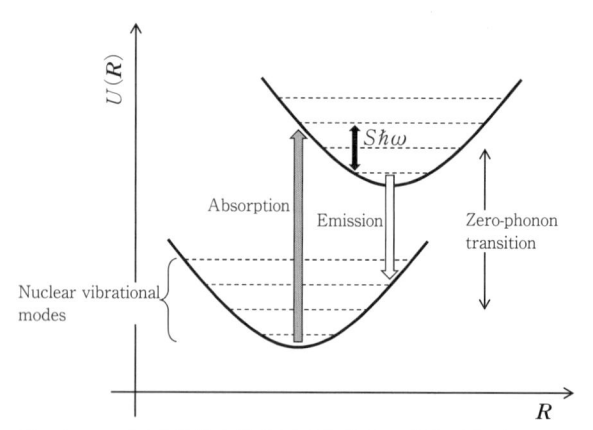

Fig. 2-5-4 振動準位を伴う電子状態間の光学遷移（Optical transition between electron states with nuclear vibrational modes）

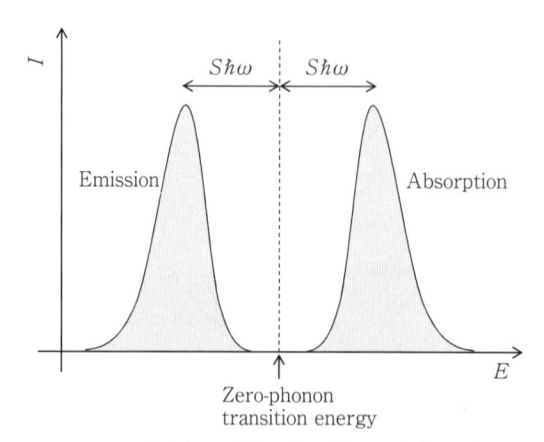

Fig. 2-5-5 電子と原子核の相互作用の大きな系の吸収・発光スペクトル（Absorption and emission spectra of strong electron-vibration coupling system）

　光学遷移過程をさらに詳しく理解するためには，Eq.(2.5.6)のシュレジンガー方程式に立ち返る必要がある．Eq.(2.5.6)を解くと，原子核（格子）の振動運動は量子化され，$\hbar\omega$（ωは角振動数）を単位とした離散的なエネルギーしか許されないことがわかる（量子化された格子振動をフォノンと呼ぶ）．光学遷移は必ずこの準位間で起こり，遷移の際にフォノンの吸収，放出を伴うことがわかる．ただし，同じ振動準位間の遷移だけはフォノンを伴わず，ゼロフォノン遷移と呼ばれる．この状況を図示すると，Fig. 2-5-4のようになる．Sはホアン-リー因子と呼ばれ，電子基底状態の断熱ポテンシャルの底から電子励起状態に垂直遷移した後，断熱ポテンシャルの底に緩和するまでにいくつのフォノンを放出する必要があるかを示している．Fig. 2-5-4からある程度想像がつくように，吸収，発光スペクトルはFig. 2-5-5のように，ゼロフォノン遷移のエネルギーを中心として，対称（折り返した）形状となる．

2.5.2 近接場光の概念[2]（Near-field light）

　波長よりも小さな物体や構造に光を照射したとき，その表面近傍に発生する電磁場は近接場光とよばれ，遠方まで到達する成分（伝搬光）と局在する成分（エバネッセント光）が混然一体となった場

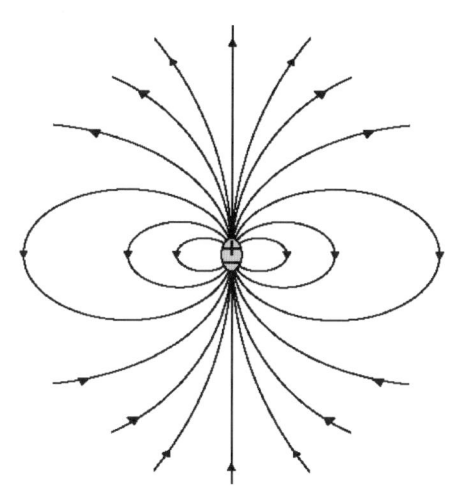

Fig. 2-5-6 点双極子が発生する近接場（Near-field of the point dipole）

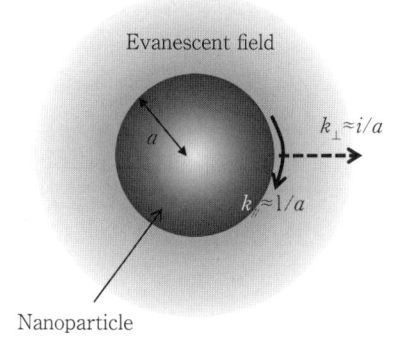

Fig. 2-5-7 ナノ微小球近傍に発生するエバネッセント光（Evanescent field in the vicinity of nanoparticle）

である．特に物体や構造の特徴的サイズ a が光の波長よりもずっと小さい場合，エバネッセント光が光近接場の主たる成分となる．光によって誘起される分極が波長よりも小さな空間構造をもつことがエバネッセント光発生の本質である．ナノスケールの物体や構造の場合，自ずと分極の分布もその大きさで物理的に制限される．よく知られているプリズム表面に発生するエバネッセント光の場合は，ガラス中の光の波長が真空中のそれよりも短いため，プリズム表面に真空中の波長以下の細かな周期をもつ分極構造を形成することがそのメカニズムである．

波長よりも十分小さな物体を点双極子とみなすと，遅延効果が無視できるため，近接場光はその点双極子が発生する瞬間的なクーロン場（静止した双極子が発生する，$1/r^3$ の距離依存性で減衰する場）と考えることができる（Fig. 2-5-6）．遠方では $1/r$ の依存性をもって伝わる伝搬光のみが重要であるのに対し，点双極子のごく近傍ではこのクーロン場が支配的となる．

物体の大きさを考慮した場合，一般にエバネッセント光は物体サイズ a 程度の空間周波数をその主要な成分とする．つまり物体サイズの逆数程度の波数 $k_\parallel \approx 1/a$（これは真空中を伝搬する光の波数よりもずっと大きい）を物体表面と接する方向にもつことになる（Fig. 2-5-7）．したがって，波数の保存則から，物体から遠ざかる方向の波数は純虚数 $k_\perp \approx i/a$（i は虚数単位）となり，物体サイズ程度の距離で急速に減衰する．

2つの物体が波長よりもずっと短い距離まで接近しているとき，物体間の電磁気的な相互作用においてはエバネッセント光の果たす役割が大きい．一方の物体の周囲に発生しているエバネッセント光を他方が強く感じるからである．例えば，金属のごく近傍に存在する蛍光分子は，その励起エネルギーが非輻射的に金属に移動してしまい，ほとんど蛍光を発することができないという現象が良く知られている．励起状態にある蛍光分子が発する近接場光が近傍の金属の自由電子を揺すり，最終的にはジュール熱の形でエネルギーの移動が起こってしまう．

多くの場合，双極子近似の範囲で現象の説明は可能だが，正確な議論には（ナノ物体に接近するほど）多重極近似が必要である．多重極の場合，空間的な電荷分布構造はより細かくなり，物体表面からの距離に対してより急激に電場は減衰することとなる．

2.5.3 近接場光と局在電子系の相互作用[2] (Near-field light interaction with localized electron systems)

ここでは上記の近接場光が，ナノスケール電子系に対して，どのような新しい物理をもたらすかを簡単に説明したい．ナノスケール電子系として半導体量子ドットを取り上げる．Fig. 2-5-8(a)，(b) はそれぞれ，量子ドットに閉じ込められた励起子の並進運動の波動関数を最低準位，第一励起準位を示す．簡単のためにボーア半径の小さい極限の励起子（フレンケル励起子）を想定する．個々の原子の分極が双極子間相互作用を介してドット全体にわたって広がっており，分極方向（図中の矢印）が中央で反転する Fig. 2-5-8(b) の状態の方が高いエネルギーをもつ．Fig. 2-5-9(a)，(b) には Fig. 2-5-8(a)，(b) に対応する古典力学モデルとして，連成振り子の基準モードを示す．振り子同士をつなぐばねが双極子間相互作用の役割を担っている．ある着目する準位への光遷移が生じるか否かは，個々の原子に起因する光遷移の行列要素を量子ドット全体にわたって積分する（Fig. 2-5-8(a)，(b) の矢印をベクトル的に足し算する）ことによって知ることができる．すなわち，

$$\alpha(R) = \left| \int \phi(r) \eta(r-R) \mathrm{d}r \right|^2 \tag{2.5.7}$$

を計算することにより光学応答の大きさを見積もることになる．ここで $\phi(r)$ は励起子の波動関数，$\eta(r-R)$ は R を原点とした電場分布の空間プロファイルであり，積分は量子ドットの体積全体にわたっておこなう．

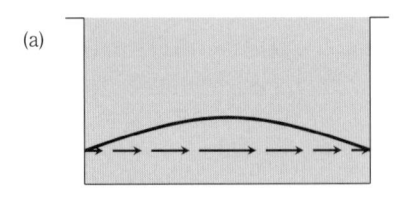

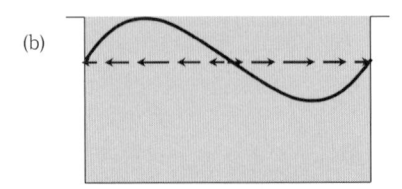

Fig. 2-5-8 量子ドット内を並進運動する励起子の (a) 最低準位と (b) 第一励起準位の波動関数 ((a) The lowest and (b) the first-excited exciton wavefunctions confined in a quantum dot.)

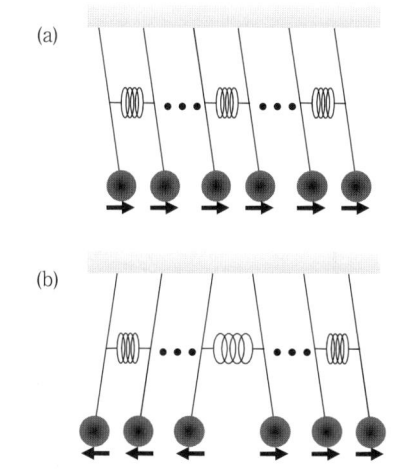

Fig. 2-5-9 Fig. 2-5-8 の励起子系に対応する古典力学モデル（Classical oscillator model for exciton states described in Fig. 2-5-8）

　量子ドットは光の波長と比べてずっと小さいため，通常の光励起ではドット全体が空間的に一様な光（同位相の光）によって照射される（古典モデルでは，すべての振り子を同時に手で持ち，一斉に同位相で振動させることに対応する）．つまり Eq.(2.5.7) 中の $\eta(r-R)$ は $\phi(r)$ よりも遥かに広く分布し，量子ドット内では一定値とみなすことができる．結果，$\alpha(R)$ は波動関数自体の積分値 $\left|\int\phi(r)dr\right|^2$ を反映したものとなる．例えば Fig. 2-5-8(a) の場合，積分はある有限の値をとるが，Fig. 8(b) の場合にはゼロとなってしまう．照射する光はドット全体にわたって同位相であるが，波動関数が右半分と左半分で反対符号であるため，全体を積分するとキャンセルが起こるということである．古典モデルで言えば，すべての振り子を同位相で振動させても，Fig. 2-5-9(b) のような反対称のモードは決して励振できないことと対応する．これらがいわゆる光学遷移の選択則と呼ばれるものである．
　一方，ナノスケールの光源（近接場光）を利用すると状況は一変する．ナノ光源を空間的なデルタ関数と考えると，先の積分の中で $\eta(r-R) = \delta(r-R)$ であることから，$\alpha(R) = |\phi(R)|^2$ という結果が導かれる．つまり，局所的に光を照射することにより，その場所での波動関数の振幅に応じた光学応答を得る．すると，ナノ光源（例えば近接場光学顕微鏡のプローブ）を量子ドット上で走査することにより，光学応答の空間分布を通して波動関数をマッピングすることが可能となる．また一様な光照射の場合とは異なり，波動関数全体の形態とは無関係に，プローブの位置での波動関数の値だけで光学応答の大きさが決まる．つまり光学遷移の選択則が大きく変更を受け，Fig. 2-5-8(a)，(b) のいずれの遷移も可能となる．古典モデルとの対応で言うと，局在光による励起は，1つの振り子をつかまえてそれを振ることに相等し，全対称，反対称にかかわらず励振が可能である．この選択則の変更は，通常の光では到達することのできなかった量子状態への遷移を可能にする．

2.5.4 近接場光による非断熱過程（Nonadiabatic optical near-field process）

　前節では，近接場光特有の局在電子系との相互作用について説明した．ポイントは，プローブ等のナノ構造の周囲に発生する近接場光が急峻な電場勾配を有することにある．通常の光照射であれば，量子力学的干渉によって禁制となる光学遷移でも，近接場光照射により干渉の重み付けが変更を受けることにより，許容となる．本節では，さらにこのような特異な電子励起が原子核（格子）の振動を効率的に励振し，さらにそのエネルギーを利用した非断熱過程が可能であることについて説明する．

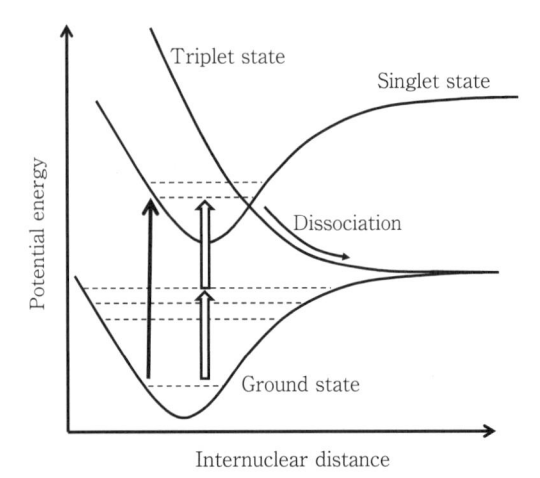

Fig. 2-5-10 近接場光励起に伴う非断熱過程（Non-adiabatic transition between electronic states with near-field optical excitation）

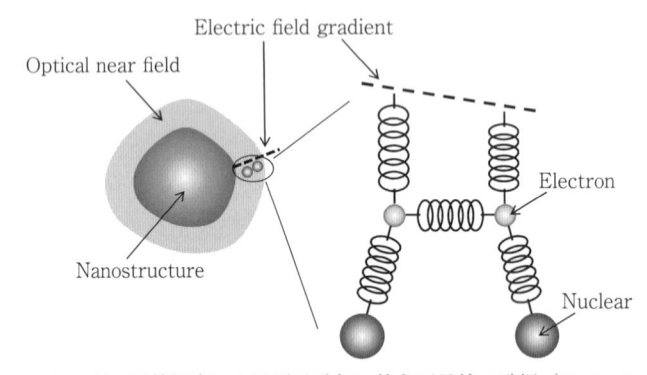

Fig. 2-5-11 近接場光による電子励起に伴う原子核の励振（Excitation of molecular vibrational modes with optical near-field excitation）

　ここでは，川添らによる近接場光を用いた光CVD（Chemical Vapor Deposition）を例に挙げながら，非断熱分子解離過程について詳述する[3]．Fig. 2-5-10はジエチル亜鉛（DEZn）の断熱ポテンシャルを電子の基底状態と励起状態について描いたものである．通常の光解離過程は，以下のようにして起こる．DEZnに紫外光を照射すると，フランク-コンドンの原理にしたがって，黒い実線の矢印のように基底状態から励起1重項状態へと光吸収過程が起こる．さらに1重項状態から3重項状態へ遷移し，3重項状態の断熱ポテンシャルに添って，最終的に解離状態へと至る．

　さて，近接場光でDEZnを励起すると何が起こるであろうか？前節と同様に，空間的に一様とみなすことができない，急峻な勾配をもった電場が分子に印加され，通常の光励起の場合とは異なる電子状態（さまざまな量子状態の重ね合わせ）が形成される．さらに上で述べたとおり，電子状態の変化は原子核の平衡位置のシフトをともなうので，さまざまな振動モードを効率的に励振する．Fig. 2-5-11にその直感的な模式図を示す．ナノ構造近傍に局在する近接場光は，同様の空間領域に局在した電子励起とさらには格子振動の衣をまとった新しい状態を形成する．大津らはこの素励起を「ドレスト光子フォノン」と名付けた．最も重要なことは，ドレスト光子フォノンの励起により，ほとんどの電子状態間，振動準位間の遷移が許容となるという点である．すなわち，Fig. 2-5-10の黒い実線の矢印

のように1光子のエネルギーが電子励起状態への遷移に必要なエネルギーに満たなくても，白抜きの矢印で示す多段階の遷移を経て，解離に必要な励起状態まで登りつめることが可能となる．多段階過程の中間状態は点線で示すように実状態（振動準位）であり，ドレスト光子フォノンは多くの振動モードの衣をまとっているので，個々の白抜き矢印の遷移は高い確率で起こり得る．したがって近接場光を使えば，フォノン援用による非断熱過程が実現し，紫外光を用いずに，可視光，赤外光でも分子を解離することができる．川添らは実際に，先鋭化したファイバプローブを近接場光の発生源として488 nm や 684 nm の可視光源を用いても，光解離が起こり，プローブ先端直下に亜鉛を堆積（亜鉛ナノドットの形成）させることに成功している[3]．

2.5.5 ドレスト光子フォノンの工学的応用（Engineering applications of dressed-photon-phonon processes）

本節では，ドレスト光子フォノンを利用したデバイスやナノ加工などの工学的応用について，具体例を挙げながら紹介したい．いずれの応用においても，ナノ構造近傍に発生する，電子励起と格子振動の衣をまとったドレスト光子フォノンによって光学遷移の選択則が大きく変更を受け，エネルギー的に多段階遷移が可能とすることを積極的に活用している．その結果として，従来バンドギャップエネルギーによって規定されていた光吸収・光放出過程がその呪縛から解き放たれることがポイントである．さらにこのような光過程はナノ構造近傍においてのみ生じるという空間選択性も工学的には応用価値が高い．

(1) 高効率バルクシリコン発光ダイオード

発光ダイオードに使用される材料は基本的に直接遷移型半導体である．すなわち伝導帯の底と価電子帯の頂上の電子の波数が一致しており，バンド間遷移に際して，波数の保存則が成立している（光の波数は電子の波数と比較して十分に小さいと考える）．一方，上記の波数が異なり，バンド間遷移に際して波数の差をフォノン吸収・放出で補う必要がある半導体は間接遷移型と呼ばれ，シリコンはその代表である．波数の差が大きい場合，大きな波数をもつフォノンを巻き込まなくてはならず，そのような過程は効率的には起こらない．つまり，シリコンは発光効率のきわめて低い材料である．発光効率向上のための方策の1つとして，ナノ粒子化などにより電子・正孔を空間的に局在化させ，すなわち波数空間で広がりをもたせ，必要とされるフォノンの波数に対する制限を緩和するという方法が用いられているが，発光効率の改善は十分とは言い難い．ここでは，ドレスト光子フォノンを巧みに活用することによって，バルクシリコンによって高効率発光ダイオードを実現した例を紹介する[4]．直接遷移型である化合物半導体が抱える希少性や毒性などの課題を根本から解決するものであり，その意義はきわめて大きい．

前節で説明した通り，ドレスト光子フォノンはバンドギャップ以下のエネルギーをもつ光子に対しても，多段階過程によってバンド間遷移，すなわち電子・正孔対の生成を可能にする．この逆過程として，電子・正孔が再結合して自然放出する場合も同様に多段階過程が生じる．このとき放出される光子のエネルギーは，ナノ構造のサイズに依存する．すなわち，ナノ構造のサイズによって発生する近接場光の局在領域（電場勾配）が決まり，その空間サイズが，衣としてまとう電子励起状態，さらにそれに伴うフォノンの波数（モード）分布を規定する．励起されるフォノンに依存して，エネルギー保存則，波数保存則のもとで遷移にかかわるドレスト光子が決定される．すなわち放出される光の波長が決まることになる．逆にいうと，所望の波長に対して効率的な発光を得るためには適切なサイズのナノ構造が作り込まれている必要がある．ここで説明するバルクシリコンの場合，空間的に偏りをもって分布するドーパント（ホウ素）がナノ構造として機能する．

最適なホウ素の空間分布を形成する際にも，以下のようにドレスト光子フォノンが利用されてい

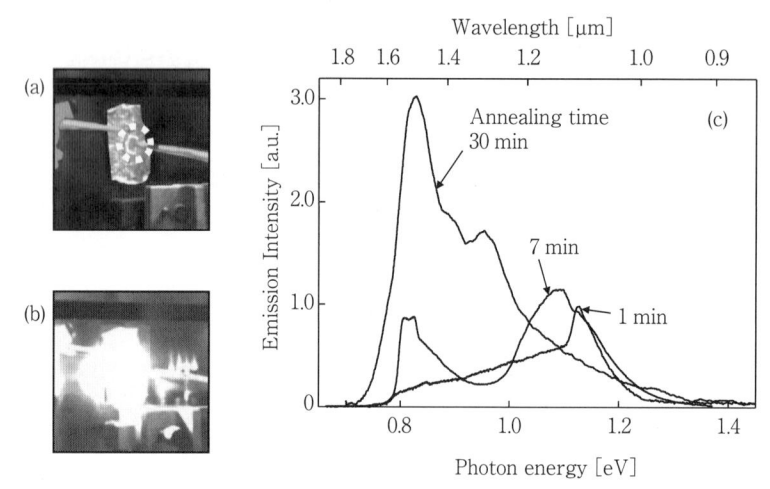

Fig. 2-5-12 シリコン発光ダイオードの外観 (a) と電流注入により発光している様子 (b), ならびに発光スペクトル (c). (東京大学・川添忠博士提供) (Silicon light emitting diode and its emission spectra for various annealing times)

る．デバイスへ電流を注入し，ジュール熱によりアニーリングを行い，ホウ素を拡散させる．ここで同時にデバイスに光を照射する．この照射光の波長に対して，ホウ素のナノ構造（空間分布）が効率的にドレスト光子を発生させる場合，その場所では照射光による誘導放出が効率的に生ずる．つまり，電流によって注入された電子・正孔は，自らが発熱源となる前に，そのエネルギーは誘導放出によって外部に光として取り出される．すなわち，適切なホウ素分布が得られている場所では，発熱が起こりにくく，アニーリングにともなうホウ素の拡散も抑制される．一方その反対として，適切なホウ素分布が形成されていない場所では，誘導放出が効率的に起こらず，発熱によってホウ素の拡散が進行する．拡散とともに最適な分布に近づいてくると徐々に発熱が抑えられ，やがて最適分布になった時点でホウ素の拡散も停止する．つまり光を照射することにより，その光の波長に対して最適なホウ素分布が自律的に形成されると考えられる．

このような着想に基づき，川添らは以下のようなデバイス作製と高効率発光の実証を行っている．ヒ素ドープされたn型のシリコン結晶を基板とし，そこにアクセプタとなるホウ素を打ち込み，pn接合を形成する．n層側にアルミニウム，p層側にITOを成膜しそれぞれを電極として，電流注入を行う．誘導放出のための外部照射光として，シリコンのバンドギャップよりも光子エネルギーの小さな波長 1.3 μm のレーザーを用いている．この波長の光に対して最も効率良くドレスト光子を発生するナノ構造（ホウ素の分布）において，誘導放出による温度低下が起こり，アニーリングが抑制される．

実際に作製されたデバイスの外観を Fig. 2-5-12(a) に示す．Fig. 2-5-12(b) は，アニールを終えた後に電流を注入し，実際に発光させている様子である．投入電力 11 W に対し，1.1 W の発光が確認されている．アニーリング時間が異なるデバイスに対して測定された発光スペクトルを Fig. 2-5-12(c) に示す．アニーリング時間とともに発光強度が増大していることが確認できる．また，発光エネルギーはシリコンのバンドギャップよりも小さく，これはごく微弱ながらも発光する市販のシリコンのスペクトルとは全く異なる．またこの発光波長は，ちょうど外部照射光の波長近傍であることがわかる．つまり，外部照射光の波長に最適なホウ素の分布が形成され，結果としてシリコンから所望の発光波長が得られることを意味する．

(2) ナノポリッシング

続いて，ナノ構造の近傍に発生するドレスト光子フォノンを活用したエッチング技術を紹介する[5]．

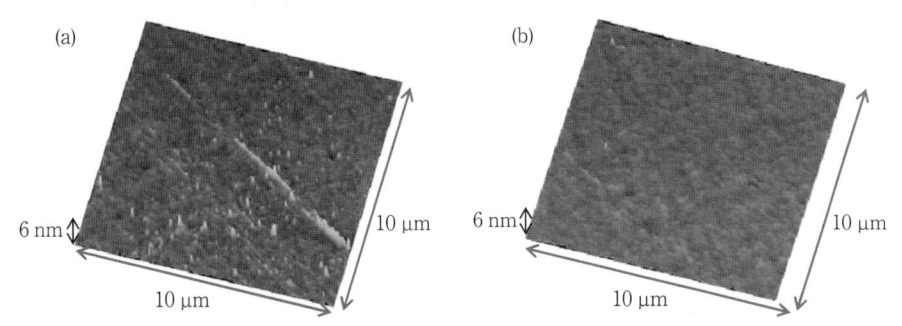

Fig. 2-5-13 近接場光を用いたナノエッチングによる超平坦石英基板表面の原子間力顕微鏡像.
(a) エッチング前，(b) エッチング後．(東京大学・八井崇博士提供)（AFM image of ultra-flat silica surface by optical near-field etching）

具体的には塩素ラジカルによる石英基板のポリッシングを取り上げる．石英基板の原子レベルの平坦化は，高出力レーザーなどで使用される光学素子の損傷閾値を上昇させるうえで最も重要な技術課題である．

塩素分子を分解し，ラジカルを生成するためには通常，紫外光（塩素分子の吸収端よりも短波長の光）の照射が必要である．しかしここでは，塩素分子が直接吸収しない可視光を使用することがポイントである．表面にナノスケールの凸構造をもつ石英基板に可視光を照射すると，その凸構造周辺でドレスト光子フォノンが発生する．これまで同様，ドレスト光子フォノンは，光子エネルギーが不足している状況においても，多段階過程によって電子励起状態への遷移（ラジカル生成）を可能にする．すなわち，凸構造の表面ごく近傍のみで塩素ラジカルが生成され，合成石英と反応することにより，凸構造を選択的にエッチングする（平坦部ではドレスト光子フォノンは発生しないので，ラジカルも生成されない）．しかも凸構造がエッチングによって削られていくに従い，ドレスト光子フォノンの発生は抑制されていき，凸構造の消滅，すなわち平坦化と同時にエッチングは自動的に停止する仕掛けになっている．

実際にポリッシングを行った結果を Fig. 2-5-13 に示す．Fig. 2-5-13(a)，(b)はそれぞれポリッシング前後の石英基板表面の原子間力顕微鏡像である．塩素ラジカルのエッチングによって表面の凹凸が明瞭に低減していることが見てとれる．より定量的な解析により，表面粗さとしてはポリッシング前に 2～3 Å であったものが，120 分のエッチングによってほぼ 1 Å まで大きく減少していることが確認されている．

ここでは石英基板に対する適用例を紹介したが，原理的には本エッチング技術は石英に限定されるものではなく，シリコンや窒化物半導体などの光デバイス材料やSiCやダイヤモンドなどのパワーデバイス材料への応用も進められている．また加工対象は平面基板である必要はなく，壁面などの3次元構造の平坦化も報告されている．

(3) その他の応用

ドレスト光子フォノンを活用することにより，1 光子による直接遷移の条件が満たされない場合でも，多段階過程により電子励起状態への到達が可能となるという従来の保存則の緩和，ならびにこのような過程がナノ構造近傍でのみ起こるという空間選択性が得られる．上の2例は，ドレスト光子フォノンのこのような特徴を巧みに活かしており，同時にさまざまな応用の可能性を示唆している．(1)では発光ダイオードの例を示したが，レーザー発振[6]や周波数上方変換[7]（近赤外光を可視光に変換）も確認されている．発光デバイスとしてはディスプレイへの応用も期待され，さらに受光過程に着目すると太陽電池への応用も可能である．(2)ではラジカルガスによるエッチングを取り上げたが，ほぼ同様の着想でリソグラフィへの応用も実現しており，軟X線用のフレネルゾーンプレートの作

製などが報告されている[8]．

ここでは取り上げていないが，光論理ゲートデバイス[9]や情報セキュリティーデバイス[10]なども考案されており，その実証も進められている．

参考文献

1) 櫛田孝司，光物性物理学，朝倉書店（1991）．
2) 斎木敏治，戸田泰則，ナノスケールの光物性，オーム社（2004）．
3) T. Kawazoe, K. Kobayashi, S. Takubo and M. Ohtsu, "Nonadiabatic photodissociation process using an optical near field", J. Chem. Phys., Vol. 122 (2005) pp.024715-1−024715-5.
4) T. Kawazoe, M. A. Mueed and M. Ohtsu, "Highly efficient and broadband Si homojunction structured near-infrared light emitting diodes based on the phonon-assisted optical near-field process", Appl. Phys. B, Vol. 104 (2011) pp.747-754.
5) T. Yatsui, K. Hirata, W. Nomura, Y. Tabata and M. Ohtsu, "Realization of an ultra-flat silica surface with angstrom-scale average roughness using nonadiabatic optical near-field etching", Appl. Phys. B, Vol. 93 (2008) pp.55-57.
6) T. Kawazoe, M. Ohtsu, K. Akahane and N. Yamamoto, "Si homojunction structured near-infrared laser based on a phonon-assisted process", Appl. Phys. B, Vol. 107 (2012) pp.659-663.
7) T. Kawazoe, H. Fujiwara, K. Kobayashi and M. Ohtsu, "Visible light emission from dye molecular grains via infrared excitation based on the nonadiabatic transition induced by the optical near field", IEEE J. Selected Topics in Quantum Electron., Vol. 15 (2009) pp.1380-1386.
8) T. Kawazoe, T. Takahashi and M. Ohtsu, "Evaluation of the dynamic range and spatial resolution of nonadiabatic optical near-field lithography through fabrication of Fresnel zone plates", Appl. Phys. B, Vol. 98 (2010) pp.5-11.
9) T. Kawazoe, M. Ohtsu, S. Aso, Y. Sawado, Y. Hosoda, K. Yoshizawa, K. Akahane, N. Yamamoto, M. Naruse, "Two-dimensional array of room-temperature nanophotonic logic gates using InAs quantum dots in mesa structures", Appl. Phys. B, Vol. 103 (2011) pp.537-546.
10) N. Tate, M. Naruse, T. Yatsui, T. Kawazoe, M. Hoga, Y. Ohyagi, T. Fukuyama, M. Kitamura and M. Ohtsu, "Nanophotonic code embedded in embossed hologram for hierarchical information retrieval", Opt. Exp., Vol. 18 (2010) pp.7497-7505.

2.6 マグノン・スピノン輸送（Magnon・Spinon Transport）

　熱を運ぶキャリアとしては，伝導電子とフォノンがよく知られている．しかし，最近，局在電子のスピンも熱を運ぶことが分かってきた．具体的には，Sr_2CuO_3 や $SrCuO_2$ のような Cu^{2+} イオンを含む酸化物において，フォノンの他に，Cu^{2+} イオンが持つ電子スピンも熱の輸送に大きく貢献していることが分かってきた．これらの物質は，スピン量子数 $S = 1/2$ のスピンを持ち，スピン間の相互作用が結晶中の特定の方向にのみ強い「低次元量子スピン系」[1]と呼ばれる物質群に属している．電気的には絶縁体なので，電気的絶縁性の高熱伝導材料としての応用が期待されている[2〜4]．

　ここでは，まず，スピンが熱を運ぶメカニズムを直感的に説明する．次に，熱伝導率の表式を気体運動論に基づいて導き，熱伝導率の温度依存性を議論する．そして，スピンによる熱輸送の観測例を紹介し，スピンによる熱輸送が大きくなる条件を考察する．また，熱を運ぶキャリアの平均自由行程の見積もり方を紹介し，その温度依存性について議論する．最後に，スピンによる弾道的な熱輸送について紹介し，今後の展望を述べる．

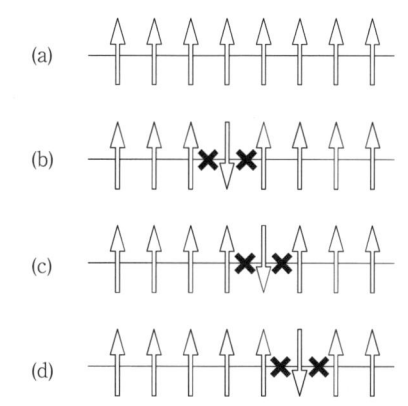

Fig. 2-6-1 $S = 1/2$ の強磁性相関を持ったスピン鎖における熱輸送の模式図（Schematic diagram of the heat transport in a $S = 1/2$ ferromagnetic spin chain）

2.6.1 スピンによる熱輸送のメカニズム（Mechanism of heat transport due to spins）

　一般的に言えば，熱を運ぶことができるのは，基底状態から熱的に励起された準粒子（素励起の粒子的側面を強調した呼称）である．実際，金属中で熱を運ぶ伝導電子は，フェルミ縮退によってできたフェルミ面から熱励起された準粒子である．また，絶縁体中でも金属中でも熱を運ぶフォノンは，結晶中でポテンシャルの極小点に位置した原子の熱励起による振動，すなわち，格子振動（格子波）に対応する準粒子である．このように考えると，局在電子のスピンが平行に配列した強磁性体や反平行に配列した反強磁性体において，熱的に励起されたスピン波に対応する準粒子であるマグノンが熱を運ぶことは容易に推察できる．

　「スピンが熱を運ぶ」ということは，Fig. 2-6-1(a)のような $S = 1/2$ のスピンが強磁性相関を持って1次元的に配列したスピン鎖における熱励起を考えれば，直感的に理解できる．まず，Fig. 2-6-1(b)のようにスピンが1つ反転すると，反転した部分は周りよりもエネルギーの高い状態（局所的磁気励起状態）になる．そして，Fig. 2-6-1(c)のように，反転した部分が隣と入れ替わることによって，局所的磁気励起状態が移動していく．ここで，Fig. 2-6-1(b)のように，スピン磁気量子数 S_z が $+1/2$ から $-1/2$ に1だけ変化した局所的磁気励起状態が1個のマグノン（ボーズ粒子）に対応し，このマグノンが Fig. 2-6-1(c), (d)のように移動し，エネルギー，つまり，熱を運んでいるのである．また，Fig. 2-6-2(a)のような反強磁性相関を持つ $S = 1/2$ のスピン鎖においては，Fig. 2-6-2(b)のようにスピンが1つ反転した熱励起が考えられる．×で示した局所的磁気励起状態は，隣り合う2つのスピンが同時に反転することによって，Fig. 2-6-2(c), (d)のように移動し，熱が運ばれていく．Fig. 2-6-2のように，S_z が1だけ変化した局所的磁気励起状態が2つに分かれて移動する場合は，×1個あたりの S_z の変化は1/2になる．この S_z が1/2だけ変化した局所的磁気励起状態はスピノン（フェルミ粒子）と呼ばれ，Fig. 2-6-2(c), (d)では2個のスピノンが熱を運んでいる．したがって，スピンが熱を運ぶための必要条件は，スピンが隣のスピンと相互作用すること，すなわち，隣のスピンを平行（あるいは反平行）にしようとする強磁性（あるいは反強磁性）相関が存在することであり，スピンの向きが隣のスピンの向きとは無関係に自由にゆらいでいる常磁性状態では，スピンは熱を運ぶことはできない．ただし，スピンが3次元的長距離秩序を示さなくても，強磁性相関や反強磁性相関が特定の方向に（1次元的に）あるいは特定の面内で（2次元的に）発達していれば，相関が発達した方向にスピンは熱を運ぶことができる．また，フォノンが熱を運ぶ場合には，熱励起された原子の振動が隣の原子に伝わることであり，そのための必要条件は，原子が隣の原子と相互作用する，すなわち，隣の原子に

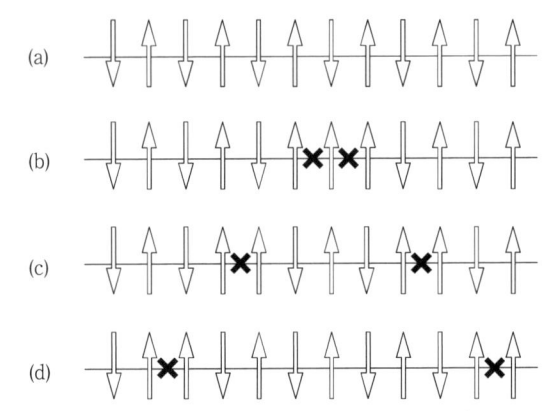

Fig. 2-6-2 $S = 1/2$ の反強磁性相関を持ったスピン鎖における熱輸送の模式図（Schematic diagram of the heat transport in a $S = 1/2$ antiferromagnetic spin chain）

近づけば斥力が働き，遠ざかれば引力が働くことである．このように考えると，スピンによる熱伝導もフォノンによる熱伝導も同じように理解することができる．つまり，マグノンやスピノンやフォノンがスピン間相互作用や原子間相互作用を介して熱を運んでいるのである．

2.6.2 熱伝導率の温度依存性（Temperature dependence of thermal conductivity）

まず初めに，熱伝導率の表式を気体運動論に基づいて導いてみよう[5]．高温側から低温側に運動する準粒子は，何かに衝突したところで，熱を周りに放出すると考える．一方，低温側から高温側に運動する準粒子も存在し，何かに衝突したところで，熱を周りから吸収すると考える．すると，いずれの準粒子も高温側から低温側に熱を運んでいることに変わりはなく，1つの準粒子が1回の衝突で運ぶ熱量 q は $c\Delta T$ である．ここで，c は準粒子1個の比熱であり，ΔT は準粒子が衝突しないで走った地点間の温度差である．準粒子の速度の熱流方向（x 方向とする）成分の絶対値の平均値を v_x とすると，準粒子の半分は $+v_x$ の速度で $+x$ 方向に運動し，残りの半分は $-v_x$ の速度で $-x$ 方向に運動していると近似することができる．そうすると，熱流方向に垂直な単位断面積を単位時間に通過する準粒子の数 N は，$+x$ 方向に動いて通過する準粒子の数 $(1/2)nv_x$ と $-x$ 方向に動いて通過する準粒子の数 $(1/2)nv_x$ の和 nv_x になる．ここで，n は準粒子の密度である．したがって，この単位断面積を単位時間に流れる熱量 J_q は，

$$J_q = Nq = nv_x c\Delta T \tag{2.6.1}$$

となる．準粒子の散乱の緩和時間（準粒子が一度衝突してから次に衝突するまでの時間の平均値）を τ，したがって，準粒子の散乱確率を $1/\tau$ とすると，準粒子の x 方向の平均自由行程（準粒子が一度衝突して次に衝突するまでに自由に走る距離の平均値）l_x は $v_x\tau$ となる．それゆえ，ΔT は，

$$\Delta T = -\frac{dT}{dx}l_x = -\frac{dT}{dx}v_x\tau \tag{2.6.2}$$

と表される．これを Eq. (2.6.1) に代入すると，

$$J_q = -ncv_x^2\tau\frac{dT}{dx} \tag{2.6.3}$$

となる．熱伝導率 κ は，

$$J_q = -\kappa\frac{dT}{dx} \tag{2.6.4}$$

2.6 マグノン・スピノン輸送

と定義されるので,
$$\kappa = Cv_x^2\tau = Cv_x l_x \tag{2.6.5}$$
と求められる．ここで，C は準粒子の単位体積あたりの比熱 nc である．

このように，熱伝導率は，熱を運ぶ準粒子の比熱と熱流方向の平均の速さと平均自由行程の積で表されるので，熱伝導率の温度依存性は，この3つの物理量の温度変化によって決まる．例えば，熱を運ぶ準粒子がフォノンの場合を考えよう．フォノンの比熱は，高温ではデュロン-プティ則により一定であり，低温では温度 T の3乗に比例して零に向かう．フォノンの速さは，通常，温度変化が小さく，一定とみなすことができる．高温ではフォノンの数が T に比例して多くなるので，フォノン同士の散乱確率は T に比例して増大する．そのため，平均自由行程は T^{-1} に比例する．一方，低温ではフォノン同士の散乱確率が激減するため，不純物や格子欠陥等による散乱が主となり，フォノンの散乱確率は温度に依存しなくなり，平均自由行程は一定となる．したがって，低温に向かって小さくなる比熱と大きくなる平均自由行程の積によって，フォノンによる熱伝導率の温度依存性は，Fig. 2-6-3 (a)のように低温でピークを持った振舞いを示す．

伝導電子が熱を運ぶ場合には，電子比熱は T に比例し，フェルミ速度はほぼ一定である．平均自由行程は，フォノンの平均自由行程の温度依存性と同じであり，高温ではフォノンによって散乱されて T^{-1} に比例し，低温では不純物や格子欠陥等によって散乱されて，一定となる．したがって，熱伝導率の温度依存性は，フォノンの場合と同様に，Fig. 2-6-3(b)のように低温でピークを示す．

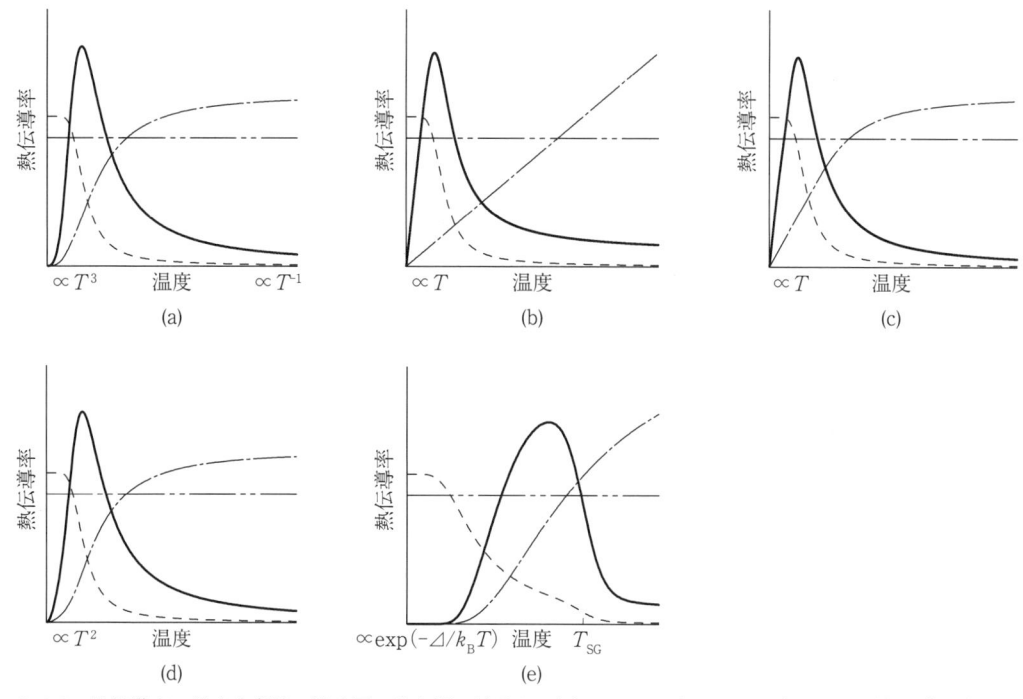

Fig. 2-6-3 熱伝導率の温度依存性の模式図．熱を運ぶ粒子が，(a) フォノンあるいは3次元反強磁性スピン系のマグノン，(b) 伝導電子，(c) 1次元反強磁性スピン系のマグノン，(d) 2次元反強磁性スピン系のマグノン，(e) スピンギャップ系のマグノンの場合．太い実線は熱伝導率，1点鎖線は比熱，2点鎖線は速さ，破線は平均自由行程を表す．(Schematic diagram of the temperature dependence of the thermal conductivity due to (a) phonons or magnons in a three-dimensional antiferromagnetic (AF) spin system, (b) conduction electrons, (c) magnons in an one-dimensional AF spin system, (d) magnons in a two-dimensional AF spin system, (e) magnons in a spin-gap system. Bold, dot-chain, two-dot-chain and dashed lines indicate thermal conductivity, specific heat, velocity and mean free path of heat carriers, respectively.)

スピンによる熱伝導率の温度依存性も、フォノンや伝導電子による熱伝導率の温度依存性と同様に考えることができる。例えば、反強磁性相関を持ったスピン系では、マグノンやスピノンの速さの温度変化は小さいので、マグノンやスピノンの比熱（磁気比熱）と平均自由行程の温度変化によって、熱伝導率の温度依存性が決まる。高温では、マグノンやスピノンはフォノンによって散乱され、また、マグノン同士あるいはスピノン同士の散乱が考えられるので、温度の上昇とともに平均自由行程は短くなる。マグノンやスピノンの比熱は、高温では、デュロン-プティ則のように頭打ちになるか、磁気相関が弱くなって減少する。したがって、熱伝導率は温度の上昇とともに減少する。一方、低温では、不純物や格子欠陥等による散乱が主となって、平均自由行程が温度変化しなくなるため、低温での熱伝導率の振る舞いは磁気比熱の温度依存性によって決まる。例えば、反強磁性相関を持つハイゼンベルグスピン系（スピンの向きが等方的で、磁化容易軸がない系）では、磁気比熱は低温で T^d に比例する[6]。ここで、d はスピン間相互作用が強い部分を繋いで形成されたスピンネットワークの次元数である。したがって、1次元反強磁性ハイゼンベルグスピン系の場合には、磁気比熱が低温で T^1 に比例するので、Fig. 2-6-3(c)のような温度依存性を示す。それゆえ、低温での温度依存性は、Fig. 2-6-3(b)に示した伝導電子による熱伝導率と同じになる。2次元反強磁性ハイゼンベルグスピン系の場合には、Fig. 2-6-3(d)のような温度依存性を示し、3次元反強磁性ハイゼンベルグスピン系の場合には、Fig. 2-6-3(a)のような温度依存性を示す。また、基底状態のエネルギーと磁気励起状態のエネルギーの間にギャップ（スピンギャップ）が存在するスピン系（スピンギャップ系）では、Fig. 2-6-3(e)のように、磁気比熱が低温で指数関数的に零に向かうので、スピンによる熱伝導率も低温で指数関数的に零に向かう。ただし、スピンギャップが開き始める温度 T_{SG} 付近では、マグノン同士の散乱確率が急激に減少するため、マグノンの平均自由行程が長くなり、熱伝導率が急激に増大する。

以上のように、熱を運ぶキャリアがフォノンの場合も伝導電子の場合もマグノンやスピノンの場合も、熱伝導率は通常低温でピークを示す。しかし、不純物や格子欠陥等による散乱が非常に強くて、準粒子の平均自由行程が温度変化しないときには、いずれの場合も、熱伝導率はピークを示さず、温度の低下とともに準粒子の比熱の温度変化に従って単調に減少する。

2.6.3 スピンによる熱輸送の観測例（Observations of heat transport due to spins）

実は、スピンによる熱伝導の観測の歴史は古く、1970年代に平川らによって $KCuF_3$ や K_2CuF_4 等の低次元量子スピン系において観測されていた[7〜10]。しかし、それ以降、スピンによる熱伝導を積極的に議論している報告は跡絶えたが、2000年頃から、再び、$Sr_{14}Cu_{24}O_{41}$ [11〜14] や Sr_2CuO_3 [15,16] 等で、スピンによる熱伝導の観測が報告されるようになった。その頃一世を風靡した銅酸化物における高温超伝導との関連で、低次元量子スピン系としての銅酸化物が注目されるようになったためかもしれない。また、熱伝導の測定に必要な大型単結晶の育成技術が進歩したことも、研究が進展した一因かもしれない。

はじめに、Fig. 2-6-4(a)のような最も単純なスピンネットワークを持つ1次元スピン系物質における熱伝導を紹介する。$S = 1/2$ のスピンが反強磁性相関を持つ Sr_2CuO_3 [15〜18]、$SrCuO_2$ [16]、$CuGeO_3$ [19〜21]、$BaCu_2Si_2O_7$ [22]、$LiCuVO_4$ [23]、$CaCu_2O_3$ [24]、M_2X (M = TMTTF, TMTSF; X = PF_6, ClO_4) [25]、$KCuF_3$ [8]、TMMC [9] 等で比較的数多く報告されている。これらの物質は絶縁体なので、熱伝導に伝導電子の寄与はなく、Fig. 2-6-5のように、スピンによる熱伝導がフォノンによる熱伝導に足し合わさったものとして観測されている。代表的な例として、Sr_2CuO_3 の結果を Fig. 2-6-4(b)に示す[15]。熱伝導率は、結晶のすべての軸方向で 20 K 付近にピークを持っているが、スピン鎖に平行な b 軸方向においてのみ 100 K 付近に肩を持つ。結晶構造は比較的等方的であるので、20 K 付近のピークはフォノンによる熱伝導の寄与と考えられ、100 K 付近の肩がスピンによる熱伝導の寄与と考えられ

2.6 マグノン・スピノン輸送

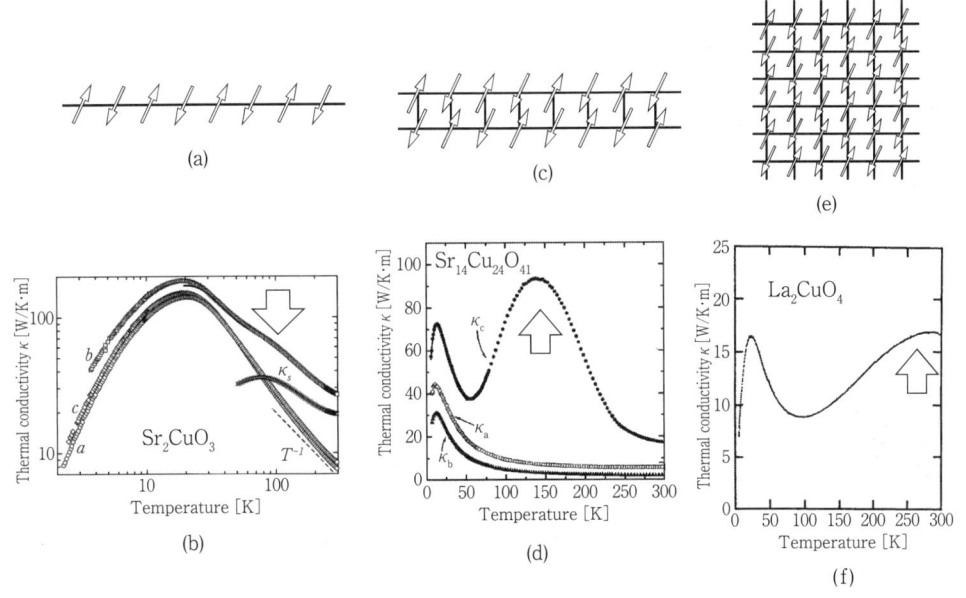

Fig. 2-6-4 スピンネットワークの模式図と熱伝導率の温度依存性．矢印で示した付近で，スピンによる熱伝導が顕著に現れている．(a) 1次元反強磁性スピン鎖の模式図と (b) そのスピン鎖を持つ Sr_2CuO_3 の熱伝導率の温度依存性 [15]．b 軸方向がスピン鎖に平行な方向である．κ_s は b 軸方向の熱伝導率からフォノンによる熱伝導の寄与を引いたもの，すなわち，スピンによる熱伝導の寄与である．(c) 2本足スピン梯子格子の模式図と (d) その梯子格子を持つ $Sr_{14}Cu_{24}O_{41}$ の熱伝導率の温度依存性 [14]．c 軸方向が梯子の足に平行な方向である．(e) 2次元正方格子の模式図と (f) その格子を持つ La_2CuO_4 の 2 次元面内の熱伝導率の温度依存性 [26]．(Schematic diagram of spin networks and thermal conductivity. Large arrows indicate enhancement of the thermal conductivity due to spins. (a) One-dimensional antiferromagnetic (AF) spin chain. (b) Thermal conductivity of Sr_2CuO_3 [15]. (c) Two-leg AF spin ladder. (d) Thermal conductivity of $Sr_{14}Cu_{24}O_{41}$ [14]. (e) Two-dimensional AF square spin lattice. (f) Thermal conductivity of La_2CuO_4 [26].)

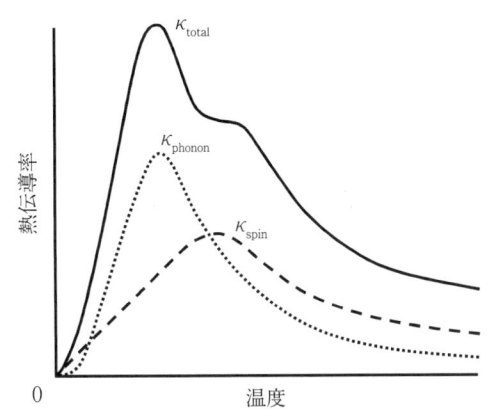

Fig. 2-6-5 スピン系物質の典型的な熱伝導率 κ_{total} の温度依存性．κ_{phonon} と κ_{spin} の和で表すことができる．(Typical temperature-dependence of the thermal conductivity κ_{total} in a magnetic material. κ_{total} is a sum of κ_{phonon} and κ_{spin}.)

ている．他の物質でも同様に，特定の方向のみに余分に観測される熱伝導は，スピンによる熱伝導の寄与であると理解されている．

2本足スピン梯子格子を持つ $Sr_{14}Cu_{24}O_{41}$ においても，非常に大きなスピンによる熱伝導が観測されている．この物質では，$S=1/2$ のスピンが，Fig. 2-6-4(c) のように，梯子状に反強磁性的に強く結

合している．梯子の足の数が無限大になったスピンネットワークは2次元スピン系と見なされるが，足の数が有限のスピン梯子格子系は，擬1次元スピン系と見なされる．熱伝導率は，Fig. 2-6-4(d)にように，梯子の足方向であるc軸方向においてのみ150 K付近で非常に大きなピークを示し，これがスピンによる熱伝導の寄与であると考えられている[14]．この物質は，400 K程度のスピンギャップを持っているため，150 K付近のスピンギャップ状態では熱を運ぶマグノンの数は少なくなっている．そのため，マグノンの比熱は小さくなっているが，マグノン同士の散乱確率が著しく減少し，マグノンの平均自由行程が著しく伸びたためにスピンによる熱伝導が大きくなったものと理解されている．

また，高温超伝導体の母物質であるLa_2CuO_4[26]や$YBa_2Cu_3O_6$[27]においても，スピンによる熱伝導の寄与が観測されている．これらの物質は，Fig. 2-6-4(e)のように，$S = 1/2$の2次元正方格子状のスピンネットワークを持っており，熱伝導率はFig. 2-6-4(f)のような温度依存性を示す[26]．20 K付近のピークは結晶のすべての方向で観測されるので，フォノンによる熱伝導の寄与であると考えられている．一方，300 K付近のブロードなピークは，2次元面内でのみ観測されており，スピンによる熱伝導の寄与であると考えられている．

Fig. 2-6-4で紹介した実験結果は，熱伝導率がフォノンとスピンの寄与によるダブルピークを示す，非常に分かりやすい例であるが，その他にも，様々な低次元量子スピン系物質において，スピンによる熱伝導が観測されている．場合によっては，2つのピークが重なって，1つのピークになり，一見スピンによる熱伝導の寄与がないように見えることがある[28]．その場合，異方性の大きさからスピンによる熱伝導の寄与を判断するか，あるいは，スピンの状態は磁場の影響を強く受けるので，磁場に対する変化を見て判断することになる．また，スピンを持つ元素の代わりに非磁性元素を部分置換することによって，スピンネットワークを分断し，スピンによる熱伝導の抑制のされ方を見て判断することもある．

2.6.4 スピンによる熱輸送が大きくなる条件（Conditions of large heat transport due to spins）

ここで，これまでの実験結果に基づいて，スピンによる熱伝導が大きく観測される経験則を導いてみよう．Table 2-6-1に代表的な物質における実験結果を載せた．まず，スピンネットワーク内の最隣接スピン間の相互作用Jが大きい物質において，スピンによる熱伝導が大きくなる傾向があることが分かる．これは，以下のように理解することができる．Fig. 2-6-6に，最隣接スピン間の相互作用のみを考慮した1次元強磁性体と1次元反強磁性体におけるマグノンの分散関係を示す[5]．波数kを持ったマグノン1個のエネルギー$\hbar\omega_k$は，

$$\hbar\omega_k = 2JS(1-\cos ka) \quad \cdots\cdots \text{強磁性体の場合} \quad (2.6.6)$$
$$\hbar\omega_k = 2JS|\sin ka| \quad \cdots\cdots \text{反強磁性体の場合} \quad (2.6.7)$$

である．ここで，$\hbar$はプランク定数hを2πで割ったもの，ω_kは波数kのマグノンの角振動数，aは最隣接スピン間距離である．波数kのマグノンの波束の群速度v_kは，

$$v_k = \frac{\partial \omega_k}{\partial k} \quad (2.6.8)$$

で与えられるので，

$$v_k = \frac{2JSa}{\hbar}\sin ka \quad \cdots\cdots \text{強磁性体の場合} \quad (2.6.9)$$

$$v_k = \frac{2JSa}{\hbar}\cos ka \quad \cdots\cdots \text{反強磁性体の場合} \quad (2.6.10)$$

となる．したがって，Jが大きければ，エネルギーバンドの幅が広がり，v_kも大きくなる．一方，エネ

Table2-6-1 低次元量子スピン系物質における最大のκ_spin, 最隣接スピン間相互作用J, 磁気転移温度T_N, スピンネットワーク間相互作用J'/Jの概算値. J'の計算値は, 1次元スピン系では$J' = (T_\mathrm{N}^3/J)^{1/2}$, 2次元スピン系では$J' = T_\mathrm{N}^3/J^2$として求めた. AFは反強磁性相関, Fは強磁性相関を意味する.
(Maximum κ_spin, J, T_N and J'/J in low-dimensional quantum spin systems.)

物質	次元	相関	κ_spin(最大値) (W/Km)	J(K)	T_N(K)	J'/J 計算値	J'/J 実験値
[$S=1/2$]							
$SrCuO_2$	1次元	AF	100	2000	≤ 5	$\leq 10^{-4}$	
Sr_2CuO_3	1次元	AF	100	2000	≤ 5	$\leq 10^{-4}$	$\leq 10^{-5}$
$BaCu_2Si_2O_7$	1次元	AF	25	280	9	0.006	0.01
$Sr_2V_3O_9$	1次元	AF	13	82	2.8	0.006	
$Ca_2Y_2Cu_5O_{10}$	1次元	F	0	80	30	0.2	≤ 0.2
$LiCuVO_4$	1次元	AF	5	20	≤ 2.3	≤ 0.04	
$Sr_{14}Cu_{24}O_{41}$	擬1次元	AF	70	1500	−	0	
$La_2Cu_2O_5$	擬1次元	AF	0	1000	137	0.05	
$La_8Cu_7O_{19}$	擬1次元	AF	0	1000	103	0.03	
La_2CuO_4	2次元	AF	10	1500	320	0.01	$\leq 10^{-5}$
$Cu_3B_2O_6$	2次元	AF	≤ 9	90	10	0.001	
[$S=1$]							
$AgVP_2S_6$	1次元	AF	1	780	−	0	
Y_2BaNiO_5	1次元	AF	10	280	−	0	
La_2NiO_4	2次元	AF	1	330	325	1	

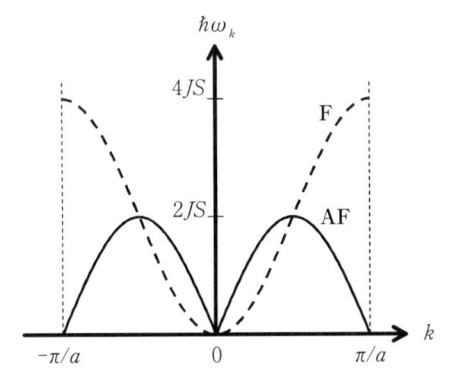

Fig. 2-6-6 最隣接スピン間相互作用のみを考慮した1次元強磁性体(F)と1次元反強磁性体(AF)におけるマグノンの分散関係.
(Dispersion relation of magnons in an one-dimensional (1D) ferromagnet (F) and in an 1D antiferromagnet (AF).)

ルギーバンドの幅が広がると比熱は小さくなるので, Eq.(2.6.5)におけるCとv_xに及ぼすJの効果は相殺されてしまう. しかし, 熱伝導率にはv_xの2乗で効くので, Jが大きくなるとスピンによる熱伝導が大きくなっていると理解できる. 原子間の結合が強い, すなわち, 硬いダイヤモンドやサファイアにおいては, フォノンによる熱伝導が大きいことが知られているが, それはフォノンのエネルギーバンドの幅が広く, フォノンの波束の群速度が大きいことに起因しており, スピンによる熱伝導もフォノンによる熱伝導も同様に理解できる. Sr_2CuO_3や$SrCuO_2$では, 酸素を介したCu^{2+}スピン間の超交換相互作用が2000Kと大きいことがスピンによる熱伝導に効いていると言える.

次に, スピンネットワーク間の相互作用J'が十分に小さいことも大切であると考えられる. 3次元的な長距離磁気秩序を示すためには, スピンネットワーク間の相互作用が重要であり, 磁気転移温度

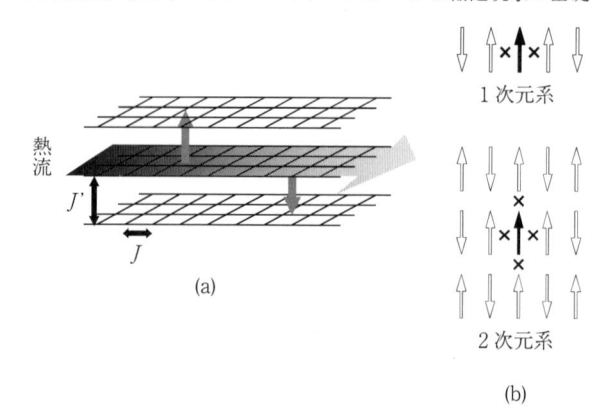

Fig. 2-6-7 (a) スピンネットワーク間の交換相互作用 J' によるマグノンやスピノンの散乱. (b) $S = 1/2$ の反強磁性相関を持った 1 次元スピン系と 2 次元スピン系におけるスピンの反転. ((a) Scattering of magnons or spinons between spin networks owing to J'. (b) Inversion of a spin in $S = 1/2$ one-dimensional and two-dimensional antiferromagnetic spin systems.)

T_N は,大雑把には,1 次元スピン系では $(JJ'^2)^{1/3}$,2 次元スピン系では $(J^2J')^{1/3}$ で与えられる.そこで,T_N の値から J' の値を見積もってみると,T_N の高い 4 本足スピン梯子格子系 $La_2Cu_2O_5$ や 5 本足スピン梯子格子系 $La_8Cu_7O_{19}$ では J' が比較的大きい.そのために,スピンによる熱伝導が観測されていないように思える[29].直感的には,Fig. 2-6-7(a) のように,J' の働きよってマグノンやスピノンが隣のスピンネットワークに散乱され,マグノンやスピノンのスピンネットワーク内の流れ,すなわち,熱の流れが妨げられるものと理解できるかもしれない.

また,J' の効果とも関連するが,1 次元スピン系から擬 1 次元スピン梯子格子系,2 次元スピン系へとスピンネットワークの次元数を上げていくと,スピンによる熱伝導が小さくなる傾向にある.これは,次元数が大きくなることによりスピンのゆらぎが小さくなるためと推察される.例えば,反強磁性相関を持つ $S = 1/2$ のスピン系においてスピンが熱を運ぶには,隣のスピンを反転させる必要がある.しかし,次元数が大きくなると,Fig. 2-6-7(b) のように,隣接するスピンの数が増えるために反転に伴うエネルギーの増加が大きくなり,スピンが反転しづらくなるからである.

スピン間の相互作用は強磁性相関と反強磁性相関に大別されるが,低温では反強磁性相関を持つスピン系のマグノンの方が強磁性相関を持つスピン系のマグノンよりも熱をよく運ぶことが期待される.というのは,温度 T において励起される全マグノンのエネルギーの総和 E は,励起される全フォノンのエネルギーの総和と同様に,

$$E = \sum_k \left(n_k + \frac{1}{2}\right)\hbar\omega_k \tag{2.6.11}$$

と表される.ここで,n_k は波数 k のマグノンの励起された数であり,温度 T の熱平衡状態における平均値 $\langle n_k \rangle$ は,フォノンの場合と同様に,プランクの分布

$$\langle n_k \rangle = \frac{1}{\exp(\hbar\omega_k/k_B T) - 1} \tag{2.6.12}$$

で与えられる[5].したがって,$k_B T \ll J$ (k_B:ボルツマン定数) の低温では,低エネルギーのマグノンのみが励起されるが,Fig. 2-6-6 のような分散関係を示す強磁性相関を持ったスピン系では,低エネルギーのマグノンの群速度 v_k が,Eq.(2.6.8) と Eq.(2.6.9) から分かるように,非常に小さくなってしまうからである.実際,強磁性相関を持つ $S = 1/2$ の 1 次元スピン系物質 $Ca_2Y_2Cu_5O_{10}$ においては,スピンによる大きな熱伝導は観測されていない[30,31].しかし,この物質の J はそれほど大きくないため,この推論を実証するためには,もっと大きな J を有する 1 次元強磁性スピン系物質での測定が必

要である.

最後に，S の大きさについて考えてみよう．Eq.(2.6.9)と Eq.(2.6.10)によれば，S が大きくなると v_k も大きくなるので，スピンによる熱伝導は大きくなると期待される．$S=1$ のスピン系の熱伝導については，反強磁性相関を持つ1次元スピン系（いわゆるハルデンギャップと呼ばれるスピンギャップを持つ系[1]）である AgVP$_2$S$_6$[32]，Y$_2$BaNiO$_5$[33,34] と 2次元スピン格子を持つ La$_2$NiO$_4$[35] の報告がある．いずれも，スピン間相互作用の強い方向の熱伝導率においてのみ，比較的高温で余分の熱伝導が観測されており，スピンによる熱伝導の寄与と解釈されている．スピンによる熱伝導率の値は決して大きくはなく，これらの物質の J の値を反映している値かもしれない．

結局のところ，実験結果から得られる経験則は，「スピンによる大きな熱伝導を示す物質は，J が大きく J' が小さい（おそらく，反強磁性相関を持った）1次元量子スピン系，つまり，3次元的な長距離磁気秩序を引き起こさない，理想的な1次元量子スピン系の物質である」ということになる．

2.6.5 マグノンとスピノンの平均自由行程 (Mean free path of magnons and spinons)

前項では，スピンによる熱輸送が大きくなる条件として，Eq.(2.6.5)における準粒子の速さ v_x が大きいことの重要性を強調したが，Eq.(2.6.5)における準粒子の散乱緩和時間 τ が長いこと，すなわち，平均自由行程 l_x が大きいことも大事である．ここでは，まず，実験で得られたスピンによる熱伝導率 κ_{spin} の値からマグノンやスピノンの平均自由行程 l_{spin} を見積もる方法を紹介しよう．マグノンやスピノンの比熱と速さを，それぞれ C_{spin}, v_{spin} とすれば，Eq.(2.6.5)より，

$$\kappa_{\mathrm{spin}} = C_{\mathrm{spin}} v_{\mathrm{spin}} l_{\mathrm{spin}} \tag{2.6.13}$$

となる．したがって，C_{spin} と v_{spin} を測定すれば，l_{spin} を見積もることができる．しかし，マグノンやスピノンの分散関係 ε_k ($=\hbar\omega_k$) が分かっていれば，C_{spin} と v_{spin} を測定しなくても，以下のようにして l_{spin} を見積もることができる．Eq.(2.6.13)における C_{spin}, v_{spin}, l_{spin} を波数 k のマグノンやスピノンの比熱 c_k, 速さ v_k, 平均自由行程 l_k で書き換えると，

$$\kappa_{\mathrm{spin}} = \sum_k c_k v_k l_k = \frac{1}{(2\pi)^d} \int c_k v_k l_k \mathrm{d}k \tag{2.6.14}$$

となる[36]．ここで，c_k と v_k は，ε_k を用いて，以下のように計算できる．

$$c_k = \frac{\mathrm{d}}{\mathrm{d}T} \langle n_k \rangle \varepsilon_k \tag{2.6.15}$$

$$v_k = \frac{\partial \omega_k}{\partial k} = \frac{1}{\hbar} \frac{\partial \varepsilon_k}{\partial k} \tag{2.6.16}$$

ここで，$\langle n_k \rangle$ は，温度 T の熱平衡状態において励起された波数 k のマグノンやスピノンの数の平均値である．そして，l_k は k に依存しないと近似して l_{spin} とおくと，

$$\begin{aligned}\kappa_{\mathrm{spin}} &= \frac{l_{\mathrm{spin}}}{\hbar} \sum_k \frac{\partial \langle n_k \rangle}{\partial T} \varepsilon_k \frac{\partial \varepsilon_k}{\partial k} \\ &= \frac{l_{\mathrm{spin}}}{(2\pi)^d \hbar} \int \frac{\partial \langle n_k \rangle}{\partial T} \varepsilon_k \frac{\partial \varepsilon_k}{\partial k} \mathrm{d}k \\ &= \frac{l_{\mathrm{spin}}}{(2\pi)^d \hbar} \int \frac{\partial \langle n_k \rangle}{\partial T} \varepsilon_k \mathrm{d}\varepsilon_k\end{aligned} \tag{2.6.17}$$

となる．したがって，各温度における κ_{spin} の実験値から，Eq.(2.6.17)を用いて各温度における l_{spin} を見積もることができる．

もう少し具体的に，Eq.(2.6.17)を表現してみよう．例えば，$S=1/2$ の1次元反強磁性ハイゼンベルグスピン系における表式を求めてみる．この系の準粒子であるスピノンの分散関係を Fig. 2-6-8 に示

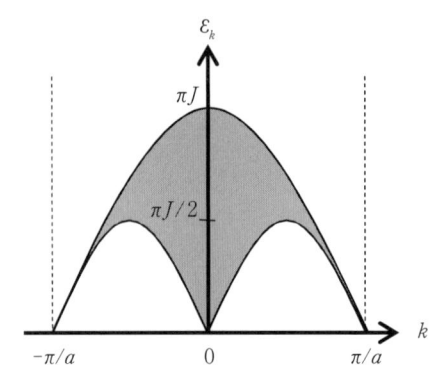

Fig. 2-6-8 $S=1/2$ の 1 次元反強磁性ハイゼンベルグ・スピン系におけるスピノンの分散関係. (Dispersion relation of spinons in a $S=1/2$ one-dimensional antiferromagnetic spin system.)

す[37〜39]. Fig. 2-6-2 のように運動するスピノンの分散関係は, Fig. 2-6-6 に示した 1 次元反強磁性体におけるマグノンの分散関係と低エネルギーの部分は似ているが, 高エネルギーでは異なっている. 前者は, $S=1/2$ の純粋な 1 次元反強磁性ハイゼンベルグスピン系で長距離磁気秩序がない場合に限って現れるスピノンの分散関係である. 一方, 後者は, 反強磁性長距離秩序のもとで励起されるスピン波を量子化したマグノンの分散関係であり, $S=1/2$ に限ったものではない. スピノンの $\langle n_k \rangle$ は, 化学ポテンシャルがゼロのフェルミ-ディラック分布関数 $f(\varepsilon_k, T)$ で記述できる[40]. $k_B T \ll J$ の低温では低エネルギーのスピノンしか励起されないので, $\langle n_k \rangle$ と ε_k は,

$$\langle n_k \rangle = f(\varepsilon_k, T) = \frac{1}{\exp(\varepsilon_k/k_B T)+1} \tag{2.6.18}$$

$$\varepsilon_k = \frac{\pi J}{2}|\sin ka| \tag{2.6.19}$$

で与えられる. したがって, Eq. (2.6.17) は,

$$\kappa_{\text{spin}} = \frac{2 n_{\text{chain}} l_{\text{spin}}}{\pi \hbar} \int_0^{\pi/2a} \frac{\partial f}{\partial T} \varepsilon_k \frac{\partial \varepsilon_k}{\partial k} dk \tag{2.6.20}$$

となる. ここで, n_{chain} は単位体積あたりのスピン鎖の数である. Eq. (2.6.20) は, $x = \varepsilon_k/k_B T$ とおくと,

$$\kappa_{\text{spin}} = \frac{2 n_{\text{chain}} l_{\text{spin}} k_B^2 T}{\pi \hbar} \int_0^{\pi J/2 k_B T} \frac{x^2 e^x}{(e^x+1)^2} dx \tag{2.6.21}$$

と使いやすい形に書き換えられる.

次に, 2 本足スピン梯子格子系のように, 基底状態がスピン 1 重項状態で, 励起状態であるスピン 3 重項状態との間にエネルギーギャップ Δ を持つスピンギャップ系における表式を求めてみる. この系のマグノンの分散関係を Fig. 2-6-9 に示す. 励起状態が 3 重に縮退しているため, $\langle n_k \rangle$ は,

$$\langle n_k \rangle = \frac{3\exp(-\varepsilon_k/k_B T)}{1+3\exp(-\varepsilon_k/k_B T)} \tag{2.6.22}$$

で与えられるので, Eq. (2.6.17) は,

$$\kappa_{\text{spin}} = \frac{n_{\text{ladder}} l_{\text{spin}}}{\pi \hbar} \int_0^{\pi/a} \frac{\partial \langle n_k \rangle}{\partial T} \varepsilon_k \frac{\partial \varepsilon_k}{\partial k} dk \tag{2.6.23}$$

となる. ここで, n_{ladder} は単位体積あたりのスピン梯子の数である. Eq. (2.6.23) も, $x = \varepsilon_k/k_B T$ とおくと,

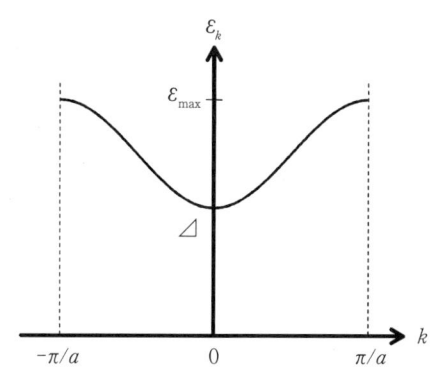

Fig. 2-6-9 スピンギャップ系におけるマグノンの分散関係. (Dispersion relation of magnons in a spin-gap system.)

$$\kappa_{\rm spin} = \frac{3 n_{\rm ladder} l_{\rm spin} k_{\rm B}^2 T}{\pi \hbar} \int_{\Delta/k_{\rm B}T}^{\varepsilon_{\rm max}/k_{\rm B}T} \frac{x^2 e^x}{(3+e^x)^2} {\rm d}x \qquad (2.6.24)$$

と使いやすい形に書き換えられる.

このようにして得られた平均自由行程 $l_{\rm spin}$ の温度依存性は, 以下のように理解できる. マグノンやスピノンの散乱確率 $1/\tau_{\rm spin}$ は, 一般に, マティーセン則を適用して,

$$\frac{1}{\tau_{\rm spin}} = \frac{1}{\tau_{\rm spin-imp}} + \frac{1}{\tau_{\rm spin-phonon}} + \frac{1}{\tau_{\rm spin-spin}} \qquad (2.6.25)$$

で与えられる. ここで, 第1項はスピン欠陥による散乱, 第2項はフォノンによる散乱, 第3項はマグノン同士あるいはスピノン同士のウムクラップ散乱によるものである. 第1項は温度変化しないが, 第2項と第3項は温度が上昇するにつれて増大する. それゆえ, $v_{\rm spin}$ の温度変化は小さいので, $l_{\rm spin}$ は温度の低下とともに長くなり, 低温で飽和する. 実際, 平均自由行程の逆数 $l_{\rm spin}^{-1}$ は, 定数 L, $A_{\rm s}$, T^* を用いて,

$$\frac{1}{l_{\rm spin}} = \frac{1}{L} + A_{\rm s} T \exp\left(-\frac{T^*}{T}\right) \qquad (2.6.26)$$

でかなりよく表現できる[15].

2.6.6 スピンによる弾道的な熱輸送 (Ballistic heat transport due to spins)

スピンによる熱伝導の理論的な研究について簡単に紹介しよう. 詳しくは, 文献[41〜43]を参照されたい. 古くは, 1950年頃, de Gennes らによって現象論が展開された. その結果, 古典スピン系においては, スピンによる熱伝導は十分高温では熱拡散で決まると発表された[44,45]. この場合, マグノンの平均自由行程はスピン間の距離程度になるので, 古典的な極限では, スピンによる熱伝導は非常に小さくなる. それに対して, スピンによる熱輸送が弾道的になるという理論がある. 最初は, 1970年頃に Huber らによって提唱されたが[46,47], 2000年前後から, 再び理論的研究が活発になった[48〜50]. その結果, $S=1/2$ の1次元ハイゼンベルグスピン系においてハミルトニアンが可積分な場合 (すなわち, すべての固有状態が独立な場合) は, エネルギー流, つまり, 熱流が保存量になるため, すべての温度領域において, スピンによる熱輸送が弾道的になるが, $S \geqq 1$ の1次元スピン系や2次元スピン系, 3次元スピン系, あるいは, $S=1/2$ の1次元スピン系でもハミルトニアンが不可積分な場合には, スピンによる熱輸送が拡散的になると結論された. 弾道的ということは, スピノン同士の衝突がないことを意味し, それが真実であれば, スピン鎖が途中で切れていない限り, スピンによる熱伝導

率は無限大になるということである.

　Fig. 2-6-4(b)でも紹介した, $S = 1/2$ の 1 次元反強磁性ハイゼンベルグスピン系である Sr_2CuO_3 のスピンハミルトニアン H は, スピン鎖の i 番目のスピン ($S = 1/2$) の演算子 $\boldsymbol{S}_i$ を用いて,

$$H = J\sum_i \boldsymbol{S}_i \cdot \boldsymbol{S}_{i+1} \tag{2.6.27}$$

と可積分な形で表現できる. したがって, Sr_2CuO_3 では弾道的な熱輸送が期待され, 実際, 非常に大きなスピンによる熱伝導が観測されている. しかし, 現実の物質では, スピン鎖間の相互作用や第 2 隣接スピンとの相互作用, フォノン等との相互作用によって理想的な状態ではないため, 熱輸送が弾道的であるという保証はない. そこで, その弾道性は, スピン(スピノン)の平均自由行程 l_{spinon} とスピン欠陥によって分断されたスピン鎖の平均の長さを比較することによって検討された[17,18]. まず, l_{spinon} は, スピン鎖を非磁性不純物である Pd で意図的に分断した $Sr_2Cu_{1-x}Pd_xO_3$ のスピン鎖に平行な方向の熱伝導率から見積もられた. Fig. 2-6-10 のように, 熱伝導率は Pd 量 x の増加とともに低下している. 20 K 付近のピークはフォノンによる熱伝導によるものであり, スピンによる熱伝導の寄与は 50 K 付近から高温で顕著に現れている. スピノンによる熱伝導率 κ_{spinon} を求めるためには, 熱伝導率の実験値からフォノンによる熱伝導率 κ_{phonon} を差し引かなくてはならない. スピン鎖に垂直な方向の熱伝導率は, デバイモデルを用いた典型的なフォノンによる熱伝導率の式[51]

$$\kappa_{phonon} = \frac{k_B}{2\pi^2 v_{phonon}}\left(\frac{k_B T}{\hbar}\right)^3 \int_0^{\Theta_D/T} \frac{x^4 e^x}{(e^x-1)^2}\tau_{phonon}dx \tag{2.6.28}$$

でよくフィットできた. ここで, $x = \hbar\omega/k_B T$ であり, ω, v_{phonon}, τ_{phonon} は, それぞれフォノンの角振動数, 速さ, 散乱緩和時間である. v_{phonon} は,

$$v_{phonon} = \frac{k_B \Theta_D}{\hbar (6\pi^2 n_{atom})^{1/3}} \tag{2.6.29}$$

で与えられる. ここで, Θ_D はデバイ温度, n_{atom} は原子の数密度である. また, フォノンの散乱確率 $1/\tau_{phonon}$ は, パラメータ L_b, A, B, b を用いて,

$$\frac{1}{\tau_{phonon}} = \frac{v_{phonon}}{L_b} + A\omega^4 + B\omega^2 T \exp\left(-\frac{\Theta_D}{bT}\right) \tag{2.6.30}$$

と表すことができる. ここで, 第 1 項はフォノンの境界による散乱, 第 2 項はフォノンの点欠陥による散乱, 第 3 項はフォノン同士のウムクラップ散乱によるものである. そこで, スピン鎖に平行な方向の熱伝導率にも現れるフォノンによる熱伝導率を, デバイモデルを用いて差し引くことによって, κ_{spinon} が求められた. Fig. 2-6-10 のように, κ_{spinon} も x の増加とともに低下していることが分かる. κ_{spinon} が求められたので, l_{spinon} は Eq.(2.6.21) を用いて見積もることができるが, ここでは, スピノンの比熱 C_{spinon}[52] と速さ v_{spinon}[37] の $k_B T \ll J$ の低温における近似式

$$C_{spinon} = \frac{2N_s k_B^2 T}{3J} \tag{2.6.31}$$

$$v_{spinon} = \frac{\pi J a}{2\hbar} \tag{2.6.32}$$

を用いた. ここで, N_s はスピンの数である. したがって, l_{spinon} は,

$$l_{spinon} = \frac{\kappa_{spinon}}{C_{spinon} v_{spinon}} = \frac{3\hbar \kappa_{spinon}}{\pi N_s a k_B^2 T} \tag{2.6.33}$$

と簡単な式で与えられるので, 実験で求めた κ_{spinon} から l_{spinon} が見積もられた. 一方, スピン欠陥によって分断されたスピン鎖の平均の長さ L_{imp} は, 磁化率の温度変化から見積もられた. J の大きい $S = 1/2$ の 1 次元反強磁性スピン系では, 各スピンが持つ磁気モーメントはほとんどキャンセルされて

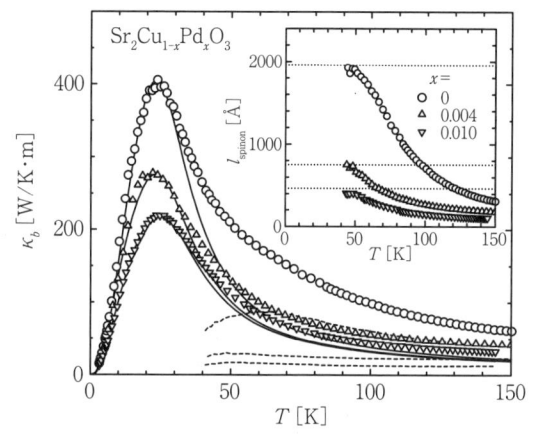

Fig. 2-6-10 Sr$_2$Cu$_{1-x}$Pd$_x$O$_3$ ($x = 0, 0.004, 0.010$) のスピン鎖に平行な b 軸方向の熱伝導率 κ_b の温度依存性[18]. 実線は，デバイモデルから見積もったフォノンによる熱伝導率. 破線は，スピノンによる熱伝導率. 挿入図は，スピノンの平均自由行程 l_{spinon} の温度依存性. 挿入図中の点線は，磁化率のキュリー項から見積もったスピン鎖の平均の長さ. ともに，上から $x = 0, 0.004, 0.010$. (Temperature dependence of the thermal conductivity paralle to the b-axis of Sr$_2$Cu$_{1-x}$Pd$_x$O$_3$ ($x = 0, 0.004, 0.010$) [18]. Solid lines indicate κ_{phonon} estimated using the Debye model. Dashed lines indicate κ_{spinon}. The inset shows l_{spinon}. Dotted lines in the inset indicate averaged values of the spin-chain length. From the upper, $x = 0, 0.004, 0.010$.

いるので，通常，磁化率の温度変化は小さい．そのなかで，奇数個のスピンから成るスピン鎖は，あたかも $S = 1/2$ の自由スピンのように振る舞うので，低温でキュリー則に従う磁化率の増大を生じさせる．それゆえ，そのキュリー項の大きさから試料中に含まれる奇数個のスピンから成るスピン鎖の数を求めることができる．そして，偶数個のスピンから成るスピン鎖も確率的には同じ数だけ存在すると考えられるので，試料中のスピン鎖の数が分かり，L_{imp} を見積もることができた．その結果を Fig. 2-6-10 の挿入図に示す．フォノンによる熱伝導の寄与が大きな温度域である 40 K 以下の低温では，κ_{spinon} を正確に求めることは難しいので，l_{spinon} の値を正確に見積もることはできないが，前節で説明したように，低温で飽和するはずである．実際，l_{spinon} の温度変化は，Eq.(2.6.26)でよくフィットできた．結局，l_{spinon} と L_{imp} が低温でほぼ一致することが分かった．したがって，少なくとも，フォノンによる散乱が抑えられている低温では，スピン欠陥で分断された各スピン鎖内においてスピンによる熱輸送が弾道的になっていることを意味しており，まさに，理論的に指摘されていた弾道性が実証された．

　スピンによる熱輸送が弾道的であれば，スピン欠陥を減らすことによって熱伝導率をさらに向上させることができる．$S = 1/2$ の 1 次元反強磁性スピン鎖を二重に持つ SrCuO$_2$ では，スピンによる熱伝導率が最も大きく，Sr$_2$CuO$_3$ と同様に，スピノンによる熱輸送が弾道的であると予想される．そこで，SrCuO$_2$ におけるスピンによる熱伝導率をさらに向上させた試みを紹介しよう[53]．具体的には，単結晶試料の作製に使う原料である SrCO$_3$ と CuO の純度を 99.9% (3N) から 99.99% (4N) に上げ，育成した as-grown の単結晶試料に酸素中でのアニールを施した．そうして測定した熱伝導率の結果を Fig. 2-6-11 に示す．スピン鎖に平行な方向の熱伝導率の温度依存性には 2 つのピークが観測され，スピン鎖に垂直な方向の熱伝導率の温度依存性にはフォノンによる 1 つのピークのみが観測された．3N の原料を用いて作製した as-grown の単結晶のスピン鎖方向の熱伝導率に現れた 50 K 付近のブロードなピークが，スピンによる熱伝導率のピークである．このピークは，4N の原料を用いたり，酸素アニールを施したりすることによって増大した．そして，4N の原料で作製した単結晶に酸素アニールを施した試料において，1000 W/(K·m) に近い熱伝導率が観測された．この熱伝導率をフォノンの寄与とスピンの寄与に分離すると，スピンによる熱伝導率の最大値は約 800 W/(K·m) である．同様

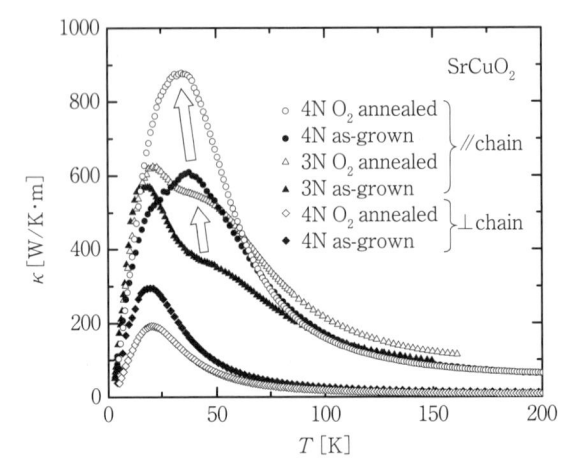

Fig. 2-6-11 SrCuO₂ 単結晶（as-grown の試料と酸素アニールした試料）のスピン鎖に平行な方向の熱伝導率と垂直な方向の熱伝導率の温度依存性[53]．3N と 4N は単結晶の原料の純度を表す．（Temperature dependence of the thermal conductivity parallel and perpendicular to the spin chains of as-grown and O₂-annealed single crystals of SrCuO₂ [53]. 3N and 4N indicate the purity of raw materials.）

の結果は，同じ頃に Hlubek ら[54]によっても報告された．さらにスピン欠陥を少なくすれば，熱伝導率のさらなる向上が期待できると思う．

2.6.7 おわりに（Summary）

本稿では，低次元量子スピン系の物質において観測されているスピンによる熱伝導を紹介した．実験結果の考察により，「スピンネットワーク内の最隣接スピン間相互作用 J が大きく，スピンネットワーク間の相互作用 J' が小さい，理想的な 1 次元量子スピン系物質において，スピンによる熱伝導が大きくなる」という経験則が導かれた．換言すれば，「スピン同士が強く結合し，スピンが大きくゆらいでいる系」という，一見矛盾したように思える物質でスピンによる熱伝導が大きくなるということである．また，$S=1/2$ の 1 次元ハイゼンベルグスピン系においてハミルトニアンが可積分な場合にはスピンによる熱輸送が弾道的になるという理論的な指摘があり，Sr₂CuO₃ においてそれが実証された．さらに，スピンによる熱輸送が弾道的であると予想された SrCuO₂ において，欠陥を極力減らした単結晶試料を作製することによって，スピンによる熱伝導率を向上させることができた．

$S=1/2$ の低次元スピン系物質の熱伝導については，かなり理解が進んだと言えるが，スピンによる熱伝導における強磁性相関と反強磁性相関の違いについてはまだ結論が出ていない．また，$S=1/2$ と 1 の違いについてもまだよく分かっていない．まして，$S=3/2, 2, 5/2$ 等の大きなスピンをもつ d 電子系物質，あるいは，スピン角運動量と軌道角運動量が結合した f 電子系物質の熱伝導についてはほとんど研究されていない．今後の研究課題である．

最後に，Fig. 2-6-12 を見ながら，低次元量子スピン系物質の熱伝導率を各種材料の熱伝導率と比較してみよう．低次元量子スピン系物質の熱伝導率は室温付近では真鍮と同程度であるが，低温では真鍮よりも大きく，銅やサファイア等の高熱伝導材料の値に近づいていることが分かる．スピンによる弾道的な熱輸送を示す 1 次元スピン系物質においては，試料中の欠陥を減らすことによって，熱伝導率のさらなる向上が期待できるし，今後，もっと大きなスピンによる熱伝導を持つ物質が見つかる可能性もある．したがって，今後，電気的絶縁性の高熱伝導材料としての応用も期待できる．また，低次元量子スピン系物質におけるスピンによる熱伝導には大きな異方性があるので，伝熱性と断熱性を兼ね備えた材料としての応用も考えられるかもしれない．今後の研究の進展が大いに期待される．

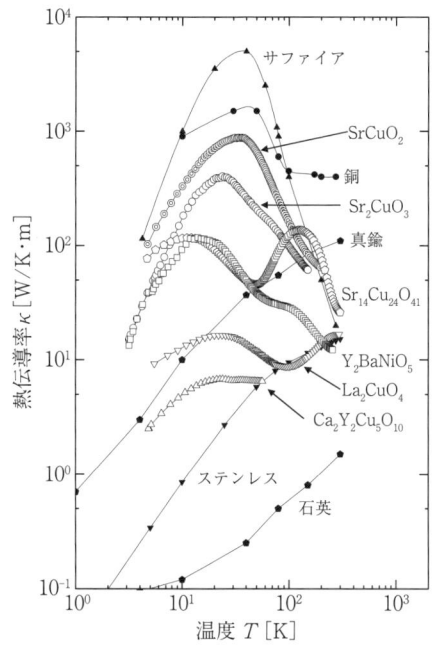

Fig. 2-6-12 低次元量子スピン系物質および各種材料の熱伝導率の温度依存性. (Temperature dependence of the thermal conductivity of low-dimensional quantum spin systems and various materials.)

参考文献

1) 宮下精二, 量子スピン系, 岩波書店 (2006).
2) 工藤一貴, 小池洋二, 固体物理, 38 (2003) 889.
3) 川股隆行, 小池洋二, 応用物理, 77 (2008) 525.
4) 小池洋二, 川股隆行, 伝熱, 50 (2011) 12.
5) C. Kittel, キッテル固体物理学入門 第8版, 丸善 (2005).
6) 小口武彦, 磁性体の統計理論 第2版, 裳華房 (1971) p. 180.
7) K. Hirakawa, H. Hayashi and H. Miike, J. Phys. Soc. Jpn., 32 (1972) 1667.
8) H. Miike and K. Hirakawa, J. Phys. Soc. Jpn., 38 (1975) 1279.
9) H. Miike and K. Hirakawa, J. Phys. Soc. Jpn., 39 (1975) 1133.
10) H. Miike, J. Yoshinaga and K. Hirakawa, J. Phys. Soc. Jpn., 41 (1976) 347.
11) K. Kudo, S. Ishikawa, T. Noji, T. Adachi, Y. Koike, K. Maki, S. Tsuji and K. Kumagai, J. Low Temp. Phys., 117 (1999) 1689.
12) A. V. Sologubenko, K. Giannó, H. R. Ott, U. Ammerahl and A. Revcolevschi, Phys. Rev. Lett., 84 (2000) 2714.
13) K. Kudo, S. Ishikawa, T. Noji, T. Adachi, Y. Koike, K. Maki, S. Tsuji and K. Kumagai, J. Phys. Soc. Jpn., 70 (2001) 437.
14) C. Hess, C. Baumann, U. Ammerahl, B. Büchner, F. Heidrich-Meisner, W. Brenig and A. Revcolevschi, Phys. Rev., B 64 (2001) 184305.
15) A. V. Sologubenko, E. Felder, K. Giannó, H. R. Ott, A. Vietkine and A. Revcolevschi, Phys. Rev., B 62 (2000) R6108.
16) A. V. Sologubenko, K. Giannó, H. R. Ott, A. Vietkine and A. Revcolevschi, Phys. Rev., B 64 (2001) 054412.
17) N. Takahashi, T. Kawamata, T. Adachi, T. Noji, Y. Koike, K. Kudo and N. Kobayashi, AIP Conference Proceedings, 850 (2006) 1265.
18) T. Kawamata, N. Takahashi, T. Adachi, T. Noji, Y. Koike, K. Kudo and N. Kobayashi, J. Phys. Soc. Jpn., 77 (2008) 034607.
19) A. M. Vasil'ev, M. I. Kaganov, V. V. Pryadun, G. Dhalenne and A. Revcolevschi, JETP Lett., 66 (1997) 898.

20) Y. Ando, J. Takeya, D. L. Sisson, S. G. Doettinger, I. Tanaka, R. S. Feigelson and A. Kapitulnik, Phys. Rev., B 58 (1998) R2913.
21) B. Salce, L. Devoille, R. Calemczuk, A. I. Buzdin, G. Dhalenne and A. Revcolevschi, Phys. Lett., A 245 (1998) 127.
22) A. V. Sologubenko, H. R. Ott, G. Dhalenne and A. Revcolevschi, Europhys. Lett., 62 (2003) 540.
23) L. S. Parfen'eva, I. A. Smirnov, H. Misiorek, J. Mucha, A. Jezowski, A. V. Prokof'ev and W. Assmus, Phys. Solid State, 46 (2004) 357.
24) C. Hess, H. ElHaes, A. Waske, B. Büchner, C. Sekar, G. Krabbes, F. Heidrich-Meisner. and W. Brenig, Phys. Rev. Lett., 98 (2007) 027201.
25) T. Lorenz, M. Hofmann, M. Grüninger, A. Freimuth, G. S. Uhrig, M. Dumm and M. Dressel, Nature 418 (2002) 614.
26) Y. Nakamura, S. Uchida, T. Kimura, N. Motoyama, K. Kishio, K. Kitazawa, T. Arima and Y. Tokura, Physica, C 185-189 (1991) 1409.
27) K. Takenaka, Y. Fukuzumi, K. Mizuhashi, S. Uchida, H. Asanoka and H. Takei, Phys. Rev., B 56 (1997) 5654.
28) M. Uesaka, T. Kawamata, N. Kaneko, M. Sato, K. Kudo, N. Kobayashi and Y. Koike, J. Phys.: Conf. Series, 200 (2010) 022068.
29) T. Kawamata, T. Noji and Y. Koike, unpublished.
30) K. Kudo, Y. Koike, S. Kurogi, T. Noji, T. Nishizaki and N. Kobayashi, J. Magn. Magn. Mater., 272-276 (2004) 94.
31) J.-H. Choi, T. C. Messina, J. Yan, J. I. Drandova and J. T. Markert, J. Magn. Magn. Mater., 272-276 (2004) 970.
32) A. V. Sologubenko, S. M. Kazakov, H. R. Ott, T. Asano and Y. Ajiro, Phys. Rev., B 68 (2003) 94432.
33) K. Kordonis, A. V. Sologubenko, T. Lorenz, S.-W. Cheong and A. Freimuth, Phys. Rev. Lett., 97 (2006) 115901.
34) T. Kawamata, Y. Miyajima, N. Takahashi, T. Noji, and Y. Koike, J. Magn. Magn. Mater., 310 (2007) 1212.
35) J. Yan, J. Zhou and J. B. Goodenough, Phys. Rev., B 68 (2003) 104520.
36) C. Hess, Eur. Phys. J. Special Topics, 151 (2007) 73.
37) J. des Cloizeaux and J. J. Pearson, Phys. Rev., 128 (1962) 2131.
38) L. D. Faddeev and L. A. Takhtajan, Phys. Lett., 85A (1981) 375.
39) 永長直人，電子相関における場の量子論，岩波書店 (1998) p. 1.
40) W. McRae and O. P. Sushkov, Phys. Rev., B 58 (1998) 62.
41) 藤本聡，日本物理学会誌，57 (2002) 580.
42) 堺和光，日本物理学会誌，58 (2003) 422.
43) 堺和光，物性研究，87 (2006) 214.
44) P. G. de Gennes, J. Phys. Chem. Solids, 4 (1958) 223.
45) P. G. de Gennes, Magnetism Vol. III, Academic Press (1963) p. 115.
46) D. L. Huber and J. S. Semura, Phys. Rev., 182 (1969) 602.
47) D. A. Krueger, Phys. Rev., B 3 (1971) 2348.
48) H. Castella, X. Zotos and P. Prelovšek, Phys. Rev. Lett., 74 (1995) 972.
49) X. Zotos, F. Naef and P. Prelovšek, Phys. Rev., B 55 (1997) 11029.
50) A. Klümper and K. Sakai, J. Phys., A 35 (2002) 2173.
51) R. Berman, Thermal Conduction in Solids, Clarendon Press, Oxford U.K. (1976).
52) M. Takahashi, Prog. Theor. Phys., 50 (1973) 1519.
53) T. Kawamata, N. Kaneko, M. Uesaka, M. Sato and Y. Koike, J. Phys.: Conf. Series, 200 (2010) 022023.
54) N. Hlubek, P. Ribeiro, R. Saint-Martin, A. Revcolevschi, G. Roth, G. Behr, B. Büchner and C. Hess, Phys. Rev., B 81 (2010) 020405(R).

第3章 物性値のサイズ効果
(Size Effects on Thermophysical Properties)

3.1 比熱のサイズ効果 (Size Effect in Specific Heat of Solid)

3.1.1 固体の比熱 (Specific heat of solid)

　固体の比熱は，結晶の格子振動，伝導電子，結晶内電子の励起，分子性結晶内の内部回転・振動，磁性体のスピンなど，多くの現象の寄与で成り立っている．単原子分子固体の場合，定積モル比熱は，高温ではデュロン・プティ（Dulong-Petit）の法則に従い $C_V = 3R = 24.94$ [J/(mol·K)] とほぼ一定値をとり，温度の低下とともに格子振動の比熱が減少しデバイモデルで良く説明される．10～100 K程度の温度域では格子比熱はデバイモデルを低温で展開した温度の3乗に比例し，さらに低温になると，伝導電子の比熱が顕在化し温度の1乗に比例した振る舞いが表れる．また，ナノ粒子では，表面の特異な状態に関連する比熱が低温で現れる．例えばFig. 3-1-1 の銅の比熱[1,2]を見ると，室温付近では格子振動の寄与が大きく，300 K では $C_V = 24.44$ [J/(mol·K)] ～ $3R$ となっている．10～50 K の温度域では，比熱は温度の3乗に比例し，いわゆる T^3 則に従う．図中の理論線はデバイ理論に従い，銅のデバイ温度 $\theta_D = 323$K を用いて次式で求めたものである．

$$C_V = 9R\left(\frac{T}{\theta_D}\right)^3 \int_0^{\theta_D/T} \frac{x^4 e^x}{(e^x-1)^2} dx \tag{3.1.1}$$

　室温から10 K 程度までの銅の比熱が，格子の振動数に分布がある調和振動子を用いたデバイ理論で良く説明できている．さらに低温の2 K 以下では，自由電子の寄与が大きくなり，比熱は温度の1乗に比例するようになり，デバイモデルの予想より大きな値をとる．低温での比熱の挙動は自由電子とフォノンの寄与の和として次式で書くことができる．

$$C = \gamma T + \beta T^3 \tag{3.1.2}$$

　自由電子の比熱は，フェルミ統計に従い求められ，室温では格子比熱に比べ1/100 程度以下となり無視しうるが，低温では，上式のようにその寄与が明確になる．ここで，γはゾンマーフェルト・パラメーターとして物質固有の値となる．また，絶対0度においては，熱力学第3法則の要請により，比

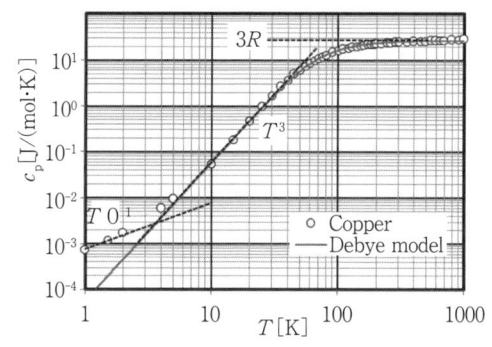

Fig. 3-1-1　Cu の定圧比熱（Specific heat at constant pressure of copper）

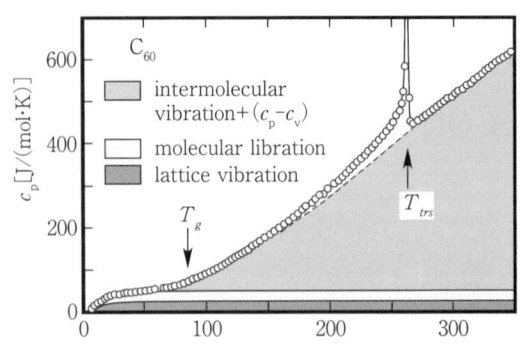

Fig. 3-1-2 フラーレン C_{60} 単結晶の比熱容量（Specific heat of fullerene）

熱は0となる．このように，低温での比熱の温度依存性には，比熱を構成している各現象の寄与が絶対温度のべき乗の項などに分離して見えるようになり，物質の成り立ちや特性が比熱を通して調べられている．

多原子分子固体については，n原子分子では格子振動の自由度が$3n$となり，デバイモデルで記述できる音響モードの格子振動の自由度が3，その他の$3n-3$の自由度は光学モードであり，アインシュタインモデルが適用できる．原理的には高温でのn原子分子の熱容量の漸近値は$3nR$である．また，光学モードのアインシュタイン温度はさらに高温であり，この種の化合物固体の熱容量は温度に対して右肩上がりの曲線を描くことになる．

例えば，フラーレンC_{60}の単結晶の精密熱容量計測（Fig. 3-1-2）[3,4]では，分子の配向秩序状態からほぼ自由に分子が回転できる状態への1次相転移ピークが262.1 Kに，分子の再配向運動が凍結されるガラス転移が84 K近傍に見られるが，全体として右肩上がりの曲線となっている．相転移ピークを除いた正常モル熱容量の内訳は次式で説明されている．

$$C_p = 3C_V(\theta_D, T) + 3C_V(\theta_E, T) + \sum_{i=1}^{174} C(\theta_{Ei}, T) + AC_p^2 T \tag{3.1.3}$$

第1項は球状分子の作る格子振動に基づく3自由度の音響モードをデバイモデルで近似したもの，第2項は3自由度の分子の回転をアインシュタインモデルで近似したもの，第3項は174自由度の分子内振動をそれぞれアインシュタインモデルで近似したもの，第4項は定圧比熱と定積比熱の差の補正項である．90 K程度までに球状分子の格子振動や回転運動は励起されており，さらに高温では分子内の振動モードが励起され比熱が増大することを示している．

固体の比熱へのサイズ効果としては，短いスケール方向にはフォノンの励起が抑制され格子振動が離散化する低次元性の効果と，配位数が少ない表面原子の特異性が比表面積の増加で顕在化する表面効果がある．薄膜やナノチューブ，ナノワイヤー，ナノ結晶では，これらのサイズ効果により，特に低温でバルクの比熱と異なる振舞いを見せる．

3.1.2 比熱の低次元性（Dimensionality in specific heat）

薄膜やナノワイヤーのように極端にある方向の長さが短くなると，格子振動が制限され，いわゆる低次元系としての振る舞いが現れる．3次元の物質（バルク材）では低温での比熱がT^3則に従うのに対して，2D系では温度の2乗に，1次元系では温度の1乗に比例して変化するようになる．

デバイモデルに基づく理論的な予測の概略を示す．代表スケールLの3次元格子（体積$V = L^3$），2次元格子（面積$A = L^2$），1次元格子（長さL）を考え，3D格子中の一次元格子には1つの縦波と2つの横波の3つの振動モードがあるのに対して，2D格子では格子面内の1つの縦波と1つの横波の

Table 3-1-1 次元と定積比熱（デバイモデル）

次元	3D	2D（面内振動）	1D（軸内振動）
モード数 N	$\dfrac{Vk^3}{6\pi^2}$	$\dfrac{Ak^2}{4\pi}$	$\dfrac{Lk}{\pi}$
状態密度 $D(\omega)$	$\dfrac{\omega^2}{2\pi^2 v^3}$	$\dfrac{\omega}{2\pi v^2}$	$\dfrac{1}{\pi v}$
デバイ温度 θ_D	$\dfrac{\hbar v}{k_B}\left[\dfrac{6\pi^2 N}{V}\right]^{1/3}$	$\dfrac{\hbar v}{k_B}\left[\dfrac{4\pi N}{A}\right]^{1/2}$	$\dfrac{\hbar v}{k_B}\dfrac{2\pi N}{L}$
比熱 C_V	$9R\left(\dfrac{T}{\theta_D}\right)^3 \int_0^{\theta_D/T} \dfrac{x^4 e^x}{(e^x-1)^2}\,dx$	$4R\left(\dfrac{T}{\theta_D}\right)^2 \int_0^{\theta_D/T} \dfrac{x^3 e^x}{(e^x-1)^2}\,dx$	$R\left(\dfrac{T}{\theta_D}\right)\int_0^{\theta_D/T} \dfrac{x^2 e^x}{(e^x-1)^2}\,dx$
低温比熱	$233.8\dfrac{RT^3}{\theta_D^3}$	$28.85\dfrac{RT^2}{\theta_D^2}$	$3.290\dfrac{RT}{\theta_D}$

k：波動ベクトル，v：音速，k_B：ボルツマン定数，R：気体定数．

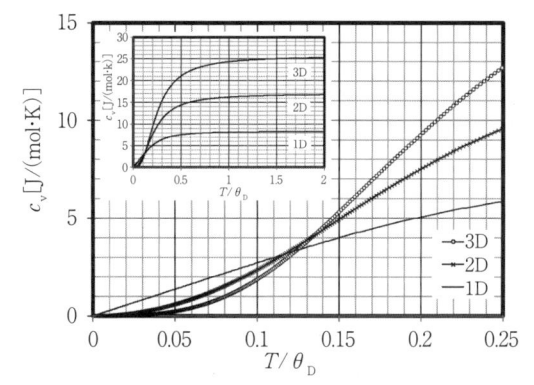

Fig. 3-1-3 デバイモデルによる次元と定積比熱の関係
（Specific heat of low-dimensional materials calculated by debye model）

2つのモード，1D格子では1つの縦波のみが許されるとする．各次元の格子におけるモードの数 N，状態密度 $D(\omega)$，デバイ温度 θ_D，定積比熱 C_V，および低温で展開された比熱を Table 3-1-1 に，Fig. 3-1-3 に計算された比熱を示す．

高温ですべてのフォノンが励起された状態では，各次元の物質の比熱は $3R$，$2R$，R をとる．2D格子に対して面外振動を，また，1D格子に対して軸外の2つの振動を許すと，いずれも高温での比熱は $3R$ となる．低温では，低次元効果が表れ，3D物質の比熱が T^3 則に従うのに対して，2Dおよび1D物質はそれぞれの比熱が温度の2乗，1乗で変化する．1次元物質では低温において比熱の低下は3次元物質よりも遅いため，相対的に大きな比熱をとる温度領域ができる．

実際の物質では，非常に小さな構造を除いて，振動モードのエネルギー $\hbar\omega$ は室温では通常 $k_B T$ よりも小さく，長さが制限された方向のモードも室温では励起されており，ナノスケール構造体であってもバルクと同様の比熱を示す．一方，低温では，長さが制限された方向の振動モードのエネルギー $\hbar\omega$ は $k_B T$ より小さくなり，格子振動は凍結されて低次元性が現れる．

3.1.3 比熱の表面効果（Surface effect in specific heat）

表面の原子は内部の原子に比べ拘束が弱く，表面原子の振動の平均振幅は内部の値より 1.5〜2 倍ほど大きくなることがある．この現象は表面原子の比熱が大きくなることにつながり，総原子数に対し

て表面原子数が多いナノサイズ粒子では,比熱がバルク材に比べて増加する.ナノ結晶における表面自由エネルギーの比熱への寄与がAvaramovら[5]によって理論的に示されている.表面エネルギーを考慮するとn原子からなるクラスターの融点$T_m(n)$がバルクの融点T_mの$1/(1-n^{-1/3})$程度に低下する.これより,クラスターの表面フォノンの効果を含めたアインシュタイン特性温度T_Eが同様に低下するとして,クラスターの比熱を検討している.温度が$T=0$ Kに近づくと比熱は熱力学第3法則によって全ての物質で0へと漸近し,一方,室温以上の高温 ($T/T_E>2$) では全ての原子のモードが励起され,比熱はデュロン・プティ則へ漸近する.$0.1<T/T_E<1$の範囲では,比熱に表面効果が表れる.結果は,換算温度$T/T_E=0.25$において,比熱の増加率は原子数nの約$-1/3$乗で低下し,$n=10^5$では約1%の増加,$n=10$では約20%の増加となる.この数は,1辺46原子の立方体よりも小さな結晶では,低温において比熱が1%以上増えることに対応する.

3.1.4 ナノ物質の比熱 (Surface effect of some nano-materials)

ナノサイズ結晶の比熱計測により,低温域でのサイズ効果が確認されている.平均直径40 nmの鉄ナノ粒子の定圧比熱C_{pn}の計測[6]では,次式で近似されるデータが得られている.

$$C_{pn} = \gamma_n T + A_n T^2 + \beta_n T^3 + \frac{A_0}{T} e^{(A-B/T)} \tag{3.1.4}$$

一方で,バルクの鉄の比熱C_{pb}は,25 K以下の低温領域において次式の形で与えられる.

$$C_{pb} = \gamma_b T + \beta_b T^3 \tag{3.1.5}$$

バルクの比熱の右辺第1項は自由電子の寄与であり,第2項はデバイモデルが説明する格子振動の寄与である.Eq.(3.1.4)のナノ粒子の比熱では,自由電子と格子振動の寄与を示すT^1とT^3の項に加えて,T^2の項とアインシュタインモードに対応する第4項が表れている.T^2項はナノ粒子表面の原子が内部よりも弱い結合をしているために生じる格子の表面振動モードに由来し,第4項は微小な粒子表面に現れるアインシュタインモードの振動を示している.第4項は,表面付近の格子が有限長さの格子に許される振動のみを行うことを示し,この効果は温度に対してT^3よりも早く増大するため,計測データは10 K以上で鉄ナノ粒子の比熱がバルク鉄の比熱を超えて温度と共に増加することを示している.デバイモデルで説明されるナノ粒子内部の格子振動よりも表面に現れるアインシュタインモードの振動が支配的であることが現われている.

平均結晶粒径20 nmのナノ構造アモルファスSiO$_2$ (na-SiO$_2$) の熱物性計測[7]では,粗い結晶粒径をもつアモルファスSiO$_2$ (ca-SiO$_2$) と比べ,100 K以下および150〜350 Kの温度域で数〜10%程度の比熱の増大が観察されている.低温では結晶粒のナノサイズ化によりデバイ温度が低下する効果で,高温域では結晶粒界部の過剰比熱容量の効果が表れると説明されている.

粉体状のNiナノ結晶(平均結晶サイズ40 nm)の比熱計測[8]では,100〜370 Kの温度範囲で多結晶試料に比べ2〜4%の比熱の増加がみられる.この試料では結晶粒界部の原子数が全体の10%程度を占め,粒界部分の拘束の弱い原子の振舞いが比熱の増加に寄与している.

カーボンナノチューブやグラフェン,フラーレンなど,多方面で期待されているカーボンナノ材料の比熱は,理論的な予測が先行しており,厳密な条件設定と精度の高い計測はまだ行われていない[9].これまで報告された計測結果[10〜12]の一部をFig.3-1-4に示す.単層カーボンナノチューブ (SWNT) と多層カーボンナノチューブ (MWNT) では大雑把には大きな違いは見られず,グラファイトの比熱と比べると150 K以上の領域で数%の増大が見られる.単層構造を持つグラフェンでは,80 K以下で優位にナノチューブやグラファイトよりも大きな比熱を示しており,グラファイトの3次元性と比べグラフェンの2次元性が現われている.より詳細な計測[13]では,SWNTの比熱が3〜10 Kの範囲でT^1に比例する1次元物質の振舞いが見られている.また,0.1〜10 Kの範囲でSWNTの比熱は

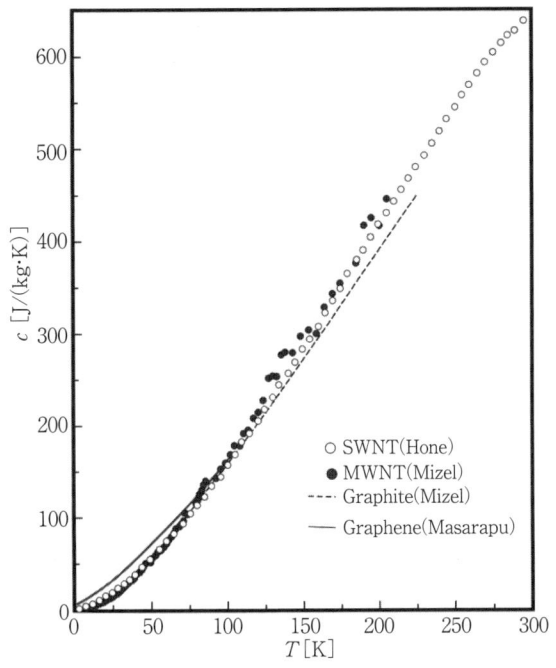

Fig. 3-1-4 カーボンナノチューブ，グラフェン，グラファイトの比熱（Specific heat of carbon nanotube, grapheme, and graphite）

$C(T) = 0.043T^{0.62} + 0.035T^3$ と表わされる結果[14]も報告されており，グラファイト構造の持つ3つの音響フォノンモードと，ナノスケールの円筒構造の持つ縦波型（LA），捩り型（TW），2つの横波型（FA）の4つの音響フォノンモードで説明できる．

3.1.5 手がかりがない比熱の近似値（Approximation for clueless specific heat）

先端的な MEMS や集積回路，超格子構造やナノ構造を持つ材料の設計には，薄膜，界面層など熱物性が不明な材料を対象とした解析が要求されることが多い．八田[15]は多数の物質を調べ，熱伝導率やモル熱容量，比熱（単位質量当たりの熱容量）に比べ，単位体積当たりの熱容量 c [J/(m^3·K)] が $2.3\pm0.6\times10^6$ J/(m^3·K) と比較的狭い範囲にあり，物質の状態にも鈍感であることを見出し，未知の物質や状態の単位体積当たりの熱容量として $c = 2\times10^6$ J/(m^3·K) を用いることを提案している．概算値を得るための目安として便利である．

参考文献

1) 分散型熱物性データベース，産業総合研究所，http://riodb.ibase.aist.go.jp/TPDB/AJAX
2) G. T. Furukawa, W. G. Saba, M. L. Reilly, National Standard Reference Data Series-NBS 18, U.S. Department of Commerce (1968).
3) Y. Miyazaki, M. Sorai, R. Lin, A. Dworkin, H. Szware and J. Godard "Heat Capacity of a giant single crystal of C$_{60}$", Chemical Physics Letters, 305 (1999) 293-297.
4) 徂徠道夫，相転移の分子熱力学，朝倉書店，p.6-15 (2007).
5) I. Avramov and M. Michailov, "Specific heat of nanocrystals", J. Phys.: Condens. Matter, 20 (2008) 295224 (4pp).
6) H. Y. Bai, J. L. Luo and D. Jin, "Particle size and interfacial effect on the specific heat of nanocrystalline

Fe", J. Appl. Phys., 79, 1 (1996).
7) L. Wang, Z. Tan, S. Meng, A. Druzhinina, R. A. Varushchenko and G. Li, "Heat capacity enhancement and thermodynamic properties of nanostructured amorphous SiO$_2$", J. Non-Crystalline Solids, 296 (2001) 139-142.
8) L. Wang, Z. Tan, S. Meng, D. Liang and D. Liu, "Low temperature heat capacity and thermal stability of nanocrystalline nickel", Thermochimica Acta, 386 (2002) 23-36.
9) カーボンナノチューブ・グラフェンハンドブック，フラーレン・ナノチューブグラフェン学会編，コロナ社 (2011) p.137-143.
10) C. Masarapu, L. L. Henry and B. Wei, "Specific heat of aligned multiwalled carbon nanoubes", nanotechnology, 16 (2005) 1490-1494.
11) J. Hone, B. batlogg, Z. Benes, A. T. Johnson and J. E. Fischer, "Quantized phonon spectrum of single-wall carbon nanotubes", Science, 289 (2000) 1730-1733.
12) A. Mizel, L. X. Bebedict, M. L. Cohen, S. G. Louie, A. Zettl, N. K. Budraa, and W. P. Beyermann, "Analysis of the low temperature specific heat of multiwalled carbon nanotubes and carbon nanotube ropes", Physical Review B, 60, 5 (1999) 3264-3270.
13) J. Hone, M. C. Llaguno, M. J. Biercuk, A. T. Johnson, B. Batlogg, Z. Benes, J. E. Fischer, "Thermal Properties of carbon nanotubes and naotune-based materials", Apply Physics, A, 74, (2002) 339-343 DOI 10.1007/s003390201277
14) J. C. Lasjaunias, K. Biljakovic, Z. Benes, J. E. Fischer and P. Monceau, "Low temperature specific heat of single-wall carbon nanotubes", Physical Review, B, 65 (2002) 113409.
15) H. Ichiro, "Heat capacity per unit volume", Thermochimica Acta., 446 (2006) 176-179.

3.2 融点・表面張力のサイズ効果（Size Effect in Melting Point and Surface Tension）

　表面原子は内部の原子に比べ拘束状態や運動状態が異なり，特異な現象が起こる．また，表面の構造は複雑でさまざまな表面振動準位や電子準位が生成し，電子物性や化学反応などに効果が発現する．古典的な熱力学では内部の原子が持つ自由エネルギーと表面の持つ表面エネルギーを考えることでナノ粒子の融点降下や比熱の増大が説明される．さらに，ナノ粒子で表面効果が発現するのは，粒子径が小さくなると体積に対する表面積の比が増加することから生じる．例えば，原子間隔 $a = 0.3$ nm，単純立方格子を構成する1辺が L (nm) の立方体微粒子を考え，表面原子数 N_s と構成原子数 N の比を見ると（Fig.3-2-1），L が100 nm を下回ると表面原子数の比が見え始め，$L = 10$ nm では表面

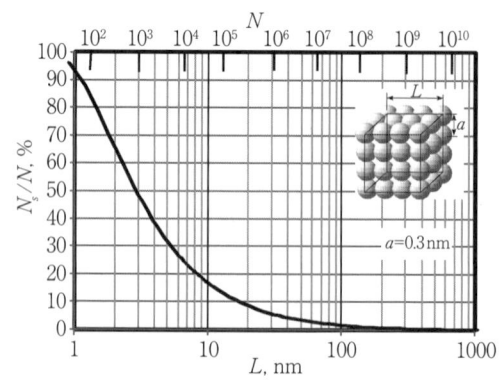

Fig. 3-2-1　ナノ粒子の構成原子数に対する表面原子数の割合（Ratio of surface molecules to total molecules）

原子数比が 16%, L = 5 nm では 30% を超える. 粒子径がナノメートルサイズになると, バルクの特性から表面の特性が顕著に現れてくることを示しており, 融点や表面張力もこのサイズで低下が見られる.

3.2.1 ナノ粒子の融点 (Melting point of nano-particle)

粒子径がシングルナノサイズになると, 原子・分子間の結合力の弱い表面原子・分子の割合が増加し, 融点はバルク材の融点より低下する. 例えば, 金ナノ粒子の融点を電子線回折像から計測した結果が Buffat ら[1] により報告されている. (Fig. 3-2-2). バルクの融点 1336 K に対して, ナノ粒子の融点 T_m は粒径 20 nm で 1300 K, 5 nm で 1100 K, 粒径 2〜3 nm では室温付近にまで低下している.

また, 電子線回折像と TEM 観察によって Pb, Sn, In, Bi に関する融点の低下が Allen ら[2] により報告されている. Sn (スズ) と Bi (ビスマス) の結果を Fig. 3-2-3 に示すが, 融点は粒子半径 r に反比例して直線的に低下しており, 粒子半径が 5 nm まで低下するとその融点はバルクの融点 T_0 から 90〜100 K の降下を生じることがわかる.

融点降下量が粒径に反比例するこの融点降下現象は, 表面エネルギーの顕在化効果とナノ粒子表面の特異性により説明されている[3]. 古典的な熱力学的考察では, 固相, 液相の表面エネルギーを σ_s, σ_l, 融解潜熱を L_0 とし, 固体粒子の自由エネルギーと表面エネルギーの和が液体粒子の自由エネルギ

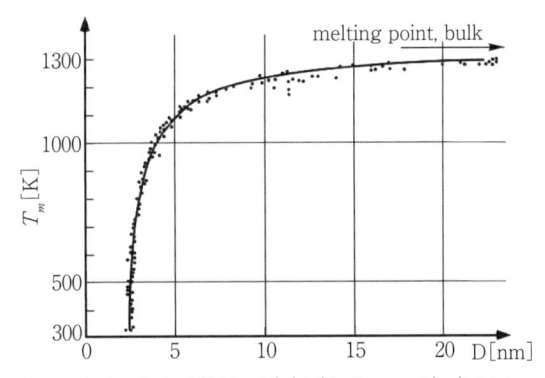

Fig. 3-2-2 金ナノ粒子の融点 (Buffat et al.) (Melting point of Gold nano-particles)

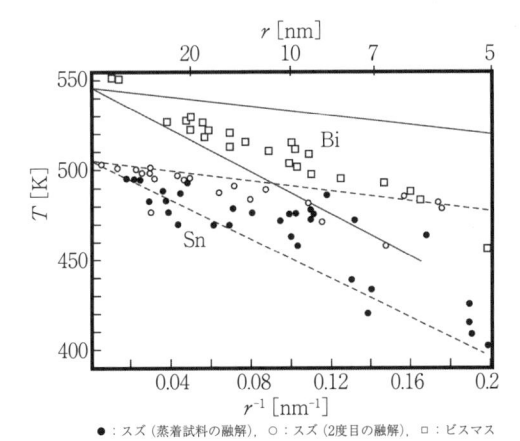

Fig. 3-2-3 スズ, ビスマス微粒子の融点 (Allen et al.) (Melting points of nano-particles of tin and bismuth)

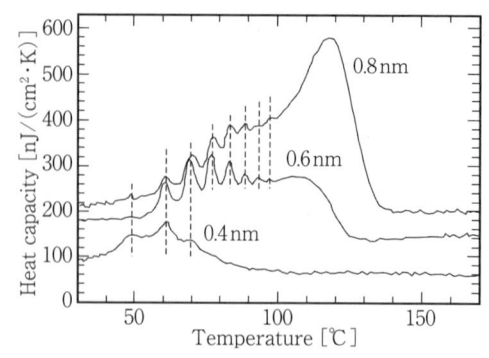

Fig. 3-2-4 薄膜ナノカロリメータで計測されたインジウムクラスタの離散的融点 (Melting points of Indium clusters measured by nano-calorimeter)

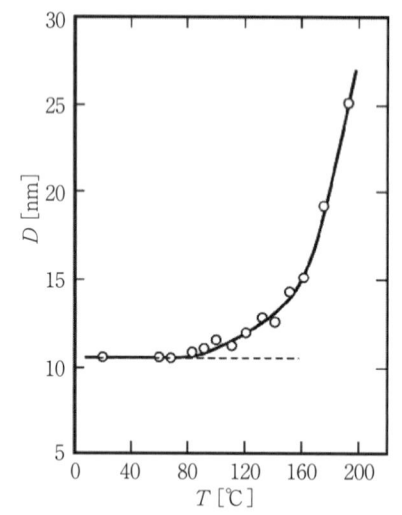

Fig. 3-2-5 金ナノ粒子の融合：X線回折線から求めた金微粒子の平均粒径 D の温度変化 (Gold Nano-particles growth: Measured diameter of gold particles measured by X-ray diffraction)

ーと表面エネルギーの和に等しく，固液の自由エネルギー差が融解エントロピーと融点からの温度差の積で近似すると，半径 r の粒子の融点 T_m は次式となる．

$$T_m/T_0 = 1-3(\sigma_s-\sigma_l)/rL_0 \tag{3.2.1}$$

また，微粒子表面の原子は配位数が内部の原子と比べて少ないため，拘束が弱く格子のソフト化が生じ，微粒子の融解が表面から開始し内部に進行すると考えられる．微粒子周囲に液体層を配したモデルでは，融点は次式となる[4]．

$$T_m/T_0 = 1-2(\sigma_s-\sigma_l)/rL_0 \tag{3.2.2}$$

Allen らの実験結果は図中に直線で示されたこれらの予測の間にあり，ナノサイズ粒子の融点の上限と下限に対応すると考えられる．

MEMS 技術で形成されたカロリーメーター上に蒸着されたインジウム薄膜の超高速熱分析により，クラスタサイズに依存した離散的な融点が観察されている[5]．蒸着膜の厚さが 0.4, 0.6, 0.8 nm のインジウム試料に対する昇温速度 10^4 から 10^6 K/s での示差熱分析により Fig. 3-2-4 の結果が得られてい

る．インジウムのバルク融点 156℃ に比べ，50℃ 以上低い温度で離散的な融点が観察される．蒸着されたインジウムは"マジックナンバー"と呼ばれる数の原子からなる離散的な安定したクラスタを形成しており，小さなクラスタほど低い融点を持つことが表れている．

微粒子の融点降下に関連した現象として微粒子の融合（合体）がある．Fig. 3-2-5 は，ガラス基板上にガス蒸発法で堆積させた平均粒径 10 nm の金の微粒子に対して，温度を上げながら X 線の回折像から平均粒径を求めたものである[6,7]．室温から 80℃ までは粒径に変化はないが，80℃ を超えると微粒子の融合が生じ，観察される平均粒径は大きくなっていく．微粒子表面のデバイ温度は内部に比べ低くなっており（格子のソフト化），バルクの融点より低い温度で表面原子は融解に近い状態となり隣接した粒子同士の合体が生じている。また，これは，微粒子の集合体には，与えられた温度に対して安定に存在しうる最小の粒径が存在することを示している．

3.2.2 ナノ粒子の表面張力（Surface tension of nano-particle）

微粒子の表面張力も粒子がナノメートルサイズになると低下する．Fig. 3-2-6 は金粒子の蒸発速度から求められた表面張力と実験的に求めた表面張力の粒径依存性を示す[8]．粒径が 3 nm 以下になる

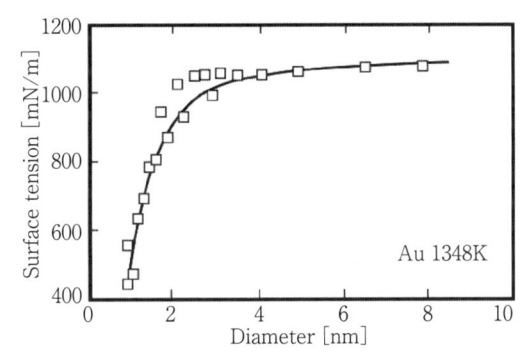

Fig. 3-2-6 溶融金属液滴の表面張力と液滴寸法
（Measured surface tension of gold nano-particles）

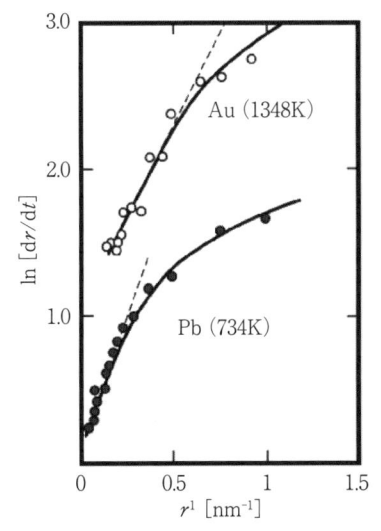

Fig. 3-2-7 蒸発する金属の粒径変化と粒径の関係
（Evaporation rates of metal nano-particles）

と急激に液滴の表面張力が低下することが示されている.

また,微小液滴の蒸発速度と液滴径の関係からナノ液滴の表面張力が調べられている[9]. Morokhovら[10]は分子動力学法により,液滴半径の変化速度 dr/dt,液滴半径 r と表面張力 σ の間に次の関係を求めている.

$$\ln\left(\frac{dr}{dt}\right) = \ln A + B(\sigma/r) \tag{3.2.3}$$

A,B は定数であり,表面張力が一定であれば,液滴径変化速度の対数は $1/r$ に比例することになる.一方,実験的な液滴径の変化は Fig. 3-2-7 に示すように,金の場合には $r=2$ nm から,鉛の場合には $r=5$ nm から $1/r$ の関係からずれてくる.これは,液滴の表面張力が微小液滴では低下していることを示唆している.

Sn,Bi,Au の微小な溶融液滴の炭素基板上での接触角に関しても,粒径が小さくなり 20 nm 以下では低下する[11,12]ことが報告されている.

参考文献

1) Ph. Buffat and J-P. Borel, "Size effect on the melting temperature of gold particles", Phys. Rev., A, 13, 6 (1976) 2287-2298.
2) G. L. Allen, R. A. Bayles, W. W. Gile and W. A. Jesser, "Small Particle Melting of Pure Metals", Thin Solid Films, 144 (1986) pp.297-308.
3) 柳田博明監修,微粒子工学大系 第1巻 基本技術,フジ・テクノシステム (2001) pp.75-78.
4) M. Takagi, "Electron-Diffraction Study of Liquid-Solid Transition of Thin Metal Films", J. Phys. Soc. Japan, 8, 3 (1954) pp.359-363.
5) M. Y. Efremov, F. Schiettekatte, M. Zhang, E. A. Olson, A. T. Kwan, R. S. Berry, L. H. Allen, "Discrete periodic melting point observations for nanostructure ensembles", Phys. Rev. Lett., 85 (2000) pp.3560-3563.
6) K. Ohshima and J. Harada, "An X-ray diffraction of soft surface vibrations of FCC fine metal particles", J. Phys. C, 17 (1984) pp.1607-1616.
7) 原田仁平,"X線散乱による研究,"日本物理学会誌,44, 4 (1989) pp.242-244.
8) N. T. Gladkikh et al., Sov. Phys. Solid State, 31 (1989) p.728.
9) 細川益男監修,ナノパーティクルテクノロジーハンドブック,日刊工業新聞社 (2006) pp.15-17.
10) I. D. Morokhov et al., Izv. Akad. Nauk SSSR Metall., No.6 (1979) p.159.
11) N. T. Gladkikh et al., Fiz. Khim. Obrabot. Mater, No.2, (1979) p.96.
12) S. P. Chiznik et al., Izv. Akad. Nauk SSSR Metal, No.4 (1981) p.73.

3.3 薄膜熱伝導率のサイズ効果 (Size Effects on Thermal Conductivity of a Thin Film)

材料の熱伝導率は基本的に物性値であり,不変であることが一般的である.熱伝導の根本はフォノン輸送もしくは電子輸送であり,フォノンもしくは電子の平均自由行程が対象の代表長さより十分に短く,フォノンと電子が対象物質内で激しく衝突を繰り返しながらランダムウォークして輸送されている場合がほとんどだからである.しかし,薄膜の膜厚が非常に薄くなり,フォノンもしくは電子の平均自由行程と膜厚が同等になってくると,薄膜表面(もしくは界面)の影響が強く表れるようになり,フォノンや電子の状態だけで熱輸送が決まらず,対象の形状(ここでは膜厚)に強く依存し始める.金属,半導体,絶縁体のどの薄膜でも,膜厚が薄くなるほど熱伝導による熱輸送量が下がることはよく知られている.このような状況において,扱いを簡単にするため,フーリエの法則を前提とし

て温度勾配に比例する熱流束が熱伝導で流れるものとすると，見かけの熱伝導率 λ_eff が低減するとすれば扱いやすい．これら薄膜の熱伝導率の測定値は 6 章に譲るとして，ここでは薄膜の熱伝導率について考察する．本章では，フォノンで議論を進めるが，見かけの平均自由行程が薄膜形状によって短くなるという観点からすれば，フォノンを電子と読み替えると電子輸送（導電率，ローレンツ数を使えば金属の熱伝導率）を扱っていることと同じとなる．

3.3.1 薄膜内のフォノン平均自由行程 (Phonon mean free path in a thin film)

フォノンガスモデルを用いると 2 章の Eq.(2.2.35) にあるように単位体積あたりの比熱 C_V，フォノン群速度 v_g，フォノン平均自由行程 l の積として固体の熱伝導率を表すことができる．

$$\lambda = \frac{1}{3} C_\text{V} v_\text{g} l \tag{3.3.1}$$

対象がフォノンの分散関係や状態密度に影響を与えるほど小さくなければ（原子間距離レベルで構造がなければ），薄膜の単位体積あたりの比熱 C_V とフォノン群速度 v_g はバルク状材料の比熱や群速度と同じと仮定でき，薄膜のフォノンの平均自由行程 l_f と見かけの熱伝導率 λ_eff が比例する．ここではバルク状材料のフォノンの平均自由行程と熱伝導率を改めて l_b と見かけの熱伝導率 λ_b とする．簡単な近似としては，フォノンの Kn 数（Knudsen Number, クヌッセン数）$(= l_\text{b}/d, d:$ 膜厚) が非常に大きい場合，平均自由行程 l_f と膜厚 d 同じと見積もれるとき，薄膜の見かけの熱伝導率とバルク状材料の熱伝導率の比見かけの熱伝導率 λ_eff は，

$$\frac{\lambda_\text{eff}}{\lambda_\text{b}} = \frac{l_\text{eff}}{l_\text{b}} \simeq \frac{l_\text{f}}{l_\text{b}} = \frac{d}{l_\text{b}} = \frac{1}{\text{Kn}} \tag{3.3.2}$$

と書ける．実際は，薄膜の平均自由行程 l_f が膜厚 d と等しくなるほど薄い薄膜になることは稀であるため，弾道輸送と拡散輸送が共存する準弾道輸送になると考えるほうが現実的である．その際の平均自由行程は経験的にマティーセンの規則で足し合わすとよいことが知られており[1]，薄膜内の見かけのフォノン平均自由行程 l_eff は次のように書ける．

$$\frac{1}{l_\text{eff}} = \frac{1}{l_\text{b}} + \frac{1}{l_\text{f}} = \frac{l_\text{b} + l_\text{f}}{l_\text{b} l_\text{f}} \tag{3.3.3}$$

Eq.(3.3.2) のように弾道輸送するフォノンの平均自由行程 l_f は，膜厚 d とほぼ等しいと考えると，

$$\frac{\lambda_\text{eff}}{\lambda_\text{b}} = \frac{l_\text{eff}}{l_\text{b}} \simeq \frac{l_\text{b}}{1+\text{Kn}}/l_\text{b} = \frac{1}{1+\text{Kn}} \tag{3.3.4}$$

と書ける．このような簡単な考察でも膜厚が薄くなるにつれて，見かけの熱伝導率が小さくなることが理解できる．フォノンの輸送が薄膜表面（もしくは界面）で切断されることによっている．さらに角度依存性を考慮した平均自由行程 $l(\theta)$ を考える (Fig.3-3-1)．膜厚が平均自由行程より薄くなる角度 θ_0 $(\cos\theta_0 = l_\text{b}/d)$ を考えると，次のように書ける[2]．

$$l(\theta) = \begin{cases} d/\cos\theta, & 0 < \theta < \theta_0 \\ l_\text{b}, & \theta_0 < \theta < \pi/2 \end{cases} \tag{3.3.5}$$

熱伝導現象は等方的であることを考慮して，半球積分すると l_f は次のようになる．

$$l_\text{f} = \int_0^{2\pi}\int_0^{\pi/2} l(\theta)\sin\theta d\theta d\phi = \int_0^{2\pi}\int_0^{\theta_0}(d/\cos\theta)\sin\theta d\theta d\phi + \int_0^{2\pi}\int_{\theta_0}^{\pi/2} l_\text{b}\sin\theta d\theta d\phi \tag{3.3.6}$$

$$= 2\pi d[-\ln|\cos\theta|]_0^{\theta_0} + 2\pi l_\text{b}[-\cos\theta]_{\theta_0}^{\pi/2} = 2\pi d\log|1/\cos\theta_0| + 2\pi l_\text{b}\cos\theta_0$$

$$= 2\pi d\ln(\text{Kn}) + 2\pi d \tag{3.3.7}$$

l_f と l_b の比をとると

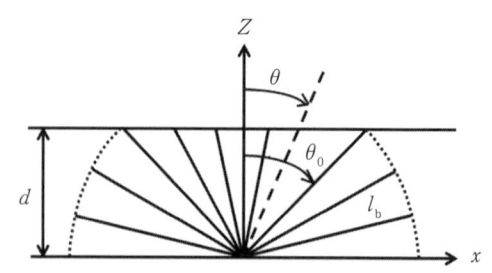

Fig. 3-3-1 薄膜とフォノンの平均自由行程の関係の模式図
(Illustration of phonon free-path reduction due to boundary scattering in a thin film)

$$l_\mathrm{f}/l_\mathrm{b} = \int_0^{2\pi}\int_0^{\pi/2} l(\theta)\sin\theta d\theta d\phi \Big/ \int_0^{2\pi}\int_0^{\pi/2} l_\mathrm{b}\sin\theta d\theta d\phi = 2\pi(d\ln(\mathrm{Kn})+d)/2\pi l_\mathrm{b}$$

$$= \frac{\ln(\mathrm{Kn})+1}{\mathrm{Kn}} \tag{3.3.8}$$

Eq.(3.3.3)のときと同様,マティーセンの規則により見掛けの平均自由行程 l_eff を計算すると

$$\frac{1}{l_\mathrm{eff}} = \frac{1}{l_\mathrm{b}}+\frac{1}{l_\mathrm{f}} = \frac{1}{l_\mathrm{b}}+\frac{\mathrm{Kn}}{(\ln(\mathrm{Kn})+1)l_\mathrm{b}} = \frac{\ln(\mathrm{Kn})+1+\mathrm{Kn}}{(\ln(\mathrm{Kn})+1)l_\mathrm{b}} \tag{3.3.9}$$

となり,見掛けの熱伝導率 λ_eff は以下のように書ける.

$$\frac{\lambda_\mathrm{eff}}{\lambda_\mathrm{b}} = \frac{l_\mathrm{eff}}{l_\mathrm{b}} = \frac{(\ln(\mathrm{Kn})+1)}{\ln(\mathrm{Kn})+1+\mathrm{Kn}} = \frac{1}{1+\dfrac{\mathrm{Kn}}{\ln(\mathrm{Kn})+1}} \tag{3.3.10}$$

Kn 数が1より小さいとき,すなわちフォノン輸送が拡散的になっていくところでは,Eq.(3.3.10)の ln が負となるため使えなくなるが,経験的に以下の式で $m=3$ として実験結果が整理されることもある[2].

$$\frac{\lambda_\mathrm{eff}}{\lambda_\mathrm{b}} = \frac{l_\mathrm{eff}}{l_\mathrm{b}} = \frac{1}{1+\dfrac{\mathrm{Kn}}{m}} \tag{3.3.11}$$

以上の議論では,熱伝導の方向について膜厚方向か,膜面方向かが考慮されていないが,膜厚方向については,$l(\theta)\cos\theta$ として輸送方向だけを考慮し,Eq.(3.3.8)と同様に展開することができる[3].

$$l_{\mathrm{f},z}/l_{\mathrm{b},z} = \int_0^{2\pi}\int_0^{\pi/2} (l(\theta)\cos\theta)\sin\theta d\theta d\phi \Big/ \int_0^{2\pi}\int_0^{\pi/2} (l_\mathrm{b}\cos\theta)\sin\theta d\theta d\phi = \frac{2}{\mathrm{Kn}}-\frac{1}{\mathrm{Kn}^2} \tag{3.3.12}$$

上記で得られた平均自由行程と拡散輸送の平均自由行程をマティーセンの規則で足し合わせて,見掛けの熱伝導率を求めると

$$\lambda_{\mathrm{eff},z}/\lambda_{\mathrm{b},z} = \frac{1}{1+\dfrac{\mathrm{Kn}}{2-\dfrac{1}{\mathrm{Kn}}}} \tag{3.3.13}$$

とかける.

3.3.2 フォノンふく射輸送方程式(Equation of phonon radiative transfer)

波による輸送をエネルギーを持つ粒子の輸送として捉えるフォトンとフォノンの類似性に着目して,2面間のふく射輸送式から薄膜の膜厚方向の熱伝導を考慮する.熱が輸送される膜厚方向を x として,フォトン強度をフォノン強度 $I_\omega(\theta,\phi,x,t)$ として熱流束 q_x を求める.

$$I_\omega(\theta, \phi, x, t) = \sum_p v(\theta, \phi) f_\omega(x, t) \hbar\omega D(\omega) \tag{3.3.14}$$

$$q_x(x) = \int_{\Omega=4\pi}\int_0^{\omega_\mathrm{D}} \mu I_\omega(x,\omega,\Omega) \mathrm{d}\omega \mathrm{d}\Omega = \int_0^{2\pi}\int_0^{\pi}\int_0^{\omega_\mathrm{D}} I(\theta,\phi,\omega)\cos\theta\sin\theta \mathrm{d}\omega \mathrm{d}\phi \mathrm{d}\theta \tag{3.3.15}$$

Eq.(3.3.14)の p はフォノンの分極（縦波1，横波2）の和を示したものであり，Eq.(3.3.15)中の $\mu = \cos\theta$ は輸送方向の投影面積分だけが熱輸送に寄与することを考慮しており，微小立体角 $\mathrm{d}\Omega$ を球積分している．薄膜形状によって，フォノン強度がどれだけ変化するか考慮するため，ボルツマン方程式に $\boldsymbol{v}\hbar D(\omega)$ を掛けてフォノンふく射輸送方程式（Equation of Phonon Radiative Transfer : EPRT）を導く[4]．ボルツマン輸送方程式

$$\frac{\partial f}{\partial t} + \boldsymbol{v}\cdot\nabla f = \left(\frac{\partial f}{\partial t}\right)_\mathrm{scatt} \tag{3.3.16}$$

定常状態を扱い，散乱項を緩和時間近似（緩和時間 τ）すると，分布関数 f は平衡状態における分布関数 f_0 を用いて次のように表せる．今，フォノン輸送は膜厚方向 x のみを考えている．v_x は速度 v の x 方向成分で $v_x = v\cos\theta = \mu v$ と書ける．

$$v_x \frac{\partial f}{\partial x} = \frac{f_0 - f}{\tau} \tag{3.3.17}$$

$$\mu \frac{\partial I_\omega}{\partial x} = \frac{I_\omega^0(T(x)) - I_\omega}{v\tau(\omega, T)} \tag{3.3.18}$$

薄膜の境界条件として，高温部 T_h，低温部 T_c を与えて Eq.(3.3.18)を数値解析しても解が得られるが（付録），フォトン輸送で2面間が光学的に十分厚く，ふく射輸送が等方拡散的であると仮定するとRosseland 拡散近似として以下の解があることが知られている[5]．

$$q_x = \frac{4\sigma T^3(T_\mathrm{h}-T_\mathrm{c})}{\frac{3}{4}\left(\frac{l_\mathrm{b}}{d}\right)+1} = \frac{4\sigma T^3 d}{\frac{3}{4}\left(\frac{l_\mathrm{b}}{d}\right)+1} \times \frac{T_\mathrm{h}-T_\mathrm{c}}{d} \tag{3.3.19}$$

σ はフォノンに対するステファン-ボルツマン定数で以下のように書ける[6]．

$$\sigma = \frac{\pi^2}{120}\frac{k_\mathrm{B}^2}{\hbar^3}\sum_p\frac{1}{v_p^2} = \frac{\pi^2}{40}\frac{k_\mathrm{B}^2}{\hbar^3 v^2} \tag{3.3.20}$$

Eq.(3.3.20)中 p は分極を表しており，フォノンは縦波1つ，横波2つの分極分があるので分母が40となる．速度 v_p はフォノンの群速度であり，どの分極も等しい群速度 v という大胆な過程が入っている．フォトンでは光速 c の2つの横波を考えると分母が60となり，一般的なステファン-ボルツマン定数が得られる．単位体積あたりの比熱 C_V は

$$C_\mathrm{V} = \frac{4\pi^2}{10}\frac{k_\mathrm{B}^4 T^3}{\hbar^3 v^3} = \frac{16\sigma T^3}{v} \tag{3.3.21}$$

で与えられるとすると[4]，代表長さのほうがフォノンの平均自由行程よりもはるかに長い拡散輸送における熱伝導率 λ_b は，

$$\lambda_\mathrm{b} = \frac{1}{3}C_\mathrm{V}v l_\mathrm{b} = \frac{1}{3}\times\frac{16\sigma T^3}{v} v l_\mathrm{b} = \frac{16\sigma T^3 l_\mathrm{b}}{3} \tag{3.3.22}$$

で与えられる．式(3.3.19)で与えられる熱流束 q_x が薄膜の膜厚方向の見掛けの熱伝導率を与えるので，

$$q_x = \frac{4\sigma T^3 d}{\frac{3}{4}\left(\frac{l_\mathrm{b}}{d}\right)+1}\times\frac{T_\mathrm{h}-T_\mathrm{c}}{d} = \frac{16}{3}\sigma T^3 d\frac{1}{\left(\frac{l_\mathrm{b}}{d}\right)+\frac{4}{3}}\times\frac{T_\mathrm{h}-T_\mathrm{c}}{d} = \frac{16}{3}\sigma T^3 l_\mathrm{b}\frac{1}{1+\frac{4}{3}\left(\frac{l_\mathrm{b}}{d}\right)}\times\frac{T_\mathrm{h}-T_\mathrm{c}}{d}$$

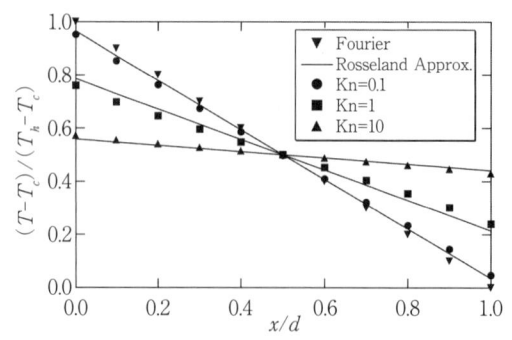

Fig. 3-3-2 EPRT の数値解析結果と Rosseland 拡散近似の比較 (Comparison of temperature profiles along a thin film by numerically calculated EPRT and by Rosseland diffusion approximation)

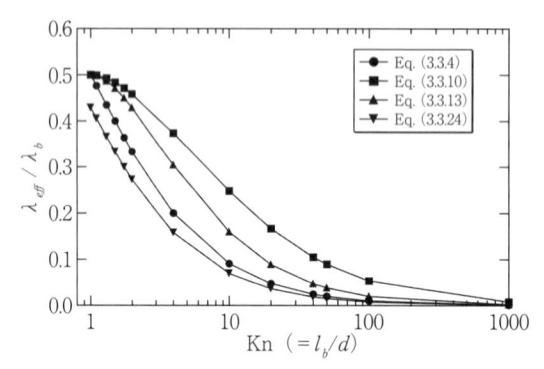

Fig. 3-3-3 薄膜膜厚方向の熱伝導率低減 (Reduction in cross-plane thermal conductivity of thin film evaluated by phonon mean free path)

(3.3.23)

したがって

$$\lambda_{\mathrm{eff},z}/\lambda_\mathrm{b} = \frac{1}{1+\frac{4}{3}\mathrm{Kn}} \tag{3.3.24}$$

と計算される (Fig. 3-3-2)[4]. Eq.(3.3.4), (3.3.10), (3.3.13), (3.3.24)で見積もった膜厚方向の熱伝導率を比較のために Fig. 3-3-3 にプロットした. どれもが大胆な仮定を置いているものの膜厚 d がフォノンの平均自由行程 l_b よりも薄くなると熱伝導率が急激に低下することがわかる. 例えば膜厚が平均自由行程の 1/10 程度 (Kn = 10) になると, 薄膜の熱伝導率は 1〜3 割にまで低下する.

3.3.3 ボルツマン輸送方程式によるサイズ効果の考察 (Classical size effect based on BTE)

これまで薄膜内フォノン輸送の膜厚方向について触れてきたが, 面方向の熱伝導率も膜厚依存性があることが知られている[7,8]. ボルツマン方程式 Eq.(3.3.16)を改めて書きなおすと

$$\frac{\partial f}{\partial t} + \boldsymbol{v} \cdot \nabla f + \boldsymbol{a} \cdot \frac{\partial f}{\partial v} = \left(\frac{\partial f}{\partial t}\right)_{\mathrm{scatt}} \tag{3.3.25}$$

となる. フォノンの輸送に外力はかからないので, Eq.(3.3.25)の加速度ベクトル $\boldsymbol{a}$ は 0 となる. 今,

3.3 薄膜熱伝導率のサイズ効果

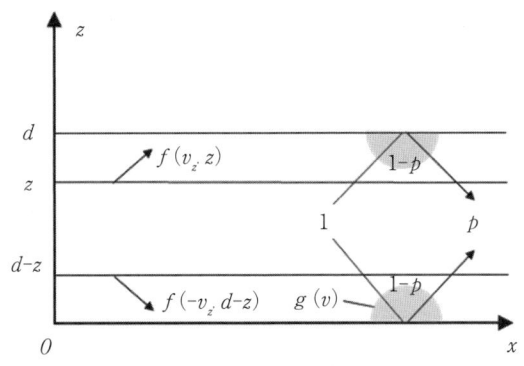

Fig. 3-3-4　薄膜内のフォノン挙動（Schematic of phonons in a thin film）

面に平行な熱輸送方向を x と置き（Fig. 3-3-4），定常状態，緩和時間近似を用いると解くべき方程式は，Eq.(3.3.17)となる．Eq.(3.3.17)を f について書き直し，フォノンの輸送するエネルギーを計算すると熱伝導を考察できる．まず f は

$$f_\omega(x) = f_\omega^0(x) - \tau v_x \frac{\partial f_\omega}{\partial x} = f_\omega^0(x) - \tau v_x \frac{\partial f_\omega^0}{\partial T}\frac{\partial T}{\partial x} \tag{3.3.26}$$

となり，熱流束 q_x は，

$$q_x = \int v_x f \hbar\omega D(\omega)\mathrm{d}\omega = \int v_x \left(f_\omega^0 - \tau v_x \frac{\partial f_\omega^0}{\partial T}\frac{\partial T}{\partial x} \right)\hbar\omega D(\omega)\mathrm{d}\omega = -\frac{\partial T}{\partial x}\int \tau v_x^2 \frac{\partial f_\omega^0}{\partial T}\hbar\omega D(\omega)\mathrm{d}\omega \tag{3.3.27}$$

と書ける[4]．フーリエの法則から熱伝導率 λ は

$$\lambda = \frac{1}{3}\int \tau v^2 \frac{\partial f_\omega^0}{\partial T}\hbar\omega D(\omega)\mathrm{d}\omega = \int C(\omega)v(\omega)l(\omega)\mathrm{d}\omega \tag{3.3.28}$$

であり，単位体積あたりの比熱，フォノン群速度，平均自由行程の積として，改めて 2.2 の Eq.(2.2.35) が得られる．ここでは f_ω^0 の対称性を考えて，速度 v_x を掛けて積分しても 0 であることを用いた．

薄膜の熱伝導を扱うので，薄膜表面（もしくは界面）において分布関数 f はバルク状材料と同様 f_0 とはならず，それによって Eq.(3.3.27) によって与えられる熱流束が変わると考えられる．この分布の偏りを f_1 とする．

$$f - f_0 = f_1 \tag{3.3.29}$$

薄膜は面に水平な x, y 方向への広がりが十分に大きいとすると，f は明らかに x, y によらない．さらに f_1 は f_0 に比べて十分に小さい偏りと考え

$$\frac{\partial f_1}{\partial v_x} \ll \frac{\partial f_0}{\partial v_x} \tag{3.3.30}$$

と仮定する．これは薄膜表面（もしくは界面）によって生じた非フーリエ的性質を省略することに対応する．Eq.(3.3.25) で定常であることを仮定して，

$$v_x \frac{\partial f_0}{\partial x} + v_z \frac{\partial f_1}{\partial z} = -\frac{f - f_0}{\tau} = -\frac{f_1}{\tau} \tag{3.3.31}$$

Eq.(3.3.31) を f_1 について整理すると以下のような 1 階の偏微分方程式であるから，一般解はすぐに求められる．

$$f_1 = -\tau v_z \frac{\partial f_1}{\partial z} - \tau v_x \frac{\partial f_0}{\partial x}$$

$$f_1 = -\tau v_x \frac{\partial f_0}{\partial x}\left\{1+\phi(\boldsymbol{v})\exp\left(-\frac{z}{\tau v_z}\right)\right\} \tag{3.3.32}$$

薄膜内でのフォノンの動きが $v_z < 0$ の場合,薄膜の対称性を考慮して

$$f_1(v_x,\ v_y,\ -v_z,\ d-z) = f_1(v_x,\ v_y,\ v_z,\ z) \tag{3.3.33}$$

が成り立つことは Fig. 3-3-4 を見ても容易に理解できる.Eq.(3.3.33)を Eq.(3.3.32)に代入してすると

$$\phi(-v_z) = \phi(v_z)\exp\left(-\frac{d}{\tau v_z}\right) \tag{3.3.34}$$

と書ける.ここで式中の v_x, v_y は省略して書かないこととした.$v_z < 0$ の場合に単純に $-v_z$ を代入しても正しい解が得られないことに注意が必要となる.

次に境界条件を考慮する.$z=0$ でフォノン散乱に関する条件を数式で表すと

$$f_0(v)+f_1(v_x,\ v_y,\ v_z,\ 0) = p\{f_0(v)+f_1(v_x,\ v_y,\ -v_z,\ 0)\}+g(v) \tag{3.3.35}$$

$g(v)$ は一様な拡散反射を示す項として,速さ v のみに依存する関数とする.すなわち v_x, v_y, v_z の各々に関係しないことを考える.Eq.(3.3.35)より,

$$g(v) = (1-p)f_0(v)+\{f_1(v_x,\ v_y,\ -v_z,\ 0)-pf_1(v_x,\ v_y,\ v_z,\ 0)\} \tag{3.3.36}$$

であり,v のみの関数とするためには Eq.(3.3.36)の右辺第 2 項は

$$f_1(v_x,\ v_y,\ -v_z,\ 0) = pf_1(v_x,\ v_y,\ v_z,\ 0) \tag{3.3.37}$$

でなければならない.したがって Eqs.(3.3.32)(3.3.37)より,

$$-\tau v_x\frac{\partial f_0}{\partial x}\{1+\phi(v_x,\ v_y,\ v_z)\} = -p\left\{\tau v_x\frac{\partial f_0}{\partial x}\{1+\phi(v_x,\ v_y,\ -v_z)\}\right\} \tag{3.3.38}$$

Eq.(3.3.34)を考慮して,Eq.(3.3.38)を ϕ について解くと

$$\phi(v_x,\ v_y,\ v_z) = -\frac{1-p}{1-p\exp\left(-\dfrac{d}{v_z\tau}\right)} \tag{3.3.39}$$

$$\phi(v_x,\ v_y,\ -v_z) = -\frac{1-p}{1-p\exp\left(-\dfrac{d}{v_z\tau}\right)}\exp\left(-\frac{d}{\tau v_z}\right) \tag{3.3.40}$$

が得られる.p は鏡面反射と拡散反射の割合を決めるパラメーターであり,$p=1$ で鏡面反射,$p=0$ で拡散反射を意味する.今,簡単のために $p=0$ として,フォノンが薄膜表面で完全に拡散反射すると仮定すると

$v_z > 0$ のとき(極座標系 $0 \sim \pi/2$)

$$f_1 = -\tau v_x\frac{\partial f_0}{\partial T}\frac{\partial T}{\partial x}\left\{1-\exp\left(-\frac{z}{\tau v_z}\right)\right\} \tag{3.3.41}$$

$v_z < 0$ のとき(極座標系 $\pi/2 \sim \pi$)

$$f_1 = -\tau v_x\frac{\partial f_0}{\partial T}\frac{\partial T}{\partial x}\left\{1-\exp\left(-\frac{d-z}{\tau v_z}\right)\right\} \tag{3.3.42}$$

となり,Eq.(3.3.41)(3.3.42)から熱流束 q_x を計算することとなる.Eq.(3.3.27)ではフォノンの薄膜表面における反射を考慮していなかったが,ここではその反射の影響をみることが目的なので,速度 $\boldsymbol{v}$ についても積分をとる.

$$q_x = \int_{-\infty}^{\infty}\int_{-\infty}^{\infty}\int_{-\infty}^{\infty}\int_{0}^{\omega_D}v_xf\hbar\omega D(\omega)\mathrm{d}\omega\mathrm{d}v_x\mathrm{d}v_y\mathrm{d}v_z \tag{3.3.43}$$

速度 v_x, v_y, v_z を極座標表示(Fig. 3-3-5)として,関数行列式[9]をとって積分なおすと

$$v_x = v\sin\theta\cos\phi,\ v_y = v\sin\theta\sin\phi,\ v_z = v\cos\theta$$

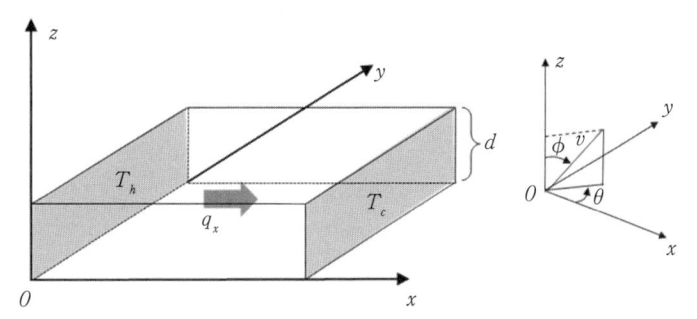

Fig. 3-3-5 薄膜と座標軸 (Heat conduction along a thin film, and coordinate system)

$$\mathrm{d}v_x\mathrm{d}v_y\mathrm{d}v_z = v^2\sin\theta\mathrm{d}\theta$$

であるから

$$q_x = \int_0^\infty f\hbar\omega D(\omega)\mathrm{d}\omega \int_0^{2\pi}\mathrm{d}\phi\left\{\int_0^{\pi/2}v_x^2\left\{1-\exp\left(-\frac{z}{\tau v_z}\right)\right\}v^2\sin\theta\mathrm{d}\theta\right.$$
$$\left.+\int_{\pi/2}^{\pi}v_x^2\left\{1-\exp\left(-\frac{d-z}{\tau v_z}\right)\right\}v^2\sin\theta\mathrm{d}\theta\right\} \tag{3.3.44}$$

さらに膜厚方向 z の関数である Eq.(3.3.44) を膜厚 d で積分して，その平均を求めたものが計測される熱伝導率となるから，

$$\overline{q_x} = \frac{1}{d}\int_0^d q_x \mathrm{d}z \tag{3.3.45}$$

このようにして求めた熱流束とバルク状材料における熱伝導で輸送される熱流束の比をとると，それぞれの熱伝導率の比となり，以下のようになる[2,7,8,10]．

$$\frac{\lambda_{\mathrm{eff}}}{\lambda_{\mathrm{b}}} = F(\mathrm{Kn})$$

$$F(\mathrm{Kn}) = \frac{3}{4d}\int_0^{\pi/2}\int_0^d\left\{1-\exp\left(-\frac{z}{l_{\mathrm{b}}\cos\theta}\right)\right\}\sin^3\theta\mathrm{d}z\mathrm{d}\theta$$
$$+\frac{3}{4d}\int_0^{\pi/2}\int_0^d\left\{1-\exp\left(-\frac{d-z}{l_{\mathrm{b}}\cos\theta}\right)\right\}\sin^3\theta\mathrm{d}z\mathrm{d}\theta \tag{3.3.46}$$

ここで $v\tau = l_{\mathrm{b}}$ を用いた．さらに計算して，

$$F(\mathrm{Kn}) = \frac{3}{2d}\int_0^{\frac{\pi}{2}}\sin^3\theta\left\{d - l_{\mathrm{b}}\cos\theta\left\{1-\exp\left(-\frac{d}{l_{\mathrm{b}}\cos\theta}\right)\right\}\right\}\mathrm{d}\theta \tag{3.3.47}$$

となり，$t = 1/\cos\theta$ と置いて計算を進めると

$$F(\mathrm{Kn}) = 1 - \frac{3}{8}\mathrm{Kn} + \frac{3}{2}\mathrm{Kn}\int_1^\infty\left(\frac{1}{t^3} - \frac{1}{t^5}\right)\exp\left(-\frac{t}{\mathrm{Kn}}\right)\mathrm{d}t \tag{3.3.48}$$

が得られる．Kn 数はフォノンの平均自由行程 l_{b} と膜厚 d の比 l_{b}/d である．右辺第 3 項は，指数関数積分 $E_n(\tau)$ としてよく知られている積分であり，ふく射伝熱のテキスト[5]などで数表（Table 3-3-1）として与えられていることも多い．

$$E_n(\tau) = \int_1^\infty x^{-n}\exp(-\tau x)\mathrm{d}x = \int_0^1 \mu^{n-2}\exp(-\tau/\mu)\mathrm{d}\mu \tag{3.3.49}$$

ここでは，$p = 0$ の特殊な場合のみを式展開したが，同様の展開を進めると Eqs.(3.3.39)(3.3.40) の一般的な場合も $F(\mathrm{Kn}, p)$ を計算できる[2,7,8,10]．

Table 3-3-1 指数積分関数
(The value of exponential integral function)

t	$E_1(t)$	$E_2(t)$	$E_3(t)$
0	∞	1.000	0.5000
0.01	4.0379	0.9497	0.4903
0.02	3.3547	0.9131	0.4810
0.03	2.9591	0.8817	0.4720
0.04	2.6813	0.8535	0.4633
0.05	2.4679	0.8278	0.4549
0.06	2.2953	0.8040	0.4468
0.07	2.1508	0.7818	0.4388
0.08	2.0269	0.7610	0.4311
0.09	1.9187	0.7412	0.4236
0.10	1.8229	0.7225	0.4163
0.20	1.2227	0.5742	0.3519
0.30	0.9057	0.4691	0.3000
0.40	0.7024	0.3894	0.2573
0.50	0.5598	0.3266	0.2216
0.60	0.4544	0.2762	0.1916
0.70	0.3738	0.2349	0.1661
0.80	0.3106	0.2009	0.1443
0.90	0.2602	0.1724	0.1257
1.00	0.2194	0.1485	0.1097
1.25	0.1464	0.1035	0.0786
1.50	0.1000	0.0731	0.0567
1.75	0.0695	0.0522	0.0412
2.00	0.0489	0.0375	0.0301
2.25	0.0348	0.0272	0.0221
2.50	0.0249	0.0198	0.0163
2.75	0.0180	0.0145	0.0120
3.00	0.0130	0.0106	0.0089
3.25	0.0095	0.0078	0.0066
3.50	0.0070	0.0058	0.009

$$E_n(\tau) = \int_1^\infty x^{-n}\exp(-\tau x)\mathrm{d}x$$
$$= \int_0^1 \mu^{n-2}\exp(-\tau/\mu)\mathrm{d}\mu, \ t>0$$
$$\frac{\mathrm{d}E_n(\tau)}{\mathrm{d}\tau} = -E_{n-1}(\tau), \ n>2$$
$$\frac{\mathrm{d}E_1(\tau)}{\mathrm{d}\tau} = -\frac{1}{\tau}\exp(-\tau)$$

$$F(\mathrm{Kn}, p) = 1 + \frac{3(1-p)}{2}\mathrm{Kn}\int_1^\infty \left(\frac{1}{t^3} - \frac{1}{t^5}\right)\frac{1-\exp\left(-\dfrac{t}{\mathrm{Kn}}\right)}{1-p\exp\left(-\dfrac{t}{\mathrm{Kn}}\right)}\mathrm{d}t \tag{3.3.50}$$

積分は数値計算し,結果を Fig. 3-3-6 に示す.ここまでの展開は Fucks-Sondheimer の理論と呼ばれる式展開で,Eq.(3.3.31)の代わりに質量 m の電子が電界による外力 $-eE$ で加速度 $a(=eE/m)$ を得ることを考える (Eq.(3.3.51))と薄膜の導電率変化についても全く同じ因子 $F(\mathrm{Kn}, p)$ を得ることができる.

$$f_1 = -\tau v_z \frac{\partial f_1}{\partial z} + \frac{eE}{m}\frac{\partial f_0}{\partial v_x} \tag{3.3.51}$$

金属薄膜の熱伝導率であれば,ローレンツ数によって導電度から直接熱伝導率が計算できるので,結局,金属薄膜における熱伝導率変化もフォノンの熱伝導率変化の結果と同様となる.

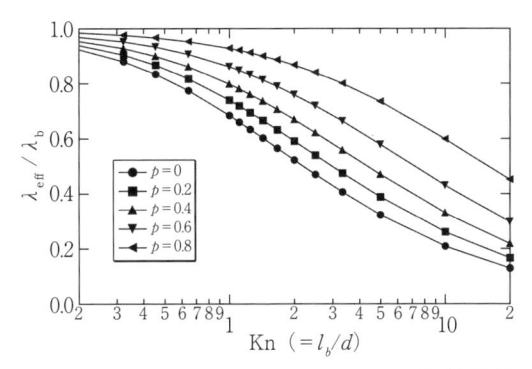

Fig. 3-3-6 Fucks-Sondheimer モデルの計算結果
（Numerically calculated effective in-plane thermal conductivity of a thin film）

3.3.4 薄膜の熱伝導における低次元効果（Heat conduction in a two dimensional thin film）

超薄膜の熱伝導では，膜厚方向の振動が抑制されて低次元効果が表れ，温度の2乗に比例することが期待される．Eq.(3.3.1)で示したように熱伝導率は，単位体積あたりの比熱，群速度，平均自由行程の積となり，単位体積あたりの比熱 C_V の温度依存性が反映されるためである．2.2.3項の Eq.(2.2.7)から 2.2.4項の Eq.(2.2.19)までと全く同じ式展開を2次元に対して行う．まず $2\pi/L$ につき1つの波数 k が存在することに対応して，2次元の波数空間では $(2\pi/L)^2$ の面積に対して1つの波数 k が存在することになる．よって，2次元のフォノンに関して，波数の大きさが k 以下で許される波数の個数 N は，

$$N = \left(\frac{L}{2\pi}\right)^2 \pi k^2 \tag{3.3.52}$$

で与えられる．状態密度は単位周波数あたりのモード数であるから，

$$D(\omega) = \frac{\partial N}{\partial \omega} = \frac{A\omega}{2\pi v^2} \tag{3.3.53}$$

となる．ここで面積 $A = L^2$，簡単のため $\omega = v \cdot k$ と群速度一定の関係を利用した．次に内部エネルギー U は以下の式で与えられるから，

$$U = \int D(\omega)\langle n \rangle \hbar\omega d\omega = \int_0^{\omega_D} \frac{A\omega}{2\pi v^2} \cdot \frac{\hbar\omega}{e^{\hbar\omega/k_B T}-1} d\omega \tag{3.3.54}$$

となる．フォノンの速度が振動の分極によらないと仮定し，2次元では縦波1つと横波1つを考慮して，Eq.(3.3.54)を2倍する．

$$U = \frac{A\omega}{\pi v^2} \int_0^{\omega_D} \frac{\hbar\omega}{e^{\hbar\omega/k_B T}-1} d\omega = \frac{A k_B^3 T^3}{\pi v^2 \hbar^2} \int_0^{x_D} \frac{x^2}{e^x-1} dx \tag{3.3.55}$$

となる．ここで $x \equiv \hbar\omega/k_B T$ である．x_D すなわち ω_D は存在しうる最大周波数から決まり，Eq.(3.3.52)を使って

$$\omega_D = (4\pi v^2 N/A)^{1/2} \tag{3.3.56}$$

と計算できる．この ω_D に対応する温度をデバイ温度 θ と定義し，

$$\theta = x_D T = \frac{\hbar\omega_D}{k_B} = \frac{\hbar v}{k_B}(4\pi N/A)^{1/2} \tag{3.3.57}$$

を用いれば，エネルギー U は最終的に

$$U = 4Nk_\mathrm{B}T\left(\frac{T}{\theta}\right)^2\int_0^{x_\mathrm{D}}\frac{x^2}{e^x-1}\mathrm{d}x \tag{3.3.58}$$

が得られる．温度 T が小さいとして，右辺積分の上限を無限に伸ばす近似を行うと

$$U = 4Nk_\mathrm{B}T\left(\frac{T}{\theta}\right)^2\int_0^{\infty}\frac{x^2}{e^x-1}\mathrm{d}x = 4Nk_\mathrm{B}T\left(\frac{T}{\theta}\right)^2\Gamma(3)\sum_{i=1}^{\infty}\frac{1}{i^3} = 4Nk_\mathrm{B}T\left(\frac{T}{\theta}\right)^2\times 2!\times\frac{\pi^3}{25.79436\cdots} \tag{3.3.59}$$

が得られ（詳細は 2.3 付録），比熱は

$$C_\mathrm{V} = \frac{\partial U}{\partial T} = 3\times 4Nk_\mathrm{B}\left(\frac{T}{\theta}\right)^2\times 2!\times\frac{\pi^3}{25.79436\cdots} = 28.8Nk_\mathrm{B}\left(\frac{T}{\theta}\right)^2 \tag{3.3.60}$$

となり，T^2 に比例することが導かれる．

3.3.5 まとめ（Summary）

　本節では，ナノ構造の代表例として薄膜の熱伝導率を扱った．形状が単純なことから熱伝導のサイズ効果を理解する上でよく調べられている系でもあり，ナノ・マイクロの熱伝導への理解が深まったことと思う．2 章で述べたフォノン輸送の考え方をベースとして，はじめに幾何学的な考察から表面で切断される平均自由行程を計算し，おおまかな薄膜熱伝導率の低減について考察した．さらに膜厚方向の熱伝導率の考察を進めるため，フォノンふく射輸送方程式（EPRT）を導入した．フォノンとフォトンの類似性に着目した考察で，これまでのふく射伝熱の成果が利用できるところに利点が挙げられる．その一例として EPRT を Rosseland 拡散近似を用いて熱流束を得て，見かけの熱伝導率を計算した．Rosseland 拡散近似は，数値計算とも比較的良い一致を示し，簡単な考察に便利である．数値計算については深く述べなかったが，ふく射伝熱の教科書に詳しく手法が説明されている．どのモデルにも大きな仮定が含まれているため，ベストなモデルを明確に示すことはできないが，膜厚がフォノンの平均自由行程の 1/10 程度（Kn > 10）にまで薄くなると，見かけの熱伝導率が材料自体の持つ熱伝導率の 1/3 以下にまで減少する様子が把握できる．

　さらに薄膜の面方向の熱伝導率を考察するため，ボルツマン輸送方程式を導入する Fucks-Sondheimer 理論について説明した．このモデルでは，薄膜表面（もしくは界面）で反射されるフォノンを考慮しているが，その運動だけを扱っているため，電子にもそのまま利用できる．言い換えれば，ボルツマン輸送方程式により，並行平板に挟まれた間隙を粒子が通り抜ける様子を計算したに過ぎない．したがって得られる結果は単純でフォノンが薄膜の表面（もしくは界面）で完全に拡散反射する際（$p=0$）には，指数積分関数で結果が得られ，簡易的に薄膜の面方向熱伝導率の低減についても評価できる．熱伝導率よりも測定が容易と思われる薄膜の導電率の低下はよく調べられており，実験結果と解析結果とのフィッティングで金属薄膜中における電子の平均自由行程がおおよそ 50 nm 程度と報告されている[8]．簡易的な割には，よく実験結果を説明し，一方でさらに詳細なモデルは実験結果とフィッティングしにくいことも報告されている[8]．他，この節により，ボルツマン方程式でフォノン輸送（熱伝導）を扱う方法についても詳しく説明した．

　薄膜の古典的サイズ効果について，膜厚方向と面内方向について述べた後，最後に超薄膜として低次元効果が表れる 2 次元薄膜の熱伝導について考察した．フォノンガスモデルをベースに熱伝導率を考察，2 次元薄膜の熱容量が温度の 2 乗に比例することから，その熱伝導率が低温で T^2 に比例することを導いた．グラフェンは 2 次元薄膜として，その熱伝導率がよく調べられている材料であり，数値計算ではその熱伝導率は $T^{1.5}$ に比例することが示されている．これは解析で k-ω 分散関係を比例するとした仮定が悪く，グラフェンのフォノン分岐のうちの 1 つが $\omega \propto k^2$ となることに起因していることが説明されている[11]．いずれにしてもフォノン熱伝導にも低次元効果が見られ，ここでは触れな

かった1次元材料の熱伝導率の温度依存性についても読者が独自に考察できるようになったと思われる.

　金属の超薄膜の熱伝導率については，本文中で全く触れなかったので，簡単に述べると，2次元薄膜の電子の状態密度関数はエネルギーの増加に伴って階段上に変化する．そのような2次元薄膜固有の状態密度関数から計算される導電率は膜厚とともに増減を繰り返す[12,13]．このような増減の振動現象が量子サイズ効果の大きな特色となっており，ローレンツ数を使って電子による熱伝導を考慮すれば，金属薄膜の熱伝導率も膜厚とともに増減を繰り返すと考えられる．

付録
*フォノンの数値解析について

　EPRTであるEq.(3.3.18)を二流束法によって数値解析[14]し，Fig. 3-3-2のプロット点を計算できる．簡単のため，大胆な仮定ではあるが，計算領域内で分布関数が周波数依存性を持たないとする．さらに緩和時間 τ も分布を持たず唯一の値とすると

$$\mu\frac{\partial I(\mu,x)}{\partial x} = \frac{I^0(x)-I(\mu,x)}{v\tau} = \frac{\frac{1}{2}\int_{-1}^{1}I(\mu,x)\mathrm{d}\mu - I(\mu,x)}{v\tau} \tag{3.3.A1}$$

と書ける．あらゆる効果をすべて無視しているので，フォノンの輸送が構造によって妨げられる効果しか得られないが，それでも弾道輸送，準弾道輸送，拡散輸送といった垣根を取り払って，平均自由行程とナノ構造の関係を得て，見かけの熱伝導率を考察できるようになる．具体的には，Eq.(3.3.A1)を高温側から低温側への輸送を I^+，低温側から高温側への輸送を I^- として式を2つにわけて計算する（Fig. 3-3-7）．

$$\mu\frac{\partial I^+(\mu,x)}{\partial x} = \frac{\frac{1}{2}\int_{-1}^{1}I(\mu,x)\mathrm{d}\mu - I^+(\mu,x)}{v\tau} \tag{3.3.A2}$$

$$\mu\frac{\partial I^-(\mu,x)}{\partial x} = \frac{\frac{1}{2}\int_{-1}^{1}I(\mu,x)\mathrm{d}\mu - I^-(\mu,x)}{v\tau} \tag{3.3.A3}$$

式中右辺の積分は，I^+ と I^- から計算できる．未知の関数を積分することになり，ここではガウスルジャンドル積分を用いた[15]．

$$\frac{1}{2}\int_{-1}^{1}I(\mu,x)\mathrm{d}\mu = \frac{1}{2}\left(\int_{0}^{1}I^+(\mu,x)\mathrm{d}\mu + \int_{-1}^{0}I^-(\mu,x)\mathrm{d}\mu\right) \tag{3.3.A4}$$

Eq.(3.3.A4)で与えられるフォノン強度 $I^0(x)$ は，位置 x におけるフォノン密度に相当するので，熱容量 C，フォノンの群速度 v を用いると，1次元計算におけるフォノン強度と温度の関係から，以下のように温度が計算できる．

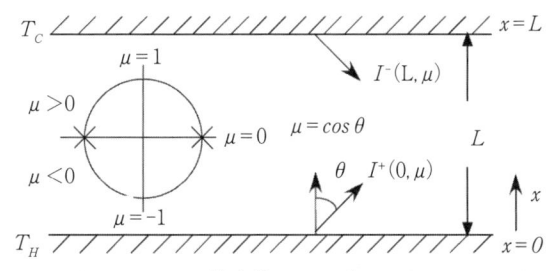

Fig. 3-3-7　EPRT二流束法モデル（Two-flux method for solving EPRT）

$$T(x) = \frac{2\pi I^0(x)}{C|v|} \tag{3.3.A5}$$

上記の式を数値解析するが，代表長さ L と $v\tau$ の比を Kn 数として，Eq.(3.3.A1)は無次元化した変数で書き表すことができ，Kn 数をパラメーターとして計算する．

$$\mu \frac{\partial I(\mu, x^*)}{\partial x^*} = \frac{1}{\text{Kn}} \int_{-1}^{1} I(\mu, x^*) d\mu - I(\mu, x^*) \tag{3.3.A6}$$

以下，C 言語によるソースファイルである．参考にしていただきたい．

```
/******************************************************************/
/*          フォノン輸送を二流束法で解く              */
/*          K. Miyazaki, T. Arashi, 2002 Aug. 5       */
/******************************************************************/
#include <stdio.h>
#include <math.h>
#include <stdlib.h>
#define nx 12                              /*x 方向を 10 分割 */
#define ng 10000                           /* 角度成分（実際は μ(= cosθ)）を分割 */

double g[ng];                              /*Eq.(A6)の変数 μ に相当 */
double w[ng];                              /* ガウスルジャンドル積分の重み */
double cp0[nx][ng];                        /* 位置 nx における角度 ng 方向の I⁺   old*/
double cp1[nx][ng];                        /* 位置 nx における角度 ng 方向の I⁺   new*/
double cm0[nx][ng];                        /* 位置 nx における角度 ng 方向の I⁻   old*/
double cm1[nx][ng];                        /* 位置 nx における角度 ng 方向の I⁻   new*/
void gauleg(int x1,int x2,double xx[],double w[],int n);  /* ガウスルジャンドル積分 */

void main(void)
{
        int i, j, k, kg, it;               /* 計算に必要な整数定義 */
        double dx, xc, sum, f, resid;      /*gamma = 1/Kn*/
        double tbte0[nx];                  /* 無次元温度 old*/
        double tbte1[nx];                  /* 無次元温度 new*/
        double x[nx];                      /* 位置   x */
        FILE *fp;                          /* 計算結果をファイル保存 */
/*input parameters*/
        double gamma = 0.25;               /*Kn 数の逆数 */
        double crit = pow(10,-7);          /* 計算の収束を判定 crit = 10⁻⁷*/
/*grids and position*/
/* 位置 x は既に無次元化しているので計算領域は 0 から 1*/
        dx = 1.0/(nx-1);                   /* 計算領域長さ 1 を計算点で均等分 */
        xc =-dx;                           /*x = 0 点調整 */
        for(i = 1;i <= nx+1;i++)           /* x = 0 から x = 1 まで x[i]で位置を定義 /
```

3.3 薄膜熱伝導率のサイズ効果

```
            }
                        xc = xc+dx;
                        x[i]= xc;
            }
/*gauss-legendre integration points*/
            gauleg(0,1,g,w,ng);        /* ガウスルジャンドル積分用の点を定義 */
                                       /* 積分範囲は 0～1. 関数の対称性を考えて I⁻ の-1～0 も OK*/
                                       /*g[]が Eq.( 3.3.A6)の μ, w[]が積分用の重み */
/*initialize the intensity*/
            for(j = 1;j < ng;j++)      /*μ(= cosθ)を ng 分割している. I(μ)の初期条件 */
            {
                        /* 境界条件 */
                        cp0[1][j]= 1.0;            /*x = 1 は高温側 */
                        cp1[1][j]= 1.0;            /* 等方的に I⁺ = 1*/
                        cm0[1][j]= 0.0;            /*x = 0 の低温側, I⁻ の i = 1 を x = 0 として解く */
                        cm1[1][j]= 0.0;            /* 等方的に I⁻ = 0*/
                        /* 初期条件 */
                        for(i = 2;i <= nx;i++)     /*i = 1 と i = nx は境界条件, 中だけ計算 */
                        {
                                    cp0[i][j]= 0.0;            /* 初期条件は I⁺ も I⁻ もどの点も全部 0*/
                                    cp1[i][j]= 0.0;
                                    cm0[i][j]= 0.0;
                                    cm1[i][j]= 0.0;
                        }
            }
            if ( (fp = fopen("temp.dat","w"))== NULL)   /* 結果保存用ファイル */
            {
                        printf("Can't open file!");
                        exit(-1);
            }
            /*the iteration for the forward intensity*/
            it = 1;                    /* 繰り返し計算数チェック用整数 */
            do
            {
                        it = it+1;
                        printf("%d\n",it);         /* 繰り返し数表示 */
                        for(i = 2;i < nx;i++)
                        {
                                    sum = 0.0;                                 /*I⁰ 計算の積分 */
                                    for(kg = 1;kg < ng;kg++)
                                    {
                                                sum = sum+(cp0[i][kg]+cm0[i][kg])*w[kg];/*I⁺ と I⁻ を積分 */
```

```
            }
            sum = 0.5*sum;                        /* Eq.( 3.3.A4)の 1/2 と 0.5 が対応 */

            for(k = 1;k < ng;k++)                 /* 差分化，I_new について解く */
            {
                f = 1.0+g[k]/gamma/dx;
                cp1[i][k]=(g[k]/gamma/dx*cp1[i-1][k]+sum)/f;
            }
        }
/* the iteration for the backward intensity */
        for(i = nx-1;i >= 1;i--)                  /*I⁻ を高温側から解く */
        {
            sum = 0.0;                            /*I⁰ 計算の積分 */
            for(kg = 1;kg < ng;kg++)
            {
                sum = sum+(cp1[i][kg]+cm0[i][kg])*w[kg]; /*I⁺ と I⁻ を積分 */
            }
            sum = 0.5*sum;                        /* Eq.(3.3.A4)の 1/2 と 0.5 が対応 /

            for(k = 1;k < ng;k++)                 /* 差分化，I_new について解く */
            {
                f = 1.0+g[k]/gamma/dx;
                cm1[i][k]=(g[k]/gamma/dx*cm1[i+1][k]+sum)/f;
            }
        }

/* 定常状態の収束を確認 */
        resid = 0.0;                              /*残差を 0 とする */
        for(i = 1;i < nx;i++)
        {
            sum = 0.0;
            for(k = 1;k <= ng;k++)
            {
                sum = sum+(cp1[i][k]+cm1[i][k])*w[k];/* 新たに得られる I⁰ を計算 */
            }
            tbte1[i]= 0.5*sum;                    /* Eq.(3.3.A4)の 1/2 */
            resid = fabs(tbte1[i]-tbte0[i])/tbte1[i]+resid; /* I⁰ old と I⁰ new を計算 */
            tbte0[i]= tbte1[i];                   /* new を old にする */
        }

        for(i = 1;i < nx;i++)
        {
```

3.3 薄膜熱伝導率のサイズ効果

```
                    for(k = 1;k < ng;k++)           /* new を old にする */
                    {
                         cp0[i][k]= cp1[i][k];
                         cm0[i][k]= cm1[i][k];
                    }
               }
          }while(resid > crit);                     /* new と old の差が大きい時は */
                                                    /* 計算を繰り返す最後は定常状態を得る */
          for(i = 1;i < nx;i++)
          {
                    tbte0[i]= tbte1[i];
                    fprintf(fp,"%lf\n",tbte0[i]);   /* 計算結果 $I^0$ を保存 */
          }
          fclose(fp);
}

void gauleg(int x1,int x2,double xx[ng],double w[ng],int n)
/* 積分の下限 x1, 上限 x2, および n が与えられたとき, このルーチンは xx[]と w[]に Gauss-Legendre
の n 点積分公式の x 座標と重みを入れて返す */
{
double EPS;                                         /* 参考文献(15)の通り */
          EPS = 3*pow(10,-16);
          int i,j,m;
          double p1,p2,p3,pp,xl,xm,z,z1;
          m =(n+1)/2;
          xm = 0.5*(x2+x1);
          xl = 0.5*(x2-x1);
          for(i = 1;i <= m;i++)
          {
                    z = cos(3.141592654*(i-0.25)/(n+0.5));
                    do
                    {
                    p1 = 1.0;
                    p2 = 0.0;
                         for(j = 1;j <= n;j++)
                         {
                              p3 = p2;
                              p2 = p1;
                              p1 =((2*j-1)*z*p2-(j-1)*p3)/j;
                         }
                         pp = n*(z*p1-p2)/(z*z-1);
                         z1 = z;
```

```
                        z = z1-p1/pp;
                    }while(fabs(z-z1) > EPS);
                    x[i]= xm-xl*z;
                    x[n+1-i]= xm+xl*z;
                    w[i]= 2.0*xl/((1.0-z*z)*pp*pp);
                    w[n+1-i]= w[i];
        }
}
```

参考文献

1) G. P. Srivastava, The Physics of phonons, Adam Hilger (1990) p.129.
2) Z. M. Zhang, Nano/microscale heat transfer, McGrawHill (2006) p.176.
3) M. I. Flik and C. L. Tien, "Size effect on the thermal conductivity of high-Tc thin-film superconductors", J. Heat Trans., Vol. 112 (1990) pp.872-881.
4) A. Majumdar, "Microscale heat conduction in dielectric thin films", J. Heat Trans., Vol. 115 (1993) pp.7-16.
5) M. Q. Brewster, Thermal radiative transfer and properties, Wiley-Interscience (1992) p.381.
6) E. T. Swartz and R. O. Pohl, "Thermal boundary resistance", Rev. Mod. Phys., Vol. 61 (1989) pp.605-668.
7) E. H. Sondheimer, "The mean free path of electrons in metals", Adv. Phys., Vol. 1 (1952) pp.1-42.
8) 金原粲, 藤原英夫, 薄膜, 裳華房 (1979) p.170.
9) 高木貞治, 解析概論, 岩波書店 (1961) p.356.
10) G. Chen, Nanoscale energy transport and conversion, Oxford (2005) p.288.
11) N. Mingo and D. A. Broido, "Carbon nanotube ballistic thermal conductance and its limits", Phys.Rev. Lett., Vol. 95 (2005) 096105.
12) N. Garcia, Y. H. Kao and M. Strongin, "Galvanomagnetic studies of bismuth films in the quantum-size-effect region", Phys. Rev. B, Vol.5, No.6 (1972) pp.2029-2039.
13) H. Asahi, T. Humoto and A. Kawazu, "Quantum size effect in thin bismuth films", Phys. Rev. B, Vol.9, No.8 (1974) pp.3347-3356.
14) K. Miyazaki, T. Arashi, D. Makino, and H. Tsuamoto, "Heat Conduction in Microstrucutred Materials", IEEE Trans. CPMT, Vol. 29, No.2 (2006) pp.247-253.
15) W.H. H. Press, S. A. Teukolsky, W. T. Vetterling, and B. P. Flannery, Numerical Recipes in C, Cambridge University Press (1988).

3.4 ナノ・マイクロ構造体のふく射物性のサイズ・構造効果（Size Effect on Thermal Radiation from Nano and Microstructures）

　熱ふく射においてふく射率（emissivity）は材料の物性値だけでは決まらないことが知られている．例えば，鏡面研磨した表面と粗い表面とでは分光ふく射率や指向性は大きく異なる．近年，物質表面に形成したナノ・マイクロ構造体によって熱ふく射のスペクトル，指向性や偏光をデザインできるようになった．このようなナノ・マイクロ構造体の熱ふく射におよぼす効果を応用する分野は熱ふく射制御（thermal radiation control）と呼ばれ，材料の物性値ではなく，構造のサイズによって熱ふく射を自由に設計できる[1]．

　人工的な構造による熱ふく射制御の試みは Hesketh らにより，シリコン基板表面に形成した深い1次元回折格子を用いてはじめて行われた[2]．これは，量子ドットレーザーやフォトニック結晶など光エレクトロニクス分野で発展してきた共振器による自然放出の制御の考え方を，熱ふく射へ応用した

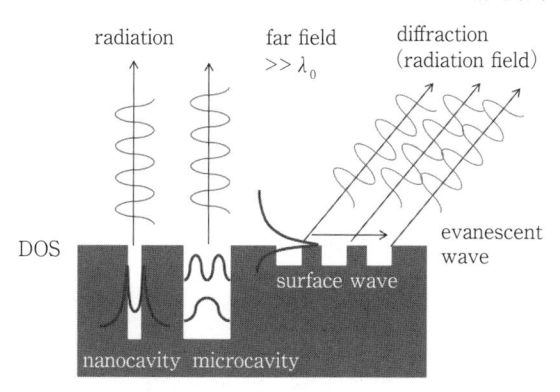

Fig. 3-4-1 熱ふく射制御の原理:ナノ・マイクロ共振器による状態密度の制御と回折格子による表面波のふく射への変換(Principles of thermal radiation control)

ものとみることができる.現在では熱光起電力(thermophotovoltaic:TPV)発電をはじめ,赤外線光源や照明への応用を目指して様々な構造が提案されている[3]).

本節では,基礎編での準備をふまえ,熱ふく射制御の実験としてマイクロ共振器やメタマテリアルを用いた我々の研究を例にとり紹介する.ここでは取り上げることができないフォトニック結晶を含めた熱ふく射制御に関する網羅的なレビューは 6.5.1 項をあわせて参照のこと.

3.4.1 熱ふく射制御の原理(Principles of thermal radiation control)

遠方場(far field)の熱ふく射にナノ・マイクロ構造の効果を生じさせる原理には大きく分けて 2 種類ある.これを模式的に Fig. 3-4-1 に示す.1 つは状態密度(Density of State:DOS)の制御によるものである.2.3.6 項に述べたように,遠方場の熱ふく射スペクトルを与えるプランクの法則はフォトンの平均エネルギーと自由空間の DOS との積であるから,DOS によってスペクトルを変化させることができる.ナノ共振器(nanocavity),マイクロ共振器(microcavity)あるいはフォトニック結晶(photonic crystal)中の電磁波は境界条件のために DOS が自由空間と比べて大きく変わるので,熱ふく射の抑制や増強が可能となる.マイクロ共振器においては,特に構造サイズが電磁波の波長と同程度になると DOS に共振器中の電磁波のモードの離散性が顕著にあらわれる[4~6)].ナノ共振器では共振器サイズが電磁波の波長より十分小さいにもかかわらず,共振器壁が負誘電体であり表面波(表面プラズモンポラリトンなど)が存在する場合は波長が縮小された状態となり,熱ふく射に共振モードがあらわれる[7,8)].

もう 1 つは物質表面に熱励起されたエバネッセント波(evanescent wave)の利用によるものである.2.3.9 項と 2.3.10 項に述べたように,通常,エバネッセント波は近接場(near field)にあって遠方場へのふく射伝熱には寄与しないが,適切な周期構造を表面に形成することにより,これを伝搬波(propagation wave)に変換し遠方場に放射させることができる.このとき指向性をもつ空間コヒーレンスの高い熱ふく射が実現できる[9,10)].

3.4.2 マイクロ共振器からの熱ふく射(Thermal radiation from microcavity)

マイクロ共振器による熱ふく射制御の例をみてみよう.ここでは共振器の構造として金属表面に Fig. 3-4-2(a)に示すような波長オーダーの直方体の穴を周期的に開けたもの(1 辺 a,深さ h,周期 d)を考える.以下に述べるように,直方体の穴はそれぞれ電磁波に対する開放端共振器(open end cav-

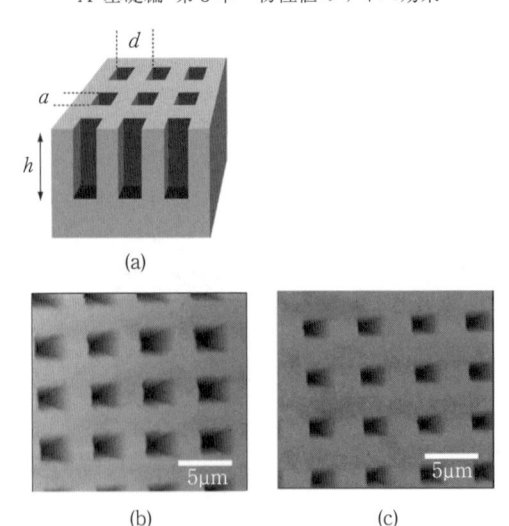

Fig. 3-4-2 マイクロ共振器の構造：(a) 直方体型マイクロ共振器の模式図，(b) タングステン基板表面に作製した共振器の AFM 像 深さ $h = 3.7\,\mu m$，開口 $a = 3.0\,\mu m$，周期 $d = 5\,\mu m$，(c) 深さ $h = 2.6\,\mu m$，開口 $a = 2.5\,\mu m$，周期 $d = 5\,\mu m$（Structure of microcavity）

ity）となって，独立したマイクロ共振器として動作する．Fig. 3-4-2(b) は平らに研磨したタングステン基板（厚さ 0.5 mm）の表面にドライエッチングにより作製した直方体型（$h = 3.7\,\mu m$，$a = 3.0\,\mu m$，$d = 5\,\mu m$）のマイクロ共振器の AFM 像である．

Fig. 3-4-2(b) の基板を真空容器中で通電加熱し，850 K に加熱したときの熱ふく射スペクトルを Fig. 3-4-3(a) に示す[6]．計測中は基板裏面の温度をふく射温度計によりモニターし，一定温度としている．共振器を形成した領域の熱ふく射スペクトルを（同一基板中の構造のない）平面領域と比較すると，波長 5.5 μm においてふく射強度が共鳴的に増大していることがわかる．これは共振器領域のふく射率（emissivity）が平面領域より増大したことを示している．また，Fig. 3-4-3(b) に示すように相対ふく射率（relative emissivity）として，平面領域に対する共振器領域のスペクトルの比をとると，さらに多数のピークが観測される．これは直方体の穴が電磁波の共振器としてはたらいていることを示している．

2.3.3 項において全体を完全導体で囲まれた立方体中の電磁波の共振周波数について述べた．これに従うと四方を壁に囲まれた直方体完全導体（1 辺 L_x, L_y, L_z とする）中の共振（角）周波数 ω は

$$\omega = c\pi\sqrt{\left(\frac{n_x}{L_x}\right)^2 + \left(\frac{n_y}{L_y}\right)^2 + \left(\frac{n_z}{L_z}\right)^2} \tag{3.4.1}$$

となる．ここで，n_x, n_y, n_z はそれぞれ x, y, z 方向のモードナンバー，c は真空中の光速度である．本実験の中赤外波長域では金属は負誘電体（negative dielectric）であるが，負の誘電率の絶対値が大きいために金属中への電磁場の侵入はほとんどなく完全導体と近似できる．ここで，壁の一つを開放端とした場合は Fig. 3-4-3(c) に示すように電磁波が開口部で節ではなく腹となる共振モードとなるから，開放する方向を z 軸方向にとれば電磁波の波数 k として許されるのは以下のようになる．

$$k_x = \frac{\pi}{a}n_x, \quad k_y = \frac{\pi}{a}n_y, \quad k_z = \frac{\pi}{2h}n_z \tag{3.4.2}$$

ここで，$n_x, n_y = 0, 1, 2\cdots$，$n_z = 0, 1, 3, 5, \cdots$ はそれぞれ x, y, z 方向のモードナンバーである．z 軸方向の

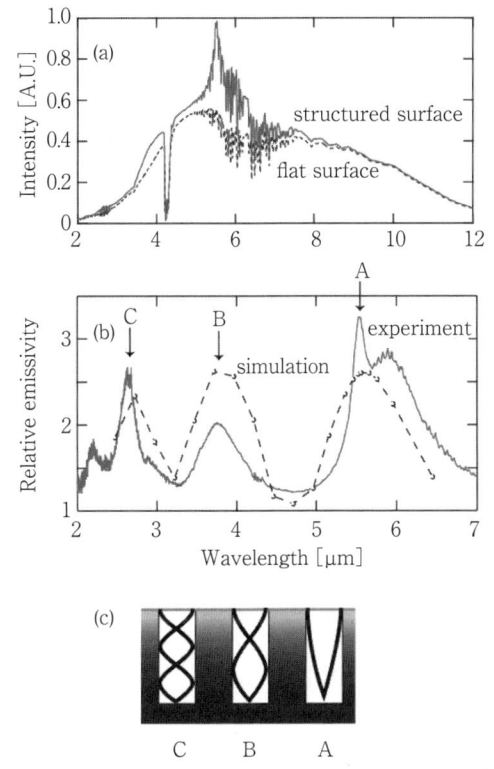

Fig. 3-4-3 マイクロ共振器からの熱輻射スペクトル（フィラメント温度一定）：(a) タングステン平面（点線）と共振器（実線）の 850K における熱輻射スペクトル，(b) 相対輻射率の実験（実線）とシミュレーション（点線），(c) 共振条件における電場分布の模式図（Thermal radiation spectra from microcavity with constant filament temperature）

モードナンバー n_z は奇数をとることに注意する．これは Fig. 3-4-3 (c) に示すように，開口部で腹，底で節となるような電磁場分布を示し，音波とのアナロジーでは閉管型楽器（クラリネットなど）の定在波に相当する．このとき Eq.(3.4.1) と Eq.(3.4.2) から共振波長 λ_{oc} を計算すると，以下の式が得られる[4]．

$$\lambda_{oc} = \frac{2\pi c}{\omega} = \frac{2}{\sqrt{\left(\frac{n_x}{a}\right)^2 + \left(\frac{n_y}{a}\right)^2 + \left(\frac{n_z}{2h}\right)^2}} \tag{3.4.3}$$

λ_{oc} はモードナンバーの組み合わせにより様々な値をとるが，n_z の奇数次モードは Fig. 3-4-3(b) のピークと良く一致する．このことは，開放端共振器の有限差分時間領域（Finite-Difference Time Domain: FDTD）法によるシミュレーション（Fig. 3-4-3(b) 点線）においても吸収率の共振増大として確認されている[11]．シミュレーションでは（様々な周波数を同時に含む）入射平面電磁波パルスを開放端共振器に入射させ，分光吸収率を計算する．このとき，キルヒホッフの法則（Kirchhoff's Law）を用いて吸収率からふく射率を求める場合には注意を要する．金属のように透過がない場合は，次式を用いて分光垂直ふく射率（spectral normal emissivity）$\varepsilon_{\omega n}$ を計算することができる[12]．

$$\varepsilon_{\omega n}(\omega) = \alpha_{\omega n}(\omega) = 1 - R_{\omega nh}(\omega) \tag{3.4.4}$$

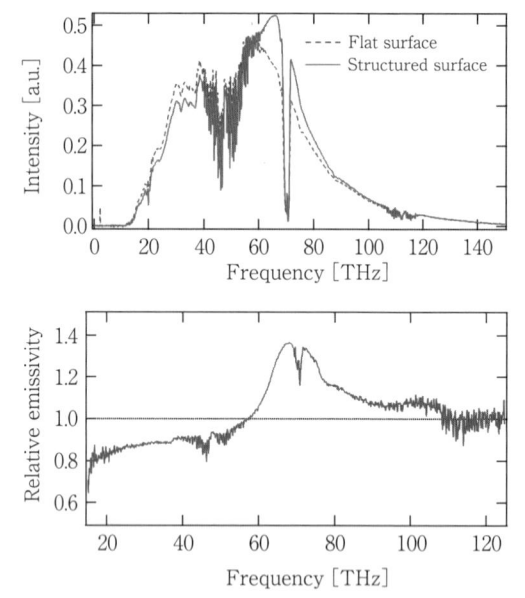

Fig. 3-4-4 マイクロ共振器からの熱輻射スペクトル（フィラメントへの入力電力一定）: (a) モリブデン平面（点線）と共振器（実線）の入力電力 200 W における熱輻射スペクトル, (b) 相対輻射率 (Thermal radiation spectra from microcavity with constant electric power)

ここで $\alpha_{\omega n}$ は分光垂直入射吸収率, $R_{\omega nh}$ は分光垂直入射半球分光反射率である. $R_{\omega nh}$ の添え字は垂直入射 (normal incidence) させた平面波のあらゆる方向の反射率を半球 (hemisphere) の全方向について積分するという意味である. シミュレーションによれば Eq.(3.4.3) の共振条件において電磁波の垂直入射吸収率が共振的に増大するが, これは Eq.(3.4.4) から垂直ふく射率の共振的増大を意味している.

Fig. 3-4-3 は基板温度が一定の結果であった. 次に, 同じ電力を入力した場合についてみてみよう. 平面モリブデン基板と共振器を形成したモリブデン基板の2つを用意し, それぞれ同じ入力電力 200 W を投入した. Fig. 3-4-4 に熱ふく射スペクトルと相対ふく射率スペクトルを示す. 相対ふく射率から, 58 THz 以上の周波数域で共振器モードによるふく射のピークとふく射増強が観測された. 一方, 58 THz 以下では平面基板に比べてふく射強度が 10～20% 減少しており, ピークより低周波（長波長）側のふく射が抑制されたことがわかる. ふく射の増大部分と減少部分の面積は等しく, 増大したふく射パワーは共振周波数より低周波側からきている[13,14]. これは共振器中の状態密度（モード数）が最低次の共振周波数（この場合は約 70 THz）より低周波側において減少するために, 低周波側の輻射が抑制された証拠と考えられる.

このように, マイクロ共振器の効果によって, 平面と比較して特定の共振周波数のふく射率を増強できる. これは言い換えると, 共振器領域ではふく射率が高いために入力電力が熱ふく射として逃げやすく, 基板温度を一定に維持するためにはより大きな電力を必要とするということである. 逆に, 共振器領域は平面領域より低電力で同じふく射強度を得ることができるので, 省エネルギーであるといえる.

3.4.3 表面波による熱ふく射（Thermal radiation by surface waves）

マイクロ共振器の穴の面積の割合が小さくなり側壁部分が大きくなると，単純な共振器モデルでは熱ふく射スペクトルの説明が困難になる．Fig. 3-4-2(c)に示す穴の小さな直方体型（$h = 2.6$ μm, $a = 2.5$ μm, $d = 5$ μm）のマイクロ共振器の熱ふく射を考えよう．このときの熱ふく射スペクトルをFig. 3-4-5(a)に示す．点線矢印（A）がEq.(3.4.3)から予測される理論ピーク位置であるが，実験結果と大きなずれがある．

このような穴の割合が小さい領域では単一のマイクロ共振器の共振モードよりも周期性が重要になる．周期的に配列したマイクロ共振器は回折格子（diffraction grating）とみなすことができる．特に共鳴領域にある回折格子の電磁場モードは複雑であり，回折格子のサイズパラメーターに依存して大きく特性を変える．共振器の深さが波長に比べて十分浅い場合には，3.4.2節で述べた共振器モードの寄与は少なくなり，表面を伝搬する表面波（surface wave）の効果が主要になることが知られている．実際に浅い回折格子の熱ふく射において，表面プラズモンポラリトン（Surface Plasmon Polariton: SPP）や表面フォノンポラリトン（Surface Phonon Polariton）などの表面波が，回折格子を介してふく射モードと結合した指向性の高い熱ふく射が報告されている[9,10]．

3.4.1項で述べたように，熱励起された表面波は表面に周期構造を形成すると回折格子の働きにより遠視野にふく射される．このとき表面波の波数をβとすると，表面波は以下の波数整合条件が満たされる方向の伝搬波と結合し，遠方場にふく射される[9]．

$$k_{//} = \beta + mg_x + ng_y \tag{3.4.5}$$

ここで，$k_{//}$はふく射光の波数ベクトルの表面への射影，m, nは整数（$m, n = 0, \pm1, \pm2, \pm3\cdots$），$g_x = $

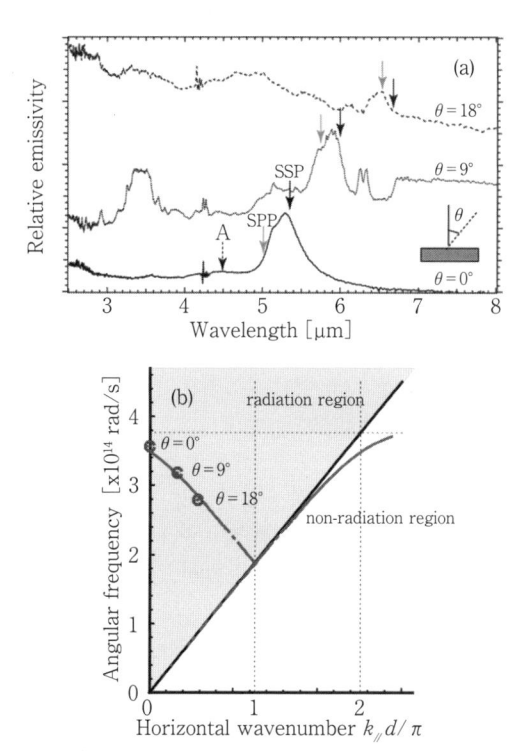

Fig. 3-4-5 表面波による熱ふく射：熱輻射スペクトルの角度依存性，(b) 擬似表面プラズモンの分散関係（Thermal radiation spectra from spoof surface plasmon）

negative dielectric   perfect conductor with periodic infinite holes

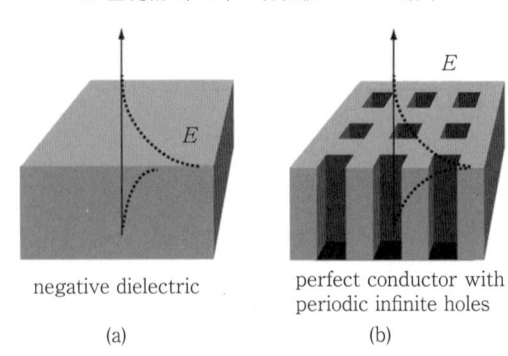

(a) (b)

Fig. 3-4-6 有効表面波の概念：(a) 誘電体・負誘電体界面における表面波，(b) 無限に長い穴の開いた完全導体表面における擬似表面プラズモン (Concept of effective surface wave)

$2\pi/L_x$, $g_y = 2\pi/L_y$ はそれぞれ回折格子の x 軸，y 軸方向の逆格子ベクトルである．また，金属の比誘電率を ε_{rND} とすれば，β は 2.3 節 Eq.(2.3.38) から以下の式で与えられる．

$$\beta = \frac{\omega}{c}\sqrt{\frac{\varepsilon_{rND}}{1+\varepsilon_{rND}}} \tag{3.4.6}$$

Fig. 3-4-5(a) の灰色矢印は Eq.(3.4.5) と Eq.(3.4.6) から SPP によるふく射波長 λ_{SPP} を計算したものである．垂直方向 ($\theta = 0°$) の場合は λ_{SPP} は実験で観測されたピーク位置と大きくずれており，Fig. 3-4-5(a) に示すピーク位置は SPP の理論によっては説明できない．このずれを説明するためには，表面波と共振器の結合を取り入れた理論が必要であり，以下に述べる有効表面波の理論によって説明できる．

いま注目している中赤外線域では，電場は金属中にほとんど侵入できないため完全導体に近い状態となっており，Fig. 3-4-6(a) のような表面波は存在しない．Pendry らは波長に比べて十分小さな無限に長い穴の開いた完全導体表面には，有効表面波が存在することを示し，これを擬似表面プラズモン (Spoof Surface Plasmon: SSP) と呼んだ[15]．これは物理的には Fig. 3-4-6(b) に示すように，穴に侵入した電磁場が等価的に表面波とみなせることに対応している．Fig. 3-4-6(b) において穴の深さが有限（開口部一辺 a，深さ h）のとき，擬似表面プラズモンの分散関係は次式で与えられる[16]．

$$\frac{\sqrt{\beta_{SSP}^2-k_0^2}}{k_0} = \frac{\left(\frac{2\sqrt{2}a}{\pi d}\right)^2 k_0}{\sqrt{\left(\frac{\pi}{a}\right)^2-k_0^2}}\frac{1-e^{-2|q_z|h}}{1+e^{-2|q_z|h}} \tag{3.4.7}$$

ここで，β_{SSP} は界面に平行な方向の SSP の波数，$q_z = \sqrt{k_0^2-(\pi^2/a^2)}$，$k_0$ は真空中の全波数である．Eq.(3.4.7) から計算した SSP の分散曲線（ω-β_{SSP} 特性）を Fig. 3-4-5(b) の実線に示す．分散曲線は light line（点線）の右側の非ふく射領域に存在し，波数が大きなエバネッセント波であることを示している．

SSP は非ふく射領域にあるから，これが外部へふく射されるためには Eq.(3.4.5) の波数整合が必要である．(m, n) の整合条件は多数あるが，その中で $(m, n) = (1, 0)$ を Fig. 3-4-5(b) に示す．Fig. 3-4-5(a) の黒矢印は β_{SSP} と Eq.(3.4.5)（$n = 0$）より求めた SSP によるふく射波長 λ_{SSP} である．λ_{SSP} は観測されるピークの位置と良い一致を示した[17,18]．

このように擬似表面プラズモンの概念を適用することにより，穴の面積の割合を小さくした場合の実験結果を良く説明できる．このような SSP モードは共振器モードに比べて Q 値を高くできる特徴

があり，狭帯域の THz〜中赤外線エミッターなどへの応用が提案されている[19]．

3.4.4 メタマテリアルからの熱ふく射（Thermal radiation from metamaterials）

メタマテリアル（metamaterial）と呼ばれる人工的な 3 次元構造が負の屈折（negative refraction）などの自然には存在しない光学特性を実現して注目を集めている[1]．メタマテリアルは通常の物質が原子から構成されているのに対して，メタ原子（meta atom）とも呼ばれる人工的な共振器構造を 3 次元的に多数配列したものである．メタマテリアルを構成するメタ原子の代表的なものとして分割リング共振器（sprit-ring resonator：SRR）と金属細線（thin metal wire：TMW）が知られている．SRR は負の透磁率，TMW は負の誘電率を示すので，この 2 つを同時に使用すると負の屈折を実現できる．

メタマテリアルの電磁波に対する興味深い特性の多くはメタ原子の共振周波数付近で得られる．一般に共振周波数付近では吸収も大きく，メタマテリアル独自の特性の発現を妨げるために問題となっている．一方，大きな吸収の応用として，ある特定の共振周波数の完全吸収体が実現されている．これはメタ原子の構造を工夫することでマイクロ波帯における吸収を 1 に近づけた完全吸収体（perfect absorber）である[20,21]．キルヒホッフの法則より自明であるが，完全吸収体はある特定波長のエミッターとしても応用できる．

さらに最近では，光アンテナ（optical antenna）をメタ原子として表面に 2 次元的に配列した構造によって入射光の位相を制御し，波長より非常に薄い構造で負屈折をおすことができることがわかり注目を集めている．これはいわば 3 次元に拡がる「バルク」であるメタマテリアルに対応して 2 次元的であるのでメタ表面（metasurface）と呼ばれている[22,23]．

メタ表面を熱ふく射制御に応用した例をみてみよう．メタ表面として Fig. 3-4-7 挿入図に示すように U の字型の SRR を周期的に配列したものを作製した[24]．Fig. 3-4-7 に入力電力 10 W における熱ふく射スペクトルを示す．構造のないものと比較して共振的なふく射のピークが多数観測される．このとき，SRR の非対称性を反映して，x 偏光と y 偏光（Fig. 3-4-7 挿入図）でピーク位置が異なる．このピーク位置は SRR の腕の長さを変えることによって変化し，SPP の共振器（プラズモニック共振器）として動作していることが理論的に確認されている．マイクロ共振器による熱ふく射制御の場合は少なくとも波長程度の深さを持つ穴が必要であるが，長波長になると加工が困難となる．メタ表面

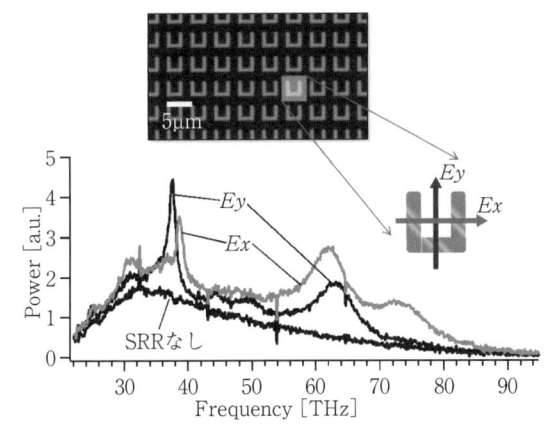

Fig. 3-4-7 メタ表面からの熱ふく射スペクトル：x 偏光と y 偏光における熱ふく射スペクトルの比較 挿入図：ガラス基板上に作製した金の分割リング共振器（SRR）の光学顕微鏡像と偏光方向の定義（Thermal radiation spectra from metasurface with sprit-ring resonators）

は波長より十分薄い構造で共振器として動作させることができるので，THz～中赤外線領域での熱ふく射制御に適している．

3.4.5 まとめ（Summary）

ナノ・マイクロ構造体からの熱ふく射の具体的についてまとめた．ナノ・マイクロ共振器をはじめメタマテリアルやメタ表面など，最先端のナノ加工技術を駆使して遠方場における熱ふく射スペクトルのデザインが既に実現している．今後は遠方場のみではなく近接場も含めたナノ領域でのふく射場のデザインが課題といえる．これらの基盤技術をもとにナノ・マイクロ構造体の大面積化をすすめることによって，廃熱回収や光源などへの本格的な応用が期待される．

参考文献

1) 高原淳一，メタマテリアル～最新技術と応用～，シーエムシー出版，(2007) pp.242-251.
2) P. J. Hesketh, J. N. Zemel and B. Gebhart, Nature, 324 (1986) 549.
3) 伝熱，Vol.50, No.210 (2011) pp.1-44.
4) S. Maruyama, T. Kashiwa, H. Yugami and M. Esashi, Appl. Phys. Lett., 79 (2001) 1393.
5) H. Sai, Y. Kanamori and H. Yugami, Appl. Phys. Lett., 82 (2003) 1685.
6) F. Kusunoki, J. Takahara and T. Kobayashi : Japanese Journal of Appl. Phys., 43 (2004) 5253.
7) K. Ikeda, H. T. Miyazaki, T. Kasaya, K. Yamamoto, Y. Inoue, K. Fujimura, T. Kanakugi, M. Okada, K. Hatade and S. Kitagawa, Appl. Phys. Lett., 92 (2008) 021117-1.
8) H. T. Miyazaki, K. Ikeda, T. Kasaya, K. Yamamoto, Y. Inoue, K. Fujimura, T. Kanakugi, M. Okada, K. Hatade, and S. Kitagawa, Appl. Phys. Lett., 92 (2008) 141114-1.
9) J.-J. Greffet, R. Carminati, K. Joulain, J.-P. Mulet, S. Mainguy and Y. Chen, Nature, 416 (2002) 61.
10) F. Kusunoki, J. Takahara and T. Kobayashi, Electronics Lett., 39 (2003) 23.
11) J. Takahara, F. Kusunoki and T. Kobayashi, Abstract of IQEC 2005, JWH2-4 (2005) 609.
12) 牧野俊郎，若林英信，伝熱，Vol.50, No.210 (2011) 37.
13) 高原淳一，伝熱，Vol.50, No.210 (2011) 6.
14) 高原淳一，上羽陽介，永妻忠夫，光学，Vol.39, No.10 (2010) 482.
15) J. B. Pendry, L. Martin-Moreno, F. J. Garcia-Vidal, Science, 305 (2004) 847.
16) F. J. Garcia-Vidal et al., J. Opt. A : Pure Appl. Opt.7 (2005) S97.
17) 谷岡寿一，高原淳一，第54回応用物理学関係連合講演会予稿集 No.3, 1091, 27a-ZW-6 (2007).
18) 上羽陽介，高原淳一，永妻忠夫，第70回応用物理学会学術講演演会，17a-NJ-2 (2010).
19) Y. Ueba, J. Takahara and T. Nagatsuma, Opt. Lett. 36, 6 (2011) 909.
20) N. I. Landy, S. Sajuyigbe, J. J. Mock, D. R. Smith and W. J. Padilla, Phys. Rev. Lett., 100 (2008) 207402.
21) H. Tao, N. I. Landy, C. M. Bingham, X. Zhang, R. D. Averitt and W. J. Padilla, Opt. Express, 16 (2008) 7181.
22) N. Yu, P. Genevet, M. A. Kats, F. Aieta, J-P. Tetienne, F. Capasso and Z. Gaburro, Science 334 (2011) 333.
23) X. Ni, N. K. Emani, A. V. Kildishev, A. Boltasseva, V. M. Shalaev, Science 335 (2012) 427.
24) Y. Ueba and J. Takahara, Appl. Phys. Express (APEX) Vol. 5, (2012) 122001.

3.5 粘性率，拡散係数のサイズ効果（Scale Effect on Viscosity and Diffusion Coefficient）

閉空間で全部あるいは一部を閉じ込められた液体は，固体表面の影響を受け，粘性率，拡散係数などがバルクとは異なる性質を示すことが示されている[1～3]．しかしながら，液体が固体表面から影響を受ける距離に関しては未だ議論が続いており，現在も活発に研究が行われている．固体表面による液体への影響として，固体表面に吸着した分子の相および固体表面から影響を受ける液体の層が形成されると考えられている．代表的な理論として，電気二重層（Electric Double Layer）が提案されてい

る[4]．固体表面の電位によって溶液中のイオンが影響を受け，固体表面近傍にイオン濃度の過剰な電気二重層が形成される．閉空間で全部あるいは一部を閉じ込められた液体は，その空間のサイズが小さくなるに従い比表面積が大きくなり，その体積の電気二重層が占める割合が増加することとなり，その影響が無視できなくなり，見かけの粘性率の上昇などのサイズ効果が生じる．

固体表面に吸着した液体の流動や粘性率は，せん断を与えながら表面力を測定する表面力測定装置（SFA, Surface Force Apparatus）[5,6]やコロイドプローブ原子間力顕微鏡（AFM, Atomic Force Microscope）[7,8]によって計測されている．固体表面に吸着した分子の相は1層ではなく，2,3層の吸着相が存在し，その厚みが数 nm に及ぶことが示唆されている[9]．固体表面に直接固着した層の周りに吸着した層はやわらかく壊れやすい構造であり，水素結合から成る複雑なネットワーク構造になっていると考えられている．この表面近傍の見かけの粘性率は，バルクの粘性率の10^3倍程度と試算されている[10,11]．核磁気共鳴（NMR：Nuclear Magnetic Resonance）を用いたガラス基板のナノ流路内の水の計測結果から，水分子のネットワーク構造の厚みが 50 nm 程度であり，その粘性率がバルクの数倍程度と報告されている[12,13]．さらに，水分子のネットワーク構造によって，水素イオン（プロトン）の移動度がバルクに比べて 20 倍程度高くなり，水素イオンの拡散だけではなく周囲の水分子との間でプロトンを高速で交換するプロトンホッピングが生じていると考えられている[14]．

一方，10 nm～10 μm 程度の空間の液体の粘性率は，マイクロ加工法により作成した微小流路内での流れを計測することによって求められており，その空間のサイズが小さくなるに従い見かけの粘性率が上昇することが報告されている[15,16]．その原因として，形成された電気二重層のせん断応力による変形により生じる電気粘性効果（Electro Viscose Effect）が考えられている[17]．

3.5.1 電気二重層と電気粘性効果（Electric double layer and electro viscose effect）

固体の極近傍では，溶液中のイオンが固体表面の電位により生じる電場によって大きく影響を受け，電気二重層（Electric Double Layer）を形成する（Fig.3-5-1）．電気二重層のモデルとして，ヘルムホルツ（Helmholtz）のモデル，グイ・チャップマン（Gouy Chapman）のモデル，シュテルン（Stern）のモデルが知られている[18]．ヘルムホルツのモデルでは電気二重層は単純な平板間コンデンサーとして表され，グイ・チャップマンのモデルでは電気二重層を1層としてその分布がボルツマン分布を仮定している．シュテルンのモデルでは，ヘルムホルツのモデルとグイ・チャップマンのモデルを組み合わせ，更に固体表面にイオン吸着相が存在すると仮定した3層モデルとしている．本項で

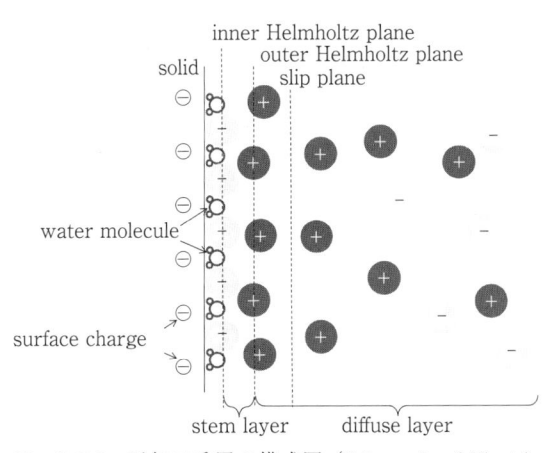

Fig. 3-5-1 電気二重層の模式図（Schematic of Electric Double Layer）

は，シュテルンのモデルについて簡単に述べる．

電気二重層は，吸着イオンの相および拡散二重層によって構成される．溶液中のイオンは共有結合によって固体表面に保持され，吸着イオン相を形成する．この吸着イオンの中心の面を内部ヘルムホルツ面（Inner Helmholtz plane）と呼び，固体表面における電位を表面電位 ϕ_0 と呼ぶ．溶液中に界面活性なイオンが存在すると固体表面に特異吸着して表面電荷を変化させる．固体表面に特異吸着したイオンに対して電荷のバランスを取るため外側にイオンが並ぶ．この面を外部ヘルムホルツ面（outer Helmholtz plane）と呼ぶ．内部ヘルムホルツ面と外部ヘルムホルツ面をシュテルン層（Stern layer）と呼ぶ．シュテルン面の対イオンは，固体表面に吸着したイオンに吸着しており自由度が低い．固体表面の電荷により引き寄せられた対イオンが正常な濃度より過剰に存在し，他符号のイオン濃度が減少する層が形成される．固体表面から離れるに従い対イオンの濃度は減少する．外部ヘルムホルツ面より外側の層を拡散二重層と呼び，さらに外側には，表面電荷がイオンに影響を及ぼす限界であるすべり面が存在する．このすべり面における電位をゼータ電位と呼ぶ．

拡散二重層内の電位 Ψ は，固体表面の電位 Ψ_s が 25.7 mV より小さい場合には，ボルツマン分布を仮定した Debye-Hunckel 近似により，

$$\Psi = \Psi_s \exp(-\kappa z) \tag{3.5.1}$$

とあらわされる．ただし，

$$\kappa = \left(\frac{2N_A e^2 I}{\varepsilon k_B T}\right)^{1/2} \tag{3.5.2}$$

である．ここで，N_A はアボガドロ数，e は電気素量，I はイオン強度，ε は誘電率，k_B はボルツマン定数，T は温度である．

また，κ^{-1} を電気二重層の厚み，あるいはデバイ長（Debye Length）と呼ぶ．例えば，常温の水のデバイ長は 311 nm，10^{-4} M の KCl 溶液は 30 nm，10^{-2} M の KCl 溶液は 3 nm となる．

溶液の流れがある場合には，電気二重層がせん断応力によって変形し，その変形によって生じた電気的な力により見かけの粘性率上昇が生じる．この効果を電気粘性効果と呼ぶ．これまでに，電気二重層による電気粘性効果をモデル化し，ゼータポテンシャルを 25 mV 以下と仮定した近似解が算出されている[17]．さらに，高いゼータポテンシャル（100～200 mV）の場合，流れに伴う電荷の移動よって生じる電流（流動電位：Streaming Potential）を考慮したモデルが考案されている[19]．近年，流路両端に生じた電位差による電気浸透流や，表面電位の変化なども考慮したモデルも提案されている．

ここでは，単純な平行平板間の流れに生じる電気粘性効果について概説する[20]．層流のナビエーストークス方程式は，

$$\rho\frac{\partial \boldsymbol{u}}{\partial t} + \rho \boldsymbol{u} \cdot \nabla \boldsymbol{u} = -\nabla p + \mu \nabla^2 \boldsymbol{u} + \boldsymbol{F} \tag{3.5.3}$$

で表される．ここで ρ は密度，μ は粘性率である．

ここで，外力 $\boldsymbol{F}$ が電気的な力のみであり，Fig. 3-5-2 に示す流れは定常であり十分に発達した 2 枚の平行平板間の流れと仮定すると，

$$\mu\frac{d^2 u}{dz^2} - \frac{dp}{dx} + e_x \rho_e(z) = o \tag{3.5.4}$$

となる．ここで，$e_x \rho_e(z)$ は電気的な力であり，E_x は流れ方向の電界強度，$\rho_e(z)$ は電荷密度である．Eq.(3.5.4) を無次元化し，Eq.(3.5.1) の拡散二重層内の電位を用いて整理すると

$$U = \frac{1}{F(\bar{\kappa})}(Z^2 - 1) - \frac{4\bar{\zeta}E_x}{\bar{\kappa}^2 F(\kappa)}\left(1 - \frac{\cosh \bar{\kappa} Z}{\cosh \bar{\kappa}}\right) \tag{3.5.5}$$

が得られる．ただし，

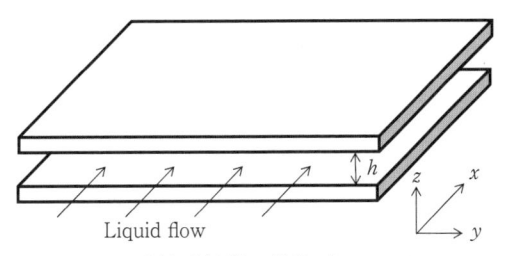

Fig. 3-5-2 平行平板間の流路 (Channel between Two Parallel Plates)

$$\bar{\kappa} = \frac{h}{2\kappa^{-1}}, \ Z = \frac{2z}{h} - 1, \ U = \frac{u}{u_0}, \ u_0 = \frac{h^2}{8\eta}\frac{\mathrm{d}p}{\mathrm{d}x}, \ E_x = \frac{e_x\rho_e}{\mathrm{d}p/\mathrm{d}x}, \ \bar{\zeta} = -\frac{\zeta q}{kT},$$

$$F(\kappa) = \frac{2}{\bar{\kappa}^2}\left(1 - \frac{\bar{\kappa}}{\tanh\bar{\kappa}}\right)$$

である.h は平行平板間の距離,η は動粘度,ζ はゼータポテンシャルである.

Eq.(3.5.5)の平行平板間の速度を積分し,得られる流量は,

$$Q = -\frac{h^3}{12\eta}\frac{\mathrm{d}P}{\mathrm{d}X}\left\{1 - \frac{6\bar{\zeta}E}{\bar{\kappa}^2}\left(1 - \frac{\tanh\bar{\kappa}}{\bar{\kappa}}\right)\right\} \tag{3.5.6}$$

となる.
ここで,平行平板間の流れの流量は,見かけの動粘度 η_a を用いて

$$Q = -\frac{h^3}{12\eta_a}\frac{\mathrm{d}P}{\mathrm{d}X} \tag{3.5.7}$$

とすると,見かけの動粘度とバルクの動粘度の比は

$$\frac{\eta_a}{\eta} = \left\{1 - \frac{6\bar{\zeta}E}{\bar{\kappa}^2}\left(1 - \frac{\tanh\bar{\kappa}}{\bar{\kappa}}\right)\right\}^{-1} \tag{3.5.8}$$

となる.

3.5.2 10 nm 以下の空間の液体(吸着水)の粘性率(Apparent viscosity(scale < 10 nm))

固体表面に挟まれた厚み nm スケールの水の粘性率は,実験方法や研究者により結果が異なっており,未だ統一的な見解が得られていない.これまでに,表面力測定装置[5,6]やコロイドプローブ原子間力顕微鏡[7,8],核磁気共鳴[12,13]などを用いた粘性率の計測や,非弾性 X 線散乱を用いた固体表面間の水の構造解析[21〜23]などが行われている.

表面力測定装置は,液体を雲母などの平滑な透明基板間に挟み,基板間の距離を変化させて,ばねの変位から表面力を求める手法である(Fig. 3-5-3)[5,6,24〜26].分解能は 10 nN 程度である.主として固体表面が平滑な雲母間の液体の粘性率が計測されている[27].さらに,表面力だけでなく,固体材料

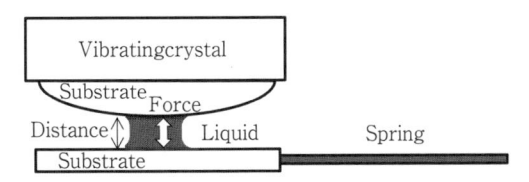

Fig. 3-5-3 表面力測定装置(SFA, Surface Force Apparatus)

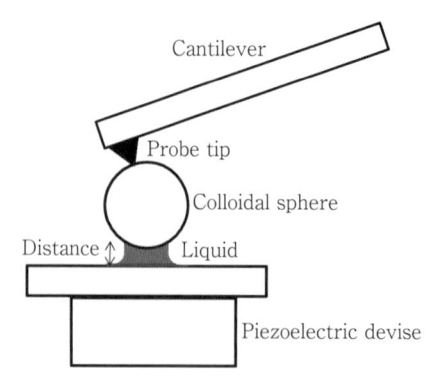

Fig. 3-5-4 コロイドプローブ原子間力顕微鏡 (Colloid Probe Atomic Force Microscope)

を振動させて液体にせん断を負荷し，固体間の液体の流動性の計測法が開発されている[9,28]．雲母間のNaCl溶液（7 mM）の液膜の計測結果から，固体表面間の間隔が1 nmでも液体が流動性を保っていることが確認されている．ナノ共振ずり測定装置を用いて雲母間のNaCl溶液（7 mM）の液膜の粘性率の計測結果では，表面間距離2 nm以上ではバルクの水と変わらず，間隔が2 nm以下より狭くなると上昇し，1 nm以下では雲母表面に吸着した水和Naイオン間の摩擦によって急激に増加し，バルクの粘性率の$10^2 \sim 10^4$倍になった[10]．しかしながら，この水は依然として高い潤滑性をもっていた．一方，分子動力学法を用いて雲母間（間隔0.61〜2.44 nm）の水の粘性率が計算されており，実験値との良い一致が得られている[31]．コロイドプローブ原子間力顕微鏡は，カンチレバーの先端にミクロンサイズのコロイド粒子を接着させて平板との間の液体によって粒子-平板間に働く力を計測する方法であり，計測された表面力は，従来の理論であるDLVO（Derjaguin, Landau, Verwey, and Overbeek）理論に良く一致している（Fig. 3-5-4）[7,8]．相当直径295〜5000 nmのガラス製流路内の水の核磁気共鳴による計測では，スピン-格子緩和時間T_1の逆数が，相当直径800 nmより小さくなるにつれて，急激に増加した[12,13]．このことから，ガラス表面に弱く構造化した水が50 nm程度存在することが示唆された．

グリセリンの粘性率によって蛍光染料（Cyl）の蛍光寿命が変化することを利用して，固体表面間の液体の粘性率を計測する手法が開発されている[32]．雲母間間隔が3.8 μmでは粘性率が320 cPであり，間隔がそれより狭くなると緩やかに増加し，30 nmでは450 cPとなり，10 nmでは890 cPに急激に増加した．グリセリンでは，間隔が30 nm以下で液体の構造化が示唆された．

固体表面近傍の液体の粘性率の増加の原因として，液体の構造化が考えられている．そこで，非弾性X線散乱を用いて，固体表面間の水の構造が調べられている[21〜23]．固体表面間の間隔が9 Åでは，固体表面で水和した水の層が存在するが，水和した水の層の間にバルク水の層が存在し，固体表面間の間隔が6 Åでは，固体表面で水和した水の層が引っ張り合って1つの層になり，凍ったような水と融けた水とが混在することが示されている．

3.5.3 10 nm〜10 μmの空間の液体の粘性率（Apparent viscosity (scale 10 nm〜10 μm)）

固体表面によって10 nm〜10 μmの空間に閉じ込められた水の粘性率は，マイクロ流路を用いた圧力損失の計測やマイクロ流路・ナノ流路を用いた毛管導入による気液界面の移動速度計測から推定されている[15,16]．3.5.1で示したように理論的にも電気粘性の効果により見かけの粘性率上昇が示されている．

3.5 粘性率，拡散係数のサイズ効果

微小流路内の液体の単相流における圧力損失の計測および電気粘性の計算結果を以下に示す．

相当直径（5, 12, 25 μm）のマイクロ流路内に，1-プロパノール，2-プロパノール，1-ペンタノール，3-ペンタノールを流して圧力損失が計測され，相当直径が12, 25 μm の時，摩擦係数がそれぞれ25％，12％増加した[15]．シリコンおよびガラス製の平行平板で高さが10～280 μm のマイクロ流路内に KCl 溶液（1×10^{-4}M，3×10^{-4}M）を圧力駆動で流し，流量と圧力の関係から圧力損失が計測されている[16]．高いイオン濃度（3×10^{-4}M）では，流路高さ，材料によらず摩擦係数は一定となった．低いイオン濃度（1×10^{-4}M）では，電気二重層が厚くなるため，流路高さが小さくなるに従って，摩擦係数が大きくなった．この原因として，電気粘性効果が考えられる．

シリコン製マイクロ流路（幅：5 mm，高さ：14.1, 28.2, 40.5 μm）内に，純水，KCl 溶液（10^{-4}，10^{-2} M），AlCl$_3$ 溶液（10^{-4} M），LiCl 溶液（10^{-4} M）を流し，圧力損失が計測されている[33,34]．KCl 溶液（10^{-2} M）と AlCl$_3$ 溶液（10^{-4} M）では，ポアズイユ流における圧力損失の理論値と一致したが，純水および KCl 溶液（10^{-4} M）では，ポアズイユ流における圧力損失の理論値より20％大きくなった．LiCl 溶液では，圧力損失が理論値より20～40％大きくなった．純水，KCl 溶液（10^{-4}，10^{-2} M）では，電気粘性のモデルによる推定値とよく一致したが，AlCl$_3$ 溶液（10^{-4} M）では相違がみられた．

一方，電気粘性のモデルは，圧力駆動によって生じる流れのみを考慮したものや，圧力駆動による流れによって電流が生じ，生じた電流による流れへの影響や，表面電位の変化なども考慮したモデルなどが提案されている．

ゼータポテンシャルが50 mV における単純な平行平板に挟まれた流路を圧力駆動で流れる流動のモデルを用いて計算結果では，①流路高さがデバイ長より小さい時，見かけの粘性率がバルクの粘性率と同じ，②流路高さがデバイ長の2倍の時，バルクの2.75倍と粘性率が最大，③流路高さがデバイ長の10倍の時，粘性率が1.03倍とほぼバルクと同じ，になった[35]．平行平板から矩形断面に電気粘性のモデルが拡大されている[36]．ゼータポテンシャルが200 mV，KCl 溶液（10^{-6} M）では，流路幅がデバイ長と同じ時に見かけの粘性率が最大となり，バルクの粘性率の4.6倍となった．

実際の実験では，流路の入口にフィルターなどを設置しており，それによる電気二重層への影響が無視できず，理論値との差の原因と考え，平行平板に挟まれた流路を圧力駆動で流れる流動のモデルに入口の電気二重層の効果が考慮された計算が行われている[20]．流路の入口のフィルターを考慮した結果，見かけの粘性率の計算値は大幅に減少した．従来のモデルでは，イオン濃度の分布を古典的なボルツマン分布としていたが，ネルンストの式（Nernst Equation）を用いてイオン濃度の分布を求める方法が提案されている[37]．これにより，電気二重層の外のバルク領域の対イオンの濃度を求めることが可能となり，より大きな電気二重層効果が現れることが示されている．流路形状の影響を調べるため，有限体積法を用いて，急縮小・急拡大部のあるマイクロ流路内の電気粘性の評価が行われ，見かけの粘性率が5～10％大きくなった[35]．

電気二重層のオーバーラップによって生じるイオン濃度のばらつきを考慮したモデルが提案されている[39]．塩濃度が低い場合には，イオン濃度が表面電荷にあまり影響せず，流れによって流動電位が生じ，液体中の電荷が流れるために，流路の両端に電位差が生じる．この電位差によって電気浸透流が生じ見かけの粘性率を減少させると考えられている．電気二重層内のイオン濃度をボルツマン分布とし，固体表面での解離層を導入してゼータポテンシャルと表面電荷密度を求める方法が提案されている[40]．ナノ流路内の溶液の計算結果より，流路高さ，pH，温度により電気粘性効果が最大となるイオン濃度が存在することが示されている．高いイオン濃度（>1 M）では小さな流路高さで高い電気粘性効果を示し，10^{-3}M から 10^{-6} M に濃度を下げるとバルクの粘性率との比の最大を取る流路高さが変化した．溶液の pH が大きくなるに従い，電気粘性効果は大きくなり，温度にほぼ比例した．

毛管導入（Capillary Filling）あるいは毛細管現象（Capillary Action）は，狭い流路内を固体に液体

が濡れる力（ラプラス力：Laplace Force）を駆動源として，流体が移動する現象であり，固体に液体が濡れる力と圧力損失との釣合いから，導入される時間と液体先端の位置（固液界面）との関係がルーカス-ウォッシュバーン（Lucas-Washburn）の式[41]としてあらわされる．液体の表面張力や密度，液体のぬれ性を示す接触角などが変化しないと仮定して，ナノ流路内での粘性率が求められている．

ガラス製ナノ流路（幅 330 nm, 深さ 220 nm と幅 850, 深さ 650 nm）内に純水を毛管導入により流して気液界面の運動を高速度カメラを用いて計測し，ルーカス-ウォッシュバーンの式から粘性率が求められ，バルクより約 4 倍大きくなった[12]．シリコン－ガラス製ナノ流路（幅 20 μm, 深さ 53, 111, 152 nm）内の粘性率が毛管導入により計測されており，純水と NaCl 溶液（0.1 M）では，最も浅い流路（深さ 53 nm）でそれぞれバルクより 23%, 24% 大きくなった[42]．

二酸化シリコン製ナノ流路（幅 2.5, 5, 10 μm, 深さ 14〜300 nm）内を毛管導入により純水および NaCl 溶液（0.1 M）を導入し，見かけの粘性率が求められており，高さが 100 nm 以下では純水の見かけの粘性率が上昇し，高さが 50 nm 以下では 0.1MNaCl 溶液の見かけの粘性率が上昇した[43]．

PDMS および PEG 製のマイクロ流路（幅 145 μm・高さ 46 μm, 幅 4 μm・高さ 3 μm, 幅 4 μm. 高さ 0.2 μm）内の純水の粘性率が毛管導入により計測されており，PEG 製流路では，粘性率の上昇が見られなかったが，PDMS 製流路では，電気粘性による粘性率の上昇が確認できた[44]．シリコン製のナノ流路（幅 20 μm, 高さ 5, 11, 23, 47 nm）内の純水の粘性率が毛管導入により計測されており，11 nm の流路では，32% の見かけの粘性率の増加にとどまっていた[45]．

微小流路内に気液界面が存在する場合における電気二重層を考慮した電気粘性効果のモデル化が行われている．ナノ流路内の毛管導入において，電気二重層を考慮したモデルを用いて電気粘性による見かけの粘性率の上昇は 1% 程度と見積もられている[46]．電気二重層だけでなくストリーミングポテンシャルなどを考慮したモデル化が行われ，電気粘性による見かけの粘性率の上昇は流路幅がデバイ長の 4 倍の時に最大となった[47]．

一方，拡散係数のサイズ効果は，実験的に求められた例も少なく，粘性率の上昇に伴いストークス・アインシュタインの式から拡散係数を推定する程度にとどまっている．しかしながら，微小スケールでは，水素イオンのホッピングが起き，水素イオンの拡散係数が大きくなることが示唆されている．

幅 100 μm, 深さが 50 nm〜50 μm のガラス製流路内に $HClO_4$ 溶液（1 mM, 10 μM）を導入し，水素イオンの伝導度を計測されている[14]．深さが 500 μm 程度より小さな流路では伝導度が上昇し，50 nm の流路では，バルクの伝導度より 10 μM では約 30 倍，1 mM では約 10 倍上昇した．ナノピラー（直径，間隔が 500 nm, 高さが 400 nm）を有するマイクロ流路内で，直径 50 nm のポリスチレン蛍光粒子を混入した水を流し，粒子のブラウン運動をカメラで撮影することによって拡散係数が求められ，バルクの拡散係数に比べ，約 1/5 倍と推定されている[48]．pH に依存して蛍光強度が変化する蛍光染料（10^{-4}M）を溶解させた PBS および HCl 溶液（10^{-2} M）を，ガラス製ナノ流路（180〜1580 nm）の入口と出口に接続したマイクロ流路に導入し，ナノ流路内の蛍光強度の変化から水素イオンの拡散係数が計測されている[49]．ナノ流路の両側のマイクロ流路の圧力がつりあっているため，ナノ流路内に圧力差による流れは生じず，HCl 溶液がナノ流路内に分子拡散する様子を蛍光観察し，流路径が 440 nm より小さくなると，水素イオンの拡散係数が急激に増加した．

3.5.4 まとめ（Summary）

閉空間で全部あるいは一部を閉じ込められた液体は，固体表面の影響を受け，見かけの粘性率，拡散係数などがバルクとは異なる性質を示すことが実験および計算によって示されている．特に，固体壁面に吸着した相および固体表面から影響を受ける液体の層のそれぞれの粘性率が調べられている．しかしながら，実験方法や固体表面の状態などの実験条件によって得られた結果に差異がみられ，未

だ議論が続いており，今後のさらなる研究が期待されている．

参考文献

1) K. Koga, G. T. Gao, H. Tanaka and X. C. Zeng, "Formation of ordered ice nanotubes inside carbon nanotubes", Nature, 412 (2001) pp.802-805.
2) R. A. Farrer and J. T. Fourkas, "Orientational Dynamics of Liquids Confined in Nanoporous Sol－Gel Glasses Studied by Optical Kerr Effect Spectroscopy", Acc. Chem. Res., 36 (2003) pp.605-612.
3) F. Bruni, M. A. Ricci and A. K. Soper, "Effects of confinement on static and dynamical properties of water", J. Chem. Phys., 109 (1998) pp.1478-1485.
4) P. Debye and E. Hückel, "The theory of electrolytes. I: lowering of freezing point and related phenomena", Physikalische Zeitschrift (1923) pp.185-206.
5) J. N. Israelachvili and G. E. Adams, "Measurement of Forces between Two Mica Surfaces in Aqueous Electrolyte Solutions in the Range 0-100nm", J. Chem. Soc., Faraday Trans. I, 74 (1978) pp.975-1001.
6) R. G. Horn, and J. N. Israelachvili, "Direct Measurement of Structural Forces between Two Surfaces in a Nonpolar Liquid", J. Chem. Phys., 75 (1981) pp.1400-1411.
7) W. A. Ducker, T. J. Senden and R. M. Pashley, "Direct measurement of colloidal forces using an atomic force microscope", Nature, 353 (1991) pp.239-241.
8) W. A. Ducker, T. J. Senden and R. M. Pashley, "Measurement of Forces in Liquids Using a Force Microscope", Langmuir, 8 (1992) pp.1831-1836.
9) U. Raviv, P. Laurat and J. Klein, "Fluidity of water confined to subnanometre films", Nature, 413 (2001) pp.51-54.
10) H. Sakuma, K. Otsuki and K. Kurihara, "Viscosity and lubricity of aqueous NaCl solution confined between mica surfaces studied by shear resonance measurement", Phys. Rev. Lett., 96 (2006) pp.046104.
11) H. Sakuma and K. Kawamura, "Structure and dynamics of water on muscovite mica surfaces", Geochimica et Cosmochimica Acta., 73 (2009) pp.4100-4110.
12) T. Tsukahara, A. Hibara, Y. Ikeda and T. Kitamori, "NMR Study of Water Molecules Confined in Extended-Nano Spaces", Angew. Chem. Int. Ed., 46 (2007) pp.1180-1183.
13) T. Tsukahara, W. Mizutani, K. Mawatari and T. Kitamori, "NMR Studies of Structure and Dynamics of Liquid Molecules Confined in Extended Nanospaces", J. Phys. Chem. B, 113 (2009) pp.10808-10816.
14) S. Liu, Q. Pu, L. Gao, C. Korzeniewski and C. Matzke, "From Nanochannel-Induced Proton Conduction Enhancement to a Nanochannel-Based Fuel Cell", Nano Lett., 5 (2005) pp.1389-1393.
15) W. Urbanek, J. N. Zemel and H. H. Bau, "An investigation of the temperature dependence of Poiseuille numbers in microchannel flow", J. Micromech. Microeng., 3 (1993) pp.206.
16) G. M. Mala, D. Li, C. Werner, H.-J. Jacobasch and Y. B. Ning, "Flow characteristics of water through a microchannel between two parallel plates with electrokinetic effects", Inter. J. Heat and Fluid Flow, 18 (1997) pp.489-496.
17) C. L. Rice and R. Whitehead, "Electrokinetic Flow in a Narrow Cylindrical Capillary", J. Phys. Chem., 69 (1965) pp.4017-4024.
18) A. J. Bard and L. R. Faulkner, " Electrochemical methods: fundamentals and applications", John Wiley and Sons: New York (2001) pp.546-549.
19) S. Levine, J.R. Marriott, G. Neale and N. Epstein, "Theory of electrokinetic flow in fine cylindrical capillaries at high zeta-potentials", J. Colloid Interface Sci., 52 (1975) pp.136-149.
20) P. Vainshtein and C. Gutfinger, "On electroviscous effects in microchannels", J. Micromech. Microeng., 12 (2002) pp.252-256.
21) R. H. Coridan, N. W. Schmidt, G. H. Lai and G. C. L. Wong, "Hydration structures near finite-sized nanoscopic objects reconstructed using inelastic x-ray scattering measurements", J. Phys.: Condens. Matter, 21 (2009) pp.424115.
22) R. H. Coridan, N. W. Schmidt, G. H. Lai, R. Godawat, M. Krisch, S. Garde, P. Abbamonte, G. C. L. Wong, "Hydration dynamics at femtosecond time scales and angstrom length scales from inelastic x-ray scattering", Phys. Rev. Lett., 103 (2009) pp.237402.
23) R. H. Coridan, N. W. Schmidt, G. H. Lai, P. Abbamonte, G. C. L. Wong, "Dynamics of confined water

reconstructed from inelastic x-ray scattering measurements of bulk response functions", Phys. Rev. E, Stat. Nonlin. Soft Matter phys., 85 (2012) pp.031501.
24) J. N. Israelachvili, "Measurement of the viscosity of liquids in very thin films", J. Colloid Interface Sci., 110 (1986) pp.263-271.
25) R.G. Horn, D.T. Smith and W. Haller, "Surface forces and viscosity of water measured between silica sheets", Chem. Physi. Lett., 162 (1989) pp.404-408.
26) J. Israelachvili and H. Wennerstrom, "Role of hydration and water structure in biological and colloidal interactions", Nature, 379 (1996) pp.219-225.
27) Y. Zhu and S. Granick, "Viscosity of Interfacial Water", Phys. Rev. Lett., 87 (2001) pp. 096104.
28) U. Raviv and J. Klein, "Fluidity of Bound Hydration Layers", Science, 297 (2002) pp.1540-1543.
29) B. Derjaguin and L. Landau, "Theory of the stability of strongly charged lyophobic sols and of the adhesion of strongly charged particles in solutions of electrolytes", Acta Physico Chemica., 14 (1941) pp. 633.
30) E. J. W. Verwey and J. Th. G. Overbeek, Theory of the stability of lyophobic colloids, Amsterdam: Elsevier (1948).
31) Y. Leng and P. T. Cummings, "Shear dynamics of hydration layers", J. Chem. Phys., 125 (2006) pp.104701.
32) D. Fukushi, M. Kasuya, H. Sakuma, and K. Kurihara, "Fluorescent Dye Probe for Monitoring Local Viscosity of Confined Liquids", Chem. Lett., 40 (2011) pp.776-778.
33) L. Ren, D. Li and W. Qu, "Electro-Viscous Effects on Liquid Flow in Microchannels", J. Colloid Interface Sci., Vol. 233 (2001) pp.12-22.
34) L. Ren, W. Qu and D. Li, "Interfacial electrokinetic effects on liquid flow in microchannels", Inter. J. Heat Mass Transfer, 44 (2001) pp.3125-3134.
35) G. M. Mala, D. Li and J. D. Dale, "Heat transfer and fluid flow in microchannels", Inter. J. Heat Mass Transfer, 40 (1997) pp.3079-3088.
36) C. Yang and D. Li, "Electrokinetic effects on pressure-driven liquid flows in rectangular microchannels", J. Colloid Interface Sci., 194 (1997) pp.95-107.
37) C. L. Ren and D. Li, "Improved understanding of the effect of electrical double layer on pressure-driven flow in microchannels", Anal. Chim. Acta., 531 (2005) pp.15-23.
38) M. R. Davidson and D. J.E. Harvie, "Electroviscous effects in low Reynolds number liquid flow through a slit-like microfluidic contraction", Chem. Eng. Sci., 62 (2007) pp.4229-4240.
39) K.-D. Huang and R.-J Yang, "Electrokinetic behaviour of overlapped electric double layers in nanofluidic channels", Nanotechnology, 18 (2007) pp.115701.
40) M. Wang, C.-C. Chang and R.-J. Yang, "Electroviscous effects in nanofluidic channels", J. Chem. Phys., 132 (2010) pp.024701.
41) E. W. Washburn, "The dynamics of capillary flow", Phys. Rev., 17 (1921) pp.273-283.
42) N. R. Tas, J. Haneveld, H. V. Jansen, M. Elwenspoek and A. van den Berg, "Capillary filling speed of water in nanochannels", Phys. Lett., 85 (2004) pp.3274-3276.
43) F. Persson, L. H. Thamdrup, M. B. L. Mikkelsen, S. E. Jaarlgard, P. Skafte-Pedersen, H. Bruus and A. Kristense, "Double thermal oxidation scheme for the fabrication of SiO$_2$ nanochannels", Nanotechnology, 18 (2007) pp.245301.
44) H. E. Jeong, P. Kim, M. K. Kwak, C. H. Seo and K. Y. Suh, "Capillary Kinetics of Water in Homogeneous, Hydrophilic Polymeric Micro-to Nanochannels", Small, 3 (2007) pp.778-782.
45) J. Haneveld, N. R. Tas, N. Brunets, H. V. Jansen and M. Elwenspoek and "Capillary filling of sub-10 nm nanochannels", J. Appl. Phys., 104 (2008) pp.014309.
46) N. A. Mortensen and A. Kristensen, "Electroviscous effects in capillary filling of nanochannels", Appl. Phys. Lett., 92 (2008) pp.063110.
47) V.-N. Phan, C. Yang and N.-T. Nguyen, "Analysis of capillary filling in nanochannels with electroviscous Effects", Microfluid Nanofluid, 7 (2009) pp.519-530.
48) N. Kaji, R. Ogawa, A. Oki, Y. Horiike, M. Tokeshi and Y. Baba, "Study of water properties in nanospace", Anal. Bioanaly. Chem., 386 (2006) pp.759-764.
49) H. Chinen, K. Mawatari, P. Yuriy, K. Morikawa, Y. Kazoe, T. Tsukahara and T. Kitamori, "Enhancement of Proton Mobility in Extended Nanospace Channels", Angew. Chem. Int. Ed., 51 (2012) pp.3573-3577.

3.6 液体のマイクロ・ナノスケールの熱物性値（Liquid Interfaces）

　ここでは「ぬれ」，すなわち液相の物体が固相物体あるいは非混合系である異なる液相物体上に存在する系を考える．まずは簡単のため固体基板上での液体の挙動に注目しよう．前半でマクロな系における濡れに関する内容を紹介して用語を共有した上で，後半においてマイクロ・ナノスケールにおけるぬれについて紹介する．

3.6.1 マクロな系でのぬれ：接触角（Contact angle）

　いわゆるマクロな系では，ぬれ性（wettability）は固液気3相接触界線（以降，マクロ的コンタクトライン）（macroscopic contact line）近傍において液体表面と固体表面が成す角度，すなわち接触角（contact angle）θ で定義されることが多い（Fig. 3-6-1）．この接触角は，固体表面と固体表面上での液体表面プロファイルの接線が成す角度で定義されるものである．一般に，$\theta < \pi/2$ の場合に「ぬれ性がよい」状態，$\theta \geq \pi/2$ の場合に「ぬれ性が悪い」状態と呼ばれる．また，接触角が $\theta = 0$ の状態を「完全なぬれ」，$\theta > 0$ の場合を「不完全なぬれ」として区別する．ここで完全なぬれとは，液体が固体と強い親和性を持ち，固体表面を完全に液体で覆う状態を指す．液滴が固体基板上で充分拡がりマクロ的コンタクトラインが静止した状態での接触角を静的接触角（static contact angle）と呼ぶ．一方，マクロ的コンタクトラインが移動している状態（Fig. 3-6-2）においては，移動方向側における接触角を前進接触角（advancing contact angle）θ_A，反対側（すなわち液滴バルク方向にマクロ的コンタクトライ

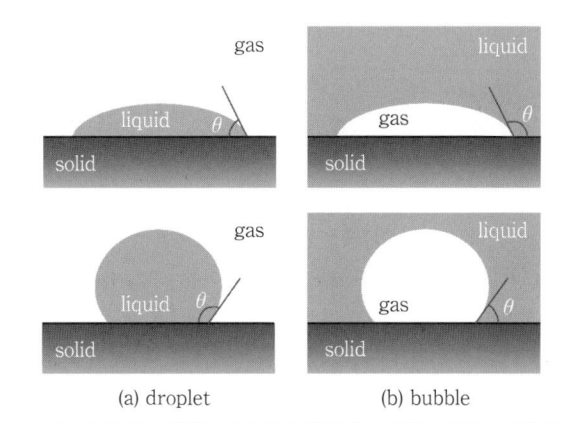

Fig. 3-6-1　接触角の定義：(a) 固体基板上の液滴の場合，(b) 固体基板上の気泡の場合．(Definition of contact angle : (a) droplet on the substrate, and (b) bubble on the substrate)

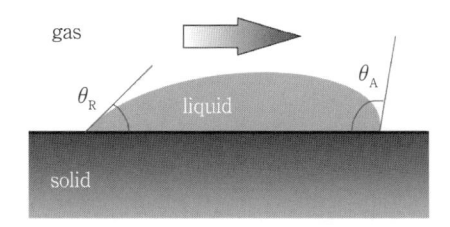

Fig. 3-6-2　動的接触角の定義．θ_A：前進接触角，θ_R：後退接触角．(Definition of dynamic contact angle. θ_A : advancing contact angle, and θ_R : receding contact angle)

ンが移動する側）における接触角を後退接触角（receding contact angle）θ_R と呼び，双方をまとめて動的接触角（dynamic contact angle）と呼ぶ．

3.6.2 ぬれ性の評価：拡張係数（Spreading coefficient）

ここで，完全なぬれを実現するための指標として，拡張係数（spreading coefficient）S を導入しよう．これは，ある固体基板を考えた場合に，基板表面が裸の状態（完全に乾いた状態）の表面エネルギー E_D と，基板表面上に液体が存在する状態のエネルギー E_W の差で表すことができる．すなわち，

$$S = E_D - E_W \tag{3.6.1}$$

となる．拡張係数 S の符号によりぬれやすさ，つまり，ぬれ性を知ることができる．完全なぬれは $S>0$ で実現され，不完全なぬれの場合は $S<0$ となる．

ここで，単位面積当たりの表面のエネルギーは2物体間界面に働く界面エネルギー（interfacial energy）あるいは界面張力（interfacial tension）γ_{ij} [J/m^2] = [N/m]を用いて表すことができる（Fig. 3-6-3）ことから，Eq.(3.6.1)は下記のようになる．

$$S = \gamma_{SG} - (\gamma_{SL} + \gamma_{LG}) \tag{3.6.2}$$

ここで，添え字 S：固体，L：液体，G：気体を表し，例えば SL は固相-液相間の界面を表す．また，マクロ的コンタクトラインにおける固体表面と平行な方向の力のバランスから得られる関係は Young の式として知られ，以下のように記述できる．

$$\gamma_{LG}\cos\theta = \gamma_{SG} - \gamma_{SL} \tag{3.6.3}$$

ここで，θ は平衡状態における接触角である．したがって，Eq.(3.6.2)および Eq.(3.6.3)より拡張係数 S に関して次の式を得る．

$$S = \gamma_{LG}(\cos\theta - 1) \tag{3.6.4}$$

ここで $-1 \leq \cos\theta \leq 1$ より，θ は拡張係数 $S<0$ の場合においてのみ正の値を有する，すなわち不完全な濡れの場合においてのみ接触角を定義することができる．このように Eq.(3.6.4)より，固体-液体間，固体-気体間の界面エネルギーが不明でも液体-気体間の界面エネルギー γ_{LG} と平衡状態における接触角 θ が計測できれば拡張係数を求めることが出来る．

さて，あらためて Eq.(3.6.2)に戻って，固液気3相間のエネルギーからぬれ性を議論する．ここで，固体あるいは液体が真空中に存在する場合の表面のエネルギーは，表面エネルギー（surface energy）あるいは表面張力（surface tension）と呼ばれ，γ_i [J/m^2] = [N/m]として表す．このとき，2物体間の界面エネルギー γ_{ij} は，それぞれ単独に存在する状態での物体の表面エネルギー γ_i と，2物体が付着することによって生成される単位面積あたりのエネルギー，すなわち，付着した2物体を無限遠まで引き離すのに必要なエネルギーである付着エネルギー（adhesion energy）（あるいは付着仕事（work of adhesion））W_{ij} を用いて記述できる．

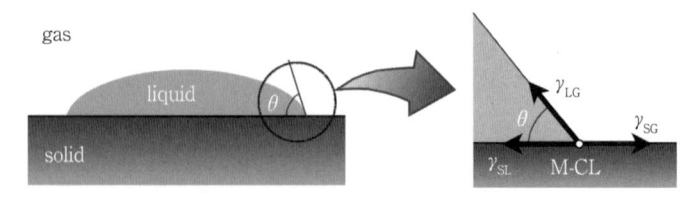

Fig. 3-6-3 固液気3相接触界線（マクロ的コンタクトライン：M-CL）における界面エネルギーの釣合い（Balance among interfacial energies at solid-liquid-gas three-phase boundary line (macroscopic contact line (M-CL))）

Table 3-6-1 表面エネルギー γ_i と界面エネルギー γ_{ij} (20〜25℃) の例[1]
(Examples of surface energy γ_i and interfacial energy γ_{ij})

液体1		γ_1 [mJ/m²]	γ_{12} [mJ/m²]
			水 H_2O (γ_2 = 72〜73) に対する
n-ヘキサン〜n-ヘキサデカン（飽和）	C_nH_{2n+2}	18〜27	50〜53
1-ヘキセン〜1-ドデセン（不飽和）	C_nH_{2n}	18〜25	44〜48
イソアルカン・パラフィン（分枝）	C_nH_{2n+2}	18〜22	〜48
シクロヘキサン	C_6H_{12}	25	51
パラフィンワックス（固体）	$C_{20}H_{42}$〜$C_{40}H_{82}$	25	〜50
ポリテトラフルオロエチレン（PTFE）	$CF_3(CF_2)_nCF_3$	19	50
四塩化炭素	CCl_4	27	45
ベンゼン，トルエン	$C_6H_6, C_6H_5CH_3$	28	34〜36
クロロホルム	$CHCl_3$	27	28
ジエチルエーテル	$C_2H_5OC_2H_5$	17	11
シクロヘキサノール	$C_6H_{11}OH$	32	4
水銀	Hg	486	415
			テトラデカン $C_{14}H_{32}$ (γ_2= 26) に対する
水	H_2O	72〜73	53
グリセロール (1,2,3プロパントリオール)	$C_3H_5(OH)_3$	64	31〜36
1,3プロパンジオール	$HO(CH_2)_3OH$	49	21
エチレングリコール(1,2エタンジオール)	$C_2H_4(OH)_2$	48	18〜20
1,2プロパンジオール	$CH_3CH(OH)CH_2OH$	38	13
ホルムアミド	$H(CO)NH_2$	58	29〜32
メチルホルムアミド	$H(CO)NH(CH_3)$	40	12
ジエチルホルムアミド	$H(CO)N(CH_3)_2$	37	5

Table 3-6-2 原子・分子の分極率 a_0 （体積 $(4\pi\varepsilon_0)10^{-30}$m³= 1.11×10^{-40}C²m²/J あたり）の例[1] ここで ε_0 は真空の誘電率[4] ε_0=8.854×10⁻¹² F/m=C²/Jm
(Examples of polarizabilities of atoms and molecules) (Per volume unit of $(4\pi\varepsilon_0)10^{-30}$ m³=1.11×10^{-40} C²m²/J, where ε_0 indicates Permittvity of free space: ε_0=8.854×10⁻¹² F/m=C²/Jm)

原子・分子		a_0	原子・分子		a_0
ヘリウム	He	0.20	二酸化炭素	CO_2	2.9
水素	H_2	0.81	メタノール	CH_3OH	3.2
水	H_2O	1.45〜1.48	キセノン	Xe	4.0
酸素	O_2	1.60	エチレン	$CH_2=CH_2$	4.3
アルゴン	Ar	1.63	エタン	C_2H_6	4.5
一酸化炭素	CO	1.95	塩素	Cl_2	4.6
アンモニア	NH_3	2.3	クロロホルム	$CHCl_3$	8.2
メタン	CH_4	2.6	ベンゼン	C_6H_6	10.3
塩化水素	HCl	2.6	四塩化炭素	CCl_4	10.5

$$\gamma_{ij} = \gamma_i + \gamma_j - W_{ij} \tag{3.6.5}$$

この式は Dupré の式として知られている[1]．したがって，拡張係数は次のように示すことができる．

$$S = -2\gamma_L - (W_{SG} - (W_{SL} + W_{LG}))$$

いま，分極の影響を無視でき，London 力（あるいは分散力（dispersion force））が2物体間相互作用の支配的因子となる場合は

$$W_{ij} \approx 2\sqrt{\gamma_i^d \gamma_j^d} \tag{3.6.6}$$

と近似することができる[1,2]．ここで，γ^d は表面張力における London 力の寄与を示す．

一方，分極の影響が支配的な場合には，拡張係数は各物体の分極率（polarizability）α_i [C^{2}m^2/J] を用いて以下のように表すことができる[3]．

$$S = k(\alpha_S - \alpha_L)\alpha_L \tag{3.6.7}$$

ここで，k は同一の固体を張り合わせた際に考慮する van der Waals 力に起因するエネルギー U_{SS} と固体の分極率 α_S の関係 $U_{SS} \propto \alpha_S^2$ を示す際に出てくる比例定数である．これより，ぬれ性の判定において，固体-気体間の界面張力の影響は考慮する必要はなくなり，固体および液体の分極率のみで決定する．

表面および界面張力，分極率について代表的なものを Table 3-6-1 および Table 3-6-2 に示す．

3.6.3 動的なぬれ：タナーの法則（Tanner's law）

滑らかな固体面上を液滴がぬれ拡がる際の接触角の変化は Tanner[5] によって経験的に得られている．すなわち，速度 $V_{\text{M-CL}}$ で移動するマクロ的コンタクトラインとともに変化する接触角 θ' は以下の式で関係づけられる．

$$\theta' \propto Ca^{1/3} \tag{3.6.8}$$

ここで，Ca はキャピラリー数を表し，$Ca \equiv \eta U_{\text{M-CL}}/\gamma$ （η：粘度 [Pa·s]，γ：表面張力 [J/m^2]）と定義する．

いま，液滴の体積が充分小さく，ぬれ拡がる過程において重力の影響が無視できる（液滴の半径 R_d [m] が毛管長（capillary length）$\kappa^{-1} \equiv (\gamma/\rho g)^{1/2}$ よりも充分小さい）場合においては，液滴の体積を Ω [m^3] とおくと，時間 t [s] に対し

$$R_d \propto \Omega^{3/10}\left(\frac{\gamma t}{\eta}\right)^{1/10} \tag{3.6.9}$$

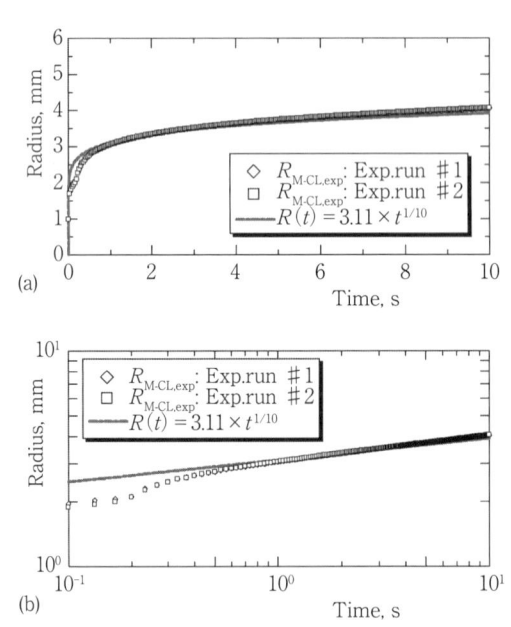

Fig. 3-6-4 シリコン基板上におけるシリコーンオイル液滴（動粘度：2 cSt = 2×10^{-6} m^2/s，液滴体積：Ω = 2×10^{-9} m^3）のマクロ的濡れ拡がり過程．2回の実験データをプロットしている．図中実線はタナーの法則[5] を表す．(Position of the macroscopic contact line (M-CL) of the droplet (or, radius of the M-CL, $R_d = R_{\text{M-CL,exp}}$) of 2-cSt silicone oil droplet as a function of elapsed time after the placing on the substrate at t = 0 s ; (a) linear-linear and (b) log-log plots. Results of two different experimental run are plotted. Solid line indicates the prediction in the case of surface-tension dominant by Tanner's law)

の関係を有する[6]．洗浄したシリコン基板上に微量なシリコーンオイル（動粘度 $\nu = 2\times10^{-6}\,\mathrm{m^2/s}$, $\Omega = 2\times10^{-9}\,\mathrm{m^3}$）を滴下した際の液滴の半径を時間に対しプロットしたものを例として Fig. 3-6-4 に示す

3.6.4 動的なぬれ：先行薄膜（Precursor film）

固体基板上に液滴が存在する系において，マクロ的に観察すると固液気3相接触界線，すなわち，マクロ的コンタクトラインおよび接触角が一意的に決定される（Fig. 3-6-5 上：図中の M-CL はマクロ的コンタクトラインを表す）．先ほどのタナーの法則で紹介した液滴のぬれ拡がりで対象にしていたのは，このマクロ的コンタクトラインである．いま，完全なぬれ，あるいはぬれ性がよい系においてマクロ的コンタクトライン近傍に注目すると，厚さ数十 nm～数 µm を有する非常に薄い液膜が存在している（Fig. 3-6-5 下）．このマクロ的コンタクトライン前方に存在する液膜は「先行薄膜」（precursor film）と呼ばれ，その存在は20世紀初めに Hardy[7] によって実験的に確認されている．先

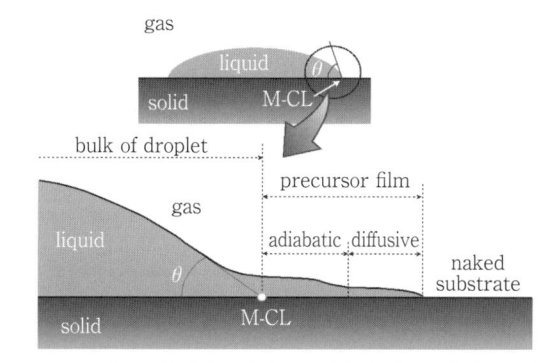

Fig. 3-6-5 マクロ的コンタクトライン（M-CL）前方に存在する先行薄膜．流体力学的作用による「断熱的（adiabatic）」先行薄膜と，拡散作用による「拡散的（diffusive）」先行薄膜の模式図．(Schematics of precursor film ahead macroscopic contact line : 'adiabatic' precursor film dominated by fluid dynamics and 'diffusive' precursor film dominated by molecular diffusion)

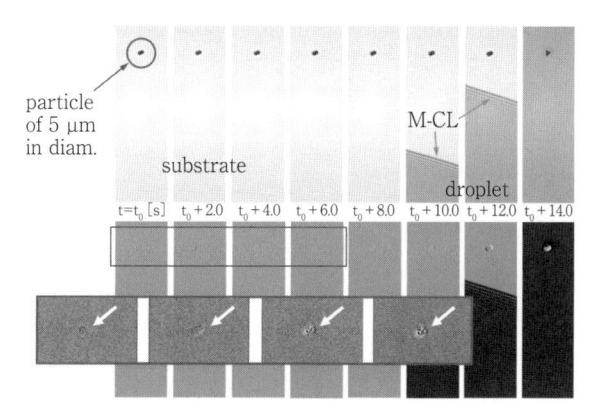

Fig. 3-6-6 固体基板上に静置した微粒子と固体基板上をぬれ拡がる液滴前方に存在する先行薄膜との相互作用の様子．図中の M-CL：マクロ的コンタクトライン．(Interaction between the particle on the Si substrate and the precursor film ahead the macroscopic contact line (M-CL) of 2-cSt silicone oil. Original interferograms (top) and the images obtained by subtracting the basic image in the case of without any droplets and particles (bottom) are indicated. Zoomed views in the square of the first four frames in the bottom are superimposed on the frames. Morphological changes near the particle (arrow) are clearly seen in prior to the macroscopic contact line reaches at the particle position. These changes correspond to the interaction between the particle on the substrate and the precursor film. Width of the frame corresponds to 0.1 mm.)

行薄膜の存在は比較的簡単に確認できる．洗浄したシリコン基板上に直径 5 μm の微粒子を静置しておき，その基板上に微量なシリコーンオイルを滴下した際のマクロ的コンタクトライン近傍に注目すると（Fig. 3-6-6[8]），マクロ的コンタクトラインが粒子に到達する前に粒子に動きが見られる．

その後，精力的にその存在領域について研究が積み重ねられ，1984 年に Hervet & de Gennes[9] によって，流体力学的アプローチによりその存在領域に関する理論モデルが提唱された．1986 年には Joanny & de Gennes[10] により，先行薄膜領域には 2 つの領域が存在すると定義された．すなわち，流体力学的作用により発達する「断熱的」（adiabatic）先行薄膜と，拡散によって発達する「拡散的」（diffusive）先行薄膜である（Fig. 3-6-5 下）．前者においては，液滴のぬれ拡がりが充分発達してマクロ的コンタクトラインが一定速度で移動していると仮定した上で，潤滑近似（lubrication approximation）を適用した薄液膜内において，その存在長さ $L_{p,ad}$[10] および薄液膜厚さ $h_{p,ad}$[6] は以下のように求められる．

$$L_{p,ad} = \sqrt{\frac{SA}{6\pi\gamma^2}} \cdot \frac{1}{Ca} \tag{3.6.10}$$

$$h_{p,ad} = \frac{A}{6\pi\gamma} \cdot \frac{1}{Ca} \cdot \frac{1}{x} \tag{3.611}$$

なお，$(A/6\pi\eta)^{1/2}$ は分子スケール長さ（molecular length scale）と定義される[6]．

この導出においては，下記で定義される分離圧 Π（disjoining pressure）[11] と粘性による散逸が釣り合うとしている．

$$\Pi(\zeta) = -\frac{dP}{d\zeta} \tag{3.6.12}$$

ここで，P は液膜内の圧力，ζ は液膜厚み方向距離であり，van der Waals 力のみを考慮した系では Π は以下のように記述できる[11,12]．

$$\Pi(h) = \frac{A}{6\pi h^3} \tag{3.612'}$$

ここで，$h = h(x)$ は位置 x における先行薄膜厚さ[m]，A はエネルギー[J]の単位を有するハマカー定数（Hamaker constant）[13]である（ハマカー定数については後述）．潤滑近似下での分離圧は，したがって，薄液膜内流れにおいて毛管圧（capillary pressure）と粘性抵抗に対抗する圧力勾配を表す．

また後者については，充分ぬれ拡がってすでにマクロ的コンタクトラインの移動は無視できる状態を考慮し，分子拡散によってその存在領域長さ $L_{p,di}$ および薄液膜厚さ $h_{p,di}$ を導出している[10]．

$$L_{p,di} = \sqrt{\frac{A}{3\pi\eta h_c}} \cdot t^{1/2} \tag{3.613}$$

$$L_{p,di} = \frac{A}{6\pi\eta} \cdot t \cdot \frac{1}{x^2} \tag{3.614}$$

ここで，h_c は先行薄膜先端領域での厚さに相当するカットオフ厚さである．

なお，最近の実験的研究において，最新の光学的計測技術を駆使して先行薄膜存在領域の測定が実現している．断熱先行薄膜については，充分発達した系において Kavehpour et al.[14] が位相シフト干渉計を用いてその存在領域および厚さを計測し，理論モデル[9]が非常に精度よく予測していることを確認している．また，拡散先行薄膜については，液滴を静置した後，数日〜数週間放置した後にその発達過程が楕円偏光干渉計などにより計測されている[15〜18]．また，これまでの研究では充分発達した断熱的あるいは拡散的先行薄膜が計測の対象であったが，最近では Brewster 角顕微鏡を用いて液滴が固体基板上で拡がるごく初期における先行薄膜形成過程の検出も試みられている[8]．

Table 3-6-3 室温での真空を介して相互作用する同一物質から成る2媒質の非遅延ハマカー定数 A（厳密解および実験値）の例[1]
(Examples of non-retarded Hamaker constant for two identical media interacting in a vacuum at room temperature (exact solutions and experimental results))

媒質	ハマカー定数 A [10^{-20} J] 厳密解	実験値	媒質	ハマカー定数 A [10^{-20} J] 厳密解	実験値
水	3.7〜5.5		シリカ（SiO_2）	6.5	5〜6
n-ペンタン	3.75		雲母	7〜10	13.5
n-オクタン	4.5		フッ化カルシウム	7.0	
n-ドデカン	5.0		シリコン	19〜21	
n-ヘキサデカン	5.2		窒化ケイ素	17	
炭化水素（結晶）		10	炭化ケイ素	25	
ダイアモンド	29.6		サファイア（Al_2O_3）	15	
ポリスチレン	6.6〜7.9		ジルコニア（n-ZrO_2）	20	
ポリ塩化ビニル	7.8		硫化亜鉛	15〜17	
テフロン（PTFE）	3.8		金属（Au, Ag, Cu）	20〜50	

3.6.5 ハマカー定数（Hamaker constant）

分離圧の式中に出てくるハマカー定数 A は 10^{-20} [J] のオーダーを有する値で，van der Waals 力による2物体間相互作用の大きさを表す定数であり，下記のように定義される[13,1]．

$$A = \pi^2 C \rho_1 \rho_2 \tag{3.615}$$

ここで，C：原子-原子対ポテンシャルにおける係数，$\rho_i (i = 1, 2)$：2つの物体の単位体積あたりの原子数（すなわち数密度）である．ハマカー定数の代表的な例は Israelachvili[1] や Adamson & Gast[2] が紹介している．ここでは，代表的なものについてまとめたものを Table 3-6-3 に示す．ハマカー定数の値については，原子の分極率に対する他の分子の影響など複雑な因子を全て網羅することの困難さから，文献によって差違が見られる．最近の実験的研究により，落射型蛍光顕微鏡を導入した拡散的先行薄膜の存在領域長さおよび厚さ計測の結果からハマカー定数を求めた例[18]があるが，ここでもそのオーダーの一致により良好な一致としている．

参考文献

1) Israelachvili, J. N., Intermolecular and Surface Forces (3rd ed.), Academic Press (2011).
2) Adamson, A. W. & Gast, A. P., Physical Chemistry of Surfaces (6th ed.), John Wiley & Sons, Inc. (1997).
3) de Gennes, P.-G., Brochard-Wyart, F. & Quéré, D., Capillarity and Wetting Phenomena : Drops, Bubbles, Pearls, Waves, Elsevier (2003).
4) 国立天文台編，理科年表平成23年版，丸善 (2011).
5) Tanner, L., "The spreading of silicone oil drops on horizontal surfaces", J. Phys., D 12 (1979) pp.1473-1484.
6) de Gennes, P.-G., "Wetting: Statics and dynamics", Rev. Mod. Phys., 57 (1985) pp.827-863.
7) Hardy, W. P., "The spreading of fluids on glass", Philos. Mag., 38 (1919) pp.49-55.
8) Ueno, I., Hirose, K., Kizaki, Y., Kisara, Y. and Fukuhara, Y., "Precursor film formation process ahead macroscopic contact line of spreading droplet on smooth substrate", Trans. ASME J. Heat Trans., accepted.
9) Hervet, H. and de Gennes, P. G., "Dynamique du mouillage: films précurseurs sur solides, Comptes-rendus des séances de l'Académie des sciences", Série 2, 299 (1984) pp. 499-503.
10) Joanny, J. F. and de Gennes, P.-G., "Upward creep of a wetting fluid: a scaling analysis", J. Phys., (Paris) 47 (1986) pp.121-127.
11) Derjaguin, B. V. and Churaev, N. V., "Structural component of disjoining pressure", J. Colloid & Interface Science 49 (1974) pp.249-255.（注：文献[2,3]によると，分離圧 Π の概念は1936年に Derjaguin, B. V. によって導入されたとのこと．本文献の参考文献[1]として紹介されているものは Derjaguin, B. V. and Ku-

sakov, M. M., Izv. Akad. Nauk SSSR Ser Khim. N5 (1936) 741 とある).
12) Churaev, N. V., "Surface forces in wetting films", Colloid J., 65 (2003) pp.263-274.
13) Hamaker, H. C., "The London-van der Waals attraction between spherical particles", Physica IV (1937) 1058-1072.
14) Kavehpour, H. P., Ovryn, B. and McKinley, G. H., "Microscopic and macroscopic structure of the precursor layer in spreading viscous drops", Phys. Rev. Lett., 91 (2003) #196104.
15) Heslot, F., Cazabat, A. M. and Levinson, P., "Dynamics of wetting of tiny drops: ellipsometric study of the late stages of spreading", Phys. Rev. Lett., 62 (1989) pp.1286-1289.
16) Heslot, F. Fraysse, N. and A. M. Cazabat, "Molecular layering in the spreading of wetting liquid drops", Nature, 338 (1989) pp.640-642.
17) Heslot, F., Cazabat, A. M., Levinson, P. and Fraysse, N., "Experiments on wetting on the scale of nanometers: influence of the surface energy", Phys. Rev. Lett., 65 (1990) pp.599-602.
18) Hoang, A. & Kavehpour, H. P., "Dynamics of nanoscale precursor film near a moving contact line of spreading drop", Phys. Rev. Lett., 106 (2011) #254501.

B 測定・シミュレーション編（MEASUREMENT TECHNIQUE AND MOLECULAR SIMULATOIN）

第4章 ナノ・マイクロスケールの熱物性値測定法（Measurement Technique）

4.1 薄膜の熱伝導率・熱拡散率測定（Thermal Conductivity and Thermal Diffusivity of Thin Films）

4.1.1 ACカロリーメトリー法（AC calorimetric method）

　材料を周期的に加熱することにより熱物性値を求める方法は広く用いられている．ACカロリーメトリー法では，Fig. 4-1-1に示すように薄膜材料の表面を部分的に角周期数 ω で加熱することによって面に沿った方向の熱拡散率 a を求める．薄膜材料中を面に沿った方向に伝わる交流温度波 T は時刻 t，座標 x において

$$T = T_0 \exp[i(\omega t - kx) - kx] \tag{4.1.1}$$

で表される．ここで k は

$$k = \sqrt{\omega/2a} \tag{4.1.2}$$

で与えられる．Fig. 4-1-1において $x = -l$ で交流温度の振幅あるいは位相ともにEq.(4.1.1)により kl で与えられる．kl を測定することによりEq.(4-1-1)により熱拡散率 a を求めることができる．熱拡散率を高精度で測定する方法として角周期数 ω を固定し距離 l を変化して a を求める方法と，距離 l を固定し角周期数 ω を変化して a を求める方法がある．ここでは距離 l を変化する方法について述べる[1]．交流加熱する方法の中でも，この方法はFig. 4-1-1に示すように光照射による交流加熱の位置

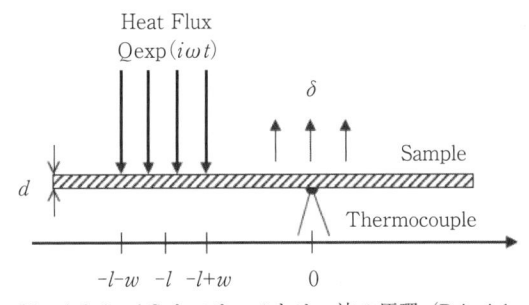

Fig. 4-1-1　ACカロリーメトリー法の原理（Principle of ac calorimetric method）

を変えて交流温度の振幅あるいは位相を測定するところに特徴がある．

ACカロリーメトリー法では，Fig. 4-1-1に示すように$x=0$で交流温度を検出し，この点から離れた部分を光照射により交流加熱する．試料から外部への熱の逃げが小さいとき（Fig. 4-1-1に示す熱伝導δが小さいとき）には，振幅の距離変化より熱拡散率を測定できる．熱損失については後で述べる．以下にACカロリーメトリー法の特徴をまとめておく：

(1) Eq. (4.1.1)で表されるように交流温度波が試料中を一方向に伝わるように設定することが，この方法の重要な点である．したがって，測定は基本的には厚さ一定，幅一定の短冊状の試料あるいは太さ一定の細線の熱拡散率測定に適用することができる．一方向に伝わるために，交流加熱は試料の長辺あるいは長軸の方向と直交した側面をもつ帯状光照射（短冊状試料の短辺をはみ出す範囲を照射）によって行う．ACカロリーメトリー法では，次に述べるように測定上の制限を克服できる．

(2) 帯状交流加熱において帯の幅が交流温度検出部にかからない限り，幅は広くても狭くてもよい．さらに，帯状を保ったまま移動する限り，幅の方向の光の強度は分布をもっていても良い[2]．したがって，ハロゲン電球を光源としマスクで照射部分を切り出しチョッパーで変調をかけた交流照射光[1]，強度の空間分布をもつCWレーザー光を高周波数で振って帯状にしてその強度に低周波数で変調をかけた交流照射光[2]等を使って高精度の測定を行うことができる．また，光が試料中に透過および試料境界で反射したとしても同様に考えることができる．

(3) 交流加熱部と交流温度検出部の距離については，相対距離を正確に測定できれば良い．したがって，Fig. 4-1-1では交流温度検出のための熱電対の位置が$x=0$，交流光加熱部の位置の代表点が$x=-l$となっているが，実際には位置の変化Δlに対する振幅Rの減衰あるいは位相ϕの変化を測定する．これが距離変化法と呼ぶ所以であり，この方法の本質である．

(4) 交流温度検出には熱電対あるいは赤外線検出が用いられる．熱電対についてはその太さや接着剤の量に対する制限はない[3]．接着剤の量が少ないほど接着剤中での交流温度波の減衰が少ないので測定感度が上がる[4]．熱電対の太さについても同様なことが言えるが，交流電圧検出のためのロックイン増幅器とのインピーダンス整合のために太い熱電対を使うこともある．さらに，交流温度検出領域の形のゆがみや検出感度分布のいずれも高精度測定に何ら影響を与えない[5]．

(5) 薄膜試料の厚さに対する条件は簡単には$kd < 1$を満たすような厚さdであれば良いとするが，厳密には薄膜の断面内の交流温度波の2次元的な振舞を解析して決める．熱損失がある場合の解析解が得られるので[6]，一般的な条件の下での直方体内の温度分布を解析することができる．熱損失がある場合，±1%の測定精度内で熱拡散率を測定したいときには薄膜試料の厚さを

$$kd \leq 0.5 \tag{4.1.3}$$

を満たす厚さとすればよい[6]．

(6) 薄膜試料の厚さに関する条件は上の通りであるが，短冊状の試料の長さについての条件がある．Fig. 4-1-1に示す薄膜試料右端については，その位置が交流温度検出部から離れていようが近かろうが測定には影響を与えない[7]．一方，試料左端の影響については交流温度検出部からの左端までの距離nに対する条件がある．交流加熱により生じた交流温度波は直接交流温度検出部に到達するものの他に，左端で反射し交流温度検出部に到達する成分があるからである．その反射波が十分に減衰し，無視できる条件は$kn > 1.5$で与えられる[7]．これはダイヤモンド膜やシリコン膜などの熱拡散率の大きな試料の測定の際に問題になることがある．試料の幅についてはその大きさに依らず一定であれば良い．

(7) 熱損失の寄与を厳密に解析して真の値を補正無に決めることができる点がACカロリーメトリー法の最大の特徴である．ACカロリーメトリー法の測定は通常真空中で行われるが（特に熱伝導

率の小さい超薄膜試料では試料の周りの空気の層の熱伝導への寄与が大きい），放射による熱損失を避けることはできない[8,9]．熱損失があるとき，Eq.(4.4.1)の[ ]の中のkの実部k_aと虚部k_pはそれぞれ Eq.(4.1.2)のkとは異なる式で表わされるが，実部k_aと虚部k_pの幾何平均をとると厳密に Eq.(4.1.2)のkになる：

$$k = \sqrt{k_a k_p}, \quad \text{すなわち} \quad a = \sqrt{a_a a_p} \tag{4.1.4}$$

となる．Fig. 4-1-2 に厚さ 12.2 μm のポリイミド膜を 0.125 Hz の交流加熱により測定された振幅の対数と位相の相対距離依存性を示す．Fig. 4-1-3 にそれぞれの周波数におけるa_aとa_pを示す．それらの幾何平均から求めた真の熱拡散率aを◆で示す．測定周波数に関わらず一定の値になっている．

(8) AC カロリーメトリー法は多層膜材料の測定にも適用できる．材料 1，2，…から成る多層膜の面に沿った方向の熱拡散率として

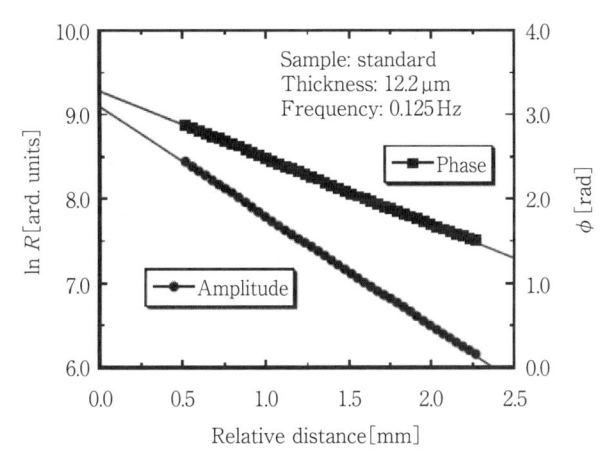

Fig. 4-1-2　ポリイミド膜の交流温度の振幅と位相の相対距離依存性（Amplitude and phase of ac temperature waves as a function of relative distance in a polyimide film)[9]

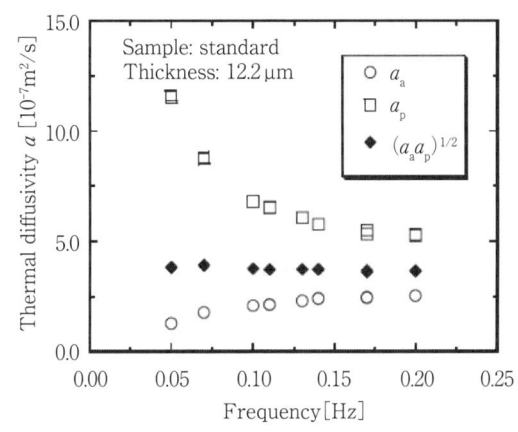

Fig. 4-1-3　ポリイミド膜の測定した熱拡散率の振幅成分，位相成分および真の熱拡散率の周波数依存性（Thermal diffusivity of a polyimide film obtained from the measurements of amplitude and phase as a function of frequency)[9]

$$a = (c_1a_1d_1 + c_2a_2d_2 + \ldots)/(c_1d_1 + c_2d_2 + \ldots) \tag{4.1.5}$$

が測定できる。ここでcはそれぞれの材料の単位体積当たりの熱容量である。

(9) 熱拡散率から熱伝導率を導出する際に必要となる熱容量は，単位体積当たりの熱容量である．通常モル熱容量は密度，原子量等によるが，多くの物質の単位体積当たりの熱容量を室温で算出すると2×10^6 J/(m^3·K)前後の値になる[10]．単位体積当たりの熱容量が不明の場合には，この値を使い熱伝導率の推算値を決めることができる．また，薄膜材料そのものの単位体積当たりの熱容量を測定できない場合もある．このような場合にもこの値を使うことができる．

4.1.2 3ω法および2ω法 (3ω method and 2ω method)
(1) 3ω法

3ω法は，目的試料と接した細線状金属膜に角周波数ω ($=2\pi f$)の電流を流し，その時の細線状金属膜の温度変化を測定して，熱物性値を求める手法である．細線状金属膜の温度変化を，細線状金属膜両端間の交流電圧の3ω成分を用いて検出することから，3ω法と呼ばれている．細線状金属薄膜を加熱し，その温度変化を検出しており，通常流体の熱伝導率測定法として広く用いられている非定常細線法を，固体試料に応用した手法と捉えることができる．当初，測定対象はバルク試料であったが[11]，サブμmオーダーの薄膜試料を測定する技術が開発された[12]．

Fig. 4-1-4に，3ω法による熱伝導率測定の模式図を示す．基板（熱伝導率λ_s，熱拡散率D_s）上に薄膜試料（熱伝導率λ_f，厚さd_f）が作製され，更に細線状金属膜（幅$2b$，長さL，抵抗R_0）が作製されている．(i)基板に比べて薄膜試料の熱伝導率が小さく，(ii)線幅に比べて薄膜試料の厚さが薄い場合，この細線に角周波数ωの交流電流$I_0\exp(i\omega t)$を印加した時の細線状金属膜の交流温度$\Delta T(\omega)$は，Eq. (4.1.6)で表される．

$$\Delta T(\omega) = \frac{P}{\pi\lambda_s}\int_0^\infty \frac{\sin^2(kb)}{(kb)_2(k_2+2i\omega/D_s)^{1/2}}dk + \frac{Pd_f}{2b\lambda_f} \tag{4.1.6}$$

Pは細線状金属膜に印加される，単位長さ当たりの電力である．ここで，細線の幅に比べて，基板での熱拡散長が十分短い（$\sqrt{2\omega/D_s}\cdot b \ll 1$）場合，Eq.(4.1.1) $\Delta T(\omega)$は，Eq.(4.1.7)のように近似できる．

$$\Delta T(\omega) = \frac{P}{\pi\lambda_s}\left\{\frac{1}{2}\ln\left(\frac{D_s}{b^2}\right) + 0.923 - \frac{1}{2}\ln(2\omega) - \frac{i\pi}{4}\right\} + \frac{Pd_f}{2b\lambda_f} \tag{4.1.7}$$

Eq.(4.1.7)第1項は，基板の熱物性値を反映している．Eq.(4.1.7)第2項は，薄膜が熱抵抗層として寄与することで，$\Delta T(\omega)$の実数(in-phase)成分$\Delta T_{\text{in-phase}}(\omega)$が周波数によらずある一定値大きくなることを表している．すなわち，基板のみの場合と薄膜試料がある場合の$\Delta T_{\text{in-phase}}(\omega)$の差$\Delta T_{s+f}(\omega) - \Delta T_s(\omega)$から，Eq.(4.1.7)第2項から導出されるEq.(4.1.8)を用いて，薄膜試料の熱伝導率が求められ

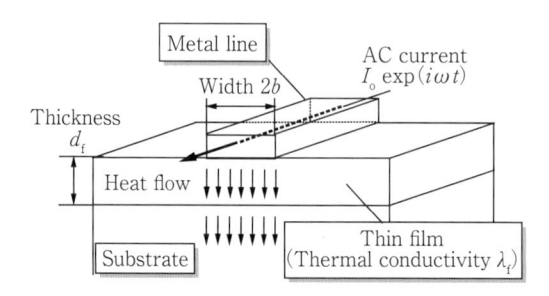

Fig. 4-1-4 3ω法の測定試料の概略図 (Schematic image of measurement sample of 3ω method)

$$\lambda_\mathrm{f} = \frac{P d_\mathrm{f}}{2b\{\Delta T_\mathrm{s+f}(\omega) \Delta T_\mathrm{s}(\omega)\}} \tag{4.1.8}$$

上記解析の元となる交流温度 $\Delta T(\omega)$ は，細線状金属膜の抵抗値の温度変化から求められる．細線状金属膜に周波数 ω の交流電流が印加されると，細線には周波数 2ω の電力が発生する．これにより細線の温度が周波数 2ω で振動し，細線の抵抗が $R_0\{1+\alpha\Delta T(\omega)\exp(i2\omega t)\}$ と周波数 2ω で振動することになる．ここで，α は細線状金属膜の抵抗の温度変化に対する係数 ($=1/R_0\cdot\mathrm{d}R/\mathrm{d}T$) である．したがって，細線状金属膜の両端間の交流電圧 $V(t)$ は Eq.(4.1.9) のようになる．

$$\begin{aligned}V(t) &= I(t)R(t) \\ &= I_0\exp(i\omega t)R_0\{1+\alpha\Delta T(\omega)\exp(i2\omega t)\} \\ &= I_0 R_0\exp(i\omega t) + (1/2)I_0 R_0\alpha\Delta T(\omega)\exp(i\omega t) + (1/2)I_0 R_0\alpha\Delta T(\omega)\exp(i3\omega t)\end{aligned} \tag{4.1.9}$$

Eq.(4.1.9) 第1項および第2項は周波数 ω の成分，Eq.(4.1.9) 第3項が細線の抵抗が温度変化により 2ω で振動することにより発生する周波数 3ω の成分である．この周波数 3ω の成分を $V_{3\omega}\exp(i3\omega t)$ とすると，Eq.(4.1.10) の関係が成り立つ．

$$\Delta T(\omega) = \frac{2V_{3\omega}}{\alpha I_0 R_0} \tag{4.1.10}$$

Eq.(4.1.10) から，$V_{3\omega}$ を測定すれば細線状金属膜の交流温度 $\Delta T(\omega)$ が求められることがわかる．

 3ω 法でサブ μm オーダーの薄膜試料を測定する場合，用いる細線状金属膜は幅数 μm 長さ数 mm である．良質の細線状金属膜を作製するのが 3ω 法のキーポイントとなるが，半導体プロセス分野で一般的に用いられている回路パターン作製技術が使われる．基板上に作成されたサブ μm オーダーの薄膜試料の熱伝導率を高精度に測定できるのが本法の大きな特長であり，米国国立標準技術研究所 (National Institute of Standard and Technology, NIST) 主催の Si 熱酸化膜を試料とするラウンドロビンテストの結果を踏まえ作成された ISO/TTA4:2002(E)[13]で，推奨測定法として提案されている．

 本法については，基板厚さ，薄膜熱伝導率異方性，界面熱抵抗等を考慮した解析モデルが提案されており[14]，今後も適用対象の拡大が期待される．

(2) 2ω 法

 電気的な周期加熱とサーモリフレクタンス技術を利用した温度変化の検出を組み合わせた装置によって薄膜の熱伝導率を評価する方法を 2ω 法と呼んでいる．電気的な周期加熱は前項の 3ω 法と同様の方法であり，サーモリフレクタンス技術を利用した温度変化の検出は 4.1.3 項の高速パルス加熱サーモリフレクタンス法と同様の方法である．本項では 2ω 法の測定原理，試料条件について記載する．

 2ω 法で測定される試料 (金属薄膜・薄膜・基板) の概略図を Fig. 4-1-5 に示す．Fig. 4-1-5(a) は試料を横から見た図と加熱と検出の様子を模式的に示し，Fig. 4-1-5(b) は試料を上から見た図を示している．2ω 法では，電気的に周期加熱を行うために金属薄膜を成膜する．2ω 法で採用している金属薄膜の成膜領域は 1.7 mm×15 mm である．(Fig. 4-1-5(b)) 金属薄膜は 3ω 法と異なりリソグラフィー技術を用いずに成膜することができる．金属薄膜には角周波数 ω で周期変調された電圧が加えられる．角周波数 2ω で周期変調された熱量が金属薄膜で発生し，金属薄膜から薄膜・基板へと熱拡散する．温度も角周波数 2ω で変化する．

 2ω 法では，金属薄膜の温度変化を検出するために光を用いている．この検出手法は，金属薄膜表面の温度変化が光の反射率の温度依存性と対応しているサーモリフレクタンス技術[15]を利用している．金属表面で反射された光はフォトダイオードで検出しており高速での応答ができる．高周波数 (kHz 以上) で測定することが可能である．しかし，2ω 法では温度変化を定性的にしか測定していないの

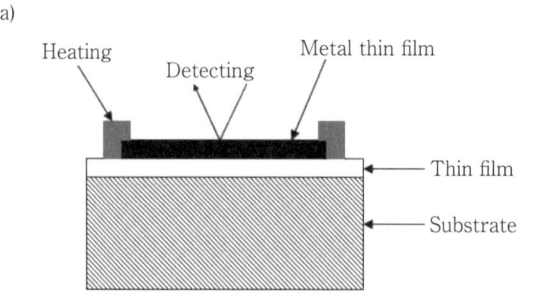

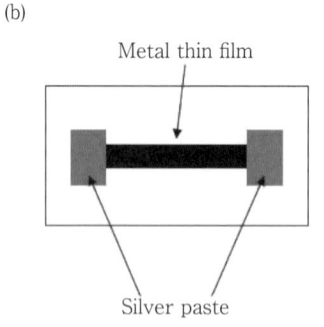

Fig. 4-1-5 2ω法の測定試料の概略図（a）試料を横から見た場合，（b）試料を上から見た場合（Schematic image of measurement sample of 2ω method. (a) Looking at the sample from a cross section. (b) Looking at the sample from a top.）

で，絶対温度は計測できない．

2ω法では，高周波数で測定可能であるため，μmオーダーの熱拡散長を持つ条件下で試料を評価することができる．金属薄膜表面の中心部の温度変化を計測する場合，温度波がμmオーダーで減衰するため面内方向の熱拡散は無視することができる．金属薄膜表面の温度の時間依存性は，金属薄膜から薄膜・基板へと1次元伝熱で熱拡散する条件で説明することができる．金属薄膜表面の温度の時間依存性は，金属薄膜・薄膜・基板の3層の熱物性値と金属薄膜・薄膜の膜厚と投入熱量を用いると，1次元伝熱モデルで表すことができる．基板の厚さが半無限であり，金属薄膜と薄膜の間と薄膜と基板の間の界面熱抵抗の寄与を無視できるならば，金属薄膜表面の温度の時間依存性 $T(0,t)$ [K] は，次式で表すことができる[16]．

$$T(0,t) = \frac{q}{i\,2\omega\,C_0}\left(1 - \frac{\sqrt{\omega C_1 \lambda_1}\,(\sqrt{\omega C_s \lambda_s}\,c_1 + \sqrt{\omega C_1 \lambda_1}\,s_1)}{\sqrt{\omega C_1 \lambda_1}\,c_0\,(\sqrt{\omega C_s \lambda_s}\,c_1 + \sqrt{\omega C_1 \lambda_1}\,s_1) + \sqrt{\omega C_0 \lambda_0}\,s_0\,(\sqrt{\omega C_1 \lambda_1}\,c_1 + \sqrt{\omega C_s \lambda_s}\,s_1)}\right) e^{i2\omega t}$$
(4.1.11)

$$c_0 = \cosh\left((1+i)\sqrt{\frac{\omega C_0}{\lambda_0}}\,d_0\right),\ c_1 = \cosh\left((1+i)\sqrt{\frac{\omega C_1}{\lambda_1}}\,d_1\right),$$

$$s_0 = \sinh\left((1+i)\sqrt{\frac{\omega C_0}{\lambda_0}}\,d_0\right),\ s_1 = \sinh\left((1+i)\sqrt{\frac{\omega C_1}{\lambda_1}}\,d_1\right)$$

λ [W/(m·K)]，C [J/(m^3·K)]，ω [s^{-1}]，q [W/m^3]，d [m]，i はそれぞれ熱伝導率，体積比熱容量，加熱の角周波数，体積当たり熱量，厚さ，虚数である．添え字0,1,sはそれぞれ金属薄膜，薄膜，基板である．温度波が金属薄膜と薄膜の境界付近で減衰する条件で測定を行った場合は，上式を用いて測

定結果をフィッティングすることにより，金属薄膜の熱伝導率と体積比熱容量，薄膜の厚さ，基板の熱伝導率と体積比熱容量を用いて，薄膜の熱伝導率 λ_1 と体積比熱容量 C_1 が評価できる[16]．

一方，温度波が基板まで十分に到達していると仮定するならば，金属薄膜表面の温度の時間依存性 $T(0,t)$ [K] は，近似解で表すことができる[17]．

$$\frac{T(0,t)}{q\,d_0} = \frac{1}{\sqrt{2C_s\lambda_s(2\omega)}} + \left(1 - \frac{C_1\lambda_1}{C_s\lambda_s}\right)\frac{d_1}{\lambda_1} + \left(\frac{1}{2} - \frac{C_0\lambda_0}{C_s\lambda_s}\right)\frac{d_0}{\lambda_0} + \frac{i}{\sqrt{2C_s\lambda_s(2\omega)}} \quad (4.1.12)$$

薄膜の寄与が含まれている実数部（In-phase amplitude）を用いて，薄膜の熱物性値を評価する．

2ω 法での測定では，温度変化に対応する振幅と位相が検出される．振幅と位相を用いると In-phase amplitude は $A\cos\theta$ で評価することができる．測定結果の $A\cos\theta$ と1次元伝熱モデルの近似解の In-phase amplitude を比較することにより，薄膜の熱物性値を評価することができる．Eq.(4.1.12) の In-phase amplitude は $(2\omega)^{-0.5}$ に比例している．複数の角周波数で測定し $A\cos\theta$ の $(2\omega)^{-0.5}$ 依存性を示し，直線近似により傾きと切片を見積もる．傾き m と切片 n を用いると薄膜の熱抵抗 R_1 [m^2 K/W] は Eq.(4.1.3) で表すことができる．

$$R_1 = \frac{d_1}{\lambda_1} = \frac{C_1 d_1 + C_0 d_0}{C_s \lambda_s} - \frac{d_0}{2\lambda_0} + \frac{n}{m\sqrt{2C_s\lambda_s}} \quad (4.1.13)$$

金属薄膜の熱伝導率と体積比熱容量と厚さ，薄膜の体積比熱容量と厚さ，基板の熱伝導率と体積比熱容量を代入することを通して，薄膜の熱抵抗 R_1・熱伝導率 λ_1 が得られる．

金属薄膜・薄膜・基板の3層での測定における試料条件を以下に記す．金属薄膜は，サーモリフレクタンス信号が検出できるだけでなく，熱伝導率が高く，膜厚が薄いことが条件である．薄膜は，絶縁性と厚さが条件となる．絶縁性については，金属薄膜のみを電気的に周期加熱するので必要である．したがって，薄膜の電気抵抗は，金属薄膜の電気抵抗よりも100倍以上大きくする必要がある．そのため，導電性薄膜については，金属薄膜-絶縁薄膜-導電性薄膜-基板と金属薄膜-絶縁薄膜-基板の測定結果を比較することにより，導電性薄膜の評価が行うことができる[18]．膜厚については，薄膜の熱抵抗と計測感度と関連している．2ω 法では1次元伝熱モデルを用い薄膜の熱抵抗を評価している．実際の装置では，薄膜熱抵抗が測定できる大きさは 20×10^{-9} m^2 K/W である．薄膜熱抵抗から得られる薄膜の最小厚さは薄膜の熱伝導率が 1 W/(m·K) では 20 nm，5 W/(m·K) では 100 nm である．基板の条件は，熱伝導率が関連している．薄膜が成膜されている面と反対面では一定温度制御をしているが，電気加熱している金属薄膜では温度制御をしていない．金属薄膜に加えられた熱を外部に逃がし，金属薄膜の温度上昇を最小限にしなければいけない．基板には熱を逃がすため，熱伝導率の高い材料を用いる必要がある．

2ω 法を用いた測定例として，SiO$_2$ のような絶縁薄膜[17,19]，ポリイミドのような有機薄膜[16]，Si 系[20,21]・BiTe 系[18]のような熱電材料薄膜の評価が報告されている．一方，界面熱抵抗の評価法としても応用されており，単結晶サファイアと金膜の間の界面熱抵抗[22]が報告されている．今後，試料作製の容易さもあり薄膜の厚さ方向の一般的な測定法として期待される．

4.1.3 パルス光加熱サーモリフレクタンス法（Pulsed light heating thermoreflectance method）

パルス光加熱サーモリフレクタンス法[23〜26]は，薄膜の膜厚方向の熱拡散率の絶対測定を行う方法である．ピコ秒やナノ秒の高速のレーザーパルスを使用して薄膜の裏面をインパルス加熱し，薄膜の膜厚方向における1次元熱拡散に伴う薄膜表面側の温度上昇を，金属の反射率の温度依存性を利用したサーモリフレクタンス法により測定する．最終的に得られた温度履歴曲線を解析することで薄膜の膜厚方向の熱拡散率が得られる．本測定法の基本原理を Fig. 4-1-6 に示す．全体にわたって均質かつ

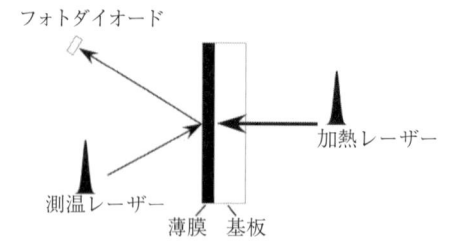

Fig. 4-1-6 裏面加熱・表面測温型のパルス光加熱サーモリフレクタンス法の原理（Principle of the pulsed light heating thermoreflectance method）

当方的な熱拡散率 κ を持ち，膜厚が d の薄膜が透明な基板上にある．この基板側から薄膜面（以後，裏面とする）に加熱パルス光を照射する．加熱はデルタ関数的に行われ，その後加熱された裏面側から薄膜の表面へと1次元的に熱は拡散し，最終的に薄膜内部の温度は均一となる．このとき，照射側と反対位置の薄膜表面における温度履歴は，Eq.(4.1.14)で表わされる[27]．

$$T = \frac{2}{(b_f+b_s)\sqrt{\pi t}} \sum_{n=0}^{\infty} \gamma^n \exp\left(-\frac{(2n+1)^2}{4}\frac{\tau_f}{t}\right) \tag{4.1.14}$$

$$\tau_f = \frac{d^2}{\kappa} \tag{4.1.15}$$

$$\gamma = \frac{b_f - b_s}{b_f + b_s} \tag{4.1.16}$$

ここで，b_f および b_s はそれぞれ薄膜と基板の熱浸透率，τ_f は薄膜の膜厚方向の熱拡散の特性時間である．次に，薄膜に照射された加熱パルス光が表面から有限の厚さで吸収される影響を考えると，表面ですべての光エネルギーが熱へと変わるのではなく，薄膜の吸収係数 α に依存して薄膜の内部まで光が浸透する．したがって，薄膜内の初期温度は裏面から指数関数的に減少する分布をとる．この光の浸透深さを考慮した温度履歴曲線は Eq.(4.1.17) で与えられる[28]．

$$T = \Delta T \alpha d \sum_{n=-\infty}^{\infty} \left\{\gamma^{|n|}\exp\left(-\frac{(2n-1)^2}{4}\frac{\tau_f}{t}\right)\exp\left(\left(\frac{2n-1}{2}\sqrt{\frac{\tau_f}{t}}+\alpha d\sqrt{\frac{t}{\tau_f}}\right)^2\right) \\ \times \mathrm{erfc}\left(\frac{2n-1}{2}\sqrt{\frac{\tau_f}{t}}+\alpha d\sqrt{\frac{t}{\tau_f}}\right)\right\} \tag{4.1.17}$$

ここで，ΔT は薄膜表面での最大温度上昇である．これらのインパルス加熱初期条件下の1次元熱伝導方程式の解法の詳細や解析解の導出は，参考文献27)を参照されたい．本測定法で得られる温度履歴曲線がバルクの測定法であるフラッシュ法と区別される点として，①加熱初期に薄膜内部の温度分布があること，②熱拡散現象が早いため大気への伝熱損失は無視できる替りに，薄膜と密着する基板への熱浸透を考慮することの2点がある．しかし，初期温度分布が充分無視でき，かつ薄膜が断熱条件に近づけば，上式で与えられる温度履歴曲線はフラッシュ法で得られる関数形状と一致する．一方，温度変化の測定には，サーモリフレクタンス法が用いられる．加熱された薄膜裏面と膜厚を挟んでちょうど相対する表面に測温パルス光を照射し，反射光の強度をフォトダイオードにより測定する．必要に応じてロックインアンプなどの微小信号検出技術を併用する．一般に金属の反射率 R は温度係数（$(1/R)dR/dT$，サーモリフレクタンス係数）を持つため，測温パルス光の反射強度を測定することで，測温パルス光が薄膜に照射された瞬間の温度を測定することが可能である．このような測温技術を総称してサーモリフレクタンス法と呼ぶ．物質によりサーモリフレクタンス係数の大きさやその波長依存性は異なるが，通常は $10^{-4} \sim 10^{-5}\,\mathrm{K}^{-1}$ 程度の係数に対して測定が行われることが多

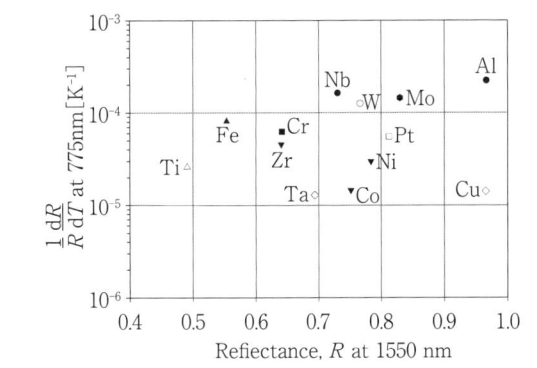

4.1 薄膜の熱伝導率・熱拡散率測定

Fig. 4-1-7 各種純金属の薄膜について求められたサーモリフレクタンス係数（$(1/R)(dR/dT)$）。本図は波長 775 nm について示したものであり，測温光の波長が異なる場合にはサーモリフレクタンス係数も変化することに注意する。(Thermoreflectance coefficient of pure metals at the wavelength of 775 nm was plotted against the reflectivity at the wavelength of 1550 nm.)

い．Fig. 4-1-7 に測温光波長 775 nm における各種純金属薄膜について測定されたサーモリフレクタンス係数を示した．なお，横軸は波長 1550 nm における反射率を示しており，加熱パルス光にこの波長を用いた場合，反射率が小さいほど（吸収率が大きいほど）少ないエネルギーで効率よく加熱が行えることを表す．Fig. 4-1-7 に示した金属中で最もサーモリフレクタンス係数が大きい金属は Al であり，最も係数が小さい Ta と比べ 1 桁以上の違いがある．このようなサーモリフレクタンス係数の違いにより，測定の難易は大きく異なるので注意が必要である．以上の技術を用いて実際にどのように測定装置を構成するか，また測定の手順および解析の方法などの具体的な情報は近年標準規格[29,30]としてまとめられている．これらの標準規格については，7.3 節にて詳述する．

次に，本測定技術を用いた薄膜材料の測定例を紹介する．Fig. 4-1-8 は膜厚約 100 nm の 2 種類のモリブデン薄膜の測定結果[31]である．図左側に示す透過電子顕微鏡による断面写真のように，サンプル A は柱状構造の比較的大きな結晶でできており，結晶粒径はおよそ 25 nm である．一方，サンプル B は粒径 10 nm 程度の微細な結晶構造を有する．図右は両薄膜について測定された温度履歴曲線であり，横軸はパルス加熱後の経過時間を示す．サンプル A の熱拡散率は 3.9×10^{-5} m^2/s であるのに対し，サンプル B は 0.4×10^{-5} m^2/s であり，サンプル A の約 10 分 1 にまで低下する．このように熱拡散率の値は薄膜の微細構造の違いを明確に反映することがわかる．パルス光加熱サーモリフレクタンス法は，金属に対する測定方法であり，そのままではセラミックスや有機物質などのように光を透過する薄膜には適用できない．そこで，このような薄膜に対しては，金属薄膜により両側をサンドイッチした 3 層膜構造を作製して評価する手法[32]が用いられる．Fig. 4-1-9 に，有機 EL 材料である α-NPD 薄膜と Alq$_3$ 薄膜の評価例[33]を示した．パルス光加熱サーモリフレクタンス法（図中 PHTR と表記）では，図中写真のような厚さ 10 nm の有機 EL 薄膜の両側を厚さ 70 nm のアルミニウム薄膜で挟んだ 3 層構造に対して測定が行われた．あらかじめアルミニウム薄膜単独の熱物性を測定しておき，3 層構造の解析[32]を行うことで有機 EL 層のみの熱拡散率が得られる．図では換算された熱伝導率で示してあるが，得られた値はバルクの圧粉体に対して行われたレーザーフラッシュ法[34]による結果と膜厚 200 nm の 3ω 法[35]の結果と中間にある．パルス光加熱サーモリフレクタンス法による結果は，実際に有機 EL 素子の中で用いられる状態に即した膜厚の試料を評価したものである．このよう

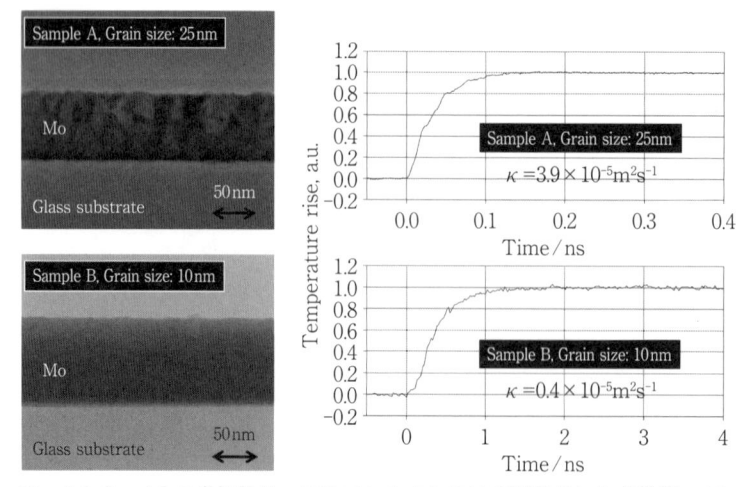

Fig. 4-1-8 パルス光加熱サーモリフレクタンス法で測定された2種類のMo薄膜（膜厚約100 nm）の結果．左図は各薄膜の断面の透過電子顕微鏡写真を示す．(Transient temperature curves of 100 nm-thick Mo thin films (right) and cross-sectional TEM images of those measured films (left).)

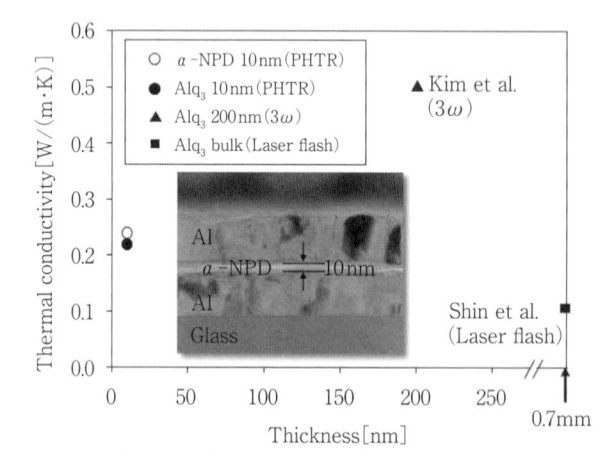

Fig. 4-1-9 各種測定法により得られた有機EL薄膜および圧粉体の熱伝導率．パルス光加熱サーモリフレクタンス法（PHTR）では，図中図の試料断面写真に示す厚さ10 nmの有機薄膜の上下を厚さ70 nmのAl薄膜で挟む3層膜について測定された．(Reported thermal conductivity of organic electroluminescence materials was plotted against sample thickness. Photograph shown in the graph is a cross-sectional TEM image of the 10 nm-thick α-NPD film measured by the pulsed light heating thermoreflectance method.)

に，3層構造とすることで測定対象は飛躍的に広がり，これまでに各種透明導電膜材料[36〜38]，酸化物薄膜[39]，窒化物薄膜[40]，相変化材料[41,42]など多様な薄膜材料に対して評価が行われている．また，3層構造の金属膜との界面における熱抵抗[39]についての定量的な評価も可能である．

4.1.4 フォトサーマル赤外検知法（Thermal conductivity and thermal diffusivity sensing technique by photothermal radiometry）

周期加熱法の一つであるフォトサーマル赤外検知法は，薄膜の熱伝導率および温度伝導率を同時にセンシングできる方法として特に工学的応用の観点から開発が行われてきた．ACカロリーメトリーなど他の周期加熱法と同様に，試料表面を周期的に加熱することで発生する試料表面の温度応答は次式で示す熱拡散長 l（温度振幅が $1/e$ になる）の距離を振動しながら急激に減衰する波，すなわち温度波として考えることができる．ただし a は試料の温度伝導率，ω は加熱光の角周波数である．

$$l = \sqrt{\frac{2a}{\omega}} \tag{4.118}$$

例えば銅表面を1MHzで周期的に加熱すると熱拡散長は6μm程度であり，100MHzでは600nm程度である．試料において基板/薄膜のように界面が存在する場合，熱拡散長が界面に到達するような周波数帯域では温度波は反射を繰り返し，試料表面では温度波の干渉として温度応答を観測することができる．これは言わば熱伝導方程式の解における振動項の単純な重ね合わせであり，表面温度応答は試料の厚みはもとより，熱物性や界面状態によって大きく変化する．したがって，試料表面の温度応答を検出することができれば，試料の熱物性を測定することができる．本方法において温度振幅は入射した光の波長に対する吸収率に比例するため，分光分析に広く用いられてきた．試料表面の温度応答を検出する手法として，試料表面の温度変化に起因した気体側の圧力変動を検出する光音響法（Photoacoustic method: PA），試料表面の赤外放射を検出するフォトサーマル赤外検知法（Photothermal Radiometry: PTR），試料表面の温度変化に起因した気体側の屈折率変化を検出するフォトサーマル偏向法（Photothermal Deflection method: PTD），試料表面の温度変化に起因した反射率変化を検出する周期加熱サーモリフレクタンス法（Photothermal Reflectance method）などが挙げられる．本稿ではその場測定に適しているフォトサーマル赤外検知法（以下PTR）について紹介し，その他の測定法については他誌を参照いただきたい（例えばPAに関しては参考文献[43,44]）．

(1) フォトサーマル赤外検知法の原理

Fig.4-1-10に示したように，光学吸収厚みが極めて薄いような試料（例えば金属の場合，可視波長域において数十nm）において，試料表面を強度変調したレーザーによって一様に周期加熱することを考える．加熱光の変調周波数が高い場合は温度波が界面まで到達せず，低い場合は界面まで到達する．試料表面の温度応答は RosencwaigとGershoらによって検討されている（RG理論[45]）．いま試

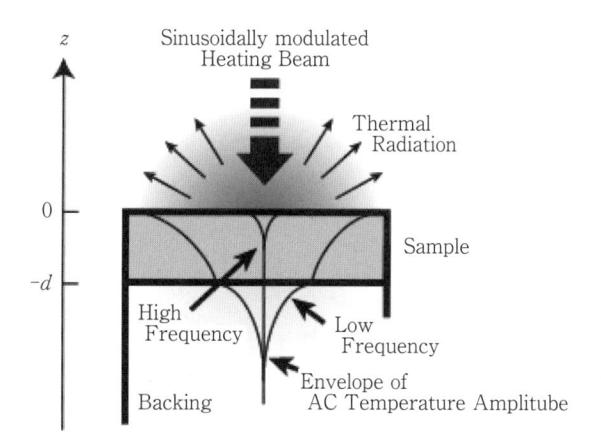

Fig.4-1-10 フォトサーマル赤外検知法測定原理（Measurement Principle of PTR）

料厚みが光学吸収長よりも十分に厚い場合，試料表面の温度応答と加熱光の位相差を Δf とすると，位相差は以下の関係を有する．

$$\Delta\phi = F\{f; \sqrt{\lambda_b \rho_b C_b}/\sqrt{\lambda_s \rho_s C_s}, k_s d_s/\sqrt{f}\} \tag{4.1.19}$$

ただし f は加熱光の変調周波数，λ は熱伝導率，ρ は密度，C は比熱，k は熱拡散長の逆数，d は試料厚み，添え字の b と s はそれぞれ基板と試料を意味する．すなわち試料表面温度応答と加熱光の位相差には試料の熱伝導率と温度伝導率の情報が含まれ，試料厚みと基板の熱物性値が既知であれば逆問題解析により熱伝導率と温度伝導率を独立に求めることができる．理論の詳細は省略するが，多層薄膜についても同様に考えることができ，加熱光の変調周波数を掃引することで各層界面における温度波の干渉に伴う位相差を検知できれば，各層における熱伝導率と温度伝導率を測定することができる．

前述した測定原理では，試料は無限に大きく試料表面が一様に加熱されることが仮定されており，厚み方向の 1 次元熱伝導のみが考慮されていた．しかしながら，実際の系では試料の大きさは有限であり，加熱光の大きさも有限である．例えば測定周波数帯域において試料半径が温度波の熱拡散長と同等かそれよりも小さい場合，試料端部における温度波の反射・干渉の影響を受け，検出される位相差は 1 次元理論と比較して小さく見積もられてしまう（Fig. 4-1-11）．一般的に試料半径が熱拡散長よりも 3 倍程度大きい場合，検出される位相差は 1 次元理論に従う[44]．一方，加熱光のガウシアン半径が小さく，赤外放射の検出領域が小さい場合も測定される位相差は 1 次元理論と比較して小さく見積もられてしまい，検出領域を大きくすることで 1 次元理論に則した位相差が検出される[46]（Fig. 4-1-12）．測定において試料半径や加熱光のガウシアン半径を考慮した理論により測定データをフィッティング解析することも可能である．しかしながらフィッティング解析パラメーターや理論に代入する既知パラメーター（解析前に予め測定しておく）が多いと測定不確かさが大きくなってしまうことが予想される．測定を行う上では感度解析を行い 1 次元理論を満足する測定パラメーターを設定することが望ましいが，測定対象がマイクロデバイスのような 1 次元理論の適用が難しい場合はデバイス形状や光学パラメーターを厳密に考慮した理論の構築が必要にある．

Fig. 4-1-13 に PTR の測定装置を示した．高速周期変調可能な半導体レーザー（～1 MHz）により試料表面を周期的に加熱する．試料表面からの赤外放射は軸外し放物面鏡（あるいは ZnSe レンズ）により集光され液体窒素冷却型赤外線検出器（Mercury Cadmium Telluride IR detector: MCT，応答

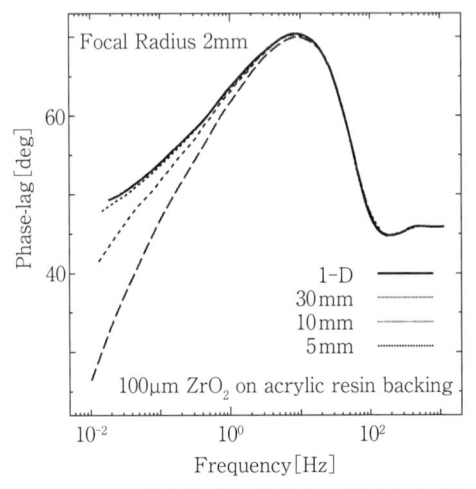

Fig. 4-1-11　周波数-位相差曲線の試料サイズ依存性（The effect of the radius of the sample on the phase lag）

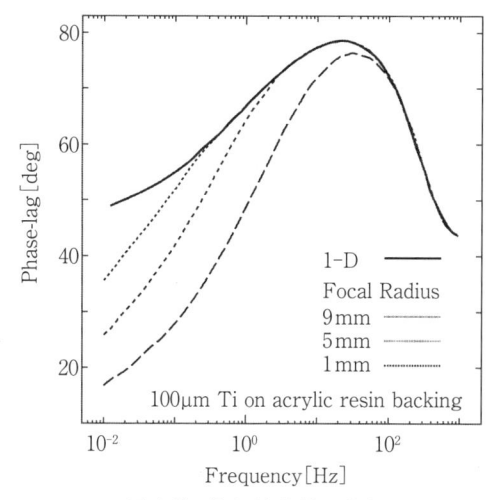

Fig. 4-1-12 周波数-位相差曲線の検知領域依存性 (The effect of the size of the temperature measuring spot on the phase lag)

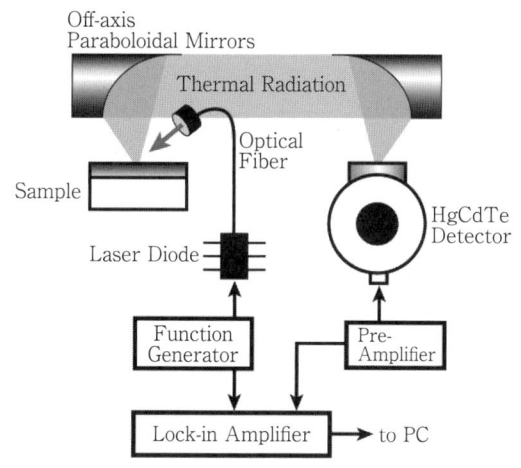

Fig. 4-1-13 フォトサーマル赤外検知法の測定装置概要 (Measurement Apparatus of PTR)

速度〜MHz) により検出される．加熱光と試料表面温度の位相差は2位相ロックインアンプにより測定される．PA の場合は信号検出にマイクロフォンが用いられるが，周波数帯域が制限されるため MHz オーダーの変調周波数を必要とする薄膜の測定には不向きであるといえる．PTR の特徴として Fig. 4-1-13 に示したように表面加熱・表面検知が挙げられる．図のような光学配置により，測定に際して試料を加工することなく熱物性値を測定できるため非破壊検査が可能である．したがってデバイス動作中の劣化検査などその場測定を行うことができ工学的ニーズは高い．

(2) フォトサーマル赤外検知法を用いた測定例

ガスタービン翼，スペースプレーン外壁やロケットエンジンの耐熱材料として用いられる傾斜機能材料（Functionally Graded Materials: FGM）の高温環境下における熱特性評価や劣化素過程の解明は，材料開発はもとよりシステムの熱設計や安全評価において必要不可欠である．PTR の厚み方向熱物性プロファイルのセンシング可能性を検証するために FGM の測定を行った[46]．測定に用いた

FGMは，Niの組成比率がそれぞれ80 wt%（厚み0.60 mm），60 wt%（厚み0.54 mm），40 wt%（厚み0.32 mm），20 wt%（厚み0.28 mm）である4層のZrO$_2$/Ni系傾斜機能材料（直径30 mm）であり，薄膜堆積法によって作製された．測定は温度波が第4層まで到達しかつ1次元性が成り立つ周波数範囲である400 mHzから300 Hzまで行った．Fig. 4-1-14に示すように，多少ばらつきがあるものの深さ方向の熱物性分布をセンシングすることに成功している．

次に高温環境下における測定結果[47]を示す．用いたFGMはSUS304基板上に放電プラズマ焼結法を用いて成膜された厚み約400 μmのPSZ（8％イットリア部分安定化ZrO$_2$）/NiCrAlY系傾斜機能材料である．組成比率についてはTable 4-1-1に示した．単層FGMについて1000 K以上の高温環境下でPTRを用いて温度伝導率ならびに熱伝導率を測定した結果をFigs. 4-1-15, 4-1-16に示した．高温環境下でも安定して熱物性センシングを実現している．

また，PTRを用いて超伝導薄膜の熱伝導率-膜厚依存性も測定されている[48]．この他，歯科用光硬化性樹脂の光重合反応プロファイルを温度伝導率の深さ方向プロファイルを測定している例[49]や粉末冶金で作製した自動車用トランスミッションスプロケットの未焼結部分へアラインクラックの非破壊検査[50]など多くの実用研究がなされており，その場測定が可能なPTRのセンシング応用の場は益々広がっている．

(3) まとめ

熱物性センシングにおいて，熱電対などの温度検出用素子を追加工する必要がなく，表面加熱・表面検知という特徴を活かし，PTRはその場測定への適用が盛んに行われてきた．さらに加熱光の変調周波数掃引による各界面における温度波の干渉とその振る舞いをモニタリングすることで，深さ方向の熱物性プロファイルがセンシング可能である．不確かさの面では1次元性が成立する測定パラメーターの検討や測定対象によっては解析理論の構築が必要である．

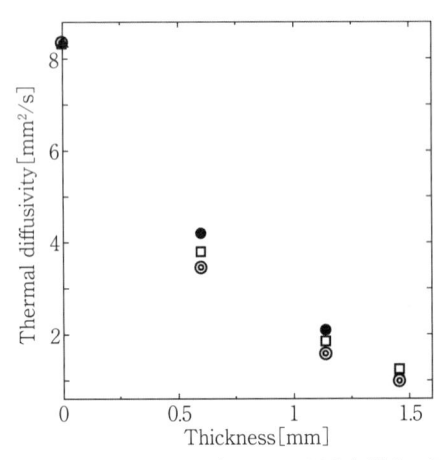

Fig. 4-1-14 ZrO$_2$/Ni系FGMに温度伝導率の厚み方向プロファイル（The thermal diffusivity distribution of the FGM）

Table 4-1-1 PSZ/NiCrAlY系傾斜機能材料組成

	FGM			
Sample Number	No.1	No.2	No.3	No.4
Component PSZ/NiCrAlY (wt%)	100/0	80/20	20/80	0/100
Nominal Thickness	400μm			
Production Process	Spark Plasma Sintering			

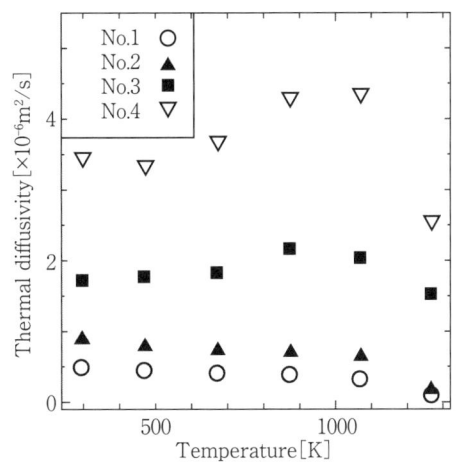

Fig. 4-1-15 PSZ/NiCrAlY 単層 FGM の高温における温度伝導率（Thermal diffusivity of PSZ/NiCrAlY FGM samples at high temperature）

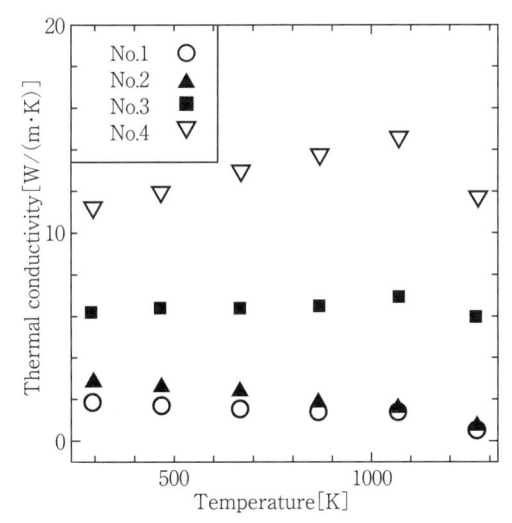

Fig. 4-1-16 PSZ/NiCrAlY 単層 FGM の高温における熱伝導率（Thermal conductivity of PSZ/NiCrAlY FGM samples at high temperature）

参考文献

1) I. Hatta, Y. Sasuga, R. Kato and A. Maesono, "Thermal Diffusivity Measurement of Thin Films by Means of an ac Calorimetric Method", Rev. Sci. Instrum., Vol.56, No.8 (1985) pp.1643-1647.
2) R. Kato, A. Maesono and I. Hatta, "Development of ac calorimetric method for thermal diffusivity measurement V. Modulated laser beam irradiation", Jpn. J. Appl. Phys., Vol.32, No.8 (1993) pp.3656-3658.
3) I. Hatta and R. Kato, "Development of ac Calorimetric Method for Thermal Diffusivity Measurement I. Contribution of Thermocouple Attachment in a Thin Sample", Jpn. J. Appl. Phys., Vol.25, No.6 (1986) pp. L493-L495.
4) T. Yamane, S. Katayama, M. Todoki and I. Hatta, "Thermal diffusivity measurement of a single fibers by an ac calorimetric method", J. Appl. Phys., Vol.80, No.8 (1996) pp.4358-4365.

5) I. Hatta and T. Yamane, "Size Effects of a Temperature Detector in an AC Calorimetric Thermal Diffusivity Measurement", Jpn. J. Appl. Phys., Vol.40, Part 1, No.1 (2001) pp.393-396.
6) F. Takahashi, Y. Hamada and I. Hatta, "Two-Dimensional Effects on Measurement of Thermal Diffusivity by AC Calorimetric Method: II. Effects of Heat Loss", Jpn. J. Appl. Phys., Vol.38, Part 1, No.9A (1999) pp. 5278-5282.
7) I. Hatta, R. Kato and A. Maesono, "Development of ac calorimetric method for thermal diffusivity measurement II. Sample Dimension Required for the Measurement", Jpn. J. Appl. Phys., Vol.26, No.3 (1987) 475-478.
8) Y. Gu, X. Tang, Y. Xu and I. Hatta, "Ingenious Method for Eliminating Effects of Heat Loss in Measurements of Thermal Diffusivity by ac Calorimetric Method", Jpn. J. Appl. Phys., Vol.32, Part 2, No. 9B (1993) pp. L1365-L1367.
9) F. Takahashi, K. Ito, J. Morikawa, T. Hashimoto and I. Hatta, "Characterization of Heat Conduction in a Polymer Film", Jpn. J. Appl. Phys., Vol.43, No.10 (2004) pp.7200-7204.
10) I. Hatta, "Heat capacity per unit volume", Thermochim. Acta., Vol.446 (2006) pp.176-179.
11) D. G. Cahill "Thermal Conductivity Measurement From 3 to 750K: The 3ω Method", Rev. Sci. Instrum., Vol. 61, No.2 (1990) pp. 802-808.
12) D. G. Cahill, K. E. Goodson and A. Majumdar, "Thermometry and Thermal Transport in Micro/Nanoscale Solid-State Devices and Structures", J. Heat Transfer, Vol. 124, No. 2 (2002) pp. 223-241.
13) ISO/TTA4:2002(E), Measurement of thermal conductivity of thin films on silicon substrates.
14) T. Borca-Tasciuc, A. R. Kumar and G. Chen, "Data reduction in 3ω method for thin-film thermal conductivity determination", Rev. Sci. Instrum., Vol. 72, No.4 (2001) pp. 2139-2147.
15) A. Rosencwaig, J. Opsal, W. L. Smith and D. L. Willenborg, "Detection of thermal waves through optical reflectance", Appl. Phys. Lett., 46, (1985) pp. 1013-1015.
16) 池内賢朗，島田賢次，"薄膜の熱伝導率と体積比熱容量の同時測定技術への2ω法の展開"，第29回日本熱物性シンポジウム（2008, 東京）pp. 366-368.
17) 加藤良三，八田一郎，"周期加熱 THERMOREFLECTANCE 法による熱酸化 SiO_2 薄膜の界面熱抵抗測定"，第27回日本熱物性シンポジウム（2006, 京都）pp. 42-44.
18) 池内賢朗，島田賢次，田中三郎，宮崎康次，"薄膜の熱伝導率評価法とビスマステルライド薄膜への応用"，第6回日本熱電学会学術講演会（2009, 仙台）p. 6.
19) 池内賢朗，島田賢次，田中三郎，宮崎康次，"2ω法と3ω法による薄膜の熱伝導率測定"，第31回日本熱物性シンポジウム（2010, 福岡）pp.300-302.
20) Y. Ohishi, K. Kurosaki, T. Suzuki, H. Muta, S. Yamanaka, N. Uchida, T. Tada and T. Kanayama, "Synthesis of silicon and molybdenum-silicide nanocrystal composite films having low thermal conductivity", Thin Solid Films, Vol.534 (2013) pp.238-241.
21) N. Uchida, T. Tada, Y. Ohishi, Y. Miyazaki, K. Kurosaki and S. Yamanaka, "Heavily doped silicon and nickel silicide nanocrystal composite films with enhanced thermoelectric efficiency", J. Apple. Phys., Vol. 114 (2013) pp.134311.
22) Y. Xu, H. Wang, Y. Tanaka, M. Shimono and M. Yamazaki, "Measurement of Interfacial Thermal Resistance by Periodic Heating and a Thermo-Reflectance Technique", Materials Transections, 48, (2007) pp.148-150.
23) N. Taketoshi, T. Baba and A. Ono, "Observation of Heat Diffusion across Submicrometer Metal Thin Films Using a PicoscondThermoreflectacne Technique", Jpn. J. Appl. Phys., Vol.38 (1999) pp.L1268-L1271.
24) N. Taketoshi, T. Baba, E.Schaub and A. Ono, "Homodyne detection technique using spontaneously generated reference signal in picosecond thermoreflectance measurements", Rev. Sci. Instrum., Vol.74 (2003) pp.5226-5230.
25) N. Taketoshi, T. Baba and A. Ono, "Electrical delay technique in the picosecond thermoreflectance method for thermophysical property measurements of thin films", Rev. Sci. Instrum., Vol.76 (2005) pp. 094903.
26) T. Baba, N. Taketoshi, T. Yagi, "Development of Ultrafast Laser Flash Methods for Measuring Thermophysical Properties of Thin Films and Boundary Thermal Resistances", Jpn. J. Appl. Phys., Vol.50 (2011) pp.11RA01.

27) 新編　伝熱工学の進展　第3巻，養賢堂（2000）．
28) N. Taketoshi, T. Baba and A. Ono, "Development of thermal diffusivity measurement system for metal thin films using a picosecond thermoreflectance technique", Meas. Sci. Technol., Vol.12 (2001) pp.2064-2073.
29) JIS R1689 ファインセラミックス薄膜の熱拡散率の測定方法—パルス光加熱サーモリフレクタンス法．
30) JIS R1690 ファインセラミックス薄膜と金属薄膜との界面熱抵抗の測定方法．
31) N. Taketoshi, T.Yagi and T. Baba, "Effect of Synthesis Condition on Thermal Diffusivity of Molybdenum Thin Films Observed by a Picosecond Light Pulse Thermoreflectance Method", Jpn. J. Appl. Phys., Vol.48 (2009) pp.05EC01.
32) T. Baba, "Analysis of One-dimensional Heat Diffusion after Light Pulse Heating by the Response Function Method", Jpn. J. Appl. Phys., Vol.48 (2009) pp.05EB04.
33) N. Oka, K. Kato, T.Yagi, N. Taketoshi, T. Baba, N. Ito and Y. Shigesato, "Thermal diffusivities of Tris(8-hydroxyquinoline) aluminum and N,N'-Di(1-naphthyl)-N,N'-diphenylbenzidine Thin Films with Sub-Hundred Nanometer Thicknesses", Jpn. J. Appl. Phys., Vol.49 (2010) pp.121602.
34) M. W. Shin, H. C. Lee, K. S. Kim, S.-H. Lee and J.-C. Kim, "Thermal analysis of Tris (8-hydroxyquinoline) aluminum", Thin Solid Films,Vol.363 (2000) pp.244.
35) N. Kim, B. Domercq, S. Yoo, A. Christensen, B. Kippelen and S. Graham, "Thermal transport properties of thin films of small molecule organic semiconductors", Appl. Phys. Lett., Vol.87 (2005) pp.241908.
36) T. Yagi, K. Tamano, Y. Sato, N. Taketoshi, T. Baba and Y. Shigesato, "Analysis on thermal properties of tin doped indium oxide films by picosecond thermoreflectance measurement", Journal of Vacuum Science & Technology A, 23 (2005) 1180-1186.
37) T. Ashida, A. Miyamura, Y. Sato, T. Yagi, N. Taketoshi, T. Baba and Y. Shigesato, "Effect of electrical properties on thermal diffusivity of amorphous indium zinc oxide films", J. Vac. Sci. Technol., A, Vol.23 (2005) pp.1180-1186.
38) C. Tasaki, N. Oka, T. Yagi, N. Taketoshi, T. Baba, T. Kamiyama, S. Nakamura and Y. Shigesato, "Thermophysical Properties of Transparent Conductive Nb-Doped TiO_2 Films", Jpn. J. Appl. Phys., Vol. 51 (2012) pp.035802.
39) N. Oka, R. Arisawa, A. Miyamura, Y. Sato, T. Yagi, N. Taketoshi, T. Baba and Y. Shigesato, "Thermophysical properties of aluminum oxide and molybdenum layered films", Thin Solid Films, Vol. 518 (2010) pp.3119-3121.
40) T. Yagi, N. Oka, T. Okabe, N. Taketoshi, T. Baba and Y. Shigesato, "Effect of Oxygen Impurity on Thermal Diffusivity of AlN Thin Films Deposited by Reactive rf Magnetron Sputtering", Jpn. J. Appl. Phys., Vol.50 (2011) pp.11RB01.
41) M. Kuwahara, O. Suzuki, Y. Yamakawa, N. Taketoshi, T. Yagi, P. Fons, T. Fukaya, J. Tominaga and T. Baba, "Temperature Dependence of the Thermal Properties of Optical Memory Materials", Jpn. J. Appl. Phys., Vol.46 (2007) pp.3909-3911.
42) R. E. Simpson, P. Fons, A. V. Kolobov, T. Fukaya, M. Krbal, T. Yagi and J. Tominaga, "Interfacial phase-change memory", Nat. Nanotechnol., Vol.6 (2011) pp.501-505.
43) 吉田篤正，"光音響法"，Netsu Sokutei, Vol.29, No.1 (2002) pp.11-15.
44) M. Akabori, Y. Nagasaka and A. Nagashima, "Measurement of the Thermal Diffusivity of Thin Films on Substrate by the Photoacoustic Method", Int. J. Thermophys., Vol.13, No.3 (1992) pp.499-514.
45) A. Rosencwaig and A. Gersho, "Theory of the Photoacoustic Effect with Solids", J. Appl. Phys., Vol.47, No. 64 (1976) pp.64-69.
46) Y. Nagasaka, T. Sato and T. Ushiku, "Non-destructive Evaluation of Thermal Diffusivity Distributions of Functionally Graded Materials by Photothermal Radiometry", Meas. Sci. Technol., Vol.12 (2001) pp. 2081-2088.
47) 佐野彰彦，長坂雄次，"フォトサーマル赤外検知法による高温傾斜機能材料の熱物性値測定に関する研究"，日本機械学会論文集（B編），Vol.70, No.695 (2004) pp.1849-1855.
48) T.Ikeda, T. Ando, Y. Taguchi and Y. Nagasaka, "Size Effect of Out-of-plane Thermal Conductivity of Epitaxial YBa2Cu3O7-delta Thin Films at Room Temperature Measured by Photothermal Radiometry", J. Appl. Phys., Vol. 113, No.18 (2013) pp.183517-1-7.
49) P. Martinez-Torres, A. Mandelis and J. J. Alvarado-Gil, "Photothermal Determination of Thermal

Diffusivity and Polymerization Depth Profiles of Polymerized Dental Resins", J. Appl. Phys., Vol.106, No. 11 (2009) pp.114906-1-7.
50) J. Tolev and A. Mandelis, "Laser Photothermal Non-destructive Inspection Method for Hairline Crack Detection in Unsintered Automotive Parts: A Statistical Approach", NDT&E Int., Vol.43 (2010) pp.283-296.

4.2 ナノチューブ・ナノファイバーの熱伝導率・熱拡散率測定法(Thermal Conductivity and Thermal Diffusivity of Nano-Tubes and Fibers)

4.2.1 単一ナノチューブおよびグラフェンの熱伝導率(Thermal conductivity of individual carbon nano-tube and graphene)

　カーボンナノチューブ（CNT）の軸方向の熱伝導率は単層では数千 W/(m·K)と非常に高い値が予測されているものの，凝集体で計測した場合には接触熱抵抗が支配的となって数桁低い熱伝導率[1]しか得られない．つまり，CNT の熱伝導性能を正確に把握するには1本での実験が不可欠であると言える．長さが数マイクロメートルで直径はナノメートルオーダーである CNT の計測には，そのサイズに適した計測システムを構築する必要があり，ここでは比較的信頼性が高いと考えられる2種類の手法[2〜4]を取り上げて解説する．それらはともに MEMS 技術によってセンサーとヒーターを小型化した計測デバイスであり，CNT1本を通る熱流を正確に測ることを可能としている．さらに，電気的光学的性質に依存しないことから CNT 以外の種々のナノワイヤー材料に応用されている．他の手法として，試料への通電加熱による抵抗値変化の利用[5,6]，ラマンスペクトルの利用[7]，試料に比べて大きな熱線を用いる方法[8]なども試みられているが CNT の計測に関しては精度や信頼性が現状では十分とはいえない．一方，グラフェンの熱伝導率も単層ナノチューブ同様に非常に高い値が報告されている．CNT 用の MEMS 型測温抵抗デバイスも応用可能ではあるが，グラフェンに関しては光学観測技術が確立していることおよび試料の設置に問題があることからラマン分光を用いた熱伝導率計測が有力な手段とされている．以下に具体的な技術内容を紹介する．

(1) 懸架膜型 MEMS センサー

　MEMS 技術を駆使してナノ材料の熱コンダクタンス計測用デバイスを最初に開発したのは Majumdar[2,3]のグループである．Fig. 4-2-1 にその原理図を示す．近接した2個の矩形の膜が数本の梁のみでヒートシンクとなるシリコンウエハーと連結され宙に浮いている．これら懸架された膜には図のような白金薄膜抵抗が作られておりヒーターおよび温度センサーとして働く．曲がりくねったヒーター形状は膜内の温度を一様にする効果を有しており，梁を十分に長くすることでヒートシンクとの間に大きな熱抵抗が与えられ膜内での温度はさらに一様になる．これら2個の膜の間を橋渡しするように CNT を接合して，どちらか一方の白金抵抗だけに通電加熱を行うと懸架膜間に生じる温度差に伴って CNT を通る熱流が発生する．Fig. 4-2-1 には左の膜の抵抗のみを通電加熱した場合の熱流の様子が示されており，各部の温度と熱抵抗の関係は，

$$Q = G_b(T_s - T_0) = G_s(T_h - T_s) \tag{4.2.1}$$

で表される．すなわち，梁の熱コンダクタンス G_b の値をあらかじめ計測しておけば，測温抵抗としての白金薄膜の信号から T_h と T_s は得られるので CNT の熱コンダクタンス G_s が計測されることになる．なお，T_0 はシリコンウエハーの温度である．SEM によって長さ，TEM によって直径がわかっていれば熱伝導率が計算される．測定精度を上げるためには G_b は梁の上の白金薄膜の発熱も加味

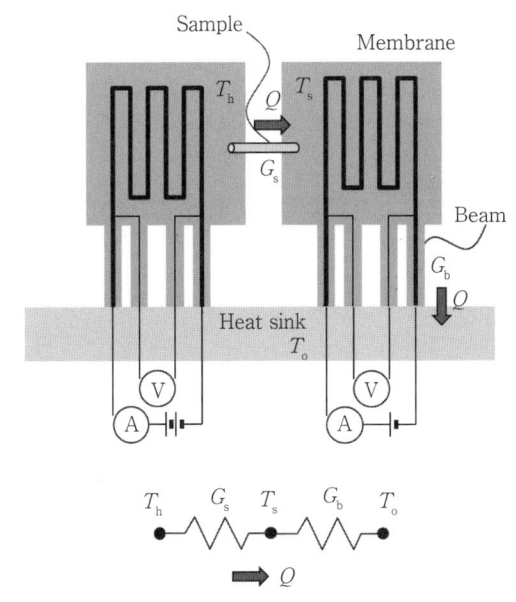

Fig. 4-2-1 懸架膜型 MEMS センサーの概略図（Schematic of MEMS membrane sensor for measuring an individual nanomaterial）

して決定されることが望ましく，さらに矩形の膜内に生じる数％の温度分布も考慮すれば十分高精度な実験が可能となる．Eq.(4.2.1)で考慮されている以外の熱散逸は直接的に測定誤差になるため，対流の影響を真空中にて排除するのはもちろん，輻射も無視できるように加熱側の膜の温度上昇は数 K に設定される．それに伴う微弱信号はロックイン法で解決している．

本センサーの製作方法を以下に概説する．まず，シリコンウエハー上の厚さ 0.5 μm の窒化シリコン CVD 膜上に白金を厚さ 30 nm でスパッタ成膜し，フォトリソグラフィーで幅 300 nm 程度の測温抵抗となるようにパターニングする．その後，再度のフォトリソグラフィーによって窒化シリコン膜は測温抵抗のある 20 μm 角程度の矩形部分と 2 μm×420 μm 程度の梁以外の部分がプラズマエッチングで除去される．シリコン基板を等方的にエッチングすることで，ヒーター兼センサーの機能を有する窒化シリコン膜2個が梁数本で支えられた状態で基板から浮いた構造になる．最後のシリコンのバルクエッチングは深さを 100 μm 以上確保することで懸架膜が表面張力で貼り付くことを防いでいる．さらに進んだ研究のためには，セットする試料の原子構造を TEM で把握することが望ましいためシリコン基板が貫通するまでエッチングされる場合もある．

なお，本デバイスは熱伝導率に加えて電気伝導率やゼーベック係数の同時計測に使われることも多く，そのための配線を組み込むことも多い．Fig. 4-2-2 にはそのための配線用に梁を6本にしたタイプの写真を示しており，4端子法の配線が試料の接合部に設けられているのがわかる．

(2) T字一体型ナノ熱線センサー

Fujii ら[4]はカーボンファイバーの熱伝導率計測技術[9]を拡張することで，上記の懸架膜方式とは異なる CNT 1 本の計測手法を開発した．そこで用いられているのは1本の超小型白金熱線センサーだけであって簡単な構造を特徴としている．計測原理を Fig. 4-2-3 を用いて説明する．両端がヒートシンクと直結された熱線はジュール発熱により2次曲線状の温度分布を示すが，その熱線の中央部にヒートシンクと結ばれた試料が付け加えられると，それが熱の逃げ道となって熱線の温度が変化する．温度分布は凹んだ曲線のようになり温度上昇の平均値 ΔT_L は試料の無い場合に比べて変化する．熱線も試料も十分アスペクト比が大きいとすれば1次元熱伝導方程式で解析可能であり，試料の熱伝

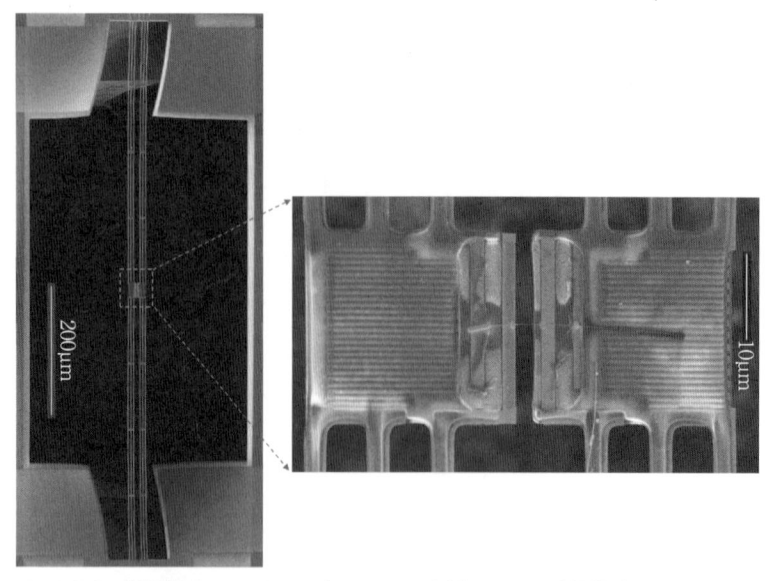

Fig. 4-2-2 懸架膜型 MEMS センサーの SEM 写真，Li Shi 氏提供（SEM images of MEMS membrane sensor, Courtesy of Prof. Li Shi）

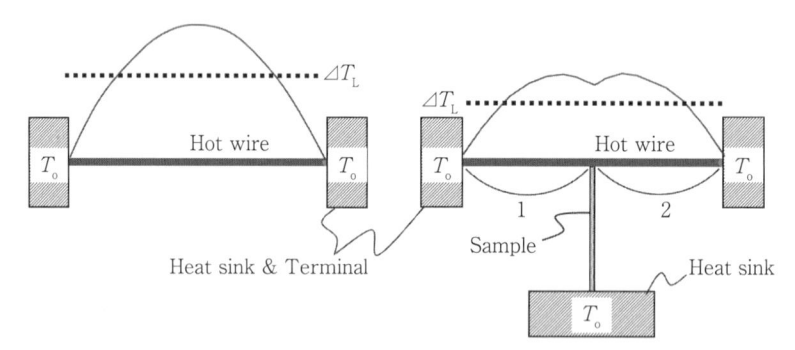

Fig. 4-2-3 T 字一体型熱線センサーの原理（Principle of T-type hot-wire sensor）

率は結局，

$$\lambda_\mathrm{f} = \frac{l_1 l_\mathrm{h}^4 \lambda_\mathrm{h} A_\mathrm{h} - 12 l_1 l_2^2 \lambda_\mathrm{h}^2 A_\mathrm{h} \Delta T_\mathrm{L}/q_\mathrm{v}}{12 l_1 l_2 A_\mathrm{f} l_\mathrm{h} \lambda_\mathrm{h} \Delta T_\mathrm{L}/q_\mathrm{v} - l_1^4 l_2 A_\mathrm{f} - l_1 l_2^4 A_\mathrm{f}} \tag{4.2.2}$$

で表される．ここで λ, l, A は熱伝導率，長さ，断面積であり，それぞれの添え字 h は熱線全体，f は試料，1 と 2 は熱線の左右の部分，そして q_v は単位時間単位体積あたりの熱線の発熱量である．$\Delta T_\mathrm{L}/q_\mathrm{v}$ を測ることで試料の熱伝導率が得られる．なお，ここで得られる熱伝導率は試料の両端における接触熱抵抗を含んだものとなっており，接触状態が悪い場合には本来の熱伝導率よりも低い値が得られる．

本センサーを CNT の計測に適したものにするには上記解析の 1 次元性が担保されるようにサイズを CNT に近づける必要がある．そのために採用したのが電子線直接描画による Pt ホットフィルムの作製である．まず，SiO$_2$ 層を有するシリコンウエハー上に電子線レジストをコーティングし，電子線描画装置を用いてホットフィルムセンサーのパターンを直接描画し現像する．電子線が照射された部分はレジストが除かれ，その上から Ti および Pt を蒸着してリフトオフ法によりセンサーのパターンを形成する．なお，Ti は厚さ 5 nm 程度であり Pt と SiO$_2$ との間の接着力強化のために用いてい

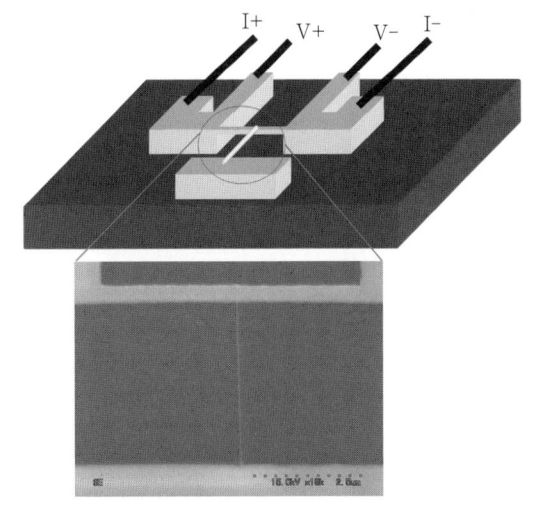

Fig. 4-2-4 T字一体型ナノ熱線センサーの模式図とセットされた多層カーボンナノチューブのSEM写真 (Schematic of T-type nano hot-wire sensor and SEM image of an individual MWNT bridged between Pt hot-film and heat sink)

る．次に，BHF溶液を用いてSiO₂層を等方的にエッチングし，この際Tiは除去される．さらに，KOH溶液あるいはCF₄プラズマを用いてSi基板を数ミクロンの深さエッチングする．これによって，左右のターミナルの間にPtホットフィルムが懸架され，島状のヒートシンク部分と数ミクロン離れて向かい合った形状のデバイスが完成する．Fig. 4-2-4には本センサーの模式図と実際にCNTをセットした状態のSEM写真を示した．

本センサーは試料をセットする前に白金ホットフィルムの温度抵抗係数を検定し，TEMで事前に観察済みのナノチューブ等をセットした上で，SEMで長さなどのパラメーターを把握した上で計測を行う．このプロセスで得られるPt薄膜は多結晶でありバルクに比べ低い電気伝導率と低い抵抗温度係数を示すこと[10]に注意が必要である．上記の膜型センサーと同様に，計測は対流と輻射の影響が出ないよう10^{-3}Pa以上の真空度のクライオスタット内にてホットフィルムの温度上昇は10 K以下程度の範囲で行われる．DC計測で十分な精度が得られることが特徴であり，近年ではこのセンサーを応用して単一のCNTの界面熱抵抗の計測[11]も行われている．

(3) 単一ナノチューブのマニピュレーション

上記の計測法はともに接触式であるためCNTをセンサーに取り付ける技術が重要になる．具体的な方法としては次の3通りが報告されている．①試料を含む溶液を複数のセンサーの上から滴下して偶然に適当な場所に付いたものを利用する．②ナノメートルオーダーの精度を有するピエゾ素子駆動の3次元マニピュレーターをSEM内で用いて試料を1本ずつ移動させる．③センサー自体に触媒を付けてその場所で試料を合成する．ただし，単に試料を置いただけでは熱的接触は不十分であり計測結果に大きな誤差を生じさせる．そこで，FIBによる白金等の局所堆積やSEMの電子線照射によるアモルファスカーボン等の局所堆積が試料とセンサーの間の接触熱抵抗の減少および接合の強度確保のために用いられる．マニピュレーターによる試料のピックアップにもアモルファスカーボンの堆積は用いられる．ただし，これらの技術は試料のサイズに大きく依存し，例えば，現在でも単層カーボンナノチューブ (SWNT) を1本だけ選んでセンサーにセットすることは困難であるため，SWNTの計測では③の方法が報告されているのみである．

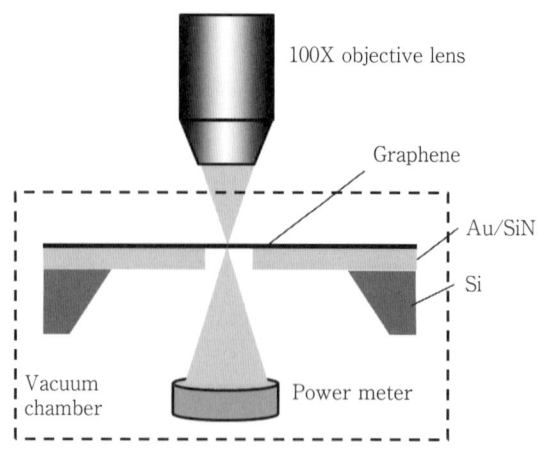

Fig. 4-2-5 グラフェンの熱伝導率計測システムの概略図
(Schematic of measurement system for in-plane thermal conductivity of graphene)

(4) ラマン分光によるグラフェンの熱伝導率計測

　CNT 同様，グラフェンの熱伝導率計測も多くの研究者が挑戦しているが，現在最も洗練されている手法は Chen ら[12]によって報告されている．その概略図を Fig. 4-2-5 に示した．MEMS 技術によって数ミリ程度の大きさの貫通孔を設けられたシリコンウエハー上に窒化シリコン膜および厚さ 300 nm 程度の Au 膜が堆積している．貫通孔を覆っている部分の膜にも直径数 μm の孔が数多く設けられ，グラフェンは転写法によってその上に貼り付けられる．この数 μm の孔の上にあるグラフェンの中心部へ向けて対物レンズを介してレーザー光が照射される．グラフェンは数％の吸光率でエネルギーを受けて温度が上昇する．この吸収エネルギー量はグラフェンの有無によるパワーメーター値の差から正確に推定される．照射部はラマンスペクトルのうちの 2D ピークがモニターされ事前の校正を用いてそのシフト量から温度が同定される．Au 膜は十分厚いのでほぼヒートシンクとして働き，2次元の軸対称熱伝導であることからグラフェンの面内方向の熱伝導率が計算される．Au 膜部分の熱コンダクタンスや接触熱抵抗まで考慮することで精度を高められるが，照射スポット径やラマンシフト量の見積もりに伴う誤差が比較的大きい．それでもグラフェンの層数と膜質の確認が光学的に行えることは有利であり，グラファイトから引き剥がした試料でも CVD 合成した試料でも計測することが可能である．

4.2.2 ナノチューブ複合材料の熱拡散率（Thermal diffusivity of nano-tube composites）

　ナノチューブは，一般に直径がナノメートルスケールの筒状の構造をした物質のことを指し，カーボンナノチューブ（Carbon Nanotube: CNT）や有機ナノチューブなどがある．CNT は，ナノメートルスケールの微細構造という特徴の他に，電気伝導性，磁気的性質，力学的性質，熱特性など様々な特性が非常に優れているとの予言がなされたことから，産業分野での応用が期待され，注目を集めている材料の 1 つである．CNT は，グラフェンシートを筒状に巻いたチューブであり，カイラリティ（グラフェンシートを丸める方向）によって，金属的または半導体的な物性を示すことが知られている．また，グラフェンシート 1 層からなる単層ナノチューブ（SWNT：Single-Walled Carbon Nanotube）と数層からなる多層ナノチューブ（MWNT：Multi-Walled Carbon Nanotube）がある．産業的にも学術的にも興味深い材料であることから，熱特性に関しても，これまで多くの研究がなされているが[1,2,4~6,13~26]，微細であるために，各種の物性測定が難しく，その物性については不明な点も多

Table.4-2-1 カーボンナノチューブの室温における熱伝導率
(Literature thermal conductivities of CNT at room temperature)

Material	Author	Thermal conductivity [W/(m K)]	Method
SWNT (crystalline rope)	Hone et al.[1]	35	Experimental
SWNT (array film)	Hone et al.[14]	250	Experimental
SWNT (array film)	Panzer et al.[15]	～8	Experimental
SWNT (single tube)	Fujii et al.[4]	1500	Experimental
SWNT (single tube)	Yu et al.[16]	200-10000	Experimental
SWNT (single tube)	Pop et al.[6]	～3500	Experimental
SWNT	Maruyama et al.[17]	200-400	Numerical
SWNT	Cummings et al.[18]	1000-3000	Numerical
SWNT	Mingo et al.[19]	5000	Numerical
SWNT	Shiomi et al.[20]	200-1000	Numerical
MWNT (array film)	Yang et al.[21]	15	Experimental
MWNT (array film)	Hu et al.[22]	75	Experimental
MWNT (bundles)	Yi et al.[23]	25	Experimental
MWNT (single bundles)	Kim et al.[2]	3000	Experimental
MWNT (single tube)	Choi et al.[24]	650-830	Experimental
MWNT (single tube)	Choi et al.[5]	280-320	Experimental

い．熱伝導率に関しては，黒鉛と同程度の値から，ダイヤモンドに近い値まで，100倍以上異なる広範囲の値が報告されている[1,2,4～6,14～24]．Table 4-2-1にその例をまとめる．

CNTは，予言されているその優れた特性の産業的利用への期待から，CNTの高品質化や量産を目的に新しい合成方法が開発され，スーパーグロース法（SG法）や直噴熱分解合成法（DISP法）などにより様々なCNTが合成されている[27～30]．これらの方法で合成されたCNTには，基板上に配向して起毛状に成長したものやシート状に加工されたもの等がある．本節では，これらのCNT複合材料の熱拡散率をバルク材料の観点からレーザーフラッシュ法（LF法）を用いて測定した結果[36～40]について取り上げる．

(1) CNT forest の熱拡散率

スーパーグロースCNTは，基板上に配向してmmサイズに成長する，極めて純度の高いSWNTである．2004年に畠らにより開発されたSG法により合成される[27～29]．このCNTは構造体を形成することができ，基板から剥がして自立させることもできる．1 cm^{2}あたり約5.2×10^{11}本のSWNTで構成され，1本のSWNTの直径が2～3 nmである．バルク材料としては，比表面積が1000 m^2/g以上，かさ密度がas-grownで約40 kg/cm^{3}である．as-grownのスーパーグロースCNTは，アルコールなどに浸して乾燥させることにより，垂直配向構造を損なうことなく高密度化した固体にすることができる[28]．また，SWNTのみではなく，MWNTを選択的に合成させることも可能である[34]．阿子島らは，スーパーグロースSWNTおよびMWNTについて，LF法により熱拡散率測定を行った[31～34]．

測定に用いられた試料サイズは，SWNTおよびMWNTのas-grownの場合は約10 mm×約10 mm×約1 mmまたは約5 mm×約5 mm×約1 mm，SWNTの高密度固体の場合は約5 mm×約5 mm×約1 mmである．これらは，基材から剥がして自立した状態で，CNTの長さ方向に沿った方向の熱拡散率が測定された．CNTの長さは，リニアゲージにより，1試料あたり5または6点測定して平均値とした．1試料あたりの長さの最大偏差は，約20 μmであった．Fig. 4-2-6(a)に，測定に用いたスーパーグロースCNTのSWNTのas-grownとSWNT固体を示す．

LF法（Fig. 4-2-7参照）は，1960年代に開発され[36]，現在ではバルク材料の熱拡散率測定方法とし

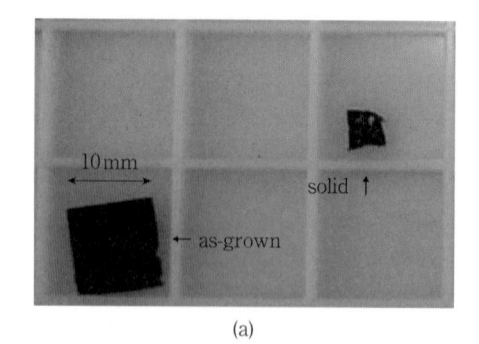

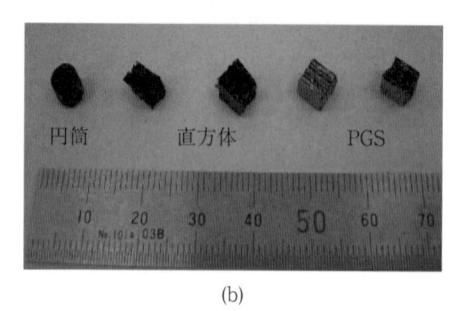

Fig. 4-2-6 (a) SWNT の as-grown と SWNT 固体 (b) LF 法測定用 SWNT シートと PGS シート ((a) as-grown and solid of supergrowth CNT and (b) prepared samples of SWNT sheet and PGS sheets for the laser flash measurement.)

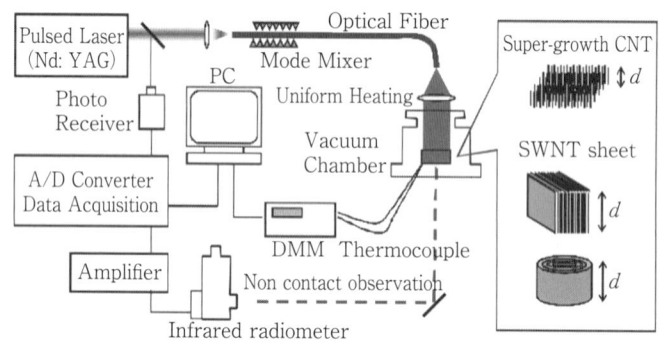

Fig. 4-2-7 測定に用いたレーザーフラッシュ法装置のシステム図 (LF thermal diffusivity measurement system)

て広く普及している．(独) 産業技術総合研究所では，この手法を用いて熱拡散率標準の開発を行ってきた[38,39]．測定技術の最適化[37]，GUM[40] に基づく不確かさ評価[38]，標準物質を確立している．この技術と経験を生かして，CNT の熱拡散率測定が行われた．

室温において，パルス加熱強度を変化させながら複数回繰り返して測定を行い，パルス加熱エネルギー依存性のゼロ外挿から，熱拡散率を決定した．この手順により，材料固有の物性値を得ることができる[41]．特に，スーパーグロース CNT の as-grown については，室温から 1000 K まで真空中で熱拡散率の温度依存性を測定した．この測定では，1 試料内の試料厚さ (長さ) の偏差が大きいことから，測定の不確かさは約 20% ($k=2$) と推定する[38]．また，今回用いた測定条件は，産業技術総合研究所が提供する LF 熱拡散率測定用の標準物質[39]と同じ材料である等方性黒鉛の厚さ 0.4〜2.0 mm の

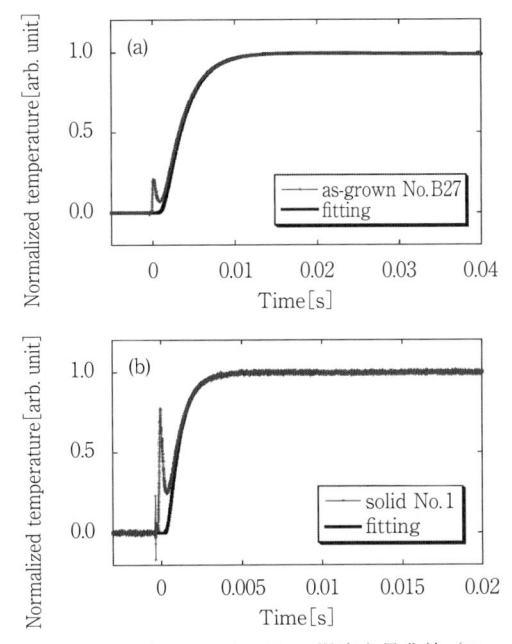

Fig. 4-2-8 スーパーグロース SWNT の温度上昇曲線 (Temperature rise curves of the supergrowth CNT at room temperature.)

Table. 4-2-2 レーザーフラッシュ法により測定されたスーパーグロース SWNT の室温における熱拡散率
(Thermal diffusivity of the supergrowth CNT measured by the LF method at room temperature)

Material	Sample No.	Length [mm]	Thermal diffusivity [m²/s]
SWNT (as-grown)	G03	0.700	7.5×10^{-5}
	F00	1.468	7.7×10^{-5}
	B27	1.287	6.4×10^{-5}
	B36	0.884	4.7×10^{-5}
	B38	0.850	6.6×10^{-5}
SWNT (solid)	No.1	0.600	7.8×10^{-5}
	No.2	0.997	1.0×10^{-4}
Isotropic graphite		−	$\sim 1.0 \times 10^{-4}$

試験片による実験により健全であることが事前に確認されている．

Fig. 4-2-8 に，as-grown および高密度固体を室温で測定した時の温度変化曲線を示す．どちらも，LF 法の温度変化曲線としては良好な信号である．炭素材料なので，表面の黒化処理も不要である．注意すべきは，パルス加熱直後に確認される小さいピークである．スーパーグロース CNT 試料は，CNT を束ねたものであり，隙間が多いため，パルス加熱光が透過したものと考えられる．この透過光の信号は，測定の本質的な信号よりも小さく，影響が少ないと判断し，その領域を避けて解析を行った．Table 4-2-2 に室温における測定結果を示す．試料の厚さに依存せず，比較的大きいばらつきがあるが，as-grown では 6.6×10^{-5} m²/s（平均値），高密度固体では 8.9×10^{-5} m²/s の熱拡散率が得られた．これは等方性黒鉛と同程度である．この測定結果は，見かけの熱拡散率である．しかし，これらの試料では，SWNT は高配向であるため，熱拡散率はその本数には依らないと考えることができる．

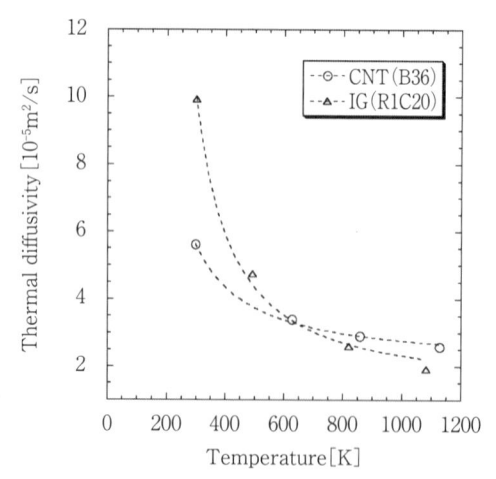

Fig. 4-2-9 スーパーグロース SWNT の as-grown 試料（B36）の熱拡散率の温度依存性．比較のために等方性黒鉛（IG-110, No. R1C20）の温度依存性も掲載（Temperature dependence of thermal diffusivity of a supergrowth as-grown sample (B36) and an isotropic graphite (IG-110, No.R1C20).)

得られた熱拡散率を用い，比熱容量と密度の積として熱伝導率 λ に換算した．ここでは，比熱容量を黒鉛の値 $c = 0.7$ J/(kg·K) とした．密度 ρ を①試料全体でのかさ密度（体積と重量から $\rho = 40$ kg/m^3），②1本の SWNT の見かけ密度（10 mm×10 mm×1 mm の試料内に直径3 nm の SWNT が $5.2×10^{11}$ 本あると仮定して $\rho = 1100$ kg/m^3），③SWNT の円筒の見かけ密度（②の仮定で SWNT の表皮厚さ3.4Åとして $\rho = 2500$ kg/m^3）と定義した場合，as-grown の熱伝導率は① 1.9 W/(m·K)，② 52 W/(m·K)，③ 120 W/(m·K) と算出される．高密度固体では，かさ密度が as-grown の15倍なので，① 38 W/(m·K)，② 1042 W/(m·K)，③ 2369 W/(m·K) となる．このように，密度の定義に応じて熱伝導率値が異なることがわかった．

次に，as-grown の SWNT 試料（B36）について，室温から約1000 K の温度範囲で，熱拡散率を測定した結果が Fig. 4-2-9 である．この温度範囲では，等方性黒鉛と値が同程度であるが，温度依存性もフォノン熱伝導が支配的な黒鉛[42,43]と同様であることがわかった．

SG 法は，水アシスト CVD 法であり産総研で開発された手法であるが，現在では同様の技術が普及してきている．産総研以外の機関で同様に合成された CNT についても，LF 法による熱拡散率を行うと，上記と同等の結果が得られた[35]．

SG 法では，SWNT だけでなく MWNT も合成することができる．SG 法で合成された MWNT の熱拡散率を LF 法で測定した結果は，参考文献34)のようになり，SWNT よりも熱拡散率が小さいことがわかった．

(2) SWNT シート

斎藤らは，DIPS 法を精密制御することにより，純度97.5％以上で，かつ，構造欠陥量が従来の10分の1以下に低減された超高品質 SWNT を量産する技術を開発した[30]．この方法で合成された SWNT はシートや糸に加工することが可能である．この SWNT で作られたシートは，CNT が不規則に絡み合ってできている．

この SWNT シート（厚さ約25 μm）は，面内方向の熱拡散率を測定するため，円筒または直方体になるように調整した（Fig. 4-2-6(b)）[31,32]．円筒試料は，シートを5 mm 幅に帯状に切ったものを巻いて φ5 mm×5 mm に成形した．直方体試料は，5 mm 四方に切った SWNT シートを80枚程重ね，

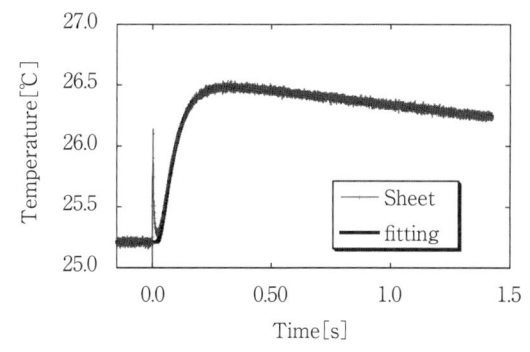

Fig. 4-2-10 SWNTシートで作成したブロック状試料の温度上昇曲線 (Temperature rise curve at room temperature of the SWNT sheet sample (block).)

Table. 4-2-3 レーザーフラッシュ法により測定された SWNTシートとPGSシートの面方向熱拡散率
(Measured thermal diffusivity values along plane of the SWNT sheets and PGS sheets by the LF method)

Sample No.	Thermal diffusivity [m^2/s]
SWNT sheet (roll)	5.3×10^{-5}
SWNT sheet (block)	5.5×10^{-5}
PGS sheet 25μm (block)	7.9×10^{-4}
PGS sheet 100μm (block)	8.0×10^{-4}
PGS sheet [catalog]	$9 \sim 10 \times 10^{-4}$

向かい合う2側面を接着剤で固定し，5mm×5mm×3〜5mmの直方体にまとめた．このようにブロック状にまとめたSWNTシートは，円筒試料は巻いた断面を，直方体試料は接着しない側面をパルス加熱および温度変化観測する配置で測定を行った．この試料調整方法の是非を検証するために，PGSシート (Pyrolytic highly oriented Graphite Sheet, Panasonic 製) の厚さ25μm，100μmも同様に束ねて直方体にして測定を行った．室温において，パルス加熱強度を変化させながら複数回繰り返して測定を行い，パルス加熱エネルギー依存性のゼロ外挿から，熱拡散率を決定した．

Fig. 4-2-10 は，SWNTシートの面内方向を測定した温度変化曲線である．通常の均質で緻密な固体を仮定した関数が適用できている．よって，測定している面内方向に対して，試料は均質で緻密な固体の場合と同様に理解できることが示された．SWNTシートだけではなく，PGSシートも同様の温度変化曲線が得られた．Table 4-2-3に示すように，PGSシートの測定結果は，カタログ値をほぼ再現した．このように，シート状試料を重ね合わせてブロック状に調整して測定する方法は，有効であることがわかった．したがって，SWNTシートの測定結果も信頼できる結果であると言える．

SWNTシートの測定結果は，平均5.4×10^{-5} m^2/sであった (Table 4-2-3)．このシートの面内は，SWNTは配向せず，ランダムに絡み合っている．その構造により，配向しているスーパーグロース試料や固体と比べて，やや小さめの値を示していると推定した．

(3) まとめ

以上のように，バルク材料サイズのCNT複合材料の熱拡散率を，レーザーフラッシュ法で測定することが可能であった．測定した結果は，標準物質の測定結果との比較により，信頼性を議論できている．熱拡散率は材料の形状やサイズには依存せずそれなりの信頼性を確保して得られるが，比熱容量と密度を掛けて算出した熱伝導率の信頼性の議論は難しく，熱伝導率を直接測定した結果との比較

は困難であった.

　SG 法により合成されたスーパーグロース CNT の as-grown および高密度固体と DIPS 法により合成された高品質 SWNT シートの室温における熱拡散率を，LF 法により測定した．得られた熱拡散率の値は，等方性黒鉛と同程度である．熱拡散率と比熱容量，密度の積で算出した熱伝導率は，密度の定義に応じて，1～2000 W/(m·K) であった．測定した SWNT は，多数の SWNT が束になったり絡み合ったりした形態である．CNT 間の相互作用の影響も考えられ，純粋に CNT の 1 次元的な熱拡散現象を捉えた結果であるかどうかは不明であり，より詳細な実験と考察が必要である．世界中で CNT に関する研究・開発が進められている．今後の動向に注目した．CNT の産業的応用を考慮すると，このようなバルク材料として評価は不可欠であると考えている．

参考文献

1) J. Hone, M. Whitney, C. Piskoti and A. Zettl, "Thermal conductivity of single-walled carbon nanotubes", Phys. Rev. B, Vol.59 (1999) R2514.
2) P. Kim, L. Shi, A. Majumdar and P. L. McEuen, "Thermal Transport Measurements of Individual Multiwalled Nanotubes", Phys. Rev. Lett., Vol.87, No.21 (2001) 215502.
3) L. Shi, D. Li, C. Yu, W. Jang, D. Kim, Z. Yao, P. Kim and A. Majumdar, "Measuring thermal and thermoelectric properties of one-dimensional nanostructures using a microfabricated device", J. Heat Transfer, Vol.125 (2003) pp.881-888.
4) M. Fujii, X. Zhang, H. Xie, H. Ago, K. Takahashi, T. Ikuta, H. Abe and T. Shimizu, "Measuring the Thermal Conductivity of a Single Carbon Nanotube", Phys. Rev. Lett. ,Vol.95, No.6 (2005) 065502.
5) T.-Y. Choi, D. Poulikakos, J. Tharian and U. Sennhauser, "Measurement of the Thermal Conductivity of Individual Carbon Nanotubes by the Four-Point Three-ω Method", Nano Lett., Vol.6, No.8 (2006) pp. 1589-1593.
6) E. Pop, D. Mann, Q. Wang, K. Goodson and H. J. Dai, "Thermal conductance of an individual single-wall carbon nanotube above room temperature", Nano Letters, Vol.6, No.1 (2006) pp. 96-100.
7) I-K. Hsu, R. Kumar, A. Bushmaker, S. B. Cronin, M. T. Pettes, L. Shi, T. Brintlinger, M. S. Fuhrer and J. Cumings, "Optical measurement of thermal transport in suspended carbon nanotubes", Appl. Phys. Lett., Vol.92, No.6 (2008) 063119.
8) C. Dames, S. Chen, C. T. Harris, J. Y. Huang, Z. F. Ren, M. S. Dresselhaus and G. Chen, "A hot-wire probe for thermal measurements of nanowires and nanotubes inside a transmission electron microscope", Rev. Sci. Instrum.,78 (2007) 104903.
9) X. Zhang, S. Fujiwara and M. Fujii, "Measurements of thermal conductivity and electrical conductivity of a single carbon fiber", Int. J. Thermophysics, Vol.21, No.4 (2000) pp. 965-980.
10) Q. G. Zhang, X. Zhang, B. Y. Cao, M. Fujii, K. Takahashi and T. Ikuta, "Influence of Grain Boundary Scattering on the Electrical Properties of Platinum nanofilms." Appl. Phys. Lett., Vol. 89 (2006) 114102
11) J. Hirotani, T. Ikuta, T. Nishiyama and K. Takahashi, "Thermal boundary resistance between the end of an individual carbon nanotube and a Au surface", Nanotechnology, 22 (2011) 315702.
12) S. Chen, A. L.Moore,W. Cai, J.W. Suk, J. An, C.Mishra, C. Amos, C. W. Magnuson, J. Kang, L. Shi and R. S. Ruoff, "Raman Measurements of Thermal Transport in Suspended Monolayer Graphene of Variable Sizes in Vacuum and Gaseous Environments", ACS Nano, Vol.5, No. 1 (2011) pp.321-328.
13) S. Iijima, "Helical microtubules of graphitic carbon", Nature (London), Vol.354 (1991) 56.
14) J. Hone, M. C. Llaguno, N. M. Nemes, A. T. Johnson, J. E. Fischer, D. A. Walters, M. J. Casavant, J. Schmidt and R. E. Smalley, "Electrical and thermal transport properties of magnetically aligned single wall carbon nanotube films", Appl. Phys. Lett., Vol.77, No.5 (2000) 666.
15) M. A. Panzer, G. Zhang, D. Mann, X. Hu, E. Pop, H. Dai and K. E. Goodson, "Thermal Properties of Metal-Coated Vertically Aligned Single-Wall Nanotube Arrays", J. Heat Transfer, Vol.130, No.5 (2008) 052401.
16) C. Yu, L. Shi, Z. Yao, D. Li and A. Majumdar, "Thermal Conductance and Thermopower of an Individual Single-Wall Carbon Nanotube", NanoLett., Vol.5, No.9 (2005) 1842.
17) S. Maruyama, "A Molecular Dynamics Simulation of Heat Conduction of a Finite Length Single-Walled

Carbon Nanotube", J. Microscale. Thermophys. Eng., Vol. 7 (2003) 41.
18) A. Cummings, M. Osman, D. Srivastava and M. Menon, "Thermal conductivity of Y-junction carbon nanotubes", Phys. Rev., B70 (2004) 115405.
19) N. Mingo and D. A. Broido, "Length Dependence of Carbon Nanotube Thermal Conductivity and the "Problem of Long Waves"", NanoLett., Vol.5, No.7 (2005) 1221.
20) J. Shiomi and S. Maruyama, "Molecular Dynamics of Diffusive-Ballistic Heat Conduction in Single-Walled Carbon Nanotubes", Jpn. J. Appl. Phys., Vol.47 (2008) 2005.
21) D. J. Yang, Q. Zhang, G. Chen, S. F. Yoon, J. Ahn, S. G. Wang, Q. Zhoui, Q. Wang and J. Q. Li, "Thermal conductivity of multiwalled carbon nanotubes", Phys. Rev., B66 (2002) 165440.
22) X. J. Hu, A. A. Padilla, J. Xu, T. S. Fisher and K. E. Goodson, "3-Omega Measurements of Vertically Oriented Carbon Nanotubes on Silicon", J. Heat Transfer, Vol.128, No.11 (2006) 1109.
23) W. Yi, L. Lu, Zhang Dian-lin, Z. W. Pan and S. S. Xie, "Linear specific heat of carbon nanotubes", Phys. Rev., B59 (1999) R9015..
24) T. Y. Choi and D. Poulikakos, J. Tharian and U. Sennhauser, "Measurement of thermal conductivity of individual multi-walled carbon nanotubes by the 3-ω Method", Appl. Phys. Lett., Vol.87 (2005) 013108.
25) T. Ando, H. Matsumura, and T. Nakanishi, "Theory of ballistic transport in carbon nanotubes", Physica, B323 (2002) 44.
26) T. Nakanishi, A. Bachtold and C. Dekker, "Transport through the interface between a semiconducting carbon nanotube and a metal electrode", Phys. Rev., B 66 (2002) 73307.
27) K. Hata, D.N. Futaba, K. Mizuno, T. Namai M. Yumura and S. Iijima, "Water-Assisted Highly Efficient Synthesis of Impurity-Free Single-Walled Carbon Nanotubes", Science, Vol.306 (2004) 1362.
28) D. N. Futaba, K. Hata, T. Yamada, K. Mizuno, M. Yumura and S. Iijima, "Kinetics of Water-Assisted Single-Walled Carbon Nanotube Synthesis Revealed by a Time-Evolution Analysis", Phys. Rev. Lett., 95 (2005) 56104.
29) D. N. Futaba K. Hata, T. Namai, T. Yamada, K. Mizuno, Y. Hayamizu, M. Yumura, and S. Iijima, "84% Catalyst Activity of Water-Assisted Growth of Single Walled Carbon Nanotube Forest Characterization by a Statistical and Macroscopic Approach", J. Phys. Chem. B., Vol. 110, No. 15 (2006) 8035.
30) T. Saito, S. Ohshima, M. Yumura and S. Iijima, BUTSURI Vol.62, No.8 (2007) 591–595.
31) M. Akoshima , K. Hata, D. N. Futaba, T. Baba, H. Kato and M. Yumura, Proc. of 26th Jpn. Symp. Thermophys. Prop. (2005) 32.
32) M. Akoshima, K. Hata, T. Saito, K. Mizuno, T. Baba and M. Yumura, "Thermal Diffusivity Measurements Of Single-Walled Carbon Nanotube Solid And Sheet Using Laser Flash Method", Proc. of 28th Jpn. Symp. Thermophys. Prop. (2007) 256.
33) M. Akoshima, K. Hata, D. N. Futaba, K. Mizuno, T. Baba and M. Yumura, "Thermal Diffusivity of Single-Walled Carbon Nanotube Forest Measured by Laser Flash Method", JpnJ. Appl. Phys., Vol.48, No.5 (2009) 05EC07.
34) B. Zhao, D. N. Futaba, S. Yasuda, M. Akoshima, T. Yamada and K. Hata, "Exploring Advantages of Diverse Carbon Nanotube Forests with Tailored Structures Synthesized by Supergrowth from Engineered Catalysts", ACS Nano, Vol3 No.1, (2009) 108.
35) A. Okamoto, I. Gurjishima, T. Inoue, M. Akoshima, H. Miyagawa, T. Nakano, T. Baba, M. Tanemura and G. Oomi, "Thermal and Electrical Conduction Properties of Vertically Aligned Carbon Nanotubes Produced by Water-Assisted Chemical Vapor Deposition", Carbon, Vol.49 (2011) 294.
36) W. J. Parker, R. J. Jenkins, C. P. Butler and G. L. Abbott, "Flash Method of Determining Thermal Diffusivity, Heat Capacity, and Thermal Conductivity", J. Appl. Phys., Vol.32 (1961) 1679.
37) T. Baba and A. Ono, "Improvement of the laser flash method to reduce uncertainty in thermal diffusivity measurements", Meas. Sci. Technol., Vol.12, No.12 (2001) 2046.
38) M. Akoshima, T. Baba, "Study on a Thermal Diffusivity Standard for the Laser Flash Method measurements", Int. J. Thermophys., 27, (2006) 1189.
39) M. Akoshima, M. Neda, H. Abe and T. Baba, "Development of Standards For Thermal Diffusivity And Thermal Conductivity Measurements of Solids", Proc. of 31st Jpn. Symp. Thermophys. Prop. (2010) B207.
40) ISO/IEC Guide 98-3 "Uncertainty of measurement-Part 3: Guide to the expression of uncertainty in

measurement (GUM:1995)", (2008).
41) M. Akoshima, B. Hay, M. Neda, M. Grelard, "Experimental Verification to Obtain Intrinsic Thermal Diffusivity by Laser-Flash Method", Int. J. Thermophysis., Vol.34 (2013) p.778.
42) J. M. Ziman, Electrons and Phonons (Clarendon Press, Oxford, U.K, 2001) p. 288.
43) B. T. Kelly, Physics of Graphite (Applied Science Publishers, London, 1981) p. 148.

4.3 微量サンプル流体の熱伝導率・熱拡散率 (Thermal Conductivity and Thermal Diffusivity of Microscale Sample Liquid)

4.3.1 強制レイリー散乱法 (Forced Rayleigh scattering method)

微量サンプル流体の熱伝導率・熱拡散率を測定するには，測定領域の空間スケールが小さい測定法であることが必要とされる．光学的測定法は，照射領域の変化が容易で局所的な微小領域のセンシングに適しており，さらに対象試料が時間的な変化を呈する場合には，非接触測定であることのメリットは大きい．強制レイリー散乱法 (Forced Rayleigh scattering method) は，マイクロスケールの温度情報の光学的書き込みと読み出しによってこれを実現する熱拡散率（温度伝導率）測定法である．特徴として，(1) 光学的測定法のため試料に対して非接触・非侵襲，(2) 測定領域が微小なため微量液体の測定が可能，(3) 測定時間が μs オーダーと短く対流の影響を受けにくい，(4) 熱伝導の面方向異方性の測定が可能，(5) 温度変化読み出しの空間周波数が固定されるために吸発熱を伴う対象にも適用可能，(6) 校正が不要，などが挙げられ，これまでに高温溶融塩[1]やイオン液体[2]，ナノ流体[3]などの測定が行われている．測定法の歴史や不確かさ要因の解析などについては文献[4,5]に詳しいので，本稿ではその原理を簡単に紹介する程度にとどめ，微量流体の熱拡散率測定法としての可能性やリアルタイム測定への適用について解説する．

(1) 原理および測定システム

Fig. 4-3-1 に測定システムの概要を示す．試料に吸収される波長を持つ加熱用レーザー光の 2 光波干渉パターンを試料に照射することで，試料内に干渉パターンに対応した正弦波状の周期的温度分布を形成する．加熱終了後，この周期的温度分布は熱伝導により指数関数的に減衰していく．試料に吸収されない別波長の観察用レーザー光を被加熱領域に入射すると，温度分布に対応して試料内に存在する屈折率分布が位相型回折格子として作用し，回折光が発生する．この回折光の減衰を記録・解析することで Eq.(4.3.1) より試料の面方向熱拡散率を求めることができる．

$$a = \frac{1}{\tau}\left(\frac{\Lambda}{2\pi}\right)^2 \tag{4.3.1}$$

ここで τ は熱伝導の緩和時間，Λ は干渉縞間隔である．Λ は O (1〜10 μm) で，観察空間領域は O (100 μm) であるため，マイクロスケールの非接触計測が可能である．なお，回折光の検出角度は固定であるため，例えば試料全体の温度変化や化学反応による吸発熱などの異なる空間周波数の事象の影響を受けにくく，昇降温中や反応過程中の試料にも適用可能である．加熱用レーザー光源は試料に吸収される波長であれば制限はないが，著者らの装置では，赤外波長 10.6 μm の CO_2 レーザーを用いており，吸収染料の添加なしで多様な物質に適用できる．また，本システムは時間分解能 10 ms での連続計測，すなわち 100 data/s の取得が可能であり，リアルタイムモニタリング用途に用いることができる．なお，2 光波干渉による試料の加熱は，液体表面変位の検出によって粘性率や表面張力を測定するレーザー誘起表面波法 (4.8.1 項) や，温度勾配が誘起する物質拡散現象であるソーレー効果を利

4.3 微量サンプル流体の熱伝導率・熱拡散率

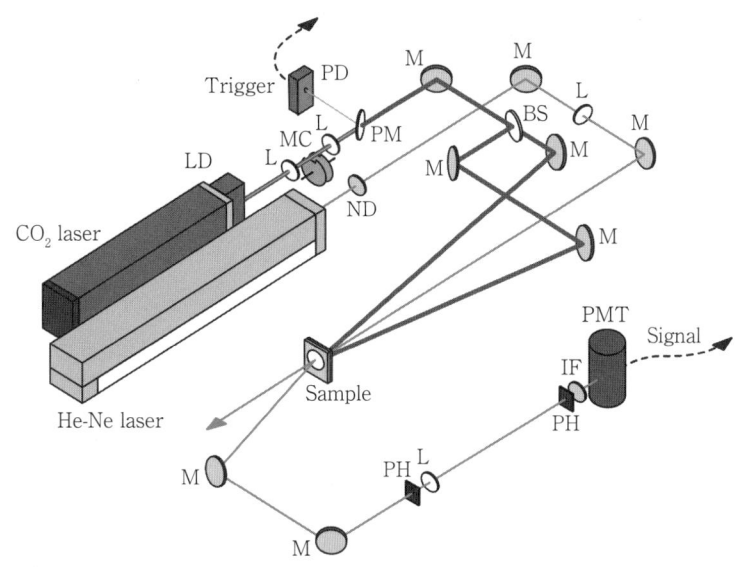

Fig. 4-3-1 強制レイリー散乱法の測定システム概要（Measurement system of forced Rayleigh scattering method）

用した拡散係数を測定するソーレー強制レイリー散乱法（4.9.2項）にも用いられている．

(2) 連続リアルタイム測定に関する検討

一般に，測定空間スケールの微小化は，測定時間スケールの短縮，即ち時間分解能の向上につながる．熱拡散率測定の場合は，熱伝導現象の相似性を表すフーリエ数（$Fo = at/l^2$）を考えれば良く，長さスケールの1/2乗で時間スケールが変化する．強制レイリー散乱法では，この代表長さは干渉縞間隔となり，O（1～10 μm）であるため，一般的な液体試料の場合には測定時間が μs オーダーで済み，高時間分解能での測定が可能である．著者らは，本測定法を構造変化や化学反応プロセスを追跡するリアルタイム測定に適用するために，連続測定を行う際の理論的検討を行った．

繰返し測定の時間分解能は，レーザー加熱によって試料内に形成された温度上昇の減衰時間によって決定され，この減衰時間は TEM_{00} モードの加熱ビームによって形成される2光波干渉パターン状の温度上昇の3次元熱伝導解析[6]によって得られる．Fig. 4-3-2 に示すように，緩和時間は試料の熱拡散率 a と加熱光に対する吸収係数 α に依存し，水の場合では約 30 ms，高分子溶液では約 100 ms となる．この緩和時間を考慮せずにこれより短い時間間隔で繰返し測定を行うと，試料温度が加熱により徐々に上昇する．著者らの開発した装置での時間分解能は 10 ms と多くの液体試料の緩和時間より短いため，測定時間間隔を適宜調節することで動的プロセスでの安定した連続リアルタイム測定が可能である．

また，試料の物性が時々刻々と変化する過程において，1回の測定時間内における試料の物性変化が測定値に影響を及ぼす可能性があり，その影響の解析も行っている[7]．熱拡散率が時間に依存して係数 ζ で線形的に変化する場合を考えると，物性変化を伴う試料からの信号を物性値一定の理論に基づいて解析を行ったときに得られる測定値への影響は，物性変化なしの場合での基準緩和時間 τ_0 と ζ の積 $\zeta\tau_0$ を用いて Fig. 4-3-3 のようにまとめることができる．ほとんどの液体試料の場合，τ_0 は μs オーダーと短時間であるため，例えば1秒間に熱拡散率が2倍に変化するような場合でも測定値への影響は 0.01 % 未満である．さらに τ_0 は干渉縞間隔を狭めることでその2乗に比例して小さく設定できるため，高速な動的反応プロセスにおいても適切なパラメーターを選定することでその影響は無視できると考えてよい．

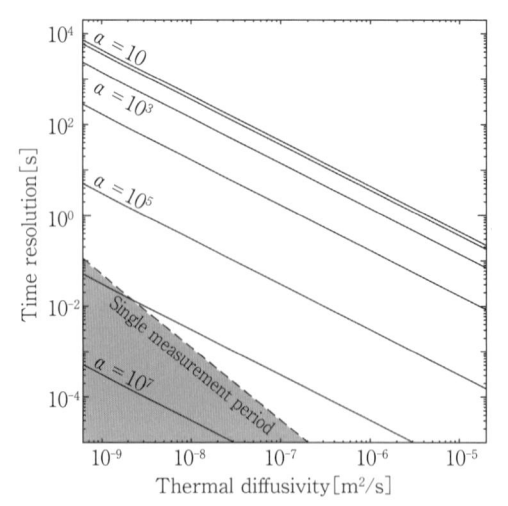

Fig. 4-3-2 連続測定の時間分解能マップ (Time-resolution map of repetitive measurement)

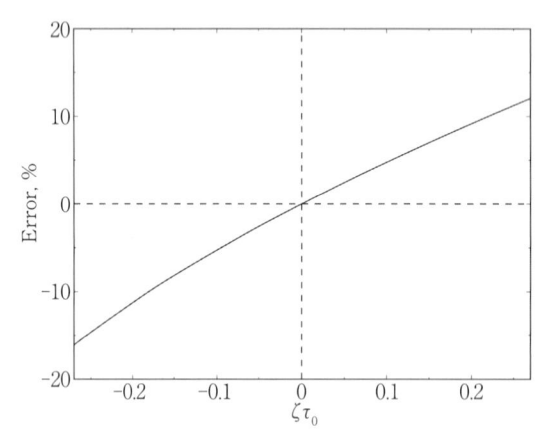

Fig. 4-3-3 測定中の物性変化が測定値に及ぼす影響 (Effect of property change during a single measurement on measured value)

　高時空間分解能での繰り返し測定は，様々な物質変化プロセスにおける動態メカニズム解明のための時系列データの取得に有効なだけでなく，得られた物性情報を反応制御プロセスへとフィードバックすることで所望の物性に調整するプロパティコントロールへと応用することも可能であり，特に物質の微視的構造が物性を支配するマイクロ・ナノスケールにおいては重要である．近年，物質の高次構造や配向を制御することで多様な物性制御の可能性が見出されており，本測定法は，これらの構造変化と物性変化を関連づける手法となる可能性を有するといえる．

(3) 測定例

　外部環境変化に応答して構造や結合状態が変化するようなインテリジェント材料が様々な分野において盛んに開発が行われており，特に，高分子，液晶，コロイド，エマルションなどの分子スケールが比較的大きい物質の高次構造や分子配向，分子間相互作用の多彩な制御が可能であることが示され，積極的に利用する試みが進められている．著者らは強制レイリー散乱法をその構造変化プロセスでの物性モニタリングへ適用しており，ここではいくつかの測定例を紹介する．

　流動性の喪失や体積変化を伴う過程として，温度応答性の高分子架橋であるゲル化プロセス[6]や，

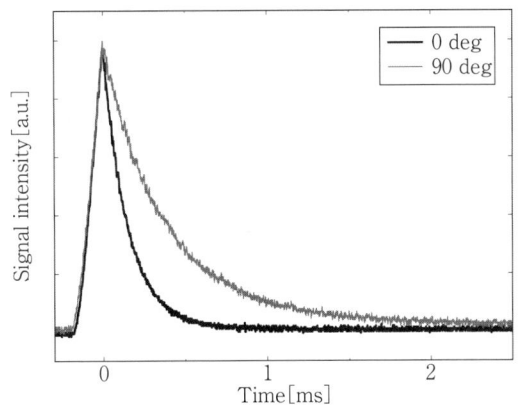

Fig. 4-3-4 配向された液晶の熱伝導異方性を反映した回折光信号
（Anisotropic signals from alighned liquid crystals）

高分子ゲルの架橋構造のコイル-グロビュール転移プロセスなどにおける熱拡散率の変化をFig. 4-3-1に示した装置を用いて連続測定を行い，接触法では困難な動態計測が可能であることを示した．また，光硬化性樹脂の固化過程のような発熱を伴うプロセスでも安定した連続測定が可能であることを確認しており[8]，これは温度上昇の読出しに空間波長選択的な回折光を用いているためであり，干渉縞間隔と空間周波数が異なる温度変化の影響を除去することができ，バルク温度の変化による影響を受けにくい測定が可能である．

また，分子配向が変化する系の例として，電場制御下での液晶材料の熱伝導異方性変化について紹介する．強制レイリー散乱法は干渉縞に垂直方向の面方向熱伝導の測定が可能なため，液晶の配向性変化に伴う温度伝導率の異方性変化を測定できる．過去にもUrbachらが液晶の測定を行っている[9]が，静的な測定にとどまり，配向変化プロセスでの測定には至っていない．著者らはこれを電場変化に応答して時々刻々と変化する熱伝導異方性の計測を行っている[10]．試料セルの側壁に電極を設置して面方向電界を与え，電場と平行（0 deg）および垂直（90 deg）方向より得られた信号をFig. 4-3-4に示す．0 degにおける信号の減衰は90 degに比べて速く，このときの熱拡散率の異方比は約2.1であった．さらに，光硬化性官能基を導入した液晶を用いて異方性フィルムの製造プロセスを模した一連の過程における測定結果をFig. 4-3-5に示す．電場により分子配向を制御した後に，紫外線を照射して硬化させ，熱伝導異方性を固定するプロセスにおいて，連続した物性モニタリングが実現できている．また，光照射終了後（240秒後）もその物性が保たれており，異方性のメモリー効果を確認することができる．本測定例では，予め取得した電場-異方性の関係性を用いたフィードフォワード制御を行っているが，測定値をそのまま制御器の入力とすることでフィードバック制御を行うことも可能である．

(4) まとめ

強制レイリー散乱法は，微量液体試料の熱伝導異方性の非接触測定が可能で，他の測定法にはない特徴を有する測定法であり，液体に限らず固体にも適用可能なため，微量サンプルの相変化プロセスの追跡測定が可能であることから，インプロセスのリアルタイム物性モニタリング，さらには取得した物性情報を用いたプロセスコントロールへの適用可能性を有するといえる．動的に変化するプロセスにおいて，ほんのわずかな量の試料をサンプリングしてその場で進行度合が評価されるようになることで，より高品質な物質の製造が可能になることが期待できる．また，局所な物性情報のリアルタイムセンシングは，場所により異方性を含めてその物性分布を操作するような新規物性制御材料の開発を促すものであると考えられ，測定技術を要とした物性デザインの可能性を示唆している．他に

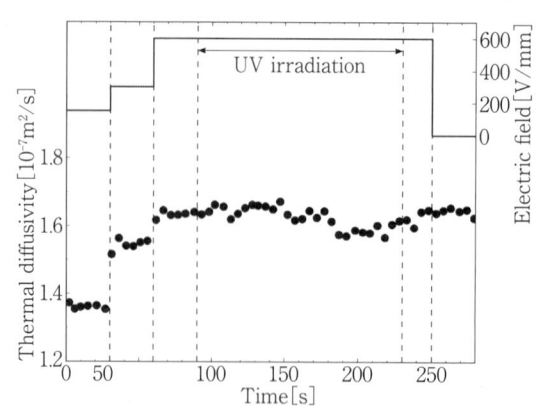

Fig. 4-3-5 光硬化性液晶を用いた熱伝導異方性フィルム製造プロセスにおける熱拡散率モニタリング（Thermal diffusivity monitoring of manufacturing process for thermally anisotropic film using light-curable liquid crystals）

も，導電性高分子 PEDOT-PSS の 2 次ドーパントを用いた溶媒効果の評価など，次世代エレクトロニクス用材料開発にも貢献することができると考えられる．

4.3.2 マイクロセンサーを利用した測定法（Measurement of thermal conductivity and thermal diffusivity using micro-sensors）

　MEMS 技術を用いて作製したマイクロセンサーを流体の熱伝導率や熱拡散率の測定に用いる利点は，微量サンプルの測定が可能になることである．したがって，開発中で少量しか手に入らない試料，高価な試料，生物由来の試料などの測定が可能となる．また，様々な条件下における高精度測定に用いられてきた非定常細線法のような従来の方法とは異なり，市販の装置やセンサーの開発が期待できるため，手軽にベンチサイドあるいはその場（in situ）での測定が可能になると考えられ，目的に応じた精度での熱伝導率の計測といった用途の拡大が期待される．

　MEMS センサーを用いた流体の熱輸送性質測定では，下記（3）の方法を除いて，センサー直下の基板の熱容量と基板内熱伝導の影響を可能な限り小さくすることが重要なため，自立した膜構造を有するセンサーが用いられている．しかし，一次元熱伝導を原理とする非定常細線法などの従来の方法とは異なり，測定系の幾何形状が 3 次元的になるため理論温度変化を求めるには数値解析が必要となる．提案されている方法の多くは，測定結果と解析結果を比較して熱輸送性質を決定しているが，その場合には解析モデルと実際の形状寸法との違いが測定誤差の要因となる．したがって，標準試料を用いてセンサー出力と熱輸送性質との関係を予め実験によって求めておく比較測定が望ましい．

　これまでに報告されているセンサーと測定法は以下の 4 つに分類できる．

(1) ヒーター・温度検出器分離型薄膜センサー

　提案されているセンサーのほとんどがこのタイプであり，自立した薄膜構造（多くは窒化ケイ素膜）の上にヒーターと温度センサーが離れた場所に設けられている（Fig. 4-3-6 の概念図を参照）．そして，ヒーターで加熱した後の温度変化より熱輸送性質を決定するが，AC 加熱を行って測定温度の振幅およびヒーター入力波と温度波の位相差から試料の熱伝導率と熱拡散率の両方を求める方法[11〜13]，AC 加熱による温度変化の実効値から熱伝導率を求める方法[14]，ステップ加熱を行って温度がほぼ一定になるまでに要する時間から熱拡散率を求める方法[15]，DC 加熱を行いほぼ定常状態での温度から熱伝導率を求める方法[16,17]などが提案されている．温度測定にはゲルマニウムサーミスター[11,12]，測温抵抗体[15]，熱電対[17]，サーモパイル[13,14,16]が用いられる．

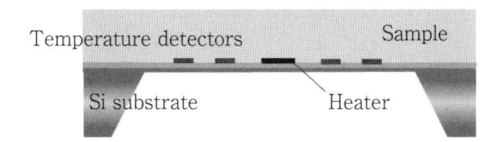

Fig. 4-3-6 ヒーター・温度検出分離型センサーの概略（Typical arrangement of separated heater/thermometer type sensor）

（2）懸架型薄膜センサー

マイクロセンサーは微量液体の熱輸送性質測定のみならず，熱伝導率測定を利用したガスセンサーやガスクロマトグラフィー用検出器（TCD）としての利用も考えられており，片持ち懸架薄膜上に白金薄膜をヒータ兼温度検出器として設けたセンサー[18]が提案されている．

（3）3ω法

薄膜や固体の熱輸送性質測定に用いられる3ω法を用いても流体の熱伝導率測定が可能である．石英ガラス上にMEMS技術でヒーター細線と電極・配線パターンを形成し，その上に設けたウェル内に充填したナノ流体の熱伝導率測定が行われている[19]．

（4）マイクロビームセンサー

著者らは，Si基板に形成した溝に架橋したビーム状（梁状）の金属薄帯センサを考案しマイクロビームセンサーと名付けた[20]（Fig. 4-3-7）．この方法では，センサーを試料中に浸漬してステップ的に通電加熱したあとのセンサーの温度変化を電気抵抗より求め，試料の熱輸送性質を決定する．測定系は非定常単細線法に類似しており，熱容量の大きい基板と一体になっているセンサーの両端は，加熱後も初期温度に保たれる．このセンサーの温度上昇特性を明らかにするため，矩形断面を有するビー

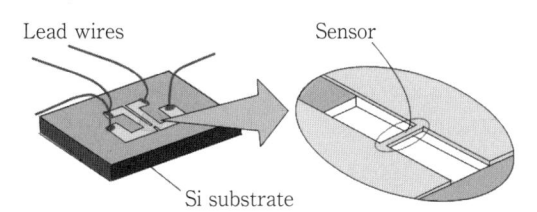

Fig. 4-3-7 マイクロビームセンサーの概要（Schematic of a micro-beam MEMS sensor）

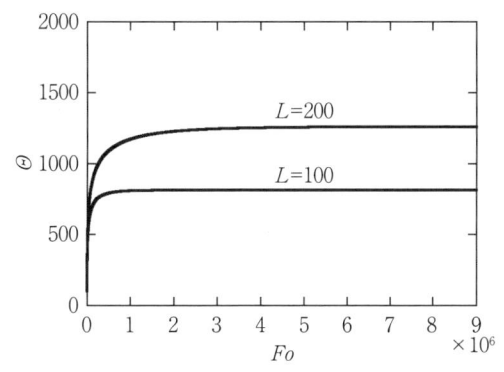

Fig. 4-3-8 試料（水）中でステップ加熱されたビーム型白金センサーの無次元平均温度の時間変化（Transient increase of non-dimensional average temperature rise of a platinum beam-type sensor heated in water）

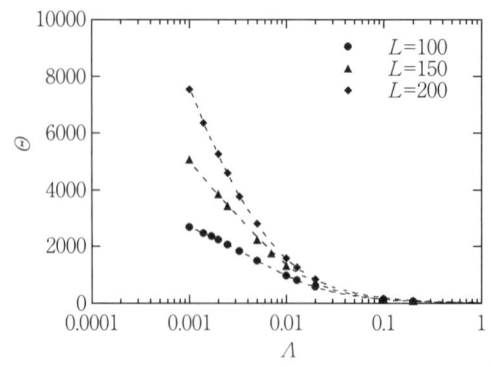

Fig. 4-3-9 ビーム型センサーの無次元平均温度上昇と試料の無次元熱伝導率との関係（Non-dimensional average temperature rise of a beam-type sensor as a function of thermal conductivity of a sample normalized by that of the sensor）

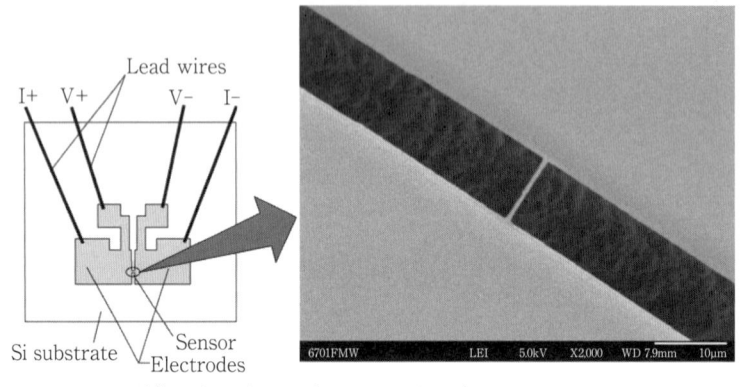

Fig. 4-3-10 試作したマイクロビームセンサー（A prototype of a micro-beam MEMS sensor）

ム状白金センサーが試料（水）中で一様に発熱する場合の非定常3次元熱伝導数値解析を行った[20]. センサーの寸法が 1：10：100（厚さ b：幅 w：長さ l）および 1：10：200 の場合のセンサー平均温度の時間変化を Fig. 4-3-8 に示す．両端が初期温度に保たれるため，センサー温度は $L = l/b = 100$ の場合には $Fo = \alpha_s t/b^2 \approx 7.9 \times 10^5$，$L = 200$ の場合には $Fo \approx 3.2 \times 10^6$ でほぼ定常に達する．センサー厚さを 50 nm と仮定すると，これはそれぞれ 29 μs（$l = 5$ μm）と 116 μs（$l = 10$ μm）に相当する．したがって，短細線法のような非定常測定には極めて高い時間分解能を要するが，一方で，自然対流開始までの間に熱伝導のみの定常状態が得られることになる．Fig. 4-3-9 は定常状態でのセンサーの無次元平均温度上昇 Θ（$= \Delta T/(\dot{q}b^2/\lambda_s)$）を試料とセンサーの熱伝導率比 Λ（$= \lambda/\lambda_s$）に対して示している（ただし，$\dot{q}$ は単位体積当たりの発熱量）．センサー温度は試料の熱伝導率が高いほど小さく，使用するセンサーの形状に対する Fig. 4-3-9 の関係が予め求められていれば定常状態でのセンサーの測定温度から試料の熱伝導率を容易に決定することができる．

　Fig. 4-3-10 にリフトオフで試作した白金センサーを示す．溝を形成する際にセンサーの根元部分の Si 基板もエッチングされるため幅 6.6 μm のオーバーハングを有する H 型形状となった[21]. 溝深さは 7.3 μm，センサ部分は厚さ 43 nm，幅 0.64 μm，長さ 9.6 μm であった．FC-72 および空気を試料として加熱実験を行ったところ，加熱開始直後に温度がほぼステップ的に上昇した後は 15 秒経過しても温度は一定のままであり，自然対流の影響は検出されなかった．センサーの電気抵抗を幾通りか

4.3 微量サンプル流体の熱伝導率・熱拡散率

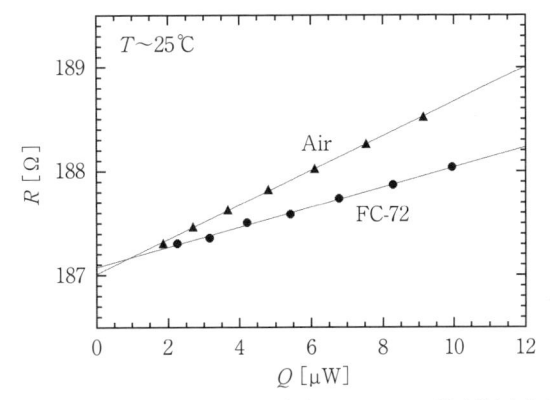

Fig. 4-3-11 試料中で加熱した白金センサーの電気抵抗と加熱量との関係 (Electrical resistance of the Platinum sensor as a function of the heating rate)

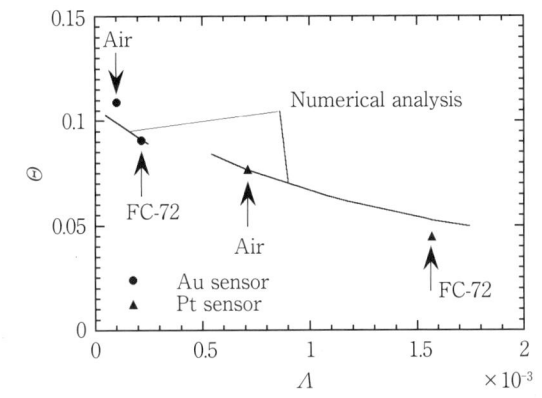

Fig. 4-3-12 試作センサーの無次元温度上昇と試料の無次元熱伝導率との関係 (Non-dimensional temperature rise of a prototype sensor as a function of relative thermal conductivity of samples)

の加熱量に対して測定し(Fig. 4-3-11),あらかじめ求めておいた電気抵抗と温度の係数に基づいて無次元平均温度 Θ ($=\Delta T/(\dot{q}l^2/\lambda_s)$,代表寸法はセンサー長さ l)を算出した.Fig. 4-3-12 にこのセンサーおよび断面積がほぼ等しい金センサーで得られた Θ の測定値を Λ に対して示す.いずれのセンサーでも Θ は空気中のほうが FC-72(熱伝導率が空気の約 2.2 倍)中より大きく,その差は白金センサーでは 70%,金センサーでは 20% 程度であった.Fig. 4-3-12 中の実線は,実験に用いた寸法形状を有するセンサーの熱伝導数値解析より得られた結果を示す.実際のセンサーがモデルで仮定した理想的な薄帯形状と異なるため実験結果と数値解析は完全には一致していないが,センサーの温度上昇は試料の熱伝導率に依存しており,Fig. 4-3-12 の関係をいくつかの標準試料に対して予め求めておくと,熱伝導率の測定が可能となる.なお,実験と解析の差については,今後,さらに検討する必要がある.

マイクロビームセンサーが他の方法と比べて優れている点は,理想とする測定系と測定原理が単純であり,その理論的裏付けが明確で強固な点にある.また,試作したセンサーは他の MEMS センサーより寸法が 1 桁以上小さいため必要とされる試料も極めて少なく,理論的には 10 pl 程度である.一方,センサーが焼損しやすいという欠点を有するので,定常に達するのに要する時間,自然対流の発生,およびセンサーの作製法等を考慮して最適なサイズを選定する必要がある.

参考文献

1) Y. Nagasaka, N. Nakazawa and A. Nagashima, "Experimental Determination of the Thermal Diffusivity of Molten Alkali Halides by the Forced Rayleigh Scattering Method I-Molten LiCl, NaCl, KCl, RbCl, and CsCl-", Int. J. Thermophys., Vol.13, No.4 (1992) pp.555-574.
2) C. Frez, G. J. Diebold, C. D. Tran and S. Yu, "Determination of Thermal Diffusivities, Thermal Conductivities, and Sound Speeds of Room-Temperature Ionic Liquids by the Transient Grating Technique", J. Chem. Eng. Data, Vol.51, No.4 (2006) pp.1250-1255.
3) D. C. Venerus, M. S. Kabadi, S. Lee and V. P. Luna, "Study of Thermal Transport in Nanoparticle Suspensions Using Forced Rayleigh Scattering", J. Appl. Phys., Vol.100, No.9 (2006) 094310.
4) 日本機械学会編，熱物性値測定法―その進歩と工学的応用―，養賢堂 (1991) pp.79-86.
5) Y. Nagasaka, T. Hatakeyama, M. Okuda and A. Nagashima, "Measurement of the Thermal Diffusivity of Liquids by the Forced Rayleigh Scattering Method: Theory and Experiment", Rev. Sci. Instrum. Vol.59, No.7 (1988) pp.1156-1168.
6) M. Motosuke, Y. Nagasaka and A. Nagashima, "Measurement of Dynamically Changing Thermal Diffusivity by the Forced Rayleigh Scattering Method (Measurement of Gelation Process)", Int. J. Thermophys., Vol.25, No.2 (2004) pp. 519-531.
7) M. Motosuke, Y. Nagasaka and A. Nagashima, "Subsecond Measuring Technique for In-plane Thermal Diffusivity at Local Area by the Forced Rayleigh Scattering Method", Int. J. Thermophys., Vol.26, No.4 (2005) pp.969-979.
8) M. Motosuke, Y. Nagasaka, and S. Honami, "Time-resolved and Micro-scale Measurement of Thermal Property for Intermolecular Dynamic Using an Infrared Laser", J. Therm. Sci. Tech., Vol.3, No.1, (2008) pp.123-132.
9) W. Urbach, H. Hervet and F. Rondelez, "Thermal Diffusivity Measurements in Nematic and Smectic Phases by Forced Rayleigh Light Scattering", Mol. Cryst. Liq. Cryst., Vol.46 (1978) pp. 209-221.
10) M. Motosuke and Y. Nagasaka, "Real-Time Sensing of the Thermal Diffusivity for Dynamic Control of Anisotropic Heat Conduction of Liquid Crystals", Int. J. Thermophys., Vol.29, No.6 (2008) pp.2025-2035.
11) H. Ernst, A. Jachimowicz and G. Urban, "Dynamic Thermal Sensor--Principles in MEMS for Fluid Characterization", IEEE Sensors J., Vol.1, No.4 (2001) pp.361-367.
12) J. Kuntner, F. Kohl and B. Jakoby, "Simultaneous thermal conductivity and diffusivity sensing in liquids using a micromachined device", Sensors and Actuators A, Vol.130-131 (2006) pp.62-67.
13) E. Iervolino, A. W. van Herwaarden and P. M. Sarro, "Calorimeter chip calibration for thermal characterization of liquid samples", Thermochimica Acta, Vol.492 (2009) pp.95-100.
14) Y. Zhang and S. Tadigadapa, "Thermal characterization of liquids and polymer thin films using a microcalorimeter", Appl. Phys. Lett., Vol.86 (2005) p.034101.
15) Y-T. Cheng, C-W. Chang, Y-R. Chung, J-H. Chien, J-S. Kuo, W-T. Chen and P-H. Chen, "A novel CMOS sensor for measuring thermal diffusivity of liquids", Sensors and Actuators A, Vol. 135 (2007) pp.451-457.
16) S. Udina, M. Carmona, G. Carles, J. Santander, L. Fonseca and S. Marco, "A micromachined thermoelectric sensor for natural gas analysis: Thermal model and experimental results", Sensors and Actuators B, Vol. 134 (2008) pp.551-558.
17) J.J. Atherton, M.C. Rosamond, S. Johnstone and D.A. Zeze, "Thermal characterization of μL volumes using a thin film thermocouple based sensor", Sensors and Actuators A, Vol.166 (2011) pp.34-39.
18) D-W. Oh, A. Jain, J.K. Eaton, K.E. Goodson and J-S. Lee, "Thermal conductivity measurement and sedimentation detection of aluminum oxide nanofluids by using the 3ω method", Int. J. Heat and Fluid Flow, Vol.29 (2008) pp.1456-1461.
19) D. Cruz, J.P. Chang, S.K. Showalter, F. Gelbard, R.P. Manginell and M.G. Blain, "Microfabricated thermal conductivity detector for the micro-ChemLab^{TM}", Sensors and Actuators B, Vol.121 (2007) pp.414-422.
20) H. Takamatsu, K. Inada, S. Uchida, K. Takahashi and M. Fujii, "Feasibility Study of a Novel Technique for Measurement of Liquid Thermal Conductivity with a Micro-beam Sensor", Int. J. Thermophys., Vol.31 (2010) pp.888-899.
21) H. Takamatsu, T. Fukunaga, Y. Tanaka, K. Kurata, and K. Takahashi, "Micro-beam sensor for detection of thermal conductivity of gases and liquids", Sensor and Actuators A, Vol.206 (2014) pp.10-16.

4.4 比熱測定 (Specific Heat Measurement)

比熱は単位質量当たりの熱容量であり，物質を構成する格子の振動や伝導電子，結晶内電子の励起，分子性結晶内の回転，振動，磁性体のスピンなどあらゆる現象の寄与の大きさを反映している．代表的な比熱の測定法[1]には断熱法，緩和法，DSC（示差走査熱量測定，Differential Scanning Calorimetry）があり，通常は，ミリグラムから数グラムの量の試料に対して測定が行われている．マイクログラム，ナノグラムレベルの試料の比熱測定は，チップカロリーメーターやナノカロリーメーターと呼ばれる MEMS 技術を導入した微小な熱量計が必要である．これらは，2000年代以降新たな分析方法として研究されてきており（4.11.1項参照），市販も始まっている．本節では，比熱測定の現状として代表的な3つの方法を試料量の観点を含めて概説する．

(1) 断熱法

断熱法では，試料は外界から断熱されており，温度 T_i の平衡状態から熱量 ΔQ を加えることで，温度 T_f の新たな平衡状態へ移る．熱量と温度上昇量 $\Delta T = T_f - T_i$ を正確に測ることで，両平衡状態の平均温度 $T = (T_i + T_f)/2$ における熱容量 $C(T)$ が次式で求められる．これを試料質量で除し比熱が測定される．

$$C(T) = \frac{\Delta Q}{\Delta T} \tag{4.4.1}$$

実際には，試料を入れる試料容器とそれを囲む断熱壁との断熱は，Fig. 4-4-1 のように，内部ガス圧力を 10^{-4} Pa 程度の真空状態とし，試料容器を断熱壁から釣り糸で吊り下げ，温度計やヒーターのリード線に極細線を用いることで，容器と断熱壁の間の熱輸送を抑え，さらに，試料容器と断熱壁の温度差を差動熱電対で測り断熱壁の温度を試料容器と一致させる等温断熱制御により，熱輸送を極めて少なくしている．試料の正味の熱容量は，試料容器と試料を合わせた熱容量から空の状態であらかじめ同様に計測しておいた試料容器の熱容量を差し引くことで得られる．

断熱法は，温度分解能が絶対温度の 0.05% 程度と最も測定の信頼度が高く，定義通りの熱容量が測定できる方法である．しかし，Fig. 4-4-1 右の測定プロセスの模式図に示すように，平衡状態からヒーター加熱を行い再び平衡状態へ達するのを待って計測を行うため，1点の測定に数10分程度の長い時間を要し，1～数グラムの比較的多量の試料が必要である．

例えば，ナノ粒子の比熱計測の例[2]では，平均径 40 nm のニッケルナノ結晶試料約 3 g に対して，断熱法により 78～370 K の温度範囲で比熱が測定され，多結晶ニッケル試料に比べ 2～4% 程度の比熱の増加が報告されている．また，多孔質ガラス内に分散した粒径 37 Å や 22 Å の鉛ナノ粒子の低温域における比熱測定[3]も 3 g 程度の試料量の断熱法で行われており，鉛ナノ粒子がバルク材より大きな比熱を持つことが示されている．

(2) 緩和法

緩和法では，温度計とヒーターを内蔵した試料ホルダと熱浴とを大きな熱抵抗でつなぎ，定常状態から定常状態への緩和過程から熱容量を求める．Fig. 4-4-2 に緩和法の概念図とヒーター発熱量と試料温度の変化の模式図を示す．試料と試料ホルダーの熱容量を C，熱抵抗を R，試料に加える発熱量を $P(t)$ とすると，熱浴温度を T_∞ として試料の熱収支は次式となる．

$$C\frac{dT}{dt} = -\frac{T - T_\infty}{R} + P(t) \tag{4.4.2}$$

発熱を止めて（$P(t) = 0$）定常状態に達すると，試料温度 T は熱浴温度 T_∞ と等しくなる．この状

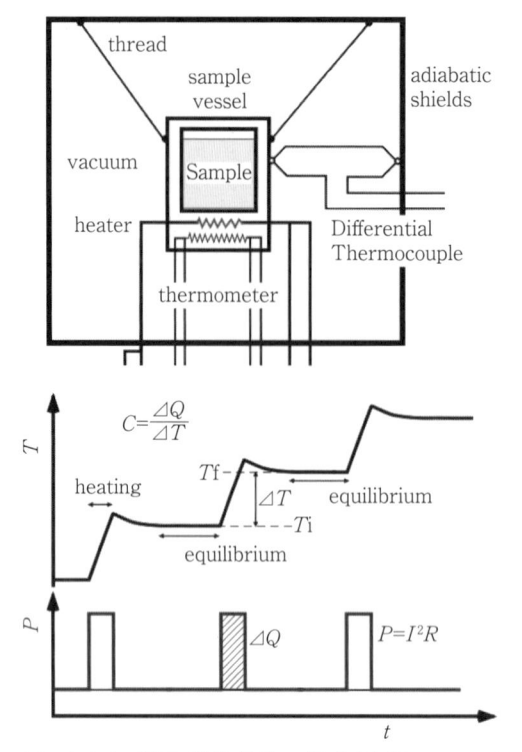

Fig. 4-4-1 断熱型熱量計の概念図 (Concept of adiabatic method)

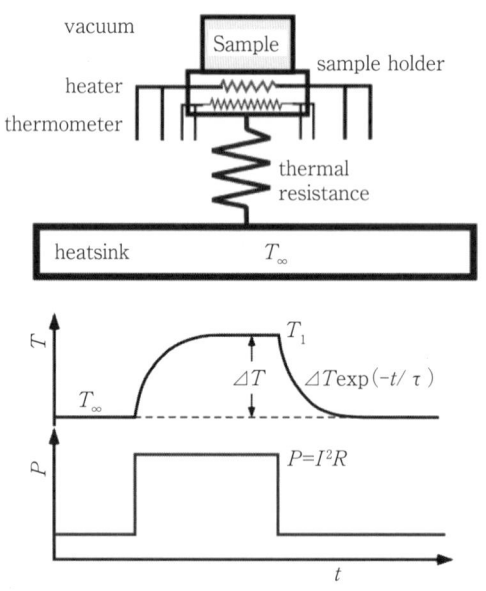

Fig. 4-4-2 緩和法の概念図 (Concept of relaxation method)

態から，試料に一定の発熱 $P(t)$ を加え続けると，試料温度は上昇しやがて温度 T_1 の定常状態に達する．この状態では，熱浴と試料の温度差 ΔT と発熱量 $P(t)$ から熱抵抗 $R = \Delta P/\Delta T$ が決定できる．次に，発熱量 $P(t)$ をステップ的に低下させると，試料温度は指数関数的に減少し熱浴温度へ達する．この緩和の時定数は熱容量と熱抵抗の積に等しい（$\tau = R \times C$）ため，減衰時定数 τ を求めることで熱浴温度における熱容量が算出される．試料の正味の熱容量は，予め測定しておいた試料ホルダーの熱容量を差し引くことで得られる．熱浴温度を変えながらこのプロセスを繰り返し，比熱が温度の関数として測定される．

実際には，試料と温度計の間や試料内部にも熱抵抗が存在し，これらを考慮に入れた緩和過程のモデル化を正確に行うことで，温度変化の履歴を解析し計測精度を高める工夫が行われる．また，小さな試料ホルダでは，ヒーターと温度計のリード線のみで熱浴と連結され，微小な熱容量でも安定に時定数を計測できる大きな熱抵抗が用いられる．緩和型熱量計では 1 mg～数十 mg の試料量で比熱の測定が可能である．例えば，鉄ナノ結晶の比熱を調べた例[4]では，平均径 40 nm の鉄ナノ粒子をペレット状に圧縮成型した 74 mg の試料に対して緩和法で測定が行われ，1.8～26 K の比熱が表面効果によりバルク鉄と異なる挙動を示すことが示されている．

(3) DSC（示差走査熱量計測）

DSC は，最も広く利用されている熱量測定法であり，一定の速度で試料温度を走査するために必要な熱量から熱容量を測定する動的な方法である．歴史的には，試料と基準物質に一定速度の同じ温度走査を与えて両者の温度差から転移，融解，反応等の現れる温度を記録する DTA（示差熱分析，Differential Thermal Analysis）が開発され，これを改良することで定量的な熱容量測定を行う DSC が生まれている．現在は，熱流束型 DSC（定量 DTA）と熱補償型 DSC の 2 種類が使われている．ここでは，熱量補償 DSC について Fig. 4-4-3 に従い説明する．

DSC では最低 2 つの試料台を用い，一方に測定対象とする試料（サンプル）を試料パンへ入れて設置し，他方に性質が既知である基準物質（リファレンス）を設置する．基準物質としては，酸化シリコンやアルミナ等，測定温度領域で特異な比熱異常を生じない物質が試料と同程度の熱容量となる分量を目安に用いられ，空の場合もある．

測定では，定速温度昇降プログラムに従い試料と基準物質が同じ速度 ϕ で昇温，降温するよう加熱量 $P(t)$ がヒーターから供給される．試料温度 T_s，基準物質温度 T_r がモニターされ，相転移などに伴う吸発熱により温度差が生じると，定速温度走査を維持するために必要な加熱量の増減がフィードバック制御で行われる．試料，基準物質，試料セルの熱容量をそれぞれ C_s, C_r, C_c，試料台から外部熱浴（温度 T_∞）への熱抵抗を R とすると，試料側（添字 s），基準側（添字 r）の各熱収支は次式となる．

$$(C_s+C_c)\frac{dT_s}{dt} = (C_s+C_c)\phi = -\frac{T_s-T_\infty}{R_s}+P_s(t) \tag{4.4.3}$$

$$(C_r+C_c)\frac{dT_r}{dt} = (C_r+C_c)\phi = -\frac{T_r-T_\infty}{R_r}+P_r(t) \tag{4.4.4}$$

試料側，基準側の試料台を同形に製作し，両者の温度を一致させ等速温度走査を行い，両者の差を取ると，ベースラインからのシフト量として現れる試料と基準物質の熱容量差 (C_s-C_r)，補償熱量のピークとして現れる吸発熱量 H は次式で得られることになる．

$$(C_s-C_r) = \frac{P_s(t)-P_r(t)}{\phi} = \frac{\Delta P(t)}{\phi} \tag{4.4.5}$$

$$H = \int \Delta P_{peak} dt \tag{4.4.6}$$

DSC では，適切なフィードバックにより温度走査速度を一定に保ち，補償熱量を電気的に精度良く

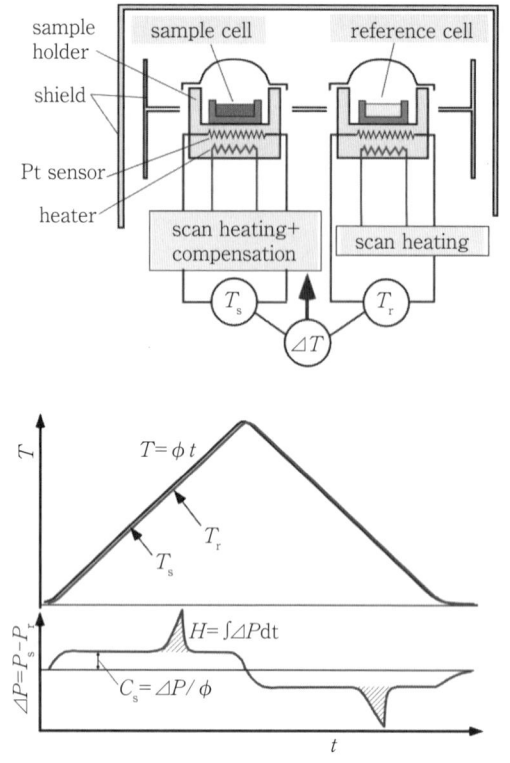

Fig. 4-4-3 熱量補償型 DSC の概念図 (Concept of heat compensation type DSC)

測れるため，DTA に比べ精度良く熱容量を測定することができる．市販の普及している DSC 装置では，数ミリグラム〜数グラムの試料量に対して 0.02〜100 K/min 程度の温度走査速度で測定が行われる．

また，MEMS 技術を用いて究極的に DSC を小型化した製品[5]が上市されている．この製品のチップセンサーは薄膜型の熱量計をペアで製作したもので，大きさ 500 μm，均熱用のアルミ層を持つ $SiO_2 + Si_3N_4$ 製薄膜上に 8 対の熱電対からなるサーモパイルと走査用ヒーター，補償加熱用ヒーターを内蔵しており，10〜1 μg の試料量に対して 6〜240,000 K/min といった高速の DSC が実施できる．極微量試料の分析や高速温度変化に対する材料の応答など従来の製品では不可能な熱分析・熱量測定が可能な装置として期待される．

(4) まとめ

比熱は物質の構成要素のあらゆる振舞いを反映し，極低温から高温に至るまで広い温度域での計測を通して，物質の様々な挙動を理解する基礎となる．実用的には，複数の計測法を組合せてデータが測定されている．Fig. 4-4-4 に赤外光学材料や半導体ガラスなど特異な性質を持つ材料として研究されているカルコゲナイドガラスの 1 つ，α-GeS$_2$ の比熱測定[6] の例を示す．この測定では，温度領域を 2〜50 K，8.5〜307 K，310〜810 K，750〜1240 K と 4 分割し，それぞれ緩和法，断熱法，熱補償型 DSC，熱流束型 DSC を用いている．高い精度を求めると全域で断熱法を実施することが理想的であるが，極低温，高温では断熱性が悪くなるため緩和法，DSC 法が採用されている．試料量に関しては，緩和法で 5.5 mg，断熱法で 4.8 g，熱補償型 DSC で 11 mg，熱流束型 DSC で 70 mg を使用している．結果として，極低温から比熱が温度と共に増加し，1120 K で融解を生じ融液状態の比熱まで測定され

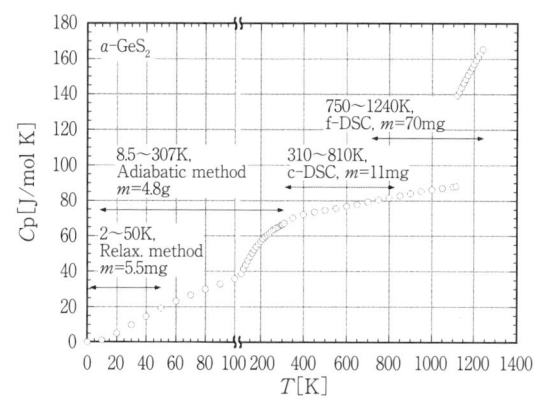

Fig. 4-4-4 複数手法を組み合わせた比熱測定 (Specific heat measurement in wide temperature range with multiple methods)

ている．

参考文献
1) 熱量測定・熱分析ハンドブック，日本熱測定学会編，丸善 (2011).
2) L. Wang, Z. Tan, S. Meng, D. Liang and B. Liu, "Low temperature heat capacity and thermal stability of nanocrystalline nickel", Thermochimica Acta., 386 (2002) 23-26.
3) V. Novotny, P. P. M. Meincke and J. H. P. Watson, "Effect of Size and Surface on the Specific Heat of Small Lead Particles", Physical Review Letters, Vol.28, No.14 (1972) pp.901-903.
4) H. Y. Bai, J. L. Luo, D. Jin and J. R. Sun, "Particle size and interfacial effect of the specific heat of nanocrystalline Fe", J. Applied Physics, Vol.79, No.1 (1996) p.361-364.
5) http://japan.mt.com/ (Flash DSC 1, Mettler Toledo 社).
6) J. Málek, T. Mitsuhashi, N. Ohashi, Y. Taniguchi, H. Kawaji and T. Atake, "Heat capacity and thermodynamic properties of germanium disulfide at temperatures from T = (2 to 1240) K", J. Chem. Thermodynamics, 43 (2011) 405-409.

4.5 ナノ・マイクロサンプルの密度測定法 (Density of Nano/Microscale Sample)

4.5.1 固体（薄膜）の密度 (Density measurement of solid thin-films)

密度とは単位体積中の質量として表せる組立量であり，物質の質量と長さ（体積）の測定から決定することができる．しかし，一般に，物質の密度を質量と体積測定から，小さい不確かさで測定することは困難であり，絶対値があらかじめ計測された物質の密度を基準として，相対測定により試料の密度が測定されている．このとき，密度の基準となる標準物質として，単結晶シリコンが用いられており，その密度は 10^{-7} の相対不確かさで絶対測定されている．

固体試料の密度は，液中ひょう量法を用いた単結晶シリコンとの比較測定により，決定することができる．液体の密度を基準として，固体の密度を液中ひょう量法で測定する場合，対流等の影響により 1×10^{-6} よりも小さい相対不確かさで密度を測定することは困難であるが，固体密度標準物質を基準として同じ液体中で交互に液中ひょう量する固体間比較法を用いれば，1×10^{-7} よりも小さい相対

不確かさで固体間の密度差を精密測定できる．また，これとは別な測定法として，圧力浮遊法がある．液中ひょう量法は，シリコンとの密度差が大きい，その他の固体試料でも測定が可能である．一方，圧力浮遊法は，その密度がほとんど等しい試料の微小な密度差を，精密に測定することができる．

薄膜の密度については，質量差測定と，圧力浮遊法による密度差測定により決めることができる．本節では，まず単結晶シリコンの密度について概観する．続いて，圧力浮遊法による密度差測定と，それを用いた薄膜の密度測定技術を解説する．

(1) 単結晶シリコンの密度

単結晶シリコンには3つの安定同位体 ^{28}Si, ^{29}Si, ^{30}Si が存在する．この自然同位体組成比の変動と，結晶製造工程における質量分別効果等により，その密度は約 1×10^{-5} 程度ばらつくが，その値は 20℃，101.325 kPa において約 2329 kg/m^3 である．単結晶シリコンを密度標準物質として用いた場合の特徴を以下にまとめた．

・半導体産業を支える重要な電子材料であり，現在では高純度で無転位，大寸法の単結晶が容易に入手できる．

・液体である水や水銀に対し，固体である単結晶シリコンは，使用中の化学的純度低下による密度変化がない．

・表面を覆う酸化膜の密度は単結晶シリコンの密度に近い．また，酸化の進行もなく，酸化膜に覆われている単結晶シリコンの密度はきわめて安定である．

このような観点から，単結晶シリコンが密度の一次標準（primary standard）として各国の標準研究所で用いられるようになった[1]．

従来，単結晶シリコンの密度は，液中ひょう量法を用い，他の密度のよくわかった固体試料と液体中で交互にひょう量する固体間密度比較法から求められてきたが，1987年にオーストラリア連邦科学産業研究機構（CSIRO）で単結晶シリコンを球体に加工するための研磨技術が開発された[2]．この極めて真球度の高い単結晶シリコン球体の出現により，形状測定と質量測定から，その密度を直接求めることが可能となった．単結晶シリコン球体の質量は，キログラム原器を基準とした質量測定から小さい不確かさで測定できる．体積については，光波干渉計を用いた球体の直径計測技術により測定でき，単結晶シリコンの密度の不確かさを，極限まで減少させることができる．

現在，光波干渉計による直径の絶対測定と，質量測定とから 10^{-7} の相対不確かさで，単結晶シリコン球体の密度の絶対値を決めることができる[3]．この絶対値のよくわかった一次標準との，液中ひょう量法あるいは圧力浮遊法による比較測定により，固体バルク物質の密度が決定できる．

(2) 圧力浮遊法による密度差測定

固体の密度差を精密測定する方法として，浮遊法がある．浮遊法では測定対象である固体をその密度と等しい密度の液体に浸し浮遊させる．浮遊法には，系の温度を変化させ液体の熱膨張により密度を制御する温度浮遊法（Temperature-of-Flotation Method, TFM）と，系の圧力変化による液体の圧縮により密度を制御する圧力浮遊法（Pressure-of-Flotation Method, PFM）[4~8] がある．

圧力浮遊法の概念図を Fig. 4-5-1 に示す．重力下で液体はそれ自身にかかる重力（自重）により圧縮され，下方ほど密度が大きくなり，液体の上下方向に僅かな密度勾配ができる．ここで液体とほぼ等しい密度の固体を液体中に入れると，固体は液体の密度と釣り合う高さで浮遊静止する．液体の実効的な圧縮率がわかっていれば，固体が浮遊した高さ（静水圧）の差から固体試料間の密度を精密に決定することができる．圧力浮遊法では，さらに系に圧力を加えることにより液体の密度を制御する．系の温度制御より圧力制御の方が一般に容易であるため，圧力浮遊法を用いることにより高精度な密度比較測定が可能となる．

液体の圧力が固体と釣合い，固体試料1，2が液体中で浮遊静止したときの圧力を浮遊圧力とする

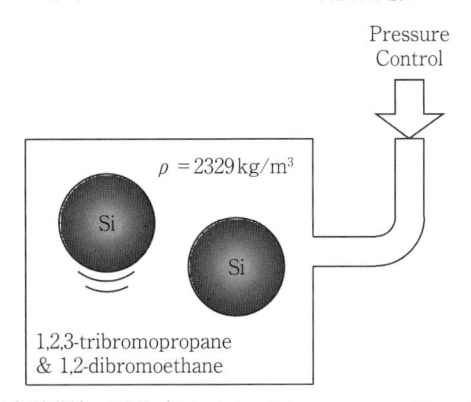

4.5 ナノ・マイクロサンプルの密度測定法

Fig. 4-5-1 圧力浮遊法の原理 (Principle of the pressure-of-flotation method)

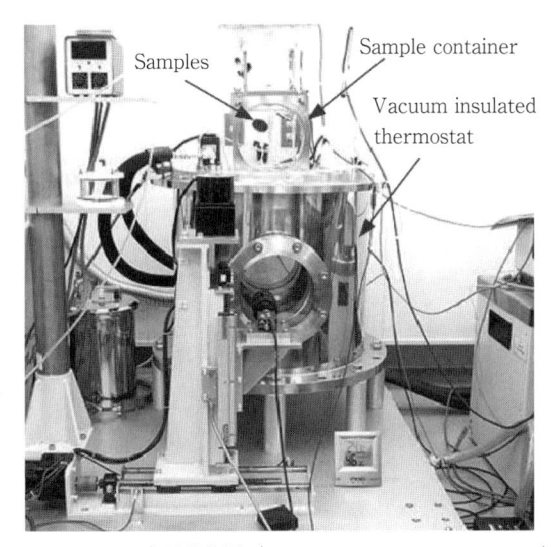

Fig. 4-5-2 圧力浮遊装置 (Pressure-of-flotation apparatus)

と，固体の相対密度差はこの浮遊圧力の差から求めることができる．

$$\frac{\Delta \rho_{2-1}}{\rho} = \frac{\rho_2 - \rho_1}{\rho_1} = (\kappa_{\text{liq}} - \kappa_{\text{Sol}})(p_2 - p_1) \tag{4.5.1}$$

ここで，p_1, p_2 は固体試料 1, 2 の浮遊圧力である．κ_{liq} および κ_{Sol} は，液体と固体の圧縮率であり，$\kappa_{\text{liq}} - \kappa_{\text{Sol}}$ が実効圧縮率である．圧力浮遊法では，液体中に浮遊させる固体の重心が分かれば，試料の形状に寄らずに，密度差を測定することができる．また，固体が小さくなると液体中で受ける浮力も小さくなるため，固体試料はできるだけ大きい方が，圧力浮遊法による測定は容易である．

Fig. 4-5-2 に圧力浮遊装置の外観を示す．単結晶シリコン間の密度比較測定を行う場合，試料を入れる液体は，1,2,3-トリブロモプロパン ($\rho = 2410\,\text{kg/m}^3$) と 1,2-ジブロモエタン ($\rho = 2180\,\text{kg/m}^3$) 混合液を用い，室温付近で単結晶シリコンの密度と等しくなるように調合される．測定では試料の高さの差 10 mm，或いは浮遊圧力差 0.2 kPa，系の温度差 100 μK がそれぞれ単結晶シリコンの相対密度差 1×10^{-7} に相当する．高さと浮遊圧力差の測定に比べ，系の温度制御が難しい．そのため，測定では系の温度を一定に保つことが重要となる．

試料を入れた密閉容器は真空断熱恒温槽の中で温度制御を行う．液体の熱膨張による密度変化を防

ぐため，現在，室温近傍で約 60 μK の安定度で温度制御が可能であり，単結晶シリコンの密度比較測定で相対不確かさ 4×10^{-8} を達成している.

(3) 薄膜の密度計測

前節で述べた圧力浮遊法を応用することにより，基板上薄膜の密度を直接測定することが可能となる[9～11]．基板上に薄膜を作製する場合，基板の状態が変化しなければ，基板の質量 m と体積 v はそれぞれ，作製された薄膜の質量 Δm，体積 Δv だけ増加する．一方，薄膜を含めた基板の密度 ρ' は，基板と薄膜の密度差と，作製される薄膜の量に応じて変化する．基板の密度を ρ_0，薄膜の密度を ρ_X とすると，薄膜作製後の基板の密度 ρ' は以下のように表せる.

$$\rho' = \frac{m+\Delta m}{v+\Delta v} = \frac{m+\Delta m}{m/\rho_0+\Delta m/\rho_X} \tag{4.5.2}$$

基板上に薄膜を作製する前後の相対質量差 $\Delta m/m$ と相対密度差 $\Delta\rho/\rho_0$ として，Eq.(4.5.2) より薄膜の密度 ρ_X は，次のように求めることができる.

$$\rho_X = \rho_0\left(1-\frac{1+m/\Delta m}{1+\rho_0/\Delta\rho}\right)^{-1} \tag{4.5.3}$$

このように，基板上に薄膜を作製する前後の質量差と密度差がわかれば，薄膜の密度を決定することができる．更に，基板上の薄膜の表面積 S がわかれば，薄膜の膜厚 Δt についても，以下のように求めることができる.

$$\Delta t = \frac{\Delta m}{S\rho_X} \tag{4.5.4}$$

質量差については，質量測定で一般に用いられる電子天秤で注意深く行うことにより精密に測定することができる．一方，密度差の測定は，圧力浮遊法により精密に測定することが可能である (Fig. 4-5-3).

例として，Fig. 4-5-4 と Fig. 4-5-5 に，熱酸化膜付き単結晶シリコン基板と参照基板との，質量差と，圧力浮遊法による密度差を測定した結果を示す．これらの結果から，得られる熱酸化膜の密度は 2249(3) kg/m³ であり，相対不確かさは 0.2% である．不確かさの要因として，基板である単結晶シリコンと薄膜の密度差があり，薄膜の密度が基板の密度に近ければ，より小さい不確かさで薄膜の密度を測定することができる.

本測定で用いる質量差，密度差測定は全て巨視的測定であり，得られる結果は薄膜の平均密度，平均膜厚である．この方法は，精密な質量差測定と密度差測定により可能となった技術であり，質量と密度という極めて信頼性の高い測定だけから，薄膜の密度と膜厚を測定できる．ここで紹介した方法はシリコン基板上に作製した種々の薄膜について利用できる．さらに，ガラスや SiO_2 などシリコン以外の基板上の薄膜についても，それぞれの基板と同じ密度の液体を準備することにより，密度と膜厚の測定が可能となる.

4.5.2 微量サンプル流体の密度 (Microscale sample fluids)

流体の密度測定方法には，浮ひょう法，比重瓶法，振動式密度計法，天びん法などがある[12]．これらの密度測定方法のうち，振動式密度計法は，簡単な操作で高感度に密度を測定できるため，酒税法におけるアルコール分の測定法としても広く利用されている[13]．筆者らは，こうした振動式密度計法での知見を活かしたマイクロ密度センサーの実用化に成功した．センサーに MEMS (Micro Electro Mechanical Systems) と呼ばれる半導体微細加工技術を用いることで，従来の密度測定法ではミリリットルオーダーから数百ミリリットルオーダーのサンプル量が必要であるのに対して，数マイクロリットルでの密度測定が可能となった[14,15]．また，機構部を小型化できるため，インラインセンサーと

△m/m   △ρ/ρ₀

thin-film
density: ρ_X
thickness: Δt

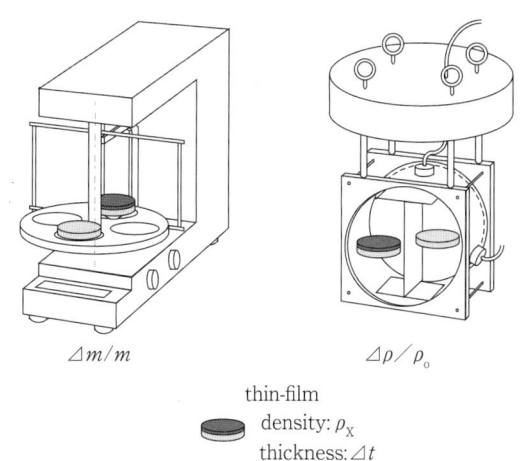

Fig. 4-5-3 薄膜の密度と膜厚の測定法（Measurement on density and thickness for a thin-film on a silicon substrate）

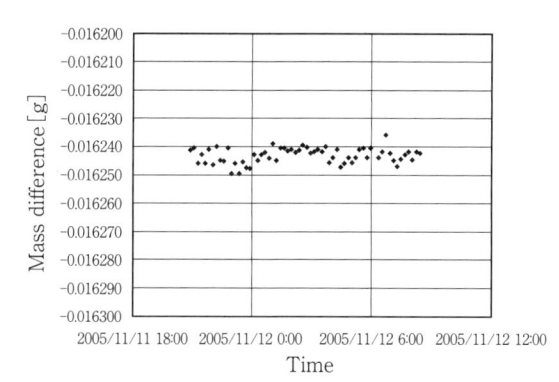

Fig. 4-5-4 酸化膜付き基板と参照基板との電子天秤による質量差測定結果（Result on the mass measurements for the silicon disc with the silicon oxide and the reference）

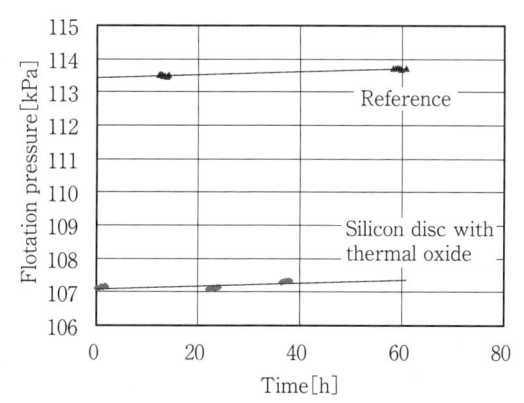

Fig. 4-5-5 酸化膜付き基板と参照基板との圧力浮遊法による密度差測定結果（Result on the flotation pressure measurements for the silicon disc with the silicon oxide and the reference）

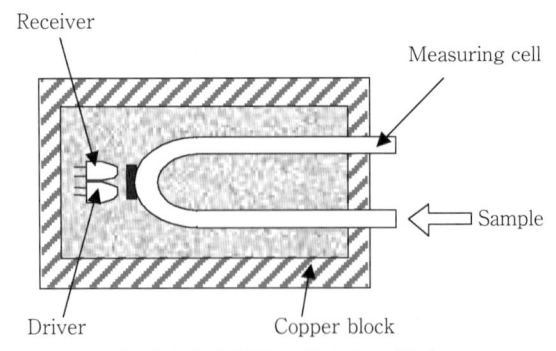

Fig. 4-5-6 振動式密度計法の測定セル部（Diagram of a measuring cell of Resonant frequency oscillation）

しても非常に有用である．本節では，マイクロ密度センサーについて解説する．

(1) 振動式密度計法

マイクロ密度センサーの基礎技術である振動式密度計法の概略を説明する．Fig. 4-5-6 は，振動式密度計法の測定セル部を示す．一端を固定した管状の測定セルに試料を満たし，これを発振させると，測定セルは質量の平方根に比例した固有振動周期 T で振動する．このとき，固有振動周期 T と試料の密度 ρ の間には次の関係式が成り立つ．

$$T = 2\pi \sqrt{\frac{\rho V_{\text{SAMPLE}} + M_{\text{CELL}}}{K}} \tag{4.5.5}$$

$$\rho = \frac{K}{4\pi^2 V_{\text{SAMPLE}}} T^2 - \frac{M_{\text{CELL}}}{V_{\text{SAMPLE}}} \tag{4.5.6}$$

ここで，M_{CELL} はセル自体の質量，K は装置固有の定数である．

測定セルの内容積 V_{SAMPLE} を一定とすれば，密度は固有振動周期 T の 2 乗に比例する．したがって，密度が既知の水および乾燥空気を 2 種類の基準物質として，

$$\alpha = \frac{K}{4\pi^2 V_{\text{SAMPLE}}} \tag{4.5.7}$$

$$\beta = \frac{M_{\text{CELL}}}{V_{\text{SAMPLE}}} \tag{4.5.8}$$

を求めておけば，未知試料の固有振動周期 T から，試料の密度 ρ を求めることができる．

(2) マイクロ密度センサー

マイクロ密度センサー内には，振動式密度計法の測定セル部と同様の構造が MEMS 技術によって形成されている．マイクロ密度センサーで用いたセンサーチップ（Integrated Sensing Systems, Inc. 製）を Fig. 4-5-7 に示す．流体が流れる流路は，断面の寸法が数十〜数百マイクロメートルと非常に小さく，人間の毛髪ほどの直径をもつシリコン製のチューブである．このシリコンチューブの振動周期を検出することで，振動式密度計法と同様の密度測定を可能としている．

このマイクロ密度センサーの駆動原理について説明する．Fig. 4-5-8 に示すように，シリコンチューブはパイレックスガラスで真空封止されている．シリコンチューブとパイレックスガラス上に形成された電極間に交流電圧を印加すると，静電引力が生じ，シリコンチューブが振動を開始する．振動によってシリコンチューブとパイレックスガラス上の電極間の距離に生じた偏りは，静電容量の変化をもたらし，その変化信号を受信することで振動周期を測定することができる．その振動周期に同期した駆動電圧を電極間に加えることで，シリコンチューブを共振させることができ，固有振動周期を

4.5 ナノ・マイクロサンプルの密度測定法

Fig. 4-5-7 マイクロ密度センサーチップ (Comparison of the size of the micro density sensor chip and an American dime)

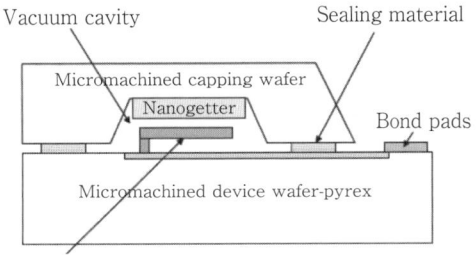

Fig. 4-5-8 マイクロ密度センサーの断面概要図 (Cross-sectional illustration of the micro density sensor)

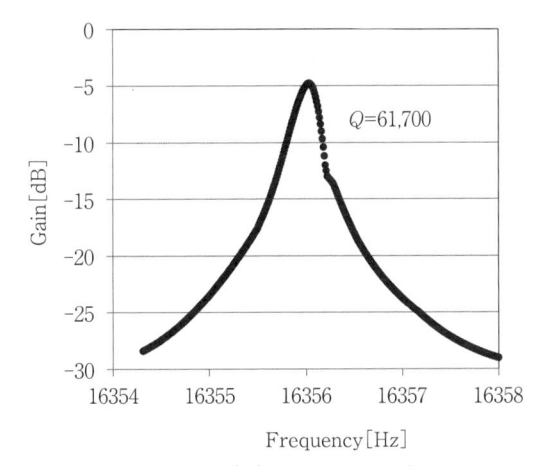

Fig. 4-5-9 マイクロ密度センサーにおけるシリコンチューブの Q 値 (A Q-plot for a silicon tube resonator used in the micro density sensor)

得ることが可能となる．
　ここで，振動の安定度の指標となる Q 値について，マイクロ密度センサーを用いて評価した結果を Fig. 4-5-9 に示す．Fig. 4-5-9 より，10^4 より大きい非常に高い Q 値が得られていることがわかる．一

Table 4-5-1 マイクロ密度センサーの長所と短所
(Compare the advantages and disadvantages of the micro density sensor.)

長所	短所
必要試料量が少なくてよい（数 μL 以下） 大量生産が容易に可能（低コストで製作可能） 装置の小型化が容易 ガラスセルと比較し振動周期の空気／水が大きい（感度が高い） 振動数が高く（10〜30kHz）自然界で発生する振動の影響をほとんど受けない 設置方向による影響を受けない Q 値が高い（数万以上）	異物が詰まりやすい 粘度が高いと試料が注入できない シリコンの耐薬品性がガラスセルに劣る

Fig. 4-5-10 埋込み型メタノール濃度センサー（Appearance of embedded-type methanol concentration sensor）

一般的なガラスセルでの Q 値がおよそ 10^3 のオーダーであるのに対し，シリコンチューブでは，1桁高い数値が得られており，水晶を利用した発振回路並みの高い Q 値を有していることがわかる．これは，シリコンチューブの周囲を真空にすることで気体の粘性による振動への影響が排除されているためであり，このセンサにおいては，ナノゲッターを真空領域に封止することで，わずかに残留する気体をも吸着しさらに真空度を高めることで，より高い Q 値を実現している．

マイクロ密度センサーの長所および短所を Table 4-5-1 に記載した．マイクロ密度センサーには，試料量が少ないといった以外にも，感度が高い，Q 値が高いなど多くの長所が備わっている．しかしながら，サイズが小さいがゆえに詰まりやすい，粘度の高い試料をセルへ導入するのが困難である等の短所もあるため，一部の用途には注意が必要となる．

(3) アプリケーション例

我々は，マイクロ密度センサーの特長を活かした応用例の1つとして，直接メタノール形燃料電池（Direct Methanol Fuel Cell：DMFC）の燃料であるメタノール水溶液の濃度モニターを開発した．Fig. 4-5-10 は我々が開発した埋め込み型メタノール濃度センサーの外観写真である．センサー内部には，Fig. 4-5-7 に示すような MEMS 技術を用いたセンサーチップが内蔵されている．DMFC のうちポンプ等の補器を使用したアクティブ型と呼ばれる燃料電池の方式ではメタノール濃度の制御が必要とされ，メタノール濃度をモニターするセンサーが不可欠である．センサーには，小型でインライン測定やリアルタイム測定が可能といった機能が要求されるため，従来の密度計では，サイズ的に課題があった．我々が開発したメタノール濃度センサーは，Fig. 4-5-10 に示すように，燃料電池のシステム中への埋込みに適したサイズ・形状で作られている．一方，密度センサー以外にも小型化が可能

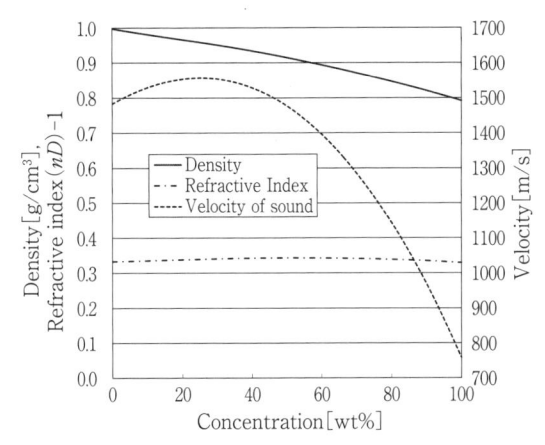

Fig. 4-5-11 20℃のメタノール水溶液に関する密度，屈折率および音速の濃度依存性の比較．ただし，屈折率は1を差し引いた値をプロットしている．(Concentration dependency of density, refractive index and sound velocity for methanol-water solution at 20℃)

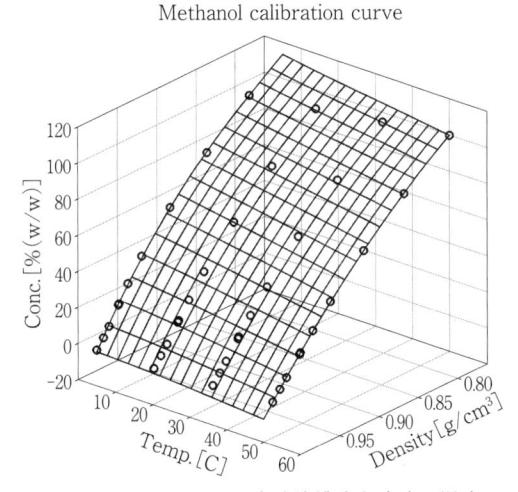

Fig. 4-5-12 メタノール水溶液濃度と密度，温度の関係 (Concentration of methanol-water solution as a function of density and temperature)

なセンサーとして，屈折率センサーや音速センサー等があるが，それらと密度センサーとの比較を行った．メタノール水溶液濃度と各種物理量（密度，屈折率，音速）の関係を Fig. 4-5-11 に示す．Fig. 4-5-11 では，メタノール濃度に対する各センサーの出力をそれぞれのセンサーが持つ実用上の分解能でそろえて（縦軸を分解能1万個分に設定）プロットすることにより，異なるセンサー出力を同レベルで感度比較することが可能となっている．Fig. 4-5-11 より，屈折率は濃度変化に対するセンサー出力の変化が小さく，メタノール濃度センサーとして使用した場合，SN 比が低下してしまうことがわかる．これは水の屈折率とメタノール100%の屈折率がかなり近いことに起因している．音速は，濃度変化に対するセンサー出力の変化が大きく，感度の良好な領域があるものの，不感帯領域（ピーク）を有しており，1つのセンサー出力に対する濃度が2種類存在する領域がある．濃度制御用センサーとして用いるためには注意が必要であり，領域を限定すれば高感度な測定が期待できる．密度は，濃

度全域にわたって感度も良好で,不感帯領域もない.したがって,各種センサーのうち,DMFC用のメタノール濃度センサーとしてはマイクロ密度センサーが最適であると考えられる.

マイクロ密度センサーを用いて測定された密度からメタノール水溶液濃度へと変換するには,あらかじめ検量線を作成しておく必要がある.流体の密度は温度により変化するため,検量線はFig. 4-5-12のように濃度と密度に加えて温度も考慮して取得しておく必要がある.マイクロ密度センサーには温度センサーが備えつけられており,密度を測定するのと同時に,温度も測定することで,測定された密度と温度から検量線をもとに濃度換算を行うことを可能とし,メタノール水溶液濃度のリアルタイム測定を実現した.

(4) まとめ

以上のように,マイクロ密度センサーでは,従来のセンサーサイズでは難しかった用途へ適用することができるようになった.さらに,大量生産向きであることから,センサーを使い捨て可能なほど低価格にできる見込みがあり,血液の比重測定など生体試料の測定に展開できる可能性もある.小型ゆえに,詰まりやすかったり,試料が注入しにくかったりと,いくつかの問題点はあるが,それを補って余りある特長を有し,様々な分野での活用の可能性を秘めているといえる.

参考文献

1) 藤井賢一,"密度標準と質量の単位をめぐる最近の動き",計測と制御,Vol.41, No.2 (2002) pp.155-162.
2) A. J. Leistner and G. Zosi, "Polishing a 1-kg silicon sphere for a density standard", Appl. Opt., Vol.26 (1987) pp.600-601.
3) N. Kuramoto, K. Fujii and K. Yamazawa, "Volume measurements of ^{28}Si spheres using an interferometer with a flat etalon to determine the Avogadro constant", Metrologia, Vol.48 (2011) pp.S83-S95.
4) A. F. Kozdon and F. Spieweck, "Determination of differences in the density of silicon single crystals by observing their flotation at different pressures", IEEE Trans. Instrum. Meas., Vol.41 (1992) pp.420-426.
5) A. Waseda and K. Fujii, "Density comparison measurement of silicon by pressure of flotation method", IEEE Trans. Instrum. Meas., Vol.50, No.2 (2001) pp.604-607.
6) A. Waseda and K. Fujii, "High precision density comparison measurement of silicon crystals by the pressure of flotation method", Meas. Sci. Technol., Vol.12, No.12 (2001) pp.2039-2045.
7) A. Waseda and K. Fujii, "Density comparison measurements of silicon crystals by a pressure-of-flotation method at NMIJ", Metrologia, Vol.41, No.2 (2004) pp.S62-S67.
8) A. Waseda and K. Fujii, "Density Comparison of Isotopically Purified Silicon Single Crystals by the Pressure-of-Flotation Method", IEEE Trans. Instrum. Meas., Vol.60, No.7 (2011) pp.2539-2543.
9) 早稲田篤,藤井賢一,"薄膜の膜圧及び密度の測定方法並びに測定装置",特開 2005-164503 (2005).
10) A. Waseda, K. Fujii and N. Taketoshi, "Density measurement of a thin film by the pressure-of-flotation method", IEEE Trans. Instrum. Meas., Vol.54, No.2 (2005) pp.882-885.
11) A. Waseda and K. Fujii, "Density Evaluation of Silicon Thermal-Oxide Layers on Silicon Crystals by the Pressure-of-Flotation Method", IEEE Trans. Instrum. Meas., Vol.56, No.2 (2007) pp.628-631.
12) 日本規格協会,JISハンドブック[49]化学分析,日本規格協会 (2007) p.1167.
13) 注解編集委員会,第四回改正 国税庁所定分析法注解,財団法人 日本醸造協会 (1999) p.14.
14) D. Sparks, D. Bihary, D. Goetzinger, N. Najafi, K. Kawaguchi and M. Yasuda, "Methanol concentration sensors for DMFCs", Small Fuel Cells 2006, The Knowledge Foundation, Washington DC, March (2006) 606-630.
15) D. Sparks, K. Kawaguchi, M. Yasuda, D. Riley, V. Cruz, N. Tran, A. Chimbayo and N. Najafi, "Embedded MEMS-based concentration sensor for fuel cell and biofuel applications", Sensors and Actuators A: Physical (2008).

4.6 薄膜の熱膨張率（Thermal Expansion of Thin Films）

　セラミックス，金属などの固体材料における熱膨張特性は，異種材料間に温度変化に伴って発生する熱応力や材料内部の温度分布や温度勾配による熱変形などに関係する熱物性量である．そのため，材料製造，エレクトロニクス，航空・宇宙，エネルギーといった様々な産業分野において材料品質の管理，機器開発における材料選定や構造設計，温度変化に対する計算機シミュレーションによる性能予測の際に評価不可欠な特性量となっている．特に薄膜材料は基板材料上への成膜，多層膜による機能の発現の利用，対象物へのコーティングによる機能付加などのような異種材料が接合された複合体の形態で利活用されるため，性能予測やデバイスの寿命，機器の信頼性向上のためには製造プロセス段階や使用時の発熱などでの温度変化による熱応力の発生を予測する重要があり，薄膜の熱膨張特性の評価が必要となっている．

(1) 薄膜の熱膨張特性の評価手法

　薄膜の熱膨張特性の評価において，測定対象である薄膜の厚さ≪面方向の広がりという形状的な特徴から厚さ方向と面内方向で適用できる測定手法が異なってくる．特に厚さ方向では膜の厚さがバルク材料の測定の際に扱う寸法に比べ著しく小さいため，バルク材の熱膨張特性評価によく用いられる押し棒式膨張計や熱機械分析（TMA）などでは検出分解能以下となりがちであり，X線回折法（XRD）による格子定数の測定や，X線反射率法[1]，キャパシタンス法[2]，エリプソメーター[3]による膜厚測定などで評価した例がある．しかしながら，応用面における薄膜の熱膨張特性に対する興味は基板材との熱膨張のミスマッチによる熱応力の発生とその影響にあることから，面内方向での熱膨張特性評価がメインとなっている．したがって，以下では薄膜の面内方向の熱膨張特性の評価に関する内容を解説する．

　薄膜状の試験片の熱膨張特性の評価手法に関連してJIS規格のH8455：2010遮熱コーティングの線膨張係数試験方法（Testing method for coefficient of linear expansion of thermal barrier coatings）がある．当該規格は機械加工などの方法により基板材を取り除いたコーティング材部分のみを治具により保持した状態で，熱機械分析装置による熱膨張特性測定を行う方法が規定されている．ここで対象としている試験片は長さ10〜15 mm，幅5 mmかつ厚さ0.3 mm以上の板状で治具を使用することにより自立が可能であるものとしている[4,5]．しかしながら，基板材を除去できたとしても自立可能な厚さが確保できないもの，技術的に薄膜材と基板材を分離することが困難なもの，基板材を取り除くプロセスにより薄膜材自体へのダメージが懸念されるものなどについては本規格に記載されている手法は適用できない．そういった薄膜材料については基板材に接合した状態での熱膨張特性評価技術の適用が必要となる．

　線膨張係数の定義としては測定対象の巨視的もしくは微視的な寸法変化を圧力一定（もしくは応力フリー）の状態で測定することが必要である．しかしながら，基板材と接合した状態の薄膜では温度変化により基板材との間の熱膨張率のミスマッチによる熱応力が生じ，薄膜（および基板材）は熱膨張現象だけではなく熱応力による変形をともなうこととなる．したがって，この場合の熱膨張率の評価には基板材および薄膜材の弾性特性をあわせて考慮することが必要となる．

　ここで，薄膜に加わる応力 σ_F [Pa] の変化を試験片全体の温度変化 ΔT [K] と熱膨張のミスマッチにより生じる熱応力であると仮定すると，温度変化による応力 σ_F の変化 $\Delta\sigma_F$ は薄膜の線膨張係数 α_F [K^{-1}] と基板材の線膨張係数 α_S [K^{-1}] との差および弾性特性を用いて近似的に，

$$\Delta\sigma_F = \frac{E_F}{1-\nu_F} \cdot (\alpha_F - \alpha_S) \cdot \Delta T \tag{4.6.1}$$

と表すことができる.ここで,E_F [Pa] と ν_F はそれぞれ薄膜のヤング率とポアソン比であり,(E_F/1-ν_F)[Pa] は面内での等方性を仮定した2軸弾性率 (Biaxial elastic modulus) となる.したがって,薄膜に生じる応力を測定することにより,基板材の線膨張係数 α_S [K^{-1}] を基準として薄膜の線膨張係数 α_F [K^{-1}] を推定することができる.

薄膜に生じる応力を測定する手法としては,薄膜および基板材をあわせた試験片の巨視的な変形から内部応力を評価する基板曲率法 (Substrate curvature technique) や微視的な結晶の格子歪みをX線回折により測定するX線応力測定法,格子ひずみを他の物理量を介して間接的に測定するラマン分光法などが挙げられる.以下に特に基板曲率法およびX線応力測定法[6,7]の概要を紹介する.

(2) 基板曲率法の概要

基板曲率法は基板材と薄膜材の熱膨張率のミスマッチによる熱応力の発生の結果として生じる試験片の反りといったマクロな形状(曲率)を測定することにより薄膜材の熱膨張特性を測定する方法である.光学的な検出方式を用いることで試験片のマクロな形状変化を非接触かつその場測定ができるため,薄膜形成初期に生じる応力測定や多層膜形成時の応力変化の検出を目的として成膜プロセスに in-situ な計測手法としてよく用いられている.

そこで形状測定により得られる試験片の曲率(曲率半径)についての解析において,評価対象とする試験片を熱膨張特性および弾性特性に関して等方的かつ均一な基板材および薄膜材からなる2層複合材と考え,熱膨張のミスマッチにより発生する熱応力に関して,軸力およびモーメントの釣合いを考えると熱応力ゼロの状態からの温度変化 ΔT [K] に伴う試験片の曲率半径 ρ [m] は,

$$\frac{1}{\rho} = \frac{6 e_F \cdot e_S \cdot t_F \cdot t_S \cdot (t_F + t_S) \cdot (\alpha_F - \alpha_S) \cdot \Delta T}{e_F^2 \cdot t_F^4 + 4 e_F \cdot e_S \cdot t_F^3 \cdot t_S + 6 e_F \cdot e_S \cdot t_F^2 \cdot t_S^2 + 4 e_F \cdot e_S \cdot t_F \cdot t_S^3 + e_S^2 \cdot t_S^4} \tag{4.6.2}$$

で与えられる[8] (Fig. 4-6-1).(注:正確には ρ [m] は熱変形における中立軸の曲率半径であり,薄膜表面(測定面)の曲率半径は $\rho+(a+t_S+t_F)$ となる.ここで,通常の条件下で発生する熱変形では $\rho \gg (a+t_S+t_F)$ でありまた熱応力の解析においては曲率半径の温度変化量に着目するため,実用上は ρ についての解析で十分である)ここで,式中の e [Pa] は2軸弾性係数 $E/(1-\nu)$ [Pa],t [m] は各部材の

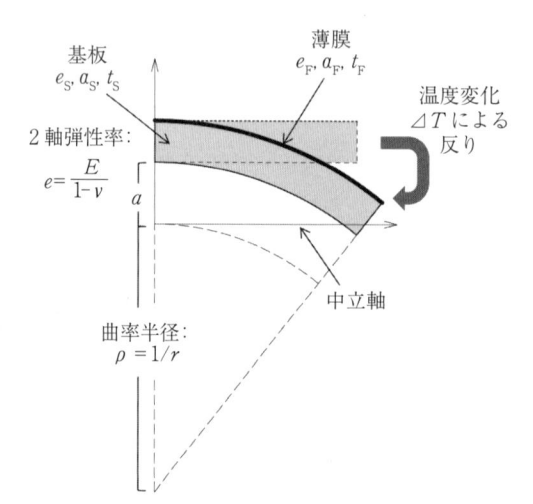

Fig. 4-6-1 薄膜および基板材の熱応力による変形
(Thermal deformation of bimetallic strip)

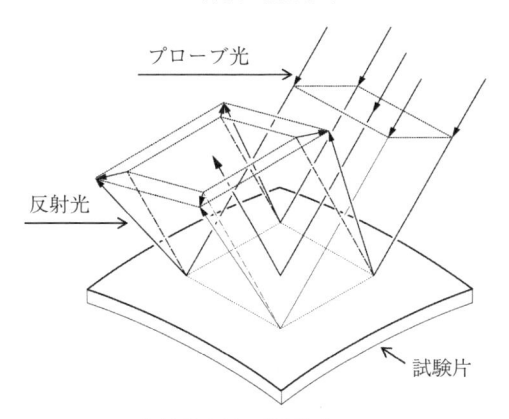

Fig. 4-6-2 基板曲率法の概要（Concept image of substrate curvature technique）

厚さであり，添え字F,Sはそれぞれ薄膜および基板材を示す．ここで，薄膜が基板材に比べ十分に薄く（$t_F \ll t_S$）かつ弾性率が基板材のそれに比べ極端に大きくない場合には近似的に，

$$\frac{1}{\rho} \approx \frac{6e_F \cdot t_F \cdot (\alpha_F - \alpha_S) \cdot \Delta T}{e_S \cdot t_S^2} \tag{4.6.3}$$

となる．したがって，曲率の温度変化率（$\Delta(1/\rho)/\Delta T$）[m^{-1}K^{-1}]を測定することにより，薄膜の線膨張係数 α_F [K^{-1}] を

$$\alpha_F = \alpha_S + \frac{e_S \cdot t_S^2}{6e_F \cdot t_F} \cdot \frac{\Delta(1/\rho)}{\Delta T} \tag{4.6.4}$$

と基板材との比較する形式で求めることができる．
【補足：基板の曲率 r から応力 σ_F [Pa] を求めるためには応力と曲率の関係式であるStoneyの式[9]，

$$\sigma_F = \frac{e_S t_S^2}{6t_F} \cdot r \tag{4.6.5}$$

がよく用いられている．基板側に曲率中心がある場合の曲率の符号を正としたとき，応力 σ_F [Pa] が正であることは薄膜の応力が圧縮応力であることに対応する．Eq.(4.6.5) も薄膜が基板材に比べ十分に薄い場合に成り立つ関係式であり Eq.(4.6.3) に Eq.(4.6.1) を代入することにより同じ形の関係式が導出できる】

Fig. 4-6-2 に基板曲率法による測定系の構成例を示す．図では試験片へ等間隔で平行なプローブ光（レーザー光）を照射し，反射光のスポットの変化により基板の曲率変化を検出する構成を示している．照射されるレーザー光を格子状に配置することにより2次元的なひずみ挙動を同時に検出することが可能である．本手法では反射光が強く散乱せず，測定に必要なSN比で反射光のスポット位置の検出できさえすれば，薄膜の結晶性やその他の特性によらず測定が可能となる．また，薄膜表面での反射光がとれない場合は裏面（基板面）に対する測定で熱膨張特性評価を行うことも可能である．ここでは，形状計測による薄膜熱膨張評価に関して円盤状試験片，短冊状試験片，エッチングにより製作したマイクロカンチレバーなどを対象とした最近の報告をあげておく[10〜14]．

また，Eq.(4.6.4) に示すように薄膜の線膨張係数は基板材の弾性特性および熱膨張特性との比較となるため，基板材としてそれらの特性がよく知られているシリコン単結晶などの材料を選択することにより測定結果の信頼性の向上が期待できる．一方，薄膜の弾性係数がバルクでの物性値と大きく異なる場合があるため，薄膜の弾性特性を別の方法で評価することが必要となることがある．これに対して2種類以上の基板材に同一の薄膜を形成し，それらに対する測定データより線膨張係数と弾性係

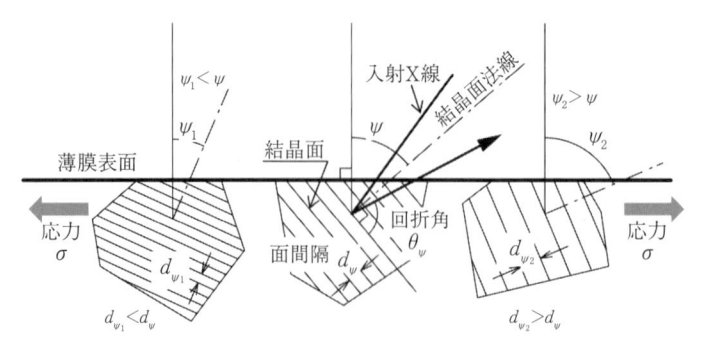

Fig. 4-6-3 薄膜応力と結晶面間隔の関係（Relationship between the apart of a lattice plane and a stress normal to the film surface）

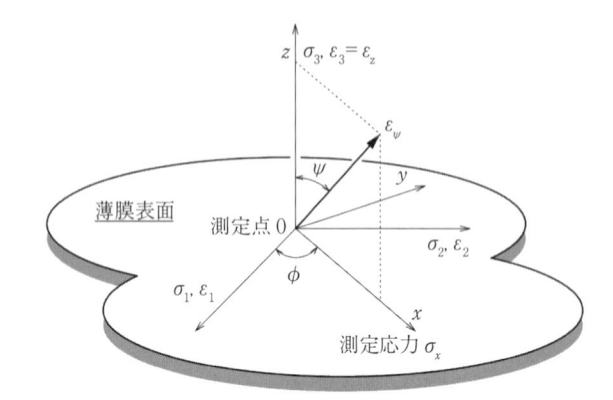

Fig. 4-6-4 応力とひずみの関係（Relationship between stress and deformation）

数を独立に求める試みも行われている[13,14].

(3) X線応力測定法（X線回折法）の概要

X線応力測定法はX線回折による結晶格子面の間隔の面内応力に対する角度依存性測定より薄膜の内部応力を推定する方法である．実行する測定は多結晶体試験片の表面層（深さ～数十 μm）に対するX線回折実験であり薄膜内部の応力を直接評価できる手法である一方，単結晶（もしくは結晶粒が大きい）などで面間隔の角度依存性が十分に評価できない対象やアモルファスなどの回折像が明確に検出できない対象については適用が困難となる[6,7].

X線応力測定法としては，(1) 均質材料，(2) 等方性材料，さらに (3) 平面応力状態，(4) 厚み方向に応力勾配を持たないことが良好な結果を得る条件となる．Fig. 4-6-3 は薄膜表面の異なる結晶粒の特定の結晶面の面間隔 d [m] に着目して測定する場合の概念図である．薄膜を構成する結晶粒は表面法線軸に対してランダムに配置しており試料表面に平行な内部応力がある場合，個々の結晶粒内の特定の結晶面について着目すると結晶面が試料表面に対して平行に近いほど面間隔 d [m] のひずみ量が小さくなると考えられる．

ここで法線が ϕ 方向の結晶面間隔 d [m] のひずみ量 ε_ϕ と試料表面に平行な測定応力 σ_F [Pa] の関係（Fig. 4-6-4）は，

$$\varepsilon_\phi = \frac{1+\nu_F}{E_F}\sigma_F\sin^2\phi - \frac{\nu_F}{E_F}(\sigma_1+\sigma_2) \tag{4.6.6}$$

で与えられる（この式はX線応力測定の基礎式と呼ばれる）．Eq.(4.6.6)より測定応力 σ_F [Pa] は，

$$\sigma_\mathrm{F} = \frac{E_\mathrm{F}}{1+\nu_\mathrm{F}} \frac{\partial \varepsilon_\phi}{\partial \sin^2 \phi} \tag{4.6.7}$$

となる．さらに，面間隔のひずみ量 ε_ϕ と Bragg 角の関係；$\varepsilon_\phi = -(\theta_\phi - \theta_0)\cot\theta_0$ を用いて

$$\sigma_\mathrm{F} = -\frac{E_\mathrm{F}\cot\theta_0}{2(1+\nu_\mathrm{F})} \cdot \frac{\partial(2\theta_\phi)}{\partial \sin^2 \phi} \tag{4.6.8}$$

となる．ここで $2\theta_\phi$, θ_0 [rad] はそれぞれ法線が ϕ 方向の結晶面による回折角および応力フリーの時の Bragg 角である．実際の測定ではいくつかの適当な ϕ 方向について，それぞれ回折角 $2\theta_\phi$ [rad] を測定し，$2\theta_\phi - \sin^2\phi$ 線図におけるグラフの勾配より応力 σ_F [Pa] を決定することになる（そのため $\sin^2\phi$ 法と呼ばれる）．注意点としては Eq.(4.6.8) による応力の決定で用いられる弾性係数 E_F [Pa] とポアソン比 ν_F は回折測定に関与した結晶粒の特定の結晶面間隔についての値であり，巨視的な試験片に対して機械的な手法により測定した値とは必ずしも一致しないことである．薄膜の熱膨張係数は上記の手順を異なる温度において行い，得られた応力の温度変化から Eq.(4.6.1) などを用いて推定することになる．

X 線応力測定法による方法では比較的小さな試験片に対して薄膜表面の応力を非破壊的に測定できるといった有利な点があるが，上記の通り単結晶（もしくは結晶粒が大きい）で角度依存性が十分に評価できない対象やアモルファスなどの回折像が明確に検出できない対象については適用することができない．また構造欠陥等の影響により回折ピークがブロードになり測定分解能が落ちるといった問題もある．最後に X 線応力測定法による最近の報告をあげておく[15,16]．文献 16) では $\sin^2\phi$ 法を同一晶帯の異なる 2 つの結晶面についての行うことにより応力ゼロの面間隔 d_0 [m] を推定し，線膨張係数を求めるという手法を実証している．

(4) まとめ

薄膜の熱膨張特性は現状直接単独で測定することが困難であり，測定される薄膜の測定時の状態の的確な把握のみならず基板の物性情報が必要となってくる．これらを総合的に考慮した上で，適切な計測手法を適用，データ解析を行うことが測定結果の信頼性を担保する上で重要となっている．

参考文献

1) T. Suzuki, I. Sugiura, S. Sato and T. Nakamura, "Thermal Expansion Coefficient of Nano-Clustering Silica (NCS) Films Measured by X-Ray Reflectivity and Substrate Curvature Method", J. J. Appl. Phys., Vol.43 (2004) pp.L614-L616.
2) Chad R. Snyder and Frederick I. Mopsik, "A precision capacitance cell for measurement of thin film out-of-plane expansion. I. Thermal expansion", Rev. Sci. Instrum., Vol.69 (1998) pp.3889-3895.
3) G. Beaucage, R. Composto and R. S. Stein, "Ellipsometric study of the glass transition and thermal expansion coefficient of thin polymer films", J. Polymer Sci. Part B: Polymer Phys., Vol.31 (1993) pp.319-326.
4) S. B Qadri, C. Kim, E. F. Skelton, T. Hahn and J. E. Butler, "Thermal expansion of chemical vapor deposition grown diamond films", Thin Solid Films, Vol.236 (1993) pp.103-105.
5) C. Moelle, S. Klose, F. Szücs, H. J. Fechu, C. Johnston, P. R. Chalker and M. Werner, "Measurement and calculation of the thermal expansion coefficient of diamond", Diamond and Related Materials, Vol.6 (1997) pp.839-842.
6) 社団法人日本材料学会 X 線材料強度部門委員会編，X 線応力測定法標準（2002 年版）—鉄鋼編．
7) "講座 X 線応力測定法の基礎と最近の発展（全 6 回）"，材料，Vol. 47, No.11 (1998) -vol. 48, No.4 (1999)．
8) 福田　博，邉　吾一，複合材料の力学序説，古今書院 (1989) pp.156.
9) G. G. Stoney, Proceedings of the Royal Society (London) A82 (1909) pp.172.
10) Cheng-Chung Lee, Chuen-Lin Tien, Wean-Shyang Sheu and Cheng-Chung Jaing, "An apparatus for the measurement of internal stress and thermal expansion coefficient of metal oxide films", Rev. Sci. Instrum.,

Vol.72 (2001) pp.2128-2133.
11) Weileun Fang, Hsin-Chung Tsai and Chun-Yen Lo, "Determining thermal expansion coefficients of thin films using micromachined cantilevers", Sensors and Actuators, Vol.77 (1999) pp.21-27.
12) M. M. de Lima, R. G. Lacerda, J. Vilcarromero and F. C. Marques, "Coefficient of thermal expansion and elastic modulus of thin films", J. Appl. Phys., 86 (1999) pp.4936-4942.
13) Jie-Hua Zhao, Toff Ryan, Paul S. Ho, Andrew J. McKerrow and Wei-Yan Shih, "Measurement of elastic modulus, Poison ratio, and coefficient of thermal expansion of on-wafer submicron films", J. Appl. Phys., 85 (1999) pp.6421-6424.
14) Jeremy Thurn and Michael P. Hughey, "Evaluation of film biaxial modulus and coefficient of thermal expansion from thremoelastic film stress measurement", J. Appl. Phys., 95 (2004) pp.7892-7897.
15) S. Chowdhury, M. T. Laugier and J. Henry, "XRD stress analysis of CVD diamond coatings on SiC substrates", Int. J. Refractory Metals & Hard Materials, 25 (2007) pp.39-45.
16) O. Kraft and W. D. Nix, "Measurement of the lattice thermal expansion coefficients of thin metal films on substrate", J. Appl. Phys., Vol.83 (1998) pp.3035-3038.

4.7 ナノ・マイクロ系の表面張力測定法 (Surface Tension of Nano/Microscale Sample)

4.7.1 リプロン表面光散乱法 (Ripplon surface laser-light scattering technique)
(1) はじめに (ナノ・マイクロスケール表面物性測定の意味)

　バルクな系における表面張力の定義は,Fig. 4-7-1 に示すような単純なモデルで理解できる[1].1 辺が摩擦無しに可動な針金枠の中に石けん水の膜を作ると,膜の面積が小さくなる方向に (Fig. 4-7-1 の矢印と反対の方向) 力が作用していることが観測される.この時,単位長さあたりに作用している力を σ (N/m) とすれば,可動針金を静止させておくためには $F = 2\sigma l$ だけの力が必要になる (石けん水-空気の界面は裏表で 2 つあるため).この σ を表面張力と呼ぶ (正確には,石けん水-空気の界面張力).バルク液相中の分子には周囲から均等な分子間力が作用しているのに対し,表面近傍にある分子ではこの分子間力が不均衡になるため,表面の分子は内部に比べ過剰なエネルギーを持つ.表面張力をエネルギー的に捉えると,バルク液相中の分子を表面に持ってくるためのエネルギーと考えることができる.Fig. 4-7-1 の可動針金を dx だけ移動させ $2ldx$ の表面積を増加させるためには,Fdx のエネルギー (仕事) が必要である.このように表面積を増加させるのに必要なエネルギーを表面自由エネルギーと呼ぶ.したがって単位面積当たりの表面自由エネルギーは

$$\frac{\text{表面自由エネルギー}}{\text{表面積}} = \frac{Fdx}{2ldx} = \frac{2\sigma ldx}{2ldx} = \sigma \tag{4.7.1}$$

となり,単位面積当たりの自由エネルギー (J/m^2) と表面張力 (N/m) は同等であることがわかる.表面張力は,均質で等方的なバルク液体の平衡状態における熱物性値である.より正確には,液体表面に接している気体が同じ物質の飽和蒸気の場合に表面張力と呼び,上の例のように他の流体である場合には界面張力と呼ばれる.バルクな系において表面張力あるいは界面張力を測定するには,特定の界面形状における力の釣合いから求めれば良く,毛細管法,Wilhelmy 法,最大泡圧法,懸滴法など,これまで様々な古典的方法が用いられてきた[2].

　ナノ・マイクロスケールの表面張力測定にはどんな意味があるのだろうか.それぞれの表面張力測定法に特有な必要試料体積 (例えば,毛細管法では毛細管内を上昇する液体の体積,Wilhelmy 法ではプレートが持ち上げる液体の体積) 内で,対象とする液体が十分均質かつ等方的と見なせれば,系を

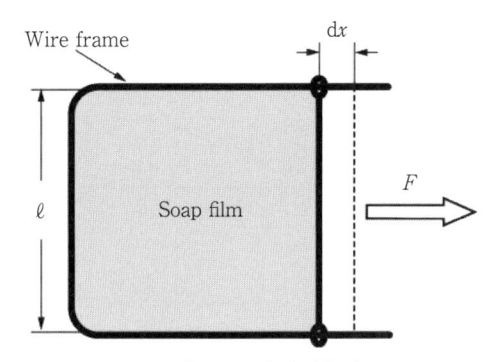

Fig. 4-7-1 石けん膜による表面張力（Surface tension of soap film stretched over a wire frame）

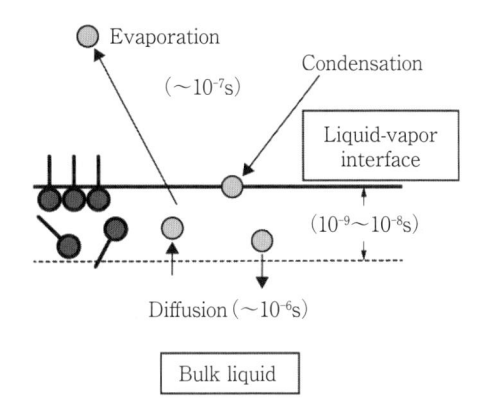

Fig. 4-7-2 液体表面の分子レベルの動的な描像（A picture of liquid-vapor interface in molecular scale）

小さくしていっても測定される表面張力の値に本質的に違いは生じない．一方，液体表面近傍を分子レベルで考えると[3]，平衡状態では液体内部から気体に「蒸発する」分子と，気体側から液体に「凝縮する」分子数のバランスは保たれているが，常に分子は入れ替わっており，液体表面分子の「寿命（存続時間）」は常温の水で 0.1 µs 程度である．同時に，液体表面近傍の分子（表面から数〜10 nm 深さ）は，内部の分子と分子拡散（ブラウン運動）によって常に入れ替わっており，その拡散時間は 1 µs 程度である．このようなミクロな描像で液体表面を捉えると（Fig. 4-7-2 参照），例えば液体表面に分子が吸脱着しているような系や単分子膜の存在により粘弾性的に振る舞う系，あるいは異方性のある分子が表面に存在する場合では，その現象を観測可能な空間・時間分解能で表面張力を測定できれば，「見掛けの表面張力変化」としてナノ・マイクロスケールの表面現象センシングが可能になり，液体表面のミクロで動的な分析の新たな手法として利用できる．このような可能性を持つナノ・マイクロ系の表面張力測定法として，リプロン表面光散乱法がある．

(2) 測定原理と特徴

液体の表面は均一な温度で外乱による振動もなく，巨視的には鏡のように平滑に見えても，分子レベルでは熱的なゆらぎが存在するため完全な平面ではなく，微細な変形を生じている．この表面の変形は，熱的に励起されたランダムな表面波の重ね合わせと考えることができ，個々の表面波はその振動周波数によるが µm オーダーの波長と nm オーダーの振幅を持っており，さざ波の量子としてリプロン（ripplon）と呼ばれている[4]．このような微細な表面波の存在は，20世紀初頭に Smoluchowski[5]

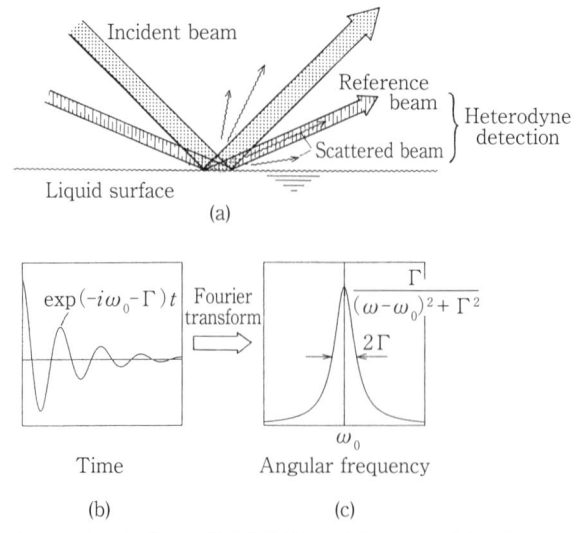

Fig. 4-7-3 リプロン表面光散乱法の原理 (Principle of ripplon surface-laser light scattering technique)

により予測されていたが，熱的ゆらぎに起因する散乱光強度が極めて微弱であるため，実際に検出できるようになったのはHe-Neレーザー発明後の1960年代である．この液体表面にレーザー光を照射すると，通常の鏡面反射成分の周りに散乱光が観測される (Fig. 4-7-3(a))．この散乱光にはリプロンの周波数や減衰率の情報が含まれているため，時間領域 (Fig. 4-7-3(b)) あるいは周波数領域 (Fig. 4-7-3(c)) で信号を平均化し，表面波の分散関係式を用いてフィッティング解析を行うと，液体の表面張力と粘性率を得ることが原理的に可能である．

表面波としてのリプロンの挙動は，振幅は nm と分子レベルであるが，波長が振幅に対して十分長い（μm）ため，流体力学により厳密に記述することが可能である．ある特定の波数 k のリプロンの角周波数 ω_0 と減衰率 Γ の関係（分散関係式）は，Navier-Stokes の式と連続の式を液体表面に適用し，(1) 波長に比べて振幅が十分小さい，(2) 液体の底面では運動が生じていない，(3) 表面のせん断応力はない，(4) 波長が短く重力項は無視できる，という条件でさらに粘性率が小さい場合に以下のように近似的に導かれている[6,7]．

$$\omega_0^2 = (\sigma/\rho)k^3 \qquad (4.7.2)$$
$$\Gamma = 2\nu k^2 \qquad (4.7.3)$$

したがって，特定の波数 k のリプロンの角周波数 ω_0 と減衰率 Γ を測定し，液体の密度 ρ を既知とすれば，表面張力と粘性率を測定することができる．

本方法は表面張力と粘性率測定法として，従来法に対して以下のような特徴を持っている[8]．

(1) 非接触測定：熱的ゆらぎを光の散乱を利用して観測しているため，試料に外乱を全く与えずに測定が可能．
(2) 高い空間分解能：観測するリプロン波長を数 μm に設定すれば，数十～数百 μm の空間分解能で，表面張力2次元分布を微量サンプルで測定が可能となる[9]．また，必要試料体積を小さくすることが可能になるため，試料の温度・圧力等を非常に高くしたり低くしたりする場合に大きなメリットとなる．例えば高温用の装置を非常にコンパクトにすることが可能になり[10]，高温実験の系統的誤差要因となる温度分布の影響を低減したり，実験装置の安全性を向上することにもつながる．

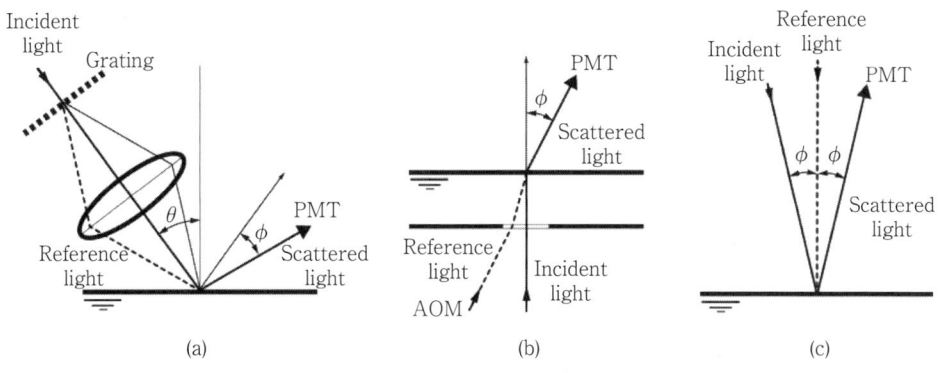

Fig. 4-7-4 リプロンの波長選択と光ヘテロダインの方法 (Typical methods for selection of ripplon wavelength and heterodyne detection)

(3) 高い時間分解能：kHz〜MHz の高周波数の表面波を観測しているため，短時間・連続測定が可能になり，動的な表面現象を検知することが可能になる．観測するリプロンの波長と信号平均回数にもよるが，最小 100 ms 程度の時間分解能での測定が可能である．

(4) 液体表面近傍（数 nm〜数十 nm）の情報：リプロンの挙動は分子レベルの液面状態に極めて感度が高く，単分子膜等の存在を理想的な液面における分散関係式 Eq.(4.7.2), (4.7.3) からのずれとして，表面粘弾性質を検知することが可能である[11]．例えば液面の汚染過程[12]等を見掛けの表面張力の低下として，高感度かつ高速に検知することができる．

(3) リプロンの波長選択法とヘテロダイン検知（微弱散乱光の増幅）

Fig. 4-7-3(a) で示したようなリプロンからの散乱光を定量的に扱うためには，特定のリプロン波長選択と微弱な散乱光をどのように増幅するかという計測上の問題がある．入射レーザーの鏡面反射成分の周りに微弱な散乱光が発生する理由は，リプロンが振動型の回折格子の作用をするためであり，散乱光はリプロンの振動数に対応したドップラーシフト（あるいは Brillouin 散乱）を受け，リプロンの波長に対応した散乱角で散乱される．この周波数シフト量と散乱角が得られれば，観測しているリプロンのスペクトルと波長を求められるが，リプロンからの散乱光は微弱である上に，光の周波数に比べシフト量（kHz〜MHz）はわずかなため直接検知することは難しい．現在では，散乱光に対し基準となる参照光を重ね合わせて発生する光ビート信号を計測する光ヘテロダイン法が利用されている．波長選択と光ヘテロダインの方法には，回折格子を利用しその間隔から選択波長を決定しかつ回折光を参照光として用いる方法 (Fig. 4-7-4(a))[13]，AOM による周波数シフトした1次回折光を参照光としてその入射角測定により選択波長を決定する方法 (Fig. 4-7-4(b))[14]，二光束干渉を利用して参照光源としまた干渉縞間隔の実測により選択波長決定する方法 (Fig. 4-7-4(c))[15] などが提案されている．

(4) 測定装置の例

著者らの研究グループでは，本方法の特徴を生かして，基本装置の開発[12,16]，溶融シリコンへの適用[17]，Xe ハイドレート生成・解離過程への適用[18]，表面張力2次元スキャン装置の開発[9]，ポリマー溶液表面粘弾性の動的測定[15,19]，光応答性素材を用いた液膜の表面物性異方性測定[20]，観測波長可変の高精度測定装置開発および分散関係式の厳密解[21]，ナノバブル検知への応用[22] 等を行ってきた．実験装置の一例として，ニオブ酸リチウム（$LiNbO_3$）の，高温溶融状態（1537〜1756 K）における粘性率と表面張力の雰囲気依存性を測定するために開発した測定装置の概略を Fig. 4-7-5 に示す[10]．リプロンを観測するための光源には，出力 35 mW の He-Ne レーザーを使用している．レーザーから出射されたビームは，空間ノイズを低減させるためのスペイシャルフィルター（L1，ピンホール，L2）

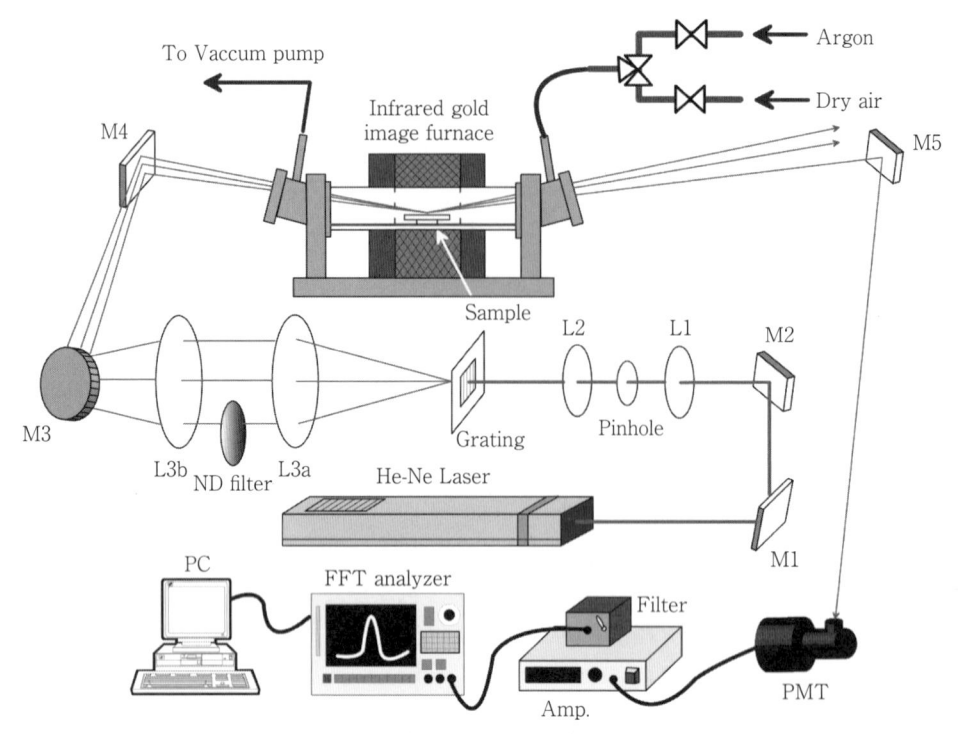

Fig. 4-7-5 高温融体用リプロン表面光散乱法測定装置（Experimental ripplon surface laser-light scattering apparatus for high temperature melts）

を介し，格子間隔36μmの透過回折格子に通される．この回折格子からの1次回折光をヘテロダイン検知を行うための参照光として利用している．0次光と参照光は，L3aとL3bにより試料液面で焦点を結ぶように設定されている．リプロンによる散乱光は1次回折光の反射光と混ぜ合わされ，光電子増倍管で検知し，アンプとハイパスフィルターを通してFFTで周波数解析される．

(5) まとめ

リプロン表面光散乱法の歴史は古くすでに50年以上が経過している．しかし，そのナノ・マイクロスケールにおける表面物性測定技術としての未開拓領域は大きく，今後のさらなる液体表面センシング技術としての発展と全く新たな応用が期待できる．

参考文献

1) 例えば，A. W. Adamson and A. P. Gast, Physical Chemistry of Surfaces, 6th Ed., John Wiley & Sons (1997) p.4.
2) 日本熱物性学会編，新編熱物性ハンドブック，養賢堂 (2008) p.717.
3) 例えば文献1) の p.56.
4) R. H. Katyl and U. Ingard, "Scattering of light by thermal ripplons", Phys. Rev. Lett., Vol. 20, No.4 (1968) pp.248-246.
5) M. v. Smoluchowski, "Molekular-kinetisch Theorie der Opaleszenz von Gasen im kritischen Zustande, sowie einiger verwandter Erscheinungen", Ann. Phys., Vol.25 (1908) pp.205-227.
6) H. Lamb, Hydrodynamics, 6th Ed., Cambridge Univ. Press (1932) p.625.
7) V. G. Levich, Physicochemical Hydrodynamics, Prentice-Hall (1962) p.599.
8) 長坂雄次，"マイクロ・ナノスケールの熱物性測定"，機械の研究，Vol.59, No.10 (2007) pp.1011-1018.
9) 早川高弘，長坂雄次，"リプロンスキャン技術を利用した表面張力分布測定装置の開発（第2報）"，第38

回日本伝熱シンポジウム講演論文集（2001, 大宮）pp.541-542.
10) Y. Nagasaka and Y. Kobayashi, "Effect of atmosphere on the surface tension and viscosity of molten LiNbO₃ measured using the surface laser-light scattering method", J. Cryst. Growth, Vol.307, No.1 (2007) pp.51-58.
11) D. Langevin, Ed. Light Scattering by Liquid Surfaces and Complementary Techniques, Marcel Dekker (1992).
12) T. Nishio and Y. Nagasaka, "Simultaneous Measurement of Surface Tension and Kinematic Viscosity Using Thermal Fluctuations", Int. J. Thermophys. Vol.16, No.5 (1995) pp.1087-1097.
13) S. Hård, Y. Hamnerius and O. Nilsson, "Laser heterodyne apparatus for measurements of liquid surface properties-Theory and experiments", J. Appl. Phys., Vol.47, No.6 (1976) pp.2433-2442.
14) K. Sakai, P.-K. Choi, H. Tanaka and K. Takagi, "A new light scattering technique for a wide-band ripplon spectroscopy at the MHz region", Rev. Sci. Instrum., Vol.62, No. 5 (1991) pp.1192-1195.
15) K. Oki and Y. Nagasaka, "Advances in Ripplon Surface Laser-Light Scattering Measurement for Highly Viscous Polymer-Solvent System", Int. J. Thermophys., Vol.31, No.10 (2010) pp.1928-1934.
16) 松尾康之，長坂雄次，"熱的ゆらぎを用いた表面張力と動粘性率の同時測定法の研究（第1報，表面光散乱法の原理の確認）"，日本機械学会論文集（B編），Vol.59, No.560（1993）pp.1187-1193.
17) K. Kawasaki, K. Watanabe and Y. Nagasaka, "Measurement of the Surface Tension of Molten Silicon by the Use of Ripplon", High Temperatures-High Pressures, Vol.30 (1998) pp.91-96.
18) T. Kato, Y. Yokota and Y. Nagasaka, "Observation of the Dynamic Variation of Interfacial Tension and Kinematic Viscosity of Xe-Water by the Surface Laser-Light Scattering Method", Proc. 5th Asian Thermophysical Properties Conf. (1998, Seoul) pp.379-382.
19) 沖 和宏，長坂雄次，"リプロン・レーザー表面光散乱法を用いたポリマー有機溶剤液の液膜表面挙動の動的観察"，化学工学論文集，34巻，6号（2008）pp.587-593.
20) K. Oki and Y. Nagasaka, "Measurements of anisotropic surface properties of liquid films of azobenzene derivatives", Colloids and Surfaces A: Physicochemical and Engineering Aspects, Vol.333, No. 1-3 (2009) pp.182-186.
21) Y. Nishimura, A. Hasegawa and Y. Nagasaka, "High-precision instrument for measuring the surface tension, viscosity and surface viscoelasticity of liquids using ripplon surface laser-light scattering with tunable wavelength", Rev. Sci. Instrum., submitted (2014).
22) 市川佑馬，長谷川晶紀，長坂雄次，"水のリプロン観測による液面近傍のナノバブル検知の可能性"，第32回日本熱物性シンポジウム講演論文集（2011, 横浜）pp. 542-544.

4.8 微量サンプルの粘性率測定法（Viscosity of Microscale Sample）

4.8.1 レーザー誘起表面波法（Laser-induced capillary wave technique）
(1) はじめに

　液体の粘性率を数十 μm の空間分解能と数十 μs の時間分解能で測定できるようになると，どのような新しい応用が考えられるだろうか．例えば，プロセスコントロールの制御パラメーターとして粘性率（熱物性値）を利用することが可能になる．Fig. 4-8-1 は一般的なフィードバック制御システムの構成を示したものであるが，もしコントロールしたいプロセスが，熱物性値支配あるいは分子拡散支配の現象であれば，制御量は粘性率や熱伝導率などの熱物性値になると考えられる．この場合の検出部（センサー部）が，熱物性センシング技術に対応することになる[1]．食品やバイオ関連の液体粘性率は，生産プロセスの精緻な制御や品質管理あるいは検査・分析の指標として，今後ますます重要になると考えられる．このような新たなニーズに応えるためには微小サンプル量で，非接触かつ短時間で粘性率が計測できる新たな手法が必要である．このような可能性を持つマイクロスケール熱物性測

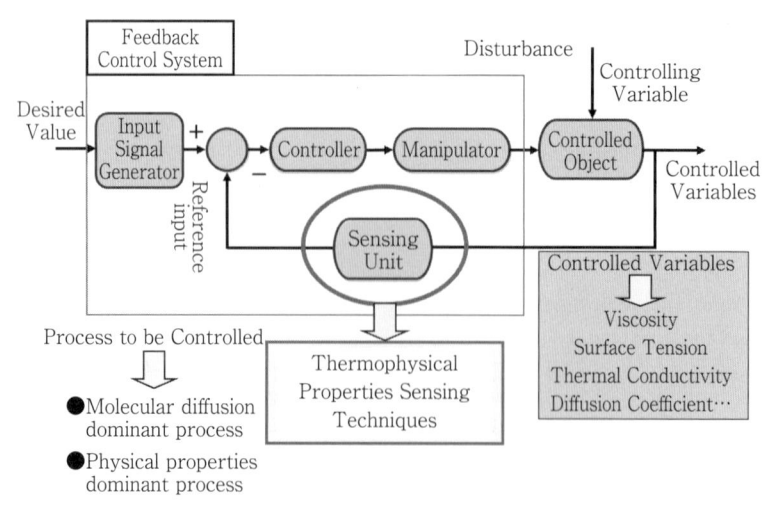

Fig. 4-8-1 フィードバック制御システムにおける熱物性センシングの位置づけ
(Role of thermophysical properties sensing in a feedback control system)

定法として，レーザー誘起表面波法があり，著者らの研究グループでは $0.1 \sim 10^4$ mPa·s の幅広い粘性率を，動的かつ非接触高速に測定する手法を開発している[2〜5].

(2) 測定原理と特徴

液体表面にはリプロンと呼ばれる熱的ゆらぎに励起された微細な表面波が存在し，この波の挙動を検知・解析することにより，液体の粘性率と表面張力を求めることができる（4.7.1 項参照）．しかし，リプロンは高粘性液体においては，周波数が非常に低くなりゆらぎのデータを蓄積するのに長時間を要するため，粘性率測定が困難になる．それに対してレーザー誘起表面波法は，レーザーの2光束干渉により任意の波長を持つ表面波を強制的に誘起させ，その減衰振動挙動を観察するため高粘性液体に関しても適用が可能であり，また極めて短時間で測定することができる．Fig. 4-8-2 に測定原理を示した．等強度の2光束に分割した加熱パルスレーザーを液体表面で交差（角度 θ）するように照射すると，その照射部分には2光束干渉により Eq.(4.8.1), (4.8.2)で表される空間的に周期的な強度分布 $I(x)$ が形成される．

$$I(x) = I_h[1+\cos kx] \tag{4.8.1}$$

$$k = \frac{2\pi}{\Lambda} = \frac{4\pi \sin(\theta/2)}{\lambda_h} \tag{4.8.2}$$

ここで，I_h は加熱レーザーのエネルギー密度，Λ は干渉縞間隔，λ_h は加熱レーザーの波長である．さらに，加熱レーザーのエネルギーが液体表面で吸収されると仮定すると，Eq.(4.8.1)の強度分布に対応した温度分布が次式のように発生する．

$$T(x) = T_m + \Delta T \cos kx \tag{4.8.3}$$

ここで，T_m は加熱後の液体表面の平均温度上昇，ΔT は干渉縞加熱による温度振幅である．この時，液面が熱膨張し表面に微細な凹凸が発生する（低粘性の場合は表面張力の温度依存性の寄与もある）．なお，座標の原点は任意の加熱エネルギー密度最大点および気液界面を $(x, z) = (0, 0)$ としている．また，時間に関しては加熱終了直後を $t = 0$ とする．この凹凸は Eq.(4.8.4)で示される振幅 u_z を持つものとする．

$$u_z = u_m + \Delta u \cos kx \tag{4.8.4}$$

ここで，u_z は加熱後の液面平均変位，Δu はレーザー誘起表面波の振幅である．加熱終了後，この微細

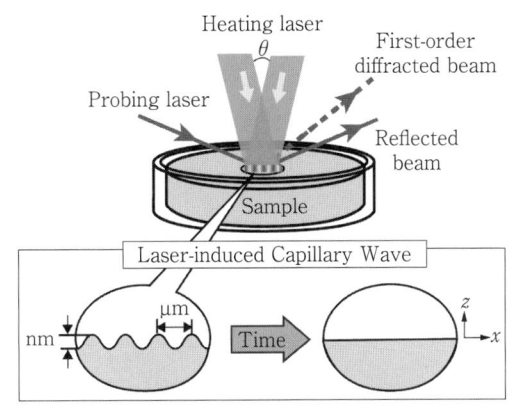

Fig. 4-8-2 レーザー誘起表面波法の原理 (Principle of laser-induced capillary wave technique)

な凹凸が元の状態に戻ろうと振動・減衰し，レーザー誘起表面波が発生する．また，本測定法では，発生した波に観察光を入射することで得られる回折光を利用して，波の挙動を検知している．波の形状を回折格子とした反射による1次回折光の信号光強度 $I_1(t)$ は，Eq.(4.8.5)のように波の振幅の2乗に比例する．

$$I_1(t) \propto \Delta u(t)^2 \tag{4.8.5}$$

$\Delta u(t)$ の詳細は，ここでは紙面の都合上省略するが[6]，この1次回折光強度の時間変化を検知し，その波形を逆問題解析することによって[5]，試料の粘性率と表面張力を測定することができる．

本測定法は粘性率（および表面張力）測定法として，従来法に対して以下のような特徴を持っている．
(1) 高速測定：粘性率と干渉縞間隔によるが，数十 μs～数 ms で測定が可能である．
(2) 非接触測定：試料を流動させたり，試料内にセンサー等を入れる必要がなく，その場測定に適している．
(3) 微小試料体積：数十～数百 μL の最小試料体積で測定が可能で，生体液や希少試料に適している．
(4) 広い粘性率測定範囲：0.1～10^4 mPa·s の幅広い粘性率の連続変化に適用可能である．

(3) 測定装置の例

実験装置の一例として，パルス CO_2 レーザーを加熱光源に用いた測定装置の概略を Fig. 4-8-3 に示す[3]．本装置ではパルス幅 50 ns，波長 10.6 μm，出力 65 mJ のパルス CO_2 レーザーを加熱用レーザーとして用いる．加熱用レーザーは 1/2 波長板（WP）および偏光ビームスプリッター（PBS）からなる加熱光強度可変システムを通り，ミラー（M1）によって上方に振り上げられる．その後ビームスプリッター（BS）によって等強度の2光束に分割し，ミラー（M2, M3, M4）を経て試料表面で交差するように照射する（干渉縞間隔：10～100 μm）．加熱後 1 μs 程度で気液界面にレーザー誘起表面波（振幅：1～10 nm）が励起される．Fig. 4-8-3 の装置ではシャーレを容器としているが，試料は μL オーダーの微小量でも測定が可能である．観察用 He-Ne レーザーを試料上方より適切な角度で入射することで得られる反射1次回折光はピンホール，バンドパスフィルターを介し，光電子増倍管（PMT）に導かれる．PMT によって検知された信号はデジタルオシロスコープ（DSO）で記録される．

本方法のバルクな液体での有効性は，Fig. 4-8-4 に示したように9種類のニュートン流体の測定により確認している[5]．さらに粘性率センシングのデモンストレーションとして，牛乳がヨーグルトに発酵する過程の見かけの粘性率と対応する信号波形を Fig. 4-8-5 に示した．見かけの粘性率の増加に対して，信号波形が減衰振動から過減衰に変わっていることがわかる[7]．非ニュートン流体への応用

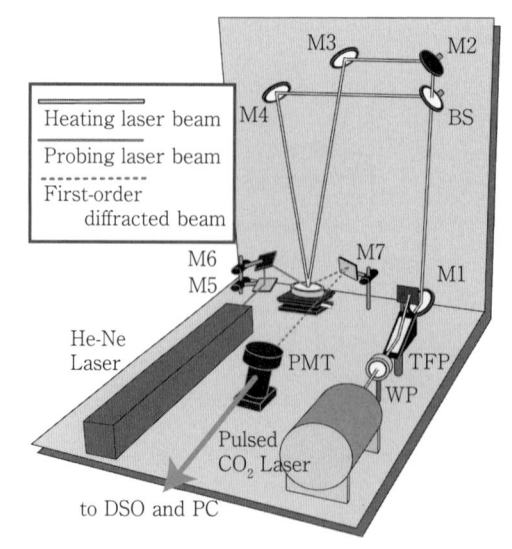

Fig. 4-8-3 レーザー誘起表面波法測定装置（Experimental apparatus of laser-induced capillary wave technique using pulsed CO₂ laser）

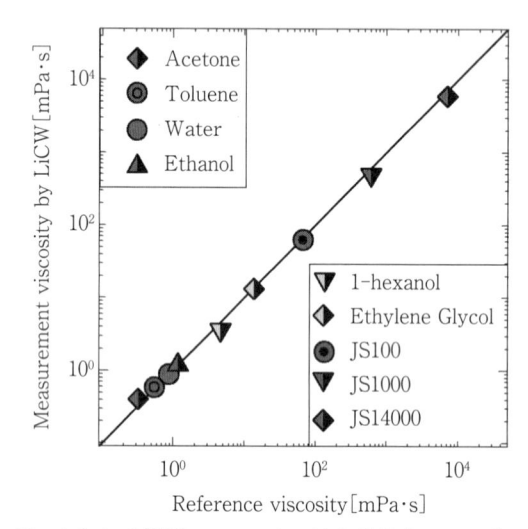

Fig. 4-8-4 9種類のニュートン流体粘性率のレーザー誘起表面波法による測定結果と文献値の比較（Viscosity of nine pure Newtonian liquids measured by LiCW in comparison with reference values at room temperature）

についてはまだ十分検討されていないが，べき乗則流体に応用するための理論検討[8]，非ニュートン標準液体への適用[9]，周波数領域における理論検討[10]等が研究されている．また，YAGレーザーを加熱光源として，マイクロリットルの血液粘性率を高速にセンシングするための装置開発[11]，血液の測定[12]，採血後即時測定を可能にするシステム[13]等に関する研究も行われている．Fig. 4-8-6 に微量体積の血液粘性測定用の 90 μL 試料セルを示した[12]．微量でも平らな液面を少しでも広く確保するように，石英製セルの側面に角度を付けたり表面をサンドブラスト処理を施すなどの工夫をしている．

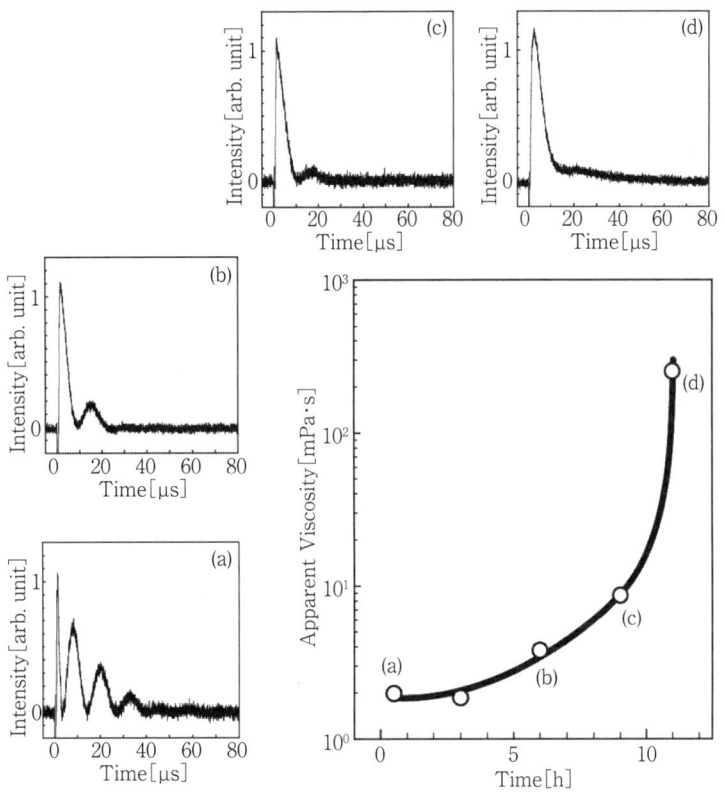

Fig. 4-8-5 牛乳からヨーグルト発酵過程の見かけの粘性率変化と対応するレーザー誘起表面波法の信号波形（Apparent viscosity change of milk fermenting with time together with corresponding LiCW wave forms）

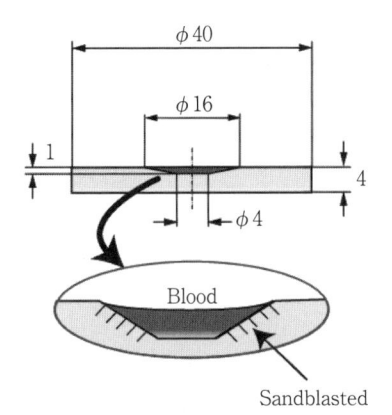

Fig. 4-8-6 血液粘性測定用 90 μL 試料セル
(Sample cell for blood viscosity measurement with 90 μL volume)

(4) まとめ

　レーザー誘起表面波法が粘性率測定法として研究されるようになってからは，まだ十数年しか経過しておらず，測定精度の向上，非ニュートン流体への適用，実用簡易測定装置の開発等，まだまだマイクロスケールの粘性率と表面張力測定法として十分に確立されていない．今後のさらなる熱物性セ

ンシング技術としての発展と全く新たな応用が期待できる．

4.8.2 マイクロキャピラリーを用いた粘性率測定法（Sensing technique using micro capillary）

　微量サンプルの粘性率測定法は，大学や，研究機関の実験室レベルであれば，いくらでも開発例を見出すことができる．しかし現実に，産業界で微量サンプルの粘性率を知りたくて難渋している人々が，容易に入手することができる測定器は限られている．この項では，研究レベルではなく，実際に市販され，一般のユーザーが利用可能な，微量サンプルの粘性率測定法について解説する．主にマイクロキャピラリーを用いた粘度計を取り上げるが，その他に，比較的少量のサンプルの測定が可能な粘度計も紹介する．

(1) マイクロキャピラリーを用いた粘性率測定

　マイクロキャピラリーを用いた粘性率測定法は，毛細管式粘度計として知られ，古くから高精度な粘性率測定に用いられてきた．ガラス製のU字管の一部が毛細管になっていて，その上下に試料溜めがついたタイプのガラス毛細管式粘度計が一般的である．

　Fig. 4-8-7にガラス毛細管式粘度計の例を示す．細い円管を流体が流れるとき，レイノルズ数が十分に小さければ，管の中の流れは完全な層流になり，管の中心軸で速度最大，管壁で速度ゼロの放物面状の流束分布となる．その速度分布 $v(r)$ と，管の両端の圧力差 Δp の関係は，ナビエ・ストークス方程式を解析的に解いて，

$$v(r) = \frac{\Delta p}{4\eta l}(a^2 - r^2) \tag{4.8.6}$$

で厳密に理論化できる．ここで，η は液体の粘性率，r は中心軸からの距離，a は細管の半径，l は細管の長さである．また，単位時間の体積流量 q は Eq.(4.8.6) を半径方向に積分して，

$$q = \frac{\Delta p}{8\eta l}\pi a^4 \tag{4.8.7}$$

となる．Eq.(4.8.7) の関係は，ハーゲン・ポアズイユの法則として知られている．この関係を利用して粘性率を測定するのが，キャピラリーを用いた粘性率測定法の基本原理である．

　Fig. 4-8-7に示した粘度計の場合，細管の両端の圧力差を，液面の高さの差，つまりヘッド差を利用して作り出し，一定体積が流下する時間を測定することで平均流量 q を求めて，粘性率 η を測定する．ただし，有効ヘッド差 $\hat{h}$ による圧力差は，液体の密度を ρ，重力加速度を g として，

$$\Delta p = \rho g \hat{h} \tag{4.8.9}$$

となるので，Eq.(4.8.7) には液体密度が含まれる．そのため，Fig. 4-8-7のガラス毛細管式粘度計では，粘度を単独で測定することはできず，粘度を密度で除した動粘性率 $\nu\,(=\eta/\rho)$ が測定される．粘度を計算したい場合は，密度を別に測定して，動粘度との積を計算しなければならない．

　毛細管式粘度計は，上記のように厳密な理論に基づいた測定原理で，高精度に動粘度の測定ができる．測定試料の量に関しては，細管部分の内径が数 mm から数百 µm 程度で，長さは数 cm 程度であるから，そこだけみれば必要体積は微量である．実際には試料溜めにそれなりの量の液体を充填しなければならないから，おおむね数～数十 cm³ 必要である．それでも，いわゆる B 型回転式粘度計が 100 cm³ 以上必要とするのと比べれば，少量である．また，相対拡張不確かさ 0.1% 程度の高精度測定が可能なほぼ唯一の方法であるから，少量サンプルで，なおかつ高い精度が求められる場合は，この原理の粘度計以外に手段はない．

(2) MEMS 技術で作ったマイクロキャピラリーを用いた粘性センサー

　MEMS（Micro Electro Mechanical Systems）技術を用いてマイクロキャピラリーを作製すること

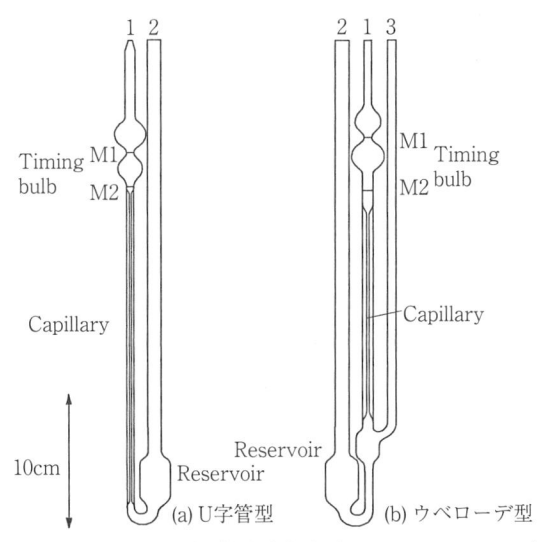

Fig. 4-8-7 ガラス毛細管式粘度計 (Capillary viscometer)

(a) VROCのセンサ部分の外観

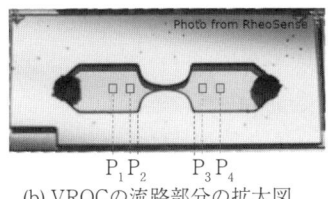

(b) VROCの流路部分の拡大図

Fig. 4-8-8 ReoSence 社の VROC (Viscometer/Rheometer-on-a-Chip)

で，これまでのガラス細管式粘度計とは大きく異なる付加価値を持たせた粘性率測定装置が開発され，市販化されている．ReoSence 社の VROC (Viscometer/Rheometer-on-a-Chip) である．VROCは，Fig. 4-8-8 に示すような，MEMS 技術を用いて製作された微細流路に，試料液体を一定流量で流し，流路壁に形成された圧力センサーで，流れに沿った圧力変化を測定して，粘性率を算出する原理

の粘性センサである．

前節で解説した毛細管式粘度計では，毛細管の出入口付近で，円管の内径が大きく変化するので，流速の変化が生じる．流速の変化は，圧力の変化を引き起こすが，毛細管式粘度計の管端の圧力変化は，「管端の運動エネルギー効果」と呼ばれており，測定に不具合を生じさせる効果としてなるべく低減されるように設計されている．毛細管式粘度計を従来の設計のままサイズだけを縮小すると，運動エネルギー効果が相対的に大きくなってしまうため，うまくいかない．VROC では，これを逆手にとって，運動エネルギー効果によって変化する圧力変化自体を測定して，粘性率を測定できるようにしたものである．圧力を測定するといっても，圧力計を従来のガラス製毛細管に内蔵するのは非現実的であるが，MEMS 技術を用いて作成した微細流路なら，それができる．MEMS という新しい技術の特徴をうまく利用した巧妙な原理といえる．

VROC は，上記のような原理的な工夫を加えたことで，これまでの毛細管式粘度計にはない際立った特徴を備えている．例えば，流量を変えることで，壁面でのずり速度を変化させることができ，結果的に，非ニュートン流体のずり速度と粘性率の関係を簡便に測定できる．また，微細流路では，同じ流量でもずり速度が大きくなるため，$10^5\,\mathrm{s}^{-1}$ 程度もの高ずり速度での測定が可能である．

このように VROC は，従来の粘度計の問題点を打破する革新的な粘性センサである．現時点で，日本国内でも複数の代理店が取り扱っており，今後，広く用いられるようになると考えられる．しかし一方で，幾つかの難点もあるので，よく理解して選定し，使用する必要がある．第一に，一定流量の液体を流すために，シリンジポンプを必要とする．そのため，システム全体としてはディスクトップサイズで，センサーという言葉から想像するほどには小さくない．第二に，シリンジやチューブにも試料液体が満たされている必要があるから，センサー自体が必要とするよりもはるかに多くの試料を必要とし，おおむね数十 μl 程度は必要である．第三に，高ずり速度での測定が得意である一方，$1\,\mathrm{s}^{-1}$ を下回るような低ずり速度での測定は困難で，一般的な粘度計のずり速度の範囲と異なる．そのため，非ニュートン性の強い液体では，測定値を，従来の粘度計と単純に比較できない場合がある．

これらの弱点を正しく理解することが必要であるものの，VROC が持つ簡便性，コンパクト性，幅広いずり速度範囲での非ニュートン性の測定が可能であるという特徴を考慮すると，まさに新世代の粘度計の 1 つの到達点といえよう．

(3) 回転する微小球を利用した粘度計

マイクロチューブ程度の小さな試験管に，直径数 mm の金属球を入れて機器に設置するだけで粘性率が測定できる粘度計が開発されている．Fig. 4-8-9 に示す京都電子工業株式会社の EMS 粘度計である．測定原理は，液体中の金属球に回転磁場を与えて，誘導モーターと同様の原理で回転させ，その回転が，粘性や弾性に影響を受けることを利用する方法である．原理的には B 型回転粘度計に類似した古典的なものである．しかし，小さなチューブに金属球を入れ，回転磁場を与えるための機器に設置するだけで測定できるようにしたことや，外部から非接触に回転磁場を与え，液体に触れるチューブや球をディスポーザブルとしたことなど，現代的なニーズにマッチしたコンセプトを盛り込んでいる．さらに，必要なサンプル量が数 μl で十分であるということは，他に類を見ない大きな特徴である．

注意点としては，微小球に働く粘性力はわずかであるので，低粘性であるほど測定が難しくなる．また測定精度は 10% 程度で，それほど高精度とは言えない．これらの点を注意する必要はあるものの，微量の液体の粘性を簡易的に測定したいという用途には，大変有用な測定装置である．

(4) 音叉型振動子を用いた振動粘度計

音叉のフォークの先端に，金属片を取り付け，金属片の部分だけを液体に浸けて振動させ，振動特性に粘性が影響することを利用して粘性率を測定する原理の振動粘度計が市販されている．Fig. 4-8-

4.8 微量サンプルの粘性率測定法　　225

(a) 微小球回転粘度計，京都電子工業株式会社製EMS粘度計の外観．

(b) 微小球を入れた試験管を設置する．

Fig. 4-8-9　京都電子工業株式会社のEMS粘度計（Electromagnetically Spinning Sphere Viscometer）

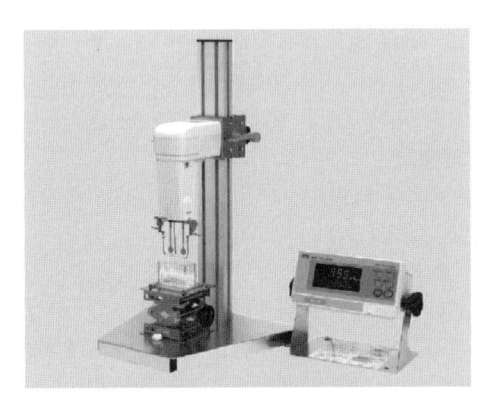

(a) 音叉型振動粘度計，株式会社エーアンドデイ社製SVシリーズの外観．

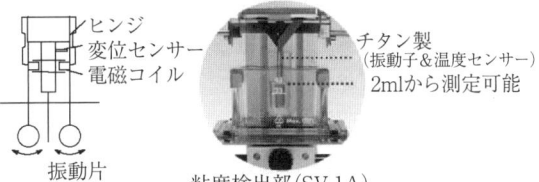

ヒンジ
変位センサー
電磁コイル
振動片
チタン製（振動子＆温度センサー）
2mlから測定可能
粘度検出部(SV-1A)

(b) 音叉型振動子の構造と微量サンプル対応タイプの光学セルサイズ試料容器と振動子．

Fig. 4-8-10　株式会社エーアンドデイの振動粘度計（Vibrating viscometer）．

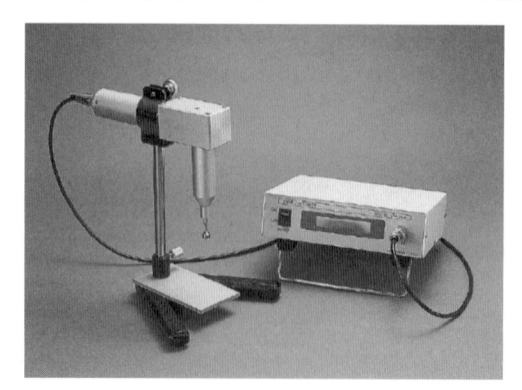

Fig. 4-8-11 株式会社セコニック製 VM シリーズの外観

10 のエーアンドデイの SV シリーズである．微量サンプルに対応したタイプ（SV-A シリーズ）では，分光器用の光路長 1 cm の標準的なセルに入れられた 3 ml 程度の試料の粘性率測定が可能である．3 ml は，微少サンプルというよりは少量サンプルである．しかし，現実にはこの程度の少量のサンプルを測定できれば十分である場合がほとんどと考えられるので，微量でなくて少量であるからと言って，この粘度計の魅力が減じるわけではない．測定器本体の価格が 30 万円程度で，他の粘度計と比べればはるかに低価格であるということも大きな魅力で，これまで，測定器が高コストであることを理由に粘性率測定をためらっていたユーザーでも，測定機会が増えるであろう．また，装置がコンパクトで，操作性が良いことなど，多くの優れた特徴を有しており，簡易的かつ低コストに，少量サンプルの粘性率測定を行いたい場合には，決定版ともいる粘度計と言える．欠点としては，粘性率の算出には液体の密度の測定値を必要とすることや，測定精度は 1 % 程度であり，液面の高さなどの条件によってさらに大きな偏差が生じることがあるので，注意が必要である．

(5) ねじれ振動を利用した振動式粘度計

振動粘度計の一種に，固体ロッドのねじれ振動を利用した粘度計がある．Fig. 4-8-11 のような，株式会社セコニック製の振動式粘度計である．

円柱状の物体の中央を保持して，両端を逆方向にねじり，力を開放すると，ねじれ振動が発生する．円柱の一端に液体粘性を受けるための円柱などを取り付け，液体中でねじれ振動させると，液体の粘性に影響を受けて振動特性が変化する．この特性変化を測定して，粘性率を算出する原理である．

セコニックの VM シリーズは，ねじれ振動とほぼ類似する原理を用いて，1 ml の少量サンプルの測定可能にしたモデルである．導入価格は他の粘度計と比べ低コストであり，コンパクトであることから，実験室レベルで，微少サンプルを簡便に測定する用途などに最適である．

注意点としては，繰り返し精度が 2% 程度で，不確かさはこれよりやや大きくなることと，振動周波数が 1 kHz 程度であるため，液体によっては粘弾性の影響が現れること，(4) 節の振動式粘度計と同じように測定値が粘度と密度の積で，粘度の算出には密度の測定値が必要となることなどである．

(6) まとめ

スーパーコンピューターの処理速度は，速ければ速いほどよいのであろうが，粘性率測定法では，サンプル量が微量であるほどよいというわけではない．また，微量なサンプルを測定できるのならば，幾らコストがかかってもよいというわけでもない．粘性率測定がもたらす付加価値に対し，測定に費やすことのできるコストや試料の量のバランスが重要である．その点で，レーザーを用いた測定法などは，オーバースペックかつ高コストすぎ，開発を進めれば進めるほど，産業界で実用に供される可能性がむしろ低くなっているのではないか．一方で，現実と理想のバランスを取るという困難な

課題を克服し，実用化にたどり着いた測定法が，市販されている．それらの粘度計は，長所と短所をよく理解する必要があるもの，次世代を切り開くポテンシャルを秘めており，粘性率測定の現状を大きく変革してゆくであろうことが期待できる．

参考文献

1) Y. Nagasaka, "New Frontiers of Micro and Nano-Scale Thermophysical Properties Sensing", HT2007-32049, Proc. 2007 ASME-JSME Thermal Engineering Summer Heat Transfer Conference, Vancouver (2007).
2) 横田裕弘，長坂雄次，"レーザー誘起表面波による粘性率測定に関する研究"，第20回日本熱物性シンポジウム講演論文集（1999, 東京）pp.460-463.
3) T. Oba, Y. Kido and Y. Nagasaka, "Development of Laser-Induced capillary Wave Method for Viscosity Measurement Using Pulsed Carbon Dioxide Laser", Int. J. Thermophys., Vol.25, No.5 (2004) pp.1461-1474.
4) 大場孝浩，藪井 謙，長坂雄次，"レーザー誘起表面波を用いた新しい粘性率測定法（広い粘性率範囲に適用可能な測定原理および装置の開発）"，日本機械学会論文集（B編），Vo.72, No.714 (2006) pp.428-433.
5) 岩島裕美，藪井 謙，長坂雄次，"レーザー誘起表面波法による粘性率および表面張力測定の研究（逆問題解析手法の開発）"，日本機械学会論文集（B編），Vol.73, No.733 (2007) pp.1892-1898.
6) K. Yasumoto, N. Hirota and M. Terazima, "Surface and Molecular dynamics at gas-liquid interfaces probed by interface-sensitive forced light scattering in the time domain", Phys. Rev. B, Vol. 60, No.12 (1999) pp.9100-9115.
7) H. Iwashima and Y. Nagasaka, Y., "Experimental study on in-situ viscosity measurement of milk fermenting to yogurt by laser-induced capillary wave method", High Temperatures-High Pressures, Vol. 37, No.1 (2008) pp.51-60.
8) 野田伊織，長坂雄次，"レーザー誘起表面波法による非ニュートン流体粘性率評価に関する研究―べき乗則流体における理論検討―"，第30回日本熱物性シンポジウム講演論文集（2009, 米沢）pp.85-87.
9) 滝口広樹，長坂雄次，"レーザー誘起表面波法を用いた3種類の非ニュートン流体標準液の流動特性に関する研究"，第31回日本熱物性シンポジウム講演論文集（2010, 福岡）pp.264-266.
10) 滝口広樹，長坂雄次，"レーザー誘起表面波法による非ニュートン流体粘性率評価に関する研究―熱伝導の影響の小さい粘性領域における測定理論検討―"，第32回日本熱物性シンポジウム講演論文集（2011, 横浜）pp.114-116.
11) 村本祐一，高橋直広，鎌田奈緒子，長坂雄次，"マイクロリットル血液粘性率の高速センシング法の開発"，日本機械学会論文集（B編），Vol.76, No.768 (2010) pp.1290-1296.
12) Y. Muramoto and Y. Nagasaka, "High-speed sensing of microliter-order whole-blood viscosity using laser-induced capillary wave", J. Biorheology, Vol.25, No.1 (2011) pp.43-51.
13) 村本祐一，花房恵美子，長坂雄次，"レーザー誘起表面波法による微量血液粘性率センシングに関する研究 採血後即時測定を可能にするシステムの開発"，第48回日本伝熱シンポジウム講演論文集（2011, 岡山）pp.41-42.
14) 滝口広樹，長坂雄次，"近赤外レーザー誘起表面波法による粘性率および表面張力測定法の開発"，日本機械学会論文集（B編），Vol.79, No.800 (2013) pp.690-700.

4.9 微量サンプルの拡散係数測定法（Diffusion Coefficient of Microscale Sample）

4.9.1 光干渉計を用いた拡散係数測定法（Measurement method of diffusion coefficient using optical interferometer）

本項では光干渉計を用いた拡散係数の計測法の紹介と，その利点および欠点について説明するとと

もに，その改良技術と微量サンプルでの測定法について解説する．

拡散係数の測定は，これまでに多くの方法が開発されてきているが，1850年のGrahamによる実験から始まったと一般に言われている[1]．その後，ダイアフラム法[2,3]やキャピラリー法[4~6]などの手法が開発され，拡散係数および物質移動量の測定が行われることとなった．測定法の詳細については文献を参照されたい．ダイアフラム法においては装置が簡便であることから多くの物質に適用可能であり，かつ広範囲の温度・圧力範囲の条件下で測定実験が可能であるが，既知の拡散係数を有している物質との相対的な比較により拡散係数を導出しなければならないという欠点がある．また，測定の高精度化には試料室容積を大きくしなければならないのも欠点の1つであろう．ダイアフラム法と異なり，キャピラリー法は高精度に拡散係数の測定が可能な点が利点としてあげられる．これらの測定法にはそれぞれ上述したような特徴を有するが，最も重要な問題点として考えなければならないのは，その測定時間である．今後種類を増していく原材料や拡大していく使用範囲に対して，長時間を要する測定法のみでは拡散係数データの拡張も難しく，データの欠乏という結果を招くことになる．

このような歴史的背景の中，1960年代にレーザー（LASER: Light Amplification by Stimulated Emission of Radiation）技術が開発され[7]，このレーザー光による干渉技術を用いた拡散係数の測定法が取り入れられるようになった．以下に，光干渉計を用いた拡散係数測定法の解説と，短時間計測実現のための微小領域計測に向けた手法について紹介をする．

(1) 光干渉法の利用

光干渉技術は複数の波の干渉を利用して位相差を測定するものである．物質拡散場においては屈折率の濃度依存性を利用して，測定される位相差から濃度情報を知ることができる．この技術が開発された1800年代は，白色光と波長程度の径を有するピンホールを用いて光干渉を起こし，現象を観察していたが，技術的困難さに加え，熱的に励起される光源では光の単色性，可干渉性および指向性といった諸特性が低く，測定性能に限界があった．しかし，レーザーの出現により，これらの諸特性が格段に向上し，計測に革命的な変化をもたらした．これに合わせて，光干渉技術を用いた多くの拡散係数測定法が開発されてきている．レーザー光を用いた直接可視化技術は濃度場を高精度計測するのに欠かせない技術であり，多くの手法が並行して開発・改良されてきた．二成分系および多成分系の拡

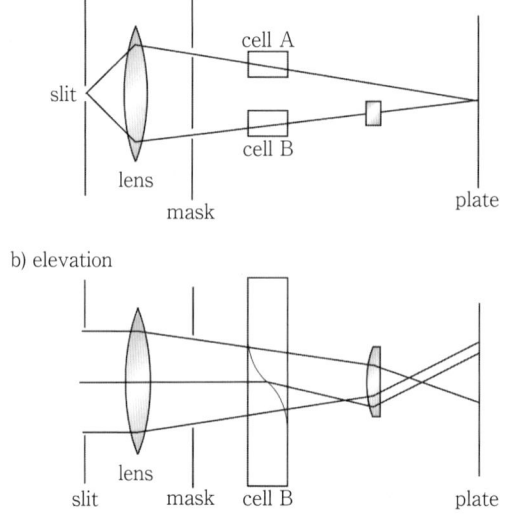

Fig. 4-9-1　Rayleigh干渉法の概略図（Schematics of optical system for a Rayleigh interferometry）

散係数測定には主として Rayleigh 干渉法や Gouy 干渉法があげられる.

Fig. 4-9-1 に示すように, Rayleigh 干渉法では単色光を光源とした光が鉛直スリットを通過し, レンズを介してプレートに焦点が合うよう各光学デバイスが配置される. 光はマスク上に設けられた2つの鉛直スリットを通過し, それぞれ独立したセルを通過する. 両セルが同じ屈折率の媒体で満たされているときは単一パターンとなり, Fig. 4-9-2(a)に示すような等間隔の縞模様となる. 一方, 片方のセル内の屈折率に変化があると, 縞が Fig. 4-9-2(b)に示すように変化する. この変化量は濃度場内の屈折率変化に比例するので, ここから屈折率変化の情報を得ることができる. この Rayleigh 干渉法は多くの拡散係数測定に使われているが[8~10], 収差による誤差をなくした各光学要素の配置が必要となり, さらには光学的に高精度な条件が要求されるという問題点がある. 特に拡散セルの壁面を光学的に平行面にすることは重要となる. これらの問題を修正する方法についても検討がなされている[11].

Gouy 干渉法は液相の拡散係数測定にもっとも広く使用されている手法である[12]. Fig. 4-9-3 に示すように Gouy 干渉法の利点は光学系の配置が簡単であるということである. 単色光がスリットを通過し, そのスリット光はレンズによってプレートに焦点があうよう配置される. 光軸に完全に垂直な壁面を有する拡散セルがレンズとプレートの間に配置され, セル内の屈折率が等しければ, 透過した

(a) Reference Fringes   (b) Diffusion Fringes

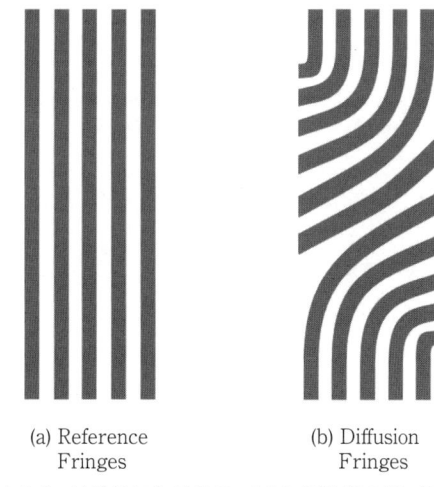

Fig. 4-9-2 拡散場における Rayleigh 干渉縞の例 (Example of Rayleigh fringe pattern during diffusion)

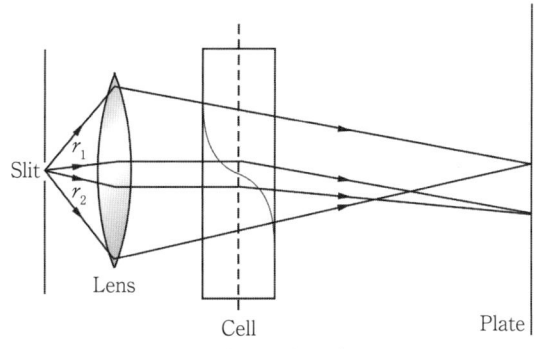

Fig. 4-9-3 Gouy 干渉法の概略図 (Schematics of optical system for a Gouy interferometry)

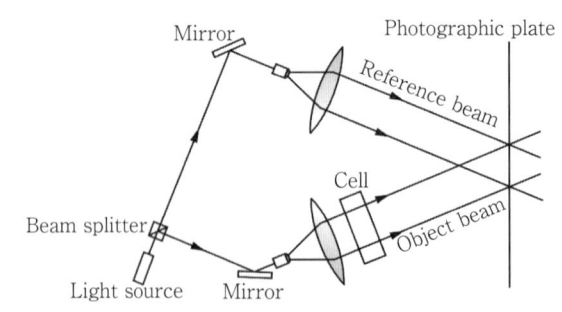

Fig. 4-9-4 Holographic 干渉法の概略図 (Schematics of optical system for a Holographic interferometry)

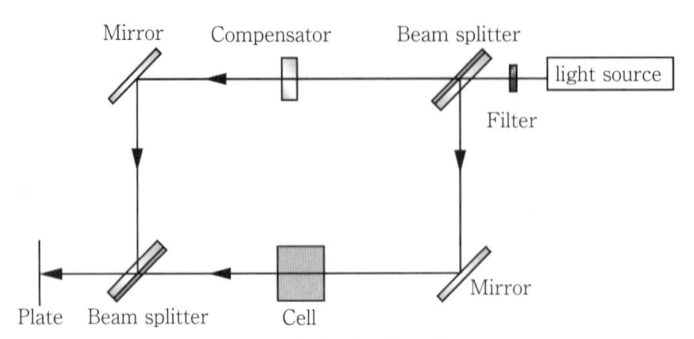

Fig. 4-9-5 Mach-Zehnder 干渉法の概略図 (Schematics of optical system for a Mach-Zehnder interferometry)

すべての光はプレート上の1点に集光する．しかしながら，セル内に拡散場があると，セル中央部の屈折率変化部分を通過する光は上記集光点と異なった点で集光することとなる．Fig. 4-9-3に示すように r_1 と r_2 の光線が異なる屈折率領域を通過するため，干渉縞がプレート上に現れることになる．Gouy 干渉法における干渉縞の評価は Rayleigh 干渉法と異なり，集光点をいかに高精度に計測できるかが重要となる．

また基本原理は同じであるが，Rayleigh 干渉法の諸問題を改良したものが Holographic 干渉法である[13〜15]．この手法では単一のセルを用いて測定を行い，光学的に高精度な条件を必要としないところが特徴である．干渉縞はホログラムと呼ばれ，Fig. 4-9-4に示す光学素子配置で乾板上に形成される．単色光源からの光はビームスプリッターによって拡散セルを通過する物体光と通過しない参照光の2つに分けられ，セルを通過後，乾板上で交差し干渉縞を生成する．一度乾板上に記録されたホログラムは，その後参照光のみの照射により再現することができる．ここで拡散セル内の濃度分布に変化があると，物体光の光路に変化が生じ，その時点での干渉縞が同一乾板上に作られる．この手法の特徴は得られる干渉縞が異なった時間に同一セルを通過した光によってできる点である．これにより拡散セルの壁面粗さ等が相殺され，高精度な光学条件が必要なくなるという利点がある．

上記手法はより簡単な光学素子の配置で干渉縞を形成しているが，複数の光学素子を用いて濃度場の干渉縞を作成する干渉法も存在し，Jamin 干渉法や Mach-Zehnder 干渉法がそれにあたる．Mach-Zehnder 干渉法は2面の鏡と2つのビームスプリッターからなるものであり，Fig. 4-9-5に示すように初めのビームスプリッターで光源からの光を試験光と参照光に分岐し，試験光を拡散セルに通過させたのちに，もう一方のビームスプリッターで合成させ，干渉縞を得るものである．これまでの手法と異なり，試験光と参照光の空間的位置を任意に決めることができるので，広範な拡散セルサイズに対応できる利点を有している．

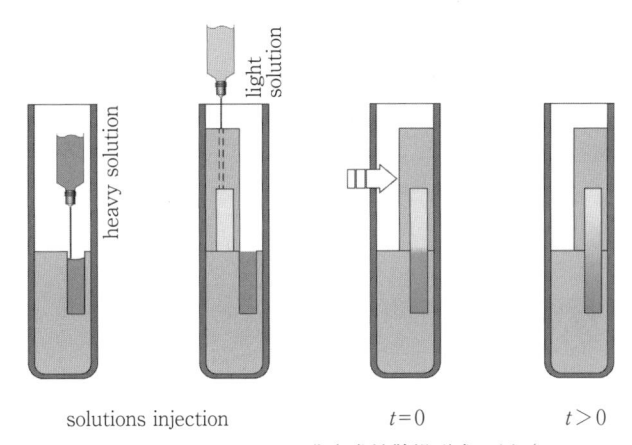

Fig. 4-9-6 シェアセルによる非定常拡散場形成の例（Example of the formation of transient diffusion field by shearing cell）

このように光技干渉計を用いた拡散係数測定法は数多く開発されており，拡散場の条件に合わせて選択することができる．共通して言えることは，濃度場を直接可視化することができるので，ダイアフラム法やキャピラリー法といった従来の測定法とは異なり，拡散セルのサイズを縮小化しても計測精度を維持することできるという点である．

(2) 拡散場の形成

上述したように，光干渉計を用いることで拡散現象を直接可視化することができ，そこから拡散係数を導出するのだが，観察すべく非定常拡散場を形成する方法も諸種考案されており，多くの研究者によってその精度検証がなされている．非定常拡散場形成の手法の1つに，シェアセル方式がある。これは例えば Fig. 4-9-6 に示すように，濃度が異なる溶液をそれぞれ隔離されてセル内に充填し，時刻 $t=0$ をもって両セルを結合させ拡散を開始させるものである[16～18]．この手法では拡散開始時刻を決定することが容易であり，そこからの経過時間と濃度分布から拡散係数を導出することができる．しかし，拡散開始時にセルをスライドさせることでセル内に流れが生じてしまい，初期擾乱を考慮しなければならなく，ある程度の経過時間をもって拡散係数を導出しなければならないという問題点がある．これに対し，可動部分を観察セルから排除し，初期の濃度分布を形成するセルも開発されてきている．濃度の異なる水溶液の片側を凍らせることで初期濃度分布をステップ状に保持する方法や[13]，濃度の異なる溶液を対向流で衝突させ，流れを同時に止めることで衝突部中央に濃度場を形成する方法などが報告されている[19]．これらの方法ではセル内に流れが生じることはないが，氷結溶液を溶解させる時間で誤差を生じたり，溶液を注入し続けなければならないという欠点も含んでいることを知っておきたい．

(3) 光干渉計の改良と測定範囲の微小化

このように光干渉計と拡散セルを用いて拡散係数の計測が容易に行えるようになり，1980年代に入るとレーザー技術および検知器としてのカメラの精度が格段に向上し，測定視野が十数mm四方という微小領域を空間的に高精度に観察できるまでになった[16]．これにより測定時間も20分程度と短縮化され，拡散係数測定技術は大きく進展したと言える．通常，光干渉技術を用いると，干渉縞の明暗の分布から濃度分布を導出し，そこから拡散係数を求めることになるが，この手法ではデータが空間的に離散化し，測定領域の微小化には限界があることになる．そこでデジタル画像処理技術を利用した計測方法が開発されるようになってきた[20,21]．この画像処理技術を用いると，干渉縞の空間解像度が通常の $\lambda/2$ 程度から $\lambda/100$ 程度にまで向上し，より微小領域の計測が可能となる．併せて，現れる

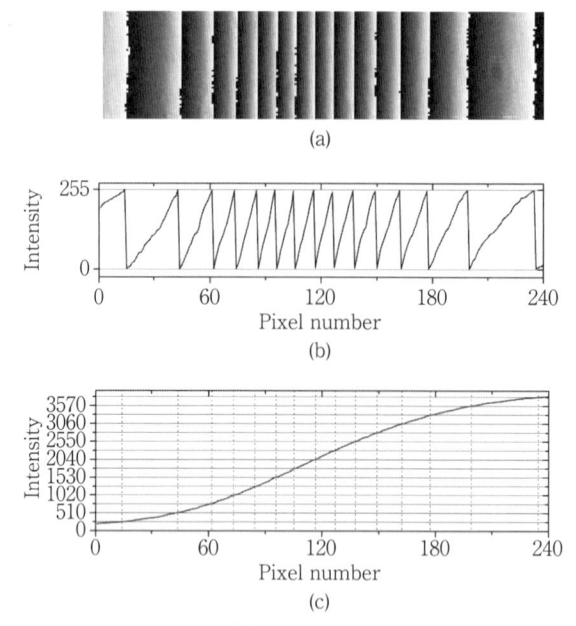

Fig. 4-9-7 位相シフトデータの例 (a) 位相シフトデータ画像イメージ (b) 位相シフトデータ輝度分布 (c) 接続後の位相シフトデータ (Examples of phase shifted data image. (a) typical image of phase shifted data; (b) intensity distribution of phase shifted data; (c) connected phase shifted data)

縞数の少ない条件（例えば濃度差がほとんどない条件での拡散現象など）においても濃度情報である屈折率の変化を検知でき，測定が可能となる．このデジタル技術を濃度場測定に応用した装置として，位相シフト干渉計がある[22]．得られる位相シフトデータ例およびその処理法を Fig. 4-9-7 に示す．画像データは Fig. 4-9-7(a) に示すように CCD センサーの各ピクセルに 0～255 の範囲内でのグレースケール輝度値として定義される．ここから輝度値を抽出し，Fig. 4-9-7(b) に示すような輝度値の不連続点群を接続することにより，Fig. 4-9-7(c) に示すような 255 階調×縞数分の輝度値情報として各ピクセルに帰属させる．この輝度値情報は屈折率の変化量を示しているので，Fig. 4-9-7(c) の情報は直ちに位置と屈折率の変化量の関係，すなわち測定している濃度場と位置の関係を示していることになる．各ピクセルに情報があるので，空間的に高解像度に濃度場の測定が可能となる．このデジタル画像処理技術を用いて 1 mm 四方の極小領域に 10 μl の溶液で拡散場を形成し，拡散係数を高精度に導出することができる[23]．この手法では従来の干渉計では不可能であった現れる干渉縞が 1 本未満の場においても，その計測が可能となる．

4.9.2 ソーレー強制レイリー散乱法 (Soret forced Rayleigh scattering technique)
(1) はじめに
　水の入ったシャーレの中央に赤インクを 1 滴たらすと，赤い色は時間とともに同心円状にゆっくりと拡がっていき，十分時間が経過すると全体が均一な薄い色になることが観察される．これが日常的に経験できるバルクな拡散現象である．拡散は分子のランダムな熱運動によって駆動されているため，温度が均一で撹拌等外部からの擾乱が無くても必ず起きる自然現象である．この拡散現象の速さを定量的に表す熱物性値が拡散係数（物質拡散係数，相互拡散係数とも呼ばれる）D (m^2/s)（D_{12} と記述したほうがより正確）であり，気体では～10^{-6}～10^{-5} (m^2/s)，液体ではポリマーやガラス状態を含めると～10^{-12}～10^{-9} (m^2/s) の大きさを持つ．拡散係数測定には，これまで多様な古典的手法が

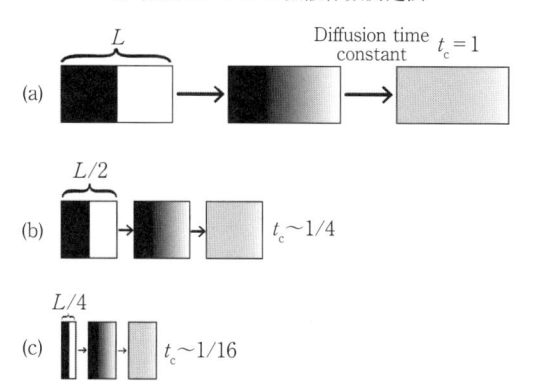

Fig. 4-9-8 拡散時定数のスケール依存性（Diffusion time constant as a function of length scale）

用いられてきた．例えば，隔壁容器法（diaphragm cell），毛細管法（capillary diffusion method），テイラー法（Taylor dispersion）等が代表的方法である[24〜26]．拡散係数は，精度よく測定することが輸送性質の中で最も難しいと言われることが多い[27]．その最大の理由は拡散が非常に遅い現象であるため，古典的方法では測定に要する時間が長く，数日から短くても数十分かかるため[28]，その間に対流や振動など分子拡散以外の外乱による物質輸送の影響を無視できるような測定系を保つことが難しいからである．

測定試料のサイズが小さくなった場合に，拡散による濃度均一に要する時間がどのように変化するかは，拡散方程式の非定常解を見ると理解できる．1次元拡散方程式は，濃度を c として，

$$\frac{\partial c}{\partial t} = D\frac{\partial^2 c}{\partial x^2} \tag{4.9.1}$$

であるが，例えば一定濃度 $c = c_0$ の溶液表面の濃度を $t = 0$ で $c = c_H$ の一定高濃度溶液に接触させた場合の濃度変化は以下のようになる．

$$\frac{c(x,t) - c_H}{c_0 - c_H} = \mathrm{erf}\left(\frac{x}{\sqrt{4Dt}}\right) \tag{4.9.2}$$

つまり，拡散現象は $x/\sqrt{4Dt}$（より一般的には拡散のフーリエ数 Dt/x^2）の関数であることがわかる．このことをもう少し一般化すれば，代表寸法が L で拡散係数が D の系の拡散時間 t_c（系の拡散がほぼ終了する時間）はおよそ以下のように表すことができる．

$$t_c \sim L^2/D \tag{4.9.3}$$

例えば，拡散係数が 10^{-9}（m²/s）の2成分溶液を試料厚さ 1 cm の隔壁容器法で測定するためには，10^5 s 約 27 時間必要である．それに対しソーレー強制レイリー散乱法の場合，干渉縞間隔を 5 µm で測定すれば，わずか 25 ms で測定が終了することになる．ナノ・マイクロスケールで拡散係数を測定する最大のメリットの1つはこの短時間性にある（Fig. 4-9-8 参照）．

(2) 測定原理と特徴

ソーレー強制レイリー散乱法の原理は，基本的には熱拡散率を測定する強制レイリー散乱法（4.3.1 参照）と同様である．2成分混合溶液の拡散係数を測定する場合の，ソーレー強制レイリー散乱法の原理（Fig. 4-9-9(a)）と理想的な信号波形（Fig. 4-9-9(b)）を示した．加熱レーザーを等強度の2光束に分割し，交差角 θ でガラスセルに封入した試料に照射すると，加熱スポットに干渉縞が形成される．加熱レーザーの波長を λ_h とすれば，形成される干渉縞間隔 Λ は以下のよう表される．

$$\Lambda = \frac{\lambda_h}{2\sin(\theta/2)} \approx \frac{\lambda_h}{\theta} \quad (\theta \approx 0) \tag{4.9.4}$$

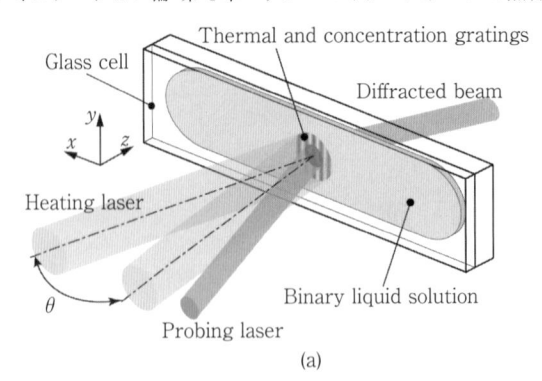

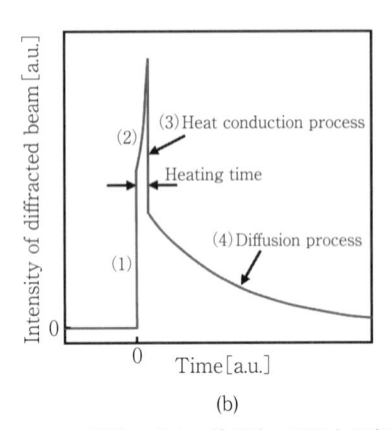

Fig. 4-9-9 ソーレー強制レイリー散乱法の原理と理想的信号波形
(Principle of Soret forced Rayleigh scattering technique and ideal waveform of diffracted beam intensity)

試料中には加熱レーザー波長を吸収する染料を微量添加するか,あるいは試料に適切に吸収される波長のレーザー使用するため,この干渉縞の強度分布に対応した x 軸方向に空間的に正弦波状の温度分布が形成される.この時,干渉縞間隔が試料厚みより十分小さく,干渉縞間隔が試料の吸収長より十分小さく,かつ干渉縞間隔がレーザービーム径より十分小さければ,x 軸方向の1次元熱伝導と見なすことができる[29].したがって,パルス加熱終了直後に加熱スポットに形成される初期温度分布 $T(x,t)$ は,以下のようになる(Fig. 4-9-9(b),(1)の時間領域).

$$T(x,t) = T_m(t) + \Delta T(t)\cos qx + T_0 \tag{4.9.5}$$

ここで,$T_m(t)$ は加熱による試料の平均温度上昇(空間的DC温度上昇成分),T_0 は初期の試料温度,$q = 2\pi/\Lambda$ は干渉縞の波数である.Eq.(4.9.5)の右辺第2項 $\Delta T(t)\cos qx$ で表される空間的に変調されたAC温度上昇成分の減衰観測によって,試料の熱拡散率を測定するのが強制レイリー散乱法である.

さらに2光束干渉加熱を継続し,2成分混合溶液中に正弦波状温度分布を保持し続けると,ソーレー効果によって温度勾配を駆動力に物質拡散が生じ濃度勾配が形成され[30],溶質濃度の時間・空間的変化は,以下の1次元拡散方程式で記述できる.

$$\frac{\partial c}{\partial t} = D_{12}\frac{\partial^2 c}{\partial x^2} + D_T c(1-c)\frac{\partial^2 T}{\partial x^2} \tag{4.9.6}$$

ここで,c は溶質のモル濃度,D_{12} (m^2/s)は相互拡散係数,D_T (m^2/(s·K))は熱拡散係数($D_T = S_T D_{12}$,S_T はソーレー係数)であり,溶質が高温側から低温側に移動する場合に正と定義されている.

ソーレー効果により生成される濃度分布の時間的・空間的変化は，Eq.(4.9.6)にEq.(4.9.5)を代入し，加熱による濃度変化が小さく，$c(1-c) \approx c_0$（c_0は初期の溶質濃度）であると仮定すると，以下のように解くことができる．

$$c(x,t) = \frac{\alpha I_{h,0}}{\rho C_p} \frac{D_T}{(a-D_{12})} c_0 \left[\tau_a \left\{ 1-\exp\left(\frac{-t}{\tau_a}\right) \right\} - \tau_D \left\{ 1-\exp\left(\frac{-t}{\tau_D}\right) \right\} \right] \cos qx + c_0 \quad (4.9.7)$$

ここで，αは試料の吸収係数，$I_{h,0}$は加熱レーザーの強度，aは試料の熱拡散率，$\tau = 1/aq^2$は熱伝導の時定数，$\tau_D = 1/D_{12}q^2$は物質拡散の時定数である．このように，試料中にはレーザーによる2光束干渉加熱により温度格子と濃度格子が同時に形成されることになり，加熱スポットに試料に吸収されない波長を持つ観察用レーザーを照射すると，これら2種類の格子は同時に回折格子として作用し，回折光が得られる（Fig. 4-9-9(b)，(2)の時間領域）．

濃度格子が十分形成された後，レーザー加熱を止めると（実際は数十msのパルス加熱），通常の液体では$\tau_D \gg \tau_a$（$D_{12} \ll a$）であるため，最初に温度格子が瞬時に減衰する（Fig. 4-9-9(b)，(3)の時間領域）．その後，濃度格子がより長い時定数で減衰する（Fig. 4-9-9，(4)の時間領域）ため，熱伝導と拡散を時定数の違いから容易に分離できる．観察レーザーの1次回折光強度I_1は濃度分布による屈折率分布の2乗に比例する（Bragg回折で屈折率変化が小さい場合）ので，濃度分布の減衰時の1次回折光強度は次のように表される．

$$I_1 \propto \exp\left(\frac{-t}{\tau_D}\right) \quad (4.9.7)$$

したがって，1次回折光強度の時間変化と干渉縞間隔を測定すれば，拡散係数を決定することができる．

最初のソーレー強制レイリー散乱の実験は，Thyagarajanら[31]によってCS_2/エタノールのthermal diffusion ratio（$S_T T$）を測定している．ほぼ同時期に，Pohl[32]が臨界混合液体の相分離を観察するためにこの手法を用いた．その後，Köhlerらのグループ[33,34]はソーレー強制レイリー散乱法（あるいはthermal diffusion forced Rayleigh scattering）がポリマー溶液の熱拡散現象の研究に利用し，Butenhoffら[35]は高温高圧下での$NaNO_3$高濃度水溶液の拡散係数測定に用いている．しかしながら，この方法を拡散係数やソーレー係数の測定法として位置づけ，汎用性のあるナノ・マイクロスケール熱物性測定技術として確立させる研究は殆どなかった．本方法は拡散係数測定法として，従来法に対して以下のような特徴を持っている．

(1) 高速測定：数十ms以内で測定が可能であり，拡散係数測定としては「超」高速と言える．
(2) 微小試料体積：数十～数百μLの試料体積で測定が可能である．
(3) 高粘性・低拡散係数試料に適用可能：高濃度ポリマー溶液等Taylor法が適用不可能な試料の測定が可能である（上記(1)，(2)の特徴による）
(4) 結合輸送係数への適用可能性：ソーレー係数や交差拡散など結合輸送係数測定あるいはポリマー膜内の拡散現象観測の可能性を持っている．

(3) 測定装置の例

著者らの研究グループでは，本方法の特徴を生かして，基本装置の開発[36,37]，系統的誤差の理論解析[38]，CAB/MEKポリマー溶液の測定[39]，3成分ポリマー溶液の交差拡散係数測定[40]とソーレー係数測定[41]，また加熱用に遠赤外波長のCO_2レーザーを用いて高分子膜内メタノール水溶液の拡散係数測定装置の開発[42,43]等を行ってきた．実験装置の一例として，ポリマー溶液拡散係数を測定するために開発した測定装置の概略をFig. 4-9-10に示す[39]．加熱光源には，出力2WのCW Ar^+レーザー（波長：514.5 nm）を使用している．光学音響素子（AOM）を用いてこの加熱光を0.1～20msのパルスに変調した後，ビームスプリッターで等強度の2光束に分割し，試料上で干渉させている．干渉縞

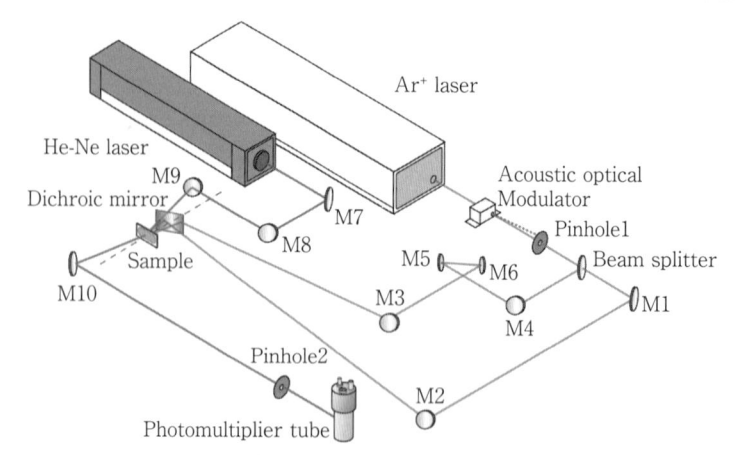

Fig. 4-9-10 ポリマー溶液用ソーレー強制レイリー散乱法測定装置（Experimental apparatus of Soret forced Rayleigh scattering technique for polymer solutions）

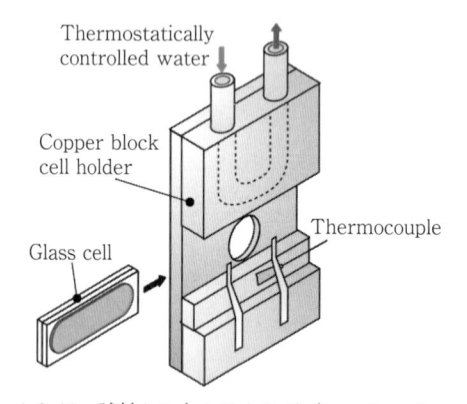

Fig. 4-9-11 試料セルとセルホルダ（Sample cell together with temperature-controlled cell holder）

間隔は 4〜9 μm であり，加熱による温度振幅 ΔT は 0.01 K 以下，平均温度上昇 T_m は 0.5 K 以下，また濃度振幅 Δc は 10^{-5} 以下である．観察用レーザーには出力 18 mW の He-Ne レーザー（波長：632.8 nm）を用いており，1 次回折光信号を光電子増倍管で検出している．Fig. 4-9-11 には試料セルとセルホルダーを示した．試料セルは石英ガラス製で，空隙の深さは 0.5 mm で必要試料体積は 175 μL である．トルエン/n-ヘキサン，エタノール/ベンゼン，アセトン/四塩化炭素などの有機混合液体の測定では，その不確かさは ±1.9%〜±4.6% と見積もられており，古典的な拡散係数測定法と比べても遜色ないレベルと言える．

(5) まとめ

ソーレー強制レイリー散乱法は比較的歴史も浅いため，まだマイクロスケールの拡散係数測定法として十分に確立されてはいない．またソーレー係数，交差拡散係数や膜内拡散係数測定等の可能性も多く秘めており，今後のさらなる拡散係数センシング技術としての発展と全く新たな応用が期待できる．

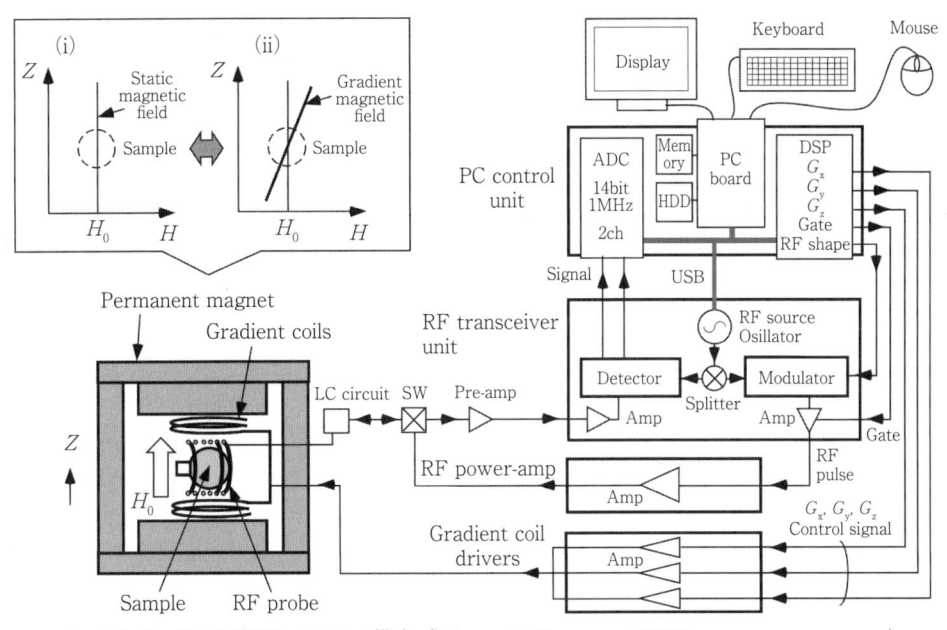

Fig. 4-9-12 NMR 計測システムの構成 (Schematic diagram of NMR measurement system)

4.9.3 NMR による自己拡散計測法 (Measuring method of self-diffusion coefficient using NMR)

核磁気共鳴 (Nuclear Magnetic Resonance. 以下では NMR と略す.) 法は磁場中にある水素原子核の核磁化を電磁波で励起し，その後放出される核磁化からの NMR 信号を計測する手法である．NMR 法は物質の分子構造を解明する化学分析法として日常的に用いられている．また，MRI (Magnetic Resonance Imaging) は NMR 法を基本原理とし，勾配磁場印加とフーリエ変換を用いて頭部や腹部などの断面画像を取得できる．MRI も身近な医療画像診断装置である．

NMR 法にパルス的な勾配磁場を印加すると，分子の自己拡散係数が計測できる[44,45]．ここでは，勾配磁場を印加できる NMR 計測装置の構成，計測方法，計測例を簡潔に述べる．

(1) 装置構成

NMR 計測を行うためには，Fig. 4-9-12 に示すように，計測対象である試料に静磁場を印加する磁石 (Magnet)，試料中の核磁化を励起し，NMR 信号を受信するための RF プローブ (RF probe)，励起・受信に必要な変調・復調器を持つ送受信機 (RF transceiver)，勾配磁場を印加するための勾配磁場電源 (Gradient coil drivers)，NMR 信号を時系列波形として記録するデータ処理機 (PC control unit) が必要である．磁石の磁場強度が 1 Tesla の場合には核磁化の共鳴周波数は 42.6 MHz 程度である．

(a) 磁石

静磁場を印加する磁石としては超電導磁石，電磁石，永久磁石の 3 つの形式のいずれかが用いられる．NMR や MRI では超電導磁石が主流である．

超伝導磁石の特徴は磁場強度が 1.5〜7 Tesla 程度と磁場強度が高く，長時間に渡る磁場安定性も良い．NMR 信号強度は磁場強度の 1〜7/4 乗に比例して増加する[46]ため，高い磁場強度が望まれて超電導磁石が普及している．しかし，高い磁場強度では核磁化の位相が分散し易く，スピン-スピン緩和時定数 (T_2 緩和時定数) が急激に短くなるために NMR 信号をスピンエコー信号として取得する場合にはそのメリットが相殺される場合があるので注意が必要である．超電導磁石の欠点としては，磁石

形状は円筒形に限られ，その価格は非常に高価であり，液体ヘリウム，液体窒素などの寒剤の補充が常に必要であるなどが挙げられる．

永久磁石の特徴は磁場強度が 0.2〜1.5 Tesla 程度と磁場強度が低く，磁石が低価格であること，磁石形状は円筒形に限られずに形状の自由度が高いこと，寒剤が不要であることなどが挙げられる．永久磁石の欠点は磁石温度の変動に伴い，長時間の磁場安定性が低いことにある．磁石の温調を行うなどの対処がとられる．

電磁石は磁場強度を変えて NMR 計測を行う場合に用いられるが，それ以外ではあまり用いられない．その理由は 100 A 以上の大電流が必要であること，導線の微小な温度変動に伴う電流量の変動によって磁場安定性があまり良くないことが原因である．

NMR や MRI では上述の長所・短所を見極めて計測対象に最適な磁石が選択される．

(b) RF プローブ

RF プローブは核磁化に共鳴周波数の振動磁場を与えて励起させ，放出される NMR 信号を受信する装置である．NMR 計測では信号対雑音比を向上させるために，核磁化の共鳴周波数を共振周波数として持つ RF プローブが用いられる．

RF プローブが長い円筒形コイルであれば，円筒形の内側全体で均一な振動磁場が形成される．その中に計測対象である試料を挿入することで，試料全体の核磁化を励起し，試料全体から NMR 信号を受信する．この場合，試料全領域からの代表値が計測されることとなる．

一方，RF プローブを平面状の円形コイルとし，試料の一部にコイルを接触させる場合にはコイルが励起・受信できる一部の領域のみから NMR 信号を取得することになる．試料の一部のみを局所的に計測したい場合には有効な手法である[47]．

(c) 送受信機

核磁化の励起と NMR 信号の受信は変調・復調器を持つ送受信機で行う．NMR 計測で用いられる数十〜数百 MHz の周波数帯域はラジオやテレビと同じ周波数帯域である．このため，数十 μV という微弱電波であっても検波可能な電子デバイスが数多く出回っており，成熟した電子技術を利用して高性能な変調・復調器を作ることができる．

(d) 勾配磁場コイルと電源

磁石内には勾配磁場コイルが設置されている．そのコイルに電流を流すことで試料に勾配磁場を印加することができる．Fig. 4-9-12 の磁石の上には，磁場強度 H の空間分布を描いた．磁石によって静磁場 H_0 だけが印加されている場合には，左図(i)のように，磁場は空間的に一様な磁場強度 H である．一方，勾配磁場コイルに電流を流すと磁場強度 H は右図(ii)のようになり，位置 z に対して一様な勾配 G_z を持つ磁場分布が形成される．これを勾配磁場と呼ぶ．

勾配磁場強度 G_z と印加時間 d は勾配磁場コイルに流す電流の大きさと通電時間によって制御することができる．数 ms のごく短い時間だけ勾配磁場を印加する方法を「パルス勾配磁場」と呼ぶ．

(e) データ処理機

励起・受信タイミング，勾配磁場の印加タイミングなどを制御する DSP を持ち，NMR 信号を AD 変換して時系列波形として記録する装置である．

(f) 計測対象としての試料と試料容器

磁場中に試料を入れるため試料および試料容器は非磁性材料でかつ，電磁波を通す絶縁材料でなければならない．一般には試料容器としてガラスやプラスチック製が用いられる．

(2) 計測試料

NMR 計測での計測対象は核磁化が顕在化する原子核であり，主に ^{1}H，^{13}C，^{31}F などが計測し易い．これらの原子核は生体内に含まれる原子であるために計測事例が多い．特に，試料としては液体や溶

液の状態であると計測しやすい．液体の場合，試料中に含まれる計測対象の分子数が多く，分子の活発な熱運動による磁場の均一化が生じて，NMR信号が数十msと長く観測でき，NMR信号を容易に取得できるためである．

一方，試料が固体や気体の場合にはNMR計測は非常に困難である．固体では，液体ほど自由に分子が移動できないため，磁場の均一化の効果は働かず，NMR信号が1 μs程度で減衰してしまう．このため固体に特化した特殊なNMR装置が必要となる．また，気体は液体に比べて密度が数百分の1と小さく，試料容器中に含まれる計測対象の分子数が少なくなって，NMR信号が微弱でノイズに埋もれてしまう．このため，気体のNMR計測では試料体積を大きくし，長時間に渡って繰り返し信号を積算して取得するなどの工夫が必要である．超偏極 ^{129}Xe ガスを用いると気体であっても高感度にNMR信号を取得できるという手法もある[48]．

(3) 計測方法

自己拡散計測を行う際の励起パルスやパルス勾配磁場の印加タイミングを記載したダイアグラムをFig. 4-9-13に示す．時間 $t = 0$ s で90度励起パルスがRFプローブから照射され，勾配磁場強度が G_z のパルス勾配磁場が時間 d だけ印加される．その後，$t = \tau$ で180度励起パルスが照射され，再びパルス勾配磁場が d だけ印加される．2つのパルス勾配磁場の間隔は Δ である．180度励起パルスの照射により時間 $t = 2\tau$ で核磁化の位相が収束して，非常に強度が大きいNMR信号が計測される．このNMR信号をエコー信号と呼び，その信号強度を S とする．

勾配磁場を印加せずに取得されたエコー信号強度を S_0 とし，勾配磁場強度 G_z を与えて取得された信号強度を S_i とした時，両者の関係は次式で表される[44,45,49]．

$$\ln(S_i/S_0) = -\gamma^2 D d^2 \Delta G_z^2 \qquad (4.9.9)$$

ここで，γ は核磁気回転比で，水素原子核では 4260 [1/(gauss s)] の一定値，D は自己拡散係数である．

自己拡散係数は同一種(A)の分子間同士での拡散係数である．例えば，純粋な水があり，ある水分子に着目した時，その分子は熱振動によって他の分子と位置を交換し合いながら移動していく．この同一種分子同士で位置を交換し合いながら拡散していく場合の拡散係数を「自己拡散係数 D_{AA}」と呼ぶ．これに対し，二成分以上の分子が混合し，ある分子(A)がもう一成分の分子(B)と位置を交換し合いながら拡散していく場合の拡散係数を「相互拡散係数 D_{AB}」と呼ぶ．混合物中のある成分が空間的に濃度勾配があって物質移動が生じている状況ではフィックの法則で表される拡散係数が定義され，それは相互拡散係数である．一般に物質移動現象では相互拡散係数のことを単に拡散係数と呼ぶ．無極性の希薄ガスが混合し，両分子間に働く力が無視できるような場合には，自己拡散係数と相互拡散係数とを結びつける関係式があるが，極性のあるガスや溶液ではこの関係式が成り立たないことが多

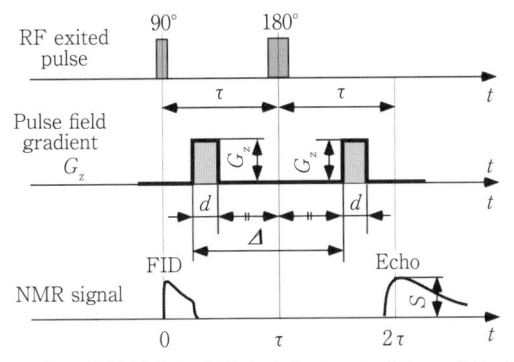

Fig. 4-9-13 自己拡散係数を計測するためのタイミングダイアグラム
(Timing diagram for measurement of self-diffusion coefficient)

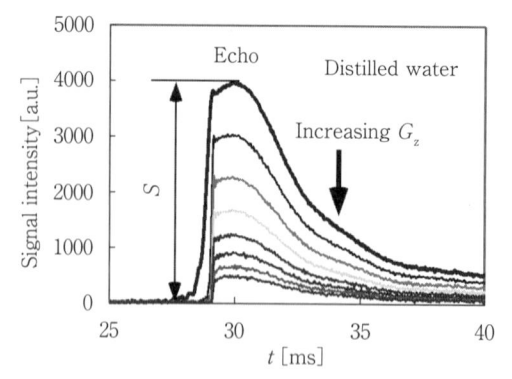

Fig. 4-9-14 蒸留水のエコー信号波形と勾配磁場を印加した際の信号減衰 (NMR signals of distilled water applying gradient magnetic fields)

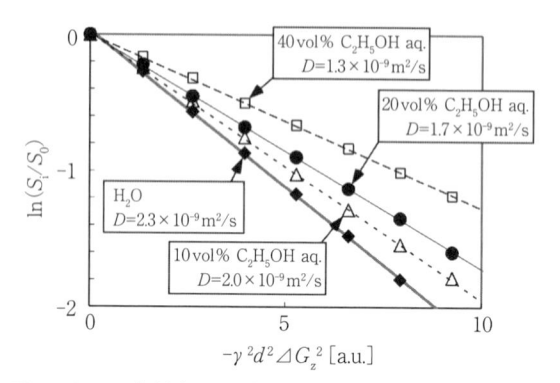

Fig. 4-9-15 蒸留水およびエタノール水溶液のエコー信号強度 (NMR signals of distilled water and ethanol aq. applying gradient magnetic fields)

い[50].

(4) 計測事例

Fig. 4-9-13 に示した拡散計測シーケンスを用いて，蒸留水のエコー信号を取得した結果を Fig. 4-9-14 に示す．この計測では $\tau = 15$ ms とし，勾配磁場強度 G_z を順次増加させた際に $\tau = 30$ ms で収束するエコー信号波形を示した．勾配磁場強度 G_z が増加するに従い，信号強度 S が低下していく様子が分かる．

Fig. 4-9-15 には $\ln(S_i/S_0)$ の値と $-\gamma^2 d^2 \Delta G_z^2$ の関係をプロットした．両者の関係は一定勾配の直線で近似することができる．この勾配と式(4.9.9)から自己拡散係数 D を求めることができる．

参考として，エタノール濃度を変えた水溶液での結果を Fig. 4-9-15 に示した．この場合，測定対象の ^{1}H は水分子とエタノール分子の両方に存在し，この方法で得られる拡散係数は単純な自己拡散係数ではないことに注意されたい．この水溶液では，水とエタノール分子が会合して大きな分子となって動きにくくなるため，勾配磁場強度 G_z を増加させても NMR 信号強度が低下し難くなり，この手法で得られる見かけの拡散係数は小さくなる．

(5) まとめ

NMR 法を用いて自己拡散係数を計測する装置と手法および計測事例を示した．また，磁石の選定や計測対象の試料で注意するべきポイントも記載した．

参考文献

1) T. Graham, "Philosophical Transactions of the Royal Society of London", Vol.140, The Royal Society (1850) p.1.
2) J. T. Holmes, C. R. Wilke and D. R. Olander, "Convective Mass Transfer in a Diaphragm Diffusion Cell", J. Phys. Chem., Vol.67 (1963) pp.1469-1472.
3) R. P. Wendt and M. Shamin, "Isothermal Diffusion in the System Water-Magnesium Chloride-Sodium Chloride As Studied with the Rotating Diaphragm Cell", J. Phys. Chem., Vol.74, No.14 (1970) pp.2770-2783.
4) R. Mills and E.W. Godbole, "Calculation of Diffusion Coefficients with the Continual Monitoring Capillary Method", Aust. J. Chem., Vol.12, No.1 (1959) pp.102-103.
5) E. Berne and J. Berggren, "The Measurement of Self-Diffusion with a New Continuous Monitoring Method. I. Evaluation of The Delta-L-Eeffect in The Open-Ended Capillary Method", Acta Chem. Scand., Vol.14, No.2 (1960) pp.428-436.
6) J. E. Wright, G. W. Stevens, E. D. Kelly and L. R. White, "Measurement of Diffusion Coefficient Using a Closed Capillary Technique", AIChE Journal, Vol.40, No.2 (1994) pp.365-368.
7) 大澤敏彦，小保方富夫，レーザ計測，裳華房（1994）p.5.
8) L. G. Longsworth, "Diffusion Measurement, at 1°, of Aqueous Solutions of Amino Acid, Peptides and Sugers", J. Am. Chem. Soc., Vol.74 (1952) pp.4155-4159.
9) H. Svensson, "On the Use of Rayleigh-Philpot-Cook Interference Fringes for the Measurement of Diffusion Coefficients", Acta Chem. Scand., Vol.5, No.1 (1951) pp.72-84.
10) H. Svensson, "A Method for Production of High-Intensity, Multi-Fringe Rayleigh Interference Patterns", Acta Chem. Scand., Vol.5, No.9-10 (1951) pp.1301-1310.
11) J. M. Creeth, "Studies of Free Diffusion in Liquid with the Rayleigh Method. I. The Determination of Differential Diffusion Coefficients in Concentration-dependent System of Two Components", J. Am. Chem. Soc., Vol.77 (1955) pp.6428-6440.
12) G. Kegeles and L. J. Gosting, "The Theory of an Interference Method for the Study of Diffusion", J. Am. Chem. Soc., Vol.69 (1947) pp.2516-2523.
13) N. Bochner and J. Pipman, "A Simple Method of Determining Diffusion Constants by Holographic Interferometry", J. Phys. D: Appl. Phys., Vol.9 (1976) pp.1825-1830.
14) L. Gabelmann-Gray and H Fenichel, "Holographic Interferometric Study of Liquid Diffusion", Appl. Opt., Vol.18, No.3 (1979) pp.343-345.
15) J. Szydlowska and B. Janowska, "Holographic Measurement of Diffusion Coefficients", J. Phys. D: Appl. Phys., Vol.15 (1982) pp.1385-1393.
16) 服部　賢，青木和夫，山田修一，大久保隆宏，"ホログラフィ干渉法による臭化リチウム―水系の拡散係数の測定"，日本冷凍空調学会論文集，Vol.14, No.1（1997）pp.97-104.
17) M. Capobianchi, T. F. Invine Jr., N. K. Tutu and G. A. Greene, "A New Technique for Measuring the Fickian Diffusion Coefficient in Binary Liquid Solutions", Exp. Therm. Fluid Sci., Vol.18 (1998) pp.33-47.
18) G. Müller-Vogt and R. Kößler, "Application of the Shear Cell Technique to Diffusivity Measurements in Melts of Semiconducting Compounds: Ga-Sb", J. Cryst. Growth, Vol.186 (1998), pp.511-519.
19) A. Komiya and S. Maruyama, "Precise and Short-Time Measurement Method of Mass Diffusion Coefficient", Exp. Therm. Fluid Sci., Vol.30, No.6 (2006) pp.535-543.
20) J. Mastner and V. Masek, "Electronic Instrumentation for Heterodyne Holographic Interferometry", Rev. Sci. Instrum., Vol.51, No.7 (1980) pp.926-931.
21) K. Onuma, K. Tsukamoto and S. Nakadate, "Application of Real Time Phase Shift Interferometer to the Measurement of Concentration Field", J. Cryst. Growth, Vol.129 (1993), pp.706-718.
22) S. Maruyama, T. Shibata and K. Tsukamoto, "Measurement of Diffusion Fields of Solutions Using Real-Time Phase-Shift Interferometer and Rapid Heat-Transfer Control System", Exp. Therm. Fluid Sci., Vol.19 (1999) pp.34-48.
23) 小宮敦樹，円山重直，守谷修一，"タンパク質物質拡散現象における広域緩衝液の影響評価"，熱物性，Vol.24, No.1（2010）pp.15-20.
24) 日本熱物性学会編，新編熱物性ハンドブック，養賢堂（2008）pp.715-715.
25) W. A. Wakeham, A. Nagashima and J. V. Sengers, Ed. Measurement of the Transport Properties of Fluids,

Blackwell Scientific Publication (1991) pp. 227-320.
26) E. L. Cussler, Diffusion, Mass Transport in Fluid Systems, 3rd Ed., Cambridge University Press (2009) pp. 142-156.
27) 例えば，文献 26)の p.143.
28) 例えば，文献 25)の p.233.
29) Y. Nagasaka, T. Hatakeyama, M. Okuda and A. Nagashima, "Measurement of the thermal diffusivity of liquids by the forced Rayleigh scattering method: Theory and experiment", Rev. Sci. Instrum., Vol. 59, No. 7 (1988) pp.1156-1168.
30) S. R. de Groot and P. Mazur, Non-equilibrium Thermodynamics, Dover (1984) p.273.
31) K. Thyagarajan and P. Lallemand, "Determination of the thermal diffusion ratio in a binary mixture by forced Rayleigh scattering", Optics Comm., Vol. 26 (1978) pp. 54-57.
32) D. W. Pohl, "First stage spinodal decomposition observed by forced Rayleigh scattering", Phys. Lett., Vol. 77A (1980) pp.53-54.
33) W. Köhler, "Thermaldiffusion in polymer solutions as observed by forced Rayleigh scattering", J. Chem. Phys., Vol.98 (1993) pp.660-668.
34) W. Köhler and P. Rossmanith, "Aspects of thermal diffusion forced Rayleigh scattering: Heterodyne, active phase tracking, and experimental constraints", J. Phys. Chem., Vol.99 (1995) pp.5838-5847.
35) T. J. Butenhoff, G. E. Goemans and S. J. Buelow, "Mass diffusion coefficients and thermal diffusivity in concentrated hydrothermal $NaNO_3$ solutions", J. Phys. Chem., Vol.100 (1996) pp.5982-5992.
36) 林田貴一，長坂雄次，"ソーレー効果を用いた強制レイリー散乱法による相互拡散係数測定の研究（第1報，測定原理の確認およびポリマー溶液の測定）"，日本機械学会論文集（B編），Vol.63, No.610 (1997) pp. 276-281.
37) 山本泰之，長坂雄次，"ソーレー強制レイリー散乱法による物質拡散係数測定の研究（第1報，測定装置の開発およびフラーレン溶液の測定）"，日本機械学会論文集（B編），Vol.72, No.715 (2006) pp. 709-714.
38) 山本泰之，長坂雄次，"ソーレー強制レイリー散乱法による物質拡散係数測定の研究（第2報，実験パラメーターの系統効果解析）"，日本機械学会論文集（B編），Vol.72, No.715 (2006) pp. 715-722.
39) M. Niwa, Y. Ohta and Y. Nagasaka, "Mass Diffusion Coefficients of Cellulose Acetate Butyrate in Methyl Ethyl Ketone Solutions at Temperatures between (293 and 323) K and Mass Fractions from 0.05 to 0.60 Using the Soret Forced Rayleigh Scattering Method", J. Chem. Eng. Data, Vol. 54 (2009) pp. 2708-2714.
40) 太田雄三，小場健太郎，長坂雄次，"ソーレー強制レイリー散乱法による3成分ポリマー溶液の物質拡散係数の測定 CAB/Styrene/MEK 溶液の交差拡散現象の研究"，第47回日本伝熱シンポジウム講演論文集，(2010, 札幌) pp.255-256.
41) 小場健太郎，岩浅信太郎，長坂雄次，"2成分溶液のソーレー係数測定法に関する研究—ソーレー強制レイリー散乱法による測定原理の検討—"，第32回日本熱物性シンポジウム講演論文集，(2011, 横浜) pp. 117-119.
42) 上田　修，山本泰之，長坂雄次，"CO_2 レーザーを用いたソーレー強制レイリー散乱法による拡散係数測定（燃料電池用固体高分子膜内メタノール水溶液への適用）"，第26回日本熱物性シンポジウム講演論文集，(2005, つくば) pp.319-321.
43) 酒井忠継，堀田純平，長坂雄次，"ソーレー強制レイリー散乱法を用いた燃料電池用電解質膜内メタノール水溶液の拡散係数測定法の研究（光学位相変調器を用いたヘテロダイン検知の適用）"，第32回日本熱物性シンポジウム講演論文集，(2011, 横浜) pp.310-312.
44) E. O. Stejskal and J. E. Tanner, "Spin Diffusion Measurements: Spin Echoes in the Presence of a Time-Dependent Field Gradient", J. Chem. Phys., Vol. 42, No. 1, (1965) pp.288-292.
45) ファラー ベッカー著，赤坂一之，井元敏明共訳，パルスおよびフーリェ変換 NMR—理論および方法への入門，吉岡書店 (1979) p.128.
46) 亀井裕孟，核磁気共鳴技術，工業調査会 (1987) p.128.
47) 小川邦康，拝師智之，"小型表面コイルを用いて NMR 計測した際の計測深度と励起角度の調整法"，日本機械学会論文集 B 編，Vol. 75 , No.757 (2009) pp.1862-1869.
48) M. S. Albert, G. D. Cates, B. Driehuys, W. Happer, B. Saam, C. S. Springer Jr, and A. Wishnia, "Biological magnetic resonance imaging using laser-polarized ^{129}Xe", Nature, Vol.370 (1994) pp.199-201.
49) 小川邦康，"MRI の原理とその計測法　その4: MRI での計測量と計測法"，熱物性，Vol.19, No.4, (2005) pp.222-236.

50) 水科篤郎, 荻野文丸, 輸送現象, 産業図書 (1981) p.24.

4.10 ナノ・マイクロ系のふく射性質測定法 (Radiative Properties of Nano/Microscale Sample)

4.10.1 微小領域の広波長域高速ふく射スペクトル分光法 (A wide-spectral-region high-speed radiation spectroscopy)

(1) スペクトル測定装置の構想

熱工学の基礎研究として，工業装置や自然界の実環境下にある実在表面 (Fig. 4-10-1, cf. 実験室の清浄で平滑な理想的な表面) のふく射性質の研究は重要である．その表面は多かれ少なかれ拡散反射性のものであり，そのふく射反射・吸収性質の測定は容易でない．その表面のミクロ構造は時々刻々にも変化し，あるいは表面のミクロ加工プロセスにおいては積極的に変化させられる．表面のふく射反射・吸収・放射はその変化に敏感に応じて変化する．このように多様な表面のふく射性質を把握するには，熱工学のための独自の実験研究装置を開発することが望まれる．すなわち，(1) 研究は分光学的に行われるべきであり，装置は Planck 分布の及ぶ可視〜赤外の広い波長域をカバーするものであるべきである．(2) ふく射性質の方向特性 (角度特性) は重要であり，装置は，特に半球反射・鏡面反射・拡散反射の大きさを評価できるものであるべきである．(3) 装置は，また，表面状態の時間変化に伴うふく射性質の変化を実時間的に追尾できるものであるべきである．

(2) スペクトル測定装置の概要

牧野・若林[1~3]は，約 10 年かけて段階的に 0.30〜11 μm の近紫外〜赤外の波長域における垂直入射半球反射率 R_{NH}，垂直入射鏡面反射率 R_{NN}，垂直入射拡散反射率 R_{ND}，垂直入射吸収率 A_N，垂直放射率 ε_N (Fig. 4-10-2) のスペクトルを同時に 2〜6 s のサイクル時間で繰り返し測定できる**広波長域高速ふく射スペクトル測定装置** (wide-spectral-region high-speed spectrophotometer system) を開発した．Fig. 4-10-2 では，「垂直」を垂直に近い方向に置き換えて描いている．装置は，2 つの回転放物面鏡を用いて半球反射を取り扱う光学系を備え，連動する 4 組の Czerny-Turner 型の回折格子分光系

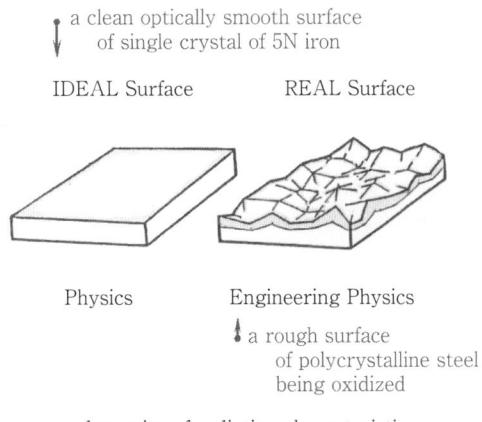

Fig. 4-10-1 理想的な表面と実在表面 (Ideal surface and real surface)

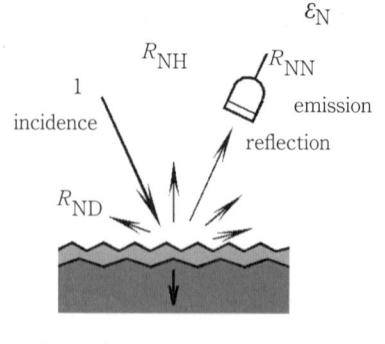

Fig. 4-10-2 垂直入射半球反射率 R_{NH}, 垂直入射鏡面反射率 R_{NN}, 垂直入射拡散反射率 R_{ND}, 垂直入射吸収率 A_N, 垂直放射率 ε_N (Concepts of normal incidence hemispherical reflectance R_{NH}, normal incidence specular reflectance R_{NN}, normal incidence diffuse reflectance R_{ND}, normal incidence absorptance A_N and normal emittance ε_N)

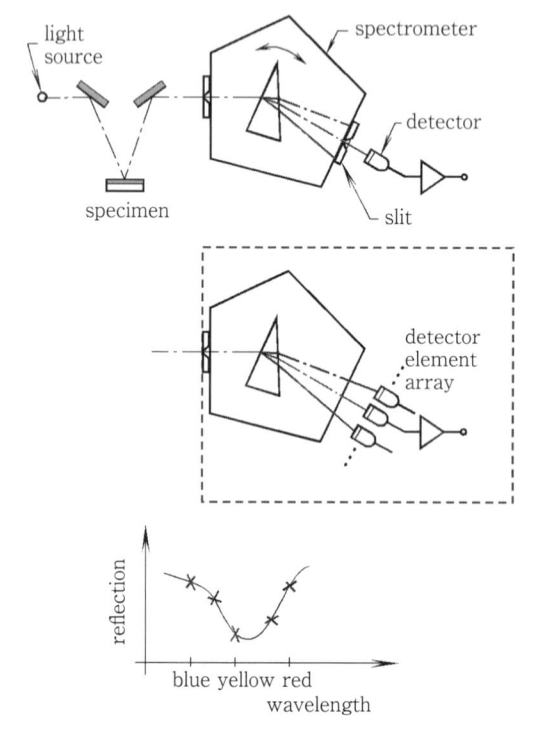

Fig. 4-10-3 高速繰り返しスペクトル測定を実現する分光器 (Idea of spectrometer for realizing high-speed repeated spectral measurement)

によって広波長域測定を可能にし，4種の検知素子列をもって高速測定を実現する（Fig. 4-10-3）方式のものである．

(3) スペクトル測定装置の光学系

Fig. 4-10-2 に示す反射・吸収・放射の量の中で，垂直入射半球反射率 R_{NH} はもっとも重要な測定量の1つであるが，実験装置設計の容易さからすれば，垂直入射半球反射率 R_{NH} を直接に測定するよ

り，半球等強度入射垂直反射率 R_{HN} を測定し，Helmholtz の相反則[4])

$$R_{NH} = R_{HN} \tag{4.10.1}$$

によって垂直入射半球反射率 R_{NH} を求めるのが有利である．加えて垂直入射半球反射率 R_{NH} の鏡面反射成分である垂直入射鏡面反射率 R_{NN} を同時に測定すれば，垂直入射半球反射率 R_{NH} の拡散反射成分である垂直入射拡散反射率 R_{ND} は，

$$R_{ND} = R_{NH} - R_{NN} \tag{4.10.2}$$

によって計算される．また，垂直入射吸収率 A_N は，

$$A_N = 1 - R_{NH} \tag{4.10.3}$$

によって計算される．

そこで，半球等強度入射垂直反射率 R_{HN}，垂直入射鏡面反射率 R_{NN}，垂直放射率 ε_N のスペクトルを同時に測定するスペクトル測定装置を開発する．ただし，実際には「垂直入射鏡面反射」の測定は難しいので，入射角・反射角・放射角が 15° の方向についての実験をもって代える．Fig. 4-10-4 に，半球等強度入射垂直反射率 R_{HN}，垂直入射鏡面反射率 R_{NN}，垂直放射率 ε_N の測定のための光学系の概要を示す．Fig. 4-10-5 に，(2010 年現在の) 広波長域高速ふく射スペクトル測定装置の光学系の概要を示す．

Fig. 4-10-4 と Fig. 4-10-5 で，直径 120 mm の 2 つの回転放物面鏡③，④をたがいに向き合わせて設置する．放物面鏡③，④の中央には直径 12 mm の小孔がある．放物面鏡③の焦点に 3.3×0.6 (mm)^2 の近紫外〜近赤外ふく射光源①または 4.7×1.3 (mm)^2 の赤外ふく射光源②を置く．これらの光源は近似的に強度が等方的なふく射を放射する．2 つの光源のうちの 1 つが焦点にあるときには，放射されたふく射は放物面鏡③で平行光束に変換されてもう 1 つの放物面鏡④に進む．放物面鏡④の焦点に試料⑤の表面を，放物面鏡④の光軸から 15° 傾けて設置する．その表面には放物面鏡④から近似的に半球等強度のふく射が入射する．表面で半球的に反射されたエネルギーのうち 15° 反射（垂直反射とみなす）の方向に進む成分（半球等強度入射垂直反射成分）が放物面鏡④の小孔を通してスペクトル測定装置の分光・検知系に導かれ測定される．この分光・検知系については，文献 1) に詳述している．

15° 入射（垂直入射とみなす）鏡面反射が測定できるように，2 つの放物面鏡③，④の中間に直径

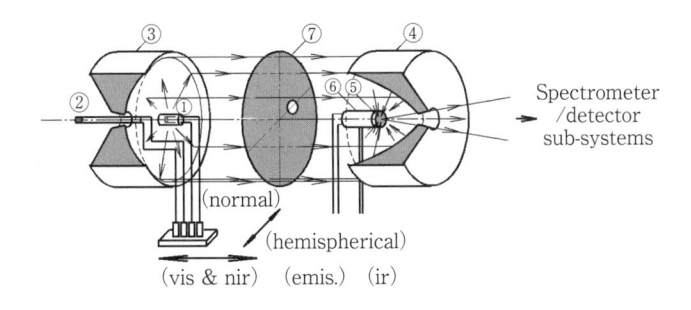

1. tungsten-halogen lamp
2. Si$_3$N$_4$ light source
3. paraboloidal mirror 1
4. paraboloidal mirror 2
5. specimen
6. heater
7. shutter disk

Fig. 4-10-4 半球等強度入射垂直反射率 R_{HN}，垂直入射鏡面反射率 R_{NN}，垂直放射率 ε_N の測定のための光学系の概要 (Sketch of incident optics sub-system for measuring normal reflectance for hemispherically homogeneous incidence R_{HN}, normal incidence specular reflectance R_{NN} and normal emittance ε_N)

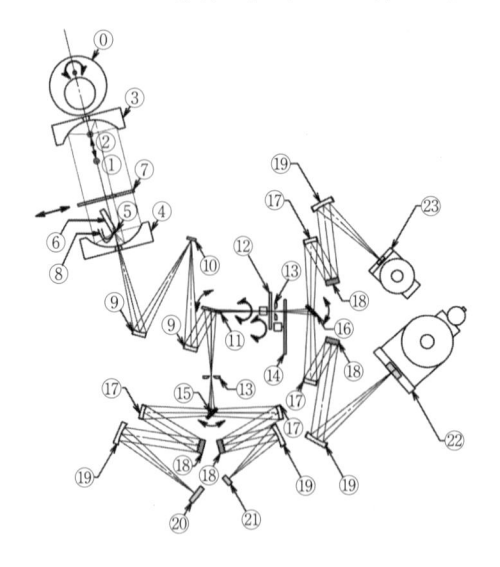

0. cam mechanics
1. tungsten-halogen lamp
2. Si_3N_4 light source
3. paraboloidal mirror 1
4. paraboloidal mirror 2
5. specimen
6. heater
7. shutter disk
8. thermocouple
9. concave mirror
10. plane mirror
11. rotational plane mirror
12. chopper
13. entrance slit
14. filter disk
15. rotational plane mirror
16. rotational plane mirror
17. collimator
18. diffraction grating
19. camera mirror
20. 35-Si photodiode array
21. 16-Ge photodiode array
22. 32-InSb photovoltaic detector array
23. 16-HgCdTe photoconductive detector array

Fig. 4-10-5 広波長域高速ふく射スペクトル測定装置の光学系の概要(Schematic diagram of wide-spectral-region high-speed spectrophotometer system)

130 mm のシャッター円板⑦が挿入・除去できるようにしてある．その円板⑦には中心から 16 mm 離れた位置に直径 15 mm の小孔がある．その円板⑦が平行光束を遮らない場合には試料⑤の表面には，上述の半球等強度のふく射が入射する．その円板⑦が平行光束を遮る場合には試料⑤の表面には円板の小孔を通してふく射が 15° 方向（垂直入射とみなす）から入射する．このときには，試料⑤の表面において鏡面反射方向に反射される成分（垂直入射鏡面反射成分）がスペクトル測定装置の分光・検知系に導かれ測定される．試料⑤の表面からは，上述の反射成分のほかに，放射のうち放射角 15° の方向（垂直放射とみなす）に進む成分が放物面鏡④の小孔を通してスペクトル測定装置の分光・検知系に導かれ測定される．すなわち，（反射 + 放射）が測定される．一方，光源①と②のいずれもが焦点から外れた位置に置かれるときには，試料⑤の表面への入射はなく，放射だけが測定される．この2種の測定から半球等強度入射垂直反射の分あるいは垂直入射鏡面反射の分と垂直放射の分とを分離する．

(4) スペクトル測定の方法

スペクトル測定では，（たとえば Fig. 4-10-6 に示す制御プログラムのように）0.30〜11 μm の 93 波長点における（半球等強度垂直反射 + 垂直放射）・（垂直入射鏡面反射 + 垂直放射）と 2.0〜11 μm の 42 波長点における垂直放射のスペクトルを同時に 6 s ごとに繰り返し測定する．半球等強度入射垂直反射率 R_{HN} と垂直入射鏡面反射率 R_{NN} の絶対値は，清浄なニッケル（の最大あらさ 30 nm 以下の）

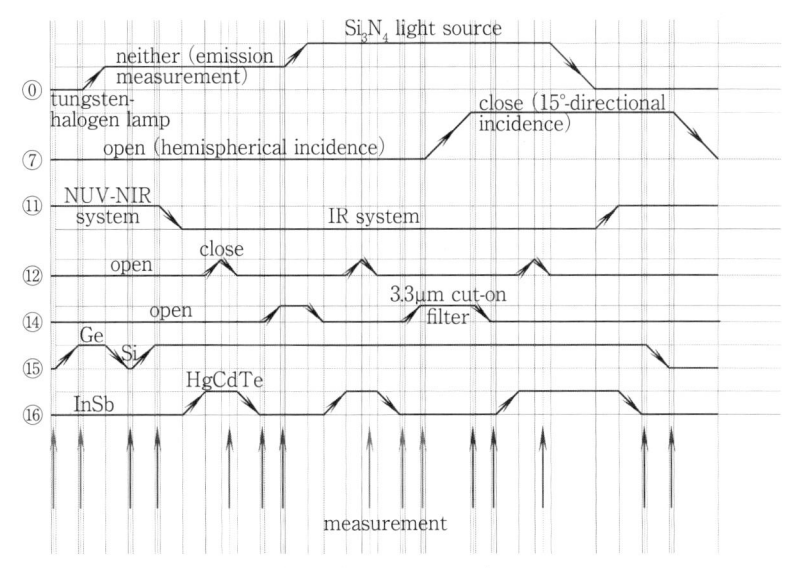

Fig. 4-10-6 スペクトル測定の制御プログラム (Example of control program for repeated spectral measurement by using wide-spectral-region high-speed spectrophotometer system)

光学鏡面について測定した垂直入射鏡面反射スペクトルと光学定数スペクトル[5]に基づいて決定する．垂直放射率 ε_N の絶対値は，見かけの垂直放射率が 0.99 の疑似黒体[2]について測定した垂直放射スペクトルに基づいて決定する．測定した半球等強度入射垂直反射率 R_{HN}，垂直入射鏡面反射率 R_{NN}，垂直放射率 ε_N をもとにして，Eq.(4.10.1)～Eq.(4.10.3)を通じて垂直入射半球反射率 R_{NH}，垂直入射拡散反射率 R_{ND}，垂直入射吸収率 A_N を決定する．

(5) スペクトル測定装置のための実験（例）

開発した広波長域高速ふく射スペクトル測定装置を用いて行った実験については，たとえば文献1)～3),6),7)に詳述している．とりわけ文献6)において，牧野・若林は，工業装置の実環境あるいは表面のミクロ加工プロセスの下でそのミクロ状態を時々刻々に変化させつつある実在表面の温度やミクロ構造 (Fig. 4-10-7) を，ふく射スペクトルの測定を通じて実時間的に診断する新しい方法（**ふく射スペクトル診断法**）を提案しその有効性を検証した (Fig. 4-10-8)．その方法では，開発した広波長域高速ふく射スペクトル測定装置をハードの基礎とし，ふく射の干渉と回折（散乱）に注目する電磁波動論とふく射伝熱学の診断アルゴリズムを提案して，状態の推移する 1000 K レベルの高温の表面の温度 T^{opt} と表面の被膜厚さ d，rms あらさ σ_I を非接触・実時間診断することを可能にしている．温度の診断は，時々刻々の表面の温度を放射率などの知見なしに正確に診断するものであり，ミクロ構造の診断は，0.1～4 μm の被膜厚さ，10～700 nm の rms あらさについて有効である．

4.10.2 極微小領域のふく射性質測定法 (Measurement of radiation properties within nanoscaled space)

金属製ナノ粒子に偏光された光を照射すると，電場方向に沿って粒子表面に電子の偏りが生じ，表面近傍の自由空間に静電場や誘導電場が生ずる．これを近接場光と称する．また，金属箔に設けた微小孔に偏光された光を照射した場合にも，電場方向に沿って円周に電子の偏りが生じ，それによる静電場や誘導電場が，回折限界以下の直径においても，入射光の反対側に近接場光として染み出すことが知られている．さらに，加熱された金属製のふく射放射体において，熱ふく射は，その表面から放

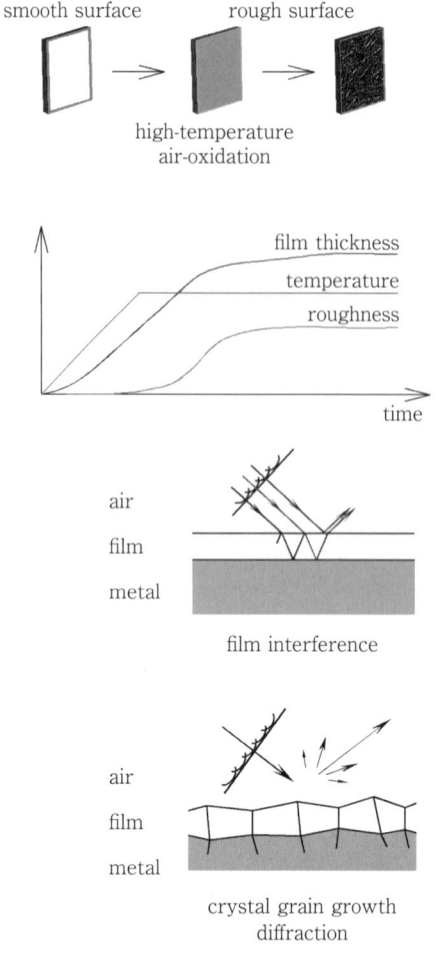

Fig. 4-10-7 高温大気酸化過程にある金属表面（Metal surface in high-temperature air-oxidation process）

射されるだけではなく，数十ナノあるいは数百ナノの深さからも放射される．このとき，この放射体の屈折率（複素屈折率の実部）から決まる臨界角より小さな角度（垂直に近い角度）で表面に達したふく射は遠方まで伝ぱするが，臨界角より大きな角度で表面に達したふく射は全反射される．このふく射（電磁波）が表面に達する際，表面近傍に電子の偏りが生じ，表面に沿って，この電子の疎密波が形成される．これにより表面近傍の空間に静電場あるいは誘導電場が生じ，近接場光に類するエバネッセント波と称される．これらの近接場光やエバネッセント波は，粒子表面や平滑面近傍に存在する，いわば近接場成分であり，遠方まで伝ぱする通常の伝ぱ成分に比べて，共鳴する周波数においては，表面に近づくにつれその電界強度が桁違いに大きくなるとされている．そこで，このナノ粒子を色素増感太陽電池の電極近傍の電界質溶液に分散させ，近接場光により発電量を増大させる試みや，赤外線放射体表面を赤外線起電力電池表面にナノオーダーまで近づけることにより，熱エネルギーからエバネッセント波を介して電気への高密度変換が考えられている[8]．しかしながら，この電界強度が，表面に近づくにつれてどのように増大するのか，さらにその波長制御が可能かどうかについては明らかにされていない部分が多い．ここでは，熱エネルギーから電力へ，このような近接場成分を介

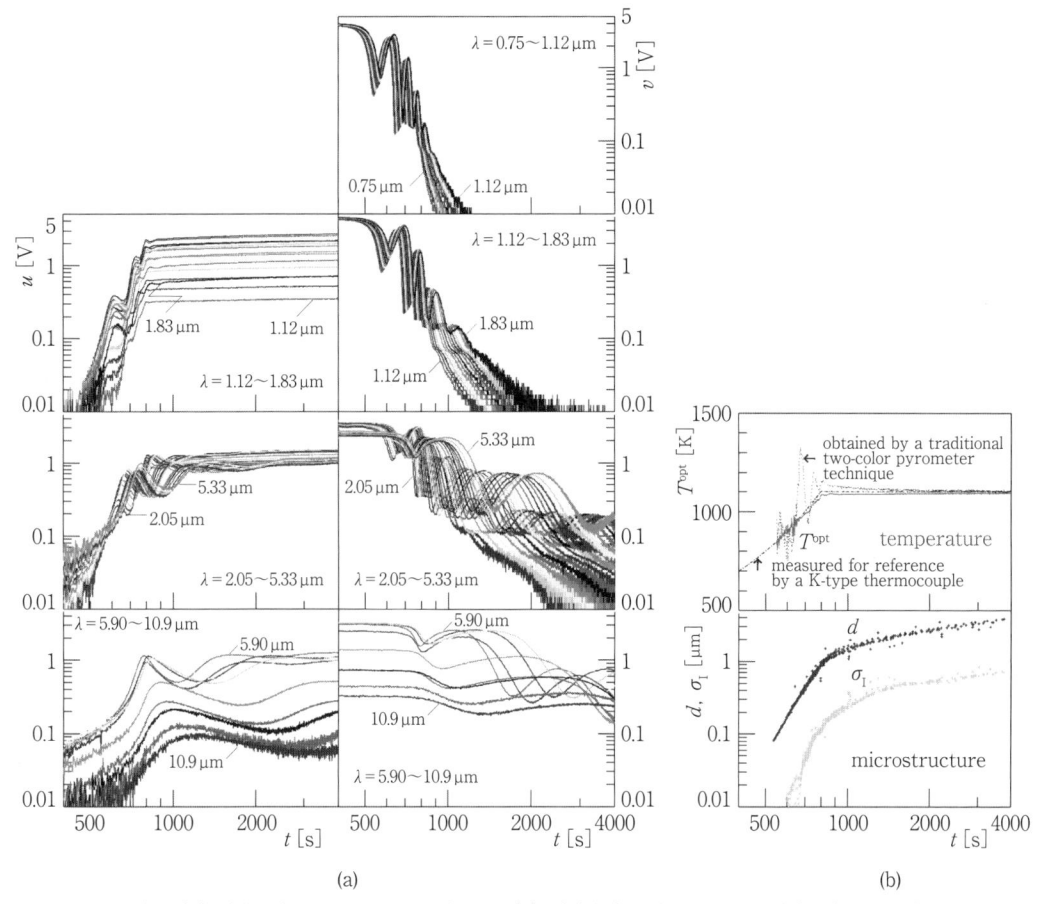

Fig. 4-10-8 高温大気酸化過程にあるニッケル表面の (a) 垂直放射エネルギー u, 垂直入射鏡面反射エネルギー v の測定量, (b) 温度 T^{opt}, 被膜厚さ d, rms あらさ σ_{I} の診断 (Examples of (a) measured quantities of normal emission energy u and normal incidence specular reflection energy v (i.e. input quantities to proposed diagnosis system) and (b) diagnosis of temperature T^{opt}, film thickness d and rms roughness σ_{I} of nickel surface in high-temperature air-oxidation process shown in Fig. 4-10-7)

した変換を念頭に置き，加熱された平滑面近傍のエバネッセント波を検出し，表面の微細構造により近接場光の波長制御が可能であるかを測定する著者らの手法について解説する．

(1) 近接場光顕微ファイバープローブおよび検出器

従来から，可視光域の近接場光検出については，光ファイバーを用いる方法と，原子間力顕微鏡（AFM: Atomic Force Microscope）に用いられるようなプローブを用いる方法が試されている．前者は，Fig. 4-10-9 に示されるような，先端に直径 300 nm 程度の開口面を有する金属被覆シリカ製光ファイバーを近接場領域まで近づけ，近接場光により開口部近傍に誘起された散乱光を伝ぱ光としてファイバーのコア部に導き，その強度を検出器により測定する方法である．一方，後者は，先鋭な金属先端を近接場領域まで近づけ，近接場光を半球状に散乱させ，その光をカセグレン鏡などにより集光し，その強度を測定する方法である[9]．ここでは，放射体温度を 850℃ と高く設定しているため，伝ぱ光の検出を避けるために，近接場光（エバネッセント波）の散乱光のみを検出器に導く光ファイバを用いる方法を採用した．

コア部とその周囲のクラッドからなる光ファイバープローブは，フッ素エッチングにより先端部分のみコア部が露出され，さらにそのコア先端が先鋭化される．この光ファイバは，スパッタリングに

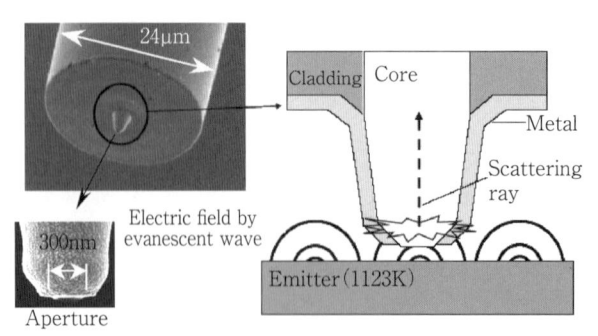

Fig. 4-10-9 近接場光検出用ファイバプローブおよび計測原理
(Concept image of measurement of near-field radiation and a fiber-probe)

より金被覆あるいはクロム被覆が施される．最後に，高速イオンビーム（FIB: First Ion Beam）などにより先端を水平にカットし，開口部を設ける．その開口直径はSEMなどにより測定される．

熱エネルギーから電力への変換においては，波長域が近赤外域に集中しており，その波長域の検出が望ましい．しかしながら，光ファイバーに導かれる光強度が小さいことから，検出感度が高い光電子増倍管（PMT: Photomultiplier）を用いた．その波長範囲は300〜920 nmである．さらに，赤外線放射体表面構造によるエバネッセント波の波長制御を調べるために，2種類のカットオフ・フィルター（カットオフ波長780 nm，810 nm，840 nm，900 nm）が検出器手前に装着できるように工夫されている．これにより，各波長帯域（300〜780 nm，780〜810 nm，810〜840 nm，840〜900 nm，900〜920 nm）の強度変化が調べられる．

(2) 真空型近接場光顕微システムの構築

著者らにより開発した真空型近接場光顕微システムをFig. 4-10-10に示す．光ファイバープローブはホルダーに支持され，ピエゾアクチュエーターにより，一定の振動数で左右に振動可能となっている．プローブ先端が赤外線放射体表面に近づくにつれて変化する振幅の大きさを可視光レーザーの反射強度変化から検出し，制御回路介してプローブの上下駆動用ピエゾアクチュエーターを制御することにより，表面とプローブ間の高さを一定に維持する（シアーフォース制御）．この制御手法を用いることにより，表面構造をトポグラフィー像（Topography Image）として認識できる．放射体からのふく射によるホルダーの加熱を防ぐため，ふく射遮蔽ミラーがそれらの間に挿入されている．

赤外線放射体は，平滑面あるいは周期的な微細構造表面からなるニッケル製の平板エミッタ（厚み0.5 mm）が熱容量の大きなステンレス製ブロックの上面に接着された構造である．これらは電気ヒーターによりブロック下部から加熱される．表面温度は，その表面に溶接された素線径0.2 mmのクロメル-アルメル熱電対により測定される．温度変動を緩和させるための金属ブロックは，ふく射による放熱を低減するために鏡面仕上げが施され，さらにその周囲を同じく表面仕上げされた水冷ジャケットに囲まれている．

エミッター温度を常温として，まず，シアーフォース制御により表面構造を明確にするとともに，プローブと表面構造の位置関係を明らかにする．Fig. 4-10-11には，用意されたエミッタ表面のSEM像と，本システムに装着後，シアーフォースにより確認された表面構造を示す．エミッター表面は，平滑面，周期的400 nm×400 nmマイクロキャビティー表面，周期的500 nm×500 nmマイクロキャビティー表面，さらに位置確認のための深溝マーカーが，パターン化された構造である．これを走査することにより，平滑面に比べて，周期的マイクロキャビティーによるエバネッセント波の波長制御性がそれらの比として検出できることになる．ここでは，平滑面についてのみ，以下に結果を紹介する．

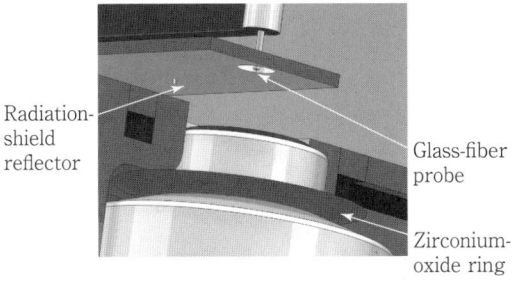

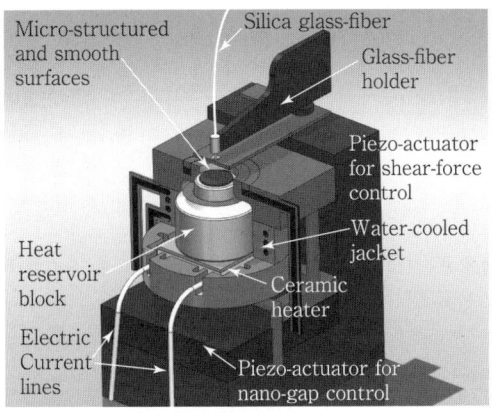

4.10 ナノ・マイクロ系のふく射性質測定法　　251

Fig. 4-10-10　真空型近接場光顕微システムの概要（Image of scanning near-filed optical microscope in vacuum）

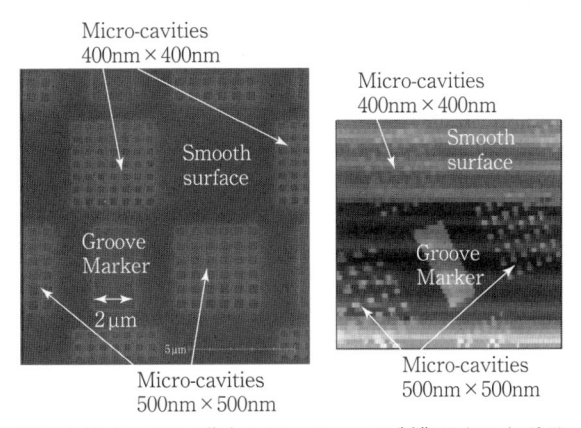

Fig. 4-10-11　SEM像とシアーフォース制御によるトポグラフィー像（Comparison between images of SEM and Topography）

(3) 金被覆ファイバープローブによる計測

　Fig. 4-10-12 に開口径 300 nm の金被覆プローブを用いて測定された結果を示す．縦軸は電圧変換された光強度，横軸は計測開始からの時間である．赤外線放射体表面上の平滑面の位置を確認した後，シアーフォース制御を解除し，実験開始からピエゾアクチュエーターによりプローブを近づけた．Fig. 4-10-12 より，開始後，間もなくは光強度が極めて小さく，開口径が小さいことから伝ぱ光は検出できないことがわかる．180秒後には急激な光強度の増大が確認され，近接場光領域にプローブが達したことが推察される．このとき，平滑面とプローブ先端の距離を把握することは出来ていない．衝

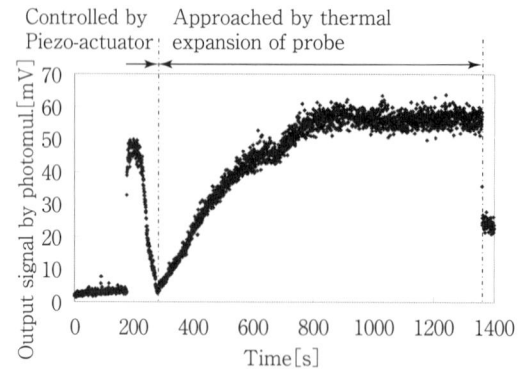

Fig. 4-10-12 金被覆プローブにより検出された平滑面エミッター表面の近接場光信号強度
(Near-field radiation intensity measured by a fiber-probe coated by gold. This is for a smooth surface emitter.)

突を避けるためと再現性を確かめるために，一度プローブを放射体表面から遠ざけ，280秒後には光強度が開始時の値に戻ることを確認した．次に，ピエゾの駆動を止めた状態で放置すると，光強度に相当する電圧が時間とともに徐々に増大した．これは，プローブの温度が上昇することによって熱膨張し，放射体表面に近づくためである．能動的な制御ではないが，極めて空間分解能の高いアプローチが出来ている．しかしながら，やはりその距離は把握できない．上昇を続けた光強度は800秒後からほぼ一定値となる．このときにプローブは放射体表面に接触したものと考えられる．1300秒後にプローブを遠ざけると，光強度の値はゼロに戻らない．プローブのSEM像からも，その先端が破損していることが確認され，伝ぱ光が検出されている結果であることがわかる．

(4) クロム被覆ファイバープローブによる計測

クロムは金に比べて融点も高く，光ファイバーの素材であるガラスとの蒸着性もよい．線膨張係数は金の値の半分以下であるが，上記のFig. 4-10-12と同様に熱膨張によってプローブが近づくことになる．そこで，ここでは，プローブ温度が上昇する前に，素早く検出することを試みる．検出波長範囲が可視光域に近く，かつ極めて狭いため，光の信号強度は，放射体表面に数十ナノオーダーまで近づける必要があると思われるからである．Fig. 4-10-13に開口径250 nmのクロム被覆ファイバープローブを用いて計測した結果を示す．左の縦軸は電圧変換された光強度，右の縦軸はピエゾアクチュエーターの相対移動距離（任意位置を原点としている）である．プローブは，実験開始から100 nmずつ表面に近づけている．それが階段上の線である．実験開始から820秒後において，プローブを100 nm近づけた場合，光強度に相当する電圧は急激に上昇している．この計測における波長範囲においては表面の極めて近傍に存在する高い電界強度のエバネッセント波のみが検出できることがわかる．その後，プローブを表面から遠ざけたものの，光強度はゼロとはならず，Fig. 4-10-14のSEM像に示されるように，先端部分が破損していることが確認できる．

(5) まとめ

以上示してきたように，光ファイバープローブを用いることにより，近接場成分検出の可能性が示唆された．エネルギー変換の促進や単位面積当たりのエネルギー変換量を議論するにはこのようなナノオーダーの計測が今後ますます必要となる．要求される波長範囲の計測が，光学系や検出器の制約により思うに任せないなど課題も多いことがわかる．しかしながら，こうしたナノオーダーの原理現象が今後のエネルギー変換システムを支えることは疑う余地がない．伝ぱ光に比べて極めて高いエネルギー密度を輸送できる近接場光あるいはエバネッセント波の波長域を自由に制御することが可能と

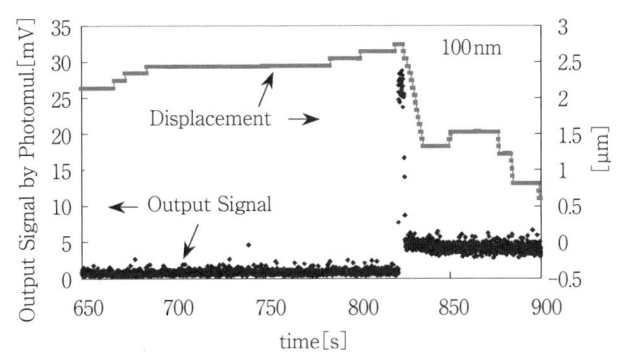

Fig. 4-10-13 クロム被覆プローブにより検出された近接場光信号強度およびプローブ移動距離（Near-field radiation intensity measured by a fiber-probe coated by chromium and displacement of probe. This is for a smooth surface emitter.）

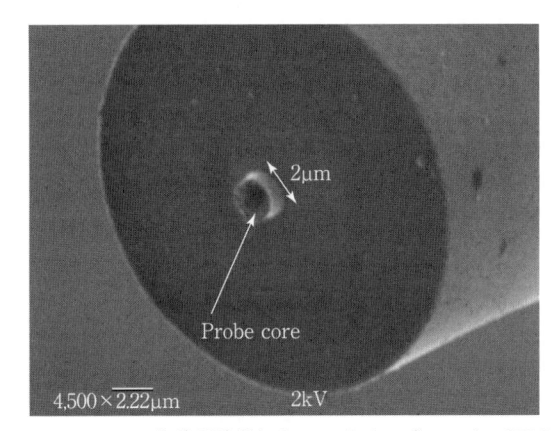

Fig. 4-10-14 先端が破損したファイバープローブのSEM像（SEM image of probe broken by contact with a high-temperature emitter-surface）

なれば，全く新しい発電システムの構築など，そのインパクトは計り知れないと考えられる．

4.10.3 バイオマテリアルのふく射性質 (Radiative characteristics of living matter)
(1) 生体のふく射性質

バイオマテリアルとして最も関心の高い対象は，人の生体であろう．医療診断，レーザー治療，生体認証などにおいて，人の生体におけるふく射（光）伝播の様子を把握する必要がある．このため，医療診断の技術開発や高度化，レーザー治療の効果予測などに，頻繁に数値解析が利用される．人の生体のふく射物性が，必要とされる所以である．

さて，必要とされる生体のふく射（光）物性とは何かついて触れておく．生体物質の大部分を占めるのは水で，ついで，タンパク質，脂質である．それら以外には，骨を構成するリン酸カルシウムなどのミネラル（無機質）が若干ある．したがって，生体の基本的なふく射物性は，それらの物質の複素屈折率ということができる．水については，文献10)などで，その値を知ることができる．

しかしながら，それらの複素屈折率が分かったからといって，生体内のふく射伝播を把握することはできない．細胞やその中の微細組織が，伝播するふく射を散乱するからである．生体内のふく射伝播の把握には，この散乱に関する理解が不可欠である．

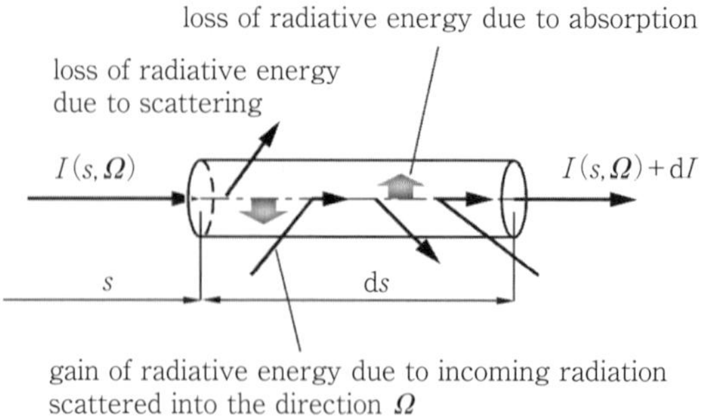

Fig. 4-10-15 検査体積における伝播するふく射のエネルギーバランス (Energy balance of radiation propagating in the direction of $\boldsymbol{\Omega}$ in a control volume)

ところで，バイオマテリアルにおける散乱現象そのものは，マイクロスケールの生体組織が引き起こすが，散乱を伴うふく射輸送全般に関しては，マクロな現象として取り扱われる．したがって，バイオマテリアルのふく射性質を特徴づける物性としては，散乱性媒質のふく射物性をあげるべきである．本書のスコープから外れるが，ここでは，そのふく射物性について触れる．

散乱性媒質のふく射輸送は，以下に示すふく射輸送方程式により取り扱われることが多い．

$$\frac{dI(s,\boldsymbol{\Omega})}{ds} = -(\alpha+\sigma_s)I(s,\boldsymbol{\Omega})+\alpha I_b(T)+\frac{\sigma_s}{4\pi}\oint_{\boldsymbol{\Omega}'}p(\boldsymbol{\Omega}'\to\boldsymbol{\Omega})I(s,\boldsymbol{\Omega}')d\boldsymbol{\Omega}' \qquad (4.10.4)$$

この方程式は，検査体積におけるエネルギーバランスから導かれるもの (Fig. 4-10-15) で，上の式では，$\boldsymbol{\Omega}$方向に伝播するふく射の強さ$I(s,\boldsymbol{\Omega})$について，そのバランスを表したものである．sはベクトル$\boldsymbol{\Omega}$に沿う位置を表している．この式の導出については，例えば，文献11, 12) が詳しい．ここでは，各項の物理的意味を示しておく．

右辺の第1項は伝播するふく射の（散乱と吸収による）減衰分を，第2項は自己放射による増分であるが，近赤外線より短い波長におけるふく射性質を議論する場合には無視できる．第3項は周囲から検査体積に入るふく射が，散乱によって，伝播するふく射に加わる増分を表している．左辺は，その結果生じた増減である．この輸送方程式に現れるふく射物性は，散乱係数σ_s，吸収係数α，散乱位相関数$p(\boldsymbol{\Omega}'\to\boldsymbol{\Omega})$の3つである．散乱係数$\sigma_s$，吸収係数$\alpha$の代わりに，減衰係数$\beta$，アルベド$\omega$を用いることもある．それらの関係は，次の通りである．

$$\beta = \alpha + \sigma_s \qquad (4.10.5)$$

$$\omega = \frac{\sigma_s}{\alpha + \sigma_s} \qquad (4.10.6)$$

これらのふく射物性が，生体を含む散乱性媒質のふく射輸送を特徴づける．

(2) 測定方法および測定装置

生体に限らなければ，これらのふく射物性の計測に関する報告は多い．しかし，大抵の場合，適当な大きさの試料を準備する必要がある．同様の方法を生体に適用するには，組織を切り出す必要がある．切り出した生体組織ついての報告には，文献13~17) がある．

生体組織に関しては，非侵襲での計測が望まれるが，その例は少ない．特に，生体深部のふく射物性は計測できない．外部にさらされる皮膚など，生体の表層についての報告が僅かに存在する．Pattersonら[18]は，極短パルスレーザーを生体に入射させて，その際，観察される反射光強度の経時変化から，逆解析を通じて，散乱係数と吸収係数を算出する可能性について数値的検討を行った．山田ら[19]は，同様の方法で，実際に皮膚の減衰係数とアルベドの計測を行っている．

4.10 ナノ・マイクロ系のふく射性質測定法

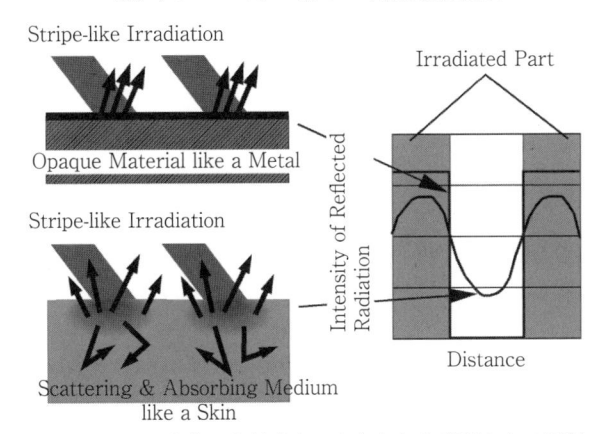

Fig. 4-10-16 縞状の入射光束にさらされる表面からの反射
(Reflection from surfaces exposed by stripe-like irradiation)

時間分解計測以外に，意図的に非一様な光を入射させて，その際，反射される光の強度分布を基に，ふく射物性を計測する手法が報告されている[20,21]．山田ら[21]の計測法の概要を Fig. 4-10-16 に示す．この計測法では，皮膚上で照射部と非照射部が縞状に繰り返されるように，スリット列を通過したふく射（光）を皮膚に照射し，その反射光の空間分布を測定する．もし，皮膚が金属のように不透明であれば，反射光は，照射部分からのみ観察されることになる．一方，皮膚のような半透明の散乱・吸収性媒体では，図に示すように，皮膚内部に浸透した光が，散乱を繰り返しながら，皮膚内を伝播し，その一部が，入射光の照射部だけでなく，非照射部からも射出される．すなわち，反射光は非照射部からも観察されることになる．もし，皮膚の減衰係数が小さければ，光は広がりやすく，非照射部から強い反射光が観察される．また，アルベドが大きければ，皮膚内部で吸収されるふく射のエネルギーが小さくなるので，全体的に（照射部，非照射部ともに）強い反射光が観察されることになる．このことは，反射光の空間分布に，皮膚内部のふく射物性情報が反映されていることを意味している．この計測法では，この反射光強度の空間分布のデータをもとに，逆解析を通じて，皮膚のふく射物性値が推定される．

Fig. 4-10-17 に計測装置を示す．光源には，ハロゲンランプを利用している．縞状の入射光束を得るために，スリット列マスクを利用する．マスク背面をハロゲンランプで照射し，そのスリット列を通過した光を，カメラレンズにより，対象となる皮膚表面に結像させ，縞状（水平方向）の入射光束を得ている．なお，計測側の光路干渉しないように，入射光束は水平方向に（z-x 平面上で）30°傾いている．反射光の計測は，皮膚表面に対して垂直な方向から行う．アパーチャーにより縞に垂直な方向の反射光の空間分布が，分光用の回折格子を通した後，冷却 CCD カメラにより撮影される．撮影された画像の縦方向に反射光強度の空間分布が，横方向にその波長情報が記録される．この装置により，可視域の広い範囲にわたる減衰係数，アルベドが計測されている．

さて，以上で述べたいずれの計測も，散乱位相関数を既知として与える必要がある．散乱位相関数は，マクロには，光が媒質内の短い（無限小の）距離を進む際，どの方向に散乱されるか（散乱の異方性）を定める物性として定義されている．この散乱位相関数に関しても，計測手法が報告されている[14,22~24]．その計測法のほとんどが，切り出した薄い試料にレーザー光を入射させて，その際生じる散乱光の角度分布を計測するものである．十分に薄い試料であれば，計測結果を規格化することで，散乱位相関数を得ることができる．ただし，そのようにして得られた散乱位相関数をそのまま用いることは少ない．利用しやすいように，1つ，あるいは，2つのパラメーターをもつ関数で近似する

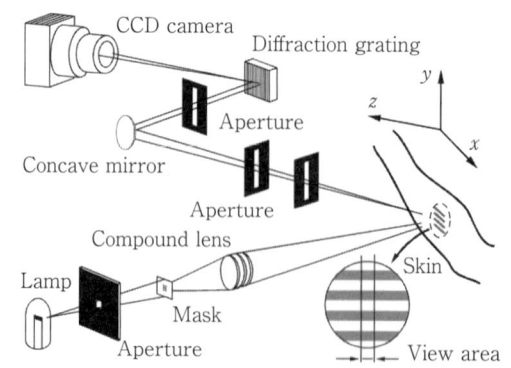

Fig. 4-10-17 皮膚の非侵襲ふく射物性測定法[21]（A measurement method for estimating the radiative properties of human skin）

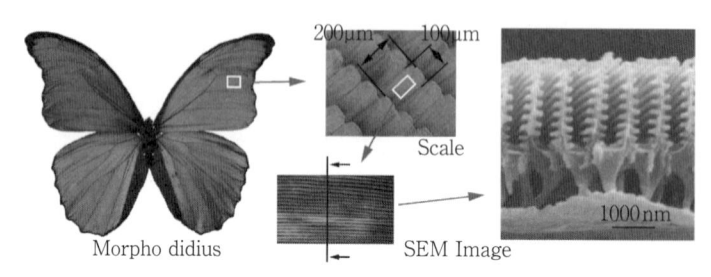

Fig. 4-10-18 モルフォ蝶（didius）とその鱗粉上の微細周期構造（Morpho butterfly (didius) and nanostructure on its scale）

ことが多い．よく用いられるのは，以下の Henyey-Greenstein 関数である．

$$p_{\text{H-G}}(\theta) = \frac{1}{4\pi} \frac{1-g^2}{[1+g^2-2g\cos\theta]^{3/2}} \tag{4.10.7}$$

θ は散乱前後のふく射のなす角である．この関数では，1つの非対称パラメーター g で，散乱の異方性を表している．生体組織について，この関数を求めたものに文献 23, 24) などがある．この中で Mourant ら[23]，生体組織の内，何が散乱を支配するかについても考察している．

(3) ナノ・マイクロスケールの構造を持つ生体のふく射性質

一部の生き物の見せる鮮やかな色が，生体のもつナノ・マイクロ構造によって発現することが知られている．アコヤ貝，玉虫，孔雀の羽根などがその例であるが，特に有名なのが，Fig. 4-10-18 に示す，青い金属光沢で知られるモルフォ蝶である．この Fig. 4-10-18 には，モルフォ蝶の翅表面に敷き詰められた鱗粉の断面も示してあるが，この周期的な微細構造が，光を干渉させることで，色づくと考えられている[25～27]．これは，バイオマテリアルの見せる1つのふく射性質といえる．ここでは，このような周期的微細構造を表面に設けることで，そのふく射性質を制御しようとする試みについて紹介する．

表面のふく射性質の制御には，表面に設ける周期的微細構造とそのふく射性質の関係を把握することが必須である．そのため，数値解析手法の開発が進められている．この解析は，実は，近年盛んに研究が進められているフォトニック結晶に関する解析と，ほぼ同じである．違いは，発色では表面における反射性質に関心があるのに対し，フォトニクス結晶では，結晶内部の光の伝播に関心がある（光導波路，光分岐回路など）点である．また，分野が違うために，結果の表現が異なることもある．

4.10 ナノ・マイクロ系のふく射性質測定法　　257

例えば，フォトニック結晶の光性質を表すのに，よくバンド構造（分散図）が用いられるが，これでは，どの波長の反射が強いか，などを容易に知ることは難しい．フォトニック結晶の研究については，別項に詳しいので，以下では，微細構造をもつ表面の反射性質を求めるための解析手法を紹介する．

表面の微細構造寸法が波長と同程度の大きさであること，また，干渉を扱う必要があることから，その表面からの反射を解析するには，幾何光学的な取扱いができない．光を電磁波として取り扱うことが必要となる．ここでは，電磁場を支配する Maxwell 方程式を数値的に解くことで，微細構造をもつ表面の反射性質を導く方法について述べる．

いま，簡単のために，構造を形成する媒質を等方とすると，解くべき Maxwell 方程式は次のとおりである．

$$\nabla \times \boldsymbol{E} = -\mu \frac{\partial \boldsymbol{H}}{\partial t} \tag{4.10.8}$$

$$\nabla \times \boldsymbol{H} = \varepsilon \frac{\partial \boldsymbol{E}}{\partial t} + \boldsymbol{j} \tag{4.10.9}$$

$$\nabla \cdot \boldsymbol{E} = \rho \tag{4.10.10}$$

$$\nabla \cdot \boldsymbol{H} = 0 \tag{4.10.11}$$

ここで，$\boldsymbol{E}$ と $\boldsymbol{H}$ は，それぞれ，電界と磁界，μ は透磁率，σ_e は誘電率，また，ρ と $\boldsymbol{j}$ はそれぞれ源である電荷密度，電流密度を表す．本項で対象とするような反射性質を求める場合，永久電荷，電流は無いと仮定できる．したがって，$\rho = 0$ と $\boldsymbol{j} = 0$ である．

古くは積分方程式に基礎を置くモーメント法（Moment methods）が Maxwell 方程式の数値解法によく利用されていたが，近年では，様々な電磁場問題への適用が容易な Finite Differential Time Domain Method（FDTD 法）と，有限要素法の 2 つの手法がよく利用される．

FDTD 法は，Maxwell の微分方程式を差分化して解く，非定常解法の 1 つで，多数の教科書[29)30)]が出版されている．一方，有限要素法もまた，FDTD 法と並んで良く利用される．有限要素法の特徴は，対象が変わっても解析コードをほとんど変えることなく利用できるという柔軟な適用性にある．有限要素法についても，いくつかの教科書[30,31)]が存在する．

さて，FDTD 法，および，有限要素法によって導かれるのは，計算領域内の電磁場分布である．周期的な微細構造をもつ表面を対象に，解析をする場合，Fig. 4-10-19 に示すように，表面に沿う方向に周期境界を仮定したとしても，垂直方向に無限に大きな解析領域は扱えない．ある限られた領域の電

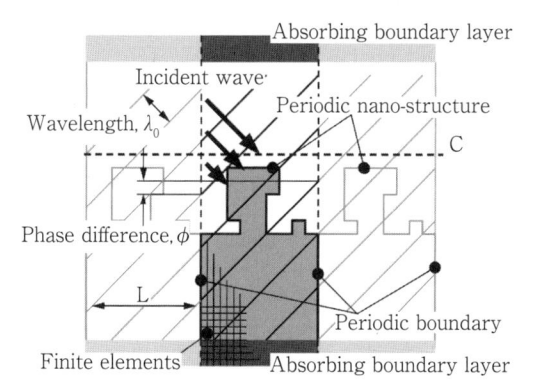

Fig. 4-10-19　周期的微細構造を有する表面の数値解析モデル（A numerical model for evaluating radiative characteristics of surface with periodic microstructure）

磁場が得られるだけである．この電磁場はいわゆる「近接場」，われわれが観察できる反射光の電磁場ではない．反射光の強さを知るには，表面よりも十分に離れた観測点での電磁場，いわゆる「遠方場」を知る必要がある．この遠方場は，電磁場の積分表現を利用して，近接場の電場分布から求めることができる．この積分表現については，先に挙げた教科書[28～31]で述べられている．

遠方（観察点）における電磁場が得られれば，ポインティングベクトルを計算することで，観察点での光の強さを求めることができる．

周期的微細構造をもつ表面の反射性質を求める手法をまとめると，
(1) 周期構造を考慮して，表面近傍に計算領域を定める．
(2) FDTD 法，あるいは，有限要素法で，計算領域内の電磁場（近接場）を求める．
(3) 積分表現を通じて遠方における電磁場（遠方場）を求める．
(4) 光の強さは，遠方界からポインティングベクトルを計算することで求められる．
以上の手法を繰り返して，反射光強さの波長（周波数）特性を調べれば，表面の反射性質が得られる．

参考文献

1) H. Wakabayashi and T. Makino, "A New Spectrophotometer System for Measuring Thermal Radiation Phenomena in a 0.30-11 μm Wavelength Region", Meas. Sci. Technol., Vol.12, No.12 (2001) pp.2113-2120.
2) T. Makino and H. Wakabayashi, "A New Spectrophotometer System for Measuring Hemispherical Reflectance and Normal Emittance of Real Surfaces Simultaneously", Int. J. Thermophys., Vol.31, Nos.11-12 (2010) pp.2283-2294.
3) T. Makino and H. Wakabayashi, "New Spectrophotometer System for Measuring Thermal Radiation Characteristics of Real Surfaces of Thermal Engineering Entirely", J. Thermal Sci. Technol., Vol.6, No.1 (2011) pp.80-92.
4) R. Siegel and J. R. Howell, Thermal Radiation Heat Transfer, 3rd ed., (1992), pp.47-91, Taylor & Francis, Bristol.
5) T. Makino, H. Kawasaki and T. Kunitomo, "Study of the Radiative Properties of Heat Resisting Metals and Alloys (1st Report, Optical Constants and Emissivities of Nickel, Cobalt and Chromium)", Bull. JSME, Vol.25, No.203 (1982) pp.804-811.
6) T. Makino and H. Wakabayashi, "Thermal Radiation Spectroscopy Diagnosis for Temperature and Microstructure of Surfaces", JSME Int. J., Ser. B, Vol.46, No.11 (2003) pp.500-509.
7) H. Wakabayashi and T. Makino, "Thermal Radiation Phenomena of Surfaces of Chromium and Palladium in a High-Temperature Environment", Int. J. Thermophys., Vol.32, No.10 (2011) pp.2112-2126.
8) K. Hanamura, H. Fukai, E. Srinivasan, M. Asano and T. Masuhara, "Photovoltaic Generation of Electricity using Near-Field Radiation", Proc. of ASME/JSME Joint Conf. Thermal Eng., AJTEC2011 (2011) pp.1-5.
9) Y. D. Wilde, F. Formanek, R. Carminati, B. Gralak, P.A. Lemoine, K. Joulain, J.P. Mulet, Y. Chen and J. J. Greffet, "Thermal Radiation Scanning Tunneling Microscopy", Nature Letters, Vol.444 (2006) pp.740-743.
10) W. M. Irvine and J. B. Pollack, ICARUS, Vol.8 (1968) p.324.
11) R. Siegel and J. R. Howell, Thermal Radiation Heat Transfer 2nd Edition, Hemisphere (1981).
12) M. N. Özisik, "Radiative Transfer and Interactions with Conduction and Convection", Werbel & Peck, New York (1985).
13) S. L. Jacques, C. A. Alter and S. A. Prahl, "Angular Dependence of HeNe Laser Light Scattering by Human Dermis", Lasers in Life Sciences, Vol.1, No.4 (1987) pp.309-333.
14) R. Marchesini, A. Bertoni, S. Andreola, E. Melloni and A. E. Sichirollo, "Extinction and absorption coefficients and scattering phase function of human tissues in vivo", Applied Optics, Vol.28, No.12 (1989) pp.2318-2324.
15) T. L. Troy, D. L. Page and E. M. Sevick-Mutace, "Optical Properties of Normal and Diseased Breast Tissues: Prognosis for Optical Mammography", J. of Biomedical Optics, Vol.1, No.3 (1996) pp.342-355.
16) C. R. Simpson, M. Kohl, M. Essenpreis and M. Cope, "Near-infrared Optical Properties of ex vivo human

skin and subcutaneous tissues measured using Monte Carlo Inversion Technique", Phys. Med. Biol., Vol. 43（1998）pp.2465-2478.
17) T. L. Troy and S. N. Thennadil, "Optical Properties of human skin in the near infrared Wavelength range of 1000 to 2200 nm", Journal of Biomedical Optics, Vol.6, No.2（2001）pp.167-176.
18) M. S. Patterson, B. Chance and B. C. Wilson, "Time resolved reflectance and transmittance for the non-invasive measurement of tissue optical properties", Applied Optics, Vol.28, No.12（1989）pp.2331-2336.
19) 山田　純, 瀧口義浩, 三浦由将, 小川克基, 高田定樹, "反射光の時間領域計測による皮膚のふく射物性値の推定", 第25回日本熱物性シンポジウム講演論文集（2004）pp.198-200.
20) R. Graaff, A. C. M. Dassel, M. H. Koelink, F. F. M. de Mul, J. G. Aarnoudse and W. G. Zijlstra, "Optical Properties of human dermis in Vitro and in Vivo, Applied Optics", Vol.32, No.4（1993）pp.435-447.
21) 山田　純, 有田悠一, 安炳　弘, 三浦由将, 高田定樹, "空間分解反射光計測に基づく皮膚のふく射物性の推定", 日本機械学会論文集（B編）, Vol.74, No.745（2008）pp.2034-2039.
22) S. T. Flock, B. C. Willson, M. S. Patterson, "Total attenuation coefficients and scattering phase functions of tissues and phantom materials at 633 nm", Medical Physics, Vol.14, No.5（1987）pp.835-841.
23) J. R. Mourant, J. P. Freyer, A. H. Hielscher, A. A. Eick, D. Shen and T. M. Johnson, "Mechanisms of light scattering from biological cells relevant to noninvasive optical-tissue diagnostics", Applied Optics, Vol.37, No.16（1998）, pp.3586-3593.
24) K. Naito, J. Yamada, T. Ogawa and S. Takata, "Measurement of Scattering Phase Function of Human Skin", Japan Journal of Thermophysical Properties, Vol.24, No.2（2010）pp.101-108.
25) Kinoshita, S., Forma, "Photophysics of Structural Color in the Morpho Butterflies", Vol.17（2002）pp. 103-121.
26) B. Gralak, G. Tayeb and S. Enoch, "Morpho Butterflies Wings Color Modeled with Lamellar Grating Theory", Optics Express, Vol.9, No 11（2001）pp.567-578.
27) P. Vukusic, J. R. Sambles, C. R. Lawrence and R. J. Wootton, "Quantified Interference and Diffraction in Single Morpho Butterfly Scale", Proc. Royal Society of London B, Vol.266（1999）pp.1403-1411.
28) 宇野　亨, FDTD法による電磁界およびアンテナ解析, コロナ社（1998）.
29) S. K. Kunz and R. J. Luebbers, The Finite Differential Time Domain Method for Electromagnetics, CRC Press（1993）.
30) J. L. Volakis, A. Chatterjee and L. C. Kempel, Finite Element Method for Electromagnetics, IEEE Press（1998）.
31) J. Jianming, The Finite Element Method in Electromagnetics 2nd Edition, John Wiley & Sons, New York（2002）.

4.11 ナノ・マイクロスケール熱物性センシング技術（Thermophysical Properties Sensing Techniques）

4.11.1 MEMS を用いた微小熱分析（Thermal analysis and calorimetry using MEMS）

　物質の比熱や相転移の情報を調べる熱分析・熱測定（4.4参照）に必要な最小構成は，ヒーター等の温度走査用デバイスと熱電対等の温度計測センサーである．そのため，熱分析装置を MEMS 技術で小型化し，微量な試料や高速温度走査に対応させる "ナノカロリーメトリー" の試みは少なくない[1]．例えば，1990年代には熱分析装置を MEMS 技術で小型化する研究[2]が報告され始め，2000年代には，薄膜抵抗体を用いたクラスターの融解現象の観察[3]や原子間力顕微鏡のカンチレバーセンサーの熱変形を利用したマイクロ～ピコグラムの高分子試料（トリコサン）の回転相転移の観察[4]，熱型圧力センサーを転用した PET の高速熱分析の試み[5]など先駆的な取り組みが挙げられる．

　通常の熱分析装置では，分析対象試料の質量範囲が 10 mg～1 g 程度，温度走査速度は 1 mK/s～1 K/s 程度であるのに対し，例えば2011年に上市された MEMS センサー型の熱分析装置（Flash DSC

1,Mettler Toledo 社）では，質量範囲は 10 ng～1 μg 程度，温度走査速度 0.1～4000 K/s と質量では 6 桁の微量化，温度走査速度では 3 桁以上の高速化が見られる[6]．分析試料の微量化では，大量合成が難しいタンパク質や同位体材料，超格子構造材料などへの応用が期待され，また，温度走査の高速化では，分析スループットの向上に加え，高分子材料のガラス相転移や再結晶化など状態変化速度が影響する現象を広い速度範囲に渡り観察できる利点が期待されている．

筆者らは，熱分析，熱量測定に加え，質量計測が可能なカンチレバー型カロリーメーターを開発し，マイクログラム以下の試料を対象とするナノカロリーメトリーを実験的に調べてきた．ここでは，主に微小金属試料を対象とした DTA（Differential Thermal Analysis，示差走査熱分析），共振質量計測とそれを用いた TG（Thermogravimetry，熱重量測定），PC 制御による DSC（Differential Scanning Calorimetry，示差走査熱量計測）について解説する．

(1) カンチレバー型カロリーメーターによる微小熱分析

SiO_2 をボディとした微小なカンチレバー（片持ち梁）上に金属薄膜のヒーター，熱電対等を集積したカンチレバー型カロリーメーターを Fig. 4-11-1 に示す．これらは，フォトリソグラフィー，スパッタリング，リフトオフ，ウエットエッチングという基本的な MEMS プロセスでシリコン基板上に独立して形成されている．(a)は先端から，温度均一化用のヒートスプレッダー，昇温用ヒーター，温度計測用熱電対，熱流計測用のサーモパイルを備えた DTA 用カロリーメーターである．ヒーターにプログラムされた電圧を印加し温度走査を行い，その間の試料温度を熱電対で計測する作業を空の状態（リファレンス）と試料を設置した状態（サンプル）で行うことで，試料の吸発熱を温度の関数として調べる DTA を実施できる．(b)のカロリーメーターは，先端からヒートスプレッダー，熱電対，補償加熱用ヒーター，サーモパイル，温度走査用ヒーターを備え，DTA に加え，熱量補償式 DSC を実施できる．また，DTA，DSC モードの分析の他に，カンチレバーの共振周波数から設置した試料の質量を計測できる．(c)のカロリーメーターは高温熱分析用であり，配線・デバイス部は全て白金で作られており，温度計測用の RTD（Resistance Temperature Device，測温抵抗体），温度走査用のヒーター，カンチレバーのたわみを測るひずみゲージを備えている．

Fig. 4-11-1(a)の DTA 用カロリーメーターで 24 μg のインジウムの DTA を実施した例を Fig. 4-11-2 に示す．ここでは，まず，空のカロリーメーターで室温から 250℃まで 5 秒間で，時間の平方根（$\sqrt{t}$）に比例した電圧をヒーターに印加し一定速度で昇温し，次の 5 秒間で同じ温度域を一定速度で降温させリファレンスデータを取得する．次いで，試料を乗せた状態で同じ温度域を同じ時間で温度走査し，サンプルデータを取得する．両データの差を PC 上でとり，DTA データ（ΔT）を得る．図中の DTA データには，インジウムの融解と凝固を示すピークが明確に現れ，各ピーク面積から求めた相変化潜熱から求めた 2 つの換算質量，ベースラインの差から求めた熱容量の換算質量は，8% 以内で一致している．一般的な DTA は数 10 分から数時間の分析時間を必要とするが，この例では，10 秒の温度走査を複数回実施することで必要なデータを得ている．また，一般的には試料はカップやセルに封入された状態で分析されるが，ここではカロリーメーター上に乗せた状態であり，カロリーメーターから外部への熱コンダクタンスはリファレンス状態に比べサンプル状態では増加している．このため，温度走査範囲を一致させるためサンプル計測ではリファレンスに比べ加熱量は 33% 程度増加させており，DTA データから熱量を算出するには試料搭載時のコンダクタンスを用いることに注意が必要である．

Fig. 4-11-3 は，高温型カロリーメーターで 3.5 μg のアルミニウムの融解，凝固を観察した例である[7]．カロリーメーターの白金製薄膜 RTD は，昇温により抵抗値が増加するドリフトを示したが，約 15 分間のアニールにより安定した応答が得られている．その後，RTD は，微小金属試料を乗せ温度走査を行うことで，室温（25℃），インジウム融点（156.6℃），亜鉛融点（419.5℃），アルミニウム融点

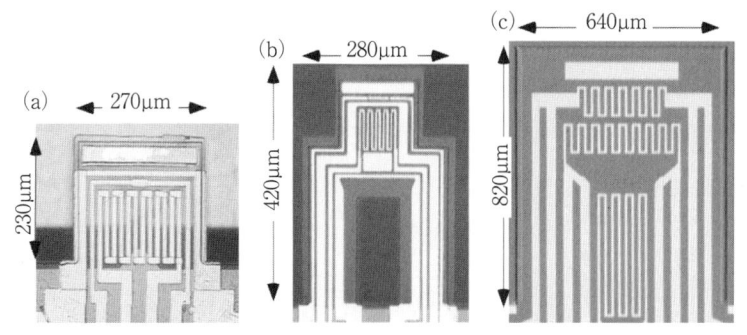

Fig. 4-11-1 カンチレバー型ナノカロリーメーター，(a)DTA 型，(b)DSC 型，(c)高温型 (Cantilever type nano-calorimeters, (a) DTA type, (b) DSC type, (c) High Temperature type)

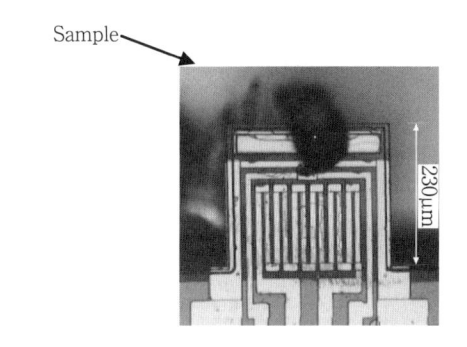

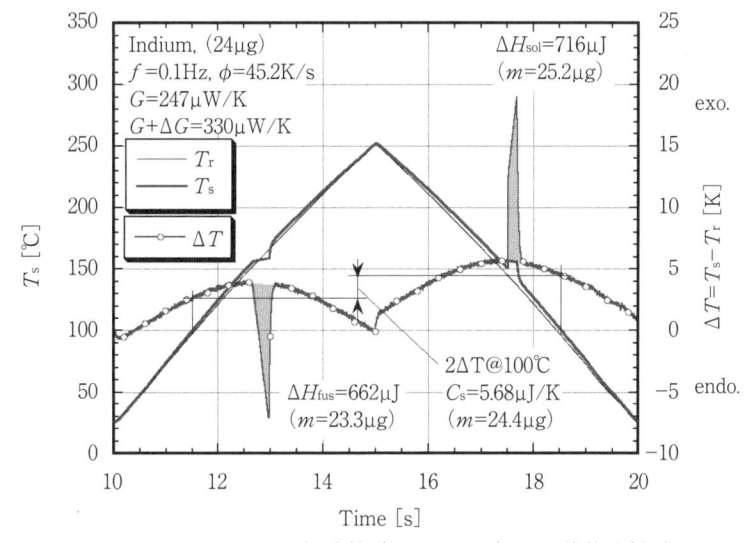

Fig. 4-11-2 マイクログラム級試料（インジウム）の示差熱分析（DTA of micro-gram level indium）

（660.4℃）で校正され，抵抗値から温度への3次換算式によって温度が求められる．この例でも，温度走査はヒーターへ時間の平方根に比例した電圧の印加で実施し，室温から840℃まで2秒で昇温し，同じ時間で降温しているが，カロリーメーターから周囲への熱コンダクタンスとヒーターの抵抗値が温度と共に上昇するため，温度走査速度は高温程遅くなっている．DTA 曲線には，アルミの融解，凝固が明確なピークとして得られている．Fig. 4-11-1(a)，(b)のカロリーメーターの経験的な耐熱温度

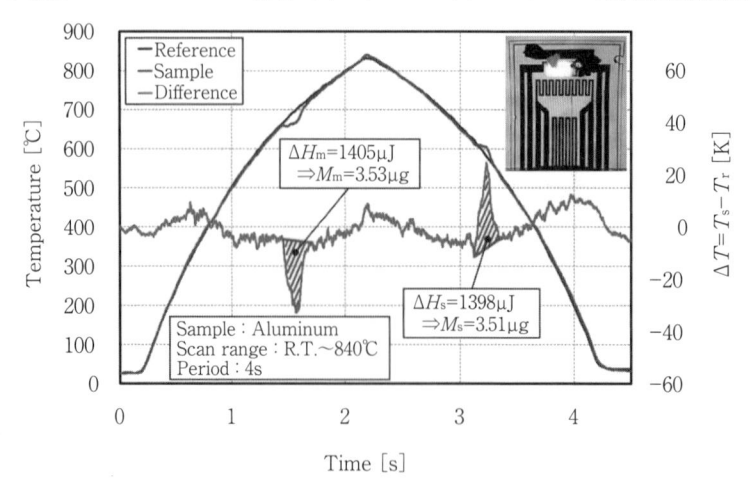

Fig. 4-11-3 アルミニウム 3.5 μg の示差熱分析（DTA of aluminum of 3.5 μg）

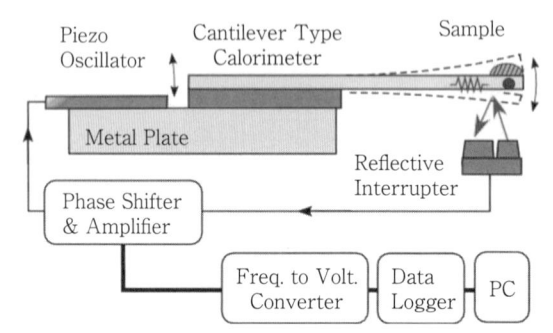

Fig. 4-11-4 カンチレバー型カロリーメーターの自動共振システム（Auto resonance system with cantilever type calorimeter）

が 400～500℃ であるのに対し，高温用カロリーメーターは 800℃ を超える温度走査が可能である．高温への温度走査時には，写真のようにヒーター部は赤熱するが，カロリーメーターから外部への熱輸送は熱伝導が支配的であり，ふく射の寄与は小さい．これは，微小スケールでの熱伝達の特徴である．

(2) 共振質量計測を用いた熱分析

ナノカロリーメーターでは，マイクログラム以下の微小な試料の熱分析が可能であるが，一般の天秤ではこのレンジの質量計測は難しく，微小質量の計測手段の開発も必要である．Fig. 4-11-1(b) や (c) に示したカロリーメーターでは，設置した基板にピエゾ素子で振動を与え，その共振周波数を測ることで試料の質量計測が可能である．筆者らが使用している自動共振系の仕組みを Fig. 4-11-4 に示す．カンチレバーの振動は反射型のフォトリフレクターで検出され，この振動信号の位相を調整してピエゾへ加振信号が送られる．カンチレバーの変位と加振の位相差を 90° 付近にすることで，継続した共振状態が保たれる．共振周波数とカンチレバーへ乗せた質量の関係は，既知質量の微小粒子で校正する．Fig. 4-11-5 には，カンチレバー単体の状態，既知質量の球形微粒子（セパビーズ，三菱化学）を 1～3 個乗せた状態の共振周波数を測って作成した校正曲線を示す．横軸にはカンチレバーの有効質量 M^* と試料質量 m の和をとっており，共振周波数は 1 自由度振動系の理論通り $(m+M^*)^{-0.5}$ に比例している．

共振質量計測で質量を計測したインジウムの熱分析結果を Fig. 4-11-6 に示す．Fig. 4-11-5 中の写

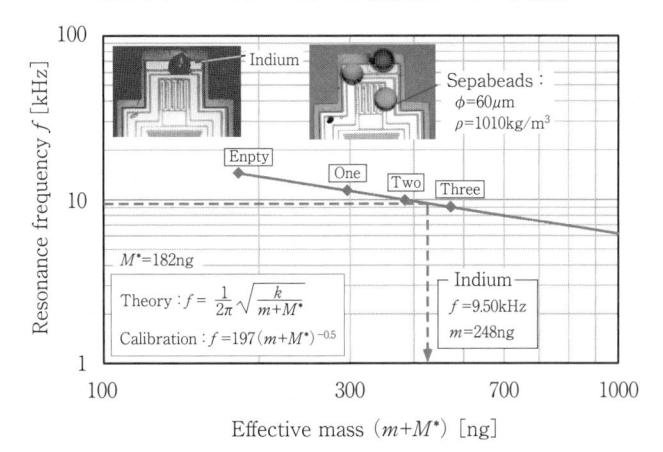

4.11 ナノ・マイクロスケール熱物性センシング技術

Fig. 4-11-5 共振質量計測の校正とインジウム試料の質量計測
(Resonance Mass Measurement Calibration and sample mass measurement)

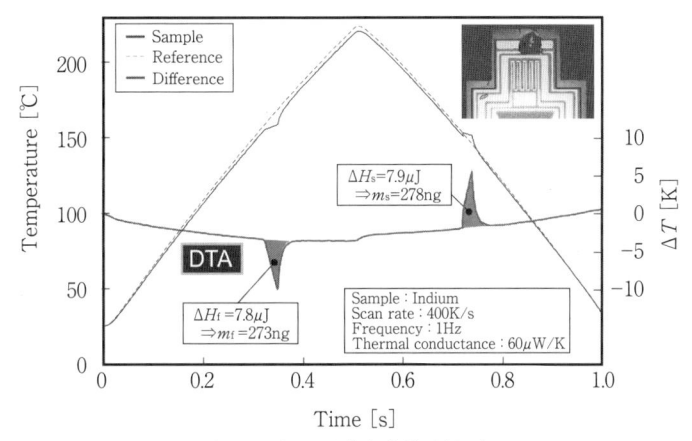

Fig. 4-11-6 インジウム (240 ng) の示差走査熱分析 (DTA of indium of 240 ng)

真のように，インジウム試料を乗せた状態で共振周波数は 9.50 kHz となり，質量は 248 ng±20 ng となった．一方，同じ試料に対する DTA では，融解，凝固のピークからそれぞれの潜熱は 7.8 μJ，7.9 μJ となり，換算質量は 273 ng，278 ng となった．両計測結果は誤差 12% 程度で一貫しており，マイクログラム以下の試料に対してもある程度定量性の確保された分析が示されている．

Fig. 4-11-7 は，共振質量計測を継続しながら温度走査を実施し，TG (Thermogravimetry, 熱重量測定) と DTA を同時に実施した例である．試料は硫酸銅 5 水和物の 1.6 μg の結晶である．温度走査を開始するとすぐに共振質量計測の値が変化し，第 1 段階の脱水 (75 ng) が見られ，続いて 130℃ を超えると第 2 段階の脱水 (240 ng)，さらに 210℃ を超えると第 3 段階の脱水 (115 ng) が観察されている．DTA データには，ピークの分離は難しいが，質量減少に対応した吸熱が見られる．降温過程では，質量変化は見られず，同一試料に対する 2 回目の温度走査では，図示していないが，質量減少は観察されていない．吸熱ピークの積分値は 2 mJ となり，410 ng の脱水量に対応し，総脱水量 420 ng とほぼ一致する．この試験では，カロリーメーター上に 2 μg のインジウムも乗せてあり，その融解，凝固のピーク (約 60 μJ) も DTA カーブには表れている．極短時間に温度変化に伴う物質の質量変化と熱量の出入りが分析できる本手法は，これまで集団的にしか把握されていない粉体の個々の粒子の振る舞いや，高速に変化する現象を分析する新たなツールとなることが期待できる．

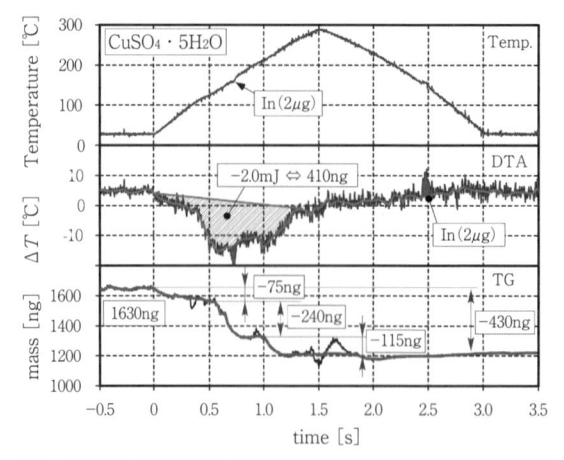

Fig. 4-11-7 硫酸銅5水和物の脱水過程の同時熱重量測定・熱分析（TG-DTA of CuSO₄ 5H₂O）

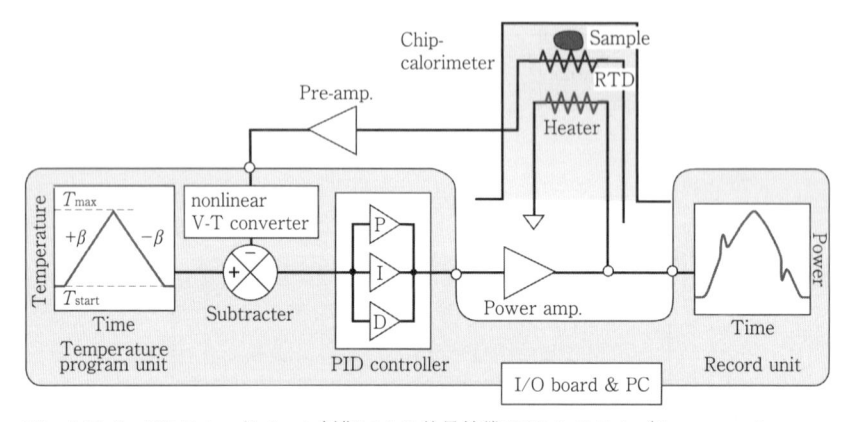

Fig. 4-11-8 PCフィードバック制御による熱量補償DSCシステム（Compensation type DSC system with PC feedback control）

（3）PC制御DSCによる微小熱分析の定量化

　カンチレバー型カロリーメーターにより，マイクロ〜ナノグラム試料の高速DTAが実施できること，共振を用いた質量計測，さらに，温度走査と質量計測を同時に実施するTGを示してきた．装置が未熟なためノイズやデータの不安定さが見えるが，熱分析の精度や定量性を向上させるには，DTAやDSCが前提としている温度走査速度の一様性の向上が必要である．ヒーターにプログラムされた熱量を供給して温度昇降を行う方法では，熱コンダクタンスの変化やヒーター抵抗値の変化により走査速度が変化してしまう．そこで，PC内に目標温度走査データを持ち，常にカロリーメーター温度と目標温度の比較を行い，必要な加熱を行うフィードバック式の温度走査システムを開発した（Fig. 4-11-8）．ここでは，開始温度，温度走査速度β，最高温度をセットし，RTDの非線形性に対応した温度変換プログラムを通してRTDデータからカロリーメーターの正しい温度を求め，両者の差を入力とするPID制御回路を通じてヒーターへ熱量を供給する．PCからI/Oボードを介してこの制御を6000 Hzの周波数で実施し，高速な温度変化にも対応している．このフィードバック式温度昇降プログラムを実施し，試料の温度と供給される熱量が計測データとして記録される．DSCとしては，空の状態のリファレンスデータと試料を乗せたサンプルデータを順次測り，その差をDSCデータとして得る．DTAが温度差信号を測り，熱コンダクタンスや温度走査速度と組合せて熱量情報を求めるの

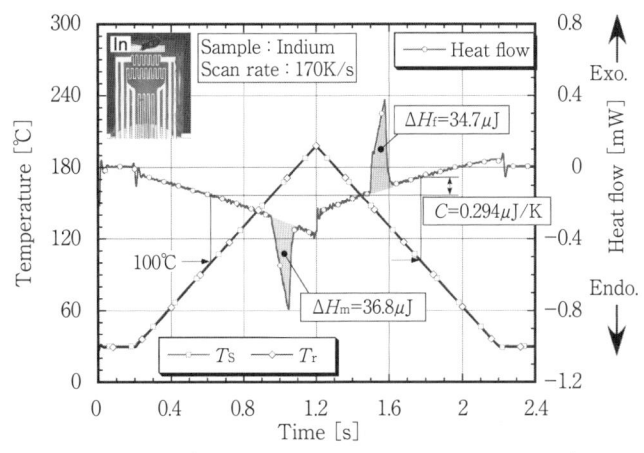

Fig. 4-11-9 コンピューター制御によるインジウムの DSC (DSC of indium with PC control)

に対し，DSC では試料に出入りした熱量を直接計測できる利点があり，正確な温度データと合わせて精度の高い分析が期待できる．

　このシステムで微小なインジウムの DSC を行った結果が Fig. 4-11-9 である．温度走査は，前節の例と一線を画し，高い線形性を持って急速な昇降ができている．試料がこの温度昇降をするのに必要であった熱量が DSC 信号となっており，右縦軸は試料の吸熱が下向きである．温度走査開始と同時に試料の熱容量分のベースラインシフトがあり，融解時に吸熱ピークが得られている．吸熱が生じる融解の進行時でもフィードバック制御により温度は誤差 ±0.4 K で所定の速度で上昇している．また，冷却フェーズでは，試料熱容量に対応したプラス側のベースラインシフトと共に，凝固時に発熱ピークが見られる．発熱を補償するフィードバックは，温度走査に必要な熱量を減じる吸熱処理で実現している．この分析では，融解，凝固の潜熱がそれぞれ，36.8 μJ，34.7 μJ と計測され，熱容量は 50℃ で 0.284 μJ/K，100℃ で 0.294 μJ/K となった．それぞれの換算質量は 1.26 μg，1.19 μg，1.26 μg，1.22 μg となっており，6% の誤差で一致する結果を与えている．温度センサーの非線形性や熱コンダクタンスの変化を PC 制御により補償することで，非常に高い温度走査速度の一様性と計測の一貫性が得られており，MEMS カロリーメーターによる次世代型の微小高速熱分析の 1 つの理想形と考えられる．

(4) まとめ

　カンチレバー型カロリーメーターは，マイクロ〜ナノグラムの試料に対して高速の温度走査を行い，その熱容量，相転移，化学反応を調べる微小熱分析が可能である．本稿では触れていないが，実用化を考えた場合には，使い捨て型カロリーメーターの大量生産や微小な試料のマニピュレーション方法，試料とカロリーメーター間の熱抵抗の影響など，検討すべき課題は少なくない．しかし，大量合成が難しい材料や高価な物質の分析，高速な温度変化を用いた種々の現象の速度論的な研究など，ナノカロリーメトリーは，従来は不可能であったアプローチを可能とする新しい技術であり，その応用の拡大が期待される．

4.11.2 MEMS 技術を用いた熱物性センシング技術 (Sensing technique of thermophysical properties using MEMS)

　熱物性値測定法の小型化，センサー化の必要性は，従来から指摘されていたが，近年の半導体産業の発展によって，微細加工技術を手軽に利用できるようになり，研究・開発の環境が大きく変化して

いる．特に，MEMS (Micro Electromehcanical Systems) 技術は，シリコンなどの基板上にナノ・マイクロスケールの微細構造を一括して作製できる技術であり，小型化，低コスト化，高機能化の切り札と期待されている．

熱物性を対象としたMEMSセンサーは，多種多様なものが研究されている．熱伝導率・温度伝導率に関しては4.3.2で，密度に関しては4.5.2で，物質拡散係数に関しては4.11.3で詳細に説明されているので，ここでは液体の粘性を対象とした熱物性センサーに絞って解説する．液体の粘性は，ニュートン性，非ニュートン性や，レオロジー性質（粘弾性）などのいくつかの種類があるので，まとめて粘性センサと表現することにする．

(1) 粘性センサーに期待されている用途

液体の粘性は，液体の性質の変化に敏感で，直感的にわかりやすいことから，産業の様々な場面で便利な指標として測定されている．熱物性値の中では，最も測定頻度が高いといってよい．そのため，粘性測定法のセンサー化の意義は，他の熱物性値のセンサーと比べ，理解されやすいようである．一般的に，粘性センサーに期待されている使われ方としては，次の3つが大きいと考えられる．

(1) 小型のプロセス粘度計として
(2) 簡便なハンディ粘度計として
(3) 内蔵型の粘性センサーとして

(1)のプロセス粘度計とは，生産設備などのインラインで粘性測定が可能な粘度計である．印刷業や，食品工業などでは，古くから使用されている．既に多数のプロセス粘度計が実績を残していることから，粘度センサーは，従来技術を凌駕する小型化，簡便性，信頼性などを備える必要がある．ハードルはかなり高いが，MEMS技術を用いれば，低コストで，効果的な，これまでにないプロセス粘性センサが可能になると期待できる．(2)の簡便なハンディー粘度計とは，電流・電圧のテスタのような，ハンディーで手軽な粘度計である．現在の粘度計は，テーブルトップサイズであり，校正室などの特別な環境で測定されていることが多い．ハンディーな粘度計で，どこでも簡単に測定できれば，産業界における粘度測定シーンを大きく変えることになる．(3)の内蔵型粘性センサーは，小型化によって初めて可能になる応用分野である．例えば，エンジン内部に粘性センサーを設置したり，流量計に粘度センサーを内蔵したり，人体内に設置することなどが考えられる．これらの応用先は，従来の粘度計では考えられなかった対象であるから，センサー化によって全く新しい市場が形成され，販売規模も拡大することが期待できる．

(2) 粘性センサーの選定・開発の際の留意点

粘性センサーの選定あるいは開発に当たっては，測定対象とする物質が，ニュートン性，非ニュートン性，粘弾性などの，どのような粘性を持つかや，精度や，簡便性の要求の程度などを把握して，それに見合った原理を選ぶ必要がある．今のところ，すべての対象に適用できる粘性センサーは発案されていないので，必ず長所と短所が存在する．逆に言えば，ある対象にしか適用できず，別の対象ではうまく測定できないセンサーだとしても，だめなセンサーということにはならない．特徴を生かした，適切な使用方法があるはずである．

(3) 粘性センサーの実例

(a) カンチレバーを用いた粘性センサー

現在，提案されている粘性センサーの中で，最も研究例が多いと考えられのが，単純な片持ち梁の形状の，カンチレバータイプである．カンチレバーを，液体中で何らかの方法で振動させ，その振動特性が液体の粘性に依存することを利用して，粘性率を測定する方法である．元々は，原子間力顕微鏡を液体中で用いるために，液体中でのカンチレバーの振動特性に注目が集まったのが始まりで，振動体近傍の液体の流れや，カンチレバーの受ける粘性力，圧力などは，既に詳しく理論化されている．

構造が単純で，MEMS 技術を用いて製作する手法も確立しているので，数多くの研究例がある．

カンチレバータイプの一例として，Goodwin らが開発した粘性センサーを Fig. 4-11-10 に示す．SOI（Silicon-on-insulator）ウエハーに，深堀反応性イオンエッチングなどの MEMS 加工技術を用いて，厚み約 20 μm，長さ 1.5 mm，幅 2 mm のカンチレバーを形成している．カンチレバー上に形成したコイルに交流電流を流し，外部に設置した磁石からの磁束の間に生じるローレンツ力を用いて，振動変位を与える．変位は，カンチレバー上に形成したひずみゲージで検出する．概ね，数％以下程度の不確かさで，オクタンなどの粘度，および密度を測定できたとしている．

Goodwin らのグループは開発を中断してしまったようであるが，Djakov らは，ポリイミドタイプの素材を用いてカンチレバーを形成し，血液などの粘度を簡易的に測定できるハンディテスターの市販化を計画している．

カンチレバータイプの粘性センサーは，本質的に，カンチレバーの周りの液体の流れが複雑で，粘性測定法としてはやや難がある．AFM に用いるなら，この形状しかないのであろうが，粘性測定に，わざわざ流れ場が複雑になるような構造を用いる必然性はない．また，微細化されたカンチレバーは，共振周波数が高くなるので，液体の弾性効果の影響が問題となる．したがって，このタイプの粘性センサーを実用に供するには，対象液体や使用方法を慎重に検討する必要がある．しかし，構造が単純で，単に液体中に浸け込めばよいだけであるから，インラインのセンサーなどには向いている．インラインで相対的な変動をモニタリングするなどの用途に限定すれば，有用な適用先が見出せると考えられる．

(b) 表面弾性波を用いた粘性センサー

固体表面に生じる表面弾性波（Surface Acoustic Wave: SAW）を用いて，界面近傍の液体の粘性を測定するという原理の粘性センサーが提案され，既に市販化に至っている．Fig. 4-11-11 に，市販化されたセンサーの基になった，Jacoby らの粘性センサーを示す．圧電材料に，くし歯状の電極を形成し，電極間に交流電圧を与えると，電極間の応力が，圧電体の表面に微細な表面波を発生させる．こ

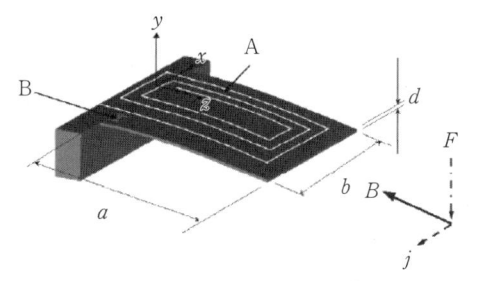

Fig. 4-11-10 カンチレバータイプの粘性センサー
(Vibrating Plate of Cantilever type viscometer)

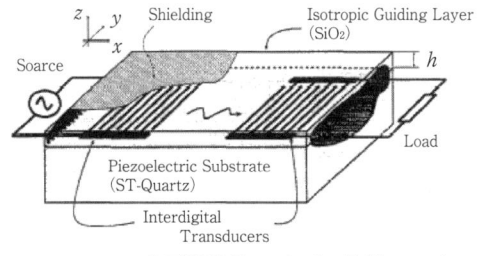

Fig. 4-11-11 表面弾性波タイプの粘性センサー
(SAW type viscometer)

のとき表面が液体と接触していれば，液体の粘性により表面波は減衰する．この減衰の程度を測定して，測定値を得るという原理である．

表面弾性波を用いた粘性センサーでは，固体表面が面に平行な方向にわずかに変位し，液体にずり変位を与えるので，流体現象としては，Fig. 4-11-12 のような液体中で振動する単一平板近傍の流れ場と同じである．この場合のナビエ・ストークス方程式は，半無限境界条件で解かれ，結果的に，平板が受けるずり応力は，

$$\sigma_\eta = -u_0\sqrt{\eta\rho\omega}\cos\omega t \tag{4.11.1}$$

となる．ここで，u_0 は固体表面の速度の振幅，ω は角周波数である．ずり応力は，粘性率 η と密度 ρ の積の平方根に比例し，運動方程式の中でも分離することができない．この粘性率と密度の積は，振動粘度計で特徴的に現れるので，音響粘度，あるいは静粘度などとも呼ばれている．表面弾性波を用いた粘性センサでも，粘性率と密度の積が測定される．したがって，粘性率を算出するには，密度の測定値が必要である．

Fig. 4-11-13 は，現在，市販されている表面弾性波タイプの粘性センサー「ViSmart」である．コンパクトで堅牢なシステムで構成されており，機器への組込みなどに適している．センサー部分の交換も可能である．

表面弾性波を用いる粘性センサーは，振動周波数が数 MHz 程度で，高周波であるという特徴がある．このことは，流れや，外来振動の影響を受けにくいという利点がある一方，粘弾性の影響を受けやすいという問題も生じる．水のように低分子の単一組成液体は，1 GHz 程度までずり弾性を示さないといわれているが，分子構造が高分子化，複雑化するほどに低周波数でもずり弾性を示し始め，化粧品や食品などでは 100 Hz 以下でもずり弾性を示す．したがって，表面弾性波タイプの粘性センサーを用いる場合は，測定値にはずり弾性の影響が少なからず含まれると考えるべきである．測定値が

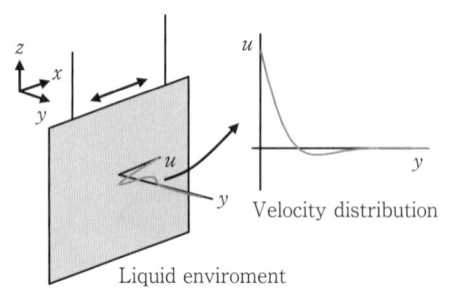

Fig. 4-11-12 単一平板周辺の流動場（flow field around vibrating single plate）

Fig. 4-11-13 SAW タイプの粘性センサー「Vismart」（SAW type viscometer "Vismart"）

従来の粘度計の測定値と同じであるかはあまり意味を為さず，センサーならではの特殊環境で，連続的に粘性に関する相対変化量を測定するというような用途に，意義を見出すべきであろう．

(c) 二重渦巻き形状の振動子をもつ粘性センサー

粘度×密度の積ではなく，粘度単独での測定が可能で，ずり弾性の影響を受けにくい低周波数での測定が可能な粘性センサーとして，山本らが提案しているのが，二重渦巻き形状の振動子を有する粘度センサ「η-MEMS：イータメムス」である．

振動式粘度計の原理を，粘性センサーに応用する場合，振動体を単一平板状にすると，先述したように，測定される量は粘度×密度の積となる．一方，Fig. 4-11-14 のように，並行に置かれた2枚の平板の間に液体を挟み，片方を並行運動させて液体にずり変形を与える場合には，液体の動粘性率 ν と，振動角周波数 ω，ギャップ間隔 d，が，

$$\xi = \frac{d\omega^2}{\nu} < 0.1 \tag{4.11.2}$$

の関係にあれば，ギャップ間の流速分布がクウェット流れのような直線的となり，平板が受けるずり応力は，

$$\sigma_\eta = -\frac{\eta}{d}\frac{\partial x}{\partial t} \tag{4.11.3}$$

のように単純化される．結果的に，このような並行平板に液体が挟まれた振動体を用いた場合には，振動式粘度計であっても粘度の単独測定が可能である．

実際の並行平板型の振動体は，無限に広い平板を用いることはできないため，端部で流れが乱されることによる悪影響を受ける．通常の粘度計では，端部効果を避けるために，平板は曲面化され，共軸二重円筒型やコーンプレート型の形状として実現されている．しかし，共軸二重円筒や，コーンプレート形状は，MEMS 技術を用いて微細構造として製作するのは困難である．一方で，MEMS 構造として頻出するくし歯形状では，端部効果が大きくなりすぎる．このような設計上のジレンマを二重渦巻き構造は解決している．

Fig. 4-11-15 に MEMS 技術で製作された二重渦巻き構造を有する粘性センサのチップを示す．渦巻き形状は，中央を押されると竹の子ばねのように変形し，その側壁面は並行運動する．これにより，つなぎ目がなく広い面積の，平行運動する2つの面を実現できる．また，渦巻き形状は，チップ面に垂直な方向には大変やわらかく，ばね定数の小さな構造であるが，その他の方向には動きにくい．そのため，共振周波数が低く，なおかつ丈夫な振動体を形成できる．このチップを，Fig. 4-11-16 のような電磁アクチュエーター付きのセンサーホルダーに設置し，液体中に投入する．二重渦巻きの一方の中央には永久磁石が組み込まれており，電磁コイルで振動させることができる．液体中では粘性応力により，もう一方の渦巻きも振動し始めるので，その振動挙動を理論化して，粘度を測定する原理で

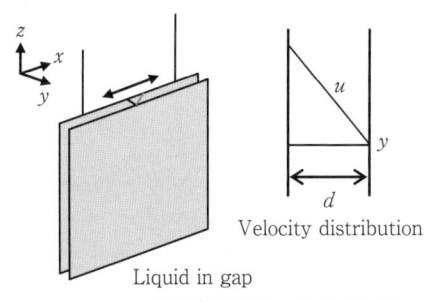

Fig. 4-11-14 並行平板間の流動場 (flow field in parallel plate)

Fig. 4-11-15 二重渦巻き振動子タイプの粘性センサー（Viscosity sensor using dual spiral structure）

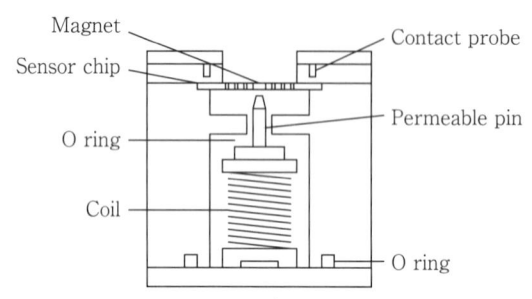

Fig. 4-11-16 電磁アクチュエータタイプのセンサーホルダー（Sensor holder witn electromagnetic actuator）

ある．
　二重渦巻き形状を有する粘性センサーは，粘度のみの単独測定が可能で，ずり弾性の影響を受けにくい低周波数での動作が可能であり，これまで提案されてきた粘性センサーの多くの問題を克服したものであるが，一方で，低周波数であることで，外来振動の影響を受けやすく，狭い溝構造を有するため，液体の更新に時間がかかり変化への応答速度が遅いことや，大きなごみが詰まりやすいなどの問題もある．比較的低流量のパイプラインなどで，粘性変化が緩やかな場合であれば，有効に活用できるであろう．

(3) まとめ

　数多くのタイプの粘性センサーが提案され，さまざまな応用が今まさに拡がろうとしている．粘性センサーには常に長所と短所があるので，適切な適用方法を注意深く検討することが重要である．また，これまでにない長所を備えた，新しいタイプの粘性センサーが登場することも期待される．粘性センサーは応用範囲が広く，波及効果も大きい．熱物性センサーの新しい時代の幕が開けることを確信している．

4.11.3 光 MEMS 技術を用いた熱物性センシング（Novel sensing technique of thermophysical properties using optical MEMS）

　MOEMS 技術（Micro-opto-electromehcanical-systems：微小光電気機械システム，あるいは Optical MEMS（OMEMS）とも呼ばれる）を用いたマイクロ熱物性センサーは高感度かつ高い時空間分解能により，局所的な熱物性変化を非接触かつリアルタイムにモニタリングすることが可能であり，新

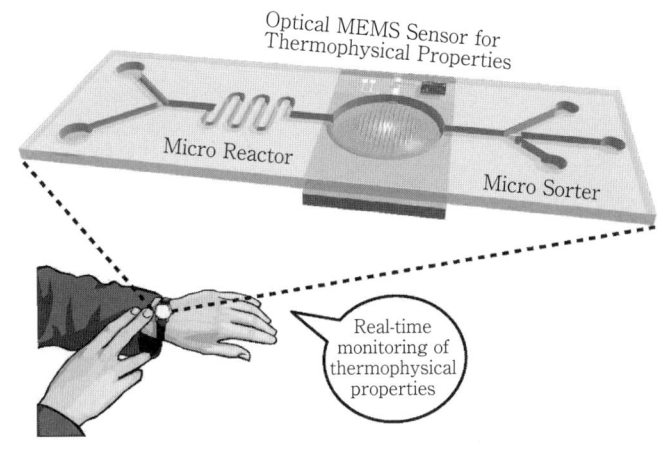

Fig. 4-11-17 μ-TTAS 概要(Concept image of Micro-Total Thermal Analysis Systems)

しい材料創成や病気診断・治療などの応用に期待が集まっている．近年では，レーザーを用いた光学的熱物性測定技術とMOEMS技術を融合させた新しいマイクロ拡散センサーやマイクロ粘性センサーの開発も行われている．いずれのセンサも(1) 従来の熱物性測定法ではミリメートルオーダーやセンチメートルオーダーの空間分解能に対して，マイクロ光学コンポーネントを利用することでマイクロメートルオーダーの空間分解能が実現可能，(2) レーザー干渉による数十マイクロメートル領域の高速な現象を観察することで数百ナノ秒～マイクロ秒オーダーの高速な時間分解能が実現可能，(3) 従来の熱物性測定法ではミリリットルオーダーから数百ミリリットルオーダーのサンプルが必要であるのに対して，測定領域が局所的であるためマイクロリットルオーダーのサンプル量で測定が実現可能，(4) 光学的に非接触で蛍光修飾等の前処理が不要であるため，低擾乱かつ試料汚染の無いその場測定が実現可能，という特徴を有している．

究極的には，全ての光学コンポーネントをチップ上に集積化し，太陽光発電等により自律して作動するμ-TTAS (Micro-Total Thermal Analysis Systems：マイクロ統合熱物性センシングシステム，Fig. 4-11-17) が実現すれば，「いつでも・どこでも・だれでも」簡易に熱物性を計測することができ，POCT (Point of Care Testing：ベッドサイド等での簡便迅速な検査) のみならずオンサイト診断への道が拓ける．一方で，こうしたMEMSデバイスは従来のベンチトップタイプと比較して消費電力が極めて低く，エネルギー・環境的な観点からも非常に有用である．本節では，これら2つのマイクロ熱物性センサについて解説する．

(1) マイクロ拡散センサー

タンパク質の拡散係数はその高次構造，分子間相互作用やフォールディング（折り畳み状態）により大きく変化する[8]ため，拡散係数をモニタリングすることにより薬理作用を分析したり変性を診断したりすることができる．一方，材料の粒径分布に起因した拡散係数変化をモニタリングすることで，材料のプロダクションプロセスにおいて均質な材料合成等に貢献することができる．時々刻々と変化するバイオマテリアルやナノマテリアルの拡散係数をオンチップでモニタリングすることを目的として，Fig. 4-11-18 に示すような誘電泳動セルとフレネルミラーによって構成されるマイクロ拡散センサーが提案されている[9]．誘電泳動セル内に格子状の濃度分布を光学的に形成し，その物質拡散の時定数を計測することで試料の拡散係数を高速にモニタリングすることができる．交流電圧を印加した誘電泳動セル下方より光導電膜をレーザー干渉による干渉縞によって励起すると，レーザー強度が強い部分の電気抵抗率が低下する．そのため非一様な電界分布がチャネル内に誘起され，マイクロ

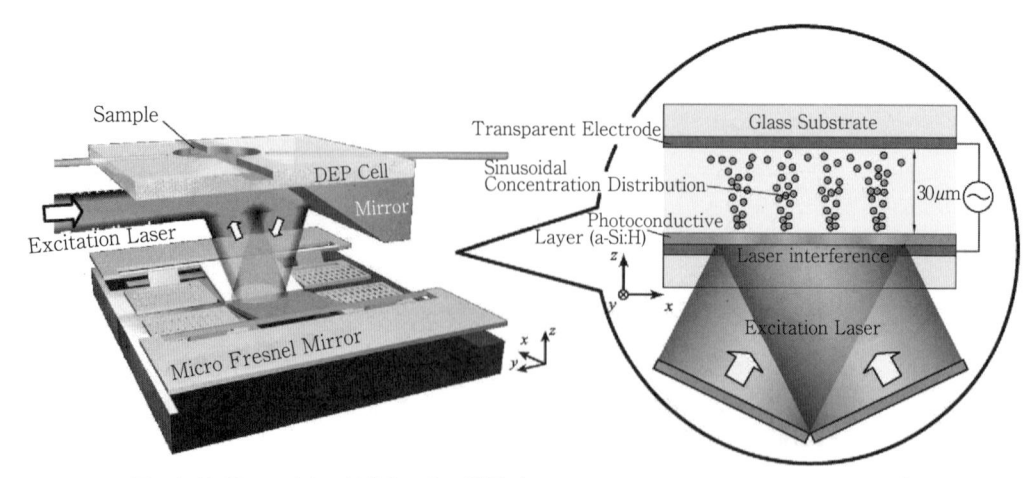

Fig. 4-11-18 マイクロ粘性センサー概要 (Principle of micro optical diffusion sensor)

　チャネル内にあるサンプル粒子は誘電泳動力を受けて光強度に対応した縞状の濃度分布を形成する (Fig. 4-11-18). レーザー照射あるいは電圧印加を止めると物質拡散が起き，その減衰時定数を計測すれば拡散係数を測定することができる．本方法を用いることによって自由な濃度分布を形成することが可能であり，干渉縞間隔を狭くすることによって従来の方法と比較して格段に短時間で拡散係数を計測することができる特徴を有している．

　小型な拡散センサーを実現するにあたり，レーザー干渉を励起可能な小型な光学コンポーネントを如何にして作製するかが問題となっている．この問題を解決する方法としてFig. 11-4-19に示すような2枚の片側支持ミラーによって構成されるマイクロフレネルミラーが提案されている．SOI (Silicon-on-Insulator, デバイス層：30 μm, 犠牲層：4 μm, ハンドル層：500 μm) 基板表面にフォトリソグラフィーによりミラー形状を転写し，シリコン深堀エッチングによりデバイスパターンを形成する．フッ酸により犠牲層をエッチングし，スティクションアンカのみをハンドル層に吸着させることで，ミラーは曲げモーメントを受け傾斜する仕組みである．平滑なシリコンウエハー同士の吸着は強固であるため，傾斜したミラーは一定の角度で固定される．

　作製したフレネルミラーにレーザーを照射し，干渉する様子を観察したところ，Fig. 4-11-20に示されるように，非常に高いコントラスト（鮮明度0.97, 干渉縞間隔15.6 μm）のレーザー干渉を励起することが可能であることがわかった．本デバイスでは，分割された2光束の光路差が非常に小さいために，高い鮮明度が得られたと考えられる．この結果は，光源として安価なレーザー（例えば可干渉距離が短く干渉性の悪い半導体レーザー）を利用できることを示唆しており，小型化や集積化が容易に実現できると考える．

　Fig. 4-11-21にフレネルミラーによって励起された濃度分布の一例を示した．フレネルミラーによって形成した干渉縞を光誘起誘電泳動セル底面に照射し，光誘起誘電泳動を用いて干渉縞に対応したチャネル内のポリスチレンビーズ（粒径500 nm）の濃度分布を形成することに成功している．誘電泳動停止後，試料が拡散する様子を観察することで，拡散係数を測定することが可能となる．観察方法の詳細については参考文献[10,11]を参照されたい．パッケージング等の課題は残っているものの，提案手法の妥当性は以上より示された．

(2) マイクロ粘性センサー

　著者らは有機薄膜などの成膜乾燥過程における粘性率の時系列変化やムラをリアルタイムにモニタリングし，プロセスフィードバックによる成膜品質の向上や新しい機能性薄膜の創出を実現するた

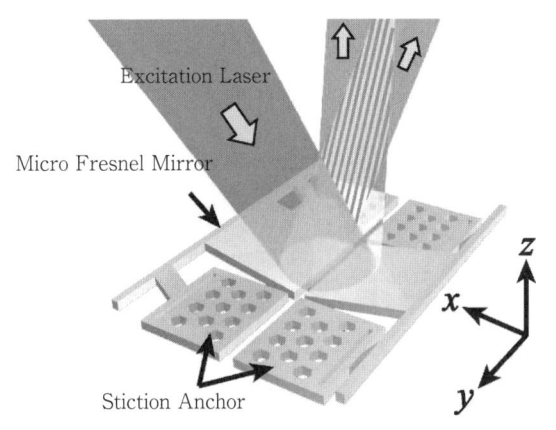

4.11 ナノ・マイクロスケール熱物性センシング技術

Fig. 4-11-19 フレネルミラーの原理 (Principle of Fresnel Mirror)

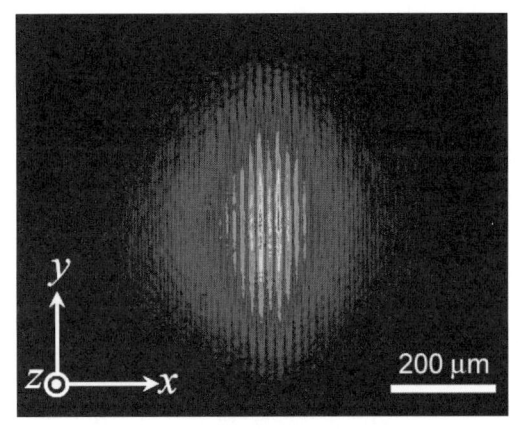

Fig. 4-11-20 フレネルミラーによって励起された干渉縞 (Interference fringing generated by the Fresnel mirror)

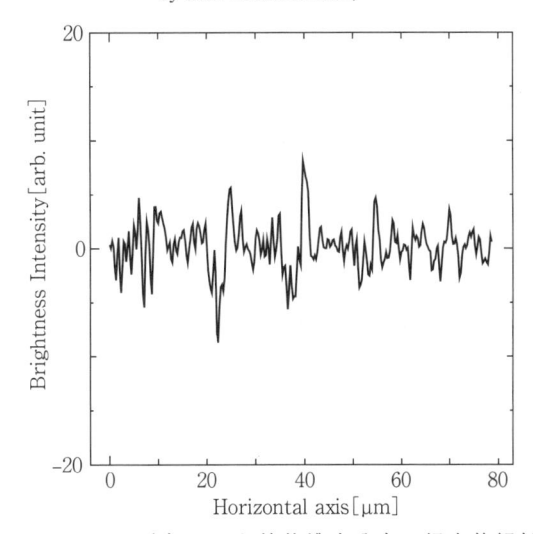

Fig. 4-11-21 励起された縞状濃度分布の輝度値解析 (Sinusoidal concentration distribution of micro beads excited by the Fresnel mirror)

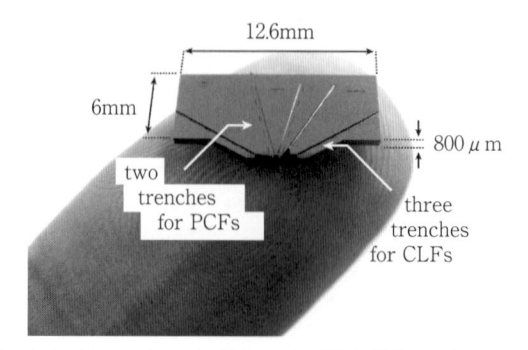

Fig. 4-11-22 マイクロ粘性センサー概要（Micro viscosity sensor）

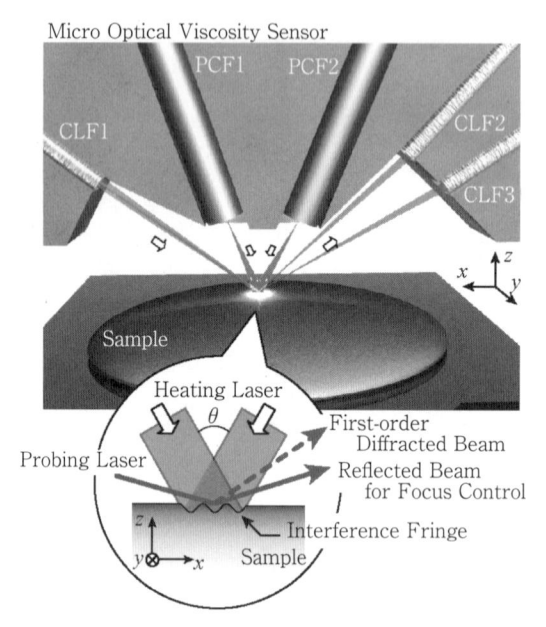

Fig. 4-11-23 マイクロ粘性センサー原理図（Principle of micro viscosity sensor）

め，光MEMS技術を用いたマイクロ粘性センサーの開発が行われている[12]．本センサヘッドはFig. 4-11-22に示すように12.6 mm×6 mm×0.8 mmという非常にコンパクトな形状をしており，従来の粘性計測法と比較しても検出部の大きさは極めて小さく，様々な系にセンサーを挿入することが容易である．測定原理をFig. 4-11-23に示す．液体試料表面は，フォトニッククリスタルファイバー（PCF）内を伝送されたパルスレーザーの2光束干渉によって瞬間的に加熱される．すると，振幅ナノメートルオーダー，波長マイクロメートルオーダーの微細な表面波が試料表面に誘起され，この表面波の減衰振動特性を観察することによって粘性率を非接触で測定することが可能である．表面波の挙動を観察するために，マイクロレンズを融着したコリメートレンズファイバー（CLF）を用いて観察光を表面波上に照射し，その1次回折光を検知している．1次回折光強度は表面波の振幅の2乗に比例するために，1次回折光強度変化が表面波の減衰振動挙動に一致する．本センサーで誘起する表面波の振動減衰時定数は数百ナノ秒オーダーであり，従来の粘性率計測法を遥かに凌駕する高速測定を

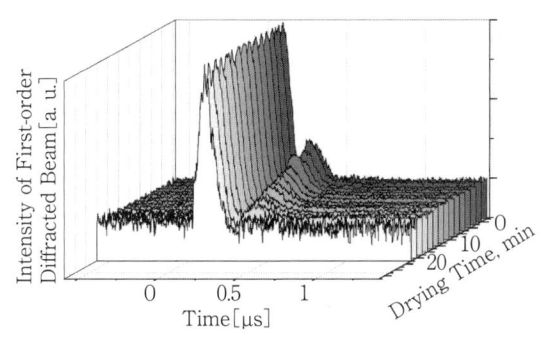

Fig. 4-11-24 乾燥過程の粘性率モニタリング例
(Dynamic change of viscosity during the drying process)

実現している．本センサーのもう1つの特徴として，センサー試料間距離制御機構を搭載している点が挙げられる．インプロセスで試料の粘性率を正しく測定するためには，試料の振動や蒸発といった外部擾乱に起因した液面変化をアクティブに制御しながら計測する必要がある．そこで本センサーにセンサー試料液面間距離を光学的に計測する機構を集積化し，センサーが常に試料液面を追従するように工夫した．CLF1 によって液面に照射された観察光の正反射光成分を CLF3 によって検知し，正反射光強度が常に一定になるようにピエゾ素子を駆動することによってセンサー試料液面間距離を一定に保っている．本機構によりセンサー試料液面間距離のばらつきを ±0.7 μm 以内に抑制することに成功している．

粘性率濃度依存性が高いスクロース水溶液の液膜乾燥過程をモニタリングした（Fig. 4-11-24）．20分間に渡る蒸発による液面変化にマイクロ粘性センサーが追従し，濃度が高くなり粘性率が上昇する過程をリアルタイム計測することに初めて成功した．振動減衰波形の第1ピークで正規化すると，第2ピークの振幅が蒸発に伴って小さくなっていくことが明らかとなった．これは，液膜の粘性率が蒸発に伴って上昇する理論解析の結果と良く一致する[13]．以上より，液膜の乾燥過程で時々刻々と粘性率が上昇していく様子を，光学的に非接触でモニタリングすることに成功し，提案手法の妥当性が示された．

(3) まとめ

以上示してきたように，光学的熱物性計測技術と光 MEMS 技術を融合することで，これまで測定することができなかった系の熱物性をセンシングできるようになってきた．光 MEMS 熱物性センサーの開発には MEMS 技術でも共通の課題であるパッケージングの問題がまだまだ残っているが，μ-TTAS のようなデバイスが開発されれば，医療や化学工業，材料設計など幅広い分野で新しいシステムデザインのブレイクスルーを生むと確信する．

4.11.4 近接場光を用いた熱物性センシング技術（Thermophysical properties sensing technique using near-field light）

カーボンナノチューブやグラフェンなど機能性ナノ材料を用いたトランジスタ等の新規ナノデバイスにおいて，局所的な温度や熱物性をセンシングすることはデバイス設計を行う上でも必要不可欠である．特に，光学的に非接触でセンシングすることができれば，デバイス動作中のナノ領域におけるホットスポットのモニタリングや劣化プロセスの解明あるいは機能性ナノ材料の熱物性データベース構築に繋がる．Pop ら[14,15]は上記カーボン系ナノ材料を用いたトランジスタの動作中における温度分布を計測することに成功しているが，センシング手法に対物レンズによる放射測温を用いており光の

回折限界のためにその空間分解能は波長程度（当該手法ではマイクロメートルオーダー）に制限されてしまう．一方，Goodsonら[16]は微小開口を有する近接場ファイバーを用いたナノスケール温度計測を試みている．近接場光とは近接場プローブ先端に局在する光の非伝播光成分であり，その大きさは先端開口径にのみ依存するため光の回折限界を越える空間分解能を実現できる．Goodsonらは，電子デバイス上アルミ電極近傍の温度変化を観察することに成功したが，励起効率が低いために正確な計測は原理的に極めて難しいのが現状である．近接場光等のナノフォトニクスにおいて感度を向上させる技術として散乱型近接場プローブや金ナノ粒子を用いたプラズモン共鳴などが挙げられ，高感度化に向けて様々な研究がなされてきた．一方，斎木ら[17,18]はダブルテーパー型近接場プローブを世界に先駆け開発し，従来のシングルテーパー型近接場プローブと比較して1桁以上感度を向上させることに成功している．本項ではダブルテーパー型近接場プローブを用いた温度・熱物性センシング手法について概説する．

(1) 近接場光学熱顕微鏡[19〜21]

Fig. 4-11-25に近接場光学熱顕微鏡の測定概要を示した．走査型電子顕微鏡像に示したように，近接場ファイバープローブの先端は2種類の緩衝フッ酸溶液により2段階エッチングされダブルテーパー構造が形成されている．先鋭化されたファイバーコア部分は金属薄膜（例えばAu）がスパッタ成膜されており，金属薄膜には光の波長よりも十分に小さい開口が形成されている．近接場光はプローブ先端の微小開口近傍に励起された局在電磁場であり，その強度は開口端から急激に減衰する．近接場光の大きさはほぼ開口径と等しいため，近接場光を試料に照射するためには近接場プローブの先端を試料に近接させる必要がある．光てこ技術は原子間力顕微鏡で広く用いられる方法であり，レーザー光をピエゾやバイモルフによって励振した近接場ファイバーに照射し，反射光あるいは透過光を光位置センサー（PSD: Position Sensitive Detector）によって検出する方法である．近接場ファイバー試料に近接した際のPSDの出力変化をフィードバックすることにより試料-ファイバー間距離を一定に保つ．最近では音叉型水晶振動子を用いた距離制御技術が広く利用され始めている．近接場ファイバーを接着した音叉型水晶振動子を共振周波数付近で励振し，近接場ファイバーが試料に近接した際の音叉型水晶振動子の出力振幅-周波数特性をPID制御によって一定に保つことでファイバー-試料間距離を一定に保つ．音叉型水晶振動子は励振と検知を1つのデバイスで実現できるため非常に簡便なツールである．

Fig. 4-11-26に本測定法の原理を示した．本測定法では，試料に分子修飾した量子ドットの蛍光寿命-温度依存性を近接場ファイバーによって検出することでナノスケールの空間分解能で試料表面の温度をセンシングすることができる．量子ドット（Qdot®）は強度変調された近接場光によって周期的に励起され，量子ドットからの蛍光は近接場ファイバーによって再び検出される（I-Cモード：Illumination-Collectionモード）．検出された蛍光と励起光の位相差は蛍光寿命と相関があり，試料に

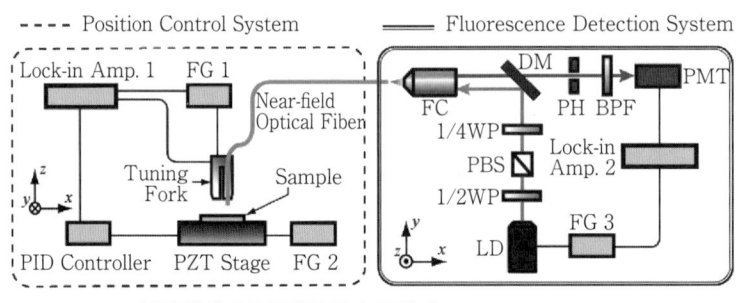

Fig. 4-11-25 近接場蛍光熱顕微鏡測定概要（Schematic Diagram of Near-field Fluorescence Thermometry）

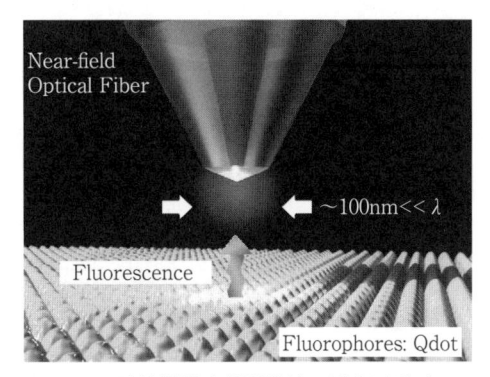

Fig. 4-11-26 近接場蛍光熱顕微鏡の測定原理（Principle of Near-field Fluorescence Thermometry）

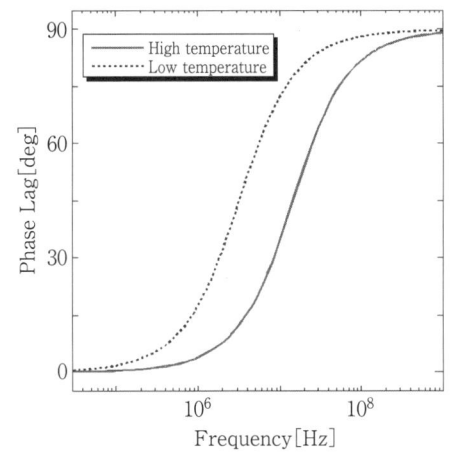

Fig. 4-11-27 周波数-位相差曲線の感度（Phase-lag shift of fluorescence at different temperature）

分子修飾された蛍光分子における蛍光発光の周波数-位相差曲線を取得することにより逆問題解析から蛍光寿命を算出することができる．Fig. 4-11-27 に周波数-位相差曲線の理論曲線を示した．試料の温度が高くなると蛍光寿命は短くなり，周波数-位相差曲線は高周波数側にシフトする．一方，試料の温度が低くなると蛍光寿命は長くなるため低周波数側にシフトする．このように近接場光を用いて蛍光寿命の温度依存性をモニタリングすることで光の回折限界を越えた超高空間分解温度センシングが可能となる．

近接場ファイバーは先端にダブルテーパー型の先鋭化構造を形成するためにコアに Ge がドーピングされている．本実験で用いている波長 473 nm の励起光により Ge ドープファイバーの自家蛍光が励起され非常に大きなバックグラウンドノイズとして検出されてしまう問題がある．自家蛍光はファイバー長さに比例するために短くすることで自家蛍光を低減することが可能であるが，極端に短い場合，光学アライメントが難しいことや取り回しに制限されてしまう．そこで，Fig. 4-11-28 に示すように純粋石英と空孔クラッドによって構成されるフォトニッククリスタルファイバーを Ge ドープファイバーに融着する方法が提案されている．本方法では，Ge ドープファイバーをファイバークリーバーによって短く切断した後に，先端をダブルテーパー構造にエッチングし微小開口を形成することでバックグラウンドノイズがほとんど無い近接場ファイバーの開発に成功している．Fig. 4-11-29 に従来の近接場ファイバーと融着型近接場ファイバーの自家蛍光ノイズの比較を示した．従来ファイバ

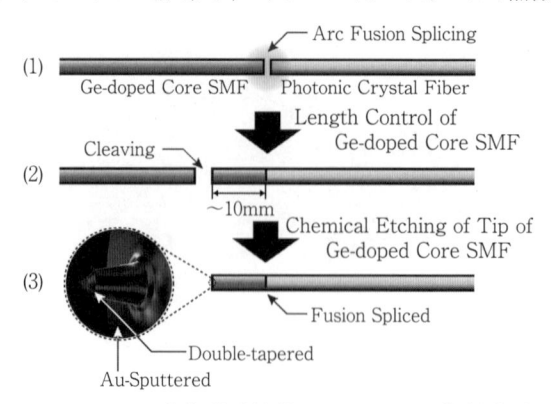

Fig. 4-11-28 融着型近接場ファイバーの作製方法
（Fabrication Process of Fusion-spliced Near-field Fluorescence Fiber Probe）

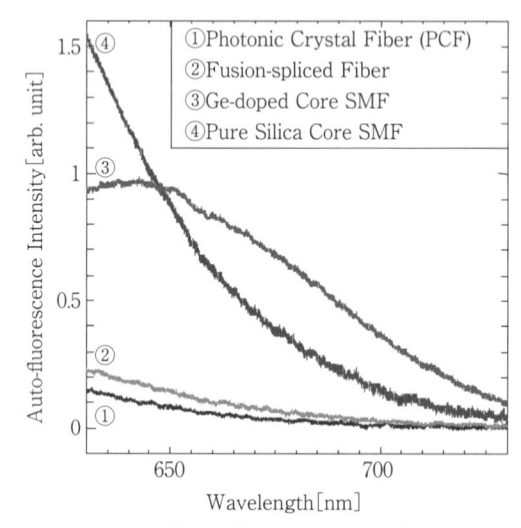

Fig. 4-11-29 融着型近接場ファイバーの自家蛍光強度
（Auto-fluorescence of Fusion-spliced Near-field Fluorescence Fiber Probe）

ーと比較して自家蛍光が飛躍的に低減していることがわかる．開発した融着型近接場ファイバーを用いて量子ドット Qdot®655 の蛍光寿命測定を行った．周波数-位相差曲線を Fig. 4-11-30 に示した．蛍光寿命が短い自家蛍光に起因した周波数-位相差曲線の変化は観察されず，理論に則した近接場蛍光信号の取得に成功した．融着型近接場ファイバーにより高感度に試料の蛍光寿命を測定することが可能となり，光学的に非接触でナノスケール空間分解能でデバイスの温度分布をセンシングすることが可能になった．

(2) 近接場蛍光相関分光法[22,23]

次に，近接場光を用いた熱物性センシング例として近接場蛍光相関分光法を用いた液体試料の拡散係数測定を紹介する．溶液中における蛍光分子の拡散係数モニタリングは，タンパク質，DNA，抗体など生体分子やナノ粒子の分子間相互作用解析ツールとして広く用いられている．蛍光相関分光法では，ブラウン運動に起因して検査領域を出入りする分子の蛍光強度揺らぎに対する自己相関から分子の拡散係数（と分子数）を測定することができる．従来法では，共焦点顕微鏡を用いてフェムトリットル程度の検査領域における蛍光相関分光が行われていたが，近年 Fig. 4-11-31 に示すような近接場

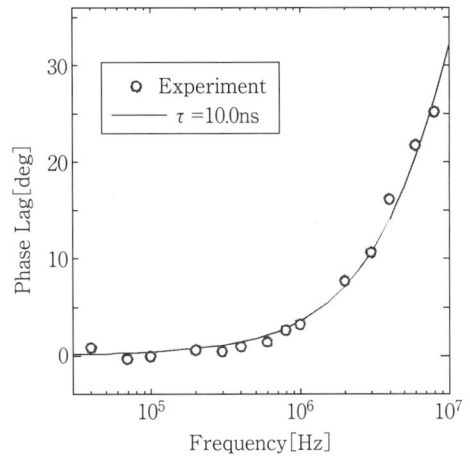

Fig. 4-11-30 近接場蛍光の周波数-位相差曲線（Frequency Dependence of Phase-lag of Near-field Fluorescence）

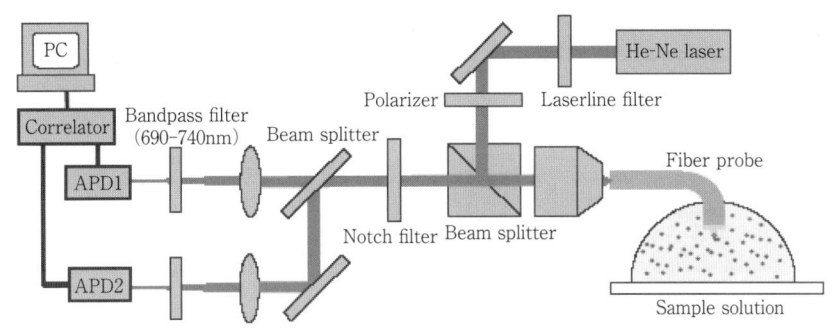

Fig. 4-11-31 近接場蛍光相関分光法（Principle of Near-field Fluorescence Correlation Measurement）

蛍光相関分光法を用いた極微小領域の拡散係数センシング手法が提案されている．前述したダブルテーパー型近接場ファイバーを液体試料に挿入し，微小開口に励起された近接場領域の分子の振舞いを観察することで高分解能な拡散係数センシングが実現する．さらに，2つのアバランシェフォトダイオードを用いた相互相関測定により装置固有の不確かさを低減するとともに，蛍光分子の発光波長域を細かく設定することで高感度な近接場蛍光相関分光を達成している．本方法では，検査領域が極めて狭いために高濃度の試料への適用が可能となり，従来法では希釈せざるをえなかった系（例えば細胞内環境など）での拡散係数センシングを行うことができる．

Fig. 4-11-32に近接場蛍光相関分光測定結果を示した．測定に用いたダブルテーパー型近接場ファイバーの開口径は300 nmであり，蛍光分子の直径は40 nmならびに100 nmである．Fig. 4-11-32より粒子径の違いに起因した測定波形の違いを検出することに成功している．測定波形は理論に則したプロファイルを示し，蛍光分子の直径比と同様の拡散係数比が解析された．しかしながら，拡散係数の絶対値は理論値と比較して偏差があり，近接場ファイバー先端壁の影響を強く受けている可能性が示唆された．本結果は，ナノチャネル内における分子挙動の解明に繋がると考えられ，界面近傍の異常拡散センシングなどの新たな分析ツールとして期待される．

(3) まとめ

近接場光を用いた温度・熱物性センシング技術は，ナノ集積デバイスやナノ機能性材料の熱設計に

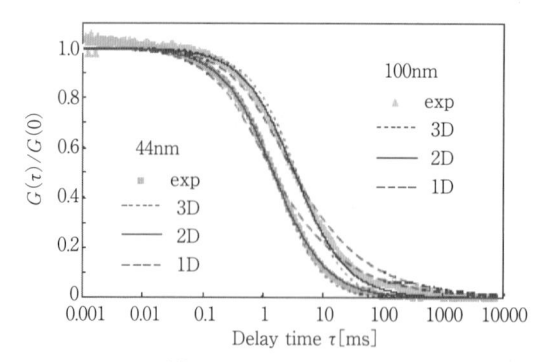

Fig. 4-11-32 近接場蛍光相関分光測定結果（Near-field Fluorescence Cross-correlation Functions for 44 nm beads and 100 nm beads）

おける新たなツールとして期待される．実用化には高時空間分解能化に加えて高感度化や不確かさの改善などのハードルが多い．しかしながら，微細加工技術や新しい励起手法や検出手法の導入により従来法ではセンシングすることができなかった系に適用できるようになってきている．今後は，サイズ効果を考慮したシミュレーションと測定結果の双方から現象の理解を深めることでセンシング手法として確立することが望まれる．

参考文献

1) A. W. van Herwaarden, "Overview of calorimeter chips for various applications", Thermochimica. Acta., 432 (2005) pp.192-201.
2) D. W. Denlinger, E. N. Abarra, Kimberly Allen, P. W. Rooney, M. T. Messer, S. K. Watson and F. Hellman, "Thin film microcalorimeter for heat capacity measurements from 1.5 to 800 K", Review of Scientific Instruments, Vol.65, No.4 (1994), pp.946-959.
3) M. Y. Efremov, F. Schiettekatte, M. Zhang, E. A. Olson, A. T. Kwan, R. S. Berry and L. H. Allen, "Discrete Periodic Melting Point Observations for Nanostructure Ensembles", PHYSICAL REVIEW LETTERS, Vol.85, No.14 (2000), pp.3560-3563.
4) Y. Nakagawa, R. Schafer and H. J. Guntherodt, "Picojoule and submillisecond calorimetry with micromechanical prbes", Applied Physics Letters, Vol.73, No.16, (1998) pp. 2296-2298, または中川善嗣, "ナノカロリメトリ", Netsusokutei, Vol.27 No.1 (2000), pp.30-38.
5) A. A. Minakov, D. A. Mordvintsev and C. Schick, "Melting and reorganization of Poly (ethylene terephthalate) on fast heating (1000K/s)", Polymer, 45 (2004) pp.3755-3763.
6) http://japan.mt.com/ (Flash DSC 1, Mettler Toledo 社).
7) J. ISHII and O. NAKABEPPU, "Nanocalorimeter for DTA and Mass Measurement in High Temperature Range", Netsu Sokutei W39 (2012) pp.14-19.
8) 寺嶋正秀, "時間分解タンパク質間相互作用検出法とその応用", 生物物理, Vol.47, No.4 (2007) pp.235-240.
9) 猪谷恒一, 蛭子井 明, 田口良広, 長坂雄次, "レーザー誘起誘電泳動を用いた小型拡散センサーの開発", 熱物性, Vol.23, No.4 (2009) pp.197-202.
10) 猪谷恒一, 田口良広, 長坂雄次, "レーザー誘起誘電泳動を用いた小型拡散センサーに関する研究（集積化マイクロチップ開発に向けた信号検知手法の実験的検証）", 日本機械学会論文集（B編）, Vol.77, No.779 (2011) pp.1567-1577.
11) T. Oka, K. Itani, Y. Taguchi and Y. Nagasaka "Development of Interferometric Excitation Device for Micro Optical Diffusion Sensor Using Laser-Induced Dielectrophoreis", J. Microelectromech. Syst., Vol.21, No.2 (2012) pp.324-330.
12) Y. Taguchi, R. Nagamachi and Y. Nagasaka, "Micro Optical Viscosity Sensor for in situ Measurement Based on a Laser-Induced Capillary Wave", J. Therm. Sci. Technol., Vol.4, No.1 (2009) pp.98-108.

12) H. Abe, R. Nagamachi, Y. Taguchi and Y. Nagasaka, "Development of Miniaturized Optical Viscosity Sensor with Optical Surface Tracking System", MOEMS-MEMS 2010 Micro and Nanofabrication (2010, San Francisco) p.759306.
13) 阿部宏, 長町隆介, 田口良広, 長坂雄次, "光学式粘性センサーを用いたリアルタイムモニタリング実現性の検討", 日本機械学会論文集（C編）, vol.76, No.768 (2010), pp.1923-1925.
14) M.-H. Bae, Z.-Y. Ong, D. Estrada and E. Pop, "Imaging, Simulation, and Electrostatic Control of Power Dissipation in Graphen Devices", Nano Lett., Vol.10 (2010) pp.4787-4793.
15) D. Estrada and E. Pop, "Imaging Dissipation and Hot Spots in Carbon Nanotube Network Transistors", Appl. Phys. Lett., Vol.98 (2011) pp.071302-1-3.
16) K.E. Goodson and M. Asheghi, "Near-field Optical Thermometry", Microsc. Thermophys. Eng., Vol.1 (1997) pp.225-235.
17) T. Saiki, S. Mononobe, M. Ohtsu, N. Saito, J. Kusano "Tailoring a Hightransmission Fiber Probe for Photon Scanning Tunneling Microscope", Appl. Phys. Lett., Vol.68, No.19 (1996) pp.2612-2614.
18) T. Saiki and K. Matsuda, "Near-field Optical Fiber Probe Optimized for Illumination-collection Hybrid Mode Operation", Appl. Phys. Lett., Vol.74, No.19 (1999) pp.2773-2775.
19) T. Jigami, M. Kobayashi, Y. Taguchi and Y. Nagasaka, "Development of Nanoscale Temperature Measurement Technique Using Near-field Fluorescence", Int. J. Thermophys., Vol.28, No.3 (2008) pp. 968-979.
20) Y. Taguchi, T. Oka, T. Saiki and Y. Nagasaka, "Development of Near-field Fluorescence Life-time Thermometry", Nanosc. Microsc. Thermophys. Eng., Vol.13, No.2 (2009) pp.77-87.
21) T. Fujii, Y. Taguchi, T. Saiki and Y. Nagasaka, "Fusion-spliced Near-field Optical Fiber Probe Using Photonic Crystal Fiber for Nanoscale Thermometry Based on Fluorescence-Lifetime Measurement of Quantum Dots", Sensors, Vol.11, No.9 (2011) pp.8358-8369.
22) M. Suzuki and T. Saiki, "Near-Field Fluorescence Correlation Spectroscopy Using a Fiber Probe", Jpn. J. Appl. Phys., Vol.48 (2009) pp.070209-1-3.
23) K. Kasahara and T. Saiki, "Numerical Simulation of Near-field Fluorescence Correlation Spectroscopy using a Fiber Probe", J. Nanophotonics, Vol.4 (2010) pp.043502-1-6.

4.12 生体中の結合水のナノスケール熱物性測定法 (Method for Measuring Nano Scale Thermoproperties of Bound Water in Biomaterials)

　結合水とは，異種分子と水素結合を結合したり，物質の近傍で配向している状態にある液相の水分子の呼び名である．即ち，"結合水"とは，分子構造が異なる特殊な水ではなく，水以外の物質の表面近傍という特殊な環境に存在している水を示す呼称である．したがって，結合水の検出は，必ず異種分子と共存する状態で行われ，周囲の物質（結合している異種分子や他の水分子）との結合状態や配向状態が反映される特性（物性）を測定することになる．

　物質表面の近傍にある水分子は，Fig. 4-12-1に示すように物質表面の分子と水素結合することで，強く配向しつつ熱揺らぎによる分子運動をしていると考えられている．水分子は非常に大きな永久双極子モーメント（孤立分子で1.8 D（デバイ））を有していることから，極性のある物質と容易に結合する．そのため，結合水はイオンを含む土壌や，水酸基を多く持つ有機材料，食物や木材等，あらゆる材料中に存在する．ただし，材料を構成する分子の表面近傍にのみ局在しているため，結合水の特性が顕在化している場所は，構成する分子周囲の数〜数十分子層に過ぎず，材料を構成する分子から十分に離れた場所にある水分子は，バルク水と同じ性質をもっている．そのため試料の結合水の検出では，このバルク水との区別をつける必要があるので，試料の含水量もあわせて測定することが肝要である．

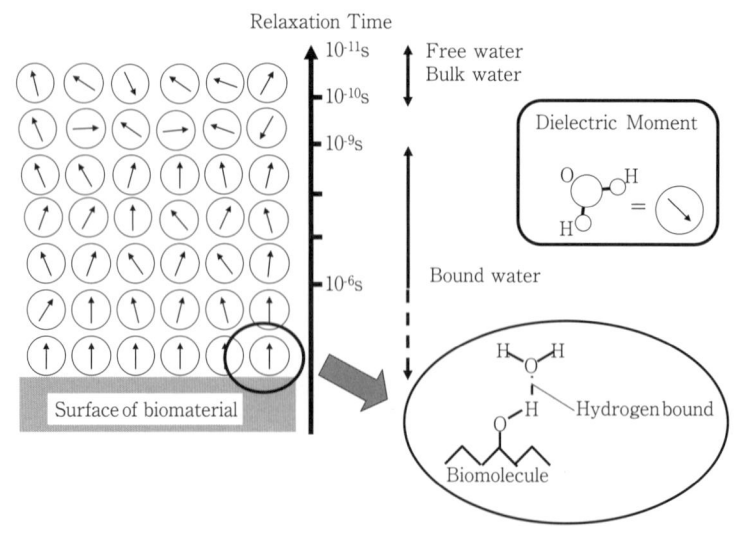

Fig. 4-12-1 物質表面の水分子の模式図（Concept image of water molecules near the material surface）

　以上のように結合水は，結合している分子と不即不離の関係にあるため，結合水だけを取り出して，熱伝導率や比熱といった，通常の熱物性を測定・定義することは困難である．しかしながら，結合水が分子スケールの領域に局在化していることと，熱物性の本質が分子の無秩序運動に起因することを考慮すると，結合水と周囲分子の結合エネルギーのような（準）平衡における熱力学的状態量の測定と，結合水の分子運動（主として回転運動）の緩和時間のような非平衡速度過程の特性値を測定することができれば，結合水の熱物性を議論することができると考えられる．

　そこで本章では，結合水の量（水和量）の測定法に加えて，結合エネルギーおよび分子運動の緩和時間をナノ熱物性と位置づけ，その主な測定法について幾つかの観点で評価を加えて Table 4-12-1 に示した．以下，各測定法について概説する．

4.12.1 熱測定法（Differential scanning calorimetry：DSC）

　示差走査熱量測定は，試料を冷却・昇温させつつ試料の熱の授受を測定することで，ある温度における比熱やエンタルピーおよびエントロピー変化を計測することができる[1]．生体試料を極低温（少なくとも -50℃，通常は -90℃や飽和液体窒素温度 -196℃）まで冷却すると，一部の水分は凍結あるいはガラス化する．その後，緩慢に昇温させるとガラス化した水分は，0℃以下で再結晶することで氷結晶を生成し，0℃近傍で凍結したすべての氷結晶は融解する．このときの融解に伴う全吸熱量を氷の融解潜熱で除すると凍結した水分の量が測定できる[2,3]．生体試料では，この凍結水分量が全水分量に一致せず，残りの水分は凍結しない水＝不凍水と呼ばれ，結合水の一部（または全部）と考えられている．ただし，結合水量を測定するためには，試料中の水分を測定する必要がある．また，生体高分子を含む試料を昇温して，変性に伴う吸熱量の温度変化より生体高分子の自由エネルギーやエンタルピー，エントロピーが測定できる[4]．これらの値から高分子と結合水の水和エネルギー量を算出するためには，高分子自体のエンタルピー変化やエントロピー変化の測定が別途必要となる[5]．

4.12.2 核磁気共鳴測定（Nuclear magnetic resonance measurement：NMR）

　核磁気共鳴した水分子内のプロトン磁気スピンの緩和時間（スピン-格子緩和：縦緩和，スピン-ス

4.12 生体中の結合水のナノスケール熱物性測定法

Table 4-12-1　種々の結合水の測定法と特徴
(Summary of existing methods for measuring bound water and their features)

測定法	原理	空間解像度	非侵襲性	結合エネルギー	分子運動	結合水量	特徴
熱測定法（示差走査熱量測定）	試料と標準物質を加熱または冷却することで、種々の温度における試料と標準物質の熱容量の差を測定する。	×	×	△	×	○（不凍水量）	・非常に広い温度範囲の熱力学特性（比熱、エンタルピー、自由エネルギー）を直接測定できる。・試料は一回の測定で温度変化にさらされるので、複数回の測定ができない。
核磁気共鳴法	静磁場中で励起したプロトンの磁気スピンの縦・横緩和や磁気移動を測定	〜100μm	◎	△（温度依存性とアレニウスプロットより回転活性化エネルギーが推定可能）	△	○	・プロトンの磁気スピン運動と水分子運動の対応が必要・遅い緩和の測定がむづかしい・共鳴用の強力な磁場が必要（装置が高い）
誘電分光法	外部電場に応答する水の電気双極子の回転緩和速度を測定（緩和型吸収）	×（固体試料に対してAFMを用いた測定例はあるが含水のソフトマターの測定例はない）	○（要：電極の接触）	△（温度依存性とアレニウスプロットより回転活性化エネルギーが推定可能）	◎	○	・空間解像度は、外部電場を印加するプロービング法に依存・非常に広い緩和時間帯域の水分子の緩和運動を直接測定できる。
光学的分光法（ラマン分光、赤外分光法）	水分子の分子内運動の吸収スペクトル（共鳴型吸収）を測定	〜1μm（光学顕微鏡の解像度）	○（要：光のプロービング）	○	×	○	・OH基の水素結合に伴い吸収波長がブロードになる。・適切な分子モデルで結合エネルギーは算出できる。・分子（間）の運動は直接測定できない。
動的ストークスシフト法	蛍光波長が周囲の水分子の緩和の影響をうけることを利用して、蛍光波長の緩和時間を測定	〜1μm（光学顕微鏡の解像度）	○（蛍光色素の導入と励起光が必要）	×	△	△	・結合する分子が蛍光励起できる必要がある

ピン緩和：横緩和）が水分子の配向に依存することを利用して，水分子の回転運動の緩和を測定することができる．生体中の水分子の場合，結合している生体高分子のプロトン磁気スピンの影響を受けにくい（交差緩和を起こしにくい）横緩和時間（T_2）より，結合水の回転緩和を測定することが多い．T_2 は水分子の回転緩和時間（$\tau_{\rm rot}$）と負の相関関係があり，T_2 が長いほど $\tau_{\rm rot}$ は短くなる．したがって，結合水のように $\tau_{\rm rot}$ が長い場合は，測定されるべき T_2 は短くなり，測定機器の時間分解能以下になるため，横緩和により測定できる緩和時間は，おおむね 10^{-12} s $< \tau_{\rm rot} < 10^{-6}$ s 程度となる[6]．

一方，磁化移動（Magnetization Transfer：MT）を利用して，10^{-6} s 以上の長さの $\tau_{\rm rot}$ の結合水を縦緩和より検出することができる[7]．この測定では，自由水のプロトンスピンの共鳴周波数から数～数百 kHz 低い周波数の交番磁場を試料に印加することで，結合水のプロトンスピンのみを磁気飽和させ，この飽和したプロトンスピンの磁場により，周囲の自由水のプロトンスピンが磁化される過程を観測する[8,9]．具体的には，交番磁場を加えると結合水と自由水の磁化強度が変化するので，交番磁場の有無で検出されるそれぞれの磁化強度の比を取ることで，交番磁場により磁気飽和した結合水の量を測定できる[10,11]．このときの結合水の回転緩和時間は，飽和誘起磁場の周波数と関連がある．

核磁気共鳴は，測定された値を結合水の回転緩和時間や量に直接結びつける理論が定着していないことや，装置が高額なこと等に欠点があるものの，試料に印加する静磁場の強度により磁気共鳴周波数を変化させることができるので，空間勾配を持つ磁場を印加して空間分解能が 100 μm 程度の磁気共鳴画像（Magnetic Resonance Imaging：MRI）が得られる．また，試料への侵襲性が極めて低いという利点もある．

4.12.3 誘電分光法 (Dielectric spectroscopy)

大きな永久双極子モーメントをもつ水分子に交番電場を印加すると，水分子は電場の向きに誘電分極して高い誘電率を示す．電場の周期が短くなると配向が追いつかず，誘電分極が十分におきないために誘電率が低くなる．この配向が追いつかない周期は，分子の回転緩和時間に相当し，緩和時間とよばれる[12]．自由水の場合，この緩和現象は，常温で一つの緩和時間（8 ps，緩和周波数 20 GHz）をもつデバイ緩和（パルス電場では，分極強度が指数関数応答する緩和）で正確に表現される[13]．一方，結合水の場合は，周囲の分子と干渉することで緩和時間が長くなり，デバイ緩和で記述される緩和時間も広く分布する[14,15]．誘電分光とは，印加する電場の周波数に対する複素誘電率（誘電率と誘電損率）のスペクトル測定のことであり，回転緩和時間は，誘電損率がピークを示す周波数の逆数に相当し，ピークの大きさは，対応する回転緩和時間を示す分子の数密度に比例する．この測定方法は，周波数帯域ごとに測定原理が異なる測定方法を用いる必要があること（1 Hz～1 kHz：DC トランジェント電流法，100 Hz～100 MHz：インピーダンス測定，100 MHz～：時間（周波数）領域反射（透過）測定），測定には電極の接触が必要であるため低周波数帯では電極分極の影響で試料の誘電率測定が困難になることがあること，等の問題点がある[16]．しかしながら，他の測定方法にない非常に広い周波数帯域（1 Hz～100 GHz）について，緩和強度，緩和時間，結合水量の測定ができること，測定値が回転緩和時間を直接示していること，機器の価格が NMR に比べると比較的廉価なこと，等の利点がある．また，最近では，AFM のプローブを用いて原子スケールの空間分解能をもつ誘電分光も試みられている[17]．

4.12.4 光学的分光法（赤外分光法，ラマン分光法）[18] (Infrared spectroscopy, Raman spectroscopy)

光学的分光は，誘電分光の対象となる周波数より更に高い周波数の電磁波に対する吸収や透過率のスペクトル測定に相当し，その範囲は約 0.1 mm～1 μm の赤外光域にある．この波長帯域における水

の電磁波吸収は，水分子の分子内自由度できまる双極子モーメントの共鳴型分散（OH 振動：約 3600 cm^{-1}，HOH 変角振動：約 1600 cm^{-1} の固有振動数，等）に依存する[19]．したがって，他の分子と干渉している結合水は，固有振動数が変化することで，これらの吸収波長（波数）や吸収率が変化するので，その変化より結合状態を推測することができる[20,21]．ただし，生体中の結合水では，干渉している生体高分子の多くはアミド基（-NH$_2$：吸収波長 1500～1600 cm^{-1}）やカルボシキル基（-COOH：吸収波長 約 1700 cm^{-1}）であり，これらの吸収帯と水の変角振動による吸収帯と重なりが見られるため，分離が困難な場合がある[22]．そこで，OH 振動による吸収帯や，その倍音による吸収スペクトル（9000～11000 cm^{-1}）を，結合状態できまる複数のスペクトルの吸収ピークに分解することで結合水の結合エネルギーや量を計測することがある[23,24]．以上の様に，光学的分光では，測定されるスペクトルの分解手法が困難であること，分子間運動に関する情報が直接的には得にくいこと，といった問題点があるものの，既存の装置の種類が多いこと，空間分解能が高いこと，等の利点がある．

4.12.5 動的ストークスシフト法（Time dependent stokes shift）

動的ストークスシフト法は，光励起で双極子モーメントが大きくなる蛍光分子を，永久双極子モーメントをもつ溶媒中で光励起させ，その蛍光波長の時間変化を測定する方法である．光励起された蛍光分子の周囲では溶媒分子が配向するため，蛍光波長をきめる励起分子のエネルギー準位が配向の程度にあわせて変化（ストークスシフト）する[25]．すなわち，溶媒分子が蛍光分子周囲で配向していく緩和過程をピーク蛍光波長の時間変化として観察することができる．蛍光励起可能な生体分子であれば，水中で光励起してスペクトルの時間変化を測定することで，生体分子周辺の結合水が配向する緩和過程を測定することができる[26]．ただし，測定は速い緩和の測定では高い時間分解能をもつ分光が必要となることや，蛍光分子の選択基準などに問題がある．

4.12.6 むすび（Summary）

上記の方法の他に等蒸気圧法による水分活性の測定や断熱圧縮率（音速でも可）からも，結合水量を測定することができる[27]．結合水のマクロな熱物性が，バルクの水と異なることは，水分活性が低下することや，不凍水が存在することからもわかる．このようなマクロな特性の違いは，結合水と周囲分子との結合エネルギーや分子運動緩和時間により説明され整理できるものと思われるが，現状ではこれらの値を測定する手法が限られている上に，どの手法も一長一短がある．さらに，結合水とマクロな物性をつなげる理論も不十分である．近年は，理論研究の強力な計算科学的手法として，Amber[28] 等，水中の生体分子の分子動力学計算が行えるポテンシャル系も開発されつつある[29,30]．ただし，状況により数 s 以上から ps の時間スケールで分子運動の緩和を示す水分子の運動を計算することは，現状の計算機の能力とはかなりの開きがあるため，生体分子周囲の水和等の一部の高速な現象の解析にとどまっている．

ここに示した測定方法は，特に結合水に限った手法ではないので，詳しい測定装置の概要や測定原理は本文や表で参照した参考文献を参照されたい．結合水を測定した例についても，参考文献を挙げておいたので，具体的な測定方法はそちらを参考されたい．

参考文献

1) 日本熱測定学会 編，熱量測定・熱分析ハンドブック，丸善（1998）p.79-87.
2) G. Imokawa, H. Kuno and M.Kawai, "Stratum Corneum Lipids SERve as a Bound-Water Modulator", J. Invest. Dermatol., Vol.87 (1991) pp.758-761.
3) K. R. Heys, M. G. Friedrich and R. J. W. Truscott, "Free and Boud Water in Normal and Cataractous

Human Lenses", IOVS, Vol.49, No.5 (2008) pp.1991-1997.
4) 上平　恒, 逢坂　昭, 生体系の水, 講談社サイエンティフィック（1997）p.71-78.
5) 永山國昭 編, 水と生命-熱力学から生理学へ-：シリーズ・ニューバイオフィジックスⅡ-2, 共立出版（2000）pp.33-46.
6) 上平　恒, 逢坂　昭, 生体系の水, 講談社サイエンティフィック（1997）p.84-100.
7) S. T. Wolff and R. S. Balaban, "Magnetization Transfer Contrast (MTC) and Tissue Water Proton Relaxation inVivo", Magnetic Resonance in Med., Vol.10 (1989) pp.135-144.
8) R. M. Henkelman, G. J. Stanisz and S. J. Graham, "Magnetization transfer in MRI: a review", NMR Biomed., Vol.14 (2001) pp.57-64.
9) J. Hua and G. C. Hurst, "Analysis of On-and Off-Resonance Magnetization Transfer Techniques", JMRI, Vol.5, No.1 (1995) pp.113-120.
10) G. E. Santyr and R. V. Mulkern, "Magetization Tranfer in MR Imaging", JMRI, Vol.5, No.1 (1995) pp.121-124.
11) 川田秀道, 西村　浩, 長田周治, 松田　豪, 高田公義, 早淵尚文, "Magnetization Transfer Contrast (MTC) 効果における基礎的検討―自作ファントムによる MT パルスの最適化―", 日本放射線技術学会雑誌, Vol.60, No.10（2004）pp.1437-1443.
12) N. Nandi, K. Bhattacharyya and B. Bagchi, "Dielectric Relaxation and Solvation Dynamics of Water in Complex Chemical and Biological Systems", Chem. Rev., Vol.100 (2000) pp.2013-2045.
13) F. Franks Ed., Water-A Comprehensive Treatise-Vol.1, Plenum press (1972) p.255-309.
14) N. Miura, N. Asaka, N. Shinyashiki and S. Mashimo, "Microwave Dielectric Study on Bound Water of Globule Proteins in Aqueous Solution", Biopolymer, Vol.34 (1994) pp.357-364.
15) N. Shinyashiki, N. Asaka, S. Mashimo, S. Yagihara and N. Sasaki, "Microwave Dielectric Study on Hydration of Moist Collagen", Biopolymer, Vol.29 (1990) pp.1185-1191.
16) F. Kremer and A .Schönhals Eds. "Broadband Dielectric Spectroscopy", Springer (2003) pp.35-96.
17) C. Riedel, G. A. Schwartz, R. Arinero, P. Tordjeman, G. Leveque, A. Alegria and J. Colmenero, "Nanoscale dielectric properties of insulating thin films: From single point measurements to quantitative images", Ultramicroscopy, Vol.110 (2010) pp.635-638.
18) 日本分光学会 編, 赤外・ラマン分光―分光測定入門シリーズ 6―, 講談社サイエンティフィックス（2009）p.1-120.
19) 日本化学会 編, 化学便覧 基礎編Ⅱ 改訂2版, 丸善（1975）p.1314.
20) C. A. Tulk, D. D. Klug, R. Branderhorst, P. Sharpe and J. A. Ripmeester, "Hydrogen bonding in glassy liquid water from Raman spectroscopic studies", Vol.109, No.19 (1998) pp.8478-8484.
21) Y. Sekine and T. Ikeda-Fukazawa, "Temperature Dependence of the Structure of Bound Water in Dried Glassy Poly-N,N,-dimethylacrylamide", J. Phys. Chem. B., Vol.114, No.10 (2010) pp.3419-3425.
22) 上平　恒, 逢坂　昭, 生体系の水, 講談社サイエンティフィック（1997）p.78-80.
23) 阿部英幸, 草間豊子, 河野澄夫, 岩元睦夫, "近赤外吸収スペクトルのバンド分解による水の水素結合状態の解析", 分光研究, Vol.44, No.5（1995）pp.247-253.
24) 竹内雅人, 安保正一, "振動分光法（FTIR, 近赤外吸収）による酸化物表面の吸着水クラスターの構造解析", マテリアルマイグレーション Vol.19, No.7（2006）pp.35-42.
25) C. Hsu, X. Song and R. A. Marcus, "Time-Dependent Stokes Shift and Its Calculation from Solvent Dielectric Dispersion Data", J. Phys. Chem. B., Vol.101 (1997) pp.2546-2551.
26) S. Kumar Pal, J. Peon and A. H. Zewail, "Biological water at the protein surface: Dynamic salvation probed directly with femtosecond resolution", PNAS, Vol.99, No.4 (2002) pp.1763-1768.
27) 上平　恒, 逢坂　昭, 生体系の水, 講談社サイエンティフィック（1997）p.65-71.
28) http://ambermd.org/（Amber Home Page）.
29) R. D. Lins, C. S. Pereira and P. H. Hünenberger, "Trehalose-Protein Interaction in Aquous Solution", Vol.55 (2004) pp.177-186.
30) C. S. Pereira, R. D. Lins, I. Chandrasekhar, L. C. G. Freitas and P. H. Hünenberger, "Interaction of Disaccharide Trehalose with Phospholipid Bilayer: A molecular Dynamics Study", Biophysical Journal, Vol.86 (2004) pp.2273-2285.

第5章 分子シミュレーションの利用
（Molecular Simulation）

5.1 分子シミュレーションと測定値の比較（Data Comparison: Molecular Simulations and Experiments）

5.1.1 分子シミュレーションの基礎とその熱物性計算の実用性（Molecular simulation: Basics and feasibility）

特徴的な長さが原子・分子スケールに近づくにつれて，バルク系の常識を疑わなければならないさまざまな現象が生じる．固体薄膜の熱伝導率の膜厚依存性やナノスケール流体の界面特性はその代表例であり，本ハンドブックでも中心的なトピックスとして紹介されている．ナノスケールで起きている現象を明らかにし，またその物性を定量的に評価するために，分子シミュレーションは有力な手段であり，さまざまな研究例が報告されている．本項では，特に各種熱物性の評価法としての観点から，そこで主に使われている分子動力学シミュレーションを中心に，手法の基礎を簡単に解説し，典型的な例を示す．分子シミュレーション法に関しては数多くの教科書・解説書が出版されている．比較的容易に入手可能な主な和書を参考文献[1〜9]に挙げたので，詳細はそれらを参照されたい．

(1) 分子動力学法の基礎

原子や分子（本項では以下，「粒子」と記す）が互いに力を及ぼし合っている状況を考える．古典力学に基づいて，それぞれの粒子のNewton運動方程式を数値積分することにより，粒子の位置や運動量の時間変化を追跡する手法が分子動力学（molecular dynamics, MD）法である．数値積分にはいくつかのアルゴリズムが知られているが，代表的なものの1つとして蛙飛び（leapfrog）法の考え方を次式に示す：

$$\begin{cases} \dfrac{d\boldsymbol{r}}{dt} = \boldsymbol{v} \\ \dfrac{d\boldsymbol{v}}{dt} = \dfrac{\boldsymbol{F}(\boldsymbol{r})}{m} \end{cases} \rightarrow \begin{cases} \boldsymbol{r}(t) = \boldsymbol{r}(t-\Delta t) + \boldsymbol{v}(t-\Delta t/2) \times \Delta t \\ \boldsymbol{v}(t+\Delta t/2) = \boldsymbol{v}(t-\Delta t/2) + \dfrac{\boldsymbol{F}(\boldsymbol{r}(t))}{m} \times \Delta t \end{cases} \quad (5.1.1)$$

これは位置$\boldsymbol{r}$，速度$\boldsymbol{v}$，質量mの粒子に力$\boldsymbol{F}$がはたらく場合に，時間をΔtで差分化して，その位置と速度を次々と更新していくことを表しており，素朴ではあるが比較的精度と安定性がよく，広く使われている．その他さまざまなアルゴリズムについては文献[6]などを参考にされたい．

MDシミュレーションのプログラムは一般的にFig. 5-1-1のような構造をしている．すなわち

・Initialization：運動方程式の初期条件として，すべての粒子の初期配置と初速度を与える．以前に行ったシミュレーションの結果から再出発することもできる．

・Force calculation：各粒子にはたらく力やエネルギーを求める．一般には，最も計算時間がかかる部分である．

・Particle move：Eq.(5.1.1)などのアルゴリズムに従って各粒子の座標と速度を更新する．

・Data accumulation：さまざまな物理量の統計をとり，また，後の解析に必要なデータをハードディスクなどに蓄える．

・Finalization：計算の後始末を行う．特に，終了時の粒子の座標と速度をファイルに出力しておくと，

必要に応じてシミュレーションを再開することができる.

以上のうちで, force calculation, particle move, data accumulation の部分 (main loop) を必要回数だけ繰り返すことで, 一定時間にわたって粒子の運動を追跡できることになる.

(2) 粒子間相互作用のモデル

一般に, 分子集合体中で粒子間にはたらく相互作用はきわめて複雑である. これを適切にモデル化することが, 古典力学に基づく MD シミュレーションでの物性評価の精度を決めることになる. 多くの場合, N 粒子系のポテンシャルエネルギー U_N を 2 体相互作用と 3 体相互作用の和として近似する:

$$U_N(\boldsymbol{r}_1, \boldsymbol{r}_2, ..., \boldsymbol{r}_N) \approx \sum_{i,j} u_2(\boldsymbol{r}_i, \boldsymbol{r}_j) + \sum_{i,j,k} u_3(\boldsymbol{r}_i, \boldsymbol{r}_j, \boldsymbol{r}_k) \tag{5.1.2}$$

粒子 i にはたらく力は, U_N を粒子座標 $\boldsymbol{r}_i$ で微分することで, 解析的な表式として求められる:

$$\boldsymbol{F}_i = -\frac{\partial U_N}{\partial \boldsymbol{r}_i} = -\sum_{j(\neq i)} \frac{\partial u_2(\boldsymbol{r}_i, \boldsymbol{r}_j)}{\partial \boldsymbol{r}_i} - \sum_{j,k(\neq i)} \frac{\partial u_3(\boldsymbol{r}_i, \boldsymbol{r}_j, \boldsymbol{r}_k)}{\partial \boldsymbol{r}_i} \tag{5.1.3}$$

右辺第 1 項は, 近傍の粒子 j から受ける力の合力, 第 2 項は近傍の 2 つの粒子 j と k の配置に依存した 3 体力の合力を表している.

2 体相互作用 u_2 の例としては, 静電荷の間のクーロン相互作用や, 単原子分子など簡単なモデル物質についてよく使われる Lennard-Jones (LJ) 相互作用

$$u_{\mathrm{LJ}}(r) = 4\varepsilon\left[\left(\frac{\sigma}{r}\right)^{12} - \left(\frac{\sigma}{r}\right)^{6}\right] \tag{5.1.4}$$

が挙げられる. LJ 相互作用モデルは, 比較的単純な構造の分子の近似モデル[10]としてもよく使われる. これらはいずれも粒子間の距離だけに依存した関数であるが, 電気双極子をもつ粒子間の相互作用モデルや液晶分子を回転楕円体として扱う Gay-Berne ポテンシャルのように, 配向に依存する関数もある. 3 体相互作用 u_3 の例としては, シリコンや炭素などの共有結合を表現するための Stillinger-Weber ポテンシャル, Tersoff ポテンシャル, Brenner ポテンシャルなどが有名である. また, 金属については, 局所的な電子密度を多体効果として考慮する原子挿入法 (Embedded Atom Method, EAM) やその改良版がよく用いられる. 水, 炭化水素, タンパク質といった多原子分子は, 原子間相互作用の和として表現することが多い. その場合, 分子内の自由度については, 結合長・結合角・二面角に対してもそれぞれ適当なポテンシャル関数を与える.

分子シミュレーションプログラムを自作する場合には, 以上のようなさまざまな相互作用モデル (力場 force field とも呼ばれる) のうちから, 自分の目的に適したものを選んでプログラムに組み込んで使う. 一方, 分子シミュレーションパッケージ (AMBER[11], CHARRM[12], GROMOS[13] など, あるいはそれらを組み込んださまざまな商用ソフトウェア) を使う場合には, 各種のモデルがあらかじめ導入されていることが多い. モデルによって計算結果がかなり異なることもあるので, モデルを選択する際に文献を調べるなどしてよく検討する必要がある.

(3) 実用的な計算のための留意点

計算系のサイズや形状も重要な点である. 目的によって望ましい粒子数は異なるが, 計算時間の制約があるため, 通常は $10^3 \sim 10^6$ 粒子程度である. これはマイクロ・ナノスケール系としても十分とは言えないことが多いが, 周期境界条件[1,3,6]を用いることでその有限性の影響を減らすことができる.

適切な相互作用モデルの選択と計算系の設定ができたとして, 本格的な分子シミュレーションのためには, さらに計算精度と計算時間に注意しなければならない. 2 体相互作用のみを扱う場合, N 粒子系についてすべての粒子ペアについて力の計算を行うと, Fig. 5-1-1 の force calculation の部分の計算時間は N^2 に比例することになり, particle move や data accumulation の部分 (いずれも計算時間

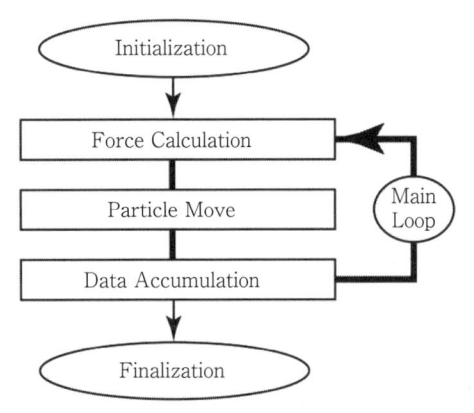

Fig. 5-1-1 一般的な分子動力学シミュレーションコードの構造（Typical Structure of MD Simulation Codes）

Table 5-1-1 分子動力学シミュレーションの分類（Classification of MD Simulations）

平衡状態 MD (Equilibrium MD)		（例）相図を求める，結晶構造を求める，液滴や気泡の表面張力を求める，気液平衡下で蒸発係数・凝縮係数を求める，久保公式を用いて輸送係数を求める，など
非平衡状態 MD (Nonequilibrium MD, NEMD)	定常状態 (steady state)	（例）固体薄膜中の熱流束と温度分布から熱伝導率や界面熱抵抗を求める，ずり流動下での粘性係数を求める，真空中への液体蒸発速度を求める，など
	過渡現象 (transient process)	（例）核生成過程（過飽和蒸気中の液滴生成，過熱液体中の気泡核生成，過冷却液体中の結晶核生成など）を調べる，ステップ加熱に対する複合材料の温度応答から熱伝導率や界面熱抵抗を求める，など

は高々 N 程度）を圧倒することがわかる．粒子ペアが離れるとともに一般に相互作用が急速に減少することを利用して，相互作用をある距離 r_c で打ち切る（cutoff, truncate），あるいはスイッチング関数を使って滑らかにゼロにすることにより，計算時間を減らすことができる．セル分割法や帳簿法などの高速化アルゴリズム[1,3,6]と組み合わせることで，force calculation の計算時間はほぼ N に比例するところまで減らすことができる．カットオフ長さ r_c を短くするほど計算すべき粒子ペアの数が減って計算時間を節約できるが計算精度は悪くなるので，最適な r_c を選ぶ必要がある．3体相互作用を含むモデルは複雑な関数形を扱うことが多いが，相互作用の範囲はごく近距離に限られるため，2体相互作用のみの場合と比べて計算時間が大きく増加することはない．なお，相互作用を r_c で打ち切った影響は，遠方での均質性が仮定できる場合には解析的に補正することができる[1,6]．しかし，クーロン相互作用や双極子相互作用など遠方での減衰が遅い場合にはこうした補正ができないため，周期境界条件と Ewald 法[1,6]を組み合わせるなど，別の手法が必要である．

(4) シミュレーション結果の解析

一連のシミュレーションが終わると，研究目的に応じてさまざまなデータ解析をおこなう．Table 5-1-1 のように，計算対象や目的によってシミュレーションを分類して考えるのが便利である．単純

な場合には，シミュレーションを開始してしばらくすると系が平衡に達してその構造や物性が時間変化しなくなる．この状態でデータを蓄積し，時間平均・集団平均をとるのが，平衡 MD 計算であり，十分な平均をとることが容易である．系の構造や平均物性に時間変化はないが，系が一様ではなく巨視的な流れやエネルギー移動が存在する場合が，非平衡定常 MD（NEMD）計算であり，長時間の平均をとることで構造や物性の局所的な違いを調べることができる．最後は，過渡現象を調べる MD 計算であり，時間平均も集団平均もとることが困難であるため，計算結果の精度を上げるためには，初期条件を変えて計算を繰り返すなど特別な工夫が必要となる．なお，計算系が平衡または定常に達する時間は条件によって大きく異なる．単原子分子系では多くの場合ピコ秒程度と比較的短いが，高分子系あるいは低温のガラス状態などの場合にはマイクロ秒を超えるような極めて長い時間が必要となることもあるため，事前・事後によく検討しなければならない．

以下では，マイクロ・ナノスケール系の MD シミュレーションにおいて計算対象とされることの多い物理量やデータ解析手法の例を紹介する．

・温度：熱平衡状態では，温度 T は運動エネルギーの平均値から求められる．単原子分子のように並進自由度しかない場合には

$$\frac{3}{2}Nk_\mathrm{B}T = \left\langle \sum_{i=1}^{N} \frac{1}{2}mv_i^2 \right\rangle \tag{5.1.5}$$

である．ここで，k_B はボルツマン定数であり，$\langle \ \rangle$ は時間平均・集団平均を表す．

運動方程式を単純に数値積分していくと，全エネルギーが保存される．これは，統計力学的には小正準集団（N, V, E 一定）を扱っていることに相当するが，一般には温度を指定した正準集団（N, V, T 一定）などを扱うほうが便利である．計算系の温度を制御する方法として，速度スケーリング法，能勢-Hoover 熱浴を使う方法，Langevin 熱浴を使う方法などが利用されている[1,6]．

計算系が熱平衡状態にない場合には，Eq.(5.1.5) が成り立つ保証はないが，非平衡度が小さく局所平衡が仮定できる場合には，局所温度を Eq.(5.1.5) で見積もることがよく行われる．しかし，液体表面近傍で非平衡な蒸発凝縮が進行している状況や固体薄膜中の熱伝導過程において，粒子の並進速度分布が平衡分布（Maxwell 分布）からずれることが見出されており[14,15]，局所温度の定義に注意が必要な場合もある．また，非平衡状態での多原子分子系では，エネルギー授受の速さの違いから運動モード（並進，回転，その他）によって温度に違いが見られることもある．なお，計算系内に「巨視的」な流れ（粒子の集団運動）が生じている場合には，各粒子の速度からそのような流れを差し引いてから温度を求めなければならない．ただし，多くの液体においては MD 法で扱えるのは代表長さが小さくレイノルズ数の小さな流れに限られるため，熱揺らぎを超える大きな運動エネルギーをもつ巨視的流れを作るためには工夫が必要である．

・圧力と界面張力：計算系の圧力 P は次のビリアル（virial）の式を利用して求めることが多い：

$$P = \frac{Nk_\mathrm{B}T}{V} - \frac{1}{3V}\sum_i \left\langle \boldsymbol{r}_i \cdot \frac{\partial U_N}{\partial \boldsymbol{r}_i} \right\rangle = \frac{Nk_\mathrm{B}T}{V} + \frac{1}{3V}\sum_i \langle \boldsymbol{r}_i \cdot \boldsymbol{F}_i \rangle \tag{5.1.6}$$

ここで V は計算系の体積である．第 1 項は理想気体でも存在する運動エネルギーの寄与，第 2 項は粒子間相互作用によるビリアルの寄与を表す．ポテンシャル U_N が 2 体相互作用の和としてモデル化されている場合は，次のように変形して使うと便利である：

$$P = \frac{Nk_\mathrm{B}T}{V} + \frac{1}{3V}\sum_{i<j} \langle \boldsymbol{r}_{ij} \cdot \boldsymbol{f}_{ij} \rangle \tag{5.1.7}$$

ここで，$\boldsymbol{r}_{ij}$ と $\boldsymbol{f}_{ij}$ は粒子 i と j の相対ベクトルおよび粒子間の力である．

温度に比べると，圧力を求めるには注意すべき点が多い．第 1 に，凝縮相（固体や液体）のビリアル項は一般的に時間的にも空間的にも揺らぎが大きい．このため，十分な精度で圧力を求めるには，

平衡あるいは定常状態における長時間の積算が必要になることが多い.

第2に,界面系など対象が等方的でない場合には,ビリアルがテンソル量となるため,次式の圧力テンソルが得られる:

$$(P_{mn}) = \frac{1}{V} \begin{pmatrix} Nk_BT + \sum x_{ij}f_{xij} & \sum x_{ij}f_{yij} & \sum x_{ij}f_{zij} \\ \sum y_{ij}f_{xij} & Nk_BT + \sum y_{ij}f_{yij} & \sum y_{ij}f_{zij} \\ \sum z_{ij}f_{xij} & \sum z_{ij}f_{yij} & Nk_BT + \sum z_{ij}f_{zij} \end{pmatrix} \quad (5.1.8)$$

これは,材料力学分野での応力テンソルの符号を反転させたものと同じであり,対称テンソルである.圧力テンソルの各成分から,界面張力 γ を求めることができる.たとえば,界面が z 軸を法線とする平面である場合には

$$\gamma = \frac{1}{A} \int_{バルク相A}^{バルク相B} \left[P_{zz} - \frac{P_{xx} + P_{yy}}{2} \right] dz \quad (5.1.9)$$

となる[16].ただし,A は対象とする界面の面積である.微小液滴や微小気泡のように界面が曲率を持つ場合は,少し複雑になる[17].また,固体材料などの場合には,テンソルの非対角成分がずり応力として残る.

第3に,その揺らぎが大きいために,局所的圧力の評価は困難を伴うことが多い.粒子間相互作用の距離(たとえば r_c)よりも小さな空間では圧力テンソルをうまく定義することが原理的に不可能であるが,それより十分に大きい空間スケールでも,信頼できる値を得るためには長時間の積算が必要となることが多い.すなわち MD シミュレーションにおいては局所的圧力の瞬間値を議論することはほとんど意味がない.

第4に,圧力は負となり得ることに注意する必要がある.真空の圧力ゼロが極限だから負圧は現実的ではないという議論がなされることがあるが,Eq.(5.1.6) あるいは Eq.(5.1.7) のビリアル項が大きく負になることで,負圧の系は容易に作られる.これは材料の引張試験をしているのと同じ状況であり,準安定な状態であるが,シミュレーションの時間内では安定に存在できる.もちろん負圧が大きい場合は不安定であり,短時間のうちに気泡が発生したりき裂が入ったりする.

最後に,温度制御の手法と同様,統計力学の T-P 集団に対応して,圧力を所与の値に制御する手法が開発されている[1,6].一般には体積を付加変数として変化させることで圧力を制御することが多いが,この場合は計算系を一様に膨張圧縮させることになる.

(a) 構造の解析

得られた粒子の座標データから,粒子集合体のミクロな構造をさまざまな観点から解析することができる.均質な系であれば動径分布関数(radial distribution function, RDF)や積算配位数(running coordination number)を求めることが最初であろう[1,6].RDF は 1 つの粒子から距離 r だけ離れたところに他の粒子が存在する確率を規格化したものであり,次式で定義される:

$$g(r) = \frac{\text{number of pairs between } r \text{ and } r + \Delta r}{(4\pi/3)\left[(r+\Delta r)^3 - r^3\right] n} \quad (5.1.10)$$

ここで,n は平均数密度である.積算配位数は,$g(r)$ をある距離まで積分することで得られる:

$$c_n(r) = n \int_0^r 4\pi r'^2 g(r') dr' \quad (5.1.11)$$

$g(r)$ や $c_n(r)$ の概形を見ると,固相・液相・気相の区別や,固相であれば結晶形などについても見当がつく.$g(r)$ は液体理論において粒子相関を表す基本的な量である[18].また,$g(r)$ をフーリエ変換したものは,X 線や中性子線などの散乱実験から得られる構造因子(structure factor)と対応しているので,実験との直接比較も可能である.

マイクロ・ナノスケールの系を対象とする場合，計算系が均質と見なせない場合も多い．局所的な構造を調べるためには，密度分布や配向角分布，ボロノイ多面体やドロネー図による構造解析など，対象系ごとにさまざまな手法を組み合わせて解析することになる．

(b) ダイナミクスの解析

MDシミュレーションでは粒子の軌跡やエネルギーの時間変化などを追跡できるので，さまざまな動的物性の解析ができる．平衡状態の解析と非平衡定常状態の解析に大別される．

平衡状態での揺らぎの解析の代表例として，自己拡散係数（self-diffusion coefficient）や速度自己相関関数（velocity autocorrelation function, VAF）を求めることが挙げられる．その基礎となる統計力学を簡単に紹介する[6,7]．一般に，時間変化する物理量$A(t)$に対して，その輸送係数αは次式で定義される：

$$\alpha = \lim_{t\to\infty} \frac{1}{2t} \langle [A(t)-A(0)]^2 \rangle \tag{5.1.12}$$

$A(t)$の時間発展の式

$$A(t_2)-A(t_1) = \int_{t_1}^{t_2} \dot{A}(t')\,dt' \tag{5.1.13}$$

を用いてEq.(5.1.12)を変形すると，第1種揺動散逸定理（1st fluctuation-dissipation theorem, Green-Kubo公式，あるいは久保公式とも呼ばれる）が得られる：

$$\alpha = \int_0^\infty \langle \dot{A}(\tau)\dot{A}(0) \rangle\,d\tau \tag{5.1.14}$$

この被積分関数が$\dot{A}(t)$の自己相関関数（autocorrelation function, ACF）である．たとえば，$A(t)$として各粒子の位置$\boldsymbol{r}_i(t)$を選ぶと，$\dot{A}(t)$は粒子の速度$\boldsymbol{v}_i(t)$なので自己拡散係数DをVAFから求めるためのよく知られた式

$$D = \frac{1}{3}\int_0^\infty \langle \boldsymbol{v}_i(\tau)\boldsymbol{v}_i(0) \rangle_i\,d\tau \tag{5.1.15}$$

が得られる．ここで係数1/3は3次元での拡散を扱っていることに由来する．ほかにも，エネルギー流束の自己相関関数から熱伝導率を求める，運動量流束の自己相関関数から粘性係数を求める，電流密度の自己相関関数から電気伝導度を求める，などに久保公式が広く用いられている[7]．なお，VAFをフーリエ変換すると，Wiener-Khintchine定理から振動状態密度（パワースペクトル）を求めることができる：

$$D(\omega) = \left\langle \left| \int_0^\infty \boldsymbol{v}(t)\exp(i\omega t)dt \right|^2 \right\rangle \propto \int_0^\infty \langle \boldsymbol{v}(t)\boldsymbol{v}(0) \rangle \cos(\omega t)dt \tag{5.1.16}$$

これは固体の熱物性解析のための基本的な情報を与える．

一方，非平衡（定常）状態の解析の代表的な例としては，系の両端に温度の異なる熱浴をつけて系内に温度勾配を導入し熱流束や熱伝導率を求める，とか，周期境界条件を工夫して上端と下端にずり速度を与えることで系内に定常的なせん断流れを作り粘性係数を求める（Lees-Edwards境界条件[5]），などがある．もちろん十分に大きな系であれば，平衡状態解析と非平衡状態解析は同じ輸送係数の値を与えるはずであるが，Table 5-1-2に示すように，実際にはそれぞれに一長一短があり，目的に応じて使い分けるのが望ましい．

(c) 平衡状態解析と非平衡状態解析の比較

例として，固体薄膜の面に垂直な方向の熱伝導率をMDシミュレーションにより求めることを考える[19]．平衡MD計算では，単純に，ある一様な温度での平衡状態でのシミュレーションを行ったのち，Eq.(5.1.14)に基づいて系内を移動するエネルギーのACFを積分することで熱伝導率を求める．

Table 5-1-2 輸送係数を求めるための,平衡MD計算と定常MD計算の長所・短所
(Comparison between Equilibrium and Non-equilibrium MD Simulations for Transport Coefficients)

	長所	短所あるいは留意点
平衡MD	・バルク系のシミュレーション結果から輸送係数を求めることができるため,特殊な計算系が不要. ・無限小の外場への線形応答に対応しているため,比較的小さな外場を使うことの多い実験との比較が容易.	・自己相関関数が十分に減衰するまで,長い時間のシミュレーションと時間平均が必要となることがある. ・周期境界条件を課してバルク系として解析されることが多く,サイズ効果や界面効果を議論するには工夫が必要.
定常MD	・外場に対する応答を直接に調べるので直観的でわかりやすい. ・外場に対する線形応答からのずれを議論することができる. ・サイズ効果や界面効果を直接的に調べられる.	・ゆらぎに隠されないだけの十分な強度の応答を得るためには,現実系よりも非常に大きな外場を必要とすることが多い. ・外場に対する応答の線形性を確認する必要がある. ・定常状態が得られるまでに長い時間のシミュレーションが必要となることがある.

長時間のシミュレーションにより誤差の小さいACFが得られていれば,高い計算精度が期待できる.しかし,3方向ともに周期境界条件を課してしまうと,見かけ上は無限に大きい系と同等になるため,熱伝導率の膜厚依存性を調べることは難しい.また,平均熱流束は当然ゼロであることから,多層薄膜や結晶粒界での界面熱抵抗(熱流束に比例して生じる温度ジャンプ)を調べることもできない.

定常MD計算では薄膜の両側に温度の異なる熱浴を設けて,定常状態での温度分布と熱流束を調べる.熱伝導率は,熱流束と温度勾配の比として求めることができる.その弱点は,揺らぎに隠されないだけの熱流束を得るためには相当に大きな温度勾配を必要とすることである.これは多くの場合,現実系よりも桁違いに大きな温度勾配を課すことになり,熱伝導率を定義する際の前提であった線形応答の仮定が疑わしくなりかねない.このためには,いくつかの温度勾配で熱伝導率を求めたのち,温度勾配ゼロの条件に外挿するのが望ましい.一方で,膜厚依存性や界面熱抵抗の解析は容易であるため,マイクロ・ナノスケールの熱伝導解析には定常MD法が好まれるようである[19].

なお,計算系のサイズが小さくなるにつれてエネルギー緩和が起こりにくくなり,定常状態に到達するのに時間がかかるようになることがある.これは特に固体において顕著であり,2つの熱浴間を格子振動がほとんど減衰せずに往復するようになる.このような場合,平衡状態から片方のみをステップ加熱し,その後の系の温度変化を調べるという非平衡非定常MDシミュレーションの利用を考えてみるのもよい.その場合でも,加熱の温度幅は通常の実験よりも非常に大きくしなければならないことが多く,データ解析には比熱容量や密度などの物性値の温度変化も考慮する必要がある.

非平衡非定常MDシミュレーションを利用する代表的な例が,核生成速度の直接評価である.準安定状態からポテンシャル障壁を越えて安定状態に至る過程は,凝結・凝固・沸騰などの熱工学過程からタンパク質の折り畳みに至るまで,さまざまな相変化現象の素過程である.臨界核サイズは理論的には界面張力(界面自由エネルギー)によって決まるが,臨界核がマイクロ・ナノスケールである場合には,実験的にそのポテンシャル障壁の高さを見積もったり,臨界核の形状を調べたりすることは難しい.このため,非平衡MDで核生成過程を直接に調べることが行われている.しかし,熱揺らぎによってポテンシャル障壁を越える過程が計算時間内に実現するためには,極端な条件(大過冷却度,大過飽和度,大過熱度など)を設定してポテンシャル障壁を下げる必要があるため,実験と同じ条件での計算は容易ではない.また,核生成は確率的な過程であるため,生成速度をうまく評価するためには大きな計算系を用いて多数の核が独立に発生できるようにするなどの工夫が必要となる.例えば,10^6個程度の粒子を使った大規模MDシミュレーションにより,過飽和蒸気からの均質核生成過程[20]や過熱液体からの気泡核生成[21]が報告されている.

(5) その他の分子シミュレーション法

ここまで，古典力学モデルに基づく MD 法を簡単に解説してきたが，対象系を粒子集合体として扱うシミュレーション手法はほかにもいくつか存在する．ナノ・マイクロスケールの系を扱うのに利用できそうな方法を簡単に紹介する：

(a) 第一原理計算

あらかじめモデル化された粒子間相互作用を使うのではなく，粒子配置が更新されるたびに相互作用に関与する電子群のシュレジンガー方程式（あるいはその近似式）を解いて相互作用を求めなおす方法であり，Car-Parrinello 法の提案以来，さまざまな拡張が行われて広く用いられるようになっている[2,6]．もちろん大量の計算資源が必要であるが，化学反応や量子効果をきちんと取り扱うには不可欠な方法である．

(b) ブラウニアンダイナミクス（Brownian dynamics, BD）法

例えばコロイド分散系のシミュレーションのように，空間スケールや時間スケールが大きく異なる粒子が混在している（水分子の緩和時間が 1 ps 程度であるのに対して，コロイド粒子の緩和時間は 1 μs 以上）場合，小さいスケールの粒子系を平均化して，ランダム力，摩擦力，遮蔽クーロン力などとして表現し，大きいスケールの粒子系の自由度に関する Langevin 方程式のみを解く[5]．目的によっては流体力学的相互作用を考慮することも必要である．

(c) 散逸粒子動力学（dissipative particle dynamics, DPD）法

例えば 10 個程度の溶媒分子をひとまとめにして，簡単な相互作用をする 1 つの粒子と考えるという手法であり，やはり Langevin 型の運動方程式に従うと仮定することが多い．ミセルやベシクル形成過程など，ミクロスケールの流体の粗視化シミュレーションに用いられる[5]．

(d) メトロポリスモンテカルロ法

モンテカルロ（Monte Carlo, MC）法とは，計算機で発生させた乱数を利用して統計平均を求める手法の総称である．ボルツマン分布に従うように粒子位置の更新をしていくメトロポリス MC 法は，MD 法と並んで分子系のシミュレーションによく用いられる[3,6]．原理的に平衡状態での構造や静的物性を調べるのに適している．

(e) 直接シミュレーションモンテカルロ法

2 体衝突を確率的に起こすことで希薄気体流れの計算を行う方法で，DSMC（Direct Simulation Monte Carlo）法とも呼ばれる[3]．平均自由行程と系の代表長さの比（クヌーセン数）が大きいマイクロチャネル・ナノチャネル内の流動を調べるのに利用することができる．

(6) 分子シミュレーションによるミクロ物性の計算例

液体アルゴン中の微小気泡の物性（気泡内の蒸気圧と表面張力）のサイズ依存性を評価した例[22]を Fig. 5-1-2 に示す．アルゴン流体の物性は LJ 相互作用モデルによる分子シミュレーションで比較的よく再現されることが知られているが，確かにバルク物性はよい一致を示す．サイズが 10 nm 以下のナノバブルについては実験による物性評価は非常に困難であり，分子シミュレーションや液体理論による評価が重要となる．水[24]など一般的な液体についても評価が行われている．

固体アルゴン（fcc 結晶）の熱伝導計算の例[25]を Fig. 5-1-3 に示す．これは，厚さ d の薄板の両面に $T = 12.1 \pm 0.6$ K の温度をもつ熱浴をつけて定常状態での熱流束を求めたものである．温度差が一定であるため，温度勾配は d に反比例する．したがって，巨視的法則（フーリエ則）が成り立つならば熱流束は d に反比例するはずであるが，d が小さくなるにつれてフーリエ則からのずれが顕著になる．これは，薄板ではエネルギー輸送を担う格子振動があまり減衰することなく伝搬するためと説明できる．熱流束と温度勾配の比として求めた見かけの熱伝導率は物質定数ではなく，d の減少とともに小さくなる．

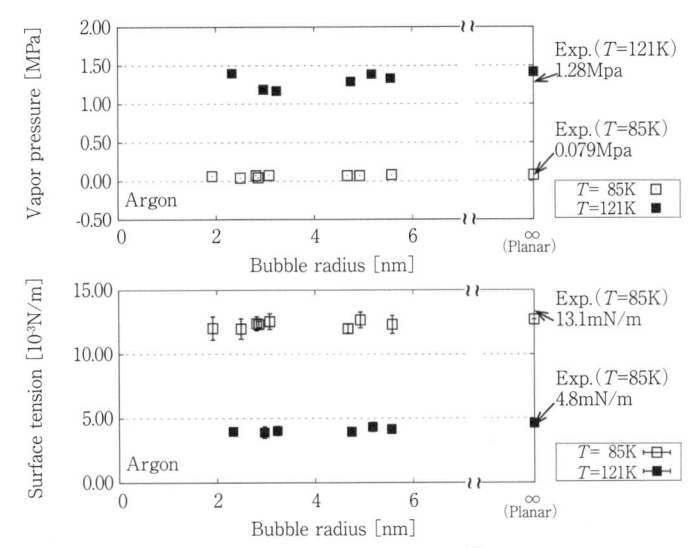

Fig. 5-1-2 液体アルゴン中の微小気泡の計算例[22]．気泡内の蒸気圧も表面張力もほとんど気泡半径には依存しないことがわかる．バルク（半径∞）の実験値の出典は文献[23]．(Vapor pressure and surface tension of a micro-bubble in liquid Argon)

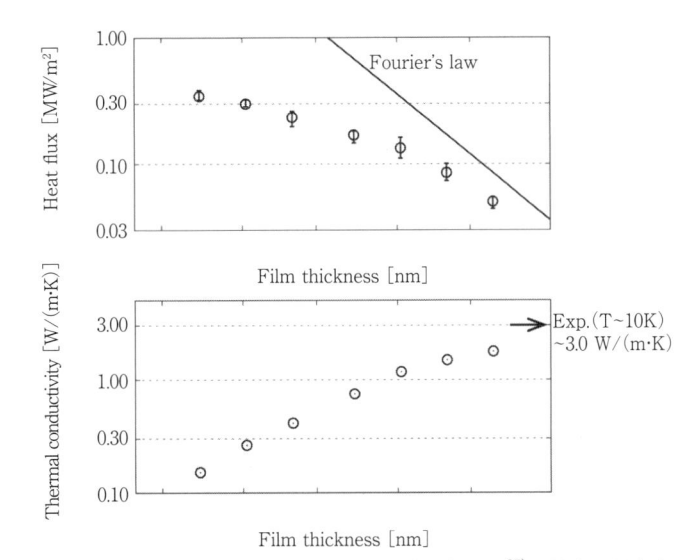

Fig. 5-1-3 アルゴン結晶の薄膜の熱伝導計算の例[25]．熱浴の温度を一定に保った非平衡計算により，定常状態での熱流束と熱伝導率を求めた．マイクロスケールでは熱伝導率は膜厚に依存することがわかる．バルク結晶の実験値の出典は文献[26]．(Heat conduction in thin films of argon atoms)

5.1.2 カーボンナノチューブの熱伝導率 (Thermal conductivity of carbon nanotubes)

炭素は異なる次元の結晶構造を取り得るが，カーボンナノチューブ（Carbon nanotube，以下 CNT）は擬1次元構造を有することで，理想的な輸送媒体として注目されている．特に単層 CNT[27]は，その構造によって金属や半導体になるなどの電気的特性[28]，極めて強靱な機械的特性[29]，優れた熱伝導特性[30]より，ナノテクノロジーの中心的素材の1つと考えられて来た．近年のCNTに関する研究の発展により，様々な基礎的性質が明らかにされると同時に，多方面での実用化への期待が高まってい

る．その中で，CNTの熱物性の評価及び理解は，電子デバイス等において許容電力を決定する上で重要である．また，実験によってCNTの高い熱伝導率が計測されており[31～34]，配向を揃えた束[35]，膜[36]，および複合材[37]にすることで高熱伝導材料としての応用の検討も進んでいる．特に，CNTは高い機械的コンプライアンスを有することで，プロセッサー冷却などで重要となる熱界面材料（Thermal Interface Material）の研究が広く行われている[38]．

以上を背景に，理論・数値解析と実験の双方から様々な研究が行われてきた．特に，孤立CNTに関しては，シミュレーションと測定の比較を念頭においた研究がいくつか報告されており，本節ではそれらを中心に記述する．それらの報告を見ると，シミュレーションと測定結果が比較的良く一致している見方もある一方，後述のように，シミュレーションと測定の双方においてまだ技術的課題が多く，結論づけられる段階には至っていないのが現状である．

(1) カーボンナノチューブの熱伝導のシミュレーション

CNT 1本の熱伝導率測定は容易ではないため，早くから数値解析による熱伝導率の計算が行われてきた（CNTの熱伝導率の測定方法については4.2節を参照されたい）．CNTでは金属性のものであっても熱伝導への伝導電子の寄与は小さく，フォノン（格子）の寄与が支配的であるとされるため[39,40]，計算手法としては分子動力学（Molecular Dynamics, 以下MD）法や，格子動力学（Lattice Dynamics, 以下LD）法に基づいたフォノン輸送方程式（Boltzmann Transport Equation, BTE）が広く適用されてきた．

MD法を用いたアプローチとして最も報告例が多いのは非平衡MD（Non-Equilibrium MD, 以下NEMD）である．NEMDでは，有限のCNTの両端または周期境界を施したCNTの一部の温度や熱流束を制御することによって，定常状態における熱流束や温度勾配を求め，フーリエの法則を通じて熱伝導率を算出する[41～45]．

一方，平衡MD（Equilibrium MD, 以下EMD）は，グリーン・久保（Green-Kubo, 以下GK）公式に基づいて熱流束の自己相関関数を積分して熱伝導率を求める手法[46～48]と，フォノンモードごとの緩和時間を計算し，フォノンの線形化ボルツマン輸送方程式の解を通じて熱伝導率を求める方法[49,50]に分けられる．いずれの手法においても，平衡MD計算では一般にCNTの軸方向に周期境界を施す．

また，上述のNEMDとEMDの中間的な手法として，Homogeneous NEMD（HNEMD）がある．この手法では温度勾配や熱流束を与える代わりに，各原子に仮想的な力を与えながら計算を行い，力→ゼロに外挿することによって熱伝導率を得る[51]．この手法はEMDよりは収束性が良いとされるが，得られる値が外挿の仕方に強く依存するため，CNTの熱伝導率計算に適用した例は限られる[30]．

以上のMDを用いた計算方法に対して，LDとBTEを用いた方法では，ポテンシャル関数をもとに調和原子間力定数からフォノンの固有状態や群速度を求めた上で，非調和原子間力定数と合わせて3フォノン散乱によるフォノンの生成および消滅確率をフェルミの黄金律によって表し，フォノンのボルツマン輸送方程式を解くことで熱伝導率を得る[52,53]．なお，この方法においても通常CNTの軸方向の周期性を仮定する．

(2) 孤立カーボンナノチューブの熱伝導率

Table 5-1-3にシミュレーションによって得られた温度300 Kにおける孤立単層CNTの熱伝導率を示す．ここでは，実験との比較を念頭に，各文献のデータの中で，カイラリティーが(10,10)，長さが3 μmに最も近いデータを載せている．これらのデータを見ると，シミュレーションと測定の結果を比較する以前に，シミュレーションによって得られた値が広く分散していることがわかる．これは，CNTのカイラリティーや直径などの物理的な違いから説明できる範囲を逸脱している．この要因として考えられる点を以下に挙げる．

5.1 分子シミュレーションと測定値の比較

Table 5-1-3 シミュレーションによる孤立単層カーボンナノチューブの熱伝導率
(Thermal conductivity of carbon nanotubes obtained by simulations)

著者	年	計算方法	ポテンシャル	長さ (nm)	カイラリティ	断面積 (nm^2)	熱伝導率 (W/(m K))
Berber, Kwon and Tománek[30]	2000	HNEMD	Tersoff[55]	2.5	(10,10)	2.9	6600
Che, Cagin and Goddard III[47]	2000	EMD-GK	Brenner (1st)[56]	40	(10,10)	0.43	2980
Osman and Srivastava[41]	2001	NEMD	Brenner (1st)[56]	30	(10,10)	1.5	1700
Maruyama[42]	2002	NEMD	Brenner (1st)[56]	200	(10,10)	1.5	360
Padgett and Brenner[43]	2004	NEMD	Brenner (2nd)[57]	310	(10,10)	1.5	320
Moreland, Freund and Chen[44]	2004	NEMD	Brenner (1st)[56]	1000	(10,10)	1.5	831
Mingo and Broido[52]	2005	LD-BTE	Mahan[58]	3000	(10,0)	1.5	2000
Lukes and Zhong[48]	2007	EMD-GK	Brenner (2nd)[57]	40	(10,10)	1.5	150
Shiomi and Maruyama[45]	2008	NEMD	Brenner (1st)[56]	1600	(5,5)	0.74	650
Lindsay, Broido and Mingo[53]	2009	LD-BTE	Tersoff[55]	3000	(10,10)	1.5	600
Lindsay, Broido and Mingo[60]	2010	LD-BTE	Optimized Tersoff[59]	3000	(10,10)	1.5	2000
Thomas, Turney, Iutzi, Amon and McGaughey[49]	2010	EMD-SED	Brenner (2nd)[57]	12	(10,10)	1.5	393
Ong, Pop and Shiomi[50]	2011	EMD-SED	Brenner (2nd)[57]	12	(10,10)	1.5	475

(a) NEMD の熱浴の影響

NEMD では定常温度勾配や熱流束を印加することによって，シグナル・ノイズ比が EMD に比べて大きい一方で，温度制御を施す必要があることから，用いる熱浴の設定パラメーターに結果が依存し得る．

(b) EMD の収束性の影響

一般に EMD 計算はシグナル・ノイズ比が小さいため，多くのアンサンブルの平均を要するが，CNT のような低次元構造においては，収束がさらに遅くなることが予測されている[54]．この特性は，特異な低次元熱伝導の物理として興味深い一方，熱伝導率を一意的に決定する上では問題となる．

(c) 量子効果の影響

CNT は比較的軽量の炭素の強い共有結合で構成され，デバイ温度が 2000 K を超えるため，室温であっても量子効果は無視できず，古典 MD 計算は熱伝導率を過大評価してしまう．

(d) LD-BTE の摂動近似の影響

LD-BTE は摂動論を基に計算されることで，取り扱うフォノンの散乱過程が通常 1 次の 3 フォノン散乱などの低次のものに限られ，高次の非調和効果の影響が考慮されない．

(e) 熱伝導率の長さ効果の影響

長さ効果とは，CNT の長さによって熱伝導率が変化することを意味する．格子熱伝導をフォノン気体の運動論として考えると，熱伝導率は比熱，群速度，平均自由行程の掛け算で表される．従って CNT のようにフォノンの平均自由行程が系の代表長さと比較して長い結晶の場合，平均自由行程はその長さに強く制限され，その結果熱伝導率は長さに依存する．有限長の系における NEMD 計算の利点は，この長さ依存性を明確に取り扱うことができる点にある．つまり，有限長の CNT の両端に熱浴を設けることで，架橋 CNT の熱伝導率計測に対応した計算を行うことができる．

一方，周期境界条件を課して計算を行う場合は，長さ効果は計算に幾分非物理的な影響を及ぼす．周期境界条件を課して無限長のフォノンの輸送距離を確保することで，原理的にはフォノンの平均自由行程に制限はないが，系が有することのできる波長が CNT の長さの 2 倍に限られるため，それより波長の長いフォノンは考慮することができない．CNT の長さが十分長ければ問題はないが，Table 5-1-3 に示すように一般に EMD 計算は比較的短い CNT に対して行われてきた．どの程度の長さを確保すれば結果が収束するのかについては議論の余地があるが，長さ依存性の収束が不十分である

ことが，計算結果の違いをもたらしている可能性は十分にある．
(f) ポテンシャル関数の精度
 ほとんどの手法の基盤となるポテンシャル関数の精度は計算結果に大きく影響する．一般的にCNTの熱伝導解析に用いられているものとしてはTersoffポテンシャル[55]とBrennerポテンシャル[56,57]がある．その中でBrennerポテンシャルがある程度フォノンの分散関係を再現すると言われてきた．しかし，いずれもフォノン輸送の観点から最適化されたものではなく，熱伝導率の定性的な議論には有用であるが，定量的な評価は困難である．

(3) 現実系におけるカーボンナノチューブの熱伝導

 CNTの熱伝導シミュレーションは，上述のように定量的な精度に課題が残るものの，定性的な知見を得るのには有用である．特に，構造欠陥，変形，周囲との接触などの応用環境で想定される複雑系の熱伝導特性の評価にはMDシミュレーションが適している．これまでに，不純物[58]，点欠陥[59,60]，変形[61]などの内部熱抵抗および，デバイス基板[62]や複合化の際の母材[63,64]などとの接触による環境熱抵抗の解析が報告されている．その一例として，ここでは実験で頻繁に観察されるCNTの座屈を考慮した解析[65,66]を紹介する．Fig. 5-1-4(a)に示すようにCNTを曲げることによって欠陥を形成することなく弾性的に座屈させ，NEMD法によって座屈部の熱抵抗を計算したところ，その値は曲げ角への強い依存性を示すものの，通常の座屈密度においては無視できるほど小さい（1×10^{-11}～1×10^{-10} $(m^2\cdot k)/W$）ことがわかった[65]．また，これらのMD計算の結果を入力パラメーターとしてCNT膜のメゾスコピック計算に連成するマルチスケールシミュレーションも行われている[66]．メゾスコピックシミュレーションによって，数千本のCNTが膜状に自己組織化する様子を再現することによって膜中の座屈部の分布を同定し（Fig. 5-1-4(b)），定常温度勾配を印加することによって膜の熱伝導率を計算した結果（Fig. 5-1-4(c)），CNTの座屈によって膜の熱伝導率が無視できない程低減することが明らかになった．これは，膜を構成するCNT束のネットワークのうち，束が細いものが熱流のボトルネックになっており，それらの束が太いものに比べて座屈しやすいためである．

(4) まとめ

 以上のシミュレーションにおける不確定要素と，4.2節にある測定おけるそれを考慮すると，CNTの熱伝導率に関してはシミュレーションと計測を比較する段階にはまだ至っていないと言えよう．ただし，シミュレーションと実験の双方において，現状の課題を克服する研究が発表され始めており，

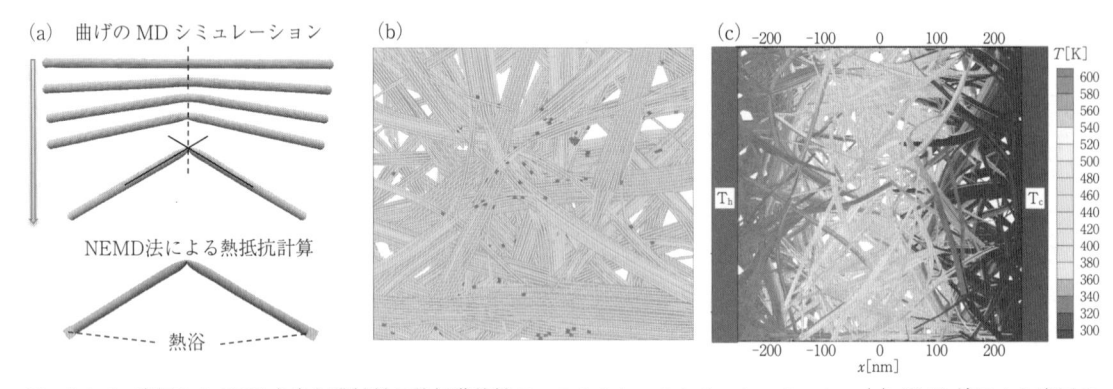

Fig. 5-1-4 座屈したCNTを含む膜材料の熱伝導特性のマルチスケールシミュレーション．(a) EMD法による座屈の形成とNEMD法による熱抵抗計算，(b) メゾスコピックシミュレーションによる膜内の座屈部の特定，(c) 定常温度差を印加した際の膜内の温度分布（Multiscale simulation of a film with buckled CNT. (a) Buckling formation with MD simulation and thermal resistance calculation with NEMD simulation. (b) Identification of buckles in mesoscopic simulation. (c) Temperature distribution of the CNT film subjected to a steady temperature difference)[66]

今後の発展が期待できる．例えばシミュレーション側では，最近になって，音響フォノンの分散関係に対して最適化された新たな Tersoff ポテンシャルおよび Brenner ポテンシャルのパラメーターが導出されている[67]．すでに，LD-BTE 法を用いて良い結果が得られており[68]，熱伝導率の定量的な評価への応用が期待される．加えて，MD 計算とメゾスコピック計算を連成させたマルチスケールシミュレーションもさらに発達してきており，実際の試料をデザインするためのツールとしての応用も期待できる．

5.1.3 薄膜の熱伝導率（Thermal conductivity of a thin film）

SOI（silicon-on-insulator）ウエハーから，電界効果トランジスターの一種である MOSFET（Metal-Oxide-Semiconductor Field-Effect Transistor）が作製されているが，近年では，そのゲート長は 100 nm を切っている[69]．Si の室温 300K におけるフォノンの平均自由行程は 300 nm 程度といわれており[70,71]，デバイスの代表サイズがフォノンの平均自由行程よりも短い．このようなデバイスを熱設計する際に，従来のバルク状材料の熱伝導率が使えないのは容易に予測がつき，実際に測定されているSi 薄膜の熱伝導率は小さいことが報告されている[70,72]．このような材料の熱伝導率測定は技術的に通常難しいため，数値計算によって予測でき，熱伝導率減少メカニズムが解明されれば，その意義は大きい．実際にフォノン輸送解析[72]やモンテカルロ計算[73]によってそれらの物性値を予測する試みもある．本節では，データや解析例の多い Si を例にとり，分子シミュレーションである分子動力学計算例[74〜77]を実験による測定値と比較しながら紹介する．

（1）熱伝導率

SOI ウエハーの Si 薄膜の面方向の熱伝導率が 3ω 法により測定されている[70]．3ω 法に用いる細線の幅を変えることで熱伝導が 1 次元的もしくは 2 次元的に生じる状態を生み出し，その結果の違いを異方性を考慮した熱伝導方程式によって解析することで薄膜の in-plane 方向の熱伝導率を得ている．得られた熱伝導率は膜厚によって整理されており，膜厚 74 nm から 240 nm の結果を数値計算結果とともに Table 5-1-4 にまとめた．膜厚が薄い場合，バルク値 148 W/(m·K) のおよそ半分となっている．薄膜 in-plane 方向のフォノン輸送をボルツマン輸送方程式で解き，実験値にフィッティングするとSi の室温におけるフォノンの平均自由行程が 300 nm 程度になることも示されている．これは，バルク Si の熱伝導率をフォノンスペクトル解析して求める平均自由行程ともよく一致している[71]．このような Si 薄膜の in-plane 方向熱伝導率が分子動力学で計算されている[74]．計算概略は Out-of-

Table 5-1-4 Si 薄膜の熱伝導率の測定値[70]と分子動力学計算結果[74,75,77]
(Thermal conductivities of Si thin films by 3ω method and calculated by molecular dynamics simulations)

著者 Author(s)	年	方法	熱伝導率方向	温度	データ
Y. S. Ju and K.E. Goodson[70]	1999	3ω法	in-plane	300K	80W/(m·K) for 74nm 90W/(m·K) for 155nm 95W/(m·K) for 240nm
C. J. Gomes, M. Madrid J. V. Goicochea, and C.H. Amon[74]	2006	MD, Green-Kubo	in-plane out-of-plane	305K 相当	100 W/(m·K) for 74nm (in-plane) 30W/(m·K) for 74nm (out-of-plane)
X. Feng[75]	2003	MD Non-equiliblium	out-of-plane	500K	1.23d(nm) − 0.24W/(m·K) （断面積 3.258nm × 3.258nm） 1.27d(nm) − 0.39W/(m·K) （断面積 2.172nm × 2.172nm） d: Film thicness, nm
P. K. Schelling, S. R. Phillpot, and R. Keblinski[77]	2002	MD Non-equiliblium Green-Kubo	in-plane	1000K	22W/(m·K) for 2.17nm 82,99W/(m·K) for 2.72nm 66W/(m·K) for 3.26nm 61, 62W/(m·K) for 4.34nm

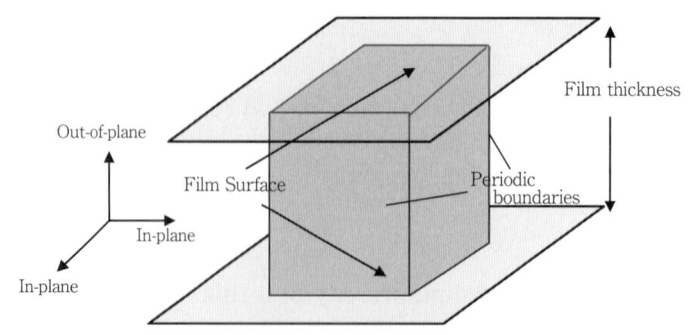

Fig. 5-1-5 分子動力学法による薄膜の熱伝導計算モデル (Examples of heat conduction in thin film based on molecular dynamics simulation)

plane 方向となる膜厚を 2.2 nm から 217.2 nm とし，計算対象を小さくするため In-plane 方向のサイズを 2×2 格子（1.08 nm）として周期境界条件を課している（Fig. 5-1-5）．温度 300 K で膜厚 4 nm のときに境界条件を 2×2 格子として計算すると熱伝導率は 32 W/(m·K)，一方で 10×10 格子（5.4 nm）と計算領域を拡げても 38 W/(m·K) と値に大きな違いは報告されておらず，2×2 格子（1.08 nm）が in-plane 方向の計算領域サイズに決定されている．ポテンシャルには，Si の熱伝導計算でよく用いられる SW ポテンシャル[78,79]が採用され，熱伝導率は薄膜の両端に温度差をつけず平衡状態に適用されるグリーン・久保の公式[80]から求められている．他，上記研究では温度が補正されている．Si のデバイ温度は 625 K であるため室温は Si にとって低温と言える．分子動力学計算が古典的であるため，この古典的な温度を補正する必要がある．詳細は論文[74]にまとめられているが，膜厚を厚くすると 375 K と 1000 K の計算ともにバルク状 Si の熱伝導率に漸近し，漸近した値は Si の物性値と定量的にもよく一致している．ただし詳細に結果を検討すると先の膜厚 74 nm の in-plane 熱伝導率測定結果より，計算値のほうが高くなっており，Si のデバイ温度をどの値と考えるかで温度補正に違いが生じ，その結果，熱伝導率計算結果が実験結果を上回っていると著者は考察している．温度 375 K において in-plane 方向の熱伝導率は膜厚が 100 nm 以下になると急激に減少し，out-of-plane 方向の熱伝導率は膜厚 217.2 nm でも，膜厚はフォノンの平均自由行程より薄いため，バルク状 Si の熱伝導率の 7 割程度となっている．一方，1000 K ではフォノンの平均自由行程が短くなるため，50 nm 程度の膜厚で in-plane 方向の熱伝導率はバルク状 Si の値とほぼ等しい結果が得られている．同様の理由で out-of-plane 方向の熱伝導率が 100 nm 膜厚でバルク状 Si の値とほぼ等しくなっている．膜厚がフォノンの平均自由行程よりも薄くなると，温度の高低にかかわらず，フォノンの平均自由行程が膜厚によって決まるようになるため，out-of-plane 方向の Si 薄膜の見かけの熱伝導率は膜厚に強く依存し，さらに温度依存性が見られなくなることが予想される．実際に上記分子動力学計算でそのような結果が得られており，膜厚が 14 nm 以下の場合，熱伝導率はほぼ膜厚に比例し，400 K から 1000 K までの熱伝導率の温度依存性はほとんど見られない．

(2) フォノンの特性

熱伝導率だけでなく，Si 薄膜の熱伝導を分子動力学シミュレーションすることで，フォノンの特性も得ようとする研究も進められている[76]．計算領域サイズは，膜厚 54.3 nm で断面 4.34 nm の正方形として周期境界条件を課しており，原子間ポテンシャルには SW ポテンシャルが用いられている．Si 原子の動きを面で平均し，振動の様子を時間-空間 2 次元高速フーリエ解析（2D-FFT）するとフォノンの分散関係が計算される．非常に薄い薄膜ではフォノンの分散関係がバルクと異なることが予想されている[81]が，膜厚 54.3 nm の薄膜では，全体の平均をとるとフォノンの特性を変えるほど薄いわけではなく，中性子線散乱実験で得られる分散関係[82]と定量的にも一致していた．さらに薄膜の両端に

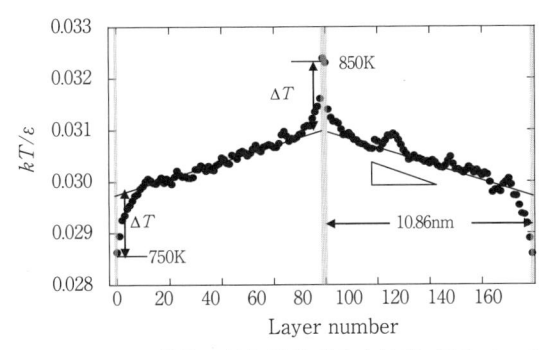

Fig. 5-1-6 Si 薄膜の熱伝導温度分布結果（Calculated temperature profile of the Si thin film in out-of-plane direction）

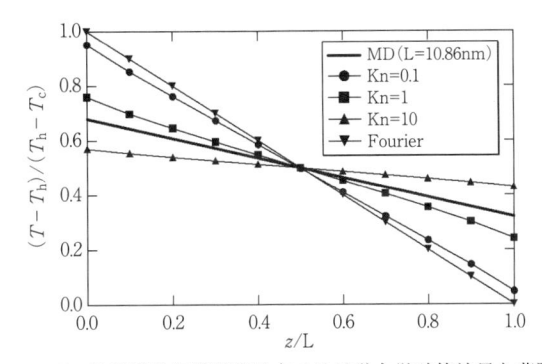

Fig. 5-1-7 Si 薄膜熱伝導温度分布の分子動力学計算結果と薄膜熱伝導のフォノン輸送計算結果の比較（Temperature profile calculated by using Boltzmann transport equations of phonons with MD calculated temperature profile of the Si thin film in out-of-plane direction）

温度差をつける非平衡状態を計算することで，熱伝導の様子を調べている．一例として膜厚と断面積ともに 10.86 nm とし，高温側を 850 K，低温側を 750 K になるよう速度スケーリングして得た温度分布を Fig. 5-1-6 に示す．温度補正を不必要とするため，高温側を 850 K，低温側を 750 K として対象温度をデバイ温度以上としている．薄膜内の温度分布は，温度制御部との結合部分で温度の不連続が生じ[76]，このような温度分布は，薄膜の熱伝導率計算ではよく見られる[77]．これはフォノンの平均自由行程が膜厚よりも非常に長いため，温度制御部の高温側の情報が低温側まで伝わってしまうため，低温部の温度が上がり，反対に温度制御部の低温側の情報が高温側まで伝わってしまうため，高温側の温度が下がることと対応している．同じことがフォノン輸送をボルツマン輸送方程式で Kn 数が大きい条件下（フォノン輸送が弾道的）で扱うと生じる[83]．分子動力学計算から得られた温度分布を Kn 数を変えたフォノン輸送計算と比較すると（Fig. 5-1-7），おおよそ Kn 数が 7〜8 に相当しており，計算領域と Kn 数から見積もられるフォノンの平均自由行程は 80 nm 程度となる[76]．これは先のフォノンスペクトル解析から得られる Si の 800 K におけるフォノンの平均自由行程[71]と同程度となっており，基礎方程式の全く異なるアプローチで定量的に同様の結果が得られる点で興味深い．

(3) まとめ

ここでは薄膜の熱伝導率測定として実験値も分子シミュレーション結果もある Si を代表例として紹介した．近年は，計算機のスピードも飛躍的に改善されていることから，汎用の計算機でも数 10 nm といったサイズの分子動力学計算も容易となっている．Si では SW ポテンシャルを利用すると熱

伝導が定量的にも実験値を説明する計算結果が得られるが，それはフォノンの非線形な特性をポテンシャルがよく再現できていることに起因している．薄膜の熱伝導率は特に面方向測定が難しく，分子シミュレーションのような簡便な手法で予測できればその有用性は高い．一方で熱伝導率の測定結果があれば，物性値と異なるような微細形状に起因する特殊な熱伝導率（例えば薄膜の熱伝導率）をメカニズムの面からも説明し，その正しさを保証できること[84]は意義深い．今後は，電子デバイス形状がフォノンの平均自由行程よりも小さくなってくるため，単純な薄膜だけではない微細構造に起因する見かけの熱伝導率が必要となってくる．このような特殊な熱伝導率を解釈する際に，比較的容易に行える分子シミュレーションは，益々その威力を発揮すると考えられる．

5.1.4 液体の輸送性質（Transport characteristics of liquids）

本項では，分子動力学シミュレーションによる液体の輸送特性，特に熱伝導率の計測と，その熱伝導率を決定しているメカニズムの解析について述べる．

均質なバルク液体について熱伝導率や粘性係数などマクロな熱物性値を求めることのみが分子動力学シミュレーションの目的である場合には，その方法については，後述するように標準的な方法が確立されており，議論の余地はあまりない．分子の形状や相互作用（ポテンシャル）を表現する分子モデルの選択のみが成否を左右する．一方，例えば固液／気液界面近傍，固体構造に拘束された（confined）液体，ヘテロな構造をもつソフトマターなど，バルク状態から外れた液体の輸送特性については，本ハンドブックの他の項で述べられるように，その状態における輸送特性について定義が必要であり，その値を分子動力学シミュレーションで計測する方法にも個別の吟味が必要となる．また，熱物性値に代表される輸送特性を支配している分子動力学メカニズムは，必要な輸送特性をもつ液体・ソフトマターの設計を志向する立場からは必要不可欠な研究ターゲットであるが，これを解析する場合には，そもそも何をどう解析すれば理解が進んだと言えるのか，拠って立つ現象の描像とその応用性・発展性が重要である．

分子動力学シミュレーションは，比較的単純な計算実験により分子の運動状態についての極めて詳細なデータが得られるが，単にそれを観察するだけでは熱流動の特性を理解したとは言えず，大量のデータから抽出するものが問われている．マクロな熱物性値は，連続体熱流体力学方程式のパラメーターとして極めて有効なものであるが，熱流動が連続体方程式の支配を離れるナノ・マイクロスケールで，現象を支配するパラメーターを見出すことが求められている．

以下では，分子動力学シミュレーションによる液体の輸送性質の計測・解析に関して，必要な手順や問題点について述べる．

(1) 分子モデルの選択

分子動力学シミュレーションで用いられる分子モデルは，分子を各種サイト（原子あるいは準原子）の集合として分子内および分子間のサイト間に適当なポテンシャルを設定するものがほとんどである．多くの場合に経験的なポテンシャルが用いられるが，この場合には粘性係数，第2ビリアル係数，気液の飽和密度など何らかの実測値をよく表すようパラメーターのチューニングがなされている．目標となった実験値以外の特性については再現する保証がないことに注意が必要である．特に熱伝導率については，その実測値を再現するようチューニングされているポテンシャルはほとんど存在しない．このため，分子動力学シミュレーションの開始にあたっては，特にターゲットとしている熱物性値や飽和密度など関連する熱力学諸量の再現性を文献あるいは自力で確認し，適切なモデルを選択する必要がある．先に述べた非バルク状態における輸送特性の解析においても，その対照としてバルク状態の輸送特性が重要であることは言うまでもない．

複雑な分子に対するモデルの選択に関する話題として，例えば炭化水素のC-H結合など，運動が量

子化されている分子変形の扱いに関する問題がある．炭化水素に対する All-atom モデル[85]では，CH_3 あるいは CH_2 基に対して C の周囲に H を配置し，C-H 間の伸縮及び H-C-H の曲げに対して分子内ポテンシャルを設定することにより，これらの振動が古典力学的に解かれる．一方，United-atom モデル[86,87]では，CH_3 あるいは CH_2 基を1つのサイトとして真球状のポテンシャル面を設定する．H の効果としては，このポテンシャル面の半径が All-atom モデルの C に設定するポテンシャル面の半径よりやや大きいことで考慮されている．水に対する分子モデル[88]の場合でも，O-H の伸縮や H-O-H の曲げを古典力学的に取り扱う分子モデルや，比較的振動数が低く量子化の程度が小さい H-O-H の曲げのみを古典力学的に取り扱い，O-H の距離は固定するモデル，さらに H-O-H の角度も固定して水分子を剛体として扱うモデルなどが存在する．これらの選択は，特に熱伝導率には大きな影響を及ぼすが，その選択の得失については，未だ議論は定まっていない．特に問題なのは，これらの変形自由度を古典力学的に扱う場合には，本来量子化されて多くが基底状態にあるはずの振動に対して，他の運動自由度と同様の力学的エネルギーが配分されてしまい，分子がもつ力学的エネルギーが過大となることである．後述するように，液体中の熱流束の一部は，分子がもつ力学的エネルギーが分子の移動と共に空間中を移動することに起因しており，その割合は三重点近傍から臨界点近傍で 10～50% を占める．この部分が過大となることを避けるためには，少なくとも量子化の影響が著しい分子内変形自由度は拘束するべきであるとも考えられ，この点で United-atom モデルにも積極的な意義付けがなされるべきであるが，分子の形状を固定した場合には，液体の熱力学的状態や局所的な条件による分子の平均的な変形や，相互作用の過程で運動状態に対応して生じる変形が考慮されないという代償を払うことになる．

(2) 飽和液の設定

特定の分子モデルを適用した分子動力学計算系が示す相・状態は，実在の流体が示すものと同一である保証はない．液体の輸送特性は圧力に大きな依存性を示すから，例えば飽和液状態での分子シミュレーションを企図しても，密度を過大に設定すると圧縮液となり，過大な熱伝導率を得ることになる．このため，計算系の温度・密度・圧力を企図に沿って適切に設定するためには，選択した分子モデルの集合体が示す相・状態を把握する必要がある．

分子系の状態方程式を得るには，一般に Kataoka の方法[89]が用いられている．これは広い温度・密度領域について分子動力学シミュレーションを行い，得られた圧力およびエネルギーに基づいて状態方程式を決定するものである．気液の飽和密度のみが必要である場合には，より簡便な方法として，モンテカルロシミュレーションでギブスアンサンブル[90]を得て気液共存状態の密度を知る方法や，液膜と共存する気相の分子動力学シミュレーションにより気液の密度を直接計測する方法[91～93]がある．

(3) 輸送係数の分子動力学シミュレーションによる計測

一般に，熱伝導率や粘性係数など輸送係数を求める方法として，3種類の手法が用いられている．まず，平衡状態の分子動力学シミュレーションにおいて，速度や運動量，エネルギーの揺らぎを利用し，その散逸過程を追跡することにより輸送係数を求める方法があり，平衡分子動力学法（EMD）と呼ばれる．これらの量の自己相関関数と輸送係数との関係は，Green-Kubo の公式[94,95]により与えられる．次に，分子の運動方程式に人工的な外力項を付加することにより仮想的な運動量流束や熱流束を発生させる方法[96,97]があり，非平衡分子動力学法（NEMD）と呼ばれる．この方法は，周期境界条件を適用しつつ系全体で輸送流束を観測できるため，最も効率的な方法であるが，人工的な手法の妥当性が確認されているのは輸送係数の算出までであり，分子動力学メカニズムの検討などに解析を拡大する際には，慎重な検討が必要である．

最後の方法は，EMD と同様に人工項のない支配方程式を用いつつ，特殊な境界条件の適用により

各種流束を発生させるものであり，これも広義には NEMD と呼ばれることがある．この方法は系全体の 1/2～1/3 しか流束の計測に用いることができず，単に輸送係数を求めるためには効率が悪いが，現実に一定の大きさの流束が発生している状態の観察を可能にする唯一の方法である．また，界面やソフトマターなど不均質構造における輸送特性を解析する場合にも，この方法が用いられる．熱伝導のシミュレーションを例にとると，熱流束方向に長い直方体の基本セルに対して 3 次元周期境界条件を適用し，両端部分に高温側（あるいは低温側）熱浴を，中央部分に低温側（高温側）熱浴を，それぞれ設定する．熱浴の動作としては，温度を高温・低温の各一定値に保つ方法と，一定量の熱エネルギーを低温側熱浴から抜き出して高温側熱浴に与える方法がある．それぞれ長短があるが，熱浴の動作開始後に系が定常状態に達するまでに必要な時間が短いことや，単純に熱流束と温度勾配を計測して熱伝導率を算出することを考えると，温度勾配を設定して熱流束を計測するより熱流束を設定して温度勾配を計測するほうが高い計測精度を得られることなどから，熱流束を設定する後者の方法を採る例が最近は多くなっている．これを実現する 1 つの手法として，RNEMD 法[98]が挙げられる．

　分子系に生じているマクロな熱流束は，以下のように分子動力学的に表される．分子系における内部エネルギー E は，相・状態によらず，個々の分子 i の運動エネルギーと，個々の分子に割り当てた分子系のポテンシャルエネルギー ϕ_i の総和として表される．

$$E = \sum_i E_i, \quad E_i = \frac{1}{2} m_i v_i^2 + \phi_i \tag{5.1.17}$$

m, v はそれぞれ分子の質量および速度である．この E_i に分子の座標 x_i で重みをつけたものの総和を時間微分することにより，分子系に生じている熱流束の分子動力学表現である Irving-Kirkwood の式[99]が得られる．分子の平均速度がゼロである場合には，これが熱伝導による熱流束を与える．

$$J_x = \frac{\mathrm{d}}{\mathrm{d}t}\left(\sum_i x_i E_i\right) = J_{1,x} + J_{2,x}$$

$$J_{1,x} V = \sum_i (v_{x,i} E_i) \tag{5.1.18}$$

$$J_{2,x} V = \frac{1}{2} \sum_i \sum_{j>i} \{\boldsymbol{F}_{ij} \cdot (\boldsymbol{v}_i + \boldsymbol{v}_j)\}(x_i - x_j)$$

ここで，J_x は x 方向の熱流束，$\boldsymbol{F}, \boldsymbol{v}$ はそれぞれ分子間力および分子速度のベクトルである．分子系のポテンシャルエネルギーは分子間力に基づくポテンシャルエネルギーの総和であるという二体ポテンシャル近似が用いられている．V は検査体積であるが，実際に温度勾配を与えて行う分子動力学シミュレーションでは，境界条件の影響を避けて計算セルの一部に検査体積を設定することがあり，この場合には，$J_{2,x}$ の項に現れる $(x_i - x_j)$ は，検査体積に含まれる部分のみとする．多原子分子の運動を質量中心の並進運動と中心回りの回転運動に分ける場合（主に剛体分子の場合）には，Eq.(5.1.18) 第 2 項には，$\boldsymbol{F} \cdot \boldsymbol{v}$ に加えて分子に作用するトルクと分子の回転角速度の内積が現れる．

　以上と同様に，運動量流束は以下の式で表される．

$$J_{\alpha\beta}^{\mathrm{m}} = \frac{\mathrm{d}}{\mathrm{d}t}\left(\sum_i \beta_i P_{\alpha,i}\right) = J_{1,\alpha\beta}^{\mathrm{m}} + J_{2,\alpha\beta}^{\mathrm{m}}$$

$$J_{1,\alpha\beta}^{\mathrm{m}} V = \sum_i (v_{\beta,i} P_{\alpha,i}) \tag{5.1.19}$$

$$J_{2,\alpha\beta}^{\mathrm{m}} V = \sum_i \sum_{j>i} \boldsymbol{F}_{\alpha,ij}(\beta_i - \beta_j)$$

ここで $\alpha, \beta = x, y, z$，$J_{\alpha\beta}^{\mathrm{m}}$ は β 方向に輸送される α 方向の運動量流束，$P_\alpha (= m v_\alpha)$ は分子の運動量の α 方向成分である．

Table 5-1-5 直線分子飽和液の熱伝導率
(Thermal conductivity obtained for saturated liquids of diatomic molecules)

k_B:ボルツマン定数

Species	Molecular elongation d/σ	σ (Å)	ε/k_B (K)	m ($\times 10^{-26}$kg)	$0.7T_c$ (K)	λ (mW/(m·K)) Simulation[100]	λ (mW/(m·K)) Experiment[103]
O_2	0.22	3.2104	38.003	5.31	113	116	120
CO	0.39	3.2717	42.282	4.65	96	116	115
CS_2	0.59	3.7509	232.26	12.6	406	101	N/A
Cl_2	0.73	3.2618	201.31	11.8	306	116	131
Br_2	0.98	3.2843	345.47	26.5	438	85	90

Table 5-1-6 直鎖アルカン飽和液の熱伝導率
(Thermal conductivity obtained for saturated liquids of n-alkanes)

Species	$0.7T_c$ (K)	λ (mW/(m·K)) Simulation[101]	λ (mW/(m·K)) Experiment[104]
CH_4	134	131.0	147.0
C_4H_{10}	304	86.3	94.0
C_8H_{18}	403	78.9	86.4
$C_{10}H_{22}$	437	77.8	82.7
$C_{16}H_{34}$	503	75.3	75.0
$C_{24}H_{50}$	565	80.1	N/A

分子動力学シミュレーションによる熱伝導率の計測として,直線分子液体[100]とn-アルカン[101]の例をあげる.直線分子に対する分子モデルとして,2つのLennard-Jones(12-6)粒子が間隔dで連結された剛体分子であるTwo center Lennard-Jones model[102](2CLJモデル)を適用する.パラメーターは,dの他にLennard-Jonesポテンシャルのエネルギーパラメーターεと距離パラメーターσである.5種類の分子に対してそれぞれKataokaの方法により臨界温度T_cを求め,温度$0.7T_c$における飽和液の熱伝導率を求めた.計算セル両端の熱浴をそれぞれ温度$(0.7\pm0.07)T_c$で一定に保ち,系に一定の温度勾配を与えて熱流束を計測した.得られた熱伝導率をTable 5-1-5に示す.もう1つの例は,直鎖分子である各種鎖長のn-アルカンである.CH_4, C_4H_{10}, C_8H_{18}, $C_{10}H_{22}$, $C_{16}H_{34}$, $C_{24}H_{50}$を対象として,CH_4にはTraPPEモデル[86]を,C_4H_{10}以上にはNERDモデル[87]を,それぞれ適用した.いずれもUnited-atomモデルである.気液共存状態の分子動力学シミュレーションにより様々な温度における飽和密度を求め,スケーリング則により各種アルカンについての臨界温度T_cを求めた.RNEMD法を用いて平均温度$0.7T_c$の飽和液中に300 MW/m^{2}の熱流束を与え,生じた温度勾配を計測して熱伝導率を算出した.結果をTable 5-1-6に示す.直線分子液体およびアルカンのいずれの場合も,10%程度の誤差で実験値と良い一致を示している.

(4) 熱流束の「質」に関する分子動力学解析

上述のEq.(5.1.18)は,系内のエネルギーの分布を定義してその中心の移動についての総括的な考察の結果得られたもので,個々の分子が熱エネルギーの輸送になす寄与に関する動力学的な考察が積み上がったものではない.第1項J_1は,気体分子運動論による熱流束から類推して,分子自身のエネルギーが分子と共に空間中を移動することによるものであると解釈できるが,第2項の物理的意味は明確ではない.液体においては,この第2項が主要な因子であり,三重点近傍では全熱流束の90%程度を占める.

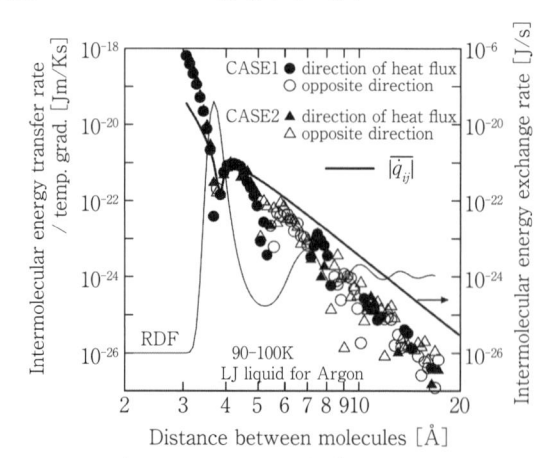

Fig. 5-1-8 液体アルゴン中の熱伝導における熱流束になす分子間エネルギー伝搬の寄与[106] (Contribution of intermolecular energy transfer to heat conduction flux in a liquid argon)

Table 5-1-7 飽和液水中の熱伝導における熱流束になす並進運動および回転運動エネルギーの伝搬の寄与と，水素結合を通じて伝搬されるエネルギーの割合[105]

(Contribution of translational and rotational intermolecular energy transfer (IET) to heat conduction flux, and ratio of intermolecular energy transfer via hydrogen bonds (HB) to total heat conduction flux)

T=300－320K

Translational IET		Rotational IET	
35%		65%	
HB	non-HB	HB	non-HB
59%	41%	22%	78%

T=640－680K

Translational IET		Rotational IET	
22%		78%	
HB	non-HB	HB	non-HB
41%	59%	16%	84%

　この第2項について，個々の分子間に作用する分子間力が分子になす仕事率の考察により，この分子間力による力学的エネルギーの伝搬が集積してマクロな熱流束を構成しているとの解釈が成り立つことが示されている[105,106]．この分子間のエネルギー伝搬を，分子間の関係や伝搬されるエネルギーの形態・メカニズムなどに分類してそれぞれ積算することにより，熱流束を構成する要素とその寄与の大きさを評価することができる．結果の一例[106]を Fig. 5-1-8 に示す．Lennard-Jones (12-6) ポテンシャルによる平均温度 95 K のアルゴン飽和液に温度勾配を与えて熱伝導シミュレーションを行い，観測した分子間のエネルギー伝搬の平均値を分子間距離に対して示したものである．正の寄与が黒丸・黒三角で，負の寄与が白丸・白三角で示されているが，図に併記された動径分布関数（RDF）と相関を示して，第2近接殻以遠の近接殻の内側にある分子とは，液体構造による拘束の影響を受けて，マクロな熱流束に逆流するエネルギーの伝搬が生じることがわかる．また，三重点近傍および臨界点近傍における水の飽和液に対して温度勾配を与え，熱流束になす分子の並進運動および回転運動の寄与や，水素結合を通じて伝搬されるエネルギーの寄与を解析した結果[105]を Table 5-1-7 に示す．回転運動の伝搬が 70% を占め，液体水中の分子に作用するトルクにより分子の回転運動にエネルギー

が吸収される形態で熱伝導における熱流束の大半が生じていることがわかる．この回転運動の寄与の割合は分子の形態によって大きく異なるが，例えば直線分子の場合にはその長さに依存して10～30%である[100]から，水における回転運動の寄与は極めて大きいと言える．また，水の特徴的な構造として各種の熱物性に大きな影響をもつと考えられている水素結合の寄与は，特に回転運動エネルギーの伝搬において小さいことがわかる．

　以上述べたように，熱流束には単に「量」があるだけではなく，これを構成する様々な要素により決定される「質」の問題があり，輸送現象に大きな影響を与えている．例えば，液体水と白金との間の固液界面では，分子の回転運動エネルギーはほとんど通過できず，並進運動エネルギーの伝搬のみにより熱エネルギーが輸送される[107]．このため，バルク液体水中を主に分子の回転運動により伝搬されてきた熱エネルギーは，固液界面に至って界面を通過するために並進運動に変換されなければならない．このことが界面近傍における並進温度と回転温度の温度差，すなわち，水分子の並進運動と回転運動でエネルギーが等分配されない非平衡状態を生じさせ，また，液体水―白金界面の大きな熱抵抗につながっている．別の例として，単純液体が固体表面に接する場合に，固体表面に存在する結晶格子スケールの凹凸により，固液界面を通過する分子の並進運動エネルギーの伝搬に異方性が生じ，結晶面により固体分子の配列が異なることから，固液界面を通過しやすい並進運動エネルギーも異なる空間自由度によることが見出されている[108,109]．

　以上述べた例は，主に小さな分子からなる液体において分子から分子に力学的エネルギーが伝搬することにより空間中をマクロな熱エネルギーが輸送される描像に基づくものであるが，分子のサイズが分子間距離と比較して無視できないポリマー分子の液体では，分子内の強固な共有結合を通じた高速なエネルギー伝搬がマクロな熱流束になす寄与が重要になる．これについて，上述の2体ポテンシャルによる分子間エネルギー伝搬の概念は，曲げやねじれなど分子内の変形自由度に対応した多体ポテンシャルを含む系に拡張されている[110]．典型的な長鎖分子である直鎖アルカンについて，マクロな熱伝導の熱流束への各種分子動力学メカニズムの寄与の大きさを計測した結果[101]をFig. 5-1-9に示す．計算法と得られた熱伝導率については先に述べた．図中「1st term」，「2nd term」は，それぞれEq.(5.1.18)のJ_{1x}, J_{2x}に対応する．熱流束の大部分を占めるJ_{2x}は，分子内あるいは分子間の相互作用によるエネルギーの伝搬がなす寄与であるが，分子の伸縮・曲げ・ねじれ・Van der Waals力による分子内のエネルギー伝搬と，Van der Waals力による分子間のエネルギー伝搬とに分けられる．図か

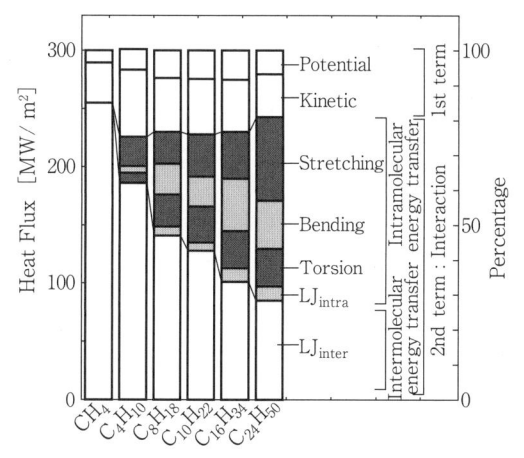

Fig. 5-1-9　直鎖アルカン中の熱伝導における熱流束への各種分子動力学メカニズムの寄与[101] (Contribution of molecular dynamics mechanisms to heat conduction flux in *n*-alkanes)

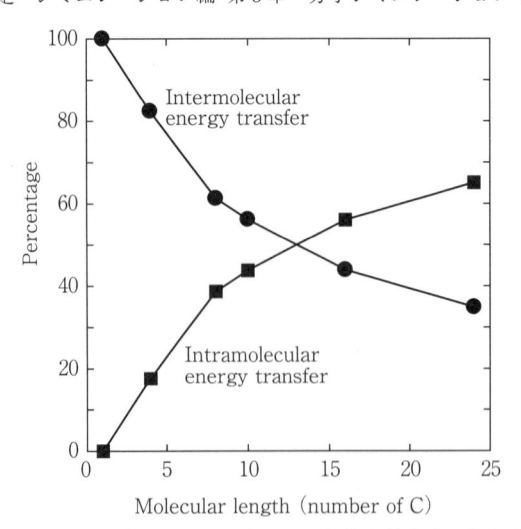

Fig. 5-1-10 分子内・分子間エネルギー伝搬が熱流束になす寄与のアルカン鎖長による変化[101] (Ratio of Contributions to heat conduction flux made by intra-and intermolecular energy transfers to their total)

ら，分子鎖長の増大と共に分子内エネルギー伝搬の寄与が大きくなる一方，分子間エネルギー伝搬の寄与は小さくなり，鎖長 C_{24} 程度で分子内エネルギー伝搬の寄与が他に卓越することがわかる．Fig. 5-1-10 は分子内・分子間エネルギー伝搬の寄与がその合計である J_{2x} に対して占める割合を示したものであるが，C_{13} 程度で両者の大小は交代し，さらに鎖長が大きくなると分子内エネルギー伝搬は 70% に達する．

以上はポリマー分子がランダムな配向をもつバルク液体についての解析結果であるが，ポリマー分子が一定の配向を示す場合には，分子内エネルギー伝搬が全てその方向に作用するため，熱伝導率に異方性が発現する．アルキル基の尾部をもつ脂質分子が水中で整列して形成する脂質二重膜の熱伝導率を分子動力学シミュレーションで計測した結果[111]では，アルキル基の配向と一致する膜面垂直方向の熱伝導率は，単層膜では膜面方向の熱伝導率と比較して5倍に達することや，二重膜の膜面垂直方向では，アルキル基の尾部が向かい合う2つの単層膜間に大きな熱抵抗が存在するため，総括的な熱伝導率は単層膜と比較して半分程度に低下することなどが見出されている．また，アルカンチオール分子が一定の配向をもって固体表面上に吸着した SAM (Self Assembled Monolayer, 自己組織化単分子膜) において，熱抵抗が分子配向方向に極めて小さいこと[112]が明らかとなっている．ポリマー物質における分子配向による熱伝導率の異方性は，固体材料においてはつとに指摘されていたものであるが，液体およびソフトマターでも，上記の例に加えて，壁面に強い拘束を受けるポリマー液膜[113]やせん断を受けて Shear Thinning の状態にあるポリマー液体[114]が熱伝導率の異方性を示すことなどが報告されており，現象とメカニズムの解明が期待される．

参考文献

1) 岡崎 進，吉井範行，コンピュータ・シミュレーションの基礎 (第2版)，化学同人 (2011).
2) 笹井理生，分子システムの計算科学—電子と原子の織り成す多体系のシミュレーション— (計算科学講座6)，共立出版 (2010).
3) 日本機械学会編，計算力学ハンドブック第3巻 原子／分子・離散粒子のシミュレーション，日本機械学会 (2009).
4) 長岡正隆，すぐできる分子シミュレーションビギナーズマニュアル，講談社 (2008).

5) 佐藤　明，HOW TO 分子シミュレーション—分子動力学法，モンテカルロ法，ブラウン動力学法，散逸粒子動力学法—，共立出版 (2004).
6) 上田　顕，分子シミュレーション—古典系から量子系手法まで，裳華房 (2003).
7) 神山新一，佐藤　明，分子動力学シミュレーション（分子シミュレーション講座2），朝倉書店 (1997).
8) 川添良幸，大野かおる，三上益弘，コンピュータ・シミュレーションによる物質科学—分子動力学とモンテカルロ法，共立出版 (1996).
9) 日本機械学会編，原子・分子モデルを用いる数値シミュレーション，コロナ社 (1996).
10) B. Poling, J. Prausnitz and J. O'Connell, "The Properties of Gases and Liquids", McGraw-Hill (2000).
11) AMBER ホームページ　http://ambermd.org/
12) CHARMM ホームページ　http://www.charmm.org/
13) GROMOS ホームページ　http://www.gromos.net/
14) T. Ishiyama, T. Yano and S. Fujikawa, Phys. Fluids, Vol. 16 (2004) pp.2899-2906; ibid., pp.4713-4726.
15) M. Matsumoto, M. Okano and Y. Masao, J. Heat Transf., Vol. 134 (2012).
16) J. S. Rowlinson and B. Widom, "Molecular Theory of Capillarity", Dover edition (2003).
17) T. Ikeshoji, B. Hafskjold and H. Furuholt, Mol. Sim., Vol. 29 (2003) pp.101-109.
18) J. P. Hansen and I. R. McDonald, "Theory of Simple Liquids", 3rd ed., Academic Press (2006).
19) P. K. Schelling, S. R. Phillpot and P. Keblinski, Phys. Rev. B, Vol. 65 (2002) 144306.
20) M. Horsch, J. Vrabec, M. Bernreuther, S. Grottel, G. Reina, A. Wix, K. Schaber and H. Hasse, J. Chem. Phys., Vol. 128 (2008) 164510.
21) S. Tsuda, S. Takagi and Y. Matsumoto, Fluid Dynamics Res., Vol.40 (2008) pp.606-615.
22) M. Matsumoto and K. Tanaka, Fluid Dynamics Res., Vol.40 (2008) pp.546-553.
23) NIST Chemistry WebBook. http://webbook.nist.gov/chemistry
24) M. Matsumoto, J. Fluid Sci. Tech., Vol.3 (2008) pp. 922-929.
25) M. Matsumoto, J. Therm. Sci. Eng., Vol.3 (2008) pp. 309-318.
26) D. Christen and G. L. Pollack, Phys. Rev. B, Vol.12 (1975) pp.3380-3391.
27) S. Iijima and T. Ichihashi, "Single-shell carbon nanotubes of 1-nm diameter", Nature, Vo.363, (1993) p.603.
28) N. Hamada, S. Sawada and A. Oshiyama, "New one-dimensional conductors: Graphitic microtubules", Phys. Rev. Lett., Vo.68 (1992) 1579; R. Saito, M. Fujita, G. Dresselhaus and M. S. Dresselhaus, "Electronic structure of chiral graphene tubules", Appl. Phys. Lett., Vo. 60 (1992) p.2204.
29) M.-F. Yu, O. Lourie, M. J. Dyer, K. Moloni, T. F. Kelly and R. S. Ruoff1, "Strength and breaking mechanism of multiwalled carbon nanotubes Under Tensile Load", Science, Vo.287 (5453) p.637.
30) S. Berber, T.-K. Kwon and D. Tománek, "Unusually high thermal conductivity of carbon Nanotubes", Phys. Rev. Lett., Vo. 84 (2000) p.4613.
31) P. Kim, L. Shi, A. Majumdar and P. L. McEuen, "Thermal transport measurements of individual multiwalled nanotubes", Phys. Rev. Lett., Vo.87 (2001) 215502.
32) M. Fujii, X. Zhang, H. Xie, H. Ago, K. Takahashi, T. Ikuta, H. Abe and T. Shimizu, "Measuring the thermal conductivity of a single carbon nanotube", Phys. Rev. Lett., Vo.95 (2005) 065502.
33) C. Yu, L. Shi, Z. Yao, D. Li and A. Majumdar, "Thermal conductance and thermopower of an individual single-wall carbon nanotube", Nano Lett., Vo.5 (2005) p.1842.
34) E. Pop, D. Mann, Q. Wang, K. Goodson and H. Dai, "Thermal conductance of an individual single-wall carbon nanotube above room temperature", Nano Lett., Vol.6 (2006) p.96.
35) T. Iwai, H. Shioya, D. Kondo, S. Hirose, A. Kawabata, S. Sato, M. Nihei, T. Kikkawa, K. Joshin, Y. Awano, and N. Yokoyama, "Thermal and source bumps utilizing carbon nanotubes for flip-chip high power amplifiers", Int. Electron. Devices Meeting Tech. Dig. (2005) p.257.
36) J. Hone, M. C. Llaguno, N. M. Nemes, A. T. Johnson, J. E. Fischer, D. A. Walters, M. J. Casavant, J. Schmidt and R. E. Smalley, "Electrical and thermal transport properties of magnetically aligned single wall carbon nanotube films", Appl. Phys. Lett., Vol.77 (2000) p.666.
37) M. J. Biercuk, M. C. Llaguno, M. Radosavljevic, J. K. Hyun, A. T. Johnson and J. E. Fischer, "Carbon nanotube composites for thermal management", Appl. Phys. Lett., Vol.80 (2002) p.2767.
38) T. Tong, Y. Zhao, L. Delzeit, A. Kashani, M. Meyyappan and A. Majumdar, "Dense vertically aligned multiwalled carbon nanotube arrays as thermal interface materials", IEEE Transactions on Components and Packaging Technology, Vol.30 (2007) p.92.

39) J. Hone, M. Whitney, C. Piskoti and A. Zettl, "Thermal conductivity of single-walled carbon nanotubes", Phys. Rev. B, Vol.59 (1999) R2514.
40) . Yamamoto, S. Watanabe and K. Watanabe, "Universal features of quantized thermal conductance of carbon nanotubes", Phys. Rev. Lett., Vol.92 (2004) 075502.
41) M. A. Osman and D. Srivastava, "Temperature dependence of the thermal conductivity of single-wall carbon, nanotubes", Nanotechnology, Vol.12 (2001) p.21.
42) S. Maruyama, "A molecular dynamics simulation of heat conduction in finite length SWNTs", Physica B, Vol.323 (2002) p.193; S. Maruyama, "Molecular dynamics simulations of heat conduction of finite length single-walled carbon nanotube", Nanoscale Microscale Thermophys. Eng., Vol.7 (2003) 41.
43) C. W. Padgett and D. W. Brenner, "Influence of chemisorption on the thermal conductivity of single-wall carbon nanotubes", Nano Lett., Vol.4 (2004) p.1051.
44) J. F. Moreland, J. B. Freund and G. Chen, "The disparate thermal conductivity of carbon nanotubes and diamond nanowires studied by atomistic simulation", Microscale Thermophys. Eng., Vol.8 (2004) 61.
45) J. Shiomi and S. Maruyama, "Molecular dynamics of diffusive-ballistic heat conduction in single-walled carbon nanotubes", Jpn. J. Appl. Phys., Vol.47 (2008) p.2005.
46) J. P. Hansen and I. R. McDonald, Theory of Simple Liquids, 2nd ed., Academic, London, Chap. 5 (1986).
47) J. Che, T. Cagın and W. A Goddard III, "Thermal conductivity of carbon nanotubes", Nanotechnology, Vol. 11 (2000) p.65.
48) J. R. Lukes and H. Zhong, "Thermal conductivity of individual single-wall carbon nanotubes", J. Heat Trans., Vol.129 (2007) p.705.
49) J. A. Thomas, J. E. Turney, R. M. Iutzi, C. H. Amon and A. J. H. McGaughey, "Predicting phonon dispersion relations and lifetimes from the spectral energy density", Phys. Rev. B, Vol.81 (2010) 081411(R).
50) Z.-Y. Ong, E. Pop and J. Shiomi, "Reduction of phonon lifetimes and thermal conductivity of a carbon nanotube on amorphous silica", Phys. Rev. B, Vol.84 (2011) 165418.
51) D. J. Evans, "Homogeneous NEMD algorithm for thermal conductivity-Application of non-canonical linear response theory", Phys. Lett., Vol. 91A (1982) p.457.
52) N. Mingo and D. A. Broido, "Length dependence of CNT thermal conductivity and the problem of long waves", Nano Lett., Vol.5 (2005) p.1221.
53) L. Lindsay, D. A. Broido and N. Mingo, "Lattice thermal conductivity of single-walled carbon nanotubes: Beyond the relaxation time approximation and phonon-phonon scattering selection rules", Phys. Rev. B, Vol.80 (2009) 125407.
54) R. Livi and S. Lepri, "Heat in one dimension", Nature, Vol.421 (2003) p.327.
55) J. Tersoff, "Empirical Interatomic Potential for carbon, with applications to amorphous carbon", Phys. Rev. B, Vol.61 (1988) p.2879.
56) D. W. Brenner, "Empirical potential for hydrocarbons for use in simulating the chemical vapor deposition of diamond films", Phys. Rev. B, Vol.42 (1990) p.9458; D. W. Brenner, "Erratum", Phys. Rev. B, Vol.46 (1992) p.1948.
57) D. W. Brenner, O. A Shenderova, J. A Harrison, S. Stuart, B. Ni and S. B Sinnott, "A second-generation reactive empirical bond order (REBO) potential energy expression for hydrocarbons", J. Phys.: Condens. Matter, Vol.14 (2002) p.783.
58) S. Maruyama, Y. Igarashi, Y. Taniguchi, and J. Shiomi, "Anisotropic heat transfer of single-walled carbon nanotubes", J. Thermal Sci. Technol., Vo. 1, (2006) 138.
59) N. Kondo, T. Yamamoto and K. Watanabe, "Molecular-dynamics simulations of thermal transport in carbon nanotubes with structural defects", e-J. Surf. Sci. Nanotechnol., Vol.4 (2006) p.239.
60) T. Yamamoto and K. Watanabe, "Nonequilibrium Green's Function Approach to Phonon Transport in Defective Carbon Nanotubes", Phys. Rev. Lett., Vol.96 (2006) 255503.
61) F. Nishimura, T. Takahashi, K. Watanabe, and T. Yamamoto, "Bending Robustness of Thermal. Conductance of Carbon Nanotubes, Nonequilibrium. Molecular. Dynamics. Simulation", Appl. Phys. Express, Vol.2 (2009) 035003.
62) Z.-Y. Ong, E. Pop and J. Shiomi, "Reduction of phonon lifetimes and thermal conductivity of a carbon nanotube on amorphous silica", Vol.84 (2011) 165418.
63) C. F. Carlborg, J. Shiomi and S. Maruyama, "Thermal boundary resistance between single-walled carbon

nanotubes and surrounding matrices", Vol.78 (2008) 205406.
64) 飛田 翔, 志賀拓磨, 丸山茂夫, James A. Elliott, 塩見淳一郎, "カーボンナノチューブ/ポリマー複合材の熱伝導における界面熱抵抗と界面フォノン散乱の影響", 日本機械学会論文集 (B編), Vol.78, No.787 (2012) p.634.
65) F. Nishimura, T. Shiga, S. M., K. Watanabe and J. Shiomi, "Thermal Conductance of Buckled Carbon Nanotubes", Jpn. J. Appl. Phys., Vol.51 (2012) 015102.
66) A. N. Volkov, T. Shiga, D. Nicholson, J. Shiomi and L. V. Zhigilei, "Effect of bending buckling of carbon nanotubes on thermal conductivity of carbon nanotube materials", J. Appl. Phys., Vol.111 (2012) 053501.
67) L. Lindsay and D. A. Broido, "Optimized Tersoff and Brenner empirical potential parameters for lattice dynamics and phonon thermal transport in carbon nanotubes and graphene", Phys. Rev. B, Vol.81 (2010) 205441.
68) L. Lindsay, D. A. Broido, and N. Mingo, "Diameter dependence of carbon nanotube thermal conductivity and extension to the graphene limit", Phys. Rev. B, Vol.82 (2010) 161402(R).
69) 横堀 勉, 堀野直治, 電子機器設計者のための放熱技術入門, 日刊工業新聞社 (2011) p.9.
70) Y. S. Ju and K.E. Goodson, "Phonon scattering in silicon films with thickness of order 100nm", Appl. Phys. Lett., Vol.74 (1999) pp.3005-3007.
71) C. Dames and G. Chen, "Theoretical phonon thermal conductivity of Si/Ge superlattice nanowires", J. Appl. Phys., Vol.95 (2004) pp.682-693.
72) W. Liu and M. Asheghi, "Phonon-boundary scattering in ultrathin single-crystal silicon layers", J. Appl. Phys., Vol.84 (2004) pp.3819-3812.
73) S. Mazumder and A. Majumdar, "Monte Carlo study of phonon transport in solid thin films including dispersion and polarization", J. Heat Transf., Vol.123 (2001) pp.749-759.
74) C.J. Gomes, M. Madrid, J. V. Goicochea and C. H. Amon, "In-plane and out-of-plane thermal conductivity of silicon thin films predicted by molecular dynamics", J. Heat Transfer., Vol.128 (2006) pp. 1114-1121.
75) X. Feng, "Molecular dynamics simulation of thermal conductivity of nanoscale thin silicon films", Microscale Thermophys. Eng., Vol.7 (2003) pp.153-161.
76) K. Miyazaki, Y. Iida, D. Nagai and H. Tsukamoto, "Molecular dynamics simulations of heat conduction in nano-structured silicon", Proc. 2007 ASME-JSME Therm. Eng. Summer Heat Transfer Conf. (2007) HT2007-32752.
77) P. K. Schelling, S. R. Phillpot and R. Keblinski, "Comparison of atomic-level simulation methods for computing thermal conductivity", Phys. Rev. B, Vol.65 (2002) 144306.
78) F. H. Stillinger and T. A. Weber, T. A., "Computer simulation of local order in condensed phases of silicon," Vol.31 (1985) pp.5262-5268.
79) S. G. Volz and G. Chen, "Molecular-dynamics simulation of thermal conductivity of silicon crystals", Phys. Rev. B, Vol.61 (2000) pp.2651-2656.
80) J. M. Haile, Molecular dynamics simulation, Wiley (1992) p.299.
81) G. P. Srivastava, The physics of phonons, Adam Hilger (1990) p.253.
82) H. イバッハ, H. リュート, 固体物理学, Springer (1995) p.79.
83) A. Majumdar, "Microscale heat conduction in dielectric thin films", Vol.115 (1993) pp.7-16.
84) C. Chirites, D. G. Cahill, N. Nguyen, D. Johnson, A. Bodapati, P. Keblinski and P. Zschack, "Ultralow thermal conductivity in disordered, layered WSe$_2$ Crystals", Science, Vol.315(2009) pp.351-353.
85) W. L. Jorgensen, D. S. Maxwell and J. Tirado-Rives. "Development and testing of the OPLS all-atom force field on conformational energetics and properties of organic liquids", J. Am. Chem. Soc., Vol.118, No.45 (1996) pp.11225-11236.
86) M. G. Martin and J. I. Siepmann, "Transferable potentials for phase equilibria. 1. United-atom description of n-alkanes", J. Phys. Chem. B, Vol.102, No.14 (1998) pp.2569-2577.
87) S. K. Nath, Fernando F. A. Escobedo and J. J. de Pablo, "On the simulation of vapor-liquid equilibria for alkanes", J. Chem. Phys., Vol.108, No.23 (1998) pp.9905-9911.
88) 機械工学便覧, α5編 熱工学, 第7章 分子・マイクロ熱工学, 7.2節 分子動力学法, p.161.
89) Y. Kataoka, "Studies of liquid water by computer simulations. V. Equation of state of fluid water with Carravetta-Clementi potential", J. Chem. Phys., Vol.87, No.1 (1987) pp.589-598.
90) A. Z. Panagiotopoulos, "Direct determination of phase coexistence properties of fluids by Monte Carlo

simulation in a new ensemble", Mol. Phys., Vol.61, Issue 4 (1987) pp.813-826.
91) M. Matsumoto and Y. Kataoka, "Study on liquid-vapor interface of water. I. Simulational results of thermodynamic properties and orientational structure", J. Chem. Phys., Vol.88, Issue 5 (1988) pp.3233-3245.
92) J. López-Lemus, M. Romero-Bastida, T. A. Darden and J. Alejandre, "Liquid-vapour equilibrium of n-alkanes using interface simulations", Mol. Phys., Vol.104, No.15 (2006) pp.2413-2421.
93) R. Sakamaki, A. K. Sum, T. Narumi and K. Yasuoka, "Molecular dynamics simulations of vapor/liquid coexistence using the nonpolarizable water models", J. Chem. Phys., Vol.134, Issue 12 (2011) 124708.
94) M. P. Allen and D. J. Tildesley, Computer simulation of liquids, Oxford University Press (1987) p.58.
95) M. P. Allen and D. J. Tildesley, Computer simulation in chemical physics, Kluwer (1993) p.49.
96) 文献 94) の 240 ページ.
97) P. T. Cummings and D. J. Evans, "Nonequilibrium molecular dynamics approaches to transport properties and non-Newtonian fluid rheology", Ind. Eng. Chem. Res., Vol.31, No.5 (1992) pp.1237-1252.
98) P. Jund and R. Jullien, "Molecular-dynamics calculation of the thermal conductivity of vitreous Silica", Phys. Rev. B, Vol.59, No.21 (1999) pp.13707-13711.
99) J. H. Irving and J. G. Kirkwood, "The statistical mechanical theory of transport processes. IV. The equations of hydrodynamics", J. Chem. Phys., Vol.18, Issue 6 (1950) pp.817-829.
100) T. Tokumasu, T. Ohara and K. Kamijo, "Effect of molecular elongation on the thermal conductivity of diatomic liquids", J. Chem. Phys., Vol.118, Issue 8 (2003) pp.3677-3685.
101) T. Ohara, C.-Y. Tan, D. Torii, G. Kikugawa and N. Kosugi, "Heat conduction in chain polymer liquids: Molecular dynamics study on the contributions of inter-and intramolecular energy transfer", J. Chem. Phys., Vol.135, Issue 3 (2011) 034507.
102) K. Singer, A. Taylor and J. V. L. Singer, "Thermodynamic and structural properties of liquids modeled by '2-Lennard-Jones centers' pair potentials", Mol. Phys., Vol.33, No.6 (1977) pp. 1757-1795.
103) 日本機械学会, 流体の熱物性値集, (1983).
104) M. J. Assael, J. H. Dymond, M. Papadaki and P. M. Patterson. "Correlation and prediction of dense fluid transport coefficients. I. n-Alkanes", Int. J. Thermophys., Vol.13, No.2 (1992), pp.269-281.
105) T. Ohara, "Intermolecular energy transfer in liquid water and its contribution to heat conduction: A molecular dynamics study", J. Chem. Phys., Vol.111, Issue 14 (1999) pp.6492-6550.
106) T. Ohara, "Contribution of intermolecular energy transfer to heat conduction in a simple liquid", J. Chem. Phys., Vol.111, Issue 21 (1999) pp.9667-9672.
107) D. Torii and T. Ohara. "Molecular dynamics study on ultrathin liquid water film sheared between platinum solid walls: Liquid structure and energy and momentum transfer", J. Chem. Phys., Vol.126, Issue 15 (2007) 154706.
108) T. Ohara and D. Torii, "Molecular dynamics study of thermal phenomena in an ultrathin liquid film sheared between solid surfaces: the influence of the crystal plane on energy and momentum transfer at solid-liquid interfaces", J. Chem. Phys., Vol.122, Issue 21 (2005) 214717.
109) D. Torii, T. Ohara and K. Ishida, "Molecular-scale mechanism of thermal resistance at the solid-liquid interfaces: Influence of interaction parameters between solid and liquid molecules", J. Heat Transfer, Vol. 132, No.1 (2010) 012402.
110) D. Torii, T. Nakano and T. Ohara, "Contribution of inter-and intramolecular energy transfer to heat conduction in liquids", J. Chem. Phys., Vol.128, Issue 4 (2008) 044504.
111) T. Nakano, G. Kikugawa and T. Ohara, "A molecular dynamics study on heat conduction characteristics in DPPC lipid bilayer", J. Chem. Phys., Vol.133, Issue 15 (2010) 154705.
112) G. Kikugawa, T. Ohara, T. Kawaguchi, E. Torigoe, Y. Hagiwara and Y. Matsumoto, "A molecular dynamics study on heat transfer characteristics at the interfaces of alkanethiolate self-assembled monolayer and organic solvent", J. Chem. Phys., Vol.130, Issue 7 (2009) 074706.
113) H. Eslami, L. Mohammadzadeh and N. Mehdipour, "Reverse nonequilibrium molecular dynamics simulation of thermal conductivity in nanoconfined polyamide-6, 6", J. Chem. Phys., Vol.135, Issue 6 (2011) 064703.
114) D. C. Venerus, J. D. Schieber, V. Balasubramanian, K. Bush and S. Smoukov, "Anisotropic thermal conduction in a polymer liquid subjected to shear flow", Phys. Rev. Lett., Vol.93, No.9 (2004) 098301.

5.2 分子シミュレーションでしか得られないナノスケール熱物性 (Thermophysical Properties at Nanoscale Calculated by Molecular Simulation)

5.2.1 閉じ込められたナノ空間における熱物性 (Liquid confined in nanospace)

多孔質シリカやカーボンナノチューブなどは数10 nm以下のナノ空間を持つことが知られており，この中に閉じ込められた物質の熱物性はバルクの場合と大きく異なる．そして，ナノ空間における熱物性を研究することで吸着や摩擦の分子論的な理解につながるだけでなく，ナノ細孔を鋳型にしてナノ構造を構築する手段としての応用[1,2]が期待されている．

ナノ空間内における熱物性を実験的に研究した例として，平板間に閉じ込められた分子の粘性の測定[3]，示差走査熱量測定によるナノ細孔内の分子の凝固点の決定[4]，X線散乱パターンからの結晶構造の予測[5~8]などが挙げられる．しかしながら，ナノ空間における分子ひとつひとつの挙動に着目した解析を実験的に行うことは困難である．これに対して分子シミュレーションはナノ空間に閉じ込められた全ての分子の座標の時間発展を解析できる点でナノ空間における熱物性を研究するための有効な手段である．本項ではナノ空間を表現する計算モデルを説明し，分子シミュレーションでしか得られない熱物性の例として，結晶構造の探索，拡散係数の計算，三重点・固液平衡点の決定に関する研究例を紹介する．

(1) 計算モデル

代表的な細孔のモデルとしてチューブ型細孔 (Fig.5-2-1) とスリット型細孔 (Fig.5-2-2) が挙げられる．チューブ型細孔はシリコンナノチューブやカーボンナノチューブを模擬したモデルであり，チューブ上に一様に分子が分布しているとみなして細孔内の分子が感じるポテンシャル場を決定することが多い（例えば文献[9~11]など）．一方で，スリット型細孔は平行な固体表面間に挟まれたナノスケールの隙間を模擬したモデルであり，実験研究で広く使われている2枚の雲母表面間にOctamethyl-cyclotetrasiloxane (OMCTS, 分子量 296.6) を閉じ込めた系（例えば文献[3]など）に対応している．固体表面と閉じ込められた分子の相互作用として9-3ポテンシャル[12,14]や10-4-3ポテンシャル[13,14]のような構造のない表面を模擬したポテンシャルがよく利用されている．さらに，チューブ型細孔とス

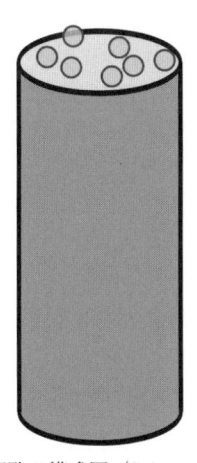

Fig. 5-2-1　チューブ型細孔の模式図 (Schematic figure of a tube pore)

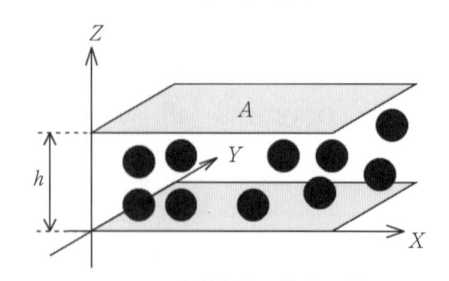

Fig. 5-2-2 スリット型細孔の模式図 (Schematic figure of a slit pore)

リット型細孔の両方の場合において，壁を構成する分子を明示的に扱うことで細孔表面の粗さを考慮した研究も報告されている．

(2) 結晶構造の探索

ナノ空間に閉じ込められた分子の結晶構造を分子シミュレーションで調べた結果，細孔内でバルクと異なる結晶が生成することが報告されている．

まずチューブ型細孔を用いた研究を紹介する．チューブ型細孔内に閉じ込められた水分子は四角柱から八角柱を基調とした氷を形成すること[9,11]が報告されており，後にこれらの氷の構造に整合するX線回折実験の結果が報告されている[6~8]．また，上記の研究よりも径の大きいチューブを用いて4 GPa程度の圧力をかけると，DNAの二重らせん構造に類似した形状の氷がチューブ内に形成されるとの報告もある[15]．一方，チューブ型細孔内に閉じ込められたLennard-Jones (LJ) 粒子（球状で単純液体のモデル粒子）は，σをLJ粒子の直径としたときにチューブ直径5σ以下では三角格子を折り畳んだ構造（カーボンナノチューブに類似）に[10]，チューブ直径10σ以上15σ以下ではアモルファス固体になると報告されている[16,17]．この他にもチューブ内に界面活性剤を閉じ込めた系において，壁の親水性・疎水性が自己集合の様子に与える影響を研究した例[18]も報告されている．

次に，スリット型細孔を用いた研究を紹介する．スリット型細孔中の水分子は2レイヤーの六角形の氷[19~21]，1レイヤーの高密度な氷[22]，1レイヤーの低密度な氷（クラスレート氷）[23]を形成することが発見されており，これらはいずれもバルクの氷と異なる結晶構造である．また，スリット型細孔にLJ粒子を閉じ込めた場合は，スリット幅によって最密構造のうち異なる結晶面が出現することが報告されている[24~29]．この他にもスリット型細孔内において1レイヤーないし2レイヤーのシリコンのシートを形成できる可能性も示されている[30]．

(3) 拡散係数の計算

スリット型細孔内にLJ粒子が閉じ込められた系において，スリット幅を変えたときの自己拡散係数をまとめた研究が報告されている[31]．また，スリット型細孔内での各分子のダイナミクスは壁面からの距離zに強く依存することが報告されている．例えば，量子化学計算により雲母表面間に挟まれたOMCTSを表現する計算モデルを自作した上で，スリット細孔内の平均二乗変位のz依存性をまとめた研究[32]やスリット型細孔内のGay-Berne液晶（回転楕円型の分子モデルを用いた液晶）の自己拡散係数と回転緩和係数のz依存性を調べた例[33]が報告されている．

(4) 三重点・平衡点など

チューブ型細孔において，壁の種類や細孔径がLJ粒子の固液相転移に与える影響を調べた最初の研究は1997年に報告された[34]．そして，チューブ直径が5.5σ，7.5σ，9.5σのときの閉じ込められたLJ粒子の固液共存線が報告されている[35]．また，チューブ型細孔に水を閉じ込めた場合でも，柱状の氷の融点を決定することで水分子の相図が報告されている[11]．

スリット型細孔において，壁の種類や細孔系がLJ粒子の固液相転移に与える影響を調べた最初の

研究は1997年に報告された[36]. そして, 壁と分子の相互作用の強さが融点・凝固点に与える影響のまとめ[37,38]やスリット型細孔内の三重点の探索[39,40], スリット幅が融点・凝固点に与える影響の研究[21,29]などが報告されている.

さらにチューブ型細孔中[11]やスリット型細孔中[21]の物質がとりうる相に関するクラウジウス・クラペイロンの式が提案されており, 2相平衡条件を決定するために広く用いられている.

(5) まとめ

分子シミュレーションでしか得られない閉じ込められたナノ空間の熱物性を研究した例として, 結晶構造の探索, 拡散係数の計算, 三重点・固液平衡点の決定に関する研究例を紹介した. なかでも, シミュレーションで予測された結晶構造が後に実験で確かめられた事例が報告されており, 分子シミュレーションは実験に先行してナノ空間の熱物性を予測する強力な手法だと言える. 今後も, 実験では難しいナノ空間における分子ひとつひとつの挙動に着目した解析ができる手法として期待できる.

5.2.2 ナノバブルの表面張力（Surface tension of nanobubble）

近年, ナノサイズの気泡（直径1000nm以下）すなわちナノバブルが, 製造業や環境関連分野[41], がんの治療法[42]など医療分野を始めあらゆる先端技術領域で注目されている. 例えば, 洗浄, 排水処理の高効率化, 植物・魚類の生育促進, 船舶運行の抵抗軽減等, 従来サイズの気泡では得られない効果が報告されている. これらナノバブルは常温・常圧の条件下において安定的に存在し, 消滅しにくい実験事実も報告されている[43]. しかし実験計測の難しさから現時点では技術開発が先行し, ナノバブルの物理的な本質がほとんど解明されておらず, ナノバブルの発生メカニズムを始め, その存在や物性も明確にされているわけではない.

例えばFig. 5-2-3に示すように, ナノバブルの気液界面における力学的平衡条件として, Young-Laplaceの式をナノバブルに適用することを考える.

$$P_v - P_l = \frac{2\gamma}{R} \tag{5.2.1}$$

ここでP_vは気泡内圧力, P_lは液体の圧力, γは表面張力, Rは気泡半径である. Eq.(5.2.1)は, 気泡内外の圧力差ΔPと気泡サイズ, 表面張力γとの関わりを表している. ここで, Clausius-Clapeyronの式を用いれば, 気泡内外の温度差ΔT_sを次のように表現できる.

$$\Delta T = T_v - T_{sat} = \left(\frac{1}{\rho_v} - \frac{1}{\rho_l}\right)\frac{T_{sat}}{h_{fg}} \cdot \frac{2\gamma}{R} \tag{5.2.2}$$

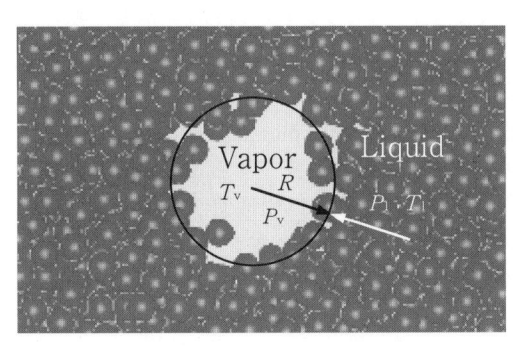

$R \leq 1000\text{nm} \Rightarrow P_v - P_l = \dfrac{2\gamma}{R}$?

Fig. 5-2-3 ナノバブルの気液界面の力学平衡条件
(Force Balance at liquid-vapor interface of nanobubble)

Table 5-2-1 300 K の水のナノバブルの理論予測値
(Theoretical predictions of water nanobubble at 300K)

気泡直径 [nm]	気泡内外圧力差 ΔP [kPa]	[atm]	気泡内外温度差 ΔT [K]
1000	286.76	2.83	1380.40
100	2867.60	28.30	13803.97
10	28676.00	283.01	138039.65
1	286760.00	2830.12	1380396.52

*表面張力 $\gamma = 71.69 \times 10^{-3}$ N/m (「流体の熱物性値集」, 日本機械学会, 1986)

T_v は気相温度, T_{sat} は P_l に応じた飽和温度, ρ_v と ρ_l はそれぞれ気相と液相の密度, h_{fg} は蒸発潜熱である. Young-Laplace の式は, これまでに肉眼で確認できる気泡に問題なく適用され, 多くの教科書でも説明されており, 長年に亘って気液界面における力学的平衡条件として成り立つことに疑う余地がなかった. ところが, マクロの世界において当然とされるこの基礎式をナノバブルに適用すると, 気泡の内部では常識をはるかに超えた高温・高圧にならなければならない. 表面張力が物性値として一定であると仮定すると, Eq.(5.2.1) と Eq.(5.2.2) の気泡内外の圧力差および温度差は気泡の曲率 $1/R$ に比例するため, $R \Rightarrow 0$ では $(P_v - P_l) \Rightarrow \infty$, $\Delta T \Rightarrow \infty$ となる結果が容易に得られる. 例えば Table 5-2-1 に Eq.(5.2.1) と Eq.(5.2.2) に基づいた 300 K の水のナノバブルの予測値を示す. 直径 100 nm のナノバブルでは気泡内外圧力差は 28.3 気圧, 温度差は 13804 K にも達する. すなわち, マクロな理論体系によれば, 介在物の無い純粋な系ではナノバブルはほとんど存在不可能である. さらに, Young-Laplace の式に基づいて展開した古典的均質核生成理論によれば, 実験事実に反して, 臨界半径以下の気泡については, 長時間維持・存在することができない結果が得られる.

上記の矛盾に対して, 気泡の内外圧力, 温度および表面張力など実験で計測困難な現象を解明するには, 分子動力学 (MD: Molecular Dynamics) シミュレーションが有効である. 詳細は文献を参照されたいが, 温度は分子の運動エネルギーより, 圧力はビリアルの定理より統計的に求められる[44]. 分子動力学シミュレーションの結果によれば, ナノバブルの気泡内外圧力差および温度差は Table 5-2-1 に示す予測値とは大きく異なる[45]. 平坦な気液界面と同じように, ナノバブルの気相側の圧力と温度は飽和蒸気の物性値, バルク液相側においては飽和液体の物性値に一致する結果は妥当と考えられる. 液体側が負圧になるとの議論[46,47]があるが, そうであれば常温常圧においてはナノバブルの安定的な存在があり得ないこととなり, 完全に納得できる結論には至っていない.

一方, 表面張力のサイズ依存性については, Tolman の式がよく知られている[48].

$$\gamma = \gamma_\infty \left(1 + 2\frac{\delta}{R_s}\right)^{-1} \tag{5.2.3}$$

δ は気泡半径と張力面半径 R_s との差であり, Tolman 長さと呼ばれる. Eq.(5.2.3)によれば, 平面の値 γ_∞ および Tolman 長さより気泡の表面張力を決定することができ, 気液界面厚みが数 nm 程度であることから 10 nm より大きい気泡の表面張力は物性値から大きくずれないことが予測できる. 分子動力学法では, 表面張力を求める方法がいくつかある[49]が, 気液界面法線方向の圧力成分 P_N と接線方向の圧力成分 P_T との差を界面に渡って気泡中心の気体バルク部分から液体バルク部分まで積分することによって表面張力を求めるのが一般的である[44,50~54].

$$\gamma = \int_{r=0}^{\infty} [P_N(r) - P_T(r)] dr \tag{5.2.4}$$

Lennard-Jones 流体[50]や水[51,55]の平坦な気液界面に対して, 表面張力の計算値は実験で求められた物性値とおおむね一致する. 曲率を持つ気泡界面については, 気泡の表面張力は気泡サイズにほぼ依存

Table 5-2-2 分子動力学シミュレーションによるアルゴンと水のナノバブルの表面張力
(Surface tension of argon and water nanobubble based on molecular dynamics simulation)

Publications	Temperature [K]	r_c/σ [−]	R [nm]	γ_∞ [mN/m]	γ [mN/m]
Ar	100	−	−	9.4*	−
Nijmeijer et al. (1988)[50]	100	2.5	−	5.8	−
Matsumoto et al. (2008)[46]	84	3.5	1.9 − 5.4	12.1	11.7 − 12.1
Park et al. (2001)[52]	100	3.0	1.2 − 2.4	8.0	8.7 − 8.0
Cosden et al. (2011)[53]	100	8.0	2.4 − 8.4	12.3	12.7 − 13.3
Nejad et al. (2011)[54]	100	4.0	1.2 − 1.8	8.1	7.2 − 9.8
H₂O	300	−	−	71.7*	−
Taylor et al. (1996)[51]	298	2.8	−	65.0	−
Matsumoto et al. (2008)[47]	300	4.7	1.7 − 2.4	52.0	48.0 − 52.0

＊「流体の熱物性値集」，日本機械学会，1986

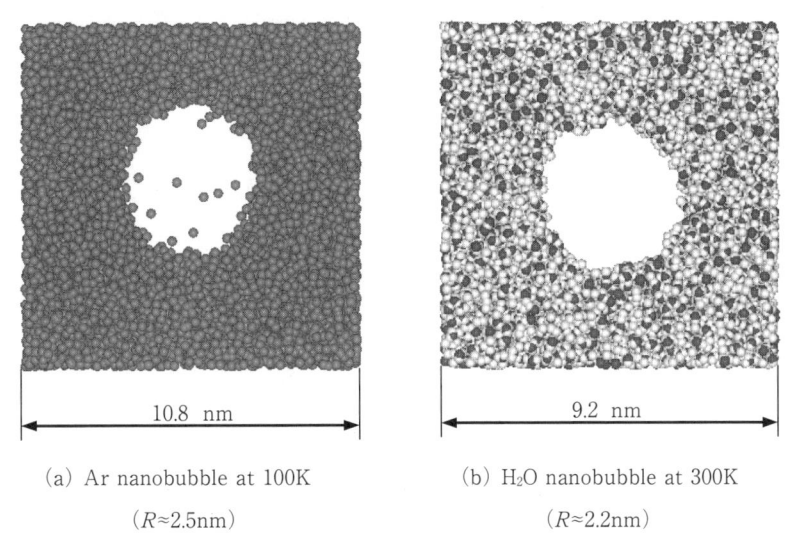

(a) Ar nanobubble at 100K
($R\approx 2.5$nm)

(b) H₂O nanobubble at 300K
($R\approx 2.2$nm)

Fig. 5-2-4 分子動力学法によるアルゴンと水のナノバブルの解析例（Examples of nanobubbles based on molecular dynamics simulation for argon and water）

せず，平面の値より約15％大きい計算結果を示したParkらの報告がある[53]．最近では，Cosdenらが，気泡の表面張力のMD計算値はTolmanの式に従い，気泡サイズに依存することを示した[54]．当然ながら，圧力の計算値に基づいたMDの表面張力は，松本らのバルク気体と液体の圧力差からEq. (5.2.1)より得た表面張力のMD結果と一致した[46,47,53,54]．Table 5-2-2にこれらの結果を整理している．

著者らはナノバブルの気液界面における力学平衡条件は，Young-Laplace式では不十分と考え，気液界面層に検査体積を設け，界面層分子が界面法線方向に受ける力を中心に解析してきた[56,57]．表面張力が表面上の線分単位長さあたりに働く力である意味合いから，界面層分子に対して単位長さあたりに界面接線方向に働く力を求めた．MD法によって実現した平衡な気液界面を有する100Kのアルゴンおよび300Kの水分子のナノバブルの例をFig. 5-2-4に示し，計算領域のすべての方向に周期境界条件としている．アルゴン分子にはLennard-Jones（12-6）ポテンシャル，水分子にはSPC/E（Extended Simple Point Charge）ポテンシャルを用いて，ポテンシャルのカットオフ距離 $r_c=3.5\sigma$ で計算した．ここで σ はLennard-Jones相互作用の長さスケールである．Table 5-2-3およびFig. 5-2-5に示すように，水のナノバブルの表面張力はバルクの物性値とよく一致し，アルゴンのそれは物性

Table 5-2-3 分子動力学シミュレーションによるアルゴンと水のナノバブルの表面張力
(Surface tension of argon and water nanobubble based on molecular dynamics simulation)

Particles numbers	L_x, L_z [nm]	L_y [nm]	R [nm]	γ [mN/m]
Ar				$\gamma_\infty = 9.4$*
972	4.9	3.7	1.0	7.2
3456	7.5	3.7	1.7	4.5
9600	10.8	3.7	2.5	6.1
13824	13.7	4.4	3.0	5.0
48600	25.7	4.4	5.3	12.0
H$_2$O				$\gamma_\infty = 71.7$*
768	4.1	1.7	0.9	82.0
1200	5.1	1.7	1.1	82.0
3888	9.2	1.7	2.2	79.0
6912	16.4	1.7	2.8	75.0
15552	18.5	1.7	4.2	74.0

＊「流体の熱物性値集」，日本機械学会，1986

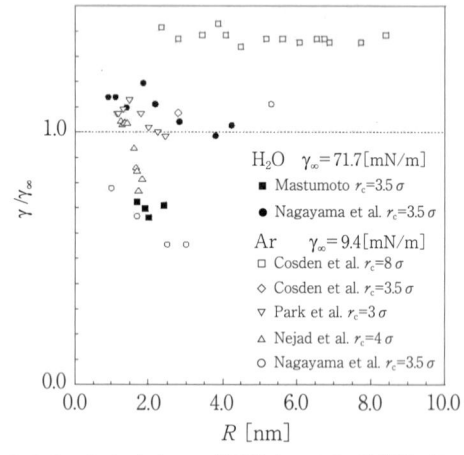

Fig. 5-2-5 ナノバブルの表面張力の MD 計算値 (Surface tension of nanobubble based on MD simulation)

値より低い値となるが，サイズにほぼ依存しないことが確認できる．水の分子間相互作用にはクーロン力が比較的強く働き，カットオフ距離や揺らぎの影響が相対的に小さくなる．一方で短距離力のみのアルゴンのポテンシャル計算に対しては，カットオフ距離や揺らぎの影響が強いことが原因と考えられる．Cosden らによれば，$r_c = 3.5\sigma$ を用いた場合の MD 計算値は $r_c = 8\sigma$ より 24% 低い値になる[53]．Fig. 5-2-5 より，計算手法と計算体系が異なっても，これまでのナノバブルの表面張力の MD 計算値がほぼバルクの物性値と一致することが確認できる．

以上示してきたように，Young-Laplace の式がナノバブルに適用できるとは言い難いが，ナノバブルの表面張力は気泡サイズにほぼ依存せず，バルクの物性値とおおよそ一致することがわかった．

ナノバブルの存在条件が課題として残っているが，スーパーコンピューティングや計測技術の進歩とともに，解析と実験をリンクできる理論を構築できれば，ナノバブルの現象解明も遠くない．

5.2.3 ナノ構造が固液界面熱抵抗に与える影響 (Influence of nanostructures on interfacial thermal resistance at a liquid-solid interface)

さまざまな微小な系における固液界面熱抵抗について,近年,分子動力学解析を用いた研究が行われてきている[58～61].また,界面に存在するナノメートルスケールの構造がぬれ性[62]や固液界面熱抵抗[63,64]に及ぼす影響についても,分子動力学解析を用いた研究が行われている.そのような研究の中で,固液界面に存在するナノ構造の形状や間隔が,どのようなメカニズムで,どの程度,固液界面熱抵抗に影響を及ぼすかについて,加熱面にナノメートルスケールの溝やナノ粒子などさまざまな微細構造が存在する場合において,非平衡分子動力学シミュレーションを用いて調べた例も存在する[65～67].本項では,固液界面に存在する微細構造やその間隔が固液界面熱抵抗や界面でのエネルギー輸送メカニズムに及ぼす影響について,非平衡分子動力学シミュレーションを用いて調べた研究例を概説する.

(1) ナノ構造間隔が固液界面熱抵抗に与える影響

Fig. 5-2-6 は液体領域を2つの固体層で挟んだ計算モデルであり,この計算モデルを用いて下壁面に設ける微細構造物の間隔 L を 0.00 (フラット面), 0.70, 1.40, 2.81 nm と変化させたシミュレーションが行われた[65,66].固体層は上下面とも原子4層からなるとし,液体領域側から3層目の固体層1層にLangevin法を用いて温度制御することにより,上下壁面間に温度差を設けて,系内に熱流束を発生させている.液体分子は,並進の自由度のみを有する 12-6 Lennard-Jones 液体分子モデル,または並進・回転の自由度を有する SPC/E 液体分子モデルを用い,水分子と同等の分子量 18.0 を有するとしている.Fig. 5-2-6 は 12-6 Lennard-Jones 液体分子モデルを用いた場合の計算モデルを示す.固体(壁面および構造物)原子は,鉄原子の原子量を有する粒子とし,固体-固体間のポテンシャルには定性的理解を目的として 12-6 Lennard-Jones ポテンシャルを用いている.異種粒子間のポテンシャルパラメーターについては Lorentz-Berthelot 則を用いて定められている.また,固体-液体分子間のポテンシャルには Eq.(5.2.5)のポテンシャルパラメーター α を変化させることで,固体-液体間の相互作用強さの影響が調べられた.

$$\phi_{wl} = 4\alpha\varepsilon_{ij}\left\{\left(\frac{\sigma_{ij}}{r_{ij}}\right)^{12} - \left(\frac{\sigma_{ij}}{r_{ij}}\right)^{6}\right\} \tag{5.2.5}$$

本研究ではナノメートルスケールの溝構造を有する平面と原子スケールまでフラットな完全平面が想定されているが,溝構造を有する場合には構造最下部において,完全平面の場合には平面最上部において,それぞれ Fig. 5.2.6 の z 軸に垂直な平面を固液界面と定義して,界面での温度ジャンプ ΔT と

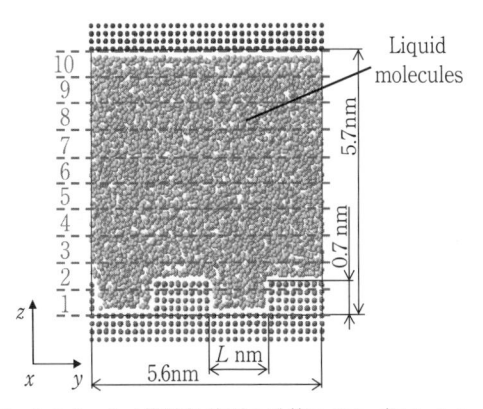

Fig. 5-2-6 ナノ構造付着面の計算モデル (Calculation model of nanostructured surface)

その界面を z 軸方向に通過するエネルギー流束 q_z から，Eq.(5.2.6)を用いて界面熱抵抗 R_t を計算している．

$$R_t = \frac{\Delta T}{q_z} \tag{5.2.6}$$

また，Eq.(5.2.7)の分子スケールのエネルギー輸送式を用いて，固液界面のエネルギー輸送メカニズムの変化も調査された．Eq.(5.2.7)の右辺第1項は分子の移動の寄与を示し，第2項は分子間相互作用による寄与を示しており，並進運動の自由度のみを有する分子に対するエネルギー輸送式である[60,66]．ここで，検査体積 V には，Fig.5-2-6に示すように液体相を z 方向に10層に分割した体積を用いており，下壁面側から検査体積 1, 2, …, 10 としている．また，SPC/E 液体分子モデルでは，Eq.(5.2.7)の右辺第1項ならびに第2項に回転運動による寄与が付加される[60]．

$$q_z = \frac{1}{V}\left[\sum_i E_i v_{z,i} + \frac{1}{2}\sum_i \sum_{j>i} z_{ij}^* (\boldsymbol{v}_i + \boldsymbol{v}_j) \cdot \boldsymbol{F}_{ij}\right] \tag{5.2.7}$$

Fig. 5-2-7 に各液体分子モデルにおける構造物間隔 L と界面熱抵抗の関係を示す．Fig. 5-2-7 より，いずれの液体分子モデルにおいても，本研究のパラメーターの範囲では構造物が存在する壁面ではフラット面に比べて界面熱抵抗が低下することがわかる．また，構造物間隔 L が同一の場合，固体-液体間のポテンシャルパラメーター α が大きいほど熱抵抗は小さくなることがわかる．

Fig. 5-2-8 に，12-6 Lennard-Jones 液体分子モデルにおける構造物間隔 L と固液界面におけるエネルギー輸送機構の関係を示す．Fig. 5-2-8 は，検査体積1（下壁面に最近接領域）における，Eq.(5.2.7)の右辺の第1項ならびに第2項の各粒子間の相互作用による寄与を示している．Fig. 5-2-8 より，微細構造物が存在する壁面ではフラット面に比べて液体分子-液体分子間（Liquid-Liquid）および下壁面原子-液体分子間（Solid-Liquid）の相互作用による寄与が小さくなり，構造物間隔 $L = 0.70$ nm においてそれらの寄与は最小となることがわかる．また，構造物原子-構造物原子間（Nano-Nano）および下壁面原子-構造物原子間（Solid-Nano）の相互作用による寄与は，構造物間隔 L に依存して変化が観察されており，構造物間隔 $L = 0.70$ nm においてそれらの寄与は最大となることがわかる．以上より，構造物間隔 L に依存して固液界面でのエネルギー輸送メカニズムが変化する条件が存在することが示唆される．

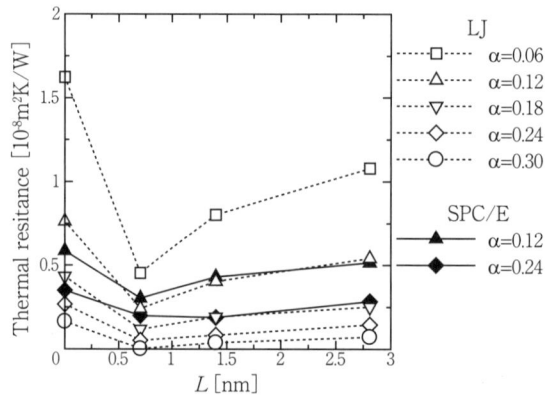

Fig. 5-2-7 ナノ構造間隔が固液界面熱抵抗に与える影響
(Effect of the surface structural clearance at the nanometer scale on the thermal resistance at the liquid-solid interface)

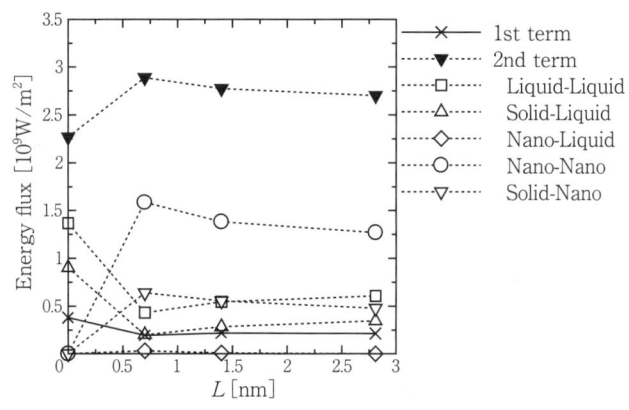

Fig. 5-2-8 ナノ構造間隔が固液界面エネルギー輸送機構に与える影響 (Effect of the surface structural clearance at the nanometer scale on the energy transport mechanism at the liquid-solid interface)

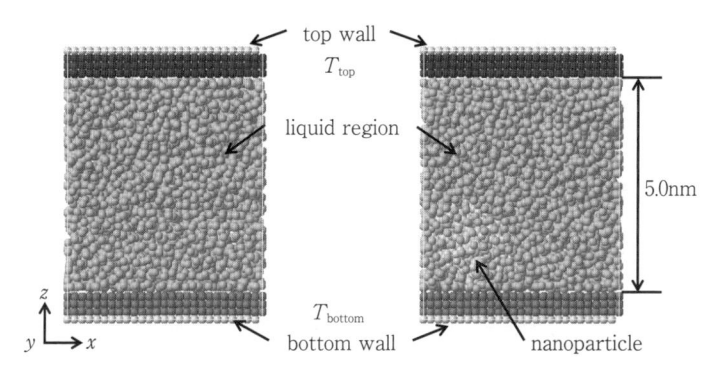

(a) フラット面モデル (flat surface model)　(b) ナノ粒子付着面モデル (nanoparticle adherent surface)

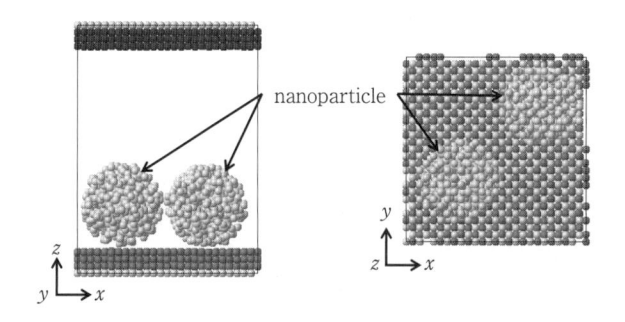

(c) ナノ粒子モデル (nanoparticle model)

Fig. 5-2-9 ナノ粒子付着面の計算モデル (Calculation model of nanoparticle adherent surface)

(2) ナノ粒子付着が固液界面熱抵抗に与える影響

　ナノ粒子付着が固液界面熱抵抗に与える影響を調べるために，その一例としてFig. 5-2-9(a)，Fig. 5-2-9(b)に示す計算モデルを用いて非平衡分子動力学シミュレーションが行われた[67]．Fig. 5-2-9(a)は完全平面，Fig. 5-2-9(b)はナノ粒子付着面を示す．ユニットセルとして，4.5×4.5×5.0 nm³の液体およびナノ粒子領域が2つの固体層に挟まれた計算モデルが用いられた．Fig. 5-2-9(c)はナノ粒子

付着面において液体分子を非表示にした場合であり，ナノ粒子の初期位置を示しているが，本シミュレーションにおいてはナノ粒子は表面上を自由に移動することができる．上部境界，下部境界としてそれぞれ原子4層からなる固体表面が用意された．上下境界における最上部1層，最下部1層は固定層とし，第2層に関しては上下境界ともに Langevin 法における Phantom 分子層として，それぞれ温度制御している．Fig. 5-2-9 の水平方向には周期境界条件を課している．ニュートンの運動方程式の数値積分の時間刻みは 0.1 fs であり，緩和計算 0.5 ns，平均時間 2.0 ns となっている．本研究では，ユニットセルあたり2個の直径 2.0 nm のナノ粒子が下壁面に付着している．ナノ粒子内原子の相互作用には，炭素間相互作用を表現する Brenner ポテンシャル関数が用いられている．計算条件として，バルク部の液体密度は 1.3×10^3 kg/m^3 で一定となっている．また，下壁面の最上部を $z=0.0$ nm と定義しており，ナノ粒子付着面の場合には $z=2.5$ nm から $z=4.0$ nm をバルク部として定義して液体密度が調節されている．

壁面内原子間，壁面原子-ナノ粒子原子間，液体分子-液体分子間のポテンシャルに現象の定性的理解を目的として 12-6 Lennard-Jones ポテンシャルが用いられた．また壁面原子-液体分子間およびナノ粒子原子-液体分子間のポテンシャルには Eq.(5.2.8), Eq.(5.2.9) のようにポテンシャルパラメーター α_wl, α_nl (w：wall, n：nanoparticle, l：liquid) を導入し，α_wl, α_nl を変化させることで固体原子と液体分子間の相互作用強さの影響が調べられた．液体分子，ナノ粒子構成原子，壁面構成原子はそれぞれ水分子，炭素原子，鉄原子相当の質量を有するとしている．各 Lennard-Jones ポテンシャルパラメーターの標準値 σ_wl, σ_nl, ε_wl, ε_nl については Lorentz-Berthelot 則により定義して，α_wl については 0.06 から 0.24 まで，α_nl については 0.1 から 3.0 まで変化させている[67]．

$$\Phi_\mathrm{wl} = 4\alpha_\mathrm{wl}\varepsilon_\mathrm{wl}\left\{\left(\frac{\sigma_\mathrm{wl}}{r}\right)^{12}-\left(\frac{\sigma_\mathrm{wl}}{r}\right)^6\right\} \tag{5.2.8}$$

$$\Phi_\mathrm{nl} = 4\alpha_\mathrm{nl}\varepsilon_\mathrm{nl}\left\{\left(\frac{\sigma_\mathrm{nl}}{r}\right)^{12}-\left(\frac{\sigma_\mathrm{nl}}{r}\right)^6\right\} \tag{5.2.9}$$

固液界面熱抵抗 R_t の計算については Eq.(5.2.6) と同様に考えて，固液界面における温度ジャンプ ΔT を系内の熱流束 q で除することにより求めている．同様に，ナノ粒子層熱抵抗 R_n はナノ粒子層の温度差 ΔT_n を熱流束 q で除することにより求めている．また，ナノ粒子層が存在しない完全平面の場合では ΔT_n が定義できないため，ナノ粒子層の厚みに相当する温度差を熱流束で除することにより完全平面での相当熱抵抗を求めている．

Fig. 5-2-10 に，炭素ナノ粒子が付着している場合に，相互作用パラメーター α_nl と α_wl が界面熱抵抗に与える影響をそれぞれ示す．α_nl に対する固液界面熱抵抗の変化から，ナノ粒子の付着により固液界面熱抵抗は変化し，ナノ粒子と液体分子間の相互作用が強くなると固液界面熱抵抗は小さくなることが分かる．他方，$\alpha_\mathrm{wl}=0.06$, 0.12 の両条件においてナノ粒子が付着していない場合よりもナノ粒子が付着している場合において $R_\mathrm{t}+R_\mathrm{n}$ が小さくなる条件が存在している．つまり，ナノ粒子付着面の固液界面熱抵抗が完全平面の固液界面熱抵抗よりも減少する条件が存在し，この条件は，下壁面と液体分子間の相互作用が比較的弱く，ナノ粒子と液体分子間の相互作用が比較的大きい場合であることが示唆されている．このようなナノ粒子付着による固液界面熱抵抗変化は，ナノ粒子や液体分子の物性や特性スケール，ナノ粒子の積層状態によって大きく変化すると考えられるため，本項で示した結果はあくまでその一例であることに注意されたい．

(3) まとめ

以上示してきたように，非平衡分子動力学シミュレーションの結果より，ナノメートルスケールの構造物の付着や構造物間隔によって，小さいながらも固液界面熱抵抗値やエネルギー輸送メカニズムが変化する条件がある可能性が示唆される．

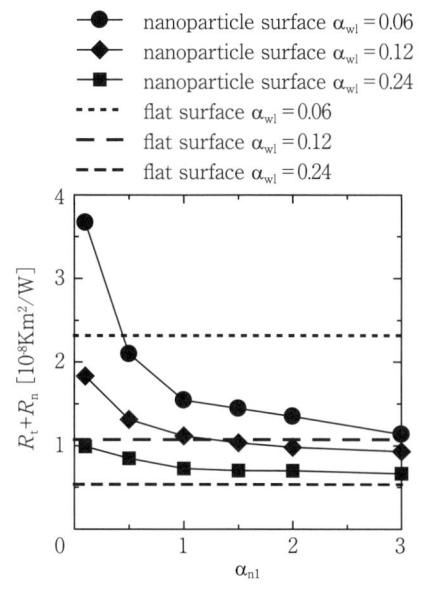

Fig. 5-2-10 ナノ粒子付着が固液界面熱抵抗に与える影響 (Effect of the nanoparticle adhesion on the thermal resistance at the liquid-solid interface)

参考文献

1) P. M. Ajayan, O. Stephan, Ph. Redlich and C. Colliex, "Carbon nanotubes as removable templates for oxide nanocomposites and nanostructures", Nature, Vol.375 (1995) pp.564-567.
2) K. Liu, C. L. Chien, P. C. Searson and K. Yu-Zhang, "Structural and magneto-transport properties of electrodeposited bismuth nanowires", Appl. Phys. Lett., Vol.73, No.10 (1998) pp.1436-1438.
3) J. Klein and E. Kumacheva, "Confinement-Induced Phase Transitions in Simple Liquids", Science, Vol.269, No.5225 (1995) pp.816-819.
4) K. Kaneko, A. Watanabe, T. Iiyama, R. Radhakrishan and K. E. Gubbins, "A remarkable elevation of freezing temperature of CCl_4 in Graphitic Micropores", J. Phys. Chem. B, Vol.103, No.34 (1999) pp.7061-7063.
5) T. Ohkubo, T. Iiyama, K. Nishikawa, T. Suzuki and K. Kaneko, "Pore-Width-Dependent Ordering of C_2H_5OH Molecules Confined in Graphitic Slit Nanospaces", J. Phys. Chem. B, Vol.103, No.11 (1999) pp.1859-1863.
6) Y. Maniwa, H. Kataura, M. Abe, S. Suzuki, Y. Achiba, H. Kira and K. Matsuda, "Phase Transition in Confined Water Inside Carbon Nanotubes", J. Phys. Soc. Jpn., Vol.71, No.12 (2002) pp.2863-2866.
7) Y. Maniwa, H. Kataura, M. Abe, A. Udaka, S. Suzuki, Y. Achiba, H. Kira, K. Matsuda, H. Kadowaki and Y. Okabe, "Ordered water inside carbon nanotubes: formation of pentagonal to octagonal ice-nanotubes", Chem. Phys. Lett., Vol.401 (2005) pp.534-538.
8) H. Kyakuno, K. Matsuda, H. Yahiro, T. Fukuoka, Y. Miyata, K. Yanagi, Y. Maniwa, H. Kataura, T. Saito, M. Yumura and S. Iijima, "Global Phase Diagram of Water Confined on the Nanometer Scale", J. Phys. Soc. Jpn., Vol.79, No.8 (2010) p.083802.
9) K. Koga, G. T. Gao, H. Tanaka and X. C. Zeng, "Formation of ordered ice nanotubes inside carbon", Nature, Vol.412 (2001) pp.802-805.
10) K. Koga and H. Tanaka, "Close-packed structures and phase diagram of soft spheres in cylindrical pores", J. Chem. Phys., Vol.124 (2006) p.131103.
11) D. Takaiwa, I. Hatano, K. Koga and H. Tanaka, "Phase diagram of water in carbon nanotubes," Vol.105, No.1 (2008) pp.39-43.
12) W. A. Steele, The Interaction of Gases with Solid Surfaces, Oxford Pergamon (1974).

13) W. A. Steele, "The physical interaction of gases with crystalline solids: I. Gas-solid energies and properties of isolated adsorbed atoms", Surf. Sci., Vol.36 (1973) pp.317-352.
14) C. Alba-Simionesco, B. Coasne, G. Dosseh, G Dudziak, K. E. Gubbins, R. Radhakrishnan and M. Sliwinska-Bartkowiak, "Effects of confinement on freezing and melting", J. Phys.: Condens. Matter, Vol.18, No.6 (2006) pp.R15-R68.
15) J. Bai, J. Wang and X. C. Zeng, "Multiwalled ice helixes and ice nanotubes", Proc. Natl. Acad. Sci. USA, Vol. 103, No.52 (2006) pp.19664-19667.
16) K. Nishio, J. Koga, T. Yamaguchi and F. Yonezawa, "Confinement-Induced Stable Amorphous Solid of Lennard-Jones Argon", J. Phys. Soc. Jpn., Vol.73, No.3 (2004) pp.627-633.
17) K. Nishio, W. Shinoda, T. Morishita and M. Mikami, "Spatial confinement effect on the atomic structure of solid argon", J. Chem. Phys., Vol.122 (2005) p.124715.
18) N. Arai, K. Yasuoka and X. C. Zeng, "Self-Assembly of Surfactants and Polymorphic Transition in Nanotubes", J. Am. Chem. Soc., Vol.130, No.25 (2008), pp.7916-7920.
19) K. Koga, X. C. Zeng and H. Tanaka. "Freezing of confined water: A bilayer ice phase in hydrophobic nanopores", Phys. Rev. Lett., Vol.79, No.26 (1997) pp.5262-5265.
20) K. Koga, H. Tanaka and X. C. Zeng, "First-order transition in confined water between high-density liquid and low-density amorphous phases", Nature, Vol.408 (2000) pp.564-567.
21) K. Koga and H. Tanaka, "Phase diagram of water between hydrophobic surfaces", J. Chem. Phys., Vol.122 (2005) p.104711.
22) R. Zangi and A. E. Mark, "Monolayer ice", Phys. Rev. Lett., Vol.91, No.2 (2003) p.025502.
23) J. Bai, C. A. Angell and X. C. Zeng. "Guest-free monolayer clathrate and its coexistence with two-dimensional high-density ice", Proc. Natl. Acad. Sci. USA, Vol.107, No.13 (2010) pp.5718-5722.
24) C. Ghatak and K. G. Ayappa, "Solid-solid transformations in a confined soft sphere fluid", Phys. Rev. E, Vol. 64 (2001) p.051507.
25) K. G. Ayappa and C. Ghatak, "The structure of frozen phases in slit nanopores: A grand canonical Monte Carlo study", J. Chem. Phys., Vol. 117, No. 11 (2002) pp. 5373-5383.
26) A. Vishnyakov and A. V. Neimark, "Specifics of freezing of Lennard-Jones fluid confined to molecularly thin layers", J. Chem. Phys., Vol.118, No.16 (2003) pp.7585-7598.
27) H. Bock, K. E. Gubbins and K. G. Ayappa, "Solid/solid phase transitions in confined thin films: A zero temperature approach", J. Chem. Phys., Vol.122 (2005) p.094709.
28) K. G. Ayappa and R. K. Mishra, "Freezing of fluids confined between mica surfaces", J. Phys. Chem. B, Vol. 11, No.5 (2007) pp.14299-14310.
29) T. Kaneko, T. Mima and K. Yasuoka, "Phase diagram of Lennard-Jones fluid confined in slit pores", Chem. Phys. Lett., Vol.490 (2010) pp.165-171.
30) T. Morishita, K. Nishio and M. Mikami, "Formation of single-and double-layer silicon in slit pores", Phys. Rev. B, Vol.77, No.8 (2008) p.081401 (R).
31) Y. Yu and B.-J. Zhang, "Diffusion of methane in a mica slit pore: Molecular dynamics simulations and correlation models", Phys. Lett. A, Vol.364 (2007) pp.313-317.
32) H. Matsubara, F. Pichierri and K. Kurihara, "Unraveling the properties of octamethylcyclotetrasiloxane under nanoscale confinement: Atomistic view of the liquidlike state from molecular dynamics simulation", J. Chem. Phys. Vol.134 (2011) 044536.
33) T. Mima and K. Yasuoka, "Interfacial anisotropy in the transport of liquid crystals confined between flat, structureless walls: A molecular dynamics simulation approach", Phys. Rev. E, Vol.77 (2008) p.011705.
34) M. W. Maddox and K. E. Gubbins, "A molecular simulation study of freezing/melting phenomena for Lennard-Jones methane in cylindrical nanoscale pores", J. Chem. Phys. Vol.107, No.22 (1997) pp.9659-9667.
35) H. Kanda and M. Miyahara, "Freezing of Lennard-Jones fluid in cylindrical nanopores under tensile conditions", Adsorption, Vol.13 (2007) pp.191-195.
36) M. Miyahara and K. E. Gubbins, "Freezing/melting phenomena for Lennard-Jones methane in slit pores: A Monte Carlo study", J. Chem. Phys., Vol106, No.7 (1997) pp.2865-2880.
37) R. Radhakrishnan, K. E. Gubbins and M. Sliwinska-Bartkowiak, "Effect of the fluid-wall interaction on freezing of confined fluids: Toward the development of a global phase diagram", J. Chem. Phys., Vol.112,

No.24 (2000) pp.11048-11057.
38) R. Radhakrishnan, K. E. Gubbins and M. Sliwinska-Bartkowiak, "Global phase diagrams for freezing in porous media", J. Chem. Phys., Vol.116, No.3 (2002) pp.1147-1155.
39) H. Kanda, M. Miyahara and K. Higashitani, "Triple point of Lennard-Jones fluid in slit nanopore: Solidification of critical condensate", J. Chem. Phys., Vol.120, No.13 (2004) pp.6173-6179.
40) H. Kanda and M. Miyahara, "Sublimation phenomena of Lennard-Jones fluids in slit nanopores", J. Chem. Phys., Vol.126 (2007) p.054703.
41) 微細気泡の最新技術—マイクロバブル・ナノバブルの生成・特性から食品・農業・環境浄化・医療への応用まで，エヌ・ティー・エス (2006).
42) D. Lapotko, "Plasmonic nanobubbles as tunable cellular probes for cancer theranostics", Cancers, Vol.3 (2011) pp.802-840.
43) F. Y. Ushikubo, T. Furukawa, R. Nakagawa, M. Enari, Y. Makino, Y. Kawagoe, T. Shiina and S. Oshita, "Evidence of the existence and the stability of nano-bubbles in water", Colloids and Surfaces A: Physicochem. Eng. Aspects, Vol.361 (2010), pp.31-37.
44) S. Maruyama, "Molecular dynamics methods in microscale heat transfer", Heat Transfer and Fluid Flow in Microchannel, Gian Piero Celata, Begell House Inc., New York (2004) pp.161-205.
45) G. Nagayama, T. Tsuruta and P. Cheng, "Molecular dynamics simulation on bubble formation in a nanochannel", Int. J. Heat Mass Transfer, Vol.49 (2006), pp.4437-4443.
46) M. Matsumoto and K. Tanaka, "Nano bubble-size dependence of surface tension and inside pressure", Fluid Dynamics Research, Vol.40 (2008) pp. 546-553.
47) M. Matsumoto, "Surface tension and stability of a nanobubble in water: Molecular simulation", J. Fluid Sci. Tech., Vol.3, No.8 (2008), pp.922-929.
48) R.C. Tolman, "The effect of droplet size on surface tension", J. Chem. Phys., Vol.17, No.3 (1949) pp.333-337.
49) J. R. Errington and D. A. Kofke, "Calculation of surface tension via area sampling", J. Chem. Phys., Vol.127 (2007) 174709.
50) M. J. P. Nijmeijer, A. F. Bakker, C. Bruin and J. H. Sikkenk, "A molecular dynamics simulation of the Lennard-Jones liquid-vapor interface", J. Chem. Phys., Vol.89, No.6 (1988) pp.3789-3792.
51) R. S. Taylor, L. X. Dang and B. C. Garrett, "Molecular dynamics simulation of the liquid/vapor interface of SPC/E water", J. Phys. Chem., Vol.100 (1996) pp.11720-11725.
52) S.H. Park, J.G. Weng and C.L. Tien, "A molecular dynamics study on surface tension of microbubbles", J. Chem. Phys., Vol.113 (2000) pp.5917-5923.
53) I. A. Cosden and J. R. Lukes, "Effect of cutoff radius on the surface tension of nanoscale bubbles", J. Heat Transfer, Vol.133, No.10 (2011) 101501.
54) H. R. Nejad, M. Ghassemi, S. M. M. Langroudi and A. Shahabi, "A molecular dynamics study of nano-bubble surface tension", Molecular Simulation, Vol.37, No.1 (2011) pp.23-30.
55) R. Sakamaki, A. K. Sum, T. Narumi and K. Yasuoka, "Molecular dynamics simulations of vapor/liquid coexistence using the nonpolarizable water models", J. Chem. Phys., Vol.134, No.12 (2011) 124708.
56) 住吉宏介，大庭 創，長山暁子，鶴田隆治，"ナノバブルの界面構造と帯電特性の分子動力学解析"，第43回日本伝熱シンポジウム講演論文集，Vol.II (2006) pp.479-480.
57) 住吉宏介，鶴田隆治，長山暁子，"水のナノバブルの分子動力学解析"，計算力学講演会講演論文集，Vol.18 (2005) pp.45-46.
58) S. Maruyama and T. Kimura, "A Study on Thermal Resistance over a Solid-Liquid Interface by the Molecular Dynamics Method", Thermal Science & Engineering, Vol.7, No.1 (1999) pp.63-68.
59) L. Xue, P. Keblinski, S. R. Phillpot, S. U.-S. Choi and J. A. Eastman, "Two Regimes of Thermal Resistance at a Liquid-Solid Interface", Journal of Chemical Physics, Vol.118, No.1 (2003) pp.337-339.
60) T. Ohara and D. Torii, "Molecular Dynamics Study of Thermal Phenomena in an Ultrathin Liquid Film Sheared between Solid Surfaces: The Influence of the Crystal Plane on Energy and Momentum Transfer at Solid-Liquid Interfaces", Journal of Chemical Physics, Vol.122 (2005) 214717-1-9.
61) B.G. Kim, A. Beskok and T. Cagin, "Molecular Dynamics Simulations of Thermal Resistance at the Liquid-Solid Interface", Journal of Chemical Physics, Vol.129 (2008) 174701-1-9.
62) 長山暁子，椎木誠一，鶴田隆治，"ナノ微細構造面の濡れ挙動に関する分子動力学的研究"，日本機械学

会論文集 B 編, Vol.73, No.728 (2007) pp. 176-186.
63) G. Nagayama, M. Kawagoe, A. Tokunaga and T. Tsuruta, "On the Evaporation Rate of Ultra-Thin Liquid Film at the Nanostructured Surface: A molecular dynamics study", International Journal of Thermal Sciences, Vol.49, No.1 (2010) pp.59-66.
64) Y. Wang and P. Keblinski, "Role of Wetting and Nanoscale Roughness on Thermal Conductance at Liquid-Solid Interface", Applied Physics Letters, Vol.99 (2011) 073112-1-3.
65) M. Shibahara and K. Takeuchi, "A Molecular Dynamics Study on the Effects of Nanostructural Clearances on Thermal Resistance at a Liquid Water-Solid Interface", Nanoscale and Microscale Thermophysical Engineering, Vol.12, No.4 (2008) pp.311-319.
66) M. Shibahara and T. Ohara, "Effects of the Nanostructural Geometry at a Liquid-Solid Interface on the Interfacial Thermal Resistance and the Liquid Molecular Non-Equilibrium Behaviors", Journal of Thermal Science & Technology, Vol.6, No.2, (2011) pp.247-255.
67) T. Matsumoto, S. Miyanaga and M. Shibahara, "A Molecular Dynamics Study on the Effects of Nanoparticle Layers on a Liquid-Solid Interfacial Thermal Resistance", Proceedings of the Asian Symposium on Computational Heat Transfer and Fluid Flow (2011) CD-ROM.

C データ編（DATA）

第6章 ナノ材料の熱物性（Thremophysical Properties of Nanoscale Materials）

6.1 カーボン系材料（Carbon-Based Materials）

6.1.1 カーボンナノチューブの熱物性（Thermophysical properties of carbon nanotubes）

ナノテクノロジーの素材として注目されて来たカーボンナノチューブ（Carbon NanoTube, 以下NT）の熱物性の理解は，CNT の熱伝導材料としての応用はもとより，電子デバイス応用においても，熱マネージメントを考える上で必要である．CNT が非常に高い熱伝導率を有することが理論的に予測されて以来（5.1.2 項参照），熱物性の中でも熱伝導率が特に注目を集め，様々は測定が報告されている．

CNT の高い熱伝導率の要因として，(1)炭素の強固な sp^2 共有結合，(2)周方向の周期性がもたらすシームレスな結晶構造，(3)低次元構造によるフォノン散乱の選択性の抑制によって，高速で散乱頻度の小さいフォノン輸送が実現されることが挙げられる．なお，CNT は金属性のものであってもフェルミ面近傍の電子状態密度が比較的小さいことから，電子の熱伝導率への寄与は小さく，フォノンの寄与が支配的であるとされる．

CNT はグラフェンが筒状に丸まった構造を有するが，その層数によって，単層 CNT，二層 CNT，多層 CNT に大別される．触媒や合成条件によって直径の異なるものが生成し，特に多層 CNT は外径が 10 nm を下回るものから 100 nm を超えるものまで多岐に渡る．また，同程度の直径や層数であっても，合成条件によってその結晶性や純度は大きく異なり得る．さらに長さ効果（5.1.2 項）なども考慮すると，異なる CNT 試料に対して測定された物性値を比較または系統的に整理することは容易ではない．本節では，これらの不確定要素を踏まえた上で，CNT をいくつかの幾何学的分類に大別してそれらの熱伝導率の測定データを示す．なお，より詳細なデータの説明および議論に関しては文献[1]を参照されたい．

Table 6-1-1 に，孤立した 1 本の CNT の熱伝導率を示す[2~8]．4.2.1 項にあるように，マイクロデバイス技術の発達によって，孤立した CNT の熱伝導率の計測が可能となっている．表に見られるように，CNT が孤立した状態では単層 CNT[7]，多層 CNT[2,3]ともに 1000 W/(m·K)を超える熱伝導率が報告されている．しかし，その一方で測定値は分散しており，同程度の直径であっても 1 桁程も低い値も報告されている[6]．

これらの文献の比較からデータが分散する理由を特定することは困難であるが，孤立 CNT 系の場合，通常接触法による計測が適用されることから，4端子法またはそれに相当する方法を用いていないものに関しては界面熱抵抗の影響が危惧される．また，直径が特に小さい CNT の場合，孤立して

C データ編 第6章 ナノ材料の熱物性

Table 6-1-1 孤立カーボンナノチューブの熱伝導率
(Thermal conductivity of individual carbon nanotubes)

著者	年	計測方法	層数	長さ (μm)	外径 [内径] (nm)	合成方法	温度 (K)	熱伝導率(W/(m·K)) @ 室温(R.T.)	断面積 (nm^2)
Kim, et al.[2]	2001	定常法 (マイクロデバイス)	多層	2.5	14	Arc discharge	8〜370	3100	$\pi d_0^2/4$
Fujii, Zhang, et al.[3]	2005	定常法 (T型)	多層	3.7/1.89/3.6	9.8 [5.1] /16.1 [4.9] /28.2 [4.2]	Arc discharge	100〜320	2069/1550/500	$\pi d_0^2/4$
Choi, et al.[4]	2005	3ω法 (自己加熱型)	多層	1.1/1	42 [26] /46 [27]	CVD	R.T.	830/650	$\pi d_0^2/4$
Yu, et al.[5]	2005	定常法 (マイクロデバイス)	単層	2.76	<5	CVD	110〜300	(熱コンダクタンス: 3.8×10^{-9} W/K)	-
Choi, et al.[6]	2006	3ω法 (自己加熱型)	多層	1.4	20 [10]	CVD	R.T.	300	$\pi d_0^2/4$
Pop, et al.[7]	2006	電気伝導計測	単層	2.6	1.7	CVD	300〜800	3500	$\pi b d$
Aliev, et al.[8]	2010	3ω法 (自己加熱型)	多層	10	10	CVD	R.T.	600	内部空洞を考慮

Table 6-1-2 カーボンナノチューブ束の熱伝導率
(Thermal conductivity of carbon nanotube bundles)

著者	年	計測方法	層数	長さ (μm)	束径 d_0 [CNT径] (nm)	合成方法	温度 (K)	熱伝導率(W/(m·K)) @ 室温(R.T.)	断面積 (nm^2)
Kim, et al.[2]	2001	定常法 (マイクロデバイス)	多層	2.5	80/200 [14]	Arc discharge	8〜330	1300/330	$\pi d_0^2/4$
Shi, et al.[9]	2003	定常法 (マイクロデバイス)	単層	4.2/2.66	10/148	CVD	20〜300	140/3	$\pi d_0^2/4$
Hsu, et al.[10]	2009	ラマン分光	単層	11.7〜12.3	7.4〜10.3	CVD	R.T.	118〜683	$\pi d_0^2/4$
Aliev, et al.[8]	2010	3ω法 (自己加熱型)	多層	10	120〜150 [10]	CVD	R.T.	150	内部空洞を考慮

いるのか，数本の束なのかがその場観察では判断し難く（例えば文献5では，CNTの直径が同定できていない），このことは断面積の見積もりを通じて，熱伝導率に大きく影響し得る．なお，断面積の定義が報告によって異なることにも注意する必要がある．どのような断面積の定義が妥当かという点に関しては議論の余地があるが，単層CNTの場合，筒構造の断面積を考えて$\pi b d$とし，多層CNTの場合，円柱構造の断面積を用いて$\pi d_0^2/4$と定義されることが多い．ここで，d, d_0, bは単層CNTの直径，多層CNTの外径，グラファイト層間距離（〜0.34 nm）である．

Fujiiら[3]は走査型電子顕微鏡マニピュレーターと透過型電子顕微鏡観察によって，結晶性が良く層数の異なる多層カーボンナノチューブを3本それぞれマイクロデバイスに設置することで熱伝導率の層数依存性を検証し，層数の増加に従い熱伝導率が大きく低減することを報告した．これは，Table 6-1-2に示したCNT束の熱伝導率データ[2,8〜10]に見られるように，CNTが束を形成することで一本あたりの熱伝導率が100 W/(m·K)程度に大きく低減されることと一貫性がある．

Table 6-1-3に膜状のCNTの熱伝導率を示す[11〜25]．膜試料としては，焼結によってランダムに高密度化したもの[11]，強磁場によって配向したもの[13]，また近年では基板に垂直に配向成長したもの[14〜24]などの測定が報告されている．Honeら[13]によって示されたように，膜内のCNTを配向させることによって，配向方向への熱伝導率が大幅に向上する．しかし，多くの配向CNT膜の熱伝導率は先のCNT束の熱伝導率よりもさらに1〜2桁小さい．これは主に膜内のCNTの数密度が小さいためで，表に示すように，低いものでは占有率にして数パーセントである．文献によってはこれらを補正して1本あたりに換算されており，その結果得られる値は先のCNT束の熱伝導率と同程度となる．なお，Table 6-1-2, 6-1-3に示したCNT径は電子顕微鏡によって観察された分布の平均値やラマン分

6.1 カーボン系材料

Table 6-1-3 カーボンナノチューブ膜の熱伝導率
(Thermal conductivity of carbon nanotube films)

著者	年	計測方法	層数	膜厚/長さ (μm)	外径 (nm)	配向	合成方法	温度 (K)	熱伝導率(W/(m·K)) [熱拡散率 (m²/s)] @室温 (R.T.)	占有率 (%) [密度 (cm⁻²)]
Hone, et al.[11]	1999	定常法 (平板比較法)	単層	5000	1.4	ランダム	Arc discharge	8~350	35	70
Yi, et al.[12]	1999	3ω法 (自己加熱型)	多層	1000~2000	30	ランダム	CVD	10~300	25	1.5
Hone, et al.[13]	2000	定常法 (平板比較法)	単層	1.3/5	1.4	磁場配向	Laser ablation	10~410	220	70
Yang, et al.[14]	2002	サーモリフレクタンス法	多層	10~50	40~100	垂直配向	PECVD	R.T.	15 (200/tube)	7~8
Wang, et al.[15]	2005	フォトサーマル法	多層	20	100~200	垂直配向	PECVD	R.T.	0.145 (27.3/tube)	0.5
Borca-Tasciuc, et al.[16]	2005	フォトサーモエレクトリック, 3ω法 (自己加熱型)	多層	1620	20~50	垂直配向	CVD	100~300	[5×10⁻⁵]	—
Iwai, et al.[17]	2005	定常法	多層	15	10	垂直配向	CVD	R.T.	(1400/tube)	[10¹¹]
Hu, et al.[18]	2006	3ω法	多層	13	10~80	垂直配向	PECVD	295~325	74~83	
Tong, et al.[19]	2007	サーモリフレクタンス法	多層	100	20~30	垂直配向	CVD	R.T.	250	10 [10¹⁰⁻¹¹]
Shaikh, et al.[20]	2007	レーザーフラッシュ	多層	200	10	垂直配向	CVD	R.T.	8.3	—
Pal, et al.[21]	2008	定常法 (平板比較法)	多層	14/40/70	10~70	垂直配向	CVD	R.T.	0.8 (37/tube)	2
Panzer, et al.[22]	2008	サーモリフレクタンス法	単層	28	1~2	垂直配向	PECVD	R.T.	8	12 [8.7×10¹²]
Zhao, et al.[23]	2009	レーザーフラッシュ	単層/2層/多層	450	3.2/6.3/10.3	垂直配向	CVD	R.T.	[3.8×10⁻⁵ /3.4×10⁻⁵ /2×10⁻⁵]	53/52/35
Akoshima, et al.[24]	2009	レーザーフラッシュ	単層	1000	3	垂直配向	CVD	R.T.	1.9 (52/tube)	3
Ishikawa, et al.[25]	2011	ラマン分光法	単層	11~17	2	垂直配向	CVD	R.T.	2	1.6

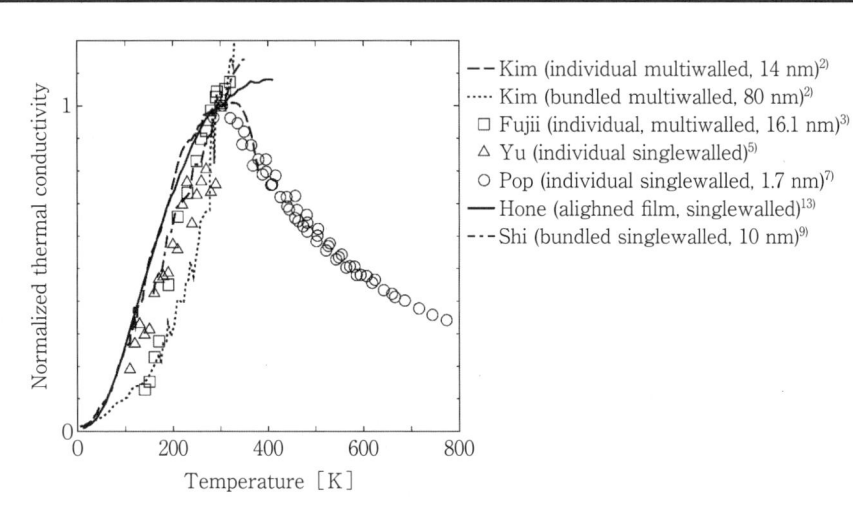

Fig. 6-1-1 カーボンナノチューブの熱伝導率の温度依存性 (Temperature dependence of CNT thermal conductivity)

光などによって算出された代表値であることに注意されたい.

以上の測定データから，直径の小さい孤立 CNT は熱伝導率が高いが，層数が増大又は束を形成することで層間やチューブ間の相互作用の影響で熱伝導率が低下すると考えられる．その一方で，Fig. 6-1-1 に示すように様々な文献の熱伝導率（300 K の熱伝導率で規格化してある）を比較すると，低温

領域（< 300 K）での温度依存性に定性的な違いが見られる．低温領域の温度依存性が欠陥や不純物の程度の影響を強く受けることを考慮すると，文献によってCNT試料の結晶性や純度が異なる可能性が示唆され，より詳細なCNTの構造評価と一体になった熱伝導率測定の発展が待たれる．

6.1.2 ダイヤモンド薄膜（Thermophysical properties of diamond thin film）

ダイヤモンドは炭素の同素体であり，sp^3混成軌道の共有結合により強固に結合しているために非常に高い硬度を有するばかりでなく，熱伝導性，電気絶縁性や耐薬品性に優れている．そのためパワーデバイス等の熱制御材料，フィールドエミッターやバイオセンサーなど様々な応用が行われており，次世代デバイスを創出する機能性材料として注目されている．ダイヤモンドの合成方法としては熱フィラメントCVD（Chemical Vapor Deposition:化学気相成長）法やマイクロ波CVD法が挙げられ，高品質かつ厚いダイヤモンド薄膜を合成できるようになってきている．熱物性測定についても多く行われてきており，本節ではその一部を紹介する．

Graebnerらは短パルスレーザー（パルス幅8 ns，波長1064 nm）と超高速赤外線検出器（MCT，応答速度～100 MHz）を組み合わせたパルス加熱法により，マイクロ波プラズマCVD法を用いて作製した異なる4種類の厚みのCVDダイヤモンド薄膜の厚み方向の温度伝導率$a_\perp$を測定した[26,27]．あらかじめ測定した試料の密度ρと比熱Cを用いて熱伝導率$\lambda_\perp = \rho C a_\perp$を解析した結果をFig. 6-1-2に示す．測定結果より，薄いCVDダイヤモンド薄膜は厚いものよりも熱伝導率は小さくなっている．これは基板近傍のダイヤモンド結晶粒径が小さく，粒界におけるフォノン散乱が大きくなるため，粒径が小さい結晶が占める割合が多い薄いサンプルにおいて見かけの温度伝導率が小さくなったためである．基板近傍において結晶粒界によるキャリア散乱により熱伝導率が低下し，成長面において大きくなる傾向は他の薄膜試料においても同じである．また，面内方向の熱伝導率を定常法によって測定したデータ（Fig. 6-1-3）と比較した結果，柱状に結晶成長しているCVDダイヤモンド薄膜の熱伝導率異方性が明らかになった．ただしFig. 6-1-3の横軸はサンプル厚みではなく基板からの距離であり，測定データをもとに再計算を行っていることに注意されたい．

上述したように，CVDダイヤモンド薄膜の結晶構造は製造プロセスに強く依存し，熱物性値も大きく変化する．Onoらはプロセスガス（NH_3/H_2）の濃度を変えて作製したCVDダイヤモンド薄膜の面方向熱伝導率（室温）を定常法により測定した[28]（Fig. 6-1-4）．メタン濃度が高くなるに従って結晶性が悪くなり，熱伝導率が低下する．Edgarらは，種々のCVDダイヤモンド薄膜についてラマン分光分析を行い，熱伝導率と比較している[29]（Fig. 6-1-5）．ラマン分光分析において1332 cm^{-1}に現れるピークはsp^3混成軌道を有するダイヤモンド特有のラマンピークであり，1550 cm^{-1}に現れるピークはsp^2混成軌道によるアモルファスカーボン特有のラマンピークである．すなわちラマンピークの比$R = I<1332>/I<1550>$がダイヤモンド薄膜内のsp^3混成軌道を有する結晶の割合に相当し，Rが大きくなるに従って熱伝導率が大きくなる．

一方，Arを添加したプロセスガス（NH_3/H_2）にN_2を微量混ぜることにより，n型の半導体的性質を示す超微結晶ダイヤモンド薄膜が作製できる[30]．Fig. 6-1-6に超微結晶ダイヤモンド薄膜の熱伝導率—温度依存性を示した．熱伝導率は3ω法によって測定している．Arを添加することにより結晶粒径は大幅に小さくなり，粒界によるフォノン散乱の影響が顕著に出ている．しかしながら超微結晶ダイヤモンド薄膜では，結晶粒径が大きくてもN_2ドーパントの存在によるフォノン散乱の影響で熱伝導率は小さくなることがわかる．

また，高配向性ダイヤモンド薄膜の熱伝導率異方性についても報告がある[31]．ヘテロエピタキシャル成長させた高配向性ダイヤモンド薄膜とランダム配向したダイヤモンド薄膜を定常法を用いて比較した結果をFig. 6-1-7に示した．高度に配向成膜されたダイヤモンド薄膜においては，面内の熱伝導

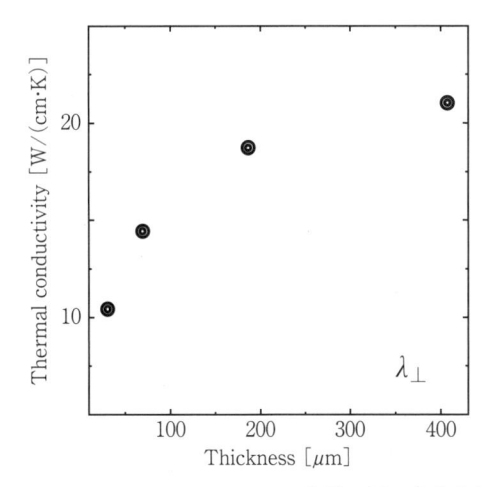

Fig. 6-1-2 CVD ダイヤモンド薄膜の厚み方向熱伝導率（Out-of-plane thermal conductivity of CVD diamond thin films）[27]

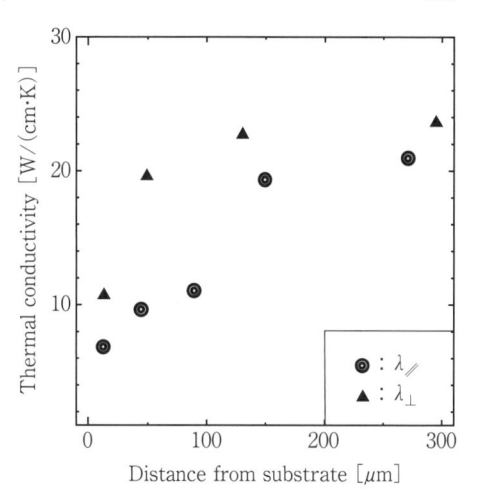

Fig. 6-1-3 CVD ダイヤモンド薄膜の熱伝導率異方性（室温）（Anisotropic thermal conductivity of CVD diamond thin film at room temperature）[27]

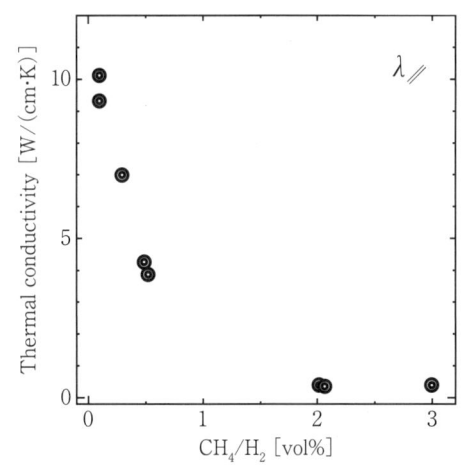

Fig. 6-1-4 面方向熱伝導率（室温）のプロセスガス濃度依存性（Methane concentration dependence of in-plane thermal conductivity of CVD diamond thin films at room temperature）[28]

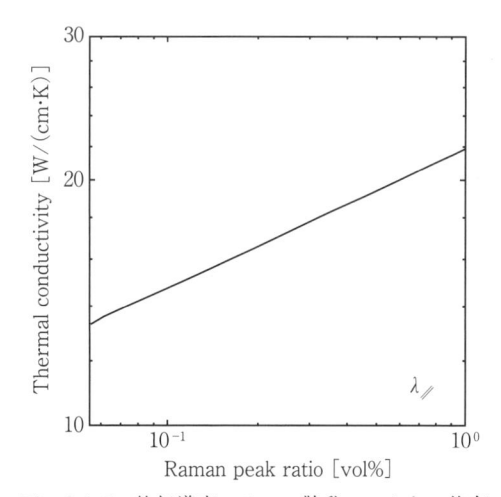

Fig. 6-1-5 熱伝導率のラマン散乱スペクトル依存性（Raman spectrum dependence of thermal conductivity of CVD diamond thin film）

率が大幅に向上することがわかる．

CVD ダイヤモンド薄膜の熱物性値は同位体比によっても変化することが報告されている[32]．一般的に天然のダイヤモンドでは炭素の安定同位体は ^{12}C が 99% 程度存在し，^{13}C が 1% 程度含まれる．^{12}C 同位体組成比を 99.95% まで高めたプロセスガスを用いて CVD ダイヤモンド薄膜を作製し，定常法を用いて熱伝導率を測定した結果を Fig. 6-1-8 に示した．格子質量の違いが格子欠陥としてフォノン散乱に影響を与えると考えられる．

最後に本節で紹介した CVD ダイヤモンド薄膜の測定例について Table 6-1-4 にまとめた．

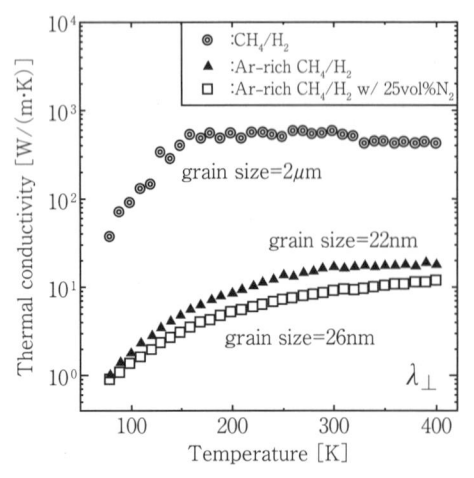

Fig. 6-1-6 超微結晶ダイヤモンド薄膜の熱伝導率 (Thermal conductivity of ultrananocrystalline diamond films)[30]

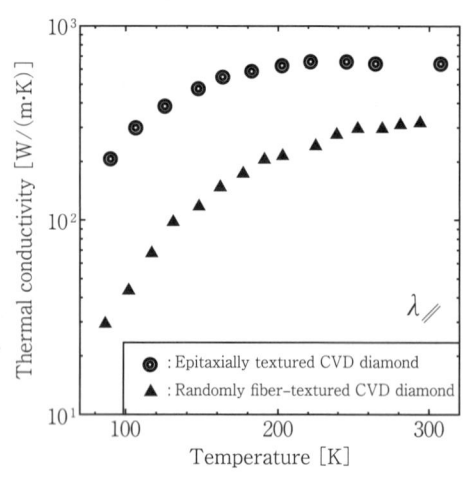

Fig. 6-1-7 高配向性ダイヤモンド薄膜の熱伝導率 (Thermal conductivity of highly-oriented CVD diamond thin film)[31]

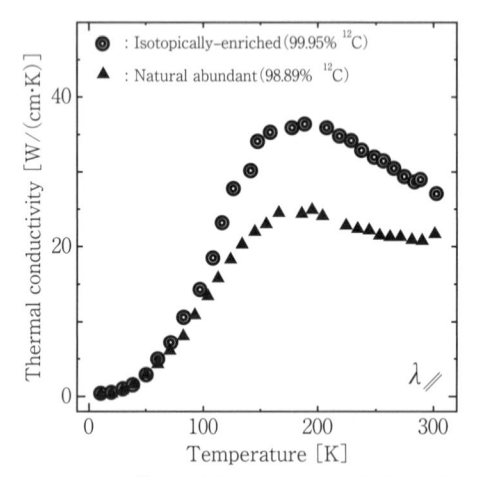

Fig. 6-1-8 ^{12}C 同位体ダイヤモンド薄膜の熱伝導率 (Thermal conductivity of isotopically-enriched CVD diamond thin film)[32]

Table 6-1-4 CVD ダイヤモンド薄膜の熱物性測定例
(Summary of thermal conductivity measurement of CVD diamond thin films)

著者	成膜方法	膜厚 (μm)	結晶粒径	測定法	測定パラメータ	備考
J.E. Graebner et al.[27]	マイクロ波プラズマ CVD 法	28.4〜408	10〜20μm	パルス加熱法定常法	$a^\perp \lambda_{//}$	室温
Ono et al.[28]	マイクロ波プラズマ CVD 法	7〜30	—	定常法	$\lambda_{//}$	室温
M. Shamsa et al.[30]	マイクロ波プラズマ CVD 法 (窒素ドープ)	2.17〜9.54	22nm〜2μm	3ω法	$\lambda_\perp$	超微結晶ダイヤモンド薄膜 80〜400K
S.C. Wolter et al.[31]	マイクロ波プラズマ CVD 法 (3ステップ)	100 (nominal)	—	定常法	$\lambda_{//}$	高配向性ダイヤモンド薄膜 80〜300K
T. Noda et al.[32]	マイクロ波プラズマ CVD 法 (高同位体純度)	100	10〜65μm (Ave.50μm)	定常法	$\lambda_{//}$	1〜300K

6.1.3 ダイヤモンドライクカーボン（DLC）膜 (Diamond-like carbon (DLC) film)

　ダイヤモンドライクカーボン(DLC)は，炭素のsp^3結合とsp^2結合とから成る非晶質（アモルファス）炭素で，Jacobら[33]により種々のカテゴリーに分類されている．DLC膜は高硬度，低摩擦係数など機械的特性に優れ，化学的に安定であり，トライボロジー的応用，生物学的応用，食品的応用，MEMSなど種々の分野で研究が活発である[34,35]．機械特性に比べて熱特性の研究は多くないが，非晶質物質の熱伝導モデルを元にした研究が行われている[36]．DLC膜の熱伝導率に関する過去の測定例をTable 6-1-5にまとめた．熱伝導率の膜厚依存性をFig. 6-1-9に示し，密度依存性をFig. 6-1-10に示す．Fallabellaら[37]は，Si基板に成膜した2000 nmのアモルファスダイヤモンド（ta-C）膜上に100 nmのNbを成膜し，レーザー光でスポット状に加熱するミラージュ法により熱拡散係数を求め，測定した密度，および熱容量の計算値（ダイヤモンドとグラファイトの文献値の平均）を用いて熱伝導率を算出した．Morathら[38]は，Si基板上の膜厚の異なる5種類のDLC膜上に50 nmのAl膜を成膜し，ミラージュ法により熱伝導率を測定した．密度は全てのDLC膜について，同様な膜のデータから1.7 g/cm^{3}を推算し，熱容量はDLC膜の室温におけるデバイ温度を430〜730 Kとして算出した．Hurlerら[39]は，典型的なミラージュ法と異なり，ライン状に正弦波的周期で加熱する方法を採用し，エネルギー密度をしきい値より劇的に減少させて，定常なS/N比が得られるようにした．測定試料からの熱的変動が，試料近傍の空気層に伝播して屈折率の時間変化勾配を生じ，加熱レーザーと直交するように入射したプローブレーザーは，この光学的に不均一な領域を通過する時に，間接的に試料表面の温度を検出し，その位相遅れから熱拡散率を測定する．膜厚が0.5〜6.2 μmのDLC膜の測定を行ったが，1 μm以下では信号が弱く測定できなかった．光学バンドギャップが0.5〜1.8 eVの範囲では，熱伝導率が0.6 W/(m·K)〜1.4 W/(m·K)で大差なく，通常のガラス状非晶質物質構造の値を示

Table 6-1-5　DLC薄膜熱伝導率の測定例
(Summary of thermal conductivity measurements of DLC thin films)

著者 Authors	年 Year	実験方法 Method	膜厚 Thickness (nm)	成膜方法 Deposition technique	熱伝導方向 Direction of heat conduction	温度 Temperature (K)	データ点数 Data points
S. Fallabella, D.B. Boercker and D.M. Sanders[37]	1993	ミラージュ法	2000	FCVA	厚み方向	室温	1
C.J. Morath, H.J. Maris, J.J. Cuomo, D.L. Papas, A. Grill, V.V. Patel, J.P. Doyle and K.L. Saenger[38]	1994	ミラージュ法	100〜240	パルスレーザー法，FCVA，イオンビーム法	厚み方向	室温	5
W. Huller, M. Pietralla and A. Hammerschmidt[39]	1995	ミラージュ法	1000〜6200	rf-PCVD	厚み方向	室温	14
J. Bonzenta, J. Mazur, R. Bukowski and Z. Kleszczewski[40]	1995	ミラージュ法	650, 320	プラズマCVD	厚み方向	室温	2
Z.J. Zhang, S. Fan, J. Huang and C.M. Lieber[41]	1996	3ω法	1000	レーザーアブレーション	面方向	室温	1
G. Chen and P. Hui[42]	1999	パルス法	80	FCVA	厚み方向	室温	1
G. Chen, P. Hui and Shi Xu[43]	2000	パルス法	20〜100	FCVA	厚み方向	室温	5
A.J. Bullen, K.E. O'Hara and D.G. Cahill[44]	2000	3ω法	19〜3800	PACVD, FAD	面方向	80〜400	7
M. Shamsa, W.L. Liu, A.A. Balandin, C. Cashiraghi, W.I. Milne and A.C. Ferrari[46]	2006	3ω法	18.5〜100	リモートプラズマ法他	面方向	室温	11
宮井清一，小林知洋，寺井隆幸[47]	2007	3ω法	〜500	RFプラズマCVD	面方向	室温	10
S. Miyai, T. Kobayashi and T. Terai[48]	2008	3ω法	〜500	RFプラズマCVD	面方向	室温	6
S. Miyai, T. Kobayashi and T. Terai[49]	2009	3ω法	〜500	FCVA	面方向	室温	6
S.Y. Bai, Z.A. Tang, Z.X. Huang, J. Yu, J. Wang and G.C. Gui[50]	2009	パルス法	105〜112	マイクロ波ECR，プラズマCVD	厚み方向	室温	4
J.G. Kang, K.S. Hong and H.S. Yang[51]	2010	3ω法	200〜1799	イオンビーム法	面方向	室温	4
J.W. Kim, H.S. Yang, Y.H. Jun and K.C. Kim[52]	2010	3ω法	200〜1800	イオンビーム法	面方向	室温	4

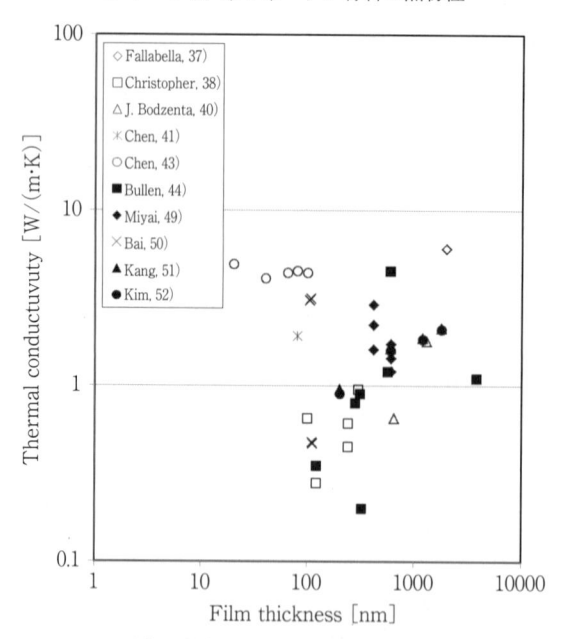

Fig. 6-1-9 厚さの異なる DLC 薄膜の室温における熱伝導率（Thermal conductivity of DLC thin films at room temperature）

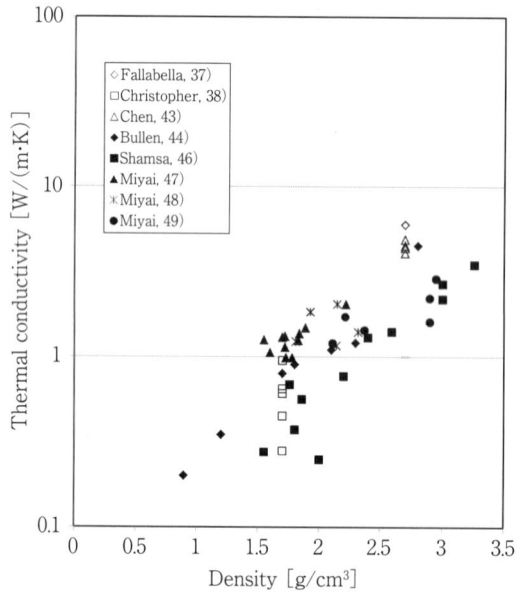

Fig. 6-1-10 密度の異なる DLC 薄膜の室温における熱伝導率（Thermal conductivity of DLC thin films at room temperatures with different density）

すとしている．Bodzenta ら[40]は，Si 基板上の DLC 膜の熱伝導率測定を，ミラージュ法により行った．Si 基板上に DLC 膜がある場合とない場合について，加熱レーザーとプローブレーザーとのオフセットに対する強度および位相ずれから熱伝導率の値を求めた．膜厚の厚い方が高い熱伝導率が得ら

れ，DLC膜の熱伝導率は炭素原子間結合の乱れの寄与が大きく，さらに膜と基板との間に存在する界面が，基板に垂直方向の熱伝導率に影響するとしている．Zhangら[41]は，窒素を含有したDLC膜上にAu膜を成膜して作製した細線に，交流電流を流した場合の温度変化を膜の熱伝導に関連付ける3ω法により，熱伝導率を測定した．膜のアニール後の抵抗率変化が，窒素を含まないDLC膜に比べて小さく，温度安定性があるとして，熱伝導率を算出した．Chenら[42]は，Au/ta-C/Siとした層構造のAu表面に，8 nsパルスのYAGレーザーを照射し，He-Neレーザーをプローブレーザーとして用い，ta-C膜の熱伝導率を測定した．熱伝導を伝送線のインピーダンスに近似したモデル計算法を用い，測定値とのフィッティングを行った．80 nmのta-C膜について，Au/ta-C/Siの3層モデルの場合とta-C膜を熱抵抗として扱った2層モデルの計算では，同程度の熱伝導率が得られた．Chenら[43]は，また，膜厚が20 nmから100 nmのta-C膜の上に，20 nmのTi膜および1.77 μmのAu膜を成膜してパルス法の測定を行い，ta-C膜とSi基板およびta-C膜と金属との間の界面抵抗に2層膜モデルを適用して，実験値と計算式とのフィッティングを行った．Bullenら[44]は，10 μm幅のAl膜パターンをSi基板上の種々のDLC膜に作製し（Alとの絶縁性確保のため100 nmのSiO$_2$膜をSi基板に成膜），3ω法により熱伝導率を測定した．SiO$_2$膜の熱抵抗は熱伝導率とは別に測定し，熱伝導率の値から差し引かれている．結晶物質の熱伝導のEinsteinモデルを元に，音波の波長の1/2の大きさの領域に拡張した非晶質物質の熱伝導のCahill-Pohlモデル[45]が，室温付近での熱伝導率測定値の説明に適用できるとしている．Shamsaら[46]は，sp^{3}結合，sp^{2}結合および水素含有量の異なる種々のDLC膜（ポリマーライクa-C:H（PLCH），ダイヤモンドライクa-C:H（DLCH），グラファイトライクa-C:H，テトラヘドラルa-C（ta-C），テトラヘドラルa-C:H（ta-C:H））について，3ω法により熱伝導率を系統的に測定し，密度依存性を他の研究者のデータと合わせて示している．宮井ら[47]は，Si基板上に成膜したメタン原料とアセチレン原料のDLC膜について，DLC膜上に作製したAl細線を用いる3ω法により熱伝導率を測定した．いずれも，ラマン分光のDバンドとGバンドとの強度比I_D/I_Gが0.4付近において熱伝導率が最大値を示すとしている．Miyaiら[48]は，窒素含有DLC膜について，同様に3ω法により熱伝導率を測定し，DLC膜の熱伝導率は窒素濃度と共に減少し，I_D/I_Gが0.6〜0.8において最小値を示すとしている．さらに，Miyaiら[49]は，硬度の異なる基板に成膜したta-C膜について，同様に3ω法により熱伝導率を測定し，WC/Co基板の方がSi基板よりta-C膜の熱伝導率が高いとしている．これは基板の硬度がSi基板より高いWC/Co基板上に成膜した場合，I_D/I_Gより算出したsp^{2}炭素クラスターサイズが小さくなり，熱伝導率に差が出るためとしている．Baiら[50]は，2種類のDLC膜の表面に1.5 μm厚のAu膜を蒸着し，パルス法で熱伝導率の測定を行い，Chenらの2層モデルを適用し，熱伝導率の差は結晶粒の大きさの違いによるとしている．Kangら[51]およびKimら[52]は，Al$_2$O$_3$基板上のDLC膜表面にCr膜およびAu膜を成膜し，3ω法により熱伝導率の測定を行い，いずれもDLC膜の熱伝導率が膜厚と共に増加するのは，DLC膜と基板との熱抵抗によるとしている．

6.1.4 グラフェン，その他のカーボンナノ材料 (Thermophysical properties of graphene and other carbon nanomaterials)

グラフェンは炭素原子だけでできた六角格子であり，狭義には1原子層のものを指すが広義には積層した状態も含まれる．なお，グラフェンが3.35Åの間隔でファンデルワールス力によって多数積層したものが黒鉛である．ナノ材料としてグラフェンが注目され始めた時期はカーボンナノチューブより遅かったものの，黒鉛から簡単に取り出せて特異な電気的性質を示すこと[53]に加えて大面積化も可能であることから近年では盛んに研究がなされている．単層グラフェンの熱伝導率はBalandinら[54]によって最初に計測された．具体的には，シリコン基板上に設けられた深さ300 nm幅3 μmの溝上に黒鉛から剥ぎとったグラフェンを架橋し，その中央部を波長488 nmのレーザーで大気中で加熱し

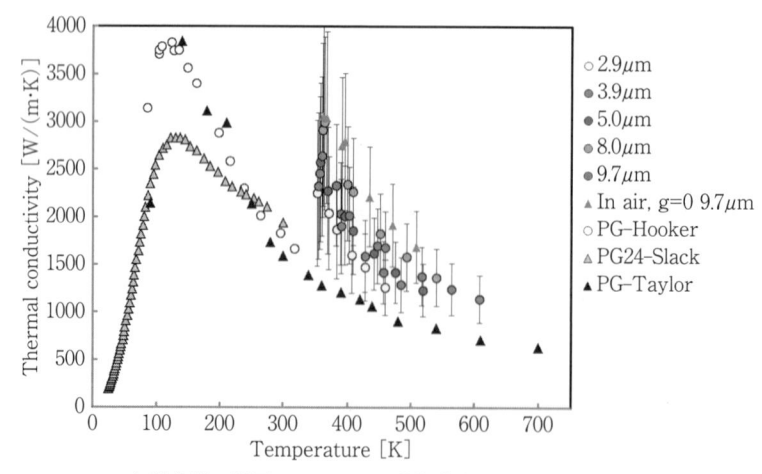

Fig. 6-1-11 架橋状態の単層グラフェンの熱伝導率をグラファイトのデータと共に表示（右欄の値は貫通孔の直径）(Thermal conductivity of suspended single-layer graphene with reference data of graphite)

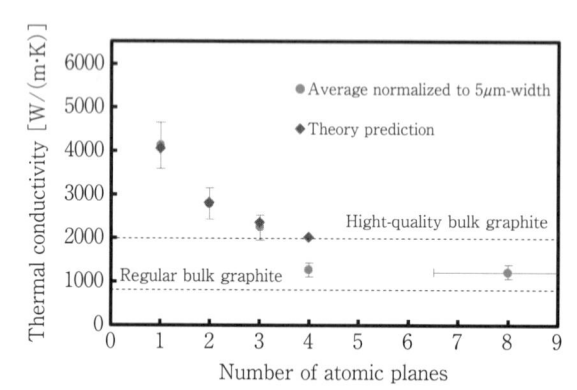

Fig. 6-1-12 架橋状態のグラフェンの室温での熱伝導率の層数依存性 (Thermal conductivity of few-layer graphene at room temperature)

ながらラマンスペクトルを調べた．特に G バンドに温度依存性があることを利用してレーザー照射点の温度を推算することで加熱量との関係から室温での熱伝導率を 4840〜5300 W/(m·K) と見積もった．一方，Seol ら[55]は，同様のグラフェンを懸架状態ではなく SiO_2 薄膜に貼り付いた状態で熱伝導率を調べた．計測はグラフェン近傍に MEMS 技術で作ったヒーターと温度センサーを用いて行われ，貼り付いた状態では熱伝導率が懸架状態より大きく下がるという結果を得ている．Cai ら[56]は，Cu 上で CVD 成長させたグラフェンを貫通孔が設けられたシリコン基板上に転写した上で，架橋状態と Au/SiN 膜に張り付いた状態での熱伝導率をラマンによって計測している．この手法は Balandin らよりも加熱量が正確に得られる利点があり，貼り付いたグラフェンの熱伝導率は約 370 W/(m·K)，架橋状態では約 2500 W/(m·K) と見積もられた．さらに精度を上げるために Chen ら[57]はラマンの 2D バンドと真空チャンバーを用いた実験を行って，Fig. 6-1-11 に示したような架橋状態の単層グラフェンの熱伝導率を報告している．複数層のグラフェンについてもラマンの G バンドを用いて計測され層数が増えるにつれて熱伝導率が低下する結果[58] (Fig. 6-1-12) が報告されているが，その一方で上下を挟まれた状態では逆に層数が増えるにしたがって熱伝導率が上昇するという実験結果[59]もある．このようにグラフェンの熱輸送特性はその状態に大きく左右される．現在までに報告されてい

Table 6-1-6 グラフェンの面内方向熱伝導率の測定例
(Summary of thermal conductivity measurements of graphene)

著者 Author (s)	年 Year	準備法 Preparation method	計測法 Measurement method	熱伝導率 Thermal conductivity (W/(m・K))	温度 Temperature	状態 Conditions
Balandin, Ghoch, Bao, Calizo, Teweldebrhan, Miao and Lau[54]	2008	はく離	G-band	4840〜5300	室温	架橋
Seol, Jo, Moore, Lindsay, Aitken, Pettes, Li, Yao, Huang, Broido, Mingo, Ruoff, Shi[55]	2010	はく離	MEMS	600	室温	架橋
Cai, Moore, Zhu, Li, Chen, Shi and Ruoff[56]	2010	CVD	G-band	2500 1400 370	350K 500K 室温	架橋 架橋 Au/SiN膜上
Chen, Moore, Cai, Suk, An, Mishra, Amos, Magnuson, Kang, Shi and Rouff[57]	2011	CVD	2D-band	2600〜3100	350K	架橋
Ghosh, Bao, Nika, Subrina, Pokatilov, Lau, and Balandin[58]	2010	はく離	G-band	2800 1300	室温 室温	架橋，2層 架橋，4層
Jang, Chen, Bao, Lau and Dames[59]	2010	はく離	熱拡散法	<160	310K	SiO$_2$膜間
Faugeras, Faugeras, Orlita, Potemski, Nair and Geim[60]	2010	はく離	Stokes/anti Stokes	630	室温	架橋
Wang, Xie, Bui, Lui, Ni, Li and Thong[61]	2011	はく離	MEMS	1250	室温	SiN膜上，3層
Lee, Yoon, Kim, Lee and Cheong[62]	2011	はく離	2D-band	1800 710	325K 500K	架橋 架橋

るグラフェンの面内方向熱伝導率の測定結果[54〜62]をTable 6-1-6にまとめた．理論的研究は実験と比べるとはるかに多くの報告がされており，あくまでモデル計算であるが定性的な理解のために代表的な結果[63]をFig. 6-1-13に示した．

フラーレンはもう1つの代表的ナノカーボン材料であるが，ナノチューブやグラフェンと異なってむしろ断熱材料としての応用[64]が期待されている．C_{60}フラーレンのバルクの熱伝導率[65]（Fig 6-1-14）は室温で0.4 W/(m·K)であり温度を下げていくと260 KでFCC構造からSC構造へ転移して熱伝導率は上昇していく．フラーレンをカーボンナノチューブに内包させたフラーレンピーポッドについてはバルク材料を用いた実験によって内包していないナノチューブに比べて約20%の熱伝導率上昇が報告[66]されている．このようなバルク材料では接触熱抵抗が支配的であるため直ちにピーポッドそのものの熱伝導率について評価することはできないが，分子動力学シミュレーションによってもピーポッドは元のナノチューブに比べて熱伝導率が2倍以上に増加するという結果[67]が得られている．

また，カーボン系ナノ繊維には単層・多層ナノチューブ以外にもバンブー型やカップスタック型など特異な構造がいくつか存在する．それらの熱輸送特性にも興味が持たれるが，基本的にはナノチューブの繊維方向と黒鉛のc軸方向が複合した現象と考えられ，室温での熱伝導率としては10 W/(m·K)[68]から40 W/(m·K)[69]の計測結果がTEM像とあわせて報告されている．

参考文献

1) 石川 圭，"垂直配向単層カーボンナノチューブ膜の伝熱特性"，東京大学学位論文（2010）．
2) P. Kim, L. Shi, A. Majumdar and P. L. McEuen, "Thermal transport measurements of individual multiwalled nanotubes", Phys. Rev. Lett., Vo.87（2001）pp.215502-1-215502-4.
3) M. Fujii, X. Zhang, H. Xie, H. Ago, K. Takahashi, T. Ikuta, H. Abe and T. Shimizu, "Measuring the thermal conductivity of a single carbon Nanotube", Phys. Rev. Lett., Vo.95（2005）pp.065502-1-065502-4.
4) T. Y. Choi, D. Poulikakos, J. Tharian and U. Sennhauser, "Measurement of thermal conductivity of individual multiwalled carbon nanotubes by the 3-ω method", Appl. Phys. Lett., Vo.87（2005）pp.013108-1 − 013108-3.
5) C. Yu, L. Shi, Z. Yao, D. Li and A. Majumdar, "Thermal conductance and Thermopower of an individual single-wall carbon nanotube", Nano Lett., Vo.5（2005）pp.1842-1846.
6) T. Y. Choi, D. Poulikakos, J. Tharian and U. Sennhauser, "Measurement of thermal conductivity of

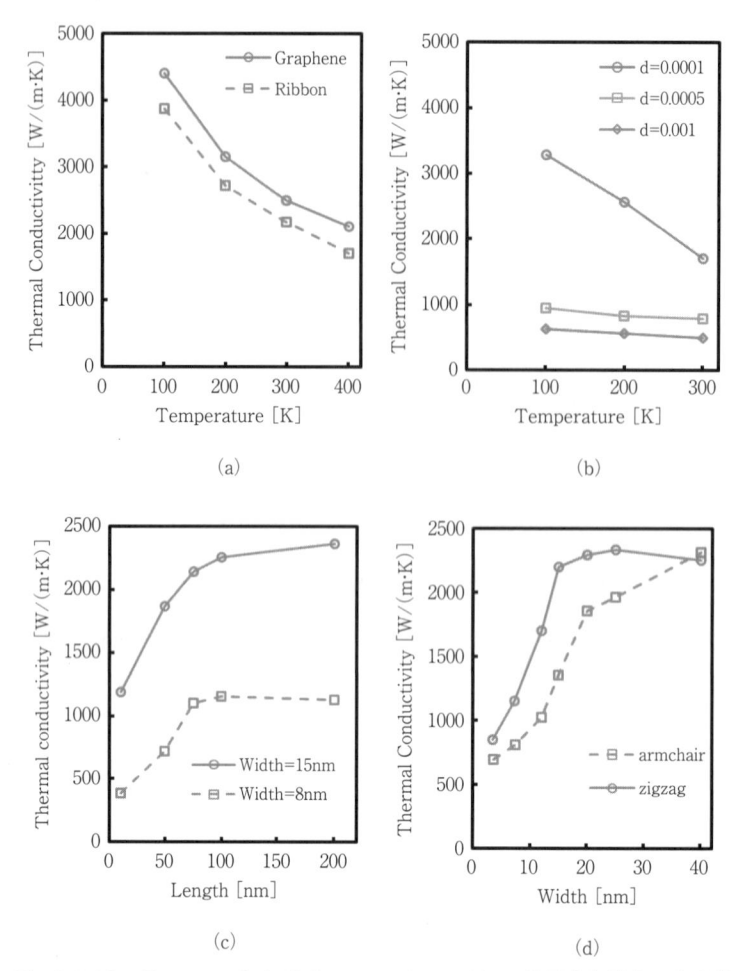

Fig. 6-1-13 グラフェンおよびグラフェンナノリボンの格子熱伝導率の分子動力学計算の例（温度表示のないものは室温）；(a)温度依存性，(b) 長さ500nm 幅15nm のジグザグ型ナノリボンでの欠陥の影響（d は空孔欠陥の割合），(c)ジグザグ型ナノリボンの長さ依存性，(d) 長さ100nm のナノリボンの幅依存性 (Molecular dynamics simulation of thermal conductivity of graphene and graphene nano ribbon; (a) temperature dependence, (b) effect of vacancy defect of zigzag nanoribbon, (c) length dependence of zigzag nanoribbon, (d) width dependence)

individual multiwalled carbon nanotubes by the four-point three-ω method", Nano Lett., Vo.6 (2006) pp. 1589-1593.

7) E. Pop, D. Mann, Q. Wang, K. Goodson and H. Dai, "Thermal conductance of an individual single-wall carbon nanotube above room temperature", Nano Lett., Vo.6 (2006) pp.96-100.

8) A. E. Aliev, M. H. Lima, E. M. Silverman and R. H. Baughman, "Thermal conductivity of multi-walled carbon nanotube sheets: radiation losses and quenching of phonon modes", Nanotechnology, Vo. 21 (2010) pp.035709-1−035709-11.

9) L. Shi, D. Li, C. Yu, W. Jang, Z. Yao, P. Kim and A. Majumdar, "Measuring thermal and thermoelectric properties of one-dimensional nanostructures using a microfabricated device", J. Heat Transf., Vo.125 (2003) pp.881-888.

10) I.-K. Hsu, M. T. Pettes, A. Bushmaker, M. Aykol, L. Shi and S. B. Cronin, "Optical absorption and thermal transport of individual suspended carbon nanotube bundles", Nano Lett., Vo.9 (2009) pp.590-594.

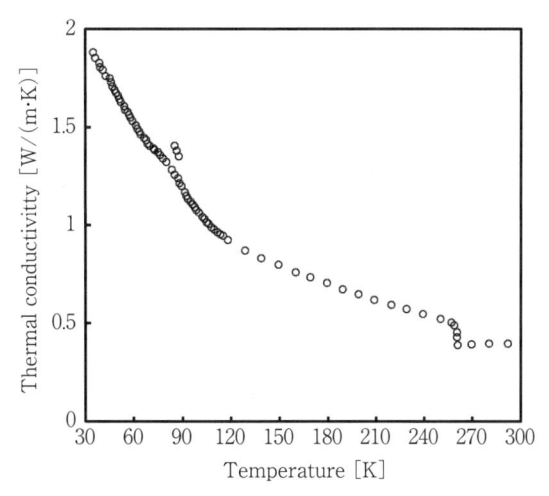

Fig. 6-1-14 C$_{60}$ フラーレン単結晶の熱伝導率（Thermal conductivity of C$_{60}$ single crystal）

11) J. Hone, M. Whitney, C. Piskoti and A. Zettl, "Thermal conductivity of single-walled carbon nanotubes", Phys. Rev. B, Vo.59 (1999) pp.R2514-R2516.
12) W. Yi, L. Lu, Z. Dian-Lin, Z. W. Pan and S. S. Xie, "Linear specific heat of carbon nanotubes", Phys. Rev. B, Vo.59 (1999) pp.R9015-R9018.
13) J. Hone, M. C. Llaguno, N. M. Nemes, A. T. Johnson, J. E. Fischer, D. A. Walters, M. J. Casavant, J. Schmidt and R. E. Smalley, "Electrical and thermal transport properties of magnetically aligned single wall carbon nanotube films", Appl. Phys. Lett., Vo.77, (2000) pp.666-1-666-3.
14) D. J. Yang, Q. Zhang, G. Chen, S. F. Yoon, J. Ahn, S. G. Wang, Q. Zhou, Q. Wang and J. Q. Li, "Thermal conductivity of multiwalled carbon nanotubes", Phys. Rev. B, Vo.66 (2002) pp.165440-1-165440-6.
15) X. Wang, Z. Zhong and Jun Xu, "Noncontact thermal characterization of multiwall carbon nanotubes", J. Appl. Phys., Vo.97, (2005) pp.064302-1-064302-5.
16) T. Borca-Tasciuc, S. Vafaei, D.-A. Borca-Tasciuc, B. Q. Wei, R. Vajtai and P. M. Ajayan, "Anisotropic thermal diffusivity of aligned multiwall carbon nanotube arrays", J. Appl. Phys., Vo.98 (2005) pp.054309-1-054309-6.
17) T. Iwai, H. Shioya, D. Kondo, S. Hirose, A. Kawabata, S. Sato, M. Nihei, T. Kikkawa, K. Joshin, Y. Awano, and N. Yokoyama, "Thermal and source bumps utilizing carbon nanotubes for flip-chip high power amplifiers", IEDM Tech. Dig. (2005) pp.257-260.
18) X. J. Hu, A. A. Padilla, J. Xu, T. S. Fisher and K. E. Goodson, "3-omega measurements of vertically oriented carbon nanotubes on silicon", ASME J. Heat Transf., Vo.128 (2006) pp.1109-1113.
19) T. Tong, Y. Zhao, L. Delzeit, A. Kashani, M. Meyyappan and A. Majumdar, "Dense vertically aligned multiwalled carbon nanotube arrays as thermal interface materials", IEEE Trans. Comp. Pack. Technol., Vol.30 (2007) pp.92-100.
20) S. Shaikh, L. Li, K. Lafdi and J. Huie, "Thermal conductivity of an aligned carbon nanotube array", Carbon, Vo.45 (2007) pp.2608-2613.
21) S. K. Pal, Y. Son, T. Borca-Tasciuc, D.-A. Borca-Tasciuc, S. Kar, R. Vajtai and P. M. Ajayan, "Thermal and electrical transport along MWCNT arrays grown on Inconel substrates", J. Mater. Res., Vo.23 (2008) pp. 2099-2105.
22) M. A. Panzer, G. Zhang, D. Mann, X. Hu, E. Pop, H. Dai and K. E. Goodson, "Thermal properties of metal-coated vertically aligned single-wall nanotube arrays", J. Heat Transf., 130 (2008) pp.052401-1-052401-9.
23) B. Zhao, D. N. Futaba, S. Yasuda, M. Akoshima, T. Yamada and K. Hata, "Exploring advantages of diverse carbon nanotube forests with tailored structures sysnthesized by supergrowth from engineered catalysts", ACS Nano, Vol.3 (2009) pp.108-114.
24) M. Akoshima, K. Hata, D. N. Futaba, K. Mizuno, T. Baba and M. Yumura, "Thermal diffusivity of single-

walled carbon nanotube forest measured by laser flash method", Jpn. J. Appl. Phys., Vol.48 (2009) pp. 05EC07-1-05EC07-6.
25) K. Ishikawa, S. Chiashi, S. Badar, T. Thurakitseree, T. Hori, R. Xiang, M. Watanabe, J. Shiomi and S. Maruyama, "Thermal conductivity measurement of vertically aligned single-walled carbon nanotubes utilizing temperature dependence of Raman scattering", Proceedings of the ASME/JSME 2011 8th Thermal Engineering Joint Conference, AJTEC2011-44553 (2011) T30061-1-T30061-7.
26) J. E. Graebner, S. Jin, G. W. Kammlott, J. A. Herb and C. F. Gardinier, "Large Anisotropic Thermal Conductivity in Synthetic Diamond Films", Nature, Vol.359 (1992) pp.401-403.
27) J. E. Graebner, S. Jin, G. W. Kammlott, Y.-H. Wong, J. A. Herb, C. F. Gardinier "Thermal Conductivity and the Microstructure of State-of-the-art Chemical-Vapor-Deposited (CVD) Diamond", Diam. Relat. Mat., Vol.2 (1993) pp.1059-1063.
28) A. Ono, T. Baba, H. Funamoto and A. Nishikawa, "Thermal Conductivity of Diamond Films Synthesized by Microwave Plasma CVD", Jpn. J. Appl. Phys., Vol.25, No.10 (1986) pp.L808-L810.
29) E. S. Etz, W. S. Hurst and A. Feldman, "Correlation of the Raman Spectra with the Thermal Conductivity of a set of Diamond Wafers Prepared by Chemical Vapor Deposition", J. Mater. Res., Vol.16, No.6 (2001) pp.1694-1710.
30) M. Shamsa, S. Ghosh, I. Calizo, V. Ralchenko, A. Popovich and A. A. Balandin, "Thermal Conductivity of Nitrogenated Ultrananocrystalline Diamond Films on Silicon", J. Appl. Phys., Vol.103 (2008) pp.083538-1-8.
31) S. C. Wolter, D. Borca-Tasciuc, G. Chen, J. T. Prater and Z. Sitar, "Processing and Thermal Properties of Highly Oriented Diamond Thin Film", Thin Solid Films., Vol.469 (2004) pp.105-111.
32) T. Noda, H. Araki, H. Suzuki, W. Yang and T. Ishikura, "Isotopic Effect on Thermal Conductivity of Diamond Thin Films", Mate. Trans., Vol.46, No.8 (2005) pp.1807-1809.
33) W. Jacob and W. Moller, "On the structure of thin hydrocarbon films", Appl. Phys. Lett., Vol. 63 (1993) pp. 1771-1773.
34) J. Robertson, "Diamond-like amorphous carbon", Materials Science and Engineering, R37 (2002) pp.129-281.
35) J. K. Luo, Y. Q. Fu, H. R. Le, J. A. Williams, S. M. Spearing and W. I. Milne, "Diamond and dimond-like carbon MEMS", J. Micromech. Microeng.,Vol.17 (2007) S147-S163.
36) J. Bodzenta, "Influence of Order-Disorder Transition on Thermal Conductivity of Solids", Chaos, Solitons & Fractal, Vol.10 (1999) pp.2087-2098.
37) S. Fallabella, D. B. Boercker and D. M. Sanders, "Fabrication of amorphous diamond films", Thin Solid Films, Vol.236 (1993) pp.82-86.
38) C. J. Morath, H. J. Maris, J. J. Cuomo, D. L. Papas, A. Grill, V. V. Patel, J. P. Doyle and K. L. Saenger, "Picosecond optical studies of amorphous diamond and diamondlike carbon: thermal conductivity and longitudinal sound velocity", J. Appl. Phys., Vol.76 (1994) pp.2636-2640.
39) W. Hurler, M. Pietralla and A. Hammerschmidt, "Determination of thermal properties of hydrogenated amorphous carbon films via mirage effect measurements", Diamond and Related Materials, Vol.4 (1995) pp.954-957.
40) J. Bodzenta, J. Mazur, R. Bukowski and Z. Kleszczewski, "Photothermal Investigation of Silicon Wafers with Diamond-like Coating", Materials Science Forum , Vol. 210-213 (1996) pp.439-446.
41) Z. J. Zhang, S. Fan, J. Huang and C. M. Lieber, "Diamondlike properties in a single phase carbon nitride solid", Appl. Phys. Lett., Vol.68 (1996) pp.2639-2641.
42) G. Chen and P. Hui, "Pulsed photothermal modeling of composite samples based on transmission-line theory of heat conduction", Thin Solid Films, Vol.339 (1999) pp.58-67.
43) G. Chen, P. Hui and Shi Xu, "Thermal conduction in metalized tetrahedral amorphous carbon (ta-C) films on Silicon", Thin Solid Films, Vol.366 (2000) pp.95-99.
44) A. J. Bullen, K. E. O'Hara and D. G. Cahill, "Thermal conductivity of amorphous carbon thin films", J. Appl. Phys., Vol.88 (2000) pp.6317-6320.
45) D. G. Cahill and R. O. Pohl, "Heat flow and lattice vibrations in glasses", Solid State Commun., Vol.70 (1989) pp.927-930.
46) M. Shamsa, W. L. Liu, A. A. Balandin, C. Cashiraghi, W. I. Milne and A. C. Ferrari, "Thermal conductivity

of diamond-like carbon films", Appl. Phys. Let., Vol.89 (2006) pp.161921-1-3.
47) 宮井清一，小林知洋，寺井隆幸，"メタンおよびアセチレンを原料として RF プラズマ CVD 法により成膜した DLC 膜の熱伝導率"，熱物性，Vol.21 (2007) pp.131-136.
48) S. Miyai, T. Kobayashi and T. Terai, "Mechanical Properties, Thermal Properties and Microstructures of Amorphous Carbon-nitrogen Fiilms", Transactions of Materials Research Society of Japan, Vol.33 (2008) pp.815-818.
49) S. Miyai, T. Kobayashi and T. Terai, Mechanical, "Thermal and Tribological Properties of Amorphous Carbon films", Japanese Journal of Applied Physics, Vol.48 (2009) pp.05EC05-1-5.
50) S. Y. Bai, Z. A. Tang, Z. X. Huang, J. Yu, J. Wang and G. C. Gui, "Preparation and Thermal Characterization of Diamond-like Carbon Films", Chin. Phys. Lett., Vol.26 (2009) 076601-1-4.
51) J.G. Kang, K.S. Hong and H.S Yang, "Studies of Thermal conductivity of $Gd_2Zr_2O_7$ and Diamond-like Carbon Films and the Interfacial Effect", Japanese Journal of Applied Physics, Vol. 49 (2010) pp. 025702-1-4.
52) J. W. Kim, H. S. Yang Y. H. Jun and K. C. Kim, "Interfacial effect on thermal conductivity of diamond-like carbon films", Journal of Mechanical Science and Technology, Vol.24 (2010) pp.1511-1514.
53) K. S. Novoselov, A. K. Geim, S. V. Morozov, D. Jiang, Y. Zhang, S. V. Dubonos, I. V. Grigorieva and A. A. Firsov, "Electric Field Effect in Atomically Thin Carbon Films", Science, Vol.306 no. 5696 (2004) pp. 666-669.
54) A. A. Balandin, S. Ghosh, W. Bao, I. Calizo, D. Teweldebrhan, F. Miao and C. N. Lau, "Superior Thermal Conductivity of Single-Layer Graphene", Nano Lett., Vol.8 (2008) pp.902-907.
55) J. H. Seol, I. Jo, A. L. Moore, L. Lindsay, Z. H. Aitken, M. T. Pettes, X. Li, Z. Yao, R. Huang, D. Broido, N. Mingo, R. S. Ruoff and L. Shi, "Two-Dimensional Phonon Transport in Supported Graphene", Science, Vol. 328 (2010) pp.213-216.
56) W. Cai, A. L. Moore, Y. Zhu, X. Li, S. Chen, L. Shi and R. S. Ruoff, "Thermal Transport in Suspended and Supported Monolayer Graphene Grown by Chemical Vapor Deposition", Nano Lett., Vol.10 No.5 (2010) pp.1645-1651.
57) S. Chen, A. L.Moore, W. Cai, J. W. Suk, J. An, C.Mishra, C. Amos, C. W. Magnuson, J. Kang, L. Shi and R. S. Ruoff, "Raman Measurements of Thermal Transport in Suspended Monolayer Graphene of Variable Sizes in Vacuum and Gaseous Environments", ACS Nano Vol.5 No.1 (2011) pp.321-328.
58) S. Ghosh, W. Bao, D. L. Nika, S. Subrina, E. P. Pokatilov, C. N. Lau and A. A. Balandin, "Dimensional crossover of thermal transport in few-layer graphene", Nature Materials, Vol.9 (2010) pp.555-558.
59) W. Jang, Z. Chen, W. Bao, C. N. Lau and C. Dames, "Thickness-Dependent Thermal Conductivity of Encased Graphene and Ultrathin Graphite", Nano Lett., Vol.10 No.10 (2010) pp.3909-3913.
60) C. Faugeras, B. Faugeras, M. Orlita, M. Potemski, R. R. Nair and A. K. Geim, "Thermal Conductivity of Graphene in Corbino Membrane Geometry", ACS Nano, Vol. 4 No.4 (2010) pp.1889-1892.
61) Z. Wang, R. Xie, C. T. Bui, D. Liu, X. Ni, B. Li and J. T. L. Thong, "Thermal Transport in Suspended and Supported Few-Layer Graphene", Nano Lett., Vol.11 No.1 (2011) pp.113-118.
62) J.-U. Lee, D. Yoon, H. Kim, S. W. Lee and H. Cheong, "Thermal conductivity of suspended pristine graphene measured by Raman spectroscopy", Phys. Rev. B, Vol.83 (2011) 081419(R).
63) J. Haskins, A. Kinaci, C. Sevik, H. Sevincli, G. Cuniberti and T. Cagın, "Control of Thermal and Electronic Transport in Defect-Engineered Graphene Nanoribbons", ACS Nano, Vol.5, No.5 (2011) pp3779-3787.
64) C. Kim, D.-S. Suh, K. H. P. Kim, Y.-S. Kang, T.-Y. Lee, Y. Khanga andD. G. Cahill, "Fullerene thermal insulation for phase change memory", Appl. Phys. Lett., Vol.92 (2008) 013109.
65) N. H. Tea, R.-C. Yu, M. B. Salamon, D. C. Lorents, R. Malhotra and R. S. Ruoff, "Thermal conductivity of C_{60} and C_{70} crystals", Applied Physics A Solids and Surfaces, Vol.56 (1993) 219.
66) J. Vavro, M. C. Llaguno, B. C. Satishkumar, D. E. Luzzi and J. E. Fischer, "Electrical and thermal properties of C60-filled single-wall carbon nanotubes", Appl. Phys. Lett., Vol.80 (2002) 1450.
67) E. G. Noya, D. Srivastava, L. A. Chernozatonskii and M. Menon, "Thermal conductivity of carbon nanotube peapods", Phys. Rev. B, Vol.70 (2004) 115416.
68) C. Yu, S. Saha, J. Zhou, L. Shi, A. M. Cassell, B. A. Cruden, Q. Ngo and J. Li, "Thermal contact resistance and thermal conductivity of carbon nanofiber", J. Heat Trans., Vol.128, No.3 (2006) pp.234-239.
69) K. Takahashi, Y. Ito, T. Ikuta, X. Zhang and M. Fujii, "Experimental and numerical studies on ballistic

phonon transport of cup-stacked carbon nanofiber", Physica B Condensed Matter, Vol.404 (2009) pp. 2431-2434.

6.2 半導体およびその周辺材料 (Semiconductor Thin Films and Related Materials)

6.2.1 シリコン薄膜の熱物性値 (Thermophysical properties of silicon thin film)

シリコン薄膜の熱伝導率に関する過去の測定例を Table 6-2-1 にまとめた．Asheghi ら[1]は，SOI (Silicon on Insulator) シリコン薄膜層の熱伝導率を定常法で測定し，バルク状態のシリコンと比較し

Table 6-2-1　シリコン薄膜熱伝導率の測定例
(Summary of thermal conductivity measurements of silicon thin films)

試料	著者	測定法	製膜方法	膜厚	ドーピング	温度 (K)	室温 (300K) における熱伝導率 (W/(m·K))
単結晶	Asheghi et al.[1]	定常法	張合せ SOI (BESOI : bond-and-etchback SOI)	0.42μm 0.83μm 1.60μm	i 型	20〜300	88 98 138
	Asheghi et al.[2]	定常法	SOI ウェハー	3μm	i 型	20〜320	133
				3μm	P-doped $1.0\times10^{17}\mathrm{cm}^{-3}$ $1.0\times10^{18}\mathrm{cm}^{-3}$ $1.0\times10^{19}\mathrm{cm}^{-3}$	20〜320	133 121 113
				3μm	B-doped $1.0\times10^{17}\mathrm{cm}^{-3}$ $1.0\times10^{18}\mathrm{cm}^{-3}$ $1.0\times10^{19}\mathrm{cm}^{-3}$	20〜320	128 119 107
多結晶	Uma et al.[3]	定常法	LPCVD, 620℃ (as-grown) LPCVD, 525℃ (recrystallized)	1μm 1μm	i 型 i 型	20〜320 20〜320	13.8 22.0
	McConnel et al.[4]	定常法	LPCVD,620℃	1μm	P-doped $2.4\times10^{19}\mathrm{cm}^{-3}$ $4.1\times10^{19}\mathrm{cm}^{-3}$ B-doped $2.0\times10^{18}\mathrm{cm}^{-3}$ $1.6\times10^{19}\mathrm{cm}^{-3}$	20〜320	57.5 49.1 49.4 45.6
アモルファス	Cahill et al.[6]	3ω法	DC マグネトロンスパッタリング法	0.2〜1.5μm	H₂ 1 at. % 7.5 at. % 15 at. % 16 at. % 20 at. %	80〜400	1.6 1.6 1.5 1.3 1.3
	Moon et al.[7]	3ω法	LPCVD, 520℃	53 nm 97 nm 200 nm	—	300	1.5 1.5 2.2
	Zink et al.[8]	マイクロカロリーメーター	電子線蒸着	130 nm 227 nm	—	5〜300	2.2 1.5
ナノ結晶	Kihara et al.[9]	3ω法	陽極化成法	22μm		300	1.08
多孔質	Wolf et al.[10]	サーモグラフィ	電気化学エッチング	3.2μm 25.5μm	B-doped Porosity 27% Porosity 66%	300	21 2.3

てシリコン薄膜層の熱伝導率は小さく，膜厚が薄いほどその影響は顕著になり，界面のフォノン散乱を仮定したモデルで説明可能であることを示した．また，Asheghi ら[2]は，P および B ドープされた SOI シリコン薄膜層の熱伝導率を定常法で測定し，ドーパント量が多いほど熱伝導率は小さくなり，界面のフォノン散乱に加え，ドーパントによる散乱を仮定したモデルで説明可能であることを示した．Uma ら[3]は，LPCVD 法で製膜した多結晶シリコン薄膜の熱伝導率を定常法で測定し，再結晶化によるグレインサイズの増大に伴い，熱伝導率が大きくなることを示した．また，McConnel ら[4]は，LPCVD 法で製膜し，P および B ドープされた多結晶シリコン薄膜の熱伝導率を定常法で測定し，ドーパント量が多いほど熱伝導率は小さくなり，グレインおよびドーパントのフォノン散乱で説明可能であることを示した．その他，単結晶・多結晶シリコン薄膜について，McConnel ら[5]による総説がまとめられた．Cahill ら[6]は，DC マグネトロンスパッタリング法により作製された水素濃度の異なるアモルファスシリコン薄膜の熱伝導率を 3ω 法で測定し，水素濃度の増加に伴い熱伝導率が減少することを示した．Moon ら[7]は，LPCVD により作製されたアモルファスシリコン薄膜の熱伝導率を 3ω 法で測定し，膜厚が薄い試料ほど熱伝導率が小さく，膜質の違いを反映していると推定した．Zink ら[8]は電子線蒸着で作製したアモルファスシリコン薄膜の熱伝導率，比熱容量を，MEMS 技術を使ったマイクロカロリーメーターにより測定し，原子論的モデルによる推算値との差異を議論した．Kihara ら[9]は陽極化成法で作製したナノ結晶薄膜の熱伝導率，比熱容量を測定し，比熱容量について，多孔度からの推定値と比較して小さいことを示した．Wolf ら[10]は，電気化学エッチングで作製した多孔質シリコン薄膜の熱伝導率，比熱容量を測定し，有効媒質モデルでの予想に従い，多孔度が大きくなると熱伝導率が小さくなることを示した．

6.2.2 SiO₂・Low-k 薄膜の熱物性値（Thermophysical properties of SiO₂, Low-k thin films）

SiO₂ 薄膜の熱伝導率に関する過去の測定例を Table 6-2-2 にまとめた．Cahill ら[11]により開発された 3ω 法による報告例が数多くあり[12〜20]，その他サーモリフレクタンス法[21]，2ω 法[22]，定常法[23]による結果が報告されている．熱酸化で作製された膜については，バルクの石英ガラスに近い値が得ら

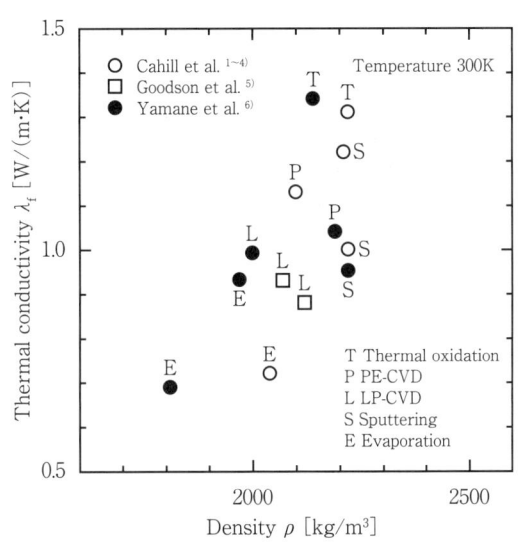

Fig. 6-2-1 SiO₂ 薄膜熱伝導率の密度依存性（Density dependence of thermal conductivity of SiO₂ thin films）

Table 6-2-2 SiO₂ 薄膜熱伝導率の測定例
(Summary of thermal conductivity measurements of SiO₂ thin films)

製膜方法	測定法	膜厚 (nm)	密度 (kg/m³)	温度 (K)	室温 (300K) における熱伝導率 (W/(m・K))	出典
熱酸化	3ω法	990	2220	80〜400	1.31	11)
		500	2140	300	1.34	16)
		500	-	300	1.32	18)
		180	-	300	1.36	19)
	サーモリフレクタンス	98	-	300	0.79	
		148	-		1.23	21)
		322	-		1.33	
	2ω法	199〜96.8	-	300	1.24	22)
	定常法	50〜450	-	300	1.47	23)
PE-CVD	3ω法	32〜190	2100	78〜300	1.13	14)
		520	2190	300	1.04	16)
		2113	-	300	1.10	17)
		1080	-	300	1.04	17)
		300	-	300	0.94	20)
	定常法	30〜450	-	300	1.063	23)
LP-CVD	3ω法	2000	2070	300	0.93	15)
		2000	2120		0.88	15)
		470	2000		0.99	16)
スパッタ	3ω法	ca. 1000	2220	80〜400	1.00	13)
		ca. 1000	2210	80〜400	1.22	13)
		580	2220	300	0.95	16)
蒸着	3ω法	2180	2040		0.72	12)
		1000	1810	300	0.69	16)
		600	1970		0.93	16)
	定常法	30〜330	-	300	0.947	23)

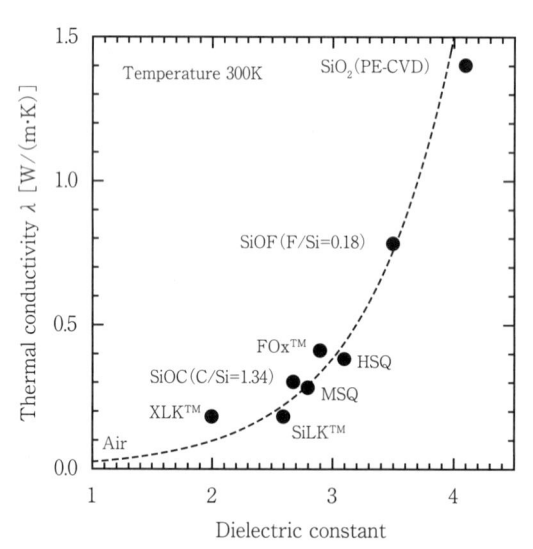

Fig. 6-2-2 Low-k 薄膜熱伝導率の誘電率依存性 (Dielectric constant dependence of thermal conductivity of Lo

Table 6-2-3 Low-k 薄膜熱伝導率の測定例
(Summary of thermal conductivity measurements of Low-k thin films)

材料		誘電率	室温（300K）における熱伝導率（W/(m·K)）	出典
SiO$_2$	PE-CVD	4.1	1.4	24)
SiOF	F/Si = 0.11	3.6〜3.8	1.3	24)
	0.18	3.5	0.78	25)
SiOC	C/Si = 0.33	2.7〜3.1	0.58	24)
	0.61	2.7〜3.1	0.43	24)
	0.97	2.7〜3.1	0.35	24)
	1.34	2.68	0.30	25)
Silica hybrid	HSQ	3.1	0.38	26)
		2.9〜3.4	0.26	28)
	MSQ	2.8	0.28	26)
	FOx™	2.9	0.41	27)
	XLK™	2.0	0.18	27)
Polymeric	BCB	2.7	0.24	26)
	SiLK™	2.6	0.18	26)

MSQ : Methyl- silsesquioxane
HSQ : Hydorogen silsesquioxane
FOx™, XLK™: Dow Corning's spin-on dielectrics
BCB : Benzocyclobutene
SiLK™: Dow Chemical's silicon application Low-k

れており，CVD，スパッタ，蒸着といった製膜方法および条件の違いにより，膜組成および微細構造が変化し，熱伝導率値が大きく変わる場合がある．Fig. 6-2-1 に密度と熱伝導率のまとめを示す．Bu ら[20]はサーモリフレクタンスにより，Chien ら[23]は定常法により，それぞれ SiO$_2$ 薄膜の熱伝導率と，SiO$_2$ 薄膜と基板界面との熱抵抗を見積もっている．

配線寄生容量低減のため，SiO$_2$ よりも誘電率の低い Low-k 材料が使用されている．Low-k 薄膜の熱伝導率に関する過去の測定例を Table 6-2-3 および Fig. 6-2-2 にまとめた．異なる材料系について，誘電率が低くなる熱伝導率が低下するといったトレードオフの傾向があり，熱伝導率を定量的に把握しておくことがデバイス設計上重要であることを示している．

6.2.3 窒化シリコン薄膜の熱物性 (Thermophysical properties of nitride silicon thin film)

窒化シリコン薄膜の熱伝導率の測定例を Table 6-2-4 に示す．Mastrangelo ら[29]は LPCVD を用いてシリコン自立膜上に窒化シリコンを成膜し，シリコンと窒化シリコンの 2 層からなるマイクロブリッジを作製し，このマイクロブリッジをジュール発熱させ，加熱時のブリッジ温度と発熱量から面方向の熱伝導率を測定している．Zhang ら[30]と Sultan ら[34]は MEMS センサーと温度センサーを用いて面方向の熱拡散率を測定し，熱伝導率を測定している．Holmes ら[32]も同様に MEMS センサーと温度センサーを用いて厚み方向の熱伝導率を求めている．Zhang ら[30]は LPCVD でシリコン基板上に SiN の自立膜を成膜し，加熱用のヒーターと熱を感知するセンサーを SiN 上に設け，ヒーターに交

Table 6-2-4 窒化シリコン薄膜熱伝導率の測定例
(Summary of thermal conductivity measurements of silicon nitride thin film)

著者	年	実験方法	膜厚(nm)	成膜方法など	熱伝導方向	温度(K)
C.H. Mastrangelo, Y.C. Tai and R.S. Muller[29]	1990	マイクロブリッジを用いた通電加熱法	2200 ポリシリコン自立膜上	LPCVD	面方向	室温
X. Zhang and C. P. Grigoropoulosa[30]	1994	SiN 自立膜上に作製したヒーターと熱電対による熱拡散率測定	600〜1400 自立膜	LPCVD	面方向	300〜400
S. M. Lee and D. G. Cahill[31]	1997	3ω 法	20〜300 シリコン基板	PECVD/APCVD	厚み方向	78〜400
W. Holmes, J.W. Gildemeister, P.L. Richards and V. Kotsubo[32]	1998	NTD Ge で作製したヒーターと温度センサーを用いた定常法	850〜1020 自立膜	LPCVD	厚み方向	0.06〜6
B.L. Zink and F. Hellman[33]	2004	マイクロカロリーメーターによる熱容量測定と試料の膜厚により算出	180〜220	LPCVD	厚み方向	3〜300
R. Sultan, A. D. Avery, G. Stiehl and B. L. Zink[34]	2009	MEMS ヒーターと温度センサーによる定常法	500	LPCVD	面方向	77〜300

流電流を印加している．ヒーターで発生した熱は SiN を通り，センサーに到達するため，それらの位相差から熱拡散率を求められる．上記実験では，膜厚 1.4 μm と 0.6 μm の 2 種類の SiN 薄膜の熱伝導率が測定され，1.4 μm 厚の SiN のほうが 0.6 μm 厚の SiN より熱伝導率が低くなった．これは 0.6 μm 厚の SiN 薄膜には見られなかった空孔が 1.4 μm 厚の SiN 中に多く見られ，この空孔が原因で熱伝導率が下がったと結論づけている．R. Sultan ら[34] は SiN 自立膜を MEMS ヒーターと温度センサーを持つ Si に設置し，両端の Si をヒーターで加熱している．このとき，両端の温度を温度センサーを用いて測定し SiN の温度差を求めている．さらに SiN 自立膜の熱抵抗を両端の温度差から測定し，熱伝導率を求めている．膜厚 500 nm の SiN を 77〜325 K で測定を行ったところ，バルク SiN と同様に低温になるほど熱伝導率は上昇していた．しかし，ある温度を下まわると熱伝導率は減少に転じている．W. Holmes ら[32] は円環状に LPCVD で SiN 自立膜を作製した．中央からヒーターで加熱し，内側と外側の温度差から熱伝導率を 0.06〜6 K の温度域で測定している．4 K 以上で熱特性はバルクのような温度依存性を示していた．しかし，4 K 以下では薄膜界面での散乱が支配的になるため，熱伝導率の減少率が大きくなったと考えられる．Lee ら[31] は 20〜300 nm の厚みの SiN の薄膜を PECVD で Si 基板上に成膜し，金属細線を用いて 3ω 法により膜厚方向の熱伝導率を測定した．Fig 6-2-3 に熱伝導率の温度依存性を示し，Fig 6-2-4 に厚さの異なる窒化シリコン薄膜を 300 K と 78 K で測定した熱伝導率を示す．膜厚が厚い場合には熱伝導率の膜厚依存性が小さい．しかし，膜厚が 50 nm より薄い場合には膜厚が薄くなるにつれて熱伝導率が大きく下がっている．さらに 78 K における熱伝導率は 300 K での熱伝導率よりも大きく下がっている．Lee ら[31] は APCVD で成膜した SiN と，PECVD で成膜した SiN との比較を行なっている．成膜プロセスにより熱伝導率は変化し，PECVD よりも APCVD の熱伝導率が高くなっている．これは PECVD で成膜した薄膜中に発生した空孔が原因であると考えられる．Zink ら[33] はマイクロカロリーメーターによる熱容量測定と試料の膜厚により厚み方向の熱伝導率を求めた．3〜300 K で測定を行ったところ，熱伝導率は温度依存性を持ち，温度を下げるにつれて熱伝導率が減少した．しかし，20 K よりも低くなると熱伝導率の減少率が大きくなった．平均自由行程は低温域になるほど長くなる性質を持っているが，20 K 以下では平均自由行程が膜厚よりもおおきくなってしまい，表面でフォノン散乱が起きるので，20 K 以下になると熱伝導率が大きく減少すると考えられる．

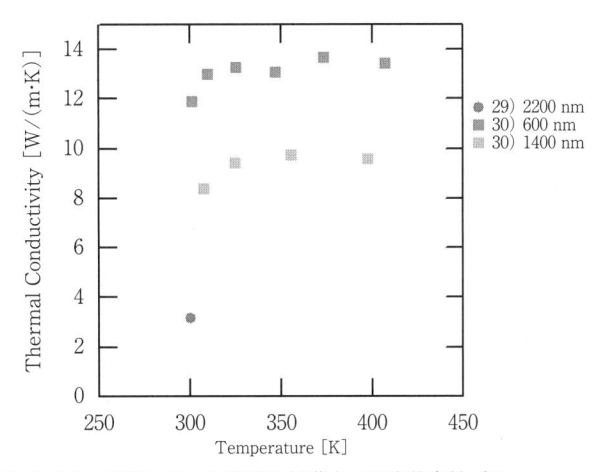

Fig 6-2-3 窒化シリコン薄膜熱伝導率の温度依存性（Temperature dependence of thermal conductivity of silicon nitride thin films）

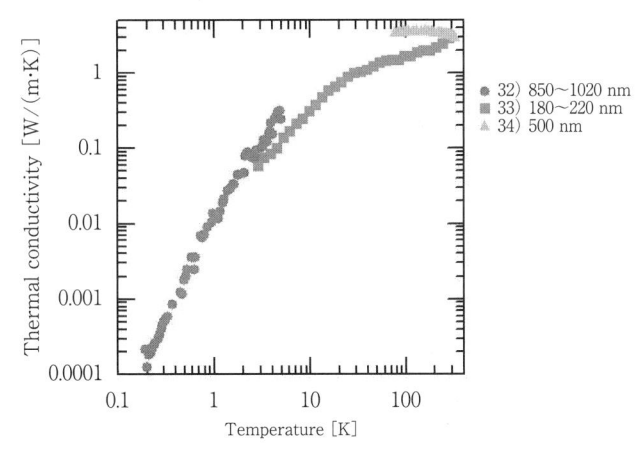

Fig 6-2-4 厚さの異なる窒化シリコン薄膜の室温における熱伝導率（Thermal conductivity of silicon nitride thin films with different thickness.）

6.2.4 GaAs 膜および関連する超格子の熱物性値（Thermophysical properties of GaAs films and its related superlattices）

GaAs は，代表的な化合物半導体であり，そのバルクの熱物性は熱物性ハンドブック[35]にも掲載されている．同ハンドブックには，バルク GaAs の熱伝導率 λ[W/(m·K)] が絶対温度 T[K] の関数として次式で与えられている．

$$\lambda = 2.08 \times 10^4 T^{-1.09} \tag{6.2.1}$$

この式は，Jordan[36]によって与えられたものであるが，データの原典は，1965 年に Amith ら[37]が，バルク GaAs 結晶（キャリア濃度 3.5×10^{17} cm^{-3}）について ac 法で 300〜900 K の温度範囲で測定したものである．Carlson ら[38]は，3〜300 K の低温度範囲においてバルク GaAs 単結晶（キャリア濃度 $\sim 10^{16}$ cm^{-3}）およびドープ濃度を変えた n 型，p 型の GaAs 単結晶の熱伝導率を定常法によって測定した（Fig. 6-2-5）．

GaAs 膜と GaAs/AlAs 超格子の熱伝導率（熱拡散率）に関する過去の測定例を Table 6-2-5 にまと

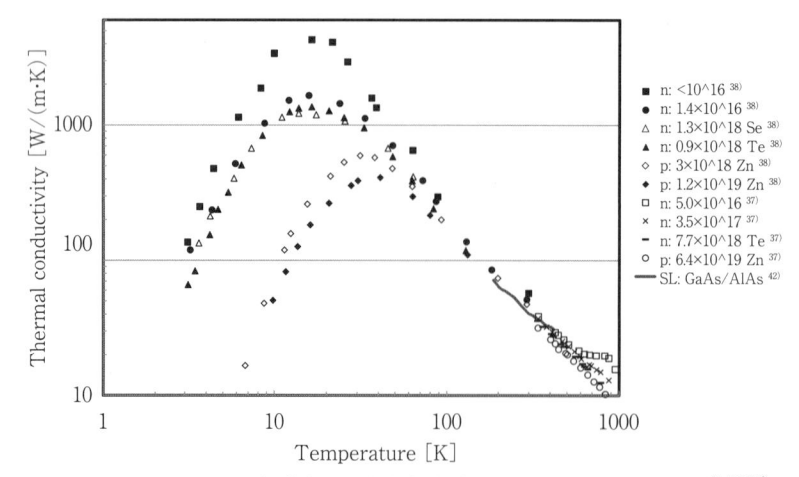

Fig. 6-2-5 バルク GaAs 熱伝導率の温度依存性（ドーパント濃度単位：cm^{-3})[37,38]およびGaAs/AlAs 超格子（SL）熱伝導率の温度依存性[42] (Temperature dependence of thermal conductivity of bulk GaAs as a function of a dopant content with thermal conductivity of GaAs/AlAs superlattice)

めた．2011年 Clark ら[39]は，ダイヤモンド基板上に分子線エピタキシー（Molecular beam epitaxy, MBE）法で多結晶 GaAs 膜を成長させ，サーモリフレクタンス法で GaAs 膜の厚み方向の熱伝導率を室温で測定した．その結果，厚さ 1〜0.1 μm の GaAs 膜の熱伝導率は，14.5〜8.1 W/(m·K)であった．この結果から，多結晶 GaAs 膜の熱伝導率は，単結晶のバルク GaAs の熱伝導率の 4 分の 1 程度であることがわかる．

量子サイズ効果による優れた電子特性が期待されている GaAs/AlAs 超格子構造の熱輸送についても，広く研究されている．GaAs/AlAs 超格子の熱伝導率の膜厚依存性を Fig. 6-2-6 に示す．1987 年 Yao[40]は，GaAs/AlAs 超格子（GaAs と AlAs 各層の厚さ：5〜50 nm，超格子全体の厚さ：10 μm）の面内の熱拡散率（熱伝導率）を ac カロリーメトリー法により初めて測定した．GaAs 基板上に超格子を作製したが，超格子作製後 GaAs 基板をエッチングにより除去し，熱拡散率測定への基板の影響を排除した．熱拡散率は各層の厚さが増大するほど大きくなった．Hatta ら[41]は，GaAs/AlAs 超格子に関する伝熱モデルを構築して，Yao のデータを再検討し，面内の熱拡散率 a [m^2/s] を層の厚さ d [nm] の関数として，Eq. (6.2.2) を得ている．

$$a = \left[0.17 \pm 0.02 - \frac{0.5 \pm 0.1}{d}\right] \times 10^{-4} \tag{6.2.2}$$

1995 年 Yu ら[42]は，GaAs/AlAs 超格子（GaAs と AlAs 各層の厚さ：70 nm，超格子全体の厚さ：約 10 μm）の面内の熱拡散率（熱伝導率）を 190〜450 K で測定した（Fig. 6-2-5）．Fig. 6-2-6 に示すように，GaAs 層の厚さ 70 nm の超格子の熱拡散率は，室温においてバルク GaAs の約 3 分の 2 であった．また，Yu ら[43]は，上記と同様の GaAs/AlAs 超格子について ac カロリーメトリーに使用する加熱レーザーを，面照射，線光源照射，点光源照射して熱拡散率を測定し，線および点光源照射の方が面照射より高精度に測定できることを明らかにした．

1999 年 Capinski ら[44]は，GaAs/AlAs 超格子（GaAs と AlAs 各層の厚さ：0.28〜11 nm，超格子全体の厚さ：0.21〜0.85 μm）の厚み方向の熱伝導率を 100〜375 K で測定した．各層の厚さが 11 nm で，超格子全体の厚さが 226.4 nm の超格子の熱伝導率は，300 K においてバルクの GaAs の約 3 分の 1 であった．また，各層の厚さが 0.28 nm（1 モノレイヤーに相当）で，超格子全体の厚さが 452.8 nm の超格子の熱伝導率は，300 K においてバルクの GaAs よりも 1 桁小さい値であった．2003 年 George

Table 6-2-5　GaAs 膜および GaAs/AlAs 超格子の熱伝導率（熱拡散率）の測定例
(Summary of thermal conductivity measurements of GaAs films and GaAs/AlAs superlattices)

著者 Author(s)	年 Year	実験方法 Method	膜厚 Thickness (μm)	製膜方法など Deposition technique	熱伝導方向 Direction of heat conduction	温度 Temperature (K)	データ Data points
Clark, Ahirwar, Jaeckel, HAins, Albrecht, Rotter, Dawson, Balakrishnan, Hopkins, Phinney, Hader and Moloney[39]	2011	サーモリフレクタンス法	0.1〜1	MBE 基板：ダイヤモンド 多結晶 GaAs 膜	厚み方向	室温	3
Yao[40]	1987	ac カロリーメトリー	超格子の厚さ 10μm 各層の厚さ 5〜50nm	MBE 基板：(100) GaAs 超格子：GaAs/AlAs	面内	室温	5
Yu, Chen, Verma and Smith[42]	1995	ac カロリーメトリー	超格子の厚さ 10μm 各層の厚さ 70nm	MBE 基板：GaAs 超格子：GaAs/AlAs	面内	190〜450	15
Yu, Zhang and Chen[43]	1996	ac カロリーメトリー	10μm GaAs/1μm Al$_{0.7}$Ga$_{0.3}$As 超格子の厚さ 10μm 各層の厚さ 70nm	MBE GaAs/Al$_{0.7}$Ga$_{0.3}$As(2層) 超格子：GaAs/AlAs	面内	190〜450	30
Capinski, Maris, Ruf, Cardona, Ploog and Katzer[44]	1999	サーモリフレクタンス法	超格子の厚さ 0.21〜0.85μm 各層の厚さ 0.28〜11nm	MBE 基板：(001) GaAs 超格子：GaAs/AlAs	厚み方向	100〜375	96 (グラフ)
George, Radhakrishnan, Nampoori and Vallabhan[45]	2003	laser-induced photothermal deflection technique レーザー誘起光熱偏光法 (熱拡散率)	(GaAs 第1層/第2層) Si-doped 0.2/1.8 Si-doped 0.2/2.8 Si-doped 0.25/10 Be-doped 0.2/1.8	MBE 基板：GaAs Si-doped GaAs(2層) Be-doped GaAs(2層)	面内 厚み方向	室温	4
Piprek, Tröger, Schröter, Kolodzey and Ih[46]	1998	ac カロリーメトリー	超格子の厚さ 7μm GaAs 層の厚さ 115nm AlAs 層の厚さ 134nm	MBE 基板：GaAs GaAs/AlAs 分布ブラッグ反射器	面内	室温	1

ら[45]は，種々の Si ドープ濃度（$3.6×10^{14}$〜$2.0×10^{18}$ cm^{-3}）の n 型 GaAs 膜および Be ドープした p 型 GaAs 膜（Be ドープ濃度：$2.0×10^{18}$ cm^{-3}）についてレーザー誘起光熱偏光法（laser-induced photothermal deflection technique）を用いて面内および厚み方向の熱拡散率を測定した．厚み方向の熱拡散率は，面内の熱拡散率よりも小さく，また，ドーパント濃度が増大するにつれて，熱拡散率は小さくなった．ドーパント濃度が同じ場合，GaAs（Si ドープ濃度：$2.0×10^{18}$ cm^{-3}）の熱拡散率が 0.142 cm^2/s であるのに対し，Be ドープ GaAs の熱拡散率は，0.130 cm^2/s であり若干小さい値となった．1998 年 Piprek ら[46]は，分布ブラッグ反射器（distributed Bragg reflector (DBR)）に用いられている GaAs/AlAs 超格子（GaAs 層の厚さ：115 nm, AlAs 層の厚さ：134 nm, 超格子全体の厚さ：約 7μm）の面内の熱拡散率（熱伝導率）を室温で測定した．超格子層の熱伝導率の厚さの依存性を示した結果，層が厚くなるほど，面内の熱伝導率は増大することがわかった．

Chen ら[47]は，フォノンに関する Boltzmann の輸送方程式に基づいて，GaAs/AlAs 超格子の厚み方向の熱伝導率について考察した．超格子の各層の厚さがフォノンの平均自由行程と同程度であるなら，厚み方向の熱伝導率は，各層内のフォノン伝導と層間の界面抵抗によって支配される．超格子の

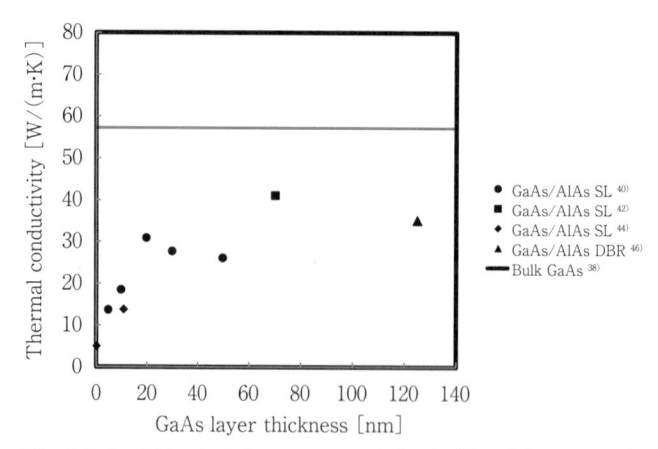

Fig. 6-2-6 室温における GaAs/AlAs 超格子の熱伝導率の膜厚依存性（Dependence of thermal conductivity of GaAs/AlAs superlattice on GaAs layer thickness from 0 to 140 nm with thermal conductivity of bulk GaAs at room temperature）

各層の厚さがフォノンの平均自由行程より薄い場合，層間の界面熱抵抗が熱伝導を支配する要因となる．GaAs/AlAs 超格子の厚み方向の熱伝導率は，各層の界面は部分的に鏡面反射で部分的に拡散反射であり，その界面でフォノンの非弾性散乱が生じているとするモデルによって説明できるとした．

6.2.5 GaN 薄膜など（Thermophysical properties of GaN films etc.）

GaN は，可視から紫外をカバーする発光・受光デバイスおよび次世代の高出力高周波デバイスの基板材料として注目される新しい材料である．GaN の熱物性は，不純物酸素濃度や転位密度によって大きく左右されるため，未だバルクの熱物性すら確立されているとは言い難い．したがって，本節では，膜だけでなく，バルク単結晶についても取り上げる．GaN の膜とバルク単結晶の熱伝導率に関する過去の測定例を Table 6-2-6 に，また，それらの温度依存性を Fig. 6-2-7 にまとめた．1977 年に Sichel と Pankove[48] は，ハイドライド気相成長（Hydride vapor phase epitaxy, HVPE）法で作製したバルクの GaN（5 mm×2.65 mm×0.31 mm サイズ）の熱伝導率を最初に測定し，室温において 130 W/(m·K) を得た．Asnin ら[49] は，有機金属化合物気相成長（Metal-organic vapor phase epitaxy, MOVPE）法で横方向成長（Lateral epitaxial overgrowth, LEO）した厚さ 4 μm の GaN 膜の熱伝導率を走査型熱顕微鏡（SThM）を用いて測定し，300 K において 170～180 W/(m·K) の値を得た．Luo ら[50] は，MOVPE 法で LEO 成長した厚さ 5 μm の GaN 膜の熱伝導率を 3ω 法によって測定し，室温で 155 W/(m·K) 以上を得た．また，Luo ら[51] は，転位密度が 10^6～10^9 cm^{-2} まで異なる GaN 膜の熱伝導率を 3ω 法によって 60～300 K の温度範囲で測定し，MOVPE 法で LEO 成長した転位密度の最も低い GaN の熱伝導率として 80 K において 1000 W/(m·K) という値を得た．Kamano ら[52] は，HVPE 法で作製したバルクの GaN（厚さ 122 μm）の熱伝導率を光熱拡散分光（Photothermal divergence, PTD）法によって 110～370 K の温度範囲で測定し，フォノン-欠陥散乱過程が熱伝導に対して支配的であることを指摘した．光熱拡散分光法は，試料に励起光を照射して試料表面に熱膨張によって生じる変形をプローブ光にて観測し，熱物性を評価するものである[52,53]．Slack ら[54] は，HVPE 法で作製したバルクの GaN の熱伝導率を定常法で測定し，300 K において 251 W/(m·K) という値を得た．また，熱伝導率の温度依存性からフォノン-フォノン散乱が支配的であるとした．Jeżowski ら[55～57] は，1500℃，1.5 GPa の N$_2$ 雰囲気中で，Ga 融液からバルク GaN 成長を行い，これを基に種々の GaN 試料（n 型 GaN，Mg ド

Table 6-2-6 GaN の膜およびバルク単結晶の熱伝導率の測定例
(Summary of thermal conductivity measurements of GaN films and bulk single crystal)

著者 Author(s)	年 Year	実験方法 Method	膜厚 Thickness (μm)	製膜方法など Deposition technique	熱伝導方向 Direction of heat conduction	温度 Tempera- ture (K)	データ Data points
Sichel and Pankove[48]	1977	試料に2mm間隔に設置した2本の熱電対間の温度差を1Kに保持してヒーターに散逸した熱をモニターした	バルク 310	HVPE 基板：(1~102) サファイア はく離 5mm × 2.65mm × 0.31mm	面内 c軸方向	25~360	22 (グラフ)
Asnin, Pollak, Ramer, Schurman and Ferguson[49]	1999	走査型熱顕微鏡 (SThM)	4	MOVPE (LEO) 基板：(0001) サファイア	面内	300	38 (グラフ)
Luo, Marchand, Clarke and DenBaars[50]	1999	3ω法	5	MOVPE (LEO) 基板：(0001) サファイア	面内	室温	2
Florescu, Asnin, Pollak, Molnar and Wood[60]	2000	走査型熱顕微鏡 (SThM)	0.8-74	HVPE 基板：(0001) サファイア	面内	300	17 (グラフ)
Luo, Clarke and Dryden[51]	2001	3ω法	5	MOVPE (LEO) 基板：(0001) サファイア HVPE 転位密度の異なるGaN膜	面内	60~300	56 (グラフ)
Kamano, Haraguchi, Niwaki, Fukui, Kuwahara, Okamoto and Mukai[52]	2002	光熱拡散分光法 Photothermal divergence (PTD) method	バルク 122	Si ドープ n 型 GaN HVPE 基板：(0001) サファイア	面内	110~370	8 (グラフ)
Slack, Cchowalter, Morelli and Freitas Jr.[54]	2002	定常法	バルク 200	HVPE 基板：(0001) サファイア	厚み方向	11~323	53 (グラフ)
Jezowski, Stachowiak, Plackowski, Suski, Krukowski, Bockowski, Grzegory, Danilchenko and Paszkiewicz[55~57]	2003	軸方向定常熱流法	バルク 100	Ga融液から1500℃, 1.5GPaのN₂雰囲気でバルクGaN成長 n型GaN Mgドープp型GaN バルクGaN上にHVPE成長したGaN	厚み方向	4.2~300	グラフ
Daly, Maris, Nurmikko, Kuball and Han[58]	2002	Ti:サファイアレーザーを用いた高速サーモリフレクタンス法	ns	GaAs基板上にMBE法で製膜した多結晶GaN MOVPE法でサファイア基板上に製膜した $Al_xGa_{1-x}N$ (x=0.18, 0.20, 0.44)	厚み方向	150~400	11 (グラフ)
Liu and Balandin[59]	2004	3ω法	18.5 GaN 0.7 $Al_{0.4}Ga_{0.6}N$	HVPE 基板：(0001) サファイア	面内	80~400	33 (グラフ)
Shibata, Waseda, Ohta, Kiyomi, Shimoyama, Fujito, Nagaoka, Kagamitani, Shimura and Fukuda[61]	2007	レーザーフラッシュ法	バルク	HVPE 基板：(0001) サファイア 基板はく離 自立GaN結晶	厚み方向	298~849	グラフ温度関数式

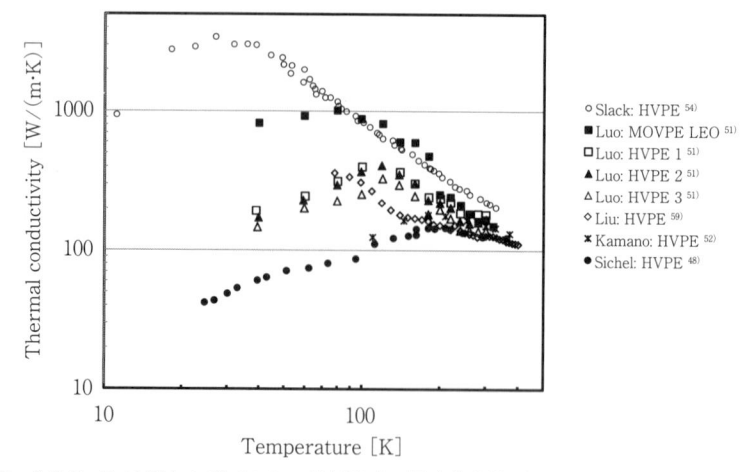

Fig. 6-2-7 GaN 膜およびバルクの熱伝導率の温度依存性 (Temperature dependence of thermal conductivity of GaN film and bulk)

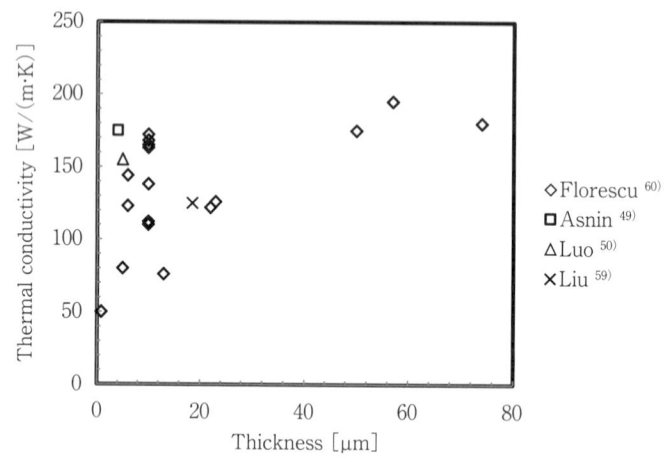

Fig. 6-2-8 厚さの異なる GaN 膜の室温における熱伝導率 (Thermal conductivity of GaN films at room temperature over thickness from 0.8 to 80 μm)

ープ p 型 GaN およびバルク GaN 上に HVPE 成長した GaN) について熱伝導率測定を行った．その結果，n 型 GaN が，300 K において 210～230 W/(m·K) という値を持つことがわかった．Daly ら[58]は，Ti:サファイアパルスレーザーを用いた高速サーモリフレクタンス法により，GaAs 基板上に MBE 法で製膜した多結晶 GaN 膜およびサファイア基板上に MOVPE 法で製膜した $Al_xGa_{1-x}N$ 膜 ($x = 0.18$, 0.20, 0.44) の熱伝導率を測定した．多結晶 GaN 膜の熱伝導率は，単結晶 GaN の熱伝導率に比べて著しく小さく，また，x の値が大きくなるにつれて $Al_xGa_{1-x}N$ 膜の熱伝導率は小さくなることがわかった．Liu と Balandin ら[59]は，HVPE 法で作製した GaN および $Al_{0.4}Ga_{0.6}N$ 膜の熱伝導率を 3ω 法によって 80～400 K の温度範囲で測定し，$Al_{0.4}Ga_{0.6}N$ 膜の熱伝導率は，300 K において 25 W/(m·K) という値を持つことがわかった．Florescu ら[60]は，サファイア基板上に HVPE 法で製膜した n 型 GaN 膜 (膜厚 0.8～74 μm) の熱伝導率を SThM を用いて測定し，熱伝導率は膜厚とともに大きくなることを示した．Florescu らの GaN 膜の熱伝導率の膜厚依存性を他の報告値[49,50,59]とともに Fig. 6-2-8 に示す．

Shibataら[61)]は，HVPE法で作製した自立GaN結晶についてレーザーフラッシュ法によりc軸方向の熱拡散率を測定し，絶対温度Tの関数として次式を得た．

$$\alpha/(\mathrm{m^2/s}) = \frac{939}{T-201} \times 10^{-5} \quad (298 \sim 849\,\mathrm{K}) \tag{6.2.3}$$

Zhouら[62)]は，分子動力学シミュレーションによって，300Kおよび500KにおいてGaN薄膜の熱伝導率の膜厚依存性を20〜500nmにわたって予測し，膜厚の増大にしたがって熱伝導率は大きくなり一定値に収束することを示した．また，AlShaikhiら[63)]は，GaNのバルクおよび膜の熱伝導率をレビューし，格子熱伝導に関する理論的考察をまとめた．彼らは，バルクGaNの真の熱伝導率を測定するためには，酸素やシリコンなどの不純物濃度が$10^6\,\mathrm{cm^{-3}}$以下であることが必要であると述べている．

6.2.6 有機薄膜の熱物性値 (Thermophysical properties of organic thin film)

有機ELデバイスは，照明用光源や次世代ディスプレイへの応用が期待されている．今後更なる高寿命化を達成する上で解決しなければならない課題として，電流駆動時の発熱に起因する発光効率の低下がある[64,65)]．そのため素子の熱設計を精密に行うことが求められ，構成する薄膜材料の熱物性値が必要である．一般的な有機EL素子の構造は，陽極と陰極の間に，ホール注入層，ホール輸送層，発光層，電子輸送層，電子注入層（層厚：数nm〜数十nm）を積層する[66)]．本項では，一般的な有機EL素子に使用されている有機層と同程度の膜厚に制御したTris-(8-hydroxyquinoline) aluminum薄膜（Alq$_3$：電子輸送層・発光層材料）およびN,N'-Di(1-naphthyl)-N,N'-diphenylbenzidine薄膜（α-NPD：ホール輸送層材料）について記述する．

(1) Alq$_3$およびα-NPD薄膜の熱拡散率の測定

Alq$_3$薄膜およびα-NPD薄膜の熱拡散率の測定には，パルス光加熱サーモリフレクタンス法を用いた[67〜69)]．Fig. 6-2-9に本手法の原理図を示す．本測定装置は膜片面に光パルスを照射して加熱を行う．その後，反対面における温度上昇を測定光パルスにより測定して，厚さ方向の熱拡散率を求める．表面温度に比例したサーモリフレクタンス信号の時間変化は，加熱パルスに対する測温パルスの試料到達時間の遅れを変化させることで記録される．

(2) 成膜方法

有機ELデバイス作製に一般的に用いられる真空蒸着法を用いて，熱物性解析を行うためにAlq$_3$およびα-NPD薄膜の両面に金属Alを積層させたAl/Alq$_3$/AlおよびAl/α-NPD/Al三層膜を作製した．Fig. 6-2-10にAl/Alq$_3$/AlおよびAl/α-NPD/Al三層膜の断面模式図を示す．Al層の膜厚は74,100nm，Alq$_3$層の膜厚は30, 50, 100nm，α-NPD層の膜厚は40, 80, 100nmとする．

一方で，作製した薄膜の物質同定および構造分析を行うために，Alq$_3$およびα-NPDの単層膜を三層膜と同様な手法を用いて作製した．作製した薄膜の物質の同定にはラマン分光測定装置（invia

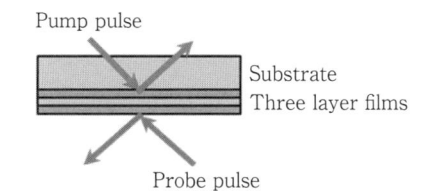

Fig. 6-2-9 サーモリフレクタンス法概略（裏面加熱-表面測定）Schematic diagram of Rear heating / Front detection type thermoreflectance techniques）

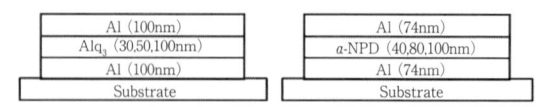

Fig. 6-2-10 三層膜断面模式図（Three-layer structures of Al/Alq₃/Al and Al/α-NPD/Al）

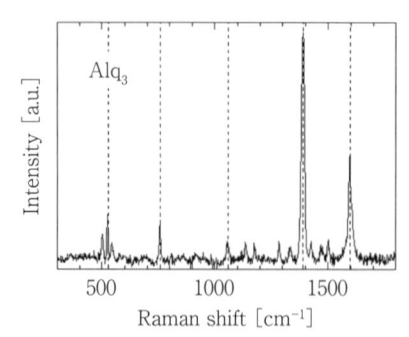

Fig. 6-2-11 Alq₃薄膜のラマンスペクトル（Raman spectrum of Alq₃ film）

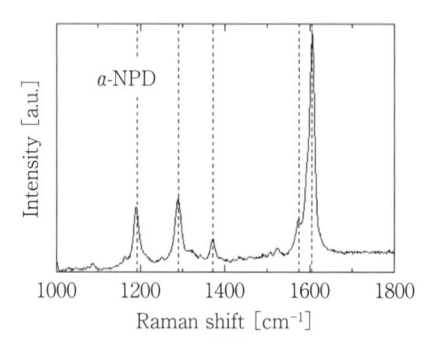

Fig. 6-2-12 α-NPD薄膜のラマンスペクトル（Raman spectrum of α-NPD film）

Reflex, RENISHAW）を用い，結晶構造の同定にはX線回折装置 θ-2θ法（XRD-6000, Shimadzu）を用いた．また，膜厚は触針式膜厚計（Nanostep2, Taylor Hobson）により測定した．

(3) Alq₃ および α-NPD 薄膜の構造分析

Fig. 6-2-11，Fig. 6-2-12 に，Alq₃ および α-NPD 薄膜のラマン分光測定結果を示す．破線は文献で報告されているピーク位置を示している[70,71]．Fig. 6-2-13 には Alq₃ および α-NPD 薄膜の X 線回折の測定結果を示す．これらの結果より，作製した薄膜は各々アモルファス構造を有する Alq₃ および α-NPD であることが確認できる．

(4) Alq₃ および α-NPD 薄膜の熱拡散率解析

光パルス加熱サーモリフレクタンス法により算出した Alq₃ および α-NPD 薄膜の熱拡散率はそれぞれ 1.4-1.7×10^{-7} m²/s，1.4×10^{-7} m²/s であり，膜厚依存は見られなかった．またこの熱拡散率から熱伝導率を算出すると，Alq₃ 薄膜および α-NPD 薄膜はそれぞれ 0.18〜0.22 W/(m·K)，0.22〜0.23 W/(m·K) となる．ただし熱物性値の導出の際に，Alq₃ の比熱[72]：1.03 J/gK，密度：1.23 g/cm³ および α-NPD の比熱：1.31 J/gK，密度：1.16 g/cm³ を用いた．

Alq₃ 薄膜の熱拡散率について，その他の報告値を Fig. 6-2-14 に示す．熱伝導率で報告された文献

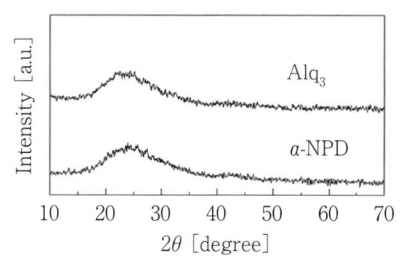

Fig. 6-2-13 Alq₃ 薄膜と α-NPD 薄膜の X 線回折（XRD patterns of Alq₃ and α-NPD films）

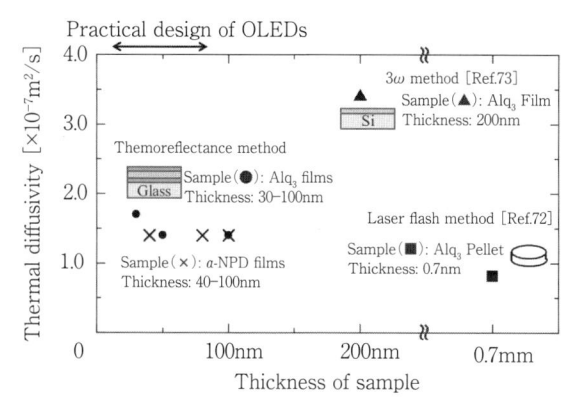

Fig. 6-2-14 Alq₃ 粉末と Alq₃ 薄膜の熱拡散率（出典：文献 74））（Thermal diffusivities of Alq₃ for the powder and the films）

については，比熱と密度を用いて熱拡散率に変換した．Kim らは，膜厚 200 nm の Alq₃ 薄膜の熱伝導率を 3ω 法により測定し，0.48 W/(m·K) と報告している[73]．これは，膜厚 100 nm 以下の熱拡散率より，おおよそ 2.5 倍大きい．3ω 法による測定では試料表面に金属線を必要とするが，Kim らは金属線を電子ビーム蒸着法により Alq₃ 上に積層している．そのため膜質が変化し，熱伝導率に相違が出たと考えられる．

また Shin らは，Alq₃ 粉末の熱伝導率をレーザーフラッシュ法により測定し，0.107 W/(m·K) と報告している[72]．これは今回得られた薄膜の熱伝導率のおおよそ 1/2 の値である．彼らは測定に際して Alq₃ 粉末を押し固めたペレット状の試料を用いている．このように測定試料の作製方法に応じて，熱伝導率が大きく異なることが示唆される．これらの実験の詳細については文献[74,75]に記述されている．

6.2.7 熱電薄膜（Thermophysical properties of themoelectric thin film）

熱電薄膜として，ビスマステルライド系（Bi_2Te_3，Sb_2Te_3，Bi_2Se_3）薄膜の熱伝導率に関する過去の測定例を Table 6-2-7 にまとめた．Chiritescu らは，Si 基板上に Modulated Elemental Reactant (MER) により，膜厚の異なる多結晶 Bi_2Te_3 薄膜および多結晶$(Bi,Sb)_2Te_3$ 薄膜を作製し，サーモリフレクタンス法により熱伝導率を測定している[76]．Goncalves らは，共蒸着によりガラス基板上に 1000 nm の Bi_2Te_3 薄膜を生成し，Völklein 法によりその薄膜の熱伝導率を測定している[77]．また，同グループは，共蒸着によりポリイミドフィルム上に 1000 nm の Bi_2Te_3 薄膜を生成し，その熱伝導率についても測定している[78]．Kuwahara らは，RF マグネトロンスパッタリングによりガラス基板上

Table 6-2-7 ビスマステルライド系薄膜熱伝導率測定
(Thermal Conductivity Measurement of Bi_2Te_3, Sb_2Te_3, Bi_2Se_3 Thin Films)

著者 Author(s)	年 Year	材料 Material	測定方法 Method	膜厚 Thickness (nm)	製膜方法 Deposition technique	測定方向 Direction of Measurement	測定温度 Temp.(K)
Chiritescu, Mortensen, Cahill, Johnson, and Zschack[76]	2009	Bi_2Te_3 $(Bi,Sb)_2Te_3$	サーモリフレクタンス法	2~100 Si 基板上	MER	厚み方向	室温
Goncalves, Couto, Alpuim, Rolo, Völklein, Correia[77]	2010	Bi_2Te_3	Völklein 法	1000 ガラス基板上	共蒸着	面方向	250~400
Peranio, Eibl, Nurnus[81]	2006	Bi_2Te_3	ブリッジ法	1000 Ba_2F 基板上	MBE	面方向	室温
Goncalves, Alpuim, Rolo, Correia[78]	2011	Sb_2Te_3	Völklein 法	1000 ポリイミド上	共蒸着	面方向	室温
Wang, Zhai, Bai, Yao[82]	2010	Sb_2Te_3	サーモリフレクタンス法	200 Si 基板上	RF マグネトロンスパッタリング	厚み方向	室温
Kuwahara, Suzuki, Taketoshi, Yagi, Fons, Tominaga, Baba[79]	2007	Sb-Te alloy	サーモリフレクタンス法	400, 1000 ガラス基板上	RF マグネトロンスパッタリング	厚み方向	室温
Kuwahara, Suzuki, Yamakawa, Taketoshi, Yagi, Fons, Fukaya, Tominaga, Baba[80]	2007	$Ge_2Sb_2Te^5$	サーモリフレクタンス法	300 ガラス基板上	RF マグネトロンスパッタリング	厚み方向	300~700
Takashiri, Takiishi, Tanaka, Miyazaki, Tsukamoto[84]	2007	$Bi_2(Te,Se)_3$	3ω法	750 ガラス基板上	フラッシュ蒸着	厚み方向	室温
Uchino, Kato, Hagino, Miyazaki[85]	2013	$Bi_2(Te,Se)_3$ $(Bi,Sb)_2Te_3$	3ω法	170~180 230~234 ガラス基板上	真空アーク蒸着	厚み方向	室温

に SbTe-Alloy および $Ge_2Sb_2Te_3$ の薄膜を生成し，サーモリフレクタンス法により，それらの薄膜の熱伝導率を測定している[79,80]．Peranio らは，分子線エピタキシー法 (Molecular Beam Epitaxy：MBE) により Ba_2F 基板上に Bi_2Te_3 薄膜を生成し，Völklein らが提案したブリッジ法により熱伝導率を測定している[81]．Wang らは，RF マグネトロンスパッタリングにより Si 基板上に Sb_2Te_3 薄膜を生成し，サーモリフレクタンス法により熱伝導率を測定している[82]．Takashiri らは，フラッシュ蒸着によりガラス基板上に $Bi_2(Te,Se)_3$ 薄膜を生成し，3ω法により熱伝導率を測定している[84]．Uchino らは，真空アーク蒸着によりガラス基板上に，$Bi_2(Te,Se)_3$ 薄膜および $(Bi,Sb)_2Te_3$ 薄膜を生成し，

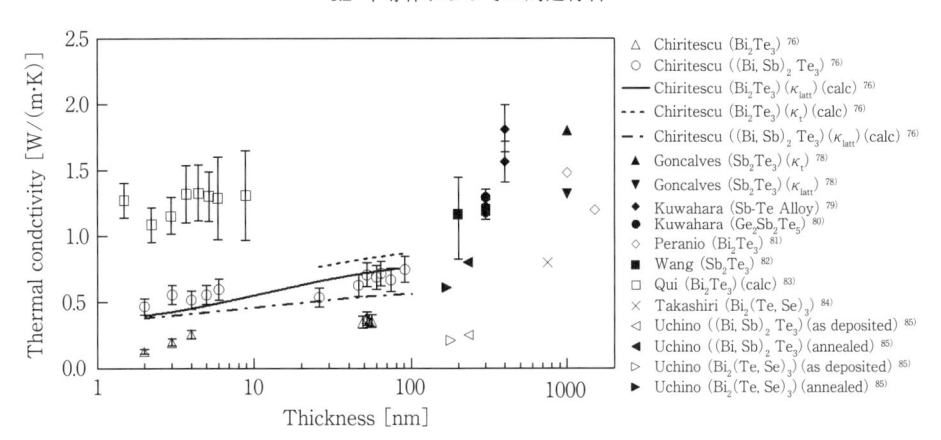

Fig. 6-2-15 厚さの異なるビスマステルライド系薄膜の室温における熱伝導率（Thermal Conductivity of Bi$_2$Te$_3$, Sb$_2$Te$_3$ Thin Films at room temperature）

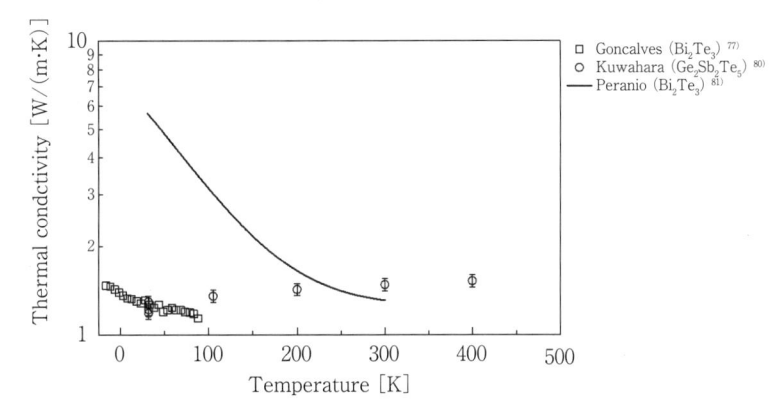

Fig. 6-2-16 ビスマステルライド系薄膜熱伝導率の温度依存性（Temperature Dependence of Thermal Conductivity of Bi$_2$Te$_3$, Sb$_2$Te$_3$ Thin Films）

3ω 法によりそれぞれの薄膜の熱伝導率を測定している[85]．また，Bi$_2$(Te,Se)$_3$ 薄膜を 523K で，(Bi, Sb)$_2$Te$_3$ 薄膜を 573 K で，アルゴン-水素混合雰囲気中で 60 分間アニールした後と前との熱伝導率の比較も行っている．Fig. 6-2-15 はこれらのデータをまとめたものである．この図からわかるように，膜厚が減少するに伴って，熱伝導率が低下している．これは，膜厚が薄くなるに従って，散乱されるフォノンが増加し，格子熱伝導率が低下するためであると考えられる．モデル計算（理論計算）については，Chiritescu らが Debye-Callaway モデルを用いて Bi$_2$Te$_3$ 薄膜の格子熱伝導率および全熱伝導率，ならびに (Bi,Sb)$_2$Te$_3$ 薄膜の格子熱伝導率を計算し，実験値との比較を行っている[76]．Fig. 6-2-15 に示すように，このモデル計算値は，実験値との相関は比較的に良い．また，Qui らは，分子動力学（Molecular Dynamics：MD）計算を用いて，Bi$_2$Te$_3$ の極薄膜の熱伝導率を計算している[83]．Fig. 6-2-15 に示すように，このモデル計算値は実験値よりも高い値となっている．

また，Goncalves らは，共蒸着によりガラス基板上に生成した Bi$_2$Te$_3$ 薄膜について，熱伝導率の温度依存性も測定している[77]．Kuwahara らも，RF マグネトロンスパッタリングによりガラス基板上に生成した Ge$_2$Sb$_2$Te$_3$ 薄膜について，熱伝導率の温度依存性を測定している[80]．Peranio らも，MBE 法により Ba$_2$F 基板上に生成した Bi$_2$Te$_3$ 薄膜について，熱伝導率の温度依存性を求めている．Fig. 6-2-16 はこれらのデータをまとめたものである．

6.2.8 相変化材料の熱物性値 (Thermophysical properties of phase change materials)

相変化材料は，1990年に書換型光ディスク，2007年に不揮発性メモリーの記録材として実用化（今後相変化メモリーとして携帯電話にサムソンが搭載）された．ただし，記録材料としての提案は1970年前後[86,87]にされており，提案から20〜30年の材料研究を経て実用化となった稀なケースである．両方のメモリーとも相変化材料の結晶性を利用する．結晶とアモルファスで光反射率や電気抵抗が大きく異なることを利用し，記録は加熱と急冷による結晶→アモルファスにより，消去は，加熱によるアモルファス→結晶の相転移により実行される．したがって，熱制御がメモリー動作上重要な鍵となる．投入エネルギーに対し，最高到達温度，温度分布，温度の時間変化を把握する必要がある．ただし，温度変化が生じる領域はサブミクロン領域なため，実験的に求めることは大変に困難である．そのため，温度シミュレーションによる解析が不可欠とされる．当然ながら，各熱物性値が必要とされるが，十分に値が確保されていないのが現状である．特に各熱物性値の温度依存性は測定されておらず，数百℃の計算においても室温の値を用いていた．後述するが，高温での測定の困難さにその原因があると考えられる．そのような問題に対し，筆者らが注力してここ数年に渡り熱物性の温度依存性測定を行ってきた．熱物性としては比熱，熱伝導率であり，これらの値を可能な限りの高温域で求めた．相変化材料は，Ge, Se, Ag, In, Sb, Te などの幅広い元素の組合せから作製されており，全ての材料に対して熱物性値を求めることは不可能である．そこでここでは，実用化されており，また広く検討されている $Ge_2Sb_2Te_5$, $SbTe_9$, Sb_2Te, Sb_2Te_3, Sb, Te, $Ag_{6.0}In_{4.5}Sb_{60.8}Te_{28.7}$ (AIST), を試料として取り上げた．$Ge_2Sb_2Te_5$ は，相変化材料として代表的なものであり，DVD-RAM で実用化されている．Sb-Te 合金（Sb, Te 含む）は，相変化材料の母材であるため，選んだ．AIST は，Sb-Te 合金に Ag,In を添加された材料であり，書き込み時のレーザー制御が容易[88]といった特徴を持つ代表的な光ディスクの記録材料である．

熱伝導率測定では，産総研の馬場らが開発した「高速パルス加熱サーモリフレクタンス法」[88]を用いた．この装置や解析についての詳細は，他の文献[89〜91]や本書の第4.1.3章を参考にされたい．もうひとつの熱物性値である比熱については，走査型熱量計 (DSC) を用いて測定した．比熱は「高速パルス加熱サーモリフレクタンス法」で測定された熱拡散率を熱伝導率に換算するためにも必要である．まず「高速パルス加熱サーモリフレクタンス法」での試料準備について述べる．この方法は，基本的に薄膜を対象とする．我々の用いたナノ秒パルスでは，材料の熱伝導率にもよるが100 nm から1 μm の厚さの試料が対象となる．試料は TiN で相変化材料を挟んだサンドイッチ構造とした[92]．TiN を選んだ理由は，以下の通りである．第一に相変化材料は，用いたパルス光波長に対し浸透深さが数十 nm になるため，解析にこの深さは無視できないことに対し，TiN の浸透深さは10 nm 程度であるため，熱発生は表面ということで解析が可能であること．第二に，サーモリフレクタンス信号強度が測定波長 (1064 nm) で十分強いこと，第三に高温下においても相変化材料と拡散等の反応を起こさないことが挙げられる．TiN は，あらかじめ熱伝導率を求めておき，相変化材料の熱伝導率解析に使用した．試料構造は，石英基板上に TiN/相変化材料/TiN とし，各層は RF マグネトロンスパッタ法を用いて成膜した．TiN の厚さは100 nm，相変化材料の厚さは 200, 300, 500 nm とし，厚さによる依存性がないことも確認している．相変化材料は，結晶状態とし，熱による界面でのストレスの影響を避けるため，測定可能な温度まで試料を加熱してストレスを除去[92]後，測定を行った．再現性を確かめるため，室温→高温→室温のサイクルで2回測定を行った．比熱の測定では，サファイアとの比較により算出を行った．サファイアの比熱温度依存性は既に知られているため，サファイアの熱容量と相変化材料の熱容量との比較により比熱を求めることが可能である．アルミニウム製の容器を用い，高温での相変化材料との反応を可能な限り抑えるため，容器の内側に石英の膜（厚さ50 nm）をスパッタ法により形成し，保護層また容器の高温での膨張等を考慮し，1回目の昇温はデータとして採用せ

6.2 半導体およびその周辺材料

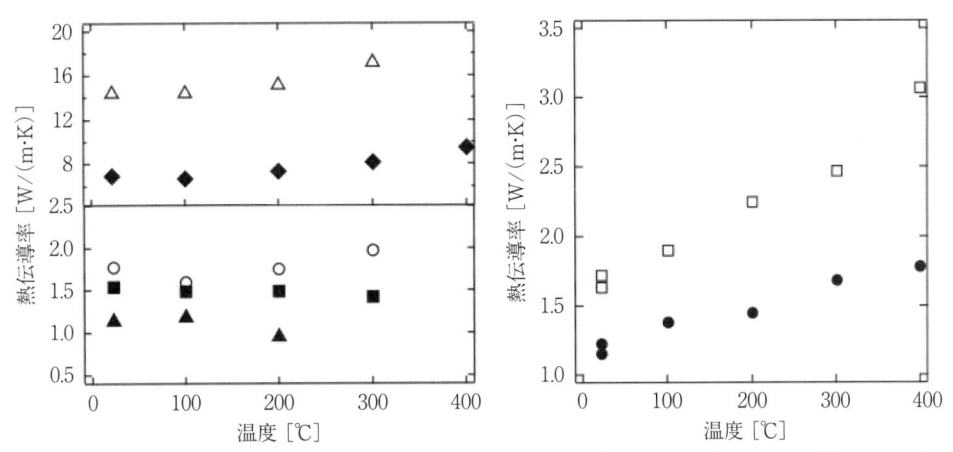

Fig. 6-2-17 相変化材料の熱伝導率温度依存性 Sb(△), Sb$_2$Te(◆), Sb$_2$Te$_3$(○), SbTe$_9$(■), Te(▲), Ge$_2$Sb$_2$Te$_5$(●), AIST(□)

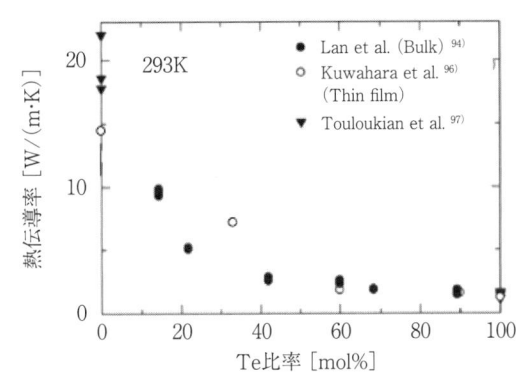

Fig. 6-2-18 Sb-Te 系相変化材料の組成比による熱伝導率（室温）

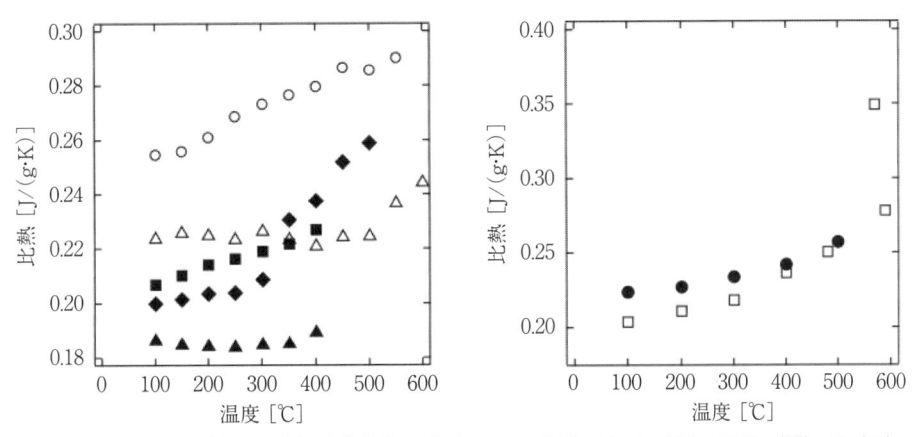

Fig. 6-2-19 相変化材料の比熱温度依存性 Sb(△), Sb$_2$Te(◆), Sb$_2$Te$_3$(○), SbTe$_9$(■), Te(▲), Ge$_2$Sb$_2$Te$_5$(●), AIST(□)

ず，2回目の昇温から測定を行っている．再現性は測定温度範囲で2回確認を行った．容器材であるアルミニウムの融点は，660℃であるため，最高温度は600℃とした．ただし，材料によっては，この温度よりも低い測定となった．これは蒸気圧が低いため容器の破損が生じたり，容器との反応などの

問題が生じたためである．相変化材料は，バルク材から削りだしたものであり，重量は，30 mg 程度である．室温の値は冷却が必要となるため，100℃からの測定となっている．

　熱伝導率の温度依存性を Fig. 6-2-17 に載せる．Te と SbTe$_9$ を除き，温度上昇とともに熱伝導率の上昇が見られる．温度依存性を測定した例として Lan らの実験[94]があり，彼らはバルク材の Sb-Te 系相変化材料について，Hot-Strip 法により熱伝導率を測定している．Te の組成比率が大きくなると負の温度依存性が現れてくるようである．詳細は，論文を参照されたい．室温での組成別の熱伝導率を Fig. 6-2-18 に載せる．Sb の組成比が大きくなるにつれて，熱伝導率も上がり，Sb の組成比が 30%を越えると急激に熱伝導率が上昇することがわかる．これは Sb-Te 合金における Sb-Sb 結（金属結合）の割合が大きくなるからと考えられる．

　比熱測定の結果を Fig. 6-2-19 に載せる．AIST の融点は 540℃ と他に比べ低いため，融点以上での測定が可能であった．AIST は融点を越えた後，比熱は増大し，その後温度とともに減少する．このような変化は Kalb ら[95]も報告しているが，このような温度変化の起源を追求することは今後の課題といえよう．

　本来光ディスクや相変化メモリーでの記録・消去過程における温度範囲は，室温から融点（650℃ 程度）以上である．現在の所，測定上の困難さゆえ，融点以下での測定がせいぜいである．近年，熱物性ではないが，遠藤らによる高温熔融状態での相変化材料の電気抵抗率測定の報告もあり，融点以上での熱物性測定に可能性が見えて来ている．正確なシミュレーションのためにも，今後の測定に期待したい．

6.2.9 磁性薄膜の熱物性値（Thermophysical properties of magnetic thin film）

　磁性薄膜の熱伝導率に関する過去の測定例を Table. 6-2-8 にまとめた．M. Lee[98] らが測定した酸化物磁性体である MgO，TiO$_2$ 薄膜の熱伝導率を Fig. 6-2-20 に示す．MgO はマグネトロンスパッタリング法，TiO$_2$ は RF スパッタ法を用いて成膜し，この薄膜の熱伝導率を 3ω 法により測定した．TiO$_2$ に関して成膜時の基板の温度を 250℃ と 400℃ で成膜した薄膜について測定を行うと，基板温度により熱伝導率は大きく変わり，400℃ で成膜した場合は熱伝導率が高くなった．構造を見てみると温度により結晶のサイズが異なっており，高温の基板上で成膜した場合に結晶のサイズが大きくなっていた．MgO は TiO$_2$ と同様に基板の温度が高くなると薄膜中の結晶の大きさが大きくなり，熱伝導率が大きくなった．次に，TiO$_2$ において結晶サイズによる熱伝導率の影響を 80 K，300 K において測定を行った．Fig. 6-2-21 に測定結果を示す．計算によって求めた熱伝導率の予測値よりも実験結果は低く，結晶サイズが大きくなるほど熱伝導率がバルクの値に近づいた．Mun ら[99]も同様に RF スパッタ法により成膜した TiO$_2$ 薄膜をサーモリフレクタンス法により熱伝導率を測定した．150 nm と 300 nm の薄膜を 300〜900℃ の間で 1 時間熱処理し，その前後での熱伝導率の比較を行った．Fig. 6-2-22 にその結果を示す．膜厚が 300 nm の薄膜の熱伝導率は 150 nm のものよりも 30% 大きくなり，熱処理後の薄膜は熱伝導率が高く，高温で処理するほど高い熱伝導率を持っていた．また，熱伝導率は 0.7〜1.7 で Kim[100] らの 3ω 法による測定結果と良く対応していた．Kim らは DC マグネトロンスパッタリング法を用いて成膜した TiO$_2$ を 3ω 法により測定を行い，M. Lee[98]同様の結果を示した．Shinde ら[101]は噴霧熱分解法により成膜した α-Fe$_2$O$_3$ 薄膜と，Al を注入した Al:Fe$_2$O$_3$ の熱伝導率を測定した．測定結果を Fig. 6-2-23 に示す．アルミのドープ量が全体の 10% になるまで熱伝導率は減少したが，それ以上ドープすると熱伝導率はドープ量が増えるほど上昇した．これは多結晶薄膜である Fe$_2$O$_3$ がアルミの注入により微小構造が変化し，熱伝導率が上昇したからだと考えられる．Tlili ら[5]は PVD で成膜した Cr，CrN，CrAlN 薄膜の熱伝導率を光熱拡散分光法により熱伝導率を測定した．測定結果を Fig. 6-2-24 に示す．光熱拡散分光法はレーザーをメカニカルチョッパによりパ

6.2 半導体およびその周辺材料

Table 6-2-8 磁性薄膜熱伝導率の測定例
(Summary of thermal conductivity measurements of magnetic thin films)

著者	年	材料	実験方法	膜厚 (nm)	成膜方法	熱伝導方向	温度 (K)
S. M. Lee and D. G. Cahill[98]	1995	TiO_2	3ω法	500〜2000	RF スパッタ法	厚み方向	70〜400 (温度依存性) 300, 80 (結晶サイズ依存性)
S. M. Lee and D. G. Cahill[98]	1995	MgO	3ω法	500〜2000	マグネトロンスパッタリング法	厚み方向	70〜400
J. Mun, S.-W. Kim, R. Kato, I. Hatta, S.-H. Lee, K.-H. Kang[99]	2007	TiO_2	サーモリフレクタンス法	150/300	RF スパッタ	厚み方向	300〜900
D. J. Kim, D. S. Kim, S. Cho, S. W. Kim, S. H. Lee, and J. C. Kim[100]	2004	TiO_2	3ω法	150/80	DC マグネトロンスパッタリング	厚み方向	80〜300
S. S. Shinde, R. A. Bansode, C. H. Bhosale, and K. Y. Rajpure[101]	2011	Fe_2O_3		130 (Fe_2O_3) 135〜152 (Al doped Fe_2O_3)	噴霧熱分解法		室温
B. Tlili, C. Nouveau, M.J. Walock, M. Nasri, T. Ghrib[102]	2011	Cr/ CrN/ CrAlN	光熱拡散分光法	860/690/980 AISI4140 上	PVD	厚み方向	室温
B.L. Zink, A.D. Avery, Rubina Sultan, D. Bassett, M.R. Pufall[103]	2010	Ni	MEMS ヒーターと温度センサーによる定常法	50 (自立膜)	E ビーム蒸着法	面方向	50〜350
B. L. Zink, A. D. Avery, Rubina Sultan, D. Bassett, M. R. Pufall[104]	2010	FeNi	MEMS ヒーターと温度センサーによる定常法	75 (自立膜)	E ビーム蒸着法	面方向	50〜350

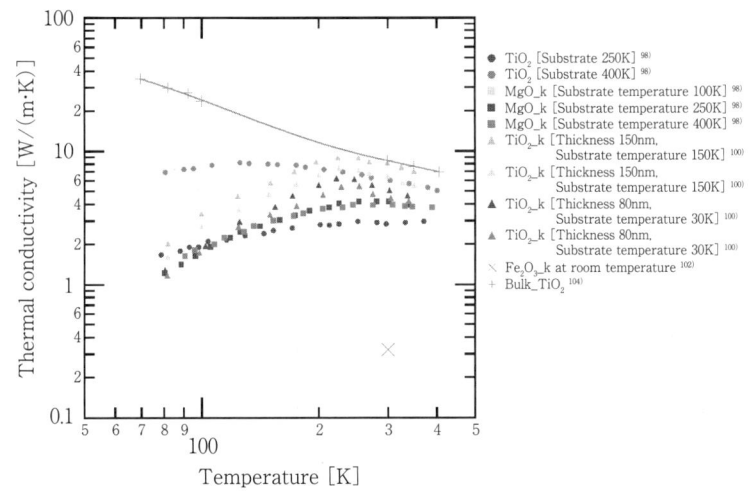

Fig. 6-2-20 磁性薄膜熱伝導率の温度依存性 (Temperature dependence of thermal conductivity of magnetic thin films)

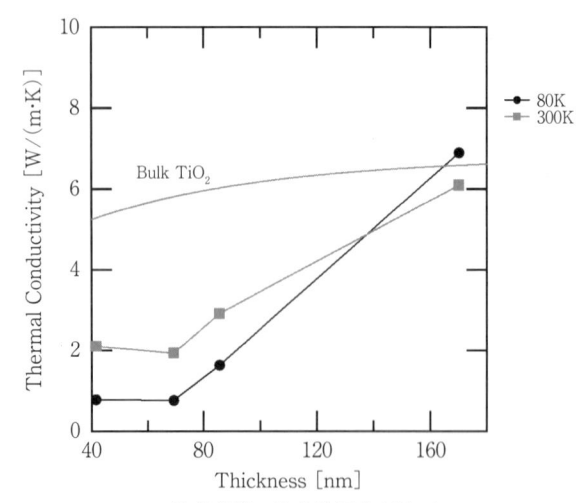

Fig. 6-2-21 TiO₂ 結晶薄膜の結晶粒径依存性 (Relation between the thermal conductivity and average grain size of the microcrystalline film of TiO₂)

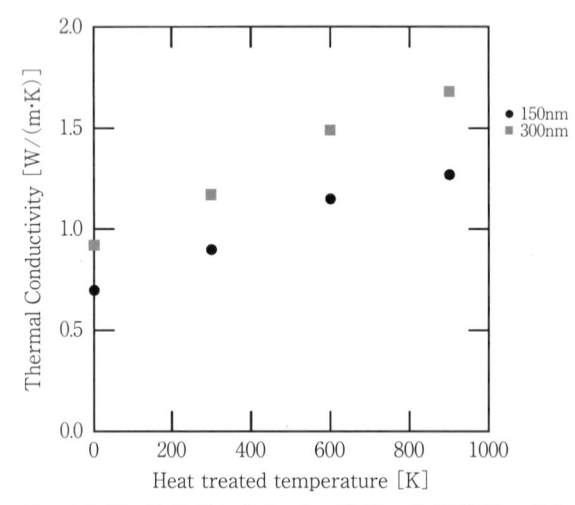

Fig. 6-2-22 熱処理による TiO₂ 薄膜の熱伝導率の変化 (Thermal conductivity of heat treated thin film of TiO₂)

ルス光とし，サンプルの表面を周期的に加熱する．このときに加熱された周囲の気体の温度に依存するポンプレーザーの偏差から，特性を評価する．Cr，CrN，CrAlN 薄膜はサイズ効果により熱伝導率はバルクの値よりも小さくなり，特に CrAlN は成膜時に結晶とナノ孔が発生したためフォノンの散乱が増加し，フォノン輸送は大きく妨げられた．Zink[103]らは E ビーム蒸着法により成膜した Ni，FeNi の熱伝導率を測定した．それらの膜は MEMS ヒーターと温度センサーを持つ台を両端に設置し，自立膜としている．ヒーターにより面方向に温度差を発生させ，その温度差を温度センサーにより読み取って熱伝導率を測定している．Fig. 6-2-24 に Ni と Ni-Fe の実験結果とバルクの値の熱伝導率を示す．それぞれバルクの熱伝導率よりも大きく減少した．低温において薄膜はバルクの場合と異なり熱伝導率の減少を示していた．これは低温においてフォノンの平均自由行程が伸び，薄膜の界面において散乱が増加したからである．

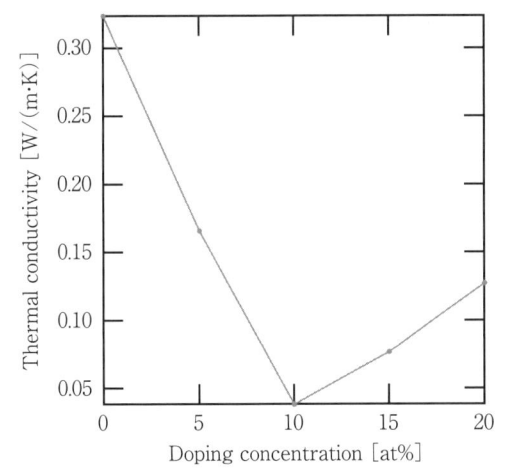

Fig. 6-2-23 Fe$_2$O$_3$のAlドープ量による熱伝導率の変化 (Plot of thermal conductivity against aluminum doping percentage in Al:Fe$_2$O$_3$ thin film)

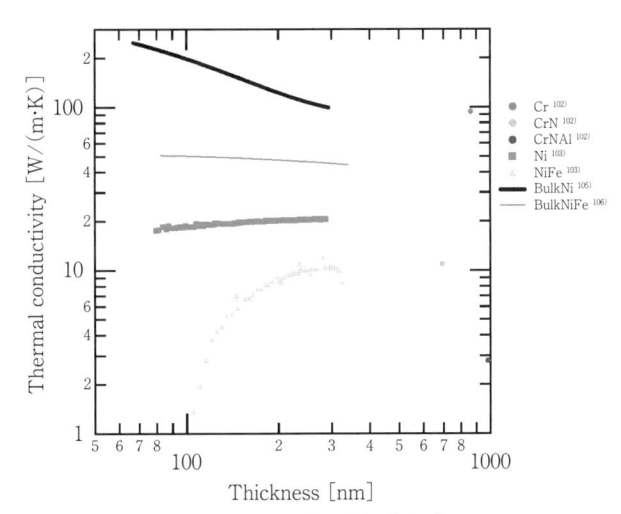

Fig. 6-2-24 厚さの異なる磁性薄膜の熱伝導率 (Thermal conductivity of magnetic thin film of difference thickness)

6.2.10 高分子薄膜 (Thermophysical properties of polymer thin film)

高分子材料は，その電気絶縁性，加工性，軽量性を特徴とするが，近年，熱伝導性に関する関心が高まっている．高分子薄膜の熱伝導性は，半導体製造工程の，多層配線を持つ超LSI素子の高速化に有効な低誘電率層間絶縁膜材料 (low-k) として注目された．LSIの配線微細化，配線素材のAlからCuへの移行に伴い，層間絶縁膜の低誘電率化が必須となり（従来のSiO$_2$，比誘電率4.1に対し，2.5以下が必要），有機系ポーラス高分子が開発されてきたが，絶縁性が高く比誘電率の低い物質は，熱伝導率が低いことが多く，その克服のための分子構造設計と，スピンコート等薄膜化のプロセス中に生ずる分子の配向性などの高次構造を反映する正確な熱伝導率測定が求められてきた．しかしながら，高分子や有機材料は，金属や無機，半導体材料に比べて，熱のダメージを受けやすく，従来の測定法が，必ずしも適用できないことが多く，公表された高分子薄膜の熱伝導性データは少ない．

Table 6-2-9 高分子薄膜の熱伝導率・熱拡散率の測定例
(Thermal conductivity and thermal diffusivity of polymer thin films)

著者 Author(s)	年 Year	実験方法 Method	試料 Samples	膜厚 Thickness (nm)	製膜方法など Deposition technique	熱伝導方向 Direction of heat conduction	温度 Temperature (K)	データ Data points
S. M. Lee, G. Matamis, D. G. Cahill and W. P. Allen[119]	1998	3ω法	FOx	215, 375	スピンコート on Si	厚み方向	70〜350	2×15
K. Kurabayashi, M. Asheghi, M. Touzelbaev and K. E. Goodson[109,110]	1999	3ω法	BTDA/ODA/MPD	500〜2250	スピンコート on Si	面方向 厚み方向	300 260〜360	3×2
C. Hu, M. Kiene and P. S. Ho[111]	2001	3ω法	BCB, PS, PMDA-ODA BPDA-PDA	7〜1000	スピンコート on Si	厚み方向	300	30
B. C. Dalya, H. J. Maris, W. K. Ford, G. A. Antonelli, L. Wong and E. Andideh[112]	2002	Optical pump and probe measurement	Amorphous SiO₂, PTEOS, FSG, CDO	250〜2000	PECVD on Si at 400°C	厚み方向	298 150〜370	10
R. M. Costescu, A. J. Bullen, G. Matamis, K. E. O'Hara and D. G. Cahill[113]	2002	3ω法	HSQ-Fox, XLK	Fox: 250〜775 XLK: 498〜508	スピンコート on Si	厚み方向	298 80〜400	8
S. Putnam, D. G. Cahill, B. J. Ash and L. S. Schadler[118]	2003	3ω法	PMMA		スピンコート on Si	厚み方向	40〜280	20
A. R. Abramson, S. T. Huxtable, W. C. Kim, H. Yan, Y. Wu, A. Majumdar, C. L. Tien and P. Yang[114]	2004	3ω法	parylene	3000	VLS on Si	厚み方向	300	1
J. Morikawa, T. Hashimoto[115]	2005	Temperature wave method	MSQ-R7, RZ25, 6210 HSQ-T12, Flare	310〜1140	スピンコート on PYREX7740	厚み方向	300 300〜430	18
P. B. Kaul, K. A. Day and A. R. Abramson[116]	2007	Differential 3ω	polyaniline	110	スピンコート on Si	厚み方向	300 160〜300	1
J. Morikawa and T. Hashimoto[117]	2009	Temperature wave method	PIQ	120〜1130	スピンコート PYREX7740	厚み方向	300	10

表中の略語の表記を下記に示す.
PMDA-ODA: Pyromellitic dianhydride oxydianiline (DuPont PI2545),
BPDA-PDA: Biphenyltetracarboxylic dianhydride-p-phenylene di-amine (DuPont PI2611),
PIQ: polyimide isoindoloquinazolinedione, VLS: vapor liquid solid process, FOx: Flowable oxide,
XLK: extra low- k, MSQ: methyl-silsesquioxane, HSQ: hydrogen-silsesquioxane, Flare: poly (arylene ether),
PTEOS: phosphorous-doped tetraethy-lorthosilicate, FSG: fluorinated silicate glass,
CDO: carbon-doped oxides, PECVD: plasma-enhanced chemical vapor deposition

　高分子系 Low-k 材料には，H 含有ポリシロキサン（HSQ 系），メチル含有ポリシロキサン（MSQ 系），ポリイミド系，ポリアリレンエーテル系等があり，「HSG（日立化成工業）」，「HOSP（ハネウェル社）」，「SilK（ダウ・ケミカル）」，「FLARE（ハネウェル社）」等の名称で上市されている[107,108]．無機系の SiOF（FSG 系），SiOC（Carbon doped SiO₂ 系）材料が CVD 法により形成されるのに対して，高分子系は塗布法により薄膜を形成することが一般的である．

　高分子系 Low-k 材料を含む高分子薄膜の熱伝導率・熱拡散率の測定例を Table 6-2-9 に示す．測定方法は 3ω 法[109〜111,113,114,118,119]，差分 3ω 法[116]，サーモリフレクタンス法[112]，および温度波法[115,117]である．Lee ら[119]は，Si ウェハー上にスピンコートした厚さ 215 nm, 375 nm の HSQ（Dow 社 FOx）を 77〜400 K の温度範囲で測定し，密度の等しいアモルファス SiO₂ と比べても HSQ の熱伝導率が約半分程度に小さいことを報告している．その理由として，アモルファス SiO₂ の空孔サイズ（pore size）は 10 nm 程度のメソポーラス構造であるのに対して，ナノポーラス構造である HSQ は Si$_{2n}$O$_{3n}$ 間の化学結合に起因する振動が熱伝導性に寄与する可能性をあげている．Costescu[113]らによる XLK を含む HSQ の熱伝導率と音速の解析により，ナノポーラス構造の HSQ の熱伝導率 λ は，原子密度 n（atomic density）と $\lambda \propto n^{3/2}$ の関係を示すことが報告され，ナノスケールの空孔サイズと秩序性の設

6.2 半導体およびその周辺材料

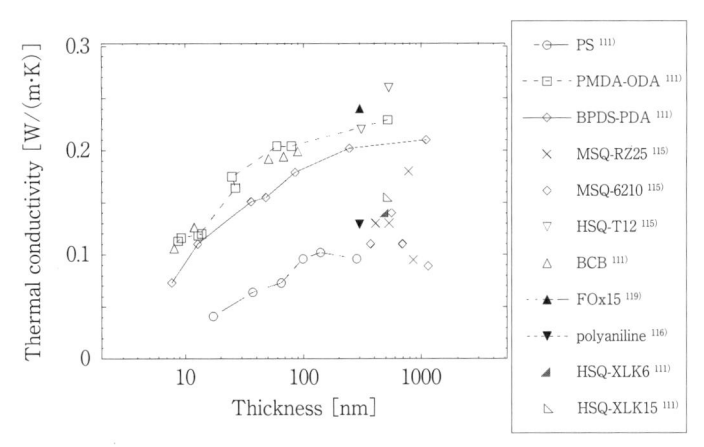

Fig. 6-2-25 厚さの異なる種々の高分子薄膜の室温における熱伝導率
(Thermal conductivity of polymer thins film at room temperature over thickness from 7 nm to 1130 nm)

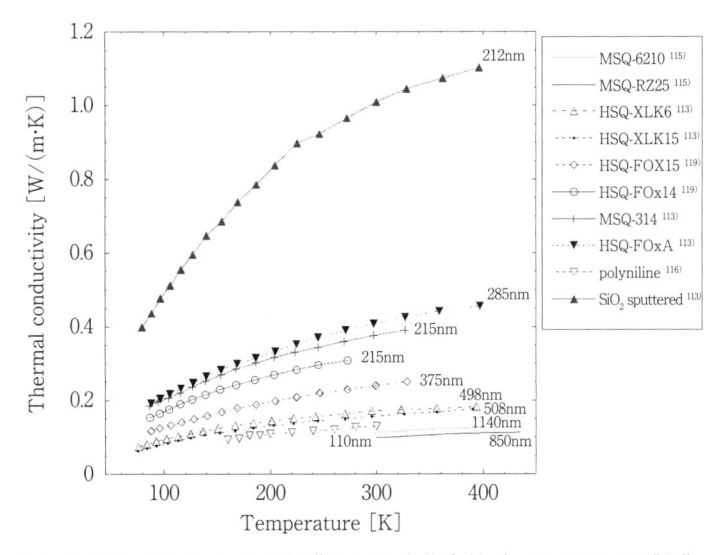

Fig. 6-2-26 高分子薄膜熱伝導率の温度依存性（図中の長さは膜厚）
(Temperature dependence of thermal conductivity of polymer thin films (The inserted length corresponds to the thickness of the film))

計により熱伝導性が制御される可能性が指摘された．Fig. 6-2-25 に薄膜の厚さと熱伝導率の関係を，PS 等汎用高分子，芳香族ポリイミド，HSQ，MSQ の例について示す．低誘電率〔メチル基含有（MSQ）あるいは高空孔率（XLK）〕ほど，熱伝導率が低減すること，100 nm 以下の厚さでは，熱伝導率が低下していく傾向が認められる．Fig. 6-2-26 には，これら高分子薄膜の熱伝導率の温度依存性を，スパッタ SiO_2 膜の比較とともに示す．70〜450 K の範囲で，熱伝導率は上昇する傾向を示した．一方，Kurabayashi[109,110]，Morikawa[117]らは，ポリイミド系薄膜について，熱伝導性に及ぼす分子配向性の影響を指摘している．芳香族ポリイミドはフェニル基の面内配向性が大きいことが知られるが，スピンコートの製膜条件，粘度等により，あるいは側鎖の種類や分子間結合導入の有無により，分子配向の発現は一様でない．加えて，Fig. 6-2-25 に示すような，空孔のない高分子薄膜においても観測される熱伝導性のナノサイズ効果と分子配向性の関係については，高分子特有の界面の研究も含

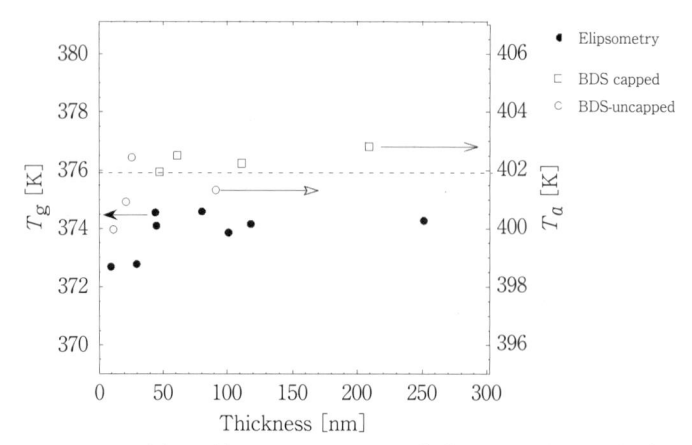

Fig. 6-2-27 厚さの異なるポリスチレン薄膜のガラス転移温度（文献[120]から）(Glass transition temperature of PS thin films)
BDS: Broadband dielectric spectroscopy

　めて，現在も研究が進行中である．
　一例として，高分子薄膜のガラス転移温度について，新しいデータの報告が相次いでいる[120〜125]．Fig. 6-2-27には，Tress[120]らによるエリプソメトリーと誘電率測定により求めたSiウェハ上のポリスチレン薄膜のガラス転移温度に関する測定例を示す．ガラス転移温度は，厚さのみでなく，分子量，基盤の種類，さらには周波数などの測定条件にも依存するが，Tressらはこれらの条件を加味しても，バルクのガラス転移温度に対して，ナノオーダー薄膜のガラス転移温度の変化は±3K以内であることを指摘している．Jain[125]らの，モンテカルロシミュレーションにより，拘束されない高分子薄膜のガラス転移温度は，バルクの値に対して低減することが示されているが，Al基盤上のポリカーボネート薄膜のガラス転移温度は，50 nm以下の厚さでは上昇するという最近のデータ[121]もあり，高分子薄膜の物性は，前述の分子配向に加えて，分子量，側鎖，末端基，基盤界面の影響など，複雑な因子により影響される．高分子薄膜の熱伝導性に関しては，より幅広くデータ蓄積が進むことが期待されるが，その過程でこれら因子に関する正確な解析もまた必要となろう．

参考文献

1) M. Asheghi, M. N. Touzelbaev, K. E. Goodson, Y. K. Leung and S. S. Wong, "Temperature-dependent thermal conductivity of single-crystal silicon layers in SOI substrates", J. Heat Transfer, Vol.120 (1998) pp.30-36.
2) M. Asheghi, K. Kurabayashi, R. Kasnavi and K. E. Goodson, "Thermal conduction in doped single-crystal silicon films", J. Appl. Phys., Vol.91 (2002) pp.5079-5088.
3) S. Uma, A. D. McConnell, M. Asheghi, K. Kurabayashi and K. E. Goodson, "Temperature-dependent thermal conductivity of undoped polycrystalline silicon layers", Int. J. Thermophysics, Vol.22, No.2 (2001) pp.605-616.
4) A. D. McConnell, S. Uma and K. E. Goodson, "Thermal conductivity of doped polysilicon layers", J. Microelectromech. Sys., Vol.10 (2001) pp.360-369.
5) A. D. McConnell and K. E. Goodson, "Thermal conduction in silicon micro-and nanostructures", Annual Review of Heat Transfer, Vol.14 (2005) pp.129-168.
6) D. G. Cahill, M. Katiyar and J. R. Abelson, "Thermal conductivity of a-Si:H thin films", Phys. Rev. B, Vol.50, No.9 (1994) pp.6077-6081.
7) S. Moon, M. Hatano, M. Lee and C. P. Grigoropoulos, "Thermal conductivity of amorphous silicon thin films", Int. J. Heat Mass Transfer, Vol.45 (2002) pp.2439-2447.

8) B. L. Zink, R. Pietri and F. Hellman, "Thermal conductivity and specific heat of thin-film amorphous silicon", Phys. Rev. Lett., Vol.96 (2006) pp.055902-1-055902-4.
9) T. Kihara, T. Harada and N. Koshida, "Precise thermal characterization of confined nanocrystalline silicon by 3ω method", Jpn. J. Appl. Phys., Vol.44, No.6A (2005) pp.4084-4087.
10) A. Wolf and R. Brendel, "Thermal conductivity of sintered porous silicon films", Thin Solid Films, Vol.513 (2006) pp.385-390.
11) D. G. Cahill, M. Katiyar and J. R. Abelson, "Thermal conductivity of a-Si:H thin films", Phy. Rev. B, Vol.50 (1994) pp.6077-6081.
12) D. G. Cahill and T. H. Allen, "Thermal conductivity of sputtered and evaporated SiO_2 and TiO_2 optical coatings", Appl. Phys. Lett., Vol.65 (1994) pp.309-311.
13) S.-M. Lee and D. G. Cahill, "Thermal conductivity of sputtered oxide films", Phy. Rev. B, Vol.52 (1995) pp.253-257.
14) S.-M. Lee and D. G. Cahill, "Heat transport in thin dielectric films", J. Appl. Phys., Vol.81 (1997) pp.2590-2595.
15) Y. S. Ju and K. E. Goodson, "Process-dependent thermal transport properties of silicon-dioxide films deposited using low-pressure chemical vapor deposition", J. Appl. Phys., Vol.85 (1999) pp.7130-7134.
16) T. Yamane, N. Nagai, S. Katayama and M. Todoki, "Measurement of thermal conductivity of silicon dioxide thin films using a 3-omega method", J. Appl. Phys., Vol.91 (2002) pp.9772-9776.
17) C. E. Raudzis, F. Schatz and D. Wharam, "Extending the 3ω method for thin-film analysis to high frequencies", J. Appl. Phys., Vol.93 (2003) pp.6050-6055.
18) Z. L. Wang, D. W. Tang and X. H. Zheng, "Simultaneous determination of thermal conductivities of thin film and substrate by extending 3ω-method to wide-frequency range", Appl. Surf. Sci., Vol.253 (2007) pp.9024-9029.
19) J. Alvarez-Quintana and J. Rodriguez-Viejo, "Extension of the 3ω method to measure the thermal conductivity of thin films without a reference sample", Sensors and Actuators, A, Vol.142 (2008) pp.232-236.
20) S. Shin, H. N. Cho, B. S. Kim and H. H. Cho, "Influence of upper layer on measuring thermal conductivity of multilayer thin films using differential 3-ω method", Thin Solid Films, Vol.517 (2008) pp.933-936.
21) W. F. Bu, D. W. Tang, Z. L. Wang, X. H. Zheng and G. H. Cheng, "Modulated photothermal reflectance technique for measuring thermal conductivity of nano film on substrate and thermal boundary resistance", Thin Solid Films, Vol.516 (2008) pp.8359-8362.
22) R. Kato and I. Hatta, "Thermal conductivity measurement of thermally-oxidized SiO_2 films on a silicon wafer using a Thermo-Reflectance Technique", Int. J. Thermophys, Vol.26 (2005) pp.179-190.
23) H. C. Chien, D. J. Yao, M. J. Huang and T. Y. Chang, "Thermal conductivity measurement and interface thermal resistance estimation using SiO_2 thin film", Rev. Sci. Instrum., Vol.79 (2008) pp.054902-1-054902-7.
24) B. C. Daly, H. J. Maris, W. K. Ford, G. A. Antonelli, L. Wong and E. Andideh, "Optical pump and probe measurement of the thermal conductivity of low-k dielectric thin films", J. Appl. Phys., Vol.92 (2002) pp.6005-6009.
25) T. Yamane, S. Katayama and M. Todoki, "Thermal conductivity measurements of advanced thin films using a 3-omega method", 23rd. Jpn. Symp. Thermophys. Prop. (2002, Tokyo) pp.274-276.
26) A. Jain, S. Rogojevic, S. Ponoth, W. N. Gill, J. L. Plawsky, E. Simonyi, S.-T. Chen and P. S. Ho, "Processing dependent thermal conductivity of nanoporous silica xerogel films", J. Appl. Phys., Vol.91 (2002) pp.3275-3281.
27) R. M. Costescu, A. J. Bullen, G. Matamis, K. E. O'Hara and D. G. Cahill, "Thermal conductivity and sound velocities of hydrogen-silsesquioxane low-k dielectrics", Phys. Rev. B, Vol.65 (2002) pp.094205-1-094205-6.
28) J. Morikawa and T. Hashimoto, "Thermal diffusivity measurement of low-k dielectric thin film by temperature wave analysis", Thermochim. Acta, Vol.432 (2005) pp.216-221.
29) C.H. Mastrangelo, Y.C. Tai and R.S. Muller, "Thermophysical Properties of Low-residual Stress, Silicon-rich, LPCVD Silicon Nitride Films", Sensors and Actuators, A21-A23 (1990) pp.856-860.
30) X. Zhang and C. P. Grigoropoulosa, "Thermal conductivity and diffusivity of free-standing silicon nitride

thin films", Rev. Sci. Instrum, Vol.66, No.2 (1995) pp.1115-1120.
31) S. M. Lee and D. G. Cahill, "Heat transport in thin dielectric films", J. Appl. Phys., Vol.81 (1997) pp.2590-2595.
32) W. Holmes, J. W. Gildemeister, P. L. Richards and V. Kotsubo, "Measurements of thermal transport in low stress silicon nitride films", Appl. Phys. Lett., Vol.72, No.18 (1998) pp.2250-2252.
33) B. L. Zink and F. Hellman, "Specific heat and thermal conductivity of low-stress amorphous Si-N membranes", Solid State Comm., Vol.129 (2004) pp.199-204.
34) R. Sultan, A. D. Avery, G. Stiehl and B. L. Zink, "Thermal conductivity of micromachined low-stress silicon-nitride beams from 77 to 325 K", J. Appl. Phys. Vol.105(2009) 043501.
35) 日本熱物性学会編，新編熱物性ハンドブック，養賢堂（2008）pp.258-259.
36) A. S. Jordan, "An evaluation of the thermal and elastic constants affecting GaAs crystal growth", J. Cryst. Growth, Vol.49 (1980) pp.631-642.
37) A. Amith, I. Kudman and E. F. Steigmeier, "Electron and phonon scattering in GaAs at high temperatures", Phys. Rev., Vol.138 (1965) pp.A1270-A1276.
38) R. O. Carlson, G. A. Slack and S. J. Silverman, "Thermal conductivity of GaAs and GaAs$_{1-x}$P$_x$ laser semiconductors", J. Appl. Phys., Vol.36 (1965) pp.505-507.
39) S. P. R. Clark, P. Ahirwar, F. T. Jaeckel, C. P. Hains, A. R. Albrecht, T. J. Rotter, L. R. Dawson, G. Balakrishnan, P. E. Hopkins, L. M. Phinney, J. Hader and J. V. Moloney, "Growth and thermal conductivity analysis of polycrystalline GaAs on chemical vapor deposition diamond for use in thermal management of high-power semiconductor lasers", J. Vac. Sci. Technol. B, Vol.29 (2011) pp.03C130-1-4.
40) T. Yao, "Thermal properties of AlAs/GaAs superlattices", Appl. Phys. Lett., Vol.51 (1987) pp.1798-1800.
41) I. Hatta, K. Fujii and S. W. Kim, "Thermophysical properties of thin films on substrate", Mater. Sci. Eng. A, Vol.292 (2000) pp.189-193.
42) X. Y. Yu, G. Chen, A. Verma and J. S. Smith, "Temperature dependence of thermophysical properties of GaAs/AlAs periodic structure", Appl. Phys. Lett., Vol.67 (1995) pp.3554-3556.
43) X. Y. Yu, L. Zhang and G. Chen, "Thermal-wave measurement of thin-film thermal diffusivity with different laser beam configurations", Rev. Sci. Instrum., Vol.67 (1996) pp.2312-2316.
44) W. S. Capinski, H. J. Maris, T. Ruf, M. Cardona, K. Ploog and D. S. Katzer, "Thermal-conductivity measurements of GaAs/AlAs superlattices using a picosecond optical pump-and-probe technique", Phys. Rev. B, Vol.59 (1999) pp.8105-8113.
45) S. D. George, P. Radhakrishnan, V. P. N. Nampoori and C. P. G. Vallabhan, "Photothermal deflection measurement on heat transport in GaAs epitaxial layers", Phys. Rev. B, Vol.68 (2003) pp.165319-1-6.
46) J. Piprek, T. Tröger, B. Schröter, J. Kolodzey and C. S. Ih, "Thermal conductivity reduction in GaAs-AlAs distributed Bragg reflectors", IEEE Photon. Technol. Lett., Vol.10 (1998) pp.81-83.
47) G. Chen, "Thermal conductivity and ballistic-phonon transport in the cross-plane direction of superlattices", Phys. Rev. B, Vol.57 (1998) pp.14958-14973.
48) E. K. Sichel and J. I. Pankove, "Thermal conductivity of GaN, 25-360 K", J. Phys. Chem. Solids, Vol.38 (1977) pp.330.
49) V. M. Asnin, F. H. Pollak, J. Ramer, M. Schurman and I. Ferguson, "High spatial resolution thermal conductivity of lateral epitaxial overgrown GaN/sapphire (0001) using a scanning thermal microscope", Appl. Phys. Lett., Vol.75 (1999) pp.1240-1242.
50) C. Y. Luo, H. Marchand, D. R. Clarke and S. P. DenBaars, "Thermal conductivity of lateral epitaxial overgrown GaN films", Appl. Phys. Lett., Vol.75 (1999) pp.4151-4153.
51) C. Luo, D. R. Clarke and J. R. Dryden, "The Temperature dependence of the thermal conductivity of single crystal GaN films", J. Electron. Mater., Vol.30, (2001) pp.138-146.
52) M. Kamano, M. Haraguchi, T. Niwaki, M. Fukui, M. Kuwahara, T. Okamoto and T. Mukai, "Temperature dependence of the thermal conductivity and phonon scattering time of a bulk GaN crystal", Jpn. J. Appl. Phys., Vol.41 (2002) pp.5034-5037.
53) H. Saito, M. Irikura, M. Haraguchi and M. Fukui, "New type of photothermal spectroscopic technique", Appl. Opt., Vol.31 (1992) pp.2047-2054.
54) G. A. Slack, L. J. Schowalter, D. Morelli and J. A. Freitas Jr., "Some effects of oxygen impurities on AlN and GaN", J. Cryst. Growth, Vol.246 (2002) pp.287-298.

55) A. Jeżowski, P. Stachowiak, T. Plackowski, T. Suski, S. Krukowski, M. Boćkowski, I. Grzegory, B. Danilchenko and T. Paszkiewicz, "Thermal conductivity of GaN crystals grown by high pressure method", Phys. Stat. Sol. (b) Vol.240 (2003) pp.447-450.

56) A. Jeżowski, P. Stachowiak, T. Suski, S. Krukowski, M. Boćkowski, I. Grzegory and B. Danilchenko, "Thermal conductivity of bulk GaN single crystals", Physica B, Vol.329-333 (2003) pp.1531-1532.

57) A. Jeżowski, B. A. Danilchenko, M. Boćkowski, I. Grzegory, S. Krukowski, T. Suski and T. Paszkiewicz, "Thermal conductivity of GaN crystals in 4.2-300 K range", Solid State Commun., Vol.128 (2003) pp.69-73.

58) B. C. Daly, H. J. Maris, A. V. Nurmikko, M. Kuball and J. Han, "Optical pump-and-probe measurement of the thermal conductivity of nitride thin films", J. Appl. Phys., Vol.92 (2002) pp.3820-3824.

59) W. Liu and A. A. Balandin, "Temperature dependence of thermal conductivity of $Al_xGa_{1-x}N$ thin films measured by the differential 3ω technique", Appl. Phys. Lett., Vol.85 (2004) pp.5230-5232.

60) D. I. Florescu, V. M. Asnin, F. H. Pollak, R. J. Molnar and C. E. C. Wood, "High spatial resolution thermal conductivity and Raman spectroscopy investigation of hydride vapor phase epitaxy grown n-GaN/sapphire (0001): Doping dependence", J. Appl. Phys., Vol.88 (2000) pp.3295-3300.

61) H. Shibata, Y. Waseda, H. Ohta, K. Kiyomi, K. Shimoyama, K. Fujito, H. Nagaoka, Y. Kagamitani, R. Shimura and T. Fukuda, "High thermal conductivity of gallium nitride (GaN) crystals grown by HVPE process", Mater. Trans., Vol.48 (2007) pp.2782-2786.

62) X. W. Zhou, R. E. Jones and S. Aubry, "Molecular dynamics prediction of thermal conductivity of GaN films and wires at realistic length scales", Phys. Rev. B, Vol.81 (2010) pp.155321-1-13.

63) A. AlShaikhi, S. Barman and G. P. Srivastava, "Theory of the lattice thermal conductivity in bulk and films of GaN", Phys. Rev. B, Vol.81 (2010) pp.195320-1-12.

64) T. Sugiyama and Y. Furukawa, "Noncontact Temperature Measurements of Organic Layers in an Organic Light-Emitting Diode Using Wavenumber-Temperature Relations of Raman Bands", Jpn. J. Appl. Phys., Vol.47 (2008) pp.3537-3539.

65) G. Vamvounis, H. Aziz, N.-X. Hu and Z. D. Popovic, "Temperature dependence of operational stability of organic light emitting diodes based on mixed emitter layers", Synthetic Metals., Vol.143 (2004) pp.69-73.

66) 時任静士, 安達千波矢, 村田英幸, 有機ELディスプレイ, オーム社 (2004).

67) N. Taketoshi, T. Baba and A. Ono, "Observation of Heat Diffusion across Submicrometer Metal Thin Films Using a Picosecond Thermoreflectance Technique", Jpn. J. Appl. Phys., Vol.38 (1999) pp.L1268-L1271.

68) T. Baba, "Analysis of One-dimensional Heat Diffusion after Light Pulse Heating by the Response Function Method", Jpn. J. Appl. Phys., Vol.48 (2009) pp.05EB04-05EB04-9.

69) T. Ashida, A. Miyamura, N. Oka, Y. Sato, T. Yagi, N. Taketoshi, T. Baba and Y. Shigesato, "Thermal transport properties of polycrystalline tin-doped indium oxide films", J. Appl. Phys. Vol.105 (2009) pp. 073709-073709-4.

70) Y. Sakurai, G. Salvan, Y. Hosoi, H. Ishii, Y. Ouchi, K. Seki, T. U. Kampen and D. R. T. Zahn, "Vibration spectroscopic study of the interaction of tris-(8-hydroxyquinoline) aluminum (Alq(3)) with potassium", Appl. Surf. Sci., Vol.190 (2002) pp.382-385.

71) T. Sugiyama, Y. Furukawa and H. Fujimura, "Crystalline/amorphous Raman markers of hole-transport material NPD in organic light-emitting diodes", Chem. Phys. Lett., Vol.405 (2005) pp.330-333.

72) M. W. Shin, H. C. Lee, K. S. Kim, S.-H. Lee and J.-C. Kim, "Thermal analysis of Tris (8-hydroxyquinoline) aluminum", Thin Solid Films, Vol.363 (2000) pp.244-247.

73) N. Kim, B. Domercq, S. Yoo, A. Christensen, B. Kippelen and S. Graham, "Thermal transport properties of thin films of small molecule organic semiconductors", Appl. Phys. Lett., Vol.87 (2005) pp.241908-241908-3.

74) N. Oka, K. Kato, T. Yagi, N. Taketoshi, T. Baba, N. Ito and Y. Shigesato, "Thermal Diffusivities of Tris(8-hydroxyquinoline) aluminum and N,N'-di (1-naphthyl)-N,N'-diphenylbenzidine Thin Films with Sub-Hundred Nanometer Thicknesses", Jpn. J. Appl. Phys. Vol.49 (2010) pp.121602-121602-4.

75) N. Oka, K. Kato, T. Yagi, N. Taketoshi, T. Baba and Y. Shigesato, "Thermal Boundary Resistance between N,N'-Bis(1-naphthyl)-N,N'-diphenylbenzidine and Aluminum Films", Jpn. J. Appl. Phys. Vol.50 (2011) pp. 11RB02-11RB02-3.

76) C. Chiritescu, et al., "Lower limit to the lattice thermal conductivity of nanostructured Bi_2Te_3-based materials", J. Appl. Phys., Vol.106 (2009) 0753503.
77) L. M. Goncalves, et al., "Optimization of thermoelectric properties on Bi_2Te_3 thin films deposited by thermal co-evaporation", Thin Solid Films, Vol.518 (2010) pp.2816-2821.
78) L. M. Goncalves, et al., "Thermal co-evaporation of Sb_2Te_3 thin-films optimized for thermoelectric applications", Thin Solid Films, Vol.519 (2011) pp.4152-4157.
79) M. Kuwahara, et al., "Thermal Conductivity Measurements of Sb-Te Alloy Thin Films Using a Nanosecond Thermoreflectance Measurement System", Jpn. J. Appl. Phys., Vol.47 (2007) pp.6863-6864.
80) M. Kuwahara, et al., "Measurement of the thermal conductivity of nanometer scale thin films by thermoreflectance phenomenon", Microelectronic Eng., Vol.84 (2007) pp.1792-1796.
81) N. Peranio, et al., "Structural and thermoelectric properties of epitaxially grown Bi_2Te_3 thin films and superlattices", J. Appl. Phys., Vol.100 (2006) 114306.
82) C. Wang, et al., "Phase transition behaviors and thermal conductivity measurements of nitrogen-doped Sb_2Te_3 thin films", Mat. Lett., Vol.64 (2010) pp.2314-2316.
83) B. Qiu, et al., "Thermal conductivity prediction and analysis of few-quintuple Bi_2Te_3 thin films: A molecular dynamics study", Appl. Phys. Lett., Vol.97 (2010) 183107.
84) M. Takashiri, et al., "Thermoelectric properties of n-type nanocrystalline bismuth-telluride-based thin films deposited by flash evaporation", J. Appl. Phys., Vol.101 (2007) 074301.
85) M. Uchino, et al., "Fabrication by Coaxial-Type Vacuum Arc Evaporation Method and Characterization of Bismuth Telluride Thin Films", J. Elect. Mat. (2013) DOI: 10.1007/s11664-012-2438-2.
86) S. R. Ovshinsky, "Reversible electrical switching phenomena in disordered structure", Phys. Rev.Lett. Vol.22 (1968) pp.1450-145.
87) S. R. Ovshinsky, An Introduction to Ovonic Research, J. Non-Cryst. Solids, Vol.2 (1970) pp.99-106.
88) 奥田昌宏 監修, 次世代光記録材料, エレクトロニクスシリーズ, シーエムシー出版 (2004).
89) T. Baba, "General Needs on Nanoscale Thermal Metrology and the Japanese Program on This Subject", Proc. 10th Int. Workshop Thermal Investigations of ICs and Systems, Therminic 2004, Sophia Antipolis, France (2004) pp.241-249.
90) N. Taketoshi, T. Baba and A. Ono, "Observation of Heat Diffusion across Submicrometer Metal Thin Films Using Picosecond Thermoreflectance Technique", Jpn. J. Appl. Phys., Vol.38 (1999) pp.L1268-L1271.
91) N. Taketoshi, T. Baba and A. Ono, "Development of a thermal diffusivity measurement system for metal thin films using a picosecond thermoreflectance technique", Meas. Sci. Technol., Vol.12 (2001) pp.2064-2073.
92) M. Kuwahara, O. Suzuki, Y. Yamakawa, N. Taketoshi, T. Yagi, P .Fons, T. Fukaya, J. Tominaga and T. Baba, "Measurement of thermal conductivity of nano-meter scale thin film by thermoreflectance phenomenon", Microelectron. Eng., Vol.84 (2007) pp1792-1796.
93) M. Kuwahara, O. Suzuki, N. Taketoshi, Y. Yamakawa, T. Yagi, P. Fons, K. Tsutsumi, M. Suzuki, T. Fukaya, J. Tominaga and T. Baba, "Measurements of the Temperature Dependence of Optical and Thermal Properties of Optical Disk Materials", Jpn. J. Appl. Phys., Vol.45 (2006) pp.1419-1421.
94) R. Lan, R. Endo, M. Kuwahara, Y. Kobayashi and M. Susa, "Thermal conductivies and conduction mechanisms of Sb-Te alloys at high temperature", J. Appl. Phys. Vol.110 (2011) 023701(11pages).
95) J. Kalb, F. Spaepen and M. Wuttig, "Calorimetric measurements of phase transformations in thin films of amorphous Te alloys used for optical data storage", J. Appl. Phys., Vol.93 (2003) pp.2389-2393.
96) M. Kuwahara, O. Suzuki, N. Taketoshi, T. Yagi, P. Fons, J. Tominaga and T. Baba, "Thermal Conductivity Measurements of Sb-Te Alloy Thin Films Using a Nanosecond Thermorefrectance Measurement System", Jpn.J.Appl.Phys., Vol.46 (2007) pp.6863-6864.
97) Y. S. Touloukian, R. W. Powell, C. Y. HO and P. G. Klemens, "Thermal Conductivity of metallic and Alloys", Plenum, New York (1970) pp-10-14366-371.
98) S. M. Lee and D. G. Cahill. "Thermal conductivity of sputtered oxide films", Phy. Rev. B, Vol.52, No.1 (1995) pp.253-257.
99) J. Mun, S.-W. Kim, R. Kato, I. Hatta, S.-H. Lee and K.-H. Kang, "Measurement of the thermal conductivity of TiO_2 thin films by using the thermo-reflectance method", Thermochimica. Acta., Vol.455, No.1-2

(2007) pp.55-59.
100) D. J. Kim, D. S. Kim, S. Cho, S. W. Kim, S. H. Lee and J. C. Kim, "Measurement of Thermal Conductivity of TiO$_2$ Thin Films Using 3ωMethod", Int. J. Thermophysics, Vol.25, No.1 (2004) pp.281-289.
101) S. S. Shinde, R. A. Bansode, C. H. Bhosale and K. Y. Rajpure "Physical properties of hematite α-Fe$_2$O$_3$ thin films: application to photoelectrochemical solar cells", J. Semicond., Vol.32, No.1 (2011) 013001.
102) B. Tlili, C. Nouveau, M.J. Walock, M. Nasri and T. Ghrib "Effect of layer thickness on thermal properties of multilayer thin films producedby PVD", Vacuum, Vol.86, No.8 (2012) pp.1048-1056.
103) B. L. Zink„ A. D. Avery, Rubina Sultan, D. Bassett and M. R. Pufall, "Exploring thermoelectric effects and Wiedemann-Franz violation in magneticnanostructures via micromachined thermal platforms", Solid State Commun., Vol.150 No.11-12 (2010) pp.514-518.
104) "Thermophysical Properties of Matter", edited by Y. S. Touloukian (IFI/Plenum, New York, 1970)
105) T. Farrell and D. Greig, "The thermal conductivity of nickel and its alloys", J. Phys. C (Solid State Phys.), Vol.2, No.8 (1969) pp.1465-1473.
106) J. P. Moore, T. G. Kollie, R. S. Graves and D. L. McElroy, "Thermal transport properties of ordered and disordered Ni$_3$Fe", J. Appl. Phys., Vol.42 No.8 (1971) pp.3114-3120.
107) W. Zhou, S. Bailey, R. Sooryakumar, S. King, G. Xu, E. Mays, C. Ege and J. Bielefeld, "Elastic properties of porous low-k dielectric nano-films", J. Appl. Phys., Vol.110 (2011) pp.043520.
108) K. Vanstreels, M. Pantouvaki, A. Ferchichi, P. Verdonck, T. Conard, Y. Ono, M. Matsutani, K. Nakatani and M. R. Baklanov, "Effect of bake/cure temperature of an advanced organic ultra low-k material on the interface adhesion strength to metal barriers", J. Appl. Phys., Vol.109 (2011) pp.074301.
109) K. Kurabayashi, M. Asheghi, M. Touzelbaev and K. E. Goodson, J. Microelectromech. Syst., 8 (1999) pp. 180.
110) Y. S. Ju, K. Kuarbayashi and K. E. Goodson, Thin Solid Films, Vol.339 (1999) pp.160,
111) C. Hu, M. Kiene and P. S. Ho, "Thermal conductivity and interfacial thermal resistance of polymeric low k films", Appl. Phys. Lett.,Vol.79 (2001) pp.4121-4123.
112) B. C. Daly, H. J. Maris, W. K. Ford, G. A. Antonelli, L. Wong and E. Andideh, "Optical pump and probe measurement of the thermal conductivity of low-k dielectric thin films", J. Appl. Phys., Vol.92 (2002) pp. 6005.
113) R. M. Costescu, A. J. Bullen, G. Matamis, K. E. O'Hara and D. G. Cahill, "Thermal conductivity and sound velocities of hydrogen-silsesquioxane low-k dielectrics", Phys. Rev. B, Vol.65 (2002) pp.094205.
114) A. R. Abramson, S. T. Huxtable, W. C. Kim, H. Yan, Y. Wu, A. Majum-dar, C. L. Tien and P. Yang, "Fabrication and Characterization of a nanowire/polymer based nanocomposite for a prototype thermoelectric device", J. Microelectromech. Syst., 13 (2004) 505.
115) J. Morikawa and T. Hashimoto, "Thermal diffusivity measurement of low-k dielectric thin film by temperature wave analysis", Thermochim. Acta., Vol.432 (2005) pp.216-221.
116) P. B. Kaul, K. A. Day and A. R. Abramson, "Application of the three omega method for the thermal conductivity measurement of polyaniline", J. Appl. Phys., Vol.101 (2007) pp.08350.
117) J. Morikawa and T. Hashimoto, "Thermal diffusivity of aromatic polyimide thin films by temperature wave analysis", J. Appl. Phys., Vol.105 (2009) pp.113506.
118) S. Putnam, D. G. Cahill, B. J. Ash and L. S. Schadler, "High-precision thermal conductivity measurements as a probe of polymer/nanoparticle interfaces", J. Appl. Phys., Vol.94 (2003) pp.6788.
119) S. M. Lee, G. Matamis, D. G. Cahill and W. P. Allen, "Thin-film materials and minimum thermal conductivity", Microscale Thermophys. Eng., Vol.2 (1998) pp.31.
120) M. Tress, M. Erber, E. U. Mapesa, H. Huth, J. Meuller, A. Serghei, C. Schick, K-J Eichhorn, B. Voit and F. Kremer, "Glassy Dynamics and Glass Transition in Nanometric Thin Layers of Polystyrene", Macromolecules, Vol.43 (2010) pp.9937-9944.
121) H. Yin, S. Napolitano and A. Schoenhals, "Molecular Mobility and Glass Transition of Thin Films of Poly (bisphenol A carbonate)", Macromolecules, Vol.45 (2012) pp.1652-1662.
122) M. Erber, M.Tress, E. U. Mapesa, A. Serghei, K-J Eichhorn, B. Voit and F. Kremer, "Glassy Dynamics and Glass Transition in Thin Polymer Layers of PMMA Deposited on Different Substrates", Macromolecules, Vol.43 (2010) pp.7729-7733.
123) H. Yang and J. S. Sharp, "Interfacial Effects and the Glass Transition in Ultrathin Films of Poly(*tert*-butyl

methacrylate)", Macromolecules, Vol.41 (2008) pp.4811-4816.
124) K. Shin, Y. Pu, M. H. Rafailovich,, J. Sokolov, O. H. Seeck, S. K. Sinha, M. Tolan and R. Kolb, "Correlated Surfaces of Free-Standing Polystyrene Thin Films", Macromolecules, Vol.34 (2001) pp.5620-5626.
125) T. S. Jain and J. J. de Pablo, "Monte Carlo Simulation of Free-Standing Polymer Films near the Glass", Macromolecules, Vol.35 (2002) pp.2167-2176.

6.3 金属薄膜 (Metallic Thin Films)

6.3.1 金薄膜の熱物性値 (Thermophysical properties of Gold thin film)

Yamane ら[1]は熱蒸着法によってポリイミドフィルム上に厚さ 30～340 nm の金薄膜を作成し，AC カロリーメトリー法によって面内方向の熱拡散率を測定した．Fig. 6-3-1 に熱拡散率の微結晶サイズ依存性を示す．グラフ横軸は X 線回折結果の(111)面の強度から見積もられた微結晶サイズである．

Wu ら[2]はミラージュ法によって厚さ 200 nm および 500 nm の金薄膜について，膜厚方向の熱拡散率を測定した．この値は同グループが過去に Transient Thermal Grating 法によって測定した値と同程度だとも報告した．

Zhang ら[3]は両端を支持された宙吊りの厚さ 21～37 nm の金薄膜について，定常法を用いて面内方向の熱伝導率を測定した．膜厚 37 nm の試料については，80 K～室温における熱伝導率も測定しており，その結果を Fig. 6-3-2 に示す．熱伝導率の温度依存性はバルクと異なり，室温から 80 K へと温度の低下に伴って熱伝導率は，小さくなる傾向を示している．

Choi ら[4]は電子ビーム蒸着法でポリイミド基板上に成膜した金単層膜（膜厚 1000 nm）について，AC カロリーメトリー法で熱拡散率を測定し，11.7×10^{-5} m^2/s という値を報告した．

金薄膜の成膜条件及び測定物性，測定方法等を Table 6-3-1 に示し，Table 6-3-2 に物性データを示す．Table 6-3-2 ではデータの比較のために，便宜的にバルクの密度:19280 kg/m^3 と比熱容量:129 J/(kg·K)[5]を使用して，熱拡散率を熱伝導率に換算した．本節で掲載した結果は産業技術総合研究所の分散型熱物性データベース[6]に収録されており，無償で公開中である．

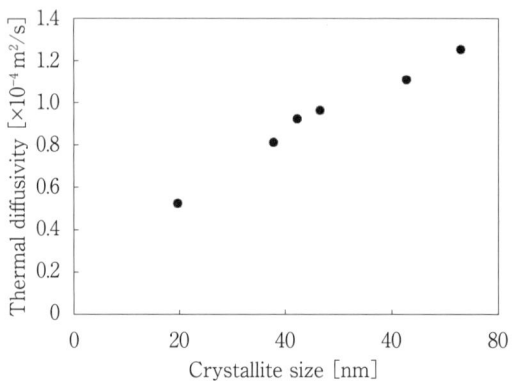

Fig. 6-3-1 金薄膜における熱拡散率の微結晶サイズ依存性[1]（データ番号 Au1）(Crystallite size dependence of thermal diffusivity for Gold thin film)

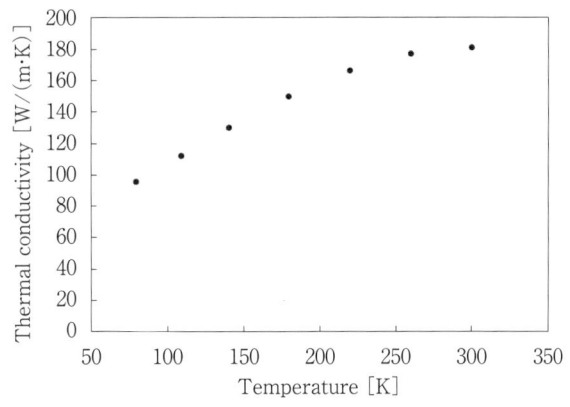

Fig. 6-3-2 金薄膜における熱伝導率の温度依存性[3]（データ番号 Au3，膜厚 37nm）(Temperature dependence of thermal conductivity for Gold thin film)

Table 6-3-1 金薄膜の成膜方法および測定情報
(Deposition methods of gold thin film and measurement information)

著者	出版年	成膜方法	膜厚	測定物性	測定方法	測定方向	データ番号
T. Yamane, Y. Mori, S. Katayama, M. Todoki[1]	1997	蒸着	30〜340 nm	熱拡散率	AC カロリーメトリー法	面内方向	Au1
Z. L. Wu, P. K. Kuo, L. Wei, S. L. Gu, R. L. Thomas[2]	1993	不明	200 nm, 500 nm	熱拡散率	ミラージュ法	膜厚方向	Au2
Q. G. Zhang, B. Cao X. Zhang, M. Fuji K. Takahashi[3]	2006	電子ビーム物理蒸着	21.0〜37.0 nm	熱伝導率	定常法	面内方向	Au3
S. R. Choi, D. Kim, S.-H. Choa[4]	2006	電子ビーム蒸着 基板：ポリイミド	1000 nm	熱拡散率	AC カロリーメトリー法	面内方向	Au4

Table 6-3-2 金薄膜における物性報告値
(Thermophysical properties of gold thin film)

データ番号	熱拡散率×10^{-5} (m^2/s)	熱伝導率 (W/(m·K))	温度 (K)	備考
Au バルク	12.7[5]	317*	室温	*体積比熱容量：$2.49×10^6$ J/(m^3K)を使い，熱拡散率から換算した．
Au1	5.3〜12.5*	132〜311**	室温	*バルクと薄膜の熱拡散率比をグラフより読み取った上，熱拡散率を算出した． **体積比熱容量：$2.49×10^6$ J/(m^3K)を使い，熱拡散率から換算した．
Au2		25.2* 31.5**	室温	*膜厚 200 nm **膜厚 500 nm
Au3		160〜185 程度*	室温	*グラフより読み取り．
Au4	11.7	292	室温	膜厚 1000 nm

6.3.2 白金薄膜の熱物性値 (Thermophysical properties of Platinum thin film)

Nakamura ら[7]は DC スパッタリングにて MgO 単結晶基板の(100)面上に膜厚 90 nm の白金薄膜を作成し，裏面加熱表面測温（RF）型フェムト秒サーモリフレクタンス法を用いて膜厚方向の熱拡散率を 15〜273 K の温度範囲で測定した．Fig. 6-3-3 に白金薄膜の熱拡散率温度依存性を示す．室温近傍では薄膜とバルクの間で大きな乖離は見られないが，温度の低下に伴いバルクと薄膜の間で乖離が大きくなっていくことが報告された．

Zhang ら[8]は電子ビーム物理蒸着法で作成した膜厚 28 nm，幅 260 nm，長さ 5.3 μm の宙吊りにされた白金薄膜について，定常法を用いて熱伝導率を測定した．Fig. 6-3-4 に報告された熱伝導率の温度依存性を示す．測定の温度範囲は約 77〜330 K であり，すべての温度領域においてバルク値（72 W/(m·K)[5]）と比較して小さな値である．さらに，Zhang ら[9]は電子ビーム物理蒸着法で作成した膜厚 40 nm の宙吊りにされた白金薄膜について，室温における熱伝導率を測定し，こちらもバルク値と

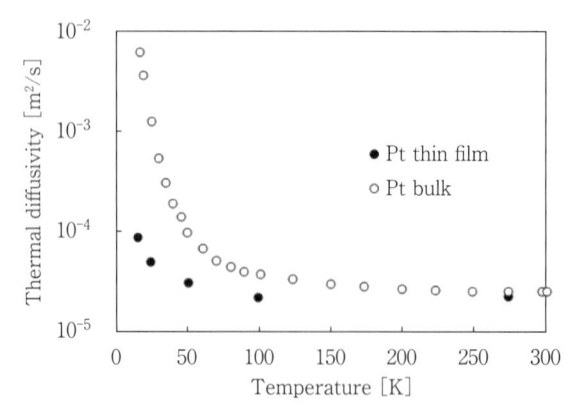

Fig. 6-3-3 Nakamura らによる白金薄膜熱拡散率の温度依存性[7]（データ番号 Pt1）(Temperature dependency of thermal diffusivity of Platinum thin film)

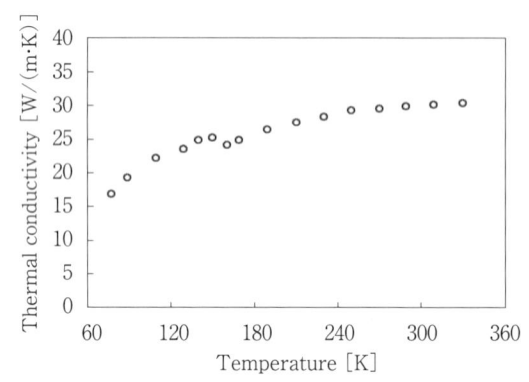

Fig. 6-3-4 Zhang らによる白金薄膜熱伝導率の温度依存性[8]（データ番号 Pt2）(Temperature dependency of thermal conductivity of Platinum thin film)

比較して，十分に小さい 27.7〜33.6 W/(m·K) となった．

Zhang ら[10]は電子ビーム物理蒸着法で作成した9種類の白金薄膜の熱伝導率を報告した．作成した膜は，膜厚 15〜63 nm，結晶粒サイズ 9.5〜26.4 nm である．測定方法は Zhang ら[8]と同様である．Fig. 6-3-5 に測定結果を示す．結晶粒サイズと熱伝導率の間には正の相関が現れる結果となっている．

Takahashi ら[11]は電子ビーム物理蒸着法や収束イオンビーム堆積法を用いて作成された膜厚約 50 nm の白金薄膜について，Zhang ら[8]と同様の測定方法で 100〜340 K の温度範囲で熱伝導率を測定した．熱伝導率は 23.0〜37.0 W/(m·K) となり，こちらもバルク値と比較して大幅に小さな値であると報告した．

Solina ら[12]は電子ビーム蒸発法や DC マグネトロンスパッタリング法よってシリコン基板上に成膜された白金薄膜の密度について X 線反射率法を用いて測定した．膜の密度は電子ビーム蒸着法，DC マグネトロンスパッタリングで，それぞれ 20820〜21460 kg/m^3，13020〜21460 kg/m^3 である．

白金薄膜の成膜条件および測定物性，測定方法等を Table 6-3-3 に示す．本節で紹介したデータは産業技術総合研究所の分散型熱物性データベース[6]にて，無償で公開中である．

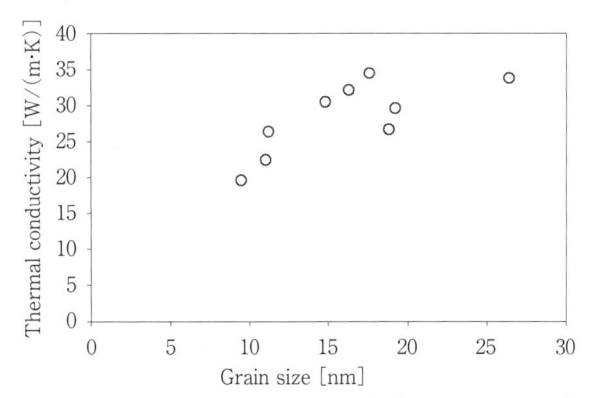

Fig. 6-3-5 Zhang らによる白金薄膜熱伝導率の結晶粒サイズ依存性[10]（データ番号 Pt3）(Grain size dependency of thermal conductivity of Platinum thin film)

Table 6-3-3 白金薄膜の成膜方法および測定情報

作者	出版年	成膜方法	サイズ等	測定物性	測定方法	測定方向	温度範囲	データ番号
F. Nakamura, N. Taketoshi, T. Yagi, T. Baba[7]	2011	DC スパッタリング 基板：MgO 単結晶	厚さ：90 nm	熱拡散率	RF 型 サーモリフレクタンス法	膜厚方向	15～273 K	Pt1
X. Zhang, H. Xie, M. Fujii, H. Ago, K. Takahashi, T. Ikuta, H. Abe, T. Shimizu[8]	2005	電子ビーム物理蒸着	厚さ：26 nm 幅：260 nm 長さ：5.3 μm	熱伝導率	定常法	面内方向	約 77～約 330 K	Pt2
X. Zhang, H. Xie, M. Fujii, K. Takahashi, T. Ikuta, H. Ago, H. Abe, T. Shimizu[9]	2006	電子ビーム 物理蒸着	厚さ：40 nm	熱伝導率	定常法	面内方向	室温	Pt3
Q. G. Zhang, B. Y. Cao, X. Zhang, M. Fujii, K. Takahashi[10]	2006	電子ビーム 物理蒸着	厚さ：15～62 nm 結晶粒サイズ：9.5～26.4 nm	熱伝導率	定常法	面内方向	80～300 K	Pt4
K. Takahashi, N. Hilmi, Y. Ito, T. Ikuta, X. Zhang[11]	2009	電子ビーム物理蒸着 収束イオンビーム堆積	厚さ：50 nm	熱伝導率	定常法	面内方向	100～340 K	Pt5
D. M. Solina, R. W. Cheary, U. P. D. Swift, S. Dligatch, G. M. McCredie, B. Gong, P. Lynch[12]	2000	DC マグネトロン スパッタリング	厚さ：0.7～3 nm (Pt 層のみの厚さ)	密度	X 線反射率法		室温	Pt6
		電子ビーム蒸着	厚さ：2～7 nm (Pt 層のみの厚さ)	密度	X 線反射率法		室温	Pt7

6.3.3 モリブデン薄膜の熱物性値 (Thermophysical properties of Molybdenum thin film)

Taketoshi ら[13]は DC マグネトロンスパッタリング，RF スパッタリング法の 2 種類の方法で成膜

されたモリブデン薄膜（膜厚約 100 nm）に対して，それぞれ光学遅延方式と電気遅延法式の裏面加熱表面測温（RF）型ピコ秒サーモリフレクタンス法で膜厚方向の熱拡散率を測定した．DC マグネトロンスパッタリング，RF スパッタリングで成膜された膜の熱拡散率はそれぞれ，3.9×10^{-5} m^2/s，0.44×10^{-5} m^2/s となっており，同程度の膜厚であっても 1 桁近く値が異なっている．この熱拡散率の大きな違いは成膜プロセスの違いによって膜質が大きく異なるためである．また Taketoshi[14,15]らは DC マグネトロンスパッタリングで Pyrex7740 基板上に成膜されたモリブデン薄膜に対し，光学遅延 RF 型ピコ秒サーモリフレクタンス法にて熱拡散率を測定し，5.04×10^{-5} m^2/s と報告した．

Yagi ら[16]は RF マグネトロンスパッタリング法で溶融シリカ基板上に成膜された膜厚 69 nm のモリブデン薄膜について，電気遅延 RF 型サーモリフレクタンス法にて熱拡散率を測定し，その値を 2.0×10^{-5} m^2/s と報告した．

Choi ら[4]は DC マグネトロンスパッタリング法でポリイミド基板上に成膜したモリブデン単層膜（膜厚 350 nm）について，AC カロリーメトリー法で熱拡散率を測定し，5.3×10^{-5} m^2/s というバルク（5.4×10^{-5} m^2/s [5]）とほぼ同等の値を報告した．

Wasada ら[17]はスパッタリング法にてシリコン基板上に成膜された平均膜厚 12 nm 程度のモリブデン薄膜について，圧力浮遊法を用いて密度を測定し，その値を 7980 ± 300 kg/m^3 と報告した．

モリブデン薄膜の成膜方法，測定物性，測定方法を Table 6-3-4，モリブデン薄膜の熱拡散率報告値を Table 6-3-5 にまとめる．これらのデータは産業技術総合研究所が運営する分散型熱物性データベ

Table 6-3-4　モリブデン薄膜の成膜方法および測定情報
(Deposition methods of Molybdenum thin films and measurement information)

著者	出版年	成膜方法	膜厚	測定物性	測定方法	測定方向	データ番号
N. Taketoshi, T. Yagi, T. Baba[13]	2009	DC マグネトロンスパッタリング（Ar 圧力：0.4Pa）基板：Pyrex7740	95 nm	熱拡散率	RF 型サーモリフレクタンス法	膜厚方向	Mo1
		RF スパッタリング（Ar 圧力：11Pa）基板：Pyrex7740	106 nm	熱拡散率	RF 型サーモリフレクタンス法	膜厚方向	Mo2
N. Taketoshi, T. Baba, A. Ono[14,15]	1999	DC マグネトロンスパッタリング 基板：Pyrex7740	100.3 nm	熱拡散率	RF 型サーモリフレクタンス法	膜厚方向	Mo3
T. Yagi, K. Tamano, Y. Sato, N. Taketoshi, T. Baba, Y.Shigesato[16]	2005	RF マグネトロンスパッタリング 基板：溶融シリカ	69 nm	熱拡散率	RF 型サーモリフレクタンス法	膜厚方向	Mo4
S. R. Choi, D. Kim, S.-H. Choa[14]	2006	DC マグネトロンスパッタリング 基板：ポリイミド	350 nm	熱拡散率	AC カロリメトリ法	面内方向	Mo5
A. Waseda, K. Fujii, N. Taketoshi[17]	2005	スパッタリング 基板：シリコン	12.08±0.49 nm	密度	圧力浮遊法	-	

Table 6-3-5　モリブデン薄膜における熱拡散率報告値一覧
(Thermal diffusivity of Molybdenum thin films)

データ番号	著者	熱拡散率 $\times 10^{-5}$ (m^2/s)	温度 (K)
Mo1	N. Taketoshi et al.	3.9	室温
Mo2	N. Taketoshi et al.	0.44	室温
Mo3	N. Taketoshi et al.	4.7	室温
Mo4	T. Yagi et al.	2.0	室温
Mo5	S. R. Choi et al.	5.3	室温

6.3.4 Al, Cu 薄膜の熱物性値（Thermophysical properties of Aluminum and Copper thin film）

(1) アルミニウム薄膜の熱物性値

　Taketoshi ら[14,15]はDCマグネトロンスパッタリングにてPyrex7740基板上に成膜された2種類の厚さのアルミニウム薄膜について熱拡散率を測定した．光学遅延方式の表面測温型（RF型）ピコ秒サーモリフレクタンス法によって測定しており，電気遅延方式と光学遅延方式の2種類で熱拡散率が測定され，バルクと同程度の値が報告された．Oka ら[18]はCorning1737基板上にDCマグネトロンスパッタリング法でAl薄膜を成膜し，RF型ピコ秒サーモリフレクタンス法で熱拡散率を測定した．その熱拡散率値はバルク値より若干低い 8.3×10^{-5} m^2/sである．

　Boiko ら[19]は通電加熱と定常法の原理を利用した熱伝導率測定装置を用い，焼成なしの厚さ67〜115 nmのアルミニウム薄膜，焼成有りの厚さ98，105 nmのアルミニウム薄膜について熱伝導率を測定した．薄膜の熱伝導率はバルクよりも小さいとされ，焼成を行った薄膜は焼成なしの薄膜よりも大きな熱伝導率を示すと報告した．アルミニウム薄膜の成膜方法および測定物性，測定方法等をTable 6-3-6，アルミニウム薄膜物性の報告値を Table 6-3-7 にまとめておく．

(2) 銅薄膜の熱物性値

　Yamane ら[1]は熱蒸着法によってポリイミドフィルム上に厚さ75〜1200 nmの銅薄膜を作成し，ACカロリーメトリー法によって面内方向の熱拡散率を測定した．Fig. 6-3-6に銅薄膜の熱拡散率の微結晶サイズ依存性を示す．ここでグラフ横軸の微結晶サイズはX線回折結果の(111)面の強度から見積もったものである．Yamaneらは微結晶サイズが60 nm以下では微結晶サイズに依存して熱拡散率が小さくなるとしており，これは主な熱輸送キャリアである自由電子の室温での平均自由行程が約50 nmであることから，自由電子の移動が制限されている事が原因であるとしている．Gonzalezら[20]は電子ビーム蒸着法で成膜した厚さ100〜5000 nmの銅薄膜について，室温の熱拡散率をミラージュ法で測定した．アニール無しの膜と673 Kの温度で4時間アニールされた膜の両方について熱拡散率を測定しており，アニール膜のほうが若干高めの値を示した．また，厚さが500 nm以上のアニ

Table 6-3-6　アルミニウム薄膜の成膜方法及び測定情報
(Deposition methods of Aluminum thin films and measurement information)

著者	出版年	成膜方法	膜厚	測定物性	測定方法	測定方向	データ番号
N. Taketoshi, T. Baba, A. Ono[14]	2001	マグネトロンスパッタリング 基板：Pyrex7740	101.3, 140.8 nm	熱拡散率	RF型サーモリフレクタンス法 （電気遅延方式）	膜厚方向	Al1
N.Taketoshi, T.Baba, A.Ono[14, 15]	1999	マグネトロンスパッタリング 基板：Pyrex7740	101.5 nm	熱拡散率	RF型サーモリフレクタンス法 （光学遅延方式）	膜厚方向	Al2
N. Oka, K. Kato, T. Yagi, N. Taketoshi, T. Baba, Y. Shigesato[18]	2011	DCマグネトロンスパッタリング 基板：Corning1737	公称 70 nm	熱拡散率	RF型サーモリフレクタンス法	膜厚方向	Al3
B. T. Boiko, A. T. Pugachev, V. M. Bratsychin[19]	1973	蒸着	67〜115 nm （焼成無し）	熱伝導率	定常法	面内方向	Al4
		蒸着	98, 105 nm （焼成有り）	熱伝導率	定常法	面内方向	Al5
		蒸着	105 nm （焼成有り）	熱伝導率	定常法	面内方向	Al6

Table 6-3-7 アルミニウム薄膜における物性報告値
(Thermophysical properties of Aluminum thin films)

データ番号	著者	熱拡散率 $\times 10^{-5}$(m²/s)	熱伝導率 (W/(m·K))	温度 (K)
Al1	N. Taketoshi et al.	9.8〜10	235*〜240*	室温
Al2	N. Taketoshi et al.	9.4	226*	室温
Al3	N. Oka et al.	8.3	199*	室温
Al4	B. T. Boiko et al.	-	87〜130	室温
Al5	B. T. Boiko et al.	-	150〜170	室温
Al6	B. T. Boiko et al.	-	200 − 0.08T**	300〜600 K

*体積比熱容量（2.4 × 10⁶ J/(m³·K)）を使用して熱拡散率から熱伝導率に変換．
**式中の T は温度（K）を表す．

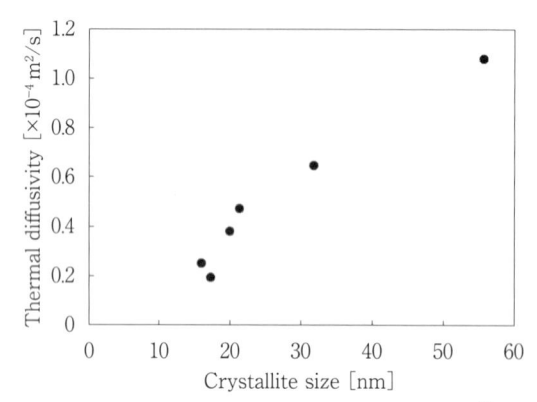

Fig. 6-3-6 銅薄膜熱拡散率の微結晶サイズ依存性[1]（データ番号 Cu1）(Crystallite size dependance of thermal diffusivity for Copper thin film)

Table 6-3-8 銅薄膜の成膜方法および測定情報
(Deposition methods of copper thin films and measurement information)

著者	出版年	成膜方法	膜厚	測定物性	測定方法	測定方向	データ番号
T. Yamane, Y. Mori, S. Katayama, M. Todoki[1]	1997	蒸着法	75〜1200 nm	熱拡散率	AC カロリーメトリー法	面内方向	Cu1
E. J. Gonzalez, J. E. Bonevich, G. R. Stafford, G. White, D. Josell[20]	2000	蒸着 A. アニールなし B. 673 K で 4 時間アニール	100〜5000 nm	熱拡散率	ミラージュ法	膜厚方向	Cu2（アニールなし） Cu3（アニールあり）

Table 6-3-9 銅薄膜における熱拡散率報告値
(Thermal diffusivity of copper thin films)

データ番号	著者	熱拡散率 $\times 10^{-5}$(m²/s)	温度(K)	備考
Cu1	T. Yamane et al.	2〜11	室温	グラフより読取り
Cu2	E. J. Gonzalez et al.	9.75〜10.5	室温	グラフより読取り
Cu3	E. J. Gonzalez et al.	10.75〜11.25	室温	グラフより読取り

ールなしの膜について，熱拡散率の値はバルク値（1.17×10^{-5} m²/s）の約 90% よりも低いとも報告している．銅薄膜の成膜方法および測定物性，測定方法等を Table 6-3-8 に，銅薄膜物性の報告値を Table 6-3-9 にまとめておく．

本節で掲載したデータは産業技術総合研究所の分散型熱物性データベース[6]に収録し，公開中である．

Table 6-3-10 タングステン薄膜の成膜方法および測定情報
(Deposition methods of Tungsten thin films and properties)

著者	出版年	成膜方法	膜厚	測定物性	測定方法	測定方向	温度範囲
N. Taketoshi, T. Baba, A. Ono[21]	2005	DC スパッタリング，Pyrex7740 ガラス基板	139 nm, 184 nm, 275 nm,	熱拡散率	RF 型サーモリフレクタンス法	膜厚方向	室温
S. Kawasaki, Y. Yamashita, N. Oka, T. Yagi, J. Jia N. Taketoshi, T. Baba, Y. Shigesato[22]	2013	DC マグネトロンスパッタリング	100 nm	熱拡散率	RF 型サーモリフレクタンス法	膜厚方向	室温

Table 6-3-11 チタン薄膜の成膜方法及び測定情報
(Deposition methods of Titanium thin films and properties)

著者	出版年	成膜方法	膜厚	測定物性	測定方法	測定方向	温度範囲
E. J. Gonzalez, J. E. Bonevich, G. R. Stafford, G. White, D. Josell,[20]	2000	蒸着	3000 nm	熱拡散率	ミラージュ法	膜厚方向	室温

6.3.5 その他 W, Ti 薄膜の熱物性値 (Thermophysical properties of other thin films)

(1) タングステン薄膜の熱物性値

Taketoshi ら[21]は DC スパッタリングにて Pyrex7740 基板上に膜厚 139, 184, 275 nm の 3 種類のタングステン薄膜を作成し，電気遅延方式の裏面加熱表面測温型（RF 型）のピコ秒サーモリフレクタンス法によって膜厚方向の熱拡散率を測定した．3 種類の薄膜の熱拡散率は $2.6 \sim 2.9 \times 10^{-5}$ m^2/s である．

Kawasaki ら[22]は DC マグネトロンスパッタリング法（スパッタリングガス：Ar，全圧：1 Pa，スパッタリングパワー：100 W）で成膜された膜厚 100 nm のタングステン薄膜について，裏面加熱表面測温型（RF 型）ピコ秒サーモリフレクタンス法によって，膜厚方向の熱拡散率を測定した．タングステン薄膜の熱拡散率は 2.8×10^{-5} m^2/s と報告された．タングステン薄膜の成膜方法および測定物性，測定方法等を Table 6-3-10 にまとめておく．

(2) チタン薄膜の熱物性値

Gonzalez ら[20]は電子ビーム蒸着法により作製された厚さ 3 μm のチタン薄膜について，ミラージュ法で熱拡散率を測定した．熱拡散率は 3.5×10^{-6} m^2/s であり，バルク値（9.25×10^{-6} m^2/s）の 1/3 程度であるとされた．論文中ではその原因として成膜時の不純物混入が挙げられているが，十分な検証は行われていない．チタン薄膜の成膜方法および測定物性，測定方法等を Table 6-3-11 にまとめておく．

本節で掲載した結果は全て産業技術総合研究所の分散型熱物性データベース[6]に収録し，無償で公開している．

6.3.6 金属イオンを含むナノ微粒子の熱容量と磁性 (Heat capacity and magnetic properties of transition metal oxides)

一般にバルク体の物性はアボガドロ定数程度の原子が集まった状態を仮定している．ナノサイズの微粒子は数十から数百個の原子で構成されているため，上記の仮定が成り立たず，それゆえ転移温度の低下や磁気量子トンネリングなど新しい物性を観察することができる．一方，量子力学的なアプロ

Table 6-3-12 Ni(OH)$_2$ の磁気転移温度と比熱
(Transition temperature and specific heat of Ni(OH)$_2$)

著者 (Authors)	年 (Year)	粒径 (Diameter)	磁気転移温度 (Transition Temperature)	磁気比熱 (Magnetic specific heat) C_m (T_N) (J/(K·mol))
Enoki et al.[24]	1978	bulk	25.75	20.68
Sorai et al.[23]	1968	3 μm	24.8	12.56
Sorai et al.[23]	1968	1000 nm	24.25	11.10
Sorai et al.[23]	1968	13 nm	23.0	9.37
Ichiyanagi et al.[25]	1996	2.5 nm	10	-

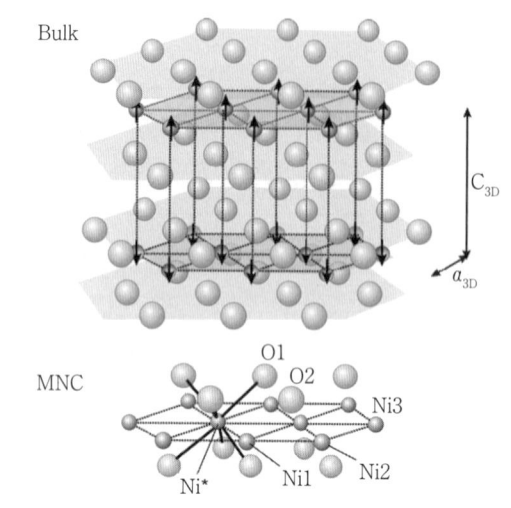

Fig. 6-3-7 バルクの Ni(OH)$_2$（上）と単層の Ni-MNC（下）の結晶構造 (Schematic structure of bulk Ni(OH)$_2$ (top) and monolayer sheet of Ni(OH)$_2$ (bottom)).

ーチで，10^{23} の自由度をもつ現実の系について運動方程式を全て解くのは困難であるため，多数の粒子からなる巨視的な系では熱力学・統計力学により演繹的に微視的な性質と結びつけることが重要になる．19世紀初頭にはランジュバン（Langevin）が分子磁石の集合体に統計力学の方法を適用したのをきっかけに，ハイゼンベルク（Heisenberg）は1920年代に完成したばかりの量子力学を磁性問題へ適用し，磁性理論と技術開発が急速に発展した．周期律表の中で室温で強磁性を示す元素は Fe, Co, Ni, Gd の4種類しかない．磁性をになう Fe, Co, Ni を中心とした3d 遷移金属は原子自身が磁気モーメントを持っており，これらの金属原子の挙動は興味深く，かつ非常に重要となっている．本稿では3d 遷移金属のニッケルを含む，粒径が数ナノメートルの水酸化ニッケル（Ni(OH)$_2$）の単層クラスター（monolayer nanocluster）の熱物性と磁性の関係を紹介する．

Ni(OH)$_2$ の磁気転移温度と比熱測定に関する測定例を Table 6-3-12 にまとめた．Sorai ら[23] は，2×3 nm，3～100×20～1000 nm，0.2～0.5×1～3 μm の異なるサイズの熱容量を断熱法で測定し，磁気相転移温度を決定している．また，バルクの磁気転移温度は Enoki ら[24] が断熱法により T_N = 25.75 K を決定している．表から明らかなように粒子サイズが小さくなるにつれて転移温度が低下しており，特に Ichiyanagi ら[25] による 2.5 nm の単層水酸化ニッケル（Ni-MNC）では 10 K まで急激に変化している．バルクの水酸化ニッケルは CdI$_2$ タイプの六方晶の結晶構造を持ち，面内は強磁性的に秩序化し，面間は反強磁性的に秩序化していることが知られている（Fig. 6-3-7）．単層の Ni-MNC は三角格子を形成する面内に Ni イオンが配置し，その上下の面を（OH）イオンが挟んだ形となっており[26]，理想的な2次元強磁性体を実現しているため，端の効果と2次元性による熱揺らぎの影響が大きいも

6.3 金属薄膜

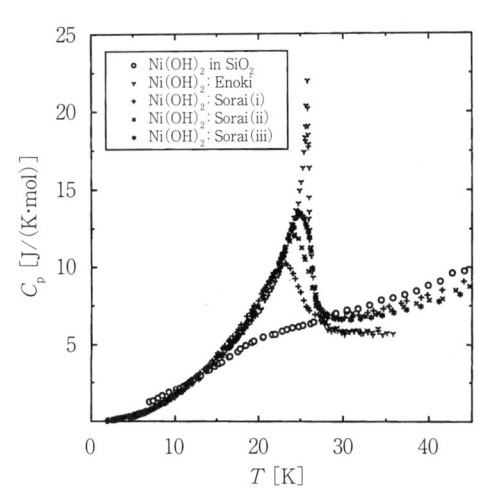

Fig. 6-3-8 Ni(OH)$_2$ の熱容量のサイズ効果による影響．○は 2.5 nm の Ni-MNC に対応する．(Size effect of heat capacity for Ni (OH)$_2$.. ○ indicates Ni-MNC with diameter of 2.5 nm.)

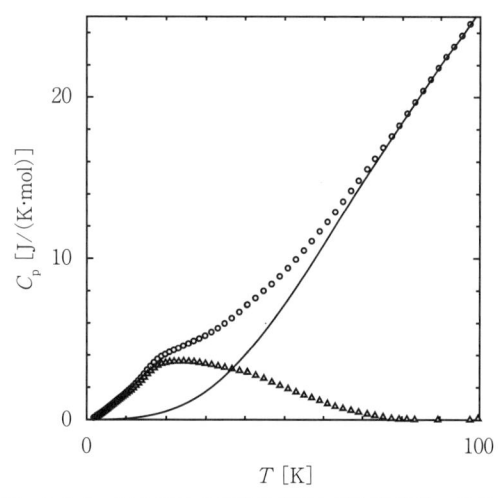

Fig. 6-3-9 Ni-MNC の正常熱容量と磁気熱異常．○は Ni-MNC 1 mol あたりの熱容量，△は磁気熱容量，実線はデバイ関数で見積もられた正常熱容量（格子熱容量）を示す．Normal (lattice) heat capacity and anomaly of magnetic heat capacity for Ni-MNC. △ indicates magnetic heat capacity, solid line shows normal heat capacity estimated by Debye function.

のと考えられる．サイズ効果による熱容量の比較を Fig. 6-3-8 に示す．熱容量ピークはサイズの減少とともにブロードになっている．

また，粒径が 2 nm 程度の Ni-MNC のその後の展開[27]では，2.2 nm の Ni-MNC について断熱型熱量計と PPMS を用いて断熱法と緩和法を組み合わせて校正を加えつつ熱容量を測定している．このサンプルはアモルファス SiO$_2$ 中に分散しているため，これらの寄与を差し引き[28]，Ni-MNC 1 mol あたりのモル熱容量に換算した結果を Fig. 6-3-9 に示す．熱異常部分を取り出すため，15 自由度の Debye 関数を用いて格子熱容量（正常熱容量）を見積もり，図中の実線で示した．実測値の熱容量から正常熱容量を差し引いたものが磁気熱容量である．ここで，低温側の熱容量の解析にはスピン波理論[27]を用いたところ，3 次元の強磁性体で予想される結果に良く一致した．

これらの実験値を元に，磁気相転移に伴うエントロピー，エンタルピー変化 ΔS, ΔH をそれぞれ求めると $\Delta S[J/(K\cdot mol)] = 6.178$, $\Delta H[J/mol] = 150.9$ となった．転移エントロピーは，ニッケル（Ni）の場合の $S=1$ のスピン系で期待される理論値 $R \ln(2S+1) = R \ln 3 = 9.314 J/(K\cdot mol)$ よりかなり小さくなっている．これは，粒径が約 2 nm の Ni-MNC ではクラスター内の Ni 原子の数がわずか 60 個ほどとなり，このエントロピーの減少は量子揺らぎ効果による Ni スピンの乱れによるものと考えられる．

他の金属 Fe, Mn 等を含む化合物においても熱容量のピークは熱揺らぎの影響を受け，ブロードになる傾向がある．単体の金属では 22～60 Å の多孔質ガラス中に 10% の In, Pb を含んだものの断熱法による先駆的な比熱の測定報告があるが[29]，その値はバルクに比べて，数～75% 大きくなっている．超伝導転移点近傍では電子は強く結合しているため，比熱の増分は格子系による寄与と考えられる．いずれにしろナノ微粒子の比熱容量の測定は高精度の測定が要求され，困難さを伴う．

参考文献

1) T. Yamane, Y. Mori, S. Katayama and M. Todoki, "Measurement of thermal diffusivities of thin metallic

films using the ac calorimetric method", J. Appl. Phys., Vol.82 (1997) pp.1153-1156.
2) Z. L. Wu, P. K. Kuo, Lanhua Wei, S. L. Gu and R. L. Thomas, "Photothermal characterization of optical thin films", Thin Solid Films, Vol.236 (1993) pp.191-198.
3) Q. G. Zhang, B. Y. Cao, X. Zhang, M. Fujii, and K. Takahashi, "Influence of grain boundary scattering on the electrical and thermal conductivities of polycrystalline gold nanofilms", Phys. Rev. B, Vol.74 (2006) 134109.
4) S. R. Choi, D. Kim and S.-H. Choa, "Thermal Diffusivity of Metallic Thin Films: Au, Sn, Mo, and Al/Ti Alloy", Int. J. Thermophys., Vol.27 (2006) pp.1551-1563.
5) 日本熱物性学会編，新編熱物性ハンドブック，養賢堂（2008）．
6) 産業技術総合研究所 分散型熱物性データベース，http://tpds.db.aist.go.jp/
7) F. Nakamura, N. Taketoshi, T. Yagi and T. Baba, "Observation of thermal transfer across a Pt thin film at a low temperature using a femtosecond light pulse thermoreflectance method", Meas. Sci. Technol., Vol. 22, No.2 (2011) 24013.
8) X. Zhang, H. Xie, M. Fujii, H. Ago, K. Takahashi, T. Ikuta, H. Abe and T. Shimizu, "Thermal and electrical conductivity of a suspended platinum nanofilm", Appl. Phys. Lett., Vol.86, No.17 (2005) 171912.
9) X. Zhang, H. Xie, M. Fujii, K. Takahashi, T. Ikuta, H. Ago, H. Abe and T. Shimizu, "Experimental study on thermal characteristics of suspended platinum nanofilm sensors", Int. J. Heat Mass Transfer., Vol.49, No. 21-22 (2006) pp.3879-3883.
10) Q. G. Zhang, B. Y. Cao, X. Zhang, M. Fujii and K. Takahashi, "Size effects on the thermal conductivity of polycrystalline platinum nanofilms", J. Phys.: Condens. Matter, Vol.18, No.34 (2006) pp.7937-7950.
11) K. Takahashi, N. Hilmi, Y. Ito, T. Ikuta and X. Zhang, "Measurement of the Thermal Conductivity of Nanodeposited Material", Int. J. Thermophys., Vol.30, No.6 (2009) pp.1864-1874.
12) D. M. Solina, R. W. Cheary, P. D. Swift, S. Dligatch, G. M. McCredie, B. Gong and P. Lynch, "Investigation of the interfacial structure of ultra-thin platinum films using X-ray reflectivity and X-ray photoelectron spectroscopy", Thin Solid Films, Vol.372 (2000) pp.94-103.
13) N. Taketoshi, T. Yagi and T. Baba, "Effect of Synthesis Condition on Thermal Diffusivity of Molybdenum Thin Films Observed by a Picosecond Light Pulse Thermoreflectance Method", Jpn. J. Appl. Phys., Vol.48 (2009) 05EC01.
14) N. Taketoshi, T. Baba and A. Ono, "Observation of Heat Diffusion across Submicrometer Metal Thin Films Using a Picosecond Thermoreflectance Technique", Jpn. J. Appl. Phys., Vol.38 (1999) pp.L1268-L1271.
15) N. Taketoshi, T. Baba and A. Ono, "Development of a thermal diffusivity measurement system for metal thin films using a picosecond thermoreflectance technique", Meas. Sci. Technol., Vol.12, No.12 (2001) pp. 2064-2073.
16) T. Yagi, K. Tamano, Y. Sato, N. Taketoshi, T. Baba and Y. Shigesato, "Analysis on thermal properties of tin doped indium oxide films by picosecond thermoreflectance measurement", J. Vac. Sci. Technol., A23 (2005) pp.1180-1186.
17) A. Waseda, K. Fujii and N. Taketoshi, "Density measurement of a thin-film by the pressure-of-flotation method", IEEE Trans. Instrum. Meas., Vol.54 (2005) pp.882-885.
18) N. Oka, K. Kato, T. Yagi, N. Taketoshi, T. Baba and Y. Shigesato, "Thermal Boundary Resistance between N, N'-Bis(1-naphthyl)-N, N'-diphenylbenzidine and Aluminum Films", Jpn. J. Appl. Phys., Vol.50, No.11 (2011) 11RB02.
19) B. T. Boiko, A. T. Pugachev and V. M. Bratsychin, "Method for the Determination of the Thermophysical Properties of Evaporated Thin Films", Thin Solid Films, Vol.17 (1973) pp.157-161.
20) E. J. Gonzalez, J. E. Bonevich, G. R. Stafford, G. White and D. Josell, "Thermal transport through thin films: Mirage technique measurements on aluminum/titanium multilayers", J. Mater. Res., Vol.15, No.4, (2000) pp.764-771.
21) N. Taketoshi, T. Baba and A. Ono, "Electrical delay technique in the picosecond thermoreflectance method for thermophysical property measurements of thin films", Rev. Sci. Instrum., Vol.76, No.9 (2005) 094903.
22) S. Kawasaki, Y. Yamashita, N. Oka, T. Yagi, J. Jia, N. Taketoshi, T. Baba and Y. Shigesato, "Thermal Boundary Resistance of W/Al$_2$O$_3$ Interface in W/Al$_2$O$_3$/W Three-Layered Thin Film and Its

Dependence on Morphology", Jpn. J. Appl. Phys., Vol.52 (2013) 065802.
23) M. Sorai, A. Kosaki, H. Suga and S. Seki, "Particle size effect on the magnetic and surface heat capacities of β-Co(OH)$_2$ and Ni(OH)$_2$ crystals between 1.5 K and 300 K", J. Chem. Thermodynamics, Vol.21 (1969) pp.27-45.
24) T. Enoki and I. Tsujikawa, "Specific Heat of a Qusai-Two-Dimensional Antiferromagnet Ni(OH)$_2$", J. Phys. Soc. Jpn., Vol.45 (1978) pp.1515-1519.
25) Y. Ichiyanagi and Y. Kimishima, "Frequency dependent magnetic susceptibility of Ni(OH)$_2$ monolayer nanoclusters", Mater. Sci. Eng. A, Vol.217-218 (1996) pp.358-362.
26) Y. Ichiyanagi, H. Kondoh, T. Yokoyama, K. Okamoto, K. Nagai and T. Ohta, "X-ray absorption fine-structure study on the Ni(OH)$_2$ monolayer nanoclusters", Chem. Phys. Lett., Vol.379 (2003) pp.345-350.
27) T. Maruoka, "Size effect and concentration dependence of Ni(OH)$_2$ monolayer nanoclusters dispersed in amorphous SiO$_2$ on spin glass like behavior", Master's thesis Osaka Univ. (2010).
28) I. Yamashita, T. Tojo, H. Kawaji, Y. Linard P. Richet and T. Atake, "Low-temperature heat capacity of sodiumborosilicate glasses at temperatures from 13 K to300 K", J. Chem. Thermodynamics, Vol.33 (2001) pp.535-553.
29) V. Novotny and P. P. M. Meincke, "Thermodynamic Lattice and Electronic Propertied of Small Paricles", Phys. Rev., B8 (1973) pp.4186-4199.

6.4 セラミックス (Ceramics Thin Films)

6.4.1 高温超伝導薄膜 (Thermophysical properties of high-T_c superconducting thin film)

1911年にOnnesによって超伝導現象が発見され，以降高い臨界温度（T_c）を有する物質の探索が盛んに行われ，高温超伝導物質の発見は目覚しい．液体窒素温度を越えるT_cを有するY系酸化物超伝導物質やBi系酸化物超伝導体などの発見が1980年代に相次ぎ，現在ではT_c = 160 Kの水銀系銅酸化物が発見されている．さらに2008年に鉄系超伝導物質などの発見により，高温超伝導の研究フェーズは新たな局面を迎えている．

高温超伝導物質の熱物性研究は古くから行われており，特にバルクY系酸化物超伝導物質（YBCO：YBa$_2$Cu$_3$O$_{7-\delta}$）の熱伝導率に関しては測定例が多い．例えばShamsら[1]は自己フラックス法によって作製したバルクYBCOにおけるa-b結晶面内の酸素濃度依存性（Fig. 6-4-1）ならびにc軸結晶方向の熱伝導率-温度依存性（20～300K）（Fig. 6-4-2）を準定常法を用いて明らかにしている．一方，超伝導送電ケーブル用薄膜線材やジョセフソン素子などへの応用が期待されている高温超伝導薄膜に関する熱物性データは乏しい．これはペロブスカイト型結晶構造であるYBCOがa-b結晶面内とc軸結晶方向で強い異方性を有し，熱物性センシングが難しいことが挙げられる．YBCO結晶の酸素モル比が$7-\delta=6$付近では超伝導性を示さず，酸素モル比が大きくなるに従って超伝導状態に転移し，臨界温度も上昇することが知られている[2]．さらに，YBCO薄膜では結晶子サイズや膜厚によりサイズ効果が発現するため熱物性値は劇的に変化するといえる．したがって，YBCO薄膜の製造方法や膜厚によって熱物性値が異なるため，熱物性データを利用する上では慎重に検討する必要がある．

Table 6-4-1に本節で示したYBCO薄膜の測定例を示した．酸素モル比については電子線マイクロアナライザーにより計測する必要があり，データ中の記述は少ない．前述したように酸素モル比は臨界温度と相関があるため，参考のため臨界温度を記載した．しかし，酸素モル比が$7-\delta=6.85$よりも

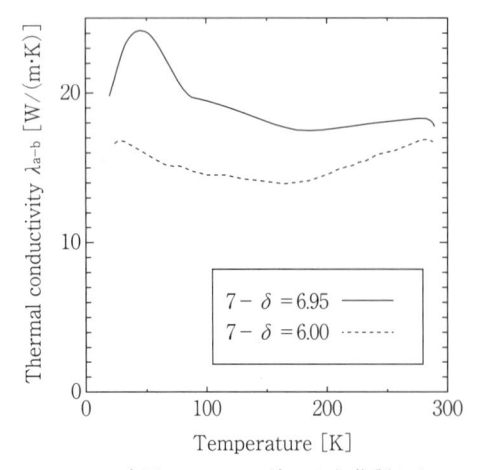

Fig. 6-4-1 自己フラックス法により作製したバルクYBCOのa-b結晶面内の熱伝導率-温度依存性 (Temperature Dependence of Thermal Conductivity of Bulk YBCO (self-flux method) in a-b Plain)[1]

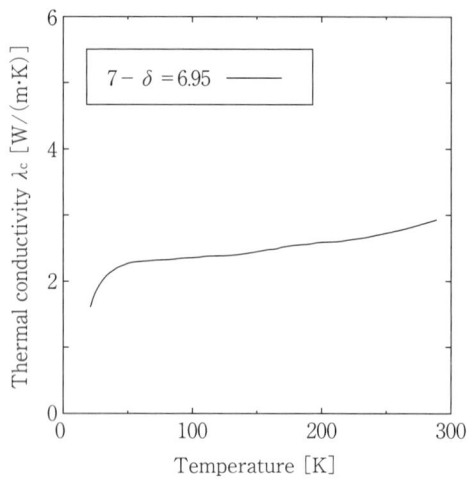

Fig. 6-4-2 自己フラックス法により作製したバルクYBCOのc結晶面内の熱伝導率-温度依存性 (Temperature Dependence of Thermal Conductivity of Bulk YBCO (self-flux method) in c-axis)[1]

表 6-4-1 YBCO薄膜の熱物性測定例
(Summary of Thermophysical Properties Measurement of YBCO Thin Films)

著者	成膜方法	膜厚	T_c	測定法	パラメーター	備考
Shams et al.[1]	自己フラックス法	バルク	92K	準定常法	$\lambda_{a\text{-}b}, \lambda_c$	$7-\delta=6.95\pm0.02$
Marshall et al.[3]	-	50nm	-	動的温度格子法	$a_{a\text{-}b}$	MgO基板
		80nm	-	動的温度格子法	$a_{a\text{-}b}$	MgO基板
		350nm	-	動的温度格子法	$a_{a\text{-}b}$	MgO基板
Shaw-Klein et al.[4]	RFマグネトロンスパッタ法	0.25μm	77K	定常法	$\lambda_{a\text{-}b}$	MgO基板
		0.5μm	83K	定常法	$\lambda_{a\text{-}b}$	MgO基板
		0.75μm	87K	定常法	$\lambda_{a\text{-}b}$	MgO基板
		1μm	84K	定常法	$\lambda_{a\text{-}b}$	MgO基板
Marshall et al.[5]	Off-axis RFマグネトロンスパッタ法	220nm	86K	動的温度格子法	$a_{a\text{-}b}, a_c$	MgO基板 17～300K
Marshall et al.[6]	-	190nm	-	動的温度格子法	$a_{a\text{-}b}, a_c$	MgOおよびSrTiO₃基板
Kim et al.[7]	パルスレーザー蒸着法	95nm	90K	ピコ秒サーモリフレクタンス法	a_c	SrTiO₃基板
Yagi et al.[8]	-	800nm	88.6K	周期加熱サーモリフレクタンス法	ε_c	MgO基板 (1770J/m²s^(1/2)K)
			88.9K			SrTiO3基板 (1420J/m²s^(1/2)K)

大きくなるとドーパントの過多により臨界温度が若干低温側にシフトする傾向にあることに注意されたい[2]. Fig.6-4-3, 6-4-4, 6-4-5に種々の厚みにおけるYBCO薄膜の熱物性値（室温）を示した. バルク値[1]と比較していずれの膜厚においてもサイズ効果（詳細はハンドブック3章を参照）によりa-b結晶面内の熱伝導率は低下していると考えられる. MarshallらはTTG法 (Transient Thermal Grating method:過渡温度格子法) を用いてa-b結晶面内ならびにc軸結晶方向の温度伝導率を測定している. MgO基板およびSrTiO₃基板に成膜したYBCO薄膜について測定を行い, 基板の影響は少ないと結論づけている[6]. また, 温度依存性についても明らかにしており, バルク材料と同様に, フォノン-フォノン散乱の影響が低減しT_c/2付近をピークとする傾向が見られた[5] (Fig.6-4-6). Yagiら[8]はMgO基板およびSrTiO₃基板上に成膜されたYBCO薄膜の熱浸透率を測定している. さらにMgO基板に成膜されたYBCO薄膜面内の熱浸透率分布を測定し, その均質性を明らかにした.

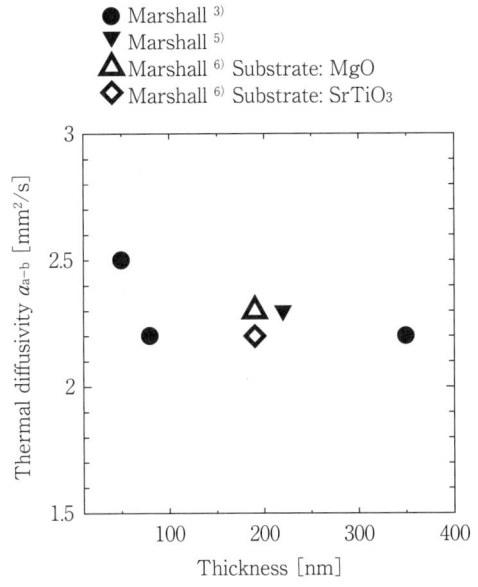

Fig. 6-4-3 YBCO薄膜のa-b結晶面内における温度伝導率（室温）(Thermal Diffusivity of YBCO Thin Films in the a-b Plane at Room Temperature)

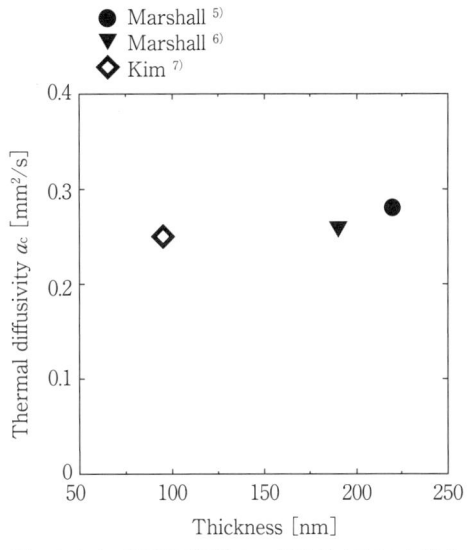

Fig. 6-4-4 YBCO薄膜のc軸結晶方向における温度伝導率（室温）(Thermal Diffusivity of YBCO Thin Films in c-axis at Room Temperature)

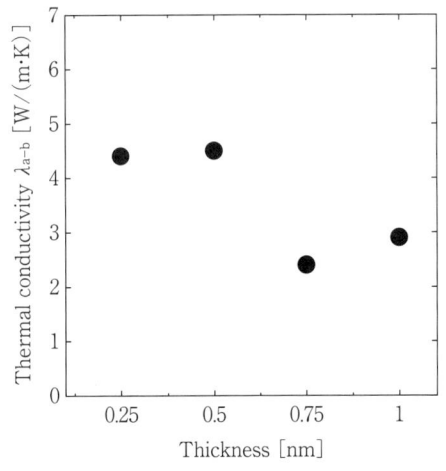

Fig. 6-4-5 YBCO薄膜のa-b結晶面内における熱伝導率（室温）(Thermal Conductivity of YBCO Thin Films in a-b Plane at Room Temperature)[4]

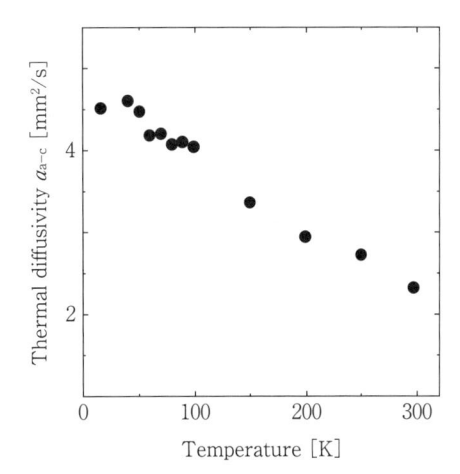

Fig. 6-4-6 YBCO薄膜のa-b結晶面内における温度伝導率―温度依存性 (Temperature Dependence of Thermal Diffusivity of YBCO Thin Film in a-b Plane)[5]

6.4.2 透明導電性薄膜の熱物性値 (Thermophysical properties of transparent conductive oxide film)

　最近の電子機器の小型軽量化の傾向は顕著であり，それに伴う機器内部の部品の高熱密度環境下での稼働が問題視されている．特に長時間の稼働においては，熱に起因する部品の誤作動・性能低下・劣化・信頼性低下などが不可避である．そこで，熱への機器の信頼性を向上させるために熱設計が必要となり，機器の主要構成要素の1つである透明導電膜についても，信頼性の高い熱物性値が求めら

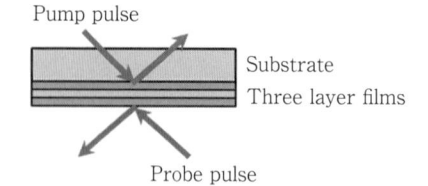

Fig 6-4-7 サーモリフレクタンス法概略
（裏面加熱－表面測定）
(Schematic diagram of Rear heating / Front detection type thermoreflectance techniques)

Table 6-4-2 ITO, IZO 薄膜および Mo/(ITO, IZO)/Mo 3層薄膜の成膜方法
(Deposition condition for ITO, IZO and Mo/(ITO, IZO)/Mo 3-layered films)

Apparatus	Dc magnetron sputtering
Target	✔ ITO [SnO_2/($In_2O_3 + SnO_2$) = 10.0wt%, Tosoh Corp.]
	✔ IZO [ZnO/($In_2O_3 + ZnO$) = 10.7wt%, Idemitsu Kosan Co., Ltd.]
	✔ Mo
Sputtering gas	Ar, Ar-O_2, Ar-H_2
Total gas pressure (Pa)	0.7 (ITO, IZO), 1.0 (Mo)
Substrate	Unheated fused silica glass
Post-annealing condition	ITO: 200°C (1h) in Ar
	IZO: No annealing
Film thickness (nm)	200 (ITO, IZO), 70 (Mo)

れる．現在，透明導電材料として Sn ドープ In_2O_3 (ITO) やアモルファス In-Zn-O (IZO) が最も広く使用されている．しかし需要の増加に伴い主成分である In の原料枯渇が懸念され，さらに In_2O_3 が人体に対し有毒であることが報告されている[9]．そこで，In を使用しない優れた特性を有する透明導電材料の開発が強く求められている．このような現状の中，アナターゼ型 Nb ドープ TiO_2 (Nb:TiO_2) 薄膜が優れた透明導電膜であることが報告されている[10~12]．

本項では，透明導電膜材料として ITO・IZO・Nb:TiO_2 の熱物性について記述する．

(1) 熱拡散率の測定

作製した薄膜の熱拡散率評価は，パルス光加熱サーモリフレクタンス法熱物性解析装置を用いた[13~15]．サーモリフレクタンス法とは物質の反射率が温度の関数として変化することを利用し，レーザを反射させた強度の変化を測定し，熱物性値を導出する方法である．Fig. 6-4-7 に概略図を示す．まず光パルスを薄膜裏面へ照射し，加熱を行う．その後，反対面における温度上昇を測定光により測定して，厚さ方向の熱拡散率を求める．以下に記載する熱伝導率は，測定した熱拡散率と体積比熱容量から算出した．なお体積比熱容量として，Mo: $2.53×10^6$ J/(m^3·K)，ITO・IZO: $2.58×10^6$ J/(m^3·K) (In_2O_3 値を代用)，および Nb:TiO_2: $2.77×10^6$ J/(m^3·K)（アナターゼ型 TiO_2 値を代用）を用いた[14,16,17]．

(2) 成膜方法

熱拡散率測定において，加熱ならびに測温には可視および近赤外レーザーを用いた．ITO・IZO および Nb:TiO_2 薄膜はこれらのレーザー光を透過するため反射膜が必要である．そこで DC マグネトロンスパッタ法により，透明導電膜の両面に金属 Mo を積層させた3層膜を作製した．その際，スパッタガスとして Ar を用いた．また多様な電気特性を持つ透明導電膜を得るために，中間層（透明導電膜層）の作製時に反応性ガスとして O_2 もしくは H_2 を導入した．詳細な作成条件は Table 6-4-2, 6-4-3 に示す．

Table 6-4-3 Nb:TiO$_2$ 薄膜および Mo/Nb, TiO$_2$/Mo 3 層膜の成膜方法
(Deposition condition for Nb:TiO$_2$ and Mo/Nb:TiO$_2$/Mo 3-layered films)

Apparatus	Dc magnetron sputtering
Target	✔ Slightly reduced Nb:TiO$_2$ [Nb/ (Ti + Nb) = 0, 3.7, 9.5 at %, AGC Ceramics Co. Ltd.]
	✔ Mo
Sputtering gas	Ar, Ar-O$_2$
Total gas pressure (Pa)	1.0 (Nb:TiO$_2$), 0.5 (Mo)
Substrate	Fused silica glass heated at 110℃
Post-annealing condition	600°C (1h) under a vacuum condition (less than 6.0×10^{-4} Pa)
Film thickness (nm)	300 (Nb:TiO$_2$), 100 (Mo)

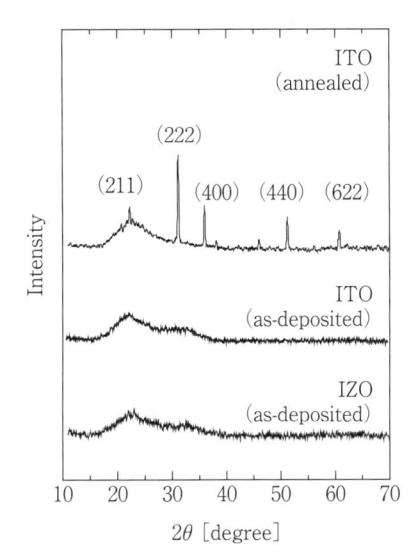

Fig. 6-4-8 ITO 薄膜と IZO 薄膜の X 線回折 (XRD patterns of ITO and IZO films)

一方で，作製した薄膜の構造分析および電気・光学特性評価を行うために，ITO・IZO および Nb:TiO$_2$ の単層膜を 3 層膜と同じ成膜条件で作製した．薄膜の結晶相同定は X 線回折装置 (XRD, XRD-6000, SHIMADZU, θ-2θ 法)，膜厚測定は触針式膜厚測定装置 (DEKTAK3, Sloan Tech.)，組成解析は電子プローブ微小分析装置 (EPMA, JXA-8100, JEOL)，電気測定にはホール効果測定装置 (HL-5500PC, ACCENT) を用いた．

(2) 構造分析

Fig. 6-4-8, 6-4-9 に ITO・IZO および Nb:TiO$_2$ 薄膜の XRD パターンを示す．未焼成の ITO および IZO 薄膜はアモルファス構造である．一方，後焼成を行った ITO 薄膜は In$_2$O$_3$ のビックスバイト構造が確認でき，多結晶構造を有する．また Nb:TiO$_2$ 薄膜も後焼成をすることによって，アモルファスから多結晶アナターゼ型 TiO$_2$ 構造になる．なお，ルチル型の TiO$_2$ および不純物に起因するピークは見られない．組成の異なるターゲットを用いて作製した Nb:TiO$_2$ 薄膜の Nb 含有量 [Nb/(Ti+Nb)] はそれぞれ 3.2 at% および 8.5 at% であり，ターゲットと同程度の値であることを確認している．

(3) 熱拡散率解析

パルス光加熱サーモリフレクタンス法により算出した ITO・IZO および Nb:TiO$_2$ 薄膜の熱伝導率

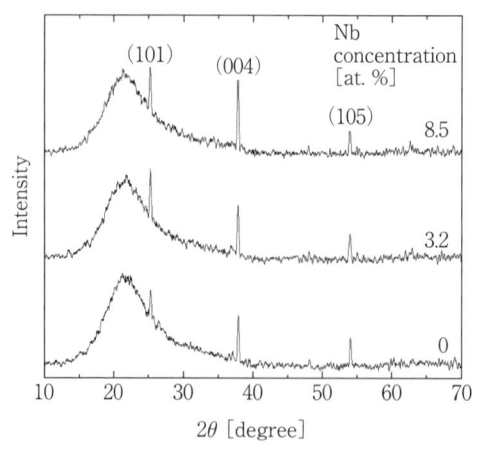

Fig. 6-4-9 Nb:TiO₂ 薄膜の X 線回折 (XRD patterns of Nb:TiO₂ films)

Table 6-4-4 ITO 薄膜の電気伝導率と熱伝導率
(Electrical conductivity and thermal conductivity of ITO thin films)

$O_2/(Ar + O_2)$ [vol%]	Electrical conductivity [S/m]	Thermal conductivity [W/(m·K)]
0	2.6×10^5	5.9
0.5	3.4×10^5	6.0
1.0	2.0×10^5	5.3
1.5	1.9×10^5	5.2
3.0	3.9×10^4	4.1
5.0	3.0×10^4	4.0

ITO target [SnO₂/(In₂O₃ + SnO₂) = 10.0 wt%] [10]

| | $(6.3 - 7.7) \times 10^5$ | 11〜12 |

Table 6-4-5 IZO 薄膜の電気伝導率と熱伝導率
(Electrical conductivity and thermal conductivity of IZO thin films)

$O_2/(Ar + O_2)$ [vol%]	Electrical conductivity [S/m]	Thermal conductivity [W/(m·K)]
0	2.2×10^5	3.1
0.5	2.3×10^5	3.3
1.0	2.1×10^5	3.5
1.5	1.4×10^5	2.9
3.0	7.9×10^3	2.1
5.0	4.4	2.0
10.0	0	1.7

$H_2/(Ar + H_2)$ [vol%]	Electrical conductivity [S/m]	Thermal conductivity [W/(m·K)]
5.0	2.0×10^5	2.9
10.0	2.1×10^5	2.6
15.0	6.4×10^4	2.0
20.0	4.2×10^4	1.9

を Table 6-4-4, 6-4-5, 6-4-6 に示す．また Fig. 6-4-10 に電気伝導率と熱伝導率をプロットした結果を示す．いずれの材料においても，電気伝導率の増加に比例して熱伝導率が増加している．このことから，熱伝導キャリアとしての自由電子の寄与が顕著に現れていることがわかる．この自由電子をキャリアとした熱伝導率 (λ_{el}) は Wiedemann-Franz 則より見積もることができる (Fig. 6-4-10 の実線)．さらに測定により得られた熱伝導率と自由電子寄与分の熱伝導率を差し引くことで，フォノンを熱キャリアとした熱伝導率 (λ_{ph}) を評価することができる．ITO・IZO および Nb:TiO₂ 薄膜におけ

Table 6-4-6 TiO$_2$ 薄膜と Nb:TiO$_2$ 薄膜の電気伝導率と熱伝導率
(Electrical conductivity and thermal conductivity of TiO$_2$ and Nb:TiO$_2$ films)

Nb concentration [at%]	O$_2$/(Ar + O$_2$) [vol%]	Electrical conductivity [S/m]	Thermal conductivity [W/(m·K)]
0	0	< 3	5.7
3.2	0.5	< 3	4.0
8.5	0	1.6 × 10^5	4.3
8.5	0.1	1.6 × 10^5	4.2
8.5	0.1	1.9 × 10^5	4.6
8.5	0.5	< 3	3.3

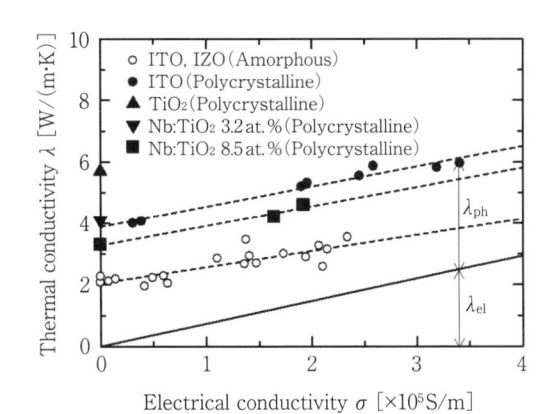

Fig. 6-4-10 ITO 薄膜, IZO 薄膜, Nb:TiO$_2$ 薄膜の熱伝導率 (Thermal conductivity of ITO, IZO, and Nb:TiO$_2$ films as a function of electrical conductivity. The thermal conductivity calculated by the Wiedemann-Franz law is shown by a solid line.)

るフォノンを熱キャリアとした熱伝導率は，電気伝導率の変化によらず，それぞれほぼ一定の値を示す．(ただし Nb:TiO$_2$ 薄膜については膜中の Nb 含有量が同じ場合に限る．)

In$_2$O$_3$ 系透明導電膜である ITO・IZO 薄膜に注目すると，フォノンをキャリアとした熱伝導率は，多結晶膜の方がアモルファス膜より約 2 倍大きい値を示す．これは結晶性の向上により，フォノンの平均自由行程が伸びたことに起因すると考えられる．

一方で，Nb:TiO$_2$ 薄膜について，Fig. 6-4-10 の縦軸上のプロット点に着目すると，膜中の Nb 含有量が増加するに従い，熱伝導率は減少する．これは Nb の原子量が Ti の 2 倍近くもあるため，TiO$_2$ 中のフォノンを散乱し，平均自由行程を短くしてしまうためだと考えられる．

実験の詳細については文献[19～21]に記述されている．

6.4.3 Al$_2$O$_3$ 薄膜の熱物性値 (Thermophysical properties of Aluminum oxide thin film)

Al$_2$O$_3$ 薄膜の熱伝導率・熱拡散率に関する測定例を Table 6-4-7 および Fig. 6-4-11 にまとめた．

Lee ら[22]は，dc および rf スパッタ法を用いて厚さ 0.5～2.0 μm のアモルファス Al$_2$O$_3$ 薄膜を Si, MgO および AlN 基板上に作製し，3ω 法を用いて 80～400 K の温度範囲における膜厚方向の熱伝導率を測定した．熱伝導率は，室温において約 1 W/(m·K) であり，正の温度依存性をもつ典型的なアモルファス材料の挙動を示した．また，薄膜の構造は，成膜方法によらずアモルファス相であったが，dc スパッタ法を用いて作製された薄膜の方がおよそ 35% 高い熱伝導率を示した．

Cahill ら[23]は，CVD 法を用いて厚さ 13 μm の α-Al$_2$O$_3$ 相および κ-Al$_2$O$_3$ 相の薄膜を合成し，3ω 法を用いて 80～600 K の温度範囲において膜厚方向の熱伝導率を測定した．400～600 K の温度範囲に

Table 6-4-7 Al2O3薄膜の成膜方法および測定情報

著者 Author (s)	年 Year	成膜方法 Deposition technique	膜厚 Thickness (nm)	測定方法 Method	測定物性	測定方向	測定温度 Temperature (K)
S.-M. Lee, D. G. Cahill, T. H. Allen[22]	1995	dc, rf sputtering	500〜2000 (amorphous)	3ω法	熱伝導率	膜厚方向	80〜400K
D. G. Cahill, S.-M. Lee, T. I. Selinder[23]	1998	CVD	13000 (α-Al$_2$O$_3$ κ-Al$_2$O$_3$)	3ω法	熱伝導率	膜厚方向	80〜600K
R. Kato, A. Maesono, and R. P. Tye[24]	2001	rf magnetron sputtering	100, 200, 300	ACカロリーメトリー法	熱拡散率	面内方向	室温
B. Behkam, Y. Yang, M. Asheghi[25]	2005	rf sputtering	10〜100 (amorphous)	定常法	熱伝導率	膜厚方向	室温
N. Oka, R. Arisawa, A. Miyamura, Y. Sato, T. Yagi, N. Taketoshi, T. Baba, Y. Shigesato[26]	2010	rf magnetron sputtering	5〜99 (amorphous)	パルス光加熱サーモリフレクタンス法	熱拡散率	膜厚方向	室温

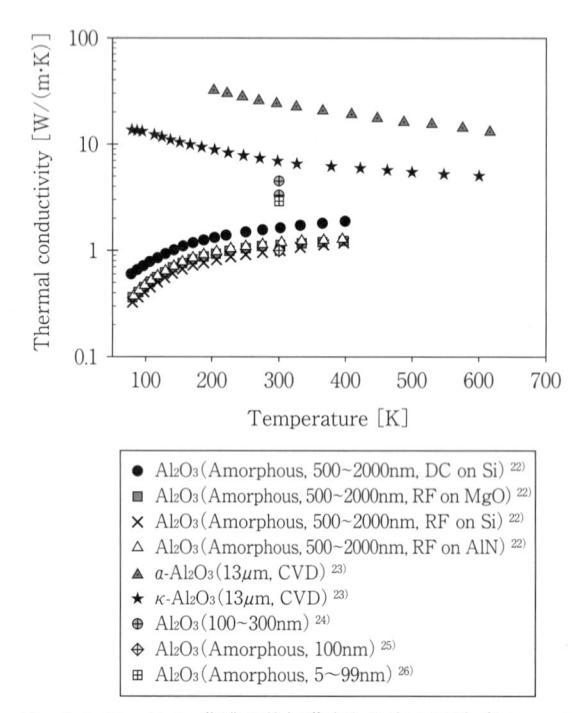

Fig. 6-4-11 Al$_2$O$_3$薄膜の熱伝導率と温度の関係 (Thermal conductivity of Al$_2$O$_3$ thin films as a function of temperature.)

● Al$_2$O$_3$(Amorphous, 500〜2000nm, DC on Si) [22]
■ Al$_2$O$_3$(Amorphous, 500〜2000nm, RF on MgO) [22]
× Al$_2$O$_3$(Amorphous, 500〜2000nm, RF on Si) [22]
△ Al$_2$O$_3$(Amorphous, 500〜2000nm, RF on AlN) [22]
▲ α-Al$_2$O$_3$(13μm, CVD) [23]
★ κ-Al$_2$O$_3$(13μm, CVD) [23]
⊕ Al$_2$O$_3$(100〜300nm) [24]
⊕ Al$_2$O$_3$(Amorphous, 100nm) [25]
⊞ Al$_2$O$_3$(Amorphous, 5〜99nm) [26]

おいてα-Al$_2$O$_3$相の熱伝導率は，サファイア結晶の熱伝導率の80％強であり，κ-Al$_2$O$_3$相の熱伝導率は同1/3程度である．

Katoら[24]は，厚さ30μmのボロシリケートガラス基板上にrfマグネトロンスパッタ法により膜厚100〜300nmのAl$_2$O$_3$薄膜を成膜し，ACカロリーメトリー法を用いて面内方向の熱拡散率を評価した．その結果，膜厚が100nmから300nmに増えるに従って，換算された熱伝導率は1.0から4.5W/

(m·K)へ増加した．

Behkamら[25]は，rfスパッタリング法を用いて，Si(100)ウェハ上に厚さ10～100 nmのアモルファスAl_2O_3薄膜を作製した．熱伝導率の測定は独特な定常法である．薄膜上に微細な加熱細線をリソグラフィーにより作製しジュール加熱を行う．ここで，定常状態におけるAl_2O_3薄膜の表面の温度を同細線の抵抗値より求める．次に，定常状態における細線直下かつAl_2O_3薄膜の裏面の温度を決定する必要があるが，実際にはSi基板との界面にあるため直接測定することはできない．そこで，Al_2O_3薄膜の表面の先の加熱細線とは平行に約10 μm離れた位置に，温度測定用の別の細線を作製して温度を測定し，その結果から加熱細線直下のAl_2O_3薄膜の膜厚を挟んだ位置における温度を推定する方法を用いた．得られた熱伝導率はLeeらと同様に約1 W/(m·K)である．

Okaら[26]は，rfマグネトロンスパッタ法により，厚さ5～100 nmのアモルファスAl_2O_3薄膜を作製し，室温において裏面加熱-表面測温型のパルス光加熱サーモリフレクタンス法により膜厚方向の熱拡散率を測定した．熱拡散率は，9.5×10^{-7} m^2/sであり，バルクの密度と比熱容量により換算した場合熱伝導率は，2.9 W/(m·K)である．

6.4.4 AlN薄膜の熱物性値 (Thermophysical properties of Aluminum nitride thin film)

AlNはセラミクスの中でも非常に高い熱伝導率を有することが知られており，理論的には320 W/(m·K)に達する[27]と予測されている．バルクのAlNの作製には高温合成が必要であるのに対し，AlN薄膜はプラズマのアシスト等を利用した物理蒸着法により比較的容易に合成が可能である．これまでに知られているAlN薄膜の熱伝導率・熱拡散率に関する測定例をTable 6-4-8およびFig. 6-4-12にまとめた．

Kuoら[28]は，rfプラズマのアシストによる分子線エピタキシー法により，厚さ500 μmのSi(111)，Si(100)，Al_2O_3(0001)，Al_2O_3($1\bar{1}02$)基板上に膜厚1000 nmのAlN薄膜をエピタキシャル成長させた．これらの熱拡散率の測定はミラージュ法により行った．バルクの密度および比熱容量を用いて換算された熱伝導率値は，基板と薄膜の結晶方位の整合性によって大きく異なり，Si(111)およびSi(100)基板ではエピタキシャル成長しないため熱伝導率は0.48～1.5 W/(m·K)であった．一方，Al_2O_3(0001)基板を用いた場合では，AlNのc面がエピタキシャル成長し熱伝導率は9.6～11 W/(m·K)となり，Al_2O_3($1\bar{1}02$)基板では同a面がエピタキシャル成長し熱伝導率25.2 W/(m·K)まで増加した．

Katoら[29]は，厚さ30 μmのボロシリケートガラス基板上にrfマグネトロンスパッタ法により膜厚100～300 nmのAlN薄膜を成膜し，ACカロリーメトリー法を用いて面内方向の熱拡散率を評価した．その結果，膜厚が100 nmから300 nmに増えるに従って，換算された熱伝導率は5.6から8.4 W/(m·K)へ増加した．著者らは本薄膜の低い熱伝導率の原因は，AlN薄膜がアモルファスであったためと考えている．

Jacquotら[30]は，窒素雰囲気下において，Alターゲットを用いたパルスレーザー堆積法（レーザーアブレーション）により，Si基板上に膜厚310 nm，結晶粒径5～15 nmのAlN薄膜を成膜した．この薄膜に対し，3ω法により膜厚方向の熱伝導率を80～380 Kの温度範囲で測定した．熱伝導率は温度に対して正の依存性をもち，室温付近において1 W/(m·K)を切る程度であると報告している．

Zhaoら[31]は，rfマグネトロンスパッタ法を用いて，Si(100)基板上に膜厚100 nmから1050 nmのAlN薄膜を作製した．熱伝導率の測定は，表面加熱-表面測温型のパルス光加熱サーモリフレクタンス法である．AlN薄膜の上にさらに蒸着法により厚さ1.2 μmのAu薄膜を作製し，Au膜の表面を半値幅8 nsのNd:YAGパルスレーザーで加熱を行い，He-Neレーザーによるサーモリフレクタンス法により加熱後の温度減衰曲線を測定・解析することでAlN薄膜の膜厚方向の熱伝導率を得た．得られた熱伝導率は，膜厚100 nmにおいて1.7±0.5 W/(m·K)であるが，膜厚が増加するとともに上昇し，

Table 6-4-8 AlN 薄膜の成膜方法および測定情報
(Deposition methods of AlN thin films and measurement methods of their properties)

著者 Author(s)	年 Year	成膜方法 Deposition technique	膜厚 Thickness(nm)	測定方法 Method	測定物性	測定方向	測定温度 Temperature (K)
P. K. Kuo, G. W. Auner, Z. L. Wu[28]	1994	Plasma source molecular beam epitaxy	1000	ミラージュ法	熱拡散率	膜厚方向	室温
R. Kato, A. Maesono, and R. P. Tye[29]	2001	rf magnetron sputtering	100, 200, 300	AC カロリーメトリー法	熱拡散率	面内方向	室温
A. Jacquot, B. Lenoir, A. Dauscher, P. Verardi, F. Cracium, M. Stolzer, M. Gartner, M. Dinescu[30]	2002	Pulsed laser deposition	310	3ω法	熱伝導率	膜厚方向	80～380
Yimin Zhao, Chunlin Zhu, Sigen Wang, J. Z. Tian, D. J. Yang, C. K. Chen, Hao Cheng and Peter Hing[31]	2004	rf reactive sputtering	100～1050	Pulsed photothermal reflectance technique	熱伝導率（バルクの比熱容量と密度を使用）	膜厚方向	室温
Sun Rock Choi, Dongsik Kim, Sung-Hoon Choa, Sung-Hoon Lee, and Jong-Kuk Kim[32]	2006	rf reactive sputtering	200～2000	3ω法	熱伝導率	膜厚方向	293
Taehun Lee, Mihai G. Burzo, Pavel L. Komarov, Peter E. Raad, and M. J. Kim[33]	2011	rf reactive sputtering	37.4～401	Transient thermal reflectance method	熱伝導率	膜厚方向	室温
T. Yagi, N. Oka, T. Okabe, N. Taketoshi, T. Baba and Y. Shigesato[34]	2011	rf reactive sputtering	560～640	パルス光加熱サーモリフレクタンス法	熱拡散率	膜厚方向	室温
C. Duquenne, M-P Besland, P. Y. Tessier, E. Gautron, Y. Scudeller and D. Averty[35]	2012	dc reactive sputtering (balanced and un-balance magnetron)	150～3500	Transient hot strip technique	熱伝導率	膜厚方向	室温

厚さ 1050 nm の薄膜では 4.5±0.4 W/(m·K) となった．Zhao らはこの膜厚に依存した熱伝導率の変化について，AlN 薄膜の成長の初期段階ではアモルファスであるが，成長とともに c 軸配向の結晶成長が起きるためと説明している．

　Choi ら[32] は反応性 rf スパッタ法により，膜厚 200 nm から 2000 nm の AlN 薄膜を Si(100) 基板上に作製した．膜厚方向の熱伝導率は 3ω 法を用いて測定した．Choi らの報告においても熱伝導率は膜厚依存性を示し，膜厚 200 nm のサンプルにおいて 1.83 W/(m·K) であるが，膜厚 2000 nm では 76.5 W/(m·K) と報告している．

　Lee ら[33] は，反応性 rf スパッタ法を用いて，Si(100) 基板上に AlN 薄膜を合成した．膜厚はおよそ 50～400 nm である．膜厚方向の熱伝導率の測定を，表面加熱表面測温型のパルス加熱サーモリフレクタンス法によって行い，熱伝導率は 2～7 W/(m·K) の間であった．Lee らも，Zhao ら[31] や Kato

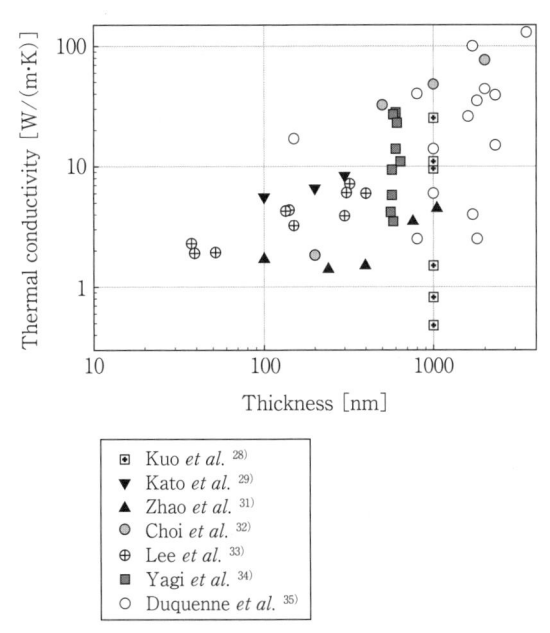

Fig. 6-4-12 AlN 薄膜の熱伝導率(Thermal conductivity of AlN thin films.)

ら[29])と同様に，熱伝導率が膜厚に依存する傾向が見られたことを報告している．

Yagi ら[34])は，反応性 rf スパッタ法により厚さ 560〜640 nm の AlN 薄膜を合成した．AlN 薄膜の結晶粒径は，13〜52 nm である．後述する熱拡散率測定のために，試料全体の構造は，前述の AlN 薄膜が厚さ 100 nm の Mo 薄膜によりサンドイッチされた 3 層であり，Corning 社 1737 ガラス基板上に作製された．AlN 層の成膜条件を調整することで，AlN 薄膜中の酸素不純物濃度は 1.1 at% から 13.6 at% まで制御された．これらについて，裏面加熱-表面測温型のパルス光サーモリフレクタンス法を用いて膜厚方向の熱拡散率が測定された．熱伝導率への換算には，バルクの密度と比熱容量が用いられた．この結果，もっとも高い酸素不純物濃度（13.6 at%）において，熱伝導率は最も低い 3.5 W/(m·K) を示し，酸素不純物濃度の減少に伴い熱伝導率は一律に増加を示した．熱伝導率の最大は 28 W/(m·K) であり，このときの酸素不純物濃度は 1.1 at% である．

Duquenne ら[35])は，反応性 dc マグネトロンスパッタ法において印加磁場を工夫することにより膜構造や結晶配向を作り分けた AlN 薄膜を作製した．膜厚は 150〜3500 nm であり，基板は Si を使用した．熱伝導率の測定は，薄膜表面に Al 加熱細線（温度測定を兼ねる）を施して 10 μs 間の加熱を行う transient hot strip 法を用いた．得られた熱伝導率は，膜の微細構造に依存し 2.5〜130 W/(m·K) の範囲である．また，成長初期の乱れた構造が熱伝導率を低下させており，もっとも酸素濃度が低い 0.5 at% の薄膜において，成長初期部分を除外した熱伝導率の値がが 170 W/(m·K) と算出されると報告している．

これらの測定例が示すように，AlN 薄膜の熱伝導率は，バルク材料と比較して低い値である．この理由として 2 点を挙げる．まず 1 つは薄膜の結晶成長が十分でないために，結晶粒界における熱伝導の散乱要因が働くためである．Zhao ら[31])や Duquenne ら[35])の指摘のように，薄膜の成長初期段階において結晶性の悪い初期成長層が存在する場合には，特に熱伝導率の低下が起きうると予想される．また，このような熱伝導率の低い初期成長層の存在は，結果的に膜厚依存が観察されることを説明する．もう 1 点は，結晶内の不純物の影響である．Slack ら[36])は，AlN 単結晶や同セラミックスにおい

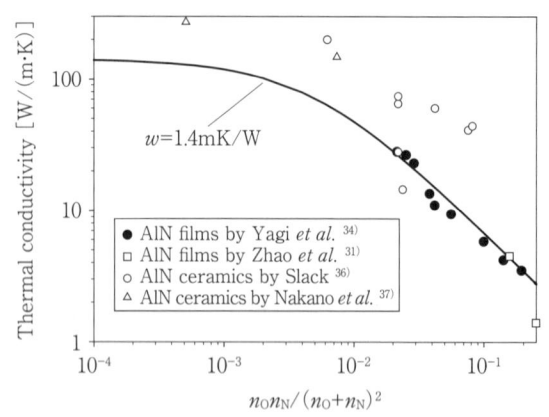

Fig. 6-4-13 AlN 薄膜の熱伝導率と，膜中の酸素および窒素イオン数密度との関係（Thermal conductivity for the AlN layers as a function of $n_O n_N/(n_O+n_N)^2$, where n_O and n_N are the number density of oxygen and nitrogen, respectively.）

て，結晶中に含まれる酸素イオンが熱抵抗の生成要因であることを示した．Fig. 6-4-13 は，AlN 薄膜およびセラミックスの熱伝導率について，横軸に酸素不純物濃度に関する係数をとり示したものである．また，図中の曲線は下記の関係[27,31,34]にある．

$$\lambda^{-1} = \lambda_{PP}^{-1} + w\frac{n_O n_N}{(n_O+n_N)^2} + \frac{3}{C v d_G} \qquad (6.4.1)$$

ここで，λ は熱伝導率であり逆数とすることで熱抵抗率を表す．λ_{pp} は AlN 単結晶の理論熱伝導率（319 W/(m·K)），w は AlN 中の窒素イオンが酸素イオンに置換されることにより生じる熱抵抗，n_O および n_N は単位体積当たりの酸素イオン数および窒素イオン数，C は単位体積当たりの熱容量，v はフォノンの群速度，d_G は平均結晶粒径である．本式は，理想的な AlN 結晶が本質的に保有する熱抵抗と，酸素不純物による熱抵抗の増加分および結晶粒界による熱抵抗の増加分，の和として AlN 薄膜の全体の熱抵抗を表したものである．図より，薄膜とセラミックスを問わず酸素不純物濃度が小さくなるほど（図の横軸が小さくなるほど）熱伝導率は増加する傾向を示すことがわかる．特に薄膜に関して着目すると，Eq.(6.4.1) は Yagi ら[34]および Zhao ら[31]による結果をよく説明する．

6.4.5 TiN 薄膜の熱物性値 （Thermophysical properties of Titanium nitride thin film）

TiN 薄膜の熱伝導率・熱拡散率に関する測定例を Table 6-4-9 にまとめた．Martana ら[38]は，工具

Table 6-4-9　TiN 薄膜の成膜方法および測定情報
(Deposition methods of TiN thin films and measurement methods of their properties)

著者 Author (s)	年 Year	成膜方法 Deposition technique	膜厚 Thickness (nm)	測定方法 Method	測定物性	測定方向	測定温度 Temperature (K)
J. Martana, P. Benes[38]	2012	Cathode arc technique	1000	pulsed photothermal radiometry method	熱伝導率	膜厚方向	300～800
T. Ohtsuka, A Miyamura, Y. Sato, Y. Shigesato, T. Yagi, N. Taketoshi, T. Baba[39]	2008	rf reactive sputtering	100～1200	パルス光加熱サーモリフレクタンス法	熱拡散率	膜厚方向	室温

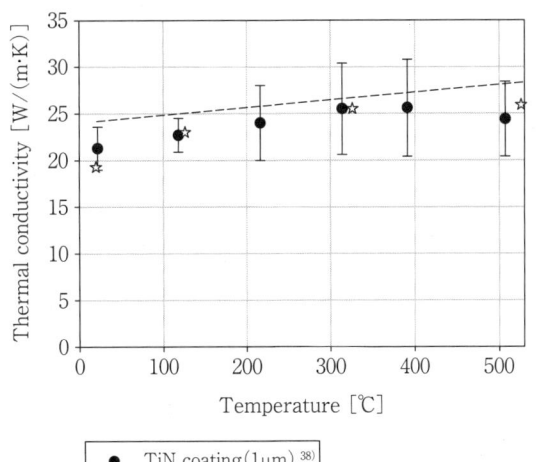

Fig. 6-4-14 アーク放電法による TiN コーティングの熱伝導率と温度依存性 (Temperature dependence of thermal conductivity of TiN coating deposited by means of cathode arc technique)

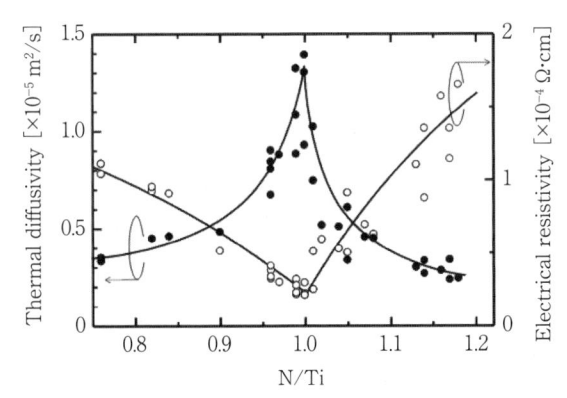

Fig. 6-4-15 反応性 rf マグネトロンスパッタ法により作製された TiN 薄膜（膜厚 100～1200 nm）の熱拡散率（膜厚方向）と比抵抗（面内方向）の膜中窒素比との関係[39] (Thermal diffusivity and electrical resistivity of TiN thin films as functions of N/Ti ratio. Film thicknesses range from 100 to 1200 nm, which were deposited by means of rf reactive magnetron sputtering.)

用途の TiN コーティングを想定し，厚さ5 mm 直径25 mm の 30CrMoV9 スチール材の表面に，アーク放電により厚さ1 μm の TiN コーティングを施した試料を作製した．TiN コーティングの窒素濃度は 54.4at% であり窒素過飽和の条件である．TiN コーティングの熱伝導率の測定は pulsed photothermal radiometry 法を用いて行われた．Fig. 6-4-14 に，Martana らによる室温から 500°C おける熱伝導率の測定結果を示す．TiN コーティングの熱伝導率は，正の温度依存性を示し，バルクの傾向と一致する．また，熱伝導率の絶対値もバルクの値とおおよそ一致する．これらの結果から，Martana らによる TiN コーティングの熱伝導率は，$\lambda = A + B \times T°\text{C} [\text{W}/(\text{m·K})]$ ($A = 21.9, B = 0.000763$) の関係にある．

大塚ら[39]は，TiN 薄膜の熱拡散率と膜中の窒素比率（N/Ti）の関係を調べた．反応性 rf マグネトロンスパッタ法を用いてアルカリフリーガラス基板上に膜厚 100～1200 nm の TiN 薄膜を作製し，成膜時のアルゴンガスと窒素ガスの比率を変化させることで，膜中の窒素比率を N/Ti = 0.76～1.18 の範囲で変化させた．膜厚方向の熱拡散率を，裏面加熱-表面測温型のパルス光加熱サーモリフレクタンス法により測定した．Fig. 6-4-15 に，熱拡散率と薄膜中の N/Ti 比の関係を示した．図の右縦軸は，四探針法による比抵抗値（面内方向）である．熱拡散率は N/Ti 比が 1 のときに最大となり，逆に比抵抗は最小となる．TiN 薄膜は良導体であり熱伝導のキャリアは伝導電子であるため，これらの結果は TiN 薄膜の電気伝導率と熱拡散率は正の相関関係にあることを示している．

参考文献

1) G. A. Shams, J. W. Cochrane and G. J. Russell, "Thermal Conductivity and Thermoelectric Power of High-quality $YBa_2Cu_3O_{7-\delta}$ Crystals", Physica C, Vol.363（2001）pp.243-250.
2) M. Ohkubo, "Normal State Resistivity in Epitaxially Grown $YBa_2Cu_3O_x$ Thin Films with $x = 6$ to 7", Solid State Commun., Vol.74, No.8（1990）pp.785-788.
3) C. D. Marshall, I.M. Fishman and M. D. Fayer, "Ultrasonic Wave Propagation and Barrier-limited Heat Flow in Thin Films of $YBa_2Cu_3O_{7-x}$", Phys. Rev. B, Vol.43, No.4（1991）pp.2696-2699.
4) L. J. Shaw-Klein, S. J. Burns, A. M. Kadin, S. D. Jacobs and D. S. Mallory, "Anisotropic Thermal Conductivity of $YBa_2Cu_3O_{7-\delta}$ Thin Films", Supercond. Sci. Technol., Vol.5（1992）pp.368-372.
5) C. D. Marshall, I. M. Fishman, R. C. Dorfman, C. B. Eom and M. D. Fayer, "Thermal Diffusion, Interfacial Thermal Barrier, and Ultrasonic Propagation in $YBa_2Cu_3O_{7-x}$ Thin Films: Surface-selective Transient-grating Experiments", Phys. Rev. B, Vol.45, No.17（1992）pp.10119-10021.
6) C. D. Marshall, A. Tokmakoff, I. M. Fishman, C. B. Eom, J. M. Phillips and M. D. Fayer, "Thermal Boundary Resistance and Diffusivity Measurements on Thin $YBa_2Cu_3O_{7-x}$ Films with MgO and $SrTiO_3$ Substrates using the Transient Grating Method", J. Appl. Phys., Vol.73, No.2（1993）pp.850-857.
7) Y. Y. Kim, H. A. Alwi, Q. Huang, R. Abd-Shukor, C. F. Tsai, H. Wang, K. W. Kim, D. G. Naugle and S. Krishnaswamy, "Thermal Diffusivity Measurement of $YBa_2Cu_3O_{7-x}$ Thin Film with a Picosecond Thermoreflectance Technique", Physica C, Vol.470（2010）pp.365-368.
8) T. Yagi, N. Taketoshi and H. Kato, "Distribution Analysis of Thermal Effusivityfor Sum-micrometer YBCO Thin Films using Thermal Microscope", Physica C, Vol.421-414（2004）pp.1337-1342.
9) A. Tanaka, M. Hirata, Y. Kiyohara, M. Nakano, K. Omea, M. Shiratani and K. Koga, "Review of pulmonary toxicity of indium compounds to animals and humans", Thin Solid Films, Vol.518（2010）pp.2934-2936.
10) Y. Furubayashi, T. Hitosugi, Y. Yamamoto, K. Inaba, G. Kinoda, Y. Hirose, T. Shimada and T. Hasegawa, "A transparent metal: Nb-doped anatase TiO_2", Appl. Phys. Lett., Vol.86（2005）pp.252101-252101-3.
11) Y. Sato, H. Akizuki, T. Kamiyama and Y. Shigesato, "Transparent conductive Nb-doped TiO_2 films deposited by direct-current magnetron sputtering using a TiO_{2-x} target", Thin Solid Films, Vol.516（2008）pp.5758-5762.
12) Y. Sato, Y. Sanno, C. Tasaki, N. Oka, T. Kamiyama and Y. Shigesato, "Electrical and optical properties of Nb-doped TiO_2 films deposited by dc magnetron sputtering using slightly reduced Nb-doped TiO_{2-x} ceramic targets", J. Vac. Sci. Technol. A, Vol.28（2010）pp.851-855.
13) N. Taketoshi, T. Baba and A. Ono, Jpn. J. Appl. Phys., Vol.38（1999）pp.L1268-L1271.
14) T. Yagi, K. Tamano, Y. Sato, N. Taketoshi, T. Baba and Y. Shigesato, "Analysis on thermal properties of tin doped indium oxide films by picosecond thermoreflectance measurement", J. Vac. Sci. Technol. A, Vol. 23（2005）pp.1180-1186.
15) T. Baba, "Analysis of One-dimensional Heat Diffusion after Light Pulse Heating by the Response Function Method." Jpn. J. Appl. Phys., Vol.48.（2009）pp.05EB04-05EB04-9.
16) I. Barin and G. Platzki, "Thermochemical Date of Pure Substance", VCH, Weinheim, Tokyo, 1995.
17) S. J. Smith, R. Stevens, S. Liu, G. Li, A. Navrotsky, J Boerio-Goates and B. F. Woodfield, "Heat capacities and thermodynamic functions of TiO_2 anatase and rutile: Analysis of phase stability", Am. Mineral., Vol. 94（2009）pp.236-243.

18) E. Medvedovskia, N. Alvarez, O. Yankov and M. K. Olsson, "Advanced indium-tin oxide ceramics for sputtering targets", Ceramics International, Vol.34 (2008) pp.1173-1182.
19) T. Ashida, A. Miyamura, Y. Sato, T. Yagi, N. Taketoshi, T. Baba and Y. Shigesato, "Effect of electrical properties on thermal diffusivity of amorphous indium zinc oxide films", J.Vac. Sci. Technol. A, Vol.25 (2007) pp.1178-1183.
20) T. Ashida, A. Miyamura, N. Oka, Y. Sato, T. Yagi, N. Taketoshi, T. Baba and Y. Shigesato, "Thermal transport properties of polycrystalline tin-doped indium oxide films", J. Appl. Phys., Vol.105 (2009) pp. 073709-073709-4.
21) C. Tasaki, N. Oka, T. Yagi, N. Taketoshi, T. Baba, T. Kamiyama, S. Nakamura and Y. Shigesato, "Thermophysical Properties of Transparent Conductive Nb-doped TiO_2 Films", Jpn. J. Appl. Phys., (in press).
22) S.-M. Lee, D. G. Cahill and T. H. Allen, "Thermal conductivity of sputtered oxide films", Physical Review B, Vol.52, No.1 (1995-I) pp.253-257.
23) D. G. Cahill, S.-M. Lee and T. I. Selinder, "Thermal conductivity of κ-Al_2O_3 and α-Al_2O_3 wear-resistant coatings", J. Appl. Phys., Vol.83 (1998) p.5783.
24) R. Kato, A. Maesono and R. P. Tye, "Thermal Conductivity Measurement of Submicron-Thick Films Deposited on Substrates by Modified ac Calorimetry (Laser-Heating Ångstrom Method)", International Journal of Thermophysics, Vol.22, No.2 (2001) p.617-629.
25) B. Behkam, Y. Yang and M. Asheghi, "Thermal property measurement of thin aluminum oxide layers for giant magnetoresistive (GMR) head applications", International Journal of Heat and Mass Transfer, Vol. 48 (2005) pp.2023-2031.
26) N. Oka, R. Arisawa, A. Miyamura, Y. Sato, T. Yagi, N. Taketoshi, T. Baba and Y. Shigesato, "Thermophysical properties of aluminum oxide and molybdenum layered films", Thin Solid Films, Vol. 518 (2010) pp.3119-3121.
27) G. A. Slack, R. A. Tanzilli, P. O. Pohl and J. W. Vandersande, "The Intrinsic Thermal Conductivity of AlN", J. Phys. Chem. Solids, Vol.48 (1987) pp.641-647.
28) P. K. Kuo, G. W. Auner and Z. L. Wu, "Microstructure and thermal conductivity of epitaxial AlN thin films", Thin Solid Films, Vol.253 (1994) pp.223-227.
29) R. Kato, A. Maesono and R. P. Tye, "Thermal Conductivity Measurement of Submicron-Thick Films Deposited on Substrates by Modified ac Calorimetry (Laser-Heating Ångstrom Method)", International Journal of Thermophysics, Vol.22, No.2 (2001) pp.617-629.
30) A. Jacquot, B. Lenoir, A. Dauscher, P. Verardi, F. Cracium, M. Stolzer, M.Gartner and M. Dinescu, "Optical and thermal characterization of AlN thin films deposited by pulsed laser deposition", Applied Surface Science, Vol.186 (2002) pp.507-512.
31) Y. Zhao, C. Zhu, S. Wang, J. Z. Tian, D. J. Yang, C. K. Chen, H. Cheng and P. Hing, "Pulsed photothermal reflectance measurement of the thermal conductivity of sputtered aluminum nitride thin films", Journal of Applied Physics, Vol.96, No.8 (2004) pp.4563-4568.
32) S. R. Choi, D. Kim, S.-H. Choa, S.-H. Lee and J.-K. Kim, "Thermal Conductivity of AlN and SiC Thin Films", International Journal of Thermophysics, Vol.27, No.3 (2006) pp.896-905.
33) T. Lee, M. G. Burzo, P. L. Komarov, P. E. Raad and M. J. Kim, "Direct Observation of Heat Transport in Plural AlN Films Using Thermal Imaging and Transient Thermal Reflectance Method", Electrochemical and Solid-State Letters, Vol.14, No.5 (2011) H184-H186.
34) T. Yagi, N. Oka, T. Okabe, N. Taketoshi, T. Baba and Y. Shigesato, "Effect of Oxygen Impurities on Thermal Diffusivity of AlN Thin Films Deposited by Reactive RF Magnetron Sputtering", Jpn. J. Appl. Phys., 50 (2011) 11RB01.
35) C. Duquenne, M.-P. Besland, P. Y. Tessier, E. Gautron, Y. Scudeller and D. Averty, "Thermal conductivity of aluminium nitride thin films prepared by reactive magnetron sputtering", J. Phys. D: Appl. Phys., Vol. 45 (2012) 015301.
36) G. A. Slack, "Nonmetallic crystals with high thermal conductivity", J. Phys. Chem. Solids, Vol.34 (1973) pp.321-335.
37) H. Nakano, K Watari, H. Hayashi and K. Urabe, "Microstructural Characterization of High-Thermal-Conductivity Aluminum Nitride Ceramic", J. Am. Ceram. Soc., Vol.85 (2002) p.3093.

38) J. Martana and P. Benes, "Thermal properties of cutting tool coatings at high temperatures", Thermochimica Acta, Vol.539 (2012) pp.51-55.
39) T. Ohtsuka, A Miyamura, Y. Sato, Y. Shigesato, T. Yagi, N. Taketoshi and T. Baba, "サーモリフレクタンス法による TiNx 薄膜の熱拡散率の測定", J. Vac. Soc. Jpn., Vol.51, No.6 (2008) pp.382-385.
40) MPDB Software, "Temperature Dependent Elastic & Thermal Properties Database", 2009, http://www.jahm.com/
41) H. O. Pierson, "Handbook of Refractory Carbides and Nitrides: Properties, Characteristics, Processing and Applications", Noyes Publications, New Jersey (1996).

6.5 ナノ構造表面のふく射性質 (Radiative Properties of Nano-Structured Materials)

6.5.1 フォトニック結晶 (Photonic crystals)

本項で扱うナノ構造は，注目する波長の半分から同程度くらいの周期を持った1～3次元の（広い意味での）フォトニック結晶である．積層方向，面内方向の1次元周期構造物とは，それぞれ多層膜，回折格子に他ならず，また，金属製の特に2次元のものはプラズモニック結晶と呼ばれることもある．

これらとは独立した流れで，メタマテリアルの観点から研究されている微細構造物もある．これらはサブ波長の周期構造物という点では本項で扱うものと共通で，統一的に議論される場合も多い[1]．しかし，本書では，構造の有効誘電率・有効透磁率に注目して設計され，個々の単位構造の形状が複雑で，周期が波長に比べて特に小さいものをメタマテリアルと分類し，次項にて別途紹介する．

平滑なバルク材料の表面を用いる代わりにフォトニック結晶構造を表面に作り込むことで期待される効果には2つある．1つはふく射率を低減させる効果，もう1つはふく射率を増大させる効果である．前者はふく射場状態密度の低減により実現するもので，完全な抑制は3次元フォトニック結晶における完全フォトニックバンドギャップ中でのみ期待される．後者は，種々の共鳴状態を利用して，バルク状態でふく射率（吸収率）がゼロではないけれども小さな材料を素材として用い，何らかの共鳴を利用してそのふく射を特定の波長で増強させるものである．ここで用いるべき材料とは，要するに光をよく反射する材料であり，金属は広い波長範囲でそのような性質を有するし，SiC や SiO_2 なども赤外域の特定の波長範囲でそのような性質を持つ．それぞれ，表面プラズモン，表面フォノンの共鳴が起こるように構造を設計すればよい．

ただし，これまでに報告されているものは，ふく射率の増大の事例に限られる．3次元フォトニック結晶においても，ふく射の抑制ではなく，バンドギャップ端でのふく射増強の方が観測され，利用されている．それは，完全フォトニックバンドギャップが実現しても，最表面層からのふく射は抑制できないためと考えられている[2]．しかしながら，現実の応用において重要なのは，同じ電力を投入した場合に，バルク平面と比べて各波長ごとのふく射エネルギーの配分が変化することである．ある波長域でふく射率がバルクよりも顕著に増大していれば，その分，他の波長でのふく射は抑制される．したがって，ふく射率の低減は必須ではなく，ふく射率のコントラストの大きさが重要である．

フォトニック結晶による熱輻射制御の主な報告例を Table 6-5-1 にまとめた[3～18]．ここでは，まずフォトニック結晶構造の形態に注目して分類し，ふく射率が構造の導入によりバルク材料（あるいは増強されていない状態）からどれだけ増大したかを，文献から読み取って示した．

文献の選択においては，原則として，実際の熱ふく射測定を行ってふく射率を求めた，信頼できるものに限定した．フォトニック結晶の輻射を含む光学特性は数値計算で予測できるため，計算結果だ

6.5 ナノ構造表面のふく射性質

Table 6-5-1 フォトニック結晶による熱ふく射制御の報告例
(Representative results of controlled thermal radiation by photonic crystal structures)

構造			材料, 主要寸法	ふく射率 バルク→ナノ構造 (波長)	温度	備考	文献
1次元積層構造	多層膜		SiO$_2$ t150nm/Si$_3$N$_4$ t150nm 多層膜/Ag t200nm/Si 基板	0.05 → 0.8 (1μm)	—	実際の熱ふく射測定例なし(ふく射率は反射測定より推定)	3)
	表面膜		SnO$_2$ t50nm/CrO t50nm/Cr t50nm/Cu 基板	0.05 → 0.95 (0.5〜2μm)	870K	構造ではなく表面材料のふく射特性を利用	4)
1次元平面周期構造	広くて深い溝		高濃度ドープn型Si, 幅 7〜14μm, 深さ 45μm の矩形溝, 周期 10〜22μm	0.2 → 0.9* (10〜13μm)	673K	TM, TE 両偏光を増強 深さ方向の多数の共鳴	5)
			SiC, 幅 5.1μm, 深さ 4.6μm の矩形溝, 周期 11.6μm	0.08 → 0.56* (11.6μm)	770K	TM偏光のみ増強 周期・深さ両方向の共鳴 鋭いスペクトル・角度分布	6)
	狭くて深い溝		Au, 幅 0.1〜0.3μm, 深さ 0.5〜1.0μm の矩形溝, 周期 2〜3μm	0.02 → 0.90* (3.9μm)	503K	TM偏光のみ増強 深さ方向の共鳴	7)
	広くて浅い溝		W, 幅 1.5μm, 深さ 0.125μm の矩形溝, 周期 3.0μm	0.2 → 0.85* (4.5μm)	623K	TM偏光のみ増強 周期方向の共鳴 鋭いスペクトル 波長に依存した鋭いV字型のふく射	8)
			SiC, 幅 1.5μm, 深さ 0.28μm の矩形溝, 周期 6.25μm	0.08 → 0.4** (11.4μm)	773K		9)

構造	形状	仕様	増強	温度	特徴	文献
MIM構造の溝 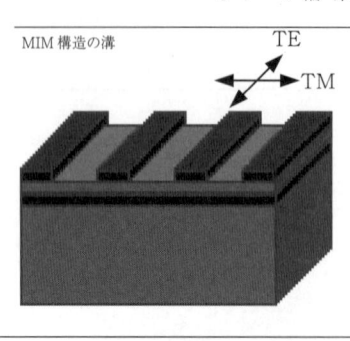	TE/TM	Ag t100nm/SiO$_2$ t100nm/Ag t200nm/Si基板，上部Ag層に幅2〜4μmの除去部，周期4〜6μm	絶対値不明 25倍の増強 (6μm)	533K	TM偏光のみ増強 MIM導波路部の共鳴	10)
2次元平面周期構造 ドット	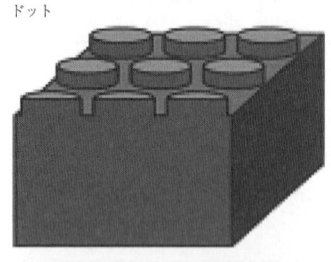	W，直径0.9μm，高さ0.3μmの円板，周期2μm，正方格子	0.2 → 0.5 (2μm)	1200K	周期方向の共鳴 鋭いスペクトル 顕著な角度依存性	11)
広くて深い孔	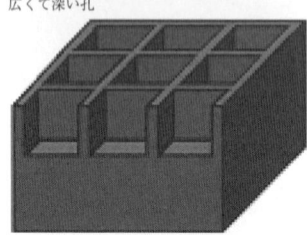	単結晶W，1辺0.8μm，深さ0.75μmの角孔，周期1μm，正方格子	0.3 → 0.85 (1.25μm)	1400K	深さ方向の共鳴 カットオフ波長より短波長で増強	12)
狭い孔	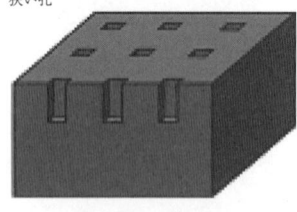	Ta，1辺2.5μm，深さ3.2μmの角孔，周期5μm，正方格子	絶対値不明 1.8倍の増強 (5μm)	750K	周期方向の共鳴 鋭いスペクトル	13)
広くて浅い孔	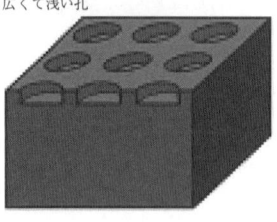	Au t150nm/Si基板，直径1.5〜2μm，深さ5μmの円孔や角孔，正方格子	0.1 → 0.9 (2〜4μm)	598K	周期方向の共鳴 Au膜が薄いので浅い格子として機能	14)

6.5 ナノ構造表面のふく射性質

	MIM構造のドット	Al t100nm/SiO₂ t100nm/Al基板, 上部Al層として直径1.7μmの円板, 三角格子	0.05 → 0.93 (5.7μm)	648K	MIM導波路部の共鳴	15)
	MIM構造の孔	Ag t100nm/SiO₂ t100～500nm/Ag t100nm/Si基板, 上部Ag層に直径1.5μmの円孔, 三角格子	絶対値不明 15倍の増強 (4.2μm)	573K	周期方向の共鳴 多数の報告例あり	16)
3次元周期構造	等方性ウッドパイル	W, 幅1.2μm, 高さ1.2μm, 周期4.2μmのウッドパイル構造, 8層積層	0.10 → 0.85 (5.1μm)	546K	バンドギャップ(6μm)より短波長で増強 バンド端に鋭いスペクトル	17)
	異方性ウッドパイル	Ni, 幅1.1μm, 高さ1.2μm, 周期2.6μmのウッドパイル構造, Ni基板上, 非直交2層積層	0.11 → 0.78 (3.5μm)	800K	ピークによって偏光方向が異なる	18)

* 特定の偏光方向成分のみに注目した場合の完全黒体に対する強度比
** 両方の偏光成分についての完全黒体に対する強度比と思われる

けを示した報告は非常に多いが，作製が現実的でないものも多い．また，実際に作製した場合にも，ふく射率と吸収率の等価性（キルヒホッフの法則）を根拠に，常温で吸収スペクトルを調べただけの報告が多い．しかし，ナノ構造の耐熱性や材料の誘電率の温度依存性により，作製したナノ構造を実際に加熱した時に，期待通りのふく射を示すかどうかは自明ではない．また，熱ふく射測定という本来容易ではない測定を微小な試料について行わねばならないため，初期には1を超えるふく射率が報告された事例もあったが[19]，このようなものも除外した．

　形態の分類においては，周期の次元性で大別した後，溝の幅や孔の直径を広い／狭い，溝や孔の深さを深い／浅いと分類した．ここで，広い／狭いとは，溝や孔の導波モードのカットオフ周波数との関係に注目した分類である．カットオフの影響を受けず，溝や孔に伝搬モードが入り込むものを「広い」とした．ただし，次元によって事情は少し異なる．1次元構造の溝では，TM (transverse magnetic) モードにはカットオフ周波数が存在せず，いかに狭い溝でも伝搬モードを持つ．したがって，

1次元構造では，TE (transverse electric) モードもカットオフを超えて伝搬できるものを「広い」とした．2次元構造では，円孔の直径や角孔の辺の長さが特定の値以下では，いかなる伝搬モードも存在しない．孔に伝搬モードが入り込むことを利用したものを「広い」と表現した．深い／浅いとは，溝や孔の導波モードの波長との関係に注目した分類である．深さ方向に定在波ができるものを「深い」，そうでないものを「浅い」とした．なお，偏光の定義は表中の図に記載した．分野によって定義が逆の場合があるので注意が必要である．

最近，微小なアンテナ構造単体の熱ふく射が注目を集めているが[20]，本項では，波長よりも大きな，ある程度のマクロ表面を持った構造物に限定し，孤立したアンテナ構造は除外した．

以下，Table 6-5-1 の各構造について簡単な説明を加えておく．

周期的な1次元積層構造は，最も作製が容易で現実的な構造であるにもかかわらず，実験家による研究が少なく，熱ふく射の直接的な観測結果は報告されていないようである．また，周期系でない点，材料のバルクとしての特性が起源である点で本項では異質であるが，1～数層の薄膜構造も他に適切な項がないのでここで紹介する．

1次元平面周期構造の重要な特徴は，直線偏光した熱ふく射が可能なことである．そのため，大半の文献で「特定の偏光成分に注目したふく射率」の値が示されていることに注意が必要である．この値は，どれだけ物理限界に迫れたかを示す指標としては重要であるが，仮にその偏光に注目したふく射率が1.0であっても，直交した偏光のふく射がゼロであれば，その波長のふく射エネルギーは両偏光を放射する同じ温度の完全黒体の半分（正味のふく射率は0.5）にしかならない．現実に得られるエネルギーに注目する場合にはTM偏光とTE偏光のふく射率の平均値を考えるべきである．

2次元平面周期構造は，古くから多数の研究例があり，既に赤外光源としての市販品もある[14]．WやTaなど，高融点材料での試作や，実際に高温での評価も進んでおり，結晶粒の成長によりナノ構造が維持できないため，単結晶Wの利用が重要であることなども示されている[12]．最近の動向としては，厚さ方向に金属・絶縁体・金属を積層した MIM (metal-insulator-metal) 構造を用いた事例が増えている．これは下層の金属膜による基板からのふく射の抑制と，絶縁体層に局在したMIM導波路モードの共鳴効果により，高いふく射率コントラストが実現できるためと思われる．

3次元周期構造は，角材を直交して積層するウッドパイル構造が主流で，その作製は極めて困難と長い間考えられてきたが，最近はソフトリソグラフィーやレーザー直接描画法などにより比較的手軽に実現できるようになってきた．

(注) 本原稿執筆後に，半導体量子井戸構造により材料のふく射率（吸収率）を特定の波長で増強させ，なおかつ2次元フォトニック結晶によりその波長の垂直方向への放射を増強した事例[21]が報告された．

6.5.2 メタマテリアル吸収体・ふく射体 (Abosorptivity (emissivity) of meta-materials)

Kirchhoffの熱ふく射の法則[22]から，熱力学的平衡状態での物体からのふく射率 (emissivity) は，その吸収率 (absorptivity) と等しい．言葉を換えれば「ある波長の光にとって"黒い"ものほど，その波長でのふく射が大きい」となる．よってふく射率を最大化するためには完全吸収体が望ましい．これの理想化したものが黒体である．ただしPlanckの黒体ふく射の法則[23]から明らかなように，温度によって決定される黒体ふく射スペクトルは広い波長範囲に及ぶ．よって，ある特定の波長のふく射だけが必要となる局面では，決して効率が良い手法とは言えない．例えばガスセンサや熱光起電力発電などの応用に向けては，低電力で駆動する狭帯域のふく射体が望まれる．つまり狭帯域での完全吸収体が必要となる．

さて，波長λに依存する吸収率を$A(\lambda)$，反射率を$R(\lambda)$，透過率を$T(\lambda)$とすると，ある波長λ_0にお

ける関係は $A(\lambda_0) = 1 - R(\lambda_0) - T(\lambda_0)$ となる．$A(\lambda_0) = 1$ の完全吸収体を得るためには，$R(\lambda_0) = T(\lambda_0) = 0$ でなければならない．$T(\lambda_0) = 0$ は比較的容易に実現できる．可視光でなら金属板を置けば事足りる．しかしながら，$R(\lambda_0) = 0$ は思いのほか困難である．その理由はインピーダンスの不整合である．ここで $R(\lambda)$ は，物質の透磁率 $\mu(\lambda)$ と誘電率 $\varepsilon(\lambda)$ の比の平方根で表される波動インピーダンス $Z(\lambda)$ で決まる．よって，ある波長 λ_0 で $\varepsilon(\lambda_0) = \mu(\lambda_0)$ となれば，$Z(\lambda_0)$ は真空のインピーダンス Z_0 と等しくなる．その結果，反射がなくなり，$R(\lambda_0) = 0$ が実現できる．このような条件はインピーダンス整合と呼ばれる．しかし，天然の物質を用いる限り，$\varepsilon(\lambda_0) = \mu(\lambda_0)$ という条件を満たす物質を見つける，もしくは合成することは困難である．つまり，ある波長 λ_0 における $\varepsilon(\lambda_0)$ と $\mu(\lambda_0)$ の両方を独立に操作する権利を，我々は天然物およびその合成物では行使できない．これは物質の電磁気応答の分散性と狭帯域性に起因する．すなわち物質の電気的応答を表す $\varepsilon(\lambda)$ は，電子や格子振動の応答に起因するため，赤外光より短い波長の電磁波に対してのみ操作可能である．それより長い波長の電磁波に対しては真空の誘電率 ε_0 と等しいとみなしている．一方，磁気的応答を表す $\mu(\lambda)$ は，電子スピンの応答や環状電流に起因するため，赤外光より長い波長の電磁波に対してのみ操作できる．そしてそれより短い波長の電磁波に対しては，真空の透磁率 μ_0 と等しいとみなしている[24]．よって任意の波長で，ε と μ のどちらか一方は必ず真空での値と等しくなってしまい，天然の物質で ε と μ の値を等しくすることは，控えめに言っても困難を極める．

ところが，近年盛んに研究されているメタマテリアルを用いれば，ある波長 λ_0 で $\varepsilon(\lambda_0)$ と $\mu(\lambda_0)$ を等しくすることが可能になる．メタマテリアルとは，波長よりも十分小さな構成要素からなる人工構造物質・材料である[25]．メタマテリアルを用いれば，我々は $\varepsilon(\lambda)$ と $\mu(\lambda)$ を独立に操作することが可能になる．具体的には銅でできた C 字型のリング共振器を思い浮かべていただきたい．共振器は，電磁波の磁場と相互作用すると磁気共鳴を起こす．それにより，磁性体を用いていないにも関わらず，透磁率は実効的に μ_0 とは異なる値をとりうる．場合によっては負の値もとりうる[26]．これは電気回路的描像では，電磁誘導によりインダクターとしての共振器に電流が流れ，ギャップのキャパシターと併せて，LC 共鳴が起きているとも解釈できる．その意味でメタマテリアルは"物質の回路化"と呼ぶこともできる．例えばマイクロ波領域では，前述の共振器により実効的な μ が負となり，同じ周波数領域で実効的な ε が負となる銅のワイヤー切片を組み合わせることで，屈折率が負となる左手系メタマテリアルが実現されている[27,28]．左手系メタマテリアルは，回折限界を突破し，分解能が無限に小さいレンズ（パーフェクトレンズ）を実現すると期待されている[29]．さらに実効的な μ を空間的に精密に制御することで，マイクロ波領域で物体を不可視化するクローク（外套という意味，日本語では隠れ蓑）が実現されている[30,31]．

メタマテリアルの特徴は，その応答する電磁波の波長が構成要素，例えばリング共振器，のサイズに基本的にスケールするということである．現実問題として，波長が変わると材料の損失などの新しい問題が生じるが，ここでは触れない．よってラジオ波領域では cm スケールの，マイクロ波領域では mm スケール，赤外領域ならば µm スケールの構成要素を用いれば，異なる波長域でも同じ物理を用いて同じ機能の発現が期待される．特に，通常は赤外域では困難である $\mu(\lambda)$ の自由度を手に入れられることは熱ふく射の観点からも特筆に値する．

ボストンカレッジの Padilla らのグループは，マイクロ波から赤外領域までのメタマテリアルを用いた吸収体・ふく射体の研究を強力に推進している．彼らが作製したメタマテリアル吸収体・ふく射体の特性を Table 6-5-2 にまとめる．まず 2008 年に，C 字を背中合わせに繋げた形の大きさ 4 mm の銅の電気リング共振器（Electric Ring Resonator：ERR）と，ワイヤー切片を組み合わせ（Fig. 6-5-1 (A)），周波数 11.5 GHz のマイクロ波（波長 26 mm）に対する完全吸収体を実現したと報告している[32]．ERR とワイヤー切片は，FR4 基板をスペーサーとして 720 µm 離されている．完全吸収体 1

Table 6-5-2 メタマテリアル吸収体・ふく射体の性能
(Properties of metamaterial absorber/emitter)

筆者 Authors	年 Year (s)	デザイン Design	単位セルサイズa Unit cell size	共振器サイズb Resonator size	動作波長域 Operation wavelength	吸収率 Absorptivity	ふく射率 Emissivity
Landy et al.	2008	Fig.1 (A)	4.2mm	4mm	マイクロ波	0.88 (@11.5GHz)	–
Tao et al.	2008	Fig.1 (B)	36μm	25.9μm	テラヘルツ波	0.97 (@1.6THz, TM波)	–
Liu et al.	2010, 2011	Fig.1 (C)	3.2μm	1.7μm	赤外光	0.97 (@52THz)	0.98 (@52THz)

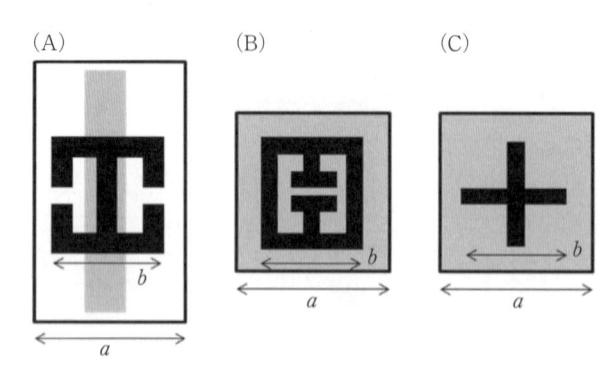

Fig. 6-5-1 メタマテリアル吸収体の様々なデザイン (Design variations of metamaterial absorbers)

枚の厚さは約 750 μm である．電気共鳴は ERR での LC 共鳴により得られる．一方，磁気共鳴は，ERR とワイヤー切片との間で，マイクロ波の磁場により誘導される伝導電流と変位電流を含む環状電流によって得られる．これは，メタマテリアルで良く用いられるダブルフィッシュネット構造やナノロッドペア構造で磁気応答を得る原理と同じである．ERR とワイヤー切片の形状・サイズ・距離を調整することで，$\varepsilon(\lambda)$ と $\mu(\lambda)$ を独立に制御し，ある波長で $\varepsilon = \mu$ を実現し，自由空間とのインピーダンス整合をとることができる．その結果として，反射がゼロとなる．実験では透過がゼロでないため厳密には"完全吸収体"とは言えないが，それでも 11.5 GHz の周波数で 0.88 と高い吸収率を実現している．これまでにも人工完全吸収体は存在したが，波長程度の厚さや低温が必要であった．しかしこれに対して，メタマテリアル吸収体は室温で，かつ自由空間での電磁波の波長の 35 分の 1 程度の厚さで実現可能である．このような薄くて小さな吸収体は，focal plane array (FPA) への応用が期待されている．

同年に，ボストン大学の Zhang らと Padilla らは，大きさ 26 μm の ERR を用いたメタマテリアル吸収体により，周波数 1.6 THz のテラヘルツ光（波長 187 μm）に対して 0.97 の吸収率を実現している[33]．このメタマテリアル吸収体は，厚さ 8 μm の柔軟性の高いポリイミド基板上に 200 nm の厚さの金の連続膜を，更に 8 μm の厚さのポリイミド膜を，最後に"国"の字に似た形の金の ERR を作製し，形成される (Fig.6-5-1(B))．全体で 16 μm 程度と大変薄い．周波数の上昇に伴い，ERR のデザインも変化しているが，最大の変化は金属ワイヤー切片の代わりに金属の連続膜が使われていることである．このグラウンドである金属膜により透過はゼロとなっている．また金連続膜と ERR との間の変位電流を含む環状電流により磁気応答が得られていることがシミュレーションから明らかになった．更に連続膜を利用することで，ERR との精密な位置合わせが必要なくなることも利点の 1 つである．

Padilla らは 2010 年には，スペーサーであるアルミナを成膜した金連続膜上に，1.7 μm の大きさの

十字型の ERR を並べた（Fig. 6-5-1(C)），赤外領域での吸収体を報告している[34]．マイクロ波帯，テラヘルツ波帯と同じ物理により波長 6 μm（周波数 50 THz）で $\varepsilon=\mu=0$ を実現し，反射をゼロとしている．その結果，0.97 の吸収率を達成している．シミュレーションから散逸の原因は，金属十字やグラウンド面でのオーミック損失よりも，スペーサーであるアルミナでの誘電損失の寄与が大きいことが解った．

更に同じグループは 2011 年には，同様の構造を持つメタマテリアルを 300℃ まで熱して，赤外域での波長選択ふく射を実現している[35]．波長 5.8 μm の赤外光（周波数 52 THz）に対して 0.97 の吸収率を実現している吸収体の，理想的な黒体を 1 としたふく射率は 0.98 となっている（Table 6-5-2）．ふく射ピークの半値幅は，彼らの論文の図を見る限り，0.5 μm 程度である．そしてそれ以外の波長ではふく射が無い．同温度の黒体ふく射のスペクトルと比較しても，かなり狭帯域のふく射体であると言える．また十字型 ERR のサイズを複数に変化させて複数の共鳴を得て，その結果，吸収やふく射が複数の波長で起こることも確認している．彼らはこのような技術を熱光起電力発電に応用すべく，異なるサイズの ERR を組み合わせたメタマテリアルを用いて，赤外域にバンドギャップを持つ GaSb の外部量子効率に合わせてふく射率を調整することを提案している．

6.5.3 スーパーグロースカーボンナノチューブ（垂直配向型カーボンナノチューブ）
（Thermal radiation properties of super-growth carbon nanotube, vertically-arraigned carbon nanotube）

カーボンナノチューブ（CNT）の光学的性質については，特に基板表面に垂直配向した CNT 膜において，グラファイト（バルク）材料と異なる "低反射率（高吸収率）" に注目した研究報告が行われている．1995 年に de Heer ら[36]は，CNT 膜がその配向性により特徴的な光学特性を持つことを報告した．続いて 1997 年に García-Vidal ら[37]は，理論計算により，比較的低密度の配向型 CNT 膜が，優れた光吸収性を持つことを示した．

その後の CNT 成膜技術の高度化に伴い，より定量的な光吸収（反射）特性に関する測定データが報告されている．2002 年に Cao ら[38]は，石英基板上に成膜した垂直配向型 CNT 膜（厚さ 30 μm）を対象として可視～近赤外（500～2300 nm）波長域の反射スペクトルを測定し，およそ 2% 以下の低反射率（垂直入射-半球反射率）を持つことを報告した．2008 年に Yang ら[39]は，シリコン基板上に CVD 法によって成長された垂直配向型 CNT 膜（密度 0.01～0.02 g/cm^3，厚さ 10～800 μm）について，He-Ne レーザー（457～633 nm）を光源とする反射率測定を行い，0.05% 以下の極めて低い反射率（垂直入射-半球反射率）を示すこと，また，高い拡散反射性を持つことを報告した．2009 年に Wang ら[40]は，シリコン基板上に CVD 法によって形成した垂直配向型 CNT 膜（密度 0.025～0.3 g/cm^3，厚さ 50～150 μm）について，波長 400～1800 nm における二方向反射率（BRDF）を測定し，反射率から計算される吸収率について，97% 以上（波長 635 nm）の値を持つことを報告している．同年，水野ら[41]が，スーパーグロース法[42]によりシリコン基板上に成長させた垂直配向型の単層 CNT 膜について，紫外から遠赤外に至る広範な波長域における反射スペクトル測定を行うとともに，熱赤外波長域において，分離黒体法による単層 CNT 膜の垂直分光放射率の測定を行った．2011 年に Yang ら[43]は，基板上に成長させた CNT 膜をエッチングによりはく離させ，ドーナッツ状の基板上に自立させた垂直配向型 CNT 膜（厚さ 500 μm）を加熱し，分離黒体法による垂直分光放射率測定（3～20 μm）行い，およそ 99% の放射率を報告している．主な測定例を Table 6-5-3 に示す．

配向性を持つ CNT 膜の光学特性の理論的解析については，実験研究と並行して，多くの研究が行われており，薄膜解析に適用される有効媒質近似[37,43]をはじめ，密度関数法による第一原理計算[44]，相互反射積分法による放射解析[45]などが報告されている．また，垂直配向型 CNT 膜の高い光吸収特

Table 6-5-3 垂直配向されたカーボンナノチューブ膜の光学特性の主な測定例
(Optical properties of vertically-aligned CNT)

著者	年	試料	膜厚	温度	測定量	波長	データ
Cao et al.[38]	2002	MWCNT	30μm	室温	垂直入射－半球反射率	0.5～2.2μm	0.02
Yang et al.[39]	2008	MWCNT	10～800μm	室温	垂直入射－半球反射率	457～633nm	0.045%
Wang et al.[40]	2009	MWCNT	50～150μm	室温	二方向反射率（BRDF）	0.4～1.8μm	< 0.97 (吸収率)
Mizuno et al.[41]	2009	SWCNT (Super-growth)	500μm	100℃	垂直分光放射率	5～12μm	< 0.98
				室温	垂直入射－（半球）反射率	0.2～200μm	>0.02
Yang et al.[43]	2011	MWCNT	500μm	450～600K	垂直分光放射率	3～20μm	0.99 ± 0.02

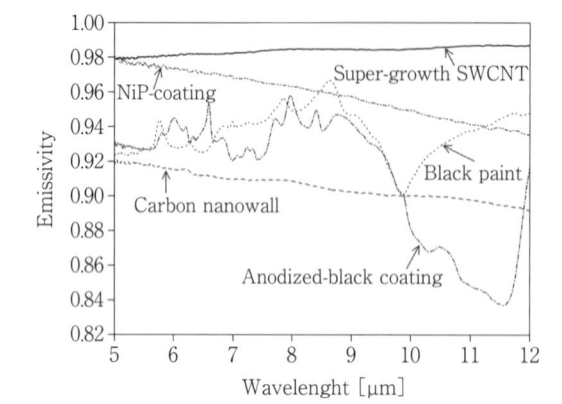

Fig. 6-5-2 スーパーグロース SWCNT および，各種高放射率被膜の赤外分光放射率[41,47] (Normal spectral emissivity of Super-growth SWCNT and other black-coatings: NiP-coating (Anritsu), Black-paint (Asahi-paint heat resisting black), Anodized-black coating (Hino-black), and Carbon Nanowall film (Yokohama city university & IHI))

性を利用して，焦電素子の受光面に CNT 膜を成膜することにより熱型光検出器の受光感度向上などの研究も報告されている[46]．

　Fig. 6-5-2 は，スーパーグロース SWCNT[41] および，各種の高放射率皮膜の赤外分光放射率スペクトル[12]を示している．NiP 被膜は，μm スケールの表面構造に起因する光学特性であるため，波長の増加とともに分光放射率が一様に減少している．黒色塗料，酸化被膜については，材料の吸収特性を反映した波長依存性を示す．これに対し，スーパーグロース SWCNT 被膜では，5～12 μm の波長域全体において，0.98 以上の高い分光放射率を持つことがわかる．ナノカーボン材料の1つであるグラフェン集合体を基板上に垂直配向させたカーボンナノウォール膜[47]（厚さ 18 μm）では，スーパーグロース SWCNT 膜と比較して，やや低い分光放射率を示している．Fig. 6-5-3 は，紫外から遠赤外波長域でのスーパーグロース SWCNT 膜の反射率スペクトルである．0.2～20 μm の波長域では，積分球法による垂直入射-半球反射率であり，20 μm 以上の領域は，正反射成分のみを検出している．いずれの波長域においても，ほぼ一様に 2% 以下の低反射率を示している．なお，各波長域ごとの緩やかな波長依存性については，反射率測定装置の特性によるものと考察されている．Fig. 6-5-4 は，スーパーグロース SWCNT 膜の分光放射率の膜厚（CNT 成長高さ）依存性の結果である．数 μm 程度の膜厚では，基板の影響を含むやや低い放射率を示すが，50 μm 程度の膜厚以上でほぼ一様な分光放射率を示すことがわかる．Fig. 6-5-5 は，スーパーグロース SWCNT 膜の密度と分光放射率の関係に関

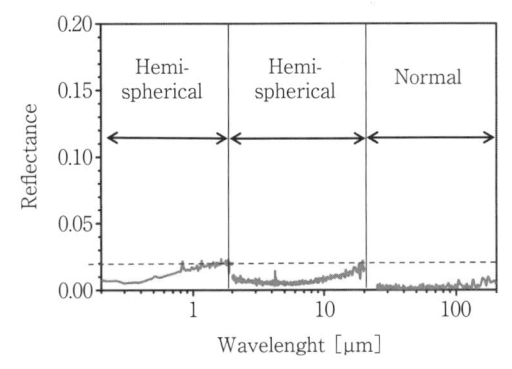

Fig. 6-5-3 スーパーグロース SWCNT の分光反射スペクトル[41] (Reflectance spectra of Super-growth SWCNT)

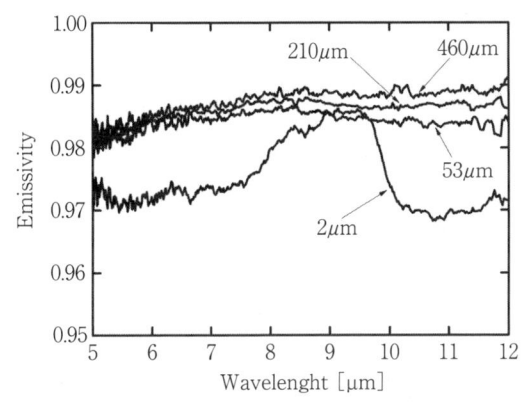

Fig. 6-5-4 スーパーグロース SWCNT の分光放射率の膜厚依存性[41] (Emissivity spectra of Super-growth SWCNTs with various thicknesses)

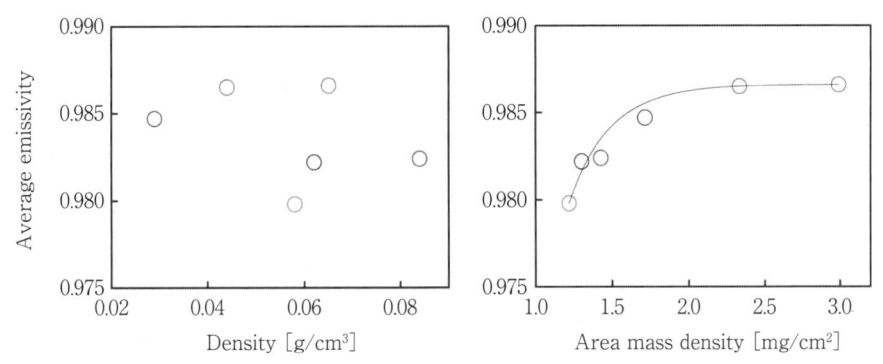

Fig. 6-5-5 スーパーグロース SWCNT 分光放射率の密度，単位面積あたりの重量密度依存性[41] (Averaged emissivity vs. Bulk density and vs. Area mass density of Super-growth SWCNT)

するデータである．2つのグラフを比較すると，単位面積あたりの重量密度が放射率などの光学特性とより強い相関を持つことがわかる．

参考文献

1) 高原淳一，メタマテリアルによる熱輻射制御，メタマテリアル—最新技術と応用—，石原照也監修，シーエムシー出版(2007) pp.242-251.
2) C. Luo, A. Narayanaswamy, G. Chen and J. D. Joannopoulos, "Thermal Radiation from Photonic Crystals: A Direct Calculation", Phys. Rev. Lett., Vol.93 (2004) 213905.
3) B. J. Lee and Z. M. Zhang, "Design and fabrication of planar multilayer structures with coherent thermal emission characteristics", J. Appl. Phys., Vol.100 (2006) 063529.
4) T. Matsumoto and M. Tomita, "Modified blackbody radiation spectrum of a selective emitter with application to incandescent light source design", Opt. Express, Vol.18 (2010) pp.A192-A200.
5) P. J. Hesketh, J. N. Zemel and B. Gebhart, "Organ pipe radiant modes of periodic micromachined silicon surfaces", Nature, Vol.324 (1986) pp.549-551.
6) N. Dahan, A. Niv, G. Biener, Y. Gorodetski, V. Kleiner and E. Hasman, "Extraordinary Coherent Thermal Emission From SiC Due to Coupled Resonant Cavities", J. Heat Transfer, Vol.130 (2008) 112401.
7) K. Ikeda, H. T. Miyazaki, T. Kasaya, K. Yamamoto, Y. Inoue, K. Fujimura, T. Kanakugi, M. Okada, K. Hatade and S. Kitagawa, "Controlled thermal emission of polarized infrared waves from arrayed plasmon nanocavities", Appl. Phys. Lett., Vol.92 (2008) 021117.
8) M. Laroche, C. Arnold, F. Marquier, R. Carminati, J.-J. Greffet, S Collin, N. Bardou and J.-L. Pelouard, "Highly directional radiation generated by a tungsten thermal source", Opt. Lett., Vol.30 (2005) pp.2623-2625.
9) J.-J. Greffet, R. Carminati, K. Joulain, J.-P. Mulet, S. Mainguy and Y. Chen, "Coherent emission of light by thermal sources", Nature, Vol.416 (2002) pp.61-64.
10) Y. H. Ye, Y. W. Jiang, M. W. Tsai, Y. T. Chang, C. Y. Chen, D. C. Tzuang, Y. T. Wu and S. C. Lee, "Localized surface plasmon polaritons in Ag/SiO$_2$/Ag plasmonic thermal emitter", Appl. Phys. Lett., Vol.93 (2008) 033113.
11) A. Heinzel, V. Boerner, A. Gombert, B. Blasi, V. Wittwer and J. Luther, "Radiation filters and emitters of the NIR based on periodically structured metal surfaces", J. Mod. Opt., Vol.47 (2000) pp.2399-2419.
12) H. Sai, Y. Kanamori and H. Yugami, "High-temperature resistive surface grating for spectral control of thermal radiation", Appl. Phys. Lett., Vol.82 (2003) pp.1685-1687.
13) F. Kusunoki, J. Takahara and T. Kobayashi, "Qualitative change of resonant peaks in thermal emission from periodic array of microcavities", Electron. Lett., Vol.39 (2003) pp.23-24.
14) M. U. Pralle, N. Moelders, M. P. McNeal, I. Puscasu, A. C. Greenwald, J. T. Daly, E. A. Johnson, T. George, D. S. Choi, I. El-Kady and R. Biswas, "Photonic crystal enhanced narrow-band infrared emitters", Appl. Phys. Lett., Vol.81 (2002) pp.4685-4687.
15) I. Puscasu and W. L. Schaich, "Narrow-band, tunable infrared emission from arrays of microstrip patches", Appl. Phys. Lett., Vol.92 (2008) 233102.
16) M. W. Tsai, T. H. Chuang, C. Y. Meng, Y. T. Chang and S. C. Lee, "High performance midinfrared narrow-band plasmonic thermal emitter", Appl. Phys. Lett., Vol.89 (2006) 173116.
17) C. H. Seager, M. B. Sinclair and J. G. Fleming, "Accurate measurements of thermal radiation from a tungsten photonic lattice", Appl. Phys. Lett., Vol.86 (2005) 244105.
18) J. H. Lee, J. C. W. Lee, W. Leung, M. Li, K. Constant, C. T. Chan and K. M. Ho, "Polarization Engineering of Thermal Radiation Using Metallic Photonic Crystals", Adv. Mater., Vol.20 (2008) pp.3244-3247.
19) S. Basu, Y.-B. Chen and Z. M. Zhang, "Microscale radiation in thermophotovoltaic devices-A review", Int. J. Energy Res., Vol.31 (2007) pp.689-716.
20) J. A. Schuller, T. Taubner and M. L. Brongersma, "Optical antenna thermal emitters", Nat. Photon., Vol.3 (2009) pp.658-661.
21) M. De Zoysa, T. Asano, K. Mochizuki, A. Oskooi, T. Inoue and S. Noda, "Conversion of broadband to narrowband thermal emission through energy recycling", Nat. Photon., Vol.6 (2012) pp.535-539.
22) 鶴田匡夫，光の鉛筆，第9版，新技術コミュニケーションズ(1998) p.372.
23) M. Planck, "The energy distribution law of the normal spectrum", Ann. Phys. (Leipzig), Vol.309 (1901) p.553.
24) ランダウ，リフシッツ，連続媒質の電気力学，東京図書.
25) D. R. Smith, J. B. Pendry and M. C. K. Wiltshire, "Metamaterials and Negative Refractive Index", Science,

Vol.305 (2004) p.788.
26) J. B. Pendry, A. J. Holden, D. J. Robbins and W. J. Stewart, "Magnetism from conductors and enhanced nonlinear phenomena", IEEE Transactions on Microwave Theory Techniques, Vol.47 (1999) p.2075.
27) D. R. Smith, W. J. Padilla, D. C. Vier, S. C. Nemat-Nasser and S. Schultz, "Composite Medium with Simultaneously Negative Permeability and Permittivity", Physical Review Letters, Vol.84 (2000) p.4184.
28) R. A. Shelby, D. R. Smith and S. Schultz, "Experimental Verification of a Negative Index of Refraction", Science, Vol.292 (2001) p.77.
29) J. B. Pendry, "Negative Refraction Makes a Perfect Lens", Physical Review Letters, Vol.85 (2000) p.3966.
30) J. B. Pendry, D. Schurig and D. R. Smith, "Controlling Electromagnetic Fields", Science, Vol.312 (2006) p.1780.
31) D. Schurig, J. J. Mock, B. J. Justice, S. A. Cummer, J. B. Pendry, A. F. Starr and D. R. Smith, "Metamaterial Electromagnetic Cloak at Microwave Frequencies", Science, Vol.314 (2006) p.977.
32) N. I. Landy, S. Sajuyigbe, J. J. Mock, D. R. Smith and W. J. Padilla, "Perfect Metamaterial Absorber", Physical Review Letters, Vol.100 (2008) 207402.
33) H. Tao, C. M. Bingham, A. C. Strikwerda, D. Pilon, D. Shrekenhamer, N. I. Landy, K. Fan, X. Zhang, W. J. Padilla and R. D. Averitt, "Highly flexible wide angle of incidence terahertz metamaterial absorber: Design, fabrication, and characterization", Physical Review B, Vol.78 (2008) p.241103(R).
34) X. Liu, T. Starr, A. F. Starr and W. J. Padilla, "Infrared Spatial and Frequency Selective Metamaterial with Near-Unity Absorbance", Physical Review Letters, Vol.104 (2010) 207403.
35) X. Liu, T. Tyler, T. Starr, A. F. Starr, N. M. Jokerst and W. J. Padilla, "Taming the Blackbody with Infrared Metamaterials as Selective Thermal Emitters", Physical Review Letters, Vol.107 (2011) 045901.
36) W. A. deHeer, W. S. Bacsa, A. Châtelain, T. Gerfin, R. Humphrey-Baker, L. Forro and D. Ugarte, "Aligned Carbon Nanotube Films: Production and Optical and Electronic Properties", Science, Vol.12 (1995) p.845-847.
37) F. J. Garcia-Vidal, J. M. Pitarke and J. B. Pendry, "Effective Medium Theory of the Optical Properties of Aligned Carbon Nanotubes", Phys. Rev. Lett. 78 (1997) pp.4289-4292.
38) A. Cao, X. Zhang, C. Xu. B. Wei and D. Wu, "Tandem stracture of aligned carbon nanotubes on An and its solar thermal absorption", Sol. Energy Mater. Sol. Cells, Vol.70 (2002) pp.481-486.
39) Z. Yang, L. Ci, J.A. Bur, S. Lin and P. M. Ajayan, "Experimental Observation of an Extremely Dark Material Mode By a Low-Density Nanotube Array", Nano Lett., Vol.8 (2008) pp.446-451.
40) X. J. Wang, J. D. Flicker, B. J. Lee, W. J. Ready and Z. M. Zhang, "Visible and near-infrared radiative properties of vertically aligned multi-walled carbon nanotubes", Nanotechnology, 20 (2009) p.215704 (9pp).
41) K. Mizuno, J. Ishii, H. Kishida, Y. Hayamizu, S. Yasuda, D. N. Futaba, M. Yumura and K. Hata, "A blackbody absorber from vertically aligned single-walled carbon nanotubes", Proc. Nat'l. Acad. Sc., Vol. 106 (2009) pp.6044-6047.
42) K. Hata, D. N. Futaba, K. Mizuno, T. Namai, M. Yumura and S. Iijima, "Water-Asisted Highly Efficient Synthesis of Impurity-Free Single-Walled Carbon Nanotubes", Science, Vol.306 (2004) pp.1362-1364.
43) Z. Yang, M. Hsieh, J. A. Bur, L. Ci, L. M. Hanssen, B. Wilthan, P. M. Ajayan and S. Lin, "Experimental observation of extremely weak optical scattering from an interlocking carbon nanotube array", Appl. Opt., Vol.51 (2011) pp.1850-1855.
44) G. L. Zhao and D. Bagayoko, "Optical properties of aligned carbon nanotube mats for photonic applications", J. Appl. Phys., Vol.99 (2006) 114311.
45) Y. Ishido, "Theoretical Analysis of the Emissivity of a Plane Source with Carbon Nanotubes Array by Means of Radiative Heat Transfer", J. Light & Env. Vol.34 (2010) pp.22-27.
46) J. H. Lehman, C. Engtrakul, T. Gennett and A. C. Dillon, "Single-wall carbon nanotube coating on a pyroelectric detector", Appl. Opt., Vol.44 (2005) pp.483-488.
47) J. Ishii and A. Ono, "A Fourier-transform spectrometer for accurate thermometric applications at low temperatures", AIP Conference Proceeding 684 Temperature: Its Measurement and Control in Science and Industry Vol.7 (2003) pp.705-710.
48) K. Kobayashia, M. Tanimura, H. Nakai, A. Yoshimura, H. Yoshimura, K. Kojima and M. Tachibana, "Nanographite domains in carbon nanowalls", J. Appl. Phys., Vol.101 (2007) 094306.

6.6 ナノスケール界面熱抵抗（Boundary Thermal Resistance at Nanoscale）

　界面の熱抵抗という用語は広い科学技術分野で使用されており，分野ごとにその意味するところは異なっている．例えば CPU から発生する熱をヒートシンク伝える Thermal Interface Materials（TIMs）は高分子材料を主体とした層であり，フィラーを入れて熱伝導率を増加させる技術の開発が進められている．和訳すれば「熱界面材料」となるが，厚さは数 10 μm から数 100 μm あり巨視的な層である．火力発電やジェットエンジンで使用される耐熱合金製のタービンブレードには厚さ数 100 μm の遮熱コーティングが施されており，両者の界面はナノスケールよりは大きい厚さに達する．これらはナノスケールの界面には該当しないので本節には含めない．

　ナノスケール界面のイメージを Fig. 6-6-1 に示す．左側の図(a)は MBE によるエピタキシアルな成膜などにより得られる，原子層で2種類の均質かつ結晶の乱れのない薄膜が接触している理想的な界面を示している．実用的な成膜法では Fig. 6-6-1 の右側の図(b)に示されるように，原子がお互いに拡散したり格子構造が乱れたりして接合されている場合も多い[1,2]．左側(a)のような理想的な場合は界面および界面の熱抵抗の定義は明快であるが，右側の(b)の場合には界面や界面の熱抵抗はアプリオリには定まらず，膜質が連続的に変化しているとも，膜質の異なる薄膜が積層していると考えることもできる．

　本節では計量学的（Metrological）なアプローチにより得られたナノスケール界面の測定データを報告する．なお界面の熱抵抗は界面を貫通する熱流に関わる量であるので，本節では薄膜の膜厚方向の熱伝導および熱拡散を考察する．

　計量学的なアプローチでは測定対象量（Measurand）についての定義が必要である[3]．

　本節では界面熱抵抗率を以下のように定義する[4]．
物体 A と物体 B の界面熱抵抗率

$$= \frac{\text{物体 A と物体 B が接合した状態での全熱抵抗} - \text{物体 A 単独の熱抵抗} - \text{物体 B 単独の熱抵抗}}{\text{接合面の面積}}$$

(6.6.1)

　この定義においては，物体 A および物体 B の熱特性は単独の状態でも接合した状態でも，接合を行ったナノスケール以外では変化しないものと仮定している．すなわち接合部のナノスケールの領域において，(a)のように原子層1層でステップ状に変化する理想的な界面とともに，(b)のような一般の「界面」に対してはステップ状な変化ではなく原子層レベルでは連続的に変化するナノスケールの不均質領域を含めて「ナノスケール界面」と定義する．すなわち，物体 A と物体 B を接合したり，連続的に成膜したりすることによる界面付近の伝熱特性の変化をトータルに示すこととする．

　このように定義されたナノスケールの界面熱抵抗率を定常法で測定するには，物体 A 単独および物体 B 単独の熱抵抗が界面熱抵抗率よりあまりに大きいと界面熱抵抗率を正確に算出するのは困難となるので，物体 A，物体 B ともに 1 μm より十分に薄い薄膜である必要がある．定常状態ではこのような薄膜の温度差を正確に測定することは困難なので，非定常法による測定が不可欠となる．

　非定常法を適用するためには，ナノスケール界面に対応する部分の熱容量が，それを挟む物体 A および物体 B の熱容量を比較して無視できる必要がある．測定対象において接合部分の熱容量が無視できない場合には物性が位置によって変化する多層材料として解析を行う必要がある．

　ナノスケール界面を有する2層薄膜，3層薄膜を透明基板上に作成し，その片面を加熱しその対向面を測定した非定常法としては，バルク材料の熱拡散率を測定するレーザーフラッシュ法をピコ秒パ

6.6 ナノスケール界面熱抵抗

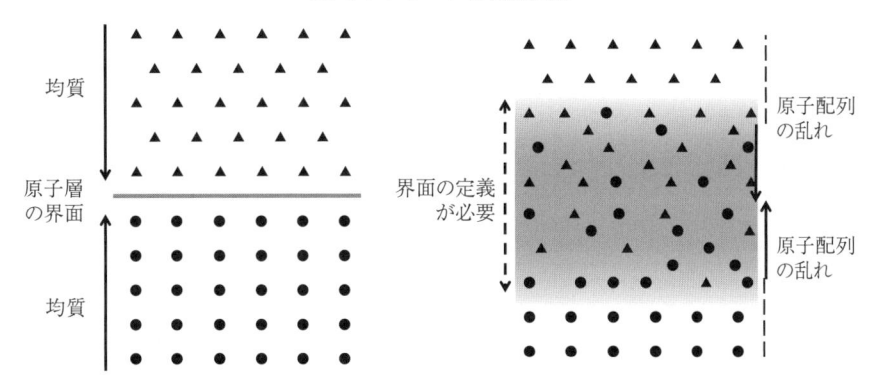

(a) 原子層界面の両側で原子配列に乱れのない理想的な場合

(b) 2種類の薄膜が原子の拡散や格子の乱れを伴って接合されている場合

Fig. 6-6-1　ナノスケール界面熱抵抗（Boundary thermal resistance at nanoscale）

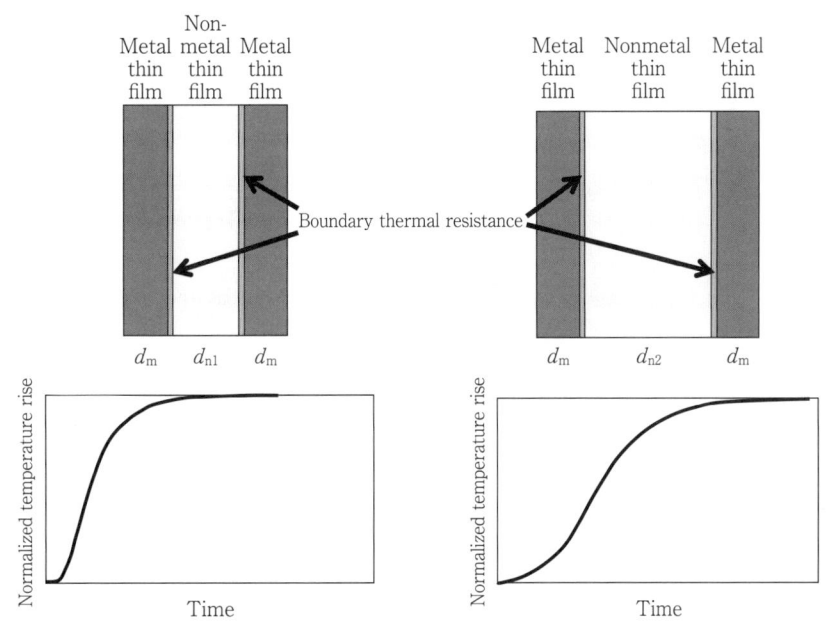

Fig. 6-6-2　非金属薄膜の熱拡散率と界面熱抵抗率を同時に決定するための膜厚の異なる試料（A set of specimens of different thickness in order to determine thermal diffusivity of the nonmetal layer and boundary thermal resistivity between the metal layer and the nonmetal layer）

ルス光加熱による薄膜測定に拡張した超高速レーザーフラッシュ法（＝パルス光加熱サーモリフレクタンス法）[5〜7]による測定が知られている．

金属薄膜と非金属薄膜の間の界面熱抵抗を3層薄膜（透明基板上に成膜されているが図には透明基板の記述は省略されている）により測定する原理について Fig. 6-6-2 に示す[8]．薄膜の片面をパルス加熱すると，加熱光が金属薄膜表面で吸収され金属薄膜／界面／非金属薄膜／界面／金属薄膜を拡散して試料の反対側に達する．その面の温度変化を観測することにより，3層薄膜を貫通する熱拡散が観測される．

金属薄膜については単膜の測定を行い，熱物性値を求めておく必要がある．その場合にも非金属薄膜の伝熱特性と界面熱抵抗率が未知なので，同一の成膜条件で非金属薄膜の膜厚が異なる複数の試料

Table 6-6-1 実測されたナノスケール界面熱抵抗率
(Measured values of nanoscale boundary thermal resistivity)

薄膜1 物質名	熱拡散率, ×10⁻⁵ m²/s	薄膜2 物質名	熱拡散率, ×10⁻⁵ m²/s	薄膜Aと薄膜Bの間の界面熱抵抗率, ×10⁻⁹ (m²·K)/W	文献番号
Mo	3.1	Al	9.3	0.98	11)
Mo	3.1	Al	9.3	0.68	11)
Mo	3.1	Al	9.3	0.15	11)
Mo	3.1	Al	9.3	0.43	11)
Mo	2.1	SiO₂	0.088	2.0	12)
Mo	2.1	Al₂O₃	0.096	1.3	13)
Mo	2.1	Al₂O₃	0.095	1.5	14)
W	2.8	Al₂O₃	0.082	1.9	15)
W	2.8	MgO	0.23	2.4	16)

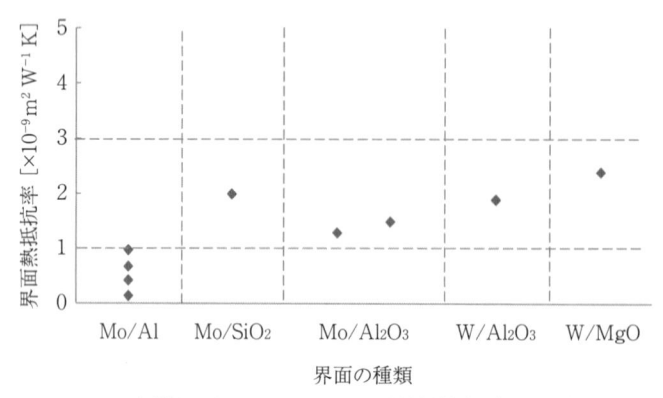

Fig. 6-6-3 実測されたナノスケール界面熱抵抗率 (Measured values of nanoscale boundary thermal resistivity)

を測定することにより始めて非金属薄膜の伝熱特性と界面熱抵抗率を同時に決定することができる[7~9]．

このような測定と解析が成立するためには，膜が成長しても膜質および物性が変化しないことが必要である．膜の成長とともに膜質および物性が変化する場合には膜質が同じで膜厚の異なる試料を作成できないので，本節にのべたアプローチは適用できない．

実験の詳細と解析の手順は標準化（JIS 規格の制定）されており[10,11]，本ハンドブックの「7.3 薄膜熱物性測定法の規格」に紹介されている．

上記の測定法と解析法により本節 Eq.(6.6.1)で定義された界面熱抵抗率の室温における値が求められた結果を Table 6-6-1 と Fig. 6-6-3 に示す[12,17]．これらの結果においてでは金属と絶縁体非金属間のナノスケール界面（フォノンによって熱が伝えられる）の熱抵抗率の値は 1×10^{-9} (m²·K)/W と 3×10^{-9} (m²·K)/W の間であり，モリブデンとアルミニウムの間のナノスケール界面（両層の主要な熱キャリアである電子を通す）の熱抵抗率は 1×10^{-9} (m²·K)/W より小さい値でばらついている．

参考文献

1) 白木靖寛, 吉田貞史, 薄膜工学, 丸善(2003).
2) 金原 粲 監修, 薄膜の評価技術ハンドブック, テクノシステム(2013).
3) TS Z 0032：2012, 国際計量計測用語―, 基本及び一般概念並びに関連用語（VIM）, ISO/IEC Guide 99：2007.
4) 馬場哲也, 竹歳尚之, "ピコ秒サーモリフレクタンス法による薄膜間界面熱抵抗の測定", 第 20 回熱物性シンポジウム講演論文集(1999) 78-81.

5) N Taketoshi, T Baba and A Ono, "Observation of heat diffusion across submicrometer metal thin films using a picosecond thermoreflectance technique", Japanese Journal of Applied Physics, Vol.38 (1999) pp. L1268-L1271.
6) N Taketoshi, T Baba and A Ono, "Development of a thermal diffusivity measurement system for metal thin films using a picosecond thermoreflectance technique", Measurement Science and Technology, Vol. 12, (2001) p.2064.
7) T Baba, N Taketoshi and T Yagi, "Development of Ultrafast Laser Flash Methods for Measuring Thermophysical Properties of Thin Films and Boundary Thermal Resistance", Japanese Journal of Applied Physics, Vol.50, No.11 (2011) 11RA01.
8) T Baba, "Analysis of one-dimensional heat diffusion after light pulse heating by the response function method", Japanese Journal of Applied Physics Vol.48 No.5 (2009) 05EB04.
9) JIS R1689: 2011, ファインセラミックス薄膜の熱拡散率の測定方法―パルス光加熱サーモリフレクタンス法―.
10) JIS R 1690: 2011, ファインセラミックス薄膜と金属薄膜との界面熱抵抗の測定方法.
11) 青山華子, 八木貴志, 竹歳尚之, 馬場哲也, 宮村会実佳, 佐藤泰史, 重里有三, "ピコ秒サーモレフレクタンス法による異種金属薄膜間の界面熱抵抗の測定", 第28回熱物性シンポジウム講演論文集(2007) pp.124-126.
12) 有澤 亮, 八木貴志, 竹歳尚之, 馬場哲也, 宮村会実佳, 佐藤泰史, 重里有三, "ピコ秒サーモリフレクタンス法による SiO_2 薄膜の熱拡散率の測定", 第27回熱物性シンポジウム講演論文集(2006) pp.164-166.
13) 有澤 亮, 八木貴志, 竹歳尚之, 馬場哲也, 宮村会実佳, 佐藤泰史, 重里有三, "サーモリフレクタンス法による酸化物絶縁体薄膜の熱拡散率測定", 第28回熱物性シンポジウム講演論文集(2007) pp.112-114.
14) N. Oka, R. Arisawa, A. Miyamura, Y. Sato, T. Yagi, N. Taketoshi, T. Baba and Y. Shigesato, "Thermophysical properties of aluminum oxide and molybdenum layered films", Thin Solid Films, Vol. 518, No.11 (2010) pp.3119-3121, DOI: http://dx.doi.org/10.1016/j.tsf.2009.09.180
15) 川崎静香, 岡 伸人, 山下雄一郎, 八木貴志, 竹歳尚之, 馬場哲也, 重里有三, "Al2O3/W 多層膜における界面熱抵抗", 第32回熱物性シンポジウム講演論文集(2011) pp.93-95.
16) 川崎静香, 賈軍軍, 岡 伸人, 山下雄一郎, 八木貴志, 竹歳尚之, 馬場哲也, 重里有三, "酸化物薄膜と金属薄膜の界面熱抵抗に関する研究", 第33回熱物性シンポジウム講演論文集(2012) pp.50-52.

6.7 ナノ材料を含んだバルク物質の熱物性 (Bulk Thermophysical Properties Including Nanoscale Materials)

6.7.1 ナノ流体の熱物性 (Thermophysical properties of nanofluid)

ナノ流体の熱物性は，ベースとなる溶媒の種類，溶媒中に混濁されるゲスト物質（ナノ粒子）の種類や形状，大きさ（球形の場合は直径），およびナノ粒子の混合割合の違いによって大別される．これまで様々なナノ流体の熱物性測定および安定性評価が報告されており，レビュー報告も多数見られる[1,2]．特にナノ流体の熱物性測定は，主として熱伝導率および粘度の測定に関するものが多い．Table 6-7-1 にナノ流体の熱伝導率（一般的には，熱伝導率比）に関する過去の測定例をまとめた．ここで熱伝導率比とは，ベースとなる流体の熱伝導率で除した値であり，熱伝導率増大の指標となる．ナノ粒子となるゲスト物質には，純金属物質（例えば，Cu, Ag, Au, および Fe），酸化物（例えば，CuO, Al_2O_3, SiO_2, および TiO_3），窒化物（例えば，AlN (aluminum nitride), SIN (silicon nitride))，さらにカーボンナノチューブを含む非金属物質（例えば，MWNTs (multiwalled carbon nanotubes), SWNTs (single wall carbon nanotubes), およびダイヤモンド）などが用いられる．またベース流体には，水，エタノール，エチレングリコール，高分子溶液，および各種オイルが用いられる．ゲスト物

Table 6-7-1 ナノ流体熱伝導率の測定例
(Summary of thermal conductivity measurements of nanofluids)

著者 Author (s)	年 Year	ナノ流体 Particle/Base fluid	粒子直径 Particle size (nm)	混合割合 Concentration (vol %)	熱伝導比 Thermal conductivity ratio (K_{eff}/K_f)	備考 Remarks
H. Masuda, A. Ebara, K. Teramae and N. Hishinuma[10]	1993	SiO_2 / water	12	1.10〜2.30	1.0〜1.1	Transient hot-wire
S. U. S. Choi, Z. G. Zhang, W. Yu, F. E. Lockwood and E. A. Grulke[13]	2001	MWNTs / oil (a-olefin)	$\phi 25 \times 50\mu m$	1.0	2.50	Transient hot-wire
E. S. Choi, J. S. Brooks, D. L. Eaton, M. S. Al-Haik, M. Y. Hussaini, H. Garmestani, D. Li and K. Dahmen[14]	2003	SWNTs / epoxy	$\phi 20\sim 30 \times 200\mu m$	3 (wt%)	3.00	Transient hot-wire
D. Wen and Y. Ding[12]	2004	CNTs / water	$\phi 20\sim 60 \times \sim 10\mu m$	0.84 (wt%)	1.23	Transient hot-wire
T. Hong, H. Yang and C. J. Choi[9]	2005	Fe / water	10	0.55	1.18	Transient hot-wire
H. U. Kang, S. H. Kim and J. M. Oh[3]	2006	Diamond / water	30〜40	1.32	1.75	Transient hot-wire
H. U. Kang, S. H. Kim and J. M. Oh[3]	2006	Ag / water	8〜15	0.4	1.11	Transient hot-wire
C. H. Li and G. P. Peterson[5]	2006	Al_2O_3 / water	36	10	1.30 (at 34°C)	Steady-state method
S. A. Putnam, D. G. Cahill, P. V. Braum, Z. Ge and R. G. Shimmin[6]	2006	Au / ethanol	4	0.018	1.3 ± 0.8	Optical beam deflection technique
Y. Xuan, Q. Li, X. Zhang and M. Fujii[7]	2006	Cu / water	35.4	2	1.24	Transient hot-wire
M. S. Liu, M. C.-C. Lin, I. T. Huang and C.-C. Wang[8]	2006	CuO / water	29	5	1.23	Transient hot-wire
D. Wen and Y. Ding[11]	2006	TiO_2 / water	34	0.66	1.06	Transient hot-wire
S. M. S. Murshed, K. C. Leong and C. Yang[4]	2008	Al / Ethylene glycol	80	5	1.45	Transient hot-wire

質とベース流体の混合割合は，一般的に1 vol%（一部，wt%）以下が多い．さらに熱伝導率比は，一部の組み合わせを除けば，概ね上昇割合が40%以下となる．なお熱伝導率の測定方法は，その多くが非定常細線加熱法である．Liuら[8]は，Cuを混合したナノ流体の熱伝導率比に及ぼす粒子サイズの影響を検討しており，混入割合が同じ場合，粒径が小さくなるほど，熱伝導率比が大きくなる事を明らかにしている．Kangら[3]は，ナノ粒子の直径が小さくなるほど，かつ混合割合が増加するほど熱伝導率比が大きくなることを示している．またXieら[15]は，熱伝導率比がナノ粒子の形状によっても影響

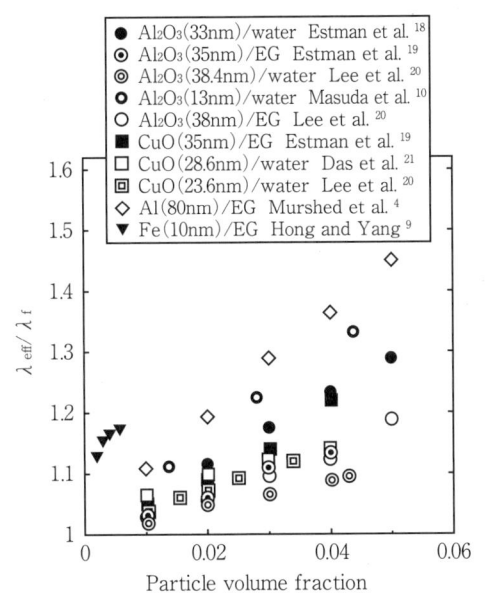

6.7 ナノ材料を含んだバルク物質の熱物性

Fig. 6-7-1 ナノ流体（金属）の熱伝導率（Thermal conductivity of nanofluids including metal nanoparticles）

を受けることを示した．同様に Masuda ら[10]は，Al_2O_3，SiO_2，および TiO_2 を混濁したナノ流体の熱伝導率に及ぼすナノ粒子の形状および雰囲気温度の影響を明らかにしている．一方，カーボンナノチューブに関しては，Assael ら[16),17]が水にカーボンナノチューブと界面活性剤を混入し，熱伝導率測定を行っている．カーボンナノチューブの混入量は 1wt% 以下であり，そのサイズは，縦横比が 100 倍以上の物を用いている．また Choi ら[13]は，オイル中に 1 vol% 以上のカーボンナノチューブ（MWNTs）を混入し，高い熱伝導率比を実現している．同様に SWNTs を用いた報告[14]も数多く見られる．なお現時点において各種ナノ流体の熱伝導率推定に利用可能な予測式は提案されておらず，各々の実験条件に特化した実験式として整理されているのが現状である．これはナノ流体の熱伝導率に及ぼすパラメーター（例えば，ベース流体の物性やナノ粒子の混入比率，形状，および温度）が多岐にわたるためである．

次に，代表的な純物質ナノ粒子（Al および Fe），および酸化物（Al_2O_3 および CuO）をゲスト物質として採用した場合の熱伝導率を Fig. 6-7-1 に示す．また同様にゲスト物質にカーボンナノチューブを採用した場合の熱伝導率を Fig. 6-7-2 に示す．

ナノ流体の粘性率測定に関しては，熱伝導率と同様，様々なゲスト物質を用いた測定が行われている．Table 6-7-2 に代表的なゲスト物質である Al_2O_3 および TiO_3 を用いたナノ流体の粘性率測定例（一般には，粘性率比）をまとめた．ここで粘性率比とは，ベースとなる流体の粘性率で除した値である．一般的にナノ流体の粘性率比は，ゲスト物質であるナノ粒子の混合割合が上昇するほど高くなる．また温度が高くなるほど，粘性率比は低くなる傾向がある．Pak ら[24]は，Al_2O_3 を水に 10 vol% 混入したナノ流体の粘性率を測定しており，水に対して約 200 倍大きい値を得ている．同様に TiO_3 では，水の 3 倍程度となることを示している．Wang ら[22]も水に Al_2O_3 を 3 vol% 混入した場合に粘性率比が 20% 上昇することを示している．一方，Ding ら[25]は，カーボンナノチューブを水に混入したナノ流体の粘性率を測定しており，他のゲスト物質を用いた場合と同様にゲスト物質の混合割合の上昇および温度の低下とともに粘性率比が高くなることを示している．

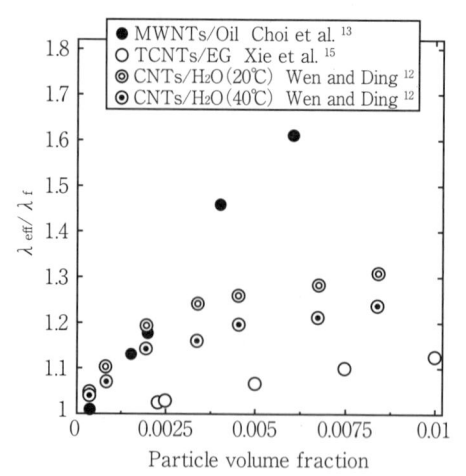

Fig. 6-7-2 ナノ流体（カーボンナノチューブ）の熱伝導率（Thermal conductivity of nanofluids including CNTs）

Table 6-7-2 ナノ流体粘度の測定例
(Summary of viscosity measurements of nanofluids)

著者 Author(s)	年 Year	ナノ流体 Particle/Base fluid	粒子直径 Particle size (nm)	混合割合 Concentration (vol%)	粘度比 Viscosity ratio (μ_{eff}/μ_f)	備考 Remarks
H. Masuda, A. Ebara, K. Teramae and N. Hishinuma[10]	1993	TiO_2 / water	27	4.3	1.60	
X. Wang, X. Xu and S. U. S. Choi[22]	1999	Al_2O_3 / water	28	3.5	1.40	
		Al_2O_3 / water	28	5	1.86	
D. Wen and Y. Ding[11]	2006	TiO_2 / water	34	2.4 (wt%)	1.20	
S. M. S. Murshed, K. C. Leong and C. Yang[4]	2008	Al_2O_3 / water	80	5	1.82	
S. M. S. Murshed, K. C. Leong and C. Yang[4]	2008	TiO_2 / water	15	5	1.80	
M. Chandrasekar, S. Suresh and A. C. Bose[23]	2010	Al_2O_3 / water	43	5	2.36	

一方，ナノ流体のレオロジーに関連してYuら[26]は，プロピレングリコール中に平均直径が169nmの窒化アルミニウム（AlN）粒子を混入したナノ流体を生成し，せん断速度と粘性率の関係を体積割合と温度をパラメータに整理している．それによるとナノ粒子の体積割合が0.05を境に，ニュートン流体から非ニュートン流体へと変化することを示している．しかしながらDasら[21]は，水に平均直径38 nmのAl_2O_3を混入し，せん断速度と粘性率の関係を示した結果，体積割合を1から4 vol%へ変化させた場合でも完全なニュートン流体として扱えることを示している．以上の様にナノ流体のレオロジーに関しては，ゲスト物質の粒径，混入割合，およびベース流体の差異によって大きく傾向が

異なることがわかる.

またその他のナノ流体の熱物性として,上記の熱伝導率および粘性率以外に熱拡散率[27]や表面張力を含む多岐わたる熱物性測定の結果が報告されている.興味深いところでは,Satouら[28]は,ナノ流体にある種の溶液を添加することによって得られる得意な表面張力の温度依存性に関する報告を行っている.またナノ流体のゲスト物質に相変化物質を用いたナノエマルションに対する各種物性値が報告されている[29].

以上のようにナノ流体は,既存のゲスト物質,ベース材料を用いた熱物性測定のみならず,新たなゲスト物質や添加物等を混入した新たなナノ流体の開発も盛んに行われている.今後の体系的な実験および理論に基づく物性データの蓄積が期待される.

6.7.2 ナノ複合材料の熱物性(Nano composite)
(1) ナノコンポジットの熱伝導率

ナノコンポジットの熱伝導率については,数多くの報告があり,カーボンナノファイバーおよびナノチューブ系複合高分子材料についての研究報告が最も多いが,その熱伝導率は文献によって大きく異なる.ここでは,その傾向について示す.

まず,カーボンナノファイバーを複合化したナノコンポジットの熱伝導率の例をFig. 6-7-3に示す[30].この熱伝導率は,ナノファイバー自身の高熱伝導性のためカーボンブラックを複合した系よりも大きくなり,15 vol%で2.5 W/(m·K)以上となった.充填量に対してプロットしたとき,通常の複合高分子材料の熱伝導率とは異なり,上に凸な曲線となった.これは,ナノコンポジットに特異な現象だと考えられる.すなわち,ナノファイバーはL/D(長さ/直径)も大きく,連続体を形成しやすいため低充填量で熱伝導率が大きくなったが,それ以上の充填量になると,形成された連続体の濃度分布に大きな濃淡が形成されるため頭打ち減少が生じたものと考えられる.この現象は,カーボンナノチューブ(CNT)を複合したときにも認められた[31].すなわち,少量で1~2 vol%で熱伝導率は大

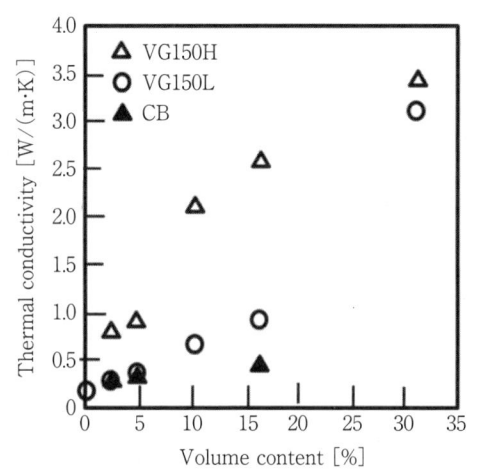

Fig. 6-7-3 カーボンナノファイバー(CNF)複合ポリプロピレンの熱伝導率(VG150H:カーボンナノファイバーの向きと平行方向,VG150L:カーボンナノファイバーの向きと垂直方向,CB:カーボンブラック)(Thermal conductivity of polypropylene composites with carbon nanofiber (CNF) (VG150H: parallel to CNF direction, VG150L: vertical to CNF direction, CB: carbon black))

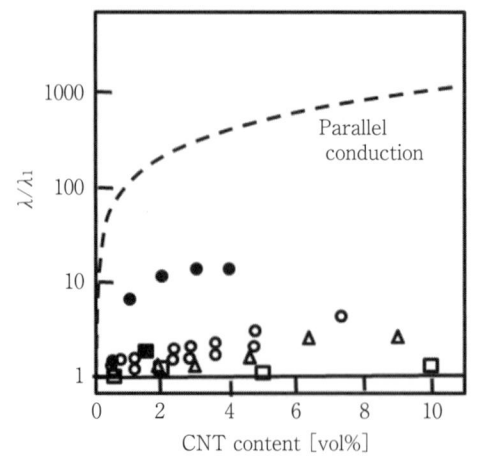

Fig. 6-7-4 種々のCNT複合高分子材料の熱伝導率（λ/λ_1：複合材料の熱伝導率／高分子の熱伝導率）（Thermal conductivity of various types of polymer composites with CNT（λ/λ_1: thermal conductivity of polymer composites/thermal conductivity of polymer））

きくなった．報告によって値は大きく異なるが，最高値では高分子自身の10倍となった（Fig. 6-7-4）．しかし，それ以上充填しても熱伝導率の向上はあまりみられなかった[32]．このことは，充填量に対する電気伝導率と熱伝導率の変化を比べてみると明らかである（Fig. 6-7-5）．電気伝導率は1 vol%という非常に低い濃度で，パーコレーション現象を起こしている．その効果は熱伝導率にも現われて，6 vol%で1.5倍となるなど他の充填材に比べても，大きな増加がみられた．そのため，パーコレーションの効果が発現していると考えられるが，パーコレーション濃度を越えた付近で，電気伝導率は飽和に達して，カーボンナノチューブが本来持つ高電気伝導性に比べれば小さい値であると思われる．これは低濃度で最大充填濃度を越えてしまい，粒子の接触確率が飽和に達したが接触電気抵抗の効果が強く発現したため同様な値となったものと考えられる．これは複合材料の熱伝導率においても同様に，ナノチューブが持つ非常に高い熱伝導率から考えると小さいように思われる．そこで，カーボンナノチューブを集め並べた後，そのナノチューブと平行方向と垂直方向の熱伝導率の測定例を示す（Fig. 6-7-6）．カーボンナノチューブの平行方向の熱伝導率は，非常に大きく室温付近で，200 W/(m·K)以上となり，純アルミニウム並みの熱伝導率となったが，カーボンナノチューブが本来持つ熱伝導率よりも小さかった[33]．これは，カーボンナノチューブ同士の接触熱抵抗が非常に大きいためと考えられる．そのため，その効果がより大きいナノチューブの直径方向の熱伝導率が室温付近でも30 W/(m·K)程度にしか向上しなかったものと考えられる．すなわち，ナノチューブが本来持つ熱伝導率は非常に大きいが，ナノチューブが非常に小さいため，接触量が非常に多く，接触熱抵抗で熱伝導率が大きく低下し，熱伝導率がそれほど大きくならなかったと考えられている．

セラミックナノ粒子を複合した系についての報告も多い．BNナノ粒子をエポキシ樹脂に複合した系で，高充填しても熱伝導率はあまり大きくならなかった（Fig. 6-7-7）[34]．これは，セラミックの熱伝導率が，結晶欠陥の影響を強く受けることもあるが，ナノ粒子間の接触量が非常に多くなり，接触熱抵抗の大きな増大に繋がっているものと考えられる．同じ充填量で，他のナノ粒子を複合した高分子材料の熱伝導率を比較すると，カーボンナノチューブを複合した系が明らかに大きな熱伝導率を示した（Table 6-7-3）[35]．これは，カーボンナノチューブ自身の熱伝導率が非常に大きいためであると考えられる．

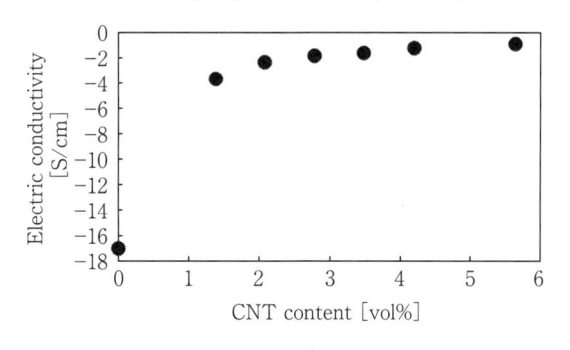

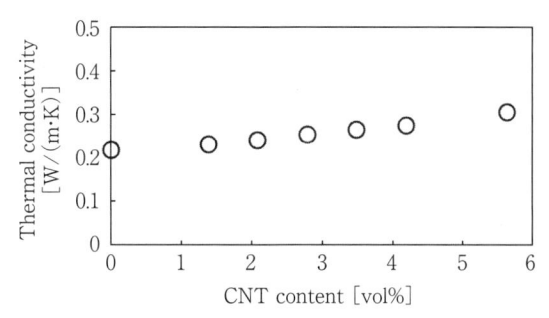

Fig. 6-7-5 CNT 複合ポリカーボネートの熱伝導率および電気伝導率 (Thermal and electric conductivities of polycarbonate composites with CNT)

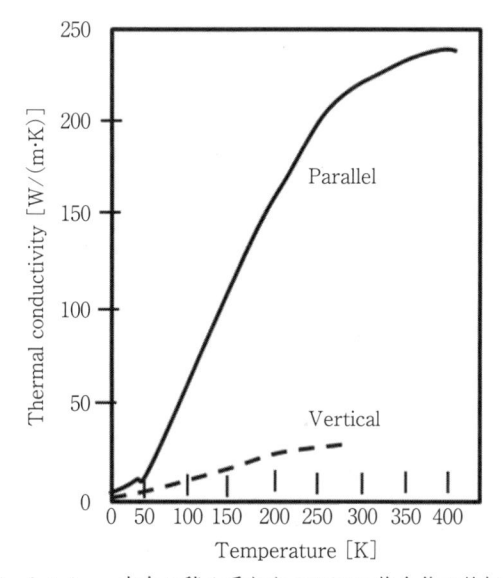

Fig. 6-7-6 一方向に積み重ねた SWCNT 複合体の熱伝導率（平行：CNT の繊維方向，垂直：CNT の繊維方向と垂直方向）(Thermal conductivity of laminated body with SWCNT lined up (parallel to CNT, vertical to CNT))

　また，金属ナノ粒子の融点は粒子径が小さくなるにしたがい，大きく低下することが知られている．その中で最も有名なのが銀ナノ粒子であり，粒子表面に絶縁被膜を形成しないので，本来の融点（900℃）から大きく低下し150～300℃になるので，銀ナノ粒子同士が表面できっちり融着し，その界

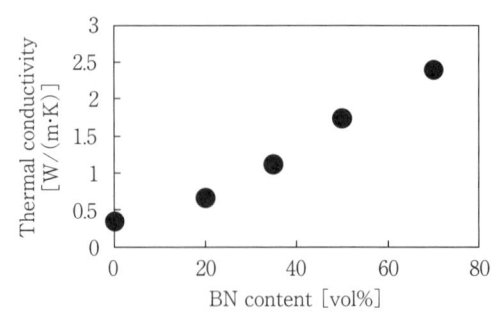

Fig. 6-7-7 BNナノ粒子複合エポキシ樹脂の熱伝導率 (Thermal conductivity of epoxy resin composites with BN nano particles)

Table 6-7-3 各種のナノ粒子を複合した高分子材料の熱伝導率
(Thermal conductivity of polymer composite filled with various types of nano-size particles)

項目 Item	単位 Unit	ナノ粒子の種類 Types of nano particle		
		CNT	Al_2O_3	Cu
Increase in thermal conductivity*	%	534	30	40
Matrix		PP	Water	Water
Content	Vol%	4.3	4.3	4.3
Note		MaltilayerDiameter: 50 nm	Diameter: 13 nm	Diameter10 nm

＊マトリックスの熱伝導率に対するナノコンポジットの熱伝導率の増加率

T_m : 373 - 573 K
(Nano particle)

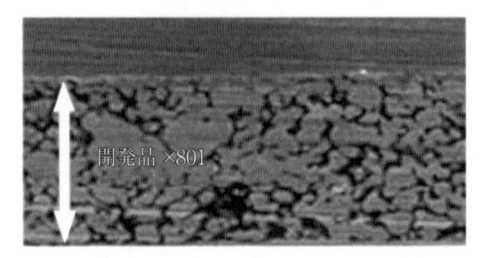

樹脂の硬化時に接合
(点接触から面接触へ)

Fig. 6-7-8 低温融着現象を利用したAgナノ粒子複合エポキシ樹脂の高熱伝導化 (The method for increasing of thermal conductivity of epoxy resin composites with Ag nano particles by applying of phenomenon of melt welding)

面の面積も大きくなることが知られている (Fig.6-7-8)[36]．この現象を利用して，銀ナノ粒子の複合材料の電気伝導率が非常に大きくなるだけでなく，その熱伝導率は純アルミニウムに迫る値となると報告されている．

Table 6-7-4 種々のマトリックスへ複合したナノコンポジットの熱伝導率および熱膨張率
(Thermal conductivity and expansion of various types of polymer nanocomposites)

マトリックス Matrix	充填材 Filler	充填量 Content (vol%)	熱伝導率 Thermal conductivity (W/(m·K))	熱膨張率 Thermal expansion ($\times 10^{-6}$/K)
Carbon	VGCF*	70	910	...
Epoxy resin	VGCF*	73	660	...
Copper	CNT**	50	1024	...
Copper	VGCF*	50	840	5.5
Alminum	VGCF*	37	642	5.0

* VGCF: 気相法で作製したカーボンファイバー,いわゆるカーボンナノファイバー
** CNT: カーボンナノチューブ

ナノコンポジットは,マトリックスとしては高分子以外にも,種々のセラミックスや金属を選んで作製し,その熱伝導率が測定されている(Table 6-7-4).いずれも高充填することが多く,1000 W/(m·K)以上の熱伝導率を得ることにも成功している場合もあった.
ナノコンポジットの熱伝導率に及ぼす影響因子が,下記に示す通常の複合材料の熱伝導率の影響因子の中とどのような関係であるか考察した.
(a) 連続媒体(高分子)と分散粒子(熱伝導性フィラー)の熱伝導率
(b) 複合高分子材料中に占める分散粒子の容積率
(c) 分散粒子の形状と大きさの効果
(d) 近接粒子間の温度分布の影響
(e) 分散粒子の分散状態
(f) 連続媒体と分散粒子の界面抵抗
(g) 分散粒子の配向度
(h) 分散粒子の接触熱抵抗

ナノコンポジットの熱伝導率では,この影響因子の中で,(a) 熱伝導性フィラーの熱伝導率の変動,(e) 分散粒子の分散状態の違い,(h) 分散粒子同士の接触熱抵抗の増大が大きく影響を与えていると考えられた.

(2) ナノコンポジットの比熱

複合材料の比熱は,一般的に充填材の比熱とマトリックスの比熱との体積平均の値となることが考えられる.したがって,ナノ粒子によって高分子などのマトリックスの結晶性が影響を受けたり,ナノ粒子の2次凝集体に含まれる空隙が大きくなりすぎない限り,通常の複合材料の比熱同様であるように考えられる.しかし,ナノ粒子自身の比熱は,粒子径が小さくなると大きくなることが知られている[37].カーボンナノチューブの場合も,通常の黒鉛粉よりも少し大きくなると報告されている(Fig. 6-7-9)[33].

(3) ナノコンポジットの熱膨張率

カーボンナノチューブは低濃度できっちりとした連続体構造を形成し,極低濃度でパーコレーション現象が発現し,高電気伝導化するだけでなく,熱伝導率もある程度大きくなる.しかし,熱膨張率はあまり大きな効果は得られていないと報告されているが(Table 6-7-5)[38],より高充填量などまだまだ研究例は少ない.マトリックスが金属やセラミックスの場合には,高複合系のナノコンポジットの熱伝導率が報告されているが,一貫した研究は少ない.

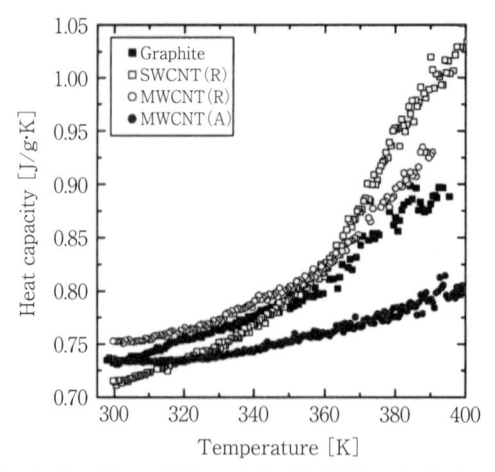

Fig. 6-7-9 種々のCNTの比熱（黒鉛粉との比較）(Heat capacity of various types of CNT (comparison with graphite))

Table 6-7-5 CNT複合エポキシ樹脂（1 wt%）の熱伝導率および熱膨張率
(Thermal conductivity and expansion of various types of epoxy resin composite with 1 wt% of CNT)

	熱伝導率 Thermal conductivity (W/(m·K))	熱膨張率 Thermal expansion (10-6 1/K)
Without filler	0.14	74.04
Vertical to thermal flux	0.24	66.57
At random	0.29	65.43
Parallel to thermal flux	...	64.71

6.7.3 ナノバブル含有水の熱物性 (Thermophysical properties of water containing nanobubbles)

(1) ナノバブルの存在

　ナノバブル（Nanobubble, NB）は，マイクロバブル（Microbubble, MB）と共に微細な気泡を指し，両者が混在する場合にはマイクロ・ナノバブル（MNB）という表現も用いられる．これらには，廃水の浄化，湖沼などの閉鎖性水域の水質の改善，殺菌，脱色，洗浄などの応用や生物の生理活性の促進効果などの事例報告があり，近年，大きな注目を集めている．しかし，分野によっては馴染みの薄い技術であることや技術として確立していない部分もある発展途上の技術であるため，その概要を併せて記述する．マイクロバブルとは，一般に直径が10～30 μm程度，あるいは，50 μm以下の微細な気泡であるとする説もあるが，合意された定義はない．現在のところ，マイクロバブルとは数～数十μm程度の，ナノバブルとはサブミクロンオーダーの直径を有する気泡であると考えるのが妥当である．その特徴としては，(1)通常の気泡に比べて同じ容積の気泡の比表面積が大きく，気液界面での化学反応や物理的吸着，物質輸送が飛躍的に促進される，(2)液中での上昇速度またはスリップ速度が小さいため，均質な反応場が得られやすい，(3)様々な優れた生理活性効果を有する，(4)マイクロバブル圧壊に伴う衝撃波の発生，(5)超音波散乱特性や固有の振動数を有する体積振動等の音響力学的特性，(6)繰返し振動付与による高温・高圧場の形成とOH⁻ラジカルの生成，(7)有機物は疎水基を気体側に，親水基を水側に向けて吸着されるため，気液界面での力学的境界条件が不均一になる，(8)比較的均一なサイズである，(9)気体の溶解促進効果，(10)バブル表面に正／負の電位を有することなどが指摘されている[39~42]．マイクロバブルは光学顕微鏡を通して水中での収縮過程を観察することが

できるが，最終的に気体がすべて水中に溶解してバブルが消滅するのか，収縮後もナノバブルとして存在するのかは視認出来ない．したがって，ナノバブルが長期間（時間あるいは日単位で）滞留するという点に関しては，長い間議論が分かれていた．例えば，水中のコロイドサイズの空気バブルは滞留時間が非常に短く，半径 10〜100 nm のバブルでは 1〜100 μs にすぎないことが理論的に計算されている[43]．また，シミュレーションの結果として，ナノバブルが存在できるのは非常に大きな引張り応力あるいは負の圧力に曝された液体中でしかありえず，大気圧で観察されるナノバブルは，収縮過程にあるバブルか，または，混入した異物であるとする報告もある[44]．一方，実験系では，種々の視点からナノバブルの存在を認めた報告がある[45〜47]．両者は矛盾しているように見えるが，実験系では水中に全く異物が存在しないことの確認が難しいため，表面張力などのバルクとしての水の物性が，理論計算やシミュレーションで用いられる水分子のみで構成されたバルク水のモデルとは異なると考えるのが妥当であろう．現状では，両者の相違を的確に説明する知見は見あたらない．1 つの理論でナノバブルの安定性を説明することは困難であり，系の条件に応じた多数のメカニズムが存在する可能性が指摘されていることに注意すべきである[48]．このような状況から，マイクロ・ナノバブル技術を有効に活用し，更に潜在的な利用可能性をも見出して実用技術として発展させるためには，マイクロ・ナノバブルを含有する水の特性を明らかにすると共に，ナノバブルの安定性に関する検証が重要である．

(2) ナノバブルの安定性

ナノバブルの安定性に関する議論は，バブル内圧力が周囲の水より高いことに起因している．すなわち，バブルの安定性はバブル内外の圧力差に依存しており，次式のヤング-ラプラス式で表される．

$$\Delta P = P_{vap} - P_{liq} = \frac{4\sigma}{d} \tag{6.7.1}$$

ここで，ΔP はバブル内外の圧力差，P_{vap} はバブル内圧力，P_{liq} はバブル周囲の水の圧力，σ は表面張力，d はバブルの直径である．問題となるのは，マイクロバブルやナノバブルのようにバブル直径が小さくなると ΔP が高くなる点である．例えば，1 気圧（1.013×10^5 Pa）の下で 20℃ における水の表面張力 σ を 0.0728 N/m とすると，バブル直径 50 μm では $\Delta P \approx 0.058 \times 10^5$ Pa，$P_{vap} = 1.07 \times 10^5$ Pa となり，バブルの内圧はほぼ 1 気圧に等しい．しかし，直径が 100 nm のナノバブルでは $\Delta P \approx 29.1 \times 10^5$ Pa，$P_{vap} = 30.1 \times 10^5$ Pa となり，バブルは約 29.7 気圧の内圧を有する．この高い内圧のために，ナノバブルがマイクロ秒のオーダーを越えて存在することへの疑問が呈されており，ナノバブルが安定して存在する理由は未だ明瞭になっていない．

拡散によるバブルからバルク水への気体の流出は，Eq.(6.7.1) に示すとおり，バブル径の減少をもたらしバブルの内圧を高める．バブル内圧の増大は気体の溶解度を高め，さらなる気体の流出に至る．この繰り返しにより，気体の溶解が進みバブルが消滅するに至る．バブル径がマイクロオーダーであると，理論的にはバブルは数十ミリ秒の間に消滅する[49]．Craig は，バブルの形態から界面曲率が適度のバブル内圧力を生じさせ，さらに適度の過飽和状態にあるときにナノバブルが長期に存在できると述べている．さらに，界面が異物の薄い膜で覆われているとバブルは閉じた系となり安定するとしているが，そのような薄い膜の存在は確認されていないとも指摘している．これに関連して，Ducker の報告[50]が引用されている．そこでは，疎水性表面と水の間に生じたナノバブルの接触角が小さいこととナノバブルの安定性は相反する特徴であるが，その理解として，空気-水界面に異物による薄膜があると考えるのが妥当だと述べている．この薄膜が表面張力を低下させ，結果として接触角も小さくなり，バブルからの気体の拡散を妨げるためバブルの滞留時間が長くなる．しかし，いずれにしても，異物の存在は確認されていない．なお，上述の議論とは別の視点でナノバブルの安定性に関する報告があり，バブルの周囲に強固な水素結合が形成されるため，ナノバブルを構成するガスの拡散

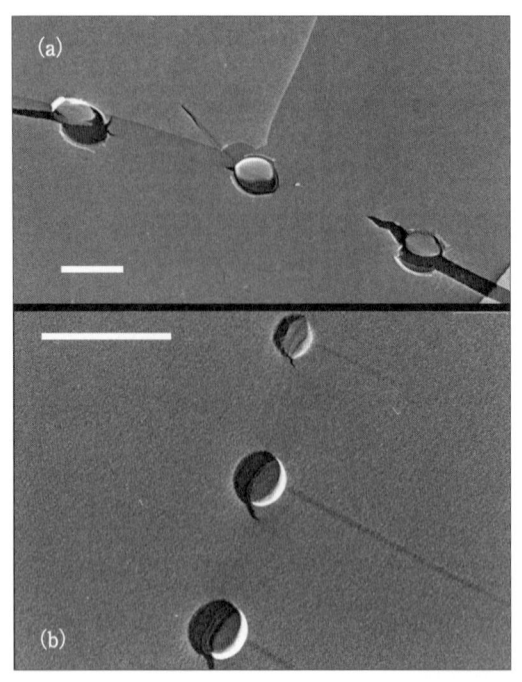

424　　　　　　　　　　C データ編 第6章 ナノ材料の熱物性

Fig. 6-7-10 超純水中の酸素ナノバブルの凍結割断レプリカ画像（スケールバーは 500 nm）[41] (TEM images of freeze-fractured replica of pure O₂ nanobubbles in pure water. Spherical or oval nanobubbles of (a) 500 nm in diameter or (b) 200 nm in diameter were located in ice crystallites (smooth surface) or their grain boundaries. Each scale bar indicates 500 nm)

が抑制されるという説明がある[47]．

　ナノバブルの安定性に関する議論に関連して，筆者らは凍結活断レプリカ法によるナノバブルの直接観察を行い，超純水および食品工場廃水に酸素マイクロ・ナノバブルを発生させた試料からナノバブルのレプリカ像を得た（Fig. 6-7-10, Fig. 6-7-11）[51]．Fig. 6-7-10 は，超純水に実験室で酸素マイクロ・ナノバブルを発生させたバブル含有水のレプリカ像であり，氷の粒界に円もしくは楕円形で，大きさが約百 nm のバブルが認められた．超純水に異物が混在しているか確認されていないが，このような実験系ではナノバブルが安定して存在することが示された．Fig. 6-7-11 は，食品工場の米加工製造廃水により酸素バブルを発生させた溶液から得た像で，直径が約 850 nm のバブル表面に多くの微粒子（約 20 nm）が観測された．このことは，廃水中の不純物が，ナノバブル表面に吸着され水溶液中から分離されたことを示唆している．

(3) マイクロ・ナノバブルのゼータ電位

　バブルのゼータ電位は pH によって変化するが，等電点におけるより高い pH の領域で負の値を示す．なぜゼータ電位が負であるのかは，次のような説がある．(1) 水酸化物イオン（OH⁻）が気液界面の第一の水分子層に優先的に配置される[52]，(2) OH⁻ がバブル表面に吸着する．その理由は，水素イオン（H⁺）と OH⁻ の水和エンタルピが，それぞれ，−1104 と −446.8 kJ/mol であり，H⁺ が優位にバルク水の側に位置する結果，気液界面に OH⁻ が存在できるスペースを作る[53]，(3) 水分子（H-O$^{-\delta}$-H$^{+\delta}$）の酸素原子は部分的に負に帯電しており，気液界面の気体側に位置する．一方，バルク水

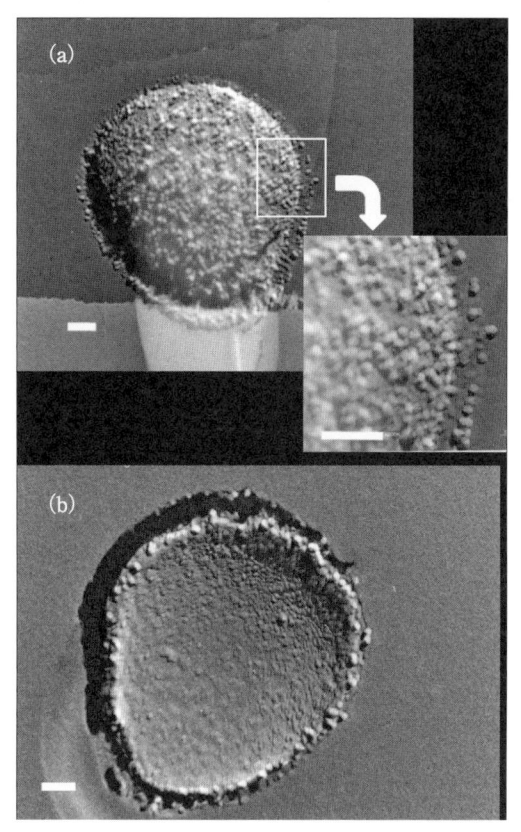

6.7 ナノ材料を含んだバルク物質の熱物性　　425

Fig. 6-7-11　廃水中の酸素ナノバブルの凍結割断レプリカ画像（スケールバーは 100 nm）[41]（TEM images of freeze-fractured replica of pure O_2 nanobubbles in waste water. The nanobubble (850 nm in diameter) located in the center of each picture adsorbed many fine particles (20 nm in diameter) on its surface. The extended picture in (a) depicts the bubble-solution boundary indicating the process by which fine particles were attracted to the bubble surface. In contrast, no fine particles were observed around the nanobubble.）

側に向いた水素原子は正に帯電しており，近傍のバルク水中の OH^- を引きつけて安定するため，バルク水中のバブルが負に帯電する[54,55]．

　Fig. 6-7-12 は pH による空気ナノバブル（平均バブル径 290 nm）のゼータ電位の変化を示しており，pH の増大と共にゼータ電位の絶対値が増大する．一方，pH が低くなると H^+ 濃度が指数関数的に増大し，化学ポテンシャルも増大するため気液界面への H^+ の吸着が生じる．この結果，ゼータ電位の絶対値が低下する[53]．バブル径とゼータ電位については，マイクロバブルについての報告がある（Fig. 6-7-13）[56]．大気中の CO_2 の溶解を別として，電解質や界面活性剤を含まない蒸留水中のマイクロバブルのゼータ電位は pH5.8 のとき約 -35 mV であり，バブル径への依存性は認められていない．同論文では無機イオン濃度の増大がゼータ電位の絶対値を低下させるデータも示されており，Fig. 6-7-14 は Na^+ の例である．バブル表面には電気二重層が形成され，気液界面とすべり面との間

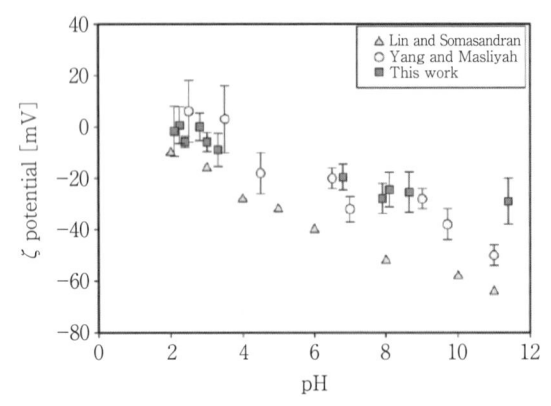

Fig. 6-7-12 塩化ナトリウム溶液（0.01M）中の空気バブルの種々のpHにおけるゼータ電位[53]（ζ potential values for air bubbles in 0.01M NaCl solution of varying pHs）

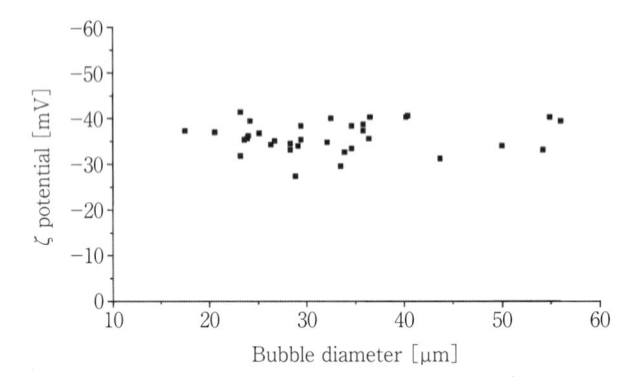

Fig. 6-7-13 蒸留水中のマイクロバブルのゼータ電位[56]（ζ potential of microbubbles in distilled water. Despite no addition of electrolyte or surfactant, aside from dissolved ambient CO_2, the gas-water interface was negatively charged and no appreciable variation in the potential was observed in correlation with bubble size）

の対イオン数の増大がゼータ電位の絶対値を低下させるとの理解である．

　筆者らは，気体によりゼータ電位が異なるデータを得た（Fig. 6-7-15）[46]．空気バブルのゼータ電位は－17～－20 mV（pH＝5.7～6.2），酸素バブルは－34～－45 mV（pH＝6.2～6.4）の範囲にあり，時間が経過してもゼータ電位に大きな変化は認められなかった．一方，動的光散乱法で測定した酸素バブルの粒子径分布は，Fig. 6-7-16に示すようにバブル発生直後は安定した分布を示したが，6日後には分布に再現性が認められなくなった（Fig. 6-7-17）．酸素バブル発生直後の粒子径の幾何平均は137 nm（CV＝61.2%）であったが，1日後には272 nmに，3日後には380 nm（CV＝107.4%）に達した．幾何平均が大きくなったことは，必ずしも粒子径が大きくなることや粒子同士が合体して大きくなることを意味するものではない．動的光散乱法では，より大きな粒子を敏感に検出するので，小さな粒子が消滅して相対的に大きな粒子の割合が増大すれば，幾何平均が大きく現れることになる．これは，特に粒子密度が低いときに生じると考えられるが，バブル発生3日後には粒子密度が低いことに起因する再現性の低下が推察された．さらに6日後には分布が不規則になり再現性が失われた．粒子径分布の再現性の喪失は，粒子密度の低下が1つの原因であると考えられるが，このこと自体が，

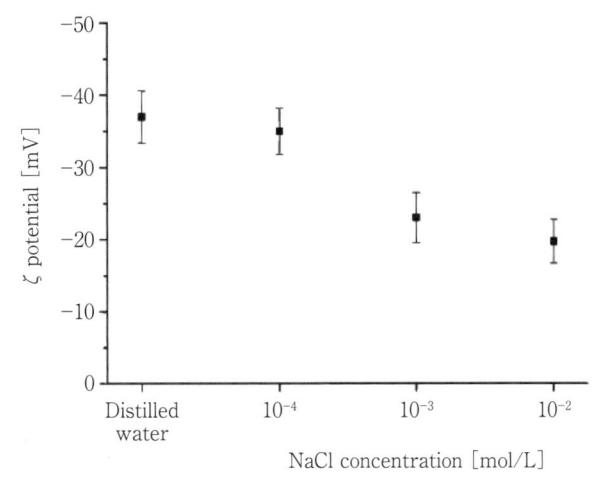

Fig. 6-7-14 マイクロバブルのゼータ電位と水中の NaCl 濃度との関係[56]（Relationship between the ζ potential of microbubbles and the concentration of NaCl in the water. The electrolyte reduced the ζ potential by increasing the amount of counterions within the slipping plane.）

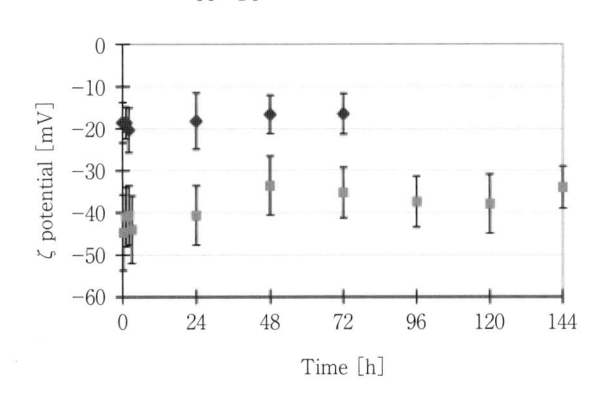

Fig. 6-7-15 空気バブルおよび酸素バブルのゼータ電位[46]
（ζ potential of air and oxygen nanobubbles）

動的光散乱法で捉えた粒子が酸素ナノバブルであることを間接的に示している．一方，溶存酸素濃度も粒子径分布に関係している．バブル発生直後は極端に過飽和な溶存酸素濃度（36.9 mg/L）を示したが，時間と共に低下し，6日後には飽和のレベル（8.9 mg/L）まで低下した．過飽和の状態はバブルと水との境界面における気体の濃度勾配が小さいことを意味するため，バブルの安定性への寄与も考えられる．また，空気バブルに比較して酸素バブルの安定性が高かった理由の1つがゼータ電位にある可能性が示された．

一方，小林ら[57]は，イオン交換水の pH 調整によりマイクロバブルのゼータ電位を変化させた系に超音波を照射してバブルの凝集を生じさせた．それによると，pH7 の場合はバブルが合一しなかったのに対し，pH4 程度では一部のバブルが合一したことから，ゼータ電位がバブルの電気的反発力の大小を左右した結果であるとし，超音波を利用したマイクロバブル応用技術の可能性を指摘している．

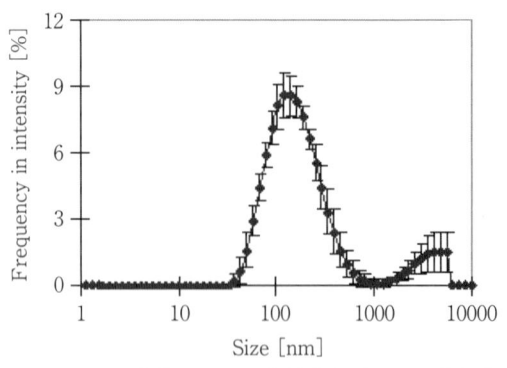

Fig. 6-7-16 酸素バブルの粒径分布（バブル発生直後，溶存酸素濃度 36.9 mg/L）[46]（Size distribution of oxygen nanobubbles (just after bubble generation, DO = 36.9 mg/L)

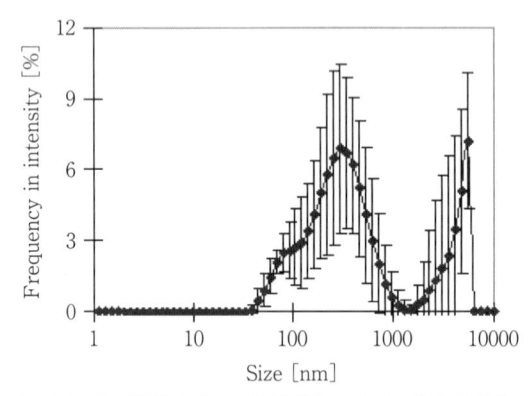

Fig. 6-7-17 酸素バブルの粒径分布（バブル発生6日後，溶存酸素濃度 8.9 mg/L）[46]（Size distribution of oxygen nanobubbles (6 days later, DO = 8.9 mg/L)）

(4) マイクロ・ナノバブル含有水の表面張力

ナノバブルの表面張力は 5.2.2 に記述があるので，ここではナノバブルを含有した超純水の表面物性としての表面張力とマイクロバブルを含有した水道水の例を示す．表面張力はバブルの安定性に関与する熱物性値であるが，実測例は少ない．市川ら (2010)[58] は，リプロン表面光散乱法によりナノバブル含有水の表面物性の変化を通して検討した（Fig. 6-7-18）．基準水は市販の超純水を減圧脱気した水で，基準水に酸素ナノバブルを発生させた水の表面張力は発生後2日目まで減少し，その後，約8日目まで増加し，2週間後には再度減少する挙動を示した．経時的な変化があるものの，酸素ナノバブル含有水の表面張力は基準水よりも小さな値を示した．Fig. 6-7-19 は水道水に空気マイクロバブルを発生させた水の表面張力であり，独自に開発されたマイクロバブル発生装置の稼働時間に応じて表面張力が低下する結果である[59]．バブルの発生により水分子のクラスターが小さくなったことが，表面張力が低下した理由としてあげられている．

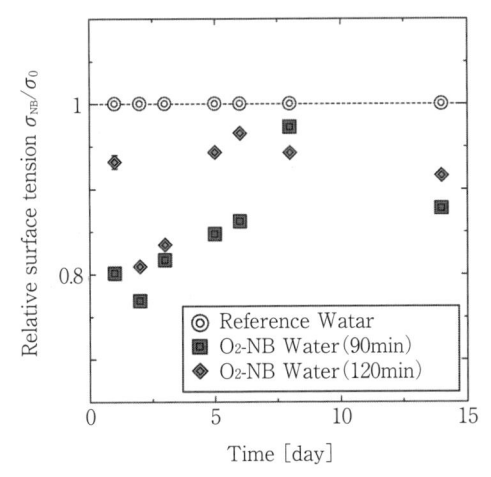

Fig. 6-7-18 基準水に対する酸素ナノバブル含有水の表面張力の経時変化[58] (Temporal change of relative surface tension of water containing oxygen nano-bulles)

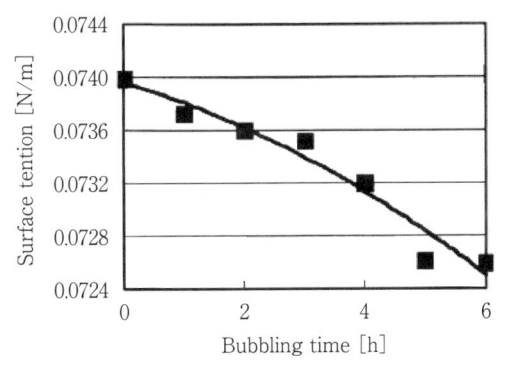

Fig. 6-7-19 バブリングした時間に対する水道水の表面張力[59] (Plots of surface tension for water against the bubbling time)

(5) おわりに

　本項では，基本的に界面活性剤を使わずに発生させた，マイクロバブルやナノバブルとそれらを含む水を対象とした．これらの熱物性値に関する報告は，端的に言って不足している．しかし，近年における研究報告の急激な増加は，ナノバブルの安定性のメカニズム解明も含めて，マイクロ・ナノバブルあるいはこれらを含有する水の科学的・技術的な興味がつきないことを物語っている．豊かな可能性を応用技術として定着させるためにも，熱物性値を始めとしたデータの蓄積が必要である．なお，本項では具体的に触れなかったが，マイクロ・ナノバブル含有水に生理活性促進効果があるという多数の報告があり[60〜68]，熱物性値の蓄積によりバルクとしてのバブル含有水の寄与を説明する一助となる可能性がある．

参考文献

1) X. Wang and A. S. Mujumdar, "Heat transfer characteristics of nanofluids: a review", Int. J. Thermal Sciences, Vol.46 (2007) pp.1-19.

2) K. Khanafer and K. Vafai, "A critical synthesis of thermophysical characteristics of nanofluids", Int. J. Heat and Mass Transfer, Vol.54 (2011) pp.4410-4428.
3) H. U. Kang, S. H. Kim and J. M. Oh, "Estimation of thermal conductivity of nanofluid using experimental effective particle volume", Experimental Heat Transfer, Vol.19 (2006) pp.181-191.
4) S. M. S. Murshed, K. C. Leong and C. Yang, "Investigations of thermal conductivity and viscosity of nanofluid", Int. J. Thermal Sciences, Vol.47 (2008) pp.560-568.
5) C. H. Li and G. P. Peterson, "Experimental investigation of temperature and volume fraction variations on the effective thermal conductivity", J. Appl. Phys., Vol.99 (2006) 084314-1-084314-8.
6) S. A. Putnam, D. G. Cahill, P. V. Braum, Z. Ge and R. G. Shimmin, "Thermal conductivity of nanoparticle suspensions", J. Appl. Phys., Vol.99 (2006) 084308-1-084308-6.
7) Y. Xuan, Q. Li, X. Zhang and M. Fujii, "Stochastic thermal transport of nanoparticle suspensions", J. Appl. Phys., Vol. 100 (2006) 043507-1-043507-6.
8) M. S. Liu, M. C.-C. Lin, C. Y. Tsai and C.-C. Wang, "Enhancement of thermal conductivity with Cu for nanofluids using chemical reduction method", Int. J. Heat and Mass Transfer, Vol.49 (2006) pp.3028-3033.
9) T. Hong, H. Yang and C. J. Choi, "Study of the enhanced thermal conductivity of Fe nanofluids", J. Appl. Phys., Vol.97 (2005) 064311-1-064311-4.
10) H. Masuda, A. Ebara, K. Teramae and N. Hishinuma, "Alternation of thermal conductivity and viscosity of liquid by dispersing ultra-fine particles (dispersion of Al_2O_3, SiO_2 and TiO_2 ultra-fine particles)", Netsu Bussei, Vol.4 (1993) pp.227-233 (in Japanese).
11) D. Wen and Y. Ding, "Natural convection heat transfer of suspensions of titanium dioxide nanoparticles (nanofluids)", IEEE Transactions on Nanotechnology, Vol.5 (2006) pp.220-227.
12) D. Wen and Y. Ding, "Effective thermal conductivity of aqueous suspensions of carbon nanotubes (carbon nanotube nanofluids)", J. Thermophys. Heat Transfer, Vol.14, No.4 (2004) pp.481-485.
13) S. U. S. Choi and Z. G. Zhang, W. Yu, F. E. Lockwood and E. A. Grulke, "Anomalous thermal conductivity enhancement in nanotube suspensions", Appl. Phys. Lett., Vol.79 (2001) pp.2252-2254.
14) E. S. Choi, J. S. Brooks, D. L. Eaton, M. S. Al-Haik, M. Y. Hussaini, H. Garmestani, D. Li and K. Dahmen, "Enhancement of thermal and electrical properties of carbon nanotube polymer composites by magnetic field processing", J. Appl. Phys., Vol.94 (2003) pp.6034-6039.
15) H. Xie, J. Wang, T. Xi and Y. Liu, "Thermal conductivity of suspensions containing nanosized SiC particles", Int. J. Thermophys., Vol.23, No.2 (2002) pp.571-580.
16) M. J. Assael, C.-F. Chen, I. Metaxa and W. A. Wakeham, "Thermal conductivity of suspensions of carbon nanotubes in water", Int. J. Thermophys., Vol.25, No.4 (2004) pp.971-985.
17) M. J. Assael, I. Metaxa J. Arvanitidis, D. Chistofilos and C. Lioutas, "Thermal conductivity enhancement in aqueous suspensions of carbon multi-walled and double-walled nanotubes in the presence of two different dispersants", Int. J. Thermophys., Vol.26, No.3 (2005) pp.647-664.
18) J. A. Eastman, S. U. S. Choi, S. Li, L. J. Tompson and S. Lee, "Enhanced thermal conductivity through the development of nanofluids", Proceedings of the Symposium on Nanophase and Nanocomposite Materials, Vol.457 (1997) pp.3-11.
19) J. A. Eastman, S. U. S. Choi, S. Li, W. Yu and L. J. Tompson, "Anomalously increased effective thermal conductivity of ethylene glycol-based nanofluids containing copper nanoparticles", Appl. Phys. Lett., Vol. 78 (2001) pp.718-720.
20) S. Lee, S. U. S. Choi, S. Li and J. A. Eastman, "Measuring thermal conductivity of fluids containing oxide nanoparticles", J. Heat Transfer, Vol.121 (1999) pp.280-289.
21) S. K. Das, N. Putra and W. Roetzel, "Pool boiling characteristics of nano-fluids", Int. J. Heat and Mass Transfer, Vol.46 (2003) pp.851-862.
22) X. Wang, X. Xu and S. U. S. Choi, "Thermal conductivity of nanparticle-fluid mixture", J. Thermophys. Heat Transfer, Vol.13 (1999) pp.474-480.
23) M. Chandrasekar, S. Suresh and A. C. Bose, "Experimental investigations and theoretical determination of thermal conductivity and viscosity of Al_2O_3 /water nanofluid", Experimental Thermal and Fluid Science, Vol.34 (2010) pp.210-216.
24) B. C. Pak and Y. I. Cho, "Hydrodynamic and heat transfer study of dispersed fluids with submicron metallic oxide particles", Experimental Heat Transfer, Vol.11 (1998) pp.151-170.

25) Y. Ding, H. Alias, D. Wen and R. A. Williams, "Heat transfer of aqueous suspensions of carbon nanotubes (CNT nanofluids)", Int. J. Heat and Mass Transfer, Vol.49 (2006) pp.240-250.
26) W. Yu, H. Xie, Y. Li and L. Chen, "Experimental investigation on thermal conductivity and viscosity of aluminum nitride nanofluid", Particuology, Vol.9 (2011) pp.187-191.
27) X. Zhang, H. Gu and M. Fujii, "Measurements of the effective thermal conductivity and thermal diffusivity of nanofluids", Netsu Bussei, Vol.20 (2006) pp.14-19 (in Japanese).
28) M. Satou, Y. Abe, U. Yuuki, R. Paola, A. Cecere and R. Savino, "Thermal performance of self-rewetting fluid containing silver nanoparticles synthesized by Microwave-polyol process", Int. J. Trans. Phenom., Vol.12 (2011) pp.339-345.
29) K. Fumoto, M. Kawaji and T. Kawanami, "Thermophysical property measurements of tetradecane nano-emulsion (density and thermal conductivity)", Netsu Bussei, Vol.25 (2011) pp.83-88 (in Japanese).
30) 榎本和城,大竹尚登,3 樹脂基カーボンナノチューブ複合材料の開発,中山喜萬監修カーボンナノチューブの機能化・複合化技術,株式会社シーエムシー出版(2006) pp.229-240.
31) Z. Han and A. Fina, "Thermal conductivity of carbon nanotubes and their polymer nanocomposites: Review", Progress in Polymer Science, Vol.36, No.7 (2011) pp.914-944.
32) J. A. King, M. D. Via, J. A. Caspary, M. M. Jubinski, I. Miskioglu, O. P. Mills and G. R. Bogucki, "Electrical and thermal conductivity and tensile and flexural properties of carbon nanotube/polycarbonate resins", J. Appl. Polym. Sci., Vol.118 (2010) pp.2512-2520.
33) M. Abdalla, D. Dean, M. Theodore, J. Fielding, E. Nyairo and G. Price, "Magnetically processes carbon nanotube/epoxy nanocomposites: Morphology, thermal and mechanical properties", Polymer, Vol.51 (2010) pp.1614-1620.
34) 上利泰幸,平野 寛,門多丈治,長谷川喜一,ネットワークポリマー,Vol.32, No.1 (2011) pp.10-18.
35) X. C. Tong, "Advanced materials for thermal management of electronic packaging", Springer Science (2011).
36) 日立化成工業(株)パンフレット.
37) 坪井猛文,鈴木孝夫,"4. 超微粒子の諸物性,4.5 熱的性質(比熱)",固体物理金属物理セミナー別冊特集号,アグネ技術センター(1984) pp.59-61.
38) N. R. Pradhan, H. Duan, J. Liang and, G. S. Iannacchione, "The specific heat and effective thermal conductivity of composites containing single-wall and multi-wall carbon nanotubes", Nanotechnology, Vol.20 (2009) p.245705.
39) M. Takahashi, T. Kawamura, Y. Yamamoto, H. Ohnari, S. Himuro and H. Shakutsui, "Effect of shrinking microbubble on gas hydrate formation", J. Phys. Chem. B, Vol.107, No.10 (2003) pp.2171-2173.
40) 大成博文,"マイクロバブル",日本機械学会誌,Vol.108 (2005) pp.694-695.
41) 芹澤昭示,"マイクロバブルを用いた油汚染土壌の浄化",化学工学,Vol.71, No.3 (2007) pp.174-177.
42) 柘植秀樹,"マイクロバブル・ナノバブルの基礎",日本海水学会誌,Vol.64, No.1 (2010) pp.4-10.
43) S. Ljunggren and J. C. Eriksson, "The lifetime of a colloid-sized gas bubble in water and the cause of the hydrophobic attraction", Colloids Surf., A, Vol.129-130 (1997) pp.151-155.
44) M. Matsumoto and K. Tanaka, "Nano bubble-Size dependence of surface tension and inside pressure", Fluid Dynamics Research, Vol.40 (2008) pp.546-553.
45) 高橋正好,"農場から食卓まで 農産物や食品の美味しさと安全を支える最先端技術",農機学会2006年度シンポジウム講演要旨(2006) pp.24-31.
46)) F. U. Ushikubo, T. Furukawa, R. Nakagawa, M. Enari, Y. Makino, Y. Kawagoe, T. Shiina and S. Oshita, "Evidence of the existence and the stability of nano-bubbles in water", Colloids Surf., A, Vol.361 (2010) pp.31-37.
47) K. Ohgaki, N. Q. Khanh, Y. Joden, A. Tsuji and T. Nakagawa, "Physicochemical approach to nanobubble solutions", Chem. Eng. Sci., Vol.65 (2010) pp.1296-1300.
48) M. A. Hampton and A. V. Nguyen, "Nanobubbles and the nanobubble bridging capillary force", Adv. Colloid Interface Sci., Vol.154 (2010) pp.30-55.
49) V. S. J. Craig, "Very small bubbles at surfaces-the nanobubble puzzle", The Royal Society of Chmistry (2010) DOI:10.1039/c0sm00558d.
50) W. A. Ducker, "Contact angle and stability of interfacial nanobubbles", Langmuir, Vol.25, No.16 (2009) pp.8907-8910.

51) T. Uchida, S. Oshita, M. Ohmori, T. Tsuno, K. Soejima, S. Shinozaki, Y. Take and K. Mitsuda, "Transmission electron microscopic observations of nanobubbles and their capture of impurities in wastewater", Nanoscale Research Letters, Vol.6, No.295 (2011) http://www.nanoscalereslett.com/content/6/1/295.
52) G. K. Kelsall, S. Tang, S. Yurdakul and A. L. Smith, "Electrophoretic behaviour of bubbles in aqueous electrolytes", J. Chem. Soc. Faraday Trans., Vol.92 (1996) pp.3887-3893.
53) A. S. Najafi, J. Drelich, A. Yeung, Z. Xu and J. Masliyah, "A novel method of measuring electrophoretic mobility of gas bubbles", J. Colloid Interface Sci., Vol.308 (2007) pp.344-350.
54) M. Sakai, "Physico-chemical properties of small bubbles in liquids", Prog. Colloid Polym. Sci., Vol.77 (1988) pp.136-142.
55) M. Sakai, T. Murata, K. Kamio, K. Mukae, A. Yamauchi, Y. Moroi, G. Sugihara and W. Norde, "Investigation of gas/liquid interface of small bubbles formed in solutions of differenct alkylammonium chlorides", Colloids Surf., A, Vol.359 (2010) pp.6-12.
56) M. Takahashi, "ζ Potential of microbubbles in aqueous solutions: Electrical properties of the Gas-Water Ineteface", J. Phys. Chem. B, Vol.109 (2005) pp.21858-21864.
57) 小林大祐, 林田喜行, 寺坂宏一, "超音波照射によるマイクロバブルの凝集・合一居度", 化学工学論文集, Vol.37, No.4 (2011) pp.291-295.
58) 市川佑馬, 大下誠一, 長坂雄次, "リプロン表面光散乱法による酸素ナノバブル含有水の表面物性センシング", 日本混相流学会年会講演会 2010 講演論文集(2010) pp.376-377.
59) 氷室昭三, "マイクロバブルを用いた新しい洗浄方法", 混相流研究の進展 2 (2007) pp.39-45.
60) 大成博文, "マイクロバブル技術による水産養殖実験", 伝熱, Vol.40, No.160 (2001) pp.2-7.
61) J. Weber and F. A. Agblevor, "Microbubble fermentation of Trichoderma reesei for cellulose production", Process Biochemistry, Vol.40 (2005) pp.669-676.
62) K. Ago, K. Nagasawa, J. Takita, R. Itano, N. Morii, K. Matsuda and K. Takahashi, "Development of an aerobic cultivation system by using a microbullbe aeration technology", J. Chem. Eng. Jpn., Vol.38, No.9 (2005) pp.757-762.
63) K. Kurata, H. Taniguchi, T. Fukunaga, J. Matsuda and H. Higaki, "Development of a compact microbubble generator and its usefulness for three-dimensional osteoblastic cell culture", J. Biomech. Sci. Eng., Vol.2, No.4 (2007) pp.166-177.
64) J. S. Park and K. Kurata, "Application of Microbubbles to Hydroponics Solution Promotes Lettuce Growth", Hort Technology, Vol.19, No.1 (2009) pp.212-215.
65) D. L. Ehreta, D. Edwardsb, T. Helmera, W. Lina, G. Jonesc, M. Doraisd and A. P. Papadopoulose, "Effects of oxygen-enriched nutrient solution on greenhouse cucumber and pepper production", Scientia Horticulturae, Vol.125 (2010) pp.602-607.
66) J. S. Park, K. Ohashi, K. Kurata and J. W. Lee, "Promotion of lettuce growth by application of microbubbles in nutrient solution using different rates of electrical conductivity and under periodic intermittent generation in a deep flow technique culture system", Europ. J. Hort. Sci., Vol.75, No.5, S. (2010) pp.198-203.
67) W. B. Zimmerman, M. Zandi, H. C. H. Bandulasena, V. Tesař, D. J. Gilmour and K. Ying, "Design of an airlift loop bioreactor and pilot scales studies with fluidic oscillator induced microbubbles for growth of a microalgae Dunaliella salina", Applied Energy, Vol.88 (2011) pp.3357-3369.
68) S. Liu, Y. Kawagoe, Y. Makino and S. Oshita, "Effects of nanobubbles on the physicochemical properties of water: The basis for peculiar properties of water containing nanobubbles", Chemical Engineering Science, 93 (2013) pp.250-256.

第 7 章　ナノ・マイクロスケールの熱物性標準とデータベース
(Measurement Standards and Database for Thermophysical Properties with Nano- and Micro-scale)

7.1 薄膜の熱拡散率に関する標準物質 (Reference Material of Thin Film for Calibration of Thermal Diffusivity)

7.1.1 概要 (Abstract)

　標準物質は，実用測定装置の校正や，上位の標準器とのトレーサビリティーを確保するために用いられる．産業技術総合研究所計量標準総合センターは，膜厚方向の熱拡散時間が校正された標準薄膜として，窒化チタン薄膜 (RM1301-a)[1] を頒布している．窒化チタンは，セラミックスの一種であり，切削工具のハードコート層や半導体の電極膜など広く利用されており，化学的安定性と機械的強度が高いことが特徴である．Fig. 7-1-1 の左図に標準薄膜の外観，図に形状を示す．設計厚さ 680 nm の窒化チタン膜が厚さ約 0.5 mm の石英ガラス基板上に作製されている．中心には薄膜が除去された 0.1 mm×1 mm の領域があり，この部分を用いて市販の触針式段差計等により膜厚の評価が可能である．また，取扱い時の薄膜の損傷を防ぐため，試料の外周部 (幅 0.25 mm) は薄膜が取り除かれている．本標準薄膜は，付与された熱拡散時間値を用いてパルス光加熱サーモリフレクタンス法 (4.1.3 項を参照) の装置を校正することを目的とするが，ユーザーが求めた膜厚値を用いることで熱拡散率に手軽に換算できるため (4.1.3 項 Eq.(4.1.15) を参照)，他の測定手法においても広く利用されることを想定している．Table 7-1-1 に標準薄膜の校正値を示す．熱拡散時間は $139.7×10^{-9}$ s，拡張不確かさ ($k=2$) は 4.9% である．以下に本標準薄膜の技術的な概要を述べる．

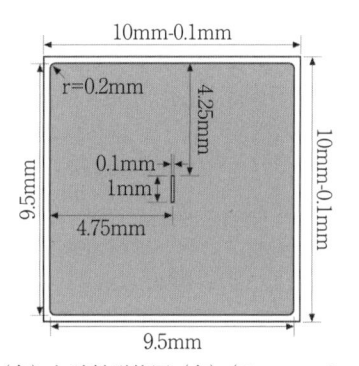

Fig. 7-1-1　標準薄膜 (RM 1301-a) の外観 (左) と試料形状図 (右) (Photograph and schematic illustration of the reference material (RM 1301-a).)

Table 7-1-1 窒化チタン薄膜（標準薄膜 RM1301-a）の
熱拡散時間と拡張不確かさ
(Heat diffusion time and its expanded uncertainty of
reference material (RM 1301-a))

熱拡散時間 (s)	拡張不確かさ($k=2$) (s)	拡張不確かさ($k=2$) (%)
139.7×10^{-9}	6.9×10^{-9}	4.9

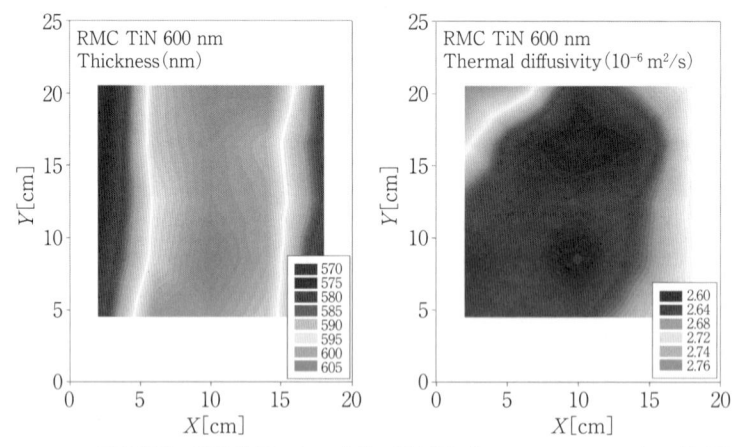

Fig. 7-1-2 標準薄膜の製造装置による成膜可能領域（200 mm×250 mm）の均質性のテスト．目標膜厚 600 nm の窒化チタン薄膜を作製．左図：膜厚分布，右図：熱拡散率のそれぞれの分布を示す．(Performance of the sputtering apparatus used for preparation of the reference material. Tested material was titanium nitride film with a nominal thickness of 600 nm. The distribution of the thickness (left) and thermal diffusivity (right).)

7.1.2 標準薄膜の製造方法 (Preparation of reference material)

　標準薄膜の製造には，反応性直流マグネトロンスパッタ法を用いた．スパッタ法は，大画面の液晶パネル用薄膜の製造や，窓ガラス用コーティングなどに用いられており，大面積に均質な薄膜を製造することを得意とする．成膜用ターゲットは 381 mm×127 mm の Ti 金属（純度 4N）であり，成膜可能領域（200 mm×250 mm）に対してターゲットが往復運動することで膜厚および膜質の均一化がなされる．スパッタリングガスには純窒素ガスを用い，基板上での窒化反応により窒化チタン膜を堆積する．本成膜装置の性能評価の例を Fig. 7-1-2 に示す．図は，目標膜厚 600 nm において窒化チタン薄膜のテスト成膜を行った際の，膜厚（左図）および熱拡散率（右図）の分布結果である．図中の縦方向がターゲットの往復方向であり，縦方向の膜厚分布は非常に均質性がよい．横方向の端部で急激に膜厚が落ち込むが，中心部の縦横 15 cm×10 cm の領域の膜厚の分布は ±1% 以内である．熱拡散率は，中心部が小さく外側ほど高くなる傾向にあるが，ばらつきは ±5% 以内に収まる．以上の結果をもとに，標準薄膜の作製では，成膜領域中心部の均質性が良好な領域のみが用いられた．標準薄膜の基板材料には，合成石英ガラスウエハー（信越化学工業製 VIOSIL SQ 3W525WR，直径 76.2 mm，厚さ 0.525 mm，Ra 値 0.2 nm 以下）を用い，同時に 3 枚のウエハーに目標膜厚 700 nm の窒化チタン膜を成膜した．成膜後のウエハーは半導体プロセス技術によりパターン加工を施した後，1 枚のウエハーあたり 32 個の試料（10 mm×10 mm）に切り出した．なお，同一バッチにより作製した 3 枚のウエハーの内の 1 枚はパターニング工程時の不具合により除外したため，計 64 個の試料が得られた．

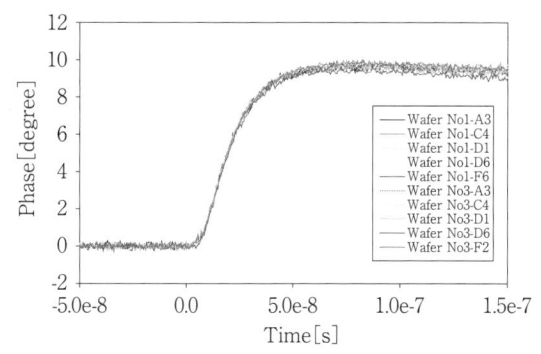

Fig. 7-1-3 評価用試料10個の温度履歴曲線の測定結果
（Transient temperature curves for 10 samples of RM1301-a measured by the NMIJ standard apparatus of pulsed light heating thermoreflectance method.）

Table 7-1-2 製造数64個の窒化チタン薄膜から抜き出された10試料の熱拡散時間（τ_f）の測定値と各個別試料の不確かさ
(Estimated heat diffusion times(τ_f)and their uncertainties of RM1301-a randomly sampled from 64 samples)

試料番号	τ_f 測定値	合成標準不確かさ		膜厚（参考）
wafer-position	s	s	相対 /%	nm
No1-A3	1.377E-07	2.7E-09	2.0	680.6
No1-C4	1.383E-07	2.5E-09	1.8	675.2
No1-D1	1.383E-07	3.0E-09	2.2	678.4
No1-D6	1.368E-07	2.6E-09	1.9	676.1
No1-F2	1.389E-07	2.7E-09	1.9	681.1
No3-A3	1.418E-07	3.2E-09	2.2	683.3
No3-C4	1.397E-07	2.6E-09	1.8	681.4
No3-D1	1.412E-07	3.3E-09	2.3	676.8
No3-D6	1.417E-07	3.1E-09	2.2	677.3
No3-F2	1.424E-07	2.5E-09	1.7	682.3
平均値	**1.397E-07**	**2.8E-09**	**2.0**	679.3
標準偏差	2.0E-09			2.8
標準偏差（%）	**1.4%**			0.4%

7.1.3 不確かさ評価（Uncertainty estimation）

不確かさ評価のために，全試料数64個のうち10個を抜き出して評価を行った．Fig. 7-1-3は，抜き出した計10試料についてパルス光加熱サーモリフレクタンス法の標準器により測定された温度履歴曲線である．測定は，25℃±2℃に制御された環境下で行われ，得られた温度履歴曲線から解析モデル（4.1.3項Eq.(4.1.14)およびEq.(4.1.17)）により熱拡散時間を求めた．Table 7-1-2に，10個の試料の熱拡散時間（τ_f）の測定値，合成標準不確かさ，拡張不確かさおよび参考として表面粗さ計により測定した膜厚値を示す．全試料を代表して付与される熱拡散時間は，Table 7-1-2に示す平均値（139.7×10^{-9} s）である．一方，付与する不確かさの考え方について述べる．試料全数64個の熱拡散時間の平均がμであるとき，i番目の試料の真の値μ_iは以下で表される．

$$\mu_i = \mu + \gamma_i \tag{7.1.1}$$

ここで，γ_iはi番目の試料における全体の平均値との差であり，期待値が0となる値である．一方，

i 番目の試料の測定値 τ_i は，

$$\tau_i = \mu_i + \delta + \varepsilon_i = \mu + \gamma_i + \delta + \varepsilon_i \tag{7.1.2}$$

ここで，δ は系統的偏り，ε_i は繰返し測定のばらつきである．ロットの全体に付与する特性値は，10個の測定値からの平均値 $\bar{\tau}$ であるから

$$\bar{\tau} = \frac{\sum_{i=1}^{10} \tau_i}{10} = \bar{\mu} + \delta + \bar{\varepsilon} = \mu + \bar{\gamma} + \delta + \bar{\varepsilon} \tag{7.1.3}$$

ここで，$\bar{\gamma}$ は γ_i の平均値，$\bar{\varepsilon}$ は ε_i の平均値であり，この特性値の不確かさ $u^2(\bar{\tau})$ は下記で示される．

$$\begin{aligned}u^2(\bar{\tau}) &= E[(\bar{\tau}-\mu)^2] = E[(\bar{\gamma}+\delta+\bar{\varepsilon})^2] \\ &= E[(\bar{\gamma})^2] + E[(\delta)^2] + E[(\bar{\varepsilon})^2] \\ &= \frac{\sigma_\gamma^2}{10} + u_m^2 + \frac{\sigma_\varepsilon^2}{10}\end{aligned} \tag{7.1.4}$$

ここで，σ_γ^2 は γ_i の分散，σ_ε^2 は繰返し測定の分散，u_m は測定の合成標準不確かさ（系統的成分のみ）である．式(4)において $\bar{\gamma}, \delta, \bar{\varepsilon}$ はそれぞれ独立であり，相互にカップリングした期待値は0になるとした．ここで，測定値のばらつきの分散 s^2 およびその期待値を求めると，下記のようになる．

$$s^2 = \frac{\sum_{i=1}^{10}(\tau_i-\bar{\tau})^2}{10-1} = \frac{\sum_{i=1}^{10}[(\gamma_i-\bar{\gamma})+(\varepsilon_i-\bar{\varepsilon})]^2}{9} \tag{7.1.5}$$

$$E[s^2] = \frac{1}{9} \times 9(\sigma_\gamma^2 + \sigma_\varepsilon^2) = \sigma_\gamma^2 + \sigma_\varepsilon^2 \tag{7.1.6}$$

したがって，Eq.(7.1.4)に Eq.(7.1.6)の関係を代入することで特性値の不確かさ $u^2(\bar{\tau})$ は以下のように表される．

$$u^2(\bar{\tau}) = \frac{\sigma_\gamma^2}{10} + u_m^2 + \frac{\sigma_\varepsilon^2}{10} = \frac{1}{10}s^2 + u_m^2 \tag{7.1.7}$$

上記の Eq.(7.1.7) は 64 個の試料全体に対する不確かさであり，その中からある 1 個サンプル（o 番目のサンプル）を頒布したときの，ユーザーにとっての不確かさは別の大きさとなる．ある o 番目のサンプルの真の値を μ_o とするとその値は，

$$\mu_o = \mu + \gamma_o$$

である．
o 番目のサンプルの不確かさ $u_o(\bar{\tau})$ が本標準薄膜に付与する標準不確かさである．

$$\begin{aligned}u_o^2(\bar{\tau}) &= E[(\bar{\tau}-\mu_o)^2] \\ &= E[\{(\mu+\bar{\gamma}+\delta+\bar{\varepsilon})-(\mu+\gamma_o)\}^2] \\ &= E[(\bar{\gamma}-\gamma_o+\delta+\bar{\varepsilon})^2] \\ &= E[\bar{\gamma}^2] + E[\gamma_o^2] + E[\delta^2] + E[\bar{\varepsilon}^2] \\ &= \frac{\sigma_\gamma^2}{10} + \sigma_\gamma^2 + u_m^2 + \frac{\sigma_\varepsilon^2}{10} \\ &= u^2(\bar{\tau}) + \sigma_\gamma^2\end{aligned} \tag{7.1.8}$$

ここで，$\sigma_\gamma^2 = s^2 - \sigma_\varepsilon^2$ および $u^2(\bar{\tau}) = \frac{1}{10}s^2 + u_m^2$ より

$$u_o^2(\bar{\tau}) = \frac{1}{10}s^2 + u_m^2 + s^2 - \sigma_\varepsilon^2 = \frac{11}{10}s^2 + u_m^2 - \sigma_\varepsilon^2 \tag{7.1.9}$$

s および u_m は，それぞれ Table 7-1-2 に示した 10 試料の測定値の標準偏差，および 10 試料の合成標準不確かさの平均値を用いる．また，σ_ε は通常の試験において繰返し測定の不確かさである 0.44% が

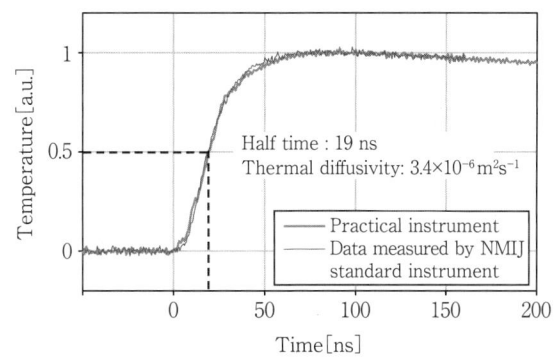

Fig. 7-1-4 実用測定器と標準器により測定された RM1301-a の結果．実用測定器はパルス幅 2 ns のレーザーで薄膜面を加熱し，反対面の温度上昇を測定した．(Transient temperature curves of the reference material, RM 1301-a, obtained by a commercial instrument along with that measured by the NMIJ standard instrument.)

用いられる．

$$s = 2.0\times 10^{-9} \text{ (s)}, \quad 1.4(\%) \tag{7.1.10}$$
$$u_m = 2.8\times 10^{-9} \text{ (s)}, \quad 2.0(\%) \tag{7.1.11}$$
$$\sigma_\varepsilon = 6.2\times 10^{-10} \text{ (s)}, \quad 0.44(\%) \tag{7.1.12}$$

Eq.(7.1.9) に Eq.(7.1.10) から Eq.(7.1.12) の値を代入することで合成標準不確かさが得られる．前述した Table 7-1-1 の不確かさは，合成標準不確かさに包括係数（$k = 2$）を乗ずること得た拡張不確かさである．

7.1.4 標準薄膜の利用 (Use of the reference material)

本標準薄膜は，測定装置や解析手法の健全性などを確認するために用いることができる．ただし，利用する際の注意点として，値付けされた熱拡散時間は膜厚方向について校正されたものであり，膜厚値を利用して熱拡散率値を得た場合も，それは膜厚方向の物性であるから，面内方向の特性とは異なることが予想されまたそれを保証するものではない．Fig. 7-1-4 は，同一の標準薄膜について，パルス光加熱サーモリフレクタンス法の原理を用いた実用測定器と標準器により測定した結果である．両者の温度履歴曲線は一致しており，問題なく測定が行われているものと考えられる．解析手法としてもっとも単純なハーフタイム法を用いた例を示す．図より最大温度上昇の半値に到達する時間からハーフタイム（$t_{1/2}$）は 19 ns（19×10^{-9} s）である．次式より熱拡散率 κ を求める．

$$\kappa = 0.1388\frac{d^2}{t_{1/2}} \tag{7.1.13}$$

ここで，d は膜厚であり，参考値として 680 nm（6.8×10^{-7} m）を用いた場合，熱拡散率は 3.4×10^{-6} m²/s と求まる．また，$t_{1/2}$ から得られる熱拡散時間は 137×10^{-9} s であり，Table 7-1-1 に示す校正値と不確かさの範囲で一致することから健全に測定が行われたことを確認できる．このように標準薄膜を利用することで，まず直感的に温度履歴曲線の形状から測定の合否が理解しやすく，さらに解析後の結果を校正値と比較することで，測定と解析の間においてどこに不具合が生じているかを切り離して検証することが容易となる．なお，ここで示した内容は標準薄膜の利用法の一例であり，他手法においてもベンチマーク等に広く利用が見込まれる．

参考文献

1) 標準物質に関する問い合わせは，つくばセンター計量標準管理センター標準物質認証管理室（http://www.nmij.jp/service/P/else/）〒305-8563　茨城県つくば市梅園 1-1-1　中央第 3-9　TEL 0298-61-4059　FAX 0298-61-4009 まで．入手は外部委託業者からになります．

7.2 薄膜熱物性のデータベース（Thermophysical Property Database for Thin Film）

　薄膜の熱物性値は一般にバルクとは異なった値を示す．これは同じ材料名，同じ組成であっても結晶粒サイズの様な材料キャラクターが薄膜とバルクの間では異なるためである．また，膜厚が同じ薄膜であっても，成膜方法や成膜パラメーターに依存して膜質に違いが生じるため物性値は異なる．薄膜の利用に目を向けると，薄膜は単層膜での利用より多層薄膜として用いられる場合が多い．こうした利用においては，多層薄膜の各層の熱物性値とともに層間の界面熱抵抗が重要となる．薄膜熱物性データベース[1]はこうした薄膜に特有な課題に対応するために，材料情報と実測試料に基づく熱物性データの提供に重点を置いて開発された．本節では基板上に成膜された単・多層薄膜の熱物性を対象とした薄膜熱物性データベースについて述べる．

7.2.1 薄膜熱物性における材料分類と収録物性（Material classification of thermophysical properties for thin film）

(1) 試料およびロット

　バルク材においてロットは同じプロセス，同じ装置で，同時に製造されたものを指す．これを薄膜に置き換えると，同じチャンバー（成膜装置）内で，成膜条件を変えずに同時に作成された試料（群）が同一ロットである．ここで薄膜熱物性における試料の考え方として，基板と基板上に成膜された薄膜のセットを 1 試料とすることが適当である．これは薄膜熱物性の測定においては，基板の影響が少なからずとも存在することから，試料と測定結果を結びつける情報として基板の情報が不可欠であるからである．

　特定の試料に対する熱物性値は，その試料を信頼性の担保された手法で直接測定することにより得られる．一方，ロットにおける熱物性値は，同一ロットからサンプリングしてきた一連の試料を測定し，測定に由来する不確かさ，試料の不均質性に由来する不確かさを考慮した上で統計処理を行なって決定される．

(2) グレード

　本データベースにおいては製造プロセスが十分にコントロールされ，組成・構造・性質がある範囲に制御された材料の集合を「グレード」と名付けた階層に分類している．材料（素材）メーカーの製品名とこのように定義されたグレードが対応すると考えられる．国際規格（ISO 等），地域規格（CEN 等），国家規格（JIS 等）のような文書で明確に規定されたプロセスで製造される材料もグレードに対応すると見なすことができる．また，実験室などで作成した単結晶材などの材料キャラクタが定量的に十分記述できる材料についてもグレードとして取り扱っても差し支えないと考えられる．

7.2.2 分散型熱物性データベースへの薄膜熱物性の収録（Recording thermophysical properties of thin film）

　産業技術総合研究所において開発された分散型熱物性データベース[2]は材料情報を階層構造に分類

Table 7-2-1 積層型複合材料の材料分類基準
(The criteria of classification for laminated multilayer thin film)

階層レベル	分類に使用する情報	材料フォルダ名の例
ドメイン	基本的性質による分類：流体であるか形状をとどめているか，均質であるか不均質であるか．	Composites
グループ	構成材料のジオメトリー	Dispersed, laminar, fabric
材料クラス1	積層膜構造に関する情報	multilayer thin films on substrate, Thermal barrier coating on super alloy
材料クラス2	基板や各層の物質・材料名	Oxides and metals multilayer thin film on glass substrate, oxide thin film on silicon substrate
材料クラス3	基板や各層の詳細な材料情報（結晶情報など）	Al2O3 coated with Mo on fused silica substrate, TiN thin film on synthesized quartz substrate
グレード	主に成膜方法	TiN thin film on synthesized quartz substrate, Grade1
ロット	おもに成膜条件：成膜パラメーターや後処理パラメーター	TiN thin film on synthesized quartz substrate, Grade1, lot1
試料	サンプル名	TiN thin film on synthesized quartz substrate, Grade1, lot1, specimen1

し体系的に管理している．本データベースは均質なバルク材の収録を念頭に作成されたので，薄膜の熱物性を収録するためには材料分類基準を拡張するなどの改良が必要であった（これ以降，本節での薄膜熱物性データベースは産総研分散型熱物性データベースの薄膜熱物性対応版を指すこととする）．前述のように，薄膜は基板上に成膜され，また測定において基板の影響を少なからず受けることから，基板と薄膜の両方の情報をセットで収録することが極めて有用である．この場合，基板も含めて1つの"材料"として捉えると，膜厚方向に1次元的に積層した複合材料と見ることができるので，薄膜試料を積層型複合材料の一部と位置づけ，分類基準を拡張した．Table 7-2-1 に薄膜（積層型複合材料）の材料分類基準を示す（参考までに，均質なバルク材料の材料分類基準は参考文献[1]の Table 1 を参照されたい）．この分類基準と階層構造を利用した材料情報の収録例は物性データ例とともに 7.2.5 以降で述べる．

7.2.3 測定試料の保管 (Preservation of measurement specimens)

薄膜熱物性において，材料キャラクターと熱物性間の相関関係の定量的解明は今後の課題となっている．したがって，薄膜熱物性を物性物理に基づいて記述するための十分な材料情報を抽出して，普遍的な情報としてデータベースに収録することは現時点では困難である．そこで産総研の薄膜熱物性データベースにおいては，熱物性データが実測された薄膜試料そのものを保管することにより，成膜条件に敏感に依存する薄膜の実測熱物性データと実測された試料のトレーサビリティーを確保するアプローチを提示した．

7.2.4 収録物性 (Recorded thermophysical properties)

Table 7-2-2 に薄膜熱物性データベースにて収録を検討した物性一覧を示す．これら物性は裏面加熱／表面測温型パルス光加熱サーモリフレクタンス法[3〜6]の測定に関連して重要である量を中心にリスト化したものであるので，今後薄膜熱物性データベースが対応する測定方法が広がるにつれ，さらに多様化するものである．

440　C データ編 第7章　ナノ・マイクロスケールの熱物性標準とデータベース

Table 7-2-2　薄膜熱物性データベースにおけるサーモリフレクタンス法に関する収録項目
（Record items for thermophysical properties and material characters in association with thermoreflectance measurement method）

データ種類	試料種類	収録項目
熱特性データ	単層膜	測定生データ（温度履歴曲線），解析データ（カーブフィッティングプロファイル），熱拡散時間，熱拡散率等
	多層膜	測定生データ（温度履歴曲線），面積熱拡散時間，界面熱抵抗，各層の体積比熱容量，熱拡散率等
光学特性データ	単層膜および多層膜	反射率，透過率，屈折率，吸収係数，サーモリフレクタンス係数等
材料データ	単層膜および多層膜	膜厚，結晶粒サイズ，不純物濃度，XPS データ，XRD データ，RBS データ，SEM/TEM 画像等

7.2.5 収録熱物性例 1：TiN 単層薄膜 （Example 1: Thermophysical property of TiN thin film）

合成石英基板上に成膜された TiN 単層薄膜試料[1]を例に，薄膜熱物性データベースにおける単層薄膜試料の材料データおよび物性データを紹介する．Fig. 7-2-1 に階層構造を利用した材料分類と収録情報を示す．TiN 単層膜試料は TiN 単層薄膜と合成石英基板からなる積層型複合材料と見なされ，図中左のツリー構造の中で，Composites ドメイン>Laminated Composites グループに分類され，さらに Single layer thin film on substrate グループとして分類される．形状で分類された後は各層の構成物質による分類が進み，グレード以下には詳細な材料情報が収録される．

ここで Fig. 7-2-1 中のサブウィンドウにおいては試料レベルの材料情報が示されており，この試料は 1 層目が TiN 膜，2 層目がバルク合合成石英から構成されると記録され，材料データの上でも積層構造である事が記述される．Fig. 7-2-1 中には示していないが，試料サイズは各層に関して入力することができ，1 層目の TiN は膜厚が 681 nm という情報も保有する．

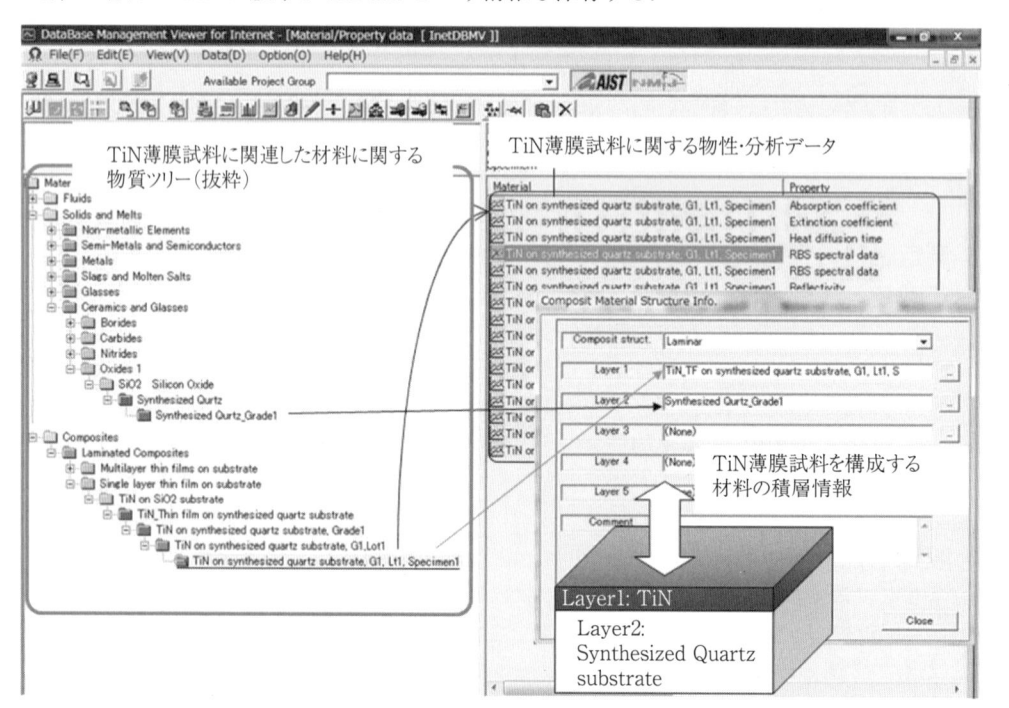

Fig. 7-2-1　合成石英基板上に成膜された TiN 単層膜の材料情報収録（Example of material tree and material information related to TiN thin film on synthesized quartz substrate）

7.2 薄膜熱物性のデータベース

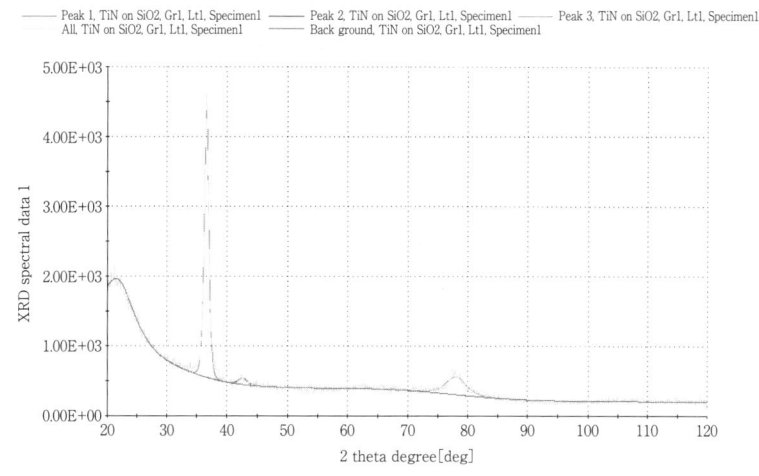

Fig. 7-2-2 合成石英基板上の TiN 単層薄膜における XRD データ表示のスクリーンショット（Screenshot of XRD spectrum data for TiN single layer thin film on synthesized quartz substrate.）

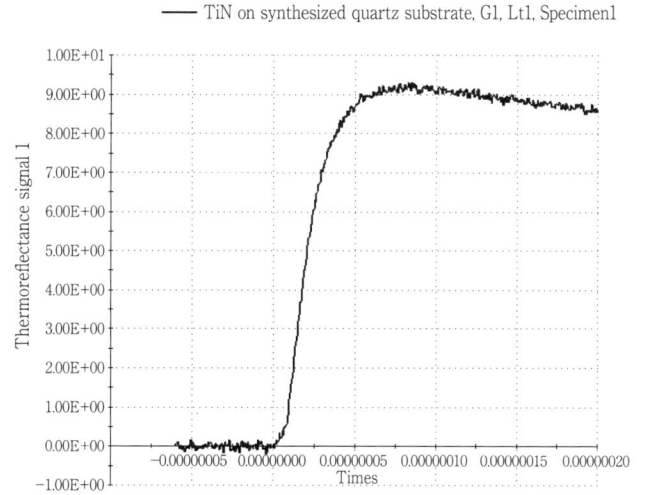

Fig. 7-2-3 合成石英基板上の TiN 単層薄膜における温度履歴曲線データのスクリーンショット（Screenshot of transient temperature curve for TiN single layer thin film on synthesized quartz substrate.）

　一方，物性データについては，Specimen レベルのフォルダーにサーモリフレクタンス信号，反射率データ，RBS（ラザフォード後方散乱）データ，熱拡散時間，熱拡散率などの試料を直接測定して得られるデータを収録した．一部材料データ（特に XRD などのスペクトルデータ）も物性データと同様に収録されており，その例として当該試料の XRD データを Fig. 7-2-2 に示す．Fig. 7-2-2 は 36°，42°，78° のピークデータ，全角度に渡るデータの 4 つのデータから構成されており，それぞれ個別のデータとしてデータベースに登録してある．Fig. 7-2-2 中の 36°，42°，78° ピークは，それぞれ TiN の (111), (200), (222) 面に由来することから，対象の試料は多結晶体であることがデータより把握できる．このように薄膜熱物性データベースでは，テキスト情報のみならず，データからも材料の特徴を把握できるようにした．

　Fig. 7-2-3 にデータベースに収録されたサーモリフレクタンス信号（温度履歴曲線）を閲覧専用ソ

フト InetDBGV で描画したグラフを示す．Fig. 7-2-3 中の温度履歴曲線に対して応答関数法による解析式[6～8]を使ったフィッティングから得られる熱拡散時間，熱拡散率はそれぞれ 141 ns，$3.3×10^{-6}$ m^2/s であり，これらのデータもデータベースに収録した．このように薄膜熱物性データベースにおいては解析後に得られる熱拡散時間，熱拡散率とともに測定時に得られる信号データが収録されており，測定→データ解析→物性値決定のプロセスを検証可能な形でデータを提供する．

7.2.6 収録熱物性例 2：Mo/Al$_2$O$_3$/Mo 3 層薄膜（Example 2: Thermophysical property of Mo/Al$_2$O$_3$/Mo three-layer thin film）

溶融シリカ基板上の Mo/Al$_2$O$_3$/Mo 3 層薄膜試料の熱拡散率および界面熱抵抗データ[9]を例に，薄膜熱物性データベースにおける 3 層薄膜試料の材料データおよび物性データ収録を紹介する．Fig. 7-2-4 に材料情報の収録例を示す．Mo/Al$_2$O$_3$/Mo 3 層薄膜試料は積層型複合材料として見なされ，Laminated Composites グループ下の Multilayer thin film on substrate グループに収録される．参考文献 9 では，中間層である Al$_2$O$_3$ の膜厚を 0.5～100 nm まで変化させた試料を準備し，一連の試料における面積熱拡散時間から物性を評価する．そのため各試料については同一ロット下の個別の試料として登録する．また，Mo 反射膜の熱拡散率測定用試料も成膜条件が 3 層膜試料の反射膜と変わりがない事，同じ成膜装置から作成されたことから同一ロットとしてみなして収録し，3 層膜の熱拡散率・界面熱抵抗測定について一連の情報が集約されるように配慮した．また，試料の積層情報として Fig. 7-2-4 中のサブウィンドウに示すように，1，3 層目は反射膜として機能する Mo 膜，2 層目は Al$_2$O$_3$ 膜，4 層目はバルク溶融シリカ（基板）から構成されるとし，TiN 単層膜試料同様にデータの上でも積層構造である事を記述している．

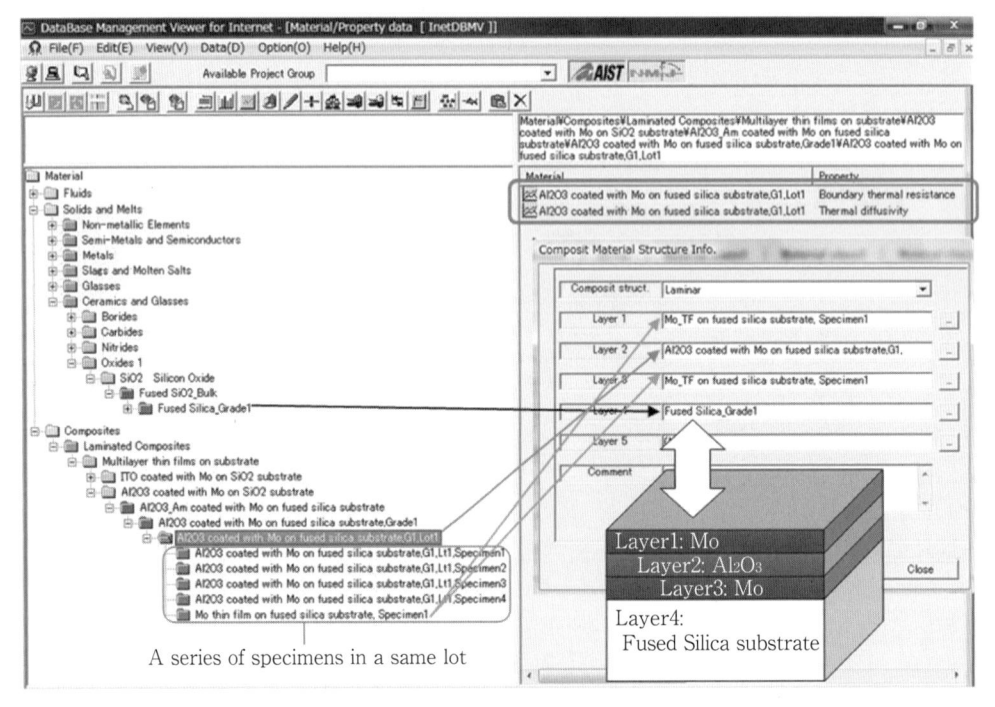

Fig. 7-2-4 溶融シリカ基板上に成膜された Mo/Al$_2$O$_3$/Mo 3 層膜の材料情報収録例（Example of material tree and material information related to Al$_2$O$_3$ coated with Mo on fused silica substrate）

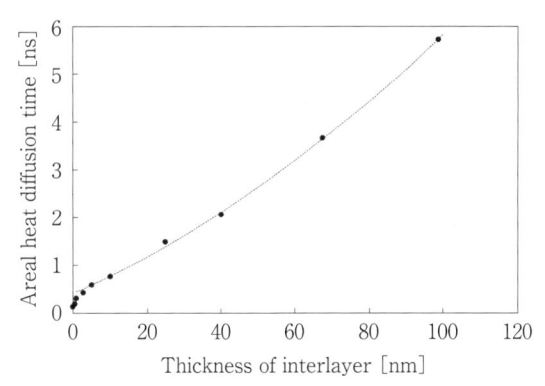

Fig. 7-2-5 各試料からの面積拡散時間と解析式によるフィッティング (Schematic diagram of fitting curve of analytical solution and a set of areal heat diffusion time)

個々の試料で測定された面積熱拡散時間と解析式[6]によるフィッティングカーブを Fig. 7-2-5 に示す．フィッティングカーブの傾きと切片の値から熱拡散率と界面熱抵抗が算出され，それぞれ，$9.5 \times 10^{-7} \, m^2/s$，$1.5 \times 10^{-9} \, (m^2 \cdot K)/W$ である．ここで個々の試料についての測定結果である面積熱拡散時間は各 Specimen フォルダーに収録され，中間層の熱拡散率と界面熱抵抗は一連の測定試料(Specimen)から得られるデータであるので，Lot レベルの「Al$_2$O$_3$ coated with Mo on fused silica substrate, G1, Lot1」フォルダーに収録した．このように薄膜熱物性データベースでは，データの出所(個別試料の測定結果や試料全体に対する解析結果)までを考慮してデータを収録する．

7.2.7 まとめ (Summary)

薄膜熱物性データベースについて，薄膜に対応した材料分類，現物試料保管による材料情報保全，薄膜熱物性データの収録例について紹介した．本節で紹介した薄膜熱物性データの収録例は，産業技術総合研究所の分散型熱物性データベース[2]の一部として Web 上に公開中である．

参考文献

1) Y. Yamashita, T. Yagi and T. Baba, "Development of Network Database System for Thermophysical Property Data of Thin Films", Jpn. J. Appl. Phys., Vol.50, No.11 (2011) 11RH03.
2) (独) 産業技術総合研究所 分散型熱物性データベース，http://tpds.db.aist.go.jp/
3) N. Taketoshi, T. Baba and A. Ono, "Observation of Heat Diffusion across Submicrometer Metal Thin Films Using a Picosecond Thermoreflectance Technique Pump pulse Thin film Transparent substrate", Jpn. J. Appl. Phys., Vol.38, No.11 (1999) pp.1268-1271.
4) N. Taketoshi, T. Baba and A. Ono, "Development of a thermal diffusivity measurement system for metal thin films using a picosecond thermoreflectance technique", Meas. Sci. Technol., Vol.12, No.12 (2001) pp. 2064-2073.
5) N. Taketoshi, T. Baba and A. Ono, "Electrical delay technique in the picosecond thermoreflectance method for thermophysical property measurements of thin films", Rev. Sci. Instrum., Vol.76, No.9 (2005) 094903.
6) T. Baba, "Analysis of One-dimensional Heat Diffusion after Light Pulse Heating by the Response Function Method", Jpn. J. Appl. Phys., Vol.48 (2009) 05EB04.
7) 馬場，固体熱物性の光学的計測技術，新編 伝熱工学の進展 第3巻，養賢堂(2000) pp.163-227.
8) 馬場，"応答関数法による傾斜機能材料熱物性の解析"，熱物性，Vol.7 (1993) p.14.
9) N. Oka, R. Arisawa, A. Miyamura, Y. Sato, T. Yagi, N. Taketoshi, T. Baba and Y. Shigesato,

"Thermophysical properties of aluminum oxide and molybdenum layered films", Thin Solid Films, Vol. 518 (2010) pp.3119-3121.

7.3 薄膜熱物性測定法の規格（Measurement Standard for Measurement Method of Thermal Diffusivity of Thin Films）

7.3.1 規格制定の背景（Background of standardization）

電子情報分野を中心に様々な産業分野で用いられるエレクトロニクスデバイスの開発では，熱マネジメントが製品の安全・安心の確保，および機能向上に深く関わっており重要である．これまでは後付けの熱対策で対応可能であったが，近年の素子自身の微小化・高集積化によって，事前の熱設計の重要性が高まっている．特に，半導体の層間絶縁膜，平面ディスプレイに用いる透明導電膜，相変化メモリの電極に用いる窒化チタンなど，薄膜はエレクトロニクスに数多く用いられており，その諸特性が熱設計の信頼性に影響することから，実用的で信頼できる薄膜や界面の熱物性測定方法が求められてきた．

これまでに行われた薄膜の熱伝導率測定方法の標準化に向けた組みとして，ISO/TTA 4:2002 Measurement of thermal conductivity of thin films on silicon substrates（注：TTA は Technology Trends Assessment の略であり，標準化の準備段階の調査報告である）があげられる．この取組みでは，測定技術として3ω法を推奨し，シリコン基板上に作製された絶縁性薄膜の熱伝導率の測定方法・手順を一般化する意味で重要な役割を担った．一方，ISO/TTA 4:2002 の適用範囲は，低い熱伝導率の絶縁性薄膜とシリコン基板との組合せに限定されており，現在までに正式な標準規格として制定されるには至っておらず，絶縁性，導電性を問わず多様な薄膜材料について正確な熱物性（熱伝導率，熱拡散率，界面熱抵抗など）を測定できる方法の標準化が期待されてきた．

このような要請の下，薄膜および界面の熱物性の測定手法に関する以下の2つの JIS 規格が 2011 年 12 月に制定された．

JIS R1689　ファインセラミックス薄膜の熱拡散率の測定方法—パルス光加熱サーモリフレクタンス法

JIS R1690　ファインセラミックス薄膜と金属薄膜との界面熱抵抗の測定方法

JIS R1689 は，厚さ 100 nm 以上の薄膜の熱拡散率をパルス光サーモリフレクタンス法で測定する方法を規定し，JIS R1690 は，厚さ 100 nm 以下の薄膜の熱拡散率と界面熱抵抗を同時に解析する手法を規定する．本項では両規格の概要について述べる．

7.3.2 熱拡散率の測定方法（Measurement method for thermal diffusivity of thin films）

ファインセラミックス薄膜の熱拡散率の測定方法—パルス光加熱サーモリフレクタンス法は JIS R1689（JIS 原案作成委員会委員長：藤井丕夫九州大学名誉教授）で制定されている．薄膜は，透明基板上に成膜された厚さ 100 nm～数 μm の均質なファインセラミックス薄膜であり，パルス光加熱サーモリフレクタンス法を用いた室温付近における膜厚方向の熱拡散率測定方法を規定する．なお，この規格は，ファインセラミックス薄膜を対象とするが，サーモリフレクタンス信号強度が得られることを前提に，半導体または金属の薄膜に準用することは可能である．準用する際に注意すべきこととして，加熱用パルス光が薄膜を透過しないことおよび測温用レーザーの波長において十分なサーモリフレクタンス信号が得られることが必要である．

7.3 薄膜熱物性測定法の規格

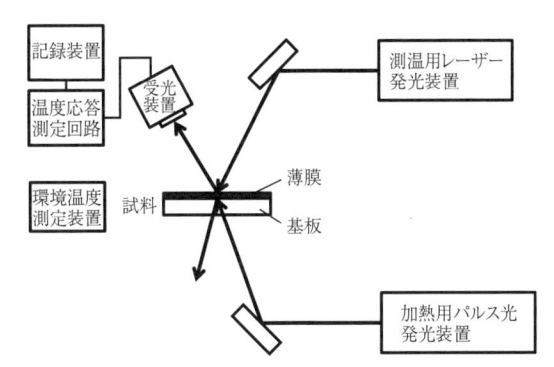

Fig. 7-3-1 パルス光加熱サーモリフレクタンス法による薄膜の熱拡散率測定装置の構成例（Measurement setup based on the pulsed light heating thermoreflectance method to obtain thermal diffusivity of thin films）

　この測定手法の基本構成を Fig. 7-3-1 に示す．透明基板側から薄膜を加熱する加熱用パルス光発光装置，サーモリフレクタンスにより温度変化測定を行うための測温用レーザー発光装置，受光装置，および温度応答測定回路等からなる．薄膜の裏面に，薄膜の膜厚に比べて十分に広い面積の加熱用パルス光を照射することで，薄膜の裏面はパルス加熱され瞬間的に昇温した裏面から表面に向かって一次元的に熱が拡散し，最終的に薄膜の厚さ方向の温度分布は均一となる．薄膜の表面の反射率はサーモリフレクタンスと呼ばれる効果によって温度の変化に伴いわずかに変化する．したがって，薄膜の表面に照射された測温用レーザー光の反射後の光強度を測定し，パルス加熱が行われた時刻を基準にして記録することにより，薄膜の表面の温度履歴曲線を得る．パルス加熱が行われてから表面温度が十分上昇するまでの時間は，試料の膜厚および熱物性値に依存するため，温度履歴曲線を解析しファインセラミックス薄膜の膜厚方向の熱拡散率を算出することができる．また，薄膜の表面側を加熱し，裏面側を測温してもよい．

　ここで示した装置構成は代表例であり，測温用レーザー発光装置として，①連続光を用いる場合，②パルス光を用いる場合および③ 1 台のレーザー光源を分離してそれぞれを加熱用パルス光と測温用パルス光に用いる場合がある．加熱パルス光の選択方法として，平均出力 10〜100 mW，照射直径は 0.1〜0.5 mm 程度が目安である．またパルス幅は試料の熱拡散の特性時間によるが通常は 5 ns よりも短いことが推奨される．測温レーザーは，平均出力 0.5〜3 mW の例が示されている．照射直径は，加熱パルス光のそれよりも小さくすることが必要である．

　本測定により得られる温度履歴曲線を Fig. 7-3-2 に示す．加熱パルス光が薄膜に照射された時刻 t_0 よりも前の時間を含み，少なくとも後述するハーフタイム（$t_{1/2}$）の 10 倍以上まで温度変化の記録を行う．温度履歴曲線を解析し，熱拡散率の算出する方法は，3 種類の規定がある．もっとも簡便な方法は JIS R1611 に規定されたハーフタイム法である．これは最大温度上昇の半値に到達する時間であるハーフタイムを求め，以下の関係から熱拡散率 α を算出する．ここで d は膜厚である．

$$\alpha = 0.1388 \times \frac{d^2}{t_{1/2}} \tag{7.3.1}$$

面積熱拡散時間法は，温度履歴曲線の縦軸を最小値が 0，最大値が 1 となるように規格化し，Fig. 7-3-2 中の塗りつぶしで表した領域（面積熱拡散時間 A）を求める．熱拡散率 α は次式により算出する．

$$\alpha = \frac{d^2}{6A} \tag{7.3.2}$$

最小二乗法は，温度履歴曲線の実験データと理論式との残差の二乗和が最小になる熱拡散率をフィ

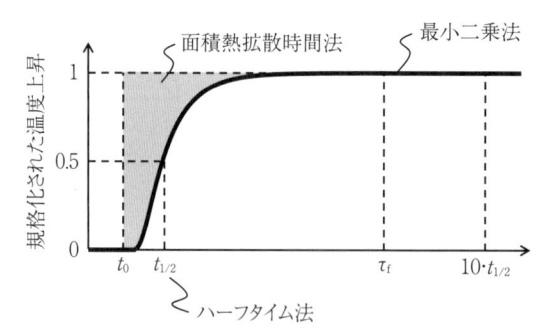

Fig. 7-3-2 パルス光加熱サーモリフレクタンス法により測定された温度履歴曲線（太線）(Transient temperature curve measured by the pulsed light heating thermoreflectance method.)

ッティングにより算出する．理論式の種類は適宜適当なものを選択する必要があるが，例として 4.1.3 項の Eq.(4.1.14)～(4.1.17) がある．

7.3.3 界面熱抵抗の測定（Measurement method for thermal boundary resistance）

多層膜において，層間の界面での熱抵抗は根源的に存在するもの[1]であり，全体の膜厚が小さくなるにしたがって界面熱抵抗の影響は顕在化していき，多層膜全体の熱抵抗に対して大きな割合を占める[2]ようになる．ファインセラミックス薄膜と金属薄膜との界面熱抵抗の測定方法は JIS R 1690（JIS 原案作成委員会委員長：藤井丕夫九州大学名誉教授）に規定されている．本規格では，厚さ 10～100 nm のファインセラミックス薄膜に対し両側に厚さ 100 nm 程度の金属膜で挟まれた 3 層膜について，界面の熱抵抗を測定する方法を規定する．またこのときにファインセラミックス薄膜の熱拡散率についても同時に算出が可能である．

以下に測定手順の概略を示す．ファインセラミックス薄膜が金属薄膜に挟まれた 3 層膜について，3 層膜の裏面に加熱用パルス光を照射しパルス加熱を行う．ここで，Fig. 7-3-3 に示すように金属薄膜の膜厚を同一としてファインセラミックス薄膜の膜厚が異なる複数個の試料を用意する．パルス加熱により瞬間的に昇温した裏面から表面に向かって 1 次元的に熱が拡散し，最終的に 3 層膜の厚さ方向の温度分布は均一となる．パルス加熱後の熱の拡散に伴う 3 層膜の表面の温度の変化を温度履歴曲線として測定する．測定された温度履歴曲線から求めた面積熱拡散時間は，3 層膜を構成する各層の熱物性値，膜厚およびファインセラミックス薄膜と金属薄膜との界面熱抵抗によって記述される．複数個用意したそれぞれの試料について面積熱拡散時間を測定し，得られた面積熱拡散時間を用いて金属薄膜とファインセラミックス薄膜との界面熱抵抗およびファインセラミックス薄膜の熱拡散率を算出する．なお，ファインセラミックス薄膜以外でも，対象となる膜構成が装置の仕様の範囲で温度履歴曲線を測定できるのであれば準用は可能である．

測定装置の構成は，基本的には Fig. 7-3-1 に準ずるが，特に高精度な時間分解能が必要であるため，測温レーザー光はパルス光に限定しさらに 20 ps 以下のパルス幅の光源を用いる．レーザーの平均出力や照射直径に関しては，JIS R1689 にほぼ準ずる内容である．

試料は，Fig. 7-3-3 に示すように熱拡散率の測定対象である層 f の両側を層 m で挟まれた 3 層膜である．3 層膜の試料数は，少なくとも層 f の膜厚 d_f が異なる 2 個以上が必要である．このとき，層 f の両側に配置された層 m の膜厚は試料内および試料間で一定とする．各層の熱物性値は試料間で変化しないように留意する．層 m には加熱および測温光の波長に対して不透明な Mo, Al, Fe, W 等の金属薄膜を用いる．層 f は任意の薄膜である．

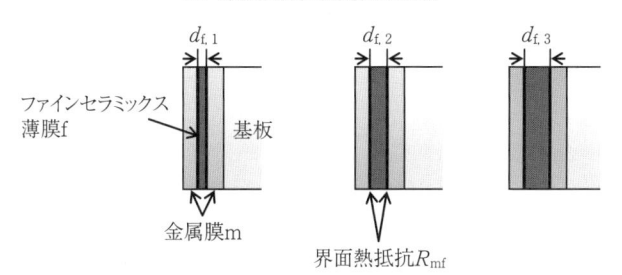

Fig. 7-3-3 3層膜の熱拡散率および界面熱抵抗を測定するために準備する試料の例（Instruction of sample preparation to analyze thermal diffusivity and thermal boundary resistance.）

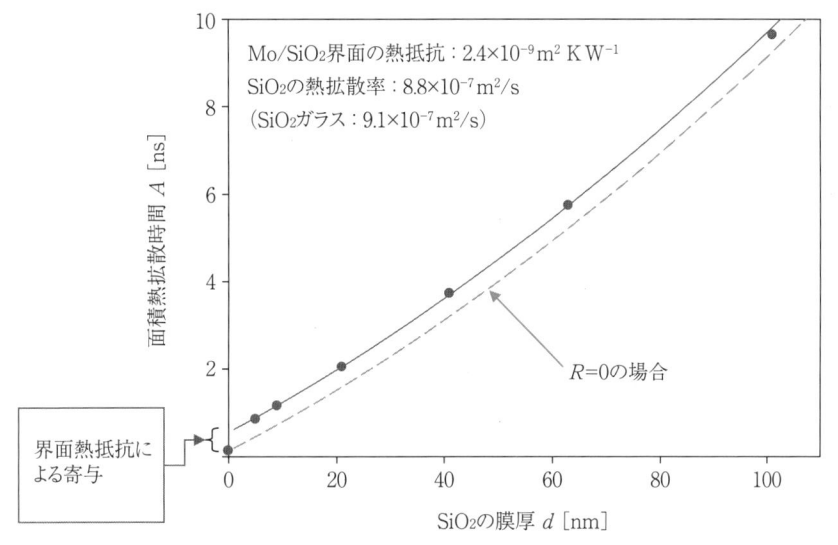

Fig. 7-3-4 Mo/SiO₂/Mo の3層膜（Mo の膜厚は 100 nm で固定）に対する面積熱拡散時間と SiO₂ 層の膜厚とのプロット[4]．実線は Eq.(7.3.3) によりフィッティングした結果であり，求められた熱物性値を図中に示した．破線は，界面熱抵抗値のみを 0 とし他の熱物性値を固定にした場合の計算結果である．(Measured areal heat diffusion times of Mo/SiO₂/Mo films were plotted against thickness of the SiO₂ layer. A solid line shows a fitting result using equation (7.3.3). According to the fitting procedure, obtained thermal diffusivity of the SiO₂ layer and thermal boundary resistance of the Mo/SiO₂ interface were listed in the figure. A broken line shows the calculated result of equation (7.3.3) without the thermal boundary resistance value.

このような両側の熱物性値と厚みが等しい金属薄膜でコーティングした3層膜に対する面積熱拡散時間 A は以下の式で表される[3]．以下，添え字の m および f は，それぞれの物性値が層 m または層 f のものであることを表す．

$$A(d_{f,i}; \alpha_f, R_{mf}) = \frac{\left(\frac{4}{3}C_m d_m + C_f d_{f,i}\right)\frac{d_m^2}{\alpha_m} + \left(\frac{(C_m d_m)^2}{C_f d_{f,i}} + C_m d_m + \frac{1}{6}C_f d_{f,i}\right)\frac{d_{f,i}^2}{\alpha_f}}{2C_m d_m + C_f d_{f,i}} + 2R_{mf}C_m d_m \frac{C_m d_m + C_f d_{f,i}}{2C_m d_m + C_f d_{f,i}}$$
(7.3.3)

ここで，C は膜の体積当たりの熱容量，$d_{f,i}$ は i 番目の試料の層 f の膜厚，α は熱拡散率，R_{mf} は金属層 m と中間層 f との間の界面熱抵抗である．解析手順の概要は以下の通りである．
(1) 3層膜について，ファインセラミックス薄膜の膜厚が $d_{f,i}$ ($i = 1, 2, 3 \cdots$) のそれぞれの3層薄膜につ

いて温度履歴曲線を測定し，各面積熱拡散時間 A を算出する．
(2) 得られた面積熱拡散時間 A を縦軸，ファインセラミックス薄膜の膜厚 d_f を横軸とし，それぞれの試料の結果をプロットする．
(3) Eq.(7.3.3)の関係を満たす層 f の熱拡散率 α_f と界面熱抵抗 R_{mf} の最適な組合せをフィッティングにより求める．

Fig. 7-3-4 に Mo/SiO$_2$/Mo 3 層膜における面積熱拡散時間のプロット例[4]を示す．実線は，Eq.(7.3.3)によりフィッティングした結果であり，Mo/SiO$_2$ 界面の熱抵抗は 2.4×10^{-9} (m^2·K)/W，また SiO$_2$ 層の熱拡散率は 8.8×10^{-7} m^2/s である．これらの物性値は SiO$_2$ 層の厚さが 5 nm から 100 nm までの試料において良好に面積熱拡散時間を再現する．また破線は，界面熱抵抗値のみを 0 とし他の熱物性値を固定にした場合の計算結果であり，界面熱抵抗の寄与が面積熱拡散時間を増加させることがわかる．SiO$_2$ 層の熱拡散率値については，バルクの SiO$_2$ ガラスの値 9.1×10^{-7} m^2/s と非常に近い値が算出された．

本測定規格では，例のように 10^{-9} (m^2·K)/W 台の界面熱抵抗を定量的に評価することが可能である．これよりも界面熱抵抗値が大きい場合には適用可能であるが，10^{-10} (m^2·K)/W 台まで小さい場合の適用性は想定しておらず十分な注意が必要である．

参考文献

1) E. T. Swartz and R. O. Pohl, "Thermal boundary resistance", Rev. Mod. Phys., Vol.61, (1989) pp.605-668.
2) 例として以下の文献の Fig. 9 に 3 層膜中の全熱抵抗に占める界面熱抵抗の割合が図示されている．T. Yagi, K. Tamano, Y. Sato, N. Taketoshi, T. Baba, and Y. Shigesato, "Analysis on thermal properties of tin doped indium oxide films by picosecound thermoreflectance measurement", J. Vac. Sci. Technol. A, Vol. 23 (2005), pp.1180-1186.
3) T. Baba, "Analysis of one-dimensional heat diffusion after light pulse heating by the response function method", Jpn. J. Appl. Phys., Vol.48 (2009) 05EB04.
4) R. Arisawa, T. Yagi, N. Taketoshi, T. Baba, A. Miyamura, Y. Sato and Y. Shigesato, "Thermal diffusivity measurement of SiO$_2$ thin films using pico second thermoreflectance method", Proc. 27th Jpn. Symp. Thermophys. Prop. (2006) pp.164-166.

索 引

あ
アインシュテインモデル……………………35
圧力………………………………………290
圧力テンソル……………………………291
圧力浮遊法…………………………198, 376
アバランシェフォトダイオード……………279
アボガドロ数………………………………18
アモルファス固体………………………314
アルベド…………………………………254
アンサンブル平均…………………………71

い
イオン………………………………………19
イオン液体………………………………184
位相緩和長…………………………………21
位相シフト干渉計………………152, 232
1次回折光…………………………………274
1次元積層構造…………………………402
1重項状態…………………………………84
一般化されたモーメント方程式……………74
一般気体定数………………………………18
移流拡散方程式……………………………75
医療画像診断装置………………………237

う
ヴィーデマン・フランツの法則……………21
ウッドパイル構造………………………402
ウムクラップ過程…………………………39
ウムクラップ散乱…………………………99
運動エネルギー効果……………………224
運動量保存の式……………………………74

え
永久双極子モーメント…………………281
液体の粘性率……………………………217
液中ひょう量法…………………197, 198
液膜の粘性率……………………………142
エネルギー束………………………………55
エネルギー保存の式………………………75
エネルギー密度……………………………55
エネルギー輸送機構……………………320
エバネッセント波………48, 57, 80, 131, 248
エピタキシャル成長……………………391
エリプソメーター………………………207
エリプソメトリー………………………366
エルミートの多項式………………………42
エンタルピー……………………………282
エントロピー……………………………282
遠方場………………………………………60

お
オーミック伝導……………………………19
オームの法則………………………………19
音響粘度…………………………………268
音響フォノン……………………………299
音響モード…………………………………37
音叉………………………………………224

お
オンサガーの相反定理……………………25
音叉型水晶振動子………………………276
温度………………………………………290
温度ジャンプ……………………………322
温度伝導率…………………………15, 330
温度波法…………………………………364
温度浮遊法………………………………198
温度履歴曲線……………………………162
回転運動……………………………282, 306
回転運動エネルギー……………………307
回転緩和係数……………………………314

か
外部ヘルムホルツ面……………………140
界面における熱抵抗……………………164
界面張力……………………………17, 291
界面抵抗…………………………………335
界面熱抵抗…………………161, 320, 442, 444, 446
界面熱抵抗率……………………………410
蛙飛び……………………………………287
拡散係数………………70, 138, 148, 227, 232, 271, 278, 313
拡散項………………………………………23
「拡散的」(diffusive) 先行薄膜……………152
拡散伝導……………………………………19
拡散二重層………………………………140
拡散反射……………………………120, 243
核磁気共鳴………………………139, 237, 282
角振動数……………………………………94
核生成速度………………………………293
拡張不確かさ……………………………433, 437
隔壁容器法………………………………233
カシミール効果……………………………55
カセグレン鏡……………………………249
カットオフ距離…………………………317
ガラス転移温度…………………………366
カルノー効率………………………………26
換算プランク定数…………………………15
干渉縞……………………………231, 233
間接遷移型…………………………………85
完全吸収体……………………55, 137, 402, 403
完全フォトニックバンドギャップ………398
カンチレバー型カロリーメーター………260
カンチレバータイプ……………………266
ガンマ関数…………………………………45
緩和時間近似………………………………24
緩和法……………………………………193

き
疑似黒体…………………………………247
疑似表面プラズモン……………………136
気体の熱伝導率……………………………7
基板曲率法………………………………208
ギブスアンサンブル……………………303
気泡核生成………………………………293
気泡の飽和密度…………………………302
キャパシタンス法………………………207
キャビティー挿入ワイダム法……………71

キャピラリー法	228
キャリア	19
9-3 ポテンシャル	313
吸収係数	254
吸収スペクトル	8, 285
吸収率	402
キュリー項	101
キュリー則	101
共軸二重円筒型	269
強磁性体	89
共振器	50
共振質量計測	260
強制レイリー散乱法	184
共鳴状態	401
表面張力	212
鏡面反射	120, 243
局在光	83
局在電磁場	276
局所的磁気励起状態	89
局所平衡の仮定	23
キルヒホッフの関係	8
キルヒホッフの法則	57, 398
均質核生成過程	293
近接場	60
近接場蛍光相関分光法	278
近接場光	247
近接場光学熱顕微鏡	276
近接場ファイバー	276
金属細線	137
金ナノ粒子	276
金被覆プローブ	251

く

グイ・チャップマンのモデル	139
クーロン相互作用	288
クーロン力	23
屈折率	17, 228
クヌッセン数	40
久保の公式	292
クラウジウス・クラペイロン	315
クラスターの融点	108
グリーン・久保の公式	300
繰返し測定のばらつき	436
繰返し測定の分散	436
クローク	403
クロム被覆ファイバープローブ	252
群速度	38

け

計算時間	288
系統的偏り	436
ゲスト物質	413
血液粘性率	220
結合水	281
結晶構造	313
結晶サイズ	374
結晶粒径	330, 394
ゲルマニウムサーミスター	188
懸架膜型 MEMS センサー	172
原子間力顕微鏡	249
原子挿入法（Embedded Atom Method, EAM）	288
減衰係数	254
懸濁	212

こ

高温溶融塩	184
光学音響素子	235
光学的性質	405
光学的分光	285
交差拡散係数測定	235
格子振動	8, 33
格子動力学（Lattice Dynamics, LD）	296
格子のソフト化	112
高次の非調和効果	297
格子ボルツマン法	74
合成標準不確かさ	436, 437
構造因子	291
高速パルス加熱サーモリフレクタンス法	358
後退接触角	148
光熱拡散分光法	350, 360
広波長域高速ふく射スペクトル測定装置	243
高密度な氷	314
交流温度波	155
固液界面熱抵抗	319, 322
固液気 3 相接触界線	147
固液平衡点	313
コーンプレート型	269
黒体	55
黒体ふく射	55
固体密度標準物質	197
古典的均質核生成理論	316
コヒーレント伝導	29
コリメートレンズファイバー	274
コロイドプローブ原子間力顕微鏡	139
コンダクタンス	19

さ

サーモパイル	188
サーモリフレクタンス技術	159
サーモリフレクタンス係数	162
サーモリフレクタンス信号	441
サーモリフレクタンス法	343, 348, 355, 356, 360, 364, 373, 376, 377, 378, 386, 391, 392, 393
最小熱伝導率理論	335
サイズ依存性	2
サイズ効果	5, 384
最大泡圧法	212
散逸粒子動力学（dissipative particle dynamics, DPD）法	294
3ω 法	158, 189, 299, 330, 335, 343, 346, 350, 352, 355, 356, 357, 360, 364, 389, 391, 392, 444
三角格子	314
酸化物	413
3 次元周期構造	402
3 重項状態	84
三重点	313, 315
酸素不純物	394
3 体相互作用	288
散乱	253
散乱位相関数	254
散乱確率	100
散乱型近接場プローブ	276

索 引

散乱係数 …………………………………… 254

し

シェアセル方式 …………………………… 231
磁化 …………………………………………… 62
磁化移動 …………………………………… 284
時間-空間2次元高速フーリエ解析 ……… 300
時間反転対称性 …………………………… 25
磁気感受率 ………………………………… 62
磁気転移温度 ……………………………… 380
自己拡散係数 ………………… 237, 239, 292, 314
自己相関関数 ……………………………… 292
示差走査熱量測定 ………………………… 282
指数関数積分 ……………………………… 121
磁性薄膜 …………………………………… 360
磁束密度 …………………………………… 62
実在表面 …………………………………… 243
実在面 ……………………………………… 56
磁場の強さ ………………………………… 62
自由エネルギー …………………………… 212
周期加熱サーモリフレクタンス法 ……… 165
周期境界条件 ………………………… 288, 322
周期的微細構造 …………………………… 256
自由電子の比熱 …………………………… 105
12-6 Lennard-Jones 液体分子モデル …… 319
12-6 Lennard-Jones ポテンシャル ……… 322
周波数上方変換 …………………………… 87
10-4-3 ポテンシャル ……………………… 313
シュテルン層 ……………………………… 140
シュテルン（Stern）のモデル …………… 139
シュレジンガー方程式 ………… 41, 77, 294
純金属物質 ………………………………… 413
準定常法 …………………………………… 383
準粒子 ……………………………………… 91
状態密度 ……………………………… 35, 50, 131
衝突項 ……………………………………… 23
触針式段差計 ……………………………… 433
シルク形成過程 …………………………… 294
真空エネルギー …………………………… 53
真空型近接場光顕微鏡システム ………… 250
真空中の光の速さ ………………………… 15
真空の透過率 ……………………………… 62
真空の誘電率 ………………………… 18, 62
真空揺らぎ ………………………………… 53
振動式密度計法 …………………………… 200
振動状態密度（パワースペクトル）…… 292
振動粘度計 …………………………… 224, 226

す

推奨測定法 ………………………………… 159
水素結合 …………………………………… 423
垂直入射拡散反射率 ………………… 243, 245
垂直入射吸収率 ……………………… 243, 245
垂直入射鏡面反射率 ………… 243, 245, 243
垂直入射半球反射率 ……………………… 244
垂直分光放射率測定 ……………………… 405
垂直放射率 ………………………………… 243
スイッチング関数 ………………………… 289
水和力 ……………………………………… 66
スターリングの公式 ………………… 6, 43
ステップ加熱 ……………………………… 188

ステファン-ボルツマン定数 ………… 18, 56
ステファン-ボルツマンの法則 …………… 54
ストークス・アインシュタインの式 …… 144
ストリーミングポテンシャル …………… 144
スピノン …………………………………… 89
スピン ……………………………………… 88
スピンネットワーク ……………………… 94
スピン梯子格子系 ………………………… 94
スピンハミルトニアン …………………… 100
すべり面 …………………………………… 140
ずり応力 ……………………… 268, 269, 291
スリット型細孔 …………………………… 314

せ

生体組織 …………………………………… 254
静電気力 …………………………………… 66
静粘度 ……………………………………… 268
生理活性効果 ……………………………… 422
ゼータ関数 ………………………………… 45
ゼータ電位 …………………………… 140, 424
ゼーベック係数 …………………………… 25
ゼーベック効果 …………………………… 25
赤外分光法 ………………………………… 284
赤外分光放射率スペクトル ……………… 406
積算配位数 ………………………………… 291
絶縁体 ……………………………………… 33
接触角 ……………………………………… 147
セル分割法 ………………………………… 289
ゼロ点エネルギー ………………………… 52
ゼロフォノン遷移 ………………………… 80
線形応答 …………………………………… 293
先行薄膜 …………………………………… 151
前進接触角 ………………………………… 147
全反射 ……………………………………… 57
全ふく射率 ………………………………… 57
線膨張係数 ………………………………… 207

そ

相互拡散係数 ………………………… 232, 239
走査型熱顕微鏡（SThM）………………… 350
走査型熱量計（DSC）……………………… 358
相変化材料 ………………………………… 358
ソーレー強制レイリー散乱法 ……… 185, 233
ソーレー係数 ………………………… 234, 235
ソーレー効果 ……………………………… 235
測温抵抗体 ………………………………… 188
速度 ………………………………………… 39
速度自己相関関数 ……………………… 70, 292
速度スケーリング法 ……………………… 290
粗視化シミュレーション ………………… 294
存在領域長さ ……………………………… 152
ゾンマーフェルトパラメーター ………… 105

た

ダイアフラム法 …………………………… 228
第一原理計算 ……………………………… 294
第1種揺動散逸定理 ……………………… 292
第2ビリアル係数 ………………………… 302
楕円偏光干渉計 …………………………… 152
多層膜材料 ………………………………… 157
タナーの法則 ……………………………… 150

ダブルテーパー型近接場プローブ	276
ダブルフィッシュネット構造	404
ダルシー方程式	75
単位体積当たりの熱容量	109, 158
単色ふく射率	57
弾道的	101
断熱近似	77
断熱材料	337
断熱法	193, 380
断熱ポテンシャル	79
タンパク質の折り畳み	293

ち

窒化物	413
チップカロリーメーター	193
チューブ型細孔	314
超高空間分解温度センシング	277
帳簿法	289
調和振動子	34, 52
直接シミュレーションモンテカルロ法	73, 294
直接遷移型半導体	85
直線偏光	402

て

定圧比熱容量	14
低次元	3, 7
低次元系	106
低次元効果	123
低次元構造	297
低次元量子スピン系	88
定常 MD 計算	293
定常法	330, 342, 343, 350, 377, 391
定積比熱容量	14
低密度な氷	314
テイラー法	233
デジタル画像処理	231
デバイ温度	36, 105, 333
デバイ緩和	284
デバイ長	140
デバイ長さ	67
デバイモデル	35
デバイ理論	105
デュロン-プティ則	91
デュロン-プティの法則	105
テラヘルツ光	404
電荷密度	62
電気感受率	62
電気コンダクタンス	19
電気コンダクタンス量子	20
電気素量	15
電気伝導度	292
電気伝導率	18, 19, 388, 396, 418, 420
電気二重層	67, 138, 425
電気粘性効果	139
電気リング共振器	403
電子	19, 327
電子顕微鏡	328
電子質量	15
電子透過関数	28
電子ボルト	15
電子輸送	19
電束密度	62
電場	19, 62
伝搬光	80, 48
天びん法	200
全放射率	17
電流の緩和時間	24
電流密度	19, 62

と

透過スペクトル	8
透過率	402
動径分布関数	291
凍結活断レプリカ法	424
動的ストークスシフト法	285
動的接触角	148
動的光散乱法	426
導電率	18, 115
動粘性率	17, 222
特性値の不確かさ	436
特性長	21
特性長さ	66
ド・ブロイ波長	21
ドリフト項	23
トレーサビリティー	433, 439
ドレスト光子フォノン	84
ドロネー図	292
トンネル効果	61

な

内蔵型粘性センサー	266
内部ヘルムホルツ面	140
長さ効果	297
ナノエマルション	417
ナノ加工	85
ナノカロリーメーター	193
ナノカロリーメトリー	259
ナノコンポジット	417
ナノサイズ結晶	108
ナノスケール温度計測	276
ナノスケール電子系	82
ナノチャンネル	294
ナノバブル	215, 294, 315, 318, 422
ナノフォトニクス	276
ナノ・マイクロスケール熱物性	4
ナノ粒子付着	321
ナノ流体	184, 413
ナノ流路内での粘性率	144
ナノロッドペア構造	404

に

2ω 法	159, 343
2 光束干渉	218, 234, 274
2 次元平面周期構造	402
二重らせん構造	314
2 体相互作用	288
ニュートン性	266
ニュートン流体	219, 416

ぬ

ぬれ性	247, 319

索引

ね

ねじれ振動 ……………………………………… 226
熱拡散時間 …………………………………… 433, 443
熱拡散長 ………………………………………… 165
熱拡散率 …… 15, 155, 345, 348, 353, 364, 372, 373, 376, 377, 378, 386, 389, 391, 394, 396, 433, 437, 441, 442, 444, 446
熱起電力 ………………………………………… 25
熱コンダクタンス ……………………………… 20
熱コンダクタンス量子 ………………………… 21
熱浸透率 ………………………………………… 384
熱抵抗 …………………………………………… 343
熱電性能指数 …………………………………… 26
熱電相関現象 ………………………………… 19, 24
熱伝達率 ………………………………………… 15
熱電対 …………………………………………… 188
熱伝導シミュレーション ……………………… 298
熱伝導率 …… 1, 14, 20, 26, 292, 302, 327, 330, 333, 335, 337, 342, 343, 345, 346, 347, 350, 355, 358, 360, 364, 372, 373, 383, 388, 389, 391, 394, 413, 415, 417, 418, 420
熱伝導率異方性 ………………………………… 330
熱物性測定法 …………………………………… 3
熱膨張率 ………………………………………… 421
熱補償型 DSC …………………………………… 195
熱力学第2法則 ………………………………… 26
熱流束 …………………………………………… 14
熱流束型 DSC …………………………………… 195
ネルンストの式 ………………………………… 143
粘性係数 ………………………………… 15, 70, 292, 302
粘性抵抗 ………………………………………… 152
粘性率 ……………………………………… 15, 138, 219
粘性率測定 ……………………………………… 415
粘弾性 ……………………………………… 266, 268
粘度 …………………………………………… 15, 413
粘度計 …………………………………………… 222

の

能勢-Hoover 熱浴 ……………………………… 290

は

ハーゲン・ポアズイユの法則 ………………… 222
パーコレーション現象 ………………………… 418
パーシバルの恒等式 …………………………… 45
パーフェクトレンズ …………………………… 403
ハーフタイム ……………………………… 437, 445
バイオマテリアル ……………………………… 253
配向角分布 ……………………………………… 292
ハイゼンベルグスピン系 ……………………… 92
薄液膜厚さ ……………………………………… 152
薄膜熱抵抗 ……………………………………… 161
薄膜熱物性データベース ……………………… 438
薄膜の熱伝導率 ……………………… 40, 165, 287
薄膜の密度 ……………………………………… 200
発光ダイオード ………………………………… 85
波動インピーダンス …………………………… 403
波動性 …………………………………………… 21, 51
波動方程式 ……………………………………… 50
ハマカー定数 ……………………………… 152, 153
バリスティック ……………………………… 22, 30
バルク水 ………………………………………… 281
パルス加熱法 …………………………………… 330
パルス光加熱サーモリフレクタンス法 …… 161, 353, 411, 433, 437, 439, 444
パルス法 ………………………………………… 335
ハロゲンランプ ………………………………… 255
半球等強度入射垂直反射率 …………………… 245
半球反射 ………………………………………… 243
反強磁性体 ……………………………………… 89
反射スペクトル ………………………………… 8
反射率 …………………………………………… 402
反射率データ …………………………………… 441
ハンディー粘度計 ……………………………… 266
半導体 …………………………………………… 33
半導体量子ドット ……………………………… 82
万有引力定数 …………………………………… 18

ひ

光 MEMS 技術 …………………………………… 274
光アンテナ ……………………………………… 137
光音響法 ………………………………………… 165
光干渉計 ………………………………………… 227
光吸収（反射）特性 …………………………… 405
光 CVD …………………………………………… 84
光てこ …………………………………………… 276
光ファイバープローブ ………………………… 249
光ヘテロダイン法 ……………………………… 215
比金属物質 ……………………………………… 413
微結晶サイズ …………………………………… 377
微視的状態数 …………………………………… 43
比重瓶法 ………………………………………… 200
微小気泡 ………………………………………… 294
左手系メタマテリアル ………………………… 403
非断熱過程 ……………………………………… 83
比抵抗値 ………………………………………… 396
非定常細線加熱法 ……………………………… 414
比透過率 ………………………………………… 62
非ニュートン性 ………………………………… 266
非ニュートン流体 …………………………… 219, 416
比熱 ………………………………… 39, 105, 358, 380, 421
比熱の測定法 …………………………………… 193
比熱容量 ……………………………………… 14, 343
非フーリエ熱伝導 ……………………………… 21
非ふく射場 ……………………………………… 49
皮膚の減衰係数 ………………………………… 254
非平衡状態 ……………………………………… 290
非平衡状態 MD ………………………………… 289
非平衡 MD ……………………………………… 296
非平衡 MD 計算 ………………………………… 290
非平衡性質 ……………………………………… 2
非平衡非定常 MD シミュレーション ………… 293
非平衡分子動力学シミュレーション …… 319, 321
非平衡分子動力学法 …………………………… 303
比誘電率 ……………………………………… 17, 62
標準規格 ………………………………………… 163
標準不確かさ …………………………………… 436
標準物質 ………………………………………… 433
表面エネルギー ………………………………… 148
表面効果 ………………………………………… 108
表面弾性波 ……………………………………… 267
表面張力 …………………… 17, 219, 290, 293, 315, 318, 428
表面張力の粒径依存性 ………………………… 113
表面波 …………………………………………… 135
表面フォノン …………………………………… 398

索引

表面フォノンポラリトン ……………………… 59, 135
表面プラズモン ………………………………… 398
表面プラズモンポラリトン …………………… 59, 135
表面力測定装置 ………………………………… 139
ビリアル（virial）の式 ………………………… 290
ビリアルの定理 ………………………………… 316

ふ

負圧の系 ………………………………………… 291
ファラデー定数 ………………………………… 18
ファンデルワールス力 ………………………… 66
フーリエ級数展開 ……………………………… 45
フーリエ数 ……………………………… 185, 233
フーリエ熱伝導 ………………………………… 20
フーリエの法則 ………………………… 2, 19, 39
フェルミ-ディラック分布 ……………………… 22
フェルミの黄金則 …………………………… 24, 296
フェルミ波長 …………………………………… 21
フェルミ粒子 …………………………………… 89
フォトサーマル赤外検知法 …………………… 165
フォトニッククリスタルファイバー ………… 274
フォトニック結晶 …………………… 130, 256, 398
フォトン ……………………………………… 47, 51
フォノン ……………………………… 33, 296, 300, 327
フォノン強度 …………………………………… 116
フォノン散乱 ……………………………… 330, 343
フォノンふく射輸送方程式 …………………… 117
フォノン輸送方程式 …………………………… 296
不確定性原理 …………………………………… 52
ふく射スペクトル診断法 ……………………… 247
ふく射性質 …………………………… 2, 243, 253
ふく射伝熱 ……………………………………… 47
ふく射伝播 ……………………………………… 253
ふく射熱輸送 …………………………………… 8
ふく射場 ………………………………………… 49
ふく射輸送方程式 ……………………………… 254
ふく射率 …………………………………… 130, 398
不純物散乱 ……………………………………… 40
不確かさ評価 …………………………………… 435
付着エネルギー ………………………………… 148
付着仕事 ………………………………………… 148
物質拡散係数 …………………………………… 232
不凍水 …………………………………………… 282
負の屈折 ………………………………………… 137
負の透磁率 ……………………………………… 137
負の誘電率 ……………………………………… 137
浮ひょう法 ……………………………………… 200
浮遊法 …………………………………………… 198
ブラウニアンダイナミックス（Brownian dynamics, BD）法 ……………………………………………… 294
プラズモニック共振器 ………………………… 137
プラズモニック結晶 …………………………… 398
プラズモン共鳴 ………………………………… 276
フランク-コンドンの原理 …………………… 77, 79
プランク定数 ……………………………… 18, 51, 94
プランク熱励起関数 …………………………… 53
プランクの第一定理 …………………………… 56
プランクの第二定理 …………………………… 56
プランクの分布 ………………………………… 96
プランクの法則 …………………………… 53, 54
プランク分布関数 ……………………………… 53

ブリッジ法 ……………………………………… 356
フレネルの公式 ………………………………… 57
フレネルミラー ………………………………… 271
フレンケル励起子 ……………………………… 82
プロセス粘度計 ………………………………… 266
分割リング共振器 ……………………………… 137
分極 ……………………………………………… 62
分極率 …………………………………………… 150
分光エネルギー束 ……………………………… 55
分光エネルギー密度 …………………………… 54
分光垂直入射半球分光反射率 ………………… 134
分光垂直ふく射率 ……………………………… 133
分光ふく射率 …………………………………… 57
分光放射率 ……………………………………… 17
分散 ……………………………………………… 436
分散型熱物性データベース …… 372, 374, 376, 378, 379, 438
分散関係 …………………………… 38, 47, 94, 299, 300
分散関係式 ……………………………………… 214
分散曲線 ………………………………………… 136
分散力 …………………………………………… 149
分子間エネルギー伝搬 ………………………… 308
分子スケール長さ ……………………………… 152
分子動力学（Molecular Dynamics, MD） … 68, 296
分子動力学シミュレーション ………………… 287
分子内エネルギー伝搬 ………………………… 308
分布関数 ……………………………………… 22, 73
分離圧 Π ………………………………………… 152

へ

平均二乗変位 …………………………………… 70
平均自由行程 ……………………… 7, 21, 39, 97, 299, 301
平均値 …………………………………………… 436
平衡 MD 計算 ………………………………… 290, 292
平衡状態 MD …………………………………… 289
平衡性質 ………………………………………… 2
並進運動エネルギー …………………………… 307
ベース流体 ……………………………………… 413
ペルチェ係数 …………………………………… 25
ペルチェ効果 …………………………………… 25
ヘルムホルツ（Helmholtz）のモデル ……… 139

ほ

ポインティングベクトル ……………………… 258
包括係数 ………………………………………… 437
放射率 …………………………………………… 17
ボーズ・アインシュタイン分布関数 ………… 53
ボーズ粒子 ……………………………………… 89
ホール …………………………………………… 19
ポリッシング …………………………………… 87
ポリマー溶融液表面粘弾性 …………………… 215
ボルツマン因子 ………………………………… 40
ボルツマン定数 …………………………… 18, 34
ボルツマン分布 ……………………… 34, 43, 294
ボルツマン方程式 …………………… 2, 73, 118
ボルツマン輸送方程式 ………………………… 22
ボロノイ多面体 ………………………………… 292

ま

マイクロカロリーメーター …………………… 343
マイクロキャピラリー ………………………… 222
マイクロ共振 …………………………………… 131

ま

- マイクロ総合熱物性センシングシステム ……………… 271
- マイクロチャンネル ……………… 294
- マイクロデバイス技術 ……………… 327
- マイクロ粘性センサー ……………… 274
- マイクロバブル ……………… 422
- マイクロビームセンサー ……………… 189
- マイクロブリッジ ……………… 345
- マイクロ密度センサー ……………… 204
- マクスウェル・ボルツマン分布 ……………… 73
- マグノン ……………… 89
- マックスウェル方程式 ……………… 47
- マティーセン則 ……………… 99
- マティーセンの規則 ……………… 115
- マティーセンの法則 ……………… 41
- マルチスケールシミュレーション ……………… 298

み

- 見かけの動粘度 ……………… 141
- 見かけの熱伝導率 ……………… 115, 294
- 見かけの熱物性 ……………… 9
- 見かけの粘性率 ……………… 143, 219
- 水分子 ……………… 314
- ミセル ……………… 294
- 溝構造 ……………… 319
- 密度 ……………… 15, 374, 376
- 密度分布 ……………… 292
- ミラージュ法 ……………… 333, 334, 372, 377, 379, 391

む

- 無次元熱電性能指数 ……………… 26

め

- メゾスコピックシミュレーション ……………… 298
- メソポーラスシリカ ……………… 71
- メタノール水溶液の濃度モニター ……………… 204
- メタ表面 ……………… 137
- メタマテリアル ……………… 131, 137, 398, 403
- メタマテリアル吸収体 ……………… 404
- メトロポリスモンテカルロ法 ……………… 294
- 面積熱拡散時間法 ……………… 445

も

- 毛管圧 ……………… 152
- 毛細管式粘度計 ……………… 222
- 毛細管法 ……………… 212, 233
- モルフォ蝶 ……………… 256

や

- ヤング-ラプラス式 ……………… 423

ゆ

- 融解潜熱 ……………… 282
- 有限差分時間領域法 ……………… 133
- 有限要素法 ……………… 257
- 有効透磁率 ……………… 398
- 有効媒質モデル ……………… 343
- 有効表面波 ……………… 136
- 有効誘電率 ……………… 398
- 誘電泳動セル ……………… 271
- 融点降下現象 ……………… 111
- 誘電分光法 ……………… 284
- 誘電率 ……………… 17, 343
- 誘電率測定 ……………… 366
- 輸送緩和時間 ……………… 24

よ

- 溶解促進効果 ……………… 422
- 溶存酸素濃度 ……………… 427
- 溶融シリコン ……………… 215

ら

- ライトライン ……………… 47
- ラウンドロビンテスト ……………… 159
- 落射型蛍光顕微鏡 ……………… 153
- ラマンスペクトル ……………… 176, 336
- ラマン分光 ……………… 328
- ラマン分光分析 ……………… 330
- ランジュバンの運動方程式 ……………… 72
- ランバート則 ……………… 63
- ランバート分布 ……………… 56, 64
- ランラウアー理論 ……………… 28

り

- リアルタイムモニタリング ……………… 184
- 立体力 ……………… 66
- リプロン ……………… 213, 218, 428
- 粒子性 ……………… 21, 51
- 流体の界面特性 ……………… 287
- 量子効果 ……………… 297
- 量子ドットレーザー ……………… 130
- 量子ポイントコンタクト ……………… 20
- 量子力学現象 ……………… 21
- 量子力学的 ……………… 34, 52
- 臨界角 ……………… 57
- 臨界核サイズ ……………… 293
- リング共振器 ……………… 403

る

- ルーカス-ウォッシュバーン (Lucas-Washburn) の式 ……………… 144

れ

- レーザー直接描画法 ……………… 402
- レーザー発振 ……………… 87
- レーザーフラッシュ法 ……………… 353, 355
- レーザー誘起表面液法 ……………… 184, 218
- レオロジー性質 ……………… 266
- 連続の式 ……………… 74

ろ

- ローレンツ数 ……………… 21, 115
- ローレンツ力 ……………… 23
- 六角形の氷 ……………… 314

わ

- ワイダム法 ……………… 71
- ワイヤー切片 ……………… 403

欧文

- AC 加熱 ……………… 188
- ac カロリーメトリー ……………… 348
- AC カロリーメトリー法 …… 155, 348, 372, 376, 377, 390, 391

索引

ac 法	347
AFM	284
All-atom モデル	303
AMBER	288
Boltzmann Transport Equation, BTE	296
Bragg 角	211
Brenner ポテンシャル	288, 298
Brenner ポテンシャル関数	322
Brewster 角顕微鏡	152
B 型回転式粘度計	222
CAB/MEK ポリマー溶液の測定	235
Cahill-Pohl モデル	335
Car-Parrinello 法	294
CHARRM	288
Clausius-Clapeyron の式	315
CNT の座屈	298
cutoff, truncate	289
Czerny-Turner 型の回折格子	243
DC 加熱	188
Debye-Hunckel 近似	140
DSC	193, 195, 260
DTA	195, 260
Dupré の式	149
EMS 粘度計	224
Ewald 法	289
Finite-Difference Time Domain: FDTD	133
Fucks-Sondheimer の理論	122
Gay-Berne 結晶	314
Gay-Berne ポテンシャル	288
Gouy 干渉法	229
Gouy Chapman	139
Green-Kubo の公式	70, 292, 303
GROMOS	288
Helmholtz の相反則	245
Henyey-Greenstein 関数	256
Holographic 干渉法	230
Homogeneous NEMD	296
in situ	188
Irving-Kirkwood の式	304
Jamin 干渉法	230
JIS 規格	444
Kataoka の方法	303
Kn 数	7, 8
Langevin 熱浴	290
Langevin 法	319, 322
Langevin 方程式	294
Lees-Edwards 境界条件	292
Lennard-Jones（LJ）相互作用	288
Lennard-Jones（LJ）粒子	314
LF 法	177
light line	136

London 力	149
Lorentz-Berthelot 則	319, 322
Mach-Zehnder 干渉法	230
Maxwell 方程式	257
MEMS	200, 222
MEMS 技術	188, 196, 259, 266, 336, 343
MEMS センサー	345
MEMS ヒーター	362
MIM（metal-insulator-metal）	402
Modulated Elemental Reactant（MER）	355
MOEMS 技術	270
NERD モデル	305
Newton 運動方程式	287
NMR 信号	237
Optical MEMS（OMEMS）	270
Phantom 分子層	322
pulsed photothermal radiometry	395
p 偏光	57
Rayleigh 干渉法	229
RBS（ラザフォード後方散乱）	441
Rosseland 拡散近似	117
SPC/E（Extended Simple Point Charge）ポテンシャル	317
SPC/E 液体分子モデル	319
Stillinger-Weber（SW）ポテンシャル	288, 300
Stoney の式	209
s 偏光	57
Tersoff ポテンシャル	288, 298
TE 偏光	402
TE モード	57
TG	260
TM 偏光	402
TM モード	57
Tolman の式	316
Tolman の長さ	316
TraPPE モデル	305
Two center Lennard-Jones model	305
T 字一体型ナノ熱線センサー	173
United-stom モデル	303
Völklein 法	355
VROC	223
Wilhelmy	212
Winner-Khintchine 定理	292
Xe ハイドレート	215
X 線応力測定法	210
X 線回折法	207
X 線反射法	207, 374
Young-Laplace の式	315
Yung の式	148
μ-TTAS	271
η-MEMS：イータメムス	269

物質名索引

欧文

1-hexanol	220
Acetone	220
Ag/water	414
Ag$_{6.0}$In$_{4.5}$Sb$_{60.8}$Te$_{28.7}$	358
AgVP$_2$S$_6$	95
Al	163
Al(80nm)/EG	415
Al/Ethylene glycol	414
Al$_2$O$_3$(13 nm)/water	415
Al$_2$O$_3$(33 nm)/water	415
Al$_2$O$_3$(35 nm)/EG	415
Al$_2$O$_3$(38.4 nm)/water	415
Al$_2$O$_3$(38 nm)/EG	415
Al$_2$O$_3$/water	414, 416
Al$_2$O$_3$ 薄膜	389
AlN	391
Alq$_3$	353
Alq$_3$ 10 nm	164
Alq$_3$ bulk	164
Alq$_3$ 薄膜	355
Alq$_3$ 粉末	355, 317
Ar	318
Au/ethanol	414
BaCu$_2$Si$_2$O$_7$	95
Bi	111
BN ナノ粒子をエポキシ樹脂に複合した系	418
Br$_2$	305
^{13}C	238
C$_{10}$H$_{22}$	305
C$_{16}$H$_{34}$	305
C$_{24}$H$_{50}$	305
C$_4$H$_{10}$	305
C$_{60}$ フラーレン単結晶	339
C$_8$H$_{18}$	305
Ca$_2$Y$_2$Cu$_5$O$_{10}$	95, 103
CH$_4$	305
Cl$_2$	305
CNT	296
CNTs/H$_2$O(20℃)	416
CNTs/H$_2$O(40℃)	416
CNTs/water	414
CNT 束	328
Co	163
CO	305
Cr	163, 360
CrAlN	360
CrN	360
CS$_2$	305
Cu	163
Cu/water	414
Cu$_3$B$_2$O$_6$	95
CuO(23.6 nm)/water	415
CuO(28.6 nm)/water	415
CuO(35 nm)/EG	415
CuO/water	414
Diamond/water	414
Ethanol	220
Ethylene Glycol	220
^{31}F	238
Fe	163
Fe(10nm)/EG	415
Fe/water	414
Fe$_2$O$_3$	360
FeNi	362
GaAs	347
GaAs/AlAs 超格子	347, 349
GaAs-AlGaAs ヘテロ接合界面	20
GaAs 膜	347, 349
GaN	350, 351, 352
GaN 膜	350
Ge$_2$Sb$_2$Te$_5$	358
^{1}H	238
H$_2$O	318, 317
HSQ	356
Isotropic graphite	179
ITO	386
IZO	386
JS100	220
JS1000	220
JS1000	220
KCl 水溶液	71
La$_2$Cu$_2$O$_5$	95
La$_2$CuO$_4$	94, 95, 103
La$_2$NiO$_4$	95
La$_8$Cu$_7$O$_{19}$	95
La$_2$Cu$_2$O$_5$	95
Lennard-Jones 流体	316
LiCuVO$_4$	95
Low-k 薄膜	345
MgO	360
Mo	163
Mo/Al$_2$O$_3$/Mo 3 層薄膜試料	442
Mo/SiO$_2$/Mo 3 層膜	447
MSQ	356
MWNT (array film)	177
MWNT (bundles)	177
MWNT (single bundles)	177
MWNT (single tube)	177
MWNTs/Oil	416
MWNTs/oil (α-olefin)	414
Nb	163
Nb:TiO$_2$	386
Ni	163, 362
Ni(OH)$_2$	380
n-ヘキサン～n-ヘキサデカン（飽和）	149
O$_2$	305
PGS シート	181
PSZ/NiCrAlY 単層 FGM	169
Pt	163
Sb	358
Sb$_2$Te	358
Sb$_3$Te$_3$	358
SbTe$_9$	358

457

物質名索引

SeCuO$_2$	101
Si	8, 299
SiO$_2$/water	414
SiO$_2$ 薄膜	343
Si 薄膜	299
Sn	111
Sr$_{14}$Cu$_{24}$O$_{41}$	93, 95, 103
Sr$_2$Cu$_{1-x}$Pd$_x$O$_3$	100
Sr$_2$CuO$_2$	103
Sr$_2$CuO$_3$	92, 95
Sr$_2$V$_3$O$_9$	95
SrCuO$_2$	95, 103
SWNT	177
SWNT（as-grown）	179
SWNT（solid）	179
SWNT シート	181
SWNTs/epoxy	414
Ta	163
TCNTs/EG	416
Te	358
Ti	163
TiN 単層薄膜試料	440
TiN 薄膜	394
TiO$_2$/water	414, 416
TiO$_2$ 薄膜	360
Toluene	220
W	163
Water	220
Y$_2$BaNiO$_5$	95, 103
YBCO：YBa$_2$Cu$_3$O$_{7-\delta}$	383
Zr	163
ZrO$_2$/Ni 系 FGM	168
α-GeS$_2$	196
α-NPD 10nm	164
α-NPD 薄膜	353

あ行

アセトン／四塩化炭素	236
厚み nm スケールの水	141
アルミニウム	262
アルミニウム薄膜	377
イソアルカン・パラフィン（分岐）	149
1-ヘキセン〜1-ドデセン（不飽和）	149
1,3 プロパンジオール	149
1,2,3-トリブロモプロパン	199
1,2-ジブロモエタン	199
1,2 プロパンジオール	149
インジウム	112, 261, 263
液体アルゴン	294
エタノール／ベンゼン	236
エチレングリコール（1,2 エタンジオール）	149
オクタン	267

か行

カーボンナノチューブ	295, 327, 405
カーボンナノチューブ膜	329
カーボンナノチューブを複合した系	417, 418
カーボンナノファイバーを複合化したナノコンポジット	417
カーボンブラックを複合化した系	417
カップスタック型	337
牛乳	220
金	114
金属と絶縁体非金属間	412
金ナノ粒子	111
銀ナノ粒子の複合材料	420
金の微粒子	113
金薄膜	372
金粒子	113
グラファイト	108
グラフェン	335, 337, 338
グラフェンナノリボン	338
グリセロール（1,2,3 プロパントリオール）	149
クロロホルム	149
血液	267
高分子系 Low-k 材料	364
高分子膜内メタノール水溶液	235
固体アルゴン	294

さ行

サファイア	103
酸化過程にあるニッケル表面	249
ジエチルエーテル	149
四塩化炭素	149
シクロヘキサノール	149
シクロヘキサン	149
ジメチルホルムアミド	149
シリカ細孔内部に閉じ込められた水	66
シリコン薄膜	342
シリコン発光ダイオード	86
真鍮	103
水銀	149
スーパーグロース SWCNT	406
スーパーグロース SWNT	180
スクロース水溶液	275
ステンレス	103
石英	103
石英基板	87
セパビーズ	262

た行

ダイヤモンド	330
ダイヤモンドライクカーボン	333
多層カーボンナノチューブ（MWNT）	108
タングステン薄膜	378
単結晶シリコン	198
単層カーボンナノチューブ（SWNT）	108, 297
チタン薄膜	379
窒化シリコン薄膜	343, 346
窒化チタン薄膜	433
超偏極 ^{129}Xe ガス	239
銅	103, 105
銅薄膜	377
トリコサン	259
トルエン／n-ヘキサン	236

な行

ナノバルブ	318
ナノ流体	414
鉛	114
ニオブ酸リチウム（LiNbO$_3$）	215
20vol%C$_2$H$_5$OH aq.	240

は行

熱酸化膜 …………………………………… 200
熱酸化膜付き単結晶シリコン基板 …………… 200
白金薄膜 …………………………………… 373
パラフィンワックス（固体）………………… 149
バンブー型 ………………………………… 337
汎用高分子 ………………………………… 365
光硬化性液晶 ……………………………… 188
ビスマステルライド ………………………… 355
フラーレン ………………………………106, 337
フラーレンピーポッド ……………………… 337
ベンゼン，トルエン ………………………… 149
芳香族ポリイミド ………………………… 356
ポリイミド膜 ……………………………… 157
ポリスチレンビーズ ………………………… 272
ポリテトラフルオロエチレン（PTFE）……… 149

ま行

ホルムアミド ……………………………… 149
水 ……………………………………149, 294, 316
水のナノバブル …………………………… 316
メタノール水溶液 ………………………… 205
メチルホルムアミド ……………………… 149
モリブデンとアルミニウムの間 ……………… 412
モリブデン薄膜 …………………………… 376

や行

40vol%C$_2$H$_5$OH aq. ……………………………… 240

ら行

硫酸銅5水和物 …………………………… 264